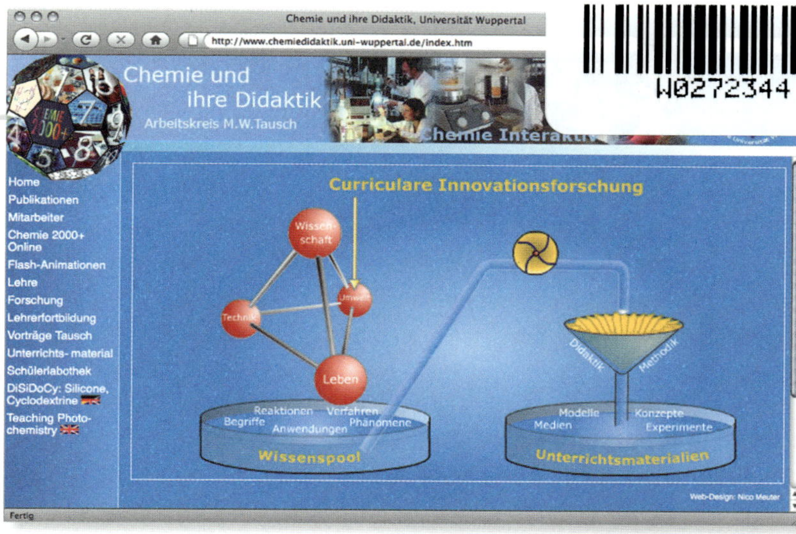

Chemie 2000+ Online ist das Internet-Portal zu diesem Buch. Es enthält *EVA Online*-Seiten und zusätzliche **interaktive Materialien** zu einzelnen Buchseiten sowie weitere Lehr- und Lernmodule für den Unterricht.

Kompetenztraining

Grundwissen

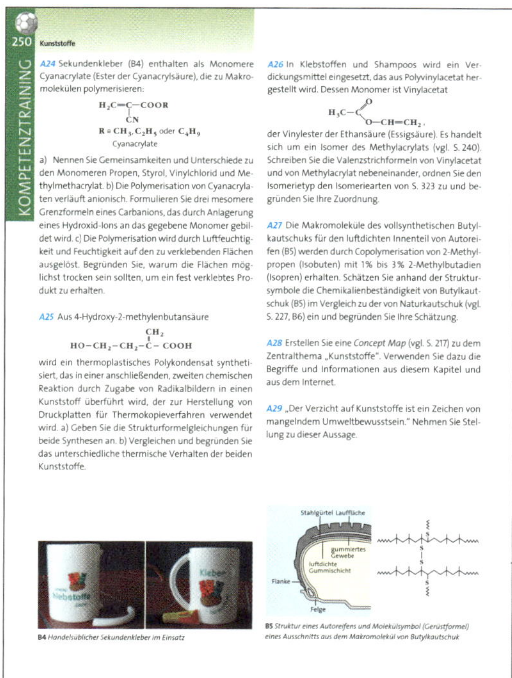

Regelmäßiges **Kompetenztraining** ergänzt die Aufgaben und fördert ebenso wie diese den Umgang mit **Kompetenzoperatoren**.

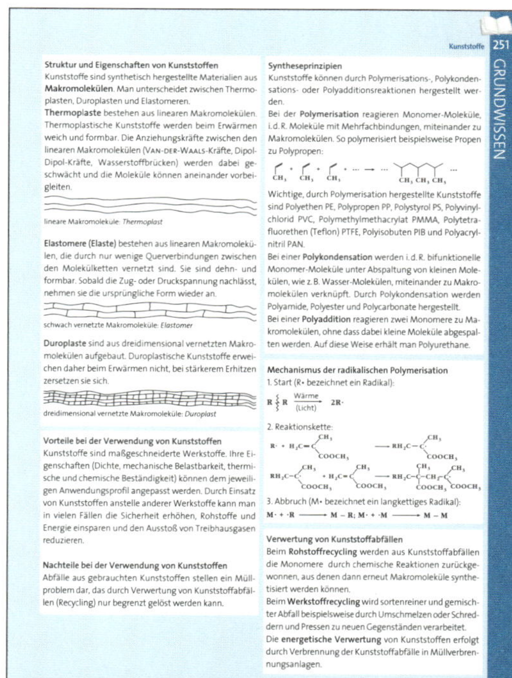

Ein abschließendes **Grundwissen** fasst nach jedem Kapitel die Inhalte strukturiert nach den **Basiskonzepten** zusammen. Im Anhang ergänzt eine Chemikalienliste das **Sicherheitskonzept** beim Experimentieren. Ein **Glossar** ermöglicht schnellen Zugang zu den Definitionen der wichtigsten Fachbegriffe.

Methoden und Kompetenzen

Die wichtigste Methode bei der Erschließung von chemischem Fachwissen und der Entwicklung von Kompetenzen ist die Auswertung von **Experimenten** und weiterem Faktenmaterial. Hinweise für zusätzliche Methoden und Kompetenzen finden Sie auf S. 304, 305.

Um zu erkennen, was die Lösung einer Aufgabe von Ihnen erwartet, sind die Aufgaben in diesem Buch mit **Operatoren** formuliert, von denen die wichtigsten hier erläutert sind:

auswerten: Daten, Einzelergebnisse oder andere Elemente in einen Zusammenhang stellen und ggf. zu einer Gesamtaussage zusammenführen.
begründen: Sachverhalte auf Regeln und Gesetzmäßigkeiten bzw. kausale Beziehungen von Ursachen und Wirkung zurückführen.
beschreiben: Sachverhalte oder Zusammenhänge strukturiert und fachsprachlich richtig mit eigenen Worten wiedergeben.
beobachten: Aufmerksame Betrachtung der Vorgänge, z. B. bei einem Versuch, um gezielte Informationen zu erhalten.
beurteilen: Zu einem Sachverhalt ein selbstständiges Urteil unter Verwendung von Fachwissen und Fachmethoden formulieren und begründen.
bewerten: Einen Gegenstand oder einen Sachverhalt an erkennbaren Wertkategorien oder an bekannten Beurteilungskriterien messen.
darstellen: Sachverhalte, Zusammenhänge, Methoden etc. strukturiert und ggf. fachsprachlich wiedergeben.
deuten (interpretieren): Sachverhalte in einen Erklärungszusammenhang bringen.
erklären: Einen Sachverhalt nachvollziehbar und verständlich zum Ausdruck bringen mit Bezug auf Regeln, Gesetzmäßigkeiten und Ursachen.
erläutern: Einen Sachverhalt durch zusätzliche Informationen veranschaulichen und verständlich machen.
überprüfen (prüfen): Sachverhalte oder Aussagen an Fakten oder innerer Logik messen und eventuelle Widersprüche aufdecken.
vergleichen: Gemeinsamkeiten, Ähnlichkeiten und Unterschiede feststellen.

Tausch · von Wachtendonk

CHEMIE 2000+

Niedersachsen 3

Für den Sekundarbereich II

C.C. BUCHNER

CHEMIE 2000+

Niedersachsen 3
Für den Sekundarbereich II

Herausgegeben von Prof. Dr. Michael Tausch
und Dr. Magdalene von Wachtendonk

Bearbeitet von Ulrich Bee,
Dr. Claudia Bohrmann-Linde,
Liane Haas,
Dr. Simone Krees,
Matthias Kremer,
Patrick Krollmann,
Prof. Dr. Michael Tausch

Die Versuchsvorschriften in diesem Buch wurden sorgfältig, auf praktischen Erfahrungen beruhend, entwickelt. Da Fehler aber nie ganz ausgeschlossen werden können, übernehmen der Verlag und die Autoren keine Haftung für Folgen, die auf beschriebene Experimente zurückzuführen sind.
Mitteilungen über eventuelle Fehler und Vorschläge zur Verbesserung sind erwünscht und werden dankbar angenommen.

Redaktion: Verena Schröter, Michael Süß
Gestaltung: Artbox Grafik & Satz GmbH, Bremen
Druck und Bindearbeiten: Stürtz GmbH, Würzburg

Dieses Werk folgt der reformierten Rechtschreibung und Zeichensetzung.

Auflage: 1 4 3 2 1 2014 13 12 11
Die letzte Zahl bedeutet das Jahr des Druckes.
Alle Drucke dieser Auflage sind, weil untereinander unverändert, nebeneinander benutzbar.

www.ccbuchner.de

ISBN 978-3-7661-**3375**-5

VORWORT

Der vorliegende Band der Reihe *Chemie 2000+* ist nach dem Kerncurriculum für den Chemieunterricht im **Sekundarbereich II in Niedersachsen** konzipiert und erstellt. Dementsprechend werden die Basiskonzepte Stoff – Teilchen, Struktur – Eigenschaft, Donator – Akzeptor, Kinetik und chemisches Gleichgewicht sowie Energie erschlossen.

In diesem Werk werden die **chemische Fachsystematik** mit ihren Begriffen, Modellen, Ordnungskriterien etc. und **Kontexte** aus Alltag, Technik und Umwelt nach dem Konzept der **didaktischen Integration** miteinander verflochten. Die Kapitel des Buches werden in Facetten zerlegt, um dann anhand konkreter Fragestellungen die Fachinhalte in überschaubaren Unterrichtsbausteinen zu erschließen. Diese werden zu Beginn eines Kapitels durch den Facettenball mit den zugeordneten Fragen programmatisch angedeutet und sind auf jeder Buchseite durch die zutreffende Nummer gekennzeichnet. Die gewählte Reihenfolge gewährleistet eine kumulative Erarbeitung der im Kerncurriculum vorgesehenen **verbindlichen Kompetenzen**.

Auf **Buchdoppelseiten** wird jeweils Material für einen Unterrichtsbaustein zur Verfügung gestellt. Die Arbeitsseite (linke Buchseite), mit einer kontextbezogenen, in der Regel umgangssprachlich formulierten Überschrift, bietet Versuche, Informationen und Auswertungsfragen an, die zur Gestaltung des Unterrichts genutzt werden können. Auf der rechten Leseseite, deren Überschrift in der Regel Fachbegriffe aus den inhaltsbezogenen Kompetenzbereichen enthält, werden die Versuchsergebnisse aufgegriffen, mit weiteren Fakten verknüpft und zu neuen Erkenntnissen zusammengeführt. Fotos und Farbgrafiken ergänzen den Text sinnvoll und dienen in der Regel als Ausgangsinformationen für Aufgabenstellungen. Die Aufgaben der Unterrichtsbausteine werden durch zusammenfassende und weiterführende Aufgaben auf den **Kompetenztraining**-Seiten ergänzt. Diese runden zusammen mit **Grundwissen**-Seiten jedes Kapitel ab. Seiten mit Aufgaben zum Abiturtraining sowie Methoden- und Kompetenztraining und ein Glossar finden sich am Ende des Werks.

Die grafisch gekennzeichneten **EVA**-Seiten (**E**rweiterung – **V**ertiefung – **A**nwendung) und **extra**-Kästen enthalten über das Fachwissen des Kerncurriculums hinausgehende, **fakultative Angebote** zu innovativen, interdisziplinären und theoretischen Themen, die situationsbedingt im Unterricht einsetzbar sind oder für Referate, Unterrichtsprojekte und Facharbeiten im Seminarfach verwendet werden können.

EVA

extra

Chemie 2000+ Online ist das Internet-Portal für elektronische Ergänzungen zu diesem Lehrwerk. Es kann über die rechts angegebene Adresse geöffnet werden und enthält Materialien zu einzelnen Seiten in diesem Buch, die direkt durch Anklicken unter der entsprechenden Seitennummer erreichbar sind. Darüber hinaus können auch weitere Lehr- und Lernmodule und Hinweise zum Methoden- und Kompetenztraining für den Chemieunterricht über die Navigationsleiste von *Chemie 2000+ Online* angesteuert werden.

www.ccbuchner.de/chemiedidaktik

Syke und Göttingen, im Mai 2011
MICHAEL TAUSCH und LIANE HAAS

INHALTSVERZEICHNIS

10 Kenntnisse aus den Klassen 5–10

1 Erdöl – Energieträger und Rohstoff

16 **Erdöl – Energieträger und Rohstoff**
18 Erdöl – ein Gemisch aus brennbaren Stoffen
19 Raffination von Erdöl
20 Benzin, Kerosin, Diesel – wie viel Energie ist da drin?
21 Innere Energie und Reaktionsenthalpie
22 Berechnen – einfacher als messen
23 Satz von den konstanten Wärmesummen
24 Was geht ab?
25 Metastabile und stabile Systeme
26 Unordnung als Ziel?
27 Entropie und freie Reaktionsenthalpie
28 Chemische Veredlung von Erdöl: 1. Schritt
29 Cracken von Erdölfraktionen
30 Gesättigt oder ungesättigt – der feine Unterschied
31 Molekülgerüste in Kohlenwasserstoff-Molekülen
32 Licht macht Alkan-Moleküle munter
33 Photochemische Halogenierung
34 Den reagierenden Teilchen auf der Spur
EVA Online Halogenverbindungen in Natur und Technik
35 Mechanismus der radikalischen Substitution
36 Ordnung erleichtert die Übersicht
37 Homologe Reihen
38 Isobuten – Herstellung und Eigenschaften
EVA Online Formelermittlung bei Isobuten
39 Isobuten – eine technische Grundchemikalie
40 Halogenalkane – auch ohne Licht
41 Additionen an Alkene
42 Angriffsziel: Die C=C-Doppelbindung
43 Mechanismus der elektrophilen Addition
EVA Online E-Z-(cis-trans-) Isomerie bei Alkenen
44 Vom Isobuten zum Kleber und zum Kaugummi
45 Polymerisation von Isobuten
46 Tausche Halogen gegen ...
47 Alkanole und Ether aus Halogenalkanen
48 Vom Alkanol zum Aldehyd oder zum Keton
49 Redoxreaktionen als Elektronenübertragungen
50 Heftig oder sanft?
51 Oxidationszahl und Oxidationsreihen
52 Ein Netzwerk von Stoffen
53 Das Verbundsystem in der chemischen Industrie
54 *EVA* Unsere Atmosphäre – ein Ozean aus Luft
55 *EVA* Erdöl und die anthropogenen Emissionen
56 *EVA* Verbrennungsprodukte schlucken Wärme
57 *EVA* Der Treibhauseffekt
58 *EVA* Sonne + Abgase → Ozon
59 *EVA* Photosmog – Stoffkreisläufe in der Troposphäre
60 *EVA* 3 mm Ozon – der Filter für das Leben
62 Kompetenztraining
68 Grundwissen

2 Kinetik und chemisches Gleichgewicht – Gesetze und Prinzipien für Reaktionen

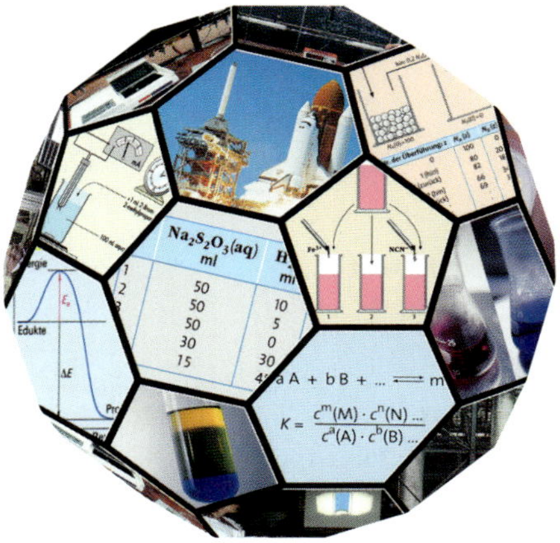

70 **Kinetik und chemisches Gleichgewicht – Gesetze und Prinzipien für Reaktionen**
72 Zeitpläne von Reaktionen
73 Reaktionsgeschwindigkeit
74 Stoppuhr und was noch?
75 Messbare Größen bei Reaktionen
76 Die Konzentration als Variable
77 Beeinflussung der Reaktionsgeschwindigkeit
78 Die Temperatur als Variable
79 Die Aktivierungsenergie
80 „Bloße Gegenwart" oder aktive Teilnahme?
81 Katalysator und Katalyse
82 Einmal hin und zurück
83 Umkehrbare Reaktionen
84 Hin und Rück im Gleichgewicht
85 Chemisches Gleichgewicht – Stoffebene
86 Ungleiche Gleichgewichte
87 Chemisches Gleichgewicht – Teilchenebene
88 Nach Maß und Gesetz
89 Massenwirkungsgesetz und Gleichgewichtskonstante K_c
90 Mal vorgerechnet
91 Berechnungen mit dem Massenwirkungsgesetz MWG
92 Die Konzentration als Störfaktor
93 Prinzip vom kleinsten Zwang und Massenwirkungsgesetz
94 Die Temperatur und der Druck als Störfaktoren
95 Prinzip vom kleinsten Zwang und Gleichgewichtskonstante K_c
96 „Herr Geheimrat, es tropft"
97 Das HABER-BOSCH-Verfahren und seine Geschichte
98 Champions League in der industriellen Chemie
99 Technische Ammoniaksynthese heute
100 *EVA* Fließgleichgewicht – ein stationärer Zustand
101 *EVA* Photostationäre Gleichgewichte
102 *EVA* Fällungsgleichgewicht und Löslichkeitsprodukt
104 *EVA* Entropieänderungen bei chemischen Oszillationen
106 Kompetenztraining
110 Grundwissen

3 Säuren und Basen in Alltag und Technik

112 **Säuren und Basen in Alltag und Technik**
114 Vom *acidum aceticum* zum Protonendonator
115 Säure-Base-Definitionen nach BRÖNSTED
116 Können Salze sauer sein?
117 Korrespondierende Säure-Base-Paare
118 Spurensuche in reinem Wasser
119 Ionenprodukt des Wassers und *p*H-Wert
120 Starke Säuren, schwache Säuren – Worauf kommt es an?
121 Säurestärke und Basenstärke, pK_s- und pK_b-Wert
122 Ordnung ist die halbe Rechnung
123 Berechnung von *p*H-Werten
124 *p*H-unempfindlich gegen Säuren und Basen
125 Puffersysteme
126 Blaukraut oder Rotkohl?
127 Säure-Base-Indikatoren
128 Wie viel Säure ist da drin?
129 Konzentrationsbestimmung durch Titration
130 Neutralisation schrittweise
131 Ermittlung und Interpretation von Titrationskurven
132 Andere Säuren, andere Kurven
133 pK_s-Bestimmung durch Halbtitration
134 *EVA* Puffergleichung und Pufferschar
135 *EVA* Leitfähigkeitstitrationen
136 *EVA* Protolysen in hartem Wasser
138 *EVA* Säuregehalt in Alltagsprodukten und Umweltbereichen
139 Kompetenztraining
141 Grundwissen

4 Aromaten – Chemische Bausteine in Natur- und Syntheseprodukten

142 **Aromaten – Chemische Bausteine in Natur- und Syntheseprodukten**
144 Aromen, Farben, Vitamine ...
145 Strukturbausteine in aromatischen Verbindungen
146 Ungesättigt oder gesättigt?
147 Das Reaktionsverhalten des aromatischen Rings – ein Rätsel
148 Magische Ringe
149 Benzol-Formel und Mesomerie
150 Vorsicht, giftig!
151 Gesundheitsgefährdende Stoffe – MAK und TRK
152 Angriff am aromatischen Ring
153 Halogenierung als elektrophile Substitution
154 Dirigenten am Benzolring
155 Induktive und mesomere Effekte
156 Aromatisch und sauer
157 Phenol und Polyphenole
158 Aromatisch und alkalisch
159 Anilin und andere aromatische Amine
160 Mal verstärkend, mal abschwächend
161 I- und M-Effekte bei organischen Säuren und Basen
162 *EVA* Elektrophile Substitutionen in der Technik
163 *EVA* Farbige Aromaten in Naturstoffen
EVA Online Das Orbitalmodell
165 *EVA* Farben durch Lichtabsorption

166 *EVA* Lumineszenz – Farben durch Lichtemission
167 *EVA* Energiestufenmodell für Moleküle
168 *EVA* Synthetische Farbstoffe aus Aromaten
170 Kompetenztraining
173 Grundwissen

5 Naturstoffe – Moleküle des Lebens

174 Naturstoffe – Moleküle des Lebens
176 Frühstücksei und mehr
177 Naturstoffe in unserer Ernährung
178 Traubenzucker, Stärke und Verwandte
179 Kohlenhydrate $C_m(H_2O)_n$
180 Haute Couture für Kohlenhydrate
181 Chiralität am räumlichen Bau von Molekülen
182 Kette und Ring
183 Intramolekulare Halbacetale und intermolekulare Glykoside
184 Das süße Geheimnis von Zuckerrohr und Rübe
185 Saccharose und andere Disaccharide
186 Das feste Nahrungsmittel Nr. 1
187 Stärke – ein Polysaccharid aus α-D-Glucose
188 Die häufigste organische Verbindung
189 Cellulose – ein Polysaccharid aus β-D-Glucose
190 „Frische" oder „gebrauchte" Cellulose – Was ist besser?
191 Ökobilanzen
192 Im Wettlauf mit der Natur
193 Carbonisierung von Biomasse
194 Unentbehrlich – auch für Vegetarier
195 Aminosäuren – Bausteine der Eiweiße
196 Säuren besonderer Art
197 Protolysen bei Aminosäuren
198 Geschmacksverstärker – frei und gebunden
199 Peptide – Kondensationsprodukte von Aminosäuren
200 Chemie der Dauerwelle
201 Sekundär- und Tertiärstruktur von Proteinen
202 Chemie beim Kochen, Braten, Grillen ...
203 Quartärstruktur von Proteinen und Proteiden
204 Fette und Öle
205 Ester aus der Natur
206 Fest oder flüssig – einziger Unterschied?
207 Molekülstruktur und Eigenschaften von Triglyceriden
208 *EVA* Seifen und Tenside
210 *EVA* Zellmembranen
211 *EVA* Tenside in Emulsionen und Kosmetika
EVA Online O/W- und W/O-Emulsionen
212 *EVA* Insulin – ein Peptidhormon
213 *EVA* Proteine und Farbstoffe in biologischen Funktionseinheiten
EVA Online Nucleinsäuren
EVA Online Optische Isomerie und Polarimetrie
214 *EVA* Cyclodextrine – Oligosaccharide aus α-Glucose
216 *EVA* Modifizierte Cellulose für Textilien und andere Alltagsprodukte
217 *EVA* Concept Map, eine Begriffs-Landkarte
218 Kompetenztraining
222 Grundwissen

6 Kunststoffe – Moleküle für Alltagsprodukte und Hightech-Materialien

224 **Kunststoffe – Moleküle für Alltagsprodukte und Hightech-Materialien**
226 Hart oder weich, elastisch oder plastisch?
227 Thermoplaste, Duroplaste, Elaste
228 Polyethen PE, Polypropen PP, Polyvinylchlorid PVC & Co
229 Struktur und Eigenschaften von Polymeren
230 Vom Monomer zum Polymer
231 Radikalische Polymerisation
232 Spinnbares aus der Retorte
233 Polyamide durch Polykondensation
234 Fäden, Platten, Flaschen
235 Polyester durch Polykondensation
236 Aus alt mach neu
237 Verwertung von Kunststoffabfällen
238 Ökonomie und Ökologie – keine Gegensätze!
239 Ressourcenschonung und Nachhaltigkeit beim Einsatz von Kunststoffen
EVA Online Von der Felljacke bis zur Nylonstrumpfhose – Textilgeschichte
240 *EVA* Von der Zahnfüllung bis zur Babywindel – Polyacrylate
242 *EVA* Schäume und Fäden – Polyurethane
243 *EVA* Kunststoffe und Markennamen
244 *EVA* Outfit für Lifestyle und Sport – Innovative Textilien
245 *EVA* Für Autos, Schiffe und Flugzeuge – Verbundwerkstoffe und Nanokomposite
246 *EVA* Elektrisch leitfähige Kunststoffe – Von der Leuchtdiode bis zur Solarzelle
248 Kompetenztraining
251 Grundwissen

7 Elektrochemie – Elektrische Energie und Chemie

252 **Elektrochemie – Elektrische Energie und Chemie**
254 Salzlösungen unter Strom
255 Elektrolysen – erzwungene Elektronenübertragungen
256 Wenn Elektronen Partner wechseln ...
257 Das Donator-Akzeptor-Prinzip bei Redoxreaktionen
258 Metalle – unterschiedlich gut oxidierbar
259 Korrespondierende Redoxpaare
260 Strom aus Redoxreaktionen
261 Galvanische Zellen
262 Mehr oder weniger Spannung
263 Potenzialdifferenzen bei galvanischen Zellen
264 Edle und unedle Metalle
265 Standardpotenziale E^0 und Spannungsreihe der Metalle
266 ... und die Nichtmetalle?
267 Erweiterung der Spannungsreihe – die Halogene
268 Die Konzentration macht's
269 Konzentrationszellen
270 Redoxpotenziale sind berechenbar
271 Die NERNST-Gleichung
272 150 Jahre jung
273 Die Taschenlampenbatterie
274 Akku leer? Laden!
275 Der Bleiakkumulator
276 Zur Nutzung gezähmt – die Knallgasreaktion
277 Brennstoffzellen
278 *EVA* Vom Rohstoff zur Grundchemikalie – Chlor-Alkali-Elektrolyse
EVA Online Faraday-Gesetze zur Elektrolyse
280 *EVA* Elektrolysen in der Metallurgie
282 *EVA* Moderne Batterien
EVA Online Elektrochemische Stromquellen – ein historischer Rückblick
EVA Online Redoxpotenziale in biologischen Systemen
284 *EVA* Weiterentwicklung der Akkumulatorentechnik
286 *EVA* Korrosion und Korrosionsschutz
288 *EVA* Aus Licht wird Strom – photogalvanische Zellen
290 *EVA* Redoxreaktionen und Energieumwandlungen bei Photosynthese und Atmung
292 *EVA* Lichtenergie für nachhaltige Technik
294 Kompetenztraining
298 Grundwissen

Anhang:
300 Abiturtraining
304 Methoden und Kompetenzen
306 Internationale Bezeichnung von Gefahrstoffen (GHS)
307 H- und P-Sätze
309 Chemikalienliste nach dem neuen GHS-System
313 Glossar
323 Isomerie
324 Formeltypen und Molekülmodelle in der organischen Chemie
326 Größen, Tabellen und Konstanten
328 Stichwortverzeichnis und Bildquellenverzeichnis

Chemie!

Was ist Chemie?

Die Chemie betrachtet Stoffe von der Teilchenebene bis hin zu globalen Kreisläufen. Sie erforscht Prinzipien und Gesetzmäßigkeiten über Eigenschaften, Aufbau und Umwandlung von Stoffen. Chemisches Wissen über die Natur der Materie ist einerseits ein wesentlicher Bestandteil des Kulturguts der Menschheit und hat erheblich zur Lebensqualität und zum gegenwärtigen Lebensstandard beigetragen, andererseits sind die in unserer Zeit auftretenden ökologischen Probleme und Fragen der nachhaltigen Zukunftsgestaltung ohne chemisches Verständnis in der Gesellschaft nicht lösbar. Chemie darf deshalb nicht nur Spezialgebiet einiger Experten sein.

Vernetzung

„Wer nichts als Chemie versteht, versteht auch die nicht recht.“ GEORG CHR. LICHTENBERG (1742–1799)
Phänomene der Natur sind nicht nach Fächern geordnet, sondern erschließen sich erst im Zusammenwirken verschiedener Disziplinen. Dies geht über die Naturwissenschaften hinaus, da sich aus diesen allein noch keine Normen und Werte für das gesellschaftliche Leben ableiten lassen. Deshalb ist für eine verantwortungsvolle Anwendung des chemischen Wissens innerhalb der Gesellschaft die Zusammenarbeit mit verschiedenen Fachrichtungen, anderen gesellschaftlichen Gruppen, Institutionen und Betrieben notwendig.

Betrachtungsweisen in der Chemie

Eine Besonderheit der Chemie ist das Denken auf zwei Ebenen, die in engem Zusammenhang miteinander stehen.

Stoffebene (Realität)

Anwendung, Lebensbezug
Alltag, Technik, Natur und Umwelt

Wissenschaft
Stoff- und Reaktionssystematik

Atome, Ionengruppen, Moleküle, Gitter
Struktur der Materie

Chemische Formeln, Reaktionsgleichungen
Formelsprache

Teilchenebene (Modelle)

Bei Begriffspaaren wie hydrophil – hydrophob und polar – unpolar wird zwischen Stoff- und Teilchenebene unterschieden. Ein Stoff kann hydrophil oder hydrophob sein. Die Teilchen des Stoffes sind polar oder unpolar. Einige Begriffe werden allerdings in unterschiedlicher Bedeutung sowohl auf der Stoff- als auch auf der Teilchenebene verwendet. Dies kann leicht zu Missverständnissen führen.

Begriff	Stoffebene	Teilchenebene
Element	Durch chemische Reaktionen nicht in verschiedene Reinstoffe zerlegbarer Reinstoff	Atomsorte
Säure/Base	Stoff, der durch Reaktion mit Wasser eine saure/alkalische Lösung ergibt	Teilchen, das bei einer Reaktion ein Proton abgibt/aufnimmt
Redoxreaktion	Reaktion mit Sauerstoffübertragung von einem Stoff auf einen anderen	Reaktion mit Elektronenübertragung von einem Teilchen auf ein anderes

Erkenntnisgewinnung in der Chemie

Chemische Aussagen werden aus Beobachtungen von Alltagsphänomenen und gezielt angesetzten Experimenten oder aus theoretischen Überlegungen gewonnen, dann als Hypothesen formuliert, die mithilfe von Experimenten zu bestätigen oder zu widerlegen sind. Durch logisches Denken lassen sich aus einfachsten Untersuchungen auf der Stoffebene (z. B. Wägungen) Aussagen auf der Teilchenebene (z. B. Anzahlverhältnis der Atome) folgern. Andererseits kann man aus Überlegungen auf der Teilchenebene Phänomene auf der Stoffebene voraussagen, die sich dann auch tatsächlich verwirklichen lassen.

Gleiche Stoffmengen (n = 1 mol) verschiedener Stoffe: Kupfer, Wasser, Schwefel, Kohlenstoff und Magnesiumoxid

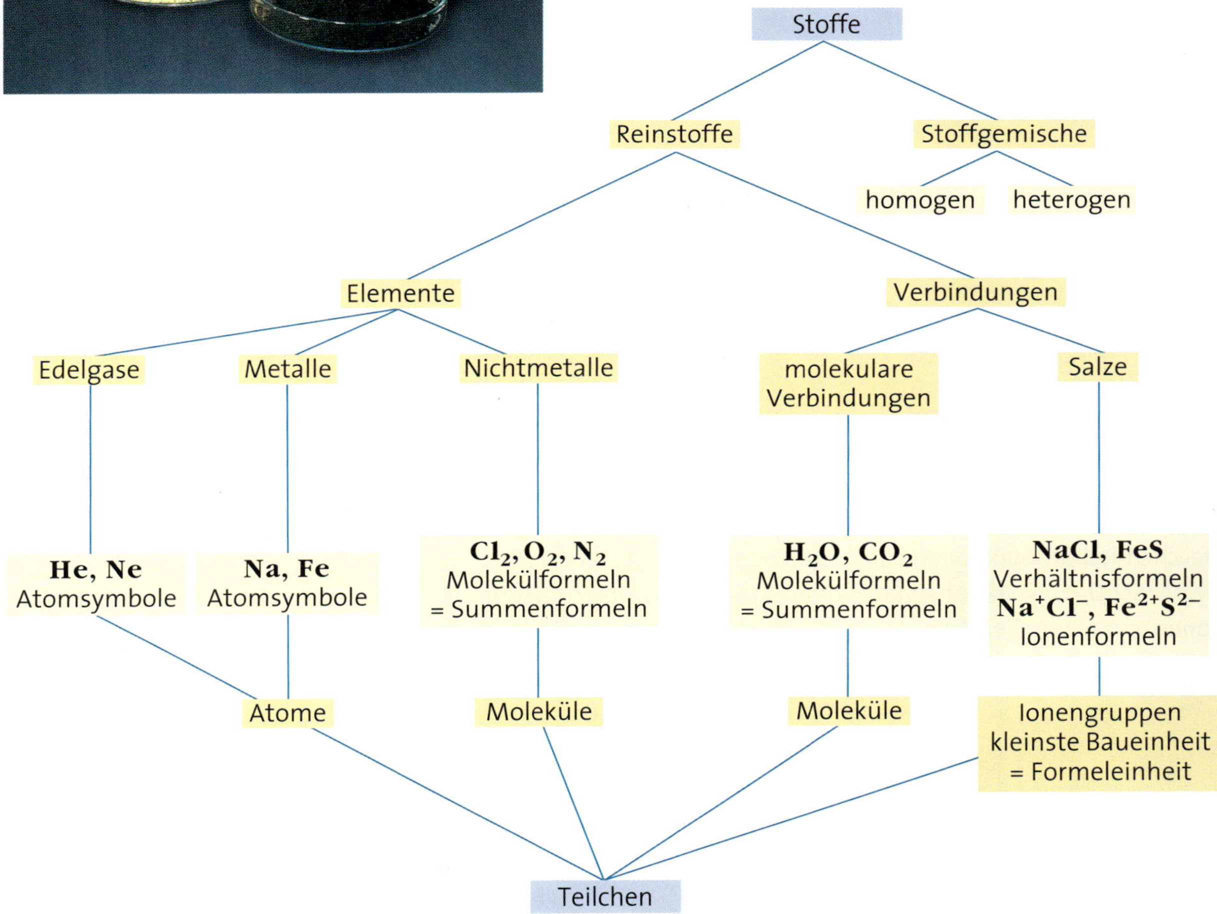

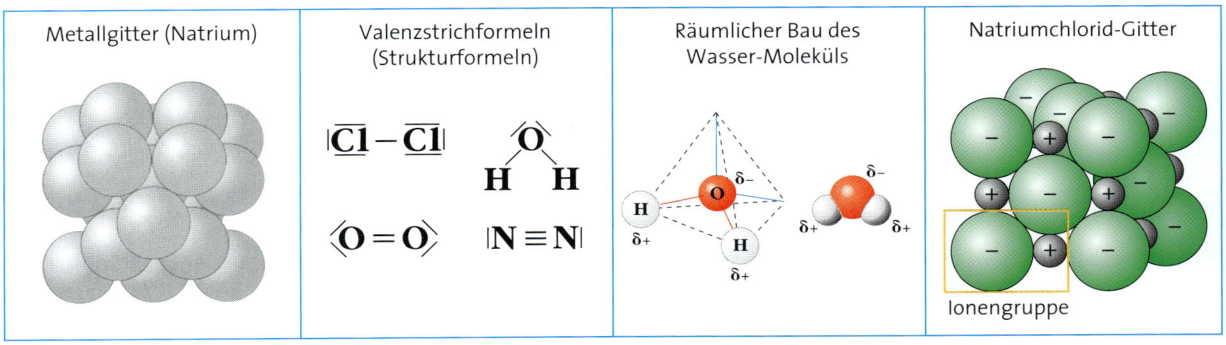

Modelle für Teilchen und Teilchenverbände

Stoffebene:

Chemische Reaktionen sind Stoffumwandlungen, die mit der Aufnahme bzw. Abgabe von Energie verbunden sind.

Art der Reaktion

- Bildungsreaktion (Synthese)
- Zersetzungsreaktion (Analyse)

Reaktionsenergie

- Wärme
- Licht
- elektrische Energie
- mechanische Energie

exotherm: Energie wird aus der Reaktion verfügbar.
endotherm: Energie muss zugeführt werden, damit die Reaktion abläuft.

Aktivierungsenergie ist die Energie, die zu Beginn einer Reaktion zugeführt werden muss, um diese in Gang zu bringen.

Katalysator ist ein Stoff, der die Aktivierungsenergie herabsetzt, ohne sich dabei selbst zu verbrauchen. Die Reaktion wird durch ihn beschleunigt.

Teilchenebene:

Bei **chemischen Reaktionen** bilden sich neue Teilchen, indem sich Teilchen, z. B. Atome, umgruppieren. Bei zwei wichtigen Reaktionstypen verläuft die Umgruppierung durch Übertragung von **Elektronen** bzw. **Protonen** von einem Teilchen auf ein anderes (Donator-Akzeptor-Reaktion):

Art der Reaktion

- Säure-Base-Reaktion
  Protonenübertragungsreaktion
  H^+
  - Säure
    Protonendonator
  - Base
    Protonenakzeptor
- Redoxreaktion
  Elektronenübertragungsreaktion
  e^-
  - Reduktionsmittel
    Elektronendonator
  - Oxidationsmittel
    Elektronenakzeptor

Weitere wichtige Reaktionstypen sind …

Kondensationsreaktion (Abspaltung eines kleineren Moleküls aus zwei Molekülen)
z. B. bei der Esterbildung:

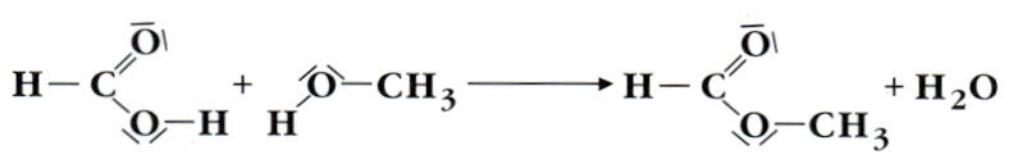

Hydrolyse (Spaltung eines Moleküls durch Reaktion mit einem Wasser-Molekül), z. B. bei der Esterspaltung:

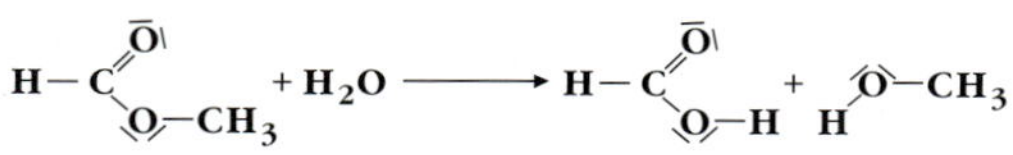

1. Größen von Reinstoffportionen und Umrechnungen

Zentrale Größe bei chemischen Rechnungen ist die Stoffmenge n. Ihre Einheit ist das Mol. Eine Stoffportion mit der Stoffmenge $n = 1$ mol besteht aus $6{,}02 \cdot 10^{23}$ Teilchen.

Die Stoffmenge n lässt sich nur aus anderen Größen der Stoffportion berechnen.

Die Stoffmenge eines Reaktionspartners erhält man gegebenenfalls mithilfe der Reaktionsgleichung, in der man das Stoffmengenverhältnis abliest.

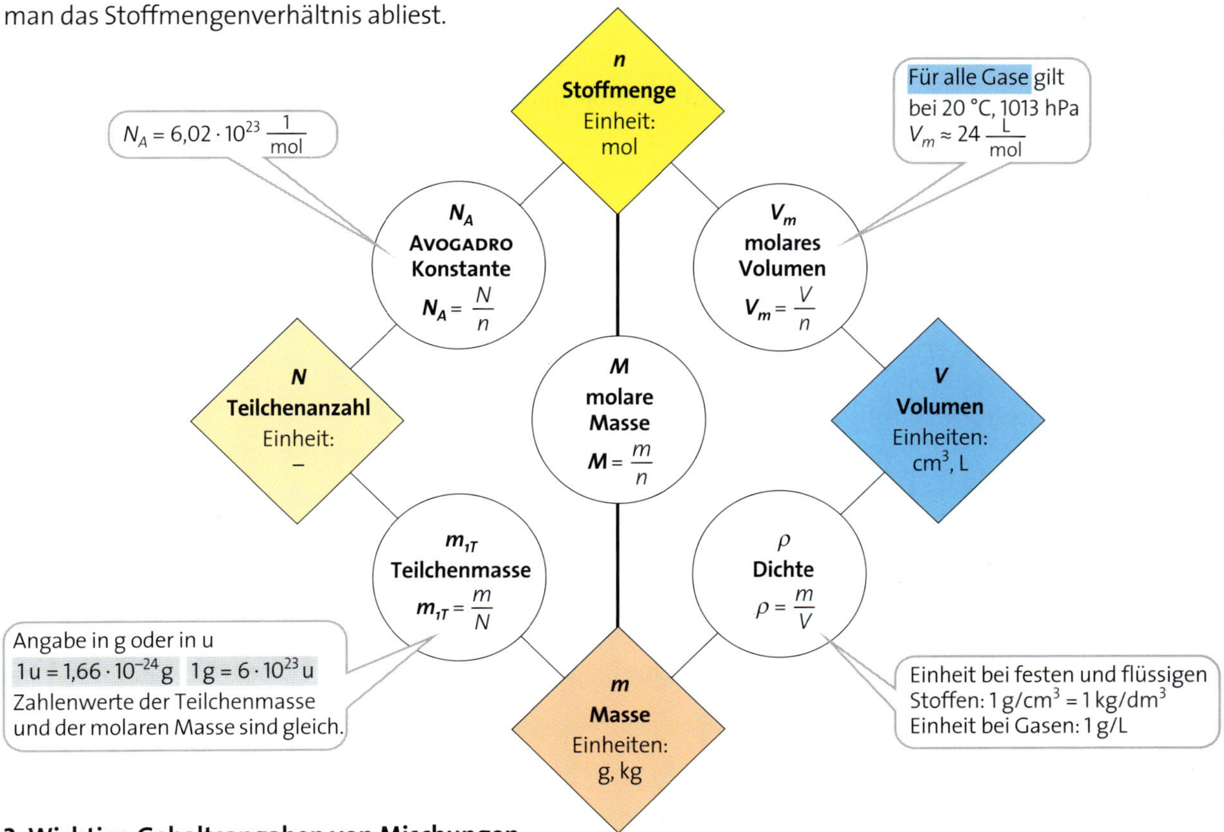

2. Wichtige Gehaltsangaben von Mischungen

Der in der Mischung (z. B. einer Lösung) angegebene Bestandteil X kann ein tatsächlich im Gemisch vorliegendes Ion, Molekül oder Atom sein (z. B. H_3O^+ oder Cl^-) oder ein Teilchen vor der Herstellung des Gemisches (z. B. ein Molekül wie HCl oder eine Ionengruppe wie Ca^{2+} und $2Cl^-$).

Konzentrationen

Bezeichnung	Symbol	Formel	Einheiten	Hinweise
Stoffmengenkonzentration	$c(X)$	$c(X) = \frac{n(X)}{V}$	$\frac{mol}{L}$	V ist das Volumen der fertigen Mischung (z. B. einer wässrigen Lösung)
Massenkonzentration	$\beta(X)$	$\beta(X) = \frac{m(X)}{V}$	$\frac{g}{L}, \frac{mg}{m^3}$	β: gelesen „Beta“

Anteile

Bezeichnung	Symbol	Formel	Einheit	Hinweise
Massenanteil	$w(X)$	$w(X) = \frac{m(X)}{m}$	häufig %	m ist die Masse der gesamten Mischung
Volumenanteil	$\varphi(X)$	$\varphi(X) = \frac{V(X)}{V_0}$	häufig %, mL/m^3 = ppm	φ: gelesen „(klein) Phi“ V_0 ist die Summe der Volumina aller Bestandteile *vor* dem Mischen.

1. Chemische Bindung

Elektronenpaarbindung		Ionenbindung
	Phänomen *innerhalb* von	
Molekülen zwischen den Atomen		Ionengittern zwischen den Ionen
	Zustandekommen der Bindung	
durch ein gemeinsames Elektronenpaar		durch starke Anziehungskräfte zwischen entgegengesetzt geladenen Ionen
	tritt auf bei Verbindungen aus	
Nichtmetallen untereinander		Metallen und Nichtmetallen

Edelgasregel für Ionen

Bei Reaktionen geben Metall-Atome in der Regel ihre Valenzelektronen ab, Nichtmetall-Atome nehmen so viele Elektronen auf, dass die Elektronenanzahl des nächsten Edelgas-Atoms erreicht wird.

Edelgasregel für Atome in Molekülen

Die Anzahl der Elektronen aller bindenden und nicht bindenden Elektronenpaare um einen Atomrumpf ist oft so groß wie die Elektronenanzahl des nächsten Edelgas-Atoms.

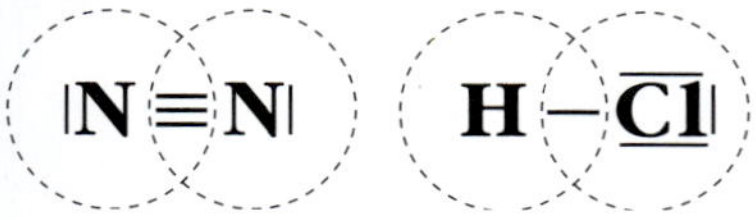

Sie gilt auch für viele zusammengesetzte Ionen, bei denen mehrere Atome durch Elektronenpaarbindungen verbunden sind („Molekül-Ionen"), z. B. das Oxonium-Ion ($\mathbf{H_3O^+}$) oder das Carbonat-Ion ($\mathbf{CO_3^{2-}}$).

Elektronegativität (EN)

Die EN ist ein Maß für die Fähigkeit von Atomen, bindende Elektronenpaare anzuziehen. Sie ist Ursache für das Entstehen polarer Bindungen. LINUS PAULING hat eine Zahlenskala erstellt, die der EN des Fluor-Atoms (höchste EN) die Zahl 4 zuordnet.

2. Zwischenmolekulare Wechselwirkungen

Zwischen Molekülen wirken anziehende Kräfte, deren Stärke von der Struktur der Moleküle abhängt. Sie sind maßgeblich für bestimmte charakteristische Eigenschaften der Stoffe wie z. B. die Schmelz- und Siedetemperatur.

Name	VAN-DER-WAALS-Kräfte	Dipol-Dipol-Kräfte	Wasserstoffbrücken[1] (H-Brücken)
Vorkommen	zwischen allen Teilchen	zwischen permanenten Dipol-Molekülen	zwischen Molekülen, in denen H-Atome direkt an F-, O- oder N-Atome gebunden sind
Ursache	Kurzfristig induzierte Dipole führen an Kontaktstellen zur Anziehung von Nachbarmolekülen.	Da der positive und der negative Ladungsschwerpunkt an verschiedenen Stellen des Moleküls liegen, werden die Nachbarmoleküle angezogen.	Das positiv teilgeladene H-Atom tritt in Wechselwirkung mit einem nicht bindenden Elektronenpaar eines F-, O- oder N- Atoms des Nachbarmoleküls und stellt so eine „Brücke" zwischen beiden Molekülen dar. 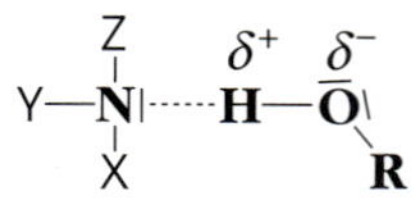
Stärke	schwach, zunehmend mit der Oberfläche der Moleküle	mittelstark	am stärksten, fast so stark wie Elektronenpaarbindung

[1] Wasserstoffbrücken werden oft als Wasserstoffbrückenbindungen bezeichnet, obwohl es sich um zwischenmolekulare Wechselwirkungen und nicht um chemische Bindungen handelt.

Stoffklasse	Strukturelement oder funktionelle Gruppe	Beispiel
Alk**an**e	Einfachbindung 	Eth**an** 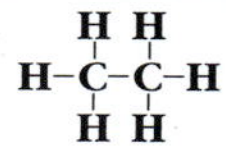
Alkoh**ol**e (Alkan**ol**e)	Hydroxy-Gruppe 	Ethan**ol** 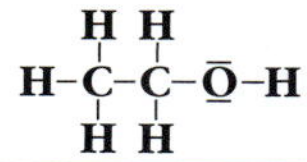
Carbonsäuren	Carboxy-Gruppe 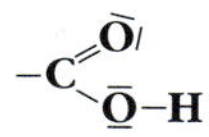	Ethan**säure** 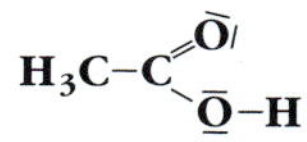
Ester	Ester-Gruppe 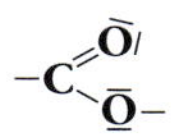	Ethansäure-ethyl**ester** (Ethylethanoat) 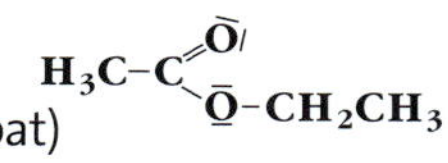

Wichtige Nachweisreaktionen

Wasser
Gibt man Wasser auf wasserfreies Kupfersulfat (farblos) oder Watesmopapier, so entsteht jeweils ein Stoff mit blauer Farbe.

Überprüfung auf reines Wasserstoffgas (Knallgasprobe)
Entzündet man reines Wasserstoffgas in einem umgekehrten Reagenzglas, beginnt es fast geräuschlos mit schwach blauer Flamme zu brennen. Mischungen von Wasserstoff mit Luft oder Sauerstoff (Knallgas) erkennt man am pfeifenden Knall beim Entzünden.

Sauerstoff (Glimmspanprobe)
Hält man in ein Gefäß mit reinem Sauerstoff einen glimmenden Holzspan, so flammt dieser auf.

Kohlenstoffdioxid (Kalkwassertrübung)
Leitet man Kohlenstoffdioxid in gesättigte Calciumhydroxid-Lösung (Kalkwasser), so bildet sich ein weißer Niederschlag aus Calciumcarbonat (Kalk).

Chlorid-, Bromid-, Iodid-Ionen (Fällung von Silberhalogenid)
Gibt man wenige Tropfen verd. Salpetersäure und anschließend verdünnte Silbernitrat-Lösung zu einer Probelösung, so bildet sich ein Niederschlag des entsprechenden Silberhalogenids.
Silberchlorid: weiß; Silberbromid: gelblich; Silberiodid: schwach gelb

Kohlenstoff-Kohlenstoff-Mehrfachbindungen (Entfärbung von Bromwasser)
Schüttelt man die Stoffprobe mit Bromwasser, so entsteht eine farblose Lösung.

Erdöl – Energieträger und Rohstoff

Erdöl ist zusammen mit Erdgas in unserer technischen Zivilisation weltweit der wichtigste Energieträger und Rohstoff (B1). Besonders als Rohstoff für die industrielle Herstellung von vielen Produkten für die Technik und für unseren Alltag wird Erdöl im gesamten 21. Jahrhundert weiterhin die Hauptrolle spielen.

Im Zusammenhang mit Erdöl werden in diesem Kapitel die wichtigsten **Stoffklassen** und **Reaktionstypen der organischen Chemie** sowie die **energetischen Größen**, die bei chemischen Reaktionen von Bedeutung sind, erschlossen. Das geschieht jeweils an Beispielen von Stoffgemischen und Stoffen, die im Erdöl enthalten sind, und solchen, die daraus gewonnen werden. Die auf den folgenden Seiten eingeführten Begriffe, Modelle und Klassifikationsprinzipien werden in die fachsystematische Struktur integriert, wobei das **Basiskonzept Stoff – Teilchen** und das **Basiskonzept Energie** als Leitlinien dienen.

Um chemische Grundlagen zu erwerben, die auch für die Erschließung anderer Kontexte verfügbar und anschlussfähig sind, gehen wir in diesem Kapitel folgenden Fragen nach:

1 **Durch welche charakteristischen Merkmale unterscheiden sich brennbare Stoffe, die im Erdöl enthalten sind?**

2 **Welche Größen eignen sich, um die Energiebeteiligung bei Verbrennungen und anderen chemischen Reaktionen zu erklären, zu messen und zu berechnen?**

3 **Wie lässt sich voraussagen, ob eine chemische Reaktion spontan (selbsttätig) oder nur erzwungen ablaufen kann?**

4 **Von gesättigten zu ungesättigten Kohlenwasserstoffen – was heißt das und wie wird dieser Prozess industriell bei der Verarbeitung von Erdöl durchgeführt?**

5 **Halogenkohlenwasserstoffe aus Alkanen durch radikalische Substitution – wie funktioniert dieser Reaktionstyp auf der Teilchenebene?**

6 **Homologe Reihen – wie lässt sich damit die Vielzahl organischer Stoffe sinnvoll und überschaubar einteilen?**

7 **Halogenkohlenwasserstoffe, Alkanole und andere Stoffe durch elektrophile Addition an Alkene – wie verlaufen diese Reaktionen auf der Teilchenebene und welche Alltagsprodukte werden so hergestellt?**

8 **Alkanole und Ether aus Halogenkohlenwasserstoffen durch nucleophile Substitution – wie verläuft dieser Reaktionstyp und zu welchen Alltagsprodukten kann er führen?**

9 **Oxidationszahl und Redoxreaktionen – wie lassen sich Oxidationen und Reduktionen organischer Verbindungen identifizieren und systematisieren?**

10 **Vom Rohstoff Erdöl zu Produkten unseres Alltags – wie sehen die industriellen Synthesewege in der chemischen Industrie prinzipiell aus?**

11 **Treibhauseffekt und Ozonproblematik – wie beeinflusst die Nutzung des Energieträgers und Rohstoffs Erdöl unsere Umwelt und das Erdklima?**

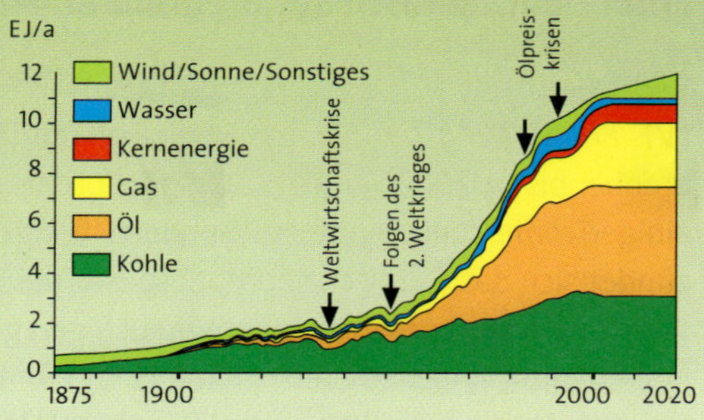

B1 *Entwicklung des Einsatzes von Primärenergie weltweit.*
A: Erläutern Sie, wie sich die Anteile von Erdöl und Erdgas in den letzten 100 Jahren entwickelt haben (1 EJ = 1 Exajoule = $1 \cdot 10^{18}$ Joule).

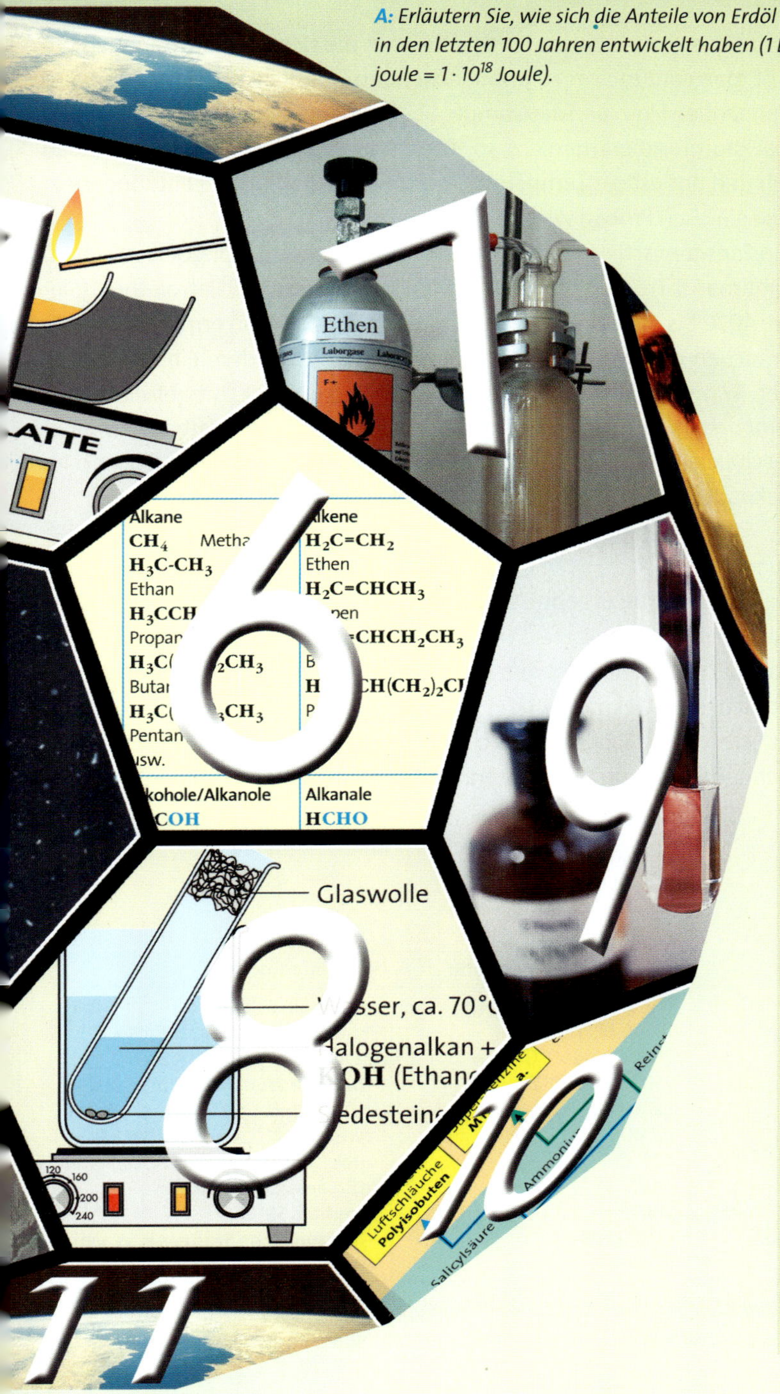

Steigende Preise an der Tankstelle sind für den Verbraucher ärgerlich. Der Preis für Autotreibstoffe wird von vielen Faktoren beeinflusst: Der Preis des Rohöls auf dem Weltmarkt, der Kurs des Dollars, die vom Staat erhobene Energiesteuer und die Preispolitik der Ölmultis gehören zu den wichtigsten. Aber nicht nur die Benzinpreise hängen vom Preis des Erdöls ab. **Erdöl** und **Erdgas** sind heutzutage die herausragenden **fossilen Primärenergieträger**, aus denen durch chemische Reaktion mit Sauerstoff aus der Luft **Sekundärenergien** (z.B. elektrische Energie und thermische Energie) verfügbar gemacht werden, die wir schließlich in Form von **Nutzenergien** ein- und umsetzen. Der Preis für das Heizen und Beleuchten von Gebäuden, für das Kühlen von Lebensmitteln, für den Betrieb von Elektrogeräten u.v.a.m. hängt also letztlich auch vom Preis des Erdöls und Erdgases ab. Weiter werden die Kosten vieler anderer Gegenstände unseres Alltags, Hygiene-, Sport- und Freizeitartikel, Medikamente, Kosmetika und sogar Lebensmittel, in beträchtlichem Maße vom Rohölpreis bestimmt, da Erdöl und Erdgas als **Rohstoffe** für ihre Herstellung in der **chemischen Industrie** dienen. Obwohl über 90% der Erzeugnisse der chemischen Industrie aus diesen beiden Rohstoffen gewonnen werden, führt man lediglich ca. 6% des geförderten Erdöls der Veredlung durch chemische Umwandlung zu, der weitaus größere Teil wird zu Brennstoffen für Autos, Flugzeuge und Schiffe, aber auch für Kraftwerke und Heizanlagen von Gebäuden verarbeitet und verbrannt.

Die Chemie kann einen wesentlichen Beitrag dazu leisten, die wertvollen fossilen Energieträger als Rohstoffe über einen längeren Zeitraum zu „strecken“ und **alternative Energiequellen** sowie **regenerative Energieträger** zu erschließen.

Erdöl – ein Gemisch aus brennbaren Stoffen

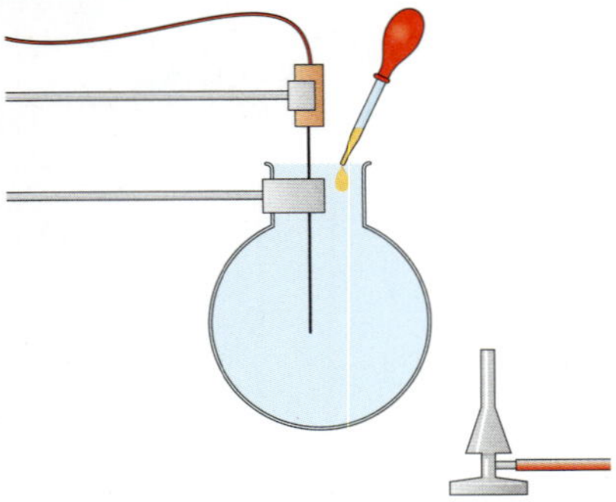

B1 *Bei der Entzündungstemperatur entzündet sich das Luft-Gas-Gemisch selbsttätig (LV1).*

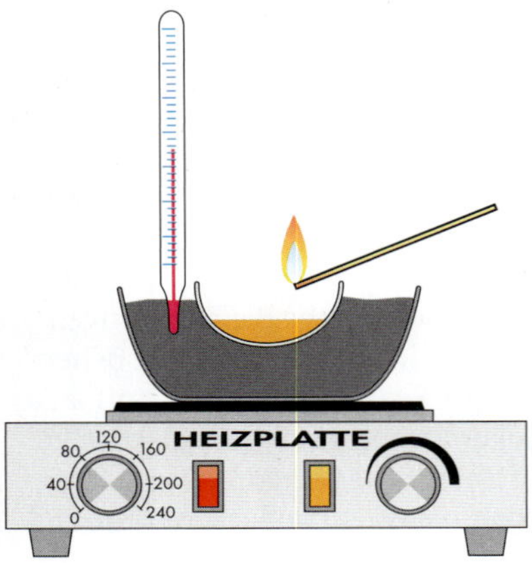

B2 *Bei der Flammtemperatur lässt sich das Luft-Gas-Gemisch über der Flüssigkeit entzünden (LV2).*

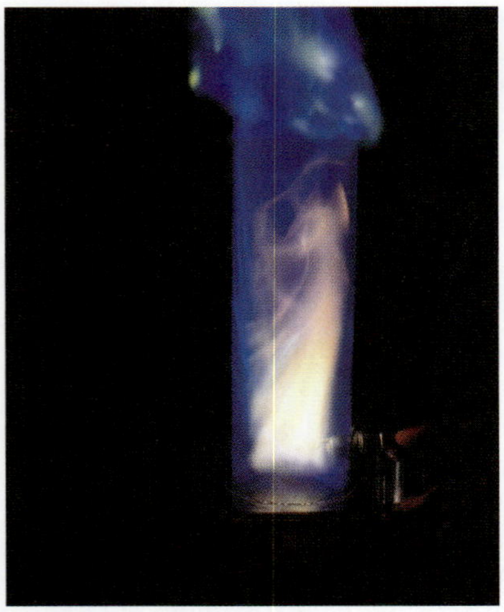

B3 *Test von Explosionsgemischen (LV3).* **A:** *Erläutern Sie, warum es bei Explosionsgemischen ein optimales Mischungsverhältnis gibt.*

Versuche

LV1 *Entzündungstemperatur:* Ein Kolben mit Thermofühler wird mit dem Gasbrenner bis ca. 200 °C erhitzt (B1). Dann löscht man den Brenner und pipettiert einige Tropfen der zu untersuchenden Flüssigkeit* in den heißen Kolben. Entzündet sich das Gemisch spontan, so war die Entzündungstemperatur überschritten, wenn nicht, muss der Versuch neu gestartet werden. (*Hinweis:* Der Kolben muss vor jedem Versuch mit Luft gefüllt sein.) Die Entzündungstemperatur wird bei je einer Probe aus a) Benzin*, b) Heptan* und c) Dieselöl* bestimmt und notiert.

LV2 *Flammtemperatur:* In eine Porzellanschale, die sich in einem Sandbad befindet, gibt man ca. 2 mL der zu untersuchenden Flüssigkeit und versucht, mit einem brennenden Holzspan die Dämpfe über der Flüssigkeit zu entzünden. Gelingt es bei Raumtemperatur nicht, so erhöht man die Temperatur im Sandbad allmählich und notiert die Temperatur, bei der sich die Dämpfe entzünden. Es werden die gleichen Proben wie in LV1 untersucht.

LV3 *Explosionsgemische:* In ein Plexiglasrohr mit Deckel und piezoelektrischem Zünder gibt man 5 Tropfen (bzw. 10 Tropfen bzw. 15 Tropfen) Petrolether* (Siedebereich: 40 °C bis 60 °C), lässt verdunsten und zündet. Man ermittelt in mehreren Versuchen das optimale Mischungsverhältnis, bei dem eine Explosion stattfindet. (*Hinweis:* Das Rohr muss vor jedem Versuch mit Luft gefüllt sein.)

LV4 *Brennbarkeit von Diesel:* Es wird versucht, ca. 3 mL Dieselkraftstoff* in einer Porzellanschale anzuzünden. Gelingt es nicht, so steckt man einen Docht oder ein Watteknäuel in die Flüssigkeit und zündet erneut. Beobachtung?

Auswertung

a) Vergleichen Sie Ihre Ergebnisse aus LV1 und LV2 mit den Angaben aus B4. Deuten Sie den Sachverhalt.

b) Erklären Sie das Brennverhalten von Diesel. Erläutern Sie die Bedeutung des Dochtes und des Watteknäuels.

c) Formulieren Sie die Reaktionsgleichung der Verbrennung von Hexan C_6H_{14} und berechnen Sie das für die Verbrennung von 0,5 g Hexan erforderliche Luftvolumen.

Stoff	Entzündungstemperatur	Flammtemperatur
Diethylether*	170 °C	**unterhalb 21 °C:**
Benzin*	180 °C bis 220 °C	– brennbare Gase, z. B. Erdgas*,
Dieselöl*	200 °C bis 250 °C	Stadtgas*, Feuerzeuggas;
trockenes Holz	250 °C bis 350 °C	– hoch entzündliche Flüssigkeiten,
Heizöl*	ca. 350 °C	z. B. Diethylether*, Alkohol*, Benzin
Wachs	ca. 400 °C	**zwischen 21 °C und 55 °C:**
Alkohol*	425 °C	– leicht entzündliche Flüssigkeiten,
Papier	440 °C	z. B. Dieselöl*, Heizöl*
Stadtgas*	560 °C	**oberhalb 55 °C:**
Steinkohle	600° bis 900 °C	– entzündliche Stoffe, z. B. Wachs,
Erdgas*	ca. 600 °C	Paraffin, Bratöl, Fett

B4 *Entzündungstemperaturen und Flammtemperaturen einiger Brennstoffe.* **A:** *Geben Sie an, welche dieser Stoffe bzw. Stoffgemische im Erdöl enthalten sind.*

Raffination von Erdöl

Während **Erdgas** je nach Herkunft aus bis zu 99% gasförmigem Methan CH_4 besteht, ist **Erdöl** (B5) eine schwarze, dickflüssige, unangenehm riechende Flüssigkeit, die als Hauptbestandteile ganz unterschiedliche **Kohlenwasserstoffe** C_xH_y enthält. Bei der **Raffination** des Rohöls erfolgt zunächst seine **fraktionierte Destillation**. Hierbei wird das vorher erhitzte Rohöl in den unteren Teil eines Fraktionierturms eingeleitet (B6, B8), in dem die Temperatur von unten nach oben abnimmt. Die gasförmigen Bestandteile steigen nach oben, wobei sie etagenweise durch sog. Glockenböden hindurch müssen, in denen sich flüssige Gemische aus bereits kondensiertem Dampf befinden (vgl. Ausschnitt in B8). Bei jedem Durchtritt durch einen Glockenboden kondensieren die Stoffe, deren Kondensationstemperatur erreicht ist. Das Kondensat fließt durch Überlaufrohre nach unten, während der Dampf weiter nach oben steigt. Im Turm entstehen so **Erdölfraktionen** aus Stoffgemischen, die in verschiedenen Höhen des Turms abgeführt werden. Durch weitere Destillationsgänge unter vermindertem Druck und andere Verfahren können diese Fraktionen bis zu einzelnen Stoffen aufgetrennt werden.

Alle im Erdöl enthaltenen Stoffe sind brennbar. Ihre Brenneigenschaften, unter denen die **Entzündungstemperatur** (B1), die **Flammtemperatur** (B2) und die Zusammensetzung von **Explosionsgemischen** (B3) von besonderer praktischer Bedeutung sind, unterscheiden sich zum Teil erheblich voneinander (B4 und LV1 bis LV4).

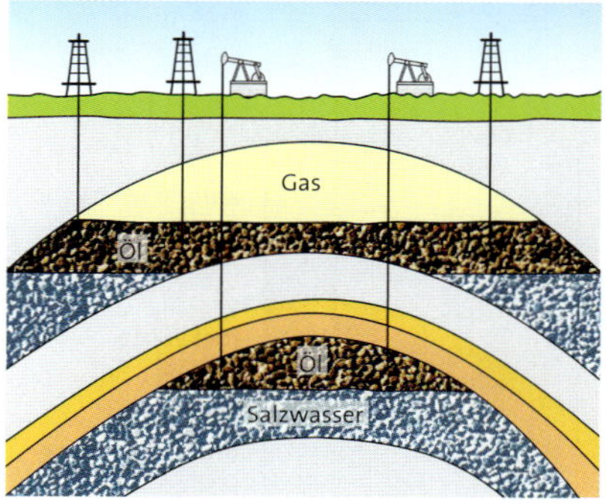

B5 *Erdöllager bilden keine unterirdischen Seen. Das Öl ist in porösem Gestein verteilt.* ***A:*** *Erläutern Sie, warum das Öl von alleine aus der Erde sprudelt.*

B6 *Destillationstürme einer Erdölraffinerie*

Siedebereich	Verwendung
unter 30 °C	Heizgas
30 bis 200 °C	Kraftstoff für Otto-Motoren, Lösemittel
150 bis 240 °C	Kerosin, Lösemittel, Beleuchtung
200 bis 370 °C	Kraftstoff für Dieselmotoren, Heizung
ab 350 °C (Vakuumdestillation)	Schmiermittel, Kraftstoffe nach Weiterverarbeitung
Rückstand der Vakuumdestillation	Straßenbau, Herstellung von Dachpappen und Kabelisolierungen

B7 *Erdölfraktionen*

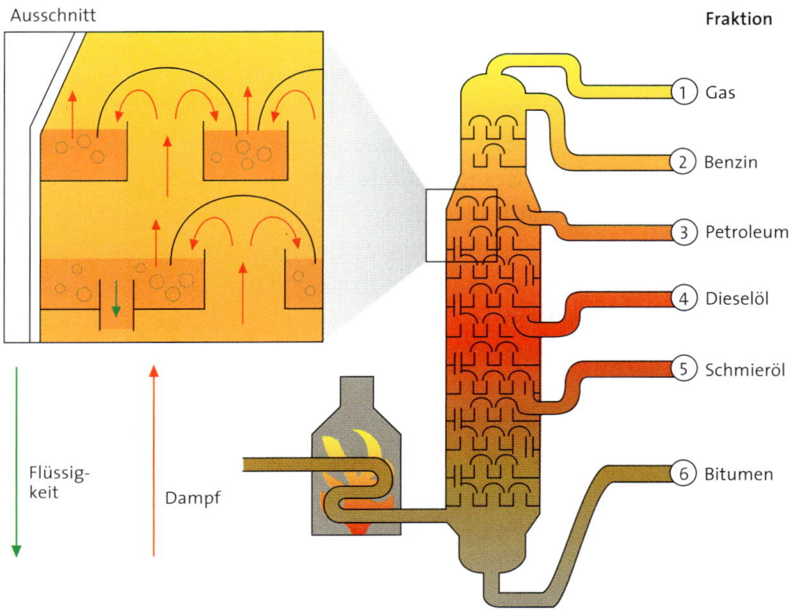

B8 *Fraktionierte Destillation von Erdöl.* ***A:*** *Nennen Sie die Fraktion, in der Heptan (ϑ_b = 98 °C) enthalten ist.*

Fachbegriffe

Kohlenwasserstoffe, Raffination, fraktionierte Destillation, Erdölfraktionen, Entzündungstemperatur, Flammtemperatur, Explosionsgemische

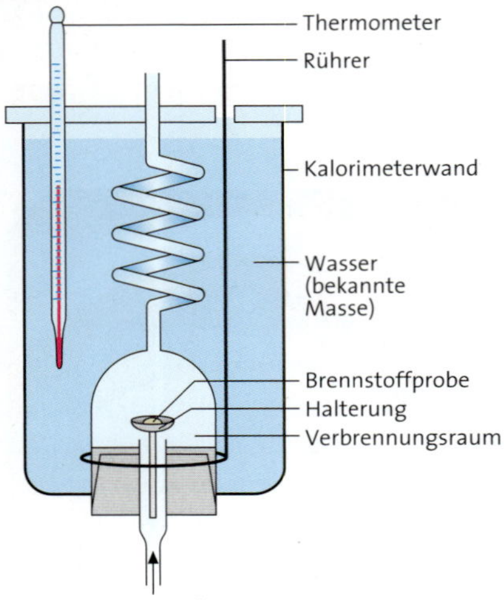

B1 *Kalorimeter.* ***A:*** *Lesen Sie INFO und begründen Sie, warum die Kalorimeterwand sehr gut wärmeisolierend sein muss.*

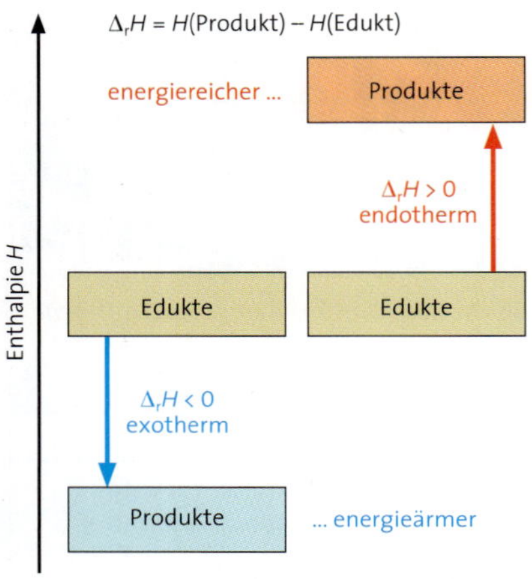

B2 *Reaktionsenthalpie $\Delta_r H$ und Enthalpieänderungen bei exothermen und endothermen Reaktionen. Das Vorzeichen ergibt sich aus der Betrachtung „vom System aus". Die Differenzbildung in der Chemie erfolgt immer nach der Vereinbarung „Endsystem minus Anfangssystem".*

H:	Enthalpie
S:	Entropie (vgl. S. 27)
G:	Freie Enthalpie (vgl. S. 27)
T:	Temperatur in Kelvin
Δ:	Differenz
Index **r**:	Reaktions-
Index **m**:	molar
Hochgestellte **0**:	bei Standardbedingungen

B3 *Abkürzungen und Schreibweisen in der Thermodynamik*

Benzin, Kerosin, Diesel – wie viel Energie ist da drin?

INFO

Bei Brennstoffen unterscheidet man zwischen ihrem **Brennwert H_s** und ihrem **Heizwert H_i**. Während der Brennwert die gesamte Wärmemenge angibt, die bei der Verbrennung einer Massen- oder Volumeneinheit des Stoffes frei wird, ist der Heizwert ein Maß für die tatsächlich nutzbare Wärme. So beträgt beispielsweise den Brennwert von Benzin 47 kJ/g und der von Diesel 45 kJ/g, während die Heizwerte nur 44 kJ/g bzw. 42 kJ/g betragen. Das liegt daran, dass die Kondensationswärme des bei der Verbrennung entstehenden Wassers vom Brennwert abgezogen werden muss (vgl. Tabelle mit Brennwerten und Heizwerten auf S. 192).

Experimentell kann die gesamte **Wärme W_{therm}**, d.h. die **thermische Energie**, die bei der Verbrennung einer Stoffportion verfügbar wird, mit einem **Kalorimeter** (B1) mithilfe der folgenden Gleichung ermittelt werden:

$$W_{therm} = m \cdot c_W \cdot \Delta T$$

m: Masse an Wasser im Kalorimeter (in g)
c_W: spezifische Wärmekapazität des Wassers, $c_W = 4{,}187\ J \cdot K^{-1} \cdot g^{-1}$
ΔT: Temperaturdifferenz des Wassers beim Verbrennungsvorgang in K

Einfacher und kostengünstiger als im Kalorimeter (allerdings nicht bei einer Verbrennungsreaktion) kann die Wärme W_{therm} aus einer Reaktion durch den folgenden Versuch V2 ermittelt werden.

Versuche

V1 *Vorversuch*: Vereinigen Sie in einem großen Rggl. oder in einem 50-mL-Erlenmeyerkolben 20 mL Salzsäure*, *c* = 1 mol/L, und 20 mL Natronlauge*, *c* = 1 mol/L, und prüfen Sie die Temperatur durch Abtasten mit der Handfläche. Messen Sie den *p*H-Wert der vereinigten Lösung und vergleichen Sie ihn mit den *p*H-Werten der Ausgangslösungen.

V2 *Hauptversuch – Neutralisationsreaktion*: Bringen Sie 50 mL Salzsäure*, *c* = 1 mol/L, und 50 mL Natronlauge*, *c* = 1 mol/L, in zwei Bechern (oder anderen Gefäßen) aus Styropor und mit einem Fassungsvermögen von jeweils größer als 150 mL auf gleiche und konstante Raumtemperatur. Beobachten Sie hierzu in jedem Becher die Temperatur so lange, bis sie 1 min konstant bleibt. Vereinigen Sie dann die Lösungen in einem der beiden Becher und lesen Sie die Temperatur in 10-s-Abständen ab, bis sie aufhört zu steigen bzw. anfängt zu fallen. Notieren Sie den höchsten Wert.

Auswertung

a) Berechnen Sie aus Ihren Versuchsergebnissen mithilfe von *INFO* die Wärmen W_{therm} der beiden Neutralisationsreaktionen bei V2. (*Hinweis*: Nehmen Sie für die Dichten der eingesetzten Lösungen $\rho = 1\ g/cm^3$ an.)

b) Berechnen Sie aus der bei V2 erhaltenen Wärme W_{therm} die **Reaktionsenthalpie $\Delta_r H$** (vgl. S. 21) der Neutralisationsreaktion und vergleichen Sie Ihren Wert mit dem auf S. 21 angegebenen Literaturwert der Standard-Reaktionsenthalpie der Neutralisationsreaktion $\Delta_r H^0$ (vgl. S. 21).

Innere Energie und Reaktionsenthalpie

Da bei sehr vielen chemischen Reaktionen die gesamte Änderung des Energieinhalts als thermische Energie, also Wärme, abgegeben oder aufgenommen wird, ist sie die am besten untersuchte energetische Größe in der Chemie. Sie kann bei vielen Reaktionen mithilfe eines **Kalorimeters** experimentell bestimmt werden (B1, *INFO*). Die gesamte Wärme W_{therm} einer energieliefernden Reaktion muss dabei im Kalorimeter bleiben und darin Wasser aufwärmen. Gleiches geschieht auch bei der Bestimmung der Wärmen bei den Neutralisationsreaktionen in V1 und V2 in vereinfachten, nicht so gut isolierten und daher nicht so genauen kalorimetrischen Vorrichtungen. Zwischen der Neutralisationsreaktion in V1 und V2 und der Verbrennung eines Brennstoffs im Kalorimeter gibt es aber auch einen prinzipiellen Unterschied: Bei der Verbrennung entstehen auch Gase, die aus dem Kalorimeter entweichen, während das Produkt der Neutralisationsreaktion flüssig ist und im Gefäß bleibt. Würde man die Neutralisation in einem geschlossenen System (vgl. S. 55, B2) durchführen, bliebe der Druck konstant, weil die Edukte das gleiche Volumen einnehmen wie die Produkte. Bei der Verbrennung eines Stoffes bleibt der Druck nur konstant, wenn die Verbrennungsgase entweichen können. Um dem Rechnung zu tragen, definiert man:

Die **Reaktionsenthalpie $\Delta_r H$** ist die Energie, die bei einer unter konstantem Druck (also in einem offenen oder mit verschiebbarem Stempel verschlossenen Gefäß) verlaufenden Reaktion abgegeben wird oder zugeführt werden muss. Je nach Vorzeichen der Reaktionsenthalpie $\Delta_r H$, die als Differenz nach den Angaben aus B2 berechnet wird, können Reaktionen **exotherm** $\Delta_r H < 0$ oder **endotherm** $\Delta_r H > 0$ verlaufen.

Dabei spielt die Energieform keine Rolle, obwohl die Silbe „therm" die Energieform „Wärme" suggeriert. Wenn keine andere Energieform beteiligt ist, ist die Reaktionsenthalpie $\Delta_r H$ gleich der Änderung der **inneren Energie E_i** des stofflichen Systems, d. h. der Summe aus Kernenergie, chemischer Energie und thermischer Energie dieses Systems.

Bei Reaktionen mit Volumenveränderung wird zusätzlich mechanische Energie (Bewegungsenergie) verrichtet. In diesen Fällen muss für die Reaktionsenthalpie $\Delta_r H$ von der Änderung der inneren Energie ΔE_i die mechanische Energie W_{mech} abgezogen werden.

Die Reaktionsenthalpie einer beliebigen Reaktion kann in der Reaktionsgleichung angegeben werden. Sie bezieht sich dann immer auf die in der Reaktionsgleichung angegebenen Stoffmengen, z. B.

$$H_3O^+(aq) + OH^-(aq) \longrightarrow 2\ H_2O(l); \qquad \Delta_r H = -57\ kJ$$

Um in Tabellen vergleichbare Werte angeben zu können, werden oft **molare Reaktionsenthalpien $\Delta_r H^0_m$** unter **Standardbedingungen** (B5) ganz bestimmter chemischer Reaktionen, beispielsweise **molaren Standardbildungsenthalpien $\Delta_f H^0_m$**, angegeben.

Stoff	molare Standardverbrennungsenthalpie $\Delta_c H^0_m$
$CH_4(g)$	$-886{,}2\ kJ\ mol^{-1}$
$C_2H_6(g)$	$-1554{,}9\ kJ\ mol^{-1}$
$CH_3OH(l)$	$-1366{,}7\ kJ\ mol^{-1}$
	molare Standardbildungsenthalpie $\Delta_f H^0_m$
$HCl(g)$	$-92{,}3\ kJ\ mol^{-1}$
$HBr(g)$	$-36{,}2\ kJ\ mol^{-1}$
$NaCl(s)$	$-411{,}1\ kJ\ mol^{-1}$
	molare Standardlösungsenthalpie $\Delta_L H^0_m$
$HCl(g)$	$-75{,}1\ kJ\ mol^{-1}$
$HBr(g)$	$-84{,}7\ kJ\ mol^{-1}$
$FeCl_2(s)$	$-82{,}0\ kJ\ mol^{-1}$

B4 *Molare Reaktionsenthalpien $\Delta_r H^0_m$ bei Standardbedingungen (B5) und 25 °C. Unter „Bildungsreaktion" versteht man die Synthese eines Stoffes aus den Elementen. Unter „Lösereaktion" wird hier sowohl das einfache Lösen eines Salzes in Wasser als auch die Reaktion eines Stoffes mit Wasser verstanden.*

- Standarddruck $p = 1013$ hPa für alle Gase;
- Standardkonzentration $c = 1$ mol/L für alle Ionenkonzentrationen;
- Die Temperatur ist bei Standardbedingungen nicht festgelegt. Tabelliert sind üblicherweise die Werte für 25 °C.

B5 *Standardbedingungen für energetische Größen*

Aufgabe

A1 Die molaren Standardbildungsenthalpien von Elementen sind auf 0 kJ/mol gesetzt. Erläutern Sie, warum diese Festsetzung sinnvoll ist. Geben Sie an, welche Ergänzung bei vielen Elementen (z. B. Kohlenstoff) notwendig ist.

Fachbegriffe

Kalorimeter, Reaktionsenthalpie $\Delta_r H$, exotherm, endotherm, molare Standardreaktionsenthalpien $\Delta_r H^0_m$, Standardbedingungen, molare Standardbildungsenthalpien $\Delta_f H^0_m$

Berechnen – einfacher als messen

INFO

Mithilfe tabellierter molarer Standardbildungsenthalpien (S. 23, B4) lassen sich auf einfache Weise Reaktionsenthalpien berechnen. Nach dem Satz von den konstanten Wärmesummen (S. 23, B3) ist die Reaktionsenthalpie $\Delta_r H$ unabhängig davon, ob die Edukte direkt in die Produkte übergehen oder ob sie zunächst in die Elemente zerlegt werden und aus diesen dann die Produkte gebildet werden. Damit ergibt sich folgende Berechnungsvorschrift:

Reaktionsenthalpie = Summe der molaren Bildungsenthalpien $\Delta_f H_m$ der Produkte minus Summe der molaren Bildungsenthalpien $\Delta_f H_m$ der Edukte, jeweils multipliziert mit den an der Reaktion beteiligten Stoffmengen n_r:

$$\Delta_r H = \Sigma n_r \cdot \Delta_f H_m \text{ (Produkte)} - \Sigma n_r \cdot \Delta_f H_m \text{ (Edukte)}$$

Die molare Standardbildungsenthalpie aller Elemente wird gleich null gesetzt. Da die Tabellenwerte für die molaren Standardbildungsenthalpien $\Delta_f H_m^0$ (B4) nicht besonders stark von der Temperatur abhängig sind, kann man in gewissen Grenzen auch Berechnungen für Systeme unter Nichtstandardbedingungen durchführen, deren Temperatur von der abweicht, die für die Tabellenwerte gewählt wurde (i.d.R. 25 °C).

B1 *Brennende Erdölfraktionen.* **A:** *Erläutern Sie, warum die experimentelle Bestimmung der Reaktionsenthalpien hier sehr aufwendig ist.*

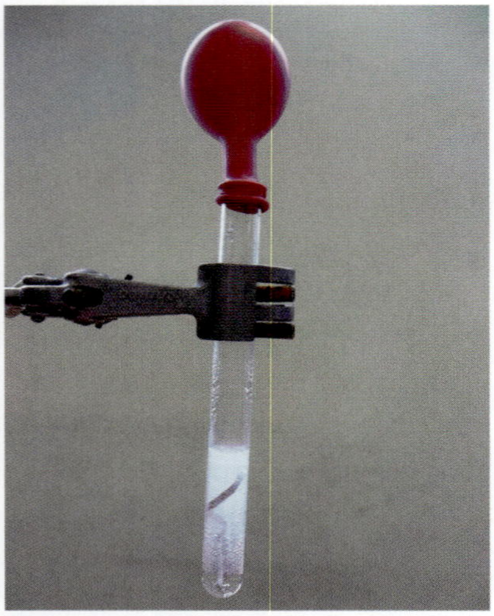

B2 *Reaktion von Magnesium mit Salzsäure.* **A:** *Begründen Sie, warum bei dieser Versuchsanordnung die Reaktionsenthalpie $\Delta_r H$ nicht bestimmt werden kann, selbst dann nicht, wenn die abgegebene Reaktionswärme W_{therm} exakt gemessen würde.*

Rechenbeispiele

A1 Berechnen Sie mithilfe der Tabellenwerte aus B4 die Reaktionsenthalpie und den volumenbezogenen Brennwert bei der Verbrennung von 1 m³ Methan.

Lösung zu A1

1. Reaktionsgleichung und Reaktionsenthalpie für die Verbrennung von Methan (Produkt Wasser ist flüssig, da der Brennwert gefragt ist):

$$CH_4 + 2\,O_2 \longrightarrow CO_2 + 2\,H_2O(l)$$

$$\begin{aligned}\Delta_r H &= 1\,\text{mol} \cdot \Delta_f H_m(CO_2) + 2\,\text{mol} \cdot \Delta_f H_m(H_2O(l)) - [1\,\text{mol} \cdot \Delta_f H_m(CH_4) \\ &\quad + 2\,\text{mol} \cdot \Delta_f H_m(O_2)] \\ &= 1\,\text{mol} \cdot (-393{,}51\,\text{kJ/mol}) + 2\,\text{mol} \cdot (-285{,}83\,\text{kJ/mol}) - [1\,\text{mol} \cdot (-74{,}81\,\text{kJ/mol}) \\ &\quad + 2\,\text{mol} \cdot (0\,\text{kJ/mol})] = -890{,}36\,\text{kJ}\end{aligned}$$

2. Molares Volumen $V_m(CH_4)$ von Methan und Stoffmenge von Methan $n_r(CH_4)$ der Reaktionsgleichung entnehmen:
$V_m(CH_4) = 24$ L/mol (gilt bei 25 °C und 1013 hPa); $n_r(CH_4) = 1$ mol

3. Volumenbezogener Brennwert von Methan:

$$H_s = -\frac{\Delta_r H}{(n_r \cdot V_m)} = -\frac{(-890{,}36\,\text{kJ})}{(1\,\text{mol} \cdot 24\,\text{L/mol})} = 37{,}1\,\text{kJ/L} = 37\,100\,\text{kJ/m}^3\ (= 37{,}1\,\text{MJ/m}^3)$$

A2 Berechnen Sie mithilfe der Tabellenwerte aus B4 die Reaktionsenthalpie $\Delta_r H$ der folgenden Reaktion: $Zn(s) + 2HBr(aq) \longrightarrow ZnBr_2(aq) + H_2(g)$.

Lösung zu A2

1. Die Bildungsenthalpien von Wasserstoffbromid-Lösung $HBr(aq)$ und von gelöstem Zinkbromid $ZnBr_2(aq)$ sind nicht tabelliert. Die oben genannte Reaktion kann aber als Aufeinanderfolge der folgenden Teilreaktionen aufgefasst werden:

(1): $Zn(s) + Br_2(l) \longrightarrow ZnBr_2(s)$
(2): $ZnBr_2(s) \longrightarrow ZnBr_2(aq)$
(3): $2HBr(aq) \longrightarrow 2HBr(g)$
(4): $2HBr(g) \longrightarrow Br_2(l) + H_2(g)$

2. Damit ergibt sich nach dem Satz von den konstanten Wärmesummen (B3):

$$\begin{aligned}\Delta_r H &= \Delta_f H_m(ZnBr_2(s)) \cdot 1\,\text{mol} + \Delta_L H_m(ZnBr_2(s)) \cdot 1\,\text{mol} \\ &\quad - \Delta_f H_m(HBr(g)) \cdot 2\,\text{mol} - \Delta_L H_m(HBr(g)) \cdot 2\,\text{mol}) \\ &= -326{,}9\,\text{kJ} + (-67{,}3\,\text{kJ}) - (-36{,}2 \cdot 2\,\text{kJ}) - (-84{,}7 \cdot 2\,\text{kJ}) = -152{,}4\,\text{kJ}\end{aligned}$$

Satz von den konstanten Wärmesummen

Die experimentelle Bestimmung von Reaktionsenthalpien erfordert in der Regel hohen Aufwand an Laborgeräten und viel Arbeitszeit. Das gilt besonders für Reaktionen, die in einer geschlossenen Apparatur nicht unter konstantem Druck ablaufen können. In solchen Fällen muss man dafür sorgen, dass die gebildeten Gase die Apparatur verlassen können, vorher aber die Reaktionswärme abgeben, wie bei dem Kalorimeter aus B1, S. 20. Günstiger wäre es, wenn noch nicht bekannte Reaktionsenthalpien aus bereits bekannten berechnet werden könnten. Dass solche Berechnungen möglich sind, zeigen grundsätzliche Überlegungen zur Energie: Nach dem **ersten Hauptsatz der Thermodynamik** (**Satz von der Erhaltung der Energie**) wird Energie nie „verbraucht" oder „erzeugt", kann aber aus einer Form in eine andere umgewandelt oder von einem Energieträger auf einen anderen übertragen werden. Bezogen auf die Reaktionsenthalpie $\Delta_r H$ lässt sich dieser allgemeine Satz von der Erhaltung der Energie folgendermaßen als **Satz von den konstanten Wärmesummen** (**Satz von Hess**[1]) formulieren:
Die Reaktionsenthalpie einer Reaktion ist nur von den Edukten und Produkten dieser Reaktion und nicht vom Reaktionsweg von den Edukten zu den Produkten abhängig (B3).
Damit kann die Reaktionsenthalpie jeder beliebigen Reaktion auf ganz einfache Weise aus tabellierten Bildungsenthalpien (ggf. unter Hinzuziehung von Lösungsenthalpien wie im Rechenbeispiel A2) berechnet werden. Nach dem gleichen Muster können auch andere Enthalpien berechnet werden, beispielsweise Gitterenthalpien von Ionengittern und Hydratationsenthalpien von Ionen beim Lösen von Salzen (vgl. *Chemie 2000+ Online*) oder Bildungsenthalpien von Stoffen, die sich nicht direkt aus den Elementen herstellen lassen, wie z. B. Glucose.

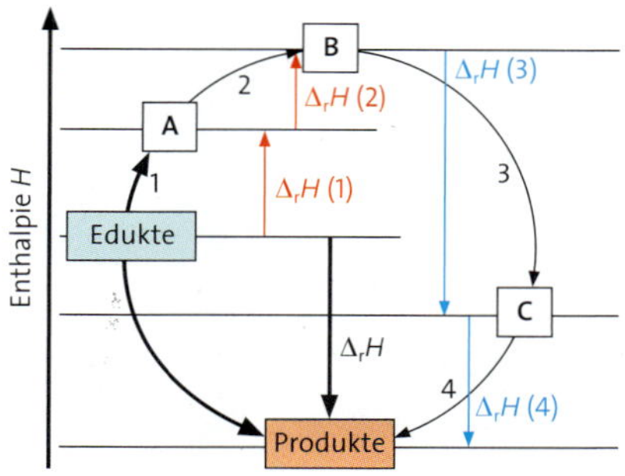

B3 *Die Reaktionsenthalpie $\Delta_r H$ ist unabhängig davon, ob die Edukte direkt in die Produkte übergehen oder über die Zwischenstufen **A**, **B** und **C**. Es gilt:*
$\Delta_r H = \Delta_r H\,(1) + \Delta_r H\,(2) + \Delta_r H\,(3) + \Delta_r H\,(4)$.

	molare Standardbildungsenthalpie $\Delta_f H^0_m$ in kJ/mol
$CH_4(g)$	– 74,81
$C_3H_8(g)$	– 103,85
$C_8H_{18}(l)$	– 249,9
$C_4H_{10}(g)$	– 126,15
$ZnBr_2(s)$	– 326,9
$HBr(g)$	– 36,2
$CO_2(g)$	– 393,51
$H_2O(l)$	– 285,83
$HCl(g)$	– 92,3
$MgCl_2(s)$	– 641,8
	molare Standardlösungsenthalpie $\Delta_L H^0_m$ in kJ/mol
$ZnBr_2(s)$	– 67,3
$HBr(g)$	– 84,7
$MgCl_2(s)$	– 155,1
$HCl(g)$	– 75,1

B4 *Molare Standardbildungsenthalpien und molare Standardlösungsenthalpien*

Aufgaben

A3 Berechnen Sie mithilfe der tabellierten Werte aus B4 a) die molare Verbrennungsenthalpie von Propan, b) die Reaktionsenthalpie für die Verbrennung von 1 m^3 Propan und c) die Reaktionsenthalpie für die Verbrennung von 1 L Octan. (*Hinweise:* Nehmen Sie an, dass das molare Volumen der Gase bei den Bedingungen 25 °C und 1013 hPa V_m = 24 L/mol ist; die Dichte von n-Octan[2] ist ρ = 0,70 g/cm^3.)

A4 Vergleichen Sie die bei A2 erhaltenen Ergebnisse mit den Ergebnissen der gelösten Aufgabe A1 (Verbrennung von Methan). Erklären Sie die Unterschiede und vergleichen Sie Methan und Propan als Energieträger.

A5 Die molare Gitterenthalpie von Calciumchlorid $CaCl_2$ beträgt $\Delta_G H_m$ = –2 164 kJ/mol. Calciumchlorid löst sich exotherm in Wasser, $\Delta_L H_m$ = –183 kJ/mol. Zeichnen Sie ein Energiediagramm für diesen Lösevorgang und berechnen Sie die Hydratationsenthalpie der Ionen bei der Stoffmenge n($CaCl_2$) = 1 mol.

Fachbegriffe

erster Hauptsatz der Thermodynamik (Satz von der Erhaltung der Energie), Satz von den konstanten Wärmesummen (Satz von Hess)

---

[1] Hermann Heinrich Hess (1802 bis 1850), Chemieprofessor in St. Petersburg;
[2] n-Octan ist eines von mehreren Isomeren mit der Molekülformel C_8H_{18} – vgl. S. 30, 31.

B1 *Das aus dem Feuerzeug entweichende Gas brennt nur, wenn es gezündet wird.*

B2 *Eine Brausetablette reagiert mit Wasser, ohne dass eine Aktivierung notwendig ist. Die Flüssigkeit kühlt sich dabei ab.*

B3 *Als Sprengstoffe wählt man metastabile Systeme, da sie erst auf gezielte Aktivierung reagieren sollen.* **A:** *Informieren Sie sich über die Zusammensetzung und die Zündung von Dynamit.*

Was geht ab?

Versuche

V1 Pipettieren Sie in eine flache Porzellanschale 1 mL Benzin und entzünden Sie es mit einem brennenden Holzspan.

V2 Flüssiges Paraffin*, ein Gemisch aus langkettigen Alkanen (vgl. S. 30), hat eine Entzündungstemperatur von ca. 400 °C (vgl. S. 18). Es kann durch eine endotherme Reaktion in Abwesenheit von Sauerstoff chemisch zersetzt werden, wobei flüssige und gasförmige Reaktionsprodukte entstehen. Planen Sie ein Experiment zur Durchführung der Zersetzung von flüssigem Paraffin*, fertigen Sie eine Skizze an und führen Sie das Experiment nach Absprache mit der Lehrkraft durch.

V3 Geben Sie in ein Reagenzglas ca. 4 cm hoch verd. Salzsäure* und dazu eine Spatelspitze Kaliumcarbonat*.

V4 Führen Sie den zu V3 analogen Versuch mit Kaliumhydrogencarbonat* statt mit Kaliumcarbonat* durch.

V5 *Modellexperiment*: Legen Sie eine Kette aus Metall in eine Schale, die an der Tischkante liegt. Ziehen Sie eines ihrer Enden langsam über den Rand der Schale und die Tischkante nach unten, bis ein „selbsttätig ablaufender" Vorgang beginnt.

Auswertung

a) Notieren Sie die Beobachtungen bei V1 bis V4.

b) Ordnen Sie jeweils den bei V1 bis V4 ablaufenden Reaktionen sowie den dort beteiligten Systemen die folgenden Begriffspaare zu: stabil – metastabil, selbsttätig[1] – erzwungen ablaufend, exotherm – endotherm.

c) Erläutern Sie den Unterschied zwischen einem metastabilen System und einem Explosionsgemisch (vgl. S. 25 und S. 18, B3).

d) Erläutern Sie, für welche realen Vorgänge das Modellexperiment aus V5 stehen kann. Stellen Sie Parallelen (Analogien) und Unterschiede zwischen diesem Modellexperiment und einer in Wirklichkeit ablaufenden Reaktion zusammen.

[1] Statt „selbsttätig" findet man auch die Formulierungen „freiwillig" oder „spontan" ablaufend.

Metastabile und stabile Systeme

Damit der Motor gut läuft, muss der Funke von der Zündkerze im richtigen Moment kommen (B4). Ein Funke kann aber auch genügen, um einen Großbrand in Gang zu setzen. Die chemische Reaktion von Brennstoffen, wie z. B. Feuerzeuggas, Benzin, Diesel, Kohle oder Holz, mit dem Sauerstoff der Luft verläuft stark exotherm und erzeugt Temperaturen von über 1000 °C. Trotzdem können Brennstoffe und der Sauerstoff aus der Luft jahrelang nebeneinander existieren, ohne merklich zu reagieren, bis das System durch die Energie des Funkens an einer Stelle „aktiviert" wird, die Verbrennung startet und die gespeicherte chemische Energie in Form von Wärme aus dem Stoffsystem an die Umgebung übertragen wird. Das Verfahren des Anzündens von Feuer dient seit der Steinzeit zur Nutzung der Verbrennungsreaktionen, beispielsweise für die Beheizung menschlichen Wohnraums. Moderne Otto-Motoren sind ohne exakte Steuerung der Zündvorgänge in den Zylindern nicht denkbar (B5).

Chemische Reaktionen wie Verbrennungen oder die Reaktion einer Brausetablette mit Wasser (B2), die – ob mit oder ohne „Starthilfe" – ohne weitere Maßnahmen ablaufen, nennt man **selbsttätig ablaufende Reaktionen** (vgl. Fußnote 1 auf S. 24). Reaktionen wie die Zersetzung von flüssigem Paraffin (V2) oder die Photosynthese in grünen Blättern (vgl. S. 291) gehören dagegen zu den **erzwungenen Reaktionen**. Sie laufen nur unter ständiger äußerer Einwirkung auf das System ab. Reaktionen, die zwar selbsttätig ablaufen, zu deren Start aber eine Aktivierung benötigt wird (B1, B3, B5), bezeichnet man als **metastabile Systeme**.

Aufgabe

A1 Die rote Kugel im linken Teil von B6 befindet sich der Reihe nach in einem metastabilen, instabilen und stabilen Zustand. Gleiches gilt auch für eine Flüssigkeitsportion aus der Vorrichtung im rechten Bildteil. Erläutern und begründen Sie diese Aussagen ausführlich.

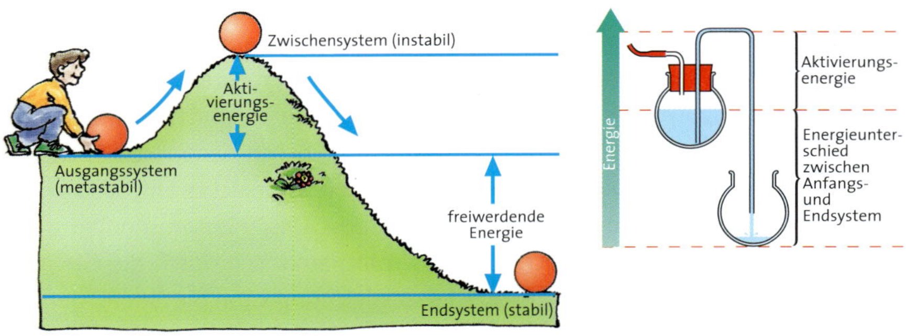

B6 *Modelle für metastabile, instabile und stabile Systeme (A1). **A:** Erläutern und begründen Sie, inwiefern diese Modelle auf die Reaktion des Benzin-Luft-Gemisches im Zylinder eines Motors (B5) übertragbar sind.*

B4 *Zündkerze für Otto-Motoren*

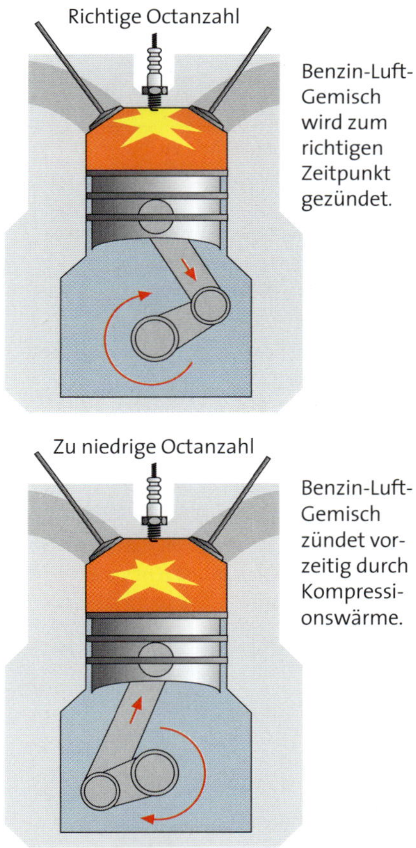

B5 *Oben: Normale Explosion des Benzin-Luft-Gemisches im Zylinder. Unten: „Klopfen" des Motors. **A:** Begründen Sie, warum der Wirkungsgrad eines klopfenden Motors geringer ist.*

Fachbegriffe

selbsttätig ablaufende Reaktionen, erzwungene Reaktionen, stabiles System, metastabiles System

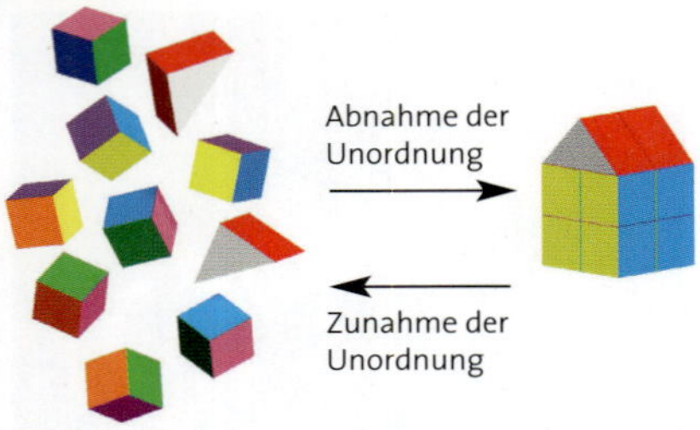

B1 *Die Zahl der möglichen Anordnungen der Spielklötze ist größer, wenn sie zerstreut herumliegen, als wenn sie ein Haus bilden. Das Zusammenbauen zu einem Haus entspricht einer Abnahme der Unordnung.*

Die Unordnung nimmt zu,
- wenn die Anzahl der Teilchen zunimmt
- wenn die Temperatur (also die Bewegung der Teilchen) zunimmt
- wenn die Teilchen sich regellos im verfügbaren Raum verteilen
- wenn der verfügbare Raum vergrößert wird
- wenn sich in zwei Räumen zunächst unterschiedliche Bedingungen (Temperatur, Druck, Konzentration) angleichen

B2 *Vorgänge, bei denen in geschlossenen Systemen die Unordnung (Entropie) zunimmt: $\Delta S > 0$*

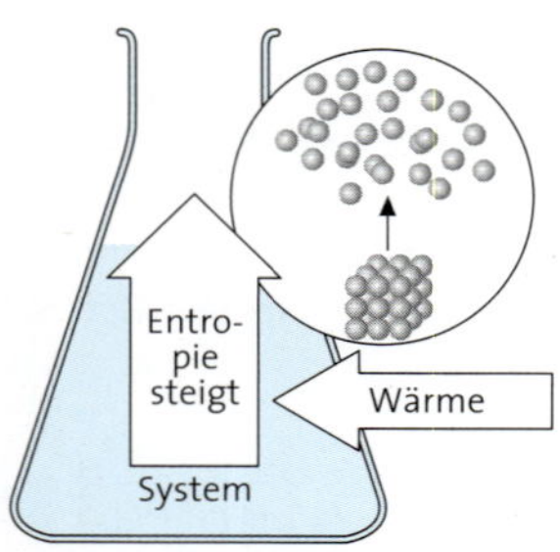

B3 *Entropieänderungen bei einem endothermen Lösevorgang.* ***A:*** *Nennen Sie Gemeinsamkeiten und Unterschiede zur Reaktion aus LV1.*

Unordnung als Ziel?

Versuch

LV1 In einen 500-mL-Erlenmeyerkolben werden je zwei Teelöffel Bariumhydroxid* und Ammoniumthiocyanat* gegeben und durch Schütteln gut durchgemischt. Die Temperatur des Kolbens wird durch Abtasten mit der Handfläche an der Außenwand von mehreren Personen geprüft. Nach ca. 1 min prüft man vorsichtig den Geruch an der Kolbenöffnung und betrachtet die Veränderungen des Kolbeninhalts genau. Nach erneut 2 min schabt man den Belag von der Außenwand des Kolbens auf die Handfläche ab und beobachtet ihn.

Auswertung

a) Bei LV1 läuft folgende Reaktion ab:

$$Ba(OH)_2 \cdot 8H_2O(s) + 2NH_4SCN(s) \longrightarrow 2NH_3(g) + 10H_2O(l) + Ba(SCN)_2(aq)$$

Erläutern Sie ausführlich, warum die Unordnung im System der Produkt-Teilchen größer ist als im System der Edukt-Teilchen.

INFO

Bei allen selbsttätig ablaufenden Reaktionen entstehen entweder Stoffsysteme mit größerer Teilchenanzahl oder es wird eine stärkere Bewegung der Teilchen herbeigeführt, indem Energie in die Umgebung überführt wird, die Energie also nicht mehr so „konzentriert" vorliegt. Man kann vereinfachend sagen: „die Ordnung wird geringer" oder „die Unordnung wird größer".
Diese qualitativen Betrachtungen sind zwar anschaulich, aber nicht ausreichend exakt. Zur quantitativen Beschreibung mit wissenschaftlicher Genauigkeit dient die Größe **Entropie *S***. Für diese denken wir uns die Energie eines Systems in kleinste, elementare Energieportionen (Energiezustände) aufgeteilt, entsprechend den kleinsten Teilchen in den Stoffen in diesem System. Man bezeichnet das als „Energiequantisierung". Die Entropie gibt an, wie die thermische Energie über die Teilchen des Systems verteilt ist. Es ist unwahrscheinlich, dass sich in einem System von selbst durch zufällige Bewegung der Teilchen eine hohe Ordnung einstellt. Wahrscheinlicher ist das völlige Durcheinander der Teilchen, also hohe Entropie (Unordnung). LUDWIG BOLTZMANN[1] hat den Zusammenhang zwischen Entropie und der Wahrscheinlichkeit des Zustands eines Systems mathematisch beschrieben. Führt man einem System einen bestimmten Betrag an thermischer Energie W_{therm} (Wärme) zu, wird seine Entropie erhöht. Allerdings spielt dabei die herrschende Temperatur T eine große Rolle. Bei tieferen Temperaturen sind relativ wenige Energieportionen vorhanden, sodass sich die Zufuhr thermischer Energie stärker auswirkt als bei höherer Temperatur, bei der schon viele Energieportionen vorliegen. Die durch die Energiezufuhr verursachte Entropiezunahme ist umgekehrt proportional zur Temperatur. Dieser Zusammenhang wurde im Jahr 1865 von RUDOLF CLAUSIUS[2] mathematisch durch die Gleichung $\Delta S = W_{therm}/T$ beschrieben. Aus dieser Gleichung kann die Einheit der Entropie abgeleitet werden: Joule/Kelvin (J/K).

[1] LUDWIG BOLTZMANN (1844 bis 1906), österreichischer Physiker
[2] RUDOLF CLAUSIUS (1822 bis 1888), deutscher Physiker

Entropie und freie Reaktionsenthalpie

Ein selbsttätiger Ablauf einer Reaktion ist immer mit einer Zunahme der Unordnung im System oder in seiner Umgebung und damit mit einer Zunahme der **Entropie *S*** verknüpft (s. *INFO*, vgl. auch S. 105).
Die geringste Unordnung hat ein Stoffsystem am absoluten Nullpunkt. Bilden die Teilchen an diesem wie üblich einen idealen Kristall, so beträgt die Entropie dieses Systems $S = 0$ J/K. Bei Zufuhr thermischer Energie nimmt die Entropie zu, beim Schmelzen und Sieden sogar sprunghaft, da hier die Temperatur nicht steigt, aber die Teilchen viel beweglicher werden (B4).
Für Vergleiche von Stoffen bezüglich der Entropie dienen Tabellen, in denen die Entropien *S* von jeweils $n = 1$ mol Teilchen eines Stoffes bei Standardbedingungen aufgelistet sind, die **molare Standardentropien S^0_m** (B5).
Bei einer chemischen Reaktion kann die Entropieänderung des Systems, die **Reaktionsentropie $\Delta_r S$**, mithilfe der Reaktionsgleichung und der molaren Entropien berechnet werden. Dabei verfährt man ähnlich wie bei der Berechnung der Reaktionsenthalpie $\Delta_r H$ (vgl. *INFO*, S. 22):

$$\Delta_r S = \Sigma n_r \cdot S_m(\text{Produkte}) - \Sigma n_r \cdot S_m(\text{Edukte}).$$

Als Maß für die Triebkraft einer Reaktion gilt die **freie Reaktionsenthalpie $\Delta_r G$**, der Teil der Reaktionsenthalpie, der als „nutzbare Energie" aus einer Reaktion anzusehen ist. In der **Gibbs-Helmholtz-Gleichung** sind die freie Reaktionsenthalpie, die Reaktionsenthalpie, die Reaktionsentropie und die absolute Temperatur folgendermaßen miteinander verknüpft:

$$\Delta_r G = \Delta_r H - T \cdot \Delta_r S$$

Mithilfe dieser Gleichung kann berechnet werden, ob eine Reaktion selbsttätig verläuft oder nicht. Eine Reaktion läuft bei einer Temperatur *T* nur dann selbsttätig ab, wenn $\Delta_r G$ ein negatives Vorzeichen hat, also wenn $\Delta_r G < 0$. Man bezeichnet solche Reaktionen als **exergonisch**. Reaktionen, für die gilt $\Delta_r G > 0$, laufen nur erzwungen ab und werden als **endergonisch** bezeichnet.

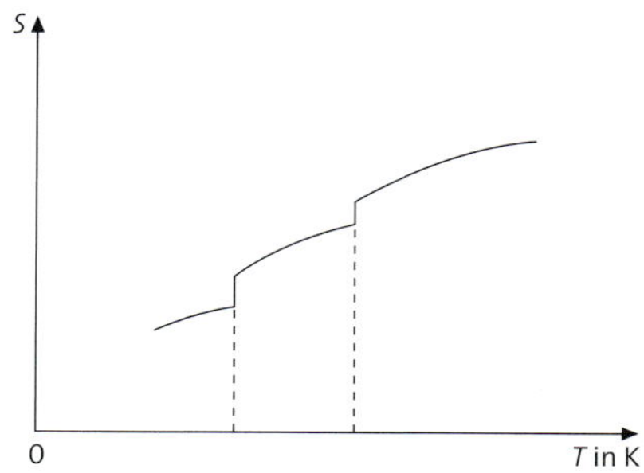

B4 *Zunahme der Entropie einer Stoffportion eines reinen Feststoffs X bei Zufuhr thermischer Energie (bei Erwärmen). **A:** Interpretieren Sie das Diagramm, indem Sie angeben, was die Fußpunkte der beiden gestrichelten Linien bezeichnen und welchem Aggregatzustand des Stoffs X die Felder unterhalb der Kurve jeweils entsprechen.*

Formel	S^0_m in J/K · mol
$H_2(g)$	131
$O_2(g)$	205
$He(g)$	126
$Br_2(g)$	245
$Br_2(l)$	152
$Br_2(aq)$	175
$HBr(g)$	199
$H_2O(l)$	70
$H_2O(g)$	189
$Ne(g)$	146
C(Diamant)	2
C(Graphit)	6
$CO_2(g)$	198
$Cu(s)$	33
$CuO(s)$	43

B5 *Molare Standardentropie S^0_m einiger Stoffe bei 25 °C. **A:** Vergleichen Sie die molaren Standardentropien der Feststoffe mit denen der flüssigen und gasförmigen Stoffe.*

Aufgaben

A1 Berechnen Sie die mithilfe von B5 auf dieser Seite und von B5 auf S. 23 die freie Reaktionsenthalpie für die Synthese von Wasser bei 50 °C. Treffen Sie eine Aussage darüber, ob die Reaktion exergonisch oder endergonisch verläuft.

A2 Führen Sie eine Überschlagsrechnung für die Zersetzung von Wasser in Elemente bei 5000 °C (5273 K) durch und kommentieren Sie das Ergebnis.

Fachbegriffe

Entropie *S*, molare Standardentropie S^0_m, Reaktionsentropie $\Delta_r S$, freie Reaktionsenthalpie $\Delta_r G$, Gibbs-Helmholtz-Gleichung, exergonische und endergonische Reaktion

Chemische Veredlung von Erdöl: 1. Schritt

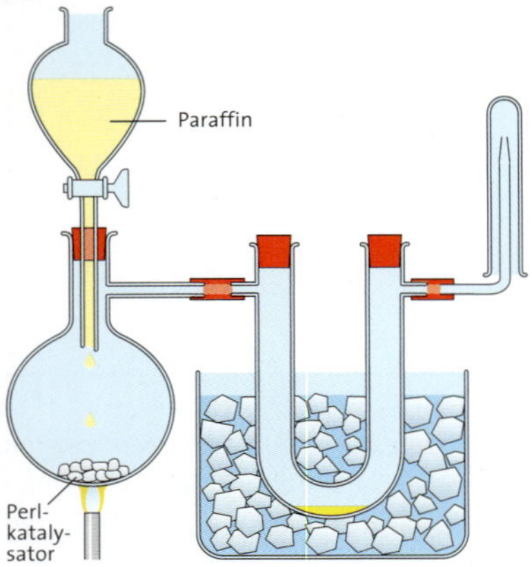

B1 *Skizze zu LV1.* ***A:*** *Begründen Sie, warum die Schlauchverbindungen möglichst kurz gehalten werden müssen.*

Versuche

LV1 **Schutzbrille! Schutzscheibe!** Die Versuchsvorrichtung wird nach B1 aufgebaut. Auf den vorerhitzten *Perlkatalysator* werden 10 mL bis 15 mL flüssiges Paraffin getropft und weiter erhitzt.

Das im U-Rohr nicht kondensierte Gas* wird auf Brennbarkeit geprüft. Beobachtung? Danach wird erneut ein Rggl. mit nicht kondensierten Dämpfen gefüllt. Dazu werden 2 mL Bromwasser gegeben. Das verschlossene Rggl. wird geschüttelt. Beobachtung? Bei negativer Knallgasprobe wird das entweichende Gas entzündet.

Man unterbricht das Erhitzen, wenn sich im U-Rohr ca. 4 mL Kondensat* angesammelt haben. Man prüft ca. 0,5 mL der Flüssigkeit auf Entflammbarkeit (vgl. S. 18, B2) und vergleicht mit der des Paraffins. Der Rest des Kondensats wird in V2 eingesetzt.

V2 *Bromwasserprobe:* Lassen Sie sich in ein Rggl. ca. 4 mL Bromwasser* geben (**Abzug!**). Fügen Sie ca. 0,5 mL der zu untersuchenden Probe hinzu, verschließen Sie das Rggl. und schütteln Sie durch. Beobachtung? Untersuchen Sie folgende Proben: a) Heptan*, b) Hexen*, c) flüssiges Paraffin und d) das Kondensat* aus LV1.

Auswertung

a) Begründen Sie, warum sowohl im Gas als auch im Kondensat aus LV1 andere Stoffe enthalten sind als im eingesetzten flüssigen Paraffin.

b) Schließen Sie aus den Ergebnissen der Bromwasserprobe in V2 auf die Art der Stoffe, die in Paraffin bzw. im flüssigen Produkt aus LV1 enthalten sind. Begründen Sie.

c) Im Paraffin ist u.a. Decan $C_{10}H_{22}$ enthalten. Daraus werden in LV1 u.a. Ethen C_2H_4, Propen C_3H_6 und Pentan C_5H_{12} gebildet. Formulieren Sie die Reaktionsgleichung mit Valenzstrichformeln.

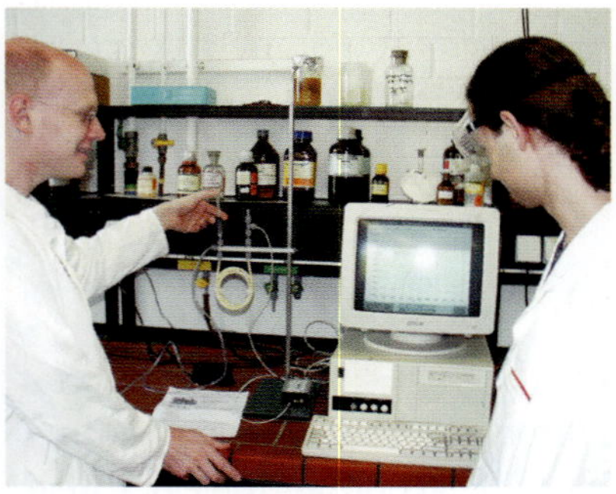

B2 *Gaschromatograf für Schulversuche mit computerunterstützter Aufnahme und Darstellung der Messdaten. Internetadresse: www.kappenberg.com.*

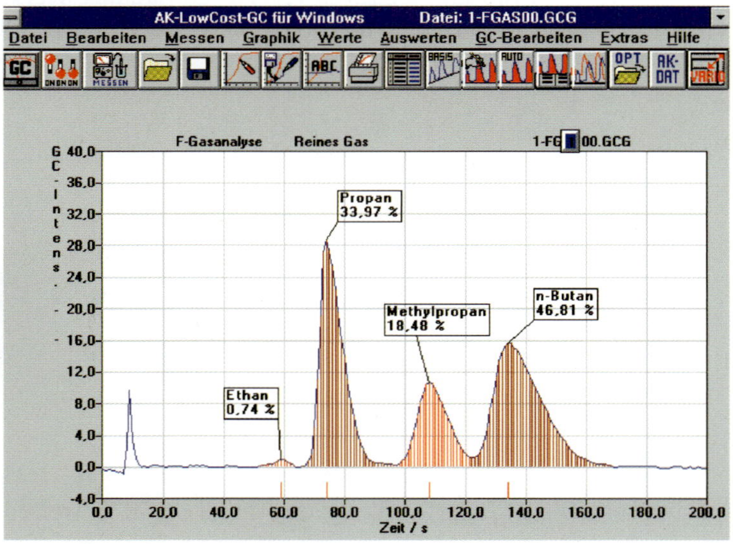

B3 *Gaschromatogramm GC von Feuerzeuggas.*
A: *Nehmen Sie die GC des Gases aus LV1 und von Feuerzeuggas mit Ihrem Gerät auf und werten Sie sie aus. (Hinweis: Es ist nützlich für die Auswertung, wenn Sie mit Feuerzeuggas auch eine Bromwasserprobe durchführen.)*

Cracken von Erdölfraktionen

Der Bedarf an Benzin und Kerosin ist weitaus höher als ihre entsprechenden Anteile im Rohöl-Raffinat (B4). Um aus höher siedenden Erdölfraktionen zusätzliche Mengen an Treibstoffen für Fahrzeuge zu erhalten, verfährt man in der Industrie ähnlich wie in LV1: Man erhitzt beispielsweise schweres Heizöl in Gegenwart von Katalysatoren auf ca. 450 °C, wobei eine *chemische Umwandlung* der Inhaltsstoffe erfolgt. Da der vorherrschende Vorgang die Aufspaltung langkettiger Moleküle in kleinere Moleküle ist, nennt man diesen Vorgang **Cracken**[1]. Die gebildeten Stoffe sind wiederum brennbar, haben jedoch sehr viel niedrigere Siedetemperaturen als die Ausgangsstoffe. Ein Teil der Produkte ist bei Raumtemperatur sogar gasförmig (LV1). Im Gegensatz zu den Inhaltsstoffen des Erdöls entfärben die Crackprodukte Bromwasser (V2). Dies ist eine typische Reaktionen für Stoffe, deren Moleküle C=C-Doppelbindungen enthalten. Hexadecan $C_{16}H_{34}$ kann beim Cracken u. a. wie folgt gespalten werden:

$$H_3C(CH_2)_{14}CH_3 \rightarrow H_2C{=}CH_2 + C_7H_{16} + C_6H_{14} + C$$
Ethen, Heptan, Hexan

$$H_3C(CH_2)_{14}CH_3 \rightarrow H_2C{=}CHCH_3 + C_5H_{12} + C_7H_{16} + C$$
Propen, Pentan, Heptan

$$H_3C(CH_2)_{14}CH_3 \rightarrow H_2C{=}CH_2 + H_2C{=}CHCH_2CH_3 + C_{10}H_{22}$$
Ethen, But-1-en, Decan

Hierbei wird deutlich, warum das Cracken als chemische Veredlung des Erdöls bezeichnet werden kann: Es bilden sich dabei vermehrt Verbindungen, die für Benzine tauglich sind. Außerdem erhält man neue Verbindungen, die im Erdöl nicht enthalten sind, z. B. Ethen, Propen und Butene (vgl. S. 38). Sie zählen zu den wichtigsten **Grundchemikalien** in der chemischen Industrie, weil daraus über verschiedene Zwischenprodukte schließlich Anwendungsprodukte für die Verbraucher synthetisiert werden.
Um den Bedarf an Benzinen mit hoher **Octanzahl**[2] zu decken, werden sowohl die Benzine aus der Erdölraffination als auch die Benzine, die beim Cracken anfallen, in der Regel noch **reformiert**. Beim sog. *Platforming* (von Platinum-Reforming) wird Benzindampf über Katalysatoren aus Platin und anderen Edelmetallen geleitet. Dabei lagern sich kettenförmige Moleküle in verzweigte und ringförmige Moleküle um, die die Klopffestigkeit des Benzins erhöhen.

[1] von *crack* (engl.) = (zer)sprengen, aufknacken;
[2] Ein Benzin mit der **Octanzahl** 95 ist ebenso klopffest wie ein Gemisch aus 95 % des Isooctans 2,2,4-Trimethylpentan und 5 % Heptan. Reines Isooctan hat die Octanzahl 100, Heptan hat die Octanzahl 0.

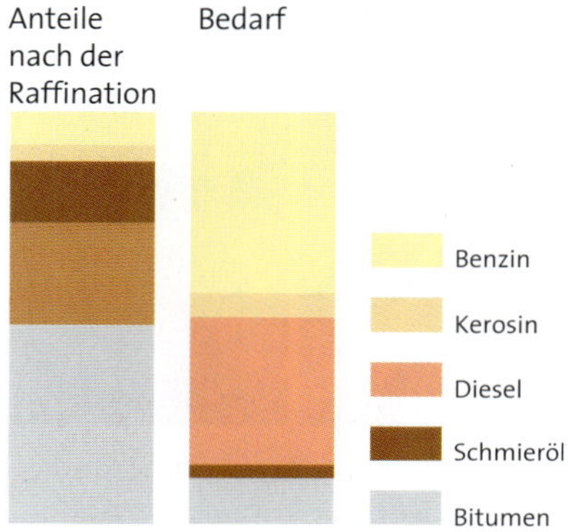

B4 *Anteile der Fraktionen aus der Erdölraffination (vgl. S. 19) und Bedarf an Treibstoffen.* ***A:*** *Vergleichen Sie die Anteile von Benzin und Diesel.*

Aufgaben

A1 Vergleichen Sie die Raffination von Erdöl mit dem Cracken von Erdölfraktionen. Nennen Sie Gemeinsamkeiten und Unterschiede.

A2 Erdöl ist ein Rohstoff, Heptan und Ethen sind Grundchemikalien. Erläutern Sie den Unterschied zwischen einem Rohstoff und einer Grundchemikalie.

A3 Erschließen Sie die Animation zur Octanzahl in *Chemie 2000+ Online* und präsentieren Sie sie dem Kurs.

Fachbegriffe

Cracken, Grundchemikalien, Octanzahl, Reformieren

Gesättigt oder ungesättigt – der feine Unterschied

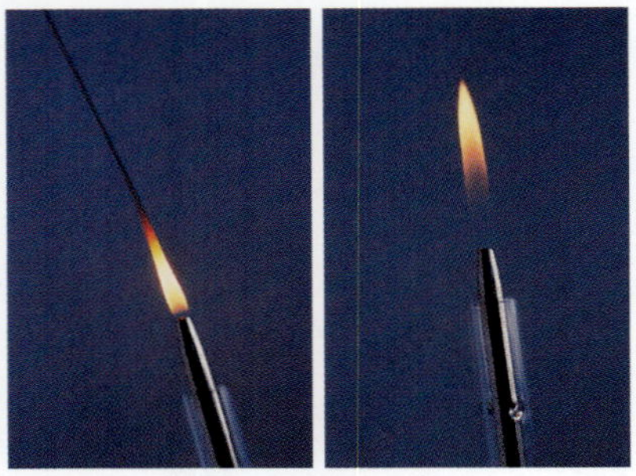

B1 *Links: Isobutenflamme; rechts: Propanflamme.* ***A:*** *Beschreiben Sie die unterschiedlichen Flammen und stellen Sie eine Vermutung über die Ursache des Unterschieds auf.*

Versuche

V1 Entzünden Sie jeweils ca. 0,5 mL Pentan*, Hexen*, Heptan* und Cyclohexen* in flachen Porzellanschalen und beobachten Sie die Flamme.

V2 Prüfen Sie im Rggl. die Mischbarkeit von Heptan* mit a) Pentan*, b) Isooctan*, c) Hexen*, d) Benzin*, e) Cyclohexen*, f) Paraffinöl*, g) Ethanol* und h) Wasser. (*Hinweis:* Teilen Sie die durchzuführenden Proben auf Gruppen auf und fassen Sie die Ergebnisse in einer Tabelle zusammen.)

V3 Prüfen Sie bei den in V2 hergestellten Gemischen* die elektrische Leitfähigkeit (gegebenenfalls in beiden Schichten).

V4 Im **Abzug** verteilt der Lehrer für jede Gruppe 1 mL Hexen*, 1 mL Heptan* und zweimal je 3 mL Bromwasser* auf insgesamt 4 Rggl., verschließt sie und verteilt sie an die Gruppen. Gießen Sie einmal Bromwasser auf das Hexen und einmal auf das Heptan, verschließen Sie die beiden Rggl. und schütteln Sie gut durch. Beobachtung? Testen Sie die Rggl. mit Indikatorpapier. Beobachtung?

Auswertung

a) Protokollieren Sie sämtliche Versuchsergebnisse in tabellarischer Form.

b) Teilen Sie die bei V2 untersuchten Stoffe in zwei Klassen ein.

c) Worin unterscheiden sich die Stoffe aus den beiden Klassen von b) deutlicher, in ihren physikalischen Stoffeigenschaften oder in ihrem chemischen Reaktionsverhalten? Erläutern und begründen Sie.

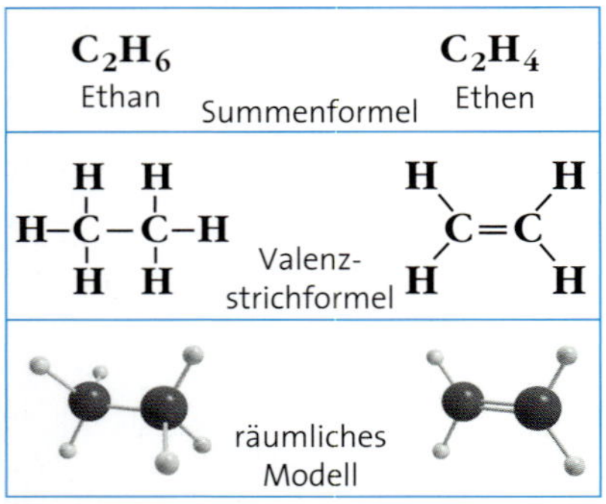

B2 *Formeln und Modelle für das Ethan- und das Ethen-Molekül.* ***A:*** *Bauen Sie die räumlichen Modelle nach und erläutern Sie die Unterschiede.*

Kohlenwasserstoff	Isomerenanzahl
CH_4, C_2H_6, C_3H_8	1
C_4H_{10}	2
C_5H_{12}	3
C_6H_{14}	5
C_7H_{16}	9
C_8H_{18}	18
C_9H_{20}	35
$C_{10}H_{22}$	75
⋮	
$C_{20}H_{42}$	366319
⋮	
$C_{40}H_{82}$	62491178805831

B3 *Anzahl der möglichen Isomere einiger Alkane*

Name	Summenformel	ϑ_m in °C	ϑ_b in °C	beobachtbare Eigenschaften
Methan	CH_4	–183	–162	farb- und geruchlose **Gase**
Ethan	C_2H_6	–172	–89	
Propan	C_3H_8	–190	–42	
Butan	C_4H_{10}	–135	–0,5	
Pentan	C_5H_{12}	–130	36	leicht bewegliche, farblose **Flüssigkeiten** von benzinartigem Geruch
Hexan	C_6H_{14}	–94	69	
Heptan	C_7H_{16}	–90	98	
Octan	C_8H_{18}	–57	126	farblose, dickflüssige, geruchlose **Flüssigkeiten** (Paraffinöl)
Nonan	C_9H_{20}	–54	151	
Decan	$C_{10}H_{22}$	–30	174	
Hexadecan	$C_{16}H_{34}$	18	287	
Heptadecan	$C_{17}H_{36}$	22	292	weiße, feste, wachsartige **Feststoffe** von geringer Härte (Paraffin)
Eicosan	$C_{20}H_{42}$	36	Zersetzung	
Hexacontan	$C_{60}H_{122}$	–99	Zersetzung	
Heptacontan	$C_{70}H_{142}$	–105	Zersetzung	

B4 *Gesättigte Kohlenwasserstoffe (Alkane).* ***A:*** *Erklären Sie die unterschiedlichen Aggregatzustände der Alkane bei Raumtemperatur.*

Molekülgerüste in Kohlenwasserstoff-Molekülen

Erdöl besteht überwiegend aus **Kohlenwasserstoffen**, d. h. aus Verbindungen, in deren Molekülen nur Kohlenstoff- und Wasserstoff-Atome gebunden sind. Die Gerüste dieser Moleküle sind ausschließlich aus Kohlenstoff-Atomen zusammengesetzt, die allerdings unterschiedlich miteinander verknüpft sein können. Alle Kohlenwasserstoffe haben eine Reihe gemeinsamer Eigenschaften: Sie sind nicht wasserlöslich (sie sind *hydrophob*[1]), lösen sich aber untereinander und leiten den elektrischen Strom nicht (V3). Dass sich aber Kohlenwasserstoffe besonders im chemischen Reaktionsverhalten stark unterscheiden und zwei Klassen zugeordnet werden können, wird in V1 (B1) und V4 deutlich: Die einen brennen mit gelber Flamme und reagieren mit Bromwasser nicht, die anderen brennen mit rußender Flamme und entfärben Bromwasser.

Die Erklärung für diese Unterschiede liegt in der Architektur der **Molekülgerüste** in Kohlenwasserstoff-Molekülen. Die meisten Kohlenwasserstoffe aus Erdöl haben in ihren Molekülgerüsten nur Einfachbindungen zwischen den Kohlenstoff-Atomen. Sie bilden die Klasse der **gesättigten Kohlenwasserstoffe**[2] oder **Alkane**. Die erst durch das Cracken von Erdölfraktionen zugänglichen Verbindungen mit einer Doppelbindung im Molekül werden als **Alkene** bezeichnet und gehören zu den **ungesättigten Kohlenwasserstoffen**.

Die Molekülgerüste in Alkan- und Alken-Molekülen können lineare, unverzweigte Ketten sein. Die Benennung der entsprechenden Verbindungen erfolgt mit Ausnahme der ersten vier nach griechischen Zahlwörtern und der Endung *-an* für Alkane (B4) bzw. *-en* für Alkene. Molekülgerüste mit vier und mehr Kohlenstoff-Atomen können unterschiedlich verzweigt sein. Die entsprechenden Verbindungen sind **Isomere** (B3). Für die Benennung der enormen Vielfalt an Isomeren der Alkane und Alkene gelten die Regeln aus B7 und aus B2, S. 38.

a)

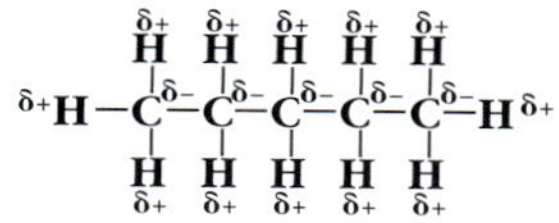

*EN(**C**)=2,5; EN(**H**)=2,1; ΔEN=0,4*

b)

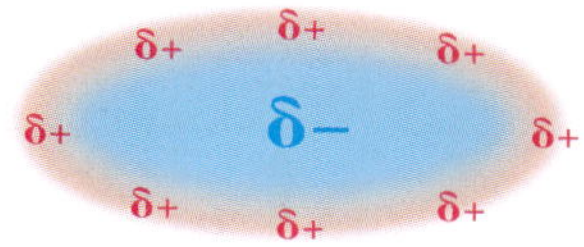

B5 *Valenzstrichformel des Pentan-Moleküls mit Partialladungen (a) und Modell zur Verteilung der Partialladungen (b).* ***A:*** *Erläutern und begründen Sie die Eigenschaften, die sich mit diesen Modellen erklären lassen. (Hinweis: EN steht für Elektronegativität, vgl. S. 14.)*

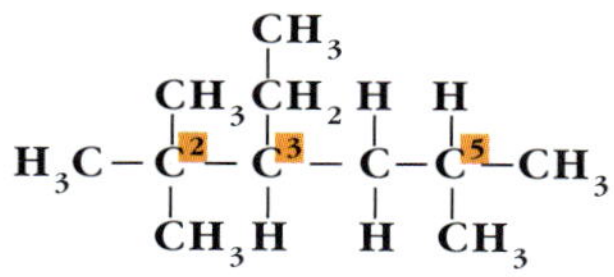

B6 *Halbstrukturformel von 3-Ethyl-2,2,5-trimethylhexan (vgl. Nomenklaturregel in B7 und Formeltypen in der organischen Chemie auf S. 324, 325).* ***A:*** *Formulieren und benennen Sie alle Isomere des Hexans.*

3-	Ethyl-	2,2,5-	tri	methyl	hexan	IUPAC-Name
2	4	2	3	4	1	Regel-Nr.

1 Stammname
2 Verknüpfungsziffer
3 Mehrfachzahlwort
4 Substituenten

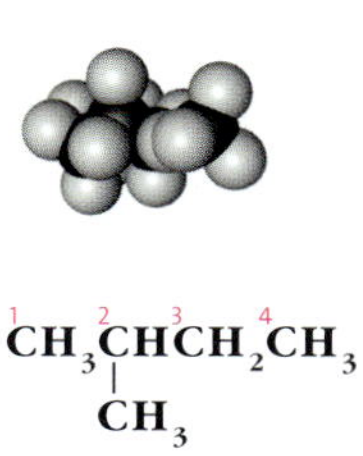

2-Methylbutan, ϑ_b = 28°C

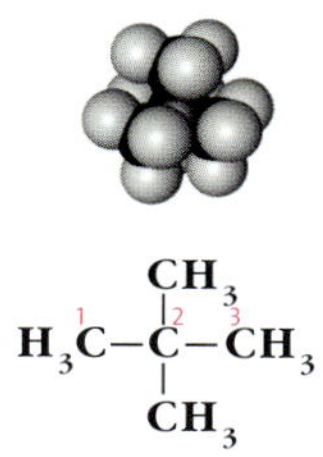

2,2-Dimethylpropan, ϑ_b = 10°C

B7 *Nomenklatur von Alkanen*

[1] von *hydor* (griech.) = Wasser und *phobos* (griech.) = scheu;
[2] In *gesättigten* Kohlenwasserstoff-Molekülen ist an die Molekülgerüste aus Kohlenstoff-Atomen die *höchstmögliche* Anzahl von Wasserstoff-Atomen gebunden.

Fachbegriffe

Kohlenwasserstoffe (gesättigte und ungesättigte), Molekülgerüste, Alkane, Alkene, Isomerie

Licht macht Alkan-Moleküle munter

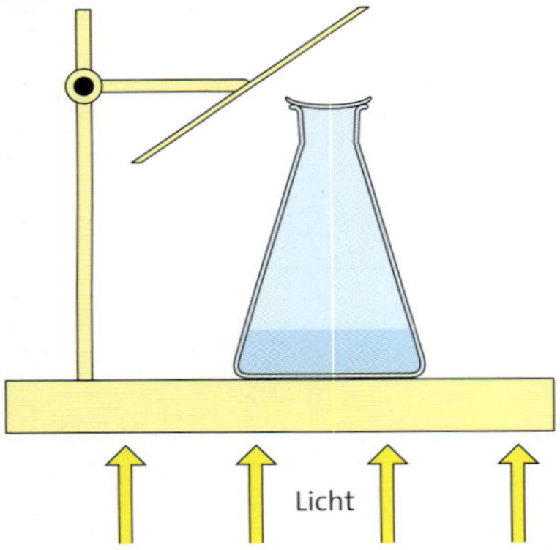

B1 *Skizze zu V1 und LV2.* ***A:*** *Erklären Sie, warum die Dichte von Feuerzeuggas (Gemisch aus Propan und Butan-Isomeren) größer ist als die Dichte von Luft.*

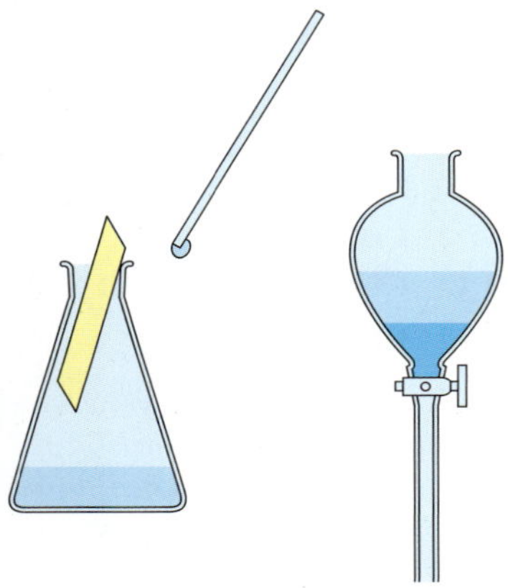

B2 *Produktnachweis und Auftrennung der Produkte bei V1 und LV2*

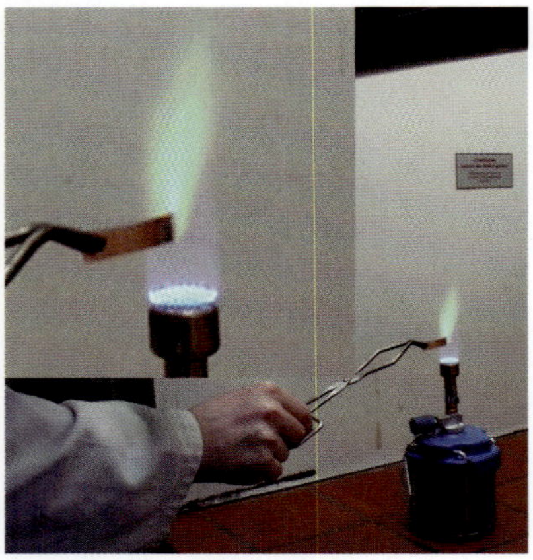

B3 *Die positive* B*EILSTEIN*-*Probe zeigt an, dass in den Molekülen der untersuchten Substanz Halogen-Atome gebunden sind.*

Versuche

Vorsicht! Brom wird unter dem Abzug von der Lehrperson zugegeben!
Die BEILSTEIN-Probe wird nur im Abzug durchgeführt!

V1 Geben Sie in einen trockenen 100-mL-Erlenmeyerkolben ca. 15 mL n-Heptan* und lassen Sie 4 bis 5 Tropfen elementares Brom* hinzufügen. Decken Sie den Kolben mit einem Uhrglas ab und belichten Sie das Gemisch auf dem OH-Projektor (B1). Beobachten Sie die Farbe der Lösung. Halten Sie erst ein angefeuchtetes Indikatorpapier in den Kolben und anschließend einen Tropfen konzentrierter Ammoniak-Lösung* (B2). Beobachtung? Geben Sie in den Erlenmeyerkolben 30 mL Wasser, schütteln Sie durch und trennen Sie die beiden Phasen im Scheidetrichter. Führen Sie mit der organischen Phase im Abzug die BEILSTEIN-Probe durch (vgl. LV3) und versetzen Sie 3 mL der wässrigen Phase im Rggl. mit Silbernitrat-Lösung*. Beobachtung?

LV2 Ein 1-L-Erlenmeyerkolben wird mit Feuerzeuggas* gefüllt. Dann werden unter dem Abzug 1 bis 2 Tropfen Brom* hinzugefügt. Das Gemisch wird auf dem OH-Projektor bestrahlt. Dabei ist der Kolben mit einem Uhrglas abgedeckt. Die Farbe wird beobachtet. An die Kolbenöffnung wird konzentrierte Ammoniak-Lösung* gehalten. Beobachtung? Es werden 10 mL n-Heptan* in den Kolben gegeben und durchgeschüttelt. Mit der Heptan-Lösung wird die BEILSTEIN-Probe (LV3) durchgeführt. Beobachtung?

LV3 BEILSTEIN-Probe (**Abzug!**): Ein Streifen Kupferblech wird ausgeglüht, bis keine Flammenfärbung mehr zu sehen ist. Einige Tropfen der zu untersuchenden Flüssigkeit werden auf den abgekühlten Kupferstreifen gegeben. Dieser wird wiederum in die Flamme gehalten. Beobachtung? Die BEILSTEIN-Probe wird a) mit der organischen Phase aus V1 und b) mit Heptan* durchgeführt.

Auswertung

a) Fassen Sie alle Versuchsergebnisse tabellarisch zusammen.

b) Welche gasförmigen Produkte werden bei V1 und LV2 mit dem feuchten Indikatorpapier nachgewiesen? Erläutern Sie.

c) Der Nachweis des gasförmigen Produkts bei V1 und LV2 gelingt nicht so gut, wenn der Erlenmeyerkolben innen nass ist. Begründen Sie, warum.

d) Erklären Sie die Ergebnisse der BEILSTEIN-Proben mit den organischen Phasen aus V1 und LV2, indem Sie die folgende Reaktionsgleichung berücksichtigen.

$$CH_3CH_2CH_2CH_3(g) + Br_2(g) \rightarrow HBr(g) + \begin{cases} BrCH_2CH_2CH_2CH_3(l) \\ \text{oder} \\ CH_3CHBrCH_2CH_3(l) \end{cases}$$

e) Benennen Sie die beiden isomeren Bromalkane aus der oben formulierten Reaktionsgleichung.

f) Formulieren Sie alle Monobromverbindungen, die sich in V1 und in LV2 bilden können, und benennen Sie sie. (*Hinweis:* Feuerzeuggas besteht aus Butan, Isobutan und Propan.)

Photochemische Halogenierung

Die Alkane aus Erdöl sind wichtige Rohstoffe der industriellen Chemie. Als gesättigte Kohlenwasserstoffe sind Alkane jedoch reaktionsträge, sie reagieren beispielsweise weder mit Säuren und Laugen noch mit Alkalimetallen. Um sie zur Reaktion zu bringen, sind reaktionsfreudige Partner wie Brom oder Chlor nötig. Selbst diese reagieren aber im Dunkeln nicht mit den Alkanen, sondern erst bei Licht.

Sowohl flüssiges Heptan als auch gasförmiges Propan und Butan aus dem Feuerzeuggas reagieren mit Brom bei Licht (V1, LV2). Die Reaktionen verlaufen exotherm, es bilden sich Bromwasserstoff und Bromalkane. Bei der Bromierung von Butan in LV2 sind dies die beiden auf S. 32 formulierten Monobromalkane 1-Brombutan und 2-Brombutan. Wenn bei der Bromierung eines Alkans Brom im Überschuss eingesetzt wird, können auch Dibromalkane, Tribromalkane usw. entstehen.

Bei den Reaktionen aus V1 und LV2 handelt es sich um **Substitutionsreaktionen**, weil in den Alkan-Molekülen Wasserstoff-Atome durch Brom-Atome ersetzt werden. Gleichzeitig ist dieser Reaktionstyp eine **photochemische Halogenierung**, weil in einer durch Licht ausgelösten Reaktion Halogen-Atome in organische Moleküle eingeführt werden.

Mit photochemischen Halogenierungen gelingt es, die reaktionsträgen Alkane in wesentlich reaktivere Halogenalkane zu überführen. Chlorierungen werden in viel höherem Maße durchgeführt als Bromierungen, weil Chlor die günstigere und in größeren Mengen verfügbare **Grundchemikalie** ist. Außerdem verlaufen Chlorierungen wesentlich schneller als Bromierungen. Durch entsprechende Reaktionsführung in großen Photoreaktoren wird gewährleistet, dass die Chlorierung eines Alkans zwar schnell, aber nicht explosionsartig wie die Chlorknallgasreaktion (vgl. *Chemie 2000+ Online*) verläuft.

Bei der photochemischen Chlorierung von Propan und allen höheren Alkanen bilden sich immer Gemische aus isomeren Chloralkanen.

H_3CCl Chlormethan* (Methylchlorid) Z L	H_2CCl_2 Dichlormethan* (Methylenchlorid) Z L
$HCCl_3$ Trichlormethan* (Chloroform) Z L	CCl_4 Tetrachlormethan* (Tetrachlorkohlenstoff) L
CF_2Cl_2 Dichlordifluormethan* (Frigen) T Kä	$CFCl_3$ Trichlorfluormethan* (Freon) T Kä
$CBrF_3$ Bromtrifluormethan* (Halon) F	$Cl_3C–CH_3$ 1,1,1-Trichlorethan* L
$HBrClC–CF_3$ 2-Brom-2-chlor-1,1,1-trifluorethan* (Halothan) N	$Cl_2C=CCl_2$ Tetrachlorethen* (Perchlorethylen) (PER) L
H_2CCl  1-Chlordodecan* (Dodecylchlorid) Z	$H_3C–CH_2Cl$ Chlorethan* (Ethylchlorid) E

Z Zwischenprodukt in der chemischen Industrie; L Lösemittel; T Treibgas; Kä Kälteflüssigkeit; F Feuerlöschmittel; E Vereisungsmittel; N Narkosemittel.

B4 *Chloralkane mit technischer Bedeutung.*
A: Formulieren Sie Reaktionsgleichungen zur Herstellung der ersten vier Verbindungen.
A: Informieren Sie sich in Chemie 2000+ Online über die Anwendungen, die Umweltverträglichkeit und die Abbaumöglichkeiten von organischen Halogenverbindungen.

Aufgaben

A1 Begründen Sie, warum Chlormethan und Chlorethan durch photochemische Chlorierung effizienter hergestellt werden können als 2-Chlorpropan.

A2 Erläutern Sie, warum Chlor als industrielle Grundchemikalie eine größere Bedeutung hat als Brom. (*Hinweis:* Denken Sie an Rohstoffe und Herstellungsverfahren.)

Fachbegriffe

Substitutionsreaktion, photochemische Halogenierung, Grundchemikalie

Den reagierenden Teilchen auf der Spur

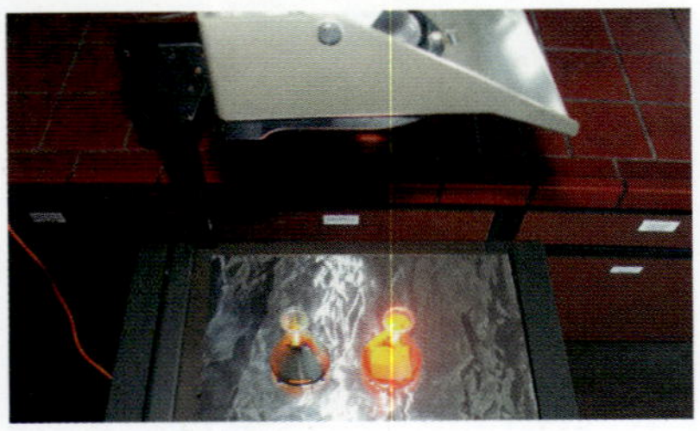

B1 *Bromierung von Heptan bei Blaulicht und bei Rotlicht.* **A:** *Warum muss die Leuchtfläche des Projektors bis auf die beiden Löcher abgedeckt werden?*

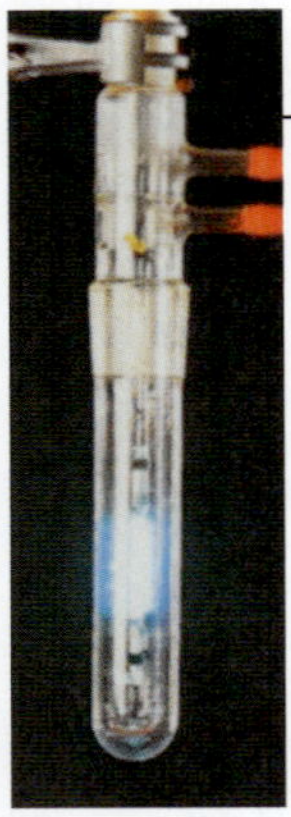

Wellenlänge in nm	Energie in kJ/mol
240	497
248	481
254	469
270	442
280	426
297	401
302	395
313	381
366	326
405	294
436	273
546	218
579	206

(Pfeil von 436 bis 240: bei Chlorierungen nutzbar)

B2 *Wellenlängen des Lichts einer UV-Lampe (Quecksilberhochdruckbrenner) und zugeordnete Energien*

Versuche

Vorsicht! Brom wird unter dem Abzug von der Lehrperson zugegeben!

V1 Geben Sie in einen trockenen 100-mL-Erlenmeyerkolben ca. 30 mL n-Heptan* und lassen Sie 5 bis 6 Tropfen elementares Brom* dazufügen. Schütteln Sie durch und gießen Sie die Hälfte der Lösung in einen zweiten trockenen Erlenmeyerkolben ab. Decken Sie beide Kolben mit einem Uhrglas ab und belichten Sie die Proben gleichzeitig auf dem OH-Projektor durch eine blaue bzw. eine rote Glasscheibe (B1). Beobachten Sie den zeitlichen Unterschied der Entfärbung. Testen Sie die Gasphase in den Kolben mit feuchtem Indikatorpapier und einem Tropfen konzentrierter Ammoniak-Lösung*, der an einem Glasstab hängt (vgl. S. 32, V1). Beobachtung?

V2 Stellen Sie in zwei Erlenmeyerkolben Lösungen aus Heptan* und Brom* wie in V1 her. Geben Sie in eine der beiden Proben einen Iodkristall* und schütteln Sie durch, um das Iod zu lösen. Beobachtung? Decken Sie beide Kolben mit einem Uhrglas ab und belichten Sie die Proben gleichzeitig auf dem OH-Projektor mit weißem Licht. Beobachten Sie die Entfärbung in den beiden Kolben. Nachdem sich die Lösung in einem der Kolben entfärbt hat, testen Sie die Gasphasen in beiden Kolben mit feuchtem Indikatorpapier und mit konzentrierter Ammoniak-Lösung* wie in V1. Beobachtung?

Auswertung

a) Fassen Sie die Versuchsergebnisse aus V1 und V2 zusammen und stellen Sie jeweils den Unterschied bei den beiden untersuchten Proben heraus.

b) Welche Lichtfarbe ist für eine Bromierung notwendig? Erläutern Sie anhand der Versuchsergebnisse aus V1. Erlauben diese auch eine Aussage darüber, ob grünes Licht für eine Bromierung „ausreicht"? Begründen Sie.

c) Erklären Sie die bei V1 festgestellten Unterschiede mithilfe der Informationen aus B3 und der folgenden molaren Bindungsenergien (die jeweils zur Trennung der angegebenen Bindung aufzuwendende Energie):
$E(\mathbf{Br{-}Br}) = 193$ kJ/mol; $E(\mathbf{C{-}C}) = 348$ kJ/mol; $E(\mathbf{C{-}H}) = 413$ kJ/mol.

d) Die Bindungsenergie bei Chlor beträgt $E(\mathbf{Cl{-}Cl}) = 243$ kJ/mol. Kann man Chlorierungen mit sichtbarem Licht durchführen? Begründen Sie mithilfe von B2 und B3.

Farbe	Wellenlängenbereich in nm $\Delta\lambda$	Energiebereich in kJ/mol
Violett	440 bis 400	271 bis 298
Blau	480 bis 440	248 bis 271
Grünblau	490 bis 480	243 bis 248
Blaugrün	500 bis 490	238 bis 243
Grün	560 bis 500	213 bis 238
Gelb	595 bis 580	200 bis 206
Rot	700 bis 605	170 bis 197

B3 *Zusammenhang Lichtfarbe – Wellenlänge – Energie.* **A:** *Berechnen Sie mithilfe von B4 die Energie eines Lichtquants aus blauem Licht mit E = 250 kJ/mol.*

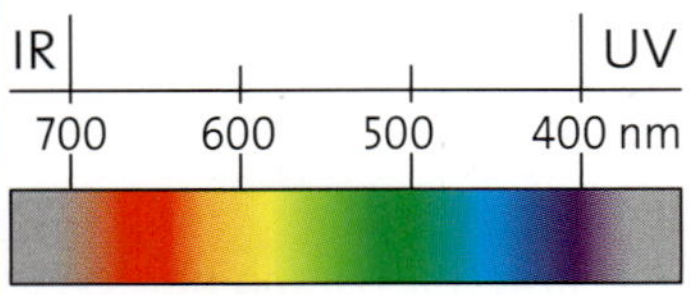

E: Energie eines Lichtquants in J
$h = 6{,}6 \cdot 10^{-34}$ J · s (PLANCKsche Konstante
$c = 3 \cdot 10^{8}$ m · s^{-1} (Lichtgeschwindigkeit)
ν: Frequenz des Lichtquants in s^{-1}
λ: Wellenlänge des Lichtquants in m

$E = h \cdot \nu = h \cdot c/\lambda$

B4 *Die Energie eines Lichtquants (eines Photons) ist proportional zu seiner Frequenz ν und antiproportional zu seiner Wellenlänge λ.* **A:** *Begründen Sie, warum die Energie des Lichtquants mit N_A (AVOGADRO-Konstante) multipliziert werden muss, um die in B2 bzw. B3 angegebenen Energien zu erhalten.*

Mechanismus der radikalischen Substitution

In der Reaktionsgleichung werden i. d. R. nur die Edukte und die Produkte einer Reaktion angegeben. Über den Weg, den die Edukte zu den Produkten durchlaufen, gibt eine Reaktionsgleichung keine Auskunft. Dieser Weg kann grundsätzlich einen der beiden Verläufe aus B5 aufweisen. Entweder besteht er nur aus einem Energieberg, der überwunden werden muss (vgl. auch S. 25, B6), oder er führt durch ein energetisches Zwischental. Die Spitze des Berges im ersten Fall entspricht dem **Übergangszustand** (**Tradukt**) des reagierenden Systems, das energetische Zwischental einer reaktiven **Zwischenstufe** (**Interdukt**).
Da die Bromierung von Heptan mit Blaulicht schneller verläuft als mit Rotlicht (V1), kann vermutet werden, dass zunächst Brom-Moleküle in Atome getrennt werden müssen. Dafür eignen sich **Photonen**[1] (**Lichtquanten**) des blauen Lichts gut, die des roten Lichts dagegen kaum, weil sie zu energiearm sind (B3). Bei der Absorption eines Lichtquants geeigneter Energie wird die Bindung im Brom-Molekül **homolytisch**[2] getrennt. Die bei dieser **Startreaktion** gebildeten Brom-Atome oder **Radikale**[3] sind reaktive Zwischenstufen (B5). Sie reagieren nach dem Muster aus B6 weiter, wobei **R·** für ein Alkyl-Radikal steht. Die beiden als **Kettenreaktionen** bezeichneten Teilschritte wiederholen sich häufig, weil darin jeweils ein Radikal als Edukt und eines als Produkt auftritt, die Kettenreaktion also fortgesetzt werden kann. Erst wenn zwei Radikale aufeinandertreffen und in der **Abbruchreaktion** zu einem Molekül reagieren, kommt die Reaktion zum Erliegen. Dieses Modell eines Reaktionsweges ist als **Radikalketten-Mechanismus** bekannt.
Bei der Bromierung von Heptan in V2 wirkt Iod als **Inhibitor**[4]. Iod-Moleküle fangen die Brom-Radikale ab und die dabei gebildeten Iod-Radikale sind so wenig reaktiv, dass sie die Kettenreaktion nicht fortführen können.

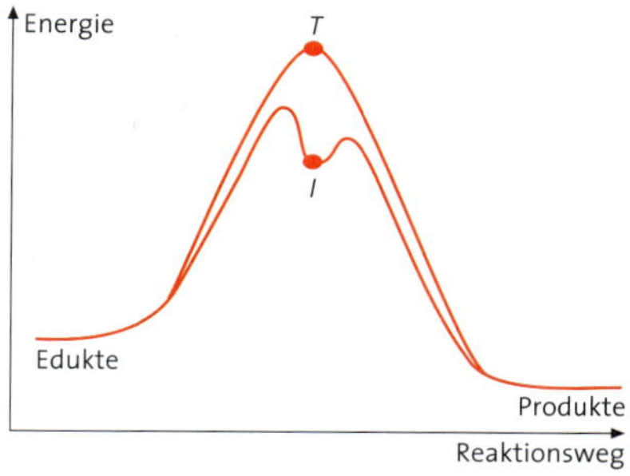

B5 *Tradukt (Übergangszustand) und Interdukt (reaktive Zwischenstufe).* ***A:*** *Zeichnen Sie einen Reaktionsweg mit zwei Interdukten.*

Startreaktion

$$Br_2 \xrightarrow{h\,\nu} 2Br\cdot$$

Kettenreaktionen

$$Br\cdot + RH \longrightarrow HBr + R\cdot$$
$$R\cdot + Br_2 \longrightarrow RBr + Br\cdot$$

Abbruchreaktionen

$$Br\cdot + \cdot Br \longrightarrow Br_2$$
$$Br\cdot + \cdot R \longrightarrow RBr$$
$$R\cdot + \cdot R \longrightarrow R_2$$

B6 *Radikalketten-Mechanismus bei der Bromierung von Heptan*

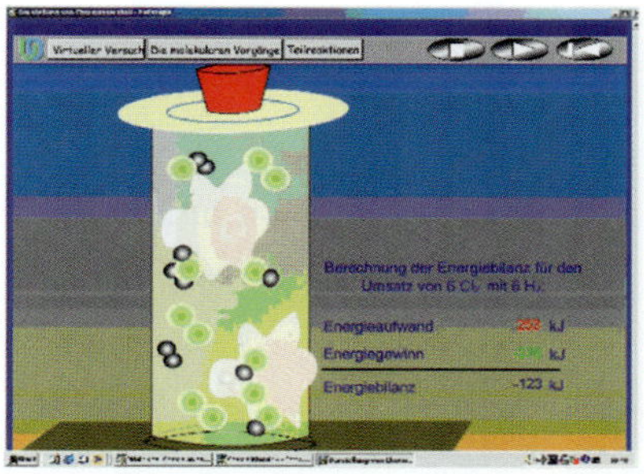

B7 *Radikalketten-Mechanismus in Chemie 2000+ Online.* ***A:*** *Erkunden Sie die Animation und erläutern Sie sie mit den Fachbegriffen von dieser Buchseite.*

Aufgabe

A1 Das Produktgemisch aus der photochemischen Bromierung von Butan wurde gaschromatografisch aufgetrennt. Dabei wurden auch Spuren von Alkanen mit der Summenformel C_8H_{18} gefunden. Beurteilen Sie, ob dieser Befund den in B6 vorgeschlagenen Mechanismus unterstützt oder widerlegt und erläutern Sie Ihr Urteil.

Fachbegriffe

Übergangszustand (Tradukt), reaktive Zwischenstufe (Interdukt), Photonen (Lichtquanten), homolytisch, Radikale, Radikalketten-Mechanismus, Start-, Ketten- und Abbruchreaktion, Inhibitor

---

[1] von *photo...* (griech.) = Licht... kleinstes „Lichtteilchen" oder „Energiepäckchen" mit der Energie $E = h \cdot \nu$ (vgl. auch B4).

[2] von *homos* (griech.) = gleich und von *lyein* (griech.) = lösen, trennen. Bei der Homolyse einer Elektronenpaarbindung behält jedes der beiden Bruchstücke ein Elektron aus der Bindung.

[3] Ein Radikal ist ein Atom oder eine Atomgruppe mit einem ungepaarten Elektron.

[4] von *inhibere* (lat.) = bremsen, hemmen, unterbinden

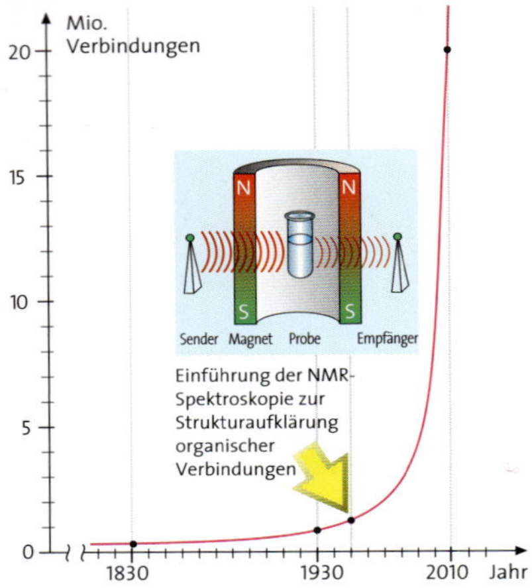

B1 *Im Jahr 2010 waren die Molekülstrukturen von über 20 Mio. organischen Verbindungen bekannt.* **A:** *Erläutern Sie, welche Wirkung die Einführung der NMR-Spektroskopie hatte.*

Ordnung erleichtert die Übersicht

Versuche

V1 Prüfen Sie in Porzellanschälchen jeweils einige Tropfen (bzw. eine Spatelspitze) der folgenden Alkanole auf Brennbarkeit: Methanol*, Ethanol*, Propan-1-ol*, Propan-2-ol*, Butan-1-ol*, Pentan-1-ol* und Hexadecan-1-ol* (Cetylalkohol).

V2 Untersuchen Sie in Rggl. die Löslichkeit kleiner Portionen (1 mL) der Alkanole aus V1 in a) 1 mL Heptan und b) 1 mL Wasser.

V3 Erwärmen Sie in Rggl. jeweils 15 mL der folgenden Verbindungen im Wasserbad auf 30°C: Ethanol*, Butan-1-ol*, Pentan-1-ol* und 2-Methylpropan-2-ol* (tert.-Butanol), Pentan*, Heptan* und 2,2,4-Trimethylpentan* (Isooctan). Füllen Sie dann der Reihe nach eine 10-mL-Pipette mit den jeweiligen Alkanen oder Alkanolen und messen Sie die Auslaufzeit.

Auswertung

a) Vergleichen Sie die in V1 untersuchte Brennbarkeit von Alkanolen mit der von Alkanen und Alkenen (vgl. S. 30, V1). Formulieren Sie je eine Reaktionsgleichung für die Verbrennung für Butanol, Butan und Buten.

b) Erklären Sie die in V2 festgestellten Löslichkeitsunterschiede von Alkanen und Alkanolen. (*Hinweis:* Vgl. S. 11, 13, 30 und 31; Stichwörter: VAN-DER-WAALS-Kräfte, Dipol-Dipol-Wechselwirkungen und Wasserstoffbrückenbindungen.)

c) Erläutern Sie anhand der Ergebnisse aus V3, wovon die Viskosität (vereinfacht: die Zähflüssigkeit) innerhalb einer Stoffklasse (Alkane bzw. Alkanole) abhängt. Erklären Sie den Sachverhalt.

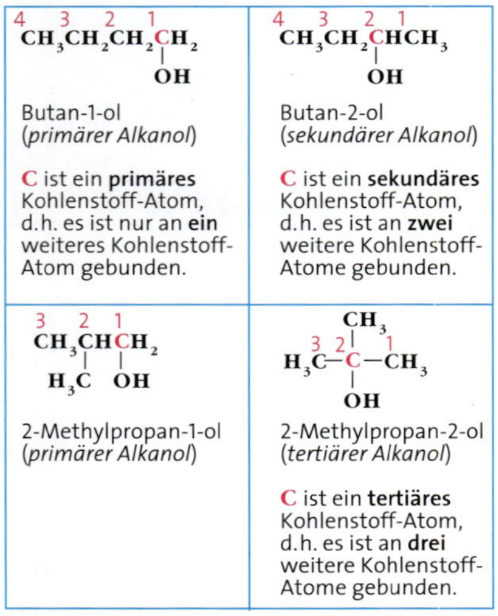

B2 *Die vier isomeren Butanole.* **A:** *Erläutern Sie anhand der rot markierten Kohlenstoff-Atome, was ein* ***primärer, sekundärer*** *und* ***tertiärer*** *Alkanol ist.*

Zahl der Kohlenstoff-Atome	Genfer Nomenklatur (Trivialname/Kurzname)	Formel	ϑ_m in °C	ϑ_b in °C	Löslichkeit in Wasser (Alkanol in g/100 cm³ Wasser)
C_1	Methanol (Holzgeist)	CH_3OH	–97	65	∞
C_2	Ethanol (Weingeist)	CH_3CH_2OH	–114	78,4	∞
C_3	Propan-1-ol	$CH_3CH_2CH_2OH$	–126	97	∞
	Propan-2-ol (Isopropanol)	$CH_3CH(OH)CH_3$	–90	82	∞
C_4	Butan-1-ol	$CH_3CH_2CH_2CH_2OH$	–90	117	7,9
	Butan-2-ol	$CH_3CH_2CH(OH)CH_3$	–114	100	12,5
	2-Methylpropan-1-ol	$(CH_3)_2CHCH_2OH$	–108	108	10,0
	2-Methylpropan-2-ol (tert.-Butanol)	$(CH_3)_3COH$	+25	83	∞
C_5	Pentan-1-ol (Amylalkohol)	$CH_3(CH_2)_3CH_2OH$	–79	138	2,3
	3-Methylbutan-1-ol	$(CH_3)_2CHCH_2CH_2OH$	–117	131	2,0
	2,2-Dimethylpropan-1-ol	$(CH_3)_3CCH_2OH$	+50	113	12,5
C_{12}	Dodecan-1-ol (Laurylalkohol)	$CH_3(CH_2)_{10}CH_2OH$	+24	259	0
C_{16}	Hexadecan-1-ol (Cetylalkohol)	$CH_3(CH_2)_{14}CH_2OH$	+49	Zersetzung	0

B3 *Homologe Reihe der Alkanole.* **A:** *Erklären und erläutern Sie mithilfe geeigneter Formeln die großen Unterschiede zwischen den Siedetemperaturen der Alkane (S. 30, B4) und denen der entsprechenden Alkanole.*

Homologe Reihen

Man kennt heute die Molekülstrukturen von über 20 Millionen organischen Verbindungen (B1). Alleine die Anzahl der möglichen Alkane ist schier unüberschaubar (vgl. S. 30, B3). Dabei sind die Alkane nur eine Klasse unter den **Kohlenwasserstoffen**, die allesamt als Kohlenstoffhydride bezeichnet werden könnten. Wie bekommt man in die enorme Vielfalt von organischen Verbindungen Ordnung und Übersicht?

Zu einer besonders tragfähigen Einteilung kommt man, wenn die folgenden zwei strukturellen Merkmale der Moleküle zugrunde gelegt werden:

a) Bau des **Molekülgerüsts** aus Kohlenstoff-Atomen sowie
b) Art und Stellung der **funktionellen Gruppen** (in B4 blau eingezeichnet) an diesem Molkülgerüst.

Eine Klasse oder Reihe, in der sich zwei aufeinanderfolgende Glieder jeweils nur um eine CH_2-Gruppe (**Methylen-Gruppe**) unterscheiden, nennt man **homologe Reihe**. Gleichartige Molekülgerüste wie die Glieder der homologen Reihe der **Alkane**, aber verschiedene funktionelle Gruppen, haben die Moleküle der homologen Reihen der **Alkene**, **Alkanole**, **Alkanale** (**Aldehyde**), **Alkanone** (**Ketone**) und **Alkansäuren** (B4). Wichtige Stoffklassen der organischen Chemie, z. B. die **Halogenalkane** (vgl. S. 33, 41), die **Ether** (vgl. S. 47) und die **Ester** (vgl. S. 82, 205), sind Derivate von Vertretern dieser homologen Reihen. Die Einteilung in homologe Reihen ist nicht nur formal einfach, sie ist auch zweckmäßig, denn die Vertreter einer Reihe haben gleiche, wenn auch abgestufte Eigenschaften. Molekülgerüste mit gleicher Anzahl von Kohlenstoff-Atomen können unterschiedlich verzweigt sein. Daraus ergibt sich das Phänomen der *Gerüstisomerie* oder *Kettenisomerie* (B5). Eine funktionelle Gruppe an einem bestimmten Molekülgerüst kann an unterschiedlichen Positionen gebunden sein. Entsprechend gibt es jeweils mehrere *Positionsisomere* oder *Stellungsisomere* (B5). Schließlich kann ein und dasselbe Molekülgerüst unterschiedliche funktionelle Gruppen tragen. Die entsprechenden Verbindungen sind *funktionelle Isomere* (B5).

Alkane CH_4 Methan $H_3C\text{-}CH_3$ Ethan $H_3CCH_2CH_3$ Propan $H_3C(CH_2)_2CH_3$ Butan $H_3C(CH_2)_3CH_3$ Pentan usw.	**Alkene** $H_2C{=}CH_2$ Ethen $H_2C{=}CHCH_3$ Propen $H_2C{=}CHCH_2CH_3$ Buten $H_2C{=}CH(CH_2)_2CH_3$ Penten usw.
Alkohole/Alkanole H_3COH Methanol H_3CCH_2OH Ethanol $H_3CCH_2CH_2OH$ Propan-1-ol $H_3C(CH_2)_2CH_2OH$ Butan-1-ol usw.	**Alkanale** $HCHO$ Methanal (Formaldehyd) H_3CCHO Ethanal (Acetaldehyd) H_3CCH_2CHO Propanal $H_3C(CH_2)_2CHO$ Butanal usw.
Alkanone H_3CCOCH_3 Propan-2-on (Aceton) $H_3CCOCH_2CH_3$ Butan-2-on $H_3CCO(CH_2)_2CH_3$ Pentan-2-on usw.	**Alkansäuren** $HCOOH$ Methansäure (Ameisens.) H_3CCOOH Ethansäure (Essigsäure) H_3CCH_2COOH Propansäure (Propions.) $H_3C(CH_2)_2COOH$ Butansäure (Buttersäure) usw.

B4 *Homologe Reihen.* **A:** *Formulieren und benennen Sie Vertreter der homologen Reihen mit 5 Kohlenstoff-Atomen in ihren Molekülen.*

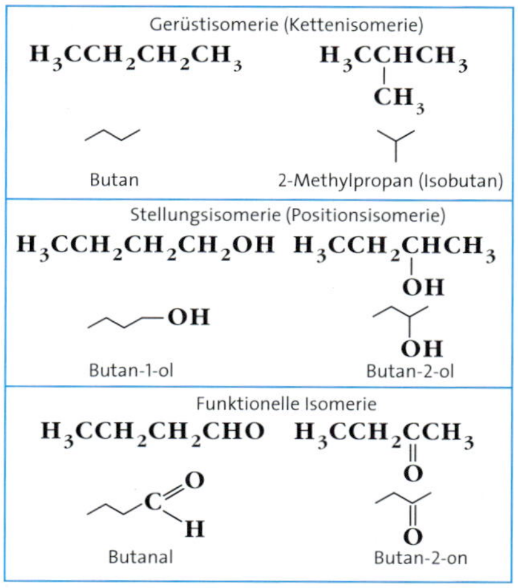

B5 *Drei Arten von Isomerie (Halbstrukturformeln und Struktursymbole)*

Aufgaben

A1 Formulieren Sie für die Alkane und Alkene aus B4 die entsprechenden Summenformeln und stellen Sie allgemeine Summenformeln für die Alkane und Alkene auf.

A2 Schreiben Sie mithilfe von B5 die Halbstrukturformeln und die Struktursymbole der isomeren Moleküle von Pentanol $C_5H_{11}OH$ auf und benennen Sie die Verbindungen.

Fachbegriffe

Homologe Reihen, Alkane, Alkene, Alkanole, Alkanale (Aldehyde), Alkanone (Ketone), Alkansäuren, Halogenalkane, Ether und Ester, Kettenisomerie oder Gerüstisomerie, Positionsisomere oder Stellungsisomere, funktionelle Isomere (vgl. auch Übersicht zur Isomerie auf S. 323)

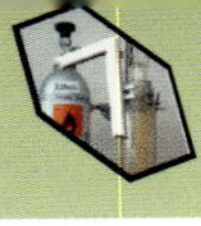

Isobuten – Herstellung und Eigenschaften

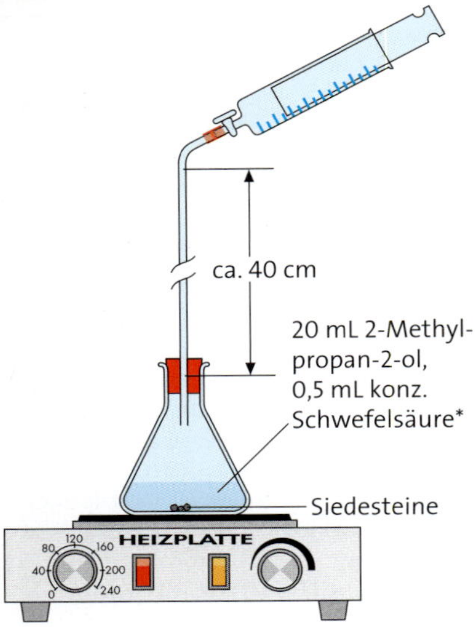

B1 *Skizze zu V1.* **A:** *Was bewirken die Siedesteine?* **A:** *Notieren Sie die Formel von 2-Methylpropan-2-ol.*

Versuche

V1 Bauen Sie die Vorrichtung aus B1 auf; das insgesamt ca. 40 cm lange Glasrohr können Sie selbst in der Brennerflamme biegen. Beschicken Sie den Erlenmeyerkolben wie in B1 angegeben (**Vorsicht!**) und bringen Sie das Gemisch* auf der elektrischen Heizplatte (**keine Flamme!**) zum Sieden. Schließen Sie erst jetzt den Kolbenprober an und halten Sie das Gemisch so am Sieden, dass die Kondensationsfront noch im Rohr bleibt. Füllen Sie den Kolbenprober mit 100 mL des entstehenden Gases*. Führen sie damit V2 bis V4 durch.

V2 Füllen Sie ca. 30 mL des Gases* in ein leeres Rggl. und prüfen Sie es auf Brennbarkeit. Beobachten Sie die Flamme.

V3 Drücken Sie ca. 30 mL des Gases* über ein spitzes Glasrohr langsam durch ca. 10 mL Bromwasser*, das sich in einem Rggl. befindet. Stopfen Sie dann zu und schütteln Sie gut durch. Beobachtung?

V4 Drücken Sie das restliche Gas* aus dem Kolbenprober über ein trockenes Glasrohr ganz langsam durch ca. 10 mL Heptan, das sich in einem Rggl. befindet. Beobachtung? Fügen Sie dann 2 mL Bromwasser* hinzu und schütteln Sie gut durch. Beobachtung? Schütteln Sie zum Vergleich auch 10 mL reines Heptan* mit 2 mL Bromwasser*.

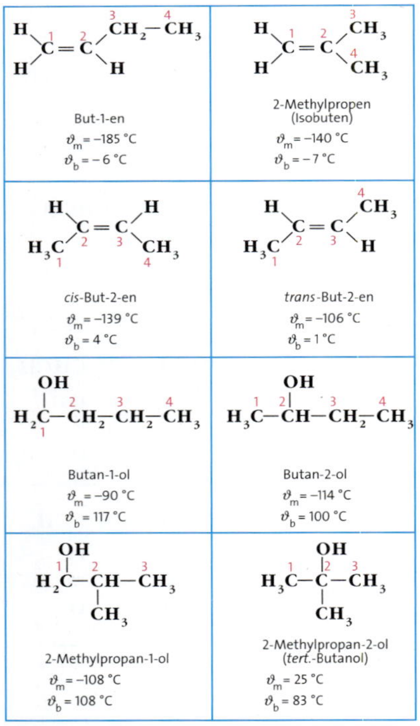

B2 *Isomere des Butens* C_4H_8 *und des Butanols* C_4H_9OH. **A:** *Kann man die isomeren Alkene oder die isomeren Alkanole leichter trennen? Begründen Sie.*

Auswertung

Das Reaktionsprodukt aus V1:

a) Schließen Sie aus der Bromwasserprobe in V2 auf ein strukturelles Merkmal in den Molekülen des hergestellten Gases und formulieren Sie eine Reaktionsgleichung für die Nachweisreaktion.

b) Ist die Art der Flamme bei V2 eher mit der Molekülformel C_4H_{10} oder mit C_4H_8 zu erklären? Erläutern Sie.

c) Was schließen Sie aus den Beobachtungen bei V4 über die Löslichkeit des Gases? Erklären Sie den Sachverhalt mithilfe der Formeln von Isobuten und Heptan.

Die Apparatur und die Reaktionsführung in V1:

d) Isobuten wird in V1 gemäß der folgenden Hinreaktion gebildet:

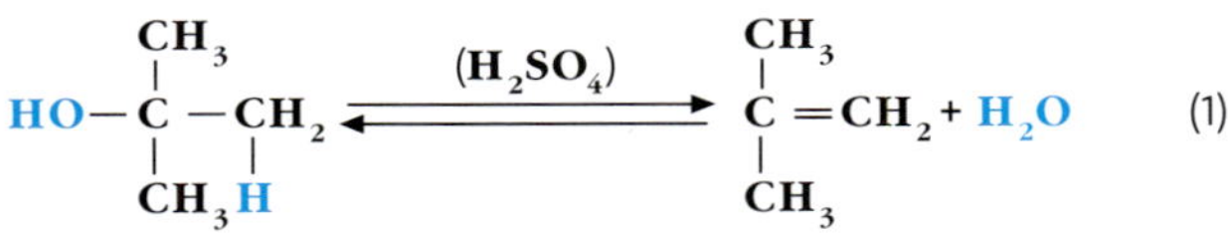

Erläutern Sie, warum es in der Apparatur aus B1 möglich ist, den eingesetzten Alkohol vollständig in die Produkte Isobuten (2-Methylpropen) und Wasser zu überführen.

e) Berechnen Sie das theoretisch zu erwartende Volumen an Isobuten in V1 bei vollständigem Umsatz des eingesetzten Alkanols 2-Methylpropan-2-ol. (*Hinweise:* ρ(2-Methylpropan-2-ol) = 0,77 g/cm³; bei 25 °C und 1013 hPa gilt für Gase V_m = 24 L/mol.)

Isobuten – eine technische Grundchemikalie

Die kurzkettigen Alkene (Ethen, Propen und Butene) sind wichtige „Zwischenstationen" auf dem Weg vom Erdöl zu den Anwendungsprodukten. Alkene sind aber weder im Erdöl noch im Erdgas enthalten. Industriell werden sie durch Cracken langkettiger Alkane aus Erdöl hergestellt (vgl. S. 29). Dabei bilden sich stets Gemische, aus denen Ethen ($\vartheta_b = -104\,°C$) und Propen ($\vartheta_b = -48\,°C$) relativ leicht isoliert werden können. Da die Siedetemperaturen der vier Buten-Isomere, des sog. „**C4**-Schnitts", sehr eng zusammenliegen (B2), kann das Gemisch durch Destillation nicht aufgetrennt werden. Bei einigen Anwendungen, z. B. bei der Herstellung von Zusatzstoffen für Super-Benzin, verzichtet man auf die Trennung der Buten-Isomere und setzt gleich das Isomerengemisch $\mathbf{C_4H_8}$ ein.

Von herausragender Bedeutung unter den 4 Isomeren des Butens ist das **2-Methylpropen** (technische Bezeichnung: **Isobuten**). Weltweit werden jährlich ca. 1 000 000 Tonnen Isobuten hergestellt und zu Produkten verarbeitet. Isobuten ist daher eine **Grundchemikalie** in der chemischen Industrie. Das in V1 angewandte Verfahren ist auch in der Technik für die Herstellung von reinem Isobuten von Bedeutung. Es handelt sich dabei um die Abspaltung von Wasser aus **2-Methylpropan-2-ol** (technische Bezeichnung: ***tert.*-Butanol**). Eine derartige **Eliminierung** (Abtrennung) von Wasser-Molekülen aus größeren Molekülen bezeichnet man als **Dehydratisierung** (**Dehydratation**).

Bei der Eliminierung von Wasser aus 2-Methylpropan-2-ol, aber auch bei der *Rückreaktion*, der **Addition** von Wasser an Isobuten, wirkt Schwefelsäure als Katalysator. Da in V1 das gasförmige Produkt Isobuten fortdauernd aus dem Gemisch entfernt wird, kann die Rückreaktion nicht ablaufen, sodass sich Isobuten ständig nachbildet, solange noch 2-Methylpropan-2-ol vorhanden ist.

Die technische Anlage zur Isobuten-Trennung aus dem Gemisch der Butene arbeitet kontinuierlich (B4). Man setzt das Gemisch der vier isomeren Butene zunächst der säurekatalysierten Addition von Wasser aus. Isobuten reagiert unter diesen Bedingungen gemäß der Rückreaktion aus (1) in Auswertung a) zu 2-Methylpropan-2-ol (*tert.*-Butanol). Die anderen Butene reagieren nicht und werden gasförmig abgeführt. Das *tert.*-Butanol in saurer Lösung wird anschließend durch Erhitzen ähnlich wie in V1 zu Isobuten und Wasser gespalten. Das Wasser wird in den ersten Reaktor zurückgeführt, es befindet sich also innerhalb der Anlage in einem **Stoffkreislauf**.

B3 *Die Folie, mit der dieser Teich ausgelegt ist, und die Luftschläuche des Fahrrads bestehen vorwiegend aus Polyisobuten, das aus Isobuten hergestellt wird (vgl. S. 44, 45).*

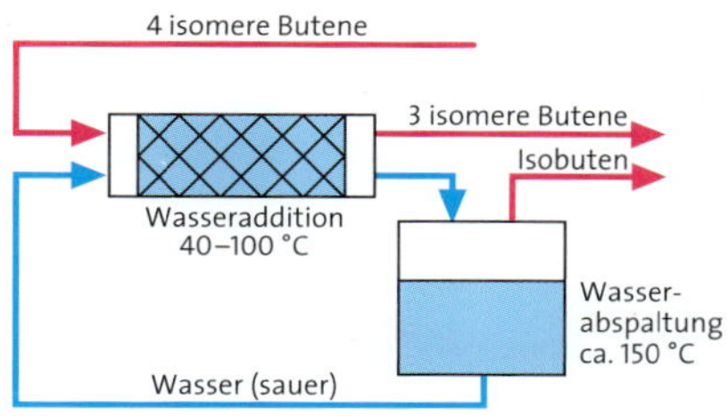

B4 *Technische Anlage zur Herstellung von Isobuten.* ***A:*** *Nennen und erläutern Sie Gemeinsamkeiten und Unterschiede zur Apparatur aus V1 (vgl. B1).*

Aufgabe

A1 Informieren Sie sich in *Chemie 2000+ Online* über die Anwendungsprodukte, die aus der Grundchemikalie Isobuten hergestellt werden.

Fachbegriffe

Dehydratisierung (Dehydratation), Addition, Eliminierung, Stoffkreislauf

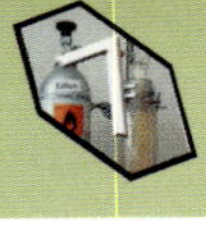

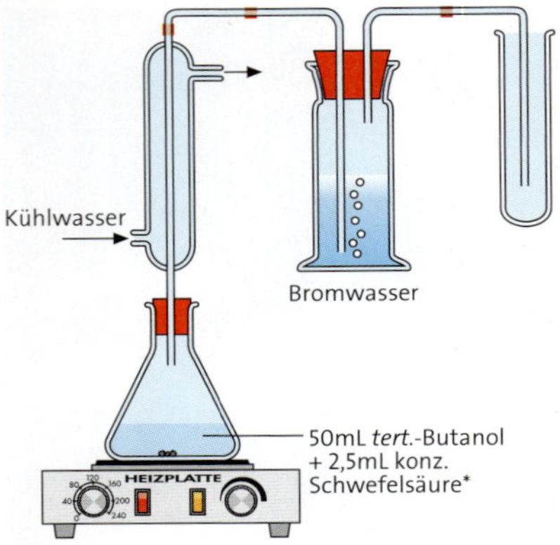

B1 *Skizze zu V1.* ***A:*** *Erklären Sie, warum die Dichte von Isobuten* $(CH_3)_2C{=}CH_2$ *größer ist als die der Luft.*

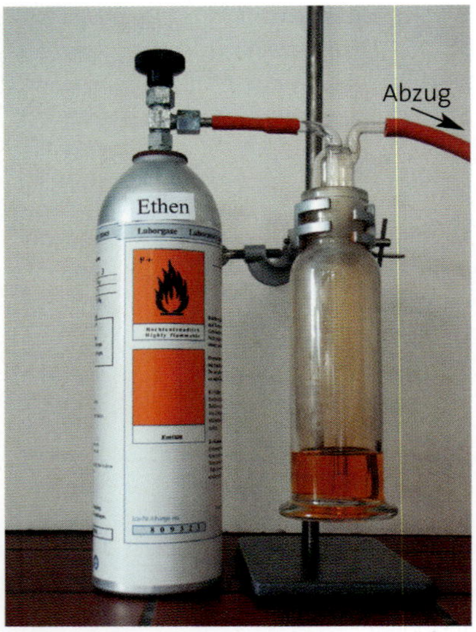

B2 *Bromierung von Ethen (LV2)*

B3 *2-Chlor-2-methylpropan in Kontakt mit konzentrierter Salzsäure.* ***A:*** *Nennen und begründen Sie einen einfachen Test, durch den man ermitteln kann, welches die organische und welches die wässrige Phase ist.*

Halogenalkane – auch ohne Licht

Versuche

Vorsicht! Bromwasser wird unter dem Abzug von der Lehrperson verteilt!
BEILSTEIN-Probe (vgl. S. 32) unter dem Abzug durchführen!
Bei allen Versuchen mit möglichst wenig Licht arbeiten!

V1 Bauen Sie im Abzug die Vorrichtung aus B1 auf. In der Waschflasche befinden sich 60 mL gesättigtes Bromwasser*. Erhitzen Sie das Gemisch im Erlenmeyerkolben zum Sieden und leiten Sie das gebildete gasförmige Isobuten* durch die Waschflasche. Beobachten Sie die Farbänderung. Testen Sie das entweichende Gas mit einem feuchten Indikatorpapierstreifen. Beobachtung? Fangen Sie das entweichende Gas in einem Rggl. auf und testen Sie es auf Brennbarkeit. Beobachtung? Wenn keine Farbänderung in der Waschflasche mehr zu beobachten ist, stellen Sie die Heizung aus und lockern Sie sofort den Stopfen der Waschflasche. Gießen Sie den Inhalt der Waschflasche in einen Scheidetrichter und schütteln Sie ihn mit 10 mL Heptan* aus. Trennen Sie die Phasen und führen Sie mit der organischen Phase die BEILSTEIN-Probe* durch. Beobachtung?
Bewahren Sie die wässrige Phase für spätere Untersuchungen auf (S. 42, V3).

LV2 Durch eine Waschflasche, in der sich 25 mL Bromwasser* befinden, wird Ethen aus einer Druckdose (oder Druckflasche) mit einer Strömungsgeschwindigkeit von ca. 4 Blasen pro Sekunde geleitet (B2). Notieren Sie die Zeit vom Beginn der Einleitung bis zur Entfärbung des Bromwassers. Gießen Sie den Inhalt der Waschflasche in einen Scheidetrichter, schütteln Sie nach Zugabe von 10 mL Heptan* durch, trennen Sie die Phasen und führen Sie mit der organischen Phase die BEILSTEIN-Probe* durch. Beobachtung?
Bewahren Sie die wässrige Phase für spätere Untersuchungen auf (S. 42, V3).

V3 Schütteln Sie im Rggl. 10 mL Bromwasser* mit a) 1 mL Hex-1-en* und b) 1 mL Cyclohexen*. Beobachtung? Führen Sie einen Kontrollversuch mit 10 mL Bromwasser* und 1 mL Heptan*durch. Beobachtung? Führen Sie jeweils mit der organischen Phase aus der Probe mit Hex-1-en* und Cyclohexen* die BEILSTEIN-Probe* durch. Beobachtung?
Bewahren Sie die wässrige Phase für spätere Untersuchungen auf (S. 42, V3).

Auswertung

Hinweis: Bromwasser ist eine Lösung von Brom in Wasser $Br_2(aq)$.

a) Erläutern Sie, welche Befunde in V1 bis V3 dafür sprechen, dass sich aus Alkenen und Brom organische Halogenverbindungen bilden.

b) Formulieren Sie die Reaktionsgleichungen für die Reaktionen der Alkene in V1 bis V3 mit Brom.

c) Isobuten reagiert mit Wasserstoffchlorid (oder mit konzentrierter Salzsäure) zu 2-Chlor-2-methylpropan (B3). Formulieren Sie die Reaktionsgleichung.

Additionen an Alkene

Alkene reagieren im Gegensatz zu Alkanen relativ leicht und auch bei Dunkelheit mit Halogenen (V1 bis V3). Dabei bilden sich organische Halogenverbindungen, die durch die BEILSTEIN-Probe (vgl. S. 32, B3) nachgewiesen werden können. Bei der **Addition** von Brom an ein Alken spricht man von einer **Halogenierung**. Dabei bildet sich ein Dibromalkan (B5). Außer Halogenen können sich aber auch andere Stoffe an Alkene addieren, beispielsweise Wasserstoffhalogenide, Wasserstoff und Wasser:

(1)

$$H_3C(CH_2)_4HC{=}CH_2 + H_2 \longrightarrow H_3C(CH_2)_4CH_2CH_3 \quad (2)$$

$$H_2C{=}CH_2 + H_2O \longrightarrow H_3CCH_2OH \quad (3)$$

Industriell sind Additionen dieser Art an Kohlenstoff-Kohlenstoff-Doppelbindungen weitaus wichtiger als die Halogenierung von Alkenen. Additionsreaktionen des Typs (1) werden als **Hydrohalogenierungen** bezeichnet und liefern Monochloralkane[1], die des Typs (3) sind **Hydratisierungen** und liefern Alkanole. Die Addition von Wasserstoff an Kohlenstoff-Kohlenstoff-Doppelbindungen (2) wird als **Hydrierung** bezeichnet und dient der Umwandlung von Alkenen in Alkane. So werden beim technischen Hydrocracken langkettiger Alkane durch Zusatz von Wasserstoff Alkane und Isoalkane für Kraftstoffe hergestellt. Die Hydrierung von Pflanzenölen, deren Moleküle Reste ungesättigter Fettsäuren enthalten, liefert streichfähige Margarine (B6).

Aufgaben

A1 Formulieren Sie die Reaktionsgleichungen (2) und (3) wie in Gleichung (1) mit Valenzstrichformeln und benennen Sie alle Stoffe aus (1) bis (3).

A2 Formulieren Sie für 2-Methylpropen (Isobuten) folgende Reaktionen: a) eine Halogenierung, b) eine Hydrohalogenierung, c) die Hydrierung und d) die Hydratisierung.

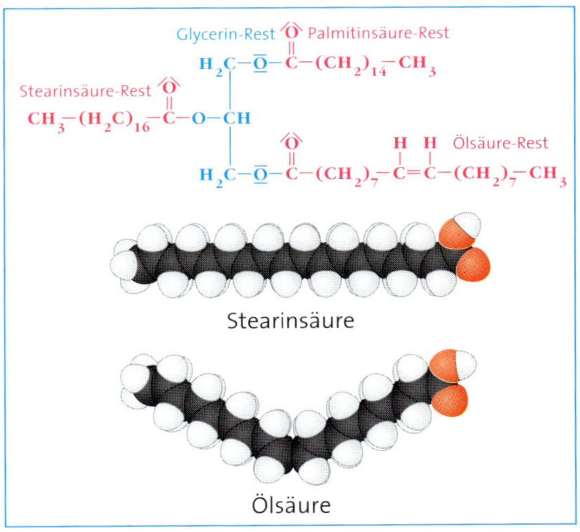

B6 *Formel eines Triglycerid-Moleküls und Kalotten-Modelle von zwei Fettsäure-Molekülen.* ***A:*** *Erklären Sie, warum Stearinsäure fest und Ölsäure flüssig ist.*

B4 *Hydrierung eines gasförmigen Alkens.* ***A:*** *Berechnen Sie das Volumen an Propan, das sich bei der Hydrierung von 50 mL Propen mit 50 mL Wasserstoff bildet.*

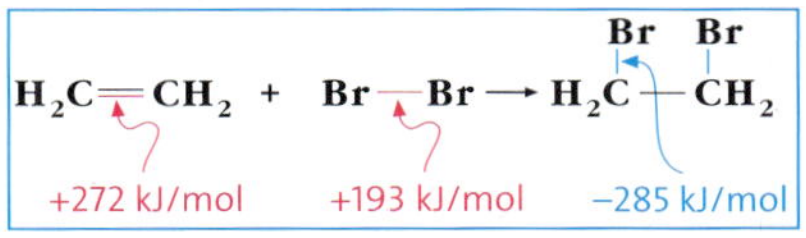

B5 *Die Addition von Brom an Ethen verläuft exotherm $\Delta_r H = -105$ kJ/mol.* ***A:*** *Begründen Sie das mithilfe der Angaben im Schema.*

[1] Bei der Reaktion (1) wird das Wasserstoff-Atom an das wasserstoffreichere Kohlenstoff-Atom der Doppelbindung angelagert (MARKOWNIKOW-Regel).

Fachbegriffe

Addition, Halogenierung, Hydrohalogenierung, Hydratisierung, Hydrierung

Angriffsziel: Die $C{=}C$-Doppelbindung

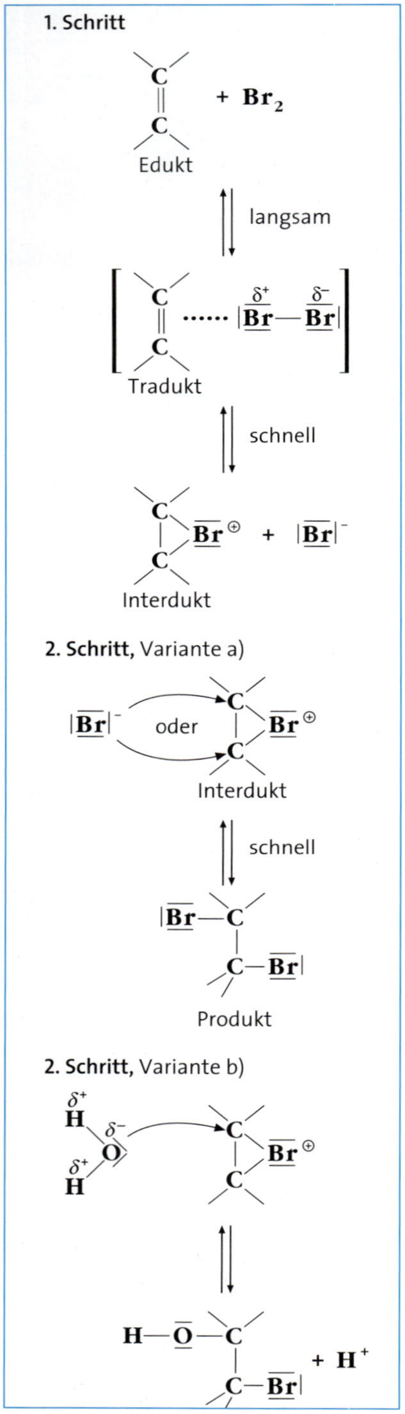

B1 *Mechanismus der elektrophilen Addition (vgl. INFO in der Textspalte).* ***A:*** *Erklären Sie die in V3 nachgewiesenen Produkte mithilfe dieses Mechanismus.* ***A:*** *Begründen Sie, warum ein Wasser-Molekül als nucleophiler Angreifer wirken kann.*

Versuche

Vorsicht! Bromwasser und die Lösung von Brom in Tetrachlorethen werden unter dem Abzug von der Lehrperson hergestellt!

LV1 Der Versuch aus B2 von S. 40 wird zunächst mit Bromwasser* und anschließend mit einer Lösung von Brom* in Tetrachlorethen* (Perchlorethylen PER) durchgeführt. Die Lösungen sollen etwa gleich konzentriert sein, d. h. etwa die gleiche Farbintensität haben. Nachdem die Zeit bis zur Entfärbung des Bromwassers gemessen wurde, lässt man Ethen mit etwa der gleichen Strömungsgeschwindigkeit die gleiche Zeit lang durch die Lösung von Brom in PER strömen und beobachtet die Farbe. (*Hinweis:* Statt mit Ethen* aus der Druckdose kann auch mit Isobuten gearbeitet werden, das man nach B1, S. 40, selbst herstellt.)

V2 Schütteln Sie im Rggl. 5 mL Bromwasser* mit 1 mL Tetrachlorethen* (Perchlorethylen PER). Beobachten Sie die Farben der Phasen.

V3 Führen Sie mit jeder der wässrigen Phasen aus LV1 bis V3 von S. 40 folgende Tests durch: a) Halten Sie in die wässrige Lösung jeweils einen Indikatorpapierstreifen. b) Versetzen Sie im Rggl. jeweils 3 mL der wässrigen Lösung mit 1 mL Silbernitrat-Lösung*.

Auswertung

a) Tetrachlorethen (Perchlorethylen PER) $Cl_2C{=}CCl_2$ ist ein hydrophobes (lipophiles) Lösemittel und addiert kein Brom (V2, vgl. auch S. 43). Stellen Sie aus den Ergebnissen in LV1 Hypothesen über die Beeinflussung der Reaktionsgeschwindigkeit von Brom mit Alkenen durch das Lösemittel auf.

b) Erschließen Sie den Mechanismus aus B1 mithilfe der *INFO* und der Lehrkraft und bearbeiten Sie die Aufgaben aus der Legende in B1.

INFO Mechanismus der elektrophilen Addition

1. Schritt: In einem Brom-Molekül, das sich der C=C-Doppelbindung im Alken-Molekül nähert, findet eine temporäre Polarisierung der Elektronenpaarbindung statt. Das positivierte Brom-Atom greift die Doppelbindung **elektrophil**[1] an, wobei es mit einem Elektronenpaar aus der Doppelbindung zu einer Wechselwirkung und zur Ausbildung des *Tradukts* kommt. Diese wird stärker und führt dazu, dass sich die Bindung im Brom-Molekül **heterolytisch**[2] (Gegensatz zu homolytisch – vgl. S. 35) auftrennt. Dabei entsteht als *Interdukt* ein **cyclisches Bromonium-Ion**.

2. Schritt: In der Variante a) greift das abgespaltene Bromid-Ion das Bromonium-Ion **nucleophil**[3] an und bildet eine Elektronenpaarbindung zu einem der beiden Kohlenstoff-Atome aus. Gleichzeitig wird der Dreierring aufgebrochen und das darin vorhandene Brom-Atom bindet sich an das andere Kohlenstoff-Atom, wobei ein 1,2-Dibromalkan-Molekül entsteht. In der Variante b) wird das Bromonium-Ion von einem Wasser-Molekül nucleophil angegriffen. Ein Proton wird aus dem Wasser-Molekül abgespalten und es bildet sich ein Bromalkohol-Molekül.

---

[1] von *elektrophil* (griech.) = elektronenfreundlich, Elektronen suchend;
[2] von *heteros* (griech.) = verschieden und *lyein* (griech.) = lösen, trennen;
[3] von *nucleophil* (griech.) = kernfreundlich, Kern suchend

Mechanismus der elektrophilen Addition

Die Versuche LV1 bis V3 zeigen einige überraschende Ergebnisse: Brom reagiert mit einem Alken im Lösemittel Wasser wesentlich schneller als in einem hydrophoben Lösemittel (LV1). Die Reaktion von Bromwasser mit einem Alken kann nicht lediglich als Addition von Brom-Atomen an Alken-Moleküle gedeutet werden (vgl. B5 von S. 41), denn unter den Produkten der Reaktion befinden sich auch Bromid-Ionen und hydratisierte Wasserstoff-Ionen (V3). Selbst die Vorstellung, dass alle Verbindungen mit einer Kohlenstoff-Kohlenstoff-Doppelbindung im Molekül Brom addieren, trifft nicht allgemein zu, denn Tetrachlorethen (Perchlorethylen PER) reagiert gar nicht mit Brom (V2).

Alle diese experimentellen Fakten können gut erklärt werden, wenn man davon ausgeht, dass die Reaktion von Brom mit einem Alken nach dem in B1 formulierten und in der INFO erklärten Mechanismus der **elektrophilen Addition** verläuft. Diese Bezeichnung weist darauf hin, dass der langsamste, geschwindigkeitsbestimmende Schritt der elektrophile Angriff auf die **C=C**-Doppelbindung ist. Da Wasser-Moleküle sowohl die Heterolyse von Bindungen als auch die ionischen Zwischenstufen durch elektrostatische Anziehungskräfte unterstützen, läuft die Reaktion in Wasser schneller ab als in einem hydrophoben Lösemittel. Darüber hinaus können Wasser-Moleküle selbst mit den Bromonium-Ionen reagieren und die in V3 nachgewiesenen Produkte liefen.

Warum aber reagiert PER nicht bzw. so schlecht mit Brom? Im PER-Molekül ist jede der vier Kohlenstoff-Chlor-Bindungen aufgrund der Elektronegativitätsdifferenz permanent polarisiert (B2). Der von den vier Chlor-Atomen ausgeübte Elektronensog setzt sich auch in die Doppelbindung fort. Man bezeichnet diese Übertragung der Bindungspolarisierung auf benachbarte Bindungen als **induktiven**[4] **Effekt**. Durch den elektronenziehenden **–I-Effekt** der Chlor-Atome ist die Elektronendichte in der **C=C**-Doppelbindung des PER-Moleküls sehr stark herabgesetzt. Schwache elektrophile Angreifer, wie die temporär polarisierten Brom-Moleküle aus den Versuchen mit Bromwasser, sind nicht in der Lage, die **C=C**-Doppelbindungen in PER-Molekülen elektrophil anzugreifen.

Methyl- und andere Alkyl-Gruppen üben einen elektronenschiebenden **+I-Effekt** aus (B2, B3). Dadurch erhöhen sie die Reaktivität der **C=C**-Doppelbindung gegenüber elektrophilen Angreifern und stabilisieren reaktive Zwischenstufen wie **Carbenium-Ionen**, das sind organische Molekül-Kationen mit der positiven Ladung an einem Kohlenstoff-Atom. Diese treten z. B. bei der Hydrohalogenierung von Alkenen als Interdukte auf:

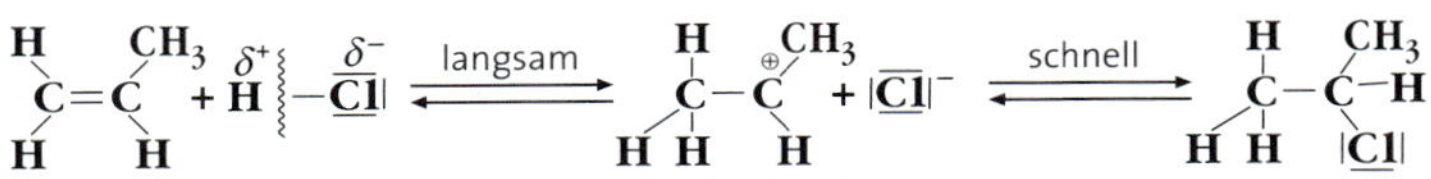

Carbenium-Ion

[4] von *inducere* (lat.) = veranlassen, etwas auch auf Weiteres übertragen

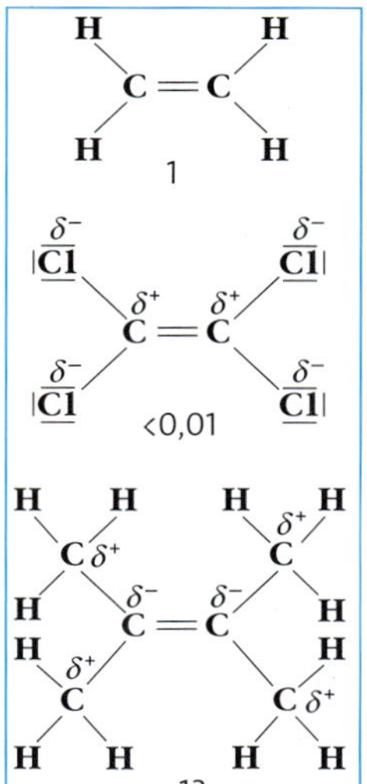

B2 *Ladungsverteilungen und relative Geschwindigkeiten der Additionsreaktionen bei Ethen, Tetrachlorethen und 2,3-Dimethylbut-2-en*

+I-Effekt	–I-Effekt
C–CH_3	C–OH
C–CH_2–CH_3	C–OCH_3
C–$CH(CH_3)_2$	C–I
C–$C(CH_3)_3$	C–Br
	C–Cl
	C–COOH
	C–F

B3 *Gruppen mit abgestuften* **+I**- *und* **–I**-*Effekten.* **A:** *Erklären Sie, warum die Methyl-Gruppe* CH_3 *einen* **+I**-*Effekt hat.*

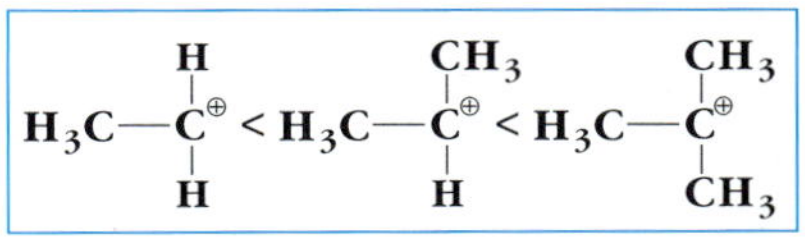

B4 *Relative Stabilitäten von Carbenium-Ionen.* **A:** *Warum sind tertiäre Carbenium-Ionen am stabilsten?*

Aufgabe

A1 Erklären Sie die MARKOWNIKOW-Regel (vgl. Fußnote auf S. 41) mithilfe des Mechanismus der elektrophilen Addition bei der Hydrohalogenierung und des induktiven Effekts.

Fachbegriffe

elektrophil, nucleophil, heterolytisch, cyclisches Bromonium-Ion, elektrophile Addition, induktiver **–I**- und **+I**-Effekt, Carbenium-Ion

Vom Isobuten zum Kleber und zum Kaugummi

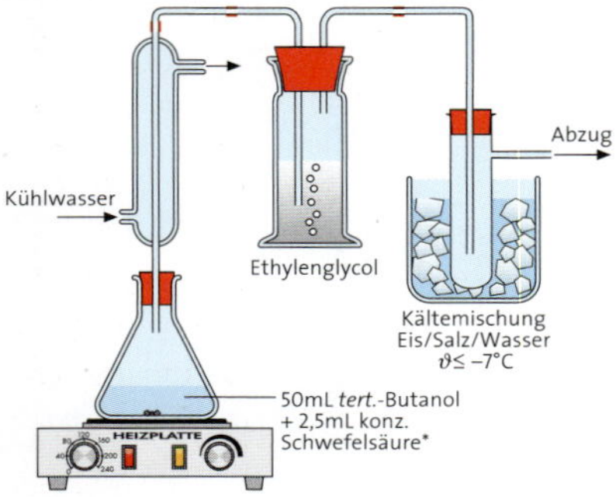

B1 *Skizze zu V1.* **A:** *Vergleichen Sie diese Versuchsanordnung mit der aus B1, S. 40, und begründen Sie die Unterschiede.* **A:** *In dieser Kühlfalle wird das durchströmende Isobuten nicht vollständig verflüssigt. Schlagen Sie Verbesserungen vor.*

Versuche

V1 *Herstellung, Reinigung und Verflüssigung von Isobuten:* Bauen Sie die Vorrichtung aus B1 auf. In der Waschflasche befindet sich Ethylenglycol* (Ethan-1,2-diol*). Die Temperatur in der Eis-Salz-Kältemischung muss unterhalb von −7 °C liegen, damit das im Erlenmeyerkolben erzeugte und in der Waschflasche gereinigte Isobuten* möglichst vollständig kondensiert. Stellen Sie ca. 5 mL flüssiges Isobuten* her. Pipettieren Sie ca. 0,5 mL davon auf ein Uhrglas und beobachten Sie die Verdunstung.

LV2 *Vorbereitung des Katalysators:* In einem kleinen Erlenmeyerkolben wird eine Spatelspitze (ca. 0,5 g) wasserfreies Aluminiumchlorid* in ca. 15 mL Dichlormethan* gelöst. Der Kolben wird verschlossen. Aluminiumchlorid wirkt in V3 als Katalysator.

V3 *Polymerisation:* Ersetzen Sie an der Kühlfalle aus V1, in der sich nun das flüssige Isobuten* befindet, das Einleitungsrohr durch ein Thermometer. Das Rggl. bleibt die ganze Zeit in der Kältemischung. Pipettieren Sie ins flüssige Isobuten ca. 0,5 mL Katalysator-Lösung* aus LV2. Rühren Sie mit einem Glasstab vorsichtig um und messen Sie die Temperatur der Flüssigkeit 5 min lang in Abständen von 30 s. Gießen Sie den Inhalt des Rggl. auf ein großes Uhrglas. Prüfen Sie, wenn keine Verdunstung mehr wahrzunehmen ist, den Rückstand mit einem Glasstab. Verkleben Sie mit diesem Produkt a) Papier und b) Folien aus Kunststoff.

V4 Lösen Sie den Rückstand vom Uhrglas in V3 in 5 mL Pentan und versetzen Sie die Lösung im Rggl. mit 3 mL Bromwasser*. Führen Sie die Bromwasserprobe auch mit reinem Pentan durch.

V5 Lösen Sie im Rggl. von ca. 8 cm^2 Wundpflaster den Klebstoff mit ca. 10 mL Pentan* ab und versetzen Sie die Lösung mit Bromwasser*.

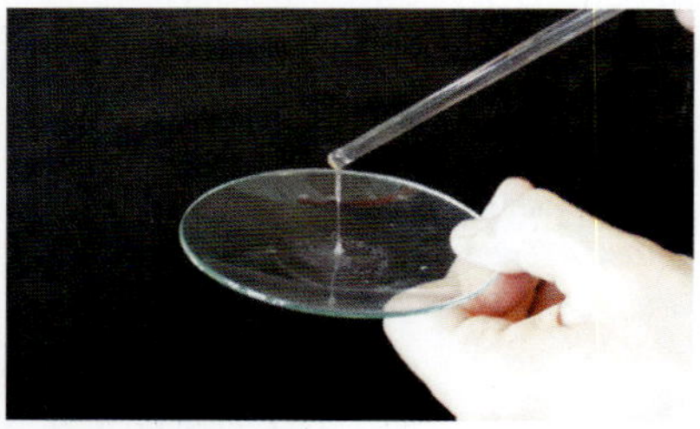

B2 *Polymerisation von Isobuten (V3).* **A:** *Nennen und begründen Sie mögliche Verunreinigungen im erhaltenen Produkt.* **A:** *Geben Sie an, welcher Stoff vom Uhrglas verdunstet.*

Auswertung

a) Schließen Sie aus dem Ergebnis der Temperaturmessung bei V3, ob die Polymerisation exotherm oder endotherm verläuft.

b) Erklären Sie mithilfe der Reaktionsgleichung von S. 45, warum das Produkt aus V3 zähflüssig ist und Bromwasser entfärbt.

c) Erläutern und begründen Sie, inwiefern Ihr Ergebnis aus V5 die Bildunterschrift von B3 bestätigt oder widerlegt.

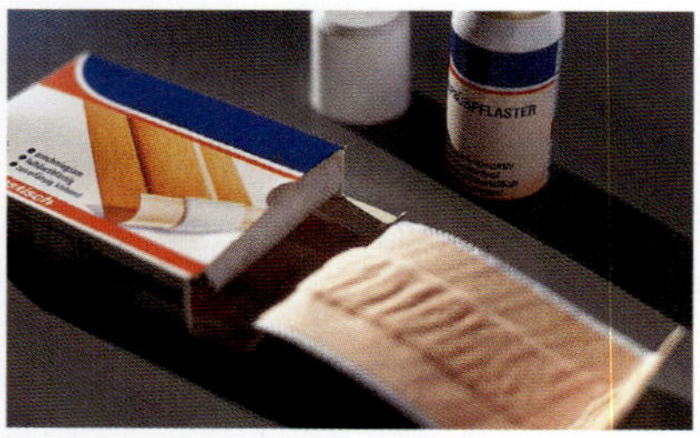

B3 *Die Klebefläche von Verbandspflaster ist mit Polyisobuten beschichtet.* **A:** *Untersuchen Sie den Klebstoff eines Pflasters gemäß V5.*

Polymerisation von Isobuten

Die Klebefläche am Wundpflaster, ein Kaugummi und viele andere Produkte unseres Alltags (vgl. S. 229, B5) enthalten die gleichen oder ganz ähnliche Stoffe wie das Reaktionsprodukt aus V3. Es handelt sich dabei um **Polymere**[1] des Isobutens. Sie werden gebildet, indem Isobuten-Moleküle im wahrsten Sinne des Wortes mit sich selbst reagieren. Die **Polymerisation** des Isobutens zu Polyisobuten verläuft exotherm und wird durch Aluminiumchlorid $AlCl_3$ katalysiert:

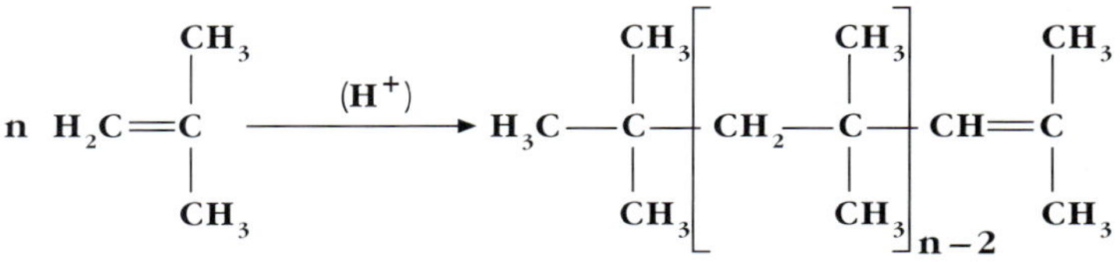

Isobuten (Monomer[1]) Polyisobuten (Polymer[2])

Die auf dem Reaktionspfeil angegebenen Wasserstoff-Ionen H^+ (Protonen) werden im Reaktionsgemisch aus Aluminiumchlorid mit Spuren von Wasser erzeugt. Sie starten die Polymerisation, indem sich durch Anlagerung eines Wasserstoff-Ions H^+ an ein Isobuten-Molekül zunächst ein tertiäres Carbenium-Ion bildet (vgl. S. 43, B4). Dieses addiert sich an ein weiteres Isobuten-Molekül unter Bildung eines neuen Carbenium-Ions, das sich ebenfalls an ein weiteres Isobuten-Molekül addiert usw. Nachdem sich so n Isobuten-Moleküle zu einer Kette aneinandergelagert haben, die an einem Ende immer noch eine positive Ladung trägt, wird durch Abspaltung eines Protons das Polyisobuten-Molekül gebildet.

Industriell wird Polyisobuten wie in V1 durch *kationische* Polymerisation von Isobuten in einer kontinuierlich arbeitenden Anlage hergestellt. Darin werden der Katalysator Bortrifluorid BF_3, das verwendete Lösemittel Hexan und das Prozesswasser in **Stoffkreisläufen** durch die Anlage geführt. So kann die Anlage zur Synthese von Polyisobuten wie die meisten Anlagen in der chemischen Industrie (B4) *sicher*, *wirtschaftlich* und *umweltschonend* arbeiten.

Auch andere Alkene, z. B. Ethen und Propen, polymerisieren zu entsprechenden Polymeren (vgl. S. 228), jedoch nach anderen Reaktionsmechanismen.

Aufgaben

A1 Informieren Sie sich in *Chemie 2000+ Online* über Gemeinsamkeiten und Unterschiede zwischen Aluminiumchlorid $AlCl_3$ und Bortrifluorid BF_3. Begründen Sie, weshalb in V1 nicht Bortrifluorid verwendet wird.

A2 Formulieren Sie das Kation (Carbenium-Ion), aus dem durch Abspaltung eines Protons das in der Reaktionsgleichung in der Textspalte formulierte Polymer gebildet wird.

[1] von *monos* (griech.) = allein, einzig und *meros* (griech.) = Teil;
[2] von *polys* (griech.) = viel und *meros* (griech.) = Teil

B4 *Blick auf eine industrielle Anlage.*
A: *Nennen Sie je zwei Gemeinsamkeiten und Unterschiede zwischen einer chemischen Industrieanlage und einer Laborvorrichtung wie die aus B1.*

Fachbegriffe

Polymer, Polymerisation, Stoffkreisläufe (in Industrieanlagen)

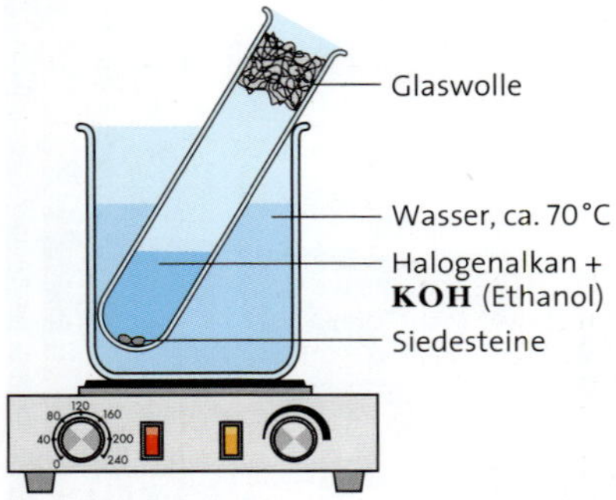

B1 *Skizze zu V1 und V2.* ***A:*** *Erklären Sie, warum es sich hier um eine sehr einfache Rückflussapparatur handelt.*

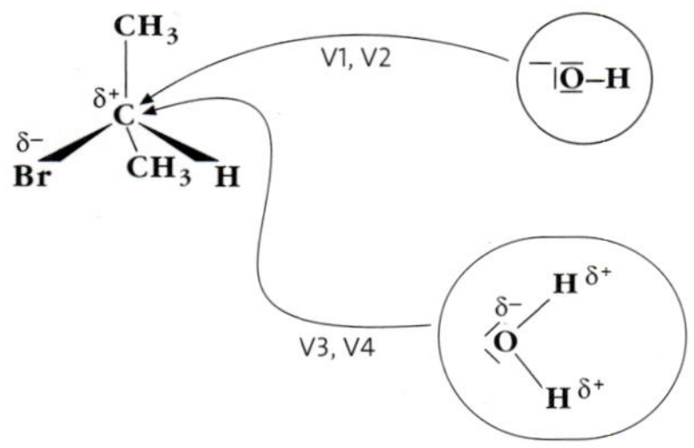

B2 *Elektrisch negativ geladene Ionen (z. B. das Hydroxid-Ion) und polare Moleküle (z. B. das Wasser-Molekül) wirken als* ***nucleophile***[1] *Angreifer.* ***A:*** *Die Reaktionen bei V1 und V2 verlaufen nach folgendem Schema:*

$$R{-}Br + OH^- \rightleftharpoons R{-}OH + Br^-$$

Erläutern Sie, warum ausgerechnet das Kohlenstoff-Atom, das an dem Halogen-Atom gebunden ist, nucleophil angegriffen wird. ***A:*** *Bei V1 bis V4 werden jeweils Bromid-Ionen aus dem Halogenalkan durch Hydroxid-Ionen ausgetauscht. Formulieren Sie die vier Reaktionsgleichungen.*

Tausche Halogen gegen ...

Versuche

V1 Versetzen Sie in einem großen Rggl. (oder in einem 50-mL-Erlenmeyerkolben) 2 mL 2-Brompropan* mit 12 mL Kaliumhydroxid-Lösung* in Ethanol*, c = 2 mol/L. Geben Sie zwei Siedesteinchen dazu und stopfen Sie in den Hals des Rggl. Glaswolle (B1). Erhitzen Sie das Reaktionsgemisch in einem Wasserbad so, dass es zum schwachen Sieden kommt. Beobachten Sie die Ablagerung an der Wand des Rggl. und die Trübung der Lösung. Unterbrechen Sie das Sieden nach ca. 8 min und kühlen Sie das Gemisch unter fließendem Wasser ab. Trennen Sie die Phasen, falls möglich durch Dekantieren, wenn nicht, durch Filtrieren. Übernehmen Sie die feste Phase in ca. 10 mL destilliertes Wasser, säuern Sie mit halbkonzentrierter Salpetersäure* an, bis die Lösung einen *p*H-Wert von ca. 3 hat und versetzen Sie mit einigen Tropfen Silbernitrat-Lösung*.

V2 Führen Sie den Versuch V1 mit 2-Brom-2-methylpropan* (statt mit 2-Brompropan) durch. Stellen Sie die Gemeinsamkeiten und die Unterschiede fest.

V3 Versetzen Sie in einem Rggl. 15 mL destilliertes Wasser mit 1 mL 2-Brompropan*. Stopfen Sie mit einem Gummistopfen zu und schütteln Sie mehrere Male kräftig durch. Lüften Sie zwischendurch, indem Sie den Gummistopfen zeitweise lockern. Halten Sie mithilfe einer Pinzette einen Streifen Indikatorpapier in die Flüssigkeit und stellen Sie den *p*H-Wert fest. Pipettieren Sie 2 mL des Reaktionsgemisches in ein anderes Rggl. ab und versetzen Sie es mit einigen Tropfen Silbernitrat-Lösung*.

V4 Führen Sie den Versuch V3 mit 2-Brom-2-methylpropan* (statt mit 2-Brompropan) durch. Stellen Sie die Gemeinsamkeiten und die Unterschiede fest.

Auswertung

a) Fassen Sie die Versuchsergebnisse aus V1 und V2 bzw. aus V3 und V4 in zwei Tabellen zusammen.

b) Bei dem Feststoff aus V1 und V2 handelt es sich um Kaliumbromid **KBr**. Erläutern Sie, welche Ionen nachgewiesen wurden.

c) Bearbeiten Sie die beiden Aufgaben in B2 und nennen Sie die experimentellen Befunde, die Ihre vorgeschlagenen Reaktionsgleichungen unterstützen.

[1] von *nucleus* (griech.) = Kern und von *philos* (griech.) = Freund; *nucleophil* bedeutet „kernfreundlich“ oder „kernliebend“.

Alkanole und Ether aus Halogenalkanen

Aus Halogenalkanen können durch einfache Reaktionen Alkanole und **Ether** (B4) hergestellt werden. Bei der Umsetzung eines Halogenalkans mit Kaliumhydroxid wie in V1 und V2 erfolgt die **Substitution**[2] eines Halogenid-Ions aus dem Halogenalkan-Molekül durch ein Hydroxid-Ion. Führt man diese Reaktion wie in V1 und V2 mit einer Lösung aus Kaliumhydroxid in Ethanol durch, so verläuft sie nach der Gleichung aus B2. Das hat zwei Vorteile: Erstens enthält die Lösung Hydroxid-Ionen, die **nucleophilen** Angreifer, in hoher Konzentration. Zweitens scheidet sich ein Reaktionsprodukt, das Kaliumhalogenid, als schwer löslicher Feststoff ab, weil seine Ionen in Ethanol wesentlich schlechter **solvatisiert**[3] werden als in Wasser. Ein Halogenalkan kann aber auch durch **Hydrolyse**[4] wie in V3 und V4, d.h. durch einfache Reaktion mit Wasser, in den entsprechenden Alkanol umgewandelt werden. In diesem Fall findet der nucleophile Angriff auf das Kohlenstoff-Atom im Halogenalkan-Molekül über das negativ polarisierte Sauerstoff-Atom des Wasser-Moleküls statt (B2). Im weiteren Reaktionsverlauf wird aus dem Halogenalkan-Molekül ein Halogenid-Ion abgetrennt und aus dem Wasser-Molekül ein Proton. Der Stoffumsatz erfolgt also nach folgender Reaktionsgleichung:

$$\underset{\text{2-Chlorpropan}}{H_3C\underset{\substack{|\\ Cl}}{C}HCH_3} + H{-}OH \rightleftharpoons \underset{\text{Propan-2-ol}}{H_3C\underset{\substack{|\\ OH}}{C}HCH_3} + Cl^- + H^+$$

Die abgetrennten Ionen gehen in hydratisierter Form in Lösung. In V3 und V4 können sie mit Silbernitrat-Lösung bzw. Indikatorpapier nachgewiesen werden.

Die Versuchsergebnisse aus V1 bis V4 belegen auch, dass die Reaktivität von Halogenalkanen gegenüber nucleophilen Angreifern sehr unterschiedlich ist. 2-Brom-2-methylpropan reagiert wesentlich schneller als 2-Brompropan. Allgemein werden Halogen-Atome von tertiären Kohlenstoff-Atomen viel schneller substituiert als solche von sekundären und primären Kohlenstoff-Atomen (B3). Die Geschwindigkeit und die Produkte bei nucleophilen Substitutionen werden auch durch andere Faktoren beeinflusst (vgl. *Chemie 2000+ Online*).

Als nucleophile Reagenzien für Halogenalkane können auch Alkanole fungieren, besonders dann, wenn sie vorher deprotoniert wurden. Bei der **WILLIAMSON-Synthese** der Ether deprotoniert man den Alkanol mit metallischem Natrium. Aus Methanol-Molekülen H_3COH bilden sich so Methanolat-Ionen $H_3CO^{\ominus}$. Diese Alkanolat-Ionen reagieren dann in einem zweiten Syntheseschritt mit Halogenalkan-Molekülen nach dem Muster aus B2 zu Ether-Molekülen $R_1{-}O{-}R_2$ (B4).

[2] von *substituere* (lat.) = ersetzen; an die Stelle setzen;
[3] von *solvens* (lat.) = Lösemittel. Wenn Wasser das Lösemittel ist, gilt: solvatisiert = hydratisiert.
[4] von *hydros* (griech.) = Wasser und von *lyein* (griech.) = spalten, trennen

Bromalkane	relative Geschwindigkeit
CH_3Br	1
CH_3CH_2Br	1
$(CH_3)_2CHBr$	12
$(CH_3)_3CBr$	$1{,}2 \cdot 10^6$

B3 *Relative Reaktivitäten verschiedener Bromalkane gegenüber Wasser.* **A:** *Begründen Sie, in welchem dieser Moleküle die Polarisierung der* **C-Br**-*Bindung am stärksten ausgeprägt ist.*

$H_3C{-}O{-}CH_2CH_3$
Methylethylether

$H_3C{-}O{-}C(CH_3)_3$
Methyl-*tertiär*-butylether

$H_3CH_2C{-}O{-}CH_2CH_3$
Diethylether
(„Ether")

$HOH_2CH_2C{-}O{-}CH_2CH_2OH$
Diethylenglycol

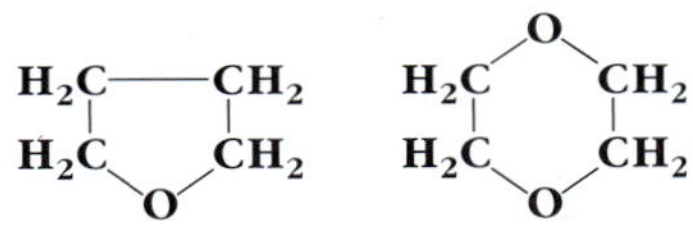

Tetrahydrofuran Dioxan

B4 *Verschiedene Ether.* **A:** *Formulieren Sie für zwei dieser Verbindungen eine* WILLIAMSON-*Synthese.*

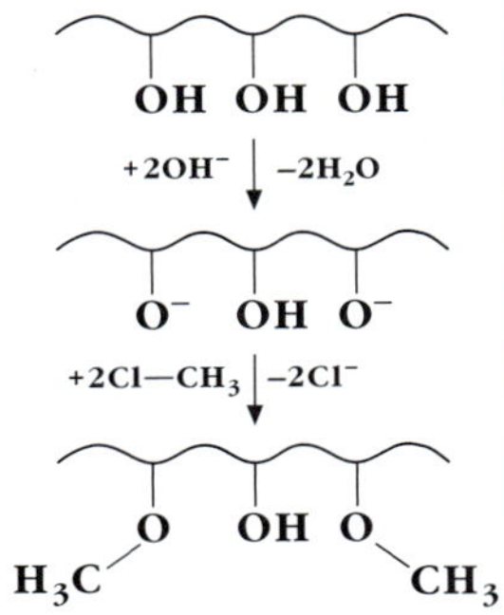

Methylcellulose

B5 *Synthese von Methylcellulose, die als Tapetenkleister genutzt wird.* **A:** *Benennen und erläutern Sie die beiden Schritte der Synthese.*

Fachbegriffe

Ether, Substitution, nucleophil, Hydrolyse, solvatisieren, WILLIAMSON-Synthese

Vom Alkanol zum Aldehyd oder zum Keton

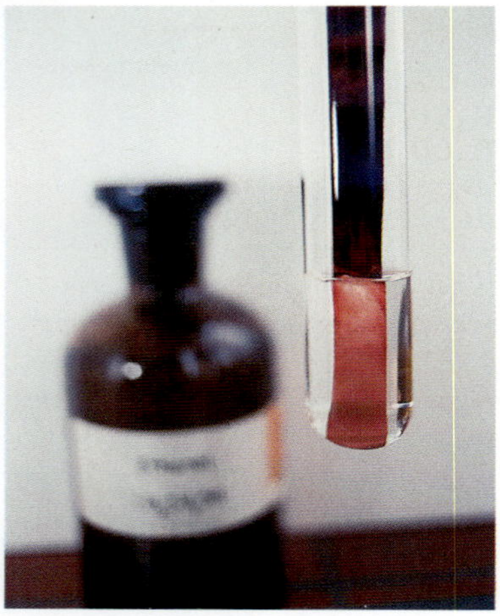

B1 *Kupferoxid wird durch Alkanole zu Kupfer reduziert.*

B2 *Im Aroma von Früchten und Blüten ist eine Vielzahl von Aldehyden und Ketonen enthalten. Das Aroma von Äpfeln wird beispielsweise von Hexanal und 2-Hexenal, das von Pfirsichen von Nonanal mitbestimmt.*
A: Geben Sie die Strukturformeln der genannten Verbindungen an.

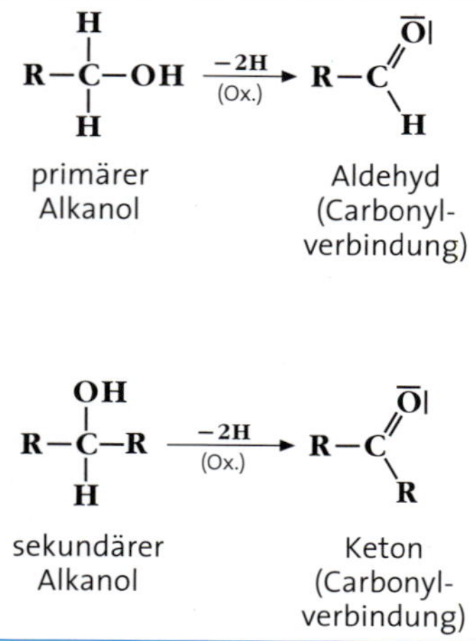

B3 *Vom Alkanol zur Carbonylverbindung.*
A: Erklären Sie, warum sich ein tertiärer Alkanol nicht zu einer Carbonylverbindung oxidieren lässt.

Versuche

V1 a) Erhitzen Sie ein Kupferblech in der Flamme stark. Beobachtung?
b) Tauchen Sie jeweils ein rot glühendes, oxidiertes Kupferblech in ein dickwandiges Rggl., das jeweils mit ca. 5 mL der folgenden Alkanole gefüllt ist:
- Ethanol* (**Abzug!**)
- Propan-1-ol*
- Butan-1-ol*
- Butan-2-ol*

Beobachtung? Tauchen Sie das heiße Kupferblech in einen Alkanol mehrfach ein, um die Nachweise von V2 durchzuführen.

V2 Prüfen Sie die Reaktionsgemische aus V1 mit einem Streifen Watesmo-Papier (Indikator für Wasser).
Geben Sie zu den Rggl. aus V1 nach der Reaktion je 1 mL SCHIFF[1]-Reagenz*. SCHIFF-Reagenz ist ein Nachweis-Reagenz für Aldehyde. Geben Sie zum Vergleich auch zu den reinen Alkanolen je 1 mL SCHIFF-Reagenz.

V3 Lösen Sie jeweils einige Tropfen verschiedener etherischer Öle (Zimtöl, Bittermandelöl u.a.), Eau de Parfums oder eine Spatelspitze Vanillezucker in 1 mL Ethanol* und versetzen Sie diese Lösungen mit jeweils 1 mL Schiff-Reagenz*.

Auswertung

a) Erläutern Sie, welche Reaktion beim Erhitzen des Kupferblechs abläuft. Formulieren Sie die Reaktionsgleichung.
b) Deuten Sie die Beobachtungen von V1 b).
c) Stellen Sie die Ergebnisse von V1 tabellarisch zusammen. Aus welchen Alkanolen entstehen Aldehyde? Entwickeln Sie die zugehörigen Reaktionsgleichungen anhand von B3.
d) Formulieren Sie die Carbonylverbindungen, die man aus a) Propan-2-ol, b) 2-Methylpropan-1-ol, c) Pentan-1-ol und d) Hexan-3-ol erhält, und geben Sie ihre Namen an.

Rationeller Name (Genfer Nomenklatur)	Formel	Trivialname	ϑ_b in °C
Methanal	$HCHO$	Formaldehyd	–19
Ethanal	CH_3CHO	Acetaldehyd	21
Propanal	C_2H_5CHO	Propionaldehyd	48
Butanal	C_3H_7CHO	Butyraldehyd	76
Pentanal	C_4H_9CHO	Valeraldehyd	103
Hexanal	$C_5H_{11}CHO$	Capronaldehyd	131
Heptanal	$C_6H_{13}CHO$	Heptaldehyd	155

B4 *Einige einfache Aldehyde (Alkanale). A: Vergleichen Sie die Siedetemperaturen der Alkanale mit denen der Alkanole (vgl. S. 12, B3) gleicher Kettenlänge. Beschreiben Sie, welche zwischenmolekularen Kräfte zwischen Alkanal-Molekülen wirken.*

[1] HUGO SCHIFF (1834 bis 1915), Prof. für Chemie in Florenz und Turin. Das SCHIFF-Reagenz gibt mit Spuren von Aldehyden eine rosa bis violette Färbung.

Redoxreaktionen als Elektronenübertragungen

Beim Eintauchen von heißem, schwarzem Kupferoxid in Ethanol kommt es zu einer Reaktion, bei der rot glänzendes Kupfer gebildet wird (B1, V1). Ein weiteres Produkt lässt sich durch die rotviolette Färbung mit SCHIFF-Reagenz als **Aldehyd** nachweisen. Es handelt sich dabei um Ethanal. Die Reaktionsgleichung lautet:

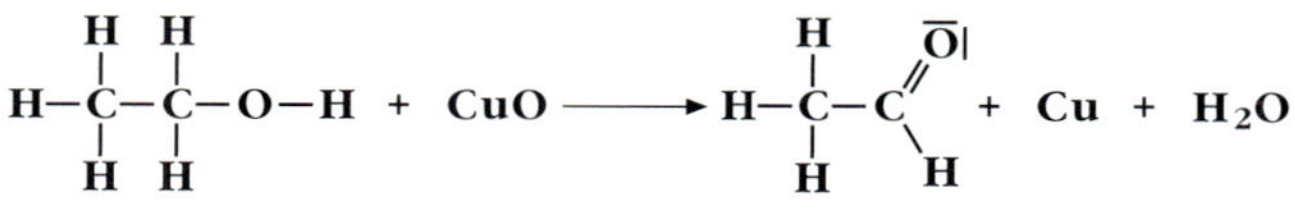

Ethanol Ethanal

Offensichtlich wird bei dieser Reaktion Kupferoxid zu Kupfer reduziert. Demzufolge muss der Reaktionspartner Ethanol zu Ethanal oxidiert werden. Die Definition, wonach eine Oxidation eine Sauerstoffaufnahme ist, trifft beim Vergleich der beiden Formeln von Ethanol und Ethanal nicht mehr zu. Mit der erweiterten Definition von S. 257, wonach **Oxidation eine Elektronenabgabe** und eine **Reduktion eine Elektronenaufnahme** ist, sind die **Redoxreaktionen** beim System Cu/Cu^{2+} sofort einsichtig, beim System Ethanol/Ethanal jedoch erst, wenn man eine gesamte Elektronenbilanz der Reaktion aufstellt:

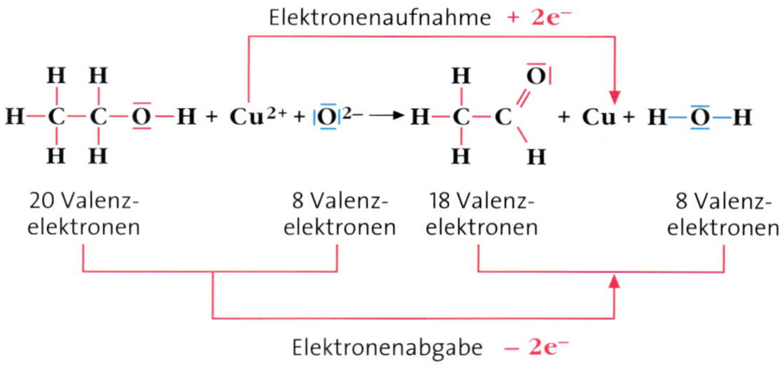

Durch Abzählen aller Valenzelektronen (Außenelektronen) wird deutlich, dass vom Ethanol-Molekül zum Ethanal-Molekül eine Elektronenabgabe, also eine Oxidation stattfindet. Wie sich umständliche Darstellungen dieser Art vermeiden lassen, wird auf den Seiten 50 und 51 gezeigt.

Aufgaben

A1 Vergleichen Sie die Verbrennung von Magnesium nach $2\,Mg + O_2 \longrightarrow 2\,MgO$ und die Reaktion von Magnesium mit Chlor nach $Mg + Cl_2 \longrightarrow MgCl_2$. Zerlegen Sie dazu die Reaktionen in Teilschritte wie bei B5. Geben Sie an: Elektronenabgabe, Elektronenaufnahme, Oxidation, Reduktion.

A2 In einem Reagenzglas werden 5,6 g Eisenpulver und 8,0 g Kupferoxid gemischt und bis zum Aufglühen erhitzt. Dabei läuft folgende Reaktion ab:

$$CuO + Fe \longrightarrow Cu + FeO$$

a) Wenden Sie auf diese Reaktion den Oxidations- bzw. Reduktionsbegriff nach der Sauerstofftheorie von LAVOISIER und die Defintionen von dieser Seite an. b) Geben Sie das Oxidations- bzw. Reduktionsmittel an.

Bei der Oxidation von Kupfer zu Kupferoxid werden Kupfer-Ionen Cu^{2+} und Oxid-Ionen O^{2-} gebildet, die sich in einem Gitter anordnen.

Jedes Kupfer-Atom gibt 2 Elektronen ab:

$$2\,Cu \longrightarrow 2\,Cu^{2+} + 4\,e^-$$

Jedes Sauerstoff-Atom nimmt 2 Elektronen auf:

$$\langle O{=}O\rangle + 4\,e^- \longrightarrow |\overline{\underline{O}}|^{2-} + |\overline{\underline{O}}|^{2-}$$

Die Zusammenfassung dieser Teilschritte ergibt:

$$2\,Cu + O_2 \xrightarrow{4\,e^-} \underbrace{2\,Cu^{2+} + 2\,O^{2-}}_{2\,CuO}$$

B5 *Die Oxidation von Kupfer als Elektronenübergang von Kupfer-Atomen zu Sauerstoff-Atomen*

Fachbegriffe

Aldehyd, Oxidation, Reduktion, Redoxreaktion

Heftig oder sanft?

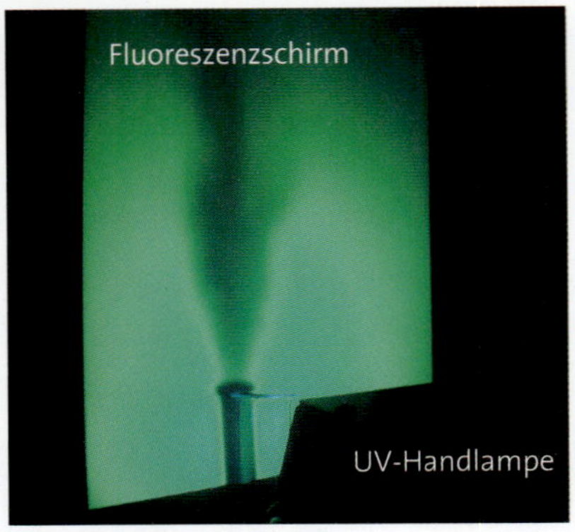

B1 *Dämpfe verursachen bei V1 b) Schatten auf einem Fluoreszenzschirm.* ***A:*** *Erläutern Sie die Funktion der UV-Lampe.*

1. Atome von Elementen haben die Oxidationszahl 0:

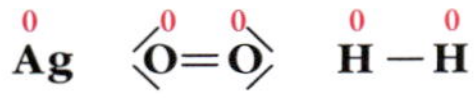

2. Die Oxidationszahl einatomiger Ionen ist gleich ihrer Ladungszahl:

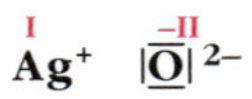

3. Bei Atomen von Molekülen ordnet man die Bindungselektronen dem jeweils elektronegativeren Atom zu:

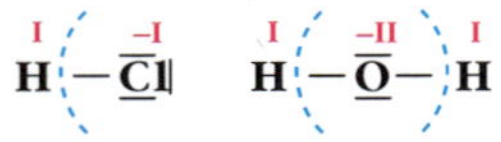

Die Oxidationszahl eines Atoms erhält man, wenn man die erhaltene Anzahl an Elektronen von der Anzahl der Elektronen des ungebundenen Atoms subtrahiert.

4. Die Summe der Oxidationszahlen aller Atome in einem Molekül ist null. Beispiele für Ethanol und Ethanal:

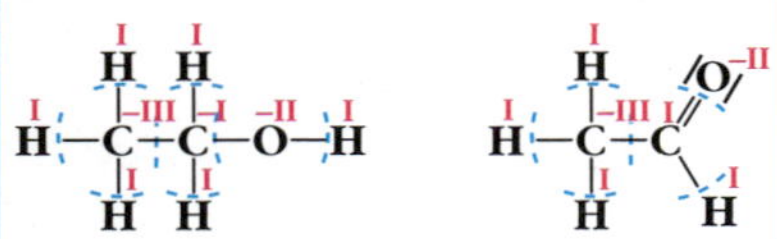

B2 *Regeln zum Feststellen von Oxidationszahlen*

Versuche

Vorsicht! Schutzbrille!

V1 Geben Sie in einen Verbrennungslöffel jeweils 0,5 mL der folgenden Alkanole: a) Ethanol*, b) Propan-1-ol* und c) Propan-2-ol*. Entzünden Sie jeweils in der Brennerflamme und entfernen Sie dann den Löffel aus der Flamme. Beobachtung?

V2 Bauen Sie die Vorrichtung aus B1 auf. Zwischen dem Fluoreszenzschirm (Dünnschichtfolie mit Fluoreszenzindikator F254) und der UV-Lampe (λ = 254 nm) befindet sich ein Rggl. mit ca. 10 mL Propan-2-ol*, das auf ca. 50 °C vorgewärmt wurde. Schalten Sie die UV-Lampe ein und beobachten Sie den Schirm genau, während Sie wie folgt Dämpfe erzeugen: a) Einleiten von Luft in Propan-2-ol* und b) Eintauchen von heißem Kupfer(II)-oxid in Propan-2-ol* wie in V1 von S. 48.

Auswertung

a) Formulieren Sie die Reaktionsgleichungen der Verbrennungen bei V1 und erläutern Sie, warum es nicht möglich ist, bei diesen Formulierungen einen Elektronenaustausch zu erkennen.

b) Die Farbreaktion mit SCHIFF-Reagenz ist ein Nachweis für Aldehyde. Ketone reagieren mit SCHIFF-Reagenz nicht. Alle Carbonylverbindungen absorbieren aber UV-Licht bei λ = 254 nm. Interpretieren Sie die Ergebnisse der „sanften" Oxidation in V2 und formulieren Sie die Reaktionsgleichung.

c) Formulieren Sie die Reaktionsgleichung für den in B3 beschriebenen Versuch.

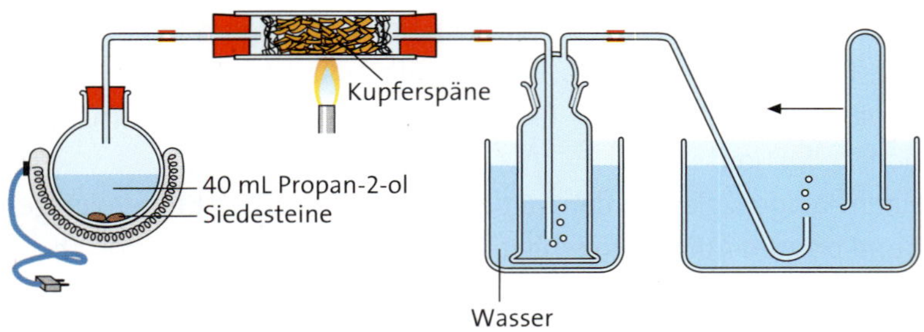

B3 *Gasförmiges Propan-2-ol wird an erhitzten Kupferspänen (Katalysator) zu Propanon (Aceton) und Wasserstoff dehydriert.* ***A:*** *Schlagen Sie Nachweisversuche für die beiden Reaktionsprodukte vor.*

Oxidationszahl und Oxidationsreihen

Um Oxidationen und Reduktionen, an denen Moleküle organischer Verbindungen beteiligt sind, mit den neuen Definitionen als Redoxreaktionen zu erklären, müssten jeweils alle Valenzelektronen (Außenelektronen) der Edukte und Produkte abgezählt werden wie im Beispiel von S. 49. Darauf kann verzichtet werden, wenn man als Hilfsmittel die **Oxidationszahl** einführt. Die Oxidationszahl einatomiger Ionen entspricht ihrer Ladungszahl (B2). Bei Atomen, die in Molekülen gebunden sind, ist die Oxidationszahl eine erdachte Ladungszahl, die man erhält, indem man alle Bindungselektronen dem jeweils elektronegativeren an der Bindung beteiligten Atom zuordnet (B2). Bei Bindungen zwischen zwei gleichartigen Atomen werden die Bindungselektronen beiden Atomen jeweils zur Hälfte zugeteilt. Die Oxidationszahl wird als römische Ziffer über das Atomsymbol geschrieben, negative Oxidationszahlen erhalten ein Minuszeichen. Anhand der Oxidationszahl lässt sich erkennen, welches Atom bei einer Redoxreaktion oxidiert, welches reduziert wird: Die Erhöhung der Oxidationszahl entspricht einer Elektronenabgabe, also einer Oxidation, eine Erniedrigung der Oxidationszahl bedeutet eine Elektronenaufnahme, also eine Reduktion. Mithilfe der Oxidationszahlen lassen sich **Oxidationsreihen** (B4) erklären und Reaktionsgleichungen für Redoxreaktionen aufstellen.

Beispiel: Oxidation von Aldehyden in der Silberspiegel-Probe (vgl. S. 178):

1. Oxidationzahlen der Atome in den Edukt- und Produkt-Teilchen bestimmen:

2. Teilgleichungen für die Oxidation und Reduktion mit der Anzahl der abgegebenen und aufgenommenen Elektronen aufstellen, wobei es für organische Verbindungen zweckmäßig ist, geeignete Halbstrukturformeln zu verwenden:

$\overset{I}{Ag^+} + e^- \longrightarrow \overset{0}{Ag}$ (Reduktion)

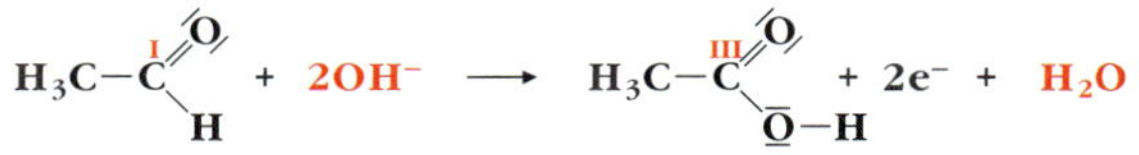

(Oxidation)

Erläuterungen zur zweiten Teilgleichung: a) Zum Ausgleich der *Ladungsbilanz* werden auf der Eduktseite Hydroxid-Ionen OH^- hinzugefügt, weil die Silberspiegel-Probe in alkalischer Lösung durchgeführt wird (bei Redoxreaktionen in saurer Lösung fügt man Wasserstoff-Ionen H^+ an geeigneter Stelle hinzu). b) Die *Atombilanz* wird durch Hinzufügen von Wasser-Molekülen auf der Produktseite ausgeglichen.

3. Multiplikation der beiden Teilgleichungen mit entsprechenden Faktoren, sodass die Anzahl der bei der Reduktion aufgenommenen und bei der Oxidation abgegebenen Elektronen gleich ist, und Addition der Teilgleichungen zur Gesamtgleichung:

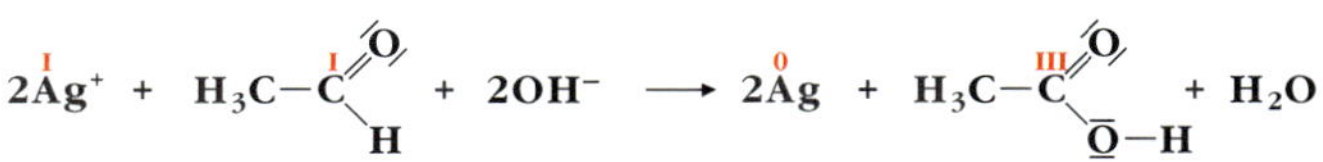

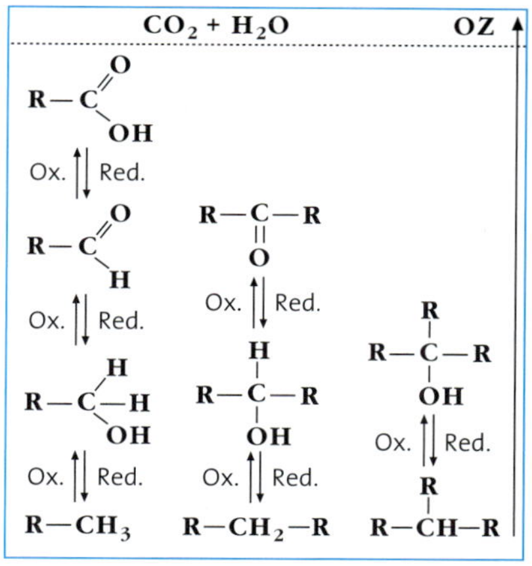

B4 *Durch schrittweise Oxidation am primären, sekundären und tertiären Kohlenstoff-Atom ergeben sich* ***Oxidationsreihen****. Sie beginnen jeweils bei einem Alkan und enden bei Kohlenstoffdioxid.* ***A:*** *Erläutern und erklären Sie die Unterschiede bei den drei Reihen.*

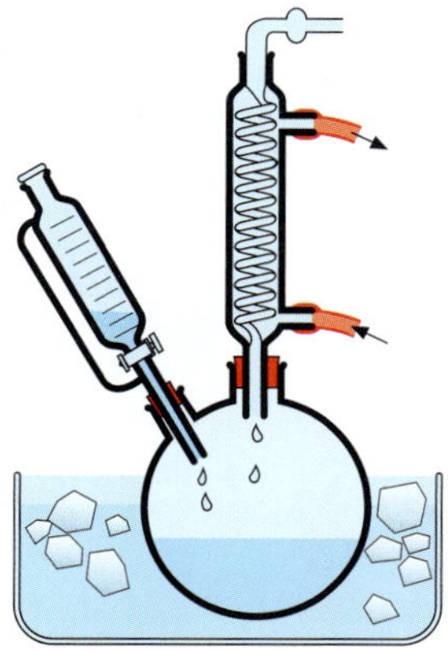

B5 *Rückflussapparatur zur Oxidation eines primären Alkanols in saurer Lösung mit Kaliumpermanganat zu einer Carbonsäure.* ***A:*** *Hierbei wird das Mangan-Atom aus dem* MnO_4^-*-Ion zu einem* Mn^{2+}*-Ion reduziert. Formulieren Sie nach dem Muster aus der Textspalte die Teilgleichungen und die Gesamtgleichung für diese Redoxreaktion.*

Fachbegriffe

Oxidationszahl, Oxidationsreihen

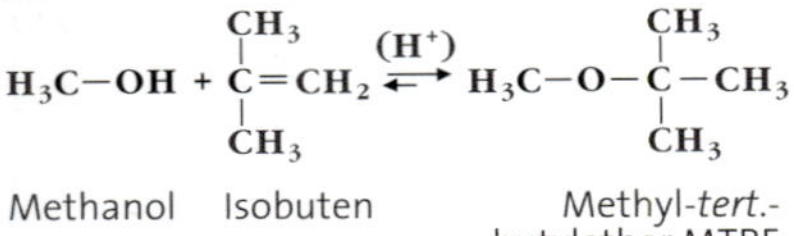

B1 *MTBE erhöht die Octanzahl und damit die Klopffestigkeit von Benzin.* **A:** *Beschreiben Sie mithilfe von Chemie 2000+ Online die Synthese von MTBE.*

Ein Netzwerk von Stoffen

Aufgaben

A1 Erläutern Sie mithilfe von B2, warum die Wege vom Rohstoff Erdöl zu den Kunststoffen Polyethen PE, Polypropen PP und Polyisobuten einfacher und kürzer sind, als der Weg vom Erdöl zu Methyl-*tert.*-butylether MTBE.

A2 Stellen Sie mithilfe von B5, S. 239 dar, welche Anwendungsprodukte aus der Grundchemikalie Ethen zugänglich sind, und geben Sie an, wie Ethen selbst hergestellt wird.

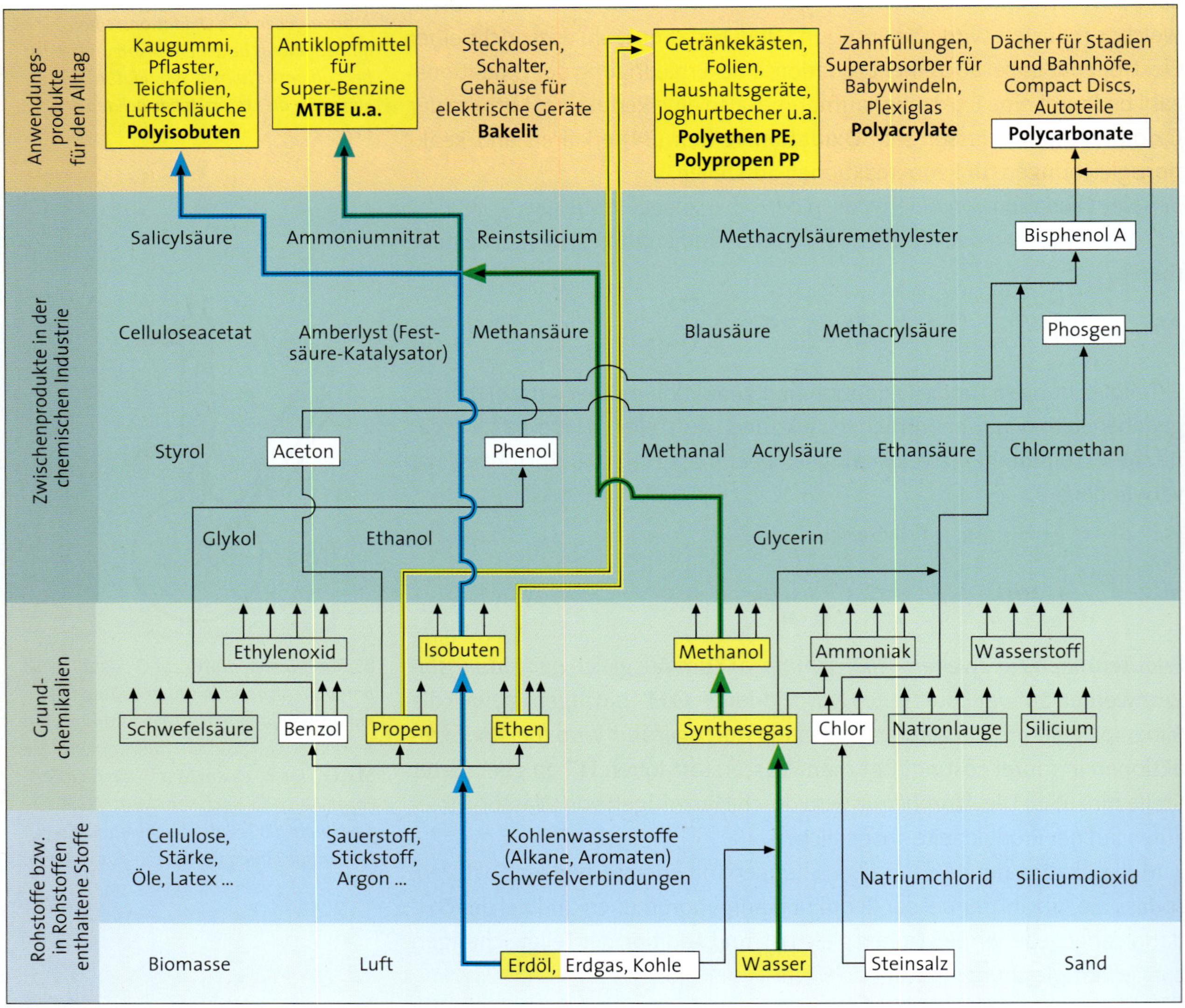

B2 *Rohstoffe, Grundchemikalien, Zwischenprodukte und Anwendungsprodukte in der chemischen Industrie. Die Pfeile vernetzen jeweils die Stoffe, die bei der Herstellung des Zielprodukts beteiligt sind. Das Netzwerk ist unvollständig.*

Das Verbundsystem in der chemischen Industrie

Beim Betrachten der Abbildung (B2) sind die vielfältigen Vernetzungen zunächst verwirrend. Dabei enthält sie nur einen kleinen Teil der über 4600 Stoffe, von denen in der chemischen Industrie jeweils über 10 Tonnen jährlich produziert werden. Jedoch ist in der Abbildung die Liste der **Rohstoffe**, d.h. der in der Natur vorkommenden Stoffe, fast vollständig. Außerdem erkennt man, dass immer weniger von den tatsächlich erzeugten Chemikalien vertreten sind, je weiter man sich von unten nach oben bewegt. Gleichzeitig wird auch deutlich, dass Stoffe wie Ethen, Propen, Methanol, Chlor und die anderen **Grundchemikalien** jeweils „Knoten" im Netzwerk der Stoffe bilden, von denen aus über weitere **Zwischenprodukte** schließlich **Anwendungsprodukte** für den Alltag hergestellt werden. Es ist typisch für die Chemie, dass bei vielen Reaktionen auch **Kopplungsprodukte** entstehen (A4). Diese bleiben nicht ungenutzt, sondern werden häufig bei der Herstellung anderer Stoffe benötigt, z.B. als Edukte, Lösemittel oder Zusatzstoffe. Daher hat die chemische Industrie ein **Verbundsystem** entwickelt, in dem Grundchemikalien und Zwischenprodukte, die in einem Betrieb hergestellt werden, in andere Betriebe wandern, wo sie weiterverarbeitet werden. Diese Kooperation ermöglicht eine ökonomisch und ökologisch sinnvolle Nutzung der Ressourcen an Rohstoffen und Energie.

Aufgaben

A3 Erläutern Sie den Unterschied zwischen einem Rohstoff und einer Grundchemikalie.

A4 Als Kopplungsprodukt bezeichnet man einen Stoff, der bei der Herstellung eines gewünschten Stoffes ebenfalls entsteht, weil nur so die Atombilanz ausgeglichen wird. Formulieren Sie die vollständigen Gleichungen für die Reaktionen 1 und 3 in B3. Benennen Sie die Kopplungsprodukte.

Fachbegriffe

Rohstoffe, Grundchemikalien, Zwischenprodukt, Anwendungsprodukt, Kopplungsprodukt, Verbundsystem

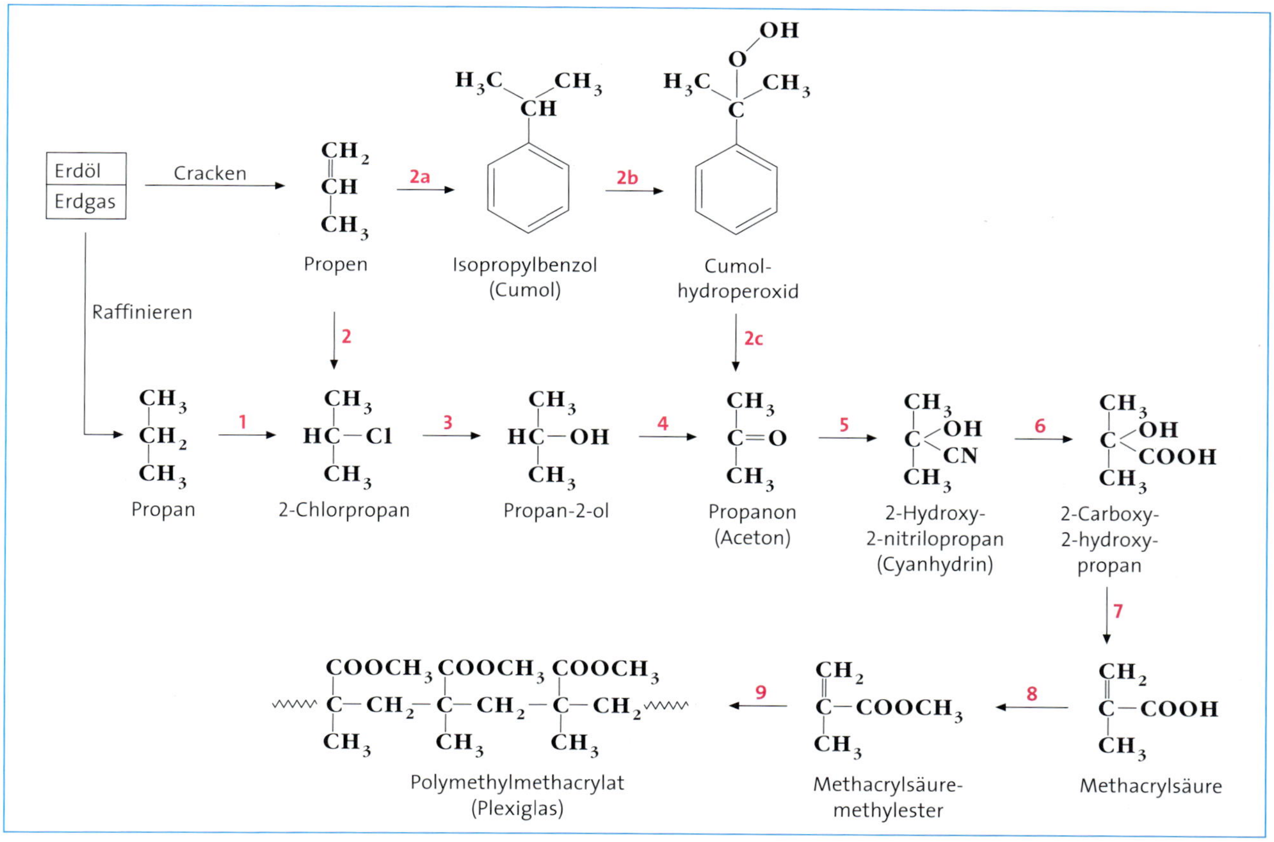

B3 *Der Syntheseweg vom Erdöl bis zum Kunststoff Plexiglas® ist wesentlich länger als beispielsweise vom Erdöl bis zum Kunststoff Polyisobuten (vgl. zu 2a und 2b auch S. 162 und zu 9 S. 231).* ***A:*** *Nennen Sie mithilfe von B2 die Rohstoffe und die Grundchemikalien, die in diesem Schema vertreten sind.* ***A:*** *Begründen Sie, warum bei der Reaktion 2 kein Kopplungsprodukt gebildet wird.*

Unsere Atmosphäre – Ein Ozean aus Luft

B1 *Weltall-Foto mit Nordafrika, der Gibraltar-Straße und Südspanien.* ***A:*** *Die Atmosphäre der Venus besteht ebenso wie die des Mars zu ca. 96 % aus Kohlenstoffdioxid und zu ca. 3,5 % aus Stickstoff. Die mittlere Temperatur auf der Venus beträgt 450 °C, auf dem Mars –50 °C. Vergleichen Sie mit den Bedingungen auf der Erde und beurteilen Sie die Lebensbedingungen auf unseren Nachbarplaneten.*

INFO

„Wir leben am Grunde eines Ozeans aus Luft" stellte im Jahr 1640 der italienische Physiker EVANGELISTA TORICELLI fest. Dieser Ozean aus Luft ist unsere Atmosphäre. Sie ist zwar wesentlich tiefer als das Weltmeer an seiner tiefsten Stelle, aus dem Weltall betrachtet erscheint sie aber nur als eine hauchdünne bläuliche Schicht (B1).
Unsere Atmosphäre ist lebensfreundlich. Aufgrund ihrer Schichtung (B2) und Zusammensetzung (B3) gewährleistet sie an der Erdoberfläche eine mittlere Temperatur von +15 °C und sichtbares Licht, aus dem die schädliche UV-Strahlung der Sonne weitgehend herausgefiltert wurde. Sie enthält u. a. die Gase Sauerstoff und Kohlenstoffdioxid, die für den Stoffwechsel der irdischen Lebewesen notwendig sind. Die ca. 10 km dicke Lufthülle über dem Erdboden, die **Troposphäre** (B2), stellt ca. 75 % der gesamten Luftmasse unserer Atmosphäre dar. Innerhalb einer Entfernung von 50 km zur Erdoberfläche, d. h. bis einschließlich der **Stratosphäre**, sind bereits 99,9 % enthalten. Die zwischen der Troposphäre und Stratosphäre gelagerte **Tropopause** ist mit ca. –60 °C sehr kalt. Gase können diese kalte Schicht nur sehr schwer durchqueren.

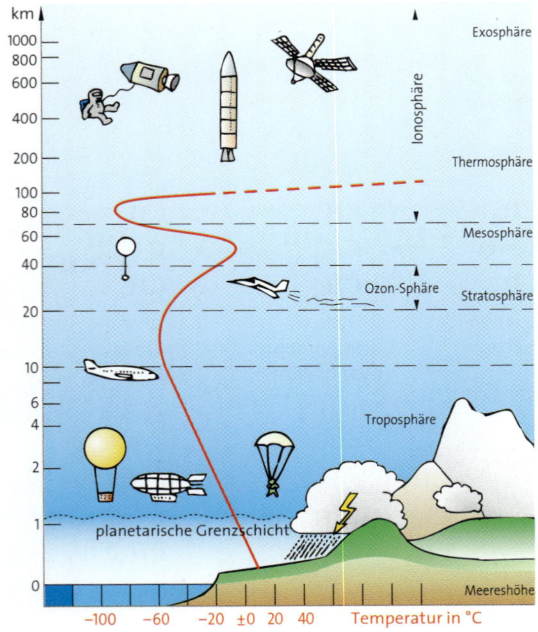

B2 *Schichtung der Atmosphäre und Temperaturprofil (rote Linie).* ***A:*** *Erläutern Sie, warum der Luftaustausch zwischen Troposphäre und Stratosphäre nur gering ist.*

	Bestandteil	Formel	Volumenanteil
Hauptbestandteile	Stickstoff	N_2	78,08 %
	Sauerstoff	O_2	20,95 %
	Argon	Ar	0,93 %
Hauptspurenstoffe	Kohlenstoffdioxid	CO_2	0,034 %
	Neon	Ne	0,0018 %
	Helium	He	0,0005 %
	Methan	CH_4	0,00016 %
	Krypton	Kr	0,00011 %
	Wasserstoff	H_2	0,00005 %
	Distickstoffmonooxid	N_2O	0,00003 %
	Kohlenstoffmonooxid	CO	0,00002 %
	Xenon	Xe	0,000009 %
Spurenstoffe	Ozon	O_3	30 bis 50 ppb
	Kohlenwasserstoffe (ohne Methan)	C_xH_y	10 bis 100 ppb
	nitrose Gase	NO_x	0,01 bis 5 ppb
	Schwefeldioxid	SO_2	0,1 bis 2 ppb
	Difluordichlormethan	CF_2Cl_2	230 bis 300 ppt
	Fluortrichlormethan	$CFCl_3$	160 ppt

B3 *Zusammensetzung reiner Luft (in Meereshöhe). Hinweis: 1 ppb (part per billion, 1:10^{-9}) entspricht 1 mg pro kg oder 1 mm^3 pro m^3; 1 ppt (part per trillion, 1:10^{-12}) entspricht 1 ng pro kg oder 1 mm^3 pro 1000 m^3.*

Erdöl und die anthropogenen Emissionen

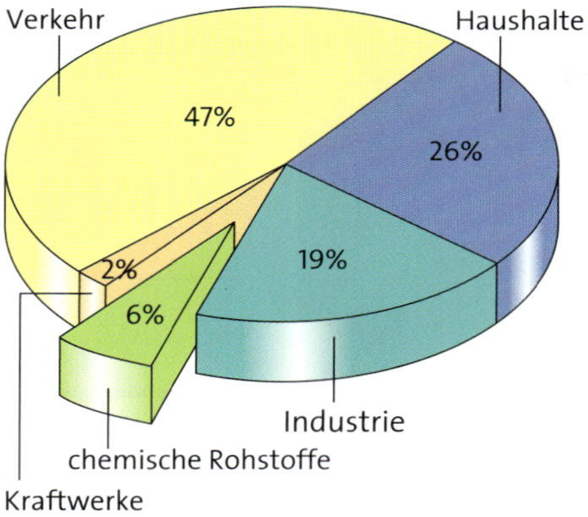

B1 *Ca. 75% des geförderten Erdöls werden verbrannt.* ***A:*** *Listen Sie mögliche Sparmaßnahmen auf.*

Die Atmosphäre ist ein **offenes System** (B2), in das ständig Stoffe in Form von **Emissionen**[1] eintreten und als **Immisionen**[2] einwirken. Unter den **anthropogenen**[3] Emissionen nehmen solche, die in Verbindung mit der Nutzung von Erdöl und Erdgas in die Atmosphäre gelangen, einen Spitzenplatz ein. Das liegt daran, dass der weitaus größte Teil der Kohlenwasserstoffe aus dem Erdöl verbrannt wird, obwohl man aus Erdöl auch 90% aller Erzeugnisse der organischen Synthesechemie herstellt. Wenn Erdöl chemisch zu hochwertigen Kunststoffen, Farbstoffen oder gar Medikamenten verarbeitet wird, ist die **Wertschöpfung** viel höher, als wenn Erdölprodukte verbrannt werden.

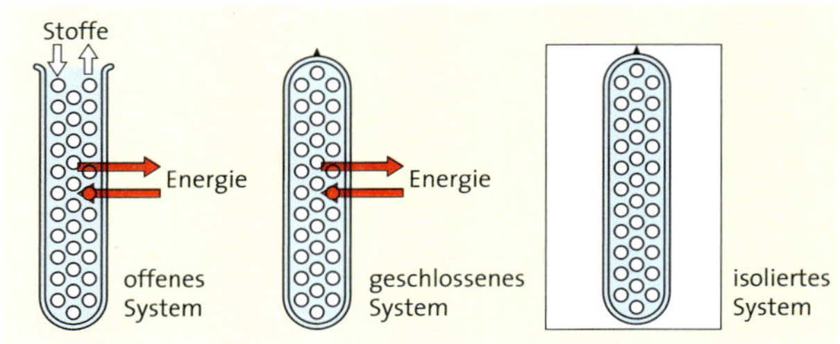

B2 *Systeme, in denen chemische Reaktionen ablaufen können.* ***A:*** *Nennen Sie je ein Beispiel für ein offenes, geschlossenes und isoliertes System aus dem Bereich Küche-Essen-Trinken.*

[1] von *emissio* (lat.) = Aussendung. Als Emission bezeichnet man Stoffe, Geräusche, Strahlen, Wärme usw., die an die Umwelt abgegeben werden.
[2] von *immittere* (lat.) hineinsenken. Als Immissionen bezeichnet man Stoffe, Geräusche, Strahlen, Wärme usw., die auf Lebewesen und Sachgüter einwirken.
[3] von *anthropos* (griech.) = Mensch und von *genea* (griech.) = Abstammung

B3 *Emissionen und Immissionen.* ***A:*** *Beschreiben Sie den Zusammenhang.*

Warum verbrennt man dennoch so viel Erdöl?
Aus Erdöl lassen sich hochwertige flüssige Kraftstoffe herstellen, die (noch!) relativ billig sind. Erdöl lässt sich mit vergleichsweise geringem Aufwand fördern, transportieren und zu Kraftstoffen verarbeiten. Daher gewinnt man heute den weitaus größten Teil der Brennstoffe für Verkehrsmittel, für die Industrie und für das Heizen von Häusern aus Erdöl und Erdgas. Es ist davon auszugehen, dass im Laufe des 21. Jahrhunderts die Erdölreserven zur Neige gehen werden. Im Erdöl und in den anderen fossilen Brennstoffen (Erdgas und Kohle) ist solare Lichtenergie gespeichert. Sie wurde vor Jahrmillionen durch Photosynthese in chemische Bindungsenergie umgewandelt. Bei der Verbrennung wird die gespeicherte Energie als Wärme verfügbar. Der (z. B. in Alkanen) gebundene Kohlenstoff wird bis zu seiner höchsten Oxidationsstufe IV oxidiert und liegt nach der Verbrennung im Kohlenstoffdioxid gebunden vor. Wegen der intensiven Nutzung der fossilen Brennstoffe wird in unserer Zeit mehr Kohlenstoffdioxid in die Atmosphäre ausgestoßen als photosynthetisch gebunden werden kann. Ein Anstieg des Kohlenstoffdioxidgehalts der Atmosphäre ist die Folge (S. 57, B3).

Aufgaben

A1 Erläutern Sie, warum die Wertschöpfung bei der Verarbeitung von Erdöl zu Kunststoffen größer ist als bei der Verarbeitung zu Benzin.

A2 Informieren Sie sich im Internet über die aktuellen Produktions- und Verbrauchsmengen von Brennstoffen, die aus Erdöl gewonnen werden.

Verbrennungsprodukte schlucken Wärme

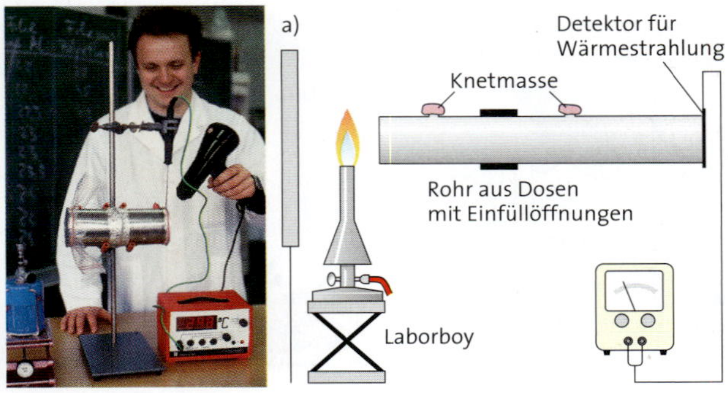

B1 *Messvorrichtung zu V1 (Wärmeabsorption)*

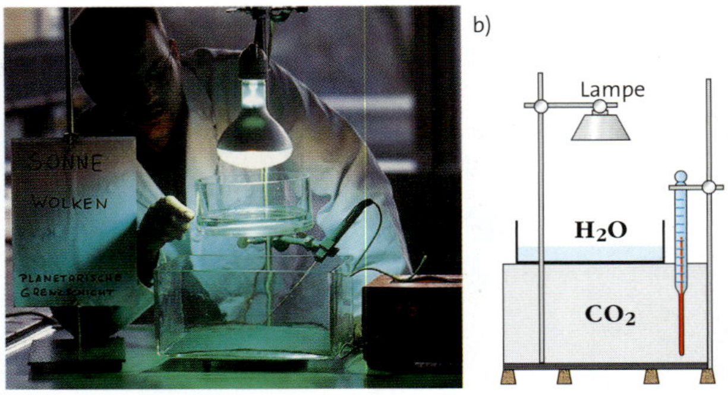

B2 *Messvorrichtung zu V2 (Treibhauseffekt)*

Versuch

V1 *Wärmeabsorption:* Bauen Sie eine Messvorrichtung gemäß B1. Das Rohr besteht aus zwei vereinigten Teedosen, bei denen die Böden entfernt wurden. Die Spitze des Temperaturfühlers wird hinter einer schwarzen Pappe mit Tesafilm befestigt und auf der Rückseite mit einer glatten Aluminiumfolie verklebt. Der Bunsenbrenner (oder Kartuschenbrenner) wird bei allen Messungen in der gleichen Entfernung von 10 cm bis 15 cm vor der Dosenöffnung positioniert. Bei jeder Messreihe wird die Temperatur alle 30 s abgelesen, notiert und anschließend grafisch aufgetragen. Jede Messung wird nach 3 min abgebrochen. Vor Beginn der nächsten Messung muss die Apparatur (ggf. mit einem Föhn) gekühlt werden. Führen Sie Messreihen durch, indem Sie an der Dosenöffnung folgende Stoffe befestigen (z. B. mit einem Gummiband): a) eine Polyethenfolie, b) eine Aluminiumfolie, c) einen Flachbeutel aus Polyethen (leer), d) einen Flachbeutel aus Polyethen, innen mit Wasser befeuchtet, und e) Dosenöffnung frei. Wiederholen Sie dann die Messreihe a), nachdem Sie im Rohr die Luft durch Kohlenstoffdioxid ersetzt haben. (*Hinweis:* Nach dem Einfüllen des Kohlenstoffdioxids verschließen Sie die beiden oberen Öffnungen am Rohr mit Knetmasse.)

Auswertung

a) Treffen Sie anhand der Ergebnisse aus V1 begründete Aussagen über die Wärmedurchlässigkeit von Aluminium, Polyethen und Wasser.

b) Begründen Sie mithilfe der geeigneten Graphen, die Sie bei V1 ermitteln, warum Kohlenstoffdioxid Wärmestrahlung besser absorbiert als Luft.

Versuch

V2 *Modellversuch zum Treibhauseffekt:* Bauen Sie eine Versuchsvorrichtung gemäß B2. Sie besteht aus einem 300-Watt-Strahler, einer Glaswanne, in der sich ca. 1 cm hoch Wasser befindet, einer zweiten Glaswanne, deren Boden mit schwarzer Pappe ausgelegt ist, und einem Temperaturfühler im Gasraum der unteren Wanne. Nach Einschalten der Lampe wird die Temperatur alle 20 s abgelesen, notiert und anschließend grafisch aufgetragen. Führen Sie Messreihen durch, bei denen die untere Wanne a) mit Luft und b) mit Kohlenstoffdioxid gefüllt ist. Wiederholen Sie dann die Messreihen a) und b), nachdem Sie die schwarze Pappe am Boden der unteren Wanne durch Aluminiumfolie ersetzt haben.

Auswertung

c) Erläutern Sie, welche Funktion das Wasser in der oberen Wanne bzw. die schwarze Pappe am Boden der unteren Wanne bei V2 hat. Stellen Sie Bezüge zur Atmosphäre und zur Erdoberfläche her.

d) Erklären Sie die Unterschiede bei den Graphen der Messergebnisse bei V2 mit schwarzer Pappe und mit Aluminiumfolie.

e) Stellen Sie tabellarisch die Analogien (Ähnlichkeiten) und Unterschiede zwischen dem Modellversuch V2 und dem natürlichen Treibhauseffekt (vgl. S. 57) zusammen.

Der Treibhauseffekt

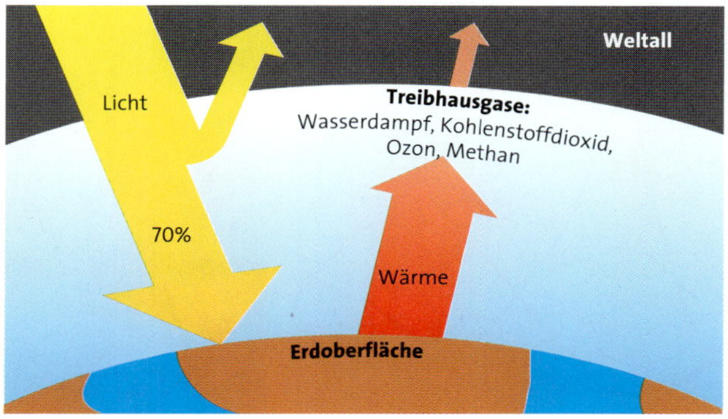

B1 ***Treibhauseffekt***: *Ein großer Teil des Sonnenlichts, das auf die Erde trifft, wird absorbiert, in Wärme umgewandelt und als solche zurückgestrahlt.* ***Treibhausgase*** *aus der Atmosphäre absorbieren die von der Erde zurückgestrahlte Wärme fast vollständig und halten sie wie in einem Treibhaus fest.*

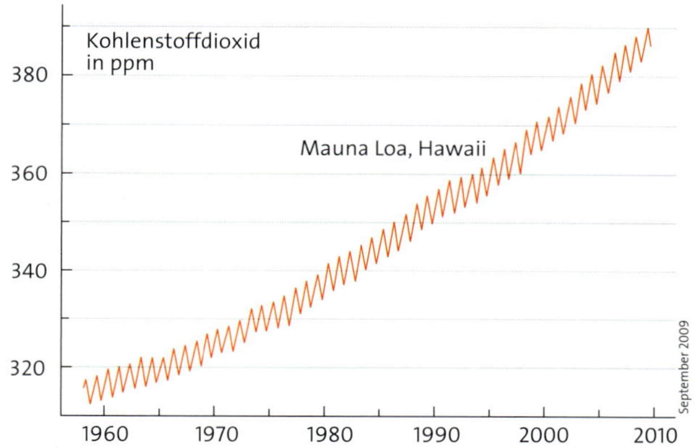

B3 *Anstieg des Kohlenstoffdioxidgehalts (ppm = parts per million) in der Atmosphäre auf Mauna Loa, Hawaii, USA. In den Jahreszyklen, die den Schwankungen der roten Kurve entsprechen, liegt das Maximum jeweils im Monat Mai, das Minimum im Oktober.*

Wasser und Kohlenstoffdioxid, die Produkte der Verbrennung von Kohlenwasserstoffen, sind sehr wirksame „Wärmeschlucker", d. h. sie **absorbieren Wärmestrahlung** besser als andere Stoffe (S. 56, V1). Sie spielen beim **Treibhauseffekt**, der in B1 erklärt wird, eine entscheidende Rolle.

Ohne Treibhauseffekt wäre es in Bodennähe viel kälter (–18 °C) als es tatsächlich ist (+15 °C), menschliches Leben hätte nicht entstehen können. Von den 33 °C, die der Treibhauseffekt ausmacht, werden 20,6 °C durch den Wasserdampf aus der Atmosphäre verursacht und nur 7,2 °C durch das Kohlenstoffdioxid (weitere **Treibhausgase** sind Ozon $\mathbf{O_3}$, Distickstoffmonooxid $\mathbf{N_2O}$ und Methan $\mathbf{CH_4}$). Dass der Kohlenstoffdioxidgehalt in der Luft den Treibhauseffekt verstärkt, belegen die Messergebnisse im Modellexperiment V2, S. 56, und die Daten aus B2.

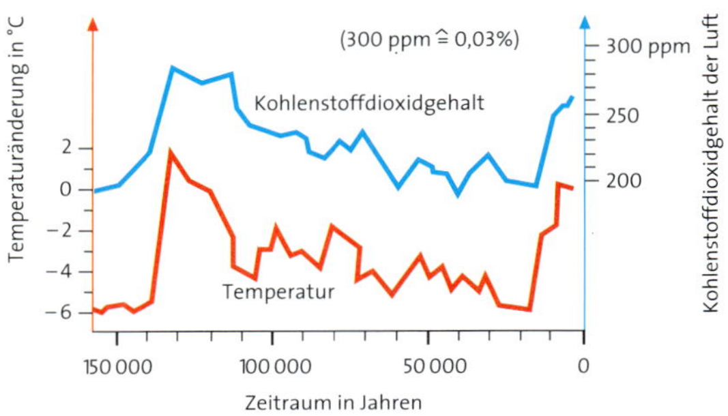

B2 *Über lange Zeiträume hat sich die Temperatur in der gleichen Weise geändert wie der Kohlenstoffdioxidgehalt in der Atmosphäre.*

Der durch den zunehmenden Treibhauseffekt mitverursachte **globale Klimawandel** ist eines der Hauptprobleme, denen die Menschheit im 21. Jahrhundert begegnen muss.

Die im Erdöl enthaltenen Kohlenwasserstoffe sind nicht nur zu schade, um verfeuert zu werden, ihre Verbrennung trägt auch zur Zunahme des Kohlenstoffdioxidgehalts in der Atmosphäre und damit zur Intensivierung des Treibhauseffekts bei. Die Erforschung und Nutzung alternativer Treibstoffe (z. B. Wasserstoff oder Methanol aus Solarwasserstoff und Kohlenstoffdioxid) und anderer Energieformen (z. B. elektrische Energie aus solarer Lichtenergie) ist für die nächsten Jahrzehnte eine dringliche Herausforderung für Wissenschaft und Industrie. Die begrenzten Erdölvorräte, ein wertvolles Geschenk aus prähistorischen Zeiten, sollten wir nicht in unüberlegter Weise durch den Auspuff jagen, sondern mit dem Wissen und Können der Chemie zu Produkten veredeln, die wir aus anderen Rohstoffen nicht oder nur mit viel mehr Aufwand gewinnen können.

Aufgabe

A1 Nennen und erläutern Sie die Folgen eines globalen Temperaturanstiegs.

A2 Beschreiben Sie Möglichkeiten, wie Sie persönlich den Anstieg des Kohlenstoffdioxidgehalts in der Luft bremsen können.

Sonne + Abgase → Ozon

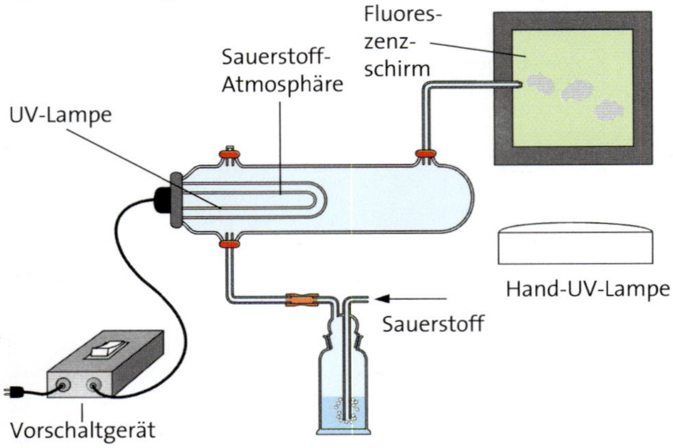

B1 *Versuchsvorrichtung zu LV1.* ***A:*** *Erkunden Sie ggf. die Vorrichtung und die Versuchsbeobachtungen im Video unter Chemie 2000+ Online.*

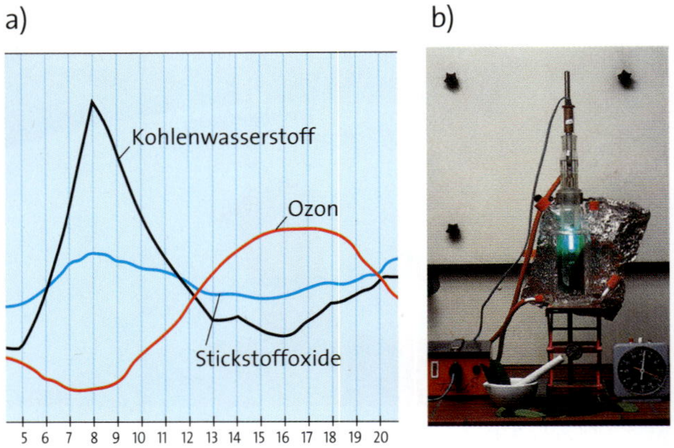

B2 *Relativer Gehalt einiger Schadstoffe in der Luft im Verlauf eines Sommertags (a) und Modellversuch LV2 zum Photosmog (b)*

Versuch

LV1 *Ozonerstellung und -nachweise:* Durch die Versuchsvorrichtung aus B1 wird ca. 30 s lang Sauerstoff geleitet. Dann wird die UV-Lampe* im Reaktionsrohr eingeschaltet und ca. 1 min lang bestrahlt. (*Warnhinweis:* Das Reaktionsrohr muss mit Aluminiumfolie umwickelt werden, da die UV-Strahlung schädlich ist.) Das gebildete Ozon* kann auf mehrere Arten nachgewiesen werden: a) Der Fluoreszenzschirm (B1) wird mit der UV-Handlampe angestrahlt. Dann wird das Gasgemisch aus dem Reaktor pulsweise über den Schirm gedrückt und die fluoreszierende Fläche genau beobachtet. b) Das Gasgemisch wird in eine mit Schwefelsäure* angesäuerte Kaliumiodid-Stärke-Lösung* eingeleitet und die Farbe beobachtet. c) Das Gasgemisch wird im Dunkeln durch eine Lösung aus einigen Körnchen Safranin T* und einem Plätzchen Natriumhydroxid* in 10 mL Propan-2-ol* geleitet. Die Lumineszenz wird beobachtet. d) Nach einer erneuten 1-minütigen Bestrahlung mit der UV-Lampe im Rohr wird das Gasgemisch auf einen stramm aufgeblasenen Luftballon geleitet. Die Verfärbung im Gummi und die weiteren Veränderungen werden beobachtet.

Auswertung

a) Erläutern Sie anhand der Beobachtungen in LV1 die unterschiedliche Reaktivität von Sauerstoff $\mathbf{O_2}$ und Ozon $\mathbf{O_3}$.

b) Erklären Sie mithilfe der Animation „Chapman-Zyklus" aus *Chemie 2000+ Online* die Bildung von Ozon in LV1.

Versuch

LV2 *Modellversuch zum Photosmog (Ozonsmog)*: In einem wassergekühlten Tauchlampenreaktor mit einer 150-Watt-Quecksilberlampe* (B2) bestrahlt man grüne Blätter 20 min lang in Luft, die mit etwas Stickstoffdioxid* und Benzindampf* verunreinigt wurde. Danach werden die Blätter mit der Schere zerschnitten und im Mörser zerdrückt. Die Blattpigmente werden mit Aceton* extrahiert und auf einer mit Kieselgel beschichteten DC-Folie chromatografisch aufgetrennt. Als Laufmittel eignet sich ein Gemisch aus Petrolether*: Benzin*: Propan-2-ol* im Volumenverhältnis 25:25:5. Parallel wird ein Extrakt aus unbestrahlten Blättern chromatografiert.

Auswertung

c) Beschreiben Sie die Auswirkung des in LV2 erzeugten Photosmogs auf die einzelnen Blattpigmente.

d) Das Licht der im Modellversuch eingesetzten Quecksilberlampe enthält einen höheren Anteil an UV-Licht als das Sonnenlicht in der erdnahen Troposphäre (vgl. S. 54, B2). Erläutern Sie, warum und wie sich in LV2 Ozon auch anders bilden kann als nach dem Schema in B1 von S. 59.

Photosmog – Stoffkreisläufe in der Troposphäre

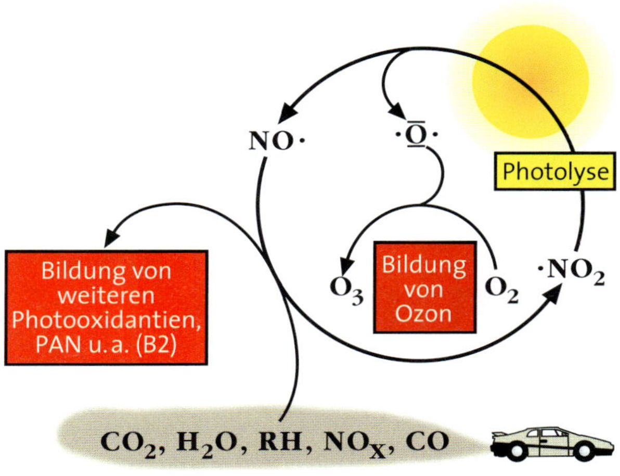

B1 ***Katalysezyklus:*** *Stickstoffdioxid wird durch Sonnenlicht zu Stickstoffmonooxid und atomarem Sauerstoff gespalten, der mit molekularem Sauerstoff zu Ozon reagiert. Unter Beteiligung von Kohlenwasserstoffen wird Stickstoffdioxid zurückgebildet und kann einen neuen Zyklus starten.*

$NO_2\cdot$	$\xrightarrow{h\nu}$	$NO\cdot + O:$
$O: + O_2:$	$\xrightarrow{M}$	O_3
$O: + H_2O:$	$\longrightarrow$	$2OH$
$NO_2\cdot + O_2:$	$\xrightarrow{M}$	$NO\cdot + O_3$
$2NO\cdot + O_2$	$\xrightarrow{h\nu}$	$2NO_2\cdot$
$NO\cdot + O_3$	$\longrightarrow$	$NO_2\cdot + O_2:$
$RH + OH\cdot + O_2:$	$\xrightarrow{M}$	$RO_2\cdot + H_2O$
$RO_2\cdot + NO\cdot$	$\longrightarrow$	$RO\cdot + NO_2\cdot$
$RO\cdot + O_2:$	$\longrightarrow$	$HO_2\cdot + R'CHO$
$HO_2\cdot + NO\cdot$	$\longrightarrow$	$OH\cdot + NO_2\cdot$
$HO_2\cdot + HO_2\cdot$	$\longrightarrow$	$H_2O_2 + O_2:$
$RO_2\cdot + NO_2\cdot$	$\xrightarrow{M}$	$RO_2NO_2:$
z.B.		
$CH_3COO_2\cdot + NO_2\cdot$	$\xrightarrow{M}$	$CH_3COO_2NO_2$ Peroxyacetylnitrat (PAN)

B2 *Einige Reaktionen aus dem Photoreaktor Troposphäre.* **M** *bezeichnet jeweils ein Teilchen, das am Stoßprozess beteiligt ist und dabei Energie aufnimmt, ohne chemisch verändert zu werden. Die sog. Photooxidantien sind rot gedruckt.*

Die Menschen in Athen, Los Angeles, Mexico-City und anderen Großstädten werden aufgrund des hohen Verkehrsaufkommens und des heißen, sonnigen Klimas häufig durch **Photosmog** oder **Sommersmog** geplagt. In abgeschwächter Form, aber immer häufiger, tritt Photosmog auch in Deutschland auf, oft unter der Bezeichnung **Ozonsmog**. Bei dieser Smogart entstehen in der mit Abgasen verunreinigten Luft durch die Lichteinwirkung der Sonne giftige Stoffe, deren wichtigster Vertreter das Ozon O_3 ist. Dabei handelt es sich um eine besonders aggressive Form des Elements Sauerstoff. Ozon oxidiert Iodid-Ionen zu elementarem Iod, reagiert mit dem Farbstoff Safranin T unter Leuchterscheinung (Chemolumineszenz) und bringt einen Luftballon zum Platzen (S. 58, LV1). Die Polyisopren-Moleküle aus dem Gummi (vgl. S. 227, B6) enthalten $C{=}C$-Doppelbindungen, die durch Ozon-Moleküle geknackt werden (Ozonolyse). Photosmog schädigt Pflanzen insbesondere durch Zerstörung der Blattpigmente β-Carotin, Chlorophyll a und Chlorophyll b (S. 58, LV2). Beim Menschen kann Photosmog zu Augenreizungen, Kopfschmerzen und Atembeschwerden führen.

Bei einem Ozongehalt von über 180 µg Ozon pro Kubikmeter Luft wird die Bevölkerung informiert und gewarnt, bei höheren Werten als 360 µg/m^3 kann es zu Smogalarm und Fahrverboten kommen.

Wie bildet sich Ozon im **Photoreaktor Troposphäre**, wo doch so gut wie kein UV-Licht bis in Bodennähe eindringt (vgl. S. 54, B2 und S. 60)?

Die in der bodennahen Luft enthaltenen und durch die Autoabgase stark angereicherten Schadstoffe machen es möglich: Das braune, durch sichtbares Licht spaltbare Stickstoffdioxid NO_2 katalysiert Reaktionszyklen (**Katalysezyklen**), bei denen Sauerstoff, Kohlenwasserstoffe **RH** und Wasser zu Ozon und anderen aggressiven Oxidationsmitteln (sog. Photooxidantien) umgesetzt werden. Stickstoffdioxid befindet sich dabei in einem Stoffkreislauf (B1, B2). Obwohl die Reaktionen in der Atmosphäre sehr komplex und z.T. noch nicht genau bekannt sind, steht fest, dass die Abgase aus Motoren, in denen Erdölprodukte verbrannt werden, die Bildung von Photosmog fördern. Messergebnisse beweisen, dass Kohlenwasserstoffe und Stickstoffoxide die Vorläufer von Ozon an heißen Sommertagen sind (vgl. S. 58, B2a).

Aufgabe

A1 Informieren Sie sich im Internet über die aktuell gültigen Alarmstufen für Sommersmog (Photosmog, Ozonsmog).

3 mm Ozon – der Filter für das Leben

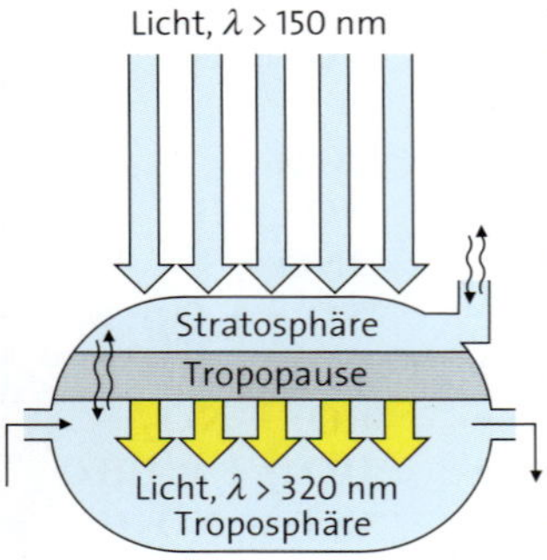

$$O_2 \xrightarrow[h\nu_1]{\lambda < 240\,nm} O + O$$

$$O + O_2 + M \rightarrow O_3 + M$$

$$O_3 + O \longrightarrow 2\,O_2$$

$$O_3 \xrightarrow[h\nu_2]{\lambda < 300\,nm} O_2 + O$$

$$3\,O_2 \underset{+\,h\nu_2}{\overset{+\,h\nu_1;\,-\,\Delta}{\rightleftarrows}} 2\,O_3$$

B1 *Zweikammer-Photoreaktor-Modell der Atmosphäre und Chapman-Zyklus des Ozon-Gleichgewichts in der Stratosphäre (M: inertes Molekül; Δ: Wärme).* ***A:*** *Erklären Sie, warum der Ozongehalt in der Stratosphäre wesentlich höher ist als in Bodennähe.*

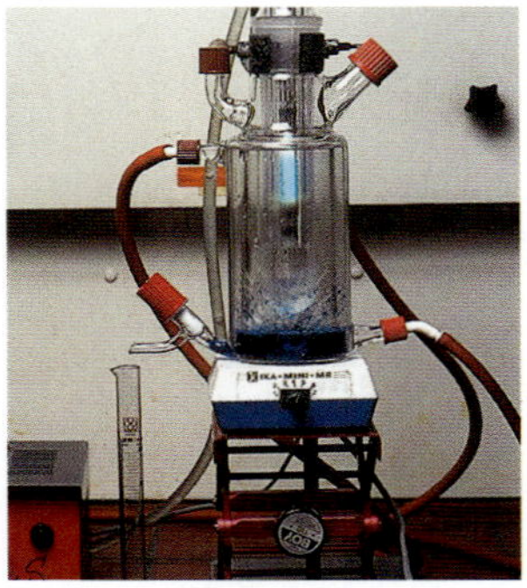

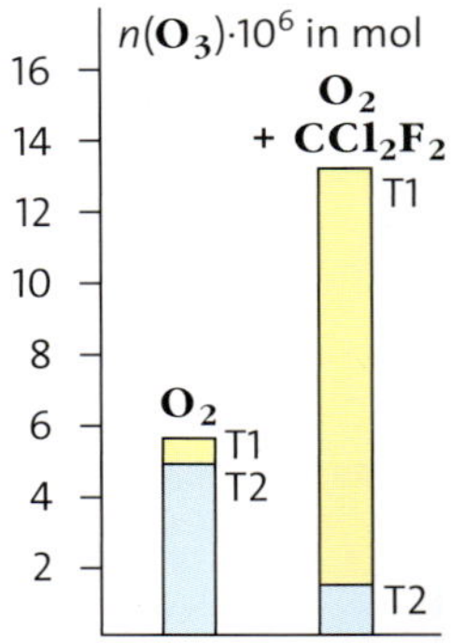

B2 *Apparatur zur Erzeugung und quantitativen Bestimmung von Ozon und Ergebnisse bei der Bestrahlung von reinem Sauerstoff bzw. Sauerstoff mit FCKW.* ***A:*** *Vergleichen Sie die Reaktionen (1) und (2) in INFO und begründen Sie, warum stark gerührt werden muss.*

Würde man das Ozon über die gesamte Höhe der Atmosphäre zusammenfassen, so wäre diese Schicht etwa 3 mm dick (vgl. B3 und S. 54, B2).

Die Erdatmosphäre gleicht einem riesigen Photoreaktor, der in zwei Kammern aufgegliedert werden kann, die Troposphäre und die Stratosphäre (B1). Dazwischen liegt die um ca. 50 °C kältere Tropopause, durch die der Stoffaustausch zwischen der unteren und oberen Kammer stark gehemmt ist. Vor etwa 3 Milliarden Jahren, als im Zuge der biologischen Evolution Photosynthese betreibende Pflanzen entstanden, begann die Auffüllung der Atmosphäre mit Sauerstoff. Seit ca. 500 Millionen Jahren ist der Sauerstoff-Anteil in der Atmosphäre annähernd konstant. In der Stratosphäre werden Sauerstoff-Moleküle durch energiereiches, sehr kurzwelliges Licht ($\lambda < 240$ nm) in Sauerstoff-Atome getrennt, die wiederum mit Sauerstoff-Molekülen zu Ozon-Molekülen reagieren. Diese absorbieren ebenfalls UV-Licht im Wellenlängenbereich von 200 nm bis 300 nm. Zwischen molekularem Sauerstoff O_2 und Ozon O_3 stellt sich ein **photostationäres Gleichgewicht** ein (vgl. S. 101). Dabei wird Licht teils in längerwelliges Licht, teils in Wärme umgewandelt.

INFO

In einem Tauchlampenreaktor (B2) kann der Einfluss von verschiedenen Gasen auf die Ozonbildung und den Ozonabbau unter stratosphärischen Lichtverhältnissen untersucht werden. Dazu wird in der geschlossenen Apparatur reiner Sauerstoff bzw. gezielt verunreinigter Sauerstoff mit UV-Licht bestrahlt, wobei nach folgender Gleichung Ozon entsteht:

$$3O_2(g) \rightleftarrows 2O_3(g) \qquad (1)$$

Das gebildete Ozon wird in einer wässrigen Lösung aus Kaliumiodid, Stärke und Schwefelsäure mit genau bekannten Konzentrationen an Iodid-Ionen $I^-(aq)$ und Wasserstoff-Ionen $H^+(aq)$ nach folgender Gleichung abgefangen:

$$O_3(g) + 2I^-(aq) + 2H^+(aq) \rightarrow$$
$$O_2(g) + I_2(aq) + H_2O(l) \qquad (2)$$

Durch eine erste Titration T1 des in (2) gebildeten Iods mit Natriumthiosulfat-Lösung und eine zweite Titration T2 der „Restsäure", d. h. der in (2) nicht verbrauchten Wasserstoff-Ionen $H^+(aq)$, kann die Ozonmenge im Reaktor bestimmt werden.

Aufgaben

A1 Erkunden Sie die Animation „Chapman-Zyklus" in *Chemie 2000+ Online* und präsentieren Sie sie.

A2 Erläutern Sie nach der Lektüre von S. 60 und 61 die Überschrift „3 mm Ozon – der Filter für das Leben".

Aufgabe

A3 In B2 sind die Ergebnisse der beiden Titrationen T1 und T2 bei der Bestrahlung von reinem Sauerstoff und von Sauerstoff mit zugesetztem Dichlordifluormethan CCl_2F_2 dargestellt. Lesen Sie die Seite 61 und beurteilen Sie dann, inwiefern die Ergebnisse aus B2 die Aussage „FCKW sind Ozonkiller" bestätigen.

3 mm Ozon – der Filter für das Leben

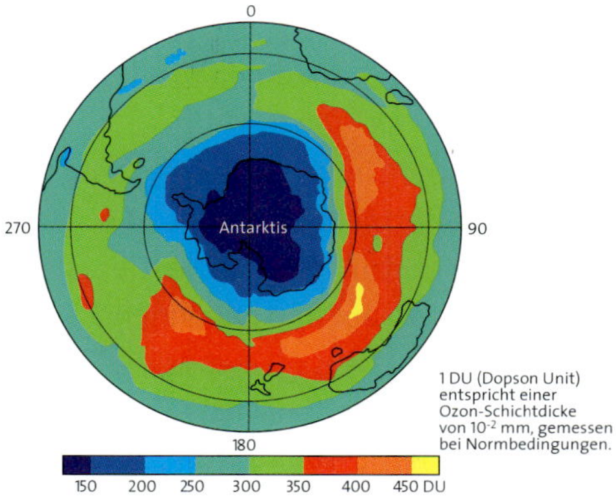

B3 *Ozonloch über dem Südpol am 5. Oktober 1987.* **A:** *Geben Sie an, um wie viel Prozent der Ozongehalt niedriger als der Normalwert von 300 DU lag.*

Mit dem Schlagwort **Ozonloch** bezeichnet man die seit dem Jahr 1984 im polaren Frühling über dem Südpol regelmäßig auftretende Abnahme des Gehalts an stratosphärischem Ozon. Auch über Teilen der nördlichen Halbkugel treten in den Monaten Februar und März kleinere Ozonlöcher auf.

Es gilt als gesichert, dass die **Fluorchlorkohlenwasserstoffe FCKW**, die als anthropogene Emissionen in die Atmosphäre gelangen, zur Ausbildung des Ozonlochs beitragen. Sie sind an Reaktionszyklen beteiligt, die erst durch das UV-Licht in der Stratosphäre ausgelöst werden, z. B. an folgendem **Chlor-Katalyse-Zyklus**:

$$F_2ClC-Cl \xrightarrow[h\nu]{\lambda < 340\,nm} F_2ClC\cdot + Cl\cdot$$
$$Cl\cdot + O_3 \longrightarrow ClO\cdot + O_2$$
$$ClO\cdot + O \longrightarrow Cl\cdot + O_2$$
$$ClO\cdot + NO_2\cdot \underset{\text{Frühjahr}}{\overset{\text{Winter}}{\rightleftharpoons}} ClNO_3$$

Da es sich um eine radikalische Kettenreaktion handelt (vgl. S. 35), kann ein aus einem FCKW-Molekül gebildetes Chlor-Radikal den Abbau von mehreren Tausend Ozon-Molekülen verursachen.

Bei vermindertem Ozongehalt in der Stratosphäre gelangt mehr UV-Strahlung (UV-A: 320 nm < λ < 380 nm; UV-B: 280 nm < λ < 320 nm) auf die Erdoberfläche. Besonders die „härtere" UV-B Strahlung schädigt Pflanzen, Tiere und Menschen nachhaltig. Sie zerstört die Blattpigmente, führt zur Erblindung von Tieren und verursacht Hautkrebs.

Fluorchlorkohlenwasserstoffe FCKW		
Abkürzung des Industrieprodukts	Formel	Anwendungen
FCKW 11	CCl_3F	Treibmittel in Sprühdosen, Kältemittel
FCKW 12	CCl_2F_2	Schäumung von Kunststoffen, Kältemittel
Ersatzstoffe: HFKW		
R 134 a	CF_3CFH_2	Kältemittel, pharmazeutische Aerosole
R 356	$CF_3CH_2CH_2CF_3$	Hartschäume, Kältemittel

B4 *Einige FCKW und ihre Ersatzstoffe.* **A:** *Erläutern Sie, warum auch die Ersatzstoffe „Kinder der Petrochemie" sind und wodurch sie sich von FCKW unterscheiden.*

Was haben das stratosphärische Ozon und das Ozonloch mit Erdöl und Produkten aus Erdöl zu tun?

Die Ozonkiller FCKW sind Produkte der Petrochemie. Diese Stoffe sind vorwiegend Derivate (Abkömmlinge) des Methans und des Ethans, bei denen alle Wasserstoff-Atome aus den Molekülen durch Fluor- und Chlor-Atome ersetzt sind. Da sie gasförmig, ungiftig, unbrennbar, wasserunlöslich und chemisch sehr stabil sind, wurden sie in den Jahren von 1950 bis 1990 als Treibgase für Sprays, zur Herstellung von Schaumstoffen und als Kälteflüssigkeiten in Kühlschränken eingesetzt. Die in die Atmosphäre entweichenden FCKW werden aufgrund ihrer Reaktionsträgheit in der Troposphäre nicht abgebaut und gelangen wegen ihrer großen Dichte nur langsam, etwa 10 Jahre nach ihrer Freisetzung, in die Stratosphäre. Erst hier sind Reaktionsbedingungen für ihren Abbau vorhanden.

Seit die Wirkung der FCKW beim stratosphärischen Ozon-Abbau erkannt ist, wurden ihre Produktion und ihr Einsatz zunächst in der westlichen Welt und dann nach und nach in allen Ländern eingestellt. Ersatzstoffe wurden entwickelt, geprüft und eingeführt (B4).

Am Beispiel der FCKW wird deutlich, dass technischer Fortschritt immer auch Risiken in sich birgt, die nicht sofort erkannt werden können. Um die Risiken bei neuen technischen Entwicklungen möglichst gering zu halten, müssen wir aus den Erfahrungen und dem Wissen unserer Vorgänger lernen.

A1 Es ist sehr schwierig, aus Erdöl einen ganz bestimmten Stoff allein durch Destillation abzutrennen. Begründen Sie den Sachverhalt.

A2 Vergleichen Sie mithilfe von B4, S. 18, die Entzündungstemperatur und Flammtemperatur von Dieselöl und erläutern Sie den Unterschied.

A3 Gegeben sind die Halbstrukturformeln folgender Kohlenwasserstoff-Moleküle:

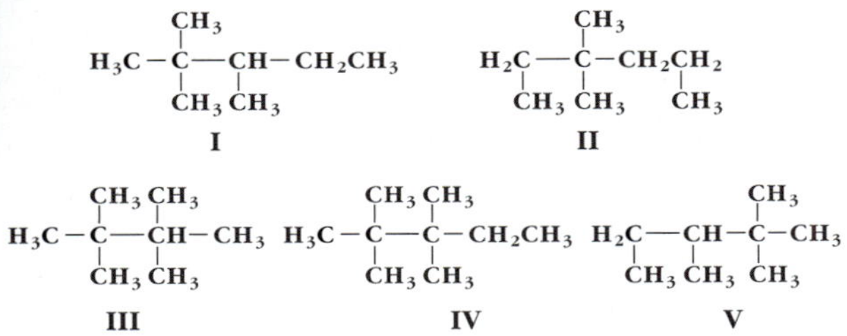

a) Geben Sie an, bei welchen zwei von den fünf Formeln es sich um denselben Stoff handelt.

b) Benennen Sie die Kohlenwasserstoffe nach den systematischen Nomenklaturregeln (vgl. S. 68).

A4 Erkunden Sie die in B1 angegebene Animation und lösen Sie folgende Teilaufgaben:

a) Erläutern Sie die Funktion von MTBE (Methyl-*tert.*-butylether) in den Otto-Kraftstoffen.

b) Vergleichen Sie die MTBE-Synthese im Labor mit der industriellen MTBE-Produktion und nennen Sie Gemeinsamkeiten und Unterschiede.

c) Formulieren Sie die Synthese von ETBE (Ethyl-*tert.*-butylether), die analog der MTBE-Synthese verläuft.

A5 Geben Sie die Valenzstrichformeln, Halbstrukturformeln und die Struktursymbole (Gerüstformeln) der folgenden Kohlenwasserstoff-Moleküle an: 2,3-Dimethylpentan, 2-Methylbut-2-en, 2,2,4-Trimethylpentan.

A6 Über 40 % Massenanteil im Super-Benzin sind Isomere mit den Summenformeln C_5H_{12}, C_6H_{14} und C_8H_{18}. Schreiben Sie die Struktursymbole (Gerüstformeln) von 10 dieser Isomere auf und benennen Sie sie.

A7 Die Apparatur aus B2 wurde zunächst mit Stickstoff gespült. Dann wurden 20 mL Isobuten eingefüllt und mehrmals über das erhitzte Kupfer(II)-oxid geleitet. Nach dem Abkühlen der Apparatur betrug das Gasvolumen in der Apparatur 80 mL und beim Einleiten des Gases in Kalkwasser trübte sich dieses.

a) Erklären Sie diese Versuchsergebnisse mithilfe der folgenden Reaktionsgleichung:

$$C_xH_y(g) + zCuO(s) \rightarrow xCO_2(g) + \frac{y}{2}H_2O(l) + zCu(s)$$

b) Nennen Sie die zu erwartenden Versuchsergebnisse, wenn man mit Propan statt Isobuten arbeitet.

c) Begründen Sie, warum vor dem Einfüllen des Kohlenwasserstoffs die Apparatur mit Stickstoff gespült wird und dann beide Kolbenprober auf null gesetzt werden.

d) Begründen Sie, warum das Kupfer(II)-oxid im Überschuss vorliegen muss.

e) Erläutern Sie, warum das Endvolumen erst nach Abkühlen der Apparatur abgelesen werden soll.

f) Beurteilen und erläutern Sie, auf welche Kohlenwasserstoffe dieses Verfahren beschränkt ist.

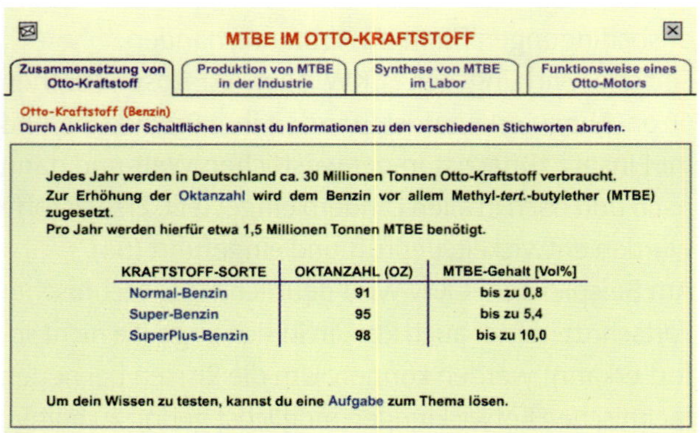

KRAFTSTOFF-SORTE	OKTANZAHL (OZ)	MTBE-Gehalt [Vol%]
Normal-Benzin	91	bis zu 0,8
Super-Benzin	95	bis zu 5,4
SuperPlus-Benzin	98	bis zu 10,0

B1 *Ausschnitt aus der Animation „MTBE im Otto-Kraftstoff" (vgl. Chemie 2000+ Online)*

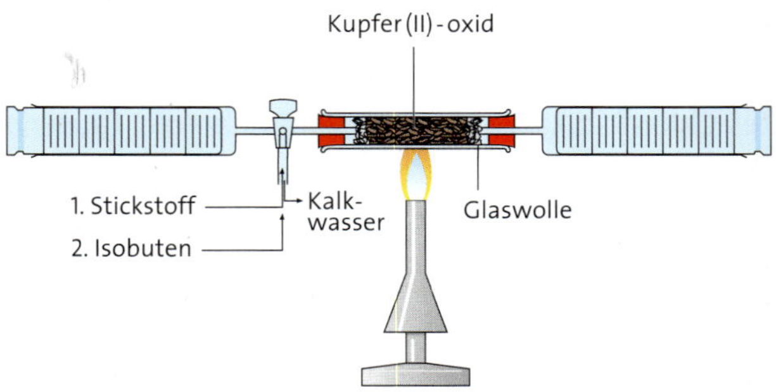

B2 *Versuchsvorrichtung zur Ermittlung der Anzahl x der Kohlenstoff-Atome in einem Molekül eines gasförmigen Kohlenwasserstoffs* C_xH_y *(vgl. EVA Online)*

A8 In einem Verbrennungskalorimeter (vgl. S. 20, B1) mit 450 g Wasser wurden 300 mg Benzin mit reinem Sauerstoff verbrannt. Dabei stieg die Temperatur der Kalorimeterflüssigkeit von 20,1 °C auf 26,9 °C an.

a) Berechnen Sie mithilfe der Formel und der Konstanten von S. 20 die Reaktionswärme W_{therm}, die bei dieser Verbrennung frei wird.

b) Berechnen Sie die Reaktionsenthalpie $\Delta_r H$ für die Verbrennung dieser Benzinprobe, indem Sie vereinfachend annehmen, dass die Probe nur aus Kohlenwasserstoffen mit der Summenformel $\mathbf{C_8H_{18}}$ besteht.

c) Nennen und erläutern Sie Fehlerquellen bei dieser Methode zur Bestimmung von Reaktionsenthalpien.

A9 Berechnen Sie mithilfe des Rechenbeispiels von S. 22, und der Tabellenwerte aus B5, S. 23, die Reaktionsenthalpie $\Delta_r H$ der folgenden Reaktion:

$$\mathbf{Zn(s) + 2HBr(aq) \rightarrow ZnBr_2(aq) + H_2(g)}$$

A10 Berechnen Sie mithilfe der tabellierten Werte aus B5 von S. 23 a) die molare Verbrennungsenthalpie $\Delta_c H_m$ von Butan und b) die Reaktionsenthalpie $\Delta_r H$ für die Verbrennung von 1 m³ Butan.
(*Hinweis*: Nehmen Sie an, dass das molare Volumen der Gase V_m = 24 L/mol ist; ϑ = 25 °C und p = 1013 hPa.)

A11 Schätzen Sie für folgende Reaktionen die Reaktionsentropie grob ab (nimmt zu, nimmt ab oder bleibt etwa gleich). Begründen Sie Ihre Entscheidung ggf. mithilfe einer Reaktionsgleichung und berechnen Sie für den Fall f) die Entropieänderung $\Delta_r S$ mithilfe der Tabellenwerte aus B5, S. 27.

a) Magnesium verbrennt.
b) Methan verbrennt, wobei flüssiges Wasser entsteht.
c) Kohlenstoffmonooxid verbrennt.
d) Bildung von Chlorwasserstoff.
e) Ein Kochsalz-Kristall wird in Wasser gelöst.
f) Wasser verdunstet in einem offenen Gefäß.
g) Ein Kochsalz-Kristall wird in Benzin gegeben.
h) Ein Liter Meerwasser wird mit einem Liter destilliertem Wasser vermischt.
i) Calciumcarbonat zerfällt bei hoher Temperatur in Calciumoxid und Kohlenstoffdioxid.
j) Bromdampf und Luft vermischen sich.

A12 Interpretieren Sie die folgende Grafik, die den Kurvenverlauf für die Temperaturabhängigkeit der Entropie eines Stoffes darstellt.

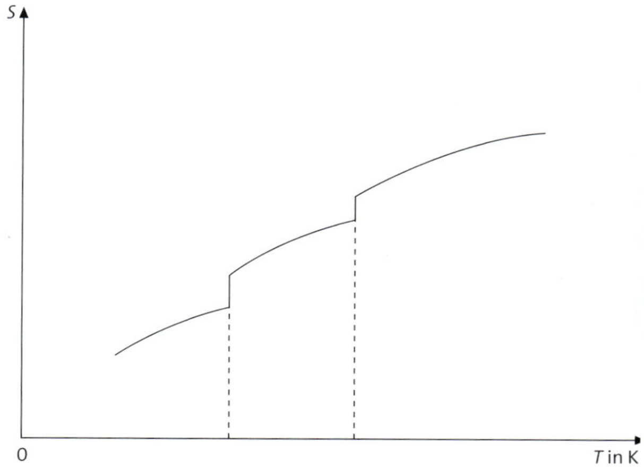

A13 a) Entscheiden Sie durch Berechnung der freien Reaktionsenthalpie $\Delta_r G$, ob die Reaktion zwischen Kupfer(II)-oxid **CuO** und Wasserstoff $\mathbf{H_2}$ zu Kupfer und Wasser (B3) für Standardbedingungen bei 20 °C selbsttätig ablaufen kann oder nicht. Verwenden Sie dabei folgende Tabellenwerte:

Stoff	$\Delta_f H_m^0$ in kJ/mol	S_m^0 in J/(K · mol)
Cu(s)	0	33
$\mathbf{H_2O(l)}$ bei 20 °C	– 285,8	70
CuO(s)	– 157,3	43
$\mathbf{H_2(g)}$	0	131

b) In der Praxis erhitzt man das Kupferoxid vor dem Einleiten des Wasserstoffs. Kommentieren Sie diese Verfahrensweise unter Berücksichtigung Ihres Ergebnisses von a).

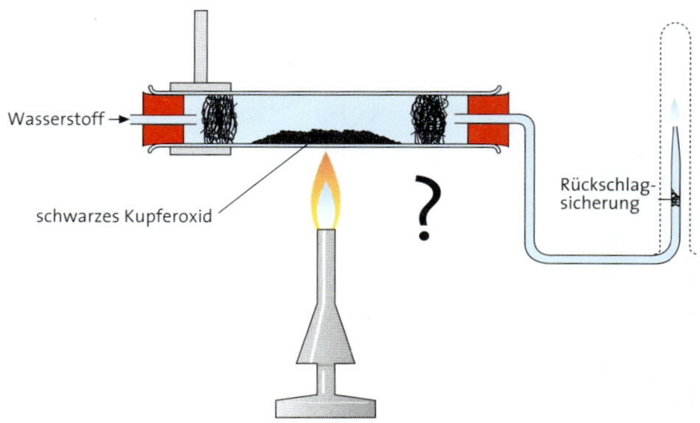

B3 *Vorrichtung für die Reaktion von Wasserstoff mit Kupferoxid (A13)*

A14 Eine Mischung von Wasserstoff und Sauerstoff im Volumenverhältnis $V(\mathbf{H_2}) : V(\mathbf{O_2}) = 2 : 1$ heißt Knallgas, weil sie nach der Zündung schlagartig mit einem Knall reagiert, wobei ein farbloser Reinstoff entsteht. Diese schlagartige Reaktion soll bei 40 °C ablaufen. Berechnen Sie mithilfe der Daten aus B5, S. 23, und B5, S. 27, die freie Reaktionsenthalpie $\Delta_r G$ dieser Reaktion und geben Sie an, welche Informationen Ihrem Ergebnis zu entnehmen sind.

A15 Eine Wasserstoff-Brennstoffzelle habe einen Wirkungsgrad a) von 100 % (die gesamte freie Reaktionsenthalpie $\Delta_r G$ wird als elektrische Arbeit W_{el} verfügbar) und b) von 50 %, d. h. nur die Hälfte der freien Standardreaktionsenthalpie $\Delta_r G$ wird in Form von elektrischer Arbeit W_{el} verfügbar abgegeben, der Rest wird als Wärme „entwertet". Berechnen Sie für beide Fälle die thermische Energie, die insgesamt bei der Brennstoffzelle abgegeben wird, wenn 1 mol Wasser-Moleküle gebildet werden (*Hinweis:* vgl. S. 23, B5 und S. 27, B5).

A16 Wird ein gasförmiger Kohlenwasserstoff über stark erhitzte Eisenwolle geleitet (B4), so erfolgt seine thermische Zersetzung nach folgender Reaktionsgleichung:

$$\mathbf{C_xH_y(g) \rightarrow xC(s) + \frac{y}{2}H_2(g)}$$

Der Kohlenstoff setzt sich in Form winziger Partikel auf dem Eisen ab.

a) Bei der Thermolyse von 20 mL Isobuten wurden 80 mL Wasserstoff gebildet. Beurteilen und erläutern Sie, inwiefern dieses Ergebnis die Summenformel (Molekülformel) des Isobutens bestätigt.

B4 *Thermolyse eines Kohlenwasserstoffs* $\mathbf{C_xH_y}$ *an Eisenwolle (A16)*

b) Geben Sie begründet an, welches Volumen an Wasserstoff bei der Thermolyse von 20 mL Butan zu erwarten ist.

A17 a) Recherchieren Sie mithilfe von *Chemie 2000+ Online* die Funktionsweise von Anlagen (Kraftwerken) zur Bereitstellung elektrischer Energie aus fossilen Energieträgern (Erdöl, Erdgas, Kohle), nuklearen Energieträgern (Uran, Plutonium) und regenerativen Energieträgern (Sonne, Wind, Wasser, Gezeiten, Biomasse).

b) Vergleichen und bewerten Sie die drei Kategorien von Energieträgern unter Zugrundelegung sicherheitstechnischer, ökonomischer und ökologischer Kriterien.

c) Diskutieren Sie Ihre Ergebnisse von b) untereinander und (falls möglich) mit Experten.

A18 Aus den Ergebnissen von Experimenten nach A7 und A16 kann für Isobuten die Summenformel (Molekülformel) $\mathbf{C_4H_8}$ ermittelt werden. Dafür ergeben sich die Struktursymbole (Gerüstformeln) der sechs Isomere aus B5, die unterschiedliche Siedetemperaturen und teilweise unterschiedliches Reaktionsverhalten haben.

a) Formulieren Sie für jedes der sechs Struktursymbole in B5 die entsprechende Halbstrukturformel (vereinfachte Valenzstrichformel).

b) Alle sechs Isomere aus B5 sind brennbar und wasserlöslich. Erklären Sie den Sachverhalt.

c) Geben Sie begründet an, welche der sechs Isomere aus B5 Bromwasser entfärben.

d) Drei der sechs Isomere liefern durch Addition von Wasserstoff den gleichen Stoff. Erläutern und begründen Sie diese Behauptung.

e) Nur eines der Isomere liefert durch Addition von Wasser *tert.*-Butanol (2-Methylpropan-2-ol). Formulieren Sie die entsprechende Reaktionsgleichung.

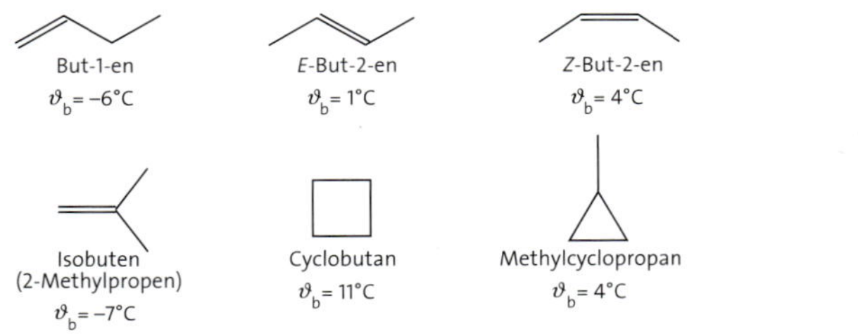

B5 *Struktursymbole (Gerüstformeln) der sechs Isomere* $\mathbf{C_4H_8}$ *(A18)*

A19 Formulieren und benennen Sie alle isomeren Monochloralkane, die sich bei der Chlorierung von Isooctan (2,2,4-Trimethylpentan) bilden können.

A20 Berechnen Sie die maximale Wellenlänge eines Lichtquants, das in der Lage ist, ein Brom-Molekül in Atome zu spalten (*Hinweis:* vgl. S. 34).

A21 Geben Sie mithilfe der Daten aus B6 näherungsweise das Verhältnis an, in dem sich 1-Brom-2-methylpropan und 2-Brom-2-methylpropan bei der photochemischen Bromierung von 2-Methylpropan (Isobutan) bilden. (*Hinweis:* Berücksichtigen Sie außer den Angaben aus B6 auch die Anzahl der Kohlenstoff-Wasserstoff-Bindungen an primären und tertiären Kohlenstoff-Atomen im Isobutan-Molekül.)
Erklären Sie mithilfe der Daten aus B6, warum Bromierungen *selektiver* verlaufen als Chlorierungen, d.h. die Bevorzugung bestimmter Positionen im Molekül für die Substitution ist bei Bromierungen ausgeprägter als bei Chlorierungen.

A22 Recherchieren Sie in Gruppen die folgenden vier Themen im Internet, indem Sie über die *EVA-Online* Seite „Halogenverbindungen in Natur und Technik" einsteigen:
a) Halogenverbindungen in der Technik
b) Halogenverbindungen in der Natur
c) CKW in der Umwelt – ein Problem
d) *Green Chemistry* – was ist das?
Erstellen Sie zu jedem der vier Themen eine *Concept Map* (vgl. S. 217) und präsentieren Sie Ihr Ergebnis den anderen Gruppen.

A23 In zwei Versuchen wurde Ethen einmal durch Bromwasser und einmal durch Bromwasser, das zusätzlich gelöstes Kaliumbromid enthielt, geleitet. Nach der Entfärbung hatte eine der beiden Lösungen einen niedrigeren *p*H-Wert als die andere.
a) Geben Sie an, welche der beiden Lösungen den niedrigeren *p*H-Wert hat und begründen Sie Ihre Antwort ausführlich mithilfe von Reaktionsgleichungen.
b) Erläutern Sie, inwiefern dieser experimentelle Befund eine Stütze für den aus B1 von S. 42 angegebenen Mechanismus der elektrophilen Addition ist.

A24 Erklären Sie, warum die Addition von Brom an 2,3-Dimethylbut-2-en schneller verläuft als an Ethen (vgl. S. 43, B2).

A25 Bei der Pyrolyse von Polyethen (Polyethylen) PE $H_3C(CH_2)_nCH_3$, d.h. beim starken Erhitzen unter Luftabschluss (B1), bilden sich flüssige und gasförmige, wasserunlösliche Produkte. Sowohl die flüssigen als auch die gasförmigen entfärben Bromwasser.
a) Formulieren Sie je eine Verbindung aus dem flüssigen und aus dem gasförmigen Gemisch und begründen Sie, warum sie Bromwasser entfärben.
b) Vergleichen Sie die in der Apparatur aus B7 ablaufende Reaktion mit der aus B1, S. 28, und beschreiben Sie Gemeinsamkeiten und Unterschiede.

	R–CH(H)–H (primär: $R-CH_3$)	R_2CH-H (sekundär)	R_3C-H (tertiär)
Cl·	1	2	3
Br·	1	250	6300

B6 *Relative Reaktivitäten der Chlor-Atome (Chlor-Radikale) und der Brom-Atome (Brom-Radikale) mit Kohlenstoff-Wasserstoff-Bindungen von primären, sekundären und tertiären Kohlenstoff-Atomen (A21)*

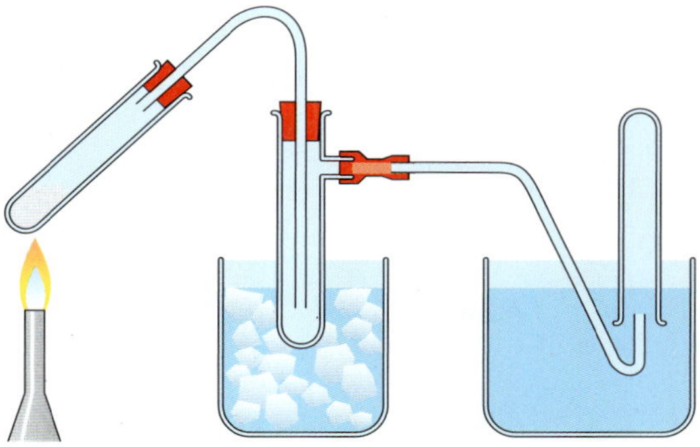

B7 *Versuchsvorrichtung für die Pyrolyse von Polyethen (A25)*

A26 Bei der Williamson-Synthese der Ether findet im ersten Arbeitsschritt folgende Reaktion statt:

$$2R–OH + 2Na \rightarrow 2R–O^{\ominus} + 2Na^{+} + H_2.$$

Das gebildete Alkanolat-Ion $R–O^{\ominus}$ wirkt im zweiten Arbeitsschritt als Nucleophil auf ein Halogenalkan-Molekül. Es lagert sich an das Kohlenstoff-Atom an und das Halogenid-Ion wird eliminiert.

a) Formulieren Sie die Williamson-Synthese von Methylpropylether $H_3C–O–CH_2–CH_2–CH_3$ in zwei Schritten.

b) Ausgehend von 1-Chlorbutan-4-ol kann nach der Williamson-Synthese Tetrahydrofuran, ein cyclischer Ether (vgl. S. 47, B4), synthetisiert werden. Formulieren Sie diese Synthese.

A27 Das in B8 angegebene Schema zeigt, dass Alkoxonium-Ionen, die durch Protonierung der Hydroxy-Gruppe in einem Alkanol-Molekül gebildet werden, eine Ausgangsbasis darstellen, von der mehrere Reaktionswege ausgehen. Durch Auswahl des Alkanols, seiner Konzentration im Reaktionsgemisch mit der anorganischen Säure und der Reaktionstemperatur kann man die Weichen in Richtung Alken, Ether oder Ester stellen. Diese Reaktionswege werden im Labor und in der Industrie je nach Bedarf beschritten.

a) Beurteilen Sie, ob Propan-1-ol (ϑ_b = 97 °C) nach der Vorschrift aus V1 von S. 38 zu Propen dehydratisiert werden kann und begründen Sie Ihr Urteil.

b) Geben Sie an, welche Produkte zu erwarten sind, wenn Ethanol mit Schwefelsäure auf 160 °C erhitzt wird. Erläutern und begründen Sie, wie sich in diesem Fall die Ethanol-Konzentration im Reaktionsgemisch auf die Produktverteilung auswirkt.

A28 Eliminierungen sind das Gegenteil von Additionen, d. h. aus einem Molekül wird ein anderes Molekül abgespalten. So kann z. B. aus einem Alkanol in Gegenwart einer starken Säure als Katalysator durch Abspaltung von Wasser ein Alken erhalten werden (vgl. Herstellung von Isobuten aus 2-Methylpropan-2-ol, S. 38).

Für die Herstellung von Pentenen stehen Pentan-1-ol, Pentan-2-ol und Pentan-3-ol zur Verfügung.

a) Geben Sie an, von welchem Pentanol-Isomer man ausgehen muss, um durch Eliminierung von Wasser (Dehydratisierung) nur Pent-1-en zu erhalten. Formulieren Sie die Reaktionsgleichung.

b) Geben Sie an, von welchem Pentanol-Isomer man ausgehen muss, um durch Dehydratisierung nur Pent-2-en zu erhalten. Formulieren Sie die Reaktionsgleichung und begründen Sie Ihre Wahl des Isomers.

A29 Additionen und Eliminierungen können auch an Kohlenstoff-Sauerstoff-Doppelbindungen in Aldehyd- oder Keton-Molekülen bzw. aus den entsprechenden Dihydroxy-Verbindungen (Hydraten) erfolgen, z. B.:

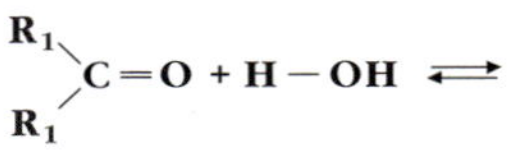

a) Übernehmen Sie die Formeln in Ihr Heft, zeichnen Sie bei den Edukten die freien Elektronenpaare und die Partialladungen an der Doppelbindung ein.

b) Das Molekül mit der Doppelbindung wird in diesem Fall nicht elektrophil, sondern nucleophil angegriffen. Skizzieren Sie diesen Angriff mithilfe von krummen Pfeilen und erläutern Sie, warum er so erfolgt.

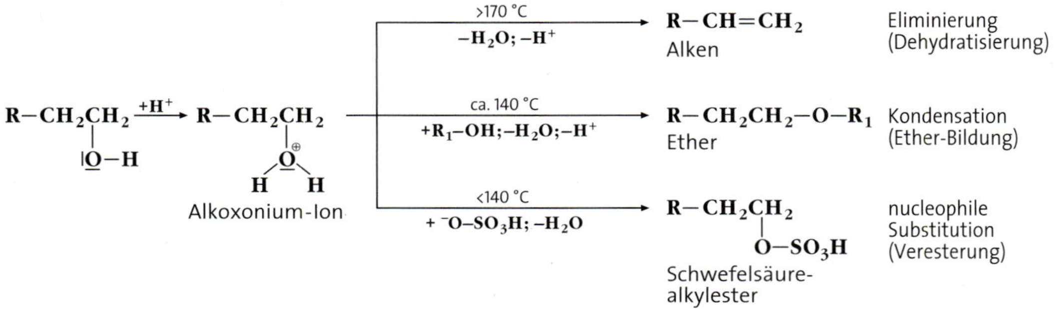

B8 *Das Alkoxonium-Ion als Drehscheibe für verschiedene Reaktionswege zu verschiedenen Produkten*

A30 Ester organischer Säuren, z. B. Alkansäuren, werden in der Regel nach folgendem Muster synthetisiert:

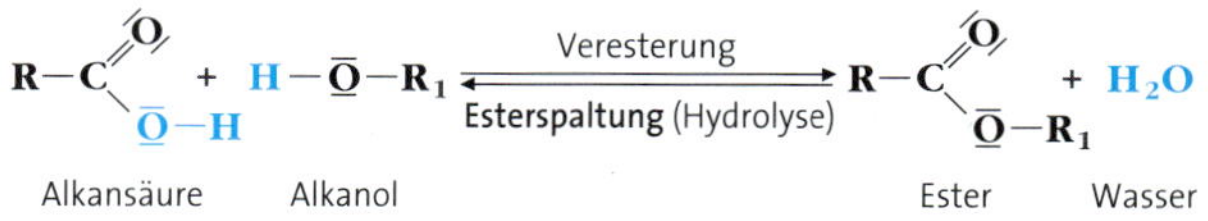

a) Vergleichen Sie diese Estersynthese mit der in B1 auf S. 66 angegebenen Synthese von Ethern und nennen Sie Gemeinsamkeiten und Unterschiede.

b) Formulieren Sie die Synthese von Methansäureethylester.

c) Methansäure siedet bei 100,5 °C, Ethanol bei 78,4 °C und Methansäurethylester bei 54 °C. Erklären Sie diesen Sachverhalt unter Verwendung geeigneter Fachbegriffe.

d) Methansäureethylester ist im Gegensatz zu Methansäure und Ethanol nicht bzw. sehr schlecht wasserlöslich. Erklären Sie die unterschiedliche Wasserlöslichkeit der drei Stoffe unter Verwendung geeigneter Fachbegriffe und Formeldarstellungen.

e) Bei den homologen Reihen in B4, S. 37, fehlen die Ester und die Ether. Beurteilen Sie, ob auch diese beiden Stoffklassen homologe Reihen bilden, und erläutern Sie anhand von Beispielen.

A31 In B9 sind die Struktursymbole einiger Stoffe angegeben, die in bekannten Pflanzenaromen enthalten sind.

a) Ordnen Sie jeder der folgenden Stoffklassen alle Verbindungen aus B9 zu, die der Definition der jeweiligen Stoffklasse entsprechen: I) Kohlenwasserstoff, II) Alkohol, III) Aldehyd, IV) Keton, V) Ether, VI) Ester.

b) Entscheiden Sie, welche der folgenden Aussagen wahr bzw. falsch ist:

- Geraniol reduziert heißes Kupferoxid zu elementarem Kupfer.
- Ionon reagiert mit Natrium unter Bildung von Wasserstoff.
- Limonen entfärbt Bromwasser.
- Vanillin gibt mit TOLLENS-Reagenz einen Silberspiegel.
- Butansäureethylester ist gut wasserlöslich.
- Eugenol entfärbt Bromwasser und reagiert mit Natrium unter Bildung von Wasserstoff.

c) Entscheiden Sie mithilfe von B4 von S. 51, ob Vanillin oder Ionon empfindlicher gegen Oxidation durch Sauerstoff aus der Luft ist und begründen Sie Ihre Entscheidung.

d) Formulieren Sie eine Reaktionsgleichung, nach der Ananasaroma synthetisiert werden kann.

Eugenol 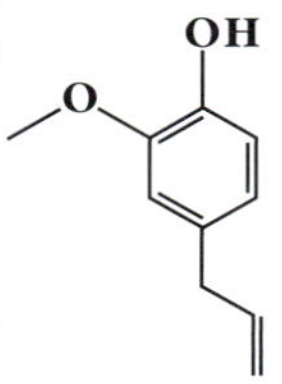	Gewürznelkenöl Basilikumöl ϑ_b = 253 °C 	Geraniol 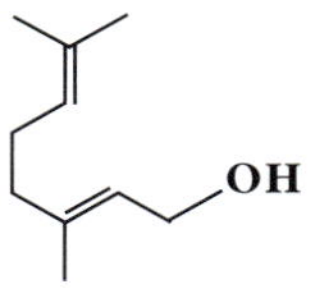	Rose Geranie Jasmin ϑ_b = 230 °C 	Vanillin 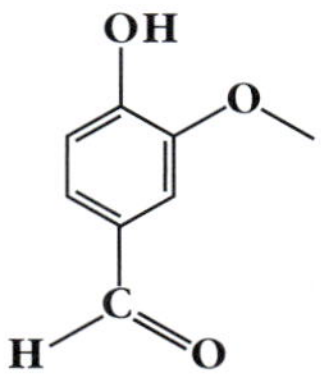	Vanille ϑ_b = 285 °C 
Ionon 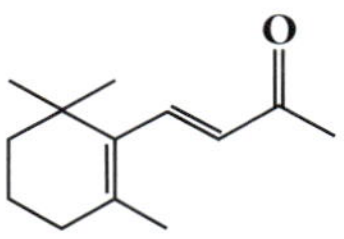	Veilchen ϑ_b = 250 °C 	Butansäure-ethylester 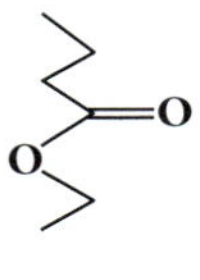	Ananas Bananen ϑ_b = 116 °C 	Limonen 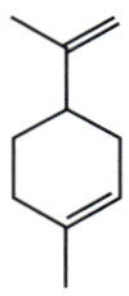	Zitronenöl Orangenöl Fichtennadelöl ϑ_b = 176 °C 

B9 *Inhaltsstoffe von Pflanzenaromen, Struktursymbole, Vorkommen und Siedetemperaturen (A31)*

Nomenklaturregeln

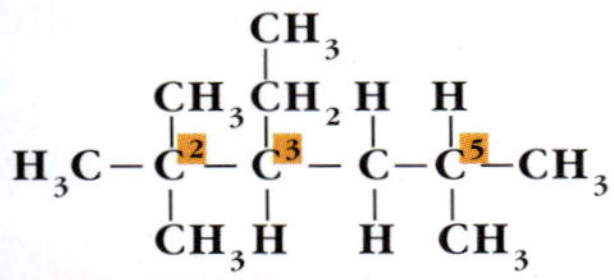

3-	Ethyl-	2,2,5-	tri	methyl	hexan	IUPAC-Name
2	4	2	3	4	1	Regel-Nr.

1 Stammname
3 Mehrfachzahlwort
2 Verknüpfungsziffer
4 Substituenten

Die Nomenklaturregeln für Alkane sind im nebenstehenden Beispiel zusammengefasst. Diese Regeln gelten auch für die anderen Stoffklassen. Bei Verbindungen mit funktionellen Gruppen wird dem entsprechenden Stammnamen des Alkans eine Endung angehängt, wie z. B. –ol für Alkohole. Bei Verbindungen mit mehreren funktionellen Gruppen bestimmt die am höchsten oxidierte Gruppe den Namen der Verbindung. Hydroxy- oder Amino-Gruppen o. a. werden als Vorsilben vorangestellt.

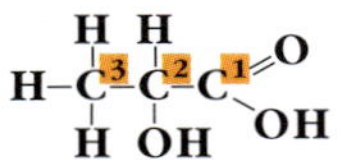

2	Hydroxy	propansäure
2	4	1

Verbindungsklassen und Reaktionstypen in der organischen Chemie

(Vgl. auch Kenntnisse aus den Klassen 5 bis 10 auf S. 15 und Grundwissen über Aromaten, Naturstoffe und Kunststoffe auf S. 173, S. 222, 223 und S. 251.)

Verbindungsklasse	Strukturelement funktionelle Gruppe	Reaktionstyp Beispiel
Alkane	Einfachbindung 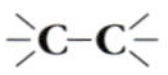	radikalische Substitution 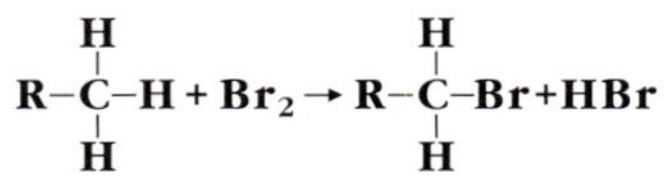
Alkene	Doppelbindung 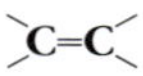	elektrophile Addition 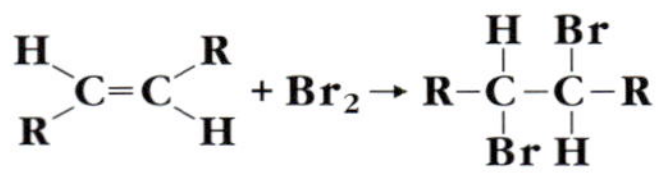
Alkine	Dreifachbindung −C≡C−	
Aromaten	cyclisches Elektronensextett 	elektrophile Substitution 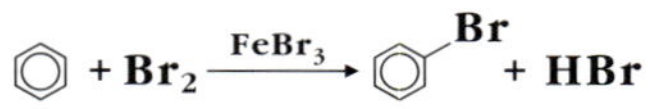
Alkanole	Hydroxy-Gruppe 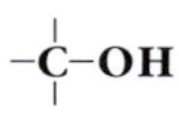	nucleophile Substitution 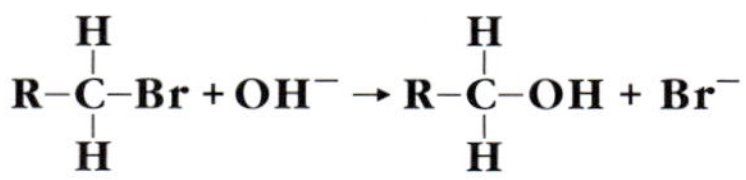

Oxidationen und Reduktionen

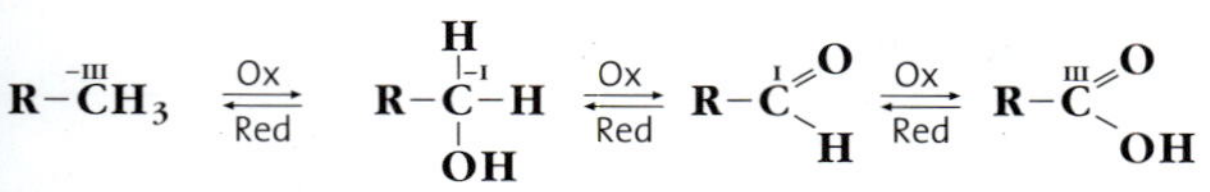

prim. Alkanol   Aldehyd   Carbonsäure

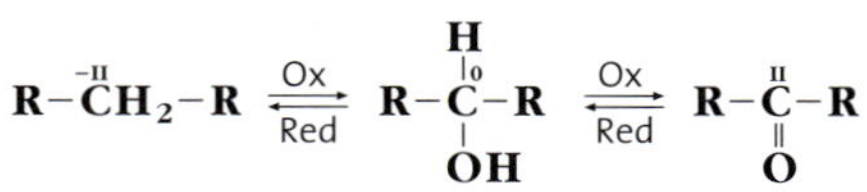

sek. Alkanol   Keton

Polare und unpolare Moleküle

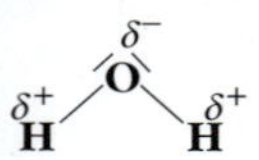

$EN(O) = 3{,}5$
$EN(H) = 2{,}1$
$\Delta EN = 1{,}4$

polares Dipol-Molekül

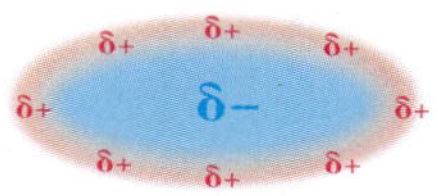

unpolares Molekül

Aufgrund der Partialladungen und des unsymmetrischen räumlichen Baus ist das Wasser-Molekül polar. In einem Alkan-Molekül sind die Partialladungen symmetrisch verteilt, das Molekül ist insgesamt unpolar (vgl. zwischenmolekulare Wechselwirkungen: **Van-der-Waals-Kräfte, Dipol-Dipol-Kräfte** und **Wasserstoffbrückenbindungen** auf S. 14.)

Radikalische Substitutionen laufen ab, wenn durch Licht oder durch Wärme reaktive Radikale, also Teilchen mit einem ungepaarten Elektron, gebildet werden, die eine Reaktion einleiten können. Typische radikalische Substitutionen sind die Halogenierungen von reaktionsträgen Alkanen, bei denen ein Wasserstoff-Atom durch ein Halogen-Atom ersetzt wird.

Startreaktion

$$Br_2 \xrightarrow{h\nu} 2Br\cdot$$

Kettenreaktionen

$$Br\cdot + RH \longrightarrow HBr + R\cdot$$
$$R\cdot + Br_2 \longrightarrow RBr + Br\cdot$$

Abbruchreaktionen

$$Br\cdot + \cdot Br \longrightarrow Br_2$$
$$Br\cdot + \cdot R \longrightarrow RBr$$
$$R\cdot + \cdot R \longrightarrow R_2$$

$R\cdot$: Radikal

Nucleophile Substitutionen laufen nur an polaren Molekülen, die ein positiv polarisiertes Kohlenstoff-Atom besitzen, ab. Diese Moleküle enthalten polare Bindungen wie C-O oder C-Cl und können von nucleophilen Teilchen, d.h. negativ geladenen oder polarisierten Teilchen, angegriffen werden. Nucleophile Substitutionen sind z.B. die Reaktionen von Halogen-Alkanen zu Alkanolen.

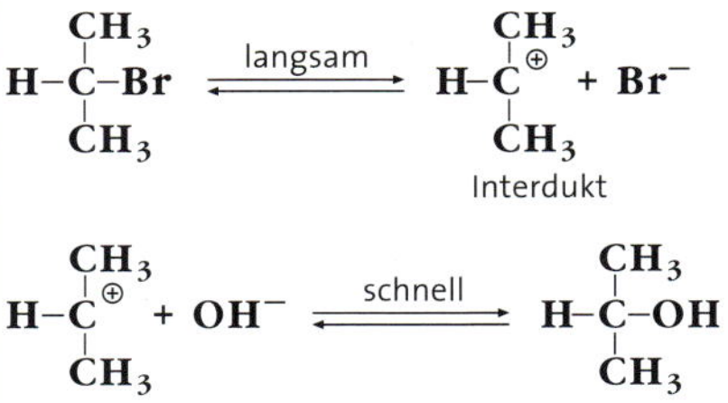

Die **Reaktionsenthalpie $\Delta_r H$** ist die Energie, die bei einer unter konstantem Druck verlaufenden Reaktion abgegeben wird oder zugeführt werden muss. Je nach Vorzeichen der Reaktionsenthalpie $\Delta_r H$, die als Differenz nach folgenden Angaben berechnet wird, können Reaktionen **exotherm** oder **endotherm** verlaufen.

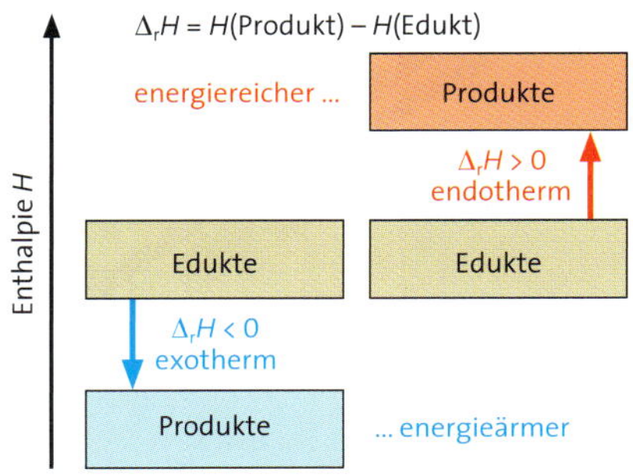

Elektrophile Additionen laufen bei Molekülen mit unpolaren Doppel- oder Dreifachbindungen zwischen Kohlenstoff-Atomen ab, bei denen ein elektrophiles, positiv geladenes oder positiv polarisiertes Teilchen an die Mehrfachbindung mit der erhöhten Elektronendichte angreift. Eine elektrophile Addition ist z.B. die Bromierung von Alkenen.

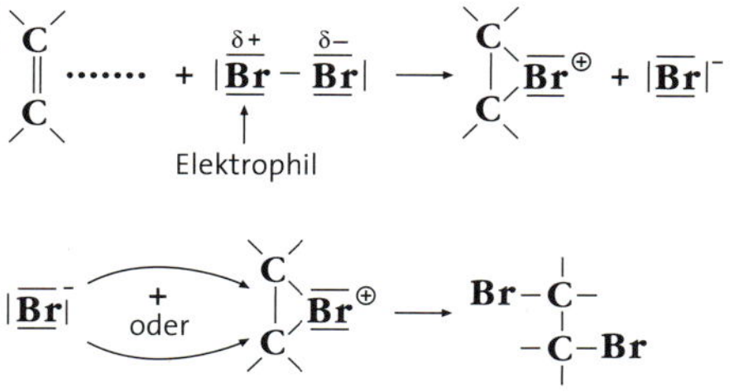

Nach dem **ersten Hauptsatz der Thermodynamik** (Energieerhaltungssatz) ist bei einer chemischen Reaktion die Reaktionsenthalpie $\Delta_r H$ nur von den Edukten und Produkten, nicht aber vom Reaktionsweg abhängig.

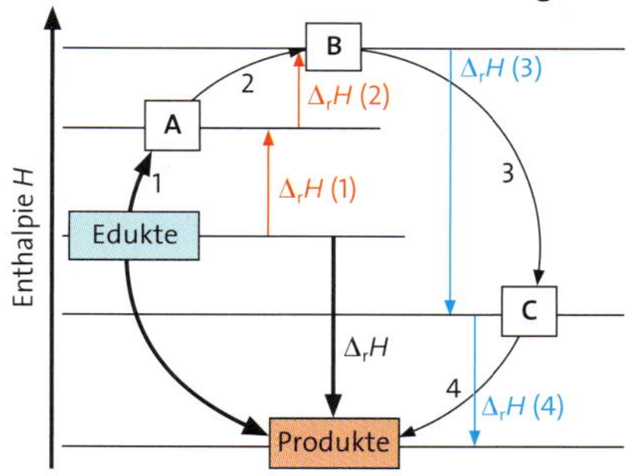

$$\Delta_r H = \Delta_r H(1) + \Delta_r H(2) + \Delta_r H(3) + \Delta_r H(4)$$

In der Chemie ist dies auch als **Satz von den konstanten Wärmesummen** oder als **Satz von Hess** bekannt.

Die **Entropie *S*** eines Systems ist ein Maß für seine Unordnung. Sie gibt an, wie die thermische Energie über die Teilchen des Systems verteilt ist. Die **Reaktionsentropie $\Delta_r S$** berechnet sich analog der Reaktionsenthalpie $\Delta_r H$ durch Differenzbildung.

Als Maß für die Triebkraft einer Reaktion gilt die **freie Reaktionsenthalpie $\Delta_r G$**, der Teil der Reaktionsenthalpie, der als „nutzbare Energie" aus einer Reaktion anzusehen ist. Sie wird nach der **Gibbs-Helmholtz-Gleichung** berechnet:

$$\Delta_r G = \Delta_r H - T \cdot \Delta_r S$$

Wenn **$\Delta_r G < 0$**, verläuft die Reaktion **selbsttätig** und wird als **exergonisch** bezeichnet. Wenn **$\Delta_r G > 0$**, verläuft die Reaktion nur **erzwungen** und ist **endergonisch**.

Kinetik und chemisches Gleichgewicht – Gesetze und Prinzipien für Reaktionen

Wenn von **Geschwindigkeit** die Rede ist, denkt man in der Regel an einen sich bewegenden Gegenstand, z. B. an ein fahrendes Auto. Wie die Geschwindigkeit in diesem Fall definiert ist, wird in der Physik genau festgelegt (vgl. *INFO*). Was aber die **Geschwindigkeit einer chemischen Reaktion** bedeutet, wovon sie abhängt, wie sie gemessen und beeinflusst werden kann, wird auf den folgenden Seiten erschlossen.
Auch das Wort **Gleichgewicht** verbinden wohl die wenigsten mit Chemie – und doch ist das **chemische Gleichgewicht** ein tragendes Konzept, mit dem die enorme Vielfalt chemischer Reaktionen auf einfache Weise charakterisiert, systematisiert und quantitativ beschrieben werden kann.

In diesem Kapitel wird das **Basiskonzept Stoff – Teilchen** angewendet, um – ausgehend von Alltagserfahrungen und experimentellen Fakten – die theoretischen Grundlagen des **Basiskonzepts Kinetik und chemisches Gleichgewicht** zu erschließen und auf Beispiele aus der Technik und der Umwelt anzuwenden. Dabei gehen wir folgenden Fragen nach:

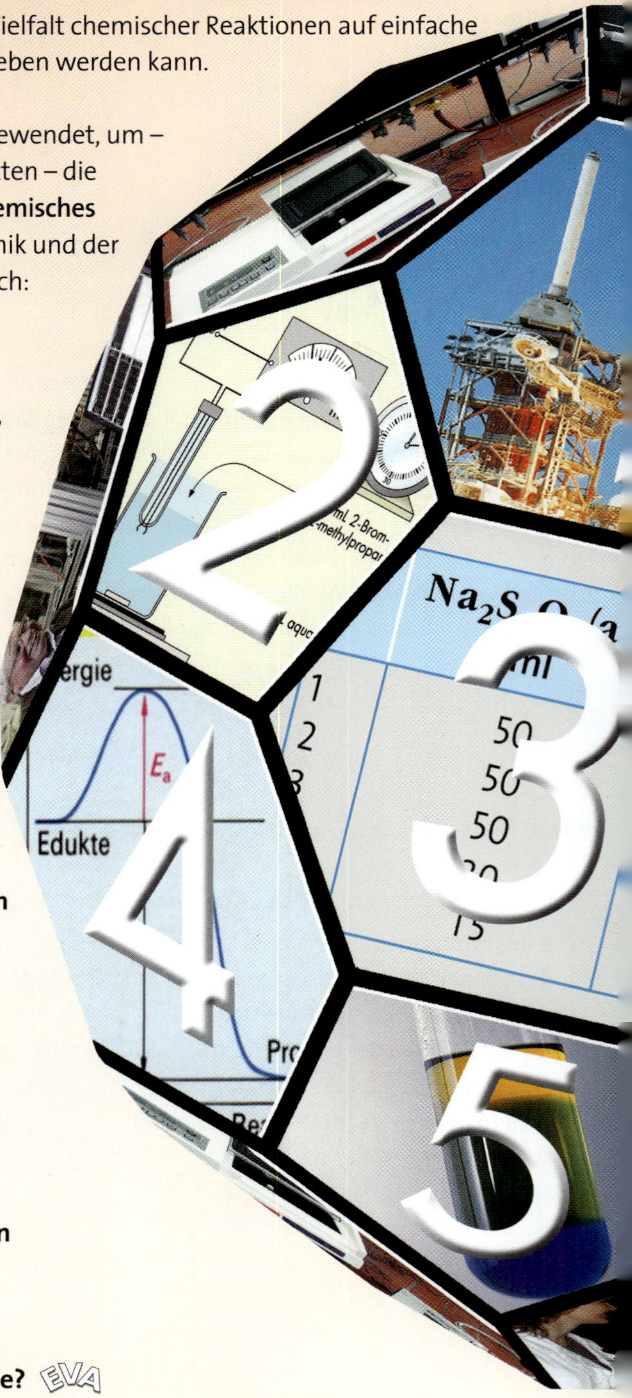

1 **Was ist Reaktionsgeschwindigkeit?**

2 **Wie kann man Reaktionsgeschwindigkeiten messen?**

3 **Welche Faktoren beeinflussen die Reaktionsgeschwindigkeit?**

4 **Was ist ein Katalysator und wie funktioniert er?**

5 **Welche Reaktionen kommen für ein chemisches Gleichgewicht infrage?**

6 **Was kann man bei einem chemischen Gleichgewicht beobachten?**

7 **Wie verhalten sich die Teilchen bei einem chemischen Gleichgewicht?**

8 **Wie lässt sich ein chemisches Gleichgewicht exakt beschreiben?**

9 **Wodurch kann ein chemisches Gleichgewicht gestört werden und wie verhält es sich bei der Störung?**

10 **Wie lässt sich der Erkenntnisgewinn beim chemischen Gleichgewicht in praktischen Nutzen umsetzen?**

11 **Sind in chemischen Systemen auch andere Gleichgewichte als das „chemische“ möglich – wenn ja, welche?** EVA

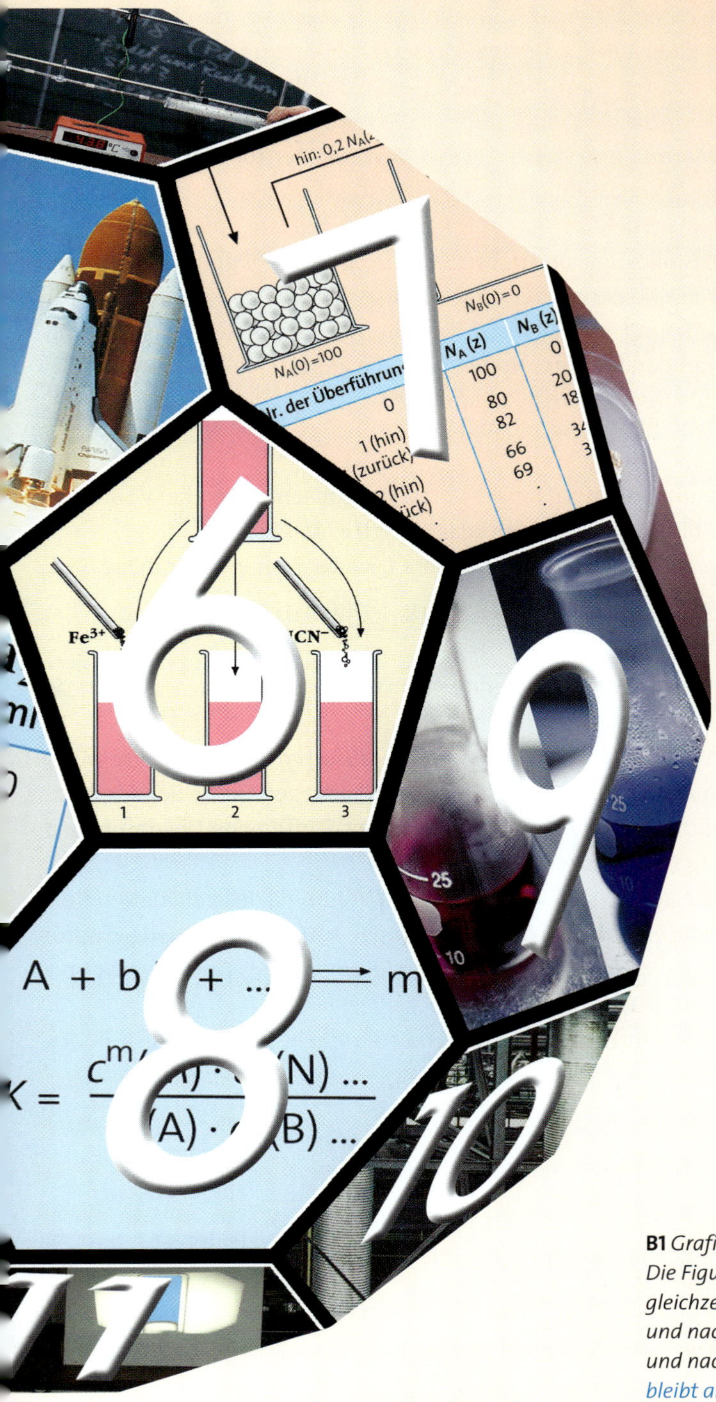

INFO Definitionen der mittleren Geschwindigkeiten und der Momentangeschwindigkeiten

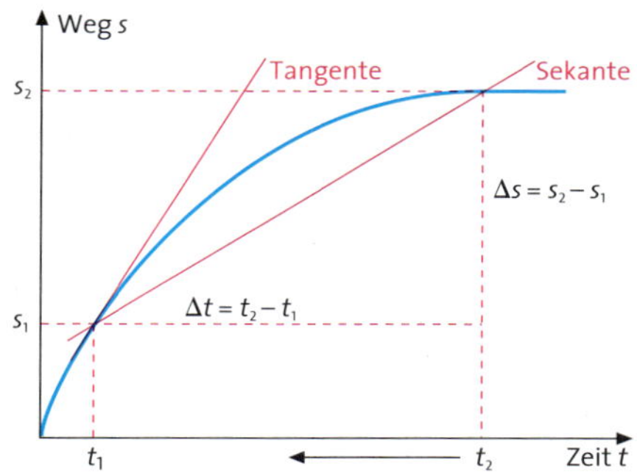

Zeit-Weg-Diagramm für ein ausrollendes Flugzeug. Die Geschwindigkeit des Flugzeuges nimmt beim Ausrollen ab. Bildet man für ein Zeitintervall $\Delta t = t_2 - t_1$ den Quotienten aus der zugeordneten Wegdifferenz Δs und diesem Zeitintervall, so erhält man die mittlere Geschwindigkeit $\overline{v}$ des Flugzeugs für das Zeitintervall Δt: $\overline{v} = \Delta s / \Delta t$

Die Momentangeschwindigkeit v des Flugzeugs erhält man, wenn man immer kleinere, im Grenzfall gegen null gehende Zeitintervalle Δt wählt und in Beziehung zu den entsprechenden Wegstrecken setzt. Die Momentangeschwindigkeit bei t_1 ist mathematisch als Grenzwert definiert und entspricht zahlenmäßig dem Steigungsfaktor der Tangente an die Zeit-Weg-Kurve an der Stelle t_1.

mittlere Geschwindigkeit im Intervall $\Delta t = t_2 - t_1$:

$$\overline{v} = \frac{\Delta s}{\Delta t}$$

(Steigung der Sekante)

mittlere Reaktionsgeschwindigkeit im Intervall $\Delta t = t_2 - t_1$:

$$\overline{v}_r = \frac{\Delta n}{\Delta t}$$

Momentangeschwindigkeit zum Zeitpunkt t_1:

$$v(t_1) = \lim_{t_2 \to t_1} \frac{\Delta s}{\Delta t}$$

(Steigung der Tangente in t_1)

momentane Reaktionsgeschwindigkeit zum Zeitpunkt t_1:

$$v_r(t_1) = \lim_{t_2 \to t_1} \frac{\Delta n}{\Delta t}$$

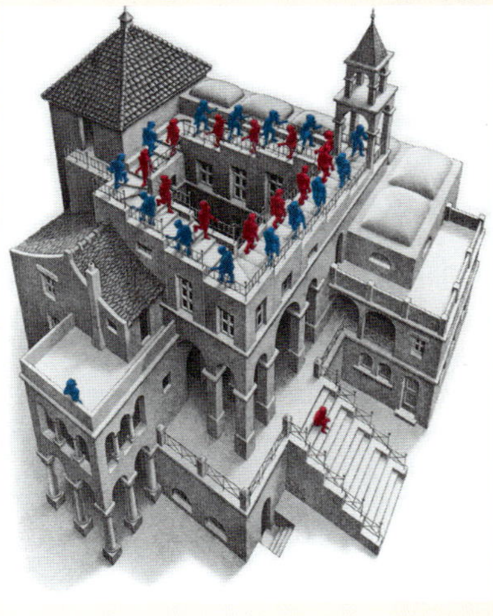

B1 *Grafik von M. C. ESCHER. Die Figuren bewegen sich gleichzeitig nach rechts und nach links, nach oben und nach unten und doch bleibt alles irgendwie auf der Stelle.*

Zeitpläne von Reaktionen

B1 *Start der Trägerraketen für ein Spaceshuttle*

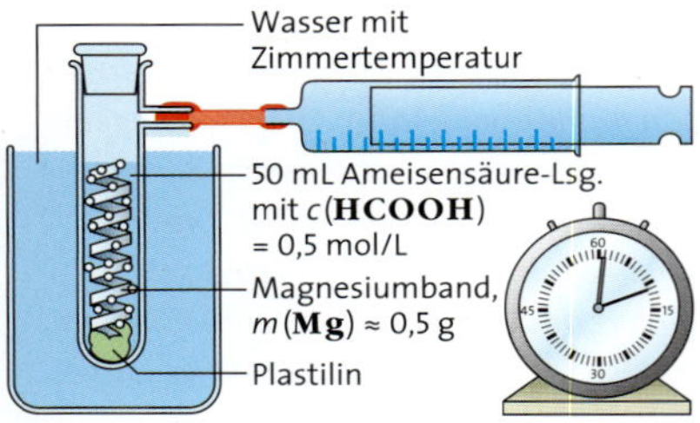

B2 *Versuchsaufbau zu V4*

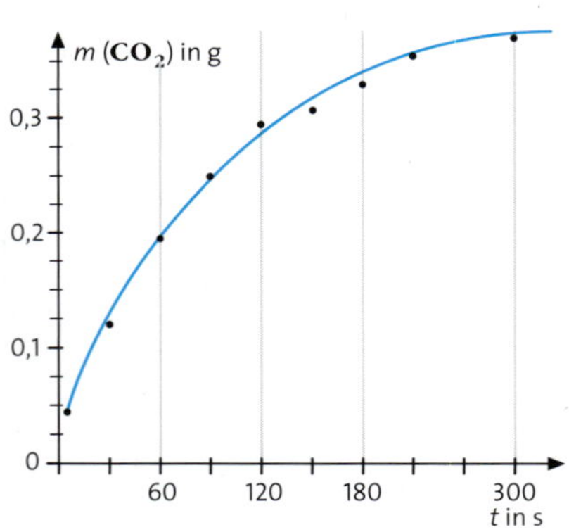

B3 *Zeit-Masse-Diagramm bei der Reaktion von Kalk mit Säure-Lösung.* ***A:*** *Bestimmen Sie anhand des Diagramms die mittlere Reaktionsgeschwindigkeit für das Zeitintervall $t_1 = 30$ s bis $t_2 = 180$ s in mol/s. Ermitteln Sie zeichnerisch den Zeitpunkt, an dem die momentane Reaktionsgeschwindigkeit gleich der berechneten mittleren Geschwindigkeit ist. Fertigen Sie dazu eine entsprechende Skizze an.*

Versuche

V1 Geben Sie in drei Rggl. mit etwa gleichen Portionen an Calciumcarbonat a) als Pulver, b) gekörnt und c) in Stücken jeweils 5 mL Ameisensäure*-Lösung, $c = 1$ mol/L. Beobachten Sie und leiten Sie das entstehende Gas bei a) in Kalkwasser.

V2 Versetzen Sie gekörnten Kalk mit Ameisensäure*-Lösung der Konzentration a) $c = 1$ mol/L und b) $c = 0{,}5$ mol/L.

V3 Geben Sie in einen 250-mL-Erlenmeyerkolben 8 g gekörnten Marmor und stellen Sie den Kolben auf eine Waage. Messen Sie in einem Messzylinder 50 mL Ameisensäure*-Lösung, $c = 1$ mol/L, ab, stellen Sie diesen ebenfalls auf die Waage und tarieren Sie die Waage auf null. Geben Sie in einem Guss die Ameisensäure zum Marmor und stellen Sie den Messzylinder sofort wieder auf die Waage. Lesen Sie in Zeitabständen von jeweils 30 s die Massenanzeige ab.

V4 Formen Sie ein etwa 12 cm langes Magnesiumband* zur Spirale, befestigen Sie es in einer Plastillinkugel und geben Sie es in ein großes Rggl. mit seitlichem Ansatz, an den ein Kolbenprober angeschlossen wird (B2). Fügen Sie 50 mL Ameisensäure*-Lösung, $c = 0{,}5$ mol/L, hinzu und verschließen Sie sofort mit einem gut dichtenden Stopfen. Notieren Sie die Zeitintervalle, die jeweils bei einer Volumenzunahme von 5 mL verstreichen.

Auswertung

a) Beschreiben und erläutern Sie die Versuchsbeobachtungen bei V1 und V2. Formulieren Sie die entsprechenden Reaktionsgleichungen.

b) Notieren Sie bei V3 die Messwertepaare *t/m*. Legen Sie eine Tabelle nach folgendem Muster an:

t in s	$m(CO_2)$ in g	$n(CO_2)$ in mol

c) Berechnen Sie dazu die Stoffmenge *n* von CO_2 nach $n = m/M$. Stellen Sie die Wertepaare $t/n(CO_2)$ grafisch dar.

d) Vergleichen Sie das $t/n(CO_2)$-Diagramm aus c) mit dem Zeit-Weg-Diagramm für ein ausrollendes Flugzeug von S. 71. Übertragen Sie die Begriffe mittlere und momentane Geschwindigkeit auf das Zeit-Stoffmenge-Diagramm und lösen Sie die Aufgabe aus B3.

e) Berechnen Sie aus den bei V4 gemessenen Volumina des gebildeten Wasserstoffs $V(H_2)$ die entsprechenden Stoffmengen $n(H_2)$. Verwenden Sie dafür die Formel $n(H_2) = V(H_2)/V_m$. (Das molare Volumen eines Gases beträgt bei 20 °C und bei Normdruck $V_m = 24{,}05$ L/mol.)

f) Erstellen Sie ein $t/n(H_2)$-Diagramm und entwickeln Sie dazu eine Aufgabe analog der zu B3.

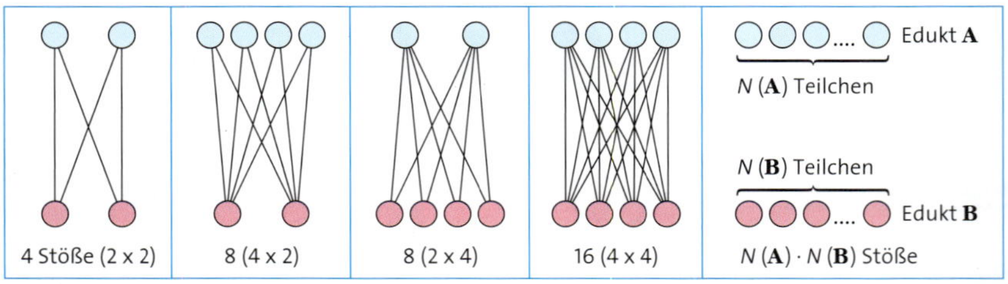

B4 *Modelle und Modellrechnungen zur Anzahl der möglichen Stöße zwischen Edukt-Teilchen A und B*

Reaktionsgeschwindigkeit

Die Verbrennungen in den Triebwerken einer Rakete verlaufen schneller als die Reaktion zwischen einer Säure und Calciumcarbonat beim Entkalken einer Kaffeemaschine und diese wiederum schneller als die Oxidation beim Rosten eines Nagels. Zur Untersuchung einer Reaktionsgeschwindigkeit unter Laborbedingungen eignet sich die Reaktion einer Säure mit Calciumcarbonat (V1 bis V3):

$$CaCO_3(s) + 2\ H_3O^+(aq) \longrightarrow CO_2(g) + 3H_2O(l) + Ca^{2+}(aq)$$

Die Reaktionsgeschwindigkeit bei dieser Reaktion lässt sich bestimmen, wenn man wie bei V3 die Masse des entstehenden und aus dem Gefäß entweichenden Kohlenstoffdioxids in bestimmten Zeitintervallen misst.
Eine andere Möglichkeit, die Geschwindigkeit einer Reaktion zu ermitteln, ist die bei V4 angewendete Methode. Hier wird die zeitliche Zunahme des Volumens des in der Reaktion von Salzsäure mit Magnesium gebildeten Wasserstoffs gemessen.
Beide Größen, die Masse m einer Stoffportion und das Volumen V eines Gases, lassen sich in die Stoffmenge n umrechnen (vgl. Auswertung c) und e). Da die Stoffmenge n die chemische Grundgröße ist, wird die **mittlere Reaktionsgeschwindigkeit** als Änderung der Stoffmenge Δn eines Edukts oder Produkts in einem Zeitintervall Δt definiert und in der Einheit $mol \cdot s^{-1}$ angegeben (vgl. S. 71):

$\bar{v}_r = \Delta n / \Delta t$ $\qquad [v_r] = 1\ mol/s = 1\ mol \cdot s^{-1}$

Für in Lösungen ablaufende Reaktionen wählt man statt der Stoffmenge die Stoffmengenkonzentration $c = n/V$ und definiert:

$\bar{v}_r = \Delta c / \Delta t$ $\qquad [v_r] = 1\ mol/L \cdot s = 1\ mol \cdot L^{-1} \cdot s^{-1}$

Bezieht man die Reaktionsgeschwindigkeit auf die Konzentrationsabnahme eines Eduktes $\Delta c < 0$, so hat die Reaktionsgeschwindigkeit ein negatives Vorzeichen, bezieht man sie auf die Konzentrationszunahme eines Produktes, so erhält sie ein positives Vorzeichen.
Die **momentane Reaktionsgeschwindigkeit** $v_r(t)$ zum Zeitpunkt t ist als Grenzwert des Quotienten $\Delta n / \Delta t$ für $\Delta t \rightarrow 0$ definiert (vgl. S. 71). Sie kann grafisch aus der Tangentensteigung an den Graphen t/n an der Stelle t ermittelt werden.
Die Reaktionsgeschwindigkeit ist von verschiedenen Faktoren abhängig, u.a. vom **Zerteilungsgrad** (V1). Nach der **Stoßtheorie** müssen Edukt-Teilchen mit genügend hoher Energie und der „richtigen" räumlichen Orientierung zusammenstoßen, damit sie miteinander reagieren können (B4, B6). Bei einem Feststoff können nur die Teilchen, die sich an der Oberfläche befinden, reagieren (B5). Je größer diese ist, umso schneller verläuft die Reaktion. In einer Lösung ist die Anzahl der möglichen Stöße zwischen den Edukt-Teilchen umso größer, je mehr Teilchen in einem bestimmten Volumen enthalten sind, je höher also die **Konzentration** c ist. So wird plausibel, dass bei der Reaktion von Kalkkörnern mit Säure-Lösung (V2) die Reaktionsgeschwindigkeit im Verlauf der Reaktion abnimmt, denn die Konzentration des Edukts $c(H_3O^+)$ nimmt ab (vgl. auch S. 76, 77).

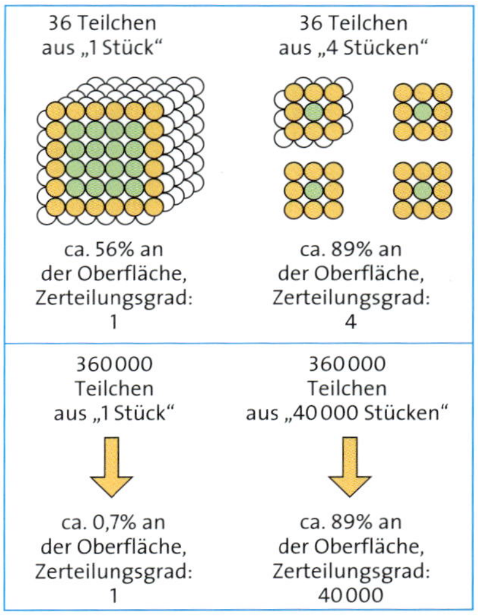

B5 *Modell und Modellrechnung für den Anteil der „Oberflächen-Teilchen" bei verschiedenen Zerteilungsgraden.* **A:** *Erläutern Sie, warum das zweite Zahlenbeispiel der Wirklichkeit näher kommt als das erste.*

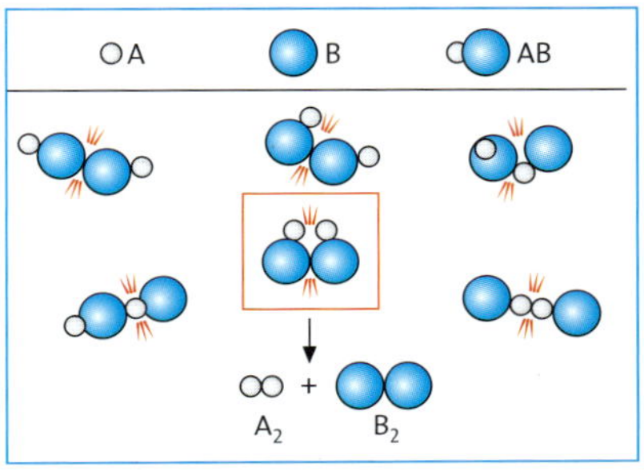

B6 *Einige mögliche Zusammenstöße zwischen den Molekülen* ***AB****. Nur ein Zusammenstoß führt aufgrund der richtigen Orientierung der* ***AB****-Moleküle zur Bildung von* A_2*-Molekülen und* B_2*-Molekülen.*

Aufgaben

A1 Erklären Sie, warum bei V4 „volumetrisch" gearbeitet wird.

A2 Vergleichen Sie die beiden Definitionen der Reaktionsgeschwindigkeit und begründen Sie, welche allgemeiner ist.

Fachbegriffe

mittlere und momentane Reaktionsgeschwindigkeit, Stoßtheorie, Zerteilungsgrad, Konzentration c

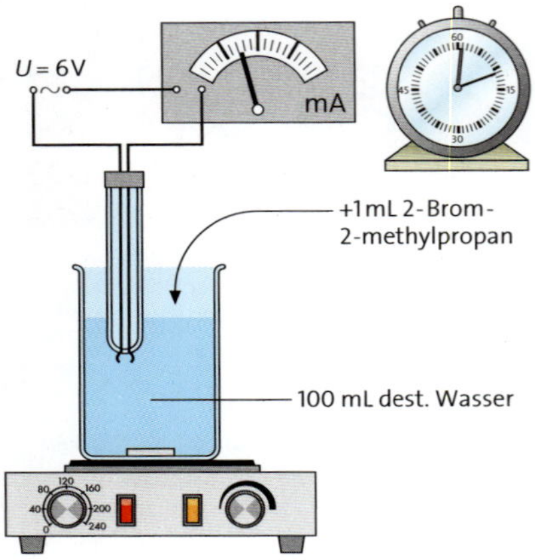

B1 *Skizze zu V1 und V2.* ***A:*** *Begründen Sie, warum immer mit gleicher Geschwindigkeit gerührt werden muss.*

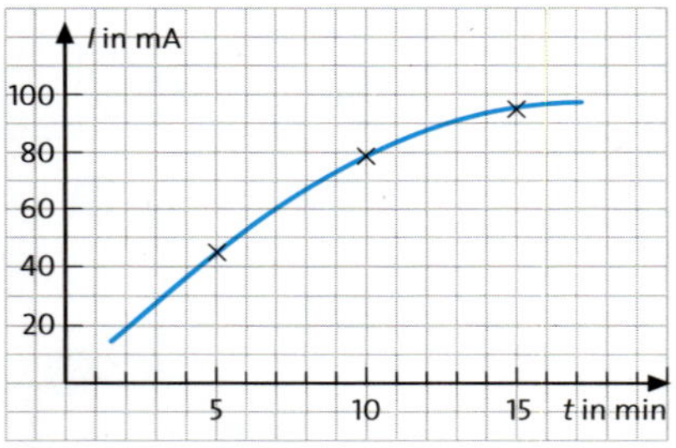

B2 *Verlauf der Zeit-Stromstärke-Kurve (V1)*

Stoppuhr und was noch?

Hinweis: V1/V2 bzw. V3/V4 können arbeitsteilig in Gruppen durchgeführt werden.

Versuche

V1 *Amperometrie*: Stellen Sie die Apparatur aus B1 zusammen und notieren Sie die Anzeige des Amperemeters. Gießen Sie bei eingeschalteter kräftiger Rührung 1 mL 2-Brom-2-methylpropan* in 100 mL dest. Wasser und notieren Sie ab diesem Moment zunächst alle 20 s, später nach größeren Zeitintervallen, die Stromstärke. Unterbrechen Sie, wenn die Stromstärke nicht mehr wesentlich zunimmt, spätestens nach 20 min. Halten Sie einen Streifen Indikatorpapier in die Lösung. Stellen Sie die Messwerte in einem t/I-Diagramm grafisch dar.

V2 *Kontrollversuch zur Amperometrie*: Stellen Sie eine Verdünnungsreihe von Wasserstoffbromidsäure-Lösungen $\mathbf{HBr(aq)}$ mit folgenden Konzentrationen her. Wählen Sie als Ausgangskonzentration $c_0 = 0{,}1$ mol/L und verdünnen Sie zu $c_1 = 3/4 \cdot c_0$, $c_2 = 1/2 \cdot c_0$, $c_3 = 1/4 \cdot c_0$ und $c_4 = 1/8 \cdot c_0$. Messen Sie bei jeder der fünf Lösungen die Stromstärke I und stellen Sie die Ergebnisse grafisch dar (B3).

V3 *Photometrie (extra)*: Stellen Sie am Photometer die Wellenlänge $\lambda = 560$ nm ein und regulieren Sie die Extinktion E mit dest. Wasser auf null. Messen Sie zunächst die Extinktion einer Mischung aus 10 mL Kristallviolett-Lösung, $c = 10^{-5}$ mol/L, und 10 mL dest. Wasser. Entleeren und säubern Sie die Messküvette. Vereinigen Sie jetzt in einem kleinen Becherglas 10 mL Kristallviolett-Lösung, $c = 10^{-5}$ mol/L, und 10 mL Natronlauge*, $c = 0{,}1$ mol/L, und starten Sie sofort die Stoppuhr. Schütteln Sie schnell durch, füllen Sie die Messküvette mit der Lösung und stellen Sie sie ins Photometer. Notieren Sie alle 20 s die Extinktionswerte E. Stellen Sie die Messwerte in einem t/E-Diagramm grafisch dar.

V4 *Kontrollversuch zur Photometrie (extra)*: Stellen Sie eine Verdünnungsreihe von Kristallviolett-Lösungen in dest. Wasser ausgehend von einer Lösung der Konzentration $c_0(\mathbf{KV^+}) = 10^{-5}$ mol/L her. Ermitteln Sie eine Eichgerade (vgl. B5 oben).

Auswertung

a) Bei V1 läuft folgende Reaktion ab (Hydrolyse von 2-Brom-2-methylpropan):

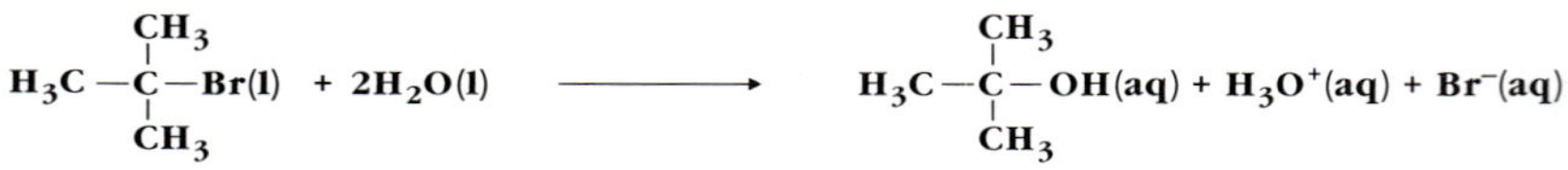

2-Brom-2-methylpropan 2-Methylpropan-2-ol

Erläutern Sie, inwiefern die Versuchsbeobachtungen diese Reaktionsgleichung bestätigen, und schlagen Sie einen Nachweis für Bromid-Ionen vor.

b) Ermitteln Sie anhand Ihres in V2 erhaltenen Diagramms nach dem Muster aus B3 den zeitlichen Verlauf der Konzentration von Wasserstoffbromidsäure in V1 und zeichnen Sie ein Diagramm $t/c(\mathbf{H_3O^+})$. Wasserstoffbromidsäure ist vollständig protolysiert, es gilt $c(\mathbf{H_3O^+}) = c(\mathbf{HBr})$.

Auswertung extra

c) Die Entfärbung von Kristallviolett-Lösung mit Natronlauge kann vereinfacht formuliert werden:

$$\underset{\text{violett}}{\mathbf{KV^+}} + \mathbf{OH^-} \rightarrow \underset{\text{farblos}}{\mathbf{KVOH}}$$

Ermitteln Sie mit Ihrem in V4 erhaltenen Diagramm den zeitlichen Verlauf der Konzentration von Kristallviolett in V3 und zeichnen Sie ein Diagramm $t/c(\mathbf{KV^+})$.

Messbare Größen bei Reaktionen

Die Messung der Zeit ist für die Ermittlung von Geschwindigkeiten in jedem Fall unerlässlich. Für die Ermittlung von Reaktionsgeschwindigkeiten benötigt man zusätzlich den zeitlichen Verlauf der Veränderung der **Stoffmenge *n*** oder den der **Konzentration *c***. Da diese Größen nicht direkt messbar sind, weicht man auf andere, messbare Größen aus, zu denen sie in einfachen Relationen stehen, beispielsweise proportional sind. So nutzt man bei der *Gravimetrie* die Gleichung $n = m/M$ und bei der *Volumetrie* die Gleichung $n = V/V_m$, um über die gemessene Masse *m* bzw. das gemessene Volumen *V* die Stoffmenge *n* zu ermitteln (vgl. S. 72, 73).

Wenn sich weder die Masse noch das Volumen des reagierenden Systems ändert, muss man auf weitere messbare Größen zurückgreifen, beispielsweise die Stromstärke *I*: Bei Reaktionen wie in V1, bei denen sich in einer Lösung aus Edukten, die nur aus Molekülen bestehen, Produkte bilden, von denen eines oder mehrere als Ionen vorliegen, nimmt die elektrische Leitfähigkeit der Lösung mit dem Fortschreiten der Reaktion zu. Da hier die Stromstärke *I* der Lösung in Ampere am einfachsten zu messen ist, spricht man von *Amperometrie*. Der lineare Zusammenhang zwischen der Stromstärke *I* und der Konzentration *c* des Produkts erlaubt es, aus den gemessenen Stromstärke-Werten die entsprechenden Zahlenwerte der Konzentrationen grafisch zu bestimmen (B3) oder zu berechnen (A1). Mit dieser Methode wird auf S. 78 der Einfluss der Temperatur auf die Reaktionsgeschwindigkeit untersucht.

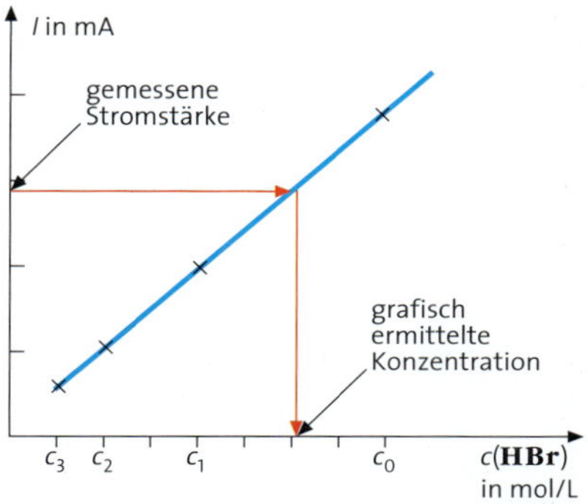

B3 *Muster für die Darstellung der Konzentration-Stromstärke-Abhängigkeit (V2) und grafische Ermittlung der Konzentration aus den gemessenen Stromstärken*

Aufgabe

A1 Entwickeln Sie eine Formel, mit der aus den gemessenen Stromstärke-Werten bei V1 die Zahlenwerte der Konzentration schnell und einfach mit dem Taschenrechner berechnet werden können.

Fachbegriffe

Stoffmenge *n*, Konzentration *c*

extra Die **Photometrie** mit sichtbarem Licht eignet sich zur Ermittlung von Reaktionsgeschwindigkeiten, wenn in einem reagierenden System eine farbige Verbindung verschwindet oder gebildet wird. Bei der Reaktion von Kristallviolett $\mathbf{KV^+}$ mit Natronlauge in V3 ist die gemessene Extinktion *E* proportional zur Konzentration des Kristallvioletts (V4, B5). Allgemein gilt zwischen der Konzentration *c* einer lichtabsorbierenden Verbindung und der Extinktion *E* das *Lambert-Beer-Gesetz*: $E = \varepsilon \cdot d \cdot c$.

E: Extinktion; *d*: Schichtdicke der Lösung; *c*: Konzentration der lichtabsorbierenden Verbindung; *ε*: molarer Extinktionskoeffizient (Stoffkonstante)

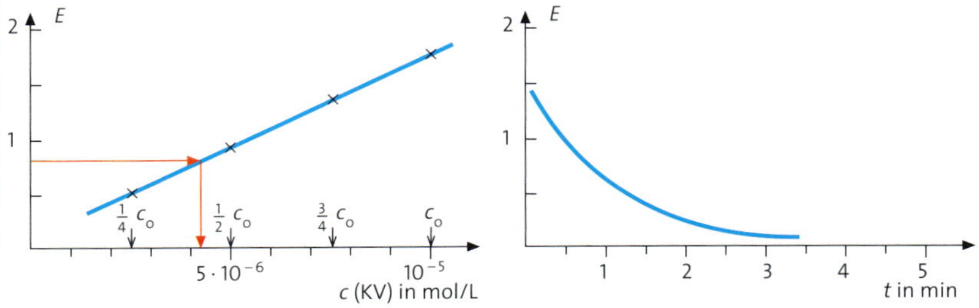

B5 *Eichgerade einer Farblösung (links) und prinzipieller Verlauf einer Zeit-Extinktions-Kurve (V3, V4)*

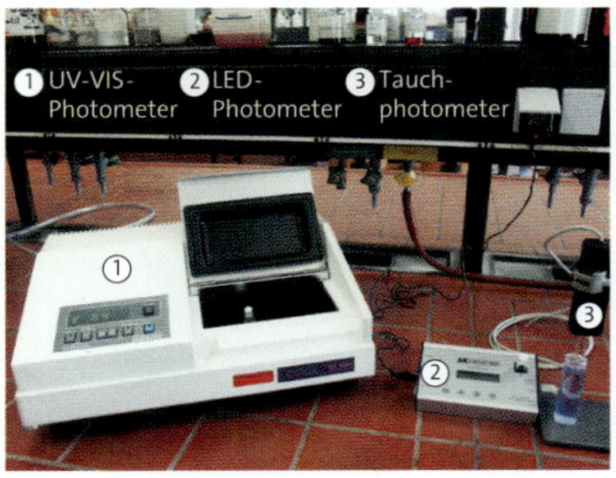

B4 *Verschiedene Photometer (vgl. V3 und V4)*

Aufgaben

A2 Die Extinktion *E* ist dimensionslos. Nennen Sie mögliche Einheiten für die anderen drei Größen aus dem Lambert-Beer-Gesetz.

A3 Planen Sie einen Versuch, mit dem man die Reaktionsgeschwindigkeit der Entfärbung des blauen Merocyanins photometrisch ermitteln kann.

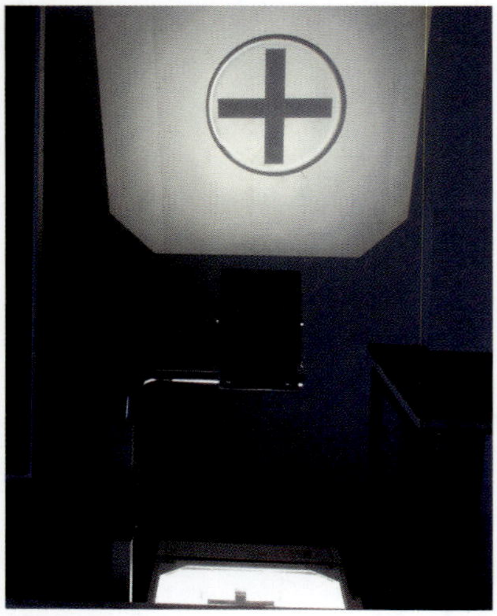

B1 *Versuchsvorrichtung zu V1*

Nr.	$Na_2S_2O_3(aq)$ mL	H_2O mL	$HCl(aq)$ mL
1	50	10	5
2	50	5	10
3	50	0	15
4	30	30	5
5	15	45	5

B2 *Mischungsverhältnisse bei V2*

Nr.	$KI(aq)$ mL	$Na_2S_2O_3$ mL	H_2O mL	$(NH_4)_2S_2O_8$
1	20	5	10	15
2	20	5	15	10
3	20	5	20	5
4	20	5	5	20
5	10	5	15	20
6	5	5	20	20

B3 *Mischungsverhältnisse bei V4*

Die Konzentration als Variable

Hinweis: Die Versuche können arbeitsteilig in Gruppen durchgeführt werden (V1/V2 bzw. V3/V4).

Versuche

***V1** Vorversuch*: Legen Sie auf die Fläche des OH-Projektors eine Folie, auf der mit dickem schwarzem Filzstift ein „+" Zeichen gemalt wurde. Stellen Sie darauf eine Kristallisierschale, in der sich 5 mL Salzsäure* $HCl(aq)$, c = 0,5 mol/L, und 45 mL Wasser befinden. Gießen Sie dazu 15 mL Natriumthiosulfat-Lösung* $Na_2S_2O_3(aq)$, c = 0,5 mol/L, rühren Sie mit einem Glasstab um und beobachten Sie die Projektionswand (B1).

***V2** Hauptversuch*: Verfahren Sie wie bei V1 und messen Sie für die fünf in B2 angegebenen Ansätze jeweils die Reaktionszeit vom Start der Reaktion (Zugießen der Natriumthiosulfat-Lösung*) bis zum Verschwinden des „+" Zeichens auf der Projektionswand. Tragen Sie die Reaktionszeiten t_r in eine Tabelle ein, die Sie gemäß Auswertung a) anlegen.

***V3** Vorversuch*: Versetzen Sie in einem Erlenmeyerkolben 20 mL Kaliumiodid-Lösung* $KI(aq)$, c = 0,1 mol/L, mit etwas Stärke-Lösung und mit 5 mL Ammoniumperoxodisulfat-Lösung* $(NH_4)_2S_2O_8(aq)$, c = 0,1 mol/L. Schütteln Sie durch und beobachten Sie die Farbänderung.

***V4** Hauptversuch*: Bereiten Sie in sechs Erlenmeyerkolben die Gemische aus Kaliumiodid-Lösung*, c = 0,1 mol/L, Wasser und Natriumthiosulfat-Lösung* $Na_2S_2O_3(aq)$, c = 0,0025 mol/L, gemäß B3 vor. Führen Sie dann der Reihe nach bei jeder Probe eine Zeitmessung vom Start der Reaktion bis zum Erscheinen der blauen Farbe durch. Die Reaktion wird jeweils durch das Zugießen des in B3 angegebenen Volumens an Ammoniumperoxodisulfat-Lösung* $(NH_4)_2S_2O_8(aq)$, c = 0,1 mol/L, gestartet. Tragen Sie die Reaktionszeiten t_r in eine Tabelle ein (vgl. Auswertung a).

Auswertung

a) Bei V1 und V2 bzw. bei V3 und V4 laufen folgende Reaktionen ab:

Bildung von Schwefel-Molekülen aus Thiosulfat-Ionen in saurer Lösung:

$$S_2O_3^{2-}(aq) + 2H_3O^+(aq) \rightarrow S(s) + SO_2(g) + 3H_2O(l)$$

Bildung von Iod-Molekülen aus Iodid- und Ammoniumperoxodisulfat-Ionen:

$$2I^-(aq) + S_2O_8^{2-}(aq) \rightarrow I_2(aq) + 2SO_4^{2-}(aq)$$

„Abfangen" der Iod-Moleküle mit Thiosulfat-Ionen:

$$I_2(aq) + 2S_2O_3^{2-}(aq) \rightarrow 2I^-(aq) + S_4O_6^{2-}(aq)$$

Übernehmen Sie die Tabellen aus B2 bzw. B3 in Ihr Heft und ergänzen Sie sie um folgende vier Spalten: c(Edukt 1), c(Edukt 2), die Reaktionszeit t_r und $1/t_r$. Ergänzen Sie die t_r-Spalte mit Ihren Messergebnissen aus V2 bzw. V4 und berechnen Sie alle Werte für die übrigen Spalten.

b) Beschreiben Sie den quantitativen Zusammenhang zwischen c(Edukt 1) und $1/t_r$ sowie zwischen c(Edukt 2) und $1/t_r$ bei der von Ihnen untersuchten Reaktion und erläutern Sie, warum der Kehrwert der Reaktionszeit $1/t_r$ ein Maß für die mittlere Reaktionsgeschwindigkeit $\bar{v}_r$ im Anfangsstadium der Reaktion ist.

c) Beurteilen Sie, ob die festgestellten Zusammenhänge zwischen den Konzentrationen der Edukte und der Reaktionsgeschwindigkeit mit den Modellrechnungen zur Stoßtheorie (vgl. S. 72, B4) erklärbar sind.

Beeinflussung der Reaktionsgeschwindigkeit

Die mittlere Anfangsgeschwindigkeit einer Reaktion kann ermittelt werden, wenn man die Reaktionszeit t_r misst, in der sich eine bestimmte Stoffmenge eines Produkts bildet. Bei V1 und bei V2 entsteht eine bestimmte Menge Schwefel, der die Lösung so trübt, dass auf der Projektionswand nichts mehr zu erkennen ist. Bei V3 und bei V4 bildet sich eine bestimmte Menge Iod, das durch Blaufärbung der Lösung sichtbar wird, wenn die ganze Menge des zugesetzten Natriumthiosulfats verbraucht ist (vgl. Reaktionsgleichungen in Auswertung a). Reaktionen dieser Art sind als „Zeitreaktionen" bekannt und dienen der Ermittlung von *Geschwindigkeitsgesetzen* chemischer Reaktionen, d. h. von mathematischen Gleichungen, die den Zusammenhang zwischen der Reaktionsgeschwindigkeit und den **Konzentrationen der Edukte** beschreiben.

Bei den in V1 bis V4 betrachteten Reaktionen reagieren jeweils zwei Edukte **A** und **B** miteinander: Oxonium-Ionen und Thiosulfat-Ionen bzw. Iodid-Ionen und Peroxodisulfat-Ionen. Genaue Untersuchungen dieser Reaktionen ergeben, dass nicht nur die mittlere, sondern auch die momentane Anfangsgeschwindigkeit proportional zur Anfangskonzentration jedes der beiden Edukte **A** und **B** ist. Das Geschwindigkeitsgesetz für diese Reaktionen lautet damit:

$$v_r = k \cdot c(\mathrm{A}) \cdot c(\mathrm{B})$$

Darin ist k die *Geschwindigkeitskonstante*. Sie hat für jede Reaktion unter bestimmten Bedingungen einen charakteristischen Wert.

Auf dieselbe Gleichung kommt man durch ein Gedankenexperiment auf der Grundlage der **Stoßtheorie** (vgl. S. 72, B4). Bei einer **bimolekularen Reaktion** zwischen den Edukten A und B ist danach die Anzahl der möglichen Stöße z zwischen A- und B-Teilchen proportional zum Produkt der **Teilchenanzahlen N(A) und N(B)**:

$$z \sim N(\mathrm{A}) \cdot N(\mathrm{B})$$

Die Teilchenanzahl N(X) eines Stoffes X ist das Produkt aus der Stoffmenge n(X) und der AVOGADRO-Konstante N_A ($N_A = 6{,}022 \cdot 10^{23}\ \mathrm{mol}^{-1}$).

$$N(\mathrm{X}) = n(\mathrm{X}) \cdot N_A$$

Da für Lösungen die Stoffmenge n(X) des gelösten Stoffes gleich dem Produkt aus der Konzentration c(X) und dem Volumen V_{Ls} der Lösung ist, können wir für die Stoßzahl z bei der bimolekularen Reaktion schreiben:

$$z \sim c(\mathrm{A}) \cdot V_{Ls} \cdot N_A \cdot c(\mathrm{B}) \cdot V_{Ls} \cdot N_A$$

Bei konstantem Volumen der Lösung (N_A ist ohnehin eine Konstante) ist also die Stoßzahl z proportional zum Produkt der Konzentrationen der beiden Edukte:

$$z \sim c(\mathrm{A}) \cdot c(\mathrm{B})$$

In der Annahme, dass die momentane Reaktionsgeschwindigkeit proportional zur Stoßzahl z ist, gilt für die betrachtete Reaktion:

$$v_r = k \cdot c(\mathrm{A}) \cdot c(\mathrm{B}),$$

also das Geschwindigkeitsgesetz, das man auch aus experimentellen Ergebnissen erhält.

extra

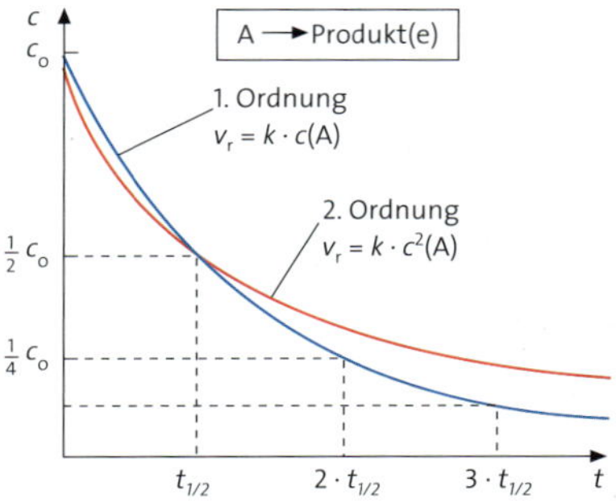

B4 *Bei der angegebenen Reaktion A ⟶ Produkte ist die Ordnung gleich mit dem Exponenten (der Hochzahl) der Konzentration im Geschwindigkeitsgesetz. Charakteristisch für Reaktionen **1. Ordnung** ist die Halbierung der Edukt-Konzentration in regelmäßigen Zeitabständen (**Halbwertszeit $t_{1/2}$**). Bei Reaktionen **2. Ordnung** ist das nicht der Fall.* **A:** *Erläutern Sie, wie man grafisch anhand der experimentellen t/c-Kurve einer Reaktion ermitteln kann, ob die Reaktion nach einem Geschwindigkeitsgesetz 1. Ordnung verläuft oder nicht.*

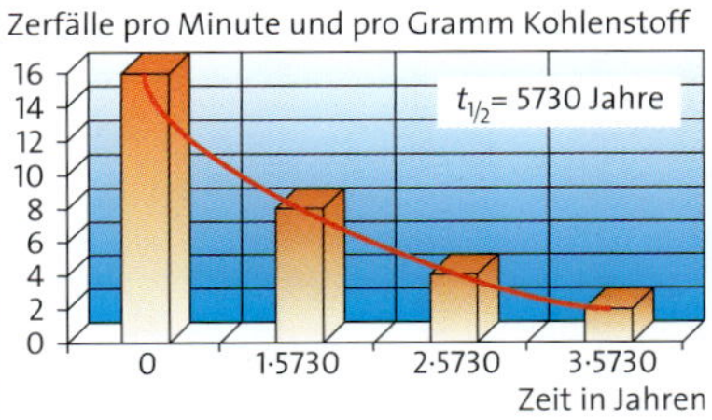

B5 *Zerfallskurve und Halbwertszeit des Isotops Kohlenstoff [^{14}C].* **A:** *Informieren Sie sich in Chemie 2000+ Online über die „[^{14}C]-Kohlenstoff-Uhr" und berechnen Sie das Alter eines Bärenknochens, bei dem die [^{14}C]-Kohlenstoff-Konzentration auf 6,25 % abgesunken ist.*

Fachbegriffe

Konzentration der Edukte c(A), c(B), Stoßtheorie, bimolekulare Reaktion, Teilchenanzahlen N(A), N(B)

B1 *Versuchsanordnung für amperometrische Messungen bei unterschiedlichen Temperaturen (V1).* **A:** *Erläutern Sie, warum der Füllstand der Glasschüssel mindestens so hoch sein muss wie der des Becherglases.*

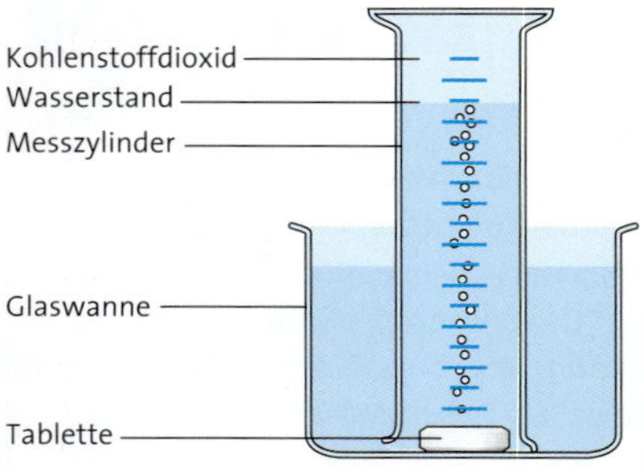

B2 *Gasbildung beim Auflösen einer Brausetablette.* **A:** *Planen Sie einen Versuch, mit dem man in diesem Fall den Einfluss der Temperatur auf die Reaktionsgeschwindigkeit (halb)quantitativ ermitteln kann.*

Die Temperatur als Variable

Hinweis: Die Versuche können arbeitsteilig in Gruppen durchgeführt werden.

Versuche

V1 Wiederholen Sie zunächst den Versuch zur Amperometrie V1 von S. 74 bei Zimmertemperatur. Führen Sie dann die Messungen bei zwei anderen Temperaturen durch, einmal bei einer Temperatur, die 10 °C über der Zimmertemperatur, und einmal bei einer, die 20 °C über der Zimmertemperatur liegt. Hierzu stellen Sie das Becherglas mit der Reaktionslösung jeweils in ein größeres Glasgefäß, in dem Sie durch Mischen von kaltem und heißem Wasser die gewünschte Temperatur erzeugen (B1). (*Bitte beachten*: Das Reaktionsgemisch muss die genannten Temperaturen haben, das Wasser in der Glasschüssel muss also etwas wärmer sein.) Achten Sie darauf, dass der Rührer immer gleich stark rührt. Stellen Sie die Ergebnisse der drei Messreihen in **einem** t/I-Diagramm grafisch dar.

V2 Führen Sie die photometrischen Messungen zur Entfärbung von Kristallviolett (vgl. S. 74, V3) zuerst bei Raumtemperatur und dann bei einer ca. 10 °C höheren Temperatur durch. (*Hinweis:* Erwärmen Sie die Kristallviolett-Lösung und die Natronlauge im Wasserbad um 12 °C höher als die Raumtemperatur. Das Vereinen der Lösungen, das Füllen der Küvette und der Start der photometrischen Messung müssen sehr schnell erfolgen. Die mittlere Temperatur der Reaktionslösung während der Messung dürfte dann um ca. 10 °C höher als die Raumtemperatur sein.) Stellen Sie die Ergebnisse der beiden Messreihen in **einem** t/E-Diagramm grafisch dar.

Auswertung

a) Vergleichen Sie die drei aus V1 erhaltenen Kurven hinsichtlich der Anfangssteigungen und hinsichtlich der Zeitintervalle, nach denen die Kurven „abflachen", d. h. (in etwa) parallel zur t-Achse verlaufen. Erklären Sie die Unterschiede.

b) Lesen Sie bei jeder der drei Kurven aus V1 die Stromstärke bei t = 60 s und bei t = 120 s ab. Errechnen Sie daraus, um welchen Faktor sich die mittleren Geschwindigkeiten ändern, wenn die Temperatur um 10 °C erhöht wird.

c) Vergleichen Sie die beiden aus V2 erhaltenen Kurven hinsichtlich der Beträge ihrer Anfangssteigungen und hinsichtlich der Zeitintervalle, nach denen die Kurven „abflachen", d. h. (in etwa) parallel zur t-Achse verlaufen. Erklären Sie die Unterschiede.

d) Lesen Sie bei jeder der beiden Kurven aus V2 die Extinktionswerte bei t = 10 s und bei t = 40 s ab. Errechnen Sie daraus, um welchen Faktor sich die mittleren Geschwindigkeiten ändern, wenn die Temperatur um 10 °C erhöht wird.

e) Nennen und erläutern Sie je drei Fehlerquellen bei V1 und V2, die zu quantitativ nicht einwandfreien Ergebnissen führen können.

Die Aktivierungsenergie

Die Erfahrung zeigt, dass Stoffe schneller reagieren, wenn man sie erwärmt. Bereits im Jahr 1884 fasste J. H. VAN'T HOFF[1] die damals bekannten experimentellen Ergebnisse in der **RGT**-Regel (**R**eaktionsgeschwindigkeit-**T**emperatur-**Regel**) zusammen: Die Erhöhung der Temperatur um 10 °C bewirkt die Erhöhung der Reaktionsgeschwindigkeit um etwa das Zwei- bis Vierfache. Das gilt auch für die Reaktionen in V1 und V2.

Wie lässt sich diese Feststellung auf der Teilchenebene erklären? Qualitativ erscheint die RGT-Regel in völliger Übereinstimmung mit der **Stoßtheorie** (vgl. S. 73), denn bei steigender Temperatur stoßen die Teilchen aus einer Stoffportion häufiger zusammen, folglich muss auch die Geschwindigkeit der Reaktion zunehmen. Allerdings kann mit der Stoßhäufigkeit allein ein derart starker Anstieg der Reaktionsgeschwindigkeit nicht erklärt werden. Aufgrund quantitativer Betrachtungen und Berechnungen kam S. ARRHENIUS (B3) im Jahr 1889 zu folgendem Ergebnis: *„Es ist nicht möglich weiterzukommen, ohne eine neue Hypothese einzuführen, die in gewissem Sinne eine erweiterte Umschreibung der beobachteten Fakten ist."*

Die von ARRHENIUS neu aufgestellte Hypothese besagt, dass die zusammenstoßenden Teilchen nur dann zur Reaktion kommen, wenn ihre Energie beim Zusammenstoß eine bestimmte Mindestenergie überschreitet. Da in der Regel nur ein geringer Anteil der Teilchen eine höhere Energie als diese Mindestenergie hat (vgl. grün unterlegte Flächen in B6), werden viele Reaktionen erst durch Wärmezufuhr in Gang gesetzt.

Auf der Stoffebene bezeichnet man die Wärmemenge, die man den Edukten anfänglich zuführen muss, um eine Reaktion auszulösen, als **Aktivierungsenergie** E_a (B4). Die Temperaturempfindlichkeit der Reaktionsgeschwindigkeit (der RGT-Faktor) ist umso höher, je größer die Aktivierungsenergie der betreffenden Reaktion ist (B5).

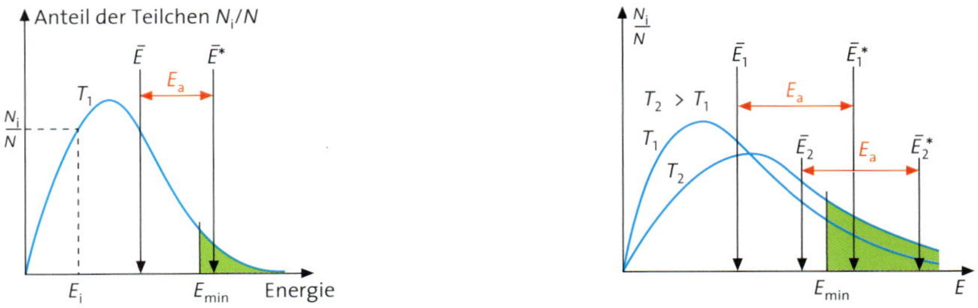

B6 *Energieverteilungskurven für die Teilchen einer Stoffportion allgemein (links) und bei verschiedenen Temperaturen (rechts). Die* ***Aktivierungsenergie*** E_a *ist die Differenz zwischen der mittleren Energie aller „aktiven" Teilchen* $\bar{E}^*$ *und der mittleren Energie aller Teilchen* $\bar{E}$ *aus der Stoffportion:* $E_a = \bar{E}^* - \bar{E}$. *Ihr Betrag ist unabhängig von der Temperatur.*

Aufgabe

A1 Erläutern Sie den Unterschied zwischen der Deutung der Aktivierungsenergie auf der Stoffebene (Text und B4) und auf der Teilchenebene (B6). *Hinweis:* Vgl. auch Ergänzungen zum Buchtext in *Chemie 2000+ Online*.

[1] JACOBUS HENRICUS VAN'T HOFF (1852 bis 1911), holländischer Physikochemiker, erhielt im Jahr 1901 den ersten Nobelpreis für Chemie.

B3 *SVANTE ARRHENIUS (1859 bis 1927), schwedischer Physikochemiker, dessen Eltern aus Bayern stammten, erhielt im Jahr 1903 den Nobelpreis für Chemie.*

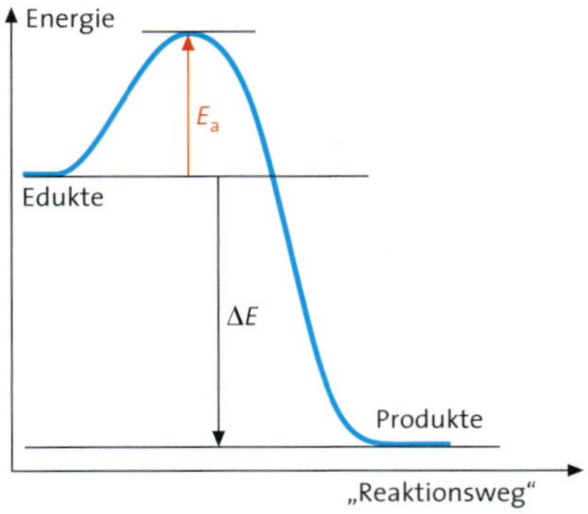

B4 *Aktivierungsenergie* E_a *als „Energieberg" zwischen Edukten und Produkten.* ***A:*** *Beurteilen Sie die Exaktheit der Aussage „eine Reaktion auslösen" (vgl. Text).*

Aktivierungsenergie in kJ/mol	Faktor
40	1,5
60	2,2
80	2,8
100	3,6
120	4,7

B5 *Der Faktor, um den sich die Geschwindigkeit einer Reaktion bei einem Temperaturanstieg von 10 °C erhöht, hängt von der Aktivierungsenergie ab.*

Fachbegriffe

RGT-Regel, Stoßtheorie, Aktivierungsenergie E_a

„Bloße Gegenwart" oder aktive Teilnahme?

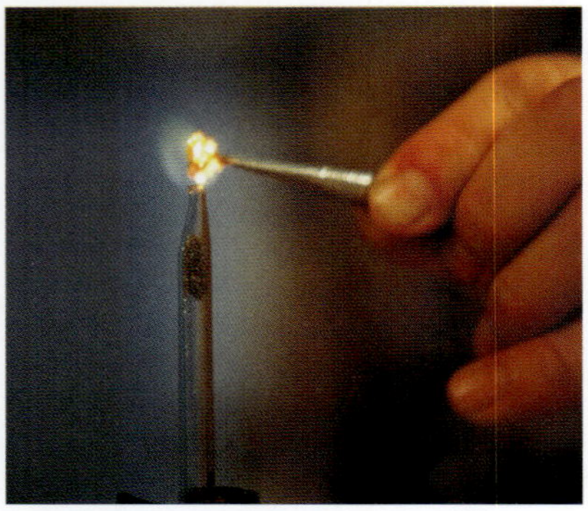

B1 *Vorrichtung zur katalytischen Zündung von Wasserstoff (V1).* ***A:*** *Begründen Sie, warum man vor dem Entzünden die Knallgasprobe durchführen muss.*

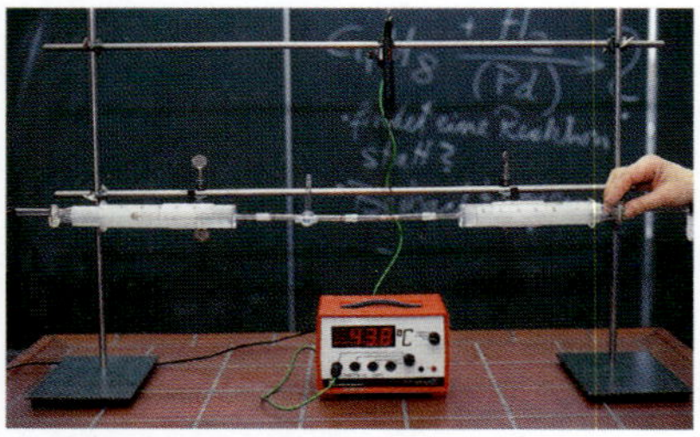

B2 *Katalytische Hydrierung eines Alkens (LV3)*

Reaktionsbedingung	E_a in kJ/mol
kein Katalysator	75,24
Katalysator: kolloidales Platin	50,15
Katalysator: Katalase (ein Enzym)	22,83

B3 *Aktivierungsenergien für die Reaktion* $H_2O_2 \rightarrow H_2O + 1/2\,O_2$ *unter verschiedenen Bedingungen*

B4 *Gerhard Ertl, Professor in München und Berlin, erhielt im Jahr 2007 den Nobelpreis für Chemie für seine Forschungen zum Verständnis der heterogenen Katalyse.*

Versuche

V1 Beschicken Sie zwei Zylinder (Höhe ca. 15 cm) mit je 40 mL Wasserstoffperoxid-Lösung* $H_2O_2(aq)$, w = 10 %, und führen Sie im Gasraum die Glimmspanprobe durch. a) Geben Sie in den ersten Zylinder 5 mL Kaliumiodid-Lösung* $KI(aq)$, c = 2 mol/L, hinzu, beobachten Sie die Gasentwicklung und führen Sie die Glimmspanprobe durch. b) Geben Sie in den zweiten Zylinder eine Spatelspitze Mangandioxid* (Braunstein) $MnO_2(s)$, beobachten Sie die Gasentwicklung und führen Sie die Glimmspanprobe durch.

LV2 Wasserstoff aus einem Gasentwickler mit Zink und Salzsäure* oder aus der Stahlflasche wird durch ein Glasröhrchen mit Rückschlagsicherung aus Eisenwolle geleitet (B1). Nach negativer Knallgasprobe wird der Wasserstoff nacheinander auf zwei Arten entzündet: a) mit der Flamme eines Feuerzeugs oder eines Streichholzes; b) mit einem vorher ausgeglühten und abgekühlten (nicht zu kleinen) Kügelchen Hydrierkatalysator (0,5 % Pd auf Al_2O_3).

LV3 Ein Glasröhrchen wird mit 6 Kügelchen eines Hydrierkatalysators (0,5 % Pd auf Al_2O_3) beschickt, ca. 1 min erhitzt und in die Apparatur aus B2 eingebaut. Der eine Kolbenprober enthält 40 mL Wasserstoff*, der andere 40 mL eines Alkens (z. B. Ethen*). Man schiebt zuerst den Wasserstoff über den kalten Katalysator, danach schiebt man das Gasgemisch einige Male hin und her, kontrolliert die Temperatur und beobachtet die Volumenänderung.

Auswertung

a) Bei V1 läuft die folgende Reaktion ab:

$$2H_2O_2(aq) \rightarrow 2H_2O(l) + O_2(g); \quad \Delta E_i = -196{,}4\ \text{kJ}$$

Erläutern Sie, inwiefern Ihre Ergebnisse diese Angaben bestätigen.

b) Ordnen Sie den beiden Varianten a) und b) aus V1 die Begriffe „homogene Katalyse" und „heterogene Katalyse" begründet zu.

c) Beschreiben Sie die Beobachtungen bei LV2 ausführlich und erläutern Sie, wie es zur Entzündung der Wasserstoffflamme kommt.

d) Formulieren Sie die Reaktionsgleichung, die bei LV3 (B2) an den Katalysatorkügelchen abläuft. Erklären Sie damit die Volumenänderung der Gase in den Kolbenprobern.

INFO zur Geschichte der Katalyse

Das Wort Katalysator wurde von J. J. Berzelius im Jahr 1835 in die Chemie eingeführt. Nach seiner Auffassung besitzen die Katalysatoren eine *„verborgene Kraft"*; ihre *„bloße Gegenwart"* ruft *„chemische Tätigkeiten hervor, die ohne sie nicht stattfinden"*. Dem widersprach W. Ostwald am Anfang des 20. Jh., indem er auf die Beteiligung des Katalysators an der Reaktion einging: *„Katalyse [ist] die Beschleunigung eines langsam verlaufenden Vorgangs durch die Gegenwart eines fremden Stoffes (des Katalysators)"*, der mit dem Edukt Zwischenverbindungen eingehen kann; der Katalysator erhöht die Geschwindigkeit einer Reaktion *„ohne im Endprodukt zu erscheinen"*. Im Jahr 1909 wurde der Nobelpreis für Chemie zum ersten Mal für Arbeiten auf dem Gebiet der Katalyse vergeben – an W. Ostwald. In den darauffolgenden 100 Jahren sind viele Arbeiten zur Katalyseforschung mit dem Nobelpreis ausgezeichnet worden (B4).

Katalysator und Katalyse

Über neunzig Prozent aller Reaktionen in der Technik und hundert Prozent aller Reaktionen in lebenden Organismen benötigen einen **Katalysator**[1] als „Heiratsvermittler" zwischen den Edukten. Er erhöht die Reaktionsgeschwindigkeit, ohne selbst verbraucht zu werden, indem er die Aktivierungsenergie der Reaktion herabsetzt (B3, B6).

Der Katalysator greift im Prozess der **Katalyse** in das Reaktionsgeschehen ein. Bei einer **homogenen Katalyse** liegen Katalysator und Edukte in der gleichen Phase vor. In der Regel verbindet sich der Katalysator mit einem Edukt zu einem reaktiven Zwischenprodukt, das in weiteren Reaktionsschritten unter Rückbildung des Katalysators zu den Produkten reagiert. Eine homogene Katalyse findet beispielsweise bei der Zersetzung von Wasserstoffperoxid in Gegenwart von Iodid-Ionen statt (V1), aber auch bei der mit Schwefelsäure katalysierten Veresterung einer Carbonsäure mit einem Alkohol.

Wenn Edukte und Katalysator in verschiedenen Phasen vorliegen, läuft eine **heterogene Katalyse** ab, die die in B5 angegebenen Teilschritte umfasst. Wenn die Edukt-Moleküle eines gasförmigen Edukt-Gemisches auf die Oberfläche des festen Katalysators diffundiert sind, kommt es dort zu ihrer Adsorption. Dabei bilden sich Wechselwirkungen zwischen den Edukt-Teilchen und den Atomen von der Katalysatoroberfläche aus. Das führt zur Lockerung oder gar Spaltung der Bindungen in den Edukt-Molekülen und versetzt sie in einen „aktiven" reaktionsfähigen Zustand. Es folgt die eigentliche Reaktion, also die Umgruppierung der Atome aus den Edukt-Molekülen zu den Produkt-Molekülen, dann deren Desorption von der Katalysatoroberfläche und schließlich die Diffusion in die Umgebung.

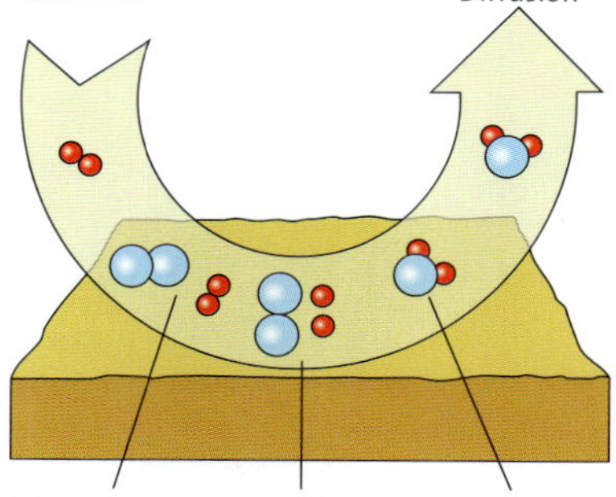

B5 *Teilschritte bei der heterogenen Katalyse*

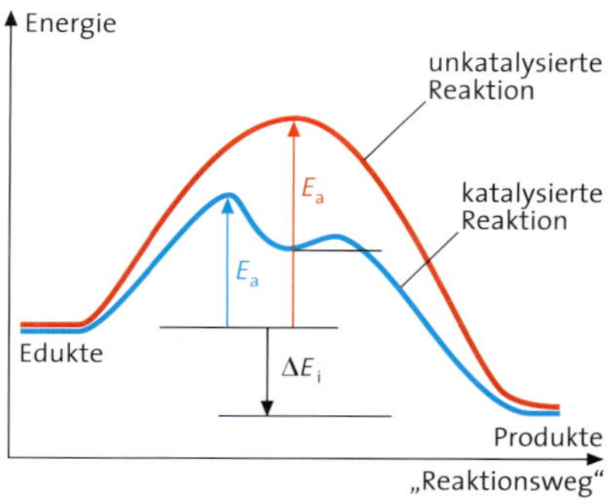

B6 *Die Aktivierungsenergie der katalysierten Reaktion ist kleiner als die der unkatalysierten Reaktion. Die Reaktionsenergie bleibt gleich.*

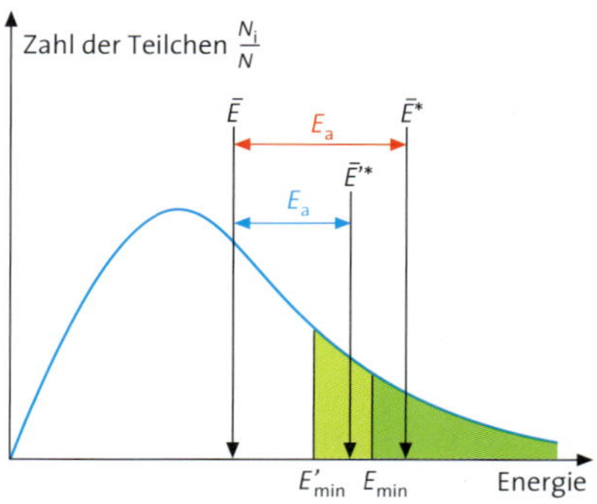

B7 *Die Mindestenergie der „aktiven" Teilchen bei der katalysierten Reaktion E'_{min} ist geringer als die bei der unkatalysierten E_{min}. Daher ist die Aktivierungsenergie E_a geringer.* **A:** *Vergleichen Sie B6 und B7 hinsichtlich der Aktivierungsenergie bei einer Reaktion ohne und mit Katalysator.*

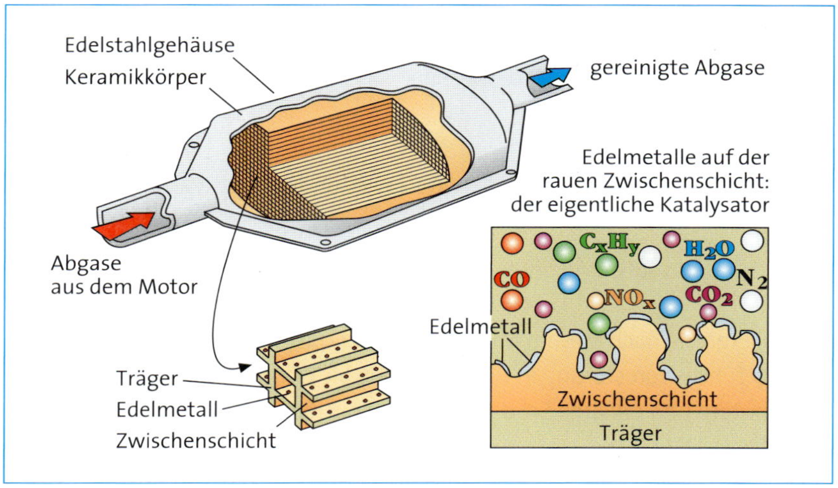

B8 *Im **Abgaskatalysator** werden Kohlenstoffmonooxid* **CO**, *Stickstoffoxide* NO_x *und unverbrannte Kohlenwasserstoffe* C_xH_y *zu Kohlenstoffdioxid* CO_2, *Stickstoff* N_2 *und Wasser* H_2O *umgesetzt. Die Edelmetalle auf der Zwischenschicht sind Platin* **Pt**, *Palladium* **Pd** *und Rhodium* **Rh**.

Fachbegriffe

Katalysator, Katalyse (homogene, heterogene), Abgaskatalysator

---

[1] von *catalysis* (griech.) = Hindernis beseitigen

Einmal hin und zurück

Hinweis: V1 und V4 können arbeitsteilig in Gruppen durchgeführt werden.

Versuche

V1 Mischen Sie in je einem Rggl. die folgenden Carbonsäuren und Alkohole:
a) 2 mL Methansäure* mit 2 mL Ethanol*; b) 2 mL Ethansäure* mit 2 mL Butan-1-ol*; c) 0,5 g Benzoesäure* mit 2 mL Ethanol*.
Lassen Sie von der Lehrperson jeweils 1 Tropfen konz. Schwefelsäure* als Katalysator zufügen. Statt Schwefelsäure kann auch eine Feststoffsäure, z. B. Amberlyst 15 oder Zeolith (Aquarienhandel), als Katalysator verwendet werden. Geben Sie jeweils ein Siedesteinchen hinzu und erhitzen Sie über kleiner Flamme ca. 2 min zum Sieden. Gießen Sie die Inhalte in je ein Becherglas mit ca. 150 mL Wasser. Beobachten Sie die Oberflächen der Flüssigkeiten und prüfen Sie den Geruch.

LV2 In ein großes Rggl. werden ca. 30 mL Natronlauge*, c = 0,1 mol/L, und einige Tropfen Bromthymolblau-Lösung gegeben. Die blaue, wässrige Lösung wird vorsichtig mit ca. 7 mL Methansäureethylester (Ethylmethanoat)* überschichtet. Man schüttelt vorsichtig und beobachtet die Veränderung der Farbzonen und die Schichtdicke der organischen Phase (B1). Das Schütteln und Beobachten wird einige Male wiederholt. Wenn die wässrige Phase vollständig entfärbt ist, fügt man zwei Plätzchen festes Natriumhydroxid* hinzu und fährt mit dem Schütteln und Beobachten fort, bis die organische Phase ganz verschwindet.

LV3 In ein großes Rggl. werden unter dem **Abzug** ca. 50 mL gesättigtes Bromwasser* gefüllt. Die Temperatur der Lösung wird gemessen und notiert. Dann fügt man ca. 1 g feinstes Zinkpulver* hinzu, schüttelt ca. 10 s gut durch, misst erneut die Temperatur und vergleicht die Farbe. (Gegebenenfalls muss erneut geschüttelt werden.) Sobald keine Farbänderung mehr zu beobachten ist, werden 2 mL der Lösung in einem kleinen Rggl. mit 1 mL Silbernitrat-Lösung* versetzt. Das Reaktionsgemisch wird in V4 weiterverwendet.

V4 Filtrieren Sie das Reaktionsgemisch aus LV3 und füllen Sie das Filtrat in ein U-Rohr. Elektrolysieren Sie die Lösung bei U = 10 V und beobachten Sie die Vorgänge an den Graphit-Elektroden genau.

Auswertung

a) Für die Veresterungsreaktionen in V1 wie für die Esterhydrolyse in LV2 gilt folgendes Schema:

$$\text{Carbonsäure} + \text{Alkohol} \underset{\text{Rückreaktion}}{\overset{\text{Hinreaktion}}{\rightleftharpoons}} \text{Ester} + \text{Wasser}$$

Formulieren Sie nach diesem Muster die Reaktionsgleichung für die von Ihnen durchgeführte Veresterung in V1. Verwenden Sie Gerüstformeln wie in B3.

b) Erläutern und erklären Sie das Zustandekommen der grünen Farbe im Reagenzglas aus LV2 (B1).

c) Bei LV3 reagiert Zink $\mathbf{Zn(s)}$ mit Bromwasser $\mathbf{Br_2(aq)}$ exotherm zu hydratisierten Zink-Ionen $\mathbf{Zn^{2+}(aq)}$ und hydratisierten Bromid-Ionen $\mathbf{Br^-(aq)}$. Geben Sie an, welche dieser Ionen mit Silbernitrat-Lösung nachgewiesen werden, erläutern Sie den Nachweis und formulieren Sie die Reaktionsgleichung des Nachweises.

d) Nennen und deuten Sie die Beobachtungen bei V4 und erklären Sie sie mithilfe einer Reaktionsgleichung.

B1 *Zwischenergebnis bei LV2.* **A:** *Erklären Sie die Ausbildung der drei Farbzonen. (Hinweis: Vgl. Angaben in Auswertung b.)*

B2 *Rückflussapparatur für Veresterungen.* **A:** *Begründen Sie, warum die Temperatur im Reaktionskolben konstant bleibt.*

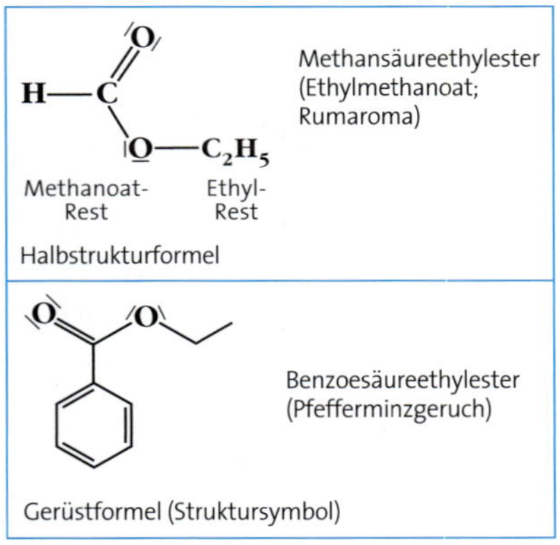

B3 *Formeln von Carbonsäureestern; vgl. Formeltypen in der organischen Chemie auf S. 324, 325*

Umkehrbare Reaktionen

Ob einfach verlaufende Reaktionen wie die zwischen einem Metall und einem Halogen und die zwischen einer Carbonsäure und einem Alkohol (V1 bis V4) oder vielschrittige und komplizierte wie die Photosynthese und Veratmung von Kohlenhydraten (B4, B5), chemische Reaktionen sind allgemein **umkehrbar** (reversibel). Ob die **Hin-** oder die **Rückreaktion** abläuft, hängt von den Reaktionsbedingungen ab.

Die exotherme Hinreaktion zwischen Brom in wässriger Lösung und Zinkpulver (LV3) setzt bei der Vereinigung der Edukte sofort ein und verläuft spontan, bis eines der Edukte aufgebraucht ist. Die Rückreaktion, die Elektrolyse von Zinkbromid-Lösung (V4), läuft dagegen nur bei Zufuhr von elektrischer Energie ab:

$$\mathbf{Zn(s) + Br_2(aq) \rightleftharpoons Zn^{2+}(aq) + 2Br^-(aq)}$$

Der Energiegehalt der Edukte Brom und Zink ist damit deutlich höher als derjenige des Produkts Zinkbromid.

Wenn sich die Edukte und die Produkte einer Reaktion in ihrem Energiegehalt nicht stark unterscheiden, wie beispielsweise bei der Veresterung, startet die Hinreaktion ebenfalls bereits bei der Vereinigung der Edukte, sie verläuft aber äußerst langsam. Zur Beschleunigung setzt man daher oft einen Katalysator ein, z. B. eine starke Säure wie bei den Veresterungen in V1. Die Rückreaktion der Esterbildung ist die Esterhydrolyse (LV2, Auswertung a).

Die Richtung einer Reaktion kann begünstigt werden, indem man eines der gebildeten Produkte „abfängt“: Setzt man, wie in LV2, Natronlauge statt Wasser ein, wird nicht Methansäure gebildet, sondern eine wässrige Natriummethanoat-Lösung. Diese kann nicht mehr zum Ester reagieren, die Rückreaktion ist unterbunden und die Reaktion damit unumkehrbar (irreversibel).

Aus den Reaktionen bei den Versuchen V1 bis V4 und vielen anderen experimentellen Untersuchungen lassen sich folgende wichtige Faktoren ableiten, von denen es abhängt, ob und wie schnell die Hin- oder Rückreaktion einer umkehrbaren Reaktion abläuft:

- Art und Ausmaß, in der die Energie an der Reaktion beteiligt ist,
- Konzentrationen der Edukte bzw. Produkte am Reaktionsort und
- Gegenwart von Katalysatoren sowie anderen Stoffen, die ins Reaktionsgeschehen eingreifen können.

Diese Faktoren beeinflussen in entscheidender Weise auch umkehrbare Reaktionen in technischen Anlagen und in lebenden Organismen, die in vielen, teilweise noch nicht genau bekannten Schritten verlaufen, wie die Reaktionen bei der Photosynthese und Zellatmung (B4, B5).

Experimente unter genau kontrollierten Bedingungen werden uns zu allgemeinen Gesetzen und Prinzipien führen, nach denen sich diese und weitere Faktoren auf umkehrbare Reaktionen auswirken.

B4 *Bei der Zellatmung wird Glucose mit Sauerstoff zu Kohlenstoffdioxid und Wasser oxidiert.* ***A:*** *Formulieren Sie mithilfe der Angaben aus B5 die Photosynthese und Veratmung von Glucose als umkehrbare Reaktionen mit Angaben über die Energiebeteiligung.*

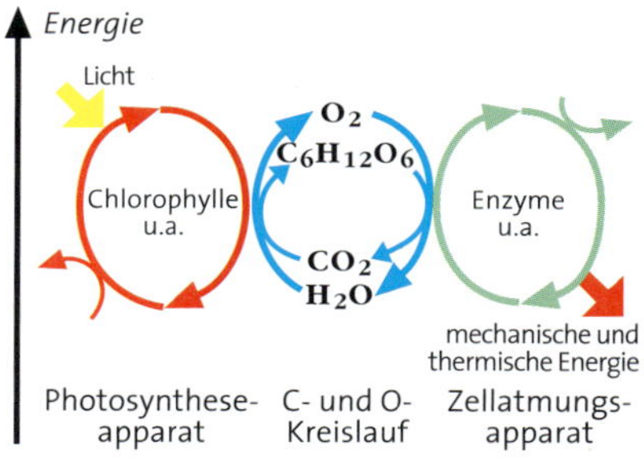

B5 *Photosynthese und Zellatmung sind das „biochemische Einmaleins“ auf unserem Planeten.* ***A:*** *Erläutern und begründen Sie diese Aussage.*

Aufgabe

A1 Nennen Sie einige Reaktionsbedingungen (Reaktionsort, Stoffe, Energiezufuhr bzw. -abgabe), die in der Pflanzenzelle (B5) die Hinreaktion (Photosynthese) bzw. die Rückreaktion (Zellatmung) begünstigen.

Fachbegriffe

umkehrbare Reaktion, Hinreaktion, Rückreaktion

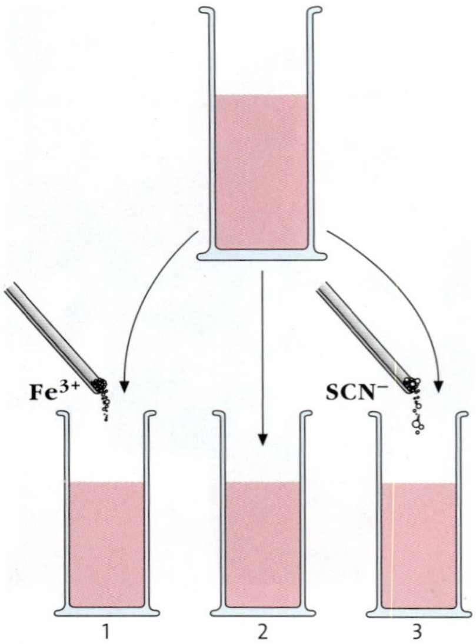

B1 *Skizze zu V1 bis V3.* ***A:*** *Erläutern Sie, warum die drei Zylinder 1 bis 3 gleiche Durchmesser haben sollten.*

Hin und Rück im Gleichgewicht

Hinweis: V2 und V3 können arbeitsteilig in Gruppen durchgeführt werden. Die Zusammenführung und Auswertung der Ergebnisse erfolgen anschließend im Plenum.

Versuche

V1 Stellen Sie je 500 mL Eisen(III)-chlorid-Lösung*, c = 0,004 mol/L, und Kaliumthiocyanat-Lösung*, c = 0,012 mo/L, her. Hierzu lösen Sie 2 mmol (0,54 g) Eisen(III)-chlorid-Hexahydrat* bzw. 6 mmol (0,583 g) Kaliumthiocyanat* in jeweils so viel Wasser, dass das Volumen der Lösungen je 500 mL beträgt. Vereinigen Sie die beiden Lösungen in einem großen Zylinder und beobachten Sie die Farbe. Verteilen Sie die Hälfte der Lösung auf drei kleinere Zylinder (B1), den Rest bewahren Sie für spätere Versuche auf (vgl. S. 92).

V2 Geben Sie zu der Lösung in Zylinder Nr. 1 eine kleine Portion festes Eisen(III)-chlorid-Hexahydrat* und beschleunigen Sie das Auflösen durch Rühren. Vergleichen Sie die entstandene Farbe mit der Farbe in Zylinder Nr. 2. Bearbeiten Sie dann die Auswertungen a) und b).

V3 Geben Sie zu der Lösung in Zylinder Nr. 3 eine kleine Portion festes Kaliumthiocyanat* und beschleunigen Sie das Auflösen durch Rühren. Vergleichen Sie die erhaltene Farbe mit der Farbe in Zylinder Nr. 2 und bearbeiten Sie anschließend die Auswertungen a) und c).

Auswertung

a) Eisen(III)-Ionen und Thiocyanat-Ionen reagieren nach folgender vereinfachter Reaktionsgleichung in einer umkehrbaren Reaktion zu einer Verbindung, deren wässrige Lösung rot gefärbt ist:

$$\underset{\text{leicht bräunlich}}{Fe^{3+}(aq)} + \underset{\text{farblos}}{3SCN^{-}(aq)} \rightleftharpoons \underset{\text{blutrot}}{Fe(SCN)_3(aq)}$$

Begründen Sie, warum unter den Reaktionsbedingungen aus V1 beide Edukte in der Hinreaktion theoretisch vollständig verbraucht werden können[1].

b) Deuten Sie das Ergebnis aus V2 mithilfe der Reaktionsgleichung aus a) und schlussfolgern Sie daraus, welches der beiden Edukte bei der Reaktion, die zu der Lösung Nr. 1 führte, nicht vollständig verbraucht wurde.

c) Deuten Sie das Ergebnis aus V3 mithilfe der Reaktionsgleichung aus a) und schlussfolgern Sie daraus, welches der beiden Edukte bei der Reaktion, die zu der Lösung Nr. 3 führte, nicht vollständig verbraucht wurde.

d) Fassen Sie die Ergebnisse aus b) und c) zusammen und treffen Sie eine begründete Aussage darüber, ob die Hinreaktion aus a) vollständig oder unvollständig verläuft.

e) Nehmen Sie an, das Produkt aus der Reaktion von a) steht Ihnen als reiner Feststoff zur Verfügung. Planen Sie auf der Grundlage der Beobachtungen bei V1 bis V3 einen Versuch, mit dem man überprüfen kann, ob die Rückreaktion von a) vollständig oder unvollständig verläuft, und erläutern Sie ausführlich.

[1] Bei der Formel auf der rechten Seite der Reaktionsgleichung handelt es sich um eine Verhältnisformel. Sie gibt die Zusammensetzung einer Formeleinheit der blutroten Verbindung Eisenthiocyanat an. Diese Verbindung besteht nicht aus Molekülen, sondern aus Eisen- und Thiocyanat-Ionen, die sich bei der Reaktion zu einer insgesamt ungeladenen „Ionengruppe" zusammengelagert haben. In solchen Fällen ist es üblich, in der Reaktionsgleichung die Verhältnisformel ohne die Ladung der einzelnen Ionen anzugeben.

Chemisches Gleichgewicht – Stoffebene

Um herauszufinden, *wie weit* die Hin- bzw. die Rückreaktion einer umkehrbaren Reaktion abläuft, ist es zweckmäßig, Experimente unter definierten Reaktionsbedingungen durchzuführen: Man setzt

- die Edukte genau in dem **Stoffmengenverhältnis** ein, in dem sie miteinander reagieren, und man führt
- die Reaktion in einem **geschlossenen System** (B4) durch.

Diese Bedingungen sind nach dem Zusammengießen der beiden Lösungen aus V1 gegeben, denn die Edukte werden im Stoffmengenverhältnis $n(\mathbf{Fe^{3+}}) : n(\mathbf{SCN^-}) = 1 : 3$ eingesetzt, und die Lösung im Zylinder hat keinen nennenswerten Stoffaustausch mit der Umgebung, kann also als geschlossenes System angesehen werden.

Bei der Zugabe von weiterem Eisen(III)-chlorid zu dieser Lösung tritt eine Farbvertiefung ein (V2), die nur durch die Bildung von zusätzlichem Produkt gemäß der Reaktionsgleichung in Auswertung a) erklärt werden kann. In der Lösung muss demnach nicht umgesetztes Thiocyanat vorhanden gewesen sein. Man könnte nun annehmen, dass dieses durch Wägefehler und Ungenauigkeiten beim Abmessen der Volumina in die Lösung gelangt ist. Teilexperiment V3 widerlegt aber diese Vermutung, denn auch die Zugabe von weiterem Thiocyanat führt zu einer Farbvertiefung: Auch gelöstes Eisen(III)-chlorid muss noch in der Lösung vorgelegen haben. Die Ergebnisse von V2 und V3 zeigen, dass bei V1 keines der beiden Edukte vollständig verbraucht wurde, die Hinreaktion bei V1 also nicht bis zum vollständigen Verbrauch der Edukte ablief. Kontrollversuche würden zeigen, dass auch nach längerer Reaktionszeit neben dem Produkt die beiden Edukte in der Lösung vorhanden sind.

Genaue Untersuchungen einer Vielzahl von Reaktionen haben zu ähnlichen Ergebnissen wie bei V1 bis V3 geführt, die folgendermaßen zusammengefasst werden können:

Bei Reaktionen in *geschlossenen Systemen* laufen weder Hin- noch Rückreaktion vollständig ab. Ganz gleich, ob man von den Edukten oder von den Produkten ausgeht, immer erreicht das System nach einiger Zeit einen Zustand, in dem alle Reaktionsteilnehmer (Edukte und Produkte) in *zeitlich konstanten* Anteilen vorliegen. Man bezeichnet diesen Zustand als **Gleichgewichtszustand** oder einfach als **chemisches Gleichgewicht**.

Aufgaben

A1 Verestert man Ethansäure mit Ethanol im Stoffmengenverhältnis $n(\text{Ethansäure}) : n(\text{Ethanol}) = 1 : 1$ in einer Destillationsapparatur und destilliert den entstehenden, bei tieferen Temperaturen als Ethanol und Ethansäure siedenden Ethansäureethylester ab, so stellt sich kein Gleichgewicht ein. Begründen und erläutern Sie, wie sich dieses Vorgehen auf die Ausbeute an Ester[2] bezogen auf die eingesetzten Edukte auswirkt.

A2 Pflanzen können auch dann gedeihen, wenn sie in feuchter Erde eingepflanzt und unter einer gasdichten Glasglocke an einem hellen Standort aufbewahrt werden (vgl. S. 83, B5). Erklären Sie den Sachverhalt.

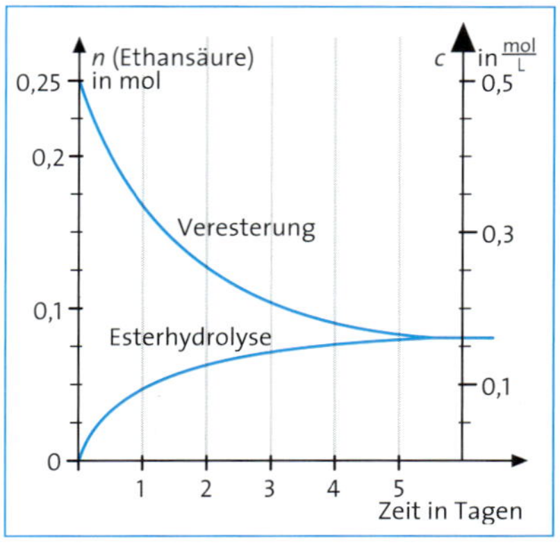

B2 *Änderung der Stoffmenge (Konzentration) von Ethansäure bei der Veresterung und bei der Esterhydrolyse im geschlossenen System.*
A: *Erläutern Sie, wie sich die Reaktionsgeschwindigkeiten vom Start der Reaktion bis zur Einstellung des Gleichgewichts verändern.*

$$A + B \rightleftharpoons C + D$$

Der Doppelpfeil deutet an, dass die Reaktionen nicht vollständig ablaufen. Es wird ein Stoffsystem beschrieben, in dem alle Reaktionsteilnehmer in zeitlich konstanten Anteilen vorliegen.

B3 *Symbolschreibweise für ein System im chemischen Gleichgewicht*

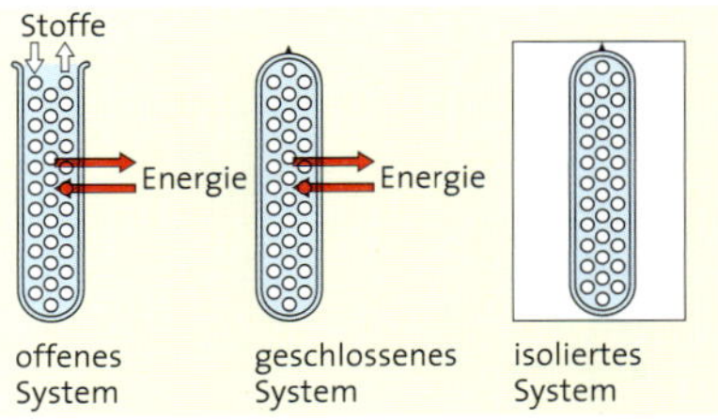

B4 *Systeme, in denen chemische Reaktionen ablaufen können*

Fachbegriffe

Stoffmengenverhältnis, geschlossenes System, Gleichgewichtszustand, chemisches Gleichgewicht

[2] Quotient aus der theoretisch bei vollständigem Umsatz zu erwartenden und der im Versuch gebildeten Stoffmenge an Ester.

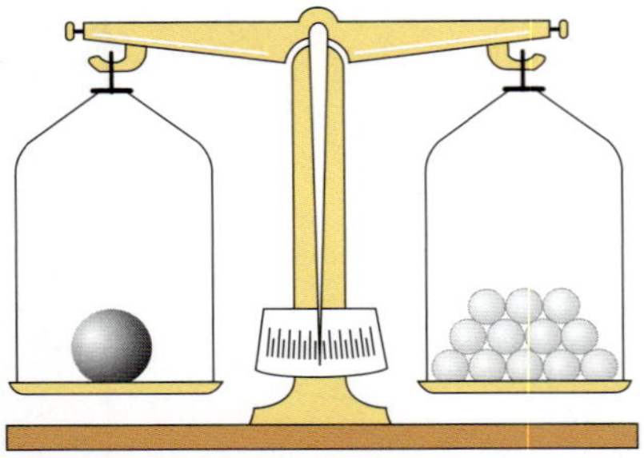

B1 *Auf der Balkenwaage herrscht ein Gleichgewicht.* ***A:*** *Erläutern Sie, um welche Kräfte es sich handelt.*

B2 *Lesen im Toten Meer.* ***A:*** *Erläutern Sie, welche Kräfte sich hier ausgleichen.*

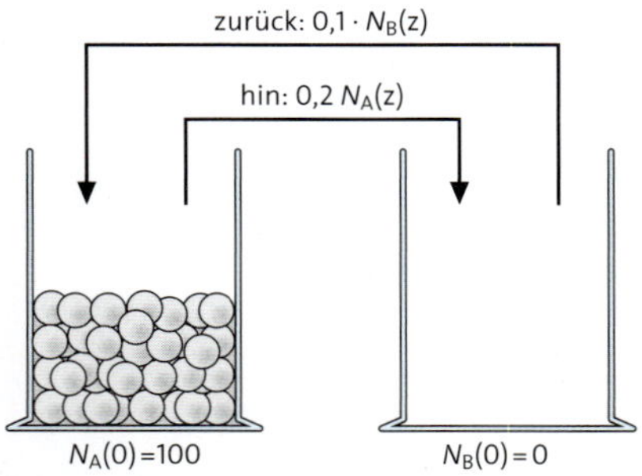

Nr. der Überführung: z	N_A (z)	N_B (z)
0	100	0
1 (hin)	80	20
1 (zurück)	82	18
2 (hin)	66	34
2 (zurück)	69	31
.	.	.
.	.	.

B3 *Skizze zur Durchführung des Urnenmodell-Versuchs (MV1).* ***A:*** *Zeichnen Sie für MV1 ein Diagramm mit z auf der Abszisse und $N_A(z)$ und $N_B(z)$ auf der Ordinate. Kommentieren Sie die Verläufe der Graphen.*

Ungleiche Gleichgewichte

Modellversuche

MV1 *Urnenmodell* In Gefäß A befinden sich 100 Kugeln, Gefäß B ist leer (B3). Überführen Sie abwechselnd Kugeln aus A in B und aus B in A. Nehmen Sie bei jeder „hin"-Überführung 20 % der in A gerade vorhandenen Kugeln (jeweils auf ganze Zahlen runden!) und bei jeder „zurück"-Überführung 10 % der gerade in B vorhandenen Kugeln. Die Kugelanzahlen nach den beiden ersten Überführungen z = 1 und z = 2 (jede bestehend aus einer „hin"- und einer „zurück"-Überführung) sind in B3 notiert. Führen Sie die Überführungen bis z = 13 fort und tabellieren Sie die Ergebnisse in Ihrem Heft.

MV2 *Saughebermodell* Führen Sie den in B4 skizzierten Versuch mit zwei 100-mL-Zylindern und zwei Glasrohren mit verschiedenen Durchmessern durch. Zu Beginn befinden sich in Zylinder A ca. 70 mL Wasser, Zylinder B ist leer.

MV3 *Computersimulation* Erschließen Sie in *Chemie 2000+ Online* mithilfe der dort angebotenen interaktiven Computersimulation zum Modellversuch MV1 die Zusammenhänge zwischen den Eingabeparametern und den sich einstellenden Gleichgewichten.

Auswertung

a) Stellen Sie Vermutungen darüber an, was sich an den Graphen (MV1, B3) ändern würde, wenn man statt mit $N_A(0) = 100$ Kugeln mit $N_A(0) = 1\,000\,000$ Kugeln starten würde. Begründen Sie Ihre Vermutung und überprüfen Sie sie mithilfe der Computersimulation (MV3).

b) Vergleichen Sie die Gleichgewichte aus B1 und B2 mit den Gleichgewichten, die sich bei MV1 und MV2 einstellen. Nennen Sie Gemeinsamkeiten und Unterschiede und diskutieren Sie in diesem Zusammenhang die Seitenüberschrift „Ungleiche Gleichgewichte".

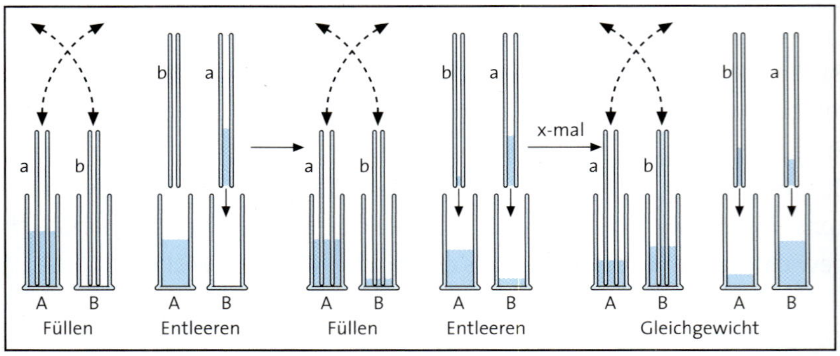

Flüssigkeit gelangt von A nach B, wenn die Rohre a und b gleichzeitig oben mit dem Finger verschlossen und dann über Kreuz entleert werden. Die „umkehrbare Reaktion" setzt mit der „**Hinreaktion**" ein.

Nun gelangt auch Flüssigkeit von B zurück nach A. Es findet auch eine „**Rückreaktion**" statt. Die „Hinreaktion" wirkt sich aber noch stärker aus als die „Rückreaktion".

Nach einiger Zeit sind die in den Rohren im gleichen Takt beförderten Flüssigkeitsportionen gleich groß geworden. Die „Hinreaktion" und „Rückreaktion" heben sich gegenseitig auf: Modell des **Gleichgewichtszustandes**.

B4 *Skizze zur Durchführung und Ergebnis des Saughebermodell-Versuchs (MV2).* ***A:*** *Erläutern und begründen Sie, welche Beobachtungen zu erwarten sind, wenn man den Versuch mit zwei Glasrohren gleichen Durchmessers wiederholt.*

Chemisches Gleichgewicht – Teilchenebene

Wenn auf der stofflichen Ebene keine Änderungen mehr zu beobachten sind, hat eine Reaktion den Zustand des chemischen Gleichgewichts erreicht. In diesem Zustand liegen alle Reaktionsteilnehmer in zeitlich konstanten Stoffmengen bzw. Konzentrationen vor (vgl. S. 85). Daher ist die experimentell bestimmbare **Reaktionsgeschwindigkeit** v_r im chemischen Gleichgewicht gleich null (B5, oberer Teil).

Bewegt sich im chemischen Gleichgewicht also *nichts mehr*, ähnlich wie bei der Balkenwaage (B1) oder beim Schweben in konzentriertem Salzwasser (B2)? „Stillstand" herrscht beim chemischen Gleichgewicht nur auf der Stoffebene. Auf der Ebene der reagierenden Teilchen bedeutet der Zustand des chemischen Gleichgewichts einen Ausgleich zwischen Hin- und Rückreaktion, ähnlich wie bei MV1 bis MV3.

Bezeichnet man die Anzahl der Edukt-Teilchen, die pro Zeitintervall in Produkt-Teilchen umgesetzt werden, als **Reaktionsrate** der Hinreaktion $r_{\rightarrow}$ und definiert entsprechend die Reaktionsrate der Rückreaktion $r_{\leftarrow}$, kann man das chemische Gleichgewicht als den Zustand verstehen, bei dem die Reaktionsrate der Hinreaktion gleich der Reaktionsrate der Rückreaktion (B5, unterer Teil) ist:

$$r_{\rightarrow} = r_{\leftarrow}.$$

Beim Gleichgewicht ist damit die Anzahl der in einem Zeitintervall Δt über die Hinreaktion gebildeten Produkt-Teilchen gleich der Anzahl der über die Rückreaktion verbrauchten Produkt-Teilchen. Die Anzahl der Produkt-Teilchen ist somit wie auch die Anzahl der Edukt-Teilchen zeitlich konstant.

Im Gegensatz zum Kräftegleichgewicht bei einer Balkenwaage handelt es sich beim chemischen Gleichgewicht um ein **dynamisches Gleichgewicht**, weil es als Ergebnis fortlaufender, sich einander ausgleichender Vorgänge auf der submikroskopischen Ebene der reagierenden Teilchen zustande kommt.

Zur Veranschaulichung dynamischer Gleichgewichte können **Modellversuche** und **Computersimulationen** herangezogen werden (MV1 bis MV3). Mit diesen lassen sich auch Erkenntnisse darüber gewinnen, wie die Reaktionsraten der Hin- und Rückreaktion ein Gleichgewicht beeinflussen, also ob beim Gleichgewicht der Anteil an Edukten oder der an Produkten überwiegt. Wie bei allen Modellversuchen und Computersimulationen muss jedoch stets ihr Modellcharakter berücksichtigt werden, d. h. die Tatsache, dass sie die Wirklichkeit nur teilweise abbilden.

Aufgaben

A1 Finden Sie mithilfe der Computersimulation aus *Chemie 2000+ Online* heraus, wie sich das Verhältnis der Reaktionsraten der Hin- und Rückreaktion auf die Anteile des Edukts und des Produkts beim Gleichgewicht A $\rightleftharpoons$ B auswirkt.

A2 Entwickeln Sie einen alternativen Modellversuch zur Veranschaulichung eines dynamischen Gleichgewichts. Präsentieren Sie Ihren Vorschlag den Mitschülern und vergleichen Sie ihn mit MV1 und MV2.

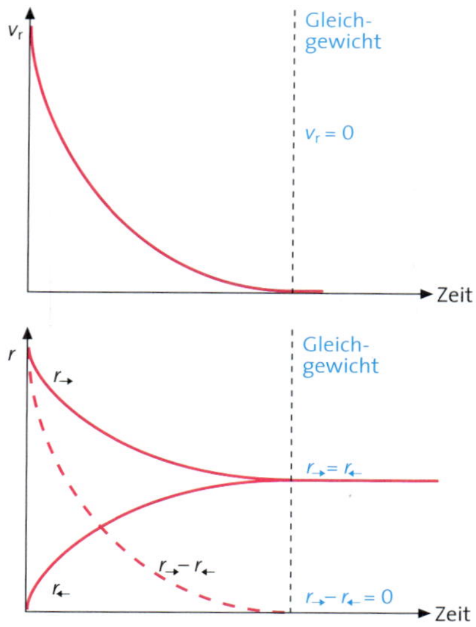

B5 *Zusammenhang zwischen der Reaktionsgeschwindigkeit v_r auf der Stoffebene und den Reaktionsraten $r_{\rightarrow}$ und $r_{\leftarrow}$ auf der Teilchenebene.* **A:** *Erläutern Sie den Unterschied zwischen Reaktionsgeschwindigkeit und Reaktionsrate.*

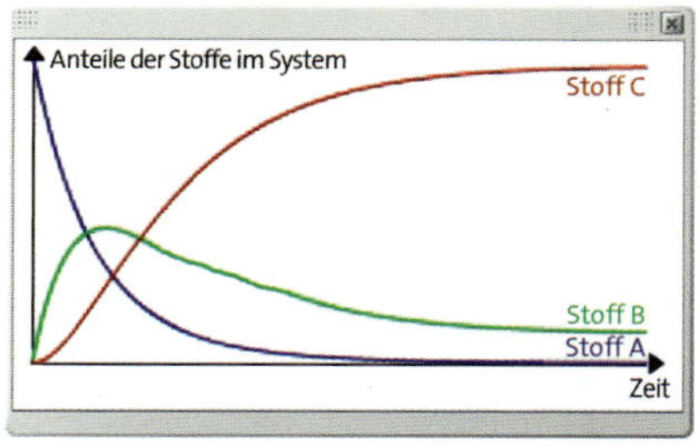

B6 *Ergebnis einer Computersimulation zur Einstellung des Gleichgewichts bei einer Folgereaktion A $\rightleftharpoons$ B $\rightleftharpoons$ C.* **A:** *Ermitteln Sie, bei welchen Eingabeparametern man ein solches Ergebnis erhält.*

Fachbegriffe

Reaktionsgeschwindigkeit, Reaktionsrate, dynamisches Gleichgewicht, Modellversuche, Computersimulation

B1 *CATO MAXIMILIAN GULDBERG (1836 bis 1902), norwegischer Mathematiker, und PETER WAAGE (1833 bis 1900), norwegischer Chemiker. Sie führten über 300 quantitative Untersuchungen von Gleichgewichten durch und stellten das Massenwirkungsgesetz auf.*

Nach Maß und Gesetz

Hinweise: Gruppenarbeit mit Arbeitsteilung ist empfehlenswert, d. h. ein Teil der Gruppe setzt die Veresterung und die Blindprobe an, ein anderer Teil die Esterhydrolyse und die Blindprobe.
Jedes Gruppenmitglied sollte mindestens eine Titration durchführen.

Versuche

V1 Setzen Sie in je einem 100-mL-Erlenmeyerkolben eine Veresterung, eine Esterhydrolyse und eine Blindprobe an. Mischen Sie dazu die angegebenen Edukte in einem Messzylinder und füllen Sie mit Aceton als Lösevermittler auf ein Gesamtvolumen von 50 mL auf:

a) *Veresterung*: 0,25 mol (15,0 g) Ethansäure*, 0,25 mol (11,5 g) Ethanol* und 0,48 g (0,005 mol) konz. Schwefelsäure*;

b) *Esterhydrolyse*: 0,25 mol (22,0 g) Ethansäureethylester*, 0,25 mol (4,5 g) Wasser und 0,48 g konz. Schwefelsäure*;

c) *Blindprobe*: 0,48 g konz. Schwefelsäure* mit Wasser auf 50 mL Lösung auffüllen.

Die verschlossenen Ansätze a) und b) werden etwa 3 bis 4 Tage magnetisch gerührt. Entnehmen Sie den Versuchsansätzen mit Pipetten 1-mL-Proben, verdünnen Sie diese mit je etwa 50 mL Wasser, versetzen Sie beide mit einigen Tropfen Phenolphthalein-Lösung und titrieren Sie mit Natronlauge*, $c = 0{,}1$ mol/L.

V2 Setzen Sie wie bei V1a) eine Veresterung aus 0,25 mol Ethansäure*, 0,5 mol Ethanol*, 0,48 g konz. Schwefelsäure* und Aceton* bis zu einem Gesamtvolumen von 50 mL an. Titrieren Sie nach 3 bis 4 Tagen 1-mL-Proben wie bei V1.

Auswertung

a) Notieren Sie die Titrationsergebnisse aller Gruppen für jede der drei Proben *Veresterung*, *Esterhydrolyse* und *Blindprobe* in einer Tabelle und berechnen Sie die Mittelwerte der Volumina der verbrauchten Natronlauge.

b) Berechnen Sie anhand der Ergebnisse von a), wie viel mL Natronlauge bei den Proben *Veresterung* und *Esterhydrolyse* jeweils auf die Neutralisation der Ethansäure entfallen. Vergleichen Sie die Volumina.

c) Zwischen der Stoffmenge n, der Konzentration c und dem Volumen V besteht die Beziehung $n = c \cdot V$. Das Stoffmengenverhältnis für die Neutralisation von Ethansäure mit Natronlauge ist $n(CH_3COOH) : n(NaOH) = 1:1$. Berechnen Sie mithilfe dieser Angaben die Stoffmenge n von Ethansäure in den beiden Ansätzen. Beachten Sie dabei, dass Sie nur eine 1-mL-Probe titriert haben.

d) Berechnen Sie die Stoffmengen an Ethanol, Ester und Wasser für beide Ansätze aus der Anfangsstoffmenge $n_0(CH_3COOH)$ von Ethansäure und der beim Gleichgewicht experimentell ermittelten Stoffmenge von Ethansäure $n(CH_3COOH)$.

e) Werten Sie V2 analog zu V1a) aus. Vergleichen Sie die bei V1a) und V2 umgesetzten Stoffmengen an Ethansäure.

f) Berechnen Sie die Gleichgewichtskonstante K_c für V1 und V2. (*Hinweis*: Bearbeiten Sie diese Aufgabe erst, wenn Sie S. 89 gelesen haben.)

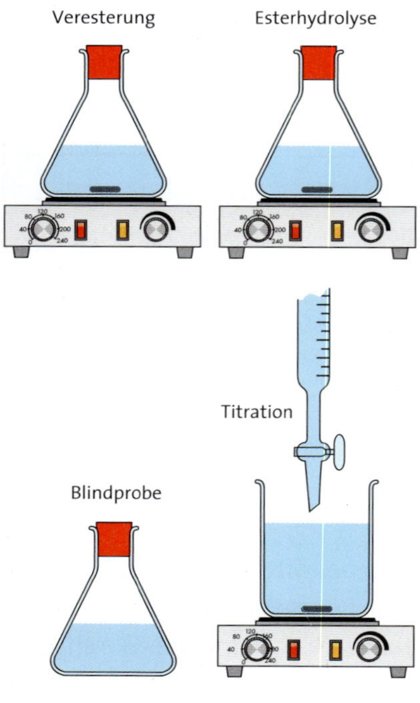

B2 *Versuchsaufbau zu V1 und V2*

Massenwirkungsgesetz und Gleichgewichtskonstante K_c

Bei einer quantitativen Untersuchung des Gleichgewichtszustands stellen wir fest, dass im Gleichgewicht die Konzentration bzw. die Stoffmenge an Ethansäure im Reaktionsgemisch des Veresterungsansatzes gleich der im Esterhydrolyseansatz (V1) ist. Daraus folgt, dass auch die Konzentrationen bzw. die Stoffmengen der anderen Reaktionspartner in beiden Ansätzen jeweils gleich sind.

Mit Überlegungen zu den Vorgängen im Gleichgewicht wird dies verständlich. Dazu betrachten wir eine allgemeine Modell-Reaktion, nach der die Veresterung und die Esterhydrolyse aus V1 verlaufen:

$$A + B \rightleftharpoons C + D.$$

Wenn sich das Gleichgewicht eingestellt hat, ändern sich die Konzentrationen der Edukte und Produkte nicht, also ist die Reaktionsgeschwindigkeit $v_r = 0$ (vgl. A1 und S. 72, 73). Auf der Teilchenebene bedeutet dies aber nicht den Stillstand der Reaktion, sondern dass die Reaktionsraten (vgl. S. 87) der Hin- und Rückreaktion gleich sind: $r_\rightarrow = r_\leftarrow$.

Unter der Annahme, dass die Reaktionsrate der Hinreaktion $r_\rightarrow$ proportional zur Stoßzahl zwischen den A-Teilchen und den B-Teilchen und damit proportional zu deren Konzentrationen ist (B3), gilt:

$$r_\rightarrow = k_\rightarrow \cdot c(A) \cdot c(B).$$

Der Proportionalitätsfaktor $k_\rightarrow$ ist eine Konstante und hat für eine bestimmte Reaktion bei einer bestimmten Temperatur einen charakteristischen Wert. Für die Rückreaktion können wir entsprechend formulieren:

$$r_\leftarrow = k_\leftarrow \cdot c(C) \cdot c(D).$$

Im Gleichgewicht gilt:

$$r_\rightarrow = r_\leftarrow \text{ und damit } k_\rightarrow \cdot c(A) \cdot c(B) = k_\leftarrow \cdot c(C) \cdot c(D).$$

Durch Umformen erhält man:

$$\frac{k_\rightarrow}{k_\leftarrow} = \frac{c(C) \cdot c(D)}{c(A) \cdot c(B)} \quad \text{oder mit} \quad \frac{k_\rightarrow}{k_\leftarrow} = K_c:$$

$$K_c = \frac{c(C) \cdot c(D)}{c(A) \cdot c(B)}.$$

Dieser Zusammenhang zwischen den Konzentrationen der Edukte und denen der Produkte im Gleichgewicht wird als **Massenwirkungsgesetz MWG** bezeichnet.

Das Massenwirkungsgesetz wurde aus quantitativen Untersuchungen an Gleichgewichtsreaktionen hergeleitet (B1). Wie oben dargestellt, führen aber auch Überlegungen zum dynamischen chemischen Gleichgewicht zu diesem Ergebnis. Die rechte Seite im Massenwirkungsgesetz ist der **Massenwirkungsquotient Q**, die linke Seite die **Gleichgewichtskonstante K_c**, die für jede Reaktion bei gegebener Temperatur einen bestimmten charakteristischen Wert hat. Beim Gleichgewicht gilt $K_c = Q$.

Für das Estergleichgewicht zwischen Ethansäure und Ethanol lautet das Massenwirkungsgesetz:

$$K_c = \frac{c(CH_3COOC_2H_5) \cdot c(H_2O)}{c(CH_3COOH) \cdot c(C_2H_5OH)}$$

Die Gleichgewichtskonstante hat bei 20 °C den Wert $K_c = 4$.

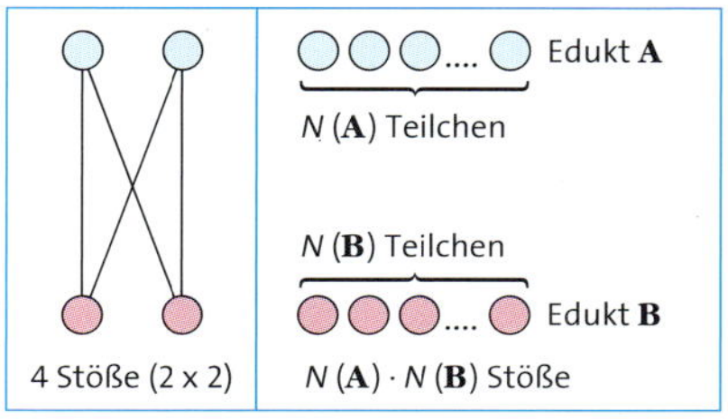

B3 *Modelle und Modellrechnungen zur Anzahl der möglichen Stöße zwischen Edukt-Teilchen A und B*

$$a\,A + b\,B + \ldots \rightleftharpoons m\,M + n\,N + \ldots$$

$$K_c = \frac{c^m(M) \cdot c^n(N) \ldots}{c^a(A) \cdot c^b(B) \ldots}$$

B4 *Massenwirkungsgesetz MWG in allgemeiner Form.* ***A:*** *Formulieren Sie das MWG für die Reaktionen*
$2H_2 + O_2 \rightleftharpoons 2H_2O$ *und*
$Cl_2 + H_2 \rightleftharpoons 2HCl$.

Aufgaben

A1 Unter Reaktionsgeschwindigkeit v_r versteht man die Änderung der Konzentration Δc eines Reaktionsteilnehmers in einem Zeitintervall Δt. Erläutern Sie, warum beim Gleichgewicht $v_r = 0$ gilt.

A2 Erläutern Sie, warum die Gleichgewichtskonstante K_c beim Gleichgewicht $Cl_2 + H_2 \rightleftharpoons 2HCl$ dimensionslos ist, beim Gleichgewicht $2H_2 + O_2 \rightleftharpoons 2H_2O$ jedoch die Dimension $L \cdot mol^{-1}$ hat.

A3 Für das Iodwasserstoffgleichgewicht $I_2 + H_2 \rightleftharpoons 2HI$ gilt bei 458 °C: $K_c = 48{,}75$. Leiten Sie daraus ab, ob beim Gleichgewicht der Anteil an Produkt oder der an Edukten überwiegt.

Fachbegriffe

Massenwirkungsgesetz MWG, Massenwirkungsquotient Q, Gleichgewichtskonstante K_c

Versuch Nr.	Gleichgewichtskonzentration in 10^{-2} mol/L $c(\mathbf{HI})$	$c(\mathbf{H_2})$	$c(\mathbf{I_2})$	Massenwirkungsquotient $\frac{c^2(\mathbf{HI})}{c(\mathbf{H_2}) \cdot c(\mathbf{I_2})}$
1	1,27	0,56	0,059	48,8
2	1,67	0,38	0,15	48,9
3	1,49	0,46	0,097	49,7
4	1,18	0,17	0,17	48,2
5	0,94	0,14	0,14	48,0
6	2,94	0,42	0,42	48,8

B1 *Gleichgewichtskonzentrationen und daraus berechnete Werte für den Massenwirkungsquotienten beim Wasserstoffiodidgleichgewicht* $\mathbf{H_2 + I_2 \rightleftharpoons 2HI}$.
Alle Reaktionen wurden bei 458 °C (T = 731 K) durchgeführt.
Bei den Versuchen Nr. 1, 2 und 3 wurden Wasserstoff und Iod, bei den Versuchen Nr. 4, 5 und 6 wurde Wasserstoffiodid eingesetzt. Beispiele für die Anfangskonzentrationen c_0:
Nr. 1: $c_0(\mathbf{H_2}) = 1{,}2 \cdot 10^{-2}$ mol/L
$c_0(\mathbf{I_2}) = 0{,}69 \cdot 10^{-2}$ mol/L
$c_0(\mathbf{HI}) = 0$ mol/L
Nr. 4: $c_0(\mathbf{H_2}) = 0$ mol/L
$c_0(\mathbf{I_2}) = 0$ mol/L
$c_0(\mathbf{HI}) = 1{,}52 \cdot 10^{-2}$ mol/L
Der Mittelwert der Massenwirkungsquotienten aus den 6 Versuchen ergibt einen recht genauen Wert der Gleichgewichtskonstanten $K_c = 48{,}75$.

Mal vorgerechnet

Rechenbeispiel 1

In einem Behälter mit dem Volumen $V = 5$ L hat sich zwischen Stickstoff, Wasserstoff und Ammoniak ein chemisches Gleichgewicht eingestellt. Es liegen folgende Stoffmengen vor: $n(\mathbf{N_2}) = 5{,}05$ mol, $n(\mathbf{H_2}) = 8$ mol, $n(\mathbf{NH_3}) = 0{,}5$ mol. Berechnen Sie die Gleichgewichtskonstante K_c für die Reaktion
$\mathbf{3H_2 + N_2 \rightleftharpoons 2NH_3}$ bei der betreffenden Temperatur.

Lösung

a) Reaktionsschema (in diesem Fall gegeben): $\mathbf{3H_2 + N_2 \rightleftharpoons 2NH_3}$

b) Massenwirkungsgesetz:

$$K_c = \frac{c^2(\mathbf{NH_3})}{c^3(\mathbf{H_2}) \cdot c(\mathbf{N_2})} \quad \text{mit} \quad c(\mathbf{NH_3}) = \frac{0{,}5\text{ mol}}{5\text{ L}} = 0{,}1\text{ mol/L};$$

$$c(\mathbf{H_2}) = \frac{8\text{ mol}}{5\text{ L}} = 1{,}6\text{ mol/L} \quad \text{und} \quad c(\mathbf{N_2}) = \frac{5{,}05\text{ mol}}{5\text{ L}} = 1{,}01\text{ mol/L} \quad \text{ist}$$

$$K_c = \frac{(0{,}1\text{ mol/L})^2}{(1{,}6\text{ mol/L})^3 \cdot 1{,}01\text{ mol/L}} = 2{,}41 \cdot 10^{-3}\ \text{L}^2 \cdot \text{mol}^{-2}$$

Rechenbeispiel 2

In einem geschlossenen Behälter werden Wasserstoff und Iod bei $T = 731$ K zur Reaktion gebracht. Die Anfangskonzentrationen betragen: $c_0(\mathbf{H_2}) = 1{,}35 \cdot 10^{-2}$ mol/L, $c_0(\mathbf{I_2}) = 2{,}55 \cdot 10^{-2}$ mol/L. Die Temperatur wird konstant gehalten. Berechnen Sie die Konzentrationen aller Reaktionsteilnehmer im Gleichgewicht.

Lösung

a) Reaktionsschema: $\mathbf{H_2 + I_2 \rightleftharpoons 2HI}$

b) Diesem Reaktionsschema ist zu entnehmen: $n(\mathbf{H_2}) : n(\mathbf{I_2}) : n(\mathbf{HI}) = 1 : 1 : 2$

c) Bis zur Einstellung des Gleichgewichts hat sich die Konzentration des Wasserstoffs um x mol/L verringert. Damit gilt für die Zahlenwerte der Konzentrationen:

	$c(\mathbf{H_2})$ in mol/L	$c(\mathbf{I_2})$ in mol/L	$c(\mathbf{HI})$ in mol/L
zu Beginn:	$1{,}35 \cdot 10^{-2}$	$2{,}55 \cdot 10^{-2}$	0
im Gleichgewicht:	$1{,}35 \cdot 10^{-2} - x$	$2{,}55 \cdot 10^{-2} - x$	2x

(Aus x mol Wasserstoff und x mol Iod entstehen 2x mol Wasserstoffiodid und das Volumen ist konstant.)

d) Die Gleichgewichtskonstante des Wasserstoffiodidgleichgewichts ist bei $T = 731$ K $K_c = 48{,}75$ (B1). Das MWG lautet in diesem Fall:

$$48{,}75 = \frac{(2x)^2}{(1{,}35 \cdot 10^{-2} - x) \cdot (2{,}55 \cdot 10^{-2} - x)}$$

oder umgeformt: $x^2 - 4{,}25 \cdot 10^{-2}\,x + 3{,}75 \cdot 10^{-4} = 0$

Für die quadratische Gleichung findet man folgende Lösungen: $x_1 = 3 \cdot 10^{-2}$; $x_2 = 1{,}25 \cdot 10^{-2}$.

Die Lösung x_1 kommt nicht infrage, weil nicht mehr Wasserstoff bzw. Iod verbraucht werden kann als zu Beginn vorhanden war. Mit der Lösung x_2 erhält man:

$c(\mathbf{H_2}) = 0{,}1 \cdot 10^{-2}$ mol/L; $c(\mathbf{I_2}) = 1{,}3 \cdot 10^{-2}$ mol/L; $c(\mathbf{HI}) = 2{,}5 \cdot 10^{-2}$ mol/L.

Berechnungen mit dem Massenwirkungsgesetz MWG

Für sehr viele chemische Reaktionen sind die Gleichgewichtskonstanten K_c bekannt und in Tabellen aufgeführt. Sie wurden aus experimentell gemessenen **Gleichgewichtskonzentrationen *c*** wie in Rechenbeispiel 1 ermittelt. Mithilfe der Gleichgewichtskonstanten K_c kann man für einen bestimmten Reaktionsansatz mit bekannten **Ausgangskonzentrationen c_0** die Gleichgewichtskonzentrationen *c* aller Reaktionsteilnehmer beim Gleichgewicht berechnen. Für die Praxis ist das wichtig, weil man damit weiß, welche Produktmengen man aus gegebenen Eduktmengen in einer Gleichgewichtsreaktion maximal erhalten kann. Rechenbeispiel 2 zeigt das Verfahren, bei dem folgende Schritte und Überlegungen Schlüsselcharakter haben:

- Die Reaktionsgleichung des betrachteten Gleichgewichts ist der Ausgangspunkt für solche Berechnungen. Ihre Koeffizienten geben für die Reaktionsteilnehmer an, in welchem **Stoffmengenverhältnis** sie an der Reaktion beteiligt sind (z. B. $n(H_2) : n(HI) = 1 : 2$).
- Nach der Definition einer Unbekannten „x" (wie in Rechenbeispiel 2) wendet man das **Massenwirkungsgesetz** auf die Gleichgewichtskonzentrationen *c* an und löst die erhaltene Gleichung.
- Wenn die Gleichung mehrere mathematische Lösungen hat, muss diejenige ausgewählt werden, die sich widerspruchsfrei in die Problemstellung einfügt.

$2H_2(g) + O_2(g) \rightleftharpoons 2H_2O(g)$

$K_c = 5{,}9 \cdot 10^{67}\ L \cdot mol^{-1}$

$H_2(g) + I_2(g) \rightleftharpoons 2HI(g)$

$K_c = 48{,}75$ bei 458 °C

$2O_2(g) + N_2(g) \rightleftharpoons 2NO_2(g)$

$K_c = 4{,}9 \cdot 10^{-19}\ L \cdot mol^{-1}$

$Cl_2(g) + H_2(g) \rightleftharpoons 2HCl(g)$

$K_c = 2{,}6 \cdot 10^{33}$

$3H_2(g) + N_2(g) \rightleftharpoons 2NH_3(g)$

$K_c = 4{,}6 \cdot 10^{5}\ L^2 \cdot mol^{-2}$

$2SO_2(g) + O_2(g) \rightleftharpoons 2SO_3(g)$

$K_c = 4{,}28 \cdot 10^{24}\ L \cdot mol^{-1}$

B2 *Gleichgewichtskonstanten einiger Reaktionen bei der Standardtemperatur von 25 °C. (Iod ist bei 25 °C fest, deshalb die Angabe bei 458 °C.)*

Aufgaben

A1 Berechnen Sie nach dem Muster aus dem Rechenbeispiel 2 die Konzentration von Wasserstoffiodid im Gleichgewicht bei der Temperatur $T = 721$ K ($K_c = 50{,}3$), wenn die Anfangskonzentrationen $c_0(H_2) = 1 \cdot 10^{-3}$ mol/L, $c_0(I_2) = 1 \cdot 10^{-3}$ mol/L und $c_0(HI) = 0$ mol/L betragen.

A2 Bei einer bestimmten Temperatur betragen die Konzentrationen beim Ammoniakgleichgewicht $c(H_2) = 3{,}2$ mol/L, $c(N_2) = 2{,}02$ mol/L und $c(NH_3) = 0{,}4$ mol/L. Berechnen Sie nach dem Muster aus dem Rechenbeispiel 1 die Gleichgewichtskonstante K_c bei dieser Temperatur.

A3 Bei 20 °C ($T = 293$ K) ist die Gleichgewichtskonstante des Estergleichgewichts, das in V1 von S. 90 untersucht wird, $K_c = 4$.
a) Übertragen Sie die Tabelle aus B3 in Ihr Heft, ergänzen Sie sie um die Spalte $c(H_3CCOOC_2H_5)$ und füllen Sie diese aus. b) Berechnen Sie, wie viel Prozent der eingesetzten Ethansäure und des eingesetzten Ethanols beim Versuchsansatz Nr. 3 aus B3 bis zur Einstellung des Gleichgewichts reagiert haben. c) Berechnen Sie das Verhältnis der Anfangskonzentrationen von Ethansäure und Ethanol so, dass die Gleichgewichtskonzentration von Ethansäure nur 10 Prozent von ihrer Anfangskonzentration beträgt.

A4 a) Schreiben Sie für jedes der Gleichgewichte aus B2 das MWG auf und begründen Sie die Einheiten, die für K_c angegeben sind. b) Treffen Sie begründete Aussagen über die Lage jedes einzelnen Gleichgewichts aus B2.

A5 Formulieren Sie nach dem Muster aus B2 die Umsetzung von Kohlenstoffmonooxid und Wasserstoff zu Methan und Wasser und geben Sie an, welche Dimension die Gleichgewichtskonstante K_c in diesem Fall hat.

Nr.	Anfangskonzentrationen $c_0(H_3CCOOH)$ in mol/L	$c_0(C_2H_5OH)$ in mol/L
1	1	0,05
2	1	0,5
3	1	1
4	1	2
5	1	6

B3 *Daten zu A3. Die jeweiligen Gleichgewichtskonzentrationen des Esters sind zu berechnen.*

Fachbegriffe

Gleichgewichtskonzentrationen *c*, Anfangskonzentrationen c_0, Stoffmengenverhältnis, Massenwirkungsgesetz

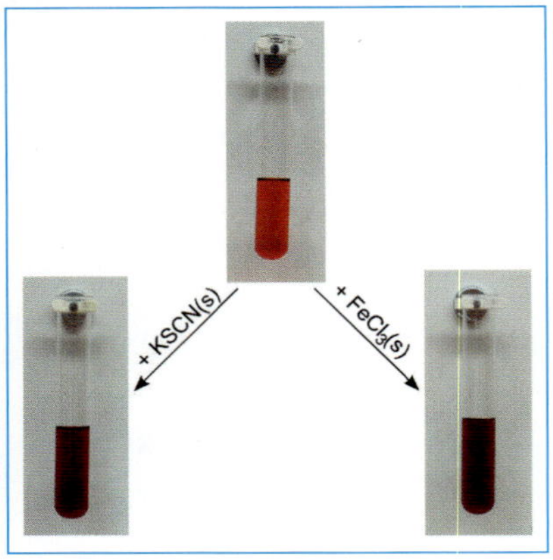

B1 *Systeme im Gleichgewicht vor und nach einer Störung durch Konzentrationsänderung in V1 bis V3 von S. 84*

Die Konzentration als Störfaktor

Hinweis: V1 eignet sich für Gruppenversuche. Es kann die übrig gebliebene, rote Lösung aus V1 von S. 84 verwendet oder eine neue Lösung nach der gleichen Vorschrift hergestellt werden.

Versuche

V1 Verteilen Sie ca. 50 mL der blutroten Eisen(III)-thiocyanat-Lösung* aus V1 von S. 84 (B1) auf drei Rggl. Das Rggl. Nr. 1 dient als Vergleichsprobe. Versetzen Sie die Lösung im Rggl. Nr. 2 mit einigen Tropfen Silbernitrat-Lösung* $\mathbf{AgNO_3(aq)}$, w = 2%, und die Lösung im Rggl. Nr. 3 mit einigen Tropfen Natronlauge*, c = 0,1 mol/L. Schütteln Sie jeweils und beobachten Sie die Änderungen genau.

LV2 In einem 800-mL-Becherglas wird eine Lösung aus 500 mL Wasser, 2 mL Acetessigsäureethylester (3-Oxobutansäure*) und ca. 1 g Eisen(III)-chlorid-Hexahydrat* hergestellt. Die Lösung wird auf dem Magnetrührer kräftig gerührt und gewartet, bis sich eine tiefrote Farbe eingestellt hat. Unter weiterem kräftigen Rühren werden in einer Portion 50 mL gesättigtes Bromwasser* hinzugefügt. Die Farbänderungen werden ca. 60 s lang beobachtet. Diese Vorgänge (Hinzufügen von Bromwasser, 60 s warten) können mehrmals wiederholt werden.

Auswertung

a) In der Lösung, von der in V1 ausgegangen wird, liegt folgendes Gleichgewicht vor (B1):

$$\mathbf{Fe^{3+}(aq)} \quad + \quad \mathbf{3SCN^{-}(aq)} \quad \rightleftharpoons \quad \mathbf{Fe(SCN)_3(aq)}$$

leicht bräunlich — farblos — blutrot

Formulieren Sie das Massenwirkungsgesetz MWG für dieses Gleichgewicht.

b) Die in den Rggl. Nr. 2 und Nr. 3 gebildeten Niederschläge bestehen aus schwer löslichem Silberthiocyanat $\mathbf{AgSCN(s)}$ bzw. schwer löslichem Eisen(III)-hydroxid $\mathbf{Fe(OH)_3(s)}$. Formulieren Sie die Reaktionsgleichungen für die Bildung dieser Niederschläge.

c) Vergleichen Sie die in B1 dargestellten Farbänderungen mit den Farbänderungen in den Rggl. Nr. 2 und Nr. 3 aus V1. Erklären Sie diese Änderungen als „Antwort“ des „Systems im Gleichgewicht“ auf den „Störfaktor Konzentration“.

d) Entwickeln Sie eine Hypothese, wie durch Zusatz einer weiteren Substanz die ursprüngliche rote Farbe in Rggl. Nr. 3 wieder hergestellt werden kann. Begründen und diskutieren Sie Ihre Hypothese mit den Mitschülern und der Lehrperson, planen Sie den entsprechenden Versuch und führen Sie ihn durch.

e) Der in LV2 eingesetzte Acetessigsäureethylester liegt in einer Keto- und einer Enol-Form (Keto-Enol-Tautomerie) vor, die miteinander im Gleichgewicht stehen:

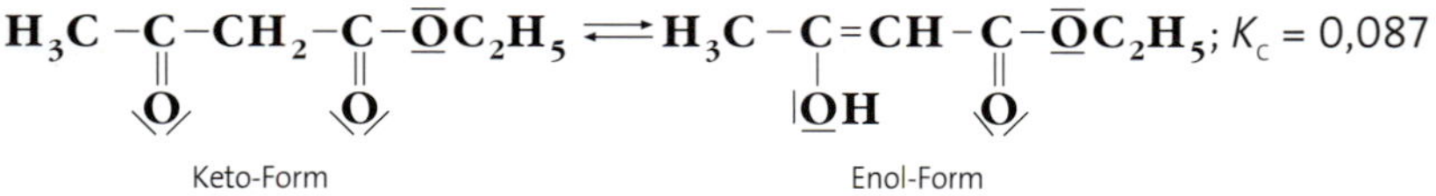

Erläutern und begründen Sie anhand des angegebenen Werts der Gleichgewichtskonstante K_c, welches der beiden Isomere beim Gleichgewicht überwiegt.

f) Erläutern und erklären Sie die spontane Rückkehr der roten Farbe nach einer gewissen Zeit (LV2) unter Verwendung der in c) angegebenen Schlüsselbegriffe.

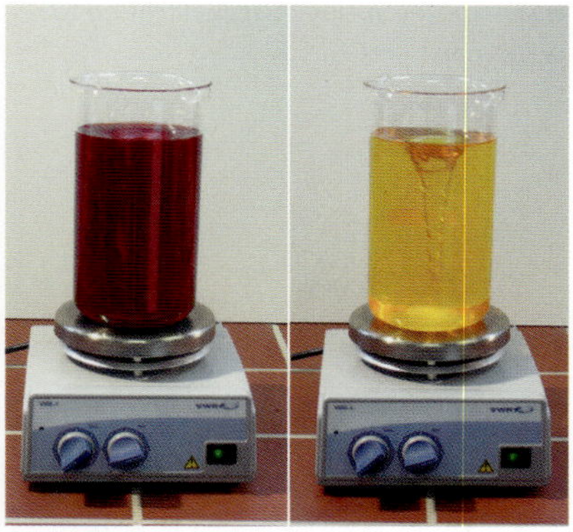

B2 *Die Enol-Form des Esters in LV2 gibt mit Eisen(III)-Ionen eine Rotfärbung, die Keto-Form nicht.* **A:** *Erklären Sie die Farbänderung bei LV2 unmittelbar nach der Zugabe von Bromwasser* $\mathbf{Br_2(aq)}$ *und begründen Sie sie mithilfe einer Reaktionsgleichung.*

Prinzip vom kleinsten Zwang und Massenwirkungsgesetz

Die Gleichgewichtsreaktion zwischen Eisen(III)-chlorid, Kaliumthiocyanat und Eisen(III)-thiocyanat in wässriger Lösung kann bei Zimmertemperatur durch Zusatz verschiedener Stoffe „gestört" werden. Wenn der zugegebene Stoff die **Konzentration** eines der *Edukte* erhöht bzw. vermindert, dann „antwortet" das System unter Farbvertiefung bzw. Farbaufhellung der Lösung (B1, V1). Wenn durch Konzentrationsänderung eines Edukts oder Produkts das System aus dem Gleichgewicht gebracht wird, stellt sich ein Gleichgewicht über die Hin- bzw. Rückreaktion erneut ein. Die in B3 dargestellten Auswirkungen der Konzentrationsänderung bei den Edukten gelten für alle Systeme im chemischen Gleichgewicht.

Wenn die Konzentration eines *Produkts* in einem chemischen Gleichgewicht verändert wird, tritt erwartungsgemäß der umgekehrte Effekt auf: Vermindert man die Konzentration des Produkts, bildet sich über die Hinreaktion wieder so viel Produkt, bis der Massenwirkungsquotient Q gemäß dem Massenwirkungsgesetz erneut gleich der Gleichgewichtskonstanten K_c ist. Damit ist beispielsweise zu erklären, warum die Lösung bei LV2 nach dem „Löschen der roten Farbe" durch Zugabe von Bromwasser nach einer bestimmten Zeit plötzlich wieder rot wird: Im Gleichgewicht liegt der Ester nur zu etwa 8 % in der Enol-Form vor, die für die rote Farbe verantwortlich ist (B2, Auswertung e, A2). Bei der Zugabe von Bromwasser werden Brom-Moleküle sehr schnell an die in Enol-Form vorliegenden Moleküle addiert und für die Zeit, in der noch überschüssige Brom-Moleküle vorhanden sind, verschwindet die Enol-Form vollständig aus der Lösung, der Massenwirkungsquotient ist annähernd null. Aus der noch reichlich vorhandenen Keto-Form bildet sich aber über die Hinreaktion des gestörten *Keto-Enol-Gleichgewichts* die Enol-Form nach, und wenn das gesamte zugegebene Brom aufgebraucht ist, bleibt die Enol-Form in der Lösung und liefert mit den Eisen(III)-Ionen die rote Farbe. Aufgrund des niedrigen Wertes von K_c und des daher niedrigen Anteils der Enol-Form beim Gleichgewicht können bei LV2 diese Zyklen wiederholt werden.

Nach dem **Prinzip vom kleinsten Zwang** (**Prinzip von Le Chatelier**[1]) wird die Störung eines Systems im Gleichgewicht ganz allgemein als Ausübung eines „äußeren Zwangs" aufgefasst, dem das System entgegnet, indem sich eine neue Gleichgewichtslage einstellt, in der die Wirkung durch den ausgeübten Zwang so klein wie möglich gehalten wird. Neben Konzentrationsänderungen der Reaktionsteilnehmer können auf chemische Gleichgewichte auch andere Störfaktoren (äußere Zwänge) einwirken (vgl. S. 94).

Aufgaben

A1 Erläutern und begründen Sie die Wirkungen der in B3 dargestellten Konzentrationsänderungen mithilfe des MWG.

A2 Die Bromaddition bei LV2 verläuft schneller als die Hinreaktion im Keto-Enol-Gleichgewicht. Erläutern Sie, warum die Beobachtungen bei LV2 anders wären, wenn das nicht der Fall wäre.

[1] Henry Louis Le Chatelier, franz. Chemiker, 1850 bis 1936

Erhöhung der Konzentration eines Edukts verlagert das Gleichgewicht nach rechts.

↓ $+Fe^{3+}$ ↓ $+SCN^-$

$$Fe^{3+}(aq) + 3SCN^-(aq) \rightleftharpoons Fe(SCN)_3(aq)$$

↓ $-Fe^{3+}$ ↓ $-SCN^-$

Verminderung der Konzentration eines Edukts verlagert das Gleichgewicht nach links.

B3 *Einfluss der Edukt-Konzentration auf die Lage eines chemischen Gleichgewichts.* **A:** *Im Rggl. Nr. 3 aus V1 kann durch Zutropfen von Salzsäure die rote Farbe wieder hergestellt werden. Finden Sie eine geeignete Erklärung.*

	Methanol 64,5	Ethanol 78,2
Methansäure 100,5	32	54
Ethansäure 118	57	77

B4 *Siedetemperaturen von zwei Alkanolen, zwei Carbonsäuren und ihren Estern in °C*

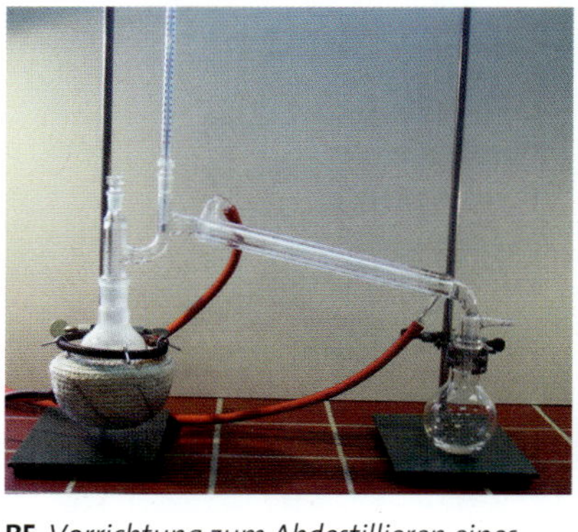

B5 *Vorrichtung zum Abdestillieren eines Esters bei der Estersynthese.* **A:** *Erläutern Sie den Einfluss dieser Arbeitsweise auf das Estergleichgewicht.*

Fachbegriffe

Konzentration, Prinzip vom kleinsten Zwang, Prinzip von Le Chatelier

Die Temperatur und der Druck als Störfaktoren

B1 *„Zaubertinte" (LV1)*

Versuche

LV1 *„Zaubertinte"*: Man stellt eine Lösung aus 2,4 g Cobalt(II)-chlorid-Hexahydrat* in 30 mL Wasser und 30 mL Aceton* her und tropft bei 50 °C so viel konzentrierte Salzsäure* im **Abzug** hinzu, bis diese tiefblau wird (B1). Man prüft, ob sich die Farbe durch Abkühlen unter fließendem Wasser nach Rosarot ändert und ob die Farbänderungen beim Erwärmen nach Blau und beim Abkühlen nach Rosarot umkehrbar sind. Wenn das der Fall ist, kann LV2 durchgeführt werden.

LV2 Etwas kalte „Zaubertinte" aus LV1 wird in eine dünne Pipette gezogen. Damit wird ein Filterpapier bemalt oder beschriftet. Die Schrift soll nach dem Trocknen auf dem Papier bei Raumtemperatur nicht sichtbar sein. Das Papier wird über einer elektrischen Heizplatte (oder sehr vorsichtig mit der Feuerzeugflamme) erhitzt, bis die Schrift erkennbar ist (B2). Es wird geprüft, ob die Farbänderungen umkehrbar sind.

B2 *Die Schrift mit der „Zaubertinte" wird erst beim Erwärmen sichtbar (LV2).*

Auswertung

a) Den Farbänderungen (LV1, LV2) liegt folgendes Gleichgewicht zugrunde:

$$[Co(H_2O)_6]^{2+}(aq) + 4Cl^-(aq) \rightleftharpoons [Co(Cl)_4]^{2-}(aq) + 6H_2O(l);\quad \text{endotherm}$$

Hexaaquacobalt(II)-Ion rosarot — Tetrachlorocobalt(II)-Ion blau

Begründen Sie, warum bei den erwärmten Lösungen die blaue und bei den abgekühlten die rosarote Färbung auftritt.

b) Die verschlossenen Ampullen in B3 zeigen das folgende System im Gleichgewicht bei verschiedenen Temperaturen:

$$2NO_2(g) \rightleftharpoons N_2O_4(g);\quad \text{exotherm}$$

Stickstoffdioxid braun — Distickstofftetraoxid farblos

Erläutern und erklären Sie die Farben in B3.

c) Vergleichen Sie die Übereinstimmung des Einflusses der Temperatur (Auswertung a und b) sowie des Drucks (*INFO*) mit dem allgemeinen Prinzip vom kleinsten Zwang (Prinzip von LE CHATELIER, vgl. S. 93).

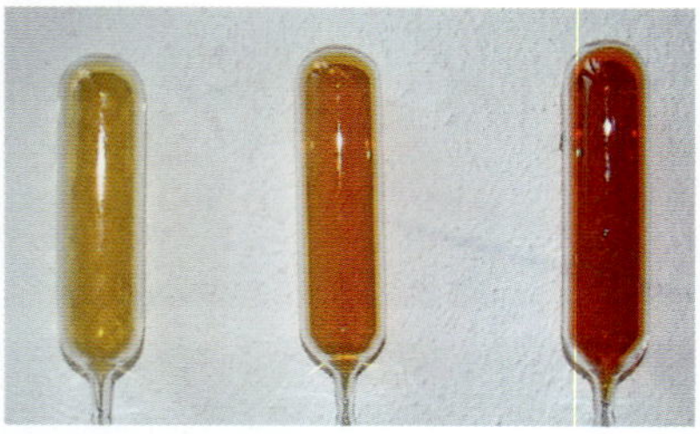

B3 *Das System* $2NO_2 \rightleftharpoons N_2O_4$ *bei T = 5 °C, 25 °C und 80 °C.* **A:** *In Chemie 2000+ Online ist ein Versuch zur druckabhängigen Reaktion von Kohlenstoffdioxid mit Wasser beschrieben. Formulieren Sie das Gleichgewicht und vergleichen Sie es mit dem in B3 dargestellten und in INFO beschriebenen Gleichgewicht.*

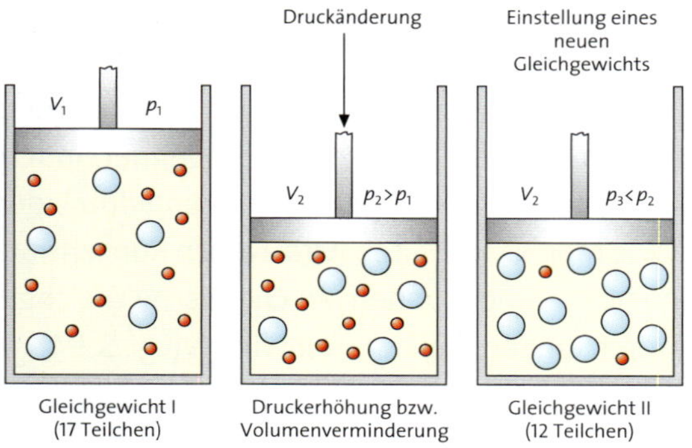

INFO

Komprimiert man ein im Gleichgewicht befindliches System aus Stickstoffdioxid NO_2 (giftig!) und Distickstofftetraoxid N_2O_4 bei gleich bleibender Temperatur, so vertieft sich die braune Farbe kurzfristig. Dann hellt sich die Farbe aber wieder auf: Bei Druckerhöhung verschiebt sich die Lage des Gleichgewichts in die Richtung, die eine Abnahme der Gesamtzahl der Teilchen in der Gasphase (und damit nach der Hypothese von AVOGADRO ein kleineres Volumen der Gasphase) zur Folge hat. Der Wert der Gleichgewichtskonstanten K_c bleibt bei Druckveränderungen konstant, wenn die Temperatur dabei konstant gehalten wird.

Prinzip vom kleinsten Zwang und Gleichgewichtskonstante K_c

In den Gefäßen aus B1 und B3 liegen Systeme im Gleichgewicht vor, die beim Erwärmen und Abkühlen umkehrbar ihre Farbe ändern. Eine solche Farbänderung wird allgemein als *Thermochromie* bezeichnet und beruht darauf, dass die **Temperatur** die Lage des chemischen Gleichgewichts und in diesem Fall auch die Gleichgewichtskonstante K_c beeinflusst.
Bei der Angabe der Gleichgewichtskonstanten K_c muss deshalb immer auch die Temperatur genannt werden, für die der angegebene Zahlenwert gilt (vgl. S. 91, B2). Bei einem Gleichgewicht mit endothermer Hinreaktion, wie in LV1 und in LV2, nimmt der Wert von K_c mit steigender Temperatur zu, weil die Hinreaktion begünstigt wird. Verläuft die Hinreaktion dagegen exotherm, so läuft bei einer Temperaturerhöhung die endotherme Rückreaktion bevorzugt ab und K_c nimmt bei steigenden Temperaturen kleinere Werte an (B4).
Abgesehen davon bewirkt eine Temperaturerhöhung bei sehr vielen Gleichgewichtsreaktionen auch die Erhöhung der Reaktionsgeschwindigkeit von Hin- *und* von Rückreaktion und damit die raschere Einstellung des Gleichgewichtszustands. Diesen Effekt erzielt man auch durch Zusatz von Katalysatoren (vgl. S. 98). Im Gegensatz zur Temperatur beeinflusst ein Katalysator aber nicht die Lage eines Gleichgewichts.
Gleichgewichte können auch durch Änderungen des **Drucks** beeinflusst werden, jedoch nur dann, wenn mindestens ein Reaktionsteilnehmer als Gas vorliegt. Die Art und Weise, wie der Druck als Störfaktor auf ein chemisches Gleichgewicht wirkt (*INFO*), kann ebenso wie bei den Störfaktoren Temperatur und Konzentration mit dem **Prinzip vom kleinsten Zwang** (**Prinzip von Le Chatelier**, vgl. S. 93) verallgemeinert werden.
Die Kenntnisse über die Einflüsse von Konzentration, Temperatur und Druck auf chemische Gleichgewichte macht man sich bei vielen industriellen Prozessen zunutze (A1, B5).

Aufgaben

A1 Alkene werden großtechnisch durch Cracken von langkettigen Alkanen, die im Erdöl enthalten sind, hergestellt. Aus der Fraktion der vier isomeren Butene C_4H_8 wird 2-Methylpropen (Isobuten) nach den Angaben aus B5 abgetrennt. a) Beschreiben Sie mithilfe der Angaben das Trennverfahren und gehen Sie dabei auf den Kreislauf eines Teils der eingesetzten Stoffe ein. b) Leiten Sie aus den Angaben in B5 den Einfluss der Temperatur auf das formulierte Gleichgewicht ab und erläutern Sie, welche Bedeutung das für die Verwirklichung dieses Verfahrens hat.

A2 Die Bildung der nitrosen Gase NO_x (NO und NO_2) durch Reaktion von Stickstoff mit Sauerstoff verläuft endotherm, ihre Umsetzung zu Stickstoff N_2 und anderen Produkten (CO_2 und H_2O) am Autoabgaskatalysator verläuft exotherm. Erläutern und begründen Sie, wie die Temperatur im Katalysatorraum im Vergleich zu der Temperatur im Verbrennungsraum sein sollte, damit möglichst viel von den nitrosen Gasen umgesetzt wird.

A3 Erläutern und begründen Sie, ob die Aktivierungsenergie der Hinreaktion die Lage eines chemischen Gleichgewichts beeinflusst oder nicht.

$$H_2(g) + I_2(g) \rightleftharpoons 2HI(g);\ \text{exotherm}$$

Temperatur T in K	Gleichgewichtskonstante K_c
629	66,7
666	58,8
716	50,0
731	48,8
781	40,0

B4 *Gleichgewichtskonstanten für das Iodwasserstoffgleichgewicht bei verschiedenen Temperaturen.* **A:** *Begründen Sie aus den Zahlenwerten, warum es sich bei der Bildung von Iodwasserstoff um einen exothermen Vorgang handelt.*

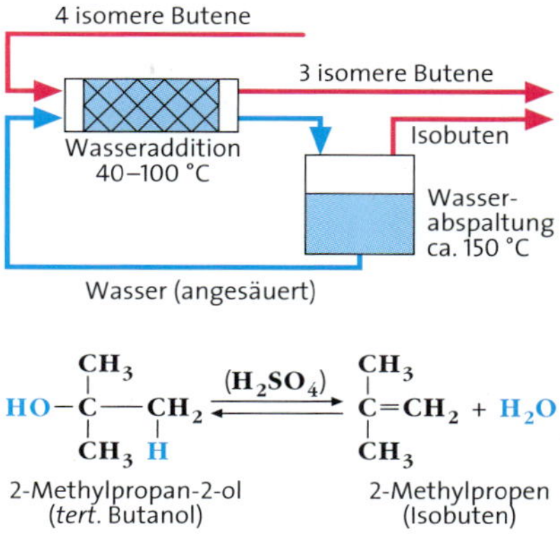

B5 *Von den vier isomeren Alkenen* C_4H_8 *addiert nur Isobuten bei Temperaturen von 40 °C bis 100 °C angesäuertes Wasser.*
A: *Schreiben Sie die Valenzstrichformeln der anderen drei isomeren Moleküle auf.*

Fachbegriffe

Temperatur, Druck, Prinzip vom kleinsten Zwang (Prinzip von Le Chatelier)

„Herr Geheimrat, es tropft"

B1 *FRITZ HABER (1868 bis 1934), Nobelpreis für Chemie 1918 und CARL BOSCH (1874 bis 1940), Nobelpreis für Chemie 1931.* **A:** *Informieren Sie sich im Internet über das Leben und Schaffen von F. HABER.*

INFO

Bereits im 19. Jahrhundert wurden Stickstoffverbindungen als Dünger verwendet. In Europa düngte man mit dem aus Chile importierten Chilesalpeter (Natriumnitrat). Die Reserven dieses Salzes waren aber nicht unerschöpflich und drohten bald zur Neige zu gehen. Mithilfe des Stickstoffs aus der Luft sollte Ersatz geschaffen werden. Im Jahr 1889 schrieb der englische Chemiker SIR WILLIAM CROOKS: *„Es ist klar, dass wir hier einem Riesenproblem gegenüberstehen, das den Scharfsinn der Klügsten herausfordert ... . Die Bindung des atmosphärischen Stickstoffs ist eine der großen Entdeckungen, die auf die Genialität der Chemiker warten."*

Die Herausforderung an die Chemiker war umso größer, da man schon mehrere Jahrzehnte vergeblich nach einem kostengünstigen Verfahren gesucht hatte, Stickstoff aus der Luft chemisch zu binden. Daher war eine der größten Errungenschaften der Chemie vollbracht, als es am 2. Juli 1909 dem jungen Karlsruher Professor FRITZ HABER (B1) gelang, die **Ammoniaksynthese** zu verwirklichen (B3). Er stellte seine Entdeckung den Leitern der Badischen Anilin- und Sodafabrik BASF vor. Die BASF beauftragte den 35-jährigen CARL BOSCH (B1), das von HABER entdeckte Verfahren im Industriemaßstab umzusetzen. Zur gleichen Zeit suchten PAUL ALWIN MITTASCH und seine Mitarbeiter unter ca. 3000 Stoffen in über 20 000 Versuchen nach einem geeigneten Katalysator, der vor allem billiger sein musste als der von HABER im Laborversuch benutzte Osmium-Katalysator. Im Jahr 1913 konnte die erste Industrieanlage der Welt bei BASF die Ammoniakproduktion aufnehmen.

Während des 1. Weltkriegs wurden allerdings auch große Mengen synthetischen Ammoniaks zur Herstellung von Schießpulver verwendet. Sogar Reiz- und Kampfstoffe sind unter der Leitung von F. HABER entwickelt und auch eingesetzt worden.

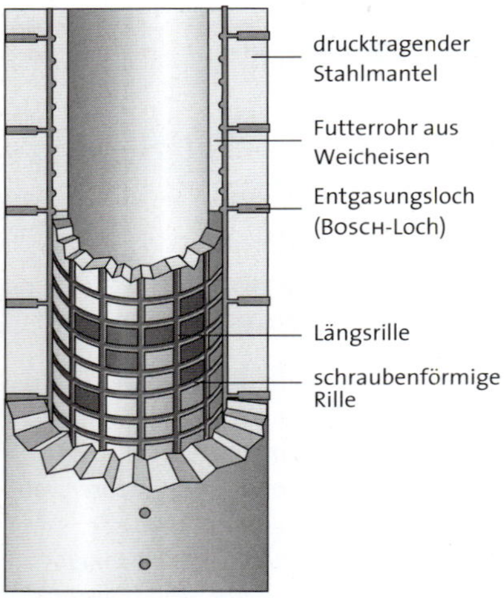

B2 *Hochdruckrohr mit BOSCH-Löchern. Bei sehr hohem Druck wird der im Stahl enthaltene Kohlenstoff durch Wasserstoff in Form gasförmiger Kohlenwasserstoffverbindungen aus dem Stahl herausgelöst, sodass dieser spröde wird und den Druck nur für kurze Zeit aushalten kann. Die Röhren, mit denen CARL BOSCH und seine Mitarbeiter experimentierten, platzten. Sie mussten die Druckrohre deshalb innen mit einem Mantel aus kohlenstofffreiem Weicheisen versehen, in das Rillen gedreht waren, und zusätzlich kleine Löcher in den äußeren Stahlmantel bohren. Dadurch konnten geringe Mengen diffundierenden Wasserstoffs entweichen.*

Auswertung

a) Erläutern Sie mit den Informationen aus *INFO* die Zwiespältigkeit eines wichtigen technischen Fortschritts.

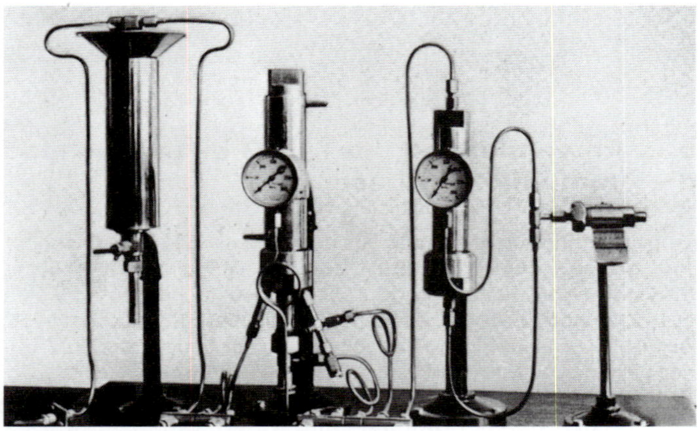

B3 *In dieser Apparatur synthetisierte F. HABER bei 550 °C und 17 500 hPa in Gegenwart eines Osmium-Katalysators 80 g Ammoniak pro Stunde. Die Apparatur steht heute im DEUTSCHEN MUSEUM in München. Als HABER das erste flüssige Ammoniak erhielt, sagte er voller Begeisterung zu seinem Lehrer: „Herr Geheimrat, es tropft!"*

Das HABER-BOSCH-Verfahren und seine Geschichte

Man kennt bis heute nur wenige Reaktionen des Stickstoffs bei Raumtemperatur. Zu diesen gehören die Bindung des Luftstickstoffs und seine anschließende Überführung in Aminosäuren durch die Bakterien der Wurzelknöllchen von Leguminosen und durch einige Cyanobakterien.
Unter diesen Umständen ist die Synthese von Ammoniak aus Stickstoff und Wasserstoff durch F. HABER im Jahr 1909 bis heute einer der wichtigsten Meilensteine in der Geschichte der Chemie (*INFO*, B1 bis B3).
Unter welchen Reaktionsbedingungen diese schwierige Synthese gelingen konnte, wurde aus den Kenntnissen über das chemische Gleichgewicht, das Massenwirkungsgesetz und das Prinzip vom kleinsten Zwang (Prinzip von LE CHATELIER) abgeleitet. Die Synthese von Ammoniak verläuft exotherm und mit einer Volumenverringerung ab. Es stellt sich folgendes Gleichgewicht ein:

$$N_2(g) + 3H_2(g) \rightleftharpoons 2NH_3(g)\text{; exotherm}$$

1 Raumteil — 3 Raumteile — 2 Raumteile

Danach sollte bei hohem Druck und niedriger Temperatur gearbeitet werden, um einen möglichst hohen Ammoniakanteil im Gleichgewichtsgemisch zu erhalten (B4). Eine niedrige Arbeitstemperatur kommt aber nicht infrage, weil die Reaktionsgeschwindigkeit selbst bei 200 °C sehr gering ist, so dass das Eduktgemisch sehr lange im Reaktor bleiben müsste. F. HABER wählte eine Arbeitstemperatur von 550 °C und einen Druck von 17,5 MPa, setzte einen Katalysator aus Osmium ein und konnte so in seiner Apparatur (B3) erfolgreich Ammoniak synthetisieren.
Auch moderne Synthesereaktoren werden nach dem **HABER-BOSCH-Verfahren** (B5) immer noch bei Temperaturen um 550 °C betrieben, man arbeitet inzwischen aber bei viel höheren Drücken von 25 MPa bis 30 MPa und in Gegenwart eines ausgeklügelten **Katalysatorsystems**, das wesentlich billiger und zugleich effizienter als der Osmium-Katalysator ist. Dieses Katalysatorsystem besteht aus Eisen(II)-Eisen(III)-oxid Fe_3O_4 mit Zusätzen aus ca. 2 % Aluminiumoxid Al_2O_3, ca. 0,5 % Kaliumoxid K_2O, etwas Calciumoxid CaO und Siliciumdioxid SiO_2.
Die industrielle Ammoniaksynthese nach dem HABER-BOSCH-Verfahren eröffnete bereits im Jahr 1913 den preiswerten Zugang zu einer breiten Palette von Produkten. Heute werden weltweit ca. 100 Mio Tonnen Stickstoff nach dem HABER-BOSCH-Verfahren zu Ammoniak umgesetzt, wobei man in den Industrieanlagen von den **Rohstoffen** Wasser, Luft und Erdgas ausgeht (vgl. S. 98, 99).

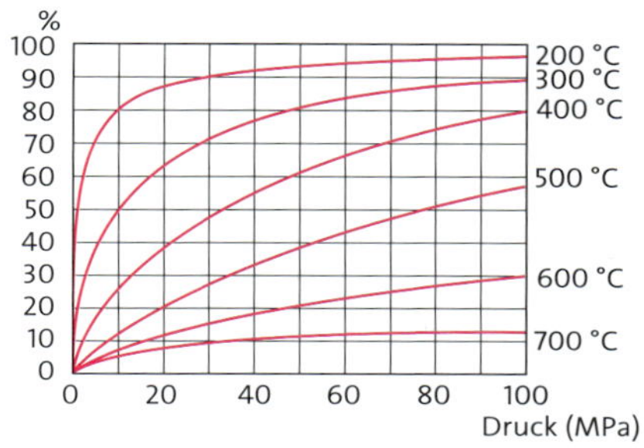

B4 *Einfluss von Druck und Temperatur auf den Ammoniakanteil beim Gleichgewicht.*
A: *Ermitteln Sie den Ammoniakanteil bei 500 °C und 30 MPa.*

B5 *Ein moderner Hochdruckreaktor wiegt fast 400 t, ist 22 m lang und hat einen Durchmesser von 2 m. Er ist aus über 8 500 Teilen, von der 10-mm-Schraube bis zum 60-t-Rohr, zusammengesetzt; in ihm können 50 t Ammoniak pro Stunde produziert werden.*

Aufgabe

A1 Heute werden moderne Hochdruckreaktoren (B5) aus speziellen Stählen hergestellt, die das Eisenfutter und die BOSCH-Löcher (B2) überflüssig machen. Geben Sie begründet an, welches Element diese Spezialstähle nicht enthalten dürfen.

Fachbegriffe

Katalysatorsystem, HABER-BOSCH-Verfahren, Rohstoffe

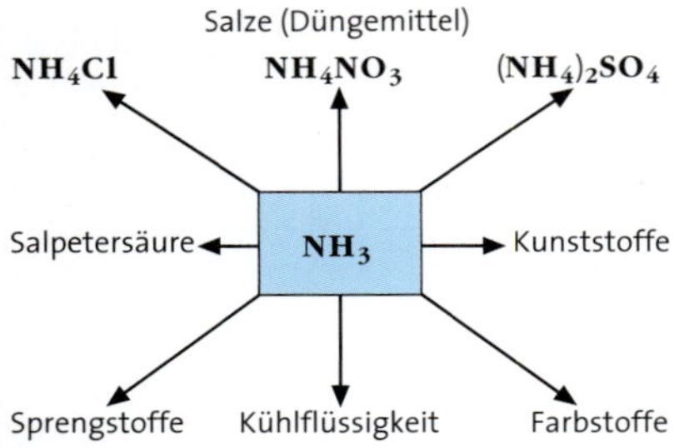

B1 *Wichtige Produkte aus Ammoniak.*
A: Erläutern Sie, warum Ammoniak „in der Champions League der Industriechemikalien mitspielt“.

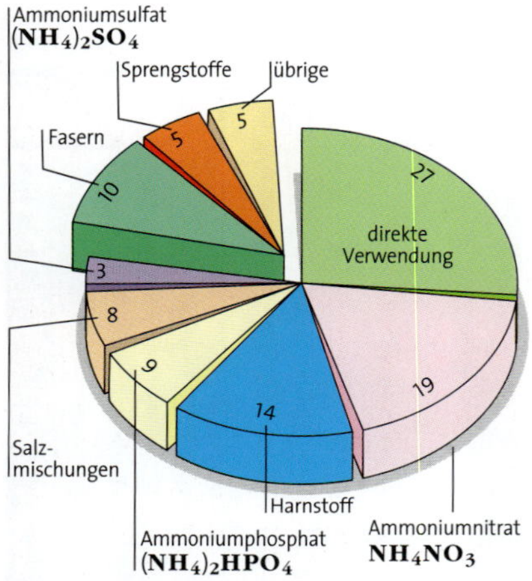

B2 *80 % des weltweit produzierten Ammoniaks werden zur Herstellung von Düngemitteln eingesetzt. A: Formulieren Sie Reaktionsgleichungen für die Synthesen der drei Stickstoffdünger, deren Formeln angegeben sind.*

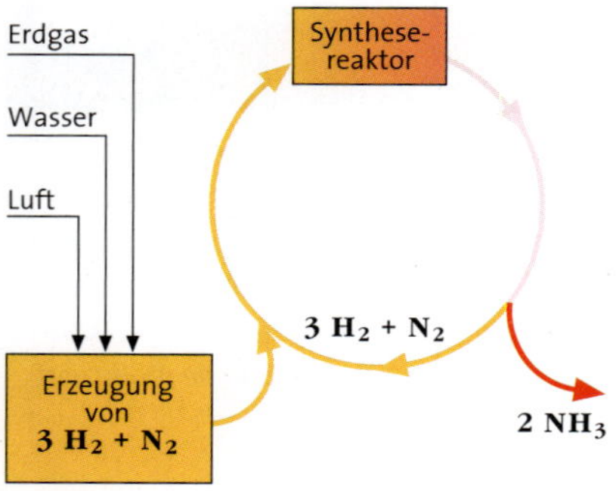

B3 *Rohstoffe und Schritte bei der Ammoniaksynthese nach dem Haber-Bosch-Verfahren. A: Informieren Sie sich in Chemie 2000+ Online über eine Ammoniaksynthese im Labor und führen Sie sie ggf. durch.*

Champions League in der industriellen Chemie

INFO

Die Ammoniaksynthese hat große wirtschaftliche Bedeutung. Gemessen an der Menge der erzeugten Produkte (B1, B2) ist sie einer der wichtigsten technischen Prozesse überhaupt. Die Überführung von Stickstoff in Ammoniak ist heute die einzig bedeutende Methode, den extrem reaktionsträgen elementaren Stickstoff für Pflanzen verwertbar zu machen. So wären z. B. ohne die Entwicklung der Ammoniaksynthese globale Hungersnöte wohl unvermeidbar, denn nur über den „Umweg“ Ammoniak lässt sich der Stickstoff aus der Luft in mineralische Düngemittel für Pflanzen überführen. Obwohl das Haber-Bosch-Verfahren seit dem Jahr 1913 industriell durchgeführt wird, gelang es erst nach 1960, die Reaktionsschritte am Katalysator, den Mechanismus dieser **heterogenen Katalyse,** aufzuklären. Entscheidend für den Reaktionsablauf am Katalysator ist dessen Oberflächenstruktur und Zusammensetzung (vgl. S. 97). Auf der Katalysatoroberfläche bilden sich durch die Reaktion des Wasserstoffs aus dem Eduktgemisch mit dem Eisenoxid aus dem Katalysator kleine „Eisen-Inseln“, die die eigentlich katalytisch wirksamen Zentren sind. An diesen werden Wasserstoff- und Stickstoff-Moleküle schrittweise zu Ammoniak-Molekülen umgesetzt (Auswertung, B4). Der Katalysator setzt so die **Aktivierungsenergie** E_a bei der Ammoniaksynthese von E_a = 230 kJ auf E_a = 10 kJ herab (B5).

Die Industrieanlagen für die Ammoniaksynthese arbeiten nach dem **kontinuierlichen Verfahren** (B3): Die Rohstoffe werden ständig eingespeist und die Anlagen liefern ständig Ammoniak. Die Edukte Stickstoff und Wasserstoff, die nicht reagiert haben, werden nach Abtrennen des Produkts Ammoniak dem Kreislauf erneut zugeführt.

Auswertung

a) Aus B4 geht hervor, dass Wasserstoff-Moleküle bereits bei der Adsorption in Atome getrennt werden. Stickstoff-Moleküle liegen dagegen im adsorbierten Zustand nicht sofort in Atome getrennt vor. Suchen Sie nach einer Begründung für diese Modellannahme und erläutern Sie sie.

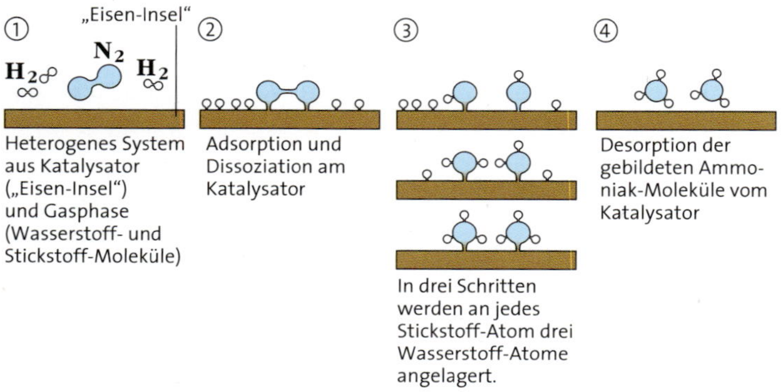

B4 *Modell der heterogenen Katalyse bei der Ammoniaksynthese*

Technische Ammoniaksynthese heute

Eine großtechnische Anlage muss kostengünstig produzieren und sollte die Umwelt möglichst wenig belasten. Dafür sind besonders zwei Faktoren von entscheidender Bedeutung:

1. Der *input* an Stoffen und Energie muss preisgünstig sein.
2. Der *output* an Stoffen und Energie muss möglichst vollständig verwertbar sein.

Daher geht man bei der Ammoniaksynthese heute von den **Rohstoffen** Luft, Wasser und Erdgas (Erdöl oder Kohle) aus und arbeitet in **Industrieanlagen**, die kontinuierlich betrieben werden (B3, B6). Dem **Synthesereaktor**, dem Kern der Anlage, in den das stöchiometrische Gasgemisch ($3H_2 + N_2$) bei hohem Druck eingespeist wird, sind weitere Reaktoren vorgeschaltet, in denen folgende Prozesse ablaufen (B6):

Wassergasprozess (Dampf-Reformierung, *steam reforming*):

$$CH_4(g) + H_2O(g) \rightleftharpoons CO(g) + 3H_2(g); \quad \text{endotherm}$$

Generatorprozess:

$$2CH_4(g) + \underbrace{4N_2(g) + O_2(g)}_{\text{Luft}} \rightleftharpoons 2CO(g) + 4H_2(g) + 4N_2(g); \quad \text{exotherm}$$

Konvertierung von Kohlenstoffmonooxid:

$$CO(g) + H_2O(g) \rightleftharpoons CO_2(g) + H_2(g); \quad \text{exotherm}$$

Das Kohlenstoffdioxid wird aus diesem Gasgemisch durch sog. Druckwäsche, d.h. durch Lösen in Wasser entfernt.

Die **Stoffbilanz** der Anlage zeigt, dass die drei Rohstoffe kontinuierlich zugeführt und das Hauptprodukt Ammoniak und das Kopplungsprodukt Kohlensäure abgeführt werden. Bei den exothermen Prozessen wird mehr Wärme verfügbar als bei den endothermen benötigt wird, so dass ein Teil der Überschusswärme zur Dampferzeugung genutzt werden kann (B6). Die Anlage hat aber dennoch keine positive **Energiebilanz**, da für den Antrieb der Kompressoren „hochwertige" elektrische Energie zugeführt werden muss (ca. 600 kWh pro Tonne Ammoniak).

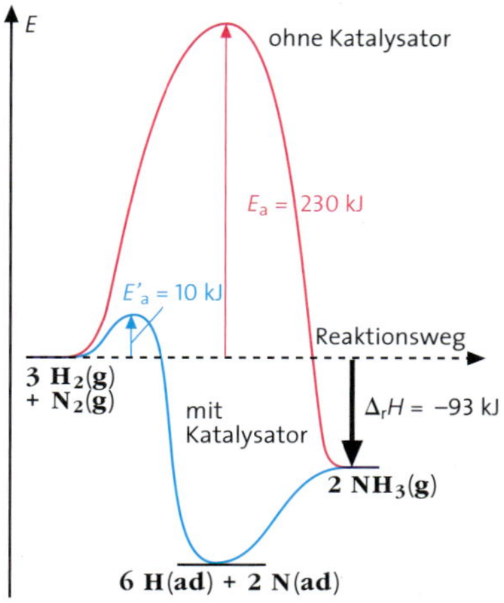

B5 *Aktivierungsenergien bei der nicht katalysierten und bei der katalysierten Ammoniaksynthese*

Aufgaben

A1 Erläutern Sie die Funktionen der in B6 dargestellten Teile der Anlage und ordnen Sie ihnen Reaktionen zu.

A2 Diskutieren Sie die Belastung der Umwelt durch eine Ammoniakanlage mit Stoffen und Energie.

A3 Begründen Sie, warum der Preis von Agrarprodukten von den Öl- und Gaspreisen abhängt.

Fachbegriffe

Rohstoffe, Industrieanlage, Synthesereaktor, Wassergasprozess (Dampf-Reformierung), Generatorprozess, Konvertierung, Stoffbilanz, Energiebilanz

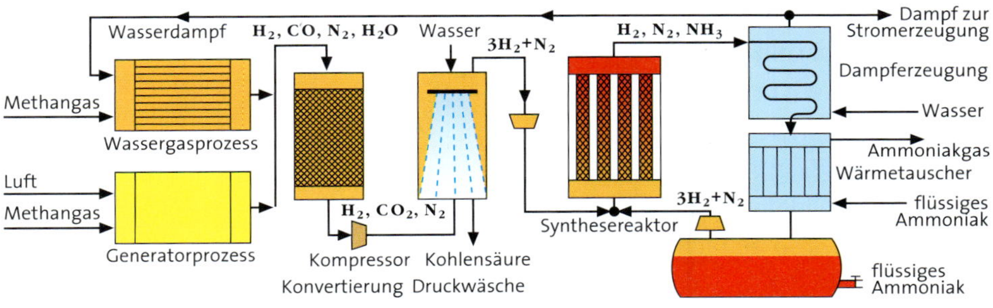

B6 *Fließschema einer Industrieanlage für die Ammoniaksynthese*

ERWEITERUNG · VERTIEFUNG · ANWENDUNG

Fließgleichgewicht – ein stationärer Zustand

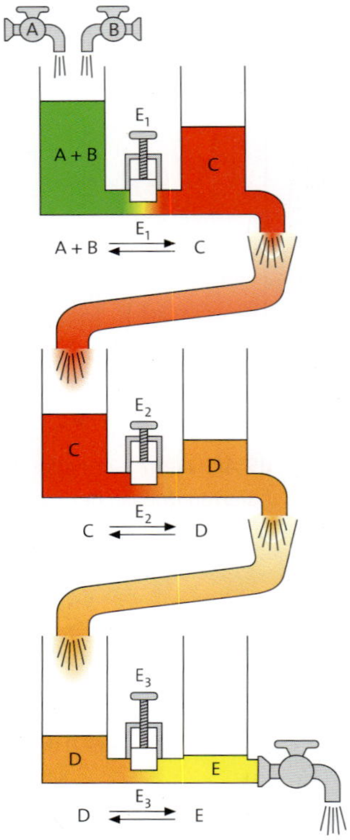

B1 *Modell zur Einstellung eines Fließgleichgewichts*

Ein chemisches Gleichgewicht kann sich nur in einem geschlossenen System einstellen (vgl. S. 85). Geschlossene Systeme gibt es in der Praxis nur sehr selten.

In der Natur und in der Technik gibt es viele **offene Systeme**, die einem Durchflussreaktor wie bei der Ammoniaksynthese gleichkommen und in denen **Fließgleichgewichte** herrschen. Bei einem Fließgleichgewicht ist die Konzentration mindestens eines Stoffes konstant, ohne dass die Reaktionen, die im System ablaufen, den Zustand des chemischen Gleichgewichts erreichen.

Das ist z.B. möglich, wenn gerade so viel von einem Stoff das System verlässt, wie von ihm in der gleichen Zeitspanne im System gebildet wird.

Das Modell aus B1 veranschaulicht solch ein Fließgleichgewicht. In den mittleren Behälter fließt in einem Zeitintervall gerade so viel Stoff C hinein, wie in der Reaktion zu Stoff D umgewandelt wird. Gleichzeitig fließt auch so viel D hinaus, wie aus C gebildet wurde. Die Konzentrationen von C und D sind also zeitlich konstant.

In einem offenen System können auch mehrere chemische Reaktionen sowie Zufuhr und Abfuhr von Stoffen so ineinander greifen, dass ihre Konzentrationen zeitlich konstant sind. Bei dem System im Fließgleichgewicht herrscht damit ein **stationärer Zustand**. In manchen (vielen) Fällen sind die Konzentrationen aber nicht absolut konstant, sondern verändern sich periodisch nach oben und nach unten um einen konstanten Wert, d.h. sie oszillieren innerhalb eines Intervalls (vgl. **chemische Oszillationen**, S. 104, 105).

Fließgleichgewichte ohne und mit Oszillationen gibt es in jedem lebenden Organismus (z.B. in einem Organ oder in einer Zelle), in Bereichen der Umwelt (z.B. in einem Gewässer, einem Boden oder einem Teil der Atmosphäre) und auch in technischen Anlagen (z.B. in einem Bioreaktor).

Aufgaben

A1 Oft spricht man vom ökologischen Gleichgewicht z.B. bei einem See, einer Wiese oder einem ähnlichen System. Überlegen Sie, was damit gemeint ist, und vergleichen Sie das ökologische Gleichgewicht mit dem chemischen Gleichgewicht und mit den chemischen Oszillationen beim Fließgleichgewicht.

A2 In den Zellen eines Erwachsenen werden täglich 75 kg der „biologischen Energiewährung" Adenosintriphosphat ATP umgesetzt. Ständig vorhanden im Körper sind jedoch nur ca. 35 g ATP. a) Begründen Sie anhand von B2, wie das möglich ist. b) Erläutern Sie, wie die energetische Kopplung funktioniert und nennen Sie je ein Beispiel für die Stoffe A, B, C und D.

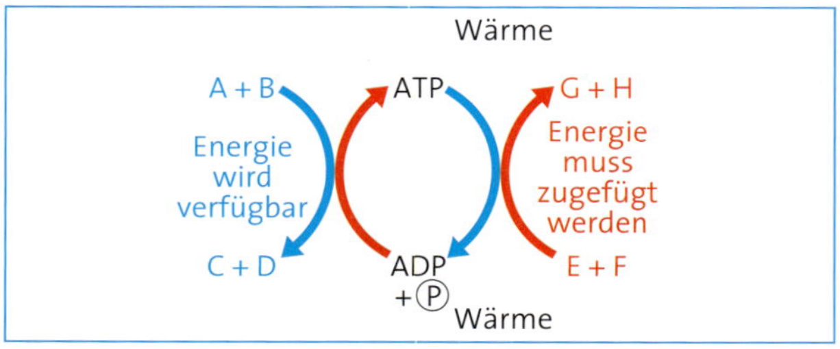

B2 ***Energetische Kopplung*** *einer energieliefernden und einer energiebenötigenden Reaktion im menschlichen Körper über das System ATP/ADP (ADP: Adenosindiphosphat; Ⓟ: Phosphat-Rest)*

Photostationäre Gleichgewichte

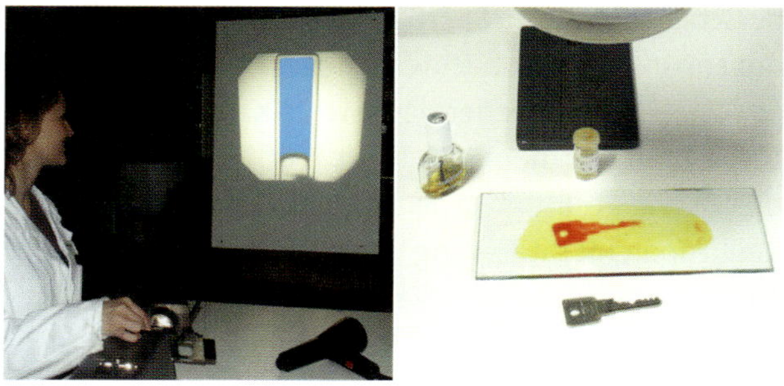

B1 *Photochromie-Experimente mit Spiropyran (vgl. auch Chemie 2000+ Online)*

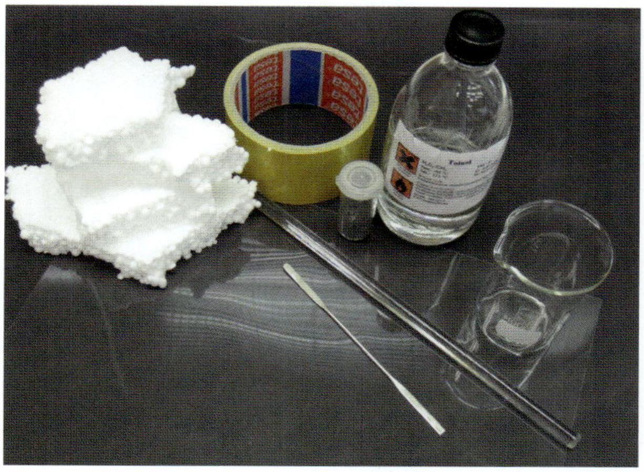

B2 *Aus Styropor und Spuren von Spiropyran lässt sich mit einfachen Mitteln eine „intelligente Folie" herstellen, auf der optische Informationen gespeichert, überschrieben und gelöscht werden können (vgl. Chemie 2000+ Online).*

Photochromie von Spiropyran

Eine Lösung aus Spiropyran in Toluol oder in farblosem Nagellack verhält sich ähnlich wie die Gläser einer Brille mit Helligkeitstönung: Beide ändern ihre Farbe bei Lichtbestrahlung und bei Dunkelheit umkehrbar. Dieses Phänomen wird als **Photochromie** bezeichnet und ist von großer Bedeutung für die Entwicklung sogenannter intelligenter Materialien mit besonderen optischen, elektronischen und biochemischen Eigenschaften. Im Falle von Spiropyran beruht die reversible Farbänderung auf einer Isomerisierung zwischen dem farblosen (bis schwach gelblichen) Spiropyran und dem farbigen (je nach Lösemittel blauen oder roten) Merocyanin:

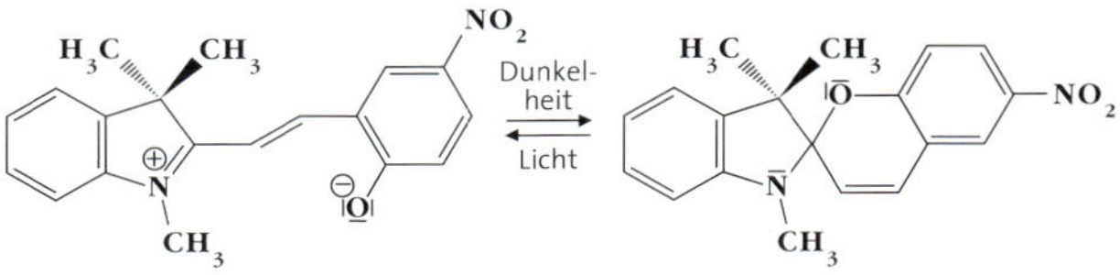

Merocyanin **B** (blau) Spiropyran **A** (farblos)

Zwischen diesen beiden Isomeren mit der Molekülformel $C_{19}H_{18}O_3N_2$ stellt sich in Toluol bei Dunkelheit ein chemisches Gleichgewicht (thermodynamisches Gleichgewicht) ein. Bei Bestrahlung mit Sonnenlicht oder mit einer Halogenlampe stellt sich ein neues Gleichgewicht ein. Ein solches Gleichgewicht, das durch Einstrahlung von Licht erzeugt und aufrecht gehalten wird, bezeichnet man als **photostationäres Gleichgewicht** oder **photostationären Zustand**. Das photostationäre Gleichgewicht bricht zusammen, sobald die Zufuhr von Lichtenergie unterbrochen wird.

Photostationäre Zustände in der Atmosphäre

Für bestimmte Zeitspannen, in denen die Sonneneinstrahlung annähernd konstant ist, stellen sich auch in den beiden Reaktionskammern des Photoreaktors Atmosphäre, der Stratosphäre und der Troposphäre, photostationäre Zustände ein (vgl. S. 54, 59 und 60). In diesen Zeitspannen kommt es jeweils durch Überlagerung einer Vielzahl von Reaktionen, unter denen einige durch Licht angetrieben werden und andere selbsttätig verlaufen, zu photostationären Zuständen mit zeitlich konstanten Anteilen der stofflichen Bestandteile.

Aufgabe

A1 Erkunden Sie in *Chemie 2000+ Online* die Animation „Photostationarität" zum System Spiropyran-Merocyanin und bearbeiten Sie folgende Teilaufgaben:

a) Vergleichen Sie die in der Animation dargestellte Simulation des photostationären Gleichgewichts auf der Teilchenebene mit der Simulation auf der Stoffebene. Erläutern Sie die Gemeinsamkeiten und Unterschiede.

b) Beurteilen Sie die Anwendbarkeit dieser Animation auf die photostationären Zustände in der Stratosphäre und Troposphäre.

Fällungsgleichgewicht und Löslichkeitsprodukt

B1 *Ausfällung von Bleiiodid (LV1) und mikroskopische Aufnahme der Phasengrenze zwischen festem Silber (schwarz) und einer Silbernitrat-Lösung (hell)*

Versuche

LV1 Folgende Lösungen werden vorbereitet: Kaliumiodid-Lösung, aus 0,77 g Kaliumiodid in 200 mL destilliertem Wasser (Lösung I), und Bleinitrat-Lösung*, hergestellt aus 0,43 g Bleinitrat* in 200 mL destilliertem Wasser (Lösung II). Gleiche Volumina von Lösung I und Lösung II werden vereinigt (B1). Man lässt den gebildeten Niederschlag ca. 5 min absetzen und filtriert den Überstand zu gleichen Teilen in 2 Rggl. In das 1. Rggl. wird 1 mL gesättigte Kaliumiodid-Lösung und in das zweite Rggl. 1 mL gesättigte Bleinitrat-Lösung* gegeben und beobachtet.

V2 Stellen Sie in einem Becherglas aus Calciumhydroxid* und Wasser ca. 30 mL Suspension her. Lassen Sie diese so lange stehen, bis sich der nicht gelöste Feststoff am Boden abgesetzt hat. Filtrieren Sie den Überstand und geben Sie vom Filtrat je ca. 10 mL in 2 Rggl. Geben Sie in das erste Rggl. einige Tropfen Indikatorlösung und in das zweite 1 mL gesättigte Natriumcarbonat-Lösung*. Beobachten Sie die Veränderungen.

V3 Gießen Sie 3 mL verdünnte Schwefelsäure* zu 3 mL Silbernitrat-Lösung*. Filtrieren Sie den gebildeten Niederschlag ab. Geben Sie zu dem Filtrat etwas Kaliumiodid-Lösung und beobachten Sie genau.

LV4 In einem Becherglas wird Kaliumperchlorat* $KClO_4$ in warmem Wasser (ca. 60 °C) aufgelöst, bis die Lösung gesättigt ist. Man lässt die warm gesättigte Kaliumperchlorat-Lösung* abkühlen und beobachtet die Bildung des Niederschlags. Der Überstand der abgekühlten Lösung wird auf 2 Rggl. aufgeteilt. In das erste Rggl. gibt man 1 mL konzentrierte Kaliumchlorid-Lösung und in das zweite 1 mL Perchlorsäure*, w = 60 %, und beobachtet erneut die Niederschlagsbildung.

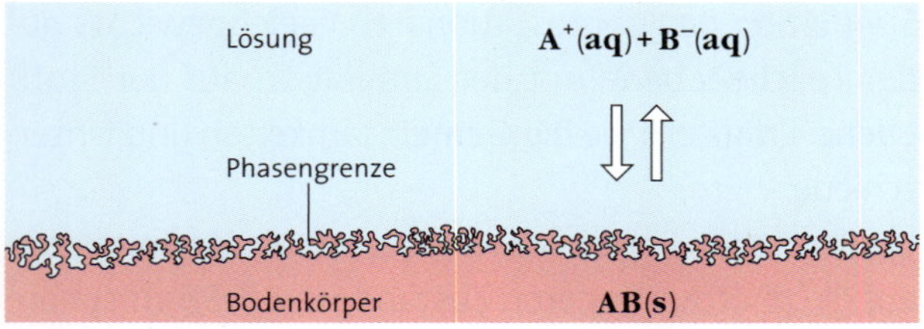

B2 *Schematische Darstellung der Vorgänge beim Fällungsgleichgewicht an der Phasengrenze fest-flüssig*

Auswertung

a) Schlagen Sie einen Kontrollversuch vor, der beweist, dass der in LV1 (B1) entstehende Niederschlag Bleiiodid und nicht Kaliumnitrat ist.

b) Erläutern Sie die Vorgänge beim Ausfällen bzw. Lösen eines Stoffes mithilfe der Mikroskopaufnahme in B1 und der Darstellung in B2.

c) Bei LV1, V2, V3 und LV4 bilden sich jeweils bei der Zugabe bestimmter Feststoffe oder Lösungen zu den entsprechenden klaren Lösungen Niederschläge, die durch die Trübung der Lösung oder Ausfällung eines Feststoffs zu erkennen sind. Geben Sie in jedem Einzelfall an, welcher Stoff ausfällt, und erklären Sie seine Bildung.

Aufgaben

A1 Zu einer Lösung, die Chlorid- und Iodid-Ionen in gleichen Konzentrationen enthält, tropft man langsam Silbernitrat-Lösung. Lesen Sie S. 103 und geben Sie unter Berücksichtigung der Werte in B3 an, welches Salz zuerst ausfällt und begründen Sie.

A2 Berechnen Sie die Konzentrationen von Calcium-Ionen und Carbonat-Ionen in einer gesättigten Calciumcarbonat-Lösung (*Hinweis*: vgl. Rechenbeispiele mit K_L auf S. 103).

A3 Zu einer gesättigten Bleiiodid-Lösung mit Bodensatz, der aus demselben Salz besteht, gibt man zusätzlich festes Bleiiodid, das radioaktive Iod-Isotope enthält. Erklären Sie, warum nach einiger Zeit auch in der Lösung radioaktive Ionen auftreten.

Fällungsgleichgewicht und Löslichkeitsprodukt

Stoff (Verhältnisformel)	K_L (25 °C)
Fluoride	
BaF_2	$2{,}4 \cdot 10^{-5}\ mol^3 \cdot L^{-3}$
CaF_2	$3{,}9 \cdot 10^{-11}\ mol^3 \cdot L^{-3}$
Chloride	
$PbCl_2$	$1{,}6 \cdot 10^{-5}\ mol^3 \cdot L^{-3}$
$AgCl$	$1{,}7 \cdot 10^{-10}\ mol^2 \cdot L^{-2}$
Bromide	
$PbBr_2$	$4{,}6 \cdot 10^{-6}\ mol^3 \cdot L^{-3}$
$AgBr$	$5{,}0 \cdot 10^{-13}\ mol^2 \cdot L^{-2}$
Iodide	
PbI_2	$8{,}3 \cdot 10^{-9}\ mol^3 \cdot L^{-3}$
AgI	$8{,}5 \cdot 10^{-17}\ mol^2 \cdot L^{-2}$
Sulfate	
$CaSO_4$	$2{,}4 \cdot 10^{-5}\ mol^2 \cdot L^{-2}$
$BaSO_4$	$1{,}5 \cdot 10^{-9}\ mol^2 \cdot L^{-2}$
$PbSO_4$	$1{,}6 \cdot 10^{-8}\ mol^2 \cdot L^{-2}$
Carbonate	
$CaCO_3$	$4{,}7 \cdot 10^{-9}\ mol^2 \cdot L^{-2}$
$MgCO_3$	$1 \cdot 10^{-15}\ mol^2 \cdot L^{-2}$

B3 *Löslichkeitsprodukte einiger schwer löslicher Salze bei 25 °C*

Chemisches Gleichgewicht an der Phasengrenze fest-flüssig

Beim Lösen eines Salzes gehen die Ionen des Ionengitters so lange als hydratisierte Ionen in Lösung, bis eine bestimmte Ionenkonzentration in der wässrigen Lösung erreicht ist: Es liegt dann eine **gesättigte Lösung** vor. Aus einer klaren gesättigten Lösung lässt sich umgekehrt das feste Salz ausfällen, entweder durch Konzentrationserhöhung einer der beteiligten Ionen (LV1, V2, V3, LV4) oder aber durch Temperaturänderung (LV4). Die Beobachtungen beim Lösen und Ausfällen eines Salzes lassen sich durch die Einstellung eines Gleichgewichts zwischen Bodensatz und gelösten Ionen erklären.

Das Massenwirkungsgesetz lässt sich für das Löslichkeitsgleichgewicht von Bleiiodid folgendermaßen formulieren:

$$PbI_2(s) \underset{\text{Fällungsvorgang}}{\overset{\text{Lösevorgang in Wasser}}{\rightleftharpoons}} Pb^{2+}(aq) + 2I^-(aq)$$

$$K_c = \frac{c(Pb^{2+}) \cdot c^2(I^-)}{c(PbI_2)}$$

Da man die Konzentration des festen Salzes im Bodensatz als konstant ansehen kann, bezieht man diesen Wert in die Konstante K_c mit ein und definiert eine neue Konstante, das **Löslichkeitsprodukt K_L** (B3):

$K_L(PbI_2) = c(Pb^{2+}) \cdot c^2(I^-)$

Rechenbeispiele mit K_L

1. Berechnen Sie die Konzentrationen der Silber-Ionen und der Chlorid-Ionen in einer Silberchlorid-Lösung mit Bodenkörper.
2. Berechnen Sie die minimale Konzentration, in der man Chlorid-Ionen mit Silbernitrat-Lösung nachweisen kann, wenn nach dem Zusatz für die Silber-Ionen gilt: $c(Ag^+) = 0{,}1\ mol/L$.

Lösungen

Zu 1. Das Lösungsgleichgewicht lautet:

$AgCl(s) \rightleftharpoons Ag^+(aq) + Cl^-(aq)$; $K_L = c(Ag^+) \cdot c(Cl^-)$

B3 ist zu entnehmen: $K_L(AgCl) = 1{,}7 \cdot 10^{-10}\ mol^2 \cdot L^{-2}$

Für die Faktoren des Ionenprodukts gilt:

$c(Ag^+) = c(Cl^-)$; daraus folgt: $K_L = c^2(Ag^+)$.

Freistellen von $c(Ag^+)$ und Einsetzen des Zahlenwerts:

$$c(Ag^+) = \sqrt{K_L(AgCl)} = \sqrt{1{,}7 \cdot 10^{-10}\ mol^2 \cdot L^{-2}}$$
$$= 1{,}304 \cdot 10^{-5}\ mol \cdot L^{-1}$$

Zu 2. Mit $K_L = c(Ag^+) \cdot c(Cl^-)$, den Werten für K_L aus B3 und für $c(Ag^+)$ (Aufgabenstellung) gilt:

$$c(Cl^-) = \frac{K_L(AgCl)}{c(Ag^+)} = \frac{1{,}7 \cdot 10^{-10}\ mol^2 \cdot L^{-2}}{10^{-1}\ mol \cdot L^{-1}}$$

$$= 1{,}7 \cdot 10^{-9}\ mol \cdot L^{-1}.$$

Aufgaben

A4 Berechnen Sie die Masse des Niederschlags, der sich beim Vereinigen von 50 mL Silbernitrat-Lösung, $c(AgNO_3) = 0{,}1\ mol/L$, mit 50 mL Natriumchlorid-Lösung, $c(NaCl) = 0{,}1\ mol/L$, bildet.

A5 Berechnen Sie die minimale Konzentration, in der sich Cadmium-Ionen in einer Lösung noch mit Natriumsulfid-Lösung nachweisen lassen, wenn nach der Vereinigung der Lösungen für die Sulfid-Ionenkonzentration gilt: $c(S^{2-}) = 0{,}2\ mol/L$ (*Hinweis*: $K_L(CdS) = 1 \cdot 10^{-28}\ mol^2 \cdot L^{-2}$).

Entropieänderungen bei chemischen Oszillationen

B1 *Versuchsvorrichtung zur „Pulsierenden Platinspirale" (LV1)*

(1): $H_3COH + \frac{1}{2} O_2(g) \rightarrow HCHO(g) + H_2O(g)$; $\Delta H_R < 0$

(2): $2H_3COH + 3O_2(g) \rightarrow 2CO_2(g) + 4H_2O(g)$; $\Delta H_R < 0$ Flamme

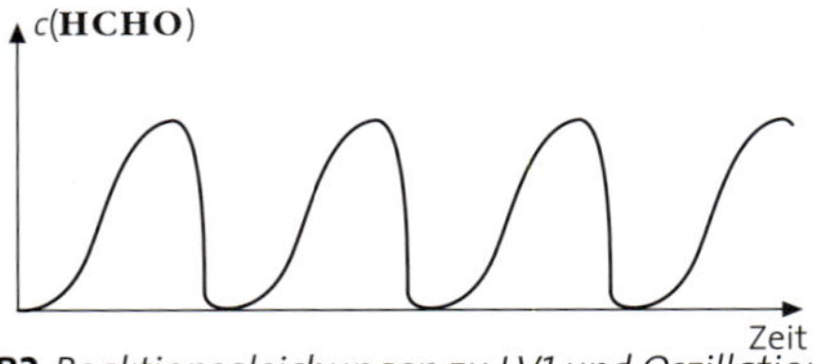

B2 *Reaktionsgleichungen zu LV1 und Oszillationen der Methanalkonzentration c(HCHO).* ***A:*** *Nennen Sie Gemeinsamkeiten dieser Kurve mit einer Sinuskurve.*

Modellexperiment Pulsierende Platinspirale

LV1 Aus einem 0,5 mm dicken und ca. 15 cm langen Platindraht (oder Kupferdraht) formt man durch Rollen um einen Bleistift eine Spirale. Man befestigt diese an einem Bügel aus dickerem Eisendraht, bringt sie in der Flamme zum Glühen und hängt sie in einen 500-mL-Weithals-Erlenmeyerkolben, auf dessen Boden sich ca. 1 cm hoch Methanol* (oder Ethanol*) befindet, das vorher auf einer elektrischen Heizplatte erwärmt wurde.

Beobachtung In regelmäßigen Zeitabständen glüht die Spirale auf (sie pulsiert), eine Flamme entzündet sich, die einige Sekunden später wieder erlischt. Das wiederholt sich viele Male. Auch nicht sichtbare Änderungen wie die Konzentration des beim Aufglühen der Platinspirale gebildeten Methanals, schwanken periodisch, d. h. sie oszillieren (B2). Die *Oszillationen* (das Auf- und Abglühen des Drahtes, Entzünden und Erlöschen der Flamme sowie die Temperatur- und Konzentrationsschwankungen) setzen sich über 20 min lang fort.

Erklärung Beim Aufglühen der Spirale wird an der Platinoberfläche gemäß Reaktionsgleichung (1) in B2 Methanol exotherm zu Methanal oxidiert. Dabei wirkt Platin als Katalysator. Nach dem Zünden der Flamme verbrennt Methanoldampf ebenfalls exotherm zu Kohlenstoffdioxid und Wasser gemäß (2). Die Flamme erlischt, wenn der Sauerstoff im Kolben für die Verbrennung nicht mehr ausreicht. Die katalytische Oxidation am Platin, die nicht so viel Sauerstoff benötigt, setzt wieder ein. Wenn der Draht wieder glüht und Luft in den Kolben nachgeflossen ist, entzündet sich die Flamme erneut.

Aufgaben

A1 Begründen Sie, warum es sich beim Versuch „Pulsierende Platinspirale" um ein offenes System handelt.

A2 Treffen Sie anhand der Angaben aus den Reaktionsgleichungen (1) und (2) in B2 begründete Aussagen über die Vorzeichen der Entropieänderung ΔS (vgl. S. 26) für jede der beiden Reaktionen.

A3 Neben den beiden Reaktionen (1) und (2) tragen auch folgende Prozesse dazu bei, dass es zu Oszillationen kommt: a) Verdampfen des Alkohols vom Boden des Erlenmeyerkolbens, b) Austritt der Oxidationsprodukte aus dem Kolben und Eintritt frischer Luft, c) Wärmeaustausch zwischen dem Reaktionskolben und der Umgebung.
Geben Sie an, welcher der genannten Prozesse endotherm verläuft, und begründen Sie warum.

A4 Die beiden chemischen Reaktionen (1) und (2) und die in A3 genannten Prozesse sind miteinander gekoppelt. a) Erläutern und begründen Sie, warum die Reaktion (2) die Reaktion (1) unter den Bedingungen aus LV1 „unterdrückt". b) Begründen Sie, warum das System aus LV1 weder in einem Becherglas noch in einem enghalsigen Erlenmeyerkolben oszilliert.

A5 Nehmen Sie Stellung zu der folgenden Aussage: „Beim Experiment „Pulsierende Platinspirale" laufen selbsttätig strukturbildende Prozesse ab. Dabei findet im Reaktionskolben keine Entropieerzeugung wie bei jedem selbsttätig verlaufenden Prozess statt, sondern eine Entropievernichtung." Erläutern und begründen Sie Ihre Stellungnahme. (*Hinweis*: Vgl. B4.)

Entropieänderungen bei chemischen Oszillationen

B3 *Räumliche Wellenmuster in einer Petrischale bei einer oszillierenden chemischen Reaktion (BELOUSOV-ZHABOTINSKY-Reaktion). Die hellen Stellen entsprechen der räumlichen Verteilung eines bestimmten Stoffes im System. Sie entstehen und verschwinden periodisch.*

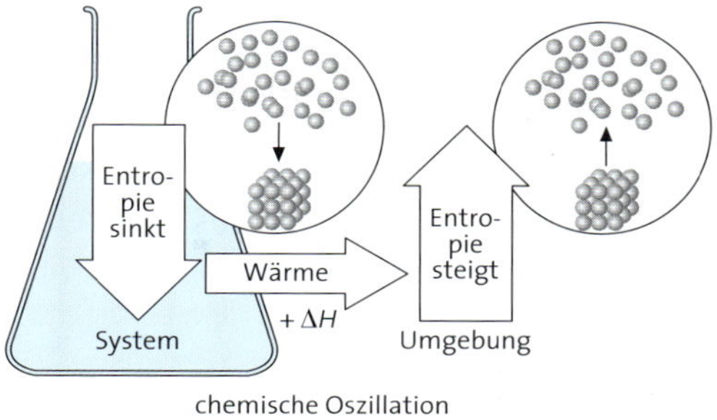

B4 *Entropieänderungen bei einer selbsttätigen chemischen Oszillation (spontan strukturbildenden Reaktion).* ***A:*** *Vergleichen Sie diese Skizze mit der aus B3, S. 26, und erläutern Sie Gemeinsamkeiten und Unterschiede.*

Chemische Oszillationen

Wenn sich in lebenden Organismen Zellen teilen oder andere biochemische Prozesse ablaufen, kommt es durch Selbstorganisation von Molekülen zur spontanen Bildung von organisierten Strukturen. Aber auch chemische Reaktionen außerhalb von Lebewesen können zur Bildung geordneter Strukturen in Form von chemischen Oszillationen führen, die seit den 1970er Jahren intensiv untersucht werden.

Am Beispiel der Oszillationen bei der Methanol-Oxidation an der „Pulsierenden Platinspirale“ (LV1) werden die wesentlichen Merkmale aller chemischen Oszillationen und die Bedingungen, unter denen sie auftreten können, deutlich:

1. Es muss ein offenes System vorliegen, d.h. ein System, bei dem Stoff- und Energieaustausch mit der Umgebung stattfindet.
2. In dem System müssen mehrere Reaktionen und andere Prozesse ablaufen können, die sich gegenseitig beeinflussen (gekoppelte Reaktionen und Prozesse).
3. Alle Reaktionen müssen irreversibel verlaufen und sich weitab vom chemischen Gleichgewicht befinden.
4. Mindestens eine Reaktion muss autokatalytisch (sich selbst beschleunigend) oder autoinhibitorisch (sich selbst abbremsend) verlaufen.

Aufgabe

A6 Recherchieren Sie über *Chemie 2000+ Online* oszillierenden Reaktionen und vergleichen Sie sie mit der „Pulsierenden Platinspirale“.

„Entropievernichtung“ oder „Entropieerzeugung“?

Die Strukturbildung bei chemischen Oszillationen geht mit der Erzeugung einer gewissen Ordnung aus dem chaotischen Durcheinander der reagierenden Teilchen einher. Man könnte sagen, es wird „Ordnung aus dem Chaos“ erzeugt. Das aber bedeutet, dass die Entropie (die Unordnung) des Systems abnimmt, Entropie wird „vernichtet“.

Widerspricht also die selbsttätige Strukturbildung bei chemischen Oszillationen dem Entropieprinzip (vgl. S. 26), wonach nur solche Prozesse spontan ablaufen, bei denen die Entropie zunimmt, d.h. „erzeugt“ wird? Müssen wir nach der Feststellung, dass auch endotherme Reaktionen spontan ablaufen können (vgl. S. 26, LV1), nun auch die Forderung nach Entropiezunahme für spontan ablaufende Reaktionen als nicht allgemeingültig erklären?

Das ist nicht der Fall, denn in die Energie- und Entropiebilanz muss nicht nur das System, in dem die Reaktionen ablaufen, sondern auch die Umgebung einbezogen werden.

Damit erhält man sowohl für die selbsttätig verlaufende endotherme Reaktion als auch für die Strukturbildung bei oszillierenden Reaktionen eine logische Erklärung, bei der die Gesamtentropie von System und Umgebung immer zunimmt. Bei jedem selbsttätig verlaufenden Vorgang wird also immer Entropie „erzeugt“, niemals „vernichtet“.

A1 Erläutern Sie den Unterschied zwischen mittlerer und momentaner Reaktionsgeschwindigkeit.

A2 Warum ist es bei der Ermittlung einer Reaktionsgeschwindigkeit einmal zweckmäßig, eine messbare Größe eines Edukts, im anderen Fall eines Produkts zu messen und zu notieren? Nennen Sie aus den Versuchen von S. 72 und S. 74 für beide Fälle je ein konkretes Reaktionsbeispiel.

A3 Entscheiden Sie bei jeder der folgenden Reaktionen, welche Größe (Volumen, Masse, Stromstärke oder Lichtabsorption) gemessen werden kann, um die Reaktionsgeschwindigkeit zu ermitteln und begründen Sie die Entscheidung.

a) $2H_2O_2(aq) \rightarrow 2H_2O(l) + O_2(g)$

b) $Na_2CO_3(aq) + 2HCl(aq)$
$\rightarrow H_2O(l) + CO_2(g) + 2NaCl(aq)$

c) $\text{Stärke}(aq) + \text{Wasser}(l) \rightarrow \text{Glucose}(aq)$

d) $C_2Cl_4(l) + 2H_2O(l) + O_2(aq)$
$\rightarrow 2CO_2(aq) + 4HCl(aq)$

A4 Erklären Sie mithilfe der Stoßtheorie (Kollisionshypothese), warum die Verbrennung eines Benzindampf-Luft-Gemisches explosionsartig, die Verbrennung von flüssigem Benzin in einer Schale dagegen mit ruhiger Flamme verläuft.

A5 Ein Auto, das in einer auf 20 °C aufgeheizten Garage parkt, rostet schneller als eines, das bei –10 °C im Freien steht. Erläutern Sie, um welchen Faktor („wie viel mal") es schneller rostet.

A6 Zwischen **A** und **B** liegt eine bimolekulare Reaktion vor. Begründen Sie, wie sich die Reaktionsgeschwindigkeit bei der Verdopplung der Anfangskonzentrationen *c*(A) und *c*(B) verändern müsste.

A7 Bei einer „Zeitreaktion" (vgl. S. 77) tritt nach dem Zusammenfügen der Reagenzien zu einem bestimmten Zeitpunkt ganz plötzlich eine gut beobachtbare Änderung ein. Erläutern und begründen Sie, welche der beiden bei V4 von S. 76 beteiligten Reaktionen schnell und welche langsam verlaufen muss, damit die Beobachtungen in V4 einer „Zeitreaktion" entsprechen.

A8 Erläutern und begründen Sie mithilfe von B3 und B5 von S. 75, unter welchen Bedingungen die Amperometrie und die Photometrie brauchbare Methoden bei der Ermittlung von Reaktionsgeschwindigkeiten sind.

A9 Beschreiben und erläutern Sie mithilfe der Angaben von S. 77 den Unterschied zwischen einer Reaktion 1. und 2. Ordnung.

A10 Auf S. 79 wird die Aktivierungsenergie E_a in B4 und in B6 unterschiedlich gedeutet. Überprüfen Sie jede der beiden Deutungen hinsichtlich der Übereinstimmung mit den folgenden Aussagen:
a) E_a ist die Differenz zweier von null verschiedener Energien.
b) Nicht jedem Teilchen einer Stoffportion muss E_a zugeführt werden, es gibt auch bei Zimmertemperatur „aktive" Teilchen.

A11 Beschreiben Sie den Unterschied zwischen homogener und heterogener Katalyse.

A12 Nahezu alle Reaktionen in Organismen werden durch *Enzyme* (*Biokatalysatoren*) katalysiert. Zuerst erfolgt die Anlagerung des Substrat-Teilchens S (als Substrat wird bei biochemischen Reaktionen das Edukt bezeichnet) an das Enzym-Teilchen E. Es folgt die Umwandlung des Substrat-Teilchens in das Produkt-Teilchen P, das dann abgespalten wird. Dabei wird gleichzeitig das Enzym-Teilchen in seiner ursprünglichen Form, in der es erneut ein Substrat-Teilchen binden kann, freigesetzt (B1). Erläutern Sie mithilfe von B1, warum die Reaktion von S nach P mit Enzym wesentlich schneller verläuft als ohne Enzym und welcher Reaktionsschritt bei der enzymkatalysierten Reaktion der langsamste ist.

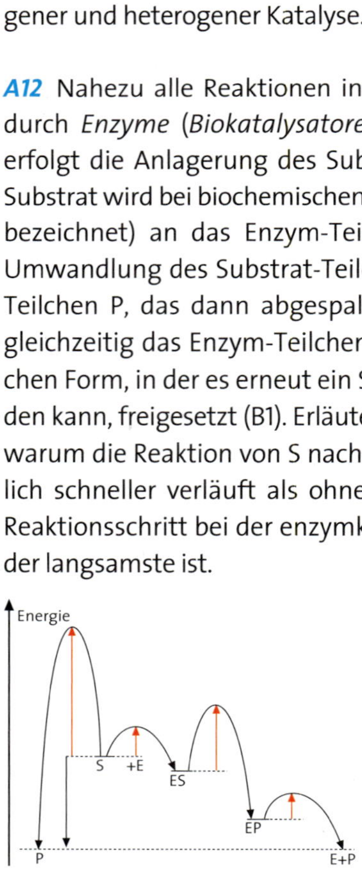

B1 *Energieschema einer Enzymreaktion (A12)*

A13 Entscheiden Sie begründet, ob folgende Aussagen zum chemischen Gleichgewicht zutreffen oder nicht:
a) Alle Gleichgewichtsreaktionen sind umkehrbar.
b) Im Gleichgewichtszustand sind die Geschwindigkeiten der Hin- und der Rückreaktion gleich null.
c) Die Lage eines chemischen Gleichgewichts ist unabhängig von der Temperatur.
d) Die Produkte endothermer Reaktionen lassen sich durch Energiezufuhr in die Edukte zurückführen.

A14 Formulieren Sie die falschen Aussagen aus A13 in richtige um.

A15 Die Synthese von Ammoniak aus den beteiligten Elementen ist eine exotherme Reaktion. Erläutern Sie, wie diese Tatsache aus B4, S. 97, abgeleitet werden kann.

A16 Unter Normdruck und bei einer Temperatur von 500 °C beträgt die Ausbeute bei der Synthese von Ammoniak nur 0,13 %. Berechnen Sie die Gleichgewichtskonstante K_c.

A17 Fertigen Sie mithilfe von *Chemie 2000+ Online* unter Verwendung chemischer Formeln ein Plakat mit der Überschrift „Stickstoff-Atome im Kreislauf" an.

A18 Gegeben sind folgende Reaktionen:

$$2NO(g) + O_2(g) \rightleftharpoons 2NO_2(g); \quad \text{exotherm}$$
$$CO(g) + NO_2(g) \rightleftharpoons CO_2(g) + NO(g); \quad \text{endotherm}$$
$$3N_2O(g) + 2\,NH_3(g) \rightleftharpoons 4N_2(g) + 3\,H_2O(g); \quad \text{exotherm}$$

Leiten Sie für diese Reaktionen jeweils ab, welche der folgenden Maßnahmen eine Erhöhung der Produktkonzentration zur Folge hat: a) Temperaturerhöhung, b) Druckminderung, c) Katalysatorzugabe, d) Temperaturerniedrigung, e) Druckerhöhung.

A19 2 mol Wasserstoff und 2 mol Sauerstoff werden in einem 1-L-Gefäß zur Reaktion gebracht. Im Gleichgewichtszustand liegen 2/3 der maximal möglichen Wasserportion vor. a) Stellen Sie den Term für die Gleichgewichtskonstante K_c auf. b) Berechnen Sie K_c unter Mitverwendung der Reaktionsgleichung.

A20 Chlorreiniger enthalten eine Natriumhydroxid-Lösung, die mit Chlorgas versetzt wurde. Dabei läuft folgende exotherme Reaktion ab:

$$2NaOH(aq) + Cl_2(g) \rightleftharpoons NaCl(aq) + NaOCl(aq) + H_2O.$$

Das Gleichgewicht dieser Reaktion liegt nahezu vollständig auf der rechten Seite. Wenn bei der Reinigung zunächst Chlorreiniger und danach stark saurer WC-Reiniger in die Toilette gegeben werden, entsteht für den Betroffenen die Gefahr von Schleimhautentzündungen und Erstickungsanfällen, die sogar zum Tod führen können. Erläutern Sie, warum es zu solchen Unfällen kommen kann.

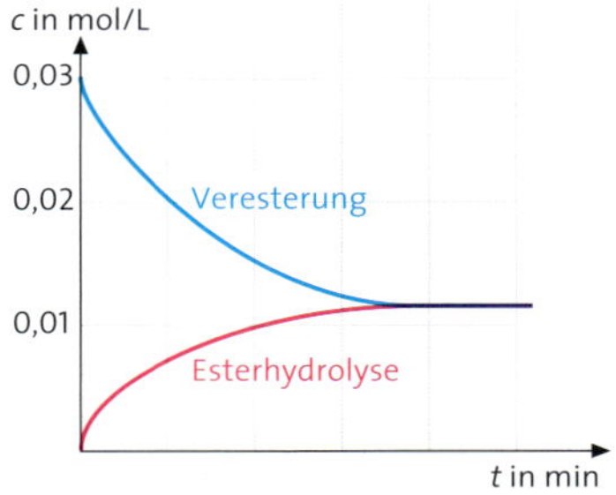

B2 *Konzentrationsänderungen der Methansäure bei der Veresterung und der Esterhydrolyse (A21)*

A21 In einem Kolben (a) werden 0,3 mol Methansäure mit 0,3 mol Methanol verestert. In einem zweiten Kolben (b) werden 0,3 mol Methylmethanoat (Methansäuremethylester) mit 0,3 mol Wasser hydrolysiert. In beiden Kolben beträgt das Reaktionsvolumen $V = 1$ L. Die zeitlichen Konzentrationsänderungen der Methansäure werden gemessen und grafisch aufgetragen (B2).
a) Formulieren Sie die Reaktionsgleichungen für die in den Kolben ablaufenden Reaktionen.
b) Kommentieren Sie die Kurvenverläufe aus B2 ausführlich (*Stichworte*: Anstieg, Abfall und Steilheit der Kurven, Reaktionsgeschwindigkeit, Gleichgewichtszustand).
c) Ermitteln Sie mithilfe des Diagramms und der Angaben in der Aufgabenstellung die Gleichgewichtskonzentrationen von Methansäure, Methanol, Methylmethanoat und Wasser und berechnen Sie die Gleichgewichtskonstante K_c.

A22 Wasserstoffiodid $HI(g)$ wird in einen 1-L-Kolben eingebracht und reagiert bis zum Gleichgewicht zu Iod $I_2(g)$ und Wasserstoff $H_2(g)$. Die Gleichgewichtskonstante K_c hat bei 425 °C den Wert $K_c = 1{,}82 \cdot 10^{-2}$. Berechnen Sie die Konzentrationen von Iod und Wasserstoff, die mit 0,010 mol Wasserstoffiodid dann im Gleichgewicht stehen. Berechnen Sie auch die Anfangsmenge an Wasserstoffiodid.

A23 Wasserstoffperoxid-Lösung $H_2O_2(aq)$, $w = 30\,\%$, ist nicht stabil und spaltet sich in einer Gleichgewichtsreaktion in Sauerstoff und Wasser. Begründen Sie, warum der Gasdruck in einem luftdicht verschlossenen, halbvoll mit Wasserstoffperoxid-Lösung gefüllten Gefäß bei Raumtemperatur stark zunimmt.

A24 Finden Sie durch Computersimulationen mit dem Programm aus *Chemie 2000+ Online* heraus, a) wie sich die Verhältnisse der Reaktionsraten der beiden Hin- und Rückreaktionen bei einem gekoppelten Gleichgewicht $A \rightleftharpoons B \rightleftharpoons C$ (vgl. S. 87) auf die Gleichgewichtskonzentrationen der drei Stoffe A, B und C auswirken und b) wie die Reaktionsraten sein müssen, damit B durch ein möglichst hohes Maximum geht.

A25 Bei elektrischer Entladung oder Bestrahlung mit energiereichem UV-Licht stellt sich in einer Sauerstoff-Atmosphäre ein Gleichgewicht zwischen Sauerstoff und Ozon ein $3O_2(g) \rightleftharpoons 2O_3(g)$ (vgl. S. 60). Die Gleichgewichtskonstante K_c für die Ozonbildung nimmt bei unterschiedlichen Temperaturen folgende Werte an:

Temperatur in K	Betrag von K_c für Ozonbildung
1000	$3{,}6 \cdot 10^{-11}\ L \cdot mol^{-1}$
2000	$6{,}3 \cdot 10^{-8}\ L \cdot mol^{-1}$
3000	$7{,}7 \cdot 10^{-7}\ L \cdot mol^{-1}$
4000	$5{,}6 \cdot 10^{-6}\ L \cdot mol^{-1}$

a) Leiten Sie aus diesen Daten ab, ob die Ozonbildung unter den jeweiligen Bedingungen exotherm oder endotherm verläuft und erläutern Sie.

b) Vergleichen Sie Ihre Ergebnisse aus a) mit den Angaben von S. 60 über das photostationäre Sauerstoff-Ozon-Gleichgewicht in der Stratosphäre und kommentieren Sie das Ergebnis.

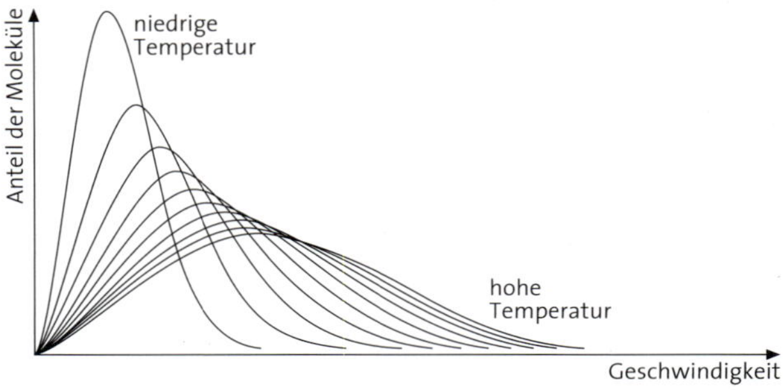

B3 *Geschwindigkeitsverteilung der Moleküle in einer Stoffportion eines Gases (A26)*

A26 Die Entropie eines Systems, z. B. einer Stoffportion Gas mit $V = 1\ L$, ist umso größer, je höher die Temperatur des Systems ist (vgl. S. 26, B2). Erläutern und begründen Sie diesen Sachverhalt mithilfe von B3.

A27 Ordnen Sie folgende Stoffsysteme nach steigendem Entropiegehalt und widerlegen Sie damit die Aussage „Die Einstellung eines Gleichgewichts kann immer nur von der Seite der Stoffe mit der höheren freien Enthalpie erfolgen." a) 1 kg Schwefeldioxid, b) 1 kg Gemisch aus Sauerstoff, Schwefeldioxid und Schwefeltrioxid und c) 1 kg Gemisch aus Sauerstoff und Schwefeldioxid.

A28 Zur Untersuchung schwer löslicher Salze wurden vier Salzlösungen einem Kreuzungsexperiment unterzogen. In nachfolgender Tabelle ist mit „x" gekennzeichnet, ob ein Niederschlag entstanden ist:

	$Pb(NO_3)_2(aq)$	$NaCl(aq)$	$Na_2SO_4(aq)$	$AgNO_3(aq)$
$Pb(NO_3)_2(aq)$	–	x	x	
$NaCl(aq)$	x	–		x
$Na_2SO_4(aq)$	x		–	
$AgNO_3(aq)$		x		–

a) Schreiben Sie die Formeln der gebildeten Niederschläge auf, z. B. $AgCl(s)$. b) Schlagen Sie eine experimentelle Vorgehensweise vor, durch die man herausfinden kann, ob es sich bei der Bildung der Niederschläge um Gleichgewichtsreaktionen handelt oder nicht. c) In einem Becherglas befindet sich eine gesättigte Lösung Bariumsulfat mit Bodensatz. Folgendes Gleichgewicht liegt vor: $BaSO_4(s) \rightleftharpoons Ba^{2+}(aq) + SO_4^{2-}(aq)$. Geben Sie an, welche Auswirkung eine Zugabe von $Pb(NO_3)_2(aq)$, $NaCl(aq)$ bzw. $Na_2SO_4(aq)$ auf dieses Gleichgewicht hat und begründen Sie jeweils.

A29 Der Wassergasprozess (vgl. S. 99) bei der technischen Ammoniaksynthese verläuft stark endotherm. Stellen Sie das Massenwirkungsgesetz auf und geben Sie begründete Vorschläge für Maßnahmen an, die zu einer hohen Ausbeute an Wasserstoff führen können.

A30 Die Gleichgewichtskonstante bei der Konvertierung von Kohlenstoffmonooxid mit Wasserdampf zu Kohlenstoffdioxid und Wasserstoff (vgl. S. 99) hat bei 850 °C den Wert $K_c = 1$. Ein Behälter mit $V = 48$ L wird bei 850 °C mit 12 L Kohlenstoffmonooxid, 16 L Kohlenstoffdioxid und 20 L Wasserdampf gefüllt.

a) Berechnen Sie das Volumen an Wasserstoff im Gleichgewicht.

b) Erläutern und begründen Sie, ob und wie man den Anteil des Wasserstoffs im Gleichgewicht durch Temperatur- bzw. Druckänderung erhöhen kann.

A31 Berechnen Sie die Stoffmenge an Ester, die beim Gleichgewicht gebildet wird, wenn man Ethanol, n = 2 mol, mit Essigsäure, n = 5 mol, zur Reaktion bringt. (*Hinweise*: a) Für T = 76,3 °C beträgt der Wert für K_c = 3,76. Rechnen Sie mit dem gerundeten Wert K_c = 4. b) Die Berechnungen können in diesem Beispiel vereinfacht werden, indem man mit den Stoffmengen anstelle der Konzentrationen rechnet.)

Begründen Sie anschließend, warum das Vorgehen nach dem Hinweis b) in diesem Fall möglich ist.

A32 Bei folgenden Vorgängen stellen sich Gleichgewichte ein:

A: Wasserstoff und Chlor reagieren exotherm zu Wasserstoffchloridgas.

B: Wasserstoffchlorid und Sauerstoff reagieren exotherm zu Chlor und Wasserdampf.

C: Bariumchlorid- und Natriumsulfat-Lösung werden zusammengegeben, wobei sich ein Niederschlag bildet, der sich beim Erwärmen teilweise wieder auflöst.

a) Formulieren Sie für alle drei Vorgänge jeweils die Reaktionsgleichung und das Massenwirkungsgesetz.

b) Beschreiben Sie jeweils eine möglicherweise auftretende Änderung der Gleichgewichtszusammensetzung und geben Sie an, ob und gegebenenfalls wie sich die Gleichgewichtskonstante ändert bei

1) Zugabe eines Katalysators zu A; 2) Erwärmung des Gemisches A; 3) Druckerhöhung bei A; 4) Zugabe von Chlor zu B; 5) Druckerniedrigung bei B; 6) Zugabe von Wasser zu C; 7) Zugabe von Wasser zu A.

A33 Der Einfluss der Konzentrationsänderung auf die Gleichgewichtszusammensetzung soll am Beispiel $A + P \rightleftharpoons AP$ untersucht werden. Dabei sind alle drei Stoffe in demselben Lösemittel löslich und unterscheiden sich in der Farbe. A ist farblos, P ist gelb und AP ist rot. Es werden verschiedene Maßnahmen zur Versuchsdurchführung vorgeschlagen. Beurteilen Sie bei jedem der folgenden Vorschläge, ob die genannte Maßnahme sinnvoll ist, begründen Sie Ihre Meinung und geben Sie für die sinnvollen Vorschläge an, welche Beobachtungen zu erwarten sind.

a) Reagenzglas halbvoll mit Lösemittel füllen und eine Spatelspitze AP darin lösen.

b) Lösung gleichmäßig auf 2 Reagenzgläser verteilen.

c) In eines der beiden Reagenzgläser Lösemittel zugeben.

d) Beide Reagenzgläser von der Seite vor einem weißen Hintergrund betrachten.

e) Beide Reagenzgläser von oben auf weißem Untergrund betrachten.

f) In beide Reagenzgläser etwas Stoff A geben.

g) Nach Schritt a) das gesamte Lösemittel in einem Reagenzglas durch Erwärmen vertreiben.

A34 Äußern und begründen Sie Ihre Meinung zu der Tatsache, dass es in Baden-Württemberg zwar CARL-BOSCH-Gymnasien, aber kein einziges FRITZ-HABER-Gymnasium gibt. (*Hinweis*: Vgl. *INFO* auf S. 96.)

Reaktionsgeschwindigkeit ist die zeitliche Änderung der Stoffmenge *n* eines Edukts oder Produkts bei einer chemischen Reaktion. Die mathematische Definition der **mittleren Reaktionsgeschwindigkeit $\bar{v}_r$** lautet:

$\bar{v}_r = \Delta n / \Delta t \qquad [v_r] = 1\ \text{mol/s} = 1\ \text{mol} \cdot \text{s}^{-1}$

Läuft die Reaktion in Lösung ab, wird mit der Stoffmengenkonzentration definiert:

$\bar{v}_r = \Delta c / \Delta t \qquad [v_r] = 1\ \text{mol/L} \cdot \text{s} = 1\ \text{mol} \cdot \text{L}^{-1} \cdot \text{s}^{-1}$

Die **momentane Reaktionsgeschwindigkeit $v_r(t)$** zum Zeitpunkt *t* ist der Grenzwert des Quotienten $\Delta n / \Delta t$ für $\Delta t \rightarrow 0$.

Nach der **Stoßtheorie (Stoßhypothese)** können Teilchen eines Stoffes A und eines Stoffes B nur dann zur Reaktion kommen, wenn ein A-Teilchen mit einem B-Teilchen zusammenstößt.

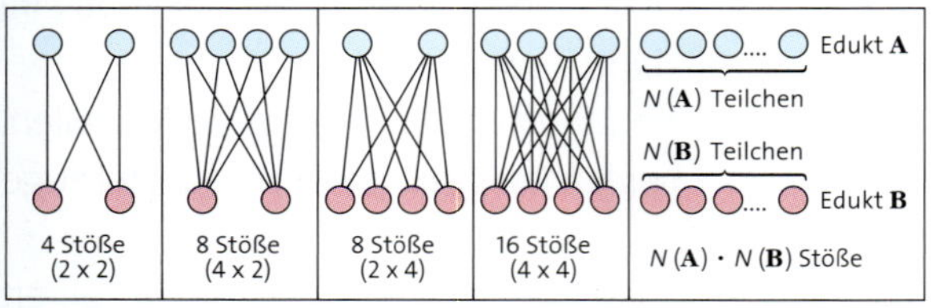

Mit der Stoßtheorie kann man die Beeinflussung der Reaktionsgeschwindigkeit durch die Konzentrationen der Edukte und durch die Temperatur erklären.

Experimentelle Methoden zur Ermittlung der Reaktionsgeschwindigkeit basieren auf der Messung einer sich während des Fortlaufs der Reaktion ändernden Größe des Systems. Das kann z. B. die Volumenzunahme durch die Bildung eines Gases, die Zunahme der elektrischen Leitfähigkeit durch die Bildung eines ionisierten Produkts oder die Abnahme der Lichtabsorption (und der Extinktion) durch die Umwandlung eines farbigen Edukts in ein farbloses Produkt sein.

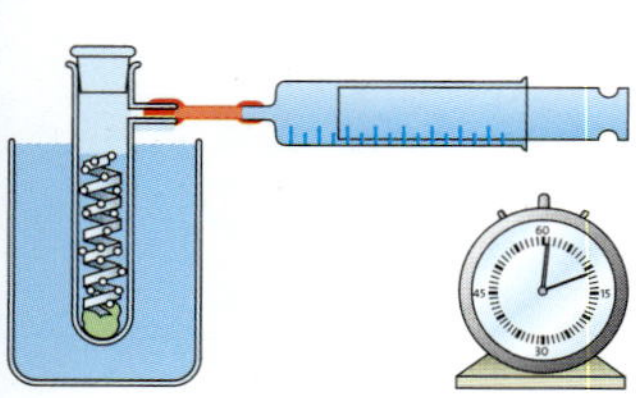

Volumen-Messung

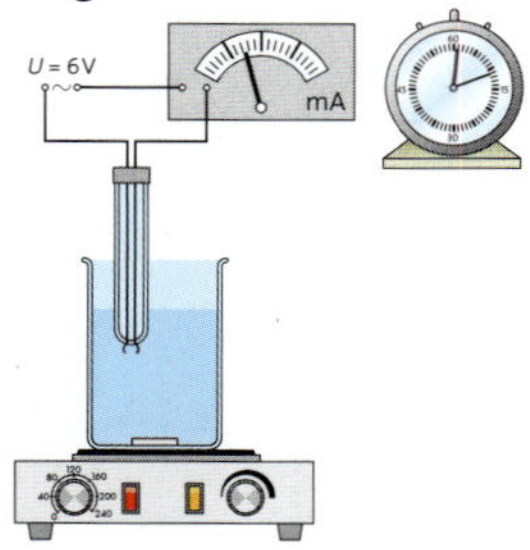

Stromstärke-Messung

Beeinflussung der Reaktionsgeschwindigkeit

Entsprechend der Stoßtheorie (Stoßhypothese) wird die Reaktionsgeschwindigkeit bei Reaktionen in heterogener Phase vom **Zerteilungsgrad**, in dem das feste bzw. das flüssige Edukt vorliegt, beeinflusst. Je höher der Zerteilungsgrad ist, desto größer ist die Reaktionsgeschwindigkeit.

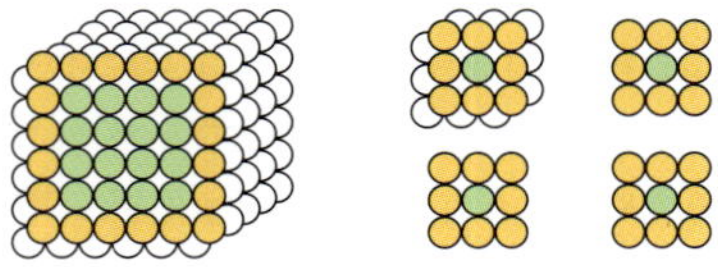

Bei Reaktionen in homogener Phase, z. B. in Lösungen, beeinflussen die **Konzentrationen** der Edukte die Reaktionsgeschwindigkeit. In vielen Fällen (jedoch nicht immer) besteht ein proportionaler Zusammenhang zwischen der Reaktionsgeschwindigkeit und den Konzentrationen der Edukte.

Die **Temperatur**, bei der eine Reaktion durchgeführt wird, beeinflusst die Reaktionsgeschwindigkeit in der Regel stark. Nach der empirischen **RGT**-Regel (Reaktionsgeschwindigkeit-Temperatur-Regel) führt eine Erhöhung der Reaktionstemperatur um 10 °C zu einer Verdopplung bis Vervierfachung der Reaktionsgeschwindigkeit.

Als **Aktivierungsenergie E_a** einer Reaktion bezeichnet man vereinfacht die Wärmemenge, die man zuführen muss, um die Reaktion in Gang zu setzen. Auf der Teilchenebene kann die Aktivierungsenergie als Differenz zwischen der mittleren Energie der aktiven Edukt-Teilchen und der mittleren Energie aller Edukt-Teilchen aus der Stoffportion deuten.

Ein **Katalysator** erhöht die Geschwindigkeit einer Reaktion, indem er ihre Aktivierungsenergie herabsetzt. Er geht mit den Edukten Zwischenverbindungen ein, wird aber nicht verbraucht, sondern liegt am Ende der Reaktion wieder so wie zu Beginn der Reaktion vor.

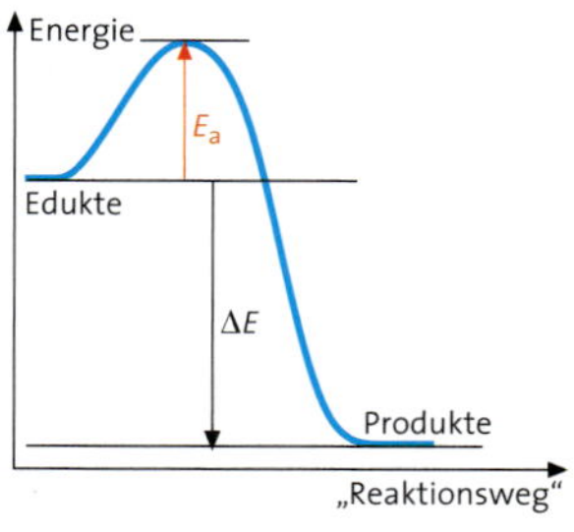

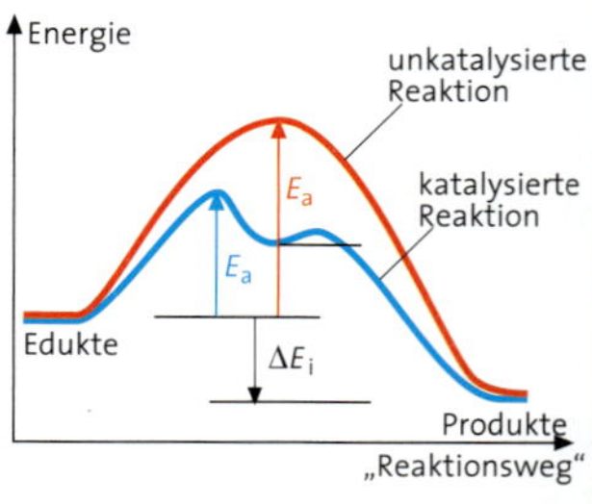

Der Gleichgewichtszustand

In einem **geschlossenen System**, das nur einen Energie-, nicht jedoch einen Stoffaustausch mit der Umgebung zulässt, laufen Hin- und Rückreaktion umkehrbarer Vorgänge nicht vollständig ab. Nach einiger Zeit erreichen Edukte und Produkte einen **Gleichgewichtszustand**: Sie liegen in konstanten Anteilen vor.

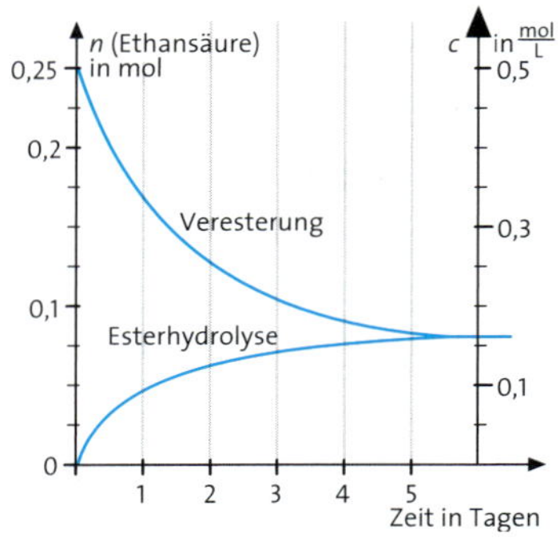

Das Diagramm bezieht sich auf ein Gleichgewicht mit folgender Hin- und Rückreaktion:

$$\text{Carbonsäure} + \text{Alkohol} \underset{\text{Rückreaktion}}{\overset{\text{Hinreaktion}}{\rightleftharpoons}} \text{Ester} + \text{Wasser}$$

Dieses **chemische Gleichgewicht** bedeutet jedoch keinen Reaktionsstillstand: Es haben sich aber die Reaktionsraten von Hin- und Rückreaktion, $r_{\rightarrow}$ und $r_{\leftarrow}$, angeglichen: $r_{\rightarrow} = r_{\leftarrow}$.

Auf der Teilchenebene existiert also ein **dynamisches Gleichgewicht** mit konstanter Anzahl der verschiedenen Teilchen.

Die **freie Enthalpie** G nimmt für die Gleichgewichtszusammensetzung einen minimalen Wert an.

Prinzip vom kleinsten Zwang

Nach dem Prinzip vom kleinsten Zwang (von LE CHATELIER) weicht ein System einem äußeren Zwang aus, indem die Hin- bzw. Rückreaktion überwiegt, bis sich das Gleichgewicht erneut eingestellt hat, also K_c den für die jeweilige Temperatur charakteristischen Wert angenommen hat.

1. Änderung der Konzentrationen:

Erhöhung der Konzentration eines Edukts verlagert das Gleichgewicht nach rechts.

↓ $+Fe^{3+}$ ↓ $+SCN^-$

$$Fe^{3+}(aq) + 3SCN^-(aq) \rightleftharpoons Fe(SCN)_3(aq)$$

↓ $-Fe^{3+}$ ↓ $-SCN^-$

Verminderung der Konzentration eines Edukts verlagert das Gleichgewicht nach links.

2. Änderung der Temperatur: Eine Temperaturerhöhung bewirkt, dass die endotherme Reaktion bevorzugt abläuft, eine Temperaturerniedrigung begünstigt den Ablauf der exothermen Reaktion.

3. Änderung des Drucks: Eine Druckerhöhung bewirkt, dass die das Volumen vermindernde Reaktion bevorzugt abläuft, eine Druckerniedrigung begünstigt den Ablauf der das Volumen vergrößernden Reaktion.

Katalysatoren beeinflussen dagegen die Lage des chemischen Gleichgewichts nicht. Sie beschleunigen aber dessen Einstellung.

Das Massenwirkungsgesetz MWG

Mit dem **Massenwirkungsgesetz MWG** kann der Zusammenhang zwischen den Konzentrationen von Edukten und Produkten in einem chemischen Gleichgewicht, den **Gleichgewichtskonzentrationen** c, mathematisch beschrieben werden. Bei der Reaktion

$$a\,A + b\,B \rightleftharpoons m\,M + n\,N$$

stehen die Konzentrationen aller Stoffe in einem bestimmten Produktverhältnis, das durch die Gleichung

$$K_c = \frac{c^m(M) \cdot c^n(N)}{c^a(A) \cdot c^b(B)}$$

beschrieben werden kann. K_c ist darin die Gleichgewichtskonstante, die für jede Reaktion bei gegebener Temperatur einen charakteristischen Wert annimmt.

Die Ammoniaksynthese

$$N_2(g) + 3H_2(g) \rightleftharpoons 2NH_3(g)$$

Die Synthese von Ammoniak wird mit Stickstoff und Wasserstoff nach dem HABER-BOSCH-Verfahren durchgeführt. Durch hohen Druck (25 bis 35 MPa) und niedrige Temperatur (ca. 550 °C) kann die Ausbeute an Ammoniak erhöht werden. Ein Katalysator sorgt für eine hohe Reaktionsgeschwindigkeit. Ammoniak ist eine wichtige Grundchemikalie, z.B. für Düngemittel, Farbstoffe und Kunststoffe.

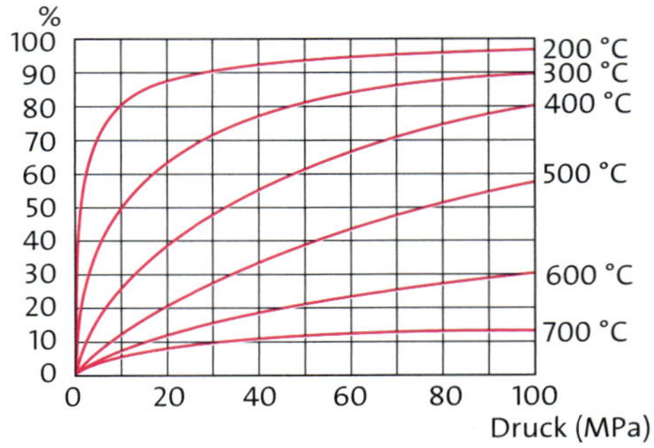

Säuren und Basen in Alltag und Technik

Säuren und **Basen** kommen in vielen Alltagsprodukten wie auch in der Umwelt vor, saure Zitrusfrüchte und Milchprodukte, Essig und Seifen kennt jeder. Um auch die Reaktionen von Säuren und Basen untereinander und mit anderen Stoffen sowie die unterschiedliche Stärke von Säuren und Basen zu verstehen, führen wir eine Definition ein, die dem **Basiskonzept Donator – Akzeptor** entspricht. Durch Anwendung der Kenntnisse über das **chemische Gleichgewicht** und das **Massenwirkungsgesetz MWG** gelingt es dann, charakteristische Größen, Konstanten und mathematische Gleichungen zu entwickeln, mit denen Säuren und Basen nach ihrer Stärke geordnet und quantitativ bestimmt werden können. Die Konzentrationsbestimmungen von Säuren und Basen durch **Titrationen** finden Anwendung in der Lebensmittel- und Umweltanalytik sowie in der Technik und in der Medizin.

Bei der Erschließung dieser Kenntnisse und Verfahren gehen wir folgenden Fragen nach:

1 **Was versteht man unter einer Säure und was unter einer Base?**

2 **Warum können auch Salze sauer oder basisch reagieren?**

3 **Was ist der *p*H-Wert?**

4 **Starke Säure, schwache Säure – worauf kommt es an?**

5 **Wie kommt Unempfindlichkeit gegenüber Säuren und Basen zustande?**

6 **Was haben Blaukraut, Rotkohl und Indikatorpapiere gemeinsam?**

7 **Wie lässt sich der Säure- oder Basegehalt einer Lösung bestimmen?**

8 **Wozu sind Kurven aus Messergebnissen gut?** EVA

9 **Wie allgemein gelten mathematische Gleichungen zum Verhalten von Säuren und Basen?** EVA

10 **Was hat „hartes“ Wasser mit Säuren und Basen zu tun?** EVA

B1 *Marie-Anne und Antoine Laurent Lavoisier*

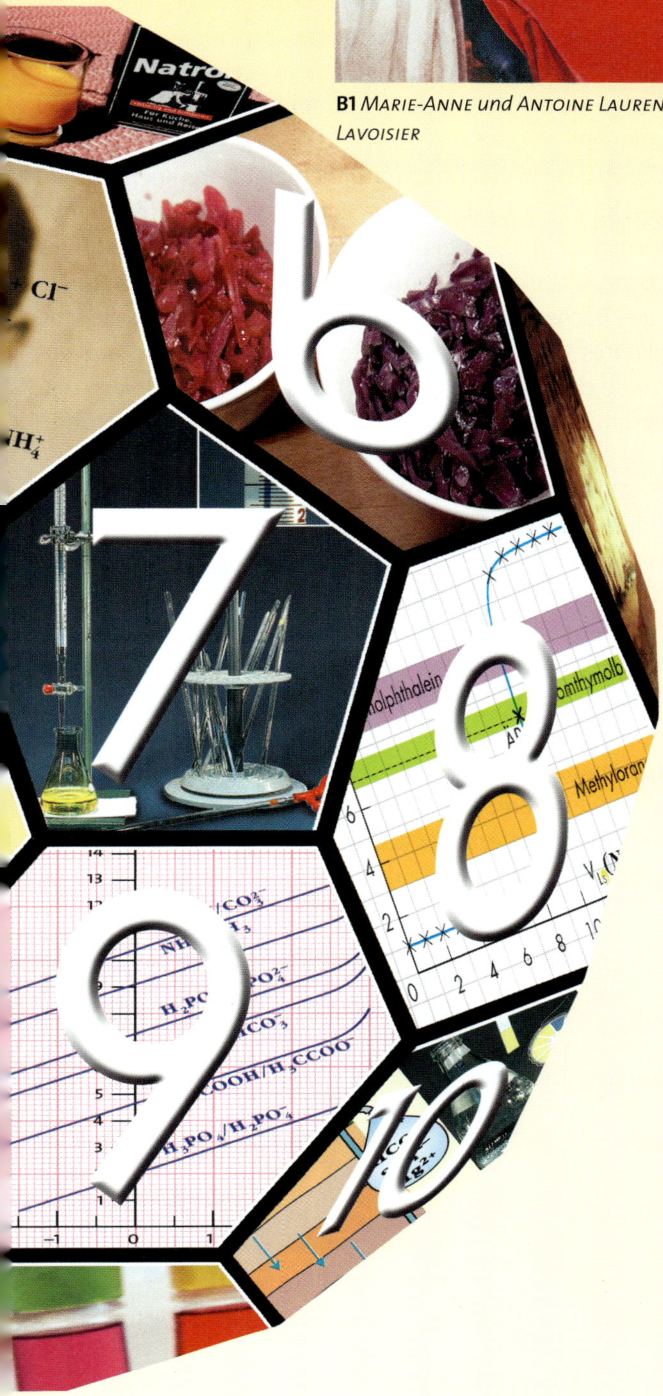

Warum macht es Sinn, beim Thema Säuren und Basen ausgerechnet auf A. L. Lavoisier (B1) zurückzublicken, der doch mit seiner Säure-Definition „voll daneben" lag (vgl. S. 114, B1)? **Erstens**, weil es in diesem Kapitel auch um **quantitative Bestimmungen** geht und Lavoisier der Erste war, der bei seinen systematischen Forschungen über chemische Reaktionen die Massen der Ausgangs- und Endstoffe genau untersuchte. Er setzte dafür die Waage ein und führte die Versuche in geschlossenen Apparaturen durch. So stellte er im Jahr 1772 fest, *„dass der Schwefel beim Verbrennen nicht nur nicht an Gewicht verliert, sondern sogar dazu gewinnt"* und beschloss, diese *„interessanteste Entdeckung, die nach Stahl*[1] *gemacht wurde"*, durch weitere Experimente abzusichern. Das gelang ihm im Jahr 1777, sodass er seine Ergebnisse im Aufsatz *„Sur la combustion en général"* (Über die Verbrennung im Allgemeinen) zusammenfassen konnte. Darin behauptet er, dass sich ein Stoff bei der Verbrennung mit *„etwas"* aus der Luft verbindet.
Zweitens, weil Lavoisier mit der **Namensgebung** von *Sauer*stoff auf den Begriff *Säure* zurückgriff. Er zeigte in den Jahren 1777 bis 1785, dass dieses *„etwas"* aus der Luft ein Element ist, das er *oxygenium* (griech.) = Säureerzeuger nannte, weil er irrtümlich annahm, Sauerstoff sei in jeder Säure enthalten. Das gilt allerdings nur für sogenannte Sauerstoffsäuren, die aus Nichtmetalloxiden und Wasser entstehen (vgl. z. B. S. 135, B2).

---

[1] Georg Ernst Stahl entwarf im Jahr 1697 die *Phlogistontheorie* der Verbrennung. Danach entweicht einem Stoff, der verbrennt, etwas, das Stahl *Phlogiston* („Feuerstoff") nannte. Fast hundert Jahre lang waren alle Chemiker von Ruf Anhänger dieser Theorie. Lavoisiers *Sauerstofftheorie* der Verbrennung hat auch heute noch Gültigkeit.

Vom *acidum aceticum*[1] zum Protonendonator[2]

Im **Altertum**, bereits vor über 2000 Jahren, kannte man die wässrige Lösung der Essigsäure. Sie wurde von den Lateinern *acidum aceticum* genannt.

Robert Boyle
(1626–1691)
stellte fest, dass alle Säuren den Pflanzenfarbstoff Lackmus rot färben und Kalkstein zersetzen. Damit stellte er allgemeine Eigenschaften der Säuren heraus, die sie von anderen Stoffen unterscheiden.

Antoine L. Lavoisier
(1743–1794)
beobachtete, dass Nichtmetalloxide sich mit Wasser zu Säuren verbinden. Er kam zu der irrtümlichen Auffassung, dass in allen Säuren Sauerstoff gebunden ist.

Justus von Liebig
(1803–1873)
definierte Säuren als Wasserstoffverbindungen, in denen Wasserstoff durch ein Metall ersetzt werden kann.

Svante Arrhenius
(1859–1927)
schloss aus der Tatsache, dass wässrige Säurelösungen den elektrischen Strom leiten, dass diese Lösungen Wasserstoff-Ionen H^+ enthalten, und definierte Säuren als Stoffe, die in wässriger Lösung Wasserstoff-Ionen bilden.

Johannes Nikolaus Brönsted
(1879–1947) und
Thomas Martin Lowry (1874–1936)
stellten im Jahr 1928 fest, dass nicht das Vorhandensein von Wasserstoff-Ionen in einer wässrigen Lösung das Kriterium für eine Säure ist. Sie definierten eine Säure als Protonendonator.

B1 *Historische Entwicklung der Definition von Säuren.* ***A:*** *Nennen Sie je ein Beispiel für die Definitionen von Boyle, Lavoisier, Liebig und Arrhenius.*

Versuche

V1 Versetzen Sie in je einem Rggl. a) Citronensäure und b) Speisenatron (Natriumhydrogencarbonat*) mit einigen mL Wasser. Schütten Sie die Lösungen aus a) und b) in einem der beiden Rggl. zusammen und beobachten Sie genau.

V2 Füllen Sie in einen Gefrierbeutel jeweils ein halbes Päckchen Speisenatron* und Citronensäure. Mischen Sie den Inhalt gut durch und beobachten Sie die Veränderungen. Geben Sie dann einige mL Wasser hinzu und verschließen Sie den Gefrierbeutel sofort. Beobachten Sie erneut genau.

V3 Lösen Sie in je einem Rggl. etwas Citronensäure a) in Aceton* und b) in destilliertem Wasser. Prüfen Sie die elektrische Leitfähigkeit beider Lösungen bei gleicher Wechselspannung von $U = 6$ V.

LV4 Wasserstoffchlorid* wird in einer Apparatur gemäß B2 aus Kochsalz und konzentrierter Schwefelsäure* hergestellt und je 15 s lang in Xylol*, in Methanol* und in dest. Wasser eingeleitet. Die drei Lösungen werden in der Reihenfolge Xylol, Methanol, Wasser auf elektrische Leitfähigkeit überprüft (Wechselspannung, $U = 6$ V). In das Becherglas mit der Xylol-Lösung* wird anschließend ca. 2 cm hoch destilliertes Wasser hinzugefügt und mit einem Glasstab gut durchgerührt. Dann wird erneut die Leitfähigkeit geprüft, indem man den Leitfähigkeitsprüfer langsam in die obere und dann in die untere Schicht einführt.

Auswertung

a) Beschreiben Sie die unterschiedlichen Beobachtungen bei V1 und V2 und schließen Sie daraus auf die Rolle des Wassers für die zugrunde liegende Reaktion.

b) Erklären Sie die Messergebnisse aus V3 mithilfe der Arrhenius-Definition von Säuren (B1) und gehen Sie dabei auf die Rolle des Wassers ein.

c) Erläutern Sie, was zu erwarten ist, wenn bei V3 mit Gleichstrom statt mit Wechselstrom gemessen wird. Überprüfen Sie Ihre Vermutung nach Absprache mit der Lehrkraft experimentell.

d) Deuten und erklären Sie die Ergebnisse der Leitfähigkeitsmessungen in LV4.

e) Überprüfen Sie, ob und inwiefern die Aussage „ohne Wasser nicht sauer" für alle Versuchsergebnisse aus V1 bis LV4 zutrifft.

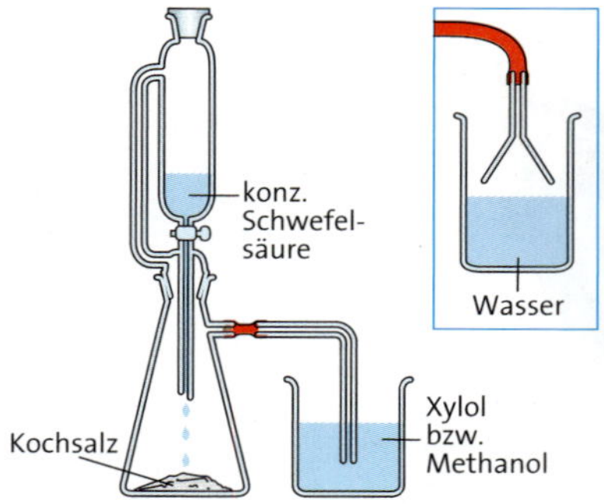

B2 *Skizze zu LV4*

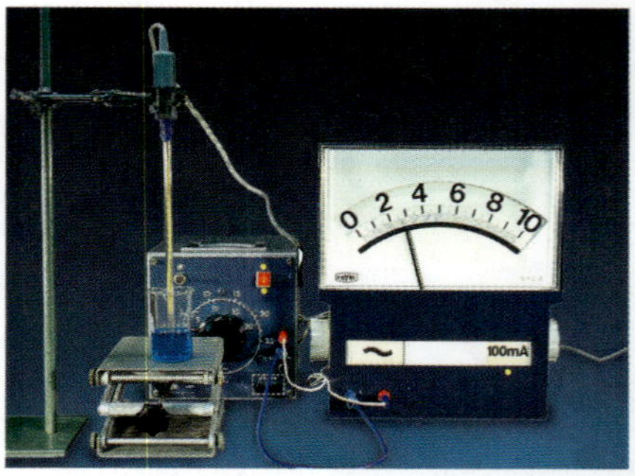

B3 *Messvorrichtung für V3 und LV4*

[1] von *acidus* (lat.) = sauer und *acetus* (lat.) = Essig;
[2] Vgl. Fußnote 4 auf S. 115.

Säure-Base-Definitionen nach BRÖNSTED

Säure und Base ist in der Chemie ein Begriffspaar wie z. B. die Begriffspaare Addition und Subtraktion oder Multiplikation und Division in der Mathematik. Was aber eine Säure bzw. eine Base genau ist, darüber hat es im Laufe der Geschichte ganz unterschiedliche Ansichten gegeben.

Der saure Geschmack bestimmter Stoffe führte zu der Bezeichnung „Säure“. Aufgrund der stark ätzenden oder sogar toxischen Eigenschaften einiger Säuren konnte der Geschmack nicht das einzige Kriterium der Definition für eine Säure sein. In den Definitionen des Säurebegriffs der letzten 300 Jahre (B1) spiegeln sich jeweils die großen Fragen der Chemie wieder, die zu der entsprechenden Zeit im Mittelpunkt standen, beispielsweise die Sauerstofftheorie der Verbrennung (LAVOISIER), die Zusammensetzung von Verbindungen einer Stoffklasse (LIEBIG) und die elektrische Leitfähigkeit von Lösungen (ARRHENIUS).

Die meisten Säuren sind als saure Lösungen bekannt. Viele Säuren sind auch im reinen Zustand flüssig, beispielsweise Essigsäure, Milchsäure, Schwefelsäure und Salpetersäure. Es gibt aber auch feste Säuren, wie Citronensäure und Ascorbinsäure (Vitamin C), und auch gasförmige, beispielsweise Wasserstoffchlorid (Chlorwasserstoff).

Mit den Versuchen V1 bis LV4 wird der Frage „Was ist eine Säure?“ nachgegangen und sich der Definition von BRÖNSTED und LOWRY als vorläufig beste Definition angeschlossen. Dafür sprechen folgende experimentelle Fakten:

- Citronensäure zeigt ihre Säurewirkung erst, wenn sie in Wasser gelöst vorliegt, z. B. die Reaktion mit Natriumhydrogencarbonat (V1, V2) und die elektrische Leitfähigkeit (V3).
- Wasserstoffchlorid entfaltet seine Säureeigenschaften, z. B. die elektrische Leitfähigkeit in Lösung, sehr gut, wenn es in Wasser gelöst ist, schlechter, wenn es in Methanol gelöst ist, und so gut wie gar nicht, wenn es in Xylol gelöst ist (LV4).
- In Xylol gelöstes Wasserstoffchlorid geht beim Schütteln mit Wasser in die wässrige Phase über und wirkt dort als Säure (LV4).

Demnach sollten Wasserstoffchlorid-Moleküle mit Wasser-Molekülen eine Reaktion eingehen, die mit Methanol-Molekülen zwar auch, aber schlechter und mit Xylol-Molekülen so gut wie gar nicht abläuft.

Von dieser Annahme ausgehend definierte BRÖNSTED eine Säure als einen Stoff, dessen Teilchen Protonen (Wasserstoff-Ionen) abgeben („entbinden“) können, und eine Base als einen Stoff, dessen Teilchen Protonen aufnehmen (binden) können[3]. Die Kurzform seiner Definitionen lautet:

Säuren sind **Protonendonatoren**[4], **Basen** sind **Protonenakzeptoren**[5].

Reaktionen zwischen Säuren und Basen sind stets mit Protonenübergängen verbunden (B5). Sie werden deshalb **Protolysen**[6] genannt.

[3] Die Begriffe „Säure“ und „Base“ werden sowohl zur Bezeichnung von Stoffen, z. B. Schwefelsäure, als auch zur Bezeichnung ihrer Teilchen, z. B. Schwefelsäure-Molekül, verwendet. Wir müssen jeweils dem Zusammenhang entnehmen, ob vom Stoff oder von den Teilchen die Rede ist.

[4] von *donare* (lat.) = geben, schenken; [5] von *accipere* (lat.) = annehmen

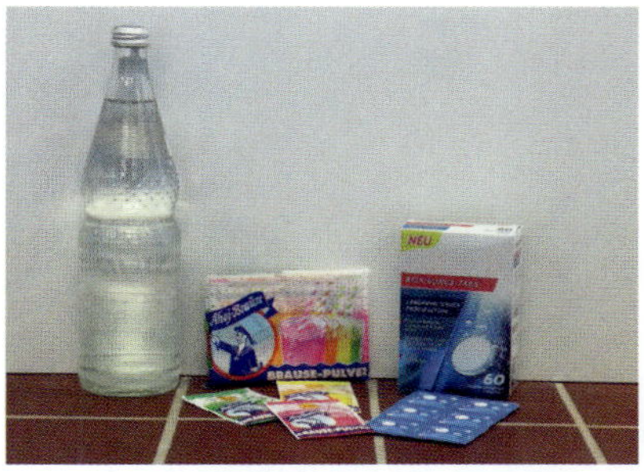

B4 *Saures Sprudelwasser, Brausepulver und Reinigungsmittel für dritte Zähne.* **A:** *Informieren Sie sich auf den Verpackungen über die darin enthaltenen Säuren.*

$$\overset{H^+}{\frown}$$
$$HCl + H_2O \longrightarrow H_3O^+ + Cl^-$$
Säure — Oxonium-Ion

$$\overset{H^+}{\frown}$$
$$NH_3 + H_2O \longrightarrow OH^- + NH_4^+$$
Base — Hydroxid-Ion

B5 *Säuren bilden in wässriger Lösung* ***Oxonium-Ionen*** H_3O^+*, Basen bilden* ***Hydroxid-Ionen*** OH^-*. Hydratisierte Oxonium-Ionen* $H_3O^+(aq)$ *werden als* ***Hydronium-Ionen*** *bezeichnet.*

Aufgabe

A1 Erläutern Sie den Unterschied zwischen der Säure-Definition nach BRÖNSTED und allen anderen Definitionen aus B1.

Fachbegriffe

Protonendonator, Protonenakzeptor, Protolyse, Oxonium-Ionen, Hydroxid-Ionen, Hydronium-Ionen

[6] von *lyein* (griech.) = lösen. Bei Protolysen werden zwar Protonen von Säure-Teilchen „gelöst“, jedoch nur in dem Maße, wie sie gleichzeitig von einem Base-Teilchen gebunden werden.

Können Salze sauer sein?

Hinweis: V1 bis V3 eignen sich für arbeitsteilige Gruppenversuche.

Versuche

V1 Stellen Sie in 6 Rggl. folgende Lösungen her, indem Sie die angegebenen Stoffe jeweils in ca. 15 mL destilliertem Wasser lösen:
Nr. 1: einige Tropfen Essigsäure*, Nr. 2: einige Tropfen konzentrierte Ammoniak-Lösung*, Nr. 3: eine Spatelspitze Natriumacetat, Nr. 4: eine Spatelspitze Ammoniumchlorid, Nr. 5: eine Spatelspitze Kaliumcarbonat*, Nr. 6: eine Spatelspitze Natriumhydrogensulfat*.
Geben Sie in jedes Rggl. einige Tropfen Bromthymolblau-Lösung und notieren Sie die Farbe der Lösung (B4).

V2 Stellen Sie in je 2 Rggl. folgende Lösungen her, indem Sie jeweils eine Spatelspitze der nachfolgend genannten Stoffe in ca. 15 mL Wasser lösen:
a) Natriumphosphat,
b) Dinatriumhydrogenphosphat,
c) Natriumdihydrogenphosphat,
d) Natriumchlorid.
Fügen Sie jeweils in das eine der beiden Rggl. einige Tropfen Bromthymolblau-Lösung, in das andere Rggl. einige Tropfen Universalindikator-Lösung und notieren Sie die Farben der Lösungen.

V3 Bestimmen Sie den *p*H-Wert von Zitronen-, Orangen- oder Grapefruitsaft mit Indikatorpapier (B3). Geben Sie portionsweise Speisenatron hinzu und messen Sie den *p*H-Wert erneut.

Auswertung

a) Teilen Sie die in V1 und V2 untersuchten Stoffe in Klassen ein, je nachdem, ob ihre wässrige Lösung sauer, alkalisch oder neutral reagiert (B4). Erläutern und begründen Sie, ob dabei etwas Unerwartetes auffällt.

b) Bei der Protolyse von Essigsäure-Molekülen bilden sich neben Oxonium-Ionen auch Acetat-Ionen $H_3CCOO^-(aq)$. Formulieren Sie die Reaktionsgleichung dieser Protolyse.

c) Natriumacetat ist eine Ionenverbindung, die beim Lösen in Wasser in hydratisierte Natrium-Ionen $Na^+(aq)$ und hydratisierte Acetat-Ionen $H_3CCOO^-(aq)$ übergeht. Die Farbe dieser mit Bromthymolblau versetzten Lösung (V1) ist durch die Protolyse einer dieser beiden Ionenarten mit Wasser-Molekülen zu erklären. Formulieren Sie die Reaktionsgleichung dieser Protolyse und erläutern Sie.

d) Versuchen Sie, auch die Farben der anderen Proben (Lösung mit Indikator) aus V1 und V2 durch Reaktionsgleichungen von Protolysen zu erklären.

e) Erklären Sie die Ergebnisse aus V3 mithilfe von Protolysegleichungen.

B1 *Fruchtsaft und Speisenatron.* ***A:*** *Informieren Sie sich über die Anwendungen von Speisenatron im Haushalt.*

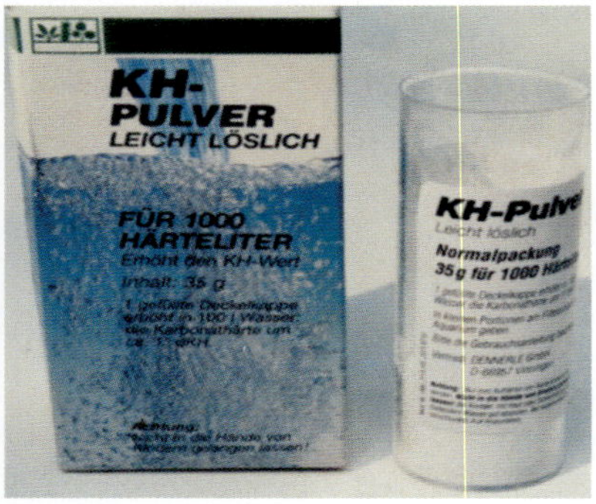

B2 *Zusatzstoff für zu saures Teich- oder Aquarienwasser zur Erhöhung der Carbonathärte (KH).* ***A:*** *Informieren Sie sich über die Zusammensetzung solcher Zusatzstoffe.*

B3 *Indikatorpapiere für Schnelltests mit eingeschränkter pH-Skala*

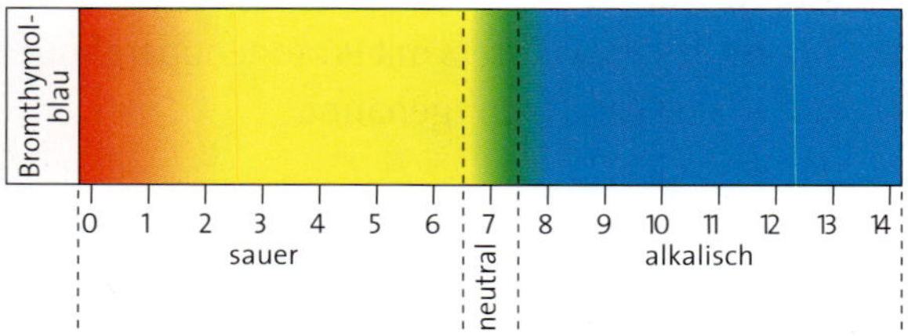

B4 *Der Indikator Bromthymolblau nimmt in saurer, neutraler und alkalischer Lösung die gezeigten Farben an.*

Korrespondierende Säure-Base-Paare

Saure Getränke oder Speisen werden mitunter in der Küche durch Speisenatron „abgestumpft“ (V3). Ebenso werden in Fischzuchten, Gartenteichen und Aquarien Hydrogencarbonate oder Carbonate als Wasserchemikalien eingesetzt, um in den Wässern *p*H-Werte unter 6 zu vermeiden (B2). Mit den genannten Salzen lassen sich also Säuren neutralisieren.

Dass eine Essigsäure-Lösung sauer reagiert und eine Ammoniak-Lösung alkalisch, ist zu erwarten, dass aber die Lösungen der verwendeten Salze in V1 nicht neutral reagieren, verwundert zunächst. Bei V1 reagieren die Ammoniumchlorid-Lösung und die Natriumhydrogensulfat-Lösung sauer (Gelbfärbung des Indikators Bromthymolblau), die Natriumacetat-Lösung und die Kaliumcarbonat-Lösung dagegen alkalisch (Blaufärbung des Indikators). Diese Beobachtungen sind mit folgenden Grundsätzen zu erklären:

1. Protolysen sind stets reversible Reaktionen, bei denen sich die **chemischen Gleichgewichte** in kurzer Zeit einstellen.
2. Aus einer Säure bildet sich bei einer Protolyse ihre **korrespondierende**[1] oder **konjugierte**[2] **Base** und aus einer Base ihre **korrespondierende Säure**.

HA	+	B	$\rightleftharpoons$	HB^+	+	A^-
Säure I		Base II		Säure II korrespondierende Säure der Base II		Base I korrespondierende Base der Säure I

In V1 sind folgende **korrespondierende Säure-Base-Paare**, d.h. Paare aus einer Säure und ihrer korrespondierenden Base, vertreten:

H_3CCOOH/H_3CCOO^-; NH_4^+/NH_3; HCO_3^-/CO_3^{2-}; HSO_4^-/SO_4^{2-}.

Bei jeder Probe stellt sich ein Gleichgewicht ein, an dem eines dieser Säure-Base-Paare beteiligt ist. Beispiele (V1):

Nr. 1:

$$\underset{\text{Säure I}}{H_3CCOOH} + \underset{\text{Base II}}{H_2O} \rightleftharpoons \underset{\text{Säure II}}{H_3O^+} + \underset{\text{Base I}}{H_3CCOO^-}$$

Nr. 3:

$$\underset{\text{Base I}}{H_3CCOO^-} + \underset{\text{Säure II}}{H_2O} \rightleftharpoons \underset{\text{Säure I}}{H_3CCOOH} + \underset{\text{Base II}}{OH^-}$$

Nr. 4:

$$\underset{\text{Säure I}}{NH_4^+} + \underset{\text{Base II}}{H_2O} \rightleftharpoons \underset{\text{Säure II}}{H_3O^+} + \underset{\text{Base I}}{NH_3}$$

An der Formel eines Stoffes allein kann man noch nicht erkennen, ob seine wässrige Lösung sauer, neutral oder alkalisch reagiert (B5). Umfangreichere experimentelle Erfahrungen und tieferes Verständnis der Gleichgewichte, die sich zwischen korrespondierenden Säure-Base-Paaren in wässriger Lösung einstellen, versetzen uns in die Lage, die Eigenschaften einer Salzlösung voraussagen zu können.

[1] von *correspondere* (lat.) = übereinstimmen, sich entsprechen; [2] von *conjungere* (lat.) = verbinden

$$HX + H_2O \rightleftharpoons H_3O^+ + X^-$$
Neutralsäure

$$HX^- + H_2O \rightleftharpoons H_3O^+ + X^{2-}$$
Anion-Säure

$$HX^+ + H_2O \rightleftharpoons H_3O^+ + X$$
Kation-Säure

$$X^- + H_2O \rightleftharpoons OH^- + HX$$
Anion-Base

$$HX + H_2O \rightleftharpoons OH^- + H_2X^+$$
Neutralbase

$$HX^+ + H_2O \rightleftharpoons OH^- + H_2X^{2+}$$
Kation-Base

B5 *Neutrale Teilchen, positiv und negativ geladene Ionen können Säure-Base-Funktion haben.* ***A:*** *Geben Sie an, welche dieser Säure- und Base-Typen in V1 bis V3 vertreten sind, und nennen Sie die entsprechenden Teilchen aus den Versuchen.*

Aufgaben

A1 Erläutern Sie, warum die Säure-Base-Eigenschaften von Salzen mit der BRÖNSTED-Definition besser erklärt werden können als mit den anderen Definitionen aus B1, S. 114.

A2 Einige *Antacida* zur Neutralisation der Magensäure enthalten Aluminiumhydroxid $Al(OH)_3$, andere Natriumhydrogencarbonat $NaHCO_3$. Formulieren Sie Reaktionsgleichungen, in denen deutlich wird, wie jeweils die Basen aus diesen Verbindungen mit Oxonium-Ionen reagieren. Geben Sie jeweils die korrespondierenden Säure-Base-Paare an.

Fachbegriffe

chemisches Gleichgewicht, korrespondierendes oder konjugiertes Säure-Base-Paar, Kation-Säure, Anion-Säure, Kation-Base, Anion-Base

Spurensuche in reinem Wasser

B1 *Der analytische Nachweis von 1 ppt[1] verunreinigender Substanz entspricht dem Auffinden eines Weizenkorns in ca. 100 000 t Weizen, die in einen Güterzug von 20 km Länge hineinpassen.*

Bezeichnung der Reinheitsstufe	Gehalt an Aceton	Preis in Euro/L
„zur Synthese“	99,0%	ca. 9,–
„zur Analyse“	99,5%	ca. 12,–
„UVASOL“ (für Spektroskopie)	99,7%	ca. 30,–

B2 *Reinheitsstufen und Handelspreise der Chemikalie Aceton (Aceton ist ein gutes Lösemittel und vielen als „Nagellackentferner“ bekannt).* ***A:*** *Bestimmen Sie die Masse der Fremdstoffe in den angegebenen Proben bezogen jeweils auf 1 kg Aceton.*

Aufgabe

A1 Nach den Grundlagen der auf den deutschen Arzt HAHNEMANN zurückgehenden Homöopathielehre (1810) nimmt die Kraft aller Arzneien mit steigender Verdünnung zu. Die Verdünnung erfolgt jeweils in Dezimalpotenzen, d.h. im Verhältnis 1 : 10 (D1), 1 : 100 (D2), 1 : 1000 (D3) usw. Diskutieren Sie die Verdünnungen D6 und D23. Wie viele Moleküle eines Wirkstoffes sind in einem Liter der Verdünnung D23 enthalten?

INFO

Das in der Natur verbreitete Wasser ist niemals rein, sondern enthält u.a. Salze, Gase, organische Verbindungen, Bakterien und Stäube. Verhältnismäßig reines Wasser ist aus Regen und Schnee zu gewinnen, besonders rein sind Regen und Schnee aus Neuseeland. Selbst destilliertes Wasser ist kein absoluter Reinstoff; es ist also kein Stoff, der ausschließlich aus Wasser-Molekülen besteht. Destilliertes Wasser enthält u.a. noch gelöstes Kohlenstoffdioxid oder beispielsweise Ionen, die aus der Glasapparatur beim Destillieren herausgelöst wurden. Selbst das reinste je hergestellte Wasser enthält noch etwa 1 ppt[1] an Verunreinigungen. Dass dieses Wasser, dessen Reinheitsgrad man in Prozent mit 99,9999999999 % angeben müsste, schon „sehr rein“ ist, veranschaulicht der Vergleich in B1. Die moderne chemische Analytik ist heute in der Lage, einige Stoffe (z.B. Dioxine) auch dann noch nachzuweisen, wenn sie in einer Konzentration von weniger als 10^{-15} Massenanteilen enthalten sind, d.h. wenn in einer Masse von 1 t nur 0,000001 mg dieses Stoffes enthalten ist.

Versuche

V1 Bestimmen Sie mit einer *p*H-Elektrode (oder mit Spezialindikatorpapier) den *p*H-Wert und mit einem Leitfähigkeitsmessgerät die elektrische Leitfähigkeit verschiedener Wasserproben: Mineralwässer, Leitungswasser, Wasserprobe aus einem fließenden bzw. stehenden Gewässer, Regenwasser, destilliertes Wasser, vollentsalztes Wasser.

V2 Bestimmen Sie mithilfe von Schnelltestverfahren (Wasseruntersuchungskoffer/Teststäbchen) in den Wasserproben aus V1 den Nitratgehalt und die Wasserhärte (Gesamthärte, Carbonathärte).

Auswertung

Hinweis: Bearbeiten Sie b) und c) erst, wenn Sie S. 119 gelesen haben.

a) Tragen Sie ihre Messdaten in eine Tabelle ein, die Sie nach den Angaben aus B3 anlegen. Erklären Sie ihre Messergebnisse in V1 und V2 und benennen Sie die Teilchen, die für die Größe in der jeweiligen Spalte verantwortlich sind.

b) Bestimmen Sie die Konzentrationen $c(H_3O^+)$ und $c(OH^-)$ aus ihren Messdaten. Berechnen Sie die Anzahl der Oxonium-Ionen $N(H_3O^+)$ in jeweils 1 Liter Wasserprobe unter Verwendung der AVOGADRO-Konstanten $N_A = 6{,}022 \cdot 10^{23}\ mol^{-1}$ ($\vartheta = 22\,°C$) und tragen Sie sie in Ihre Tabelle ein.

c) Ermitteln Sie den Faktor, um den sich die Konzentrationen der Oxonium-Ionen im Regenwasser und im Leitungswasser aus V1 unterscheiden.

Probe	*p*H	$c(H_3O^+)$	$c(OH^-)$	$N(H_3O^+)$	Leitfähigkeit	Gesamthärte	Carbonathärte	Nitratgehalt

B3 *Tabellenkopf zur Auswertung von V1 und V2*

[1] *ppt* (engl.) = part per trillion (Billionstel) entspricht 1 : 1 000 000 000 000, also 10^{-12} oder 1 Mikrogramm in einer Tonne;
ppb (engl.) = part per billion (Milliardstel) entspricht 1 Milligramm in einer Tonne;
ppm (engl.) = part per million (Millionstel) entspricht 1 Gramm in einer Million Gramm (= eine Tonne).

Ionenprodukt des Wassers und *p*H-Wert

Je mehr Ionen im Wasser gelöst sind (V1), umso höher ist die Leitfähigkeit einer Wasserprobe. Genaue Messungen an reinstem Wasser ergeben, dass auch dieses eine geringe elektrische Leitfähigkeit besitzt, es muss also Ionen enthalten. Bei diesen handelt es sich um Oxonium-Ionen und Hydroxid-Ionen, die sich bei der **Autoprotolyse**[2] des Wassers bilden:

$$\underset{\text{Säure I}}{H_2O} + \underset{\text{Base II}}{H_2O} \rightleftharpoons \underset{\text{Säure II}}{H_3O^+} + \underset{\text{Base I}}{OH^-}$$

Bei diesem Gleichgewicht wird erneut die Fähigkeit der Wasser-Moleküle deutlich, sowohl als Protonendonator als auch als Protonenakzeptor zu wirken. Das Wasser-Molekül wird aus diesem Grund als **Ampholyt** (**amphoteres Teilchen**) bezeichnet. Das Autoprotolysegleichgewicht des Wassers liegt sehr stark auf der linken Seite. Die Rückreaktion (Neutralisationsreaktion) ist gegenüber der Hinreaktion stark bevorzugt. Der Wert der Gleichgewichtskonstanten K_c konnte aus Leitfähigkeitsmessungen bestimmt werden:

$$K_c = \frac{c(H_3O^+) \cdot c(OH^-)}{c^2(H_2O)} = 3{,}258 \cdot 10^{-18} \quad (\vartheta = 22\,°C)$$

1 L Wasser hat bei 22 °C eine Masse von $m = 998$ g. Das entspricht der Stoffmenge $n(H_2O) = 55{,}398$ mol.

Die Konzentration von Wasser bei 22 °C ist also $c(H_2O) = 55{,}398$ mol/L. Die Abnahme der Stoffmenge $n(H_2O)$ durch die Hinreaktion des Autoprotolysegleichgewichts ist so gering, dass sie sich selbst auf die dritte Stelle hinter dem Komma bei $c(H_2O)$ nicht auswirkt. Man bezieht daher die Konzentration des Wassers in die Gleichgewichtskonstante K_c mit ein und erhält eine neue **Konstante K_W**:

$$K_c \cdot c^2(H_2O) = c(H_3O^+) \cdot c(OH^-) = K_W$$

Durch Einsetzen der Zahlenwerte für K_c und $c(H_2O)$ folgt:

$$K_W = c(H_3O^+) \cdot c(OH^-) = 10^{-14}\ mol^2 \cdot L^{-2} \quad (\vartheta = 22\,°C)$$

Da die Konstante K_W das Produkt der Konzentrationen der im Wasser enthaltenen Ionen angibt, spricht man vom **Ionenprodukt des Wassers**. Dieser Wert gilt nicht nur für reines Wasser, sondern auch für verdünnte wässrige Lösungen bei 22 °C. Mit dem Ionenprodukt ist jeder Oxonium-Ionenkonzentration eine Hydroxid-Ionenkonzentration zugeordnet und umgekehrt (B5). Um die Oxonium-Ionenkonzentration $c(H_3O^+)$ einer Lösung durch eine kleine positive Zahl angeben zu können, hat man den ***p*H-Wert**[3] einer Lösung als den negativen Zehnerlogarithmus des Zahlenwertes der Konzentration der Oxonium-Ionen einer Lösung definiert[4]:

$$pH = -\lg \{c(H_3O^+)\}$$

[2] von *auto* (griech.) = selbst; [3] *p*H kommt von *puissance de hydrogène* (franz.) oder *pondus hydrogenii* (lat.) = Hochzahl des Wasserstoffs; [4] Die geschwungenen Klammern geben an, dass nur der Zahlenwert von $c(H_3O^+)$ logarithmiert wird.

ϑ in °C	K_W in $mol^2 \cdot L^{-2}$
10	$0{,}36 \cdot 10^{-14}$
18	$0{,}74 \cdot 10^{-14}$
20	$0{,}86 \cdot 10^{-14}$
22	$1{,}00 \cdot 10^{-14}$
30	$1{,}89 \cdot 10^{-14}$
50	$5{,}6 \cdot 10^{-14}$

B4 *Temperaturabhängigkeit des Ionenprodukts des Wassers K_W*

$c(H_3O^+)$	*p*H		*p*OH	$c(OH^-)$
$10^0 = 1$	0		14	10^{-14}
10^{-1}	1		13	10^{-13}
10^{-2}	2		12	10^{-12}
10^{-3}	3	sauer	11	10^{-11}
10^{-4}	4		10	10^{-10}
10^{-5}	5		9	10^{-9}
10^{-6}	6		8	10^{-8}
10^{-7}	7	neutral	7	10^{-7}
10^{-8}	8		6	10^{-6}
10^{-9}	9		5	10^{-5}
10^{-10}	10		4	10^{-4}
10^{-11}	11	alkalisch	3	10^{-3}
10^{-12}	12		2	10^{-2}
10^{-13}	13		1	10^{-1}
10^{-14}	14		0	$10^0 = 1$

B5 *Zusammenhang zwischen Oxonium-Ionenkonzentration, pH-Wert, Hydroxid-Ionenkonzentration und pOH-Wert. Die Konzentrationen der Ionen sind in mol/L angegeben.*

INFO

Berechnung von $c(H_3O^+)$ in Wasser von $\vartheta = 22\,°C$

Für reines Wasser gilt:
$c(H_3O^+) = c(OH^-)$.

Daraus folgt:
$c(H_3O^+) \cdot c(H_3O^+) = 10^{-14}\ mol^2/L^2$
und weiter $c(H_3O^+) = 10^{-7}$ mol/L.
Der *p*H-Wert von reinem Wasser ist damit $pH = -\lg 10^{-7} = 7$.

Auch für *neutrale* Lösungen, d. h. Lösungen, bei denen die Oxonium-Ionenkonzentration und die Hydroxid-Ionenkonzentration gleich sind, gilt: *p*H = 7.

Fachbegriffe

Autoprotolyse, Ampholyt, Ionenprodukt des Wassers K_W, *p*H-Wert

Starke Säuren, schwache Säuren – Worauf kommt es an?

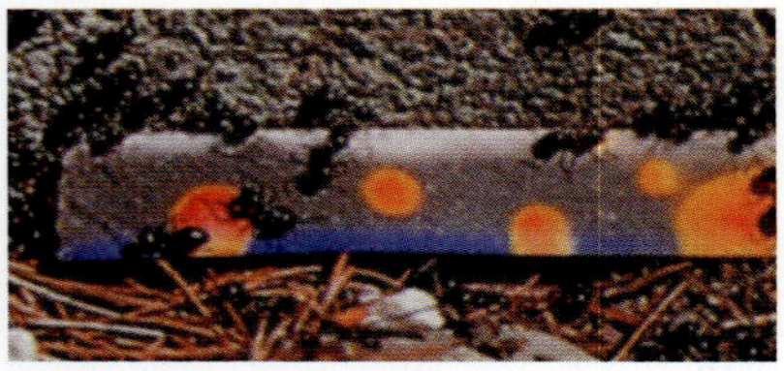

B1 *Ameisen produzieren Ameisensäure* **HCOOH**, *die bei einem Ameisenbiss unter die Haut gelangt und einen stechenden Schmerz verursacht.* **A:** *Beurteilen Sie, ob es sich bei Ameisensäure um eine „starke" oder „schwache" Säure handelt.*

Versuche

V1 Bereiten Sie in drei 1-L-PE-Flaschen Lösungen gleicher Konzentration (c = 0,2 mol/L) aus Wasser und den folgenden Stoffen vor:

a) 16,8 mL konz. Salzsäure* (konz. Salzsäure ist eine gesättigte Lösung von Wasserstoffchlorid in Wasser mit $w(\mathbf{HCl})$ = 37,5 %),

b) 27,7 g Natriumhydrogensulfat-Dihydrat*,

c) 11,4 mL reine Essigsäure*.

Lösen Sie die Stoffe zunächst in 1-L-Messkolben in etwa 500 mL Wasser; bringen Sie die Lösungen dann auf Raumtemperatur und füllen Sie mit destilliertem Wasser auf 1 L auf. Die fertigen Lösungen füllen Sie in PE-Flaschen um.

V2 Messen Sie für jede der drei Säurelösungen aus V1 die *p*H-Werte mit einem *p*H-Meter und die Zeit, in der sich bei der Reaktion mit Magnesium ein bestimmtes Volumen Wasserstoff bildet. Geben Sie hierzu in einer Vorrichtung nach B3 jeweils 0,3 g Magnesiumpulver* in den Gasentwickler, gießen Sie dann 20 mL Säurelösung darüber, stopfen Sie sofort zu und starten Sie im gleichen Moment die Stoppuhr. Lassen Sie die Reaktion im Gasentwickler jeweils ausklingen und spülen Sie ihn vor der nächsten Messung aus. Notieren Sie tabellarisch für jede der drei Säuren in V1 jeweils die Ausgangskonzentration (c_0 = 0,2 mol/L), den gemessenen *p*H-Wert und die Reaktionszeit. Lassen Sie in der Tabelle eine Spalte für $c(\mathbf{H_3O^+})$ frei.

V3 Verdünnen Sie je eine Portion der drei Lösungen aus V1 auf a) c = 0,1 mol/L und b) c = 0,02 mol/L. Messen Sie die *p*H-Werte dieser Lösungen ebenfalls und halten Sie sie zusammen mit den *p*H-Werten aus V2 in einer neuen Tabelle fest.

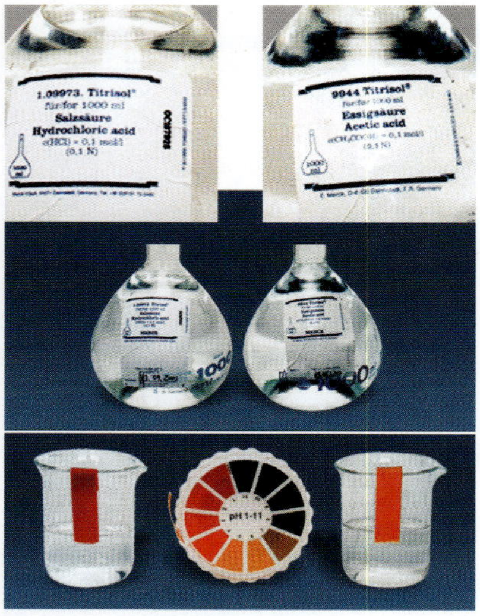

B2 *Zwei Säuren, gleiche Konzentration, aber unterschiedliche pH-Werte (vgl. auch V2)*

Auswertung

a) Vergleichen Sie die in V2 gemessenen Reaktionszeiten und *p*H-Werte der drei Säurelösungen miteinander und erläutern Sie den Zusammenhang zwischen Reaktionszeit und *p*H-Wert.

b) Berechnen Sie aus den bei V2 gemessenen *p*H-Werten die Oxonium-Ionenkonzentrationen $c(\mathbf{H_3O^+})$ und tragen Sie sie in die freie Spalte aus V2 ein.

c) Ordnen Sie die drei Säuren nach ihrer Stärke und erläutern Sie, nach welchen Kriterien Sie die Säurestärke beurteilt haben.

d) Berechnen Sie aus den bei V3 gemessenen *p*H-Werten die Konzentrationen der Oxonium-Ionen beim Gleichgewicht $c(\mathbf{H_3O^+})$ für Salzsäure und Essigsäure mit der Anfangskonzentration $c_0(\mathbf{HA})$ = 0,1 mol/L.

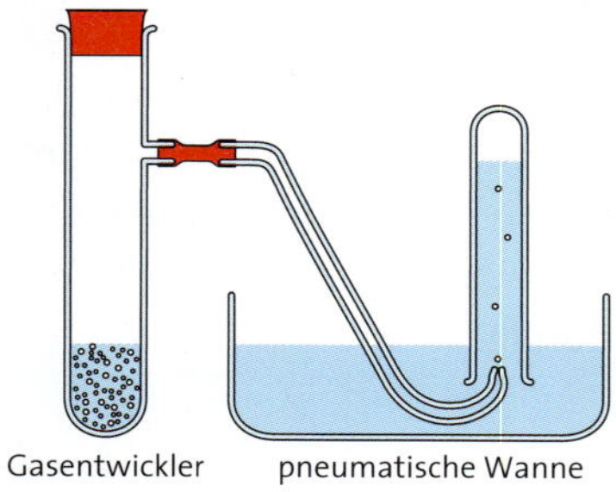

B3 *Gasentwickler zu V2.* **A:** *Erläutern Sie, wie verfahren werden muss, um Fehlerquellen möglichst gering zu halten.*

Reaktion einer Säure **HA** mit Wasser
$\mathbf{HA} + \mathbf{H_2O} \rightleftharpoons \mathbf{A^-} + \mathbf{H_3O^+}$ MWG: $K_1 = \dfrac{c(\mathbf{H_3O^+}) \cdot c(\mathbf{A^-})}{c(\mathbf{HA}) \cdot c(\mathbf{H_2O})}$
Reaktion einer Base **B** mit Wasser
$\mathbf{H_2O} + \mathbf{B} \rightleftharpoons \mathbf{OH^-} + \mathbf{HB^+}$ MWG: $K_2 = \dfrac{c(\mathbf{HB^+}) \cdot c(\mathbf{OH^-})}{c(\mathbf{B}) \cdot c(\mathbf{H_2O})}$

B4 *Protolysegleichgewichte und Massenwirkungsgesetz MWG für eine Modell-Säure HA und eine Modell-Base B*

Säurestärke und Basenstärke, pK_s- und pK_b-Wert

Gemessen am Schmerz, den man bei einem Ameisenbiss verspürt, würde man die Ameisensäure (B1) als starke Säure einschätzen. Tatsächlich zählt sie aber zu den mittelstarken Säuren (B5). Die starke Säure Wasserstoffchlorid **HCl** ist gelöst in unserem Magensaft enthalten, die schwache Blausäure (Wasserstoffcyanid) **HCN** ist ein starkes Gift. Diese Beispiele zeigen, dass die Stärke einer Säure wenig mit ihrer Gefährlichkeit oder gar ihrer Giftigkeit zu tun hat.

Für Salzsäure und Essigsäure-Lösung mit gleicher Ausgangskonzentration, c_0 = 0,1 mol/L, misst man unterschiedliche *p*H-Werte und erwartungsgemäß reagiert die Salzsäure wesentlich schneller und heftiger mit Magnesium als die Essigsäure-Lösung (B2, V2). Aus den gemessenen *p*H-Werten lassen sich die Konzentrationen der Oxonium-Ionen $c(H_3O^+)$ berechnen:

Säure	$c_0(HA)$	*p*H	$c(H_3O^+)$
Salzsäure	0,1 mol/L	1	0,1 mol/L
Essigsäure	0,1 mol/L	2,9	≈ 0,001 mol/L

Vergleicht man bei der Salzsäure die Werte für **Anfangskonzentration** $c_0(HA)$ und die Oxonium-Ionenkonzentration $c(H_3O^+)$, haben offenbar alle Wasserstoffchlorid-Moleküle ihr Proton abgegeben und das **Protolysegleichgewicht** (B4) liegt fast vollständig auf der Oxonium-Ionen-Seite. Im Unterschied dazu hat nur etwa ein Prozent der Essigsäure-Moleküle ein Proton abgegeben, sodass das Gleichgewicht der Essigsäure-Protolyse weitgehend auf der linken Seite liegt. Wasserstoffchlorid ist ein besserer Protonendonator als Essigsäure und damit eine stärkere Säure.

In verdünnten Lösungen ist die Konzentration von Wasser $c(H_2O)$ sehr viel größer als die der anderen am Massenwirkungsquotienten beteiligten Teilchen (B4). Der Wert $c(H_2O)$ verändert sich bei der Einstellung des Gleichgewichts nur so wenig, dass die Konzentration des Wassers als konstant angesehen werden kann. Daher bezieht man sie in die Gleichgewichtskonstante K_c mit ein und erhält die **Säurekonstante** K_s:

$$K_1 \cdot c(H_2O) = K_s, \text{ also } \boxed{K_s = \frac{c(H_3O^+) \cdot c(A^-)}{c(HA)}}$$

Für das Protolysegleichgewicht einer Base **B** (B4) erhält man in der gleichen Weise die **Basenkonstante** K_b:

$$K_2 \cdot c(H_2O) = K_b, \text{ also } \boxed{K_b = \frac{c(OH^-) \cdot c(HB^+)}{c(B)}}$$

Alle in diesen Gleichungen vorkommenden Konzentrationen *c* sind auf den Gleichgewichtszustand bezogen und dürfen nicht mit den Anfangskonzentrationen c_0 der gelösten Säure oder Base verwechselt werden.

Aufgabe

A1 Bei einer Säurelösung wird *p*H = 3 gemessen. Erläutern Sie, warum es anhand dieses Messwerts alleine nicht möglich ist zu entscheiden, ob eine starke oder eine schwache Säure vorliegt.

Säure	pK_s	Base	pK_b
$HClO_4$	≈ −9	ClO_4^-	≈ 23
HI	≈ −8	I^-	≈ 22
HBr	≈ −6	Br^-	≈ 20
HCl	≈ −6	Cl^-	≈ 17
H_2SO_4	≈ −3	HSO_4^-	≈ 17
H_3O^+	−1,74	H_2O	15,74
HNO_3	−1,32	NO_3^-	15,32
HIO_3	0	IO_3^-	14
$H_2C_2O_4$	1,46	$HC_2O_4^-$	12,54
HSO_4^-	1,92	SO_4^{2-}	12,08
H_2SO_3	1,96	HSO_3^-	12,04
H_3PO_4	1,96	$H_2PO_4^-$	12,04
HF	3,14	F^-	10,86
$HCOOH$	3,77	$HCOO^-$	10,23
H_3CCOOH	4,76	H_3CCOO^-	9,24
H_2CO_3	6,52	HCO_3^-	7,48
H_2S	6,9	HS^-	7,1
$H_2PO_4^-$	7,12	HPO_4^{2-}	6,88
NH_4^+	9,24	NH_3	4,76
HCN	9,4	CN^-	4,6
HCO_3^-	10,4	CO_3^{2-}	3,6
HPO_4^{2-}	12,32	PO_4^{3-}	1,68
H_2O	15,74	OH^-	−1,74
NH_3	23	NH_2^-	−9
OH^-	≈ 24	O^{2-}	≈ −10

B5 *pK_s- bzw. pK_b-Werte einiger korrespondierender Säure-Base-Paare bei 22 °C.*
A: *Addieren Sie zeilenweise $pK_s + pK_b$ und interpretieren Sie das Ergebnis im Zusammenhang mit dem Ionenprodukt des Wassers K_W (vgl. S. 119).*

Definitionen

Analog zum *p*H-Wert (vgl. S. 119) definiert man:

$pK_s = -\lg\{K_s\}$ und $pK_b = -\lg\{K_b\}$.

Je **kleiner** der pK_s- (bzw. pK_b-) Wert ist, desto **stärker** ist die Säure (bzw. Base) (B5).

Fachbegriffe

Säurekonstante K_s, pK_s-Wert, Basenkonstante K_b, pK_b-Wert, Protolysegleichgewicht, Anfangskonzentration c_0, Säurestärke, Basenstärke

Ordnung ist die halbe Rechnung

für	gilt:
starke Säuren ($pK_s < 1{,}5$)	$c(\mathbf{H_3O^+}) = c_0(\mathbf{HA})$
schwache Säuren ($pK_s > 4{,}75$)	$c(\mathbf{HA}) = c_0(\mathbf{HA})$

B1 *Vereinfachende Annahmen bei Berechnungen mit Säuren*

INFO

Die Säure- und Basenkonstante K_s und K_b bzw. der pK_s- und pK_b-Wert einer Säure bzw. Base sind konzentrationsunabhängige Größen, die die Stärke der Säure bzw. der Base eindeutig durch einen Zahlenwert charakterisieren. Damit ist es möglich, die Säuren und Basen nach ihrer Stärke zu ordnen (vgl. S. 120 und S. 121, B4 und B5) und die pH-Werte von Lösungen zu berechnen. Die beiden vereinfachenden Näherungen aus B1 sind dabei nützlich.
Im Fall von **starken Säuren** mit $pK_s < 1{,}5$ liegen beim Gleichgewicht nahezu alle Säure-Teilchen protolysiert vor, die Konzentration der Oxonium-Ionen kann also näherungsweise mit der Anfangskonzentration der Säure gleichgesetzt werden: $c(\mathbf{H_3O^+}) = c_0(\mathbf{HA})$.
Bei Lösungen **schwacher Säuren** mit $pK_s > 4{,}75$ kann man annehmen, dass der Anteil der protolysierten Säure-Teilchen beim Gleichgewicht im Vergleich zur Anfangskonzentration der Säure verschwindend klein ist, dass also die Konzentration der unprotolysierten Säure-Teilchen beim Gleichgewicht mit der Anfangskonzentration der Säure gleichgesetzt werden kann: $c(\mathbf{HA}) = c_0(\mathbf{HA})$.
Damit ergeben sich für starke und schwache Säuren relativ einfache Lösungswege bei der Berechnung der pH-Werte von Lösungen (B2). Bei mittelstarken Säuren werden keine vereinfachende Annahmen gemacht und der Lösungsweg ist entsprechend länger und verzweigter (vgl. *extra* auf S. 123).

Berechnung des pH-Wertes der Lösung einer starken Säure

Berechnen Sie den pH-Wert von Salzsäure $\mathbf{HCl(aq)}$ der Konzentration $c_0 = 0{,}25$ mol/L.

Lösung:

1. Protolysegleichung:
   $$\mathbf{HCl + H_2O \rightleftharpoons H_3O^+ + Cl^-}$$
2. Fallbestimmung (*INFO* und B1):
   Wasserstoffchlorid ist eine starke Säure, $pK_s < 1{,}5$;
   damit gilt: $c(\mathbf{H_3O^+}) = c_0(\mathbf{HCl})$.
3. Anwenden der Definition des pH-Werts:
   $p\mathrm{H} = -\lg\{c(\mathbf{H_3O^+})\} = -\lg 0{,}25 = 0{,}6$

Berechnung des pH-Wertes der Lösung einer schwachen Säure

Berechnen Sie den pH-Wert einer Essigsäure-Lösung $\mathbf{H_3CCOOH(aq)}$ der Konzentration $c_0 = 0{,}25$ mol/L.

Lösung:

1. Protolysegleichung:
   $$\mathbf{H_3CCOOH + H_2O \rightleftharpoons H_3O^+ + H_3CCOO^-}$$
2. Fallbestimmung (*INFO* und B1):
   Essigsäure ist eine schwache Säure, $pK_s = 4{,}76$;
   damit gilt: $c(\mathbf{H_3CCOOH}) = c_0(\mathbf{H_3CCOOH})$.
3. Die Gleichung für K_s ermöglicht nun die Berechnung von $c(\mathbf{H_3O^+})$:
   $$K_s = \frac{c(\mathbf{H_3O^+}) \cdot c(\mathbf{H_3CCOO^-})}{c(\mathbf{H_3CCOOH})} \quad \text{mit } \{K_s\} = 10^{-pK_s}$$
   Da $c(\mathbf{H_3O^+}) = c(\mathbf{H_3CCOO^-})$ (vgl. Protolysegleichung) und $c(\mathbf{H_3CCOOH}) = c_0(\mathbf{H_3CCOOH})$ (B2) ist, folgt:
   $$K_s = \frac{c^2(\mathbf{H_3O^+})}{c_0(\mathbf{H_3CCOOH})} \quad \text{und schließlich}$$
   $$c(\mathbf{H_3O^+}) = \sqrt{K_s \cdot c_0(\mathbf{H_3CCOOH})}$$
4. Anwenden der Definition des pH-Werts:
   $$p\mathrm{H} = -\lg\{c(\mathbf{H_3O^+})\} = -\lg\sqrt{K_s \cdot c_0(\mathbf{H_3CCOOH})}$$
   $$p\mathrm{H} = -\lg\sqrt{10^{-4{,}76} \cdot 0{,}25} = \mathbf{2{,}68}.$$

B2 *Exemplarische Berechnungen von pH-Werten* ***starker*** *und* ***schwacher Säuren***

Berechnung von *p*H-Werten

Um die Berechnung des *p*H-Werts einer Lösung bei gegebener Anfangskonzentration c_0 der Säure oder Base zu vereinfachen, ist eine **Klassifikation** (Einteilung) der Säuren bzw. Basen in drei Kategorien sinnvoll. Dabei erweisen sich die in B3 festgelegten Grenzwerte für pK_s- und pK_b-Werte bei Protolysegleichgewichten in wässrigen Lösungen als sinnvoll. Daraus lassen sich Annahmen herleiten, die das Rechnen bei **starken** und **schwachen Säuren** vereinfachen (*INFO*, B1, B2).

Bei Lösungen von Basen verfährt man analog, indem man zunächst die Konzentration der Hydroxid-Ionen $c(\mathbf{OH^-})$ statt die der Oxonium-Ionen $c(\mathbf{H_3O^+})$ ermittelt. Vor dem letzten Schritt berechnet man mithilfe des Ionenprodukts des Wassers K_W (vgl. S. 119) die Konzentration der Oxonium-Ionen $c(\mathbf{H_3O^+}) = 10^{-14}\ \text{mol}^2/\text{L}^2 : c(\mathbf{OH^-})$ und daraus schließlich durch Logarithmieren den *p*H-Wert.

Aufgaben

A1 Berechnen Sie den *p*H-Wert von: a) Blausäure (Wasserstoffcyanid-Lösung) $\mathbf{HCN(aq)}$ mit $c_0(\mathbf{HCN})$ = 0,5 mol/L, b) Salpetersäure-Lösung $\mathbf{HNO_3(aq)}$ mit $c_0(\mathbf{HNO_3})$ = 0,1 mol/L und c) Ammoniumchlorid-Lösung $\mathbf{NH_4Cl(aq)}$ mit $c_0(\mathbf{NH_4^+})$ = 0,3 mol/L.

A2 Berechnen Sie den *p*H-Wert von a) Natronlauge $\mathbf{NaOH(aq)}$ mit $c_0(\mathbf{NaOH})$ = 1 mol/L und b) Ammoniak-Lösung $\mathbf{NH_3(aq)}$ mit $c_0(\mathbf{NH_3})$ = 0,2 mol/L.

A3 Berechnen Sie jeweils die Anfangskonzentration c_0 der Säure in den folgenden Lösungen: a) Salzsäure mit *p*H = 0,5 und b) Benzoesäure-Lösung mit *p*H = 4.

extra Berechnen Sie den *p*H-Wert einer Ameisensäure-Lösung mit $c_0(\mathbf{HCOOH})$ = 0,25 mol/L.

Lösung:

1. Reaktionsgleichung: $\mathbf{HCOOH + H_2O \rightleftharpoons H_3O^+ + HCOO^-}$
2. Klassifikation: **mittelstarke Säure**, $pK_s(\mathbf{HCOOH}) = 3{,}77$
3. Zusammenhang zwischen Anfangskonzentrationen und den Konzentrationen im Gleichgewicht:
   c_0: Anfangskonzentration der Ameisensäure
   c: Konzentration der Oxonium-Ionen im Gleichgewicht
   $c_0 - c$: Konzentration der Ameisensäure im Gleichgewicht
4. Formulierung des MWG; Säurekonstante K_s:
   $$K_s = \frac{c \cdot c}{c_0 - c} \Leftrightarrow (c_0 - c) \cdot K_s = c^2 \Leftrightarrow c^2 + K_s \cdot c - K_s \cdot c_0 = 0$$
   $$c_{1,2} = \frac{-K_s \pm \sqrt{K_s^{\,2} + 4 \cdot K_s \cdot c_0}}{2}; \quad c_1 = 6{,}69 \cdot 10^{-3}\ \text{mol/L};\quad c_2 = -6{,}78 \cdot 10^{-3}\ \text{mol/L}$$
   Nur die Lösung c_1 kann zutreffen, da negative Konzentrationen nicht auftreten können.
5. Mithilfe der Definition des *p*H-Wertes erhält man:
   $p\text{H} = -\lg\{c(\mathbf{H_3O^+})\} = -\lg(6{,}69 \cdot 10^{-3}) = 2{,}16.$

starke Säuren	starke Basen
$pK_s < 1{,}5$	$pK_b < 1{,}5$
mittelstarke Säuren	mittelstarke Basen
$1{,}5 < pK_s < 4{,}75$	$1{,}5 < pK_b < 4{,}75$
schwache Säuren	schwache Basen
$pK_s > 4{,}75$	$pK_b > 4{,}75$

B3 *Einteilung (Klassifikation) der Säuren und Basen nach ihrer Stärke*

Formel (Name)	pK_s-Wert / pK_b-Wert
$\mathbf{HCOOH}$ (Ameisensäure)	3,77
$\mathbf{H_3CCOOH}$ (Essigsäure)	4,76
$\mathbf{H_3CCH_2COOH}$ (Propansäure)	4,88
$\mathbf{ClH_2CCOOH}$ (Monochloressigsäure)	2,81
$\mathbf{Cl_3CCOOH}$ (Trichloressigsäure)	0,64
$\mathbf{HOOC{-}COOH}$ (Oxalsäure)	1,42 (4,29)[1]
$\mathbf{HOOC{-}CH_2{-}COOH}$ (Malonsäure)	2,69 (5,7)[1]
$\mathbf{HOOC{-}CH_2CH_2{-}COOH}$ (Bernsteinsäure)	4,19 (5,48)[1]
$\mathbf{H_3C{-}CH(OH){-}COOH}$ (Milchsäure)	3,87
$\mathbf{HOOC{-}CH(OH){-}CH(OH){-}COOH}$ (Weinsäure)	2,98 (4,34)[1]
$\mathbf{HOOC{-}CH_2{-}C(OH)(COOH){-}CH_2{-}COOH}$ (Citronensäure)	3,13 (4,76)[1] (6,40)[2]
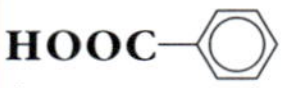 (Benzoesäure)	4,2
$\mathbf{H_3C{-}NH_2}$ (Methylamin)	3,35
$\mathbf{H_3C{-}CH_2{-}NH_2}$ (Ethylamin)	3,47
 (Anilin)	9,42

B4 *pK_s-Werte (rot) und pK_b-Werte (blau) einiger organischer Säuren und Basen*

Fachbegriffe

Klassifikation, starke, schwache und mittelstarke Säuren und Basen

[1] pK_s-Wert der Monoanion-Säure aus der angegebenen Säure;
[2] pK_s-Wert der Dianion-Säure aus der angegebenen Säure

*p*H-unempfindlich gegen Säuren und Basen

Hinweis: Es kann arbeitsteilig in drei Gruppen experimentiert werden.

Versuche

V1 Stellen Sie die folgenden drei Pufferlösungen her, indem Sie die angegebenen Stoffe in ca. 300 mL dest. Wasser lösen und anschließend die Lösungen mit dest. Wasser auf 500 mL auffüllen.

Phosphat-Puffer ***P****:*
7,8 g (0,05 mol) Natriumdihydrogenphosphat-Dihydrat
17,9 g (0,05 mol) Dinatriumhydrogenphosphat-Dodecahydrat

Acetat-Puffer ***A****:*
3,1 mL (0,05 mol) konzentrierte Essigsäure*
6,8 g (0,05 mol) Natriumacetat-Trihydrat*

Carbonat-Puffer ***C****:*
4,2 g (0,05 mol) Natriumhydrogencarbonat*
14,3 g (0,05 mol) Natriumcarbonat-Decahydrat*

V2 Geben Sie in drei kleine Bechergläser je 30 mL einer Pufferlösung aus V1 und fügen Sie 4 Tropfen Universalindikator-Lösung hinzu. Eine der drei Lösungen dient als Farbvergleich. Versetzen Sie die zweite Lösung mit 1 mL Salzsäure*, c = 0,2 mol/L, und die dritte mit 1 mL Natronlauge*, c = 0,2 mol/L. Messen Sie mit dem *p*H-Meter in allen drei Lösungen und in destilliertem Wasser (als 4. Lösung) die *p*H-Werte und protokollieren Sie die erhaltenen Werte tabellarisch gemäß der Tabelle aus B3.

Auswertung

a) Erweitern Sie Ihre Tabelle mit den Messwerten (B3) um eine Spalte. Tragen Sie darin die *p*H-Differenzen zwischen dem *p*H-Wert aus der dritten und dem *p*H-Wert aus der zweiten Spalte für jedes der 4 gemessenen Systeme (drei Pufferlösungen und dest. Wasser) ein. Schlagen Sie aufgrund dieser Differenzen eine Definition für den Begriff „Pufferlösung" vor.

b) In jeder der drei Pufferlösungen ist ein korrespondierendes Säure-Base-Paar enthalten. Nennen Sie dieses für jede Lösung und formulieren Sie die Protolysegleichung, bei dem die Säure in wässriger Lösung in ihre korrespondierende Base übergeht.

c) Entnehmen Sie für jeden der drei untersuchten Puffer den pK_S-Wert der entsprechenden Säure der Tabelle in B5 auf der Seite 121. Stellen Sie fest, in welcher Spalte Ihrer Messwerttabelle der *p*H-Wert steht, der dem pK_S-Wert am nächsten ist. Ist dies für alle drei Pufferlösungen gleich?

d) Im Phosphat-Puffer aus V1 und V2 stellt sich ein Protolysegleichgewicht durch die Überlagerung folgender Gleichgewichte ein:

$$H_2PO_4^- + H_2O \rightleftharpoons HPO_4^{2-} + H_3O^+ \quad (1)$$

$$HPO_4^{2-} + H_2O \rightleftharpoons H_2PO_4^- + OH^- \quad (2)$$

Begründen Sie anhand der Zusammensetzung dieses Puffers und mithilfe von Konstanten aus B5 von S. 121, warum in diesem Puffer $pH \approx 7$ herrscht.

e) Die Wirkungsweise des Phosphat-Puffers ist im Schema aus B4 dargestellt (vgl. auch Text auf S. 125). Fertigen sie analoge Schemata zu der Wirkungsweise des Carbonat-Puffers und der des Acetat-Puffers.

B1 *Der Gartenteich „lebt" nur, wenn das Teichwasser weder zu sauer noch zu alkalisch ist.* ***A:*** *Informieren Sie sich, in welchem Bereich der pH-Wert liegen muss.*

Körperflüssigkeit	*p*H-Wert
Blut	7,36
Milch	6,6 bis 6,9
Galle	7,8
Magensaft	0,87 bis 2,0
Harn	6,0
Lebersekret	8,0
Darmflüssigkeit	7,7
Rückenmarksflüssigkeit	7,4
Speichel	7,2
Tränen	7,2

B2 *pH-Werte verschiedener Körperflüssigkeiten. Die zulässige Schwankungsbreite erstreckt sich nur über wenige Zehntel pH-Einheiten (Ausnahme: Magensaft).* ***A:*** *Informieren Sie sich, wie Acidose in der Notfallmedizin behandelt wird.*

Puffer	*p*H-Wert des Puffers	*p*H-Wert nach Säurezugabe	*p*H-Wert nach Basezugabe
P			
A			
C			
dest. Wasser			

B3 *Tabelle zu V2*

Puffersysteme

Eine wässrige Lösung, die gleiche Stoffmengen von Natriumdihydrogenphosphat und Dinatriumhydrogenphosphat enthält, reagiert neutral (V2). Im Gegensatz zu ebenfalls neutralem Wasser ändert dieser **Phosphat-Puffer** aber seinen *p*H-Wert auch dann nur ganz geringfügig, wenn man eine starke Säure oder eine starke Base hinzufügt (V2). Auch die beiden anderen **Pufferlösungen** aus V2 sind „*p*H-unempfindlich" gegenüber Salzsäure und Natronlauge, wenngleich ihr *p*H-Wert von vorneherein im sauren (**Acetat-Puffer**) bzw. alkalischen Bereich (**Carbonat-Puffer**) liegt.
Lösungen, die bei Zugabe von Säuren oder Basen ihren *p*H-Wert nur geringfügig ändern, werden **Säure-Base-Puffer** (**Pufferlösungen**; **Puffersysteme**) genannt.
Der *p*H-Wert des Phosphat-Puffers aus V1 liegt im neutralen Bereich, weil in ihm die **Puffersäure** $\mathbf{H_2PO_4^-}$ und die **Pufferbase** $\mathbf{HPO_4^{2-}}$ in gleichen Anteilen enthalten sind und $pK_s(\mathbf{H_2PO_4^-}) \approx pK_b(\mathbf{HPO_4^{2-}}) \approx 7$ (vgl. Gleichgewichte in Auswertung e) gilt. Wird dieser Pufferlösung Säure zugesetzt, so werden die darin enthaltenen Oxonium-Ionen durch die Hydrogenphosphat-Ionen $\mathbf{HPO_4^{2-}}$ der Pufferbase aus dem Phosphat-Puffer „abgefangen"; dabei werden Wasser-Moleküle und Ionen der korrespondierenden Puffersäure $\mathbf{H_2PO_4^-}$ gebildet (B4). Die Säurezugabe führt also zu einer Zunahme der Konzentration der Puffersäure $\mathbf{H_2PO_4^-}$ und einer Abnahme der Konzentration der Pufferbase $\mathbf{HPO_4^{2-}}$. Da die Puffersäure nur geringfügig protolysiert, bewirkt dies insgesamt ein leichtes Absinken des *p*H-Wertes der Lösung. Entsprechend führen die Konzentrationsänderungen nach der Basezugabe (B4) nur zu einem leichten Anstieg des *p*H-Werts.
Ein Puffersystem kann selbstverständlich nicht beliebig viele Oxonium-Ionen bzw. Hydroxid-Ionen „abfangen". Beim allmählichen Verbrauch der betreffenden Pufferkomponenten verschwindet die Fähigkeit des Systems abzupuffern, d.h. die **Pufferkapazität** ist erschöpft. Mithilfe der **Henderson-Hasselbalch-Gleichung** (auch als **Puffergleichung** bezeichnet; vgl. Herleitung auf S. 134) lässt sich ein Puffersystem berechnen:

$$pH = pK_s + \lg \frac{c(\text{korrespondierende Base})}{c(\text{Säure})}$$

Danach ist der *p*H-Wert eines Puffersystems, bei dem *c*(korrespondierende Base)/*c*(Säure) = 1 : 1 ist, gleich dem pK_s-Wert der Säure. Wird die Konzentration der Säure gegenüber der Konzentration der Base auf das 10-Fache erhöht, so sinkt der *p*H-Wert um nur eine Einheit und umgekehrt (vgl. S. 134).
Säure-Base-Puffer kommen in vielen natürlichen und technischen Systemen vor, in denen die zulässigen *p*H-Schwankungen begrenzt sind. Ohne Puffersysteme würden ökologische Systeme zusammenbrechen, Organismen sterben und viele technische Anlagen nicht funktionieren (B1, B2, B5).

Aufgabe

A1 Schlagen Sie ein Puffersystem vor, mit dem man bei *p*H = 9 puffern kann, und berechnen Sie das genaue Verhältnis *c*(Base)/*c*(Säure) (vgl. S. 134).

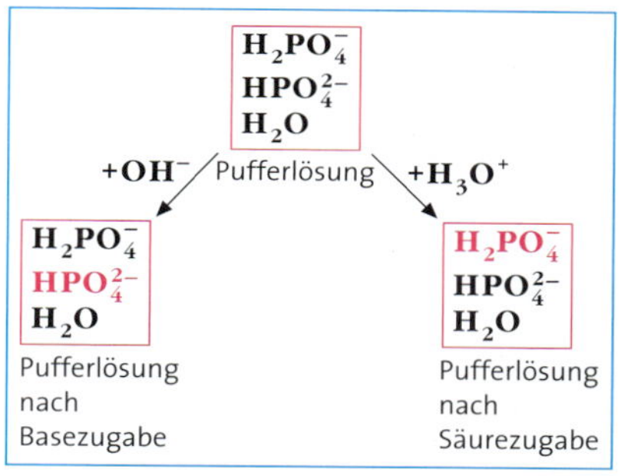

B4 *Bei Base- oder Säurezugabe zu einer Pufferlösung (hier: Phosphat-Puffer) bleiben die Säure- und Base-Teilchen in der Lösung die gleichen, es ändern sich aber ihre Konzentrationen.*

B5 *Biogasgewinnung (bis zu 70% Methan) aus dem Klärschlamm kommunaler Kläranlagen. Methanbakterien produzieren aus Biomasse Methan. Dabei muss der pH-Wert im Behälter konstant zwischen pH = 5,8 und pH = 6,5 gehalten werden.*

Fachbegriffe

Pufferlösung, Puffersystem, Säure-Base-Puffer, Pufferkapazität, Henderson-Hasselbalch-Gleichung (Puffergleichung)

Aufgabe

A2 Eines der Puffersysteme im Blut ist das System Kohlensäure/Hydrogencarbonat. Berechnen Sie das Verhältnis $c(\mathbf{H_2CO_3})/c(\mathbf{HCO_3^-})$ im Blut, wenn der *p*H-Wert 7,36 beträgt.

B1 *Rotkohl gibt es im Norden und Blaukraut im Süden Deutschlands.*

B2 *pH-Skala mit Blaukraut- bzw. Rotkohlsaft*

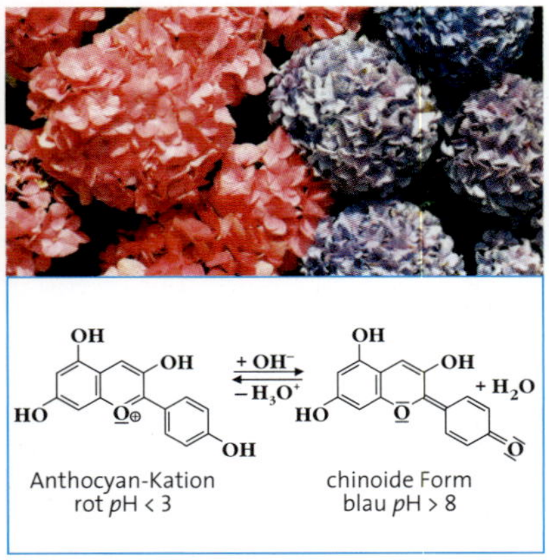

B3 *Die Farben der Hortensienblüten werden durch Anthocyan-Farbstoffe hervorgerufen. Auf sauren Böden sind sie rot, auf alkalischen Böden blau.*

Blaukraut oder Rotkohl?

Hinweis: V1 bis V3 eignen sich für arbeitsteilige Gruppenversuche.

Versuche

V1 Schneiden Sie Rotkohlblätter (ca. 40 g) in kleine Stücke und verreiben Sie sie mit Sand und ca. 20 mL dest. Wasser. Lassen Sie einige Minuten stehen und filtrieren Sie dann die Lösung ab[1]. Verteilen Sie die Lösung auf mehrere Rggl. und fügen Sie in jedes Rggl. eine kleine Portion der folgenden Feststoffe bzw. Lösungen hinzu: a) Citronensäure, b) Natron* bzw. Soda, c) Backpulver, d) Entkalker, e) Seifenlösung, f) Natronlauge*, $c = 0{,}1$ mol/L, und g) Salzsäure*, $c = 0{,}1$ mol/L. Notieren Sie für jede Lösung die Farbe.

V2 Stellen Sie analog zu V1 einen Extrakt Ihrer Wahl aus dunkelroten Rosen, Radieschenschalen, Blaubeeren oder Kirschen her und verfahren Sie wie in V1.

V3 Stellen Sie gruppenweise je eine Rggl.-Reihe mit bis zu 14 Rggl. auf, die Sie jeweils mit ca. 4 mL Lösung der *p*H-Werte von 1 bis 14 beschicken. Jede Gruppe fügt dann in jedes Rggl. ihrer Reihe einige Tropfen einer der folgenden Indikator-Lösungen hinzu und notiert die Farben der Lösungen.

Gr. 1	Frisch hergestellter Rotkohlsaft	Gr. 2	Bromthymolblau-Lösung
Gr. 3	Methylorange-Lösung	Gr. 4	Phenolphthalein-Lösung
Gr. 5	Lackmus-Lösung	Gr. 6	Universalindikator-Lösung

Auswertung

a) Erläutern und erklären Sie anhand Ihrer Ergebnisse bei V1 und mithilfe von B2 die Bezeichnungen Blaukraut und Rotkohl (B1).

b) Vergleichen Sie die bei den Proben a) bis g) aus V1 erhaltenen Farben und schließen Sie daraus, wie jede der Haushaltschemikalien aus den Proben a) bis e) in Wasser reagiert (sauer oder alkalisch).

c) Nennen und erläutern Sie Gemeinsamkeiten und Unterschiede der Pflanzenextrakte aus V2 und aus V3.

d) Ermitteln Sie aus den Ergebnissen bei V3 für jede Farbänderung, über wie viele *p*H-Einheiten sie sich erstreckt. Finden Sie heraus, ob es eine Regelmäßigkeit gibt und erläutern Sie diese gegebenenfalls.

e) Beurteilen Sie die verschiedenen Lösungen aus der Tabelle zu V3 hinsichtlich ihrer Tauglichkeit für die Anzeige des *p*H-Wertes einer Lösung.

f) Erläutern und begründen Sie, welche Lösung aus der Tabelle zu V3 sich am besten eignet, eine Lösung mit $p\text{H} = 6$ von einer Lösung mit $p\text{H} = 8$ zu unterscheiden.

g) Begründen Sie, warum es sich bei der in B3 formulierten Reaktion um eine Protolyse handelt. Benennen Sie die Säure und die Base in der Hinreaktion sowie die korrespondierende Base und die korrespondierende Säure.

[1] *Hinweis*: Mit Rotkohl angefärbte Gegenstände werden beim Waschen mit Seifenwasser blau. Die Reinigung gelingt mit Wäscheentfärber oder einer Natriumdithionit-Lösung. Das gilt auch für die Pflanzenextrakte aus V2.

Säure-Base-Indikatoren

Rotkohl kann je nach Art der Zubereitung seine Farbe ändern (B1). Im Norden Deutschlands wird er mit etwas Essig (Essigsäure) oder Apfelstückchen (Äpfelsäure) gekocht und färbt sich dabei rot. In Süddeutschland gart man ihn unter Zugabe von Natron, dabei erhält er eine bläuliche Farbe und den Namen Blaukraut: Es bleibt aber immer dasselbe Gemüse.

Bereits im 17. Jahrhundert beschrieb der englische Naturforscher ROBERT BOYLE (1627–1691) das Farbverhalten verschiedener Pflanzensäfte (u.a. Kornblume, Rose und Primel) gegenüber den unterschiedlichsten Stoffen. Er setzte auch schon den Flechtenfarbstoff Lackmus zur Unterscheidung von Säuren und Laugen ein. Solche Stoffe, die in Säuren in einer anderen Farbe auftreten als in Basen, nennt man **Säure-Base-Indikatoren**[2].

Säure-Base-Indikatoren sind Farbstoffe, die mit dem *p*H-Wert ihre Farbe ändern. Diese Farbänderungen beruhen auf Strukturänderungen in den Molekülen bzw. Molekül-Ionen[3] der Indikatoren, zu denen es infolge von Protonenübergängen kommt (B3, B5). Meistens sind diese Strukturänderungen mit Verschiebungen der Elektronendichte bei den delokalisierten Valenzelektronen verbunden, was sich wiederum auf die Fähigkeit der Teilchen auswirkt, Licht einer bestimmten Wellenlänge („Farbe") zu absorbieren. Allgemein besteht ein Säure-Base-Indikator, der die Farben A und B annehmen kann, aus einem **korrespondierenden Säure-Base-Paar**, der **Indikator-Säure HInd** und der **Indikator-Base Ind^-**, kurz **$HInd/Ind^-$**. Zwischen ihnen stellt sich folgendes Protolysegleichgewicht ein:

$$\underset{\text{Indikator-Säure, Farbe A}}{HInd} + H_2O \rightleftharpoons H_3O^+ + \underset{\text{Indikator-Base, Farbe B}}{Ind^-}$$

Nach der **Puffergleichung** (vgl. S. 125) sind die Konzentrationen der Indikator-Säure und Indikator-Base in einer Lösung gleich, deren *p*H-Wert genau gleich dem pK_s-Wert der Indikator-Säure ist, $pH = pK_s(HInd)$. Gelangt ein Tropfen Indikator-Lösung in eine saure bzw. alkalische Lösung, so verschiebt sich dieses Gleichgewicht nach links bzw. rechts.

Die Empfindlichkeit des menschlichen Auges für Farben ist begrenzt. Um die Farbe B eines Indikators deutlich wahrnehmen zu können, muss die Konzentration der Indikator-Base mindestens das Zehnfache der Konzentration der Indikator-Säure in der Lösung betragen, also $c(Ind^-)/c(HInd) = 10:1$. Gemäß der Puffergleichung ist das der Fall bei $pH = pK_s + 1$. Analog wird die Farbe A erst dann gut wahrgenommen, wenn die Beziehung $pH = pK_s - 1$ gilt. Demzufolge hat ein Indikator einen **Umschlagsbereich**, der sich über 2 *p*H-Einheiten erstreckt.

Aufgaben

A1 Erläutern Sie, wie man herausfinden kann, dass eine Lösung etwa den *p*H-Wert 9 hat, wenn alle Indikatoren aus B4 zur Verfügung stehen.

A2 Berechnen Sie das Konzentrationsverhältnis $c(HInd)/c(Ind^-)$, in dem der Indikator Bromthymolblau ($pK_s = 6{,}9$) in einer Lösung mit $pH = 7{,}5$ vorliegt.

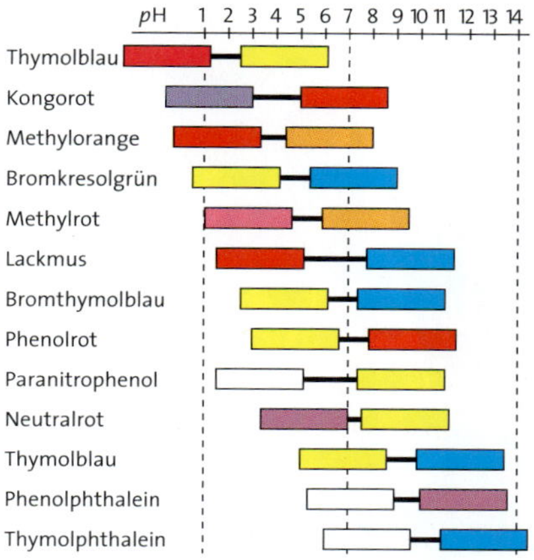

B4 *Farbänderungen und* ***Umschlagsbereiche*** *verschiedener Indikatoren*

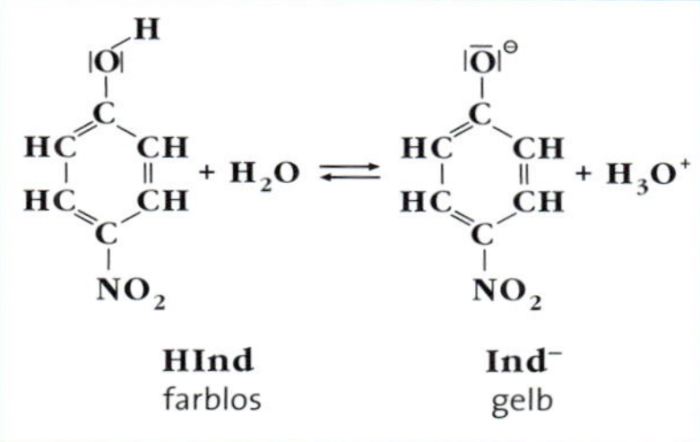

B5 *Protolysegleichgewicht des Indikators para-Nitrophenol. Die Moleküle* **HInd** *absorbieren nur energiereiches Licht aus dem ultravioletten Bereich: Eine stark verdünnte para-Nitrophenol-Lösung erscheint deshalb farblos. Die Molekül-Ionen* **Ind^-** *absorbieren blaues Licht; die Lösung erscheint in der Komplementärfarbe Gelb.*
A: *Ermitteln Sie mithilfe von B4 den etwaigen pK_s-Wert von para-Nitrophenol.*

Fachbegriffe

korrespondierendes Säure-Base-Paar, Indikator-Säure **HInd**, Indikator-Base **Ind^-**, Umschlagsbereich, Puffergleichung

[2] von *indicare* (lat.) = anzeigen;
[3] elektrisch geladene Moleküle (Unterschied zu Atom-Ionen)

B1 *Angabe des Essigsäuregehalts in Speiseessig und in Essigessenz.* **A:** *Vergleichen Sie den Essigsäuregehalt von Speiseessig und Essigessenz.*

B2 *Titrationsvorrichtung: Aus der Bürette wird Maßlösung portionsweise in die Probe gegeben und der Kolben geschwenkt. Die Titration ist beendet, wenn die Farbe des Indikators umschlägt.*

Wie viel Säure ist da drin?

Hinweis: Die Versuche können arbeitsteilig durchgeführt werden.

Versuche

V1 Pipettieren Sie 10 mL Speiseessig in einen Erlenmeyerkolben und verdünnen Sie mit ca. 50 mL destilliertem Wasser. Fügen Sie einige Tropfen Indikator-Lösung (Bromthymolblau oder Phenolphthalein) hinzu und titrieren Sie mit Natronlauge*, $c(\mathbf{NaOH}) = 1$ mol/L, bis zum Farbumschlag (B2).

V2 Pipettieren Sie 10 mL frisch gepressten und filtrierten Zitronensaft in einen Kolben und verdünnen Sie mit ca. 10 mL destilliertem Wasser. Titrieren Sie wie bei V1 mit Phenolphthalein und Natronlauge*, $c(\mathbf{NaOH}) = 1$ mol/L.

V3 Pipettieren Sie aus einer Autobatterie 5 mL „Batteriesäure*" in einen mit 50 mL destilliertem Wasser gefüllten Erlenmeyerkolben. Titrieren Sie wie bei V1 mit Phenolphthalein und Natronlauge*, $c(\mathbf{NaOH}) = 1$ mol/L. (*Hinweis*: Da „Batteriesäure" auch Blei-Kationen enthält, wird die Lösung aus diesem Versuch in den Behälter mit Schwermetall-Ionen entsorgt.)

Auswertung

a) Ordnen Sie Ihre Messwerte aus V1 bis V3 in einer Tabelle: Volumen pipettierte Lösung, Volumen verbrauchte Maßlösung, Konzentration Maßlösung, Konzentration der pipettierten Lösung. Diese wird erst nach der Berechnung, vgl. c) und d), eingetragen.

b) Erläutern Sie, welche Rolle die Verdünnung mit destilliertem Wasser spielt.

Hinweis: Die folgenden Auswertungen c) und d) sind mithilfe von S. 122 und 129 zu lösen.

c) Essigsäure $\mathbf{CH_3COOH}$ bildet bei der Neutralisation mit Natronlauge gelöstes Natriumacetat $\mathbf{CH_3COONa(aq)}$. Werten Sie die in V1 erhaltenen Ergebnisse aus.

d) Berechnen Sie aus den Titrationsergebnissen bei V2 und V3 die Konzentration der Säure in Zitronensaft und in „Batteriesäure". *Hinweise*: Zitronensaft enthält die dreiprotonige Citronensäure (vgl. S. 123, B4). Nehmen Sie für diese Berechnung an, dass die dritte Protolysestufe erfasst wurde. Bei der „Batteriesäure" handelt es sich um die zweiprotonige Schwefelsäure, die nach folgender Reaktionsgleichung neutralisiert wird:

$$\mathbf{H_2SO_4(aq) + 2NaOH(aq) \longrightarrow 2H_2O(l) + Na_2SO_4(aq)}$$

$c(\mathbf{X}) = \dfrac{n(\mathbf{X})}{V_{Ls}(\mathbf{X})}$ (1) $n(\mathbf{X}) = \dfrac{m(\mathbf{X})}{M(\mathbf{X})}$ (2)	$c(\mathbf{X})$: Konzentration von **X** in mol/L $n(\mathbf{X})$: Stoffmenge von **X** in mol $m(\mathbf{X})$: Masse von **X** in g $M(\mathbf{X})$: Molare Masse von **X** in g/mol $V_{Ls}(\mathbf{X})$: Volumen der Lösung **X** in L

Beispiele:

Natronlauge, $c(\mathbf{NaOH}) = 1$ mol/L, enthält 1 mol **NaOH** (40 g **NaOH**) in 1 L Lösung.

Salzsäure, $c(\mathbf{HCl}) = 0{,}1$ mol/L, enthält 0,1 mol **HCl** (3,65 g **HCl**) in 1 L Lösung.

Schwefelsäure-Lösung, $c(\mathbf{H_2SO_4}) = 2$ mol/L, enthält 2 mol $\mathbf{H_2SO_4}$ (196 g $\mathbf{H_2SO_4}$) in 1 L Lösung bzw. 4 mol $\mathbf{H_3O^+}$-Ionen in 1 L Lösung.

B3 *Gleichungen und Größen für die Auswertung von Titrationen.* **A:** *Erweitern Sie die Beispiele analog um Essigsäure, c = 0,1 mol/L, und Kalkwasser, c = 0,005 mol/L.*

Konzentrationsbestimmung durch Titration

Die Neutralisationsreaktion zwischen den Oxonium-Ionen H_3O^+ einer sauren und den Hydroxid-Ionen OH^- einer alkalischen Lösung verläuft sehr rasch und praktisch vollständig zum Produkt Wasser. Diese Tatsache macht es möglich, Säuren und Basen in Lösungen quantitativ durch **Titration** zu bestimmen (B2, V1, V2). Das Experiment muss so angesetzt werden, dass die Stoffmenge eines der beiden Reaktionspartner genau bekannt ist. Dieser ist in der **Maßlösung** bekannter Konzentration enthalten, die über eine **Bürette** in die zu bestimmende Lösung zugefügt wird. Beim **Äquivalenzpunkt** der Titration sind die Stoffmengen der titrierten Säure (Base) und der Base (Säure) aus der Maßlösung gleich. Dieses „Ende" der Reaktion kann durch Farbumschlag eines Indikators ziemlich genau angezeigt werden. Aus dem Volumen der verbrauchten Maßlösung wird die Stoffmenge der titrierten Säure bzw. Base über die Reaktionsgleichung der Neutralisationsreaktion nach dem Rechenweg aus B5 ermittelt.

B4 *Gurken, Fruchtsaft, Entkalker.* ***A:*** *Notieren Sie, welche Säuren in den Gefäßen enthalten sind, planen Sie Versuche zur Bestimmung des Gesamtsäuregehalts und führen Sie sie nach Absprache mit der Lehrkraft durch.*

Rechenbeispiel zu einem Titrationsergebnis

Bei einer Titration von 35 mL Salzsäure mit Natronlauge, $c(\mathbf{NaOH})$ = 0,1 mol/L, wurden bis zum Farbumschlag des Indikators 20 mL Natronlauge verbraucht.

Berechnung der Konzentration der titrierten Salzsäure:

1. Aufstellen der **Reaktionsgleichung** für die Stoffumsetzung:
   $$\mathbf{HCl(aq) + NaOH(aq) \longrightarrow H_2O(l) + NaCl(aq)}$$
2. Aus der Reaktionsgleichung wird das **Stoffmengenverhältnis** der interessierenden Reaktionspartner abgelesen:
   $n(\mathbf{HCl}) : n(\mathbf{NaOH}) = 1 : 1$; daraus folgt: $n(\mathbf{HCl}) = n(\mathbf{NaOH})$
3. Ersetzen der Stoffmengen n gemäß Gleichung (1) aus B3:
   $c(\mathbf{HCl}) \cdot V_{Ls}(\mathbf{HCl}) = c(\mathbf{NaOH}) \cdot V_{Ls}(\mathbf{NaOH})$
4. Umformen der Gleichung (3.) nach der gesuchten Größe $c(\mathbf{HCl})$ und Einsetzen der bekannten Zahlenwerte der übrigen Größen:
   $$c(\mathbf{HCl}) = \frac{c(\mathbf{NaOH}) \cdot V_{Ls}(\mathbf{NaOH})}{V_{Ls}(\mathbf{HCl})} = \frac{0{,}1\ \text{mol/L} \cdot 20\ \text{mL}}{35\ \text{mL}} = 0{,}057\ \text{mol/L}$$

Berechnung der Masse gelösten Wasserstoffchlorids:

1. und 2. wie oben

3. Zur Bestimmung der Masse des Wasserstoffchlorids wird $n(\mathbf{HCl})$ gemäß Gleichung (2) aus B3 ersetzt:
   $m(\mathbf{HCl}) : M(\mathbf{HCl}) = c(\mathbf{NaOH}) \cdot V_{Ls}(\mathbf{NaOH})$
4. Umformen nach der gesuchten Größe $m(\mathbf{HCl})$, dann $M(\mathbf{HCl})$ = 36,5 g/mol berechnen und schließlich die Zahlenwerte in die umgeformte Gleichung einsetzen:
   $m(\mathbf{HCl}) = M(\mathbf{HCl}) \cdot c(\mathbf{NaOH}) \cdot V_{Ls}(\mathbf{NaOH})$
   $m(\mathbf{HCl}) = 36{,}5\ \text{g/mol} \cdot 0{,}1\ \text{mol/L} \cdot 0{,}02\ \text{L} = 0{,}073\ \text{g}$

B5 *Anwendung der Größengleichungen (B3) bei der Titrationsauswertung*

Aufgaben

A1 50 mL Kalilauge $\mathbf{KOH(aq)}$ werden mit Salzsäure, $c(\mathbf{HCl})$ = 0,2 mol/L, titriert. Die Farbe des Indikators schlägt nach dem Verbrauch von $V_{Ls}(\mathbf{HCl})$ = 25 mL um. Berechnen Sie a) die Konzentration der titrierten Kalilauge und b) die Masse des in der Kalilauge enthaltenen Kaliumhydroxids.

A2 Cola enthält Phosphorsäure $\mathbf{H_3PO_4}$, eine **dreiprotonige Säure**. Sie wird mit Natronlauge zu Natriumphosphat $\mathbf{Na_3PO_4}$ umgesetzt. Die Konzentration der Phosphorsäure in einem Cola-Getränk beträgt c = 0,002 mol/L. Berechnen Sie das Volumen an Natronlauge, $c(\mathbf{NaOH})$ = 0,05 mol/L, das bei der Titration von 100 mL dieses Cola-Getränks verbraucht wird.

Fachbegriffe

Titration, Maßlösung, Bürette, Äquivalenzpunkt, mehrprotonige Säure

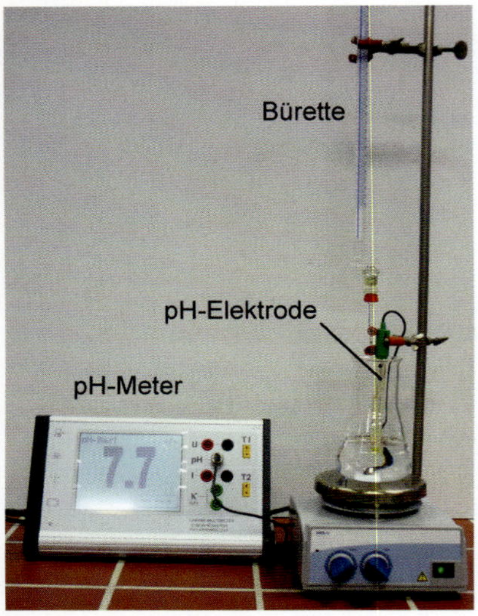

B1 *Vorrichtung für pH-metrische Titrationen*

Neutralisation schrittweise

Hinweise: Falls die für Messwerterfassung und -auswertung mit dem Computer notwendige Hard- und Software vorhanden ist, sollte auch diese eingesetzt werden.

V1 und V2 können in Gruppen arbeitsteilig durchgeführt und ausgewertet werden.

Versuche

V1 Titrieren Sie 100 mL Salzsäure*, $c(\mathbf{HCl})$ = 0,1 mol/L, der einige Tropfen Bromthymolblau-Lösung zugegeben wurden, in einer Vorrichtung gemäß B1 mit Natronlauge*, $c(\mathbf{NaOH})$ = 1 mol/L. Notieren Sie zuerst den *p*H-Wert der Salzsäure. Lassen Sie die Natronlauge in Portionen von 1 mL zufließen und notieren Sie jedes Mal das Wertepaar: $V_{\text{Ls}}(\mathbf{NaOH})$, *p*H-Wert. Beenden Sie die Titration, wenn Sie 18 mL Natronlauge verbraucht haben.

V2 Titrieren Sie 75 mL Salzsäure*, $c(\mathbf{HCl})$ = 0,1 mol/L, wie in V1 und beenden Sie die Titration, wenn Sie 12 mL Natronlauge verbraucht haben.

Auswertung

a) Stellen Sie die Messwertepaare aus V1 bzw. V2 grafisch dar (Abszisse: $V_{\text{Ls}}(\mathbf{NaOH})$; Ordinate: *p*H-Wert) und zeichnen Sie eine Ausgleichskurve (Titrationskurve). Vergleichen Sie Ihre experimentelle Kurve mit der Kurve aus B3.

b) Erläutern Sie mathematisch und begründen Sie chemisch, warum die Titrationskurve aus V1 bzw. V2 im gesamten untersuchten Bereich **streng monoton steigend** ist.

c) Teilen Sie Ihre Titrationskurve aus a) sinnvoll in drei Abschnitte ein und erläutern Sie, wie das Verhältnis $c(\mathbf{H_3O^+})/c(\mathbf{OH^-})$ in der Lösung ist, die dem jeweiligen Abschnitt entspricht.

d) Erläutern und begründen Sie, welche(r) der drei in B3 angegebenen Indikatoren für die Anzeige des „Endpunkts" der Titration (Äquivalenzpunkt ÄP) von Salzsäure mit Natronlauge geeignet ist.

Aufgaben

A1 Vergleichen Sie die Genauigkeit, mit der das Volumen der bei einer Titration verbrauchten Maßlösung mit Indikator bestimmt werden kann, mit der bei der Verwendung eines *p*H-Meters.

A2 In einem intensiv gefärbten Fruchtsaft soll der Säuregehalt durch Titration bestimmt werden. Wählen Sie zwischen der Titration mit einem Indikator und einer *p*H-metrischen Titration und begründen Sie Ihre Wahl.

A3 *Hinweis: Lesen Sie zuerst S. 131.* Bei der Titration von 75 mL Natronlauge mit Salzsäure, $c(\mathbf{HCl})$ = 0,5 mol/L, wurde die Titrationskurve aus B2 erhalten.

a) Beschreiben und interpretieren Sie den Kurvenverlauf.

b) Vergleichen Sie die Titrationskurven aus B2 und B3 und erläutern Sie die Gemeinsamkeiten und Unterschiede

c) Begründen Sie, warum der Ordinatenwert des Äquivalenzpunktes in beiden Fällen bei *p*H ≈ 7 liegt.

d) Berechnen Sie die Konzentration der titrierten Natronlauge.

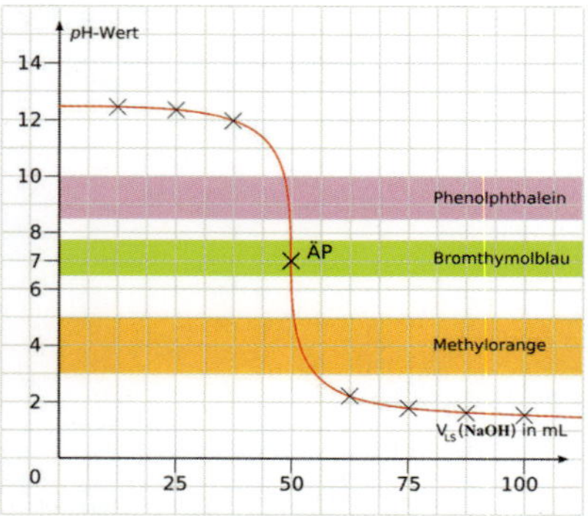

B2 *Titrationskurve zu A3*

Ermittlung und Interpretation von Titrationskurven

Die grafische Darstellung der Ergebnisse einer *p*H-metrischen Titration (V1) liefert eine **Titrationskurve** (B3). Der Kurvenverlauf aus B3 ist typisch für die Titration einer starken Säure mit einer starken Base. Die Kurve verläuft streng monoton steigend. Die Steigung ist aber in den einzelnen Kurvenabschnitten sehr unterschiedlich und zeichnet sich im Bereich des Übergangs aus dem sauren in den alkalischen Bereich durch einen „*p*H-Sprung" aus. Dieser Verlauf wird verständlich, wenn man einige Punkte der Kurve theoretisch berechnet (B4).

1. Punkt: $V_{Ls}(\mathbf{NaOH}) = 0$ mL:
Der *p*H-Wert wird von der Salzsäure, $c = 0{,}1$ mol/L, bestimmt, d. h.:
$pH = -\lg 10^{-1} = 1$.

2. Punkt: $V_{Ls}(\mathbf{NaOH}) = 1$ mL:
Die Konzentration der Oxonium-Ionen ist kleiner geworden, weil die in 1 mL Natronlauge, $c = 1$ mol/L, enthaltenen Hydroxid-Ionen mit ebenso vielen Oxonium-Ionen zu Wasser-Molekülen reagiert haben:

$n(\mathbf{OH^-}) = 0{,}001\ \text{L} \cdot 1\ \text{mol/L} = 0{,}001\ \text{mol}$
hinzugegebene Hydroxid-Ionen

$n(\mathbf{H_3O^+}) \quad = \quad 0{,}1\ \text{L} \cdot 0{,}1\ \text{mol/L} \quad - \quad 0{,}001\ \text{mol}$
noch vorhandene Oxonium-Ionen — anfangs vorhandene Oxonium-Ionen — bereits neutralisierte Oxonium-Ionen

$= 0{,}01\ \text{mol} - 0{,}001\ \text{mol} = 0{,}009\ \text{mol} = 9 \cdot 10^{-3}\ \text{mol}$.

Diese $9 \cdot 10^{-3}$ mol Oxonium-Ionen sind in den 100 mL Lösung enthalten (die Volumenzunahme durch die Zugabe von Natronlauge wird vernachlässigt), die Konzentration der Oxonium-Ionen ist:

$c(\mathbf{H_3O^+}) = 9 \cdot 10^{-2}\ \text{mol/L} = 0{,}9 \cdot 10^{-1}\ \text{mol/L}$,

somit hat die Lösung nach Zugabe von 1 mL Natronlauge, $c = 1$mol/L, den *p*H-Wert: $pH = -\lg(0{,}9 \cdot 10^{-1}) = -\lg 0{,}9 - \lg 10^{-1} = 1{,}05$.

B4 *Berechnung von Punkten auf der Titrationskurve (B3)*

Alle übrigen Punkte aus der Tabelle in B5 werden analog berechnet. Bei den Punkten mit $V_{Ls}(\mathbf{NaOH}) > 10$ mL muss die Konzentration der Oxonium-Ionen aus der Konzentration der überschüssigen Hydroxid-Ionen mithilfe des Ionenprodukts des Wassers K_W berechnet werden.

An der Stelle, an der die Steigung am größten ist, ändert sich die Krümmung der Kurve. Dieser Wendepunkt auf der Kurve entspricht dem **Äquivalenzpunkt ÄP** der Titration (B3). Beim Äquivalenzpunkt liegt weder die Säure aus der titrierten Probe noch die Lauge aus der Maßlösung, mit der titriert wurde, im Überschuss vor. Der Abszissenwert des ÄP gibt genau das Volumen der Maßlösung an, das in die rechnerische Auswertung der Titration (vgl. S. 129) einbezogen werden muss.

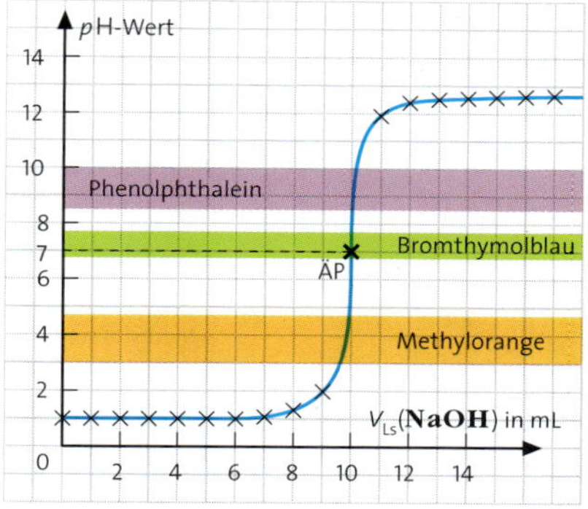

B3 *Titrationskurve von Salzsäure mit Natronlauge*

	$V_{Ls}(\mathbf{NaOH})$ in mL	$c(\mathbf{H_3O^+})$ in mol/L	*p*H-Wert
1.	0	$1 \cdot 10^{-1}$	1
2.	1	$0{,}9 \cdot 10^{-1}$	1,05
	2	$0{,}8 \cdot 10^{-1}$	1,1
	.	.	.
	.	.	.
	.	.	.
	9	$0{,}1 \cdot 10^{-1}$	2
	9,9	$0{,}01 \cdot 10^{-1}$	3
	9,99	$0{,}001 \cdot 10^{-1}$	4
	10	$1 \cdot 10^{-7}$	7
8.	10,01	$10 \cdot 10^{-11}$	10
	10,1	$1 \cdot 10^{-11}$	11
10.	11	$0{,}1 \cdot 10^{-11}$	12
	.	.	.
	.	.	.
	.	.	.
	20	$0{,}01 \cdot 10^{-11}$	13

B5 *Berechnete Wertepaare $V_{Ls}(\mathbf{NaOH})$/pH-Wert für V1.* **A:** *Überprüfen Sie durch Rechnung nach dem Muster aus B4 (wie beim 2. Punkt) den hier eingetragenen pH-Wert bei $V_{Ls}(\mathbf{NaOH}) = 9{,}9$ mL.*

Fachbegriffe
Titrationskurve, Äquivalenzpunkt

Andere Säuren, andere Kurven

Hinweise: Falls die für Messwerterfassung und -auswertung mit dem Computer notwendige Hard- und Software vorhanden ist, sollte auch diese eingesetzt werden.
V1 und V2 können in Gruppen arbeitsteilig durchgeführt und ausgewertet werden.

Versuche

V1 Titrieren Sie 100 mL Ethansäure-Lösung* (Essigsäure-Lösung), $c(\mathbf{H_3CCOOH})$ = 0,1 mol/L, der einige Tropfen Bromthymolblau-Lösung zugegeben wurden, in einer Vorrichtung gemäß B1, S. 130, mit Natronlauge*, $c(\mathbf{NaOH})$ = 1 mol/L. Notieren Sie zuerst den *p*H-Wert der Ethansäure-Lösung. Lassen Sie die Natronlauge in Portionen von 1 mL zufließen und notieren Sie jedes Mal das Wertepaar: $V_{Ls}(\mathbf{NaOH})$, *p*H-Wert. Beenden Sie die Titration, wenn Sie 18 mL Natronlauge verbraucht haben.

V2 Titrieren Sie 100 mL Ethandisäure-Lösung* (Oxalsäure-Lösung), $c(\mathbf{HOOCCOOH})$ = 0,1 mol/L, wie in V1 und beenden Sie die Titration, wenn Sie 25 mL Natronlauge verbraucht haben.

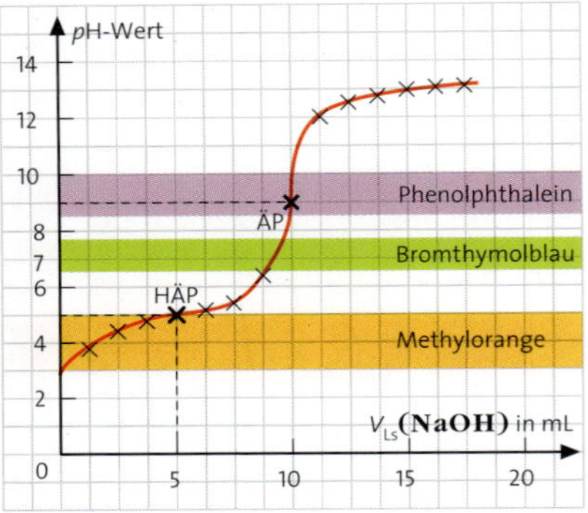

B1 *Titrationskurve von Ethansäure mit Natronlauge (V1).* ***A:*** *Berechnen Sie den pH-Wert für den Punkt bei $V_{Ls}(\mathbf{NaOH})$ = 15 mL.*

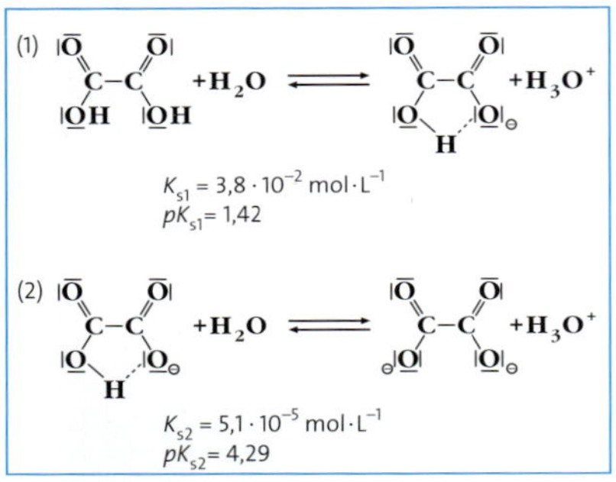

B2 *Gleichgewichte bei der Protolyse von Ethandisäure (V2)*

Auswertung

a) Werten Sie V1 und V2 analog zu den Auswertungsaufgaben a) und b) von S. 130 aus.

b) Vergleichen Sie die für die Ethansäure erhaltene Titrationskurve (V1, B1) mit der Titrationskurve von Salzsäure mit Natronlauge (vgl. S. 131, B3). Nennen Sie Gemeinsamkeiten und Unterschiede.

c) Vergleichen Sie die für die Ethandisäure erhaltene Titrationskurve (V2, B3) mit der Titrationskurven aus B1 und aus B3 von S. 131. Nennen Sie Gemeinsamkeiten und Unterschiede.

d) Vergleichen Sie die theoretischen Abszissenwerte der Äquivalenzpunkte bei den Titrationen aus V1 und V2 (ÄP in B1 bzw. $ÄP_2$ in B4) mit den von Ihnen erhaltenen Werten und diskutieren Sie ggf. mögliche Fehlerquellen.

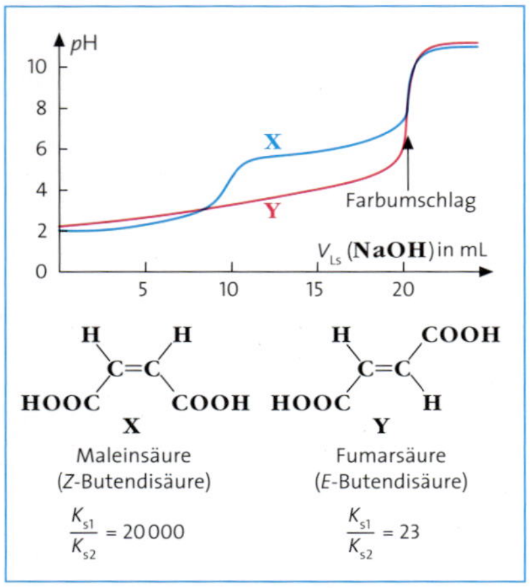

B3 *Titrationskurven zu A1*

Aufgabe

A1 Bei der Titration von jeweils 20 mL *Z*-Butendisäure-Lösung (Maleinsäure-Lösung) X bzw. 20 mL *E*-Butendisäure-Lösung (Fumarsäure-Lösung) Y mit Natronlauge, *c* = 0,1 mol/L, wurden die in B3 angegebenen Titrationskurven erhalten. Die Farbe des Indikators schlug beide Male bei $V_{Ls}(\mathbf{NaOH})$ = 20 mL um.

a) Schlagen Sie einen geeigneten Indikator für diese Titrationen vor.

b) Berechnen Sie die Konzentrationen der beiden titrierten Lösungen.

c) Erklären Sie die unterschiedlichen Kurvenverläufe mithilfe der Angaben zu den beiden Säuren in B3. (*Hinweis:* Für diese Teilaufgabe lösen Sie zuerst A3 und A4.)

pK_s-Bestimmung durch Halbtitration

1. Titration einer schwachen Säure mit einer starken Lauge

Wenn 100 mL Ethansäure, $c(H_3CCOOH)$ = 0,1 mol/L, mit Natronlauge, c = 1 mol/L, titriert werden (V1), erhält man die Titrationskurve aus B1. Sie unterscheidet sich von der Titrationskurve einer starken Säure mit einer starken Base (vgl. S. 131, B3) in einigen wichtigen Punkten:

a) Die Kurve beginnt bei einem höheren *p*H-Wert, da Ethansäure in Lösung nur in sehr geringem Maße protolysiert vorliegt.

b) In dem Intervall vor dem *p*H-Sprung hat die Titrationskurve in B1 einen stärker ausgeprägten Anstieg. Es liegt ein Acetat-Puffer (vgl. S. 124) vor, dessen Wirkung auf folgenden gekoppelten Gleichgewichten beruht:

$$H_3CCOOH(l) + H_2O(l) \rightleftharpoons H_3O^+(aq) + H_3CCOO^-(aq)$$

$$H_3CCOO^-(aq) + H_2O(l) \rightleftharpoons H_3CCOOH(aq) + OH^-(aq)$$

c) Bei der Hälfte des Abszissenwerts des Äquivalenzpunktes hat die Kurve einen ersten Wendepunkt. Bei diesem **Halbäquivalenzpunkt** gilt $c(H_3CCOOH) = c(H_3CCOO^-)$. Sein Ordinatenwert gibt den pK_s-Wert der Ethansäure an (vgl. Puffergleichung, S. 125). Durch **Halbtitration** kann also der pK_s-Wert einer schwachen Säure experimentell bestimmt werden.

d) Der Ordinatenwert des Äquivalenzpunktes auf der Titrationskurve von Ethansäure liegt nicht im neutralen Bereich, sondern deutlich verschoben im alkalischen. Da am Äquivalenzpunkt weder Ethansäure noch Natronlauge im Überschuss vorhanden sind, also eine Natriumacetat-Lösung vorliegt, wird der *p*H-Wert durch die Protolyse der Acetat-Ionen H_3CCOO^-, einer schwachen BRÖNSTED-Base (vgl. Schema Nr. 3, S. 117), bestimmt. Aufgrund dieser Protolyse gilt am Äquivalenzpunkt $c(H_3O^+) < c(OH^-)$ und der *p*H-Wert der Lösung liegt im alkalischen Bereich.

2. Titration einer zweiprotonigen Säure[1] mit einer starken Lauge

Die Titration von Ethandisäure (Oxalsäure) mit Natronlauge liefert eine Titrationskurve mit zwei *p*H-Sprüngen (V2, B4). Dieser Sachverhalt ist auf die zweistufige Protolyse der Ethandisäure zurückzuführen (B2). Die Oxalsäure-Moleküle reagieren als starke, die Hydrogenoxalat-Ionen als schwache Säure. Für die erste Protolysestufe (1) gemäß B2 tritt auf der Titrationskurve der Äquivalenzpunkt $ÄP_1$ und für die zweite Protolysestufe (2) der Äquivalenzpunkt $ÄP_2$ auf (B4). Deutlich erkennbar verläuft die Titrationskurve bis zum $ÄP_1$ wie die Titrationskurve einer starken Säure und von da ab wie die Titrationskurve einer schwachen Säure. „Auf halber Strecke" zwischen $ÄP_1$ und $ÄP_2$ liegt der Halbäquivalenzpunkt der zweiten Protolysestufe. Sein Ordinatenwert gibt den pK_s-Wert der Anion-Säure Hydrogenoxalat-Ion $HOOCCOO^-$ an.

[1] Der hier beschriebene Kurvenverlauf gilt für zweiprotonige Säuren, bei denen die erste Protolysestufe viel leichter erfolgt als die zweite, d. h. bei denen pK_{s1} erheblich (um mehr als 2 Einheiten) kleiner ist als pK_{s2}.

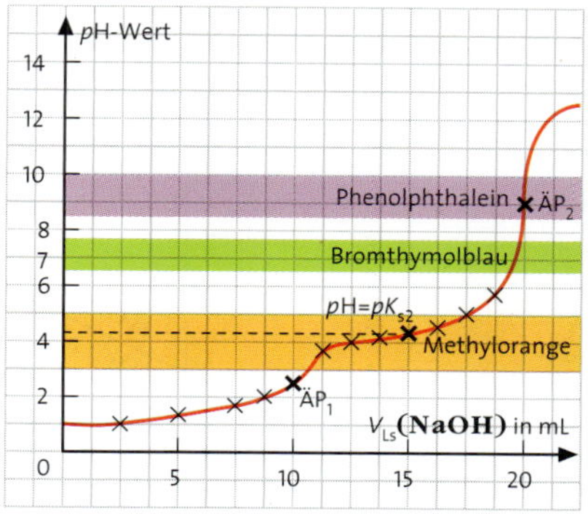

B4 *Titrationskurve von Ethandisäure (Oxalsäure) mit Natronlauge.* **A:** *Begründen Sie, warum $ÄP_1$ im sauren und $ÄP_2$ im alkalischen Bereich liegt.*

Aufgaben

A2 Ermitteln Sie aus B1 und B4 den pK_s-Wert der Ethansäure und den pK_s-Wert des Ethandisäure-Monoanions grafisch und vergleichen Sie mit den theoretischen Werten in B4, S. 123.

A3 Erklären Sie mithilfe der Formeln in B2 und unter Verwendung geeigneter Fachbegriffe den großen Unterschied zwischen pK_{s1} und pK_{s2} bei Ethandisäure (Oxalsäure).

A4 Schätzen Sie die Unterschiede (sind sie *größer* oder *kleiner*?) zwischen pK_{s1} und pK_{s2} bei a) Propandisäure (Malonsäure) und b) Butandisäure (Bernsteinsäure) im Vergleich zu Ethandisäure (Oxalsäure) ein. Überprüfen Sie Ihre Schätzungen anhand der Angaben in B4, S. 123.

Fachbegriffe

Halbäquivalenzpunkt, Halbtitration

Puffergleichung und Pufferschar

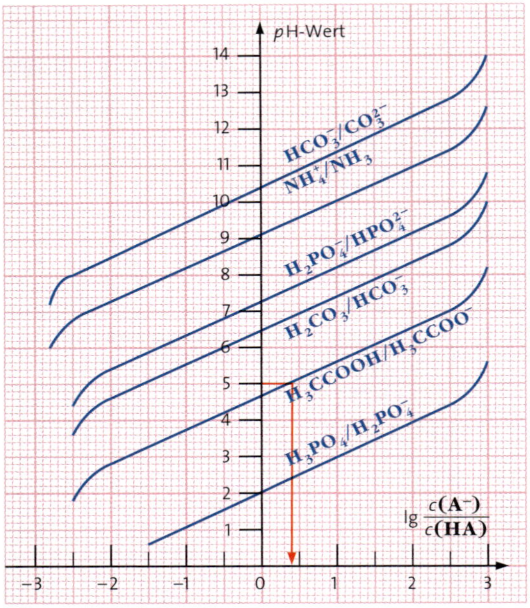

B1 *Pufferschar. Die Puffergleichung bzw. die HENDERSON-HASSELBALCH-Gleichung ist für verschiedene Puffersysteme grafisch dargestellt. Jede Gerade hat die Steigung +1 im Intervall [−2; +2] und den Ordinatenschnitt beim pK_s-Wert der Säure aus dem betreffenden System. Am Ordinatenschnittpunkt gilt: c(Base)/c(Säure) = 1. Der pH-Wert einer Pufferlösung mit c(Base)/c(Säure) ≠ 1 kann näherungsweise grafisch ermittelt werden (rote Pfeile).*

Herleitung der Puffergleichung (HENDERSON-HASSELBALCH-Gleichung)

Zu einem Puffersystem, das die schwache Säure **HA** und ihre korrespondierende Base $\mathbf{A^-}$ enthält, lauten die Protolysegleichung der Säure **HA** und das MWG:

$$\mathbf{HA + H_2O \rightleftharpoons H_3O^+ + A^-};\quad K_s = \frac{c(\mathbf{H_3O^+}) \cdot c(\mathbf{A^-})}{c(\mathbf{HA})}$$

Die Umformung nach $c(\mathbf{H_3O^+})$ ergibt:

$$c(\mathbf{H_3O^+}) = K_s \cdot \frac{c(\mathbf{HA})}{c(\mathbf{A^-})}$$

Diese Gleichung wird logarithmiert (−lg):

$$-\lg\{c(\mathbf{H_3O^+})\} = -\lg\{K_s\} - \lg\{c(\mathbf{HA})/c(\mathbf{A^-})\}$$

oder: $pH = pK_s - \lg \frac{c(\mathbf{HA})}{c(\mathbf{A^-})}$

bzw. $pH = pK_s + \lg \frac{c(\text{korrespondierende Base})}{c(\text{Säure})}$

Pufferschar

Jede Kurve in B1 wird durch die Puffergleichung $pH = pK_s + \lg\{c(\text{Pufferbase})/c(\text{Puffersäure})\}$ und damit durch eine Geradengleichung des Typs y = Konstante + x beschrieben, weil der pH-Wert proportional mit $\lg\{c(\text{Pufferbase})/c(\text{Puffersäure})\}$ ansteigt.

Allerdings gilt die Puffergleichung streng nur auf einem eingeschränkten Intervall. Die Pufferbase darf nicht mehr als 100-mal konzentrierter und nicht mehr als 100-mal verdünnter vorliegen als die Puffersäure: $100 < c(\text{Pufferbase})/c(\text{Puffersäure}) < 0{,}01$.

Das bedeutet, dass bei der Pufferschar die Geradenabschnitte mit Steigung 1 auf das Intervall [−2; +2] begrenzt sind.

Berechnung einer Pufferlösung nach Maß

Berechnen Sie die Zusammensetzung einer Pufferlösung, die bei pH = 5 puffert.

Lösung:

1. In B1 wird eine Puffergerade gesucht, deren Ordinatenschnitt möglichst nahe an pH = 5 ist. Eine solche Gerade entspricht dem Puffersystem $\mathbf{H_3CCOOH/H_3CCOO^-}$, dem Acetat-Puffer.
2. In B5, S. 121, ist der exakte pK_s-Wert der Essigsäure zu finden: $pK_s = 4{,}76$. Um auf pH = 5 zu kommen, ist mithilfe der Puffergleichung das Verhältnis $c(\mathbf{H_3CCOO^-})/c(\mathbf{H_3CCOOH}) = x$ so zu berechnen, dass $pK_s + \lg x = 5$ gilt:
3. $4{,}76 + \lg x = 5$
   $\lg x = 0{,}24;\ x = 10^{0{,}24} = 1{,}74$
   also $c(\mathbf{H_3CCOO^-})/c(\mathbf{H_3CCOOH}) = \mathbf{1{,}74}$
4. Zur Herstellung der gewünschten Pufferlösung gibt es beliebig viele Möglichkeiten. Bedingung ist nur, dass der Quotient der Konzentrationen den errechneten Wert 1,74 annimmt.
   Beispiel: Man vereinigt je 100 mL Natriumacetat-Lösung, $c(\mathbf{H_3CCOO^-}) = 0{,}174$ mol/L, und Essigsäure-Lösung, $(\mathbf{H_3CCOOH}) = 0{,}100$ mol/L.
   Hinweis: In der Praxis erzeugt man eine Pufferlösung i.d.R. durch Mischung unterschiedlicher Volumina gleich konzentrierter Puffersäuren und -basen.

Leitfähigkeitstitrationen

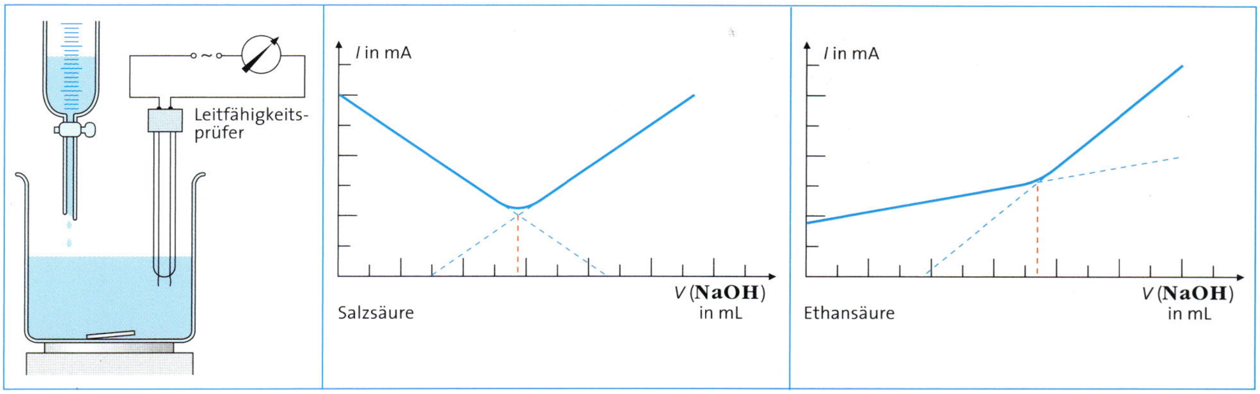

B1 *Versuchsanordnung für Leitfähigkeitstitrationen und Titrationskurven (vereinfacht)*

Versuche

Hinweis: Falls die für Messwerterfassung und -auswertung mit dem Computer notwendige Hard- und Software vorhanden ist, kann diese eingesetzt werden.

V1 Titrieren Sie in der Anordnung aus B1 100 mL Salzsäure, $c = 0{,}01$ mol/L, mit Natronlauge, $c = 0{,}1$ mol/L, bei einer Wechselspannung von 10 V. Lassen Sie die Natronlauge in Portionen von jeweils 1 mL zufließen und notieren Sie die Stromstärke. Beenden Sie die Titration, nachdem Sie 16 mL Natronlauge zugesetzt haben.

V2 Führen Sie V1 mit Ethansäure, $c = 0{,}01$ mol/L, statt Salzsäure durch.

Auswertung

a) Stellen Sie die Ergebnisse aus V1 und V2 grafisch dar, vergleichen Sie Ihre Titrationskurven mit denen aus B1 und erklären Sie die Kurvenverläufe mithilfe von B2 und der Ausführungen in der rechten Spalte (Text, Formeln, Reaktionsgleichungen).

Kation λ_+ in $\frac{S \cdot m^2}{mol}$		Anion λ_- in $\frac{S \cdot m^2}{mol}$	
H_3O^+	$35{,}0 \cdot 10^{-3}$	OH^-	$19{,}9 \cdot 10^{-3}$
Li^+	$3{,}87 \cdot 10^{-3}$	F^-	$5{,}54 \cdot 10^{-3}$
Na^+	$5{,}01 \cdot 10^{-3}$	Cl^-	$7{,}64 \cdot 10^{-3}$
K^+	$7{,}35 \cdot 10^{-3}$	NO_3^-	$7{,}15 \cdot 10^{-3}$
Ca^{2+}	$11{,}9 \cdot 10^{-3}$	MnO_4^-	$6{,}28 \cdot 10^{-3}$
Ag^+	$6{,}19 \cdot 10^{-3}$	SO_4^{2-}	$16{,}0 \cdot 10^{-3}$
Cu^{2+}	$10{,}7 \cdot 10^{-3}$	CH_3COO^-	$4{,}09 \cdot 10^{-3}$
Fe^{3+}	$20{,}5 \cdot 10^{-3}$		

B2 *Molare Leitfähigkeiten einiger Ionen bei 25 °C*

Titrationskurven und Äquivalenzpunkte bei Leitfähigkeitstitrationen

Der Äquivalenzpunkt bei einer Säure-Base-Titration kann experimentell aus dem Verlauf der Leitfähigkeit der Lösung ermittelt werden. In der Praxis misst man dazu oft statt der Leitfähigkeit die dazu proportionale Stromstärke *I* (Maßeinheit Ampere) und erhält *amperometrische* Titrationskurven (B1).

Bei der Titration von Salzsäure mit Natronlauge sinkt die Leitfähigkeit, die von der Ionenkonzentration und den Ionenleitfähigkeiten der einzelnen Ionen (B2) abhängt, bis zum Äquivalenzpunkt. Die Oxonium-Ionen der Salzsäure reagieren mit den Hydroxid-Ionen aus der zugesetzten Natronlauge und die weniger gut leitenden Natrium-Ionen werden zugesetzt:

$$\underbrace{H_3O^+(aq) + Cl^-(aq)}_{\text{Salzsäure}} + \underbrace{Na^+(aq) + OH^-(aq)}_{\text{Natronlauge}} \longrightarrow 2\,H_2O(l) + Na^+(aq) + Cl^-(aq)$$

Der anfängliche Anstieg der Leitfähigkeit bei der Titration von Ethansäure wird durch Natrium- und Acetat-Ionen verursacht, die die Ethansäure-Moleküle, die nicht zur Leitfähigkeit beitragen, ersetzen (vgl. Protolysegleichgewicht der Ethansäure auf S. 133).

Nach dem ÄP tragen die überschüssig zugegebenen Natrium- und Hydroxid-Ionen zur erheblichen Steigung der Leitfähigkeit bei.

Protolysen in hartem Wasser

B1 *Wassersorten aus dem Alltag enthalten Ionen.* **A:** *Ermitteln Sie anhand der Etiketten Art und Menge der Ionen in verschiedenen Mineralwassersorten.*

	Härtebereich	$c(CaO)$ in mmol/L	°d
	1 (weich)	0 bis 1,3	0 bis 7
	2 (mittelhart)	1,3 bis 2,5	7 bis 14
	3 (hart)	2,5 bis 3,8	14 bis 21
	4 (sehr hart)	> 3,8	> 21

B2 *Härtebereiche in Wasser. 1 °d (ein Grad deutscher Härte) entspricht 10 mg Calciumoxid CaO in 1 L Wasser (0,1783 mmol CaO pro Liter Wasser).*

Wasserhärte

Chemisch reines Wasser wäre für unsere Ernährung untauglich. Die im Trinkwasser gelösten Salze sind lebenswichtige Mineralstoffe, die dem Körper zugefügt werden müssen. Sie verursachen aber auch die Härte des Wassers. An der Wasserhärte sind verschiedene Ionen (B1) und folgende Gleichgewichte beteiligt:

$$CO_2(g) \rightleftharpoons CO_2(aq) \quad (1)$$

$$2H_2O(l) + CO_2(aq) \rightleftharpoons H_3O^+(aq) + HCO_3^-(aq) \quad (2)$$

Mineralwasser „mit Kohlensäure“ hat danach einen deutlich niedrigeren *p*H-Wert als Leitungswasser. Beim Aufschrauben der Flasche entweicht das Kohlenstoffdioxid $CO_2(g)$ aus dem Gasraum über der Flüssigkeit, das obere Gleichgewicht verschiebt sich nach links und infolgedessen auch das zweite. Es heißt im Volksmund „die Säure verflüchtigt sich“.

Wenn sich aus Leitungswasser an heißen Geräteteilen wie beispielsweise dem Tauchsieder, allmählich Calciumcarbonat (Kalkstein) absetzt, läuft folgende endotherme Hinreaktion ab:

$$Ca^{2+}(aq) + 2HCO_3^-(aq) \rightleftharpoons CaCO_3(s) + CO_2(g) + H_2O(l) \quad (3)$$

Dagegen wird in saurer Lösung Calciumcarbonat nach

$$CaCO_3(s) + 2H_3O^+(aq) \rightleftharpoons Ca^{2+}(aq) + 3H_2O(l) + CO_2(g) \quad (4)$$

gelöst.

Kalk im Wasser

Der Kalkgehalt von Wasser, der im Wesentlichen auf gelöstem Calciumhydrogencarbonat beruht, lässt sich mithilfe einer Leitfähigkeitstitration (vgl. S. 135) bestimmen. Dabei nutzt man aus, dass die in kalkhaltigem Wasser gelösten Calcium-Ionen mit Oxalsäure zu schwer löslichem Calciumoxalat CaC_2O_4 reagieren.

Versuche

V1 *Bestimmung des Kalkgehalts in Wasser*: Titrieren Sie in einer Vorrichtung für Leitfähigkeitstitrationen (vgl. S. 135, B1) 200 mL Leitungswasser mit Ethandisäure-Lösung* (Oxalsäure-Lösung*), c = 0,1 mol/L (6,13 g Oxalsäure-Dihydrat* $H_2C_2O_4 \cdot 2H_2O$ in 500 mL Lösung). Legen Sie eine Wertetabelle an, notieren Sie die Beobachtungen, und zeichnen Sie die Titrationskurve nach dem Muster aus B1, S. 135.

V2 Führen Sie die Kalkbestimmung gemäß der Vorschrift aus V1 mit verschiedenen Mineralwässern durch.

Auswertung

a) Formulieren Sie die Reaktionsgleichung für das Ausfällen von Calciumoxalat $CaC_2O_4(s)$.

b) Erklären Sie den Verlauf der Titrationskurven und berechnen Sie die Konzentration der Calcium-Ionen bei V1 (V2) und die auf den Calcium-Ionen beruhende Wasserhärte in Grad deutscher Härte °d (B2).

Protolysen in hartem Wasser

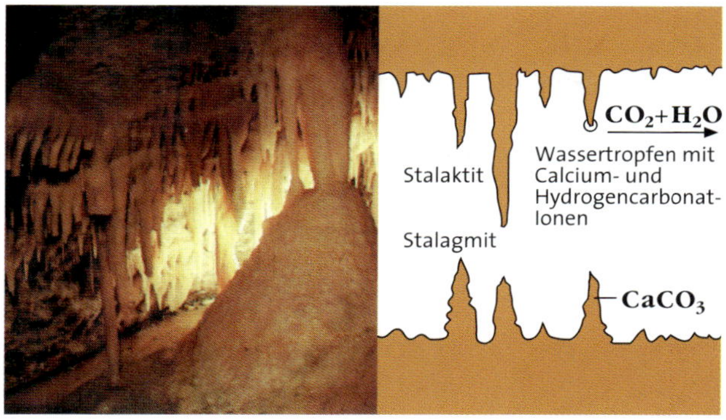

B3 *Tropfsteinhöhle und Modell zur Stalaktiten- und Stalagmitenbildung*

Tropfsteinhöhlen

Tropfsteinhöhlen sind eindrucksvolle Beweise für einen natürlichen Stoffkreislauf, dessen Grundsubstanz der Kalkstein, das Calciumcarbonat $CaCO_3$, ist. Beim Durchsickern des mit Kohlenstoffdioxid beladenen Wassers durch die Kalkgebirge läuft die Rückreaktion des Gleichgewichts (3) von S. 136 ab, beim Ausbilden der Tropfsteine die Hinreaktion. Kalkstein gelangt dadurch aus den Gebirgsfelsen in die Stalaktiten und Stalagmiten. Die Bildung von löslichem Calciumhydrogencarbonat $Ca(HCO_3)_2$ aus vorher ausgefälltem Calciumcarbonat kann experimentell demonstriert werden (B4).

Aufgabe

A1 Erkunden Sie in *Chemie 2000+ Online* die Flash-Animation über Tropfsteinhöhlen. Erläutern Sie das entscheidende Protolysegleichgewicht und die Faktoren, die es beeinflussen.

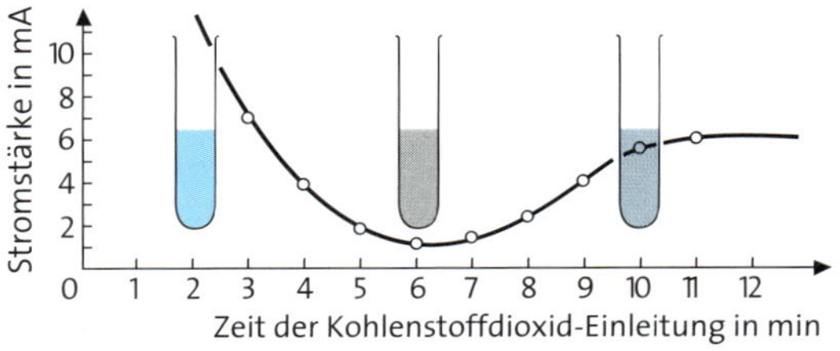

B4 *Beim Einleiten von Kohlenstoffdioxid trübt sich Kalkwasser, beim weiteren Einleiten klart es wieder auf. Dabei sinkt die Stromstärke zunächst und steigt dann wieder an (vgl. S. 135).* ***A:*** *Erklären Sie die Veränderungen mithilfe von Reaktionsgleichungen.*

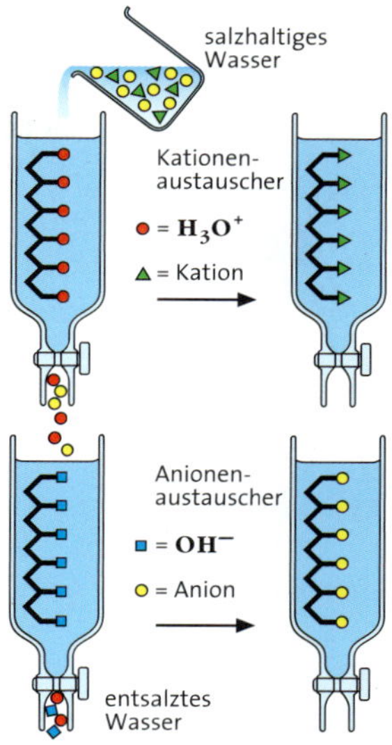

B5 *Vollentsalzung von Wasser durch Ionenaustausch.* ***A:*** *Erläutern Sie, wie die Kationen und die Anionen ausgetauscht werden und wie man die beladenen Säulen wieder einsatzbereit machen kann.*

Ionenaustauscher für hartes Wasser

Um Kalkablagerungen beim Waschen und an technischen Geräten zu verhindern, wird das ionenhaltige, harte Wasser entionisiert. Durch Abkochen kann die **Carbonathärte** beseitigt werden, weil sich dabei festes Calciumcarbonat abscheidet (vgl. S. 136).

Durch **Ionenaustausch** können alle Kationen aus dem harten Wasser durch hydratisierte Oxonium-Ionen, alle Anionen durch hydratisierte Hydroxid-Ionen ersetzt werden (B5; organische Verbindungen allerdings nicht). Man erhält entionisiertes Wasser. Die mit Kationen bzw. mit Anionen beladenen Säulen können mit Salzsäure bzw. Natronlauge regeneriert werden.

Aufgaben

A2 Die Reaktion am Kationenaustauscher, hier einem Polymer mit Sulfonsäure-Seitengruppen $-SO_3H$, zeigt vereinfacht folgendes Gleichgewicht:

$$2R{-}SO_3H(aq) + Mg^{2+}(aq) + 2H_2O(l) \rightleftharpoons (R{-}SO_3^-)_2Mg^{2+}(aq) + 2H_3O^+(aq)$$

Erläutern Sie, wie das Gleichgewicht beim Regenerieren des sauren Ionenaustauschers beeinflusst wird.

A3 Vergleichen Sie die Herstellung von „reinem" Wasser durch Destillation mit der durch Ionenaustausch. Nennen Sie Vor- und Nachteile bezüglich Reinheit und Aufwand beim Reinigen.

Säuregehalt in Alltagsprodukten und Umweltbereichen

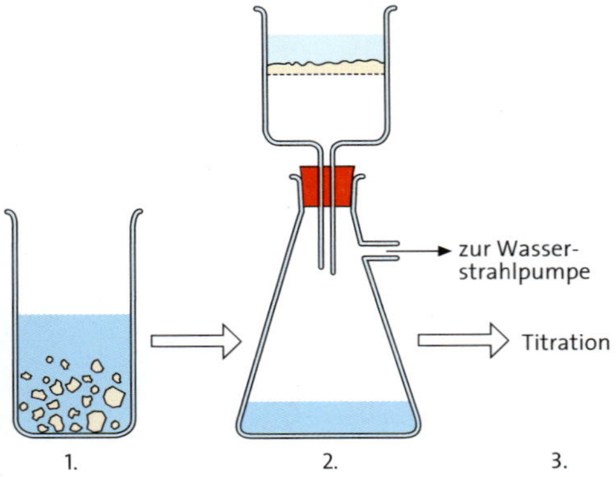

B1 *Skizze zur Säurebestimmung in Brot*

Versuche

V1 Zerkrümeln Sie eine bestimmte Portion Brot mit Konservierungsstoffen (z. B. $m = 15$ g) gut und weichen Sie die Krümel in einem vorgelegten Volumen dest. Wasser ein (z. B. $V = 150$ mL). Das Gemisch wird unter gelegentlichem Umrühren mit einem Glasstab ca. 20 min stehen gelassen. Saugen Sie die Lösung dann über eine Fritte mit der Wasserstrahlpumpe ab und titrieren Sie einen Teil der Lösung (z. B. 50 mL) mit Natronlauge*, $c(\mathbf{NaOH}) = 0{,}1$ mol/L. Wiederholen Sie die Bestimmung unter Verwendung eines anderen Einweichmittels, z. B. Kaliumchlorid-Lösung, $c(\mathbf{KCl}) = 1$ mol/L, anstelle von dest. Wasser.

V2 Führen Sie nach dem gleichen Verfahren wie in V1 die Bestimmung des Säuregehalts in verschiedenen Bodenproben durch. Verwenden Sie dabei von vornherein Kaliumchlorid-Lösung als Extraktionsmittel.

V3 Einige handelsübliche Entkalker für Kaffeemaschinen enthalten Methansäure* (Ameisensäure) **HCOOH**. Erarbeiten Sie ein Verfahren zur Bestimmung des prozentualen Massenanteils an Ameisensäure in einem Entkalker (Arbeitsschritte und Auswertung der Ergebnisse). Führen Sie nach der Absprache mit Ihrer Lehrkraft eine experimentelle Bestimmung einschließlich rechnerischer Auswertung durch.

Auswertung

a) Berechnen Sie bei V1 unter der Annahme, dass die gesamte Säure im Brot der Konservierungsstoff Propansäure $\mathbf{H_3CCH_2COOH}$ ist, den Säuregehalt im untersuchten Brot.

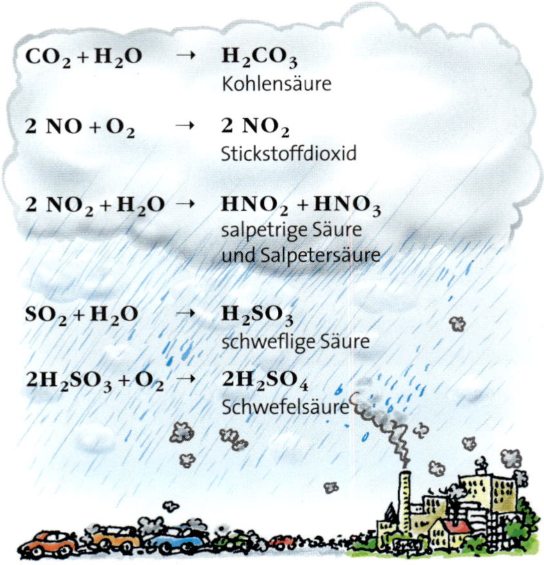

B2 *Entstehung des sauren Regens*

Saurer Regen und Versauerung der Weltmeere

Die bei der Verbrennung von Erdgas, Erdöl und Kohle gebildeten Nichtmetalloxide bilden mit Wasser Säuren (B2). Diese können **sauren Regen** mit $p\mathrm{H} \approx 4$ verursachen. Natürlicher Regen hat pH-Werte von 5,5 bis 6 wegen des Kohlenstoffdioxids aus der Atmosphäre. Saurer Regen schädigt Pflanzen („Waldsterben“) und Gebäude („Steinfraß“). In Europa konnte die Bildung sauren Regens durch technische Maßnahmen zur Reinigung von Abgasen insbesondere bei Fahrzeugen und bei Kraftwerken („Entschwefelung“ und „Entstickung“ der Abgase) stark zurückgedrängt werden (vgl. *Chemie 2000+ Online*).

Ein schwerer zu lösendes Problem ist die **Versauerung der Weltmeere**. Sie ist ebenfalls eine Folge der massiven Verbrennung von fossilen Brennstoffen. Meerwasser, das mit $p\mathrm{H} \approx 8$ normalerweise schwach alkalisch ist, fungiert global gesehen als sogenannte „Kohlenstoff-Senke“, weil es über die Hinreaktionen der beiden Gleichgewichte (1) und (2) von S. 136 Kohlenstoffdioxid bindet. Modellrechnungen zufolge werden jährlich ca. 2 000 000 000 Tonnen Kohlenstoff aus dem atmosphärischen Kohlenstoffdioxid im Meerwasser gebunden – entsprechend findet eine fortschreitende Versauerung statt.

A1 Erläutern Sie, wodurch sich BRÖNSTEDS Definition des Säure-Begriffs von allen früher formulierten Definitionen (vgl. S. 114, B1) unterscheidet.

A2 Vergleichen Sie die ARRHENIUS-Definition und die BRÖNSTED-Definition hinsichtlich der Rolle, die das Lösemittel, in dem eine Säure wirksam wird, spielt.

A3 Durch Einleiten von Wasserstoffchlorid in Wasser bei 22 °C wird die Hydronium- bzw. Oxonium-Ionenkonzentration auf $c(H_3O^+) = 2{,}5 \cdot 10^{-4}$ mol/L gebracht. a) Berechnen Sie den *p*H-Wert dieser Lösung. b) Berechnen Sie die Konzentration der Hydroxid-Ionen $c(OH^-)$.

A4 Berechnen Sie die Oxonium-Ionenkonzentration $c(H_3O^+)$ und die Hydroxid-Ionenkonzentration $c(OH^-)$ einer Lösung mit *p*H = 2,5.

A5 Geben Sie anhand der *p*H-Werte aus B1 jeweils an, um welchen Faktor die Oxonium-Ionenkonzentration $c(H_3O^+)$ in der erstgenannten Flüssigkeit größer bzw. kleiner ist: a) Magensaft und saurer Regen; b) reines Wasser und Magensaft; c) Magensaft und Darmsaft.

A6 Der pK_s-Wert von Wasserstoffiodid beträgt $pK_s(HI) = -8$ (vgl. S. 121, B5). Stellen Sie ausführlich dar, wie sich der pK_s-Wert aus dem MWG herleiten lässt, und treffen Sie eine begründete Aussage zur Säurestärke von Wasserstoffiodid.

A7 Ammoniak NH_3 hat den pK_s-Wert 23 und einen pK_b-Wert von 4,75. a) Formulieren Sie für diese beiden Angaben die zugrunde liegenden Gleichgewichtsreaktionen in wässriger Lösung. b) Leiten Sie für die jeweils korrespondierende Säure und Base den pK_s- und pK_b-Wert ab.

A8 Sorbinsäure $H_3C(CH)_4COOH$, $pK_s = 4{,}76$, ist als Konservierungsmittel (E 200) erst dann wirksam, wenn mehr als 2% der Säure nicht protolysiert vorliegen. Berechnen Sie, welcher *p*H-Wert bei einem Lebensmittel nicht überschritten sein darf, das mit dieser Säure konserviert wurde.

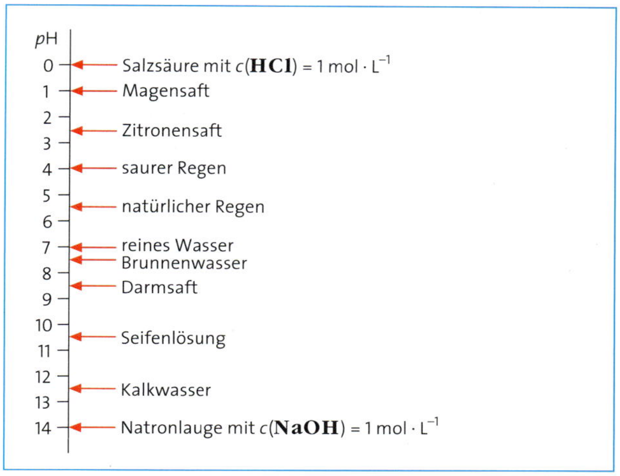

B1 *pH-Werte einiger Flüssigkeiten (A5)*

A9 In 500 mL Hefeweißbier wurde eine Stoffmenge an Oxonium-Ionen von $n(H_3O^+) = 1 \cdot 10^{-6}$ mol ermittelt. Berechnen Sie den *p*H-Wert dieses Getränks ohne und nach Zusatz einer Zitronenscheibe, die dem Getränk 5 mL Zitronensaft mit einem *p*H-Wert von 2,2 hinzufügt.

A10 Eine gesteigerte Atemtätigkeit (Hyperventilation) führt zu einem Anstieg des *p*H-Werts im Blut (*p*H > 7,43). Symptome dieser respiratorischen Alkalose sind z. B. Schwindel und Muskelkrämpfe. Erläutern Sie, warum durch Ein- und Ausatmen in eine vorgehaltene Plastiktüte einem Patienten rasch geholfen werden kann.

A11 Das Puffersystem im Blut kann vereinfacht als Kohlensäure/Hydrogencarbonat-Puffer aufgefasst werden. Der pK_s-Wert der Kohlensäure beträgt 6,52. a) Formulieren Sie das sich in wässriger Lösung einstellende Gleichgewicht und die entsprechende HENDERSON-HASSELBALCH-Gleichung (vgl. S. 125). b) Berechnen Sie den *p*H-Wert einer entsprechenden Pufferlösung, die 0,03 mol Kohlensäure und 0,25 mol Hydrogencarbonat in 0,5 L Lösung enthält. c) Leiten Sie ab, welche Stoffmenge an Oxonium-Ionen $n(H_3O^+)$ dieses Puffersystem maximal abfangen kann und erläutern Sie Ihre Aussage anhand einer Reaktionsgleichung.

A12 Eine Methansäure-Lösung $\mathbf{HCOOH(aq)}$ der Konzentration $c_0(\mathbf{HCOOH})$ = 2 mol/L hat einen *p*H-Wert von *p*H = 1,72.

a) Erstellen Sie die Reaktionsgleichung der in wässriger Lösung ablaufenden Gleichgewichtsreaktion.

b) Berechnen Sie aus den gegebenen Werten den Anteil der Methansäure, der in deprotonierter (protolysierter) Form vorliegt, und erläutern Sie anhand des Ergebnisses, ob Methansäure als starke oder als schwache Säure zu bezeichnen ist.

c) Ermitteln Sie den pK_S-Wert von Methansäure und vergleichen Sie mit dem Wert aus S. 121, B5.

A13 Der saure Geschmack von Rhabarber beruht auf seinem Gehalt an Oxalsäure $\mathbf{HOOCCOOH}$ mit $pK_{S1} = 1{,}42$, $pK_{S2} = 4{,}29$ (vgl. S. 123, B4). a) Berechnen Sie den *p*H-Wert von 100 mL eines Rhabarberextrakts, der 500 mg Oxalsäure enthält. Berücksichtigen Sie dabei nur die erste Protolysestufe. b) Auf der Basis von Oxalsäure kann eine Pufferlösung hergestellt werden. Formulieren Sie die Vorgänge, die beim Abpuffern zugesetzter Base ablaufen. c) Begründen Sie, in welcher Konzentration die Pufferbase vorliegen muss, wenn die Konzentration der Puffersäure *c* = 0,7 mol/L beträgt.

A14 Im Keller eines Chemielabors werden größere Mengen Salpetersäure unbekannter Konzentration gefunden. Um zu wissen, wie mit diesem Fund verfahren werden soll, wird die Konzentration durch Titration mit Kalilauge, $c(\mathbf{KOH})$ = 0,02 mol/L, bestimmt. Als das verwendete *p*H-Meter 7,00 anzeigt, sind gerade 6,25 mL Kalilauge zu 125 mL Salpetersäure zugegeben worden. a) Berechnen Sie die Konzentration der Salpetersäure. b) Berechnen Sie die fehlenden Werte der folgenden Tabelle (der Rechenweg muss klar nachvollziehbar sein):

$V(\mathbf{KOH})$ in mL	*p*H	Bemerkung
0		Anfangspunkt
1,5		–
	4,5	–
		Äquivalenzpunkt
		doppelte Stoffmenge Maßlösung

c) Zeichnen Sie unter Verwendung der Wertetabelle von b) den Verlauf der Titrationskurve.

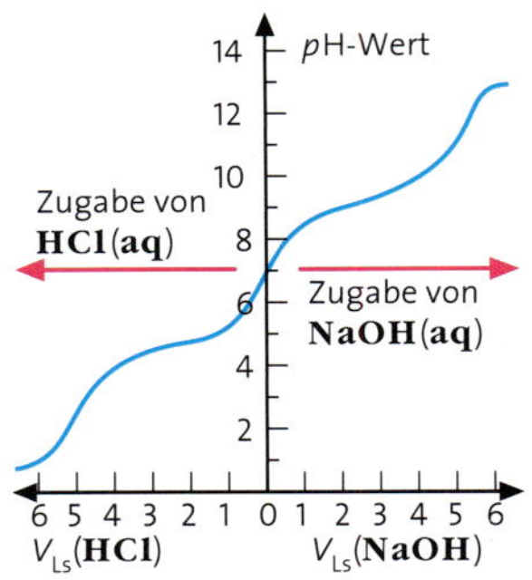

B2 *Titrationskurve einer Ammoniumacetat-Lösung (A15)*

A15 In einem Versuch wurden 10 mL Ammoniumacetat-Lösung $\mathbf{NH_4CH_3COO(aq)}$ mit Natronlauge, *c* = 0,1 mol/L, titriert. In einem weiteren Versuch wurden 10 mL Ammoniumacetat-Lösung der gleichen Konzentration mit Salzsäure, *c* = 0,1 mol/L, titriert. Die dabei erhaltenen Titrationskurven sind in B2 dargestellt. a) Berechnen Sie die Konzentration der verwendeten Ammoniumacetat-Lösung.

b) Der Gesamtverlauf der Kurve ist durch die Wirkung zweier Puffersysteme zu erklären, die in unterschiedlichen Bereichen puffern. Geben Sie an, um welche Puffersysteme es sich handelt, und welchen pK_S-Wert der jeweiligen Säure man der Titrationskurve entnehmen kann. Vergleichen Sie die so grafisch ermittelten Werte mit den Werten aus B5 von S. 121.

c) Der *p*H-Wert der Ammoniumacetat-Lösung lässt sich nach folgender Formel berechnen:

$$pH = \frac{pK_S(\mathbf{NH_4^+}) + pK_S(\mathbf{H_3CCOOH})}{2}$$

Leiten Sie diese Formel her und berechnen Sie den *p*H-Wert einer Ammoniumacetat-Lösung.
(*Hinweis*: Es gilt $c(\mathbf{NH_4^+}) = c(\mathbf{H_3CCOO^-})$ und $c(\mathbf{NH_3}) = c(\mathbf{H_3CCOOH})$.)

A16 Zur Bestimmung des Gehalts an Oxalsäure $\mathbf{HOOCCOOH}$ in einer Lösung werden 40 mL dieser Lösung mit Natronlauge der Konzentration $c(\mathbf{NaOH})$ = 0,1 mol/L bis zum Äquivalenzpunkt titriert. Dabei werden 20 mL der Lauge verbraucht. Berechnen Sie den Gehalt der Oxalsäure in der Lösung.

Säuren sind nach der Definition von BRÖNSTED **Protonendonatoren**, sie bilden in wässriger Lösung **Oxonium-Ionen** $\mathbf{H_3O^+}$. Hydratisierte Oxonium-Ionen $\mathbf{H_3O^+(aq)}$ werden als **Hydronium-Ionen** bezeichnet.
Basen sind Protonenakzeptoren, sie bilden **Hydroxid-Ionen** $\mathbf{OH^-}$. Bei einem Protonenübergang spricht man von **Protolyse**.

$$\mathbf{HCl} + \mathbf{H_2O} \xrightarrow{\;H^+\;} \mathbf{H_3O^+} + \mathbf{Cl^-} \qquad \mathbf{NH_3} + \mathbf{H_2O} \xrightarrow{\;H^+\;} \mathbf{OH^-} + \mathbf{NH_4^+}$$

Säure, Oxonium-Ion; Base, Hydroxid-Ion

Protolysen sind stets reversible Reaktionen, bei denen sich die **chemischen Gleichgewichte** in kurzer Zeit einstellen. Aus einer Säure bildet sich bei einer Protolyse ihre **korrespondierende** oder **konjugierte Base** und aus einer Base ihre **korrespondierende Säure**.

Wasser-Moleküle können als **Ampholyte** sowohl ein Proton aufnehmen als auch abgeben und sind gemäß folgender Gleichung einer **Autoprotolyse** unterworfen:

$$\mathbf{H_2O} + \mathbf{H_2O} \rightleftharpoons \mathbf{H_3O^+} + \mathbf{OH^-}.$$

Da die Konzentration von Wasser bei 22 °C konstant bei $c(\mathbf{H_2O}) = 55{,}398$ mol/L liegt, ergibt sich beim Einsetzen in das MWG eine neue **Konstante**, das **Ionenprodukt des Wassers K_W**:

$$K_W = c(\mathbf{H_3O^+}) \cdot c(\mathbf{OH^-}) = 10^{-14}\ \text{mol}^2 \cdot \text{L}^{-2} \quad (\vartheta = 22\,°\text{C})$$

Durch die Konzentration der Oxonium-Ionen in einer Lösung wird der ***p*H-Wert** als der negative Zehnerlogarithmus ihres Zahlenwertes definiert:

$$p\text{H} = -\lg\{c(\mathbf{H_3O^+})\}$$

Entsprechend gilt für den *p*OH-Wert: $p\text{OH} = -\lg\{c(\mathbf{OH^-})\}$.

Als Maß für die Säurestärke dient der **K_S-Wert**, der sich aus der Reaktion einer Säure mit Wasser ableitet:

$$\mathbf{HA} + \mathbf{H_2O} \rightleftharpoons \mathbf{A^-} + \mathbf{H_3O^+}$$

$$\text{MWG:} \quad K_1 = \frac{c(\mathbf{H_3O^+}) \cdot c(\mathbf{A^-})}{c(\mathbf{HA}) \cdot c(\mathbf{H_2O})}$$

Da die Wasserkonzentration bei verdünnten Lösungen konstant ist, kann sie in eine neue Konstante K_S einbezogen werden, die **Säurekonstante K_S**:

$$K_1 \cdot c(\mathbf{H_2O}) = K_s, \text{ also } K_s = \frac{c(\mathbf{H_3O^+}) \cdot c(\mathbf{A^-})}{c(\mathbf{HA})}$$

Von der Säurekonstante K_s leitet sich der **pK_s-Wert** ab: $\mathbf{pK_s = -lg\{K_s\}}$. Je kleiner dieser Wert ist, desto stärker ist die Säure.
Analog definiert man die **Basenkonstante K_b** und **pK_b** als Maß für die Basenstärke.

Lösungen, in denen sich der *p*H-Wert nach Säure- oder Basenzugabe unwesentlich ändert, nennt man **Pufferlösungen**.

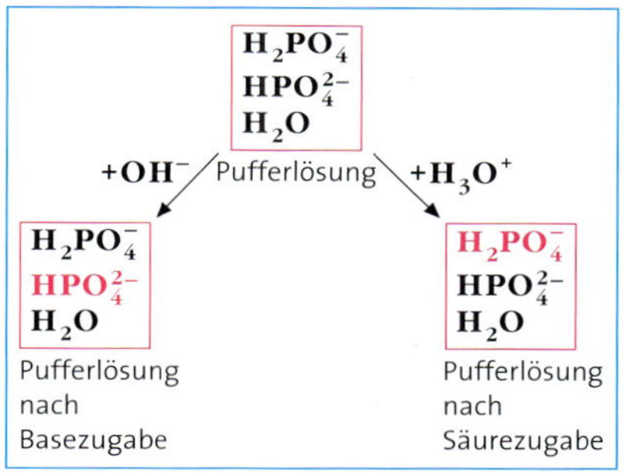

Eine Pufferlösung enthält immer eine schwache Säure und ihre korrespondierende Base.
Mit der **Puffergleichung** (HENDERSON-HASSELBALCH-Gleichung)

$$p\text{H} = pK_s + \lg \frac{c(\text{korrespondierende Base})}{c(\text{Säure})}$$

kann der *p*H-Wert einer Pufferlösung berechnet werden.

Zur quantitativen Bestimmung des Säure- bzw. Basegehalts in einer Probe werden **Titrationen** durchgeführt. Der **Äquivalenzpunkt** einer Titration kann mithilfe eines geeigneten **Indikators** oder z. B. der **Titrationskurve** einer *p*H-metrischen Titration ermittelt werden.

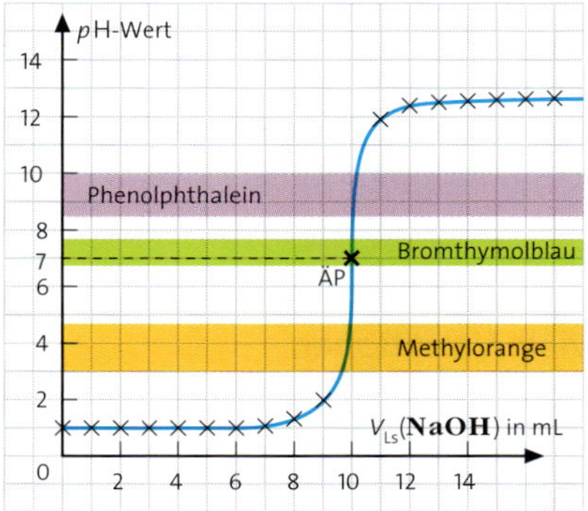

Aromaten – Chemische Bausteine in Natur- und Syntheseprodukten

Kaum ein anderes Thema in der Chemie ist so intensiv und kontrovers diskutiert worden wie das der **aromatischen Verbindungen**, kurz **Aromaten** genannt. Die Artikel und Bücher zur Theorie der Aromaten füllen ganze Bibliotheken. In Lebewesen kommen viele aromatische Verbindungen vor und in der chemischen Industrie gehören aromatische Kohlenwasserstoffe zu den wichtigsten Grundchemikalien, aus denen viele Kunststoffe, Farbstoffe, Arzneimittel und andere Produkte unseres Alltags synthetisiert werden.

Wir erschließen in diesem Kapitel die wesentlichen Facetten der Aromatenchemie, wobei uns die **Basiskonzepte Stoff – Teilchen**, **Struktur – Eigenschaft** und **Energie** als Leitlinien dienen. Wir wenden die bereits erworbenen Kenntnisse über Kohlenwasserstoffe und andere organische Verbindungen an und gehen folgenden Fragen und Stichworten nach:

1 **Welche Strukturmerkmale kennzeichnen aromatische Verbindungen?**

2 **Sind aromatische Kohlenwasserstoffe gesättigt oder ungesättigt?**

3 **Benzol, Mesomerie und Aromatizität**

4 **Was muss man wissen, um das Gefährdungspotenzial für Gesundheit und Umwelt eines Stoffes beurteilen und für/gegen seine Verwendung sachlich fundiert argumentieren zu können?**

5 **Elektrophile Substitution – typisch für Aromaten**

6 **Organische Säuren und Basen mit aromatischen Molekülbausteinen**

7 **Technische Synthesen mit Aromaten – ein Prinzip, viele Variationen** EVA

8 **Aromaten in natürlichen und synthetischen Farbstoffen** EVA

Friedrich August Kekulé
(1829 bis 1896)

„Lernen wir träumen …, dann finden wir vielleicht die Wahrheit. …, aber hüten wir uns, unsere Träume zu veröffentlichen, ehe sie durch den wachen Verstand geprüft worden sind.“

F. A. Kekulé in Berlin am 11. März 1890

B1 *Kekulé formulierte einen Vorschlag für die Benzol-Formel und die Theorie der Aromaten.*

F. A. Kekulé (B1), in Bonn geboren, begann im Jahr 1847 an der Universität Gießen ein Architekturstudium. Die Experimentalvorlesungen des Chemieprofessors J. v. Liebig faszinierten ihn aber so, dass er zur Chemie wechselte. Nach der Promotion in Gießen hielt er sich längere Zeit in London auf, wo er im Jahr 1854 zum ersten Mal seine Theorie über die Vierbindigkeit (Vierwertigkeit) des Kohlenstoffs vorstellte. Bereits im Alter von 28 Jahren wurde Kekulé Professor an der Universität Gent in Belgien. Ein Jahr später begann er mit seinem berühmten „Lehrbuch der organischen Chemie“, in dem er die Chemie als „die Lehre der stofflichen Metamorphosen der Materie“ definiert. Die bis dahin rätselhafte Struktur des Benzol-Moleküls erklärte er erstmalig im Jahr 1865 in einem Beitrag „Sur la Constitution des Substances Aromatiques“ vor der Französischen Akademie der Wissenschaften.

Kekulés Benzol-Formel leitete eine intensive und fruchtbare Forschungsperiode in der Chemie ein. Da die drei in seiner Formel formulierten Doppelbindungen experimentell nicht definitiv nachweisbar waren, führte Kekulé im Jahr 1887 die Oszillationshypothese ein, nach der ein dauernder Platzwechsel der Einfach- und Doppelbindungen stattfindet.

Im Jahr 1890 berichtete Kekulé vor versammeltem Wissenschaftlerpublikum über zwei Träume. Den einen habe er in London, in einem offenen Omnibus, den zweiten sieben Jahre später in Gent, am Kamin seines Junggesellenzimmers gehabt. Im ersten wären ihm Atome erschienen, die sich paarten, im zweiten Schlangen, von denen eine ihren eigenen Schwanz erfasste und höhnisch vor seinen Augen wirbelte. Dabei sei er aufgewacht und habe den Rest der Nacht mit der Ausarbeitung dessen verbracht, was er geträumt hatte (vgl. Zitat aus B1).

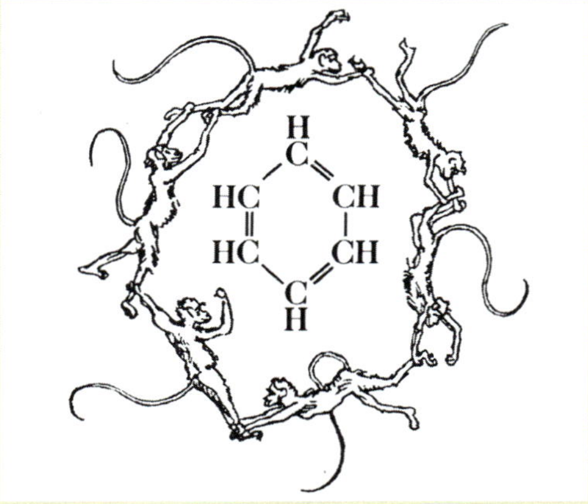

B2 *Die Kekulé-Formel des Benzol-Moleküls aus dem Jahr 1865, umgeben von einer Karikatur aus einem Scherzheft des Jahres 1886*

Aromen, Farben, Vitamine ...

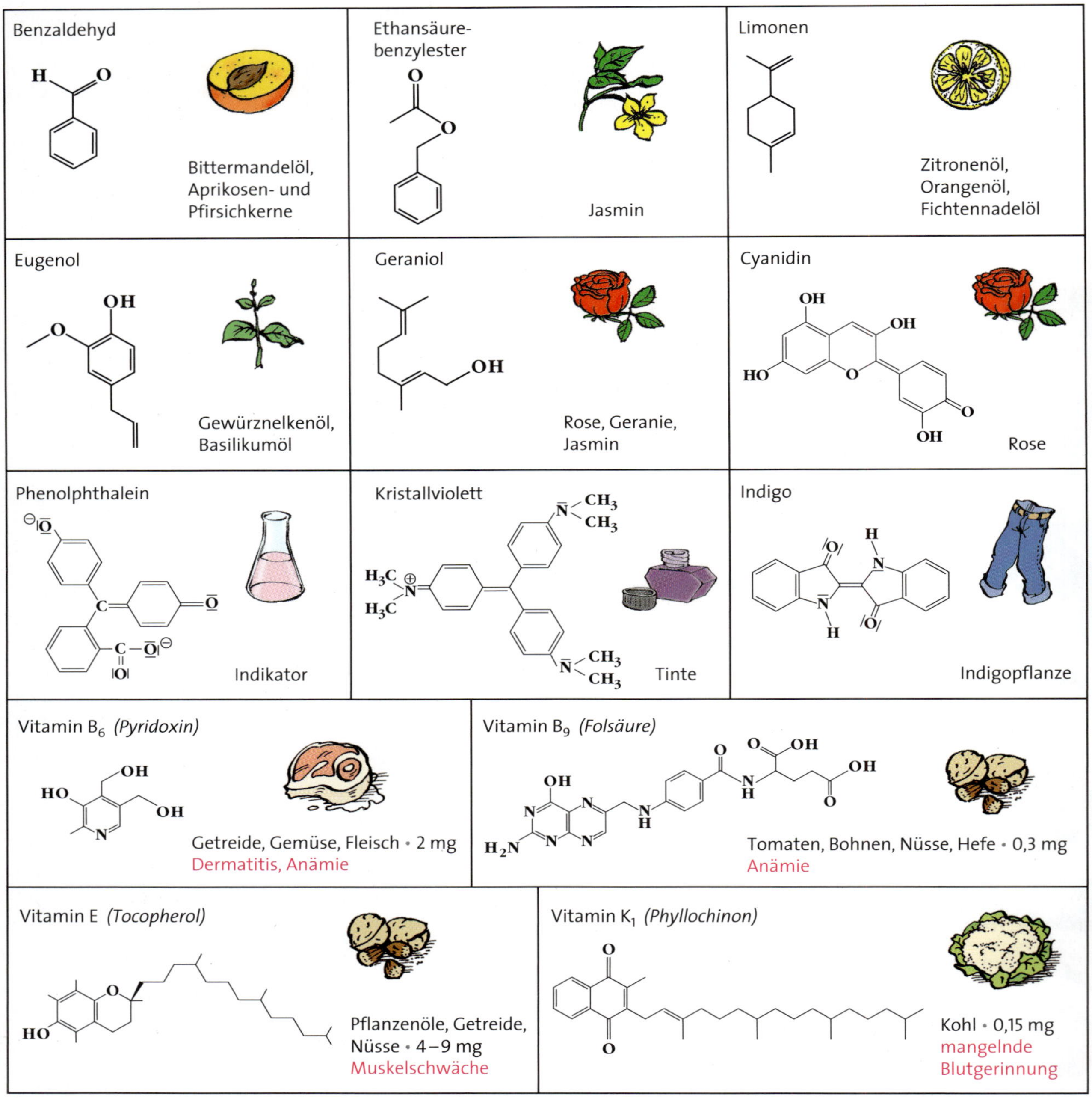

B1 *Einige Aromastoffe, Farbstoffe und Vitamine mit Molekülsymbolen[1] und Hinweisen auf ihr Vorkommen oder ihre Verwendung. Bei den Vitaminen sind auch Tagesdosis und Mangelerscheinungen angegeben.*

Aufgaben

A1 In welcher(n) der aufgeführten Strukturformeln kommt (kommen) eines (mehrere) der folgenden Strukturmerkmale vor: a) Hydroxy-Gruppe, b) Aldehyd-Gruppe, c) Keto-Gruppe, d) Carboxy-Gruppe?

A2 Nennen Sie alle Verbindungen aus B1, in deren Formel mindestens ein Ring aus sechs Atomen mit drei Doppelbindungen enthalten ist. Stellen Sie fest, ob es sich um einen Aromastoff, einen Farbstoff oder ein Vitamin handelt.

[1] Bei den hier angegebenen Molekülsymbolen (Struktursymbolen, Gerüstformeln) entspricht jede Ecke und jeder frei endende Strich einem Kohlenstoff-Atom, an das so viele Wasserstoff-Atome gebunden sind, bis die Vierbindigkeit des Kohlenstoff-Atoms erreicht ist.

Strukturbausteine in aromatischen Verbindungen

Was sind **aromatische Verbindungen** oder **Aromaten**? Es sind nicht immer Stoffe, die wegen ihres angenehmen Geruchs umgangssprachlich als *Aromastoffe* oder *Aromen* bezeichnet werden. Von den in B1 aufgeführten Stoffen sind ausgerechnet die beiden Aromastoffe Geraniol und Limonen keine Aromaten, denn in ihren Molekülen fehlen die charakteristischen Strukturbausteine aromatischer Verbindungen.
Um die über 40 Millionen organischen Verbindungen in Klassen einzuteilen, ist es zweckmäßig, strukturelle Merkmale ihrer Moleküle als Kriterien heranzuziehen. Das sind Merkmale, die sich auf die Verknüpfung der Atome untereinander und ihre räumliche Anordnung beziehen. Besonders tragfähige Einteilungen können anhand der beiden folgenden Kriterien vorgenommen werden:

a) Bau des *Molekülgerüsts* aus Kohlenstoff-Atomen und
b) Art und Stellung der *funktionellen Gruppen* an diesem Gerüst.

Damit lassen sich sehr viele organische Verbindungen den bereits bekannten Stoffklassen zuordnen.

Und wo sind die Aromaten einzuordnen? Wie schon erwähnt, gehören (bis auf zwei Ausnahmen) alle Aromastoffe, Farbstoffe und Vitamine aus B1 der Klasse der Aromaten an. Entscheidend dafür ist, dass ihre Moleküle mindestens einen Ring aus sechs Kohlenstoff-Atomen enthalten, in dem **drei konjugierte Doppelbindungen**, d. h. alternierend Einfach- und Doppelbindungen, vorkommen. Wenn dieser **aromatische Ring** als Strukturbaustein in einem Molekül enthalten ist, handelt es sich um eine **aromatische Verbindung** (einen **Aromaten**, vgl. auch Ausführungen S. 148, 149).
Das einfachste Molekül mit diesem Strukturbaustein ist das **Benzol-Molekül C_6H_6**. Die Verbindung ist der Kohlenwasserstoff Benzol (B2). Benzol ist sehr giftig und carcinogen (krebserzeugend). Daher werden wir nicht mit Benzol experimentieren, sondern anhand anderer aromatischer Kohlenwasserstoffe die charakteristischen chemischen Eigenschaften des aromatischen Rings erschließen (vgl. S. 146 f).
Aufgrund der Molekülformel C_6H_6 war bereits kurz nach der Entdeckung von Benzol durch FARADAY im Jahr 1825 klar, dass es im Benzol-Molekül Kohlenstoff-Kohlenstoff Mehrfachbindungen geben muss. Die für ungesättigte Kohlenwasserstoffe ganz ungewöhnlichen Eigenschaften des Benzols bereiteten jedoch große Schwierigkeiten bei der Aufklärung der Konstitution des Benzol-Moleküls. Mehrere Strukturformeln wurden aufgestellt und wieder verworfen. Im Jahr 1865 schlug A. KEKULÉ (vgl. S. 143) die nach ihm benannte **KEKULÉ-Formel** vor. Er nahm an, dass Benzol ein Gemisch aus zwei, sich schnell ineinander umwandelbaren Cyclohexatrien-Isomeren sei (B3). Mit der KEKULÉ-Formel konnten viele Fragen geklärt und wichtige Synthesen geplant und durchgeführt werden. Dennoch beschreibt sie die Bindungsverhältnisse im aromatischen Ring noch nicht befriedigend.

Benzol

Entdeckung: 1825 von MICHAEL FARADAY im Leuchtgas

Name: Bezeichnung von LIEBIG aus dem Jahr 1834. Die IUPAC-Bezeichnung lautet Benzen. In der deutschen Sprache ist auch Benzol zugelassen.

Eigenschaften: farblose Flüssigkeit von charakteristischem Geruch, ϑ_m = 5,5 °C, ϑ_b = 80 °C, ϱ = 0,88 g/cm³, in Wasser praktisch nicht löslich, unbegrenzt löslich in Ethanol und Benzin, leicht entzündlich und brennbar, brennt mit stark rußender Flamme.

Physiologische Eigenschaften: giftig beim Einatmen, kann Krebs erzeugen, wird durch die Haut resorbiert.

Verwendung: vgl. B1, S. 162, Beimischung von Benzin.

Gewinnung: früher durch Destillation von Steinkohlenteer, heute zu mehr als 90 % durch Erdölverarbeitung.

B2 *Steckbrief Benzol*

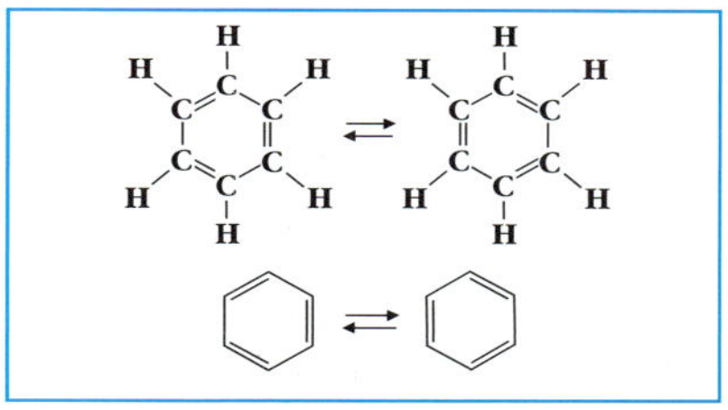

B3 *Valenzstrichformeln und Molekülsymbole nach KEKULÉ*

Aufgabe

A3 Schlagen Sie fünf Konstitutionsformeln (Valenzstrichformeln) vor, die der Molekülformel (Summenformel) C_6H_6 entsprechen. Vergleichen Sie sie mit den KEKULÉ-Formeln aus B3 und nennen Sie Gemeinsamkeiten und Unterschiede.

Fachbegriffe

konjugierte Doppelbindungen, aromatische Verbindungen (Aromaten), aromatischer Ring, KEKULÉ-Formel

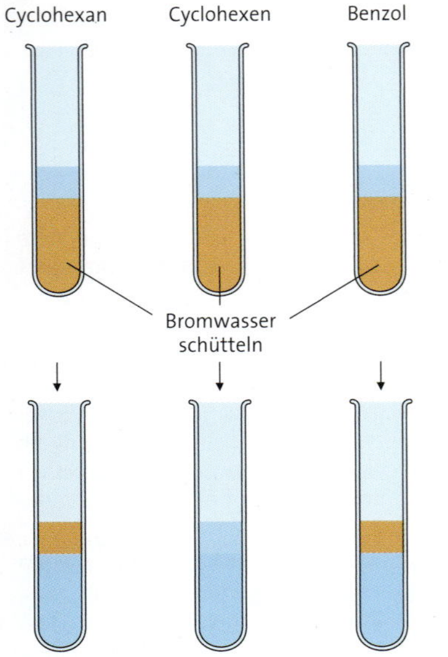

B1 *Versuchsbeobachtungen bei V2, wenn statt Toluol das giftige Benzol eingesetzt wird.*

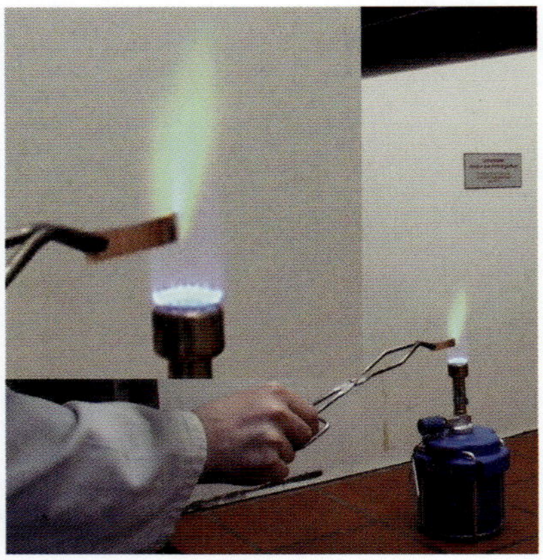

B2 *Die positive* BEILSTEIN*-Probe zeigt an, dass in den Molekülen des untersuchten Stoffs Halogen-Atome gebunden sind. Die Grünfärbung wird durch die Prüfsubstanz auf Kupfer in der Brennerflamme erzeugt.*

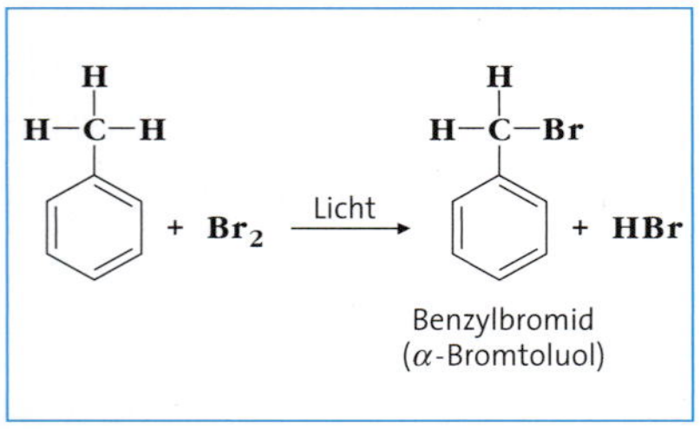

B3 *Reaktion von Toluol mit Brom.* ***A:*** *Begründen Sie, ob es sich um eine Addition oder eine Substitution handelt.*

Ungesättigt oder gesättigt?

Hinweis: Es bietet sich an, einige der Versuche arbeitsteilig in Gruppen durchzuführen.

Versuche

LV1 Im **Abzug** werden ca. 10 Tropfen Toluol* (Methylbenzol) in eine Porzellanschale gegeben und entzündet. Die Flamme wird beobachtet. Analog dazu werden 10 Tropfen Heptan* verbrannt. Die Flammen von brennendem Toluol und Heptan werden miteinander verglichen.

V2 Lassen Sie sich von der Lehrperson unter dem **Abzug** in drei Rggl. je 2 mL Bromwasser* geben und fügen Sie in je ein Glas a) 1 mL Heptan* oder Cyclohexan*, b) 1 mL Cyclohexen* und c) 1 mL Toluol* hinzu (B1). Stopfen Sie zu und schütteln Sie durch. Lockern Sie dann die Stopfen und beobachten Sie die Trennung der Phasen und ihre Farben.

LV3 In zwei trockene 100-mL-Erlenmeyerkolben werden a) ca. 15 mL Toluol* und b) ca. 15 mL Heptan* gegeben. Unter dem Abzug werden in beide Kolben 4 bis 5 Tropfen elementares Brom* hinzugefügt. Die mit einem Uhrglas oder Stopfen abgedeckten Erlenmeyerkolben werden auf einem OH-Projektor belichtet. Beobachtung? Mit beiden Reaktionsgemischen werden die Nachweise V4 bis V6 durchgeführt. (**Vorsicht:** Ein Produkt aus der Reaktion von Toluol mit Brom ist tränenreizend. Mit dem Produktgemisch aus dieser Reaktion wird nur unter dem **Abzug** gearbeitet!)

V4 Halten Sie in die Kolbenöffnung (vgl. LV3) ein angefeuchtetes Indikatorpapier und beobachten Sie die Farbe.

V5 Halten Sie einen mit konzentrierter Ammoniak-Lösung* angefeuchteten Glasstab in die Kolbenöffnung (vgl. LV3). Beobachtung?

V6 Fügen Sie in den Erlenmeyerkolben (vgl. LV3) ca. 30 mL Wasser hinzu und trennen Sie die Phasen mit einem Scheidetrichter. Untersuchen Sie je 2 mL der wässrigen Phase a) mit Indikatorpapier auf $H_3O^+(aq)$-Ionen und b) mit Silbernitrat-Lösung $AgNO_3(aq)$* auf Bromid-Ionen $Br^-(aq)$. Beobachtung? Führen Sie mit der organischen Phase im **Abzug** die BEILSTEIN-Probe (B2) durch. Beobachtung?

Auswertung

a) Schreiben Sie die Molekülformeln von Toluol und Heptan auf und erklären Sie damit die unterschiedlichen Flammen bei LV1.

b) Stellen Sie die Übereinstimmung Ihrer Ergebnisse bei V2 mit Toluol mit den in B1 dargestellten Beobachtungen mit Benzol fest. Erläutern Sie, was an diesen Ergebnissen überraschend ist.

c) Formulieren Sie eine Reaktionsgleichung für die Entfärbung der einen Probe aus V2 und erklären Sie die Umverteilung der Farbe bei den anderen.

d) Erläutern Sie ausführlich, inwiefern die Beobachtungen und die Nachweisversuche aus LV3 bis V6 bestätigen, dass Toluol und Brom bei Lichtbestrahlung nach der Gleichung aus B3 reagieren. Gibt es auch andere Möglichkeiten?

e) Formulieren Sie die Reaktion von Heptan mit Brom bei Lichtbestrahlung. Welche Befunde aus LV3 bis V6 unterstützen Ihren Vorschlag?

f) Verhält sich der aromatische Ring im Toluol-Molekül eher wie ein gesättigter oder wie ein ungesättigter Strukturbaustein? Begründen Sie Ihre Antwort.

Das Reaktionsverhalten des aromatischen Rings – ein Rätsel

Es verwundert nicht, dass der Kohlenwasserstoff Toluol C_7H_8 ebenso wie Heptan C_7H_{16} brennt, und auch nicht, dass die Flamme bei Toluol stärker rußt (LV1). Der relative Anteil an Kohlenstoff-Atomen im Toluol-Molekül ist im Vergleich zum Heptan-Molekül höher, sodass die Verbrennung bei Toluol unvollständig verläuft und winzige Kohlepartikel den Ruß verursachen. Rätselhaft ist aber, dass Toluol, in dessen Molekül laut KEKULÉ-Formel drei Doppelbindungen sein sollten, Bromwasser nicht entfärbt, sondern Brom aus der wässrigen Phase herauslöst, ohne damit zu reagieren (V2). Auch die **aromatischen Kohlenwasserstoffe** Benzol und die Alkylbenzole aus B4 verhalten sich wie Toluol. Damit zeigen sie größere Ähnlichkeit zu **Alkanen** (**gesättigten Kohlenwasserstoffen**) als zu **Alkenen** (**ungesättigten Kohlenwasserstoffen**).

Auf einen eher gesättigten Charakter dieser Moleküle deutet auch die Reaktion von Toluol mit Brom bei Licht hin: Toluol reagiert wie Heptan mit Brom unter Lichtbestrahlung (LV3). Dabei entsteht gasförmiges Wasserstoffbromid, das Indikatorpapier rot färbt (V4) und mit Ammoniak einen weißen Rauch aus Ammoniumbromid NH_4Br bildet (V5). Ein Teil des Wasserstoffbromids bleibt im Reaktionskolben und reagiert bei Zugabe von Wasser zu Wasserstoff- und Bromid-Ionen, die nachgewiesen werden können (V6). Die organische Phase aus der Reaktion von Toluol mit Brom zeigt ebenso wie die organische Phase aus dem Parallelversuch mit Heptan eine positive BEILSTEIN-Probe (V6), d. h. in ihren Molekülen sind Halogen-Atome gebunden. Damit liegen überzeugende experimentelle Befunde für die Reaktionsgleichung in B3 vor. Diese zeigt eine **Substitutionsreaktion**, bei der ein Wasserstoff-Atom aus der Methyl-Gruppe des Toluol-Moleküls durch ein Brom-Atom substituiert wird. Der aromatische Ring bleibt dabei unverändert, er ist also gegenüber Brom bei Licht noch reaktionsträger als der Alkyl-Rest.

Unter besonderen Bedingungen verhalten sich aromatische Kohlenwasserstoffe aber auch wie ungesättigte Verbindungen und gehen **Additionsreaktionen** ein. So werden beispielsweise an 1 mol Benzol in Gegenwart von Katalysatoren 3 mol Wasserstoff unter Bildung von Cyclohexan addiert. Das ist eine wichtige Stütze für die Ringstruktur des Benzol-Moleküls, für seinen ungesättigten Charakter und für drei Doppelbindungen entsprechend der KEKULÉ-Formel. Aber auch hier tritt ein Rätsel auf, das lange ungelöst blieb. Die bei der Addition von Wasserstoff an Benzol gemessene **Energie für die Hydrierung** entspricht nicht dem berechneten Wert, sondern ist wesentlich geringer als dieser (B5). Das reale Benzol ist also um diesen Betrag energieärmer als das hypothetische 1,3,5-Cyclohexatrien.

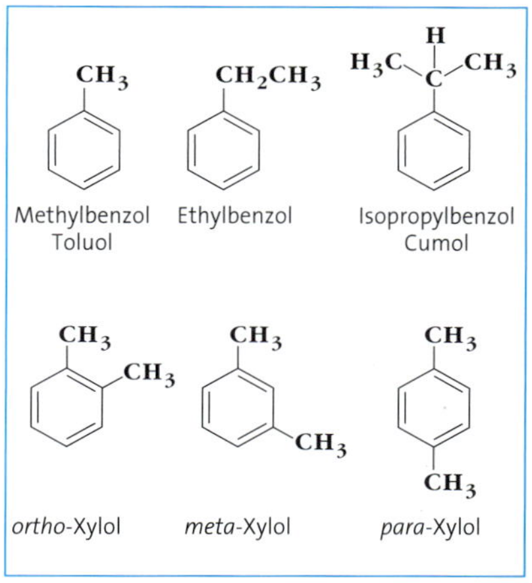

B4 *Wichtige Alkylbenzole*

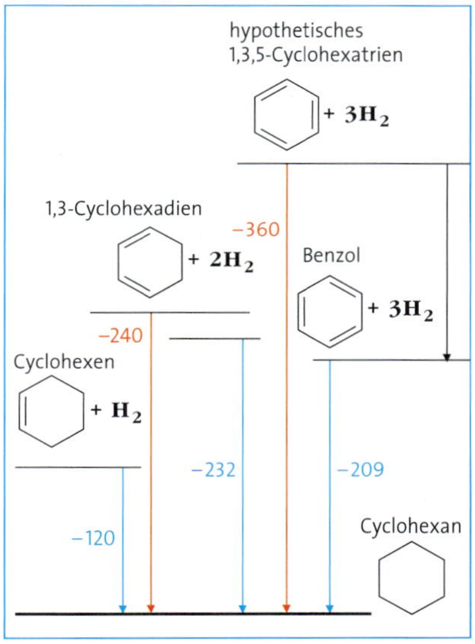

B5 *Berechnete (rot) und gemessene (blau) molare Bildungsenergien in kJ/mol für die Hydrierung von Cyclohexen, 1,3-Cyclohexadien und Benzol.* ***A:*** *Formulieren Sie die Reaktionsgleichungen für die Hydrierungen. Berechnen Sie die Differenz zwischen der berechneten Energie für die Hydrierung von hypothetischem 1,3,5-Cyclohexatrien und dem für Benzol gemessenen Wert.*

Aufgaben

A1 Stellen Sie eine begründete Vermutung an, ob die Flamme von brennendem Benzol oder die eines brennenden Xylolgemischs (B4) stärker rußt.

A2 Bei der Bromierung von Toluol nach LV3 kann sich nur ein einziges Monobromtoluol bilden. Begründen Sie den Sachverhalt.

Fachbegriffe

aromatische Kohlenwasserstoffe, Alkane (gesättigte Kohlenwasserstoffe), Alkene (ungesättigte Kohlenwasserstoffe), Substitutionsreaktion, Additionsreaktion, Hydrierung

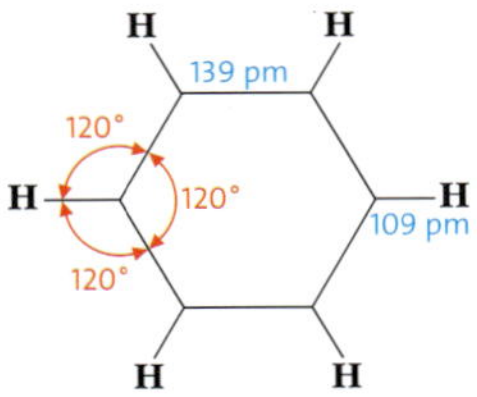

Zum Vergleich: Bindungslänge

C – C in Alkanen: 154 pm

C = C in Alkenen: 134 pm

B1 *Geometrie des Benzol-Moleküls.* ***A:*** *Vergleichen Sie die Geometrie des Benzol-Moleküls mit der des Ethan-Moleküls und der des Ethen-Moleküls.*

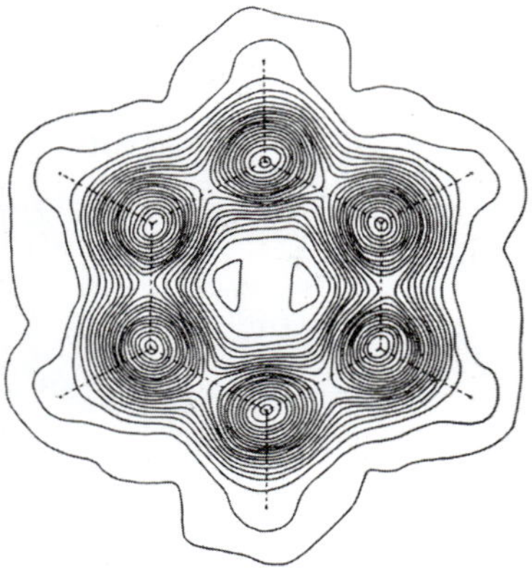

B2 *Verteilung der Elektronendichte im Benzol-Molekül.* ***A:*** *Wie müsste die Elektronendichte-Verteilung aussehen, wenn die Kekulé-Formel für Benzol zuträfe?*

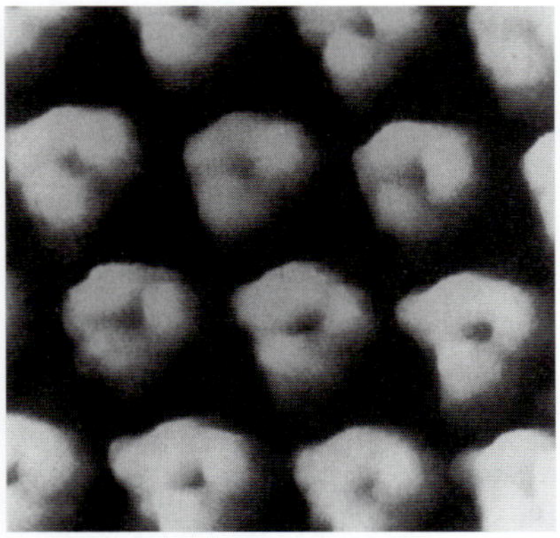

B3 *Benzol-Moleküle können mithilfe des Rastertunnelelektronenmikroskops sichtbar gemacht werden.* ***A:*** *Informieren Sie sich bei Chemie 2000+ Online über die Definition der Aromatizität nach dem Orbitalmodell.*

Magische Ringe

INFO

Obwohl Benzol, Toluol und die anderen Aromaten den Kekulé-Formeln ihrer Moleküle nach ungesättigte Verbindungen sein müssen, reagieren sie beispielsweise mit Brom völlig anders als Alkene. Sie addieren bei Raumtemperatur und Dunkelheit kein Brom. Bei Licht reagiert Toluol ähnlich wie ein Alkan, nicht wie ein Alken (vgl. S. 146, 147). Dabei bleibt aber der aromatische Ring unversehrt, die Substitution findet an der Methyl-Gruppe der Seitenkette statt.

Um dem „Geheimnis" des aromatischen Rings näher zu kommen, betrachten wir einige Eigenschaften des Benzols, weil dessen Moleküle allein aus dem aromatischen Ring bestehen:

- Benzol ist ungewöhnlich reaktionsträge. Erst in Gegenwart eines Katalysators reagiert es mit Brom, aber nicht in einer Addition, sondern in einer Substitution. Dabei bildet sich nur ein einziges Monobrombenzol C_6H_5Br neben Wasserstoffbromid HBr.
- Bei Weiterreaktion mit Brom wird ein zweites Wasserstoff-Atom am Benzolring substituiert und es entstehen drei isomere Dibrombenzol-Moleküle $C_6H_4Br_2$ mit folgenden Kekulé-Formeln:

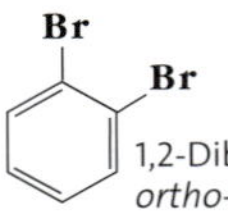

1,2-Dibrombenzol
ortho-Dibrombenzol
o-Dibrombenzol

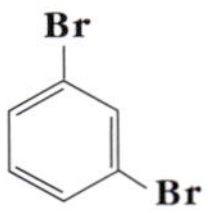

1,3-Dibrombenzol
meta-Dibrombenzol
m-Dibrombenzol

1,4-Dibrombenzol
para-Dibrombenzol
p-Dibrombenzol

- Um der Fähigkeit zu Substitutionsreaktionen Rechnung zu tragen, wurden in den Jahren nach Kekulés Formelvorschlag auch andere Strukturen für das Benzol-Molekül entworfen, beispielsweise:

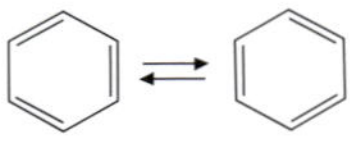

Kekulé, 1865

Dewar, 1867

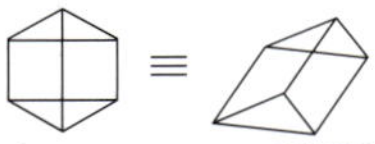

Ladenburg, 1869

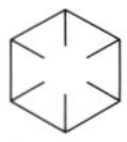

Armstrong, 1887
Baeyer, 1888

- Heute weiß man aus Röntgenstrukturanalysen, dass alle Atome im Benzol-Molekül in einer Ebene liegen, alle Bindungswinkel 120° betragen und alle Kohlenstoff-Kohlenstoff Bindungen gleich lang sind (B1). Das Kohlenstoff-Gerüst bildet also ein gleichseitiges Sechseck, in dem die Verteilung der Elektronendichte perfekt symmetrisch ist (B2).

Auswertung

a) Untersuchen Sie, inwiefern die Vorschläge für die Benzol-Formel von Dewar und Ladenburg mit der Fähigkeit des Benzols zu Substitutionsreaktionen und mit der Isomerenanzahl von Mono- und Dibrombenzol übereinstimmen.

Benzol-Formel und Mesomerie

Die wirklichen Bindungsverhältnisse im Benzol-Molekül können nicht durch eine einzige Valenzstrichformel beschrieben werden (vgl. S. 146 bis 148). Die sechs Elektronen der Doppelbindungen sind nicht zwischen je zwei Kohlenstoff-Atomen lokalisiert, wie sie in einer KEKULÉ-Formel eingezeichnet sind, sondern sie sind über den ganzen Ring **delokalisiert** (**aromatisches Elektronensextett**). Die beiden KEKULÉ-Formeln stellen lediglich **Grenzstrukturen** für das Benzol-Molekül dar, die reale Verteilung der Bindungselektronen liegt „dazwischen" (vgl. Formel mit Kreis in B4). Ganz allgemein spricht man von **Mesomerie**, wenn die Elektronenverteilung in einem Molekül oder Molekül-Ion nur durch mehrere Grenzstrukturen (oder Grenzformeln) darstellbar ist (B4). Die Mesomerie bewirkt beim Benzol-Molekül eine energetische Stabilisierung, d. h. ein Benzol-Molekül ist energieärmer als es aufgrund jeder der beiden Grenzstrukturen sein sollte. Die entsprechende **Mesomerieenergie E_{mes}** kann mithilfe der Energien für die Hydrierung bestimmt werden und beträgt 151 kJ/mol (vgl. B4 und S. 147, B5). Um diesen Betrag ist die Energie für die Hydrierung von Benzol niedriger als der für die Hydrierung des hypothetischen 1,3,5-Cyclohexatriens errechnete Wert. Eine starke Mesomeriestabilisierung ist charakteristisch für aromatische Verbindungen und der Grund dafür, dass am Benzolring bevorzugt Substitutionen und nicht Additionen stattfinden. Bei Benzol und Toluol wird dies für wichtige industrielle Synthesen genutzt (vgl. S. 162).

extra Wenn mehrere Benzolringe in einem Molekül über gemeinsame Kanten miteinander verknüpft sind, liegen **polycyclische kondensierte Aromaten** vor. Naphthalin und Anthracen sind wichtige Ausgangsstoffe für Farbstoffsynthesen. Das im Zigarettenrauch und in Abgasen von Kraftfahrzeugen enthaltene Benzpyren ist krebserzeugend.
Heterocyclische[1] **Aromaten** bestehen aus ringförmigen Molekülen, deren Ringe Heteroatome, beispielsweise Stickstoff- oder Sauerstoff-Atome, und wie der Benzolring sechs delokalisierte Elektronen (aromatisches Elektronensextett) enthalten. Von herausragender Bedeutung für die Biochemie sind die Heterocyclen Pyrimidin und Purin. Sie kommen als Bausteine in der Desoxyribonucleinsäure DNA, dem Träger der Erbsubstanz, vor.

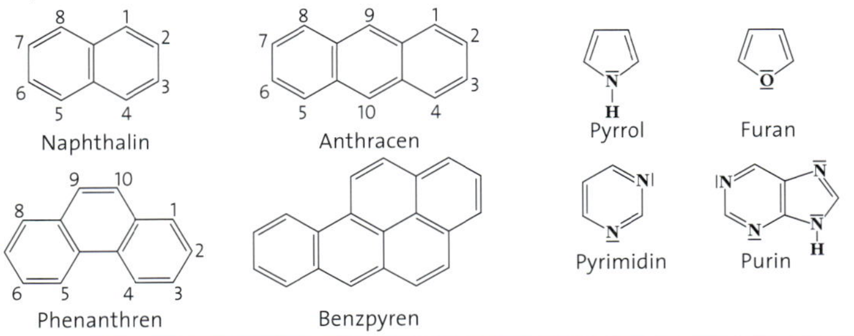

Aufgabe

A1 Zeichnen Sie zu den angegebenen Grenzformeln von Naphthalin und Anthracen je eine weitere mesomere Grenzformel.

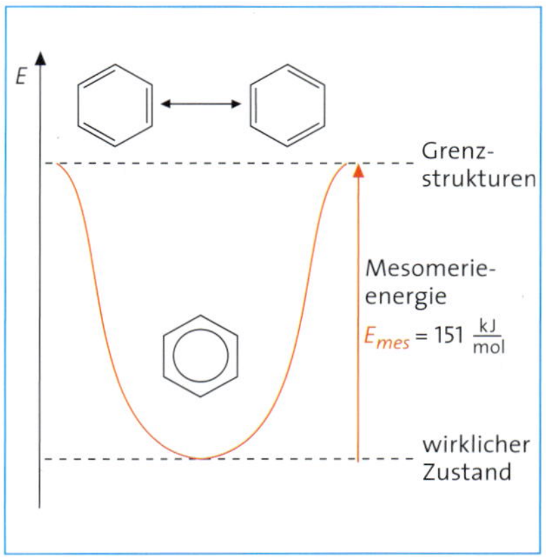

B4 *Mesomere Grenzstrukturen, Mesomeriestabilisierung und Mesomerieenergie E_{mes} des Benzol-Moleküls. Zwischen die Grenzformeln schreibt man einen **Mesomeriepfeil** (⟷). Dieser ist nicht zu verwechseln mit einem Gleichgewichtspfeil (⇄).*

B5 *„Gleichnis" zur Mesomerie: Ein Afrikareisender des Mittelalters will seinen Landsleuten ein Nashorn beschreiben, das er gesehen hat. Er beschreibt das Nashorn als ein „Mittelding" zwischen einem Einhorn und einem Drachen. Diese Tiere gibt es gar nicht, aber die Leute haben eine Vorstellung davon, weil sie sie aus Märchen „kennen".*

Fachbegriffe

Grenzstrukturen (Grenzformeln), delokalisierte Elektronen, aromatisches Elektronensextett, Mesomerie, Mesomerieenergie E_{mes}

[1] von *heteros* (griech.) = verschieden

Benzol

Benzol ist giftig beim Einatmen und leicht entzündlich. Benzol kann Krebs erzeugen.

MAK: nicht festgelegt, da krebserregend
TRK: 1 mL/m^3 bzw. 3,2 mg/m^3
LD_{50}: 930 mg/kg (oral, Ratte)

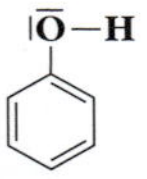

Phenol

Phenol ist giftig und stark ätzend.

MAK: 7,8 mg/m^3
LD_{50}: 317 mg/kg (oral, Ratte)

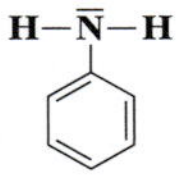

Anilin

Anilin ist giftig und umweltgefährlich.

MAK: 2 mL/m^3 bzw. 7,7 mg/m^3
LD_{50}: 871 mg/kg (oral, Ratte)

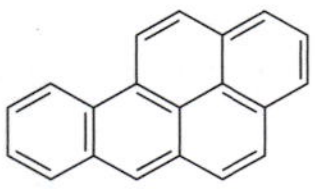

Benzpyren

Benzpyren ist giftig und umweltgefährlich. Benzpyren ist hoch krebserzeugend.

MAK: nicht festgelegt, da krebserregend
TRK: 2 µg/m^3

B1 *Gefahrenhinweise und toxikologische Daten für einige Aromaten (vgl. auch INFO)*

Vorsicht, giftig!

INFO

Maximale **A**rbeitsplatz-**K**onzentrationen **MAK** sind höchstzulässige Konzentrationen von Arbeitsstoffen (Gasen oder Schwebstoffen) in der Luft am Arbeitsplatz, die nach dem gegenwärtigen Kenntnisstand auch bei wiederholter und langfristiger, i.d.R. täglich achtstündiger Einwirkung, jedoch bei Einhaltung einer durchschnittlichen Wochenarbeitszeit bis zu 45 Stunden im allgemeinen die Gesundheit der Beschäftigten nicht beeinträchtigen und diese nicht unangemessen gefährden.
Die **T**echnische **R**icht-**K**onzentration **TRK** wird für krebserzeugende und erbgutverändernde Stoffe angegeben, für die kein MAK-Wert angegeben werden darf. Die TRK gibt die Konzentration eines Stoffes als Gas, Dampf oder Schwebstoff in der Luft am Arbeitsplatz an, die nach dem jeweiligen Kenntnisstand maximal erreicht werden darf.
Die TRK soll das Risiko eines Gesundheitsschadens minimieren, da auch bei eingehaltener MAK eine Beeinträchtigung der Gesundheit des Menschen nicht ausgeschlossen ist. Die TRK-Werte gelten für Personen, die gesund und im erwerbsfähigen Alter sind.
Sowohl die MAK als auch die TRK der gefährlichen Stoffe werden ständig überprüft und den neuen Kenntnissen über ihre schädliche Wirkung angepasst.
In der **Toxikologie**, der Lehre von den Giftstoffen (Toxinen), gibt man mit der **mittleren letalen Dosis LD_{50}** die Menge eines Giftstoffs an, die sich bei der Hälfte einer Population, z.B. bei Ratten (B1) tödlich auswirkt. Die **geringste letale Dosis** gibt die kleinste Dosis an, die nach Anwendung auf Mensch oder Tier zum Tod führen kann. Sie wird auf das Körpergewicht bezogen. Bei den angegebenen Dosen aus B1 und B4 handelt es sich jeweils um statistische Werte, d.h. um Mittelwerte, die innerhalb einer repräsentativen Population gewonnen wurden. Sie sollten daher nicht als maßgebend für ein Individuum betrachtet werden. Ein tödlicher Effekt kann also auch erst bei wesentlich höheren oder schon bei niedrigeren Dosen/Konzentrationen auftreten, zum Beispiel bei einer Schwächung durch Krankheit. Neben artspezifischen Werten kann auch eine alters- oder gewichtsspezifische Angabe von Bedeutung sein, bei Menschen beispielsweise im einfachsten Fall die Unterscheidung zwischen Erwachsenen und Kindern.

Auswertung

a) Vergleichen Sie die MAK und die TRK (*INFO*) und nennen Sie Argumente, warum bei den krebserzeugenden Stoffen keine MAK angegeben wird.
b) Benzpyren (B1) gehört zur Klasse der polycylischen aromatischen Kohlenwasserstoffe PAK. Erläutern Sie diesen Begriff und grenzen sie ihn zum Begriff aromatische Verbindungen ab.
c) Berechnen Sie anhand der in B1 angegebenen TRK-Werte die maximale Anzahl an Benzol-Molekülen und an Benzpyren-Molekülen, die in einem Liter Atemluft enthalten sein dürfen.
d) Begründen Sie, warum bei der Angabe der geringsten letalen Dosis (*INFO* und B4) auch das Körpergewicht und die Art der Aufnahme wichtig sind.

Gesundheitsgefährdende Stoffe – MAK und TRK

Wenn es um gesundheits- und umweltgefährdende Stoffe geht, muss differenziert argumentiert und geurteilt werden.

„Alle Dinge sind Gift, und nichts ohne Gift;
Allein die Dosis macht, dass ein Ding Gift ist.“

Diese Aussage von PARACELSUS (B2) ist heute so wahr wie vor 500 Jahren und gilt für die Umwelt wie für den Menschen. Viele Stoffe, die in einer bestimmten Dosis für die Umwelt bzw. für den Organismus unverzichtbar sind, wirken in höherer Dosis schädigend, also als Gift. Beispielsweise ist Ozon in einer bestimmten Dosis in der Stratosphäre als UV-Absorber unabdingbar, um Leben auf der Erde zu ermöglichen, wirkt aber giftig auf alle Lebewesen, wenn es in der Troposphäre bestimmte Grenzwerte überschreitet (B3). Ähnliches gilt für bestimmte Stoffe in unserem Körper, beispielsweise für Hormone wie das Insulin oder Spurenelemente wie Chrom, Cobalt und Selen.

Einige der Stoffe, die in B3 angeführt sind, und alle Stoffe in B4 werden als Gift bezeichnet. Zwischen der tödlichen Dosis an Botulinustoxin, das in verdorbenem Fleisch enthalten ist, und der eines Bleisalzes besteht aber der Faktor 1 : 3 000 000. Nicotin, das viele beim Genuss des Rauchens in Kauf nehmen, ist sogar giftiger als Cyankali (B4).

Zum besseren Schutz am Arbeitsplatz und in öffentlichen Gebäuden und Räumen gibt es gesetzlich festgelegte **M**aximale **A**rbeitplatz-**K**onzentrationen **MAK** (B3) und **T**echnische **R**icht-**K**onzentrationen **TRK** (*INFO*), die eingehalten werden müssen. Mit empfindlichen, spurenanalytischen Methoden können gesundheitsgefährdende Stoffe noch in Anteilen von $1:10^{12}$ oder gar $1:10^{15}$ nachgewiesen werden.

Aufgaben

A1 Berechnen Sie die maximale Masse an Schwefel, die in einem Schulübungsraum (Grundfläche 50 m^2; Höhe 3 m) verbrannt werden darf, damit die MAK von Schwefeldioxid (B3) nicht überschritten wird. (*Hinweis*: Der berechnete Wert gilt nur für einen unbelüfteten Raum.)

A2 Ermitteln Sie anhand der Angaben über den Nicotin- und Teergehalt auf einer Zigarettenschachtel die Konzentration von Nicotin und von Benzpyren in einem Raum der Größe wie in A1, nachdem dort 20 Zigaretten aus dieser Schachtel geraucht wurden. Vergleichen Sie mit den Werten aus B1 und B4. (*Hinweise*: Nicotin hat die Molekülformel $C_{10}H_{14}N_2$; nehmen Sie an, dass der Benzpyrengehalt gleich dem Teergehalt ist.)

Giftstoffe	Bleisalze	DDT	Lindan	Iod	E 605	Arsenik	Cyankali	Nicotin	Dioxin	Aconitin	Botulinustoxin
tödliche Dosis	20–30 g	10–30 g	10–11 g	3 g	350–800 mg	100 mg	100 mg	60 mg	8 mg	3–6 mg	0,01 mg

B4 *Tödliche Dosis einiger Gifte für einen Menschen (70 kg) bei oraler Aufnahme.* ***A:*** *Geben Sie die chemisch korrekten Bezeichnungen der Giftstoffe sowie ihr Vorkommen bzw. ihre Verwendung an.*

B2 *THEOPHRASTUS BOMBAST VON HOHENHEIM, genannt PARACELSUS (1493 bis 1541), Arzt, Naturforscher und Philosoph. Seine erneuernden Ideen wurden lange Zeit verkannt.*

Schadstoffe	MAK in mL/m^3
Kohlenstoffdioxid	9000
Ethanol	1000
Aceton (Nagellackentferner)	1000
Chlorethan (Vereisungsmittel)	1000
Butan (Feuerzeuggas)	1000
Ethansäure (Essigsäure)	10
Ethansäureethylester (Lösemittel in Klebstoffen)	400
Tetrachlorethen (Fettfleckentferner)	50
Ammoniak	50
Chlorwasserstoff	5
Schwefeldioxid	2
Chlor	0,5
Ozon	0,1
Brom	0,1
Quecksilberdampf	0,01

B3 *MAK einiger Stoffe, die für den Alltag, die Umwelt und für das Schullabor relevant sind*

Fachbegriffe

MAK (Maximale Arbeitsplatz-Konzentration), TRK (Technische Richt-Konzentration)

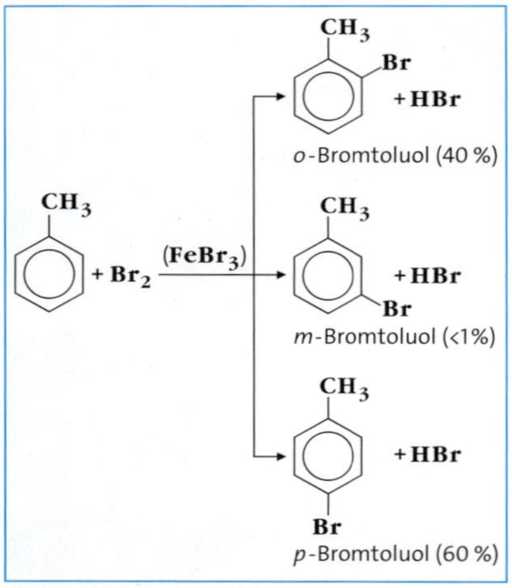

B1 *Reaktionsmöglichkeiten bei LV1. Die unterschiedlichen Anteile der isomeren Bromtoluole ortho-, meta- und para-Bromtoluol im Reaktionsgemisch werden auf S. 153 erklärt.*

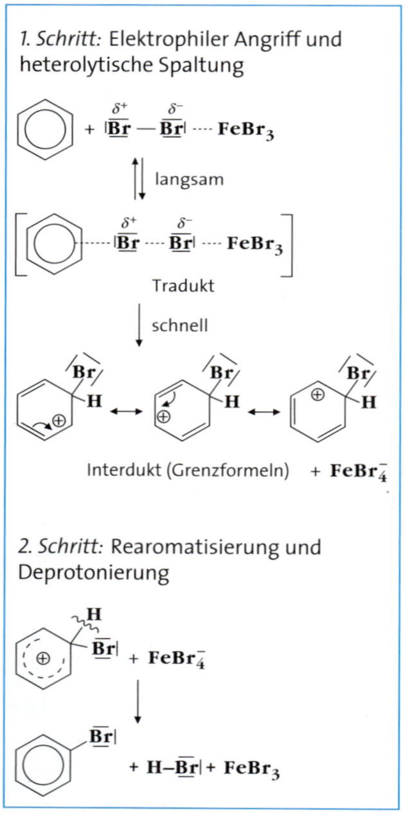

B2 *Reaktionsmechanismus der elektrophilen Substitution bei der Bromierung von Benzol zu Brombenzol.* **A:** *Erläutern Sie mithilfe des Textes und des Energiediagramms (B3) die Unterschiede zwischen dem Tradukt und dem Interdukt.*

Angriff am aromatischen Ring

Versuche

LV1 In einen trockenen 100-mL-Erlenmeyerkolben werden ca. 20 mL Toluol* und ein Büschel Eisenwolle gegeben. Im **Abzug** fügt man ca. 10 Tropfen Brom* hinzu und erwärmt unter leichtem Schütteln im Wasserbad bei 60 °C auf höchstens 70 °C bis zum Einsetzen der Reaktion (Gasentwicklung im Reaktionsgemisch). Dann entfernt man das Wasserbad. Beobachtung? Anschließend werden mit dem Reaktionsgemisch die Versuche V2 bis V4 durchgeführt.

V2 Halten Sie in die Kolbenöffnung ein angefeuchtetes Indikatorpapier und beobachten Sie die Farbe.

V3 Benetzen Sie einen Glasstab durch Eintauchen in konzentrierte Ammoniak-Lösung* mit einem Tropfen dieser Lösung, halten Sie ihn in die Kolbenöffnung und beobachten Sie.

V4 Wenn die Reaktion aus LV1 abgeklungen ist, fügen Sie in den Erlenmeyerkolben ca. 30 mL Wasser hinzu und rühren 30 s lang auf der kalten Platte. Beobachtung? Dekantieren Sie die Flüssigkeit in einen Scheidetrichter und trennen Sie die beiden Phasen. Untersuchen Sie je 2 mL der wässrigen Phase a) mit Indikatorpapier auf $H_3O^+(aq)$-Ionen und b) mit Silbernitrat-Lösung $AgNO_3(aq)$* auf Bromid-Ionen $Br^-(aq)$. Beobachtung? Führen Sie mit der organischen Phase im **Abzug** die BEILSTEIN-Probe durch (vgl. S. 146, B2).

Auswertung

a) Die Braunfärbung des Reaktionsgemisches aus LV1 wird durch Eisen(III)-bromid $FeBr_3$ verursacht, das sich anfangs aus Eisen und Brom bildet und im weiteren Verlauf die Reaktion zwischen Toluol und Brom katalysiert. Eisen(III)-bromid löst sich in Toluol sehr schlecht. Erläutern Sie, welche Beobachtung bei der Aufarbeitung des Reaktionsgemisches in V4 dies bestätigt.

b) Inwiefern sind die Beobachtungen und die Nachweisversuche aus V2 bis V4 mit den in B1 formulierten Reaktionsgleichungen vereinbar? Erläutern Sie Ihre Aussagen, wobei Sie die angegebenen Prozentzahlen vorerst außer Acht lassen.

c) Können Sie aufgrund der experimentellen Ergebnisse von dieser Seite die Reaktionsgleichung aus B3 auf S. 146 ausschließen? Erläutern Sie Ihre Aussage.

Regeln zur Aufstellung von mesomeren Grenzstrukturformeln

Mesomere Grenzstrukturformeln unterscheiden sich nur durch die Anordnung von Elektronenpaaren aus Doppelbindungen und freien Elektronenpaaren (z. B. von Halogen-, Sauerstoff- oder Stickstoff-Atomen). Beim Aufstellen von mesomeren Grenzstrukturen gelten folgende Regeln:

- Man „verschiebt" ein Elektronenpaar aus einer Doppelbindung (oder ein freies Elektronenpaar) in diejenige benachbarte Einfachbindung, die den größeren Elektronenmangel aufweist. Beim ionischen Interdukt in der ersten Grenzformel aus B2 zeigt der krumme Pfeil diese Verschiebung an.
- Nun wird das Elektronenpaar aus der nächsten Doppelbindung nach dem gleichen Prinzip verschoben (vgl. krummer Pfeil in der zweiten Grenzformel des Interdukts in B2), um die nächste Grenzformel zu erhalten.
- In jeder Grenzformel müssen alle Kohlenstoff-Atome, an denen keine elektrische Ladung lokalisiert ist, vierbindig sein. Daher gibt es für das Interdukt-Kation in B2 keine weitere Grenzformel.

Halogenierung als elektrophile Substitution

Die Reaktion von Toluol mit Brom wird hier (LV1) mit Eisenwolle und durch leichtes Erwärmen gestartet. Die gleichen Edukte reagieren in LV3 auf S. 146 durch Einwirkung von Licht. In beiden Fällen wird Wasserstoffbromid gebildet und am Toluol-Molekül wird ein Wasserstoff-Atom durch ein Brom-Atom substituiert. Dieses Mal findet die Substitution jedoch am aromatischen Ring statt. Benzol reagiert unter den Bedingungen aus LV1 analog zu Toluol unter Bildung von Brombenzol:

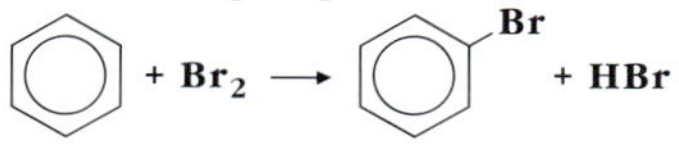

Die Reaktion wird durch Eisen(III)-bromid katalysiert und kann auf der Teilchenebene durch die in B2 formulierten Schritte beschrieben werden. Eisen(III)-bromid bewirkt eine Polarisierung des Brom-Moleküls. Im ersten Schritt greift das positiv polarisierte Brom-Atom den aromatischen Ring **elektrophil**[1] an, wobei es zur Wechselwirkung mit den delokalisierten Elektronen und zur Ausbildung eines **Tradukts**[2] kommt. Dieses reagiert unter Ausbildung der Kohlenstoff-Brom-Bindung zu dem **Interdukt**[2], einem mesomeriestabilisierten **Carbenium-Ion** (Carbokation), das dann ein Proton abspaltet. Das Proton bildet schließlich mit $FeBr_4^-$ ein Wasserstoffbromid-Molekül und den Katalysator $FeBr_3$ zurück. Durch die Abspaltung des Protons aus dem Interdukt wird der aromatische Zustand im Ring wieder hergestellt. Diese **Rearomatisierung** ist mit einem hohen Energiegewinn (Mesomerieenergie) verbunden und daher begünstigt (B3). Eine Weiterreaktion des Interdukts zum Additionsprodukt gemäß der roten Kurve im Energiediagramm aus B3 hat praktisch keine Chance. Der langsamste, geschwindigkeitsbestimmende Reaktionsschritt ist die Bildung des Tradukts. Die zugehörige Aktivierungsenergie ist am höchsten. Da es sich bei diesem Schritt um den elektrophilen Angriff auf den aromatischen Ring handelt und im Endeffekt eine Substitution stattfindet, bezeichnet man diesen Reaktionstyp als **elektrophile Substitution**.

Nach dem gleichen Mechanismus wie die **Bromierung** (B2) verlaufen auch andere elektrophile Substitutionen am aromatischen Ring, die zu technisch wichtigen Grundchemikalien führen (vgl. S. 162). Dazu gehören beispielsweise die **Nitrierung** von Benzol zu Nitrobenzol (B4) und die **Alkylierung** von Benzol zu Isopropylbenzol (Cumol, B5).

Aufgaben

A1 Vergleichen Sie die Bruttoreaktionen von dieser Seite zur Bromierung, Nitrierung und Alkylierung von Benzol und beurteilen Sie, bei welcher(n) die Bezeichnung Substitution zutrifft und bei welcher(n) nicht. Schlagen Sie gegebenenfalls eine andere, passende Bezeichnung vor.

A2 Die Alkylierung von Benzol kann auch mit einem Halogenalkan, beispielsweise mit Chlorethan H_3CCH_2Cl, in Gegenwart von Aluminiumchlorid $AlCl_3$ als Katalysator durchgeführt werden. Formulieren Sie hierfür die Bruttoreaktion und den Reaktionsmechanismus in Analogie zu B2.

[1] von *elektrophil* (griech.) = elektronenfreundlich, elektronensuchend;
[2] Das Tradukt wird auch als Übergangszustand bezeichnet, das Interdukt als reaktive Zwischenstufe.

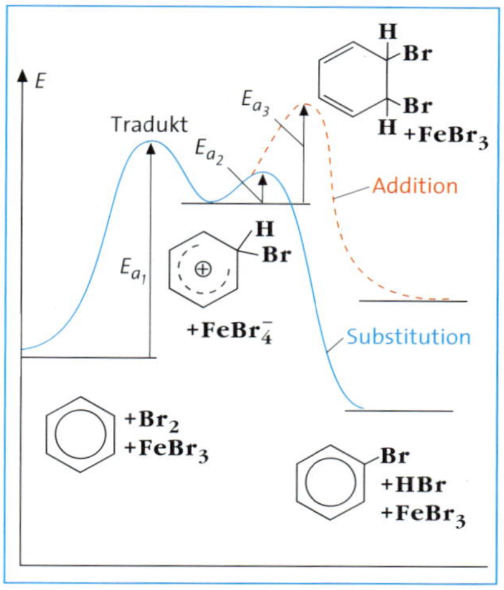

B3 *Energiediagramm zur Bromierung von Benzol.* ***A:*** *Erklären Sie mithilfe der Energiekurve, warum der Zerfall des Carbenium-Ions viel schneller verläuft als seine Bildung.*

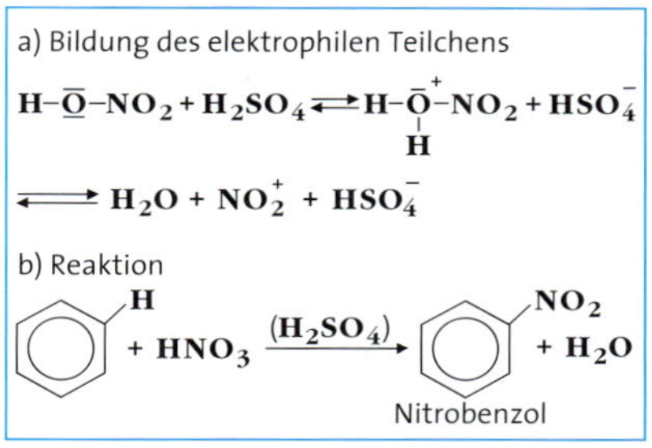

B4 *Die Nitrierung von Benzol wird mit einem Gemisch aus Salpetersäure und Schwefelsäure durchgeführt.* ***A:*** *Begründen Sie, warum man die Schwefelsäure hier als Katalysator bezeichnen kann.*

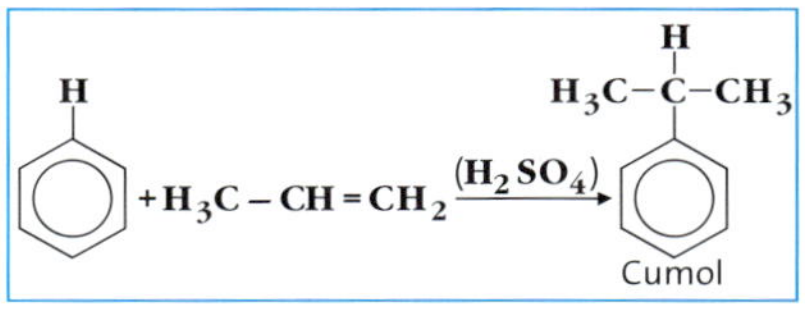

B5 *Alkylierung von Benzol mit Propen.* ***A:*** *Im ersten Schritt bildet sich ein sekundäres Propyl-Kation. Danach verläuft die Reaktion analog zu B2. Formulieren Sie die Reaktionsschritte.*

Fachbegriffe

elektrophil, Tradukt, Interdukt, Carbenium-Ion, elektrophile Substitution, Bromierung, Rearomatisierung, Nitrierung, Alkylierung

B1 *Hochwertige Benzine enthalten verzweigte Alkane und Alkylbenzole.*

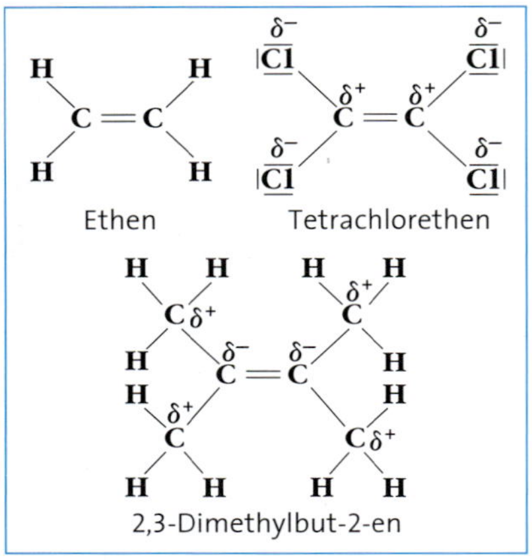

B2 *Induktive Effekte (vgl. INFO)*

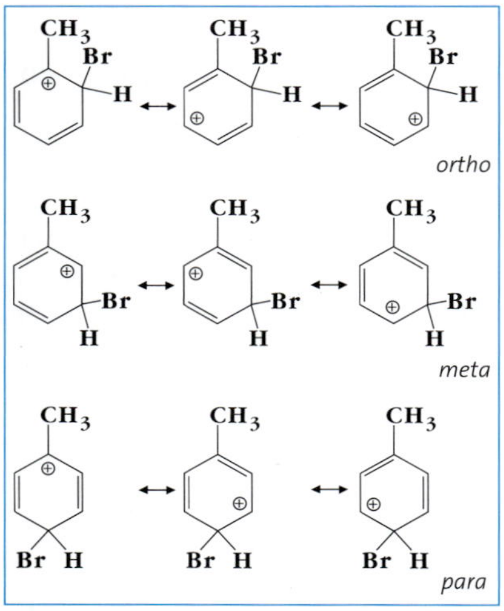

B3 *Mesomere Grenzstrukturen der Interdukte bei der elektrophilen Bromierung von Toluol*

Dirigenten am Benzolring

INFO

Die Übertragung der Bindungspolarisierung in Molekülen auf benachbarte Bindungen bezeichnet man als **induktiven Effekt (I-Effekt)**. In B2 werden der **elektronenziehende –I-Effekt** des Chlor-Atoms und der **elektronenschiebende +I-Effekt** der Methyl-Gruppe an einer Kohlenstoff-Kohlenstoff Doppelbindung erläutert.

Bei der polaren Kohlenstoff-Chlor-Bindung hat das Chlor-Atom aufgrund seiner größeren Elektronegativität eine negative Partialladung δ^-, das Kohlenstoff-Atom eine positive δ^+. Diese Bindungspolarisierung überträgt sich auch in die benachbarte Kohlenstoff-Kohlenstoff-Doppelbindung: Bei dem Tetrachlorethen-Molekül aus B2 ist die Elektronendichte in der Doppelbindung durch die vier elektronenziehenden Chlor-Substituenten so stark herabgesetzt, dass ein elektrophiler Angriff an sie im Vergleich zum unsubstituierten Ethen über 100-mal langsamer erfolgt.

Dagegen verläuft der elektrophile Angriff auf die Kohlenstoff-Kohlenstoff-Doppelbindung im 2,3-Dimethylbut-2-en-Molekül, an die vier Methyl-Gruppen gebunden sind, ca. 13-mal schneller als beim unsubstituierten Ethen-Molekül. In der Methyl-Gruppe erhält das geringfügig elektronegativere Kohlenstoff-Atom aus jeder Kohlenstoff-Wasserstoff Bindung eine schwache negative Partialladung. Diese überträgt es hier in die benachbarte Kohlenstoff-Kohlenstoff-Bindung, sodass die in B2 angegebenen Partialladungen zustande kommen. Als Ganzes übt die Methyl-Gruppe also einen elektronenschiebenden +I-Effekt aus, bei dem das Kohlenstoff-Atom der Methyl-Gruppe eine positive Partialladung trägt.

Bei der Bromierung von Toluol führt der induktive +I-Effekt der Methyl-Gruppe dazu, dass sich von den drei möglichen Isomeren bevorzugt *ortho*- und *para*-Bromtoluol bilden (vgl. S. 152, B1). Auch andere elektrophile Substitutionen an Toluol wie beispielsweise die Alkylierung und die Nitrierung liefern bevorzugt Produkte, bei denen in *ortho*- und *para*-Position zur Methyl-Gruppe substituiert wurde. Der Grund dafür ist, dass unter den auftretenden Interdukten jeweils diejenigen stabilisiert und damit bevorzugt werden, die als mesomere Grenzstrukturen tertiäre Carbenium-Ionen beinhalten (B3).

Auswertung

a) Erläutern Sie, warum die Methyl-Gruppe einen +I-Effekt hat.

b) Erklären Sie die folgende Reihenfolge der Stabilitäten von primären, sekundären und tertiären Carbenium-Ionen:

$$H_3C-\overset{\displaystyle H}{\underset{\displaystyle H}{C^{\oplus}}} < H_3C-\overset{\displaystyle CH_3}{\underset{\displaystyle H}{C^{\oplus}}} < H_3C-\overset{\displaystyle CH_3}{\underset{\displaystyle CH_3}{C^{\oplus}}}$$

c) Erläutern Sie, in welche Position(en) eine bereits vorhandene Hydroxy-Gruppe am Benzolring nach den Ausführungen von dieser Seite einen elektrophilen Angreifer dirigieren müsste.

Induktive und mesomere Effekte

Wenn eines der sechs Wasserstoff-Atome am Benzolring durch ein anderes Atom oder eine Atomgruppe ersetzt (substituiert) ist, bezeichnet man dieses Atom oder diese Atomgruppe als **Substituent**. Da der Benzolring weiterhin aromatischen Charakter hat, kann er ein zweites Mal in einer elektrophilen Substitution reagieren. Dabei nimmt der bereits vorhandene Substituent allerdings doppelt Einfluss: Er kann den Benzolring für einen elektrophilen Angriff aktivieren oder desaktivieren, d.h. die Reaktion erleichtern oder erschweren, und er kann den Angreifer in bestimmte, „bevorzugte" Positionen am aromatischen Ring dirigieren.

Ausschlaggebend dafür sind der **induktive Effekt** und der **mesomere Effekt** eines Substituenten. Im Gegensatz zum induktiven Effekt (S. 154) sind beim mesomeren Effekt Elektronenpaare aus Doppelbindungen oder freie Elektronenpaare im Substituenten in die Bindungsdelokalisation mit einbezogen (B4 und S. 156, B3).

Viele Substituenten können sowohl einen induktiven als auch einen mesomeren Effekt ausüben. Durch deren Zusammenwirken ergeben sich Gesamteffekte bezüglich des aktivierenden oder desaktivierenden und des dirigierenden Einflusses bei elektrophilen Substitutionen, wie sie in B5 gezeigt sind. In der Regel dirigieren aktivierende Substituenten in die *ortho*- und *para*-Stellung, desaktivierende in die *meta*-Stellung. Eine Ausnahme bilden die Halogen-Atome. Sie desaktivieren den Benzolring für eine Zweitsubstitution, dirigieren aber in *ortho*- und *para*-Stellung.

Aufgaben

A1 Vergleichen Sie den –M-Effekt der Nitro-Gruppe (B4) mit dem +M-Effekt der Hydroxy-Gruppe (vgl. S. 156, B3) und erläutern Sie, worauf sich das „+" und das „–" bei einem M-Effekt beziehen.

A2 Erläutern Sie die desaktivierende und dirigierende Wirkung der Halogen-Atome. Betrachten Sie zunächst M- und I-Effekt getrennt und erklären Sie dann das Gesamtergebnis aus B5.

extra Toluol kann als Derivat des Benzols (Methylbenzol) oder als Derivat des Methans (Phenylmethan) angesehen werden. Entsprechend verhält es sich – je nach Reaktionsbedingungen – auch wie der Aromat Benzol oder wie das Alkan Methan. Bei niedriger Temperatur und mit einem Katalysator erfolgt bevorzugt eine Substitution am Benzolring, der traditionell auch als Benzolkern bezeichnet wird (vgl. S. 152, LV1).

KKK-Regel: **K**älte-**K**atalysator-**K**ernsubstitution

Bestrahlt man dagegen ein Gemisch aus Brom und Toluol mit Licht bei erhöhter Temperatur, wird zunächst ein Wasserstoff-Atom aus der Methyl-Gruppe substituiert (vgl. S. 146, B3). Auch das zweite und das dritte Wasserstoff-Atom der Methyl-Gruppe (der Seitenkette) können so substituiert werden.

SSS-Regel: **S**iedehitze-**S**onne-**S**eitenkettensubstitution

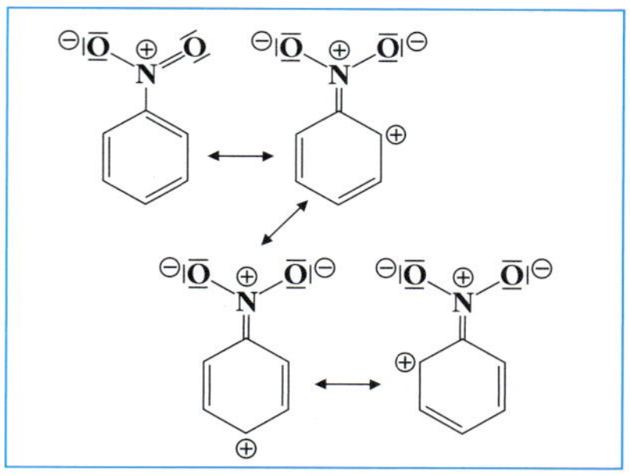

B4 *–M-Effekt der Nitro-Gruppe. Das Elektronenpaar aus der Doppelbindung des Substituenten ist in das delokalisierte Elektronensystem des aromatischen Rings einbezogen.*

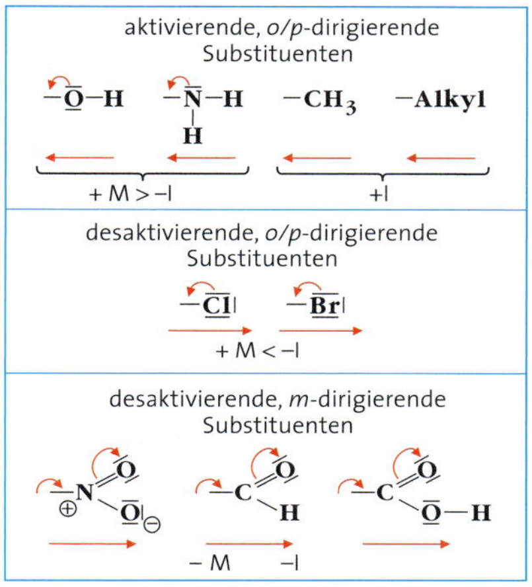

B5 *Induktive und mesomere Effekte verschiedener Substituenten.* ***A:*** *Erläutern Sie, was durch die krummen und was durch die geraden Pfeile angezeigt wird.*

+I-Effekt		–I-Effekt
$-CH_3$		$-OH$
$-CH_2CH_3$		$-OCH_3$
$-CH(CH_3)_2$		$-I$
$-C(CH_3)_3$		$-Br$
		$-Cl$
		$-COOH$

B6 *Abgestufte +I- und –I-Effekte verschiedener Substituenten.* ***A:*** *Erläutern Sie mithilfe des Textes, worauf sich „plus +" und „minus –" bei einem induktiven Effekt beziehen.*

Fachbegriffe

Substituent, induktiver Effekt, +I-Effekt, –I-Effekt, mesomerer Effekt, +M-Effekt, –M-Effekt

Phenol

Entdeckung: 1834 im Steinkohlenteer
Name: abgeleitet von *phainein* (griech.) = scheinen, da es bei der Leuchtgasgewinnung erhalten wird.
Eigenschaften: farblose Nadeln, ϑ_m = 43 °C, giftig, stark ätzend, antiseptisch und desinfizierend, mäßig gut in Wasser, gut in Alkohol löslich, schwache Säure (pK_s=10,0).
Verwendung: Kunststoffe – Polycarbonate (vgl. S. 249, A18), Phenolharze, Polyamide, Arzneimittel – Acetylsalicylsäure, Paracetamol, Farbstoffe. Eine 5 %ige Lösung wurde früher unter der Bezeichnung Carbolsäure als Desinfektionsmittel in Krankenhäusern verwendet.
Herstellung: Cumol-Oxidation (vgl. S. 162), bei der Phenol und Aceton entstehen.

B1 *Steckbrief Phenol*

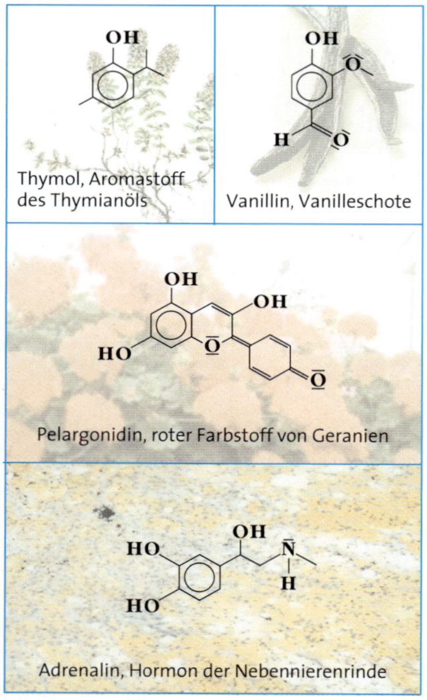

B2 *Phenol-Derivate in der Natur. Thymol wirkt stärker antiseptisch (keimtötend) als Phenol, ist aber weniger giftig und hautreizend, da es schlechter wasserlöslich ist. Thymol ist in verdünnter Natronlauge löslich. Es kann durch Behandeln von Thymianöl mit Natronlauge von den anderen Bestandteilen aus Thymian abgetrennt werden.*

Aromatisch und sauer

Versuche

Vorsicht! Phenol ist giftig und stark ätzend. Versuche unter dem Abzug durchführen und Handschuhe tragen!

LV1 In ein Rggl. gibt man ca. 0,5 cm hoch kristallines Phenol* und dazu zwei Tropfen Wasser. Beobachtung? Dann tropft man weiter Wasser hinzu. Der *p*H-Wert der schließlich klaren Lösung wird mit Indikatorpapier gemessen. Zum Vergleich überprüft man auch die *p*H-Werte etwa gleich konzentrierter wässriger Essigsäure(Ethansäure)*- und Ethanol*-Lösungen (je 0,5 mL Essigsäure bzw. Ethanol in 15 mL Wasser). Die Phenol-Lösung* wird in LV3 weiter verwendet.

LV2 Im Rggl. werden ca. 4 mL einer Phenol*-Wasser-Emulsion tropfenweise mit Natronlauge*, c = 1 mol/L, versetzt. Beobachtung? Anschließend tropft man Salzsäure*, c = 1 mol/L, hinzu und beobachtet erneut.

LV3 Man versetzt die verdünnte Phenol-Lösung* aus LV1 portionsweise mit gesättigtem Bromwasser*, beobachtet und prüft den *p*H-Wert erneut.

Auswertung

a) Beschreiben Sie die Beobachtungen bei LV1. Welche Besonderheiten treten beim Lösen von Phenol in Wasser auf?

b) Ziehen Sie aus den *p*H-Werten der drei Lösungen bei LV1 Schlüsse bezüglich der Säureeigenschaft von Phenol im Vergleich zu der von Ethanol und der von Ethansäure.

c) Beschreiben und erklären Sie die Beobachtungen bei LV2.

d) Bei LV3 läuft die Bromierung von Phenol schrittweise bis zu 2,4,6-Tribromphenol ab (zwischendurch bilden sich Monobrom- und Dibromphenole):

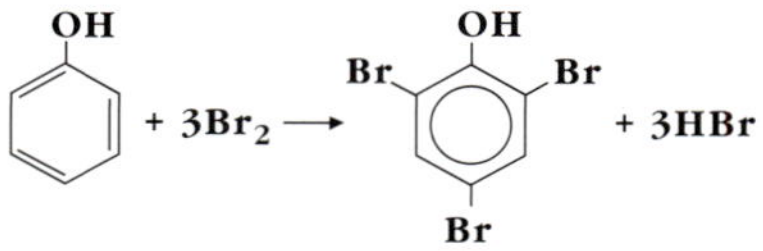

Erklären Sie die Beobachtungen bei LV3 mithilfe dieser Angaben und formulieren Sie fünf mögliche Monobrom- und Dibromphenole.

e) Die Reaktion von Phenol mit Brom verläuft in wässriger Lösung rasch und ohne Katalysator (LV3). Erläutern Sie mithilfe der mesomeren Grenzstrukturen aus B3, warum Phenol für einen elektrophilen Angriff besser geeignet ist als Benzol. In welchen Positionen erfolgt der Angriff bevorzugt? Begründen Sie Ihre Entscheidung.

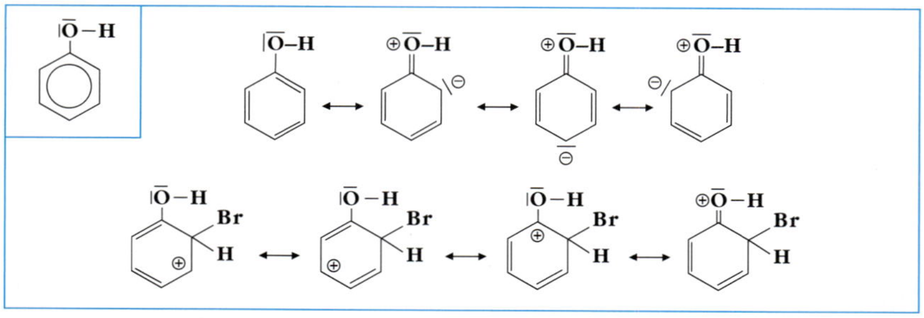

B3 *Phenol-Molekül und mesomere Grenzstrukturen des Phenol-Moleküls sowie des ortho-Interdukts bei der Bromierung unter Berücksichtigung des +M-Effekts der Hydroxy-Gruppe*

Phenol und Polyphenole

Phenol oder **Hydroxybenzol** (B1, B3) ist gleichzeitig Aromat und Alkohol. Am Phenol-Molekül kann beispielhaft gezeigt werden, wie die Molekülstruktur die Stoffeigenschaften beeinflusst bzw. bestimmt. Seine Wasserlöslichkeit verdankt Phenol der Hydroxy-Gruppe im Molekül. Im Gegensatz zu Alkanolen reagiert eine Phenol-Lösung sauer (LV1). Demnach spaltet das Proton der Hydroxy-Gruppe im Phenol-Molekül wesentlich leichter ab als das bei Alkanol-Molekülen der Fall ist: Der aromatische **Phenyl-Rest –C_6H_5** bewirkt eine Mesomeriestabilisierung des bei der Protonenabgabe gebildeten Phenolat-Ions (B4), d.h. die negative Ladung ist nicht am Sauerstoff-Atom lokalisiert, sondern über den ganzen Ring delokalisiert. Der Phenyl-Rest macht das Phenol-Molekül also zu einem „besonderen" Alkohol-Molekül und verleiht ihm **Säurecharakter**.
Umgekehrt macht die Hydroxy-Gruppe das Phenol-Molekül zu einem besonderen Aromaten. Phenol ist nicht nur wasserlöslich, sondern in elektrophilen Substitutionen auch wesentlich reaktiver als Benzol, Toluol und die anderen aromatischen Kohlenwasserstoffe (LV3). Der mesomere +M-Effekt der Hydroxy-Gruppe (vgl. S. 155) bewirkt, dass die Elektronendichte im Ring stark erhöht ist und besonders in den Positionen *ortho* und *para* (B3, obere Reihe) ein elektrophiler Angriff erleichtert wird. Darüber hinaus sind das *ortho*- und das *para*-Interdukt mesomeriestabilisiert (B3, untere Reihe). Aufgrund seiner Eigenschaften ist Phenol, das industriell aus Benzol über die Zwischenstufe Cumol hergestellt wird, eine der wichtigsten Grundchemikalien für die Synthese von Kunststoffen, Farbstoffen und Arzneimitteln (vgl. S. 162, B1).

extra Viele angeschnittene oder geschälte Früchte werden an der Luft braun. Sie enthalten **Polyphenole**, Derivate des Benzols mit mehr als einer Hydroxy-Gruppe im Molekül, die in Gegenwart der in den Zellen vorhandenen Phenoloxidase-Enzyme durch Sauerstoff zu **Chinonen** (B6) oxidiert werden. Diese reagieren dann in noch nicht ganz geklärter Weise zu dunkel gefärbten Produkten weiter. Man kann das Braunwerden verhindern, indem man die Früchte mit Zitronensaft beträufelt, da die Enzyme in saurem Medium inaktiv werden. Trockenfrüchte werden mit Schwefeldioxid behandelt (Schwefeln), das die Enzyme zerstört (B8).
Tee, Rotwein und viele Früchte enthalten farbige Polyphenole aus der Stoffklasse der Flavonoide (B7). Wegen ihrer stark gerbenden, adstringierenden (zusammenziehenden) Wirkung werden sie ebenso wie die Gallussäure aus Galläpfeln seit Jahrtausenden zum Gerben von Leder verwendet. Ubichinone (B6) sind Chinonderivate, die mit den entsprechenden Ubihydrochinonen reversible Redoxpaare bilden und in der Atmungskette und bei der Photosynthese eine wichtige Rolle spielen.

Aufgabe

A1 Im zweiten Teil von LV2 wird das Anion einer schwachen Säure durch eine starke Säure protoniert. Um welche beiden Säuren handelt es sich?

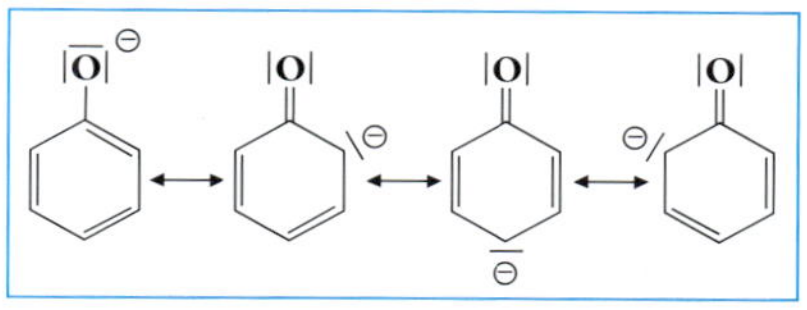

B4 *Mesomere Grenzstrukturen des Phenolat-Ions*

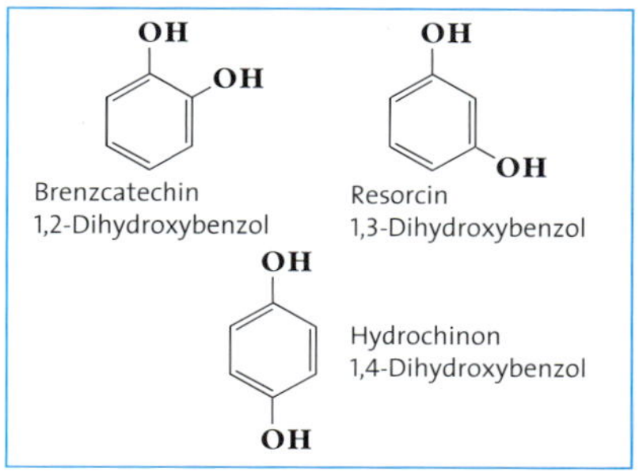

B5 *Isomere Dihydroxybenzole – die einfachsten Polyphenole*

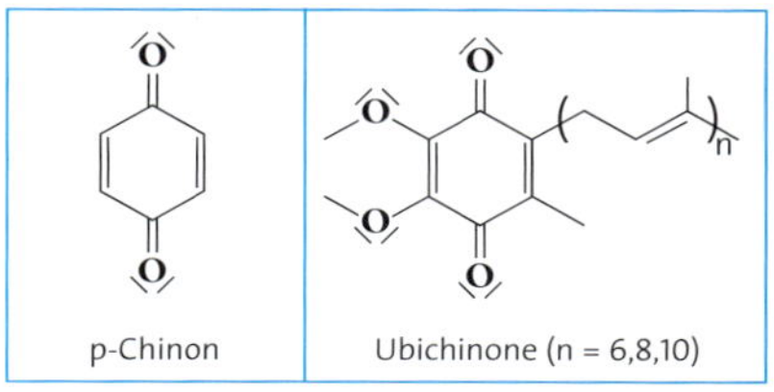

B6 *para-Chinon und Ubichinone*

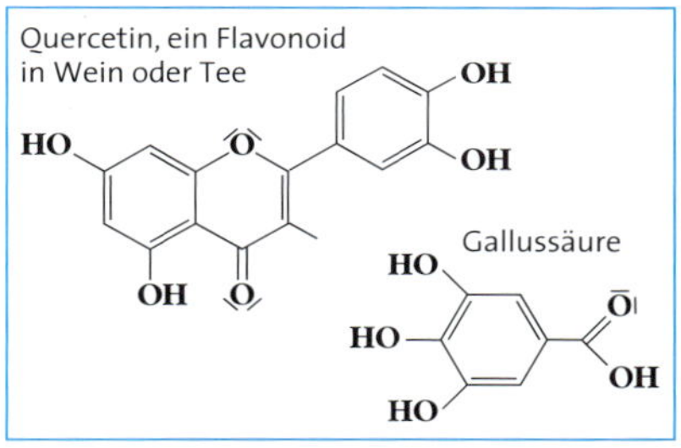

B7 *Tannine (Gerbstoffe)*

B8 *Ungeschwefelte und geschwefelte getrocknete Aprikosen*

Fachbegriffe

Phenol (Hydroxybenzol), Phenyl-Rest, Säurecharakter, Polyphenole, Chinone

Aromatisch und alkalisch

Anilin

Entdeckung: 1826 beim Erhitzen von Indigo und Kalk.
Name: von *Anil*, dem portugiesischen Wort für Indigo.
Eigenschaften: unangenehm riechende, giftige, farblose Flüssigkeit, $\vartheta_m = -6\,°C$, in Wasser mäßig, in Ethanol gut löslich, schwache Base ($pK_b = 9{,}42$), starkes Blutgift.
Verwendung: Synthese von Farbstoffen, Pharmazeutika, Sulfonamiden, Fotochemikalien, Polyurethanen
Herstellung: Reduktion von Nitrobenzol mit Eisenfeilspänen und Salzsäure.

B1 *Steckbrief Anilin*

Versuche

Vorsicht! Anilin ist giftig und umweltgefährdend. Versuche unter dem Abzug durchführen und Handschuhe tragen!

LV1 In ein Rggl. gibt man ca. 3 Tropfen Anilin* (Phenylamin) in ca. 10 mL Wasser und schüttelt kräftig. Beobachtung? Dann fügt man weiter Wasser hinzu, bis eine klare Lösung entsteht. Der *p*H-Wert dieser Lösung wird mit Indikatorpapier gemessen. Zum Vergleich überprüft man auch den *p*H-Wert einer etwa gleich konzentrierten Ammoniak-Lösung* (0,5 mL konz. Ammoniak-Lösung in 20 mL Wasser). Die Anilin-Lösung* wird in LV3 weiter verwendet.

LV2 Im Rggl. werden zu ca. 3 Tropfen Anilin* ca. 4 mL verdünnte Salzsäure* gegeben. Beobachtung? Anschließend fügt man tropfenweise konzentrierte Natronlauge* hinzu. Beobachtung?

LV3 Die Anilin-Lösung* aus LV1 wird portionsweise mit gesättigtem Bromwasser* versetzt. Beobachtung? Der *p*H-Wert wird erneut überprüft.

Auswertung

a) Ziehen Sie aus den *p*H-Werten der beiden Lösungen in LV1 Schlüsse in Bezug auf die Basizität von Anilin im Vergleich zu der von Ammoniak.

b) Beschreiben und erklären Sie die Beobachtungen bei LV2.

c) Bei LV3 läuft die Bromierung von Anilin schrittweise bis zu 2,4,6-Tribromanilin ab (als Zwischenstufen bilden sich Monobrom- und Dibromaniline). Formulieren Sie die Bruttoreaktion in Analogie zur Bromierung von Phenol bei Auswertung d) von S. 156.

d) Die Reaktion von Anilin mit Brom verläuft in wässriger Lösung rasch und ohne Katalysator (LV3). Formulieren Sie Grenzstrukturen des Tradukts mithilfe der Angaben aus B3 auf S. 156 und erklären Sie damit die Reaktivität von Anilin bei elektrophilen Substitutionen.

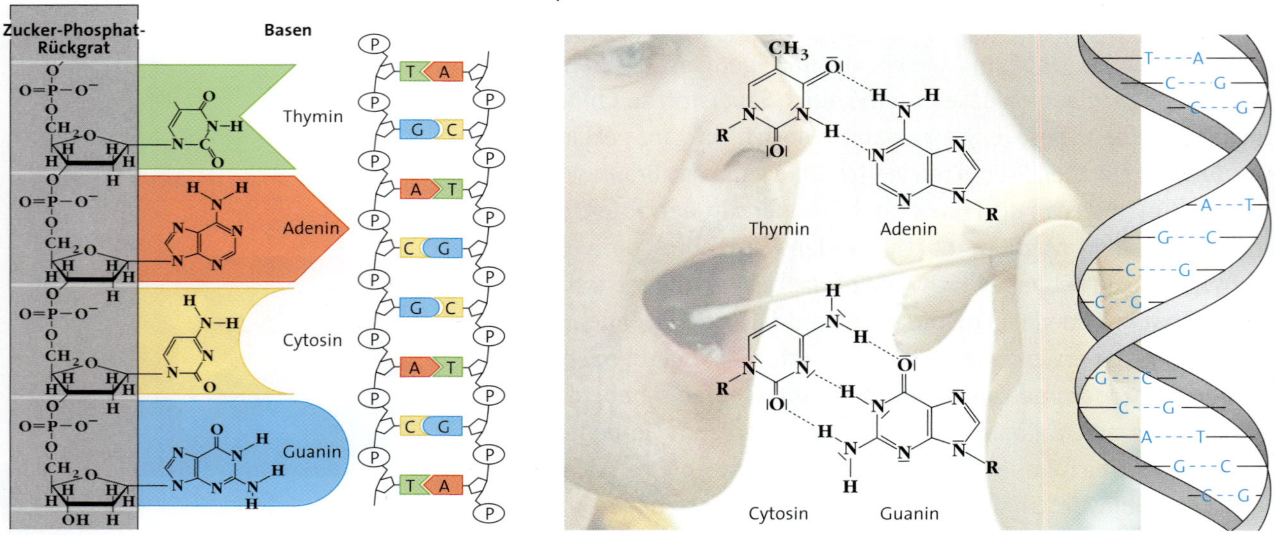

B2 *Die* ***N****ucleinbasen*[1] ***A****denin,* ***T****hymin,* ***C****ytosin und* ***G****uanin der DNA (Desoxyribonucleinsäure) sind heterocyclische Aromaten (vgl. S. 149). In der DNA-Doppelhelix kommt es ausschließlich zu den Basenpaarungen A-T und G-C.* **A:** *Begründen Sie diesen Sachverhalt mithilfe der angegebenen Strukturformeln.* **A:** *Welche der vier Nucleinbase-Moleküle enthalten eine Amino-Gruppe wie das Anilin-Molekül?* **A:** *Begründen Sie, welches Stickstoff-Atom aus den beiden Ringen des Adenin-Moleküls die geringste Basizität hat.*

[1] von *nucleus* (lat.) = Kern (*hier:* Zellkern)

Anilin und andere aromatische Amine

Anilin oder **Phenylamin** (B1) ist wie Phenol und Toluol ein monosubstituiertes Benzol-Derivat. Das Anilin-Molekül enthält die für **primäre Amine** charakteristische funktionelle Amino-Gruppe $-\overline{N}H_2$. Da das freie Elektronenpaar des Stickstoff-Atoms ein Proton aufnehmen und binden kann, hat das Anilin-Molekül einen **basischen Charakter**. In Wasser läuft folgende umkehrbare Protolyse ab (LV1):

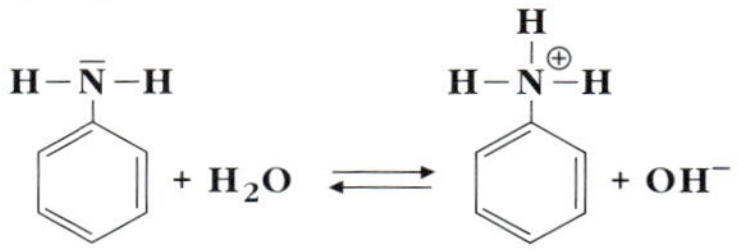

Allerdings ist Anilin im Vergleich zu nicht aromatischen Aminen, beispielsweise Methylamin $H_3C{-}\overline{N}H_2$, eine schwache Base, denn das freie Elektronenpaar des Stickstoff-Atoms ist über den Benzolring delokalisiert (+M-Effekt der Amino-Gruppe, B3). Damit ist es für die Bindung eines Protons in nur geringem Maße verfügbar. Andererseits führt diese Elektronendelokalisation aber zu einer Erhöhung der Elektronendichte im Ring und damit zu einer erhöhten Reaktivität von Anilin in elektrophilen Substitutionen, beispielsweise der Bromierung (LV3).
Durch Protonierung mit einer starken Säure gehen die Anilin-Moleküle in Phenylammonium-Ionen $C_6H_5NH_3^{\oplus}(aq)$ über. Anilin ist daher in saurer Lösung gut löslich. Bei anschließender Zugabe einer starken Base kommt es zur Trübung der Lösung (LV2), da sich schwer lösliches Anilin zurückbildet.
Anilin und andere primäre aromatische Amine sind für die Synthese von Farbstoffen von herausragender Bedeutung. Einige Derivate des Anilins gehören zu den gängigsten Arzneimitteln, so ist *para*-Hydroxyacetanilid unter dem Namen *Paracetamol* (B4) bekannt.
Wenn Stickstoff-Atome in aromatische Ringe eingebunden sind, wie in den Molekülen der Heterocyclen aus B5 (vgl. auch S. 149) und der vier **Nucleinbasen** aus B2, bleibt ihre Basizität prinzipiell erhalten, fällt jedoch sehr unterschiedlich aus. So ist beispielsweise das Pyrrol-Molekül eine extrem schwache Base, weil das freie Elektronenpaar des Stickstoff-Atoms im Molekül vollkommen in die Delokalisation einbezogen werden muss, um das aromatische Elektronensextett zu gewährleisten. Dagegen ist das Pyridin-Molekül eine wesentlich stärkere Base. Im Pyridin-Molekül ist das aromatische Elektronensextett bereits durch die drei Doppelbindungen gegeben, sodass das freie Elektronenpaar des Stickstoff-Atoms für die Bindung eines Protons verfügbar bleibt.

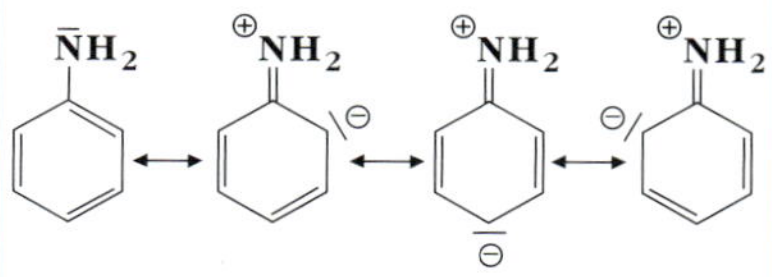

B3 *Mesomere Grenzstrukturen des Anilin-Moleküls*

B4 *Paracetamol, para-Hydroxyacetanilid, ist ein schmerzstillendes und fiebersenkendes Arzneimittel.* ***A:*** *Paracetamol kann aus para-Hydroxyanilin (para-Phenylamin) und Essigsäure durch eine Kondensationsreaktion hergestellt werden. Formulieren Sie diese Reaktion.*

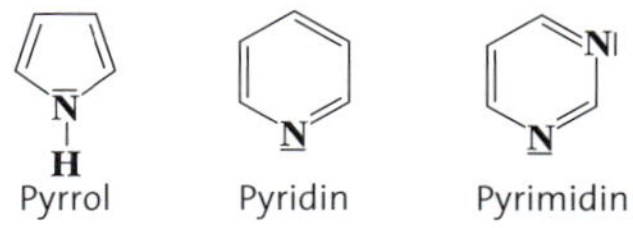

B5 ***Heterocyclische aromatische Amin-Moleküle*** *sind unterschiedlich starke Basen.*
A: *Schätzen Sie die Basenstärke von Pyrimidin im Vergleich zu der von Pyrrol und Pyridin ein und begründen Sie ihre Aussagen.*

Aufgabe

A1 Bei der Bromierung von Phenol in wässriger Lösung (vgl. S. 156) nimmt der *p*H-Wert stark ab, bei der Bromierung von Anilin dagegen nicht. Begründen Sie den Sachverhalt.

Fachbegriffe

Anilin (Phenylamin), primäres Amin, basischer Charakter, heterocyclische aromatische Amine, Nucleinbasen

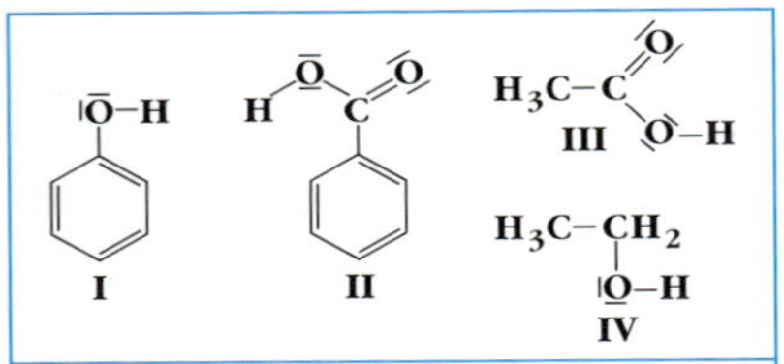

III ≈ II > I >> IV

B1 *Die Aciditäten von Phenol I, Benzoesäure II, Ethansäure III und Ethanol IV im Vergleich*

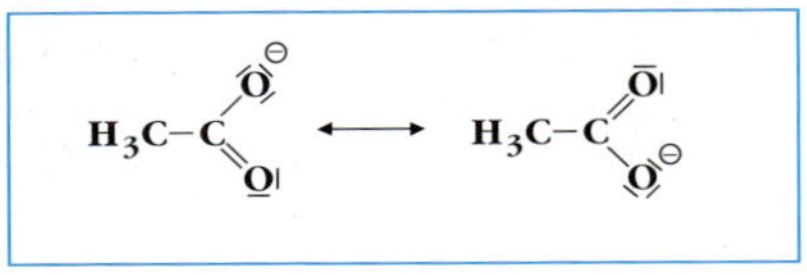

B2 *Mesomere Grenzformeln des Carboxylat-Ions.* **A:** *Erläutern Sie, warum die negative elektrische Ladung delokalisiert ist.*

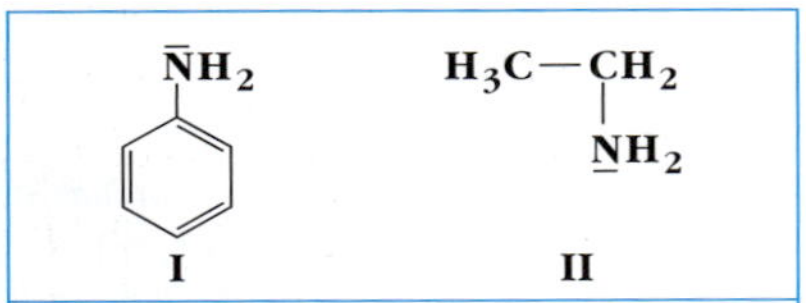

I < II

B3 *Die Basizitäten von Anilin (Phenylamin) I und Ethylamin II im Vergleich*

B4 *Historische Verpackung des Schmerzstillmittels Aspirin und Valenzstrichformel des Wirkstoffs Acetylsalicylsäure ASS.* **A:** *Erkundigen Sie sich nach der Zusammensetzung verschiedener Aspirin-Präparate.*

Mal verstärkend, mal abschwächend

Versuche

V1 Stellen Sie eine Benzoesäure-Lösung und eine Salicylsäure-Lösung, jeweils $c = 0{,}1$ mol/L, her und messen Sie die *p*H-Werte mit einem *p*H-Messgerät. Zur Herstellung der Säure-Lösungen lösen Sie 1,22 g Benzoesäure* bzw. 1,38 g Salicylsäure* (*ortho*-Hydroxybenzoesäure) in je 30 mL Ethanol* und füllen mit dest. Wasser auf 100 mL auf. Messen Sie zum Vergleich auch den *p*H-Wert einer Lösung von 30 mL Ethanol* in 100 mL dest. Wasser

V2 Geben Sie im **Abzug** in einen 100-mL-Erlenmeyerkolben 10 g Salicylsäure*, 10 mL Essigsäureanhydrid* und 2 Tropfen konz. Schwefelsäure. Erhitzen Sie das Gemisch unter magnetischer Rührung im Wasserbad ca. 15 min auf 60 °C. Erhöhen Sie die Temperatur für 5 min auf 80 bis 90 °C. Stellen Sie das Reaktionsgemisch anschließend in Eiswasser. Das Reaktionsprodukt kann aus Wasser umkristallisiert werden. Es wird in V3 weiter verwendet.

V3 Prüfen Sie die Löslichkeit der in V2 synthetisierten Acetylsalicylsäure ASS (B4) a) in destilliertem Wasser und b) in Natronlauge*, $w = 10\,\%$.

Auswertung

a) Vergleichen Sie die unterschiedlichen *p*H-Werte der Lösungen aus V1 mit dem *p*H-Wert der Phenol-Lösung aus LV1 von S. 156 und überprüfen Sie, ob und inwiefern Ihre bei V1 gemessenen *p*H-Werte die in B1 dargestellten Unterschiede in der **Acidität** (Säurecharakter, d. h. Neigung, Protonen abzuspalten) bei aromatischen und aliphatischen Hydroxy- und Carboxyverbindungen bestätigen oder widerlegen.

b) Berechnen Sie die Massen an Phenol und an Ethansäure, die jeweils in 100 mL Lösung enthalten sein müssten, damit der Vergleich der Aciditäten mit den beiden Säuren aus V1 genau wäre. (**Vorsicht**: Wegen der Giftigkeit von Phenol wird auf die Durchführung des Versuchs verzichtet.)

c) Die Acidität von Phenol ist wesentlich höher als die von Ethanol (B1); dagegen haben die beiden Carbonsäuren aus B1 sehr ähnliche Aciditäten. Finden Sie anhand der Angaben aus B2 und B4 von S. 157 eine Erklärung dafür.

d) Formulieren Sie von B1 und B3 eine allgemeine Regel über den **Einfluss** des **Phenyl-Restes** auf die Acidität und Basizität bei aromatischen Alkanolen und Aminen im Vergleich zu aliphatischen Alkanolen und Aminen.

e) Entwickeln Sie eine Erklärung für die Tatsache, dass Ethansäure (Essigsäure) wesentlich acider ist als Ethanol, die Acidität von Benzoesäure aber vergleichbar mit der von Phenol ist (B1).

f) Die Synthese von Acetylsalicylsäure (B4) kann als Veresterungsreaktion von Essigsäure mit Salicylsäure (B5) als Alkanol-Komponente durchgeführt werden. Formulieren Sie diese Reaktion.

g) In V2 wird zur Veresterung der Salicylsäure nicht Essigsäure, sondern Essigsäureanhydrid $(H_3CCO)_2O$ eingesetzt. Neben Acetylsalicylsäure ASS bildet sich als zweites Reaktionsprodukt Essigsäure. Formulieren Sie die Bruttoreaktion.

h) Erläutern und erklären Sie die in V3 festgestellten unterschiedlichen Löslichkeiten von ASS in dest. Wasser und in Natronlauge. (*Hinweis*: Überlegen Sie, in welcher Art von Teilchen die ASS in den beiden Lösungen jeweils vorliegt.)

I- und M-Effekte bei organischen Säuren und Basen

Eine wässrige Phenol-Lösung reagiert im Gegensatz zu einer Lösung eines Alkanols, beispielsweise Ethanol, sauer (V1, B1 und LV1, S. 154). Der Phenyl-Rest wirkt also *verstärkend* auf die **Acidität** einer Hydroxy-Gruppe, d.h. die Neigung, ihr gebundenes Proton abzugeben. Dies liegt daran, dass das Phenolat-Ion, das bei der Protonenabgabe aus dem Phenol-Molekül entsteht, wesentlich stabiler ist als das analoge Ethanolat-Ion.

Die Erklärung dafür liefert das allgemeine Prinzip, dass der aromatische Ring fähig ist, mit Elektronenpaaren aus den Substituenten **delokalisierte Elektronensysteme** zu bilden, die sich durch mesomere Grenzformeln darstellen lassen. Ionen aromatischer Moleküle können dadurch stabilisiert werden, da ihre elektrische Ladung delokalisiert, d.h. über mehrere Atome und Bindungen verteilt wird. So ist das Phenolat-Ion im Gegensatz zum Ethanolat-Ion stabilisiert, weil die negative Ladung nicht am Sauerstoff-Atom lokalisiert, sondern über den Benzolring delokalisiert (vgl. S. 157, B4) ist.

Die Tatsache, dass das Anilin(Phenylamin)-Molekül eine wesentlich schwächere Base als ein aliphatisches Amin-Molekül wie beispielsweise das Aminoethan(Ethylamin)-Molekül ist, zeigt, dass der Phenyl-Rest auf die **Basizität** der Amino-Gruppe *abschwächend* wirkt (B3). Die Erklärung dafür beruht auf dem gleichen Prinzip: Auch in diesem Fall wird ein Elektronenpaar aus der Seitenkette, hier das freie Elektronenpaar des Stickstoff-Atoms, in die Bindungsdelokalisation am aromatischen Ring mit einbezogen (vgl. S. 159, B3). Da die Basizität der Amine ebenso wie die Basizität des Ammoniaks auf der Fähigkeit der entsprechenden Moleküle beruht, am freien Elektronenpaar des Stickstoff-Atoms ein Proton zu binden, nimmt die Basizität ab, wenn dieses Elektronenpaar in die Bindungsdelokalisation einbezogen ist.

Aufgaben

A1 2,4,6-Trinitrophenol, auch als Pikrinsäure bekannt, ist wesentlich acider als Phenol. Geben Sie die Konstitutionsformel von Pikrinsäure an und begründen Sie ihren gegenüber Phenol verstärkten Säurecharakter mithilfe von mesomeren Grenzformeln.

A2 Schätzen Sie die Acidität von Benzylalkohol (Phenylmethanol) im Vergleich zu der von Phenol ein und begründen Sie Ihre Vermutung.

A3 Von den drei isomeren Hydroxybenzoesäuren aus B5 ist die *ortho*-Hydroxybenzoesäure die am stärksten acide, weil das entsprechende Carboxylat-Ion durch eine intramolekulare Wasserstoffbrückenbindung stabilisiert wird. Formulieren Sie dieses Anion und begründen Sie, warum die beiden anderen isomeren Säuren weniger acide sind.

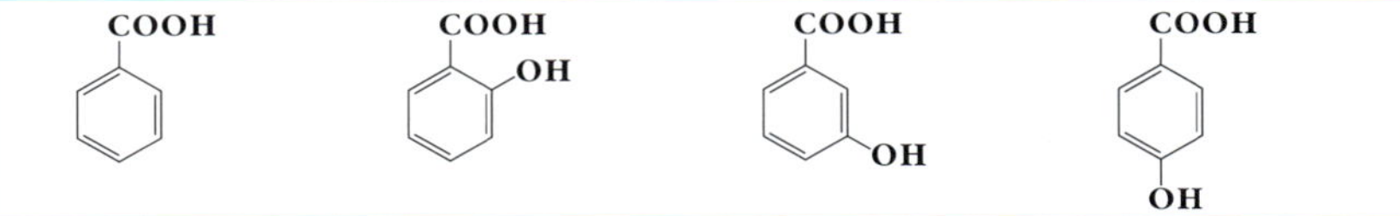

B5 *Konstitutionsformeln von Benzoesäure, Salicylsäure (ortho-Hydroxybenzoesäure), meta- und para-Hydroxybenzoesäure*

extra **Benzoesäure**, die einfachste aromatische Carbonsäure (B5), hat eine ähnliche Säurestärke wie Ethansäure (Essigsäure). Der Einfluss des Phenyl-Restes auf die Acidität fällt hier gering aus, weil das Carboxylat-Ion selbst schon mesomeriestabilisiert ist (B2). Benzoesäure löst sich im Gegensatz zu Essigsäure in kaltem Wasser nur schlecht, in heißem Wasser recht gut. Als Konservierungsstoff E 210 werden Benzoesäure und ihre Salze zur Haltbarmachung von Lebensmitteln (Salate, Fischkonserven u.a.) verwendet.

Salicylsäure (*ortho*-Hydroxybenzoesäure) kann aus der Rinde von Pappeln und Weiden gewonnen werden. Bereits der griechische Arzt HIPPOKRATES (460 bis 377 v. Chr.) kannte die schmerzlindernde Wirkung dieser Rindenextrakte und empfahl sie bei rheumatischen Schmerzen. Heute synthetisiert man Salicylsäure nach dem KOLBE-SCHMITT-Verfahren aus Natriumphenolat und Kohlenstoffdioxid bei 125 °C und 6000 hPa. Große Mengen verarbeitet man zu **Acetylsalicylsäure** weiter, von der die westliche Welt jährlich über 36 000 Tonnen produziert. Wegen ihrer vielfachen Wirkungen wird Acetylsalicylsäure in vielen Arzneimitteln als Wirkstoff eingesetzt (B4).

Fachbegriffe

Acidität, Basizität, Phenyl-Rest, delokalisierte Elektronensysteme

Elektrophile Substitutionen in der Technik

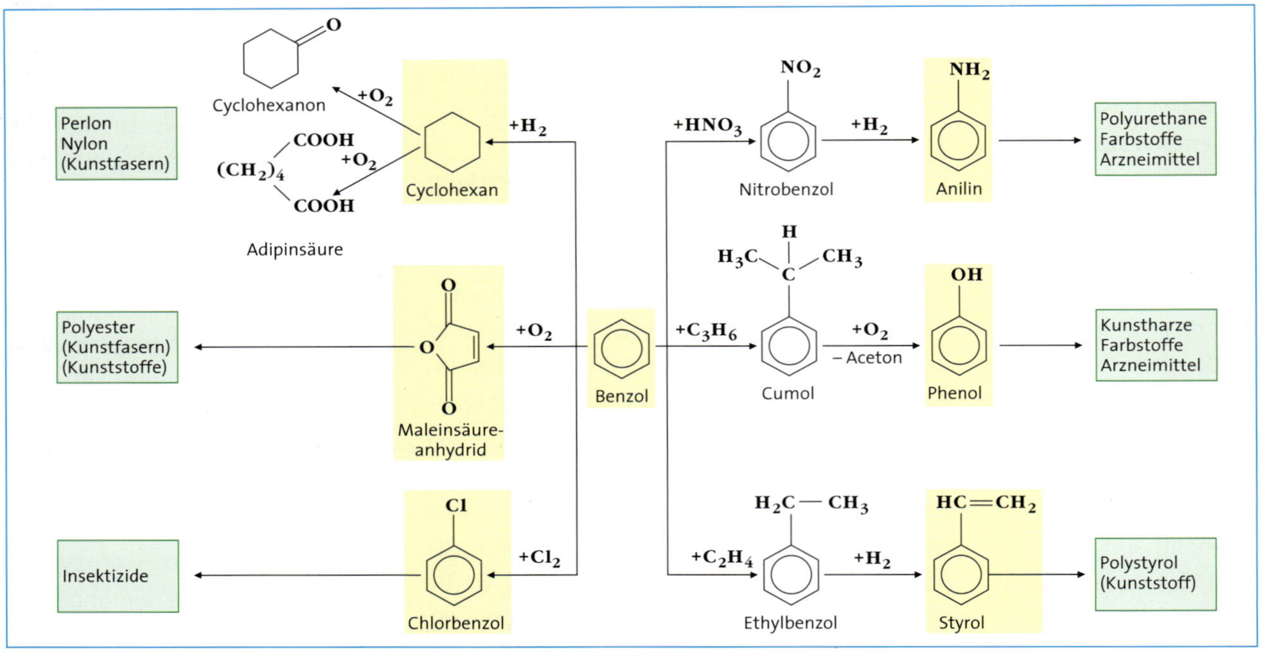

B1 *Benzol als Grundchemikalie für technische Synthesen von Anwendungsprodukten.* **A:** *Benennen Sie jeweils den (die) Reaktionstyp(en), nach dem (denen) Benzol auf den sechs angegebenen Reaktionswegen reagiert.*

Sulfonierung

Eine weitere technisch wichtige Substitution an Aromaten ist die **Sulfonierung**, bei der ein Wasserstoff-Atom am aromatischen Ring durch die Sulfonsäure-Gruppe **$-SO_3H$** ersetzt wird. Dadurch werden Benzol und andere Aromaten in wasserlösliche, relativ starke Sulfonsäuren überführt. Als Elektrophil dient bei der Sulfonierung das Schwefeltrioxid-Molekül, das in rauchender Schwefelsäure vorliegt. Das Schwefel-Atom im Schwefeltrioxid-Molekül ist so stark positiv polarisiert, dass es den aromatischen Ring elektrophil angreifen kann. Die Gesamtreaktion der Sulfonierung lautet:

Die Natriumsalze von **Alkylbenzolsulfonsäuren**, die bei der Sulfonierung langkettiger Alkylbenzole entstehen, sind anionische Tenside, z. B.:

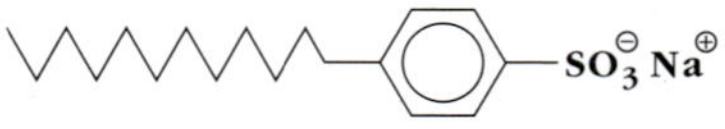

Natriumdodecylbenzolsulfonat

Tenside dieser Art finden zahlreiche Anwendungen, beispielsweise in Waschmitteln und Emulgatoren.

Aufgaben

A1 Untersuchen Sie, bei welchem(n) der Reaktionstypen aus B1 der aromatische Ring erhalten bleibt, und geben Sie an, nach welchem gemeinsamen Mechanismus diese Reaktionen verlaufen.

A2 Der Süßstoff Saccharin ist etwa 500-mal süßer als Zucker und kann wie folgt synthetisiert werden:

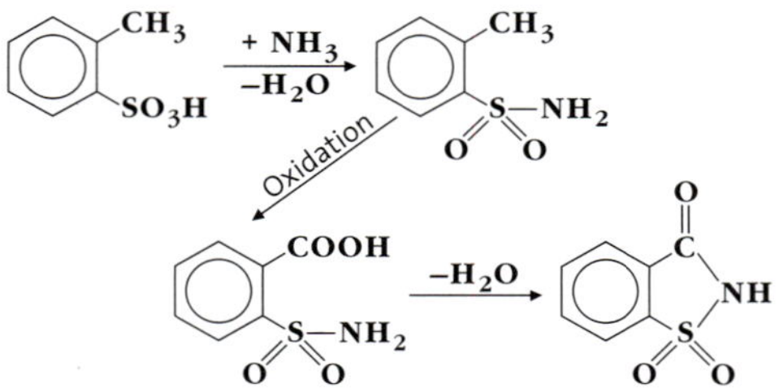

Formulieren Sie eine mögliche Synthese für den Ausgangsstoff *ortho*-Toluolsulfonsäure.

A3 Begründen Sie unter Verwendung geeigneter Formeln und Begriffe, warum bei der Alkylierung von Benzol mit Propen (vgl. S. 153, B5) fast ausschließlich Isopropylbenzol (Cumol) gebildet wird und fast kein Propylbenzol (1-Phenylpropan).

Farbige Aromaten in Naturstoffen

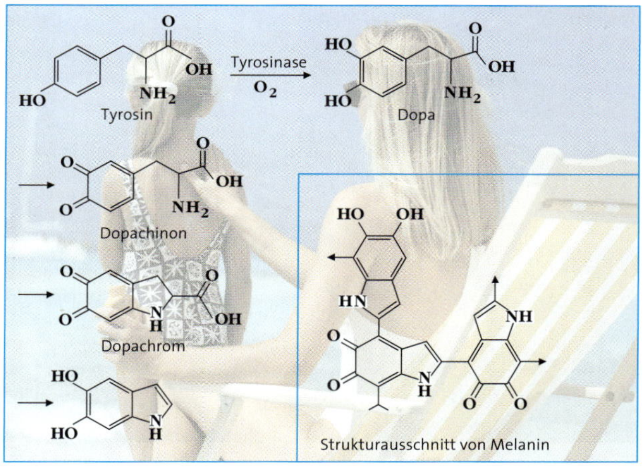

B1 *Melanin ist das natürliche Braunpigment in unserer Haut.*

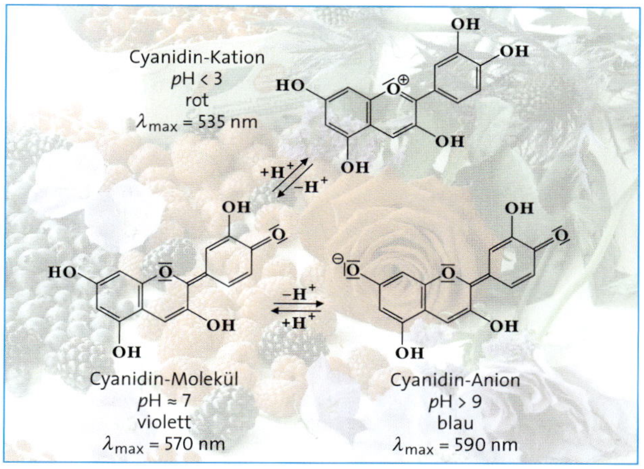

B2 *Cyanidin, ein Anthocyanidin aus Blumen, Beeren und Früchten ist ein Säure-Base-Indikator.*

Sonne, Luft und Bräune

In der Sonne wird unsere Haut braun wie auch ein angeschnittener Apfel, wenn er an der Luft liegen bleibt. Diese Färbung wird durch **Phenol-** und **Polyphenol**-Bausteine (vgl. S. 156, 157) in der Haut und in Früchten hervorgerufen. In der Haut laufen durch Licht angetriebene Oxidationen ab, bei denen beispielsweise die aromatische Aminosäure Tyrosin in mehreren Reaktionsschritten zu Melanin umgesetzt wird (B1).

Früchte kann man vor dem Braunwerden schützen, indem man die Enzyme mit Schwefeldioxid oder mit einer Säure, z. B. durch Zitronensaft, unwirksam macht. Für den Hautschutz vor zu viel Bräune, die auch schädlich sein kann, verwendet man Sonnenschutzmittel (A1).

Aufgaben

A1 Erkunden Sie in *Chemie 2000+ Online*, welche Stoffe als Sonnenschutzmittel eingesetzt werden.

A2 Im Gegensatz zu Toluol und β-Carotin (vgl. S. 164, B5) ist Cyanidin (B2) gut wasserlöslich. Erklären Sie den Sachverhalt.

A3 Formulieren Sie zu dem Cyanidin-Anion aus B2 eine andere Grenzstruktur.

Anthocyane – farbige Lockstoffe in Pflanzen

Zu den Polyphenolen in Früchten gehören auch farbige Stoffe aus der Klasse der **Anthocyanidine**, deren Moleküle alle das gleiche Gerüst wie das Cyanidin (B2) haben. Sie verleihen z. B. Blüten ihre Farben, locken dadurch Insekten zur Bestäubung an und tragen so letztendlich zur Vermehrung der Pflanzen bei.

Aus chemischer Sicht sind Anthocyanidine interessante Farbstoffe, die als ***p*H-Indikatoren** wirken können (vgl. V1, S. 126). Cyanidin liegt in saurer Lösung bei *p*H < 3 als Kation, als Indikator-Säure vor (B2). Darin ist die Bindungsdelokalisation auf das Benzopyran-System[1] beschränkt, weil die Kohlenstoff-Atome des Phenyl-Rests nicht in der gleichen Ebene wie die übrigen Atome im Benzopyran-Gerüst liegen. Bei steigenden *p*H-Werten wird die Indikator-Säure in zwei Schritten deprotoniert. Das erste Proton wird aus der *para*-ständigen Hydroxy-Gruppe des Phenolrings abgegeben, das zweite stammt von einer Hydroxy-Gruppe des Benzopyran-Gerüsts. Bereits bei der ersten Deprotonierung dreht sich der gesamte Phenyl-Rest in die Ebene des Benzopyran-Gerüsts, sodass sich eine chinoide Struktur ausbildet. Damit gehen eine Vergrößerung der Bindungsdelokalisation im Molekül und eine starke Verschiebung des Absorptionsmaximums nach größeren Wellenlängen einher. Die zweite Deprotonierungsstufe führt zu einem Anion, das bei noch größeren Wellenlängen Licht absorbiert.

[1] Das Benzopyran-Gerüst besteht aus einem Benzolring und einem anliegenden Pyranring, d. h. ein aromatischer Sechserring mit einem Sauerstoff-Atom.

Farbige Aromaten in Naturstoffen

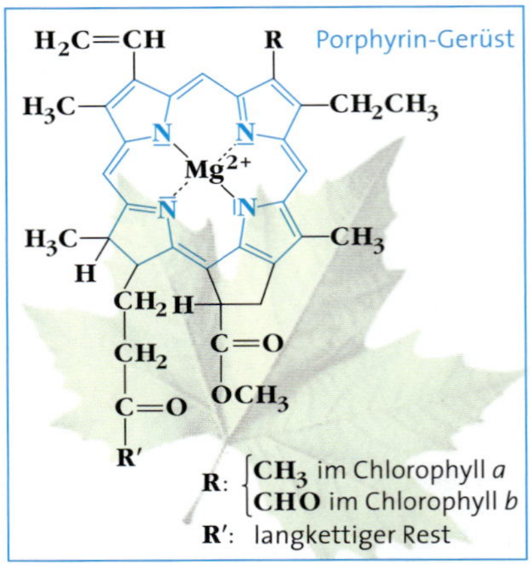

B1 *Molekülstruktur der Chlorophylle*

B2 *Wenn die Chlorophylle in den Blättern abgebaut werden, kommen die Carotinoide zum Vorschein.*

Chlorophylle – Schaltstellen bei der Photosynthese

Farbige Verbindungen in Pflanzen und Tieren erfüllen bestimmte biologische Funktionen. Von herausragender Bedeutung sind dabei die **Chlorophylle** in den grünen Pflanzen, insbesondere in deren Blättern. Chlorophyll-Moleküle sind Magnesium-Komplexe mit **Porphyrinen**. Deren Grundgerüst besteht aus aromatischen Pyrrolringen. Ein Pyrrolring ist ein Fünferring aus vier Kohlenstoff-Atomen und einem Stickstoff-Atom (B1). Die Pyrrol-Fünferringe sind über Methin-Gruppen **=CH–** zu einem Makrozyklus verbrückt, in dessen Mitte ein Magnesium(II)-Ion über die Elektronenpaare der Stickstoff-Atome festgehalten wird.

In den photosynthetischen Zentren sind die Chlorophylle zusammen mit anderen Blattfarbstoffen in Proteine (Eiweiße) eingebettet (vgl. S. 203, B5). Aus den **Absorptionsspektren** der Chlorophylle (vgl. S. 165, B2) geht hervor, dass diese Licht im roten und blauen Bereich des sichtbaren Spektrums absorbieren. Die Chlorophyll-Moleküle sind in der Lage, die angeregten Elektronen auf andere Teilchen zu übertragen, d.h. Redoxreaktionen einzuleiten. Damit kommt den Chlorophyllen zusammen mit den Carotinoiden (B2, B3) mit der Umwandlung und Speicherung des Sonnenlichts durch **Photosynthese** in den grünen Pflanzen eine Schlüsselfunktion zu. Der gesamte Stoff- und Energieumsatz bei der Photosynthese lautet:

$$6\ CO_2 + 6\ H_2O \xrightarrow{h\nu} C_6H_{12}O_6 + 6\ O_2$$

$$\Delta_r G = +2880\ kJ$$

Aufgaben

A1 Begründen Sie, warum *β*-Carotin (B3) kein Aromat ist.

A2 Erkunden Sie in *Chemie 2000+ Online* die Flash-Animation „Ein Fall für zwei“ und erläutern Sie Ihrem Kurs mithilfe der entsprechenden Modulteile:

a) das unterschiedliche Verhalten von Chlorophyll und *β*-Carotin nach der Absorption eines Lichtquants;

b) die Funktion von *β*-Carotin als Photosensibilisator (akzessorisches Pigment) bei der Photosynthese;

c) die Funktion von *β*-Carotin als Photoprotektor („Lichtschutz“) für Chlorophyll und

d) das Experiment, mit dem ein Nachweis für die Behauptung c) erbracht werden kann.

A3 Vergleichen Sie die Molekülstrukturen und die erläuternden Texte zu den farbigen Verbindungen aus B1, B3 und B2, S. 163, und stellen Sie allgemeine Aussagen darüber auf, a) welche molekularen Strukturmerkmale für die Farbigkeit einer Verbindung verantwortlich sind, und b) wie die gesehene Farbe von diesen Strukturmerkmalen beeinflusst wird. (*Hinweis*: Vgl. auch Farben durch Lichtabsorption, S. 165.)

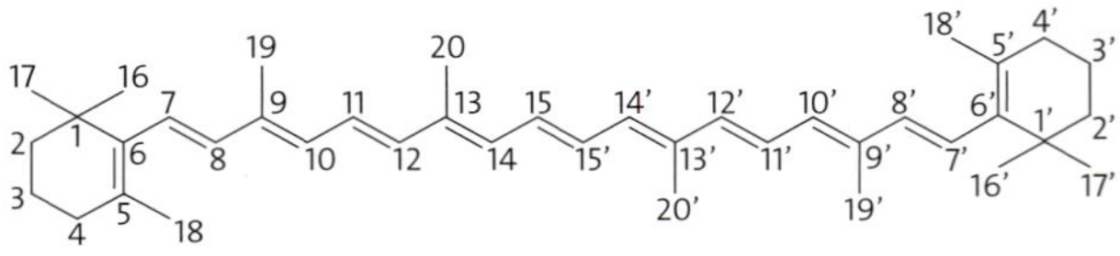

B3 *β-Carotin, das wichtigste Carotinoid*

Farben durch Lichtabsorption

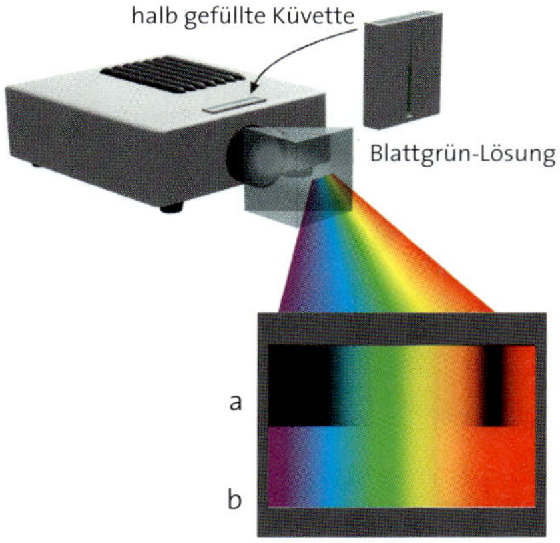

B1 *Vorrichtung zur Untersuchung der Lichtabsorption von Lösungen.* **A:** *Erläutern Sie die Funktion des Prismas.*

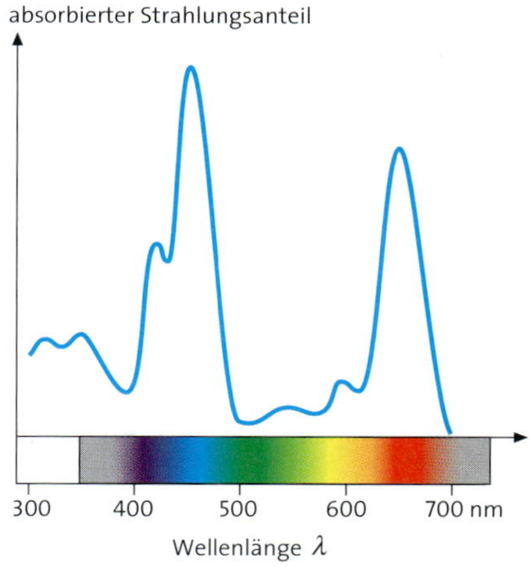

B2 *Absorptionskurve (Absorptionsspektrum) von Chlorophyllen.*
A: *Nennen Sie die nicht bzw. nur schwach absorbierten Farben.*

Versuche

V1 Füllen Sie 3 Flachküvetten jeweils bis zur Hälfte mit farbigen Lösungen, beispielsweise mit: a) Blattgrün in Aceton*, dazu grüne Blätter in Aceton im Mörser mit Seesand zerreiben, Suspension abfiltrieren, b) Bromthymolblau (alkalische Lösung), c) Bromthymolblau (saure Lösung). Bauen Sie eine Vorrichtung wie in B1 auf, mit der sich auf einer Projektionsfläche Spektren erzeugen lassen. Die Küvetten können Sie entweder so abkleben, dass nur ein Lichtspalt offen bleibt (B1), oder sie setzen eine Spaltblende vor die Küvette ein.

Halten Sie der Reihe nach die drei Küvetten in den Strahlengang der Projektorlampe und stellen Sie jeweils fest, welche Farben bei dem Licht, das die Lösung passiert hat, fehlen. Erzeugen Sie erneut Spektren wie in B1. Mischen Sie jetzt die Farben zusammen, indem Sie nach dem Prisma eine Sammellinse einschieben. Beobachten und notieren Sie die jeweiligen Farben.

V2 Nehmen Sie mithilfe eines Photometers die Absorptionskurven der Lösungen aus V1 gegen das jeweilige Lösemittel als Vergleich auf.

Auswertung

a) Erklären Sie, warum in den Spektren der drei farbigen Lösungen aus V1 Dunkelzonen entstehen.

b) Erläutern Sie den Zusammenhang zwischen den Dunkelzonen in B1 und den Peaks in B2.

Warum sehen wir Blattgrün grün?

Weißes Licht enthält alle Farben des Regenbogens und liefert ein kontinuierliches Spektrum. Farbiges Licht, das beispielsweise entsteht, wenn weißes Licht eine farbige Lösung durchquert, liefert nach dem Zerlegen mit einem Prisma nicht mehr alle Spektralfarben (V1, B1): Im Spektrum erscheinen Dunkelzonen, die darauf hindeuten, dass die Farben, die an diesen Stellen auftreten müssten, von der Lösung **absorbiert**, d.h. „festgehalten“ wurden. Lichtabsorption ist der Grund dafür, dass wir Gegenstände farbig sehen, wenn wir sie bei weißem Licht betrachten. Die wahrgenommene Farbe ergibt sich durch additive Farbmischung (B3), d.h. durch die Überlagerung der vom Gegenstand nicht absorbierten Lichtanteile des weißen Lichts. Die Linse unseres Auges übernimmt dabei die Funktion einer Sammellinse. Die von einem Gegenstand absorbierten Farben und die nicht absorbierten ergeben jeweils durch additive Farbmischung zwei Farben, die als *Komplementärfarben* bezeichnet werden, z.B. die Farben Blau und Gelb.

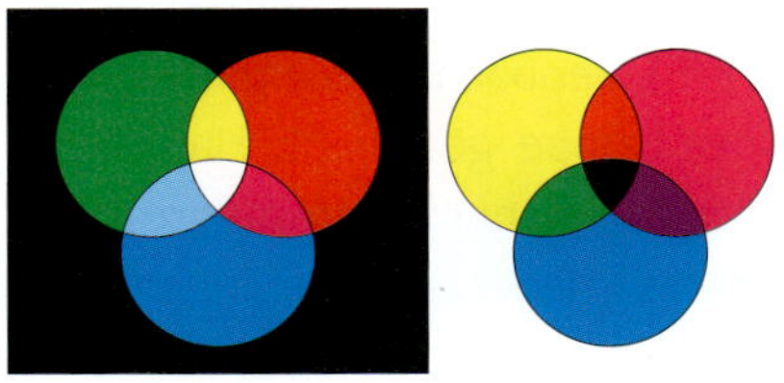

B3 ***Additive*** *(links) und* ***subtraktive*** *(rechts) Farbmischung*

Lumineszenz – Farben durch Lichtemission

Versuche

Hinweise: Für V1 bis LV5 wird ein verdunkelbarer Raum benötigt. Weitere Versuche zur Fluoreszenz, Phosphoreszenz und Chemolumineszenz sind über *Chemie 2000+ Online* zugänglich.

V1 Untersuchen Sie Geldscheine, Kreditkarten, Ausweise und Leuchtgegenstände aus Bastel- und Spielzeugläden im Licht einer UV-Handlampe (λ = 366 nm und λ = 254 nm). Beschreiben Sie, was beim Ausschalten der Lampe geschieht.

V2 Lösen Sie in einem großen Rggl. eine kleine Spatelspitze Fluoreszein-Natriumsalz* in ca. 70 mL Wasser und betrachten Sie die Lösung im Licht einer UV-Handlampe (λ = 366 nm). Beschreiben Sie, was beim Ausschalten der Lampe geschieht.

V3 Halten Sie einen frisch angeschnittenen Kastanienzweig (*Aesculus hippocastanum*) in ein mit Wasser gefülltes 1-L-Becherglas, das mit der UV-Handlampe (λ = 366 nm) angestrahlt wird. Beobachten Sie die Schnittstelle und rühren Sie den Zweig im Wasser.

V4 Zerreiben Sie in einem Mörser 25 mg Fluoreszein-Natriumsalz* und 10 g Borsäure und in einem zweiten 200 mg Mononatriumsalz der 4-Amino-5-hydroxy-naphthalin-2,7-disulfonsäure* (sogenannte H-Säure) und 10 g Borsäure. Beschicken Sie mehrere (mindestens je drei) große Rggl. ca. 2 cm hoch mit jeweils einer dieser Mischungen. Fixieren Sie jeweils ein Rggl. in eine Klemme, die Sie in der Hand halten, und erhitzen Sie das Gemisch vorsichtig, bis es schmilzt. Verteilen Sie die Schmelze durch Drehen des Rggl. möglichst auf die gesamte Innenfläche des Rggl. Lassen Sie eine der hergestellten Proben auf Raumtemperatur abkühlen, kühlen Sie eine zweite im Gefrierfach auf ca. –5 °C und erwärmen Sie die dritte im Wasserbad auf ca. 70 °C. Untersuchen Sie zunächst die beiden Proben mit Fluoreszein und H-Säure bei Raumtemperatur im Licht der UV-Lampe (λ = 366 nm). Beobachten Sie genau, was beim Ausschalten der Lampe geschieht. Halten Sie dann jeweils zwei Proben gleicher Zusammensetzung a) bzw. b) gleichzeitig ins Licht der Lampe und beobachten Sie den Unterschied beim Ausschalten der Lampe.

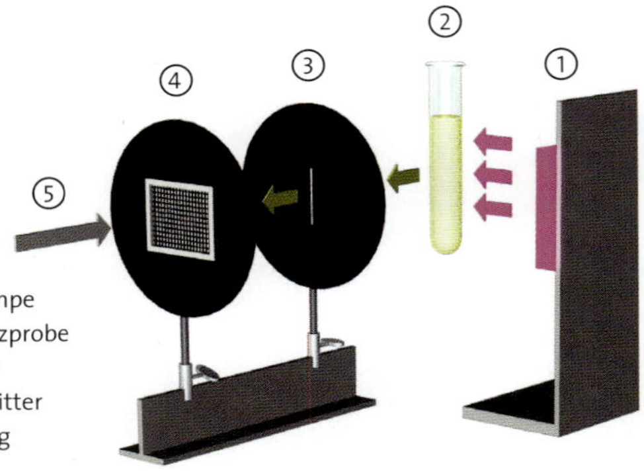

1. UV-Handlampe
2. Lumineszenzprobe
3. Spaltblende
4. Optisches Gitter
5. Blickrichtung

B1 *Erzeugung von Echtfarben-Emissionsspektren lumineszierender Proben aus V2 bis V4; vgl. Chemie 2000+ Online*

LV5 Der Boden eines 1-L-Erlenmeyerkolbens wird ca. 0,5 cm hoch mit Kaliumhydroxid*-Plätzchen bedeckt. Es werden 1 mL Dimethylsulfoxid* und eine kleine Spatelspitze Luminol* hinzugefügt. Dann wird durch Rotationsbewegungen des offenen Kolbens für eine gute Durchmischung gesorgt.

Auswertung

a) Leuchtet eine Probe nur so lange, wie sie mit energiereicher Strahlung (UV-, Elektronen-, Röntgen- oder γ-Strahlung) bestrahlt wird, spricht man von **Fluoreszenz**. Leuchtet die Probe auch nach Ausschalten der UV-Lampe weiter, so handelt es sich in der Regel um **Phosphoreszenz**. Bei der **Chemolumineszenz** wird die Energie aus einer chemischen Reaktion größtenteils als kaltes Licht ausgestrahlt. Fertigen Sie eine Tabelle mit allen in V1 bis LV5 untersuchten Proben und geben Sie jeweils an, um welche der drei Arten von Lumineszenz es sich dabei handelt.

b) Nennen Sie ähnliche, Ihnen bekannte Leuchterscheinungen und ordnen Sie sie den drei Arten von Lumineszenz zu.

c) Um Lichtquanten emittieren zu können, müssen Elektronen aus Atomen oder Molekülen angeregt werden. Erklären Sie, warum bei V1 bis V4 eine UV-Lampe und nicht eine IR-Lampe eingesetzt wird.

d) Die Probe aus V4 mit H-Säure fluoresziert blau und phosphoresziert gelb. Erklären Sie den Sachverhalt mithilfe von B2 auf S. 167.

e) Entwickeln Sie weitere Aufgaben zu den Versuchen und zu B1 bis B3 von S. 167.

Energiestufenmodell für Moleküle

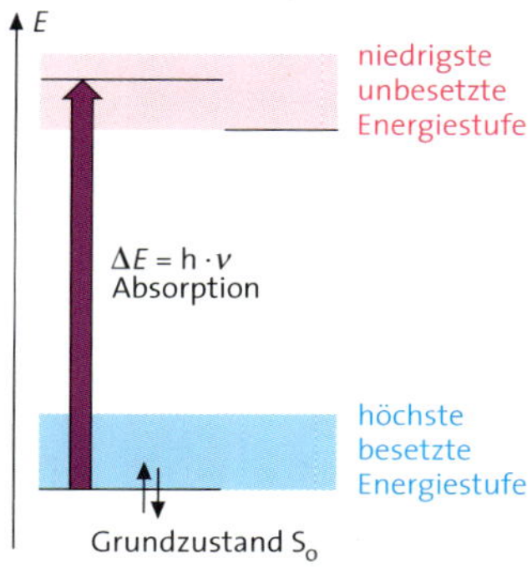

B1 *Elektronische Anregung $S_0 \rightarrow S_1$ durch Absorption eines Lichtquants*

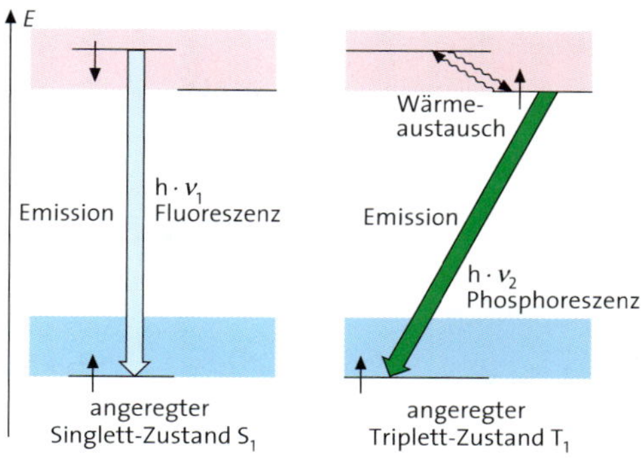

B2 *Lichtemission durch Fluoreszenz $S_1 \rightarrow S_0$ und durch Phosphoreszenz $T_1 \rightarrow S_0$*

Grundzustand und elektronisch angeregter Zustand

Moleküle können ebenso wie Atome außer im elektronischen Grundzustand $\mathbf{S_0}$ für sehr kurze Zeit auch in elektronisch angeregten Zuständen existieren. Das wird im **Energiestufenmodell** veranschaulicht (B1 bis B3). Die Elektronen eines Moleküls können danach nur bestimmte, erlaubte Energiestufen (Energieniveaus) „besetzen". Die erlaubten Energiestufen werden „von unten nach oben" mit je einem Elektronenpaar, d. h. zwei Elektronen mit entgegengesetztem Spin[1], aufgefüllt, soweit der Elektronenvorrat des Moleküls reicht. Alle Vorgänge, bei denen Licht beteiligt ist, lassen sich in guter Näherung mithilfe von nur zwei Energiestufen erklären, der **höchsten besetzten** und der **niedrigsten unbesetzten Energiestufe** (B1). Wenn ein Lichtquant geeigneter Energie, $\Delta E = h \cdot \nu$, vom Molekül absorbiert wird, „springt" ein Elektron innerhalb der unvorstellbar kurzen Zeit von einer Femtosekunde (10^{-15} s) ohne Spinumkehr aus der höchsten besetzten in die niedrigste unbesetzte Energiestufe. In dem so erreichten angeregten **Singlett-Zustand**[2] $\mathbf{S_1}$ verweilt das Molekül nur ca. eine Nanosekunde (10^{-9} s). Beim Rücksprung des Elektrons in den Grundzustand S_0 wird ein Lichtquant emittiert, die Stoffprobe fluoresziert (B2 links).

Unter bestimmten Umständen, beispielsweise wenn die Licht absorbierenden Teilchen in einer erstarrten Schmelze fixiert sind (vgl. V4, S. 166), kann es im angeregten Zustand zu einer Spinumkehr innerhalb der gleichen Energiestufe kommen (geschlängelte Pfeile in B2). Die Lebensdauer des angeregten **Triplett-Zustands**[2] $\mathbf{T_1}$ (B2 rechts) kann bis zu 10 s betragen, weil der Rücksprung des Elektrons aus T_1 nach S_0 „verboten", d. h. sehr unwahrscheinlich (10^6- bis 10^9-mal weniger wahrscheinlich als ein Übergang aus S_1 nach S_0) ist. Die Folge ist, dass eine phosphoreszierende Probe nach Ausschalten der Lampe nachleuchtet.

Bei Molekülen gibt es innerhalb jedes elektronischen Zustands mehrere erlaubte **Schwingungszustände** (Schwingungsniveaus). In B3 sind die elektronischen Zustände durch die breiten, farbigen Balken, die Schwingungszustände durch die relativ nah beieinander liegenden schwarzen Striche innerhalb der Balken dargestellt. Übergänge zwischen Schwingungsniveaus derselben elektronischen Energiestufe erfolgen strahlungslos durch Abgabe oder Aufnahme von Wärme (vgl. auch *Chemie 2000+ Online*).

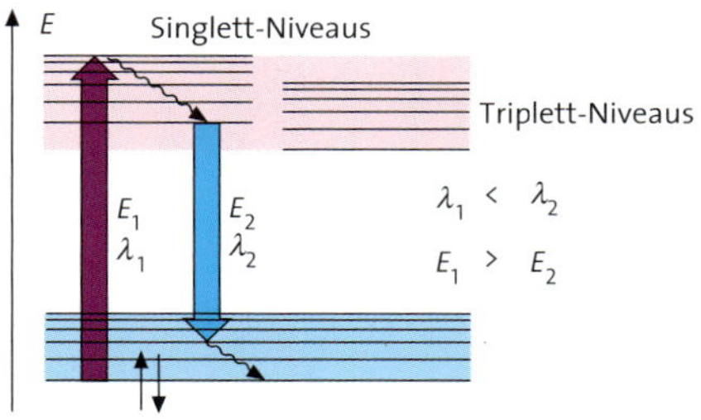

B3 *Aufspaltung der elektronischen Energiestufen in Schwingungsniveaus und mögliche Übergänge bei der Fluoreszenz*

[1] von *to spin* (engl.) = rotieren. Der Spin ist eine Eigenschaft des Elektrons, die man als Eigendrehung um die eigene Achse, in die eine oder andere Richtung, veranschaulicht. [2] Vgl. zu den Bezeichnungen „Singlett-" und „Triplett-Zustand" *Chemie 2000+ Online*.

Synthetische Farbstoffe aus Aromaten

1. Schritt: Diazotierung

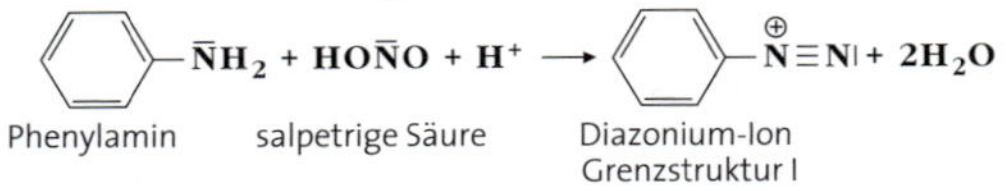

Ein aromatisches Amin (z. B. Anilin) wird mit salpetriger Säure zu Diazonium-Ionen umgesetzt.

2. Schritt: Azokupplung

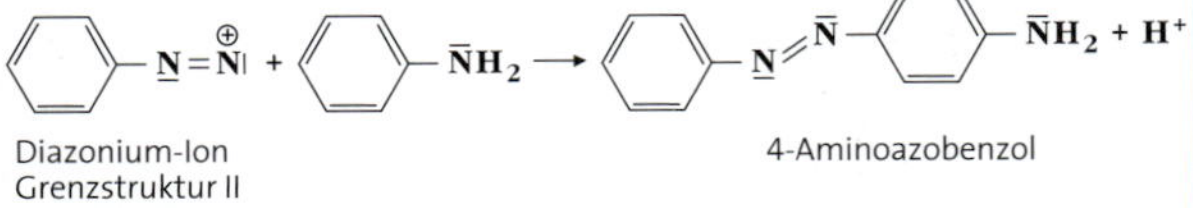

In einer elektrophilen Substitution reagieren die Diazonium-Ionen mit einem aromatischen Amin oder einem Phenol-Derivat (Kupplungskomponente).

B1 *Reaktionsfolge bei der Synthese eines Azofarbstoffes*

B3 *Azofarbstoffe in einem Industrielabor*

Versuch

Hinweis: Vgl. Formeln von Chemikalien in B2.

V1 *Diazotierung*: Lösen Sie in einem Becherglas 1 g Sulfanilsäure* (4-Aminobenzolsulfonsäure) in 25 mL Natronlauge*, c = 2 mol/L. Lösen Sie in einem anderen Becherglas 20,4 g Natriumnitrit* in 25 mL Wasser. Rühren Sie die beiden Lösungen langsam mit einem Glasstab in einem dritten Becherglas, in dem sich 50 mL eisgekühlte (0 °C bis 5 °C) Salzsäure*, c = 4 mol/L, befinden, zusammen. Die Temperatur darf dabei nicht über 5 °C ansteigen. Die Lösung wird in V2 weiterverwendet.

V2 *Azokupplung*: Lösen Sie in einem Becherglas 40,8 g β-Naphthol* in 50 mL Natronlauge*, c = 2 mol/L, und gießen Sie diese Lösung unter Rühren in das Becherglas mit dem Produkt aus V1.

Auswertung

a) Erläutern Sie, durch welche Reaktion bei V1 die in B1 angegebene salpetrige Säure entsteht.

b) Geben Sie das Diazonium-Ion an, das bei V1 aus Sulfanilsäure gebildet wird.

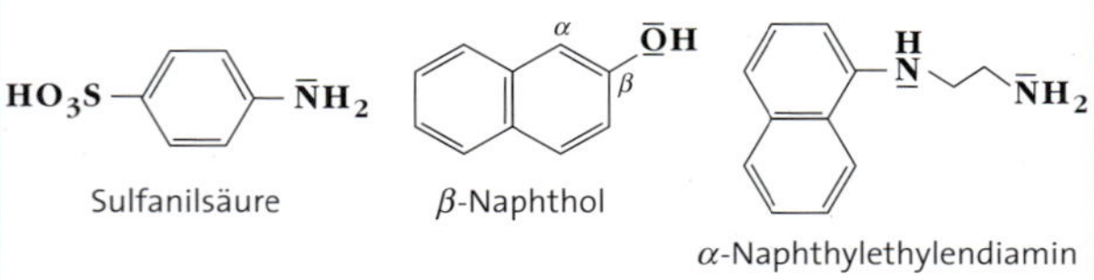

B2 *Formeln der bei V1 und V2 eingesetzten Chemikalien*

Azofarbstoffe

Azofarbstoffe stellen die größte Farbstoffklasse dar. Ihre Vertreter zeichnen sich durch die **Azo-Gruppe** –N̄=N̄– zwischen zwei aromatischen Resten aus. Als Ausgangsstoff für die Synthese der Azofarbstoffe dient ein aromatisches Amin, z. B. Anilin (Phenylamin) oder Sulfanilsäure (4-Aminobenzolsulfonsäure). Die Synthese von Azofarbstoffen verläuft in zwei Schritten (B1). In dem ersten erfolgt die Diazotierung des Amins, in dem zweiten die Azokupplung mit einer aromatischen Verbindung, meist einem Phenol- oder Anilin-Derivat.

Die Seitengruppen beeinflussen die Eigenschaften dieser Farbstoffe. Eine Sulfonsäure-Gruppe $-SO_3H$ oder ein Sulfonat-Rest $-SO_3^-$ im Farbstoff-Molekül macht einen Farbstoff wasserlöslich (V1, β-Naphtholorange). Azofarbstoffe werden zum größten Teil als Textilfarbstoffe eingesetzt, einige werden als Indikatoren verwendet (B4).

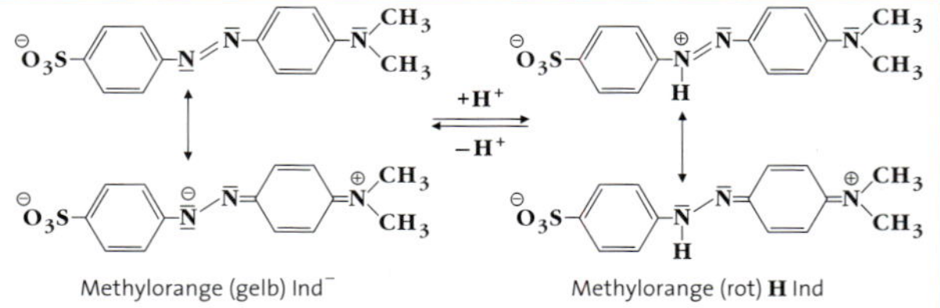

B4 *Mesomere Grenzstrukturen des Methylorange-Moleküls in saurer bzw. alkalischer Lösung.* **A:** *Erläutern Sie den Zusammenhang zwischen dem Anion- bzw. Zwitterion-Charakter der Teilchen und der Farbe.*

Synthetische Farbstoffe aus Aromaten

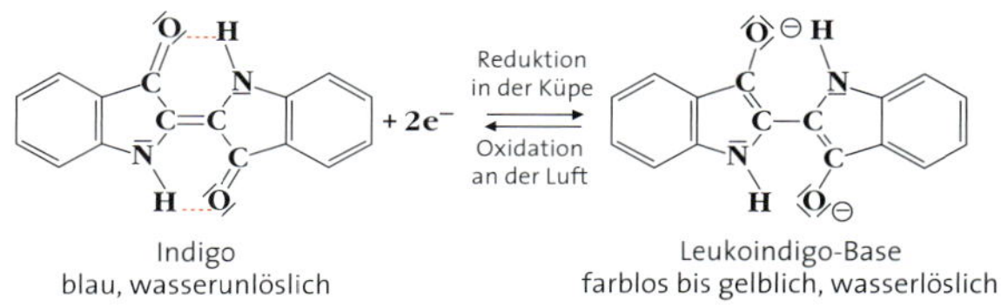

B5 *Indigo als Küpenfarbstoff*

Indigo- und Anthrachinonfarbstoffe

Indigo (B5) und einige Anthrachinonfarbstoffe (B7) kommen zwar natürlich vor, werden heute aber vorwiegend synthetisch hergestellt. Es handelt sich bei beiden Stoffklassen um Carbonylverbindungen.

Mit Indigo lassen sich Textilien nicht direkt färben, denn Indigo, dessen Moleküle starke intramolekulare Wasserstoffbrückenbindungen ausbilden, ist nicht wasserlöslich (B5, A2). Um auf eine Faser aufzuziehen, muss Indigo erst in eine wasserlösliche Form überführt werden. Dazu wird Indigo in der **Küpe** mit Natriumdithionit zu fast farblosem Leukoindigo reduziert[1]. In alkalischer Lösung liegt das gut lösliche Dianion des Leukoindigos vor, das auf die Faser, z. B. Baumwolle, aufziehen kann. Das in der Küpe behandelte Gewebestück wird nach dem Waschen an der Luft getrocknet. Dabei entsteht durch Oxidation wieder blaues, wasserunlösliches Indigo, das an den Fasern haften bleibt.

Schon vor 4000 Jahren kannten die Ägypter die Technik der **Küpenfärbung**. Beim Färben mit natürlichem Indigo entstehen reduzierende Verbindungen in der Küpe selbst durch Vergären pflanzlicher Bestandteile. Indigo ist wie alle Küpenfarbstoffe, zu denen auch die Anthrachinonfarbstoffe (Indanthrenfarbstoffe) gehören, sehr wasch- und lichtecht, allerdings nicht reibfest. An besonders beanspruchten Stellen wird der Farbstoff von der Faser ausgerieben. Dies verleiht mit Indigo gefärbten Kleidungsstücken wie Jeans schnell das oft gewünschte abgetragene Aussehen.

[1] Vgl. Eine Versuchsvorschrift zur Küpenfärbung mit Indigo in *Chemie 2000+ Online.*

B6 *Das Weibchen der Cochenille-Schildlaus, die auf Kakteenblättern lebt, produziert den roten Farbstoff Karminsäure (B7).*

Aufgaben

A1 Erläutern Sie, warum die Verbindungen aus B5 und B7 Aromaten und Carbonylverbindungen zugleich sind.

A2 Erklären Sie mithilfe der Formeln aus B5, warum Leukoindigo wasserlöslich ist, Indigo dagegen nicht.

A3 Eine Schülerin möchte ihre Jeans modisch ausbleichen und behandelt sie dazu mit einem käuflichen Textilentfärbemittel, bis die Hose an den behandelten Stellen nur noch schwach blau ist. Nach dem Auswaschen und Trocknen stellt sie verblüfft fest, dass die Hose wieder genauso blau wie vorher ist. Aber sie findet schnell eine Erklärung. Formulieren Sie ihre Erklärung.

A4 Mit Karminsäure (B6, B7), einem natürlichen Farbstoff mit der E-Nummer E 110, werden Textilien, Kosmetika und Lebensmittel gefärbt. Erläutern Sie, warum man für Kosmetika und Lebensmittel möglichst naturidentische Farbstoffe einsetzt.

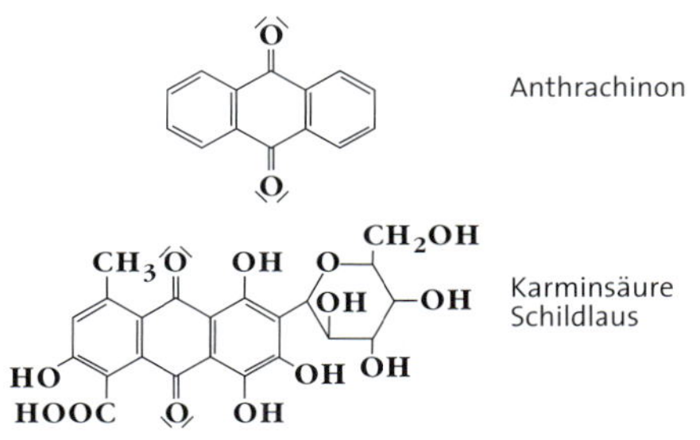

B7 *Gerüstformeln für Anthrachinon und Karminsäure*

A1 Gerät Benzol an der Luft in Brand, rußt die Flamme viel stärker als die Flamme eines brennenden Alkans. Finden Sie dafür eine Erklärung mithilfe der Summenformeln (Molekülformeln).

A2 Informieren Sie sich bei einer Tankstelle über den Grund für das dort an der Zapfsäule angebrachte Totenkopfsymbol.

A3 Nennen Sie die Hauptgefahr, die von Benzol für Menschen ausgeht, und geben Sie den Grund an, warum für Benzol kein MAK-Wert angegeben wird.

A4 Erläutern und begründen Sie, welche der folgenden experimentellen Fakten zu den Eigenschaften von Benzol mithilfe der KEKULÉ-Formel erklärt werden konnten und welche nicht:

a) Benzol kann zu Cyclohexan hydriert werden.
b) Dabei reagieren Benzol und Wasserstoff im Verhältnis $n(C_6H_6) : n(H_2) = 1 : 3$.
c) Die Reaktionsenergie bei a) ist wesentlich geringer als das Dreifache der Energie, die bei der Hydrierung von Cyclohexen frei wird.
d) Es gibt nur ein *ortho*-Dibrombenzol.

A5 Nennen Sie Gemeinsamkeiten und Unterschiede der heutige Vorstellung von der Konstitution des Benzol-Moleküls und der KEKULÉS aus dem Jahr 1865.

A6 Vergleichen Sie die Bromierung von Toluol in der Seitenkette mit der im Ring.

A7 Ein aromatischer Kohlenwasserstoff A mit der Molekülformel C_8H_{10} wird mit Brom in Gegenwart von Eisenwolle zur Reaktion gebracht. Dabei entsteht neben Chlorwasserstoff nur ein Monobromderivat B. Setzt man A unter Lichteinwirkung um, entsteht neben Wasserstoffchlorid ein zu B isomeres Monobromderivat C. Geben Sie alle für A möglichen Valenzstrichformeln an. Formulieren Sie die Reaktionen A → B und A → C und finden Sie die für A zutreffende Valenzstrichformel heraus.

A8 Benzylalkohol $C_6H_5CH_2OH$ ist der Jasminduftstoff für Toilettenartikel. Er ist aus Toluol über das Zwischenprodukt Benzylchlorid $C_6H_5CH_2Cl$ herstellbar. Aus Benzylalkohol kann das künstliche Bittermandelöl Benzaldehyd (vgl. S. 144) hergestellt werden, daraus schließlich der Konservierungsstoff E 210, die Benzoesäure (vgl. S. 161). Formulieren Sie die genannten Reaktionen und ordnen Sie jede einem der Ihnen bekannten Reaktionstypen zu. Geben Sie jeweils an, nach welchem Merkmal der Reaktionstyp benannt ist.

A9 Graphit und Nanoröhrchen (*Nanotubes*) aus Kohlenstoff (B1) bestehen aus unzählig vielen Benzolringen, die wie in polycyclischen kondensierten Aromaten verknüpft sind. Im Graphit wirken zwischen den planaren Schichten nur schwache VAN-DER-WAALS-Kräfte. Die Kohlenstoff-Nanoröhrchen haben Durchmesser von ca. 1 nm und können bis zu 1 cm lang sein.
a) Ermitteln Sie mithilfe der Angaben aus B1 von S. 148 die ungefähre Anzahl von Benzolringen entlang der Achse eines Nanoröhrchens. b) Sowohl Graphit als auch Kohlenstoff-Nanoröhrchen leiten den elektrischen Strom dank der über das gesamte Material delokalisierten Elektronen. Die Stromleitung erfolgt aber nur in bestimmte Richtungen. Begründen Sie diesen Sachverhalt. c) Vergleichen Sie die Strukturen und Eigenschaften der verschiedenen Modifikationen von Kohlenstoff (Diamant, Graphit, Fulleren und Nanoröhrchen) miteinander. (*Hinweis:* Informieren Sie sich zuerst, beispielsweise über *Chemie 2000+ Online*.)

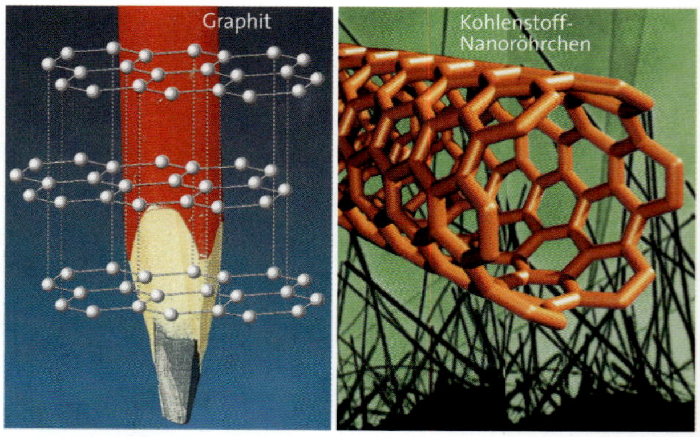

B1 *Strukturmodelle für Graphit und Kohlenstoff-Nanoröhrchen (vgl. A9)*

A10 Berechnen Sie das Luftvolumen in m^3, das einer Gruppe von drei Rauchern zur Verdünnung ihrer Atemluft zur Verfügung stehen muss, wenn diese an einem Abend im Freien je vier Zigaretten rauchen. Der Rauch einer Zigarette enthält 100 µg Benzol, wobei 20 µg im Körper des Rauchers verbleiben. Der EU-Außenluftgrenzwert für Benzol von 5 $\mu g/m^3$ soll nicht überschritten werden. Für ständige gleichmäßige Vermischung der Luft sei gesorgt. Die vorhandene Luft enthält durch den Autoverkehr bereits eine Benzol-Massenkonzentration von $\beta = 0{,}003$ ppm (1 ppm = 1 mg/m^3).

A11 Geben Sie jeweils die Anzahl aller Isomere der im Folgenden genannten Brombenzole an und zeichnen Sie die vereinfachten Strukturformeln (Molekülsymbole, vgl. Anhang) zu den Verbindungen: a) Tribrombenzol; b) Tetrabrombenzol; c) Pentabrombenzol.

A12 Die C-C-Bindungslängen im Naphthalin-Molekül ($C_{10}H_8$; vgl. S. 149) sind nicht alle gleich lang. Vier Bindungen sind kürzer als die sieben anderen. Stellen Sie alle mesomeren Grenzstrukturen des Naphthalin-Moleküls auf und entscheiden Sie dann anhand der Ausprägung des „Doppelbindungscharakters", welche vier Bindungen die kürzeren sind.

A13 Für die Herstellung des Schmerzmittels Acetanilid setzt man Anilin mit Essigsäureanhydrid um. Formulieren Sie die Reaktionsgleichung und den Reaktionsmechanismus für die Herstellung von Acetanilid. Zeichnen Sie die mesomeren Grenzstrukturen des Anilin-Moleküls und geben Sie an, wie die Reaktivität des Moleküls durch den M-Effekt beeinflusst wird.

A14 Freie Elektronenpaare von Atomen in ringförmigen Molekülen können sich am aromatischen Elektronensextett beteiligen. Erläutern Sie dies an den Beispielen aus B2.

B2 *Heterocyclische Aromaten*

A15 Pyrrol-Moleküle sind viel schwächere Basen als Pyridin-Moleküle. Erklären Sie den Sachverhalt mithilfe der Formeln aus B2.

A16 Vergleichen Sie die Formeln der heterocyclischen Aromaten aus B2 mit denen von Pyrimidin und Purin von S. 149 und nennen Sie Gemeinsamkeiten und Unterschiede.

A17 Zigarettenrauch enthält den krebserregenden polycyclischen Aromaten Benzpyren (vgl. S. 149). Informieren Sie sich *online* über diesen Stoff (genaue Bezeichnung: Benzo(a)pyren).

A18 Phenolphthalein und Fluoreszein (vgl. S. 172, B4, B5) sind Triphenylmethanfarbstoffe. Erläutern Sie, warum sie keiner der auf S. 168, 169 beschriebenen Farbstoffklassen angehören und was ihre Moleküle dennoch mit den Molekülen dieser Farbstoffe gemeinsam haben.

A19 Die blaue Flüssigkeit in B3 enthält den Farbstoff Methylenblau, dessen Farbe durch ein Molekül-Kation verursacht wird. Die mit Methylenblau sehr verwandte Substanz Leukomethylenblau (B3) ist farblos.
a) Schreiben Sie die Summenformeln der beiden Molekül-Kationen auf. b) Vergleichen Sie Anzahl der konjugierten Doppelbindungen in den beiden Molekül-Kationen.

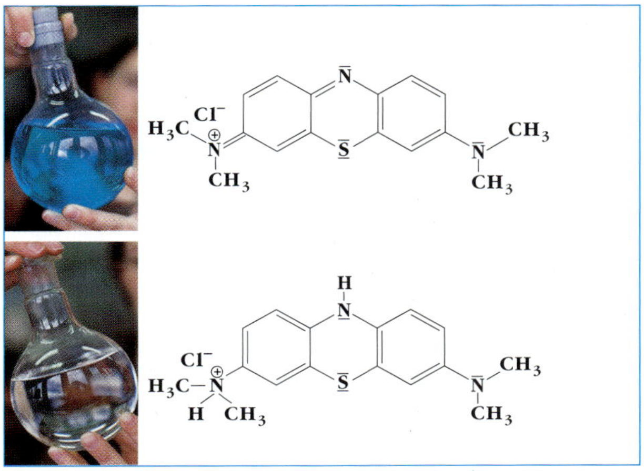

B3 *Methylenblau (oben) und Leukomethylenblau (unten)*

A20 Vergleichen Sie die Reaktionsmechanismen für die Bromierung von Cyclohexen und die Bromierung von Benzol.
a) Stellen Sie die Gemeinsamkeiten und die Unterschiede heraus.
b) Begründen Sie, warum in beiden Fällen Eisen(III)-bromid als Katalysator wirkt.

A21 In dem ersten Schritt der Synthese von *meta*-Nitrophenol setzt man Nitrobenzol mit Chlor in Gegenwart eines Katalysators um. Das Produkt reagiert dann durch längeres Kochen mit Natronlauge weiter zu *meta*-Nitrophenol. a) Formulieren Sie den Reaktionsmechanismus für den ersten Syntheseschritt und erklären Sie, warum in *meta*-Position substituiert wird. b) Formulieren Sie den zweiten Reaktionsschritt und begründen Sie, warum es sich hier nicht um eine elektrophile Substitution handelt. c) Erklären Sie, weshalb man *meta*-Nitrophenol nicht durch direkte Nitrierung von Phenol herstellen kann.

A22 Zeigen Sie anhand von geeigneten mesomeren Grenzstrukturen, dass a) die Carboxy-Gruppe einen –M-Effekt und b) die Amino-Gruppe einen +M-Effekt hat.

A23 Beim ersten Schritt der in B4 gezeigten Synthese handelt es sich um eine doppelte elektrophile Substitution. Erläutern Sie diese Aussage und nennen Sie den elektrophilen Angreifer. (*Hinweis*: Übernehmen Sie die angegebene Konstitutionsformel von Phthalsäureanhydrid in Ihr Heft und tragen Sie die Partialladungen an den Atomen außerhalb des Benzolrings ein.)

A24 Phenolphthalein (B4) ist einer der bekanntesten Säure-Base-Indikatoren. Lactone sind intramolekulare Ester. Formulieren Sie die Verbindung mit einer Hydroxy- und einer Carboxy-Gruppe, deren intramolekularer Ester die Lactonform aus B4 ist.

A25 Nennen Sie zwei strukturelle Gemeinsamkeiten und zwei Unterschiede zwischen dem Säure-Base-Indikator Phenolphthalein (B4) und dem Fluoreszenzfarbstoff Fluoreszein (B5).

A26 Erschließen Sie den Text in B5 und nennen Sie weitere mögliche Anwendungen von Fluoreszein.

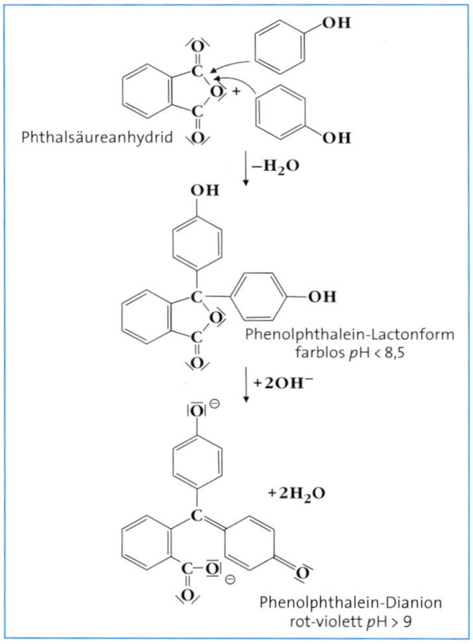

B4 *Synthese von Phenolphthalein*

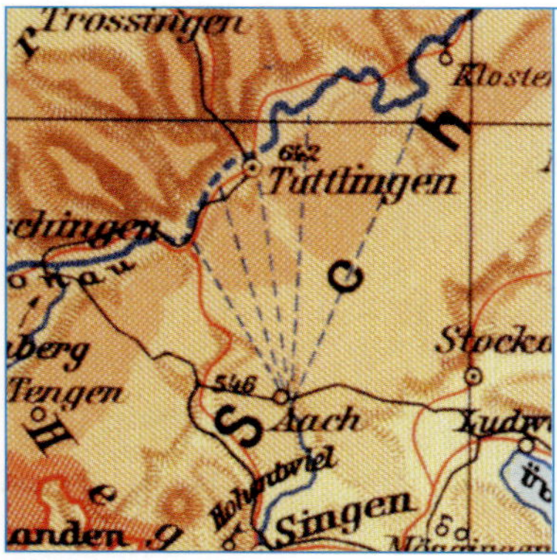

INFO
Fluoreszein ist einer der gebräuchlichsten Fluoreszenzfarbstoffe. Seine Fluoreszenz ist so stark, dass sie selbst noch bei großer Verdünnung zu sehen ist. Fluoreszein kann daher z. B. zur Aufklärung unterirdischer Wasserläufe eingesetzt werden. So kippte man im Jahr 1877 zur Untersuchung der Donauversickerung 10 kg Fluoreszein in die Donau. Drei Tage später beobachtete man eine deutliche Fluoreszenz in der Aach, einem Nebenfluss des Rheins. Dadurch konnte aufgeklärt werden, dass ein Großteil des Donauwassers unterirdisch in das Flusssystem des Rheins abfließt.

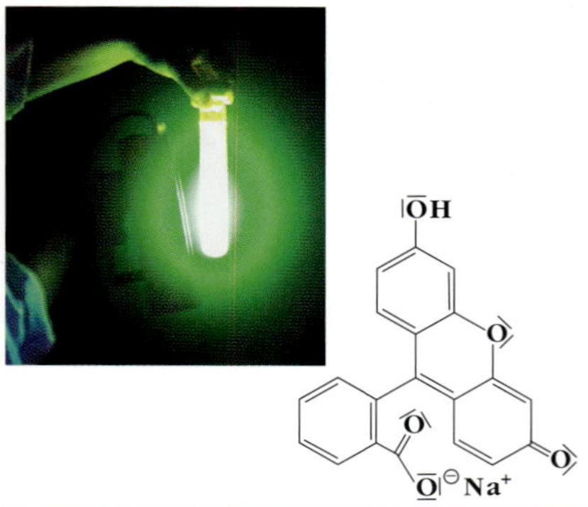

B5 *Fluoreszein und Phenolphthalein (B4) sind strukturverwandte Aromaten.*

Das **aromatische System**:

Die Besonderheiten des aromatischen Systems werden am Beispiel des **Benzol-Moleküls** deutlich. Es handelt sich in diesem Fall um ein **delokalisiertes Elektronensextett** aus sechs Elektronen, die nicht zwischen jeweils zwei Kohlenstoff-Atomen lokalisiert, sondern über den ganzen Ring delokalisiert sind. Dieses strukturelle Merkmal bezeichnet man als Mesomerie und wird durch mesomere Grenzstrukturformeln oder durch einen Kreis im Sechseck symbolisiert. Das Benzol-Molekül ist energieärmer als ein hypothetisches Cyclohexatrien-Molekül mit lokalisierten Doppelbindungen.

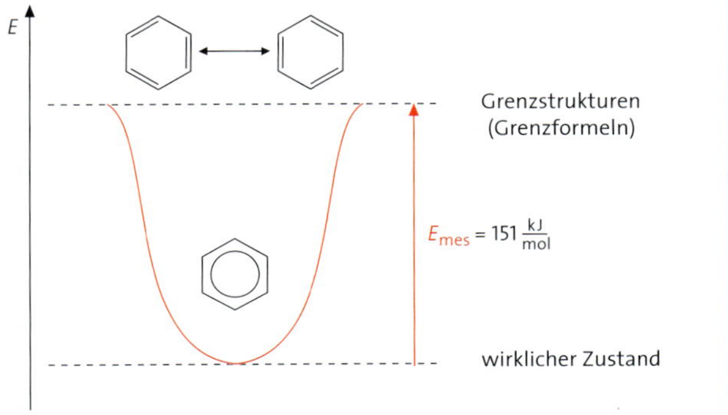

Elektrophile Substitution:

Die typische und für die Technik bedeutsamste Reaktion für aromatische Verbindungen ist die elektrophile Substitution:

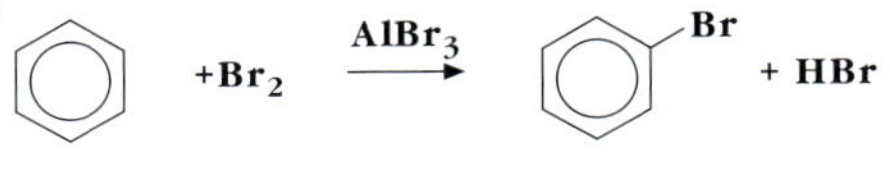

Der **Mechanismus** der elektrophilen Substitution ist wie folgt darstellbar:

1. Schritt: Elektrophiler Angriff

2. Schritt: Rearomatisierung

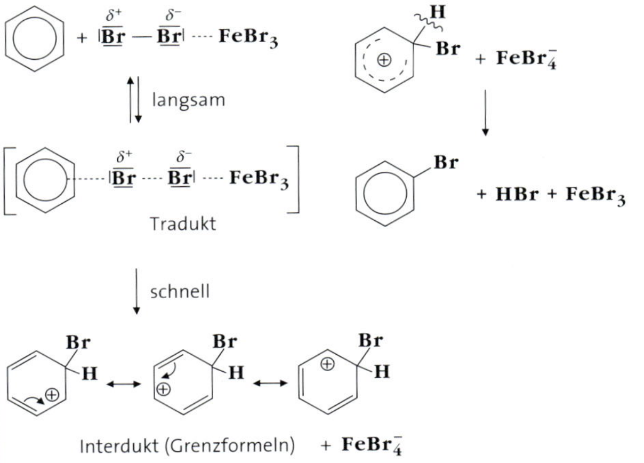

Wichtige Aromaten in **Natur, Alltag** und **Technik**:

Die folgenden aromatischen Verbindungen sind in der Natur, dem Alltag und der Technik von Bedeutung. Sie können als Derivate (Abkömmlinge) des Benzols angesehen werden:

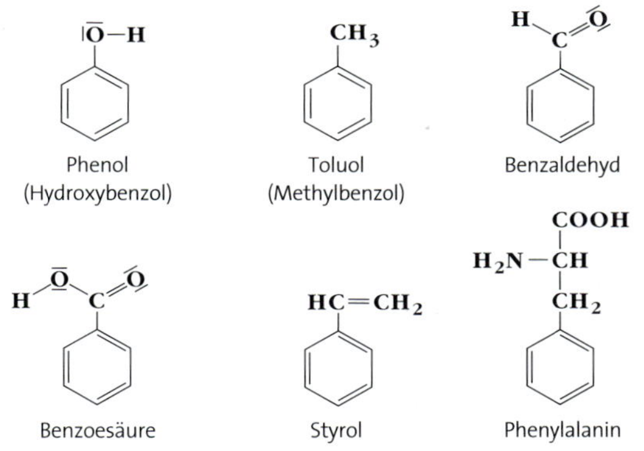

Diese Verbindungen zählen zu den Aromaten, weil ihre Moleküle jeweils einen Benzolring enthalten. Das **delokalisierte Elektronensextett** in diesem Ring verleiht ihnen den aromatischen Charakter.

Einflüsse des **Phenyl-Rests**:

Das Phenol-Molekül C_6H_5OH ist eine stärkere Säure als die Moleküle von Alkanolen. Das Anilin-Molekül $C_6H_5NH_2$ ist eine schwächere Base als die Moleküle aliphatischer Amine. Das kann mithilfe von mesomeren Grenzstrukturformeln erklärt werden, z. B.:

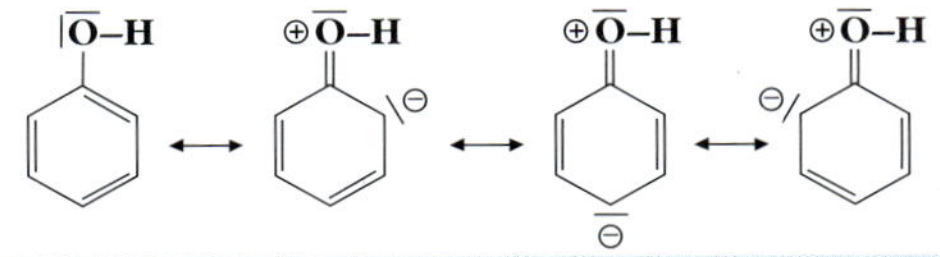

Induktive und **mesomere Effekte**:

Substituenten am aromatischen Ring können durch ihre induktiven und mesomeren Effekte weitere Substitutionen erleichtern oder erschweren. Sie bestimmen auch den Ort der Zweitsubstitution:

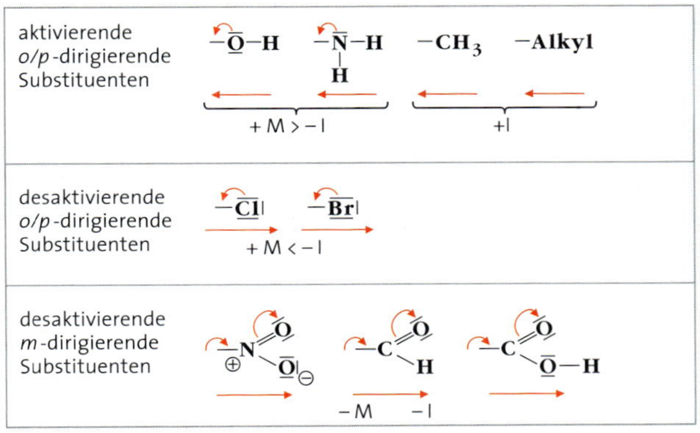

Naturstoffe – Moleküle des Lebens

Lebewesen sind äußerst komplexe Systeme, in denen zahlreiche Stoffe und Reaktionen dazu beitragen, dass die Organismen „leben“. Die enorme Vielfalt von biologischen Formen und Funktionen beruht auf Strukturen und Vorgängen, bei denen verschiedene Klassen von **organischen Naturstoffen** eine zentrale Rolle spielen. Dazu zählen die Klassen **Kohlenhydrate** (Zucker, Saccharide), **Proteine** (Eiweißstoffe) und **Lipide** (Fette und Öle), die auch in unserer täglichen Ernährung eine wichtige Rolle spielen.
Deshalb steht in diesem Kapitel unser eigener Körper im Mittelpunkt. Die in ihm ablaufenden Prozesse möglichst gut zu kennen und zu verstehen, entspricht einerseits der natürlichen Neugier des Menschen. Andererseits erhofft man sich von diesen Kenntnissen auch praktische Hilfen für ein gesundes Leben, das den persönlichen Ansprüchen und Vorlieben entspricht.
Die **Basiskonzepte Stoff – Teilchen, Struktur – Eigenschaft, Donator – Akzeptor, Kinetik und Gleichgewicht** sowie **Energie** kommen in diesem Kapitel zur Anwendung, indem wir folgenden Fragen und Stichworten nachgehen:

1 **Mit welchen Nährstoffen versorgen wir unseren Körper?**

2 **Kohlenhydrate sind Bestandteile unserer täglichen Ernährung. Was sind sie aus chemischer Sicht?**

3 **Struktur und Eigenschaften von Kohlenhydrat-Molekülen**

4 **Wie werden aus Monosacchariden Di- und Polysaccharide?**

5 **Polysaccharide als nachwachsende Rohstoffe und ihre Ökobilanz**

6 **Was sind Aminosäuren und wie werden aus Aminosäuren Peptide und Proteine?**

7 **Chemie beim Kochen, Braten, Grillen – Was bedeutet das?**

8 **Fette und Öle – Naturstoffe für unsere Ernährung und nachwachsende Rohstoffe für die Industrie**

9 **Moleküle aus Naturstoffen in Alltag, Forschung, Medizin und Technik** EVA

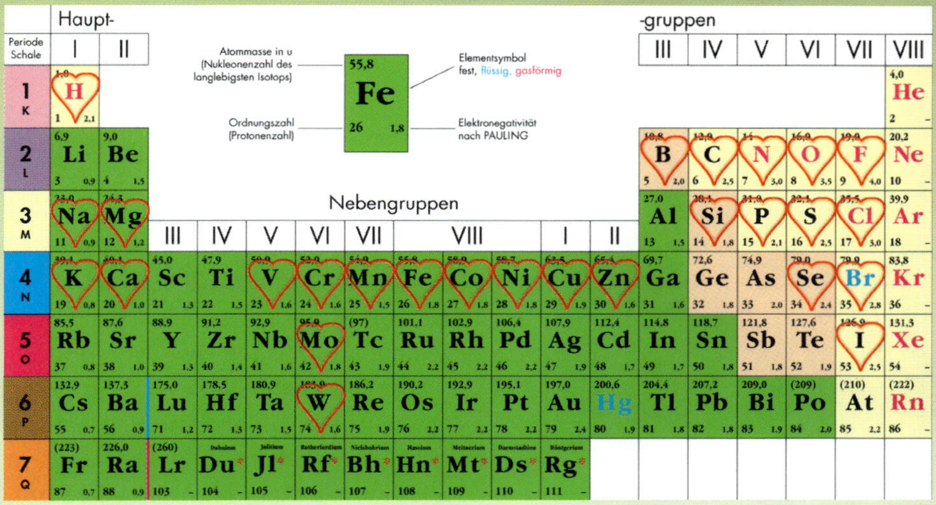

B1 *Die 27 „Elemente des Lebens" und ihre Positionen im Periodensystem*

Bei der Auswahl der chemischen Elemente, die bei der Evolution des Lebens auf unserem Planeten eine Rolle spielen, war die Natur recht geizig. Nur vier Elemente, Sauerstoff, Kohlenstoff, Wasserstoff und Stickstoff, sind an 95% der Masse eines Menschen beteiligt. Insgesamt benötigte die Evolution nur 27 von den über 90 natürlich vorkommenden Elementen (B1) „für den Menschen". Die elementare Zusammensetzung des menschlichen Körpers lässt sich ganz nüchtern durch die folgenden Symbole und Zahlen darstellen (die Angaben der Elemente sind in Massenprozent):
O (56,1%), **C** (28%), **H** (9,3%), **N** (2%), **Ca** (1,5%), **Cl** (1%), **P** (1%) und **S**, **Fe**, **Zn**, **I**, **F**, **Cu**, **Mg**, **K**, **Na**, **Se**, **Co**, **V**, **Cr**, **Mo**, **W**, **Mn**, **Ni**, **Br**, **B** und **Si** (zusammen 1,1%).
Sie sagt allerdings wenig über die Chemie aus, die in uns abläuft, denn keines der aufgezählten Elemente kommt atomar im Körper vor. Die Vielfalt von Teilchen in lebenden Organismen ist unvorstellbar groß. Sie reicht von kleinen Ionen und Molekülen wie Natrium-Ionen Na^+ und Kalium-Ionen K^+ bzw. Wasser- Molekülen H_2O, Stickstoffmonooxid-Molekülen **NO** und Kohlenstoffmonooxid-Molekülen **CO** bis zu supramolekularen Systemen aus Riesenmolekülen und/oder -ionen.
Die **Molekülstruktur** und die **Stoffeigenschaften** sowie die **Nachweisreaktionen** und die **Bedeutung** der wichtigsten Klassen von organischen Naturstoffen werden in diesem Kapitel erschlossen.

Frühstücksei und mehr

Hinweis: Es kann arbeitsteilig in Gruppen gearbeitet werden.

B1 *So könnte ein Frühstück aussehen.*
A: *Nennen Sie Lebensmittel, die Sie oft oder gelegentlich frühstücken.*

Versuche

V1 Erhitzen Sie in einem Rggl. eine kleine Portion Zucker, in einem zweiten ein Stück Weißbrot. Beobachten Sie die Veränderungen der beiden Lebensmittel und die Abscheidungen an der Innenwand im oberen Teil der Rggl.

V2 Stickstoff **N** und Schwefel **S** in organischen Verbindungen können durch Erhitzen mit Natronlauge*, $w \approx 30\,\%$, bis zum Sieden nachgewiesen werden. Dabei bildet sich Ammoniak* $NH_3(g)$ bzw. Schwefelwasserstoff* $H_2S(g)$. Ammoniak weist man als Base mit angefeuchtetem Indikatorpapier nach, Schwefelwasserstoff mit Filterpapier, das mit Bleiacetat*-Lösung getränkt wurde (Schwarzfärbung durch Bleisulfid **PbS**). Planen Sie Versuche zum Nachweis von Stickstoff und von Schwefel in Hühnereiweiß und führen Sie die Versuche nach Beratung mit der Lehrkraft durch (vgl. auch Auswertung d).

V3 Eierschalen bestehen vorwiegend aus Calciumcarbonat $CaCO_3$ und etwas Eiweiß. Schalen von braunen Eiern enthalten auch Blutreste. Überschichten Sie in einem großen Rggl. braune Eierschalen mit Essigsäureethylester* (Ethylacetat). Prüfen Sie den Inhalt mithilfe einer UV-Handlampe auf Fluoreszenz. Fügen Sie dann einige mL Salzsäure*, $c = 3$ mol/L, hinzu. Stellen Sie Unterschiede zur Fluoreszenz vor der Zugabe von Salzsäure fest.

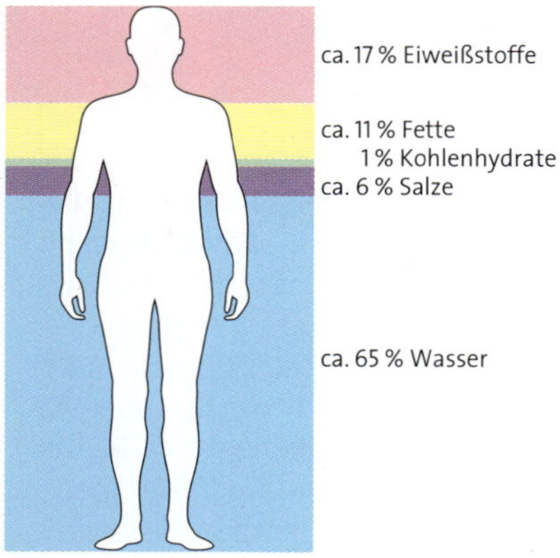

B2 *Zusammensetzung unseres Körpers.*
A: *Erläutern Sie, ob die Anteile der angegebenen Stoffe am Aufbau unseres Körpers in etwa den Anteilen entsprechen, in denen wir diese Stoffe zu uns nehmen.*

Auswertung

a) Deuten Sie die Beobachtungen bei V1 in Bezug auf drei Elemente, die in Zucker und in Brot gebunden sind.

b) Planen Sie einen Nachweisversuch für die flüssigen Abscheidungen bei V1 und führen Sie ihn nach Rücksprache mit der Lehrkraft durch.

c) Wenn die Rückstände bei V1 verbrannt und die gasförmigen Verbrennungsprodukte in Kalkwasser eingeleitet werden, bildet sich in beiden Fällen ein weißer Niederschlag. Erklären Sie die Beobachtungen.

d) Schwefelwasserstoff ist eine Säure. Erläutern Sie, warum bei V2 der Ammoniak-Nachweis ggf. misslingt. Überlegen Sie, wie man verfahren könnte, damit beide Elementnachweise eindeutig ausfallen. Diskutieren Sie Ihren Vorschlag mit der Lehrkraft und führen Sie ihn ggf. durch.

Lebensmittel	Energiegehalt in kJ/100g	Fette	Kohlenhydrate	Eiweißstoffe	Wasser
Butter	3170	83	1	1	15
Trinkmilch	270	4	5	3	88
Eier	680	12	1	13	74
Hartkäse	1670	30	27	3	40
Roggenbrot	950	2	53	6	39
Reis	1500	2	77	8	13
Kartoffeln	320		18	2	80
Pizza	970	11	26	9	54
Schokolade	2300	30	56	8	6
Banane	400		23	1	76
Schweinefleisch	1200	25		16	59
Hering	970	19		17	64

B3 *Energiegehalt und Zusammensetzung einiger Lebensmittel.* **A:** *Erläutern Sie, welche der im Tabellenkopf angegebenen Stoffklassen den höchsten Energiegehalt hat.*

Schale: 95,1 % Mineralstoffe, 3,3 % Eiweiße, Wasser, Porphyrine u. a.

Eiklar: 10,6 % Eiweiße, 0,9 % Kohlenhydrate, 0,6 % Mineralstoffe, 0,03 % Fette, Wasser, Vitamine u. a.

Eidotter: 32,6 % Fette, 16,6 % Eiweiße, 1,1 % Mineralstoffe, 1 % Kohlenhydrate, Wasser, Vitamine, Farbstoffe u. a.

B4 *In einem Hühnerei ist alles enthalten, was der Embryo bis zum Schlüpfen benötigt, um heranzuwachsen.* **A:** *Erläutern Sie auch mithilfe von B2, warum das Hühnerei für den Menschen ernährungsphysiologisch wertvoll ist.*

Naturstoffe in unserer Ernährung

Der Mensch ist das, was er isst – lautet ein bekannter Spruch. So ganz trifft das aber nicht zu: Einige Stoffe und Stoffgruppen, aus denen wir bestehen (B2), nehmen wir zwar mit der Nahrung zu uns (B1, B5), aber bei weitem nicht alle. Viele lebenswichtige Verbindungen werden erst in unseren Körperzellen auf biochemischem Weg synthetisiert. Außerdem entspricht die Zusammensetzung einer gesunden Ernährung aus den wichtigen organischen **Naturstoffen** Kohlenhydrate, Fette und Eiweiße nicht der des Körperaufbaus.

Kohlenhydrate (**Zucker**, **Saccharide**, vgl. S. 179f.) sind am Körperbau in geringstem Maße beteiligt, spielen aber in der Ernährung die größere Rolle (B2, B5). Eine erwachsene Person sollte pro Tag 350 g Kohlenhydrate zu sich nehmen. Allerdings sind weder der Haushaltszucker (Saccharose, vgl. S. 185) noch der Traubenzucker (Glucose, vgl. S. 179) lebenswichtige Nahrungsmittel. Man sollte daher nicht allzu oft zu „süßen" Speisen und Getränken greifen, die reich an Saccharose oder Glucose sind, da sie zu Übergewicht führen und im Mund einen idealen Nährboden für Bakterien bilden, deren Abbauprodukte übel riechen und Zahnkaries fördern. Stattdessen sollte man die Kohlenhydrate vorwiegend in Form von pflanzlicher Stärke aufnehmen (B5).

Fette (**Lipide**, vgl. S. 204f.) werden im menschlichen Körper unter der Haut und zwischen den Muskeln gespeichert. Empfindliche Organe wie Herz, Leber und Nieren sind in Fett eingebettet und so vor Stoß und Druck geschützt. Fette sind wichtige *Energielieferanten* für den menschlichen Organismus (B3, A2). Auch als *Lösemittel* für hydrophobe Stoffe wie beispielsweise die Vitamine A, D, E und F und die Sexualhormone sind Fette lebensnotwendig. Der Tagesbedarf eines Menschen an Fetten liegt bei ca. 50 g. Er kann teilweise durch Kohlenhydrate ersetzt werden, weil diese im Körper in Fette umgewandelt werden können. Einige in Fetten gebundene *Fettsäuren* (vgl. S. 207) wie Linolsäure und Arachidonsäure können allerdings nicht im Körper synthetisiert werden, sodass eine völlig fettfreie Ernährung zu Mangelerscheinungen führt.

Eiweiße (**Proteine**, vgl. S. 195f.) sind am Aufbau aller lebenden Organismen beteiligt, am menschlichen Körper zu 17%. Proteine bilden damit die größte Gruppe der organischen Verbindungen. Sie dienen in Muskeln und Haaren als *Bau*-und *Gerüststoffe*. *Enzyme* aus dem Cytoplasma der Zellen katalysieren biochemische Reaktionen, *Hormone* wirken als chemische Botenstoffe und *Antikörper* im Blut wehren Krankheitserreger wie Viren und Bakterien ab. Als Nährstoffe sind Eiweiße unentbehrlich. Da Eiweiß-Moleküle Stickstoff-Atome enthalten, kann ein Eiweißmangel nicht durch die Aufnahme von Kohlenhydraten oder Fetten ausgeglichen werden. Der Tagesbedarf an Eiweißen liegt für einen erwachsenen Menschen bei etwa 60 g bis 70 g. Im Körper werden makromolekulare Eiweiße aus der Nahrung hydrolytisch in monomere Aminosäuren (vgl. S. 194, 195) gespalten, aus denen dann körpereigene Proteine synthetisiert werden.

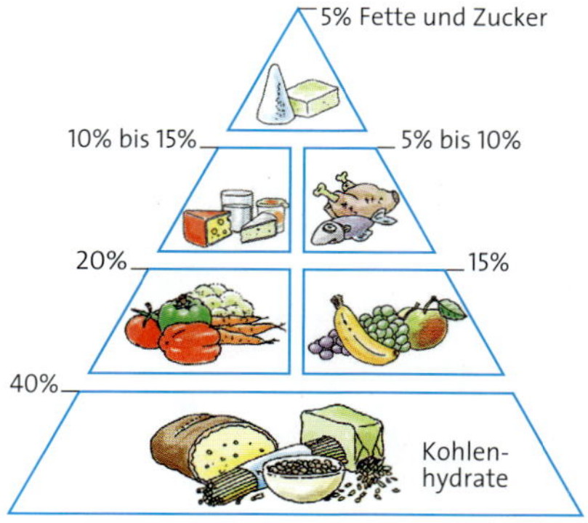

B5 *Nach der Pyramide für eine gesunde Ernährung sollte der größte Anteil der Nährstoffe aus Kohlenhydraten aus Brot, Kartoffeln, Nudeln, Reis und Mais bestehen.*

Aufgaben

A1 Vergleichen und bewerten Sie die Zusammensetzung Ihrer eigenen Ernährung mit der Pyramide für eine optimale Ernährung (B5).

A2 Notieren Sie einen Tag (oder eine Woche) lang, was und wie viel Sie gegessen und getrunken haben. Bestimmen Sie anhand von B3 sowie der Angaben auf den Verpackungen oder in Kochrezepten den ungefähren Energiegehalt der verzehrten Speisen und Getränke. Stellen Sie eine Energiebilanz Ihres Körpers für den betrachteten Zeitraum auf. (*Hinweis*: Ein erwachsener Mensch „verbraucht" ca. 8 600 kJ pro Tag. Je nach Körpergewicht und durchgeführten Aktivitäten gibt es erhebliche Abweichungen.)

Fachbegriffe

Naturstoffe, Kohlenhydrate (Zucker, Saccharide), Fette (Lipide), Eiweiße (Proteine)

Traubenzucker, Stärke und Verwandte

B1 *Früchte und Beeren enthalten Traubenzucker (Glucose) und Fructose (Fruchtzucker).*

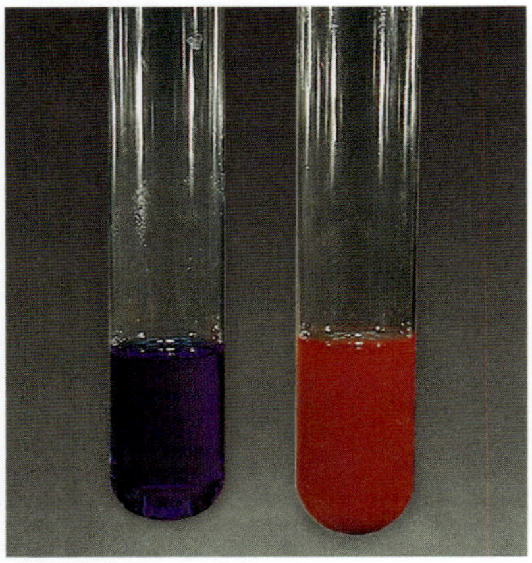

B2 *Fehling-Probe (V4).* **A:** *Untersuchen Sie angeschnittene Äpfel, Orangen, Trauben und Kartoffeln mit Glucose-Teststreifen (V6).*

B3 *Fructose-Nachweis (V5)*

Versuche

V1 Erhitzen Sie jeweils 3 Spatelspitzen Glucose (Traubenzucker), Fructose (Fruchtzucker), Saccharose (Rohrzucker), Stärke und Cellulose im Rggl. Beobachten Sie die kalten Zonen der Rggl.

V2 Prüfen Sie die Löslichkeit von Glucose und Saccharose in Wasser und in Heptan*.

V3 *Silberspiegel-Probe, Tollens-Reaktion*: Geben Sie zu 5 mL Silbernitrat-Lösung* in einem neuen Rggl. tropfenweise verd. Natronlauge*, bis sich ein schwarzbrauner Niederschlag bildet. Tropfen Sie dann so viel verd. Ammoniak-Lösung* hinzu, bis sich der Niederschlag wieder auflöst. Geben Sie dann Glucose-Lösung (0,5 g in wenig Wasser) zu und stellen Sie das Rggl. in ein warmes Wasserbad. Beobachten Sie die Ablagerung an der Innenwand des Rggl.

V4 *Fehling-Probe*: Geben Sie in ein Rggl. je 2 mL Fehling I*- und Fehling II*-Lösung, schütteln Sie und versetzen Sie dann mit 1 mL Glucose-Lösung. Erwärmen Sie im heißen Wasserbad und beobachten Sie die Farbe und den sich absetzenden Niederschlag (B2). Führen Sie die Fehling-Probe auch mit Fructose durch.

V5 *Spezifischer Fructose-Nachweis*: Geben Sie zu 3 mL Fructose-Lösung (als Vergleich Glucose-Lösung) ca. 3 mL Resorcin-Salzsäure-Lösung* (1 Spatelspitze Resorcin in 20 mL Salzsäure*, w = 10 %). Erhitzen Sie das Rggl. in siedendem Wasser und beobachten Sie die Farbe (B3). Führen Sie diesen Versuch auch mit Fruchtsäften und -stücken durch.

V6 *GOD-Test* (*Glucose-Oxidase-Test*): Stellen Sie sich verschiedene wässrige Glucose-Lösungen (zwischen 10 und 200 mg Glucose in je 100 mL Lösung) her und tauchen Sie jeweils ein frisches Glucose-Teststäbchen ein. Vergleichen Sie die Farberscheinungen des Teststäbchens mit der Farbskala auf der Verpackung der Teststäbchen.

Auswertung

a) Protokollieren Sie die Beobachtungen bei V1 bis V6 (ggf. tabellarisch).

b) Erläutern Sie, wie man überprüfen kann, ob die bei V1 gebildeten Tröpfchen an der kalten Wand des Rggl. Wasser sind.

c) Erklären Sie das Löslichkeitsverhalten in V2 anhand von B4.

d) Bei V3 läuft folgende Reaktion ab (R = Rest aus dem Glucose-Molekül):

$$R{-}C(=\overline{O})H + 2\,Ag^+ + 2\,|\overline{O}H^- \longrightarrow R{-}C(=\overline{O}){-}\overline{O}{-}H + 2\,Ag + H_2O$$

Die Aldehyd-Gruppe wird dabei zu einer Carboxy-Gruppe oxidiert. Geben Sie mithilfe der Definitionen von S. 257 an, was dabei mit den Silber-Ionen geschieht.

e) Bei der Fehling-Probe in V4 reagiert die Aldehyd-Gruppe wie in d) zu einer Carboxy-Gruppe. Kupfer(II)-Ionen Cu^{2+} werden dabei zu Kupfer(I)-Ionen Cu^+ umgesetzt und als rotbrauner Niederschlag aus Kupfer(I)-oxid ausgefällt. Formulieren Sie die Reaktionsgleichung.

Kohlenhydrate $C_m(H_2O)_n$

Glucose und *Fructose* aus Früchten und Beeren (B1), *Saccharose* aus Zuckerrohr und -rübe, *Stärke* aus Kartoffeln und Getreide sowie *Cellulose* aus Baumwolle und Holz spalten beim Erhitzen Wasser ab (V1), bis schließlich elementarer Kohlenstoff übrig bleibt. In den Molekülen dieser Verbindungen sind neben Kohlenstoff-Atomen nur Wasserstoff- und Sauerstoff-Atome im gleichen Atomanzahlverhältnis wie im Wasser-Molekül enthalten und die allgemeine Molekülformel lautet $C_m(H_2O)_n$. Diese Verbindungen werden daher als **Kohlenhydrate** bezeichnet.

Glucose und Fructose, die beiden wichtigsten **Einfachzucker** (**Monosaccharide**) haben beide die molare Masse $M = 180$ g/mol. Es handelt sich um zwei Isomere mit der Molekülformel (Summenformel) $C_6H_{12}O_6$. Die experimentellen Befunde aus V2 bis V5 zeigen, dass sich Glucose und Fructose gut in Wasser und schlecht in Heptan lösen (V2). Glucose zeigt – wie für Aldehyde charakteristisch – sofort eine positive FEHLING- sowie Silberspiegel(TOLLENS)-Probe, Fructose dagegen erst nach einiger Zeit (B7), kann aber mit Resorcin-Salzsäure-Lösung spezifisch nachgewiesen werden (V5). Diese experimentellen Befunde unterstützen die in B4 angegebenen Konstitutionsformeln (Valenzstrichformeln) für Glucose- und Fructose-Moleküle. In diesen wird deutlich, dass das Glucose-Molekül neben fünf Kohlenstoff-Atomen mit je einer Hydroxy-Gruppe eine *Aldehyd*-Gruppe **–CHO** enthält: Glucose ist eine **Aldose**. Im Fructose-Molekül befindet sich dagegen eine *Keto*-Gruppe, Fructose ist eine **Ketose**.

Die Moleküle von Glucose wie die von Fructose liegen vorwiegend in einer ringförmigen Struktur vor (B5, B6), die aus der entsprechenden kettenförmigen Struktur durch intramolekulare Addition einer Hydroxy-Gruppe an die Carbonyl-Gruppe entsteht. Während man die kettenförmigen Strukturen am besten durch FISCHER-Projektionsformeln wiedergibt, eignen sich für die Darstellung der ringförmigen die HAWORTH-Projektionsformeln (B4 bis B6, vgl. auch S. 182, 183). In wässriger Lösung stellt sich sehr rasch ein Gleichgewicht zwischen der Ketten- und der Ringstruktur ein. Fructose isomerisiert aber nur in alkalischer Lösung und langsam zu Glucose (B7, V4).

Saccharose ist ein **Zweifachzucker**, ein **Disaccharid**, und lässt sich hydrolytisch in Glucose und Fructose spalten (vgl. S. 185). Stärke- und Cellulose-Moleküle bestehen aus sehr vielen Glucose-Einheiten, Stärke und Cellulose gehören deshalb zu den **Vielfachzuckern** oder **Polysacchariden** (vgl. S. 186 f.).

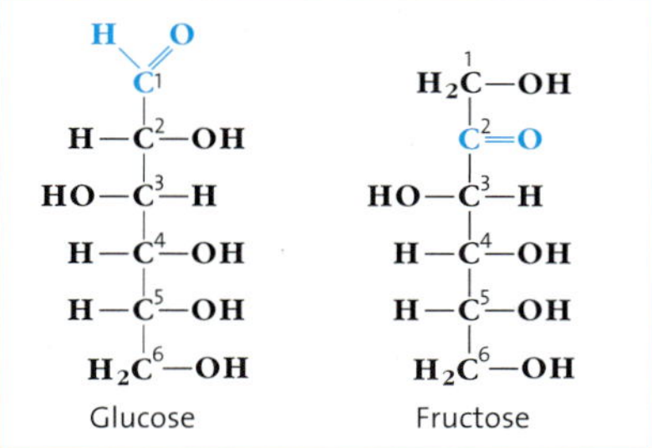

B4 *FISCHER-Projektionsformeln eines Glucose- und eines Fructose-Moleküls (vgl. S. 181): Glucose ist eine Aldose, Fructose eine Ketose.*

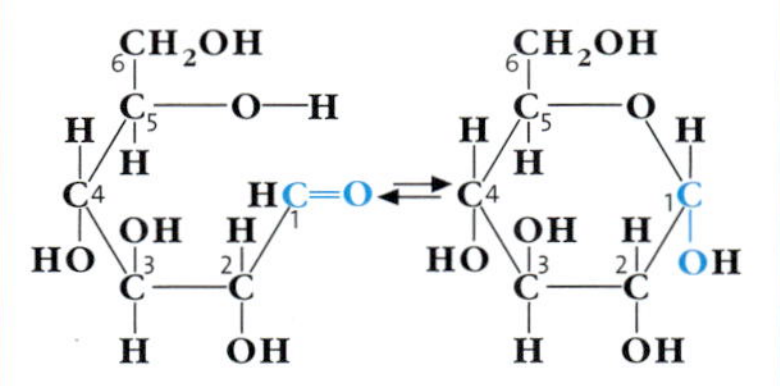

B5 *Übergänge zwischen Ketten- und Ringstruktur bei einem Glucose-Molekül (HAWORTH-Projektion; vgl. S. 183)*

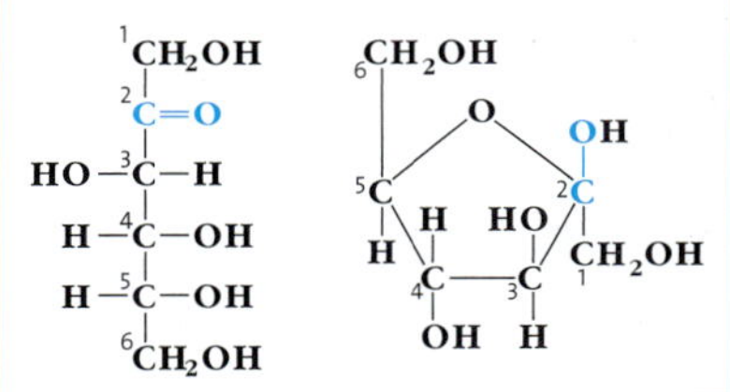

B6 *Ketten- und Ringstruktur eines Fructose-Moleküls (FISCHER- bzw. HAWORTH-Projektion)*

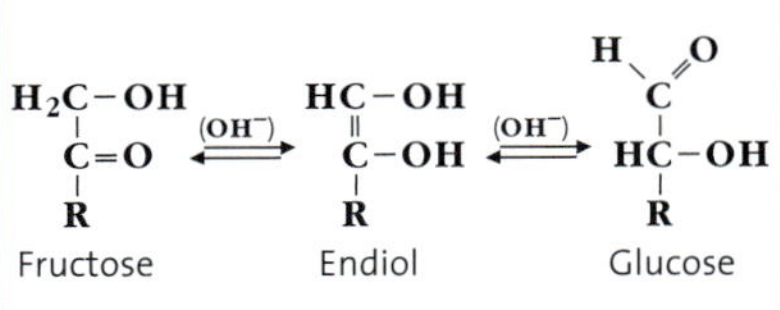

B7 *Isomerisierung von Glucose zu Fructose in alkalischer Lösung (Keto-Enol-Tautomerie).* ***A:*** *Nennen Sie die Strukturunterschiede in den drei Isomeren.*

Aufgaben

A1 Erklären Sie, warum Fructose erst nach längerem Erhitzen eine positive FEHLING-Probe liefert.

A2 Der Blutzuckergehalt des Menschen beträgt ca. 100 mg/100 mL Blut. Ein erwachsener Mann hat ca. 7 Liter Blut. Berechnen Sie die Masse an Glucose, die in seinem Blut gelöst ist.

Fachbegriffe

Kohlenhydrate $C_m(H_2O)_n$, Aldose, Ketose, Monosaccharid, Disaccharid, Polysaccharid, FEHLING-Probe, Silberspiegel(TOLLENS)-Probe

Haute Couture für Kohlenhydrate

Wenn Kinder lernen müssen, sich selbständig anzuziehen, dann fließen häufig Tränen. Schlüpft der Knirps zum Beispiel mit dem linken Ärmchen in den rechten Hemdsärmel,dann führt dies schnell zu ärgerlichen Verwicklungen. Und mit der Fortbewegung hapert es, wenn nach längeren Mühen der linke Stiefel am rechten Füßchen sitzt. Manche lernen erst nach einigen Wutanfällen, daß Körper und Kleider viele Asymmetrien aufweisen, daß Bild und Spiegelbild häufig zwar zum Verwechseln ähnlich, aber keineswegs identisch sind ...

Vor einem ähnlichen Problem wie die Kinder beim Anziehen stehen häufig auch Biochemiker beim Herstellen von Naturstoffen. Denn was für den Körper gilt, stimmt auch für die Moleküle die ihn aufbauen. Genauso wie unsere beiden Füße, Arme, Beine, Lungenflügel oder Ohren chiral und somit nicht identisch sind (man stelle sich nur vor, ein Chirurg versuchte, ein linkes Ohr auf die rechte Kopfseite zu verpflanzen), so gibt es eine Fülle von Naturstoffen, die sich zwar gleichen wie Bild und Spiegelbild, die aber dennoch grundverschieden sind, Während die eine Form für den Körper lebenswichtig sein kann, mag die andere für ihn unbrauchbar oder gar gefährlich sein. Dies, obwohl die beiden Enantiomeren die gleiche chemische Formel haben.

Ernährungsbewußte Zeitgenossen wissen zum Beispiel, daß es eine „rechtsdrehende" und eine „linksdrehende" Milchsäure etwa in Joghurtprodukten gibt. Erstere spielt in unserem Stoffwechsel eine wichtige Rolle ...
Mit der linksdrehenden Milchsäure hingegen kann der Körper nichts anfangen. Ähnliches gilt für viele Zucker. Während Glukose ein wichtiger Energielieferant ist, würde eine Diät mit ihrem Spiegelbild zum Hungertod führen ...

Die Herstellung chiraler Moleküle durch sogenannte asymmetrische Synthesen gilt dementsprechend als hohe Kunst ...

B1 *Auszug aus einem Artikel von* HANS SCHUH, *DIE ZEIT, Nr. 44, 26. Okt. 1990*

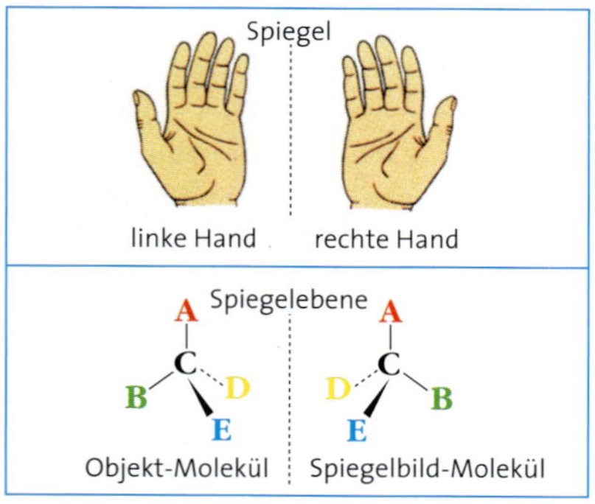

B2 *Die linke und die rechte Hand sind chirale Objekte.* **A:** *Nennen Sie drei andere chirale Körperteile.*

INFO

Es gibt isomere Verbindungen, deren Moleküle wie ein Objekt und sein Spiegelbild anzusehen sind. Ein solches Objekt, ein solches Molekül, das selbst keine Spiegelebene besitzt, bezeichnet man als **chiral**[1]. So ist ein Molekül z. B. chiral, wenn vier verschiedene Substituenten an ein Kohlenstoff-Atom gebunden sind. Dieses bezeichnet man dann als **asymmetrisches Kohlenstoff-Atom**. Zu einem Molekül mit einem asymmetrischen Kohlenstoff-Atom gibt es ein Spiegelbild-Molekül (B3, B4). Zwei Stoffe, deren Moleküle sich wie Objekt und Spiegelbild verhalten, bezeichnet man als **optische Isomere** oder **Enantiomere**[2]. Ihre Moleküle sind chiral und haben verschiedene **Konfigurationen**, d. h. verschiedene räumliche Anordnungen der Substituenten an den asymmetrischen Kohlenstoff-Atomen. Optische Isomere (Enantiomere) haben weitgehend gleiche physikalische und chemische Eigenschaften. Allerdings drehen sie die Ebene des polarisierten Lichts (vgl. *EVA Online*) in entgegengesetzte Richtungen. Das chemische Verhalten von Enantiomeren gegenüber anderen Stoffen aus chiralen Molekülen kann vollkommen unterschiedlich sein. Das ist bei lebenswichtigen Reaktionen in Organismen von herausragender Bedeutung (vgl. Zeitungstext in B1).

Auswertung

a) Begründen Sie, ob ein geometrischer Würfel und ob ein Spielwürfel ein chirales Objekt ist.

b) Die chemisch korrekte Bezeichnung von Milchsäure ist 2-Hydroxypropansäure (B3), die Halbstrukturformel lautet $H_3CCH(OH)COOH$. Begründen Sie, warum es zwei optische Isomere (Enantiomere) von Milchsäure gibt, die rechtsdrehende und die linksdrehende Milchsäure.

c) Schreiben Sie die räumliche Strukturformel eines 2-Brombutan-Moleküls und die eines 2-Brompropan-Moleküls nach dem Muster aus B3 auf. Begründen Sie, warum das erste Molekül chiral ist und das zweite nicht.

d) Suchen Sie im Internet nach zwei Beispielen von Stoffen, deren Enantiomere unterschiedliche physiologische Wirkung haben.

e) Bei einem Molekül mit z Chiralitätszentren gibt es 2^z optische Isomere. Ermitteln Sie die Anzahl der optischen Isomere beim Aromastoff Menthol aus dem Pfefferminzöl:

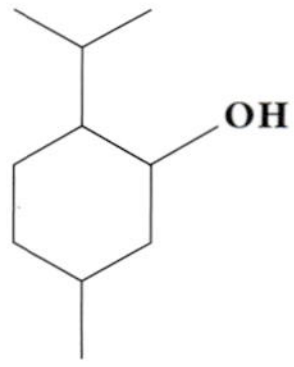

Menthol

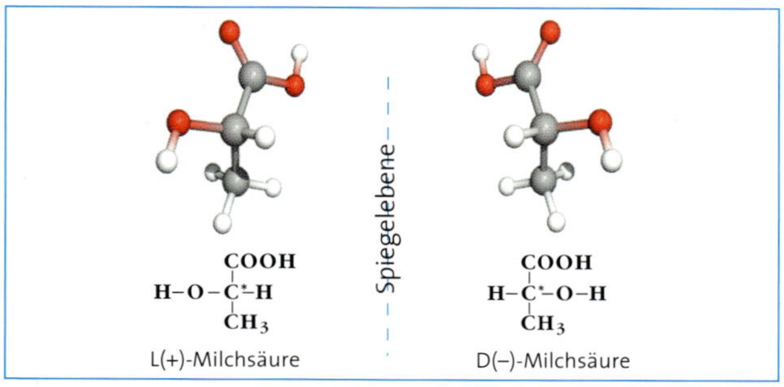

B3 *Kugelstab-Modelle und* FISCHER*-Projektionsformeln von Milchsäure-Molekülen*

[1] von *cheir* (griech.) = Hand; [2] von *enantios* (griech.) = entgegengesetzt, gegensätzlich

Chiralität am räumlichen Bau von Molekülen

Stereoisomerie (optische Isomerie, Raumisomerie) tritt bei Molekülen mit gleicher Konstitution, aber unterschiedlicher Konfiguration, d. h. unterschiedlicher räumlicher Anordnung der Atome, auf. Da die Moleküle von Kohlenhydraten mehrere **asymmetrische Kohlenstoff-Atome** besitzen, sind sie **chiral** (*INFO*, B2, B3) und kommen in Form verschiedener Stereoisomere vor. Stereoisomere können **optisch aktiv** sein, d. h. die Ebene des polarisierten Lichts nach rechts oder nach links drehen (vgl. *EVA Online*). Zur Kennzeichnung der Stereoisomere werden die Buchstaben D und L eingesetzt[3]. Dabei ist Glycerinaldehyd (B4) Bezugssubstanz: Die Konfiguration mit der Hydroxy-Gruppe auf der rechten Seite wird vereinbarungsgemäß als D-Konfiguration und die mit der Hydroxy-Gruppe auf der linken Seite als L-Konfiguration bezeichnet. In gleicher Weise verfährt man bei anderen Molekülen.

Nach der Konvention von Emil Fischer schreibt man bei einem Kohlenhydrat-Molekül die Kette der Kohlenstoff-Atome von oben nach unten, wobei das am höchsten oxidierte Kohlenstoff-Atom oben (wie bei Glucose) oder nahe am oberen Ende steht (wie bei Fructose). Die Substituenten (Hydroxy-Gruppen und Wasserstoff-Atome) werden nach rechts und nach links gesetzt. Monosaccharid-Moleküle erhalten die Bezeichnung D oder L nach der Konfiguration an dem Chiralitätszentrum, das von der Carbonyl-Gruppe am weitesten entfernt ist (B4).

Molekül-Konfigurationen können mit Molekül-Modellen und dreidimensionalen Computergrafiken nachgebaut und überprüft werden. Aus der Konfiguration kann man *nicht* die Drehrichtung eines optisch aktiven Stoffs herleiten. Sie wird experimentell bestimmt (vgl. *EVA Online*).

Bei Molekülen mit z Chiralitätszentren (*Kennzeichnung:* *) gibt es maximal 2^z Stereoisomere. Neben D-Glucose gibt es danach weitere 15 Isomere der D-Reihe von Aldohexosen. Die Zahl der optischen Isomere verringert sich aber, wenn es innerhalb des Moleküls eine Spiegelebene gibt, wie bei der Weinsäure (B5). Bei den Molekülen der Meso-Weinsäure kommt es zu einer intramolekularen Kompensation der Drehwirkung der einen Molekülhälfte durch die Wirkung ihrer spiegelbildlichen Gegenhälfte, sodass Meso-Weinsäure optisch inaktiv ist. Sie unterscheidet sich aber in ihren physikalischen und chemischen Eigenschaften von ihren optischen Isomeren und kann durch übliche Methoden von diesen getrennt werden. Dagegen bilden D- und L-Weinsäure ein Paar von **Enantiomeren** (vgl. *INFO*) mit gleichen Eigenschaften (B5). Sie können aus einem 1:1 Gemisch, einem **Racemat**, nur durch spezielle Methoden unter Einsatz anderer chiraler Substanzen oder Objekte getrennt werden. Stoffe wie die Meso-Weinsäure und die D- bzw. L-Weinsäure, die stereoisomer, aber nicht enantiomer zueinander sind, bezeichnet man als **Diastereoisomere**[4].

[3] von *dexter* (lat.) = rechts und *laevus* (lat.) = links; [4] von *dias* (griech.) = entgegen und *stereos* (griech.) = fest, körperhaft

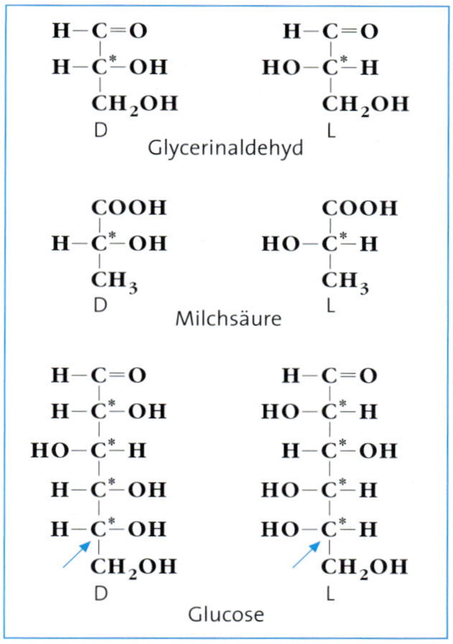

B4 *Fischer-Projektionsformeln und Konfigurationen (vgl. auch Konvention nach Fischer im Text)*

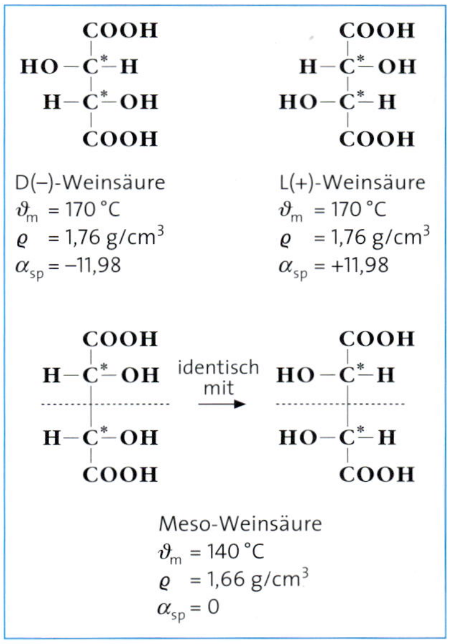

B5 *Isomere Weinsäuren (Dihydroxybutansäuren).* **A:** *Begründen Sie, warum es bei der Weinsäure nicht 2^2 = 4 Stereoisomere gibt.*

Fachbegriffe

Stereoisomerie, chirales Objekt, asymmetrisches Kohlenstoff-Atom, optisch aktiver Stoff, Enantiomere, Racemat, Diastereoisomere

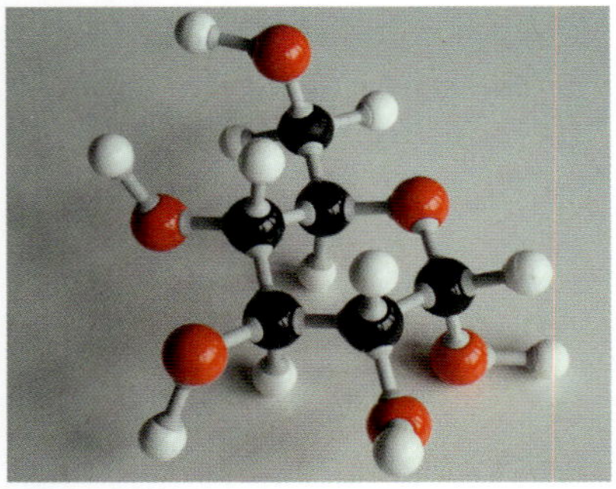

B1 *Kugelstab-Modell eines α-D-Glucopyranose-Moleküls*

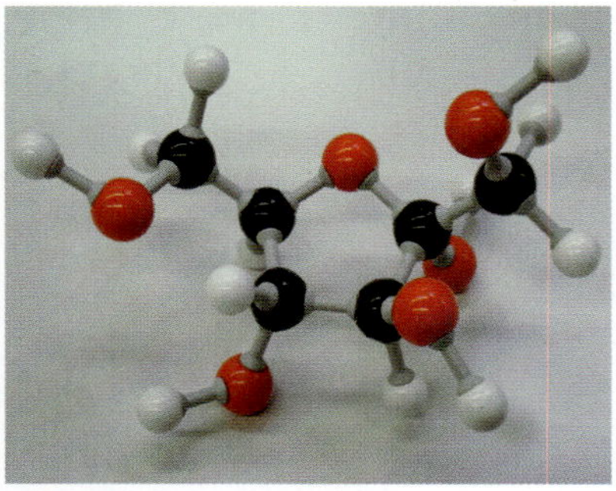

B2 *Kugelstab-Modell eines α-D-Fructofuranose-Moleküls.* ***A:*** *Bauen Sie das Modell eines β-D-Fructofuranose-Moleküls, dem Baustein von Saccharose (Haushaltszucker).*

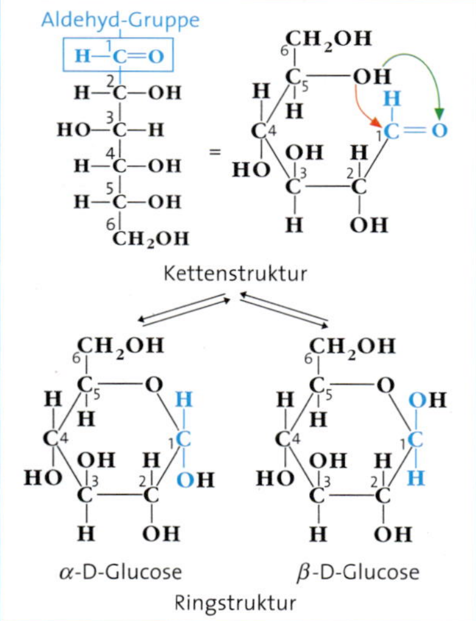

B3 *Ketten- und Ringstrukturen des D-Glucose-Moleküls (INFO S. 183).* ***A:*** *Erläutern Sie den Unterschied zwischen α- und β-D-Glucose-Molekülen (Auswertung a).*

Kette und Ring

INFO

Die beiden wichtigsten natürlichen Monosaccharide *Glucose* und *Fructose* bilden **intramolekulare Halbacetale**.

Halbacetale sind die Produkte der Reaktion einer Hydroxy- mit einer Carbonylverbindung: Dabei wird das partiell positiv geladene Kohlenstoff-Atom der Carbonyl-Gruppe durch ein freies Elektronenpaar des Sauerstoff-Atoms einer Hydroxy-Gruppe angegriffen, wodurch sich zwischen diesen eine kovalente Bindung ausbildet. Gleichzeitig wechselt das Proton der „angreifenden" Hydroxy-Gruppe an das Sauerstoff-Atom der Carbonyl-Gruppe, sodass dieses Kohlenstoff-Atom nun eine Hydroxy-Gruppe trägt.

Bei einem Glucose-Molekül erfolgt eine solche Reaktion **intramolekular** durch die Hydroxy-Gruppe des Kohlenstoff-Atoms C5 an das Kohlenstoff-Atom C1 der Carbonyl-Gruppe (B3). In seiner **Halbacetalform** enthält das Glucose-Molekül somit einen Sechserring aus einem Sauerstoff-Atom und fünf Kohlenstoff-Atomen (*Pyranring*) und die Carbonyl-Gruppe existiert als solche nicht mehr, sie ist „maskiert". Glucose ist damit eine **Glucopyranose** (B1).

Die Ausbildung der Ringstruktur nach B3 hat mehrere Folgen. So wird durch die Maskierung der im kettenförmigen Glucose-Molekül sehr leicht oxidierbaren Aldehyd-Gruppe ein „Schutz" gegen Oxidationsmittel erreicht. Mit der intramolekularen Addition an die Carbonyl-Gruppe geht zudem die Bildung eines weiteren asymmetrischen Kohlenstoff-Atoms (C1 in B3), also eines neuen Chiralitätszentrums im Glucose-Molekül einher (B3, vgl. auch *EVA Online*). Von den beiden damit vorliegenden Isomeren (B3, B4) existiert im reinen, festen Zustand ausschließlich die α-D-Glucose. In wässriger Lösung reagiert diese über die offenkettige Form zu β-D-Glucose, bis sich schließlich ein Gemisch aus ca. 40 % α-D-Glucose und ca. 60 % β-D-Glucose ergibt, das in dieser Zusammensetzung konstant bleibt. Man spricht dann von einem Gleichgewicht zwischen α-D-Glucose und β-D-Glucose. Bei einem Fructose-Molekül (vgl. S. 179, B6) sind die Keto-Gruppe des Kohlenstoff-Atoms C2 und eine Hydroxy-Gruppe des Kohlenstoff-Atoms C5 oder C6 an der Halbacetalbildung beteiligt. Im ersten Fall kommt es zur Ausbildung eines Fünferrings mit Sauerstoff-Atom (*Furanring*) und Fructose liegt als **Fructofuranose** vor (B2). Anderenfalls entsteht **Fructopyranose**, deren Moleküle einen Sechserring mit Sauerstoff-Atom enthalten.

Auswertung

a) Übernehmen Sie die Formel oben rechts aus B3 in Ihr Heft, zeichnen Sie die freien Elektronenpaare an den beiden Sauerstoff-Atomen ein, die bei der Bildung des Halbacetals beteiligt sind, und erklären Sie die Bedeutung des roten und des grünen Pfeils. (*Hinweis*: Lesen Sie dazu *INFO* genau.)

b) Formulieren Sie analog zu B3 die Bildung des Fructofuranose-Fünferrings.

c) Begründen Sie, warum und wie es auch bei der Glucose zur Bildung eines intramolekularen Halbacetals mit einem fünfgliedrigen Ring (Glucofuranose) kommen kann.

Intramolekulare Halbacetale und intermolekulare Glykoside

Monosaccharid-Moleküle bilden einerseits **intramolekulare Halbacetale** (*INFO*, B1 bis B4). Nach einem anderen, einfachen Verknüpfungsprinzip können Monosaccharide aber auch miteinander (**intermolekular**) durch **Kondensationsreaktionen** zu Di- und weiter zu Polysacchariden reagieren (B5). Dabei wird zwischen zwei Monosaccharid-Molekülen jeweils ein Wasser-Molekül abgespalten. Wenn diese Abspaltung zwischen der Hydroxy-Gruppe des Kohlenstoff-Atoms C1 des einen Glucose-Monomers und der Hydroxy-Gruppe des Kohlenstoff-Atoms C4 eines anderen Glucose-Monomers erfolgt, bildet sich zwischen den beiden Glucose-Bausteinen eine **1,4-glykosidische Bindung** aus.

Solche Bindungen sind für die Stärke- wie auch für die Cellulose-Moleküle charakteristisch. Das Verknüpfungsmuster ist zwar bei beiden Polysacchariden gleich (B5), die Konfiguration am Kohlenstoff-Atom C1 der verknüpften Glucose-Bausteine ist aber unterschiedlich. In den Maltose- und Stärke-Molekülen sind jeweils α-D-Glucose-Moleküle (B3) α-1,4-glykosidisch miteinander verknüpft, in den Cellobiose- und Cellulose-Molekülen liegen dagegen β-1,4-glykosidische Bindungen zwischen β-D-Glucose-Molekülen vor. Infolgedessen liegen Stärke-Makromoleküle[2] in einer schraubenförmig gewundenen Kette und Cellulose-Makromoleküle in einer fadenförmigen Kette aus Glucopyranose-Ringen (vgl. S. 186, B4) vor. Die Beispiele Stärke (vgl. S. 187) und Cellulose (vgl. S. 189) zeigen deutlich, zu welch großen Eigenschaftsunterschieden geringe strukturelle Unterschiede führen können.

Aufgaben

A1 Erstellen Sie die Strukturformel von Trehalose, einem α,α-1,1-glykosidisch verknüpften Disaccharid aus zwei α-D-Glucose-Bausteinen, das in Insekten und Pilzen vorkommt. Stellen Sie eine begründete Hypothese bezüglich des Ausgangs der FEHLING-Probe mit Trehalose auf.

A2 Erläutern Sie, warum ein Disaccharid aus 1,2-verknüpften Glucose-Monomeren eine andere Konstitution hat als eines aus 1,4-verknüpften Glucose-Bausteinen. Begründen Sie, warum es bei dem 1,4-verknüpften Disaccharid auch unterschiedliche *Konfiguration* geben kann. (*Hinweis*: Vgl. Isomerietabellen, S. 323.)

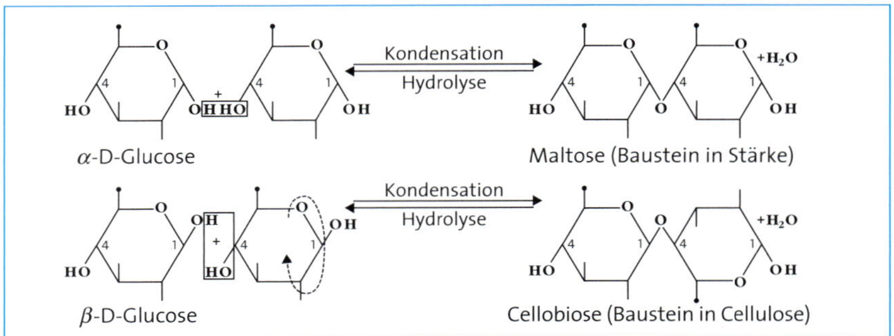

B5 *1,4-glykosidische Verknüpfung von α-D-Glucose-Bausteinen in einem Maltose-Molekül und von β-D-Glucose-Bausteinen in einem Cellobiose-Molekül. (Diese Disaccharid-Moleküle sind die Bausteine der Makromoleküle von Stärke bzw. Cellulose.)*

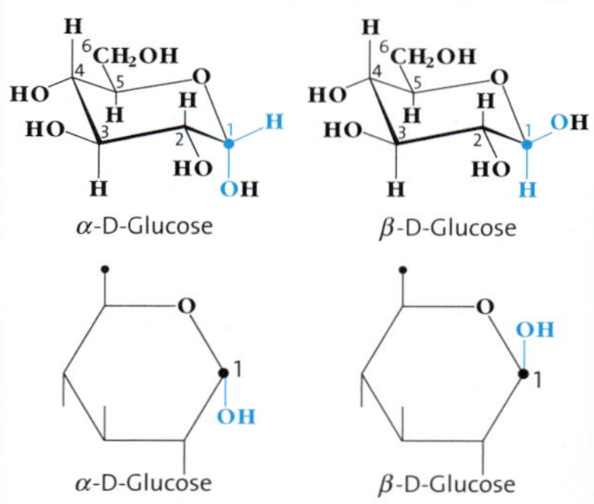

B4 *Räumliche Strukturformeln (Sesselformen, oben) und vereinfachte HAWORTH-Projektionsformeln[1] von α-und β-D-Glucose.*
A: *Identifizieren und beschreiben Sie mithilfe von B5, S. 179, die Bedeutung der Striche und des Strichs mit endständigem Punkt in den HAWORTH-Projektionsformeln.*

INFO

Die Buchstaben D (z. B. D-Glucose) und L (von *dexter* bzw. *laevus* (lat.) = rechts bzw. links) dienen der Kennzeichnung von Stereoisomeren (Raumisomeren, vgl. S. 323) in FISCHER-Projektionsformeln. Bezugssubstanz ist Glycerinaldehyd: Die Konfiguration mit der Hydroxy-Gruppe rechts wird als D-, die mit der Hydroxy-Gruppe links als L-Konfiguration bezeichnet (vgl. S. 194, 195 sowie *EVA Online*).

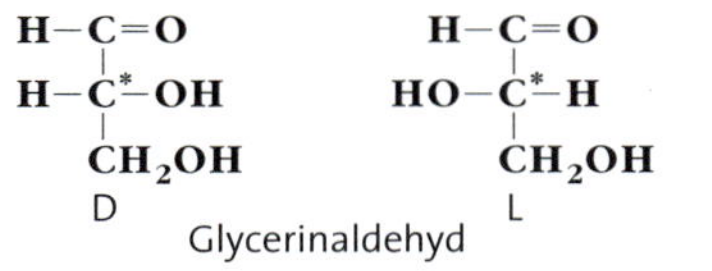

Glycerinaldehyd

Fachbegriffe

intramolekulare Halbacetale, Pyranose, Furanose, intermolekulare Verknüpfung, glykosidische Bindung, Kondensationsreaktion

[1] Vereinfachte HAWORTH-Projektionsformeln sind bei Kohlenhydrat-Molekülen üblich; vgl. Biologiebücher. [2] Vgl. zum Begriff Makromolekül S. 227.

Das süße Geheimnis von Zuckerrohr und Rübe

B1 *Zuckerrohr enthält Saccharose mit einem Massenanteil von 15–17%, bei Zuckerrüben beträgt er 20%.*

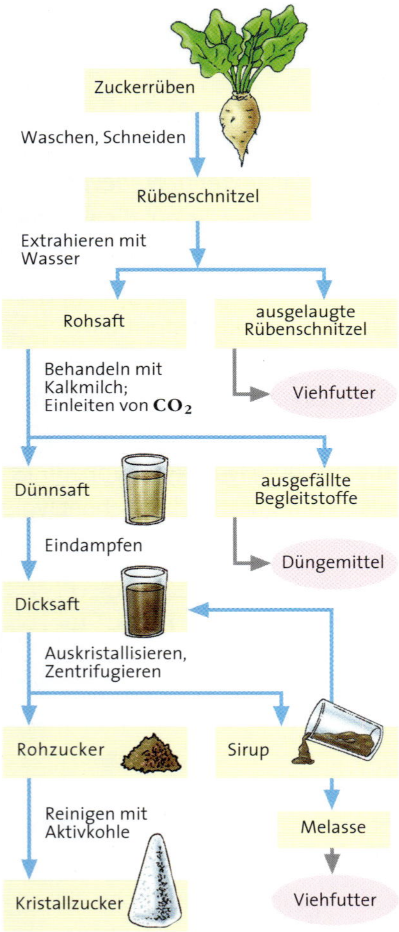

B2 *Von der Rübe zum Zucker.* ***A:*** *Falls möglich, besuchen Sie mit Ihrem Kurs eine nahegelegene Zuckerfabrik und fertigen Sie arbeitsteilig Protokolle über die technischen Anlagen, in denen die hier angeführten Arbeitsschritte durchgeführt werden.*

Versuche

LV1 In einem hohen Becherglas durchfeuchtet man 5 Teelöffel Saccharose (feinen Haushaltszucker) mit wenig Wasser. Dann gibt man 5 mL konz. Schwefelsäure* zu und beobachtet die Veränderungen.

V2 Führen Sie die FEHLING-Probe (vgl. S. 178) mit Saccharose durch.

V3 Führen Sie V1 und V2 von S. 178 mit Saccharose durch (falls nicht schon geschehen).

V4 Versetzen Sie 10 mL Saccharose-Lösung, $w = 5\%$, mit 2 mL verd. Salzsäure* und erhitzen Sie 5 min zum Sieden (Siedesteinchen). Neutralisieren Sie nach dem Abkühlen mit Natriumhydrogencarbonat* (mit *p*H-Papier testen).
a) Führen Sie mit einem Teil der Lösung die FEHLING-Probe durch. b) Prüfen Sie die Lösung mit Glucose-Testpapier (GOD-Test). c) Führen Sie mit einem Teil der Lösung den Fructose-Test (vgl. S. 178) durch.

INFO

Saccharose, der Stoff, der auch unser Haushaltszucker ist, kommt in vielen Früchten vor, in höherer Konzentration in Zuckerrohr und in Zuckerrüben. In Deutschland gewinnt man Saccharose aus Zuckerrüben (B2). Nach der Ernte müssen diese sofort verarbeitet werden, da ihr Zuckergehalt beim Lagern abnimmt. Die gewaschenen und zerkleinerten Rüben werden mit heißem Wasser bei etwa 80 °C extrahiert, dann abgepresst. Der dunkelbraune Rohsaft wird mit Kalkmilch versetzt, um Nichtzuckerstoffe wie Pflanzensäuren und Eiweißstoffe auszufällen. Anschließend wird Kohlenstoffdioxid eingeleitet, um nun die Calcium-Ionen auszufällen. Nach dem Abfiltrieren wird der Dünnsaft im Vakuum eingedampft, bis der entstehende Dicksaft zu kristallisieren beginnt. Der braune Rohzucker wird abzentrifugiert und der Sirup teilweise wieder zum Dicksaft gegeben, teilweise als Melasse weiterverwendet. Zur Reinigung wird Zucker aufgelöst und mit Aktivkohle behandelt. Nach dem Eindampfen kristallisiert reiner Zucker aus.

Auswertung

a) Welchen Hinweis gibt LV1 auf die in Saccharose-Molekülen enthaltenen Atomsorten (Elemente)? Inwiefern unterstützt das Ergebnis die Bezeichnung „Kohlenhydrat“ auch für Saccharose?

b) Erklären Sie das Ergebnis der FEHLING-Proben aus V2 und V4 mithilfe der Formeln aus B5. Erläutern Sie, was das Sieden von Saccharose-Lösung mit Salzsäure bewirkt.

c) Erklären Sie, warum es keine sichtbaren Unterschiede im Löslichkeitsverhalten von Glucose, Fructose und Saccharose gibt.

d) Formulieren Sie kurze und exakte Beschreibungen der Trennverfahren, die bei der Gewinnung von Saccharose aus Zuckerrüben angewandt werden (B2, *INFO*).

e) Erläutern Sie, warum die bei der Zuckergewinnung mit Kalkmilch und durch Einleiten von Kohlenstoffdioxid ausgefällten Begleitstoffe gute Düngemittel sind.

f) Planen Sie in Anlehnung an das technische Verfahren zur Zuckergewinnung eine Versuchsreihe, die im Schullabor durchgeführt werden kann.

Saccharose und andere Disaccharide

Die in vielen Früchten und Pflanzen enthaltene **Saccharose** (*INFO*) verwenden wir als „Zucker" in verschiedenen Formen (B3) zum Süßen von Speisen und auch von Getränken, da sie sich wie Glucose und Fructose sehr gut in Wasser löst. Beim Erhitzen *karamellisiert* Saccharose. Dabei laufen komplexe Reaktionen ab, durch die Aroma- und Geschmacksstoffe entstehen und der Zucker eine gelbbraune Farbe annimmt (Karamellzucker).

Saccharose zeigt im Gegensatz zu Glucose keine positive FEHLING-Probe (V2). Das deutet darauf hin, dass Saccharose-Moleküle keine (ringförmigen) Halbacetale (vgl. S. 182, 183) sind, die sich leicht in die (offenkettige) Aldehydform umwandeln und eine positive FEHLING-Probe bewirken würden.

Saccharose ist ein **Disaccharid**: Ein Saccharose-Molekül besteht aus einem α-D-Glucose- und einem β-D-Fructose-Baustein (B5), die beide über die Hydroxy-Gruppe ihrer Halbacetal-Gruppe acetalartig miteinander verknüpft sind. Damit liegt im Saccharose-Molekül eine Sauerstoffbrücke zwischen dem C1-Atom des Glucose- und dem C2-Atom des Fructose-Bausteins vor, die somit hier **α, β-1,2-glykosidisch** verknüpft sind. Durch die acetalartige Verknüpfung im Saccharose-Molekül sind die Halbacetal- und damit die „maskierten" Carbonyl-Gruppen der beiden Bausteine „blockiert", mit der Folge, dass der Saccharose die für die Monosaccharide typischen Eigenschaften (wie die positive FEHLING-Probe) fehlen. B5 zeigt die 1,2-glykosidische Verknüpfung im Saccharose-Molekül, die sich somit von der 1,4-glykosidischen Verknüpfung bei Stärke und Cellulose (vgl. S. 183) durch die Positionen und die Art der beteiligten Hydroxy-Gruppen unterscheidet.

Maltose, Malzzucker, findet sich in keimenden Samen (Gerstenmalz) und ist ein Zwischenprodukt beim biochemischen Stärkeabbau. Die Moleküle dieses Disaccharids setzen sich aus zwei Glucose-Bausteinen zusammen, die **α-1,4-glykosidisch** miteinander verknüpft sind. Auch die Moleküle des Disaccharids **Cellobiose**, dem Abbauprodukt der Cellulose, bauen sich aus zwei Glucose-Einheiten auf, die hier aber **β-1,4-glykosidisch** miteinander verbunden sind (vgl. S. 183, B5).

Disaccharide hydrolysieren zu Monosacchariden. Erhitzt man beispielsweise Saccharose mit verdünnter Salzsäure, so wird das Saccharose-Molekül unter Anlagerung eines Wasser-Moleküls in ein α-D-Glucose-Molekül und ein β-D-Fructose-Molekül gespalten:

$$\underset{\text{Saccharose}}{C_{12}H_{22}O_{11}} + H_2O \rightleftharpoons \underset{\text{Glucose}}{C_6H_{12}O_6} + \underset{\text{Fructose}}{C_6H_{12}O_6}$$

Das bei dieser Hydrolyse entstehende Gemisch der beiden Monosaccharide zeigt eine positive FEHLING-Probe.

Aufgaben

A1 Die Wasserlöslichkeit von Zucker (Saccharose) ist viel größer als die von Kochsalz (bei 20 °C lösen sich 204 g Zucker, aber nur 36 g Natriumchlorid in 100 g Wasser). Erklären Sie diesen Sachverhalt.

A2 Erklären Sie, warum bei der Hydrolyse von Stärke Maltose, nicht aber Saccharose als Zwischenprodukt entstehen kann.

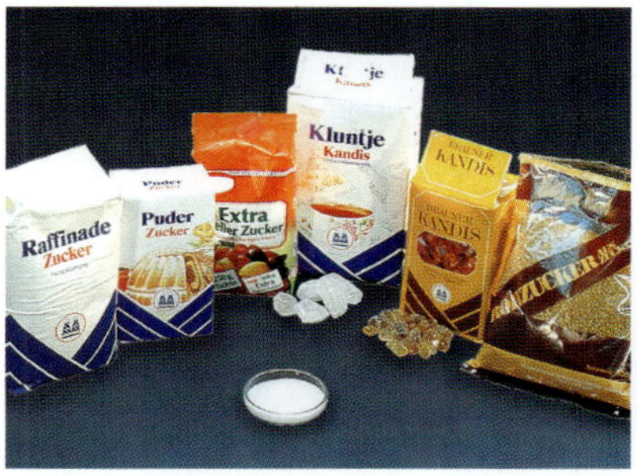

B3 *Saccharose ist als „Zucker" in vielfältiger Form im Handel. Saccharose muss man aber nicht zu sich nehmen, da der Körper die lebensnotwendige Glucose auch aus Stärke erhält. Ein Zuviel an Zucker wandelt der Körper in Fett um und speichert es.*

	Süßkraft[1]	Brennwert in kJ/g
Saccharose	1,0	17,0
Glucose	0,5	17,0
Fructose	1,2	17,0
Maltose	0,5	17,0
Sorbit	0,5	10,0
Saccharin	450	0
Cyclamat	35	0
Aspartam	140	17,0

B4 *Süßkraft und Brennwert von Zuckern und Zuckerersatzstoffen im Vergleich zu Saccharose*

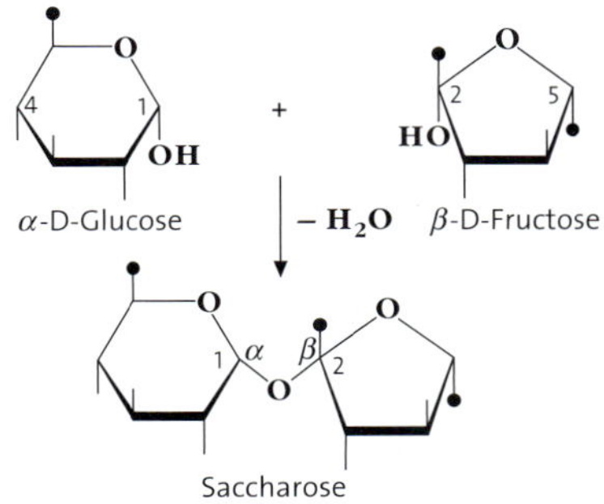

B5 *Glykosidische Bindung und Struktur des Saccharose-Moleküls.* ***A:*** *Schreiben Sie die HAWORTH-Projektionsformel des Saccharose-Moleküls nach dem Muster von S. 179, B5 und B6, auf.*

Fachbegriffe

Saccharose, Disacccharid, Maltose, Cellobiose, 1,2- und 1,4-glykosidische Verknüpfung

[1] Die Süßkraft von Saccharose ist auf 1 festgelegt.

B1 *Die Körner von Gerste enthalten Stärke, ihre Hüllen bestehen wie die anderen Pflanzenteile aus Cellulose.*

Das feste Nahrungsmittel Nr. 1

Versuche

V1 Lösen Sie 1 g Stärke in 100 mL Wasser durch Aufkochen. Die abgekühlte Stärke-Lösung wird für weitere Versuche benötigt.

V2 *Stärkenachweis*: a) Tropfen Sie zu einer Probe Stärke-Lösung einige Tropfen Iod-Kaliumiodid-Lösung* (LUGOL'sche-Lösung*) und beobachten Sie die Farbe. b) Tropfen Sie auf eine durchgeschnittene Kartoffel (einen durchgeschnittenen Apfel) Iod-Kaliumiodid-Lösung* und beobachten Sie die Auftropfstelle. c) Übergießen Sie Nudeln (Brotkrümel) mit Wasser, erhitzen Sie einige Minuten und testen Sie die Suspension mit Iod-Kaliumiodid-Lösung*.

V3 Geben Sie zu 50 mL Stärke-Lösung in einem Erlenmeyerkolben 5 mL verd. Salzsäure* und erhitzen Sie zum Sieden. Entnehmen Sie alle 3 min mit einer Pipette eine Probe, kühlen Sie sie unter fließendem Wasser ab und führen Sie den Stärkenachweis (V2) durch. Wenn der Nachweis negativ ausfällt (keine Blaufärbung), neutralisieren Sie die Reaktionslösung mit Natriumhydrogencarbonat* (Test mit *p*H-Indikatorpapier) und halten Sie dann einen Glucose-Teststreifen (GOD-Test) in die Lösung.

V4 Wiederholen Sie V3, indem Sie der Stärke-Lösung ca. 5 mL Speichel statt Salzsäure hinzufügen und nicht zum Sieden, sondern nur auf ca. 37 °C erhitzen. Die Neutralisation mit Natriumhydrogencarbonat ist hier nicht notwendig.

Auswertung

a) Die blaue Farbe beim Stärke-Nachweis mit Iod-Kaliumiodid-Lösung kommt durch die Einlagerung von Iod-Molekülen in den Spiralwindungen der Stärke-Makromoleküle zustande. Erklären Sie mithilfe von B3, warum dieser Nachweis bei Cellulose negativ ausfällt.

b) Wie würden Sie vorgehen, um Stärke in Weizen- und Maiskörnern nachzuweisen? Diskutieren Sie den Vorschlag mit Ihrer Lehrkraft und führen Sie den Nachweis durch.

c) Deuten und erklären Sie die Versuchsergebnisse aus V3. Formulieren Sie dazu auch ein Reaktionsschema unter Verwendung von HAWORTH-Projektionsformeln.

d) Stellen Sie eine begründete Vermutung auf, warum bei V4 nicht zum Sieden erhitzt werden darf.

B2 *Nachweis von Stärke mit Iod-Kaliumiodid-Lösung (V2)*

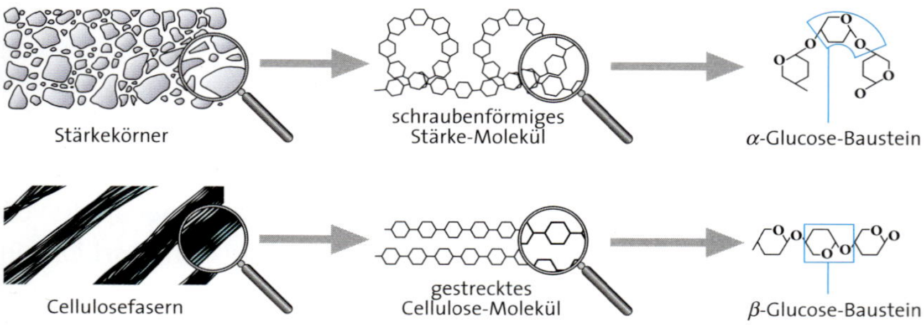

B3 *Modelle zum Erscheinungsbild und zur Struktur von Stärke und Cellulose.* ***A:*** *Erläutern Sie, welche Informationen jedes der drei Modellpaare für Stärke und Cellulose enthält.*

Stärke – ein Polysaccharid aus α-D-Glucose

Stärke ist das wichtigste Kohlenhydrat in unserer Nahrung. Sie wird in Pflanzenzellen, z.B. in Kartoffeln oder Getreidekörnern, als Reservestoff gespeichert. Aus „chemischer Sicht" ist Stärke ein Polysaccharid aus 1,4-glykosidisch verknüpften α-D-Glucose-Einheiten (vgl. S. 183, B6). Pflanzliche Stärke, z.B. Kartoffelstärke, besteht aus zwei Stärke-Arten, zu ca. 20% aus gut wasserlöslicher **Amylose**, deren lineare, schraubenförmig gewundenen Makromoleküle[1] 100 bis 1400 Glucose-Einheiten enthalten, und zu ca. 80% aus **Amylopektin** (B5). Dessen teilweise verzweigte Makromoleküle sind aus mehr als 10 000 Glucose-Einheiten aufgebaut. Bei zunehmender Molekülgröße wird Amylopektin selbst in heißem Wasser immer schlechter löslich. Ebenfalls wasserunlöslich ist **Glykogen**, das Reservekohlenhydrat in tierischen und menschlichen Organismen. Die stark verzweigten Glykogen-Makromoleküle enthalten mehr als 100 000 α-D-Glucose-Einheiten, die wie im Amylopektin in der Hauptkette 1,4-glykosidisch und an den Verzweigungsstellen 1,6-glykosidisch verknüpft sind (B5).

Stärke kann sehr einfach durch Blaufärbung mit Iod-Kaliumiodid-Lösung (LUGOL'sche-Lösung) nachgewiesen werden (V2, B2, Auswertung a). Bei der Verdauung wird die Stärke erst zu Glucose hydrolysiert, die dann im Rahmen der Glykolyse weiter abgebaut wird. Die Hydrolyse beginnt bereits im Mund, da Speichel stärkespaltende Enzyme enthält (V4). Während Enzyme aus Proteinen bestehen und bei höheren Temperaturen, z.B. in siedendem Wasser, inaktiv werden, kann die Stärke-Hydrolyse mit Salzsäure als Katalysator durch Erhitzen bis zum Sieden beschleunigt werden.

Stärke ist nicht nur ein Hauptnahrungsmittel, sondern auch ein wichtiger **nachwachsender Rohstoff** (B6), der im Gegensatz zu Cellulose beispielsweise zu Bioethanol vergoren werden kann. Ökologisch und ökonomisch ist diese Methode allerdings problematisch, weil riesige Regenwaldflächen gerodet oder landwirtschaftliche Flächen statt für die Produktion von Nahrungsmitteln für die von Treibstoffen für Fahrzeuge genutzt werden. Dank ihrer guten Quelleigenschaften (A3) kann Stärke auch für die Erzeugung von Folien, Verpackungen und Essgeschirr verwendet werden, die nach dem Gebrauch kompostierbar und theoretisch sogar essbar sind.

Aufgaben

A1 Stellen Sie anhand eigener Recherchen im Supermarkt eine Liste aus mindestens 10 Fertigprodukten auf, die Stärke nicht als Hauptbestandteil, sondern als Eindickungsmittel enthalten.

A2 Orientieren Sie sich an B5 von S. 183 und formulieren Sie eine 1,4-glykosidische Verknüpfung, die weder in Stärke noch in Cellulose vorkommt. Erläutern und begründen Sie Ihren Vorschlag.

A3 Eine Portion Stärke quillt in Wasser, d.h. sie vergrößert ihr Volumen und wird klebrig. Erklären Sie diesen Vorgang mithilfe von Teilchenmodellen und geeigneten Fachbegriffen.

[1] Vgl. zum Begriff *Makromolekül* S. 227 f.

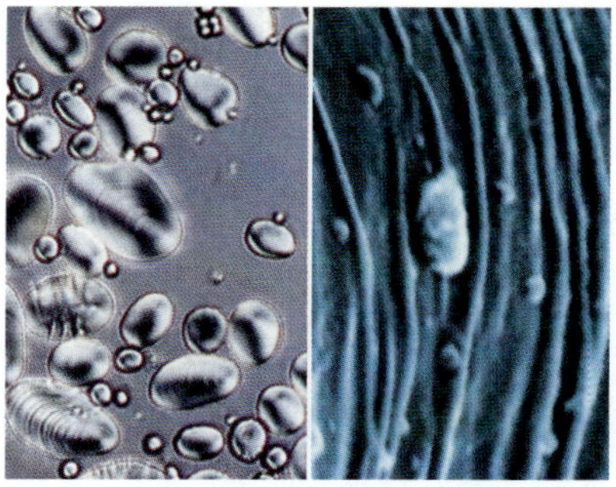

B4 *Kartoffelstärke unter dem Lichtmikroskop (links) und Cellulose im Elektronenmikroskop (rechts).* ***A:*** *Informieren Sie sich über die Vergrößerungsfaktoren bei den beiden Mikroskoptypen.*

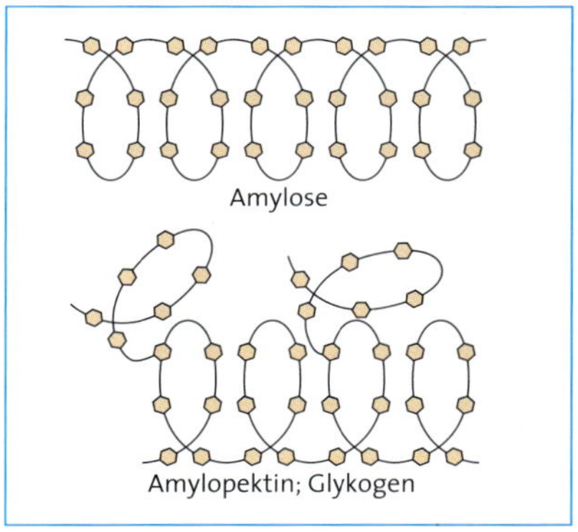

B5 *Verschiedene Stärke-Arten (vgl. auch Text)*

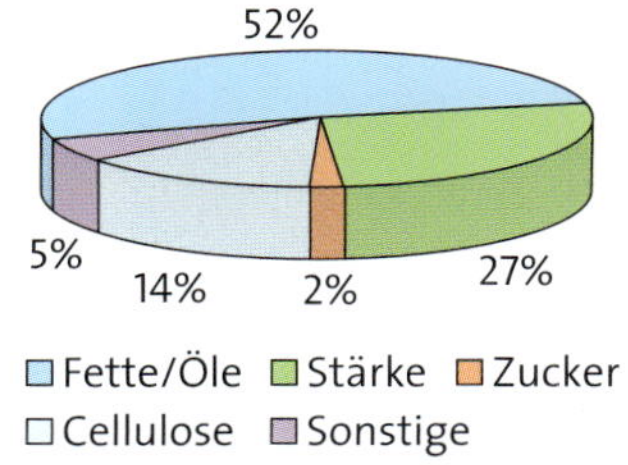

B6 *Einsatz von nachwachsenden Rohstoffen im Chemiebereich (Deutschland)*

Fachbegriffe

Stärke, Polysaccharid, Amylose, Amylopektin, Glykogen, nachwachsende Rohstoffe

Die häufigste organische Verbindung

B1 *Tropischer Regenwald. **A:** Erläutern Sie, warum und wie hier große Mengen an Kohlenhydraten entstehen.*

Versuche

V1 *Herstellung der Iod-Zinkchlorid-Lösung**: Stellen Sie eine Zinkchlorid-Lösung* aus 10 g wasserfreiem Zinkchlorid* in 5 mL dest. Wasser und eine Lösung aus 1,05 g Kaliumiodid und 0,25 g Iod* in 2,5 mL dest. Wasser her. Mischen Sie beide Lösungen in einer Vorratsflasche.

Cellulose-Nachweis: Beträufeln Sie ein Stück Zellstoff oder Baumwolle mit Iod-Zinkchlorid-Lösung* (B2).

V2 **Schutzbrille!** Untersuchen Sie ein Stück Baumwolle auf Beständigkeit gegenüber Säuren und Laugen, indem Sie je eine Stoffprobe für 15 bis 20 min in Salzsäure*, $c = 5$ mol/L, und in Natronlauge*, $c = 5$ mol/L, legen. Waschen Sie die Proben mit Wasser aus und trocknen Sie sie. Notieren Sie die Beschaffenheit (Aussehen der Fasern, Rauheit, Steifheit) der Proben. Gehen Sie analog vor, wobei Sie zwei Stücke Baumwolle in Säure bzw. Lauge vorsichtig 10 min kochen.

V3 **Schutzbrille und -handschuhe!** Testen Sie die Beständigkeit von Baumwolle gegenüber Oxidationsmitteln, z. B. Wasserstoffperoxid*, $w = 5\,\%$, und Reduktionsmitteln, z. B. Natriumdithionit*, $w = 5\,\%$. Legen Sie dazu je eine Stoffprobe für 15 bis 20 min in eine wässrige Lösung des Oxidations- bzw. Reduktionsmittels, waschen und trocknen Sie anschließend.

LV4 **Schutzbrille!** Man verrührt einen Bausch Watte (oder Filterpapierschnipsel) mit 5 mL Schwefelsäure*, $w = 80\,\%$, bis sich die Watte gelöst hat. Dann gibt man vorsichtig 40 mL Wasser hinzu und erhitzt 10 min zum Sieden. Nach dem Abkühlen wird die Lösung mit Natriumhydrogencarbonat (Test mit *p*H-Indikatorpapier) neutralisiert und ein Glucose-Teststreifen hineingehalten.

B2 *Positiver Cellulose-Nachweis bei einem Stück Baumwollstoff. **A:** Schlagen Sie weitere Materialien vor, bei denen man einen positiven Cellulose-Nachweis erhalten müsste, und testen Sie diese.*

Auswertung

a) Beim Cellulose-Nachweis in V1 kommt es zu einer Schwarzblaufärbung der benetzten Stellen (B2). Bei dieser für die Cellulose typischen Farbreaktion sind neben der Einlagerung von Iod-Molekülen zwischen die einzelnen Stränge der Makromolekülketten auch Bindungen von Zink-Ionen zu den Hydroxy-Gruppen der Cellulose sowie zu den Triiodid-Ionen I_3^- beteiligt. Beschreiben Sie den Unterschied zum Iod-Stärke-Nachweis (vgl. S. 186, Auswertung a).

b) Erläutern Sie die Konsequenzen, die sich aus V2 und V3 in Bezug auf die Einsatzmöglichkeiten und die Waschbarkeit von Baumwollstoff ergeben.

c) Stellen Sie Gemeinsamkeiten und Unterschiede bei den Experimenten zu Hydrolyse von Cellulose (LV4) und von Stärke (vgl. S. 186) fest.

d) Recherchieren Sie die Strukturen von Lignin und Hemicellulosen.

INFO

Cellulose und Papier: Papier wird heute industriell aus **Holz** hergestellt. Holz besteht zu 40 bis 50 % aus Cellulose, die als Erstes von den anderen Holzbestandteilen (Lignin, etwa 30 %, und Hemicellulosen, bis zu 25 %) abgetrennt werden muss. Durch Behandlung des geschnitzelten Holzes mit Schwefelverbindungen wird Lignin in wasserlösliche Ligninsulfonsäuren überführt, die dann zusammen mit den Hemicellulosen mit viel Wasser ausgespült und so von der Cellulose abgetrennt werden. Um weißes Papier zu erhalten, muss der nun vorliegende braune Brei entfärbt werden. Dafür werden verbliebene, farbgebende Ligninreste bei Cellulose aus Holz genau wie Druckerschwärze und -farbe bei Cellulose aus **Recyclingpapier** mit Ozon, Wasserstoffperoxid und anderen Oxidationsmitteln oxidiert und erneut ausgewaschen. Diesem gebleichten Zellstoff setzt man für hochwertiges Papier Weißmacher und Bindemittel wie Barium- und Calciumsulfat, Aluminiumsilicat (Kaolin) bzw. Leimstoffe hinzu.

Cellulose – ein Polysaccharid aus β-D-Glucose

Cellulose bildet als Gerüstsubstanz den Hauptbestandteil der pflanzlichen Zellwände und ist somit das am häufigsten vorkommende Kohlenhydrat. Baumwolle (B3) und verschiedene Fasern wie Hanf und Flachs sind nahezu reine Cellulose, in Holz ist sie zu etwa 50 % enthalten (*INFO*). Cellulose ist der wichtigste Ausgangsstoff für die Textil- und Papierindustrie. Cellulosefasern enthalten mehrere lineare Makromolekülketten, in denen viele Tausend Glucose-Bausteine über β-1,4-glykosidische Bindungen miteinander verknüpft sind. Diese Ketten lagern sich über Wasserstoffbrücken zu **Mikrofibrillen** zusammen (B4), wobei sich die einzelnen Stränge in parallelen oder antiparallelen Schichten ausrichten. Die Mikrofibrillen ordnen sich wiederum zu Fasern, den **Makrofibrillen**, an.

Der bedeutendste pflanzliche Textilrohstoff ist die **Baumwolle**, die mit einem Anteil von 85 bis 91% den höchsten Cellulosegehalt aller Pflanzen hat. Jährlich werden etwa 19 Millionen Tonnen Baumwolle von der in den Tropen und Subtropen wachsenden Baumwollpflanze geerntet. Wenn deren Fruchtkapseln aufplatzen, quillt die Baumwolle in weißen Bäuschen heraus (B3).

Holzcellulose (**Holzzellstoff**) lässt sich im Gegensatz zur Baumwolle nicht direkt verspinnen. Ihre Makromoleküle sind über Wasserstoffbrücken zu festen Faserbündeln miteinander verbunden. Diese müssen zunächst unter Einwirkung von Natronlauge getrennt werden. Dabei wird ein Teil der Hydroxy-Gruppen in den Cellulose-Molekülen deprotoniert, die Cellulose quillt auf und die Molekülketten werden stark verkürzt. Durch Zusatz von Kohlenstoffdisulfid CS_2 wird die entstandene Alkalicellulose in eine orangegelbe, zähflüssige und spinnfähige Masse, das Cellulosexanthogenat[1] (Viskose, B5), überführt. Nach erneutem Lösen in Natronlauge und Nachreifen wird die Masse in ein schwefelsäure- und salzhaltiges Fällbad überführt, in das die viskose Lösung durch Spinndüsen gepresst wird. Man erhält einen festen Faden, die **Viskosefaser**. Sie besteht wieder aus reiner Cellulose und wird daher auch als **Regeneratfaser** bezeichnet. Gießt man das Cellulosexanthogenat aus breiten Filmgießern in das saure Fällbad und behandelt die regenerierte Cellulose mit Glycerin als Weichmacher, dann entsteht eine Viskosefolie, das **Cellophan**.

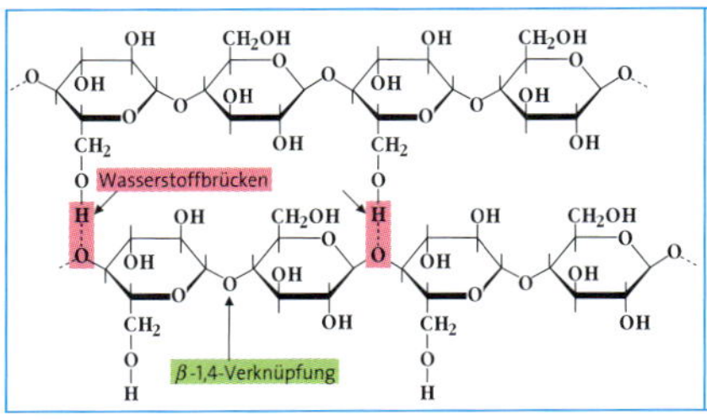

B4 *Zwischen den Cellulose-Makromolekülen bilden sich Wasserstoffbrücken aus.*

$$\text{Cell}-\text{OH} + \text{NaOH} \longrightarrow \text{Cell}-\text{O}^{\ominus}\text{Na}^{+} + H_2O$$

$$\text{Cell}-\text{O}^{\ominus}\text{Na}^{+} + CS_2 \longrightarrow \text{Cell}-\text{O}-\underset{\underset{\text{S}}{\|}}{\text{C}}-\text{S}^{\ominus}\text{Na}^{+}$$

$$2\,\text{Cell}-\text{O}-\underset{\underset{\text{S}}{\|}}{\text{C}}-\text{S}^{\ominus}\text{Na}^{+} \xrightarrow{H_2SO_4} 2\,\text{Cell}-\text{OH} + Na_2SO_4 + 2\,CS_2$$

B5 *Reaktionsschritte bei der Herstellung von Viskosefasern.* **A:** *Erklären Sie die Wasserlöslichkeit der Alkalicellulose und des Cellulosexanthogenats.*

[1] von *xanthos* (griech.) = gelb und *gennas* (griech.) = erzeugen

B3 *Baumwollpflanze.* **A:** *Informieren Sie sich im Internet über die Ernte und Verarbeitung von Baumwolle.*

Aufgaben

A1 Erklären Sie die lineare, faserartige Ausrichtung von Cellulose-Molekülen im Vergleich zum schraubenförmigen Bau von Stärke-Molekülen. (*Hinweis*: Vgl. S. 183, B5 und S. 186, B3.)

A2 Erläutern Sie, inwieweit sich die Regeneratfaser von der ursprünglich eingesetzten Holzcellulosefaser unterscheidet.

A3 Holz besteht zu 40 bis 50 % aus Cellulose. In Deutschland wird Cellulose aus Holz gewonnen und kommt als „Zellstoff" in den Handel. Erläutern Sie, warum man keinen Zellstoff aus Baumwolle gewinnt, die zu 80 bis 90 % aus Cellulose besteht.

A4 Wasser zieht in die Regeneratfaser Viskose etwas schlechter ein als in direkt versponnene Baumwolle. Erklären Sie den Sachverhalt.

Fachbegriffe

Cellulose, Mikrofibrillen, Makrofibrillen, Baumwolle, Holzcellulose (Holzzellstoff), Viskosefaser, Regeneratfaser, Cellophan

„Frische“ oder „gebrauchte“ Cellulose – Was ist besser?

INFO

In Deutschland werden jährlich ca. 1,5 Millionen Tonnen Druck- und Büropapiere hergestellt, ein Fünftel davon ist Recyclingpapier. Im Jahr 2006 wurden pro Person 253 kg Papier verbraucht. Woher erhält man das schneeweiße Papier?

Als Basis für die Papierherstellung dienen Cellulosefasern, die aus Holz gewonnen werden (vgl. S. 188). Das Holz stammt hauptsächlich aus Schweden und Finnland, auch aus südamerikanischen Ländern und nur zu einem geringen Anteil aus heimischen Wäldern. Als Kunde hat man die Wahl zwischen Frischfaser- und Recyclingpapier.

Beim **Recycling** von Papier ist der wichtigste Schritt die Entfernung von Druckfarbe aus dem Altpapier, das **Deinking**. Gegen ein Vergrauen der Papiere werden weiße Füllstoffe wie Calciumcarbonat und Aluminiumsilicat (Kaolin) eingesetzt. Der aufbereitete Faserbrei (Deinking-Pulp, DIP) wird in riesigen Papiermaschinen zu Rohpapierrollen gepresst. Diese werden weiter verarbeitet und geschnitten.

Mittlerweile gibt es Recyclingpapier von sehr hoher Qualität, das weiß wie Frischfaserpapier, sehr gut haltbar und geeignet für Drucker und Kopierer ist. Mit jedem Recyclingvorgang werden die Cellulosefasern ein kleines Stück kürzer. Ungefähr sechs Recyclingzyklen können die Fasern durchlaufen, bevor sie für die weitere Herstellung von Recyclingpapier zu kurz sind. Gemischt mit frischeren, längeren Fasern sind sie aber für „minderwertige“ Papiere, wie z. B. Kartonagen, weiter einsetzbar.

Eine **Ökobilanz**, die Frischfaser- und Recyclingpapier im Kopier- und Bürobereich miteinander vergleicht (B2) und ökologisch bewertet, ergibt, dass es wesentlich umweltverträglicher ist, grafische Papiere aus Altpapier herzustellen. Der fossile Ressourcenbedarf, der Energiebedarf, die Auswirkungen auf den Treibhauseffekt und die Versauerung sind bei diesem Verfahren geringer. Bei der Herstellung von Frischfaserpapier ist zudem das Kochen des Holzes zur Fasergewinnung wasserintensiver als die DIP-Herstellung im Recyclingprozess.

Bei der Herstellung eines Pakets Recyclingpapier (500 Blatt) werden im Vergleich zu der eines Pakets Frischpapier so viele fossile Ressourcen gespart wie im deutschen Strommix benötigt werden, um eine 60-W-Lampe über 80 Stunden zu betreiben. Nutzt man eine Tonne Recyclingpapier statt einer Tonne Frischpapier aus skandinavischem Holz, spart man ein Volumen an Kohlenstoffdioxid wie es von einem durchschnittlichen Auto auf einer Strecke von 1000 km ausgestoßen wird.

B1 *Der Blaue Engel ist ein verlässliches Umweltzeichen und hilft bei der Entscheidung für ein umweltfreundlich hergestelltes Produkt. Bei Recyclingpapier, das dieses Zeichen trägt, müssen die Papierfasern zu 100 Prozent aus Altpapier bestehen, der Einsatz von schädlichen Chemikalien ist ebenso verboten wie der von optischen Aufhellern. Trotzdem hat Recyclingpapier mit Blauem Engel heute einen Weißgrad von bis zu 100 %.*

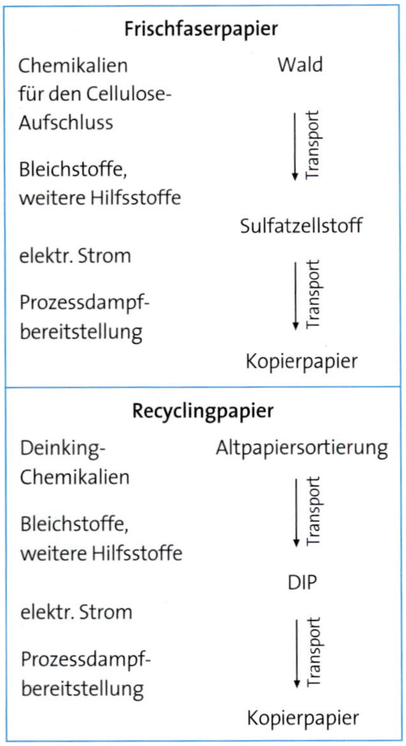

B2 *Wege vom Rohstoff zum Papier.* ***A:*** *Bei einer vergleichenden Ökobilanz müssen viele Parameter beachtet werden. Nennen Sie weitere Parameter, die für den dargestellten Vergleich relevant sind.*

Aufgabe

A1 Erstellen Sie aus den Informationen von S. 192, 193 „Im Wettlauf mit der Natur“ und „Carbonisierung der Biomasse“ eine Liste mit Vor- und Nachteilen verschiedener Verfahren bei der Nutzung von Biomasse.

Ökobilanzen

Bei der Wahl zwischen verschiedenen Produkten, die den gleichen Zweck erfüllen, könnte für eine Entscheidung neben Preis oder Aussehen die Umweltverträglichkeit ausschlaggebend sein. Doch wie lässt sich diese Eigenschaft einschätzen und vergleichen? Gütesiegel (B1) und **Ökobilanzen** sollen dabei helfen.

Will man die Ökobilanz eines Produkts aufstellen, muss man Informationen über seine Herstellung „von der Wiege bis zum Grab" haben: Man muss bei der **Sachbilanz** alle einzelnen Produktionsschritte, die Art, Menge und Förderung der benötigten Rohstoffe, den Aufwand an Primärenergie (aus Kohle, Erdöl, Ergas, Uran oder auch regenerative Energien), die entstehenden Nebenprodukte, die anfallenden Transportwege sowie auch das Recycling oder die Entsorgung des Produkts kennen (B3). Zu diesen Punkten werden dann die jeweiligen Umwelteffekte wie z.B. Versauerung, Überdüngung, Gesundheitsbeeinträchtigung des Menschen, Schädigung von Ökosystemen, Ressourcenbeanspruchung und Treibhauseffekt betrachtet. Diese werden in einer darauf folgenden **Wirkungsabschätzung** verglichen. Die Gesamtheit aller Betrachtungen wird in einer abschließenden Endaussage, der Ökobilanz, zusammengefasst.

Je nachdem, welche Aspekte jeweils berücksichtigt werden, kann eine Ökobilanz für ein und dasselbe Produkt unterschiedlich ausfallen. Für einen Vergleich von Produkten und die Entscheidung für ein Produkt aufgrund der Ökobilanz ist also ein einheitlicher Untersuchungsrahmen vonnöten.

Bei Entscheidungsfindungen in größeren Dimensionen dominieren allerdings oft andere gesellschaftliche, wirtschaftliche oder politische Aspekte. So stand z.B. bei der sog. Umweltprämie (Abwrackprämie) im Jahr 2009 im Vordergrund, dass in einer Wirtschaftskrise die Arbeitsplätze in der Automobilindustrie gesichert werden sollten.

Aufgaben

A2 Im Internet gibt es Ökobilanz-Rechner u.a. zu Lebensmitteln. Stellen Sie begründete Vermutungen auf, warum solche Rechnungen für manche Bioprodukte schlechtere Werte als für konventionelle Ware ergeben.

A3 Der persönliche **ökologische Fußabdruck** gibt an, wie viel *Natur* (Rohstoffe, Energie, Flächennutzung etc.) eine Person durch ihren Lebensstil „verbraucht". Ein sehr „ökologisch" lebender Mensch in Deutschland verbraucht bereits drei- bis viermal so viel *Natur* wie vertretbar wäre (bezogen auf die Weltbevölkerung; vgl. ökologische Kapazität der Erde in B5), ein „unökologisch" lebender Mensch oft das Vierzigfache. Erläutern Sie, welchen Nutzen Programme im Internet haben, mit denen man seinen eigenen ökologischen Fußabdruck ermitteln kann.

A4 Sammeln Sie Faktoren, die dazu beitragen, dass der ökologische Fußabdruck weltweit gestiegen ist und steigt.

A5 Teilen Sie die Länder in B5 und weitere in „ökologische Schuldner" und „Gläubiger" ein und erklären Sie die Zuordnung.

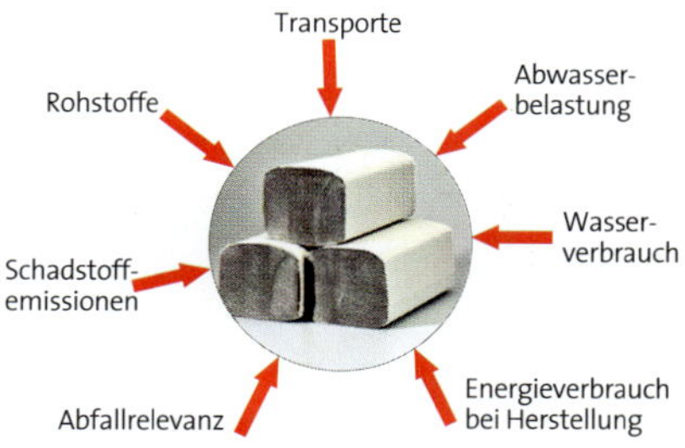

B3 *Aspekte, die in eine Ökobilanz zur Verwendung von Papierhandtüchern eingehen.*
A: *Diskutieren Sie, ob das Verbrennen oder das Kompostieren der gebrauchten Papierhandtücher sinnvoller ist.*

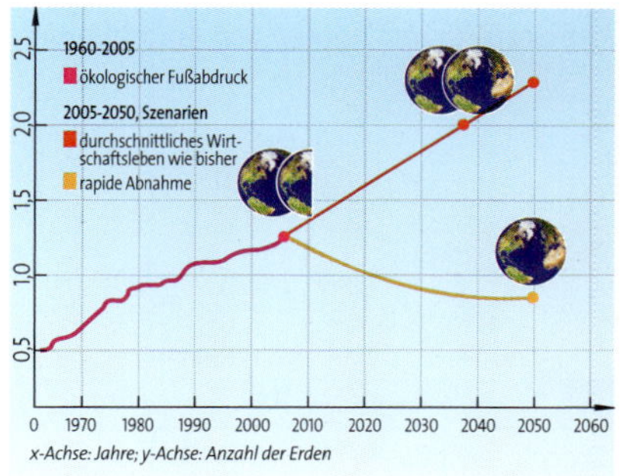

B4 *Entwicklung des durchschnittlichen weltweiten ökologischen Fußabdrucks.*
A: *Erklären Sie, was im Diagramm dargestellt ist.*

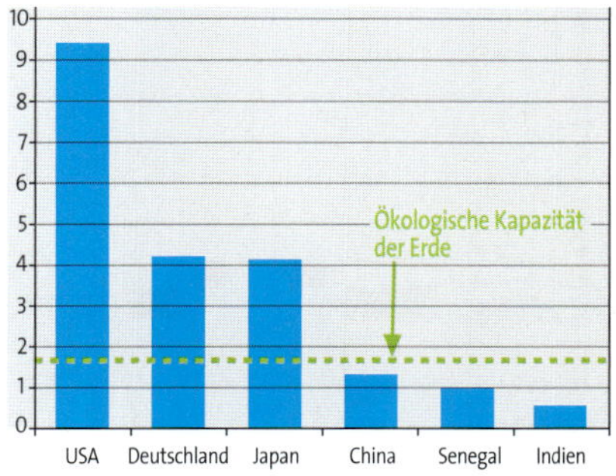

B5 *Ökologischer Fußabdruck ausgewählter Länder für das Jahr 2006 (angegeben ist der Fußabdruck in Hektar / Person).*
A: *Formulieren Sie ihre Erwartungen bezüglich eines analogen Diagramms für das Jahr 2030.*

Fachbegriffe

Ökobilanz, Sachbilanz, Wirkungsabschätzung, ökologischer Fußabdruck

Im Wettlauf mit der Natur

B1 *Auch Holzgas versuchte man für den Antrieb von Autos zu nutzen. Im Holzgasgenerator wurde Holz zu Holzkohle verschwelt, die dann hauptsächlich zu Kohlenstoffmonooxid vergast wurde.* ***A:*** *Nennen Sie Gründe, warum Benzin der bevorzugte Kraftstoff für den Antrieb von Autos wurde.*

INFO Heizwert H_i und Brennwert H_s

Ist ein Motor in Betrieb, findet in ihm die Verbrennung des zugeführten Brennstoffs statt. Der Brennstoff reagiert in einer möglichst vollständigen Oxidationsreaktion zu Kohlenstoffdioxid und Wasserdampf. Die bei der Verbrennung freiwerdende Energie ist abhängig von der Art des Brennstoffs und von der Masse des verbrannten Stoffs.

Stoff	Heizwert in kJ/g	Brennwert in kJ/g	Dichte in g/cm^3
Holz	15	19	0,50
Ethanol	27	30	0,80
Heizöl	40	42	0,85
Benzin	44	47	0,80
Diesel	42	45	0,85
Erdgas (Methan)	50	55	0,81
Wasserstoff	120	143	0,08

B2 *Heizwerte, Brennwerte*[1] *und Dichten verschiedener Brennstoffe.*
A: *Begründen Sie, warum die Angabe der Dichte relevant ist.*

Der **Heizwert** H_i ist ein Maß für die thermische Energie (Wärmemenge), die bei der Verbrennung einer Massen- oder Volumeneinheit des Brennstoffs tatsächlich nutzbar ist. Er wird in der Einheit kJ/g angegeben.
Zur Bestimmung des Heizwertes H_i wird eine Brennstoffprobe in reiner Sauerstoffatmosphäre bei einem Druck von 3 hPa verbrannt. Aus der Temperaturerhöhung des Systems lässt sich der Heizwert bestimmen.
Eine weitere Größe ist der **Brennwert** H_s. Dieser gibt die thermische Energie (Wärmemenge) an, die bei vollständiger Verbrennung pro Massen- oder Volumeneinheit des Brennstoffs frei wird und enthält zusätzlich die Kondensationswärme des entstehenden Wassers.

	C	H	O
Erdöl	85–90 %	10–14 %	0–1,5 %
Öle/ Fette	76 %	13 %	11 %
Holz	50 %	6 %	43 %

B3 *Elementare Zusammensetzung einiger Rohstoffe in Massenprozent*

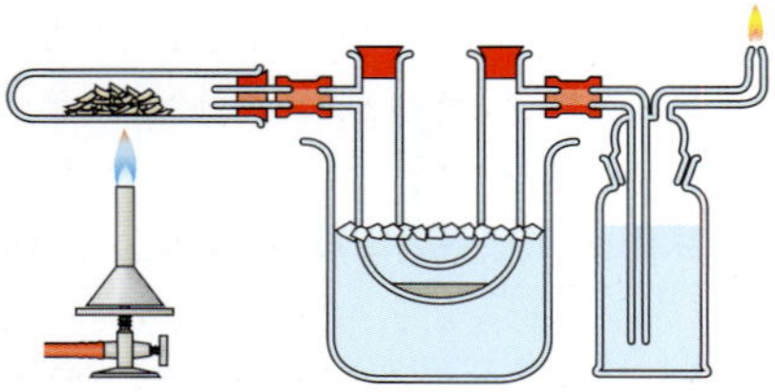

B4 *Trockendestillation von Holz*

Aufgaben

A1 Bei der Holzvergasung, der Pyrolyse, entstehen Koks, Methanol, Methansäure, Aceton, Kohlenstoffdioxid, Kohlenstoffmonooxid und Methan. Begründen Sie, auch unter Berücksichtigung von B7, warum hier die Kohlenstoffeffizienz viel geringer ausfällt als bei der hydrothermalen Carbonisierung.

A2 Beschreiben Sie den Versuchaufbau aus B4. Erklären Sie, welche Produkte bei der Holzvergasung (A1) in welchem Teil dieser Apparatur anfallen und wie man einige der Produkte nachweisen könnte.

A3 Ethanol hat einen Brennwert von 30,0 kJ/g und einen Heizwert von 27 kJ/g. Erklären Sie den Unterschied und zeigen Sie, wie man aus diesen Angaben die Verdampfungswärme von Wasser berechnen kann.

A4 Bei der Verwendung von Erdöl für chemische Synthesen müssen die enthaltenen Verbindungen erst „funktionalisiert" werden. Bei der Verwendung von Holz als nachwachsendem Rohstoff für Synthesen müssen die Cellulose-Moleküle erst „defunktionalisiert" werden. Erläutern Sie dies.

A5 Stellen Sie begründete Vermutungen darüber auf, ob BTL-Kraftstoff (vgl. S. 193) oder ob Biodiesel auf der Basis von Rapsöl umweltfreundlicher ist.

[1] Da der Heizwert und der Brennwert technische Angaben sind, wird auf das Minuszeichen verzichtet, obwohl es sich um exotherme Vorgänge handelt.

Carbonisierung von Biomasse

Kohlenhydrate wie Cellulose, Stärke und Zucker sind Stoffe, in deren Molekülen die Energie des Sonnenlichts gespeichert ist. Werden diese **nachwachsenden Rohstoffe** nicht stofflich oder energetisch von uns Menschen z. B. als Nahrungs- und Heizmittel oder zur Strom- und Kraftstoffproduktion genutzt, zersetzen Mikroorganismen sie wieder in Wasser, Energie in Form von Wärme und in die Treibhausgase Methan und Kohlenstoffdioxid. Durch diese Verrottungsprozesse entsteht jährlich etwa das Siebenfache der Kohlenstoffdioxid-Menge, die durch die Verbrennung fossiler Brennstoffe frei gesetzt wird. Durch teilweise Vermeidung der natürlichen Kohlenstoffdioxid-Emission könnte man dazu beitragen, die anthropogene Kohlenstoffdioxid-Emission erheblich zu kompensieren.

Bisher wird **Biomasse** überwiegend in Form von Nahrungsmittelpflanzen wie Raps, Weizen und Zuckerrüben als Quellen für Öl, Stärke und Zucker verwendet, die dann weiter verarbeitet werden. Heute versucht man, minderwertige Biomasse zu nutzen, ohne dass dabei die Treibhausgase Kohlenstoffdioxid und Methan frei gesetzt werden.

So verwendet man für die Biokraftstoffe „der zweiten Generation“ die Pflanzen vollständig oder sogar pflanzliche Abfälle. Zum anderen wird bei der Herstellung dieser **Biomass-to-Liquids-Kraftstoffen** (BTL-Kraftstoffe) getrocknete Biomasse mit einem Wassergehalt zwischen 15–20 % durch teilweise Oxidation mit Luft oder Sauerstoff bei 400–500 °C carbonisiert. Dabei entstehen ein teerhaltiges Gas aus flüchtigen Bestandteilen und fester Kohlenstoff (Biokoks), der weiter zu Syntheserohgas reagieren kann. Die BTL-Kraftstoffe erhält man dann nach dem **Fischer-Tropsch-Verfahren**, das in den 1920er-Jahren entwickelt wurde (B6).

Auch bei der **hydrothermalen Carbonisierung** (*INFO*) werden pflanzliche, cellulosehaltige Abfallstoffe wie Stroh, Holz, nasses Gras, feuchte Blätter etc. in Kohlenstoff umgewandelt. Sie verläuft exotherm und mit 100 %iger **Kohlenstoffeffizienz CE** (*carbon efficiency*; B7). Die Anlagen für eine großtechnische Anwendung werden derzeit entwickelt.

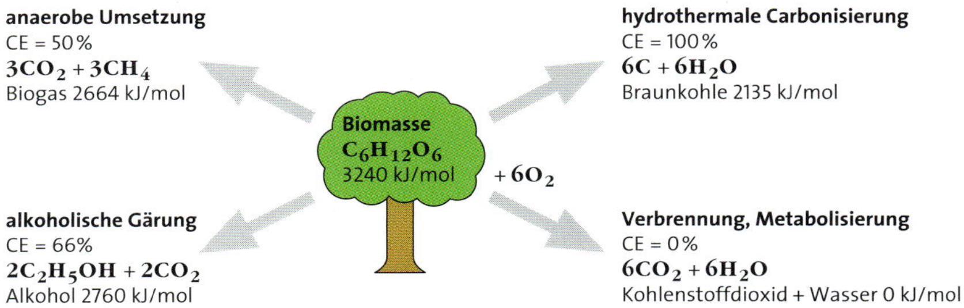

B7 *Möglichkeiten der Umsetzung von Biomasse.* **A:** *Leiten Sie aus den angegebenen Produkten ab, wie die Werte für die Kohlenstoffeffizienz CE zustande kommen.* **A:** *Begründen Sie unter Verweis auf den Energiegehalt und die Kohlenstoffeffizienz CE, welche Variante der Verwendung von Biomasse am günstigsten erscheint.*

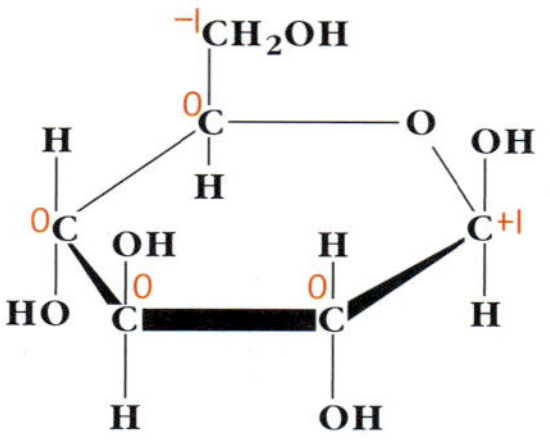

B5 *Oxidationszahlen (vgl. S. 50) der Kohlenstoff-Atome im β-D-Glucose-Molekül, dem Grundbaustein der Celluloseketten.* **A:** *Erklären Sie, warum die Biomasse bei der Gewinnung von BTL-Kraftstoffen nur „teilweise“ oxidiert wird.*

$$C(s) + H_2O(g) \longrightarrow CO(g) + H_2(g)$$
Biokoks → Synthesegas

$$8\,CO(g) + 17\,H_2(g) \xrightarrow{Kat./170°} C_8H_{18}(g) + 8\,H_2O(g)$$
Octan und Isomere

B6 *Synthese von BTL-Kraftstoff aus Biokoks. Reaktion von Biokoks zu Synthesegas und einer möglichen Folgereaktion beim Fischer-Tropsch-Verfahren.* **A:** *Bestimmen Sie für die Kohlenstoff-Atome die Oxidationszahlen (vgl. S. 50) und kennzeichnen Sie Oxidations- und / oder Reduktionsreaktionen.*

INFO Bei der **hydrothermalen Carbonisierung** finden Prozesse, die in der Erde über Jahrtausende oder im Kohlenmeiler über mehrere Tage hinweg ablaufen, in 12 Stunden statt. Neben pflanzlichen Resten benötigt man Wasser und einen Katalysator. Je nach Reaktionsbedingungen bilden sich Kohlepartikel in verschiedenen Formen. Dieser reine Kohlenstoff ist im Gegensatz zu dem in den Treibhausgasen Kohlenstoffdioxid und Methan handhabbar und damit verwertbar.

Fachbegriffe

nachwachsende Rohstoffe, Biomasse, Biomass-to-Liquids-Kraftstoffe, Fischer-Tropsch-Verfahren, hydrothermale Carbonisierung, Kohlenstoffeffizienz

B1 *Biuret- und Xanthoproteinreaktion, vgl. Auswertung b) und c)*

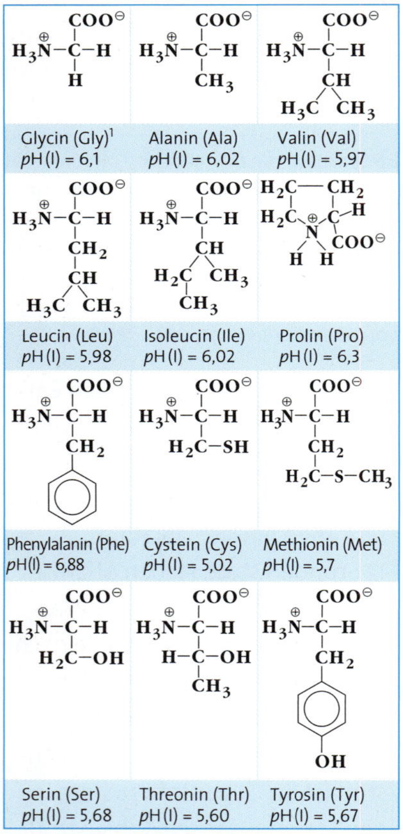

B2 *α-Aminosäuren (Fischer-Projektionsformeln)[1] mit unpolaren und mit polaren Resten (vgl. auch B5).* **A:** *Beschreiben Sie den Unterschied zwischen dem Prolin-Molekül und allen anderen Molekülen.*

Unentbehrlich – auch für Vegetarier

Hinweis: Die Versuche können arbeitsteilig in Gruppen durchgeführt werden.

Versuche

Hinweis: Die Versuche V1 bis V5 werden mit wässrigen Lösungen von Eiklar (Eiweiß), Gelatine (oder Gummibärchen), Pepton (teilweise gespaltenes Eiweiß) und einigen Aminosäuren, beispielsweise Glycin, Glutaminsäure, Lysin und Tyrosin, durchgeführt. Um die Stoffe schneller zu lösen, kann erhitzt werden.

V1 *Elementnachweise* und *Brennprobe*: Informieren Sie sich gruppenweise (z. B. auf S. 176) über die Nachweise der Elemente Wasserstoff, Kohlenstoff, Stickstoff und Schwefel in organischen Verbindungen und führen Sie die Nachweise durch. Achten Sie bei der Brennprobe auf den Geruch.

V2 *Biuretreaktion*: Geben Sie zu je 3 mL Lösung der oben (unter *Hinweis*) genannten Stoffe je 1 mL Natronlauge*, $c = 1$ mol/L. Fügen Sie anschließend je 10 Tropfen Kupfersulfat-Lösung*, $c = 0{,}1$ mol/L, hinzu und beobachten Sie.

LV3 *Xanthoproteinreaktion* (**Abzug**): Man gibt zu je 3 mL Lösung der oben genannten Stoffe je 4 mL konz. Salpetersäure*, erhitzt und beobachtet vorsichtig.

V4 *Ninhydrinreaktion*: a) Tupfen Sie auf ein Filterpapier mit einer Glaskapillare je einen Fleck aus Lösungen der oben genannten Stoffe. Besprühen Sie das Filterpapier mit Ninhydrin-Reagenz und erhitzen Sie es mit dem Föhn. b) Stellen Sie sich barfuß auf ein Filterpapier und verfahren Sie anschließend mit dem Papier wie bei a).

V5 *Tyndall-Effekt*: Füllen Sie 5 bis 10 mL Lösung der oben genannten Stoffe jeweils in eine flache Küvette und richten Sie den Strahl eines Laserpointers von der Seite in die Lösung. Betrachten Sie den Strahlengang.

Auswertung

a) Kommentieren und beurteilen Sie die Richtigkeit Ihrer Ergebnisse aus V1 anhand der in B2 und B5 angegebenen Formeln.

b) Bei der Biuretreaktion reagieren Peptid-Gruppen **–NH–CO–** mit Kupfer-Ionen Cu^{2+} zu rotvioletten Komplexen. Deuten Sie die Ergebnisse aus V2.

c) Die Ninhydrinreaktion ist ein Nachweis für Aminosäuren und Proteine allgemein, die Xanthoproteinreaktion für Aminosäuren und Proteine mit aromatischen Ringen (vgl. S. 145) im Molekül. Deuten Sie die Ergebnisse aus LV3 und V4.

d) Die Ergebnisse aus V5 erlauben Aussagen darüber, welche der untersuchten Proben Makromoleküle[2] enthalten und welche nicht. Erläutern Sie warum und deuten Sie die Versuchsergebnisse.

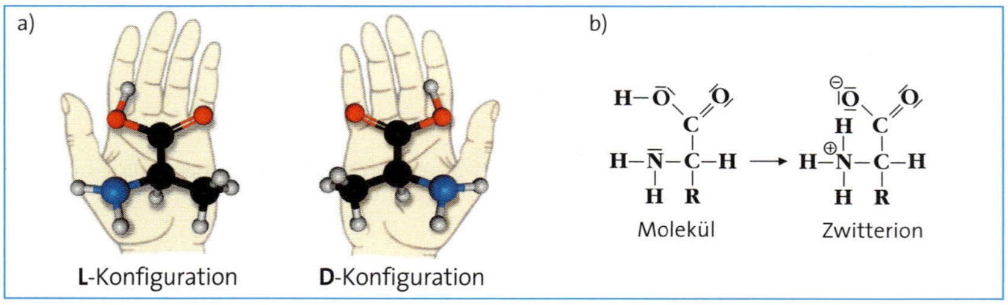

B3 *Zwei charakteristische Merkmale von α-Aminosäuren: chiraler Bau der Moleküle (vgl. S. 180, 181) (a) und intramolekulare Autoprotolyse unter Bildung eines Zwitterions (b).*
A: *Begründen Sie, bei welcher Aminosäure aus B2 die Moleküle keinen chiralen Bau aufweisen.*

[1] Vgl. Konventionen zu den Fischer-Projektionsformeln S. 181.

[2] Vgl. zur Struktur und Eigenschaften von Makromolekülen S. 227 f.

Aminosäuren – Bausteine der Eiweiße

Proteine (**Eiweiße**) sind makromolekulare Bestandteile aller Zellen in Organismen (vgl. S. 176, 177). Die Makromoleküle der Proteine werden unter Mitwirkung von Enzymen durch Hydrolyse, also Spaltung durch Reaktion mit Wasser, in monomere **Aminosäure-Moleküle** aufgetrennt. Bei der **Brennprobe** von Proteinen entsteht der charakteristische Geruch nach verbranntem Fleisch oder verbrannten Haaren. Als Nachweise für Proteine und Aminosäuren dienen die **Biuretreaktion** (Blau- oder Violettfärbung, B1, V2) und die **Ninhydrinreaktion** (Farbreaktionen, V4). Mit der **Xanthoproteinreaktion** (Gelbfärbung, B1, LV3) werden Aminosäuren und Proteine mit aromatischen Bausteinen nachgewiesen.

In Protein-Molekülen aus Organismen kommen die Reste aus „nur" etwa 20 **α-Aminosäuren** vor (B2, B3, B5). Einen Eindruck davon, wie viele Protein-Moleküle aus diesen gebildet werden können, vermittelt das Beispiel aus A2. Die Bezeichnung α-Aminosäure gibt an, dass an einem Kohlenstoff-Atom des Moleküls sowohl eine **Amino-Gruppe** $-NH_2$ als auch eine **Carboxy-Gruppe** $-COOH$ gebunden sind. An diesem Kohlenstoff-Atom befindet sich außerdem immer auch ein Wasserstoff-Atom. Der einzige Unterschied zwischen den einzelnen α-Aminosäuren besteht also in dem **Rest** $-R$ (Seitengruppe) an dem Kohlenstoff-Atom, das die Amino- und die Carboxy-Gruppe trägt (B2, B5). Das hat zur Folge, dass an diesem Kohlenstoff-Atom verschiedene räumliche Anordnungen der vier Substituenten, also zwei **Konfigurationen** vorliegen können (B3). Demnach gibt es jeweils zwei Stereoisomere einer α-Aminosäure (vgl. Isomeriearten, S. 323). In den Organismen kommen ausschließlich α-Aminosäuren mit L-Konfiguration vor (B3; vgl. S. 183).

Der menschliche Körper kann die meisten der benötigten Aminosäuren bei ausreichendem und ausgewogenem Angebot an Nährstoffen selbst synthetisieren. Einige **essenzielle Aminosäuren** (Val, Met, Thr, Phe, Ile, Leu, Try, Lys) können jedoch nicht synthetisiert, sondern müssen dem Körper mit der Nahrung zugeführt werden.

Eine gemeinsame Eigenschaft aller α-Aminosäuren ist die intramolekulare **Autoprotolyse**, d.h. der Protonenübergang von der Carboxy-Gruppe zur Amino-Gruppe innerhalb eines Moleküls unter Bildung eines **Zwitterions**. Die Protolysereaktion (B3) verläuft nahezu vollständig nach rechts, weshalb alle 20 α-Aminosäuren in B2 und B5 als Zwitterionen dargestellt sind.

B4 *Werbung für aminosäurehaltige Präparate*

Aufgaben

A1 Nennen Sie die Aminosäuren aus B2 und B5, die mehr als eine Carboxy-Gruppe im Molekül haben.

A2 Mit den 20 verschiedenen Aminosäure-Einheiten kann auf 2 432 902 008 176 640 000 Arten eine Kette aus 20 Bausteinen aufgereiht werden. Entwickeln Sie diese Zahl, indem Sie zuerst Rechenbeispiele für 3, 4 und 5 Bausteine aufstellen und lösen.

Fachbegriffe

Proteine (Eiweiße), α-Aminosäure, Konfiguration, essenzielle Aminosäuren, Autoprotolyse, Zwitterion, Brennprobe, Biuretreaktion, Ninhydrinreaktion, Xanthoproteinreaktion

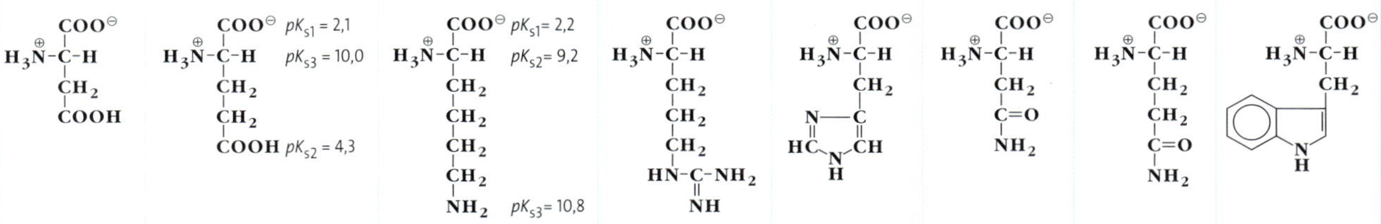

Asparaginsäure (Asp) pH(I) = 3,0	Glutaminsäure (Glu) pH(I) = 3,2	Lysin (Lys) pH(I) = 9,9	Arginin (Arg) pH(I) = 10,76	Histidin (His) pH(I) = 7,59	Asparagin (Asn) pH(I) = 5,41	Glutamin (Gln) pH(I) = 5,70	Tryptophan (Try) pH(I) = 5,88

B5 *α-Aminosäuren (FISCHER-Projektionsformeln) mit einer zweiten Carboxy- oder Amino-Gruppe und Derivate (vgl. auch B2)*

Säuren besonderer Art

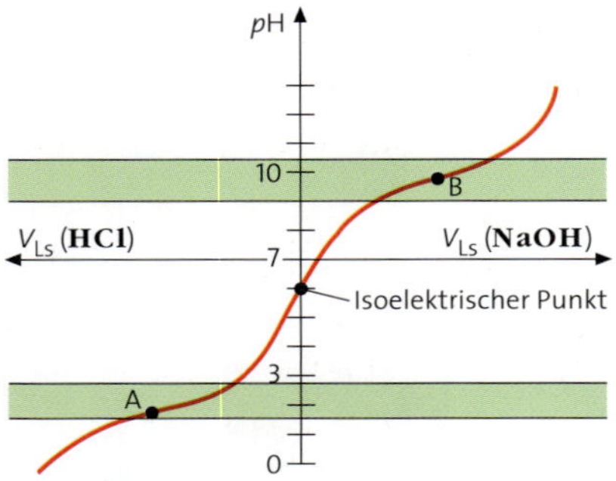

B1 *pH-Änderungen bei der Zugabe von Natronlauge bzw. Salzsäure zu einer Aminosäure-Lösung (V2)*

Versuche

V1 Stellen Sie jeweils 100 mL Glycin-Lösung, Essigsäure-Lösung* und Milchsäure-Lösung, c = 0,1 mol/L, her und messen Sie a) die elektrischen Leitfähigkeiten und b) die *p*H-Werte der Lösungen. Die Glycin-Lösung wird in V2 weiterverwendet.

V2 Titrieren Sie je 50 mL der Glycin-Lösung aus V1 a) mit Salzsäure*, c = 0,5 mol/L, und b) mit Natronlauge*, c = 0,5 mol/L, indem Sie Portionen von jeweils 0,5 mL Maßlösung unter Rühren zufließen lassen und die *p*H-Werte notieren.

V3 Geben Sie zu ca. 20 mL destilliertem Wasser eine Spatelspitze Tyrosin und versuchen Sie, den Feststoff durch Rühren zu lösen. Beobachtung? Tropfen Sie Salzsäure*, c = 0,1 mol/L, dazu. Beobachtung? Wenn sich alles gelöst hat, tropfen Sie langsam 3 mL Natronlauge*, c = 1 mol/L, hinzu und beobachten die Lösung genau.

V4 Legen Sie auf kurze Stücke angefeuchteten Indikatorpapiers je 2–3 Kristalle der folgenden Aminosäuren: Glycin, Glutaminsäure, Lysin, Alanin, Asparaginsäure, Arginin, Leucin. Bestimmen Sie die *p*H-Werte mithilfe der Farbskala des benutzten Indikatorpapiers.

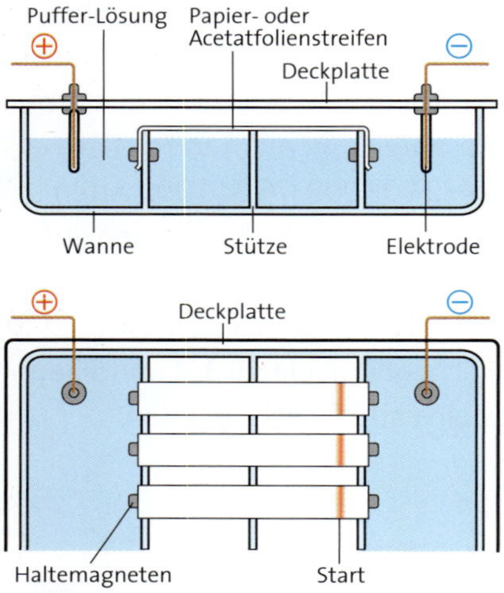

B2 *Elektrophorese-Apparatur.* **A:** *Begründen Sie, in welcher Form (Anion, Kation oder Zwitterion) die Aminosäuren vorliegen müssen, damit sie gemäß dieser Anordnung nach links wandern.*

Auswertung

a) Schließen Sie aus den Ergebnissen bei V1, welche der drei Säuren (Essigsäure, Milchsäure und Glycin) der beste, und welche der schwächste Protonendonator ist. Begründen Sie Ihre Aussagen anhand der Versuchsergebnisse.

b) Stellen Sie Ihre Messwerte aus V2 nach dem Muster aus B1 grafisch dar, ziehen Sie eine Ausgleichskurve und vergleichen Sie mit der Kurve in B1.

c) *Definition:* Eine Lösung, die bei Säure- und Basezugabe ihren *p*H-Wert nur geringfügig ändert, bezeichnet man als **Puffer** (vgl. S. 125). Erläutern Sie, warum die in V2 titrierte Glycin-Lösung in den grün unterlegten *p*H-Bereichen als Puffer wirkt.

d) Das Carboxy-Ammonium-Ion aus B4 ist eine relativ starke Säure. Formulieren Sie seine Protolysereaktion mit Wasser.

e) Wie verhält sich das Amino-Carboxylat-Ion (B4) gegenüber Wasser? Erläutern Sie Ihre Antwort und formulieren Sie eine Reaktionsgleichung.

f) Formulieren Sie analog zu B4 das Zwitterion, das Kation und das Anion von Tyrosin (vgl. S. 178, B2) und erklären Sie die unterschiedlichen Löslichkeiten in Wasser, Salzsäure und Natronlauge.

Tyrosin	0,38 g/L
Asparaginsäure	4 g/L
Leucin	24 g/L
Phenylalanin	27 g/L
Cystein	280 g/L
Lysin	300 g/L
Serin	364 g/L

B3 *Löslichkeit einiger Aminosäuren in Wasser bei 20 °C*

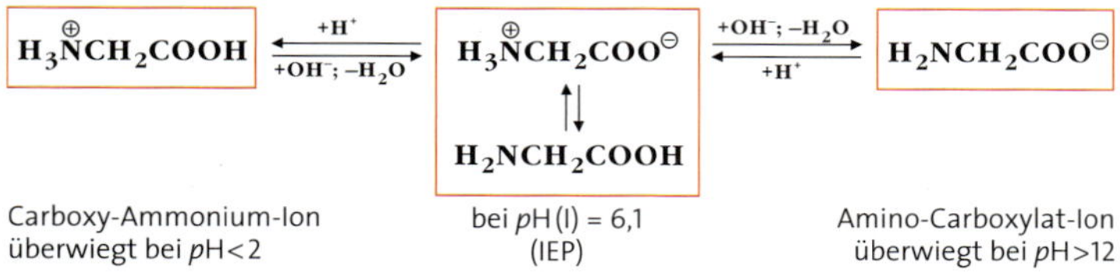

B4 *Protolysen in einer Glycin-Lösung bei Zugabe von Säure (links) und bei der Zugabe von Base (rechts).* **A:** *Erläutern Sie bei jedem der vier waagerechten Pfeile, was zugegeben werden kann, damit die Reaktion in die angegebene Richtung verläuft.*

Protolysen bei Aminosäuren

Da Aminosäure-Moleküle zwei funktionelle Gruppen enthalten, die sauer reagierende Carboxy-Gruppe $-COOH$ und die basisch wirkende Amino-Gruppe $-NH_2$, zeigen sie ein charakteristisches Verhalten gegenüber starken Säuren und Basen. Aminosäuren können aufgrund von **Protolysen** sowohl die Zugabe von Säuren als auch von Basen bis zu einem gewissen Grad „aushalten", indem sie auf diese als **Puffer** wirken (vgl. S. 125 und Definition in Auswertung c). So puffert Glycin im sauren Bereich zwischen *p*H = 2 und *p*H = 3 und im basischen Bereich zwischen *p*H = 9,3 und *p*H = 10,3 (V2, B1). Die Erklärung für die Puffereigenschaft von Aminosäuren liefern die in B4 formulierten Protolysen.

Charakteristisch für Aminosäuren wie Glycin mit nur je einer Carboxy- und Amino-Gruppe ist, dass sie in wässriger Lösung fast neutral reagieren (V1) und sich in Wasser schlechter lösen als in sauren und alkalischen Lösungen (V3). Die Löslichkeit von Glycin und die elektrische Leitfähigkeit von Glycin-Lösung sind bei *p*H = 6,1 am geringsten. Das entspricht dem Wendepunkt mit der größten Steigung in der Titrationskurve aus B1. Diesen *p*H-Wert, bei dem in der Lösung die Konzentrationen der Aminosäure-Kationen $H_3\overset{\oplus}{N}CH_2COOH$ und der Aminosäure-Anionen $H_2NCH_2COO^{\ominus}$ gleich sind, also praktisch die gesamte Aminosäure in Form des Zwitterions $H_3\overset{\oplus}{N}CH_2COO^{\ominus}$ vorliegt, bezeichnet man als **isoelektrischen Punkt *p*H(I)** oder **IEP**. Die isoelektrischen Punkte IEP der zwanzig wichtigsten Aminosäuren sind in B2 und B5 auf S. 194, 195 angegeben.

Die Unterschiede in den isoelektrischen Punkten IEP sind auf die unterschiedlichen Aminosäure-Reste –R (Seitengruppe) zurückzuführen. Bei Aminosäuren mit einer zweiten Carboxy-Gruppe im Molekül (z. B. Glutaminsäure), liegt der IEP deutlich im sauren, bei Aminosäuren mit einer zweiten Amino-Gruppe (z. B. Lysin) im alkalischen Bereich (vgl. S. 195, B5).

Die beschriebenen Eigenschaften der Aminosäuren bilden die Grundlage für die **Elektrophorese**[1], einem wichtigen Trennverfahren in der Biochemie, der klinischen Chemie und der Lebensmittelchemie. Bei der Elektrophorese trägt man das zu trennende Aminosäurengemisch auf ein gepuffertes Medium (Feststoff oder Gel) auf und setzt es einem elektrischen Gleichspannungsfeld aus (B2). In Abhängigkeit von der Form (Kation, Zwitterion oder Anion), in der ein Aminosäure-Molekül bei dem gewählten *p*H-Wert vorliegt, wandert es zu dem einen oder anderen Pol oder bleibt an der Auftragungsstelle. Gleich geladene Ionen verschiedener Aminosäure-Moleküle zeigen unterschiedliche Wanderungsgeschwindigkeiten, was ebenfalls zur Auftrennung beiträgt. Auch Peptide und Proteine, die Kondensationsprodukte der Aminosäuren, haben charakteristische IEP und können elektrophoretisch getrennt werden. Daher ist die Elektrophorese eine wichtige Methode in der medizinischen Diagnostik, bei der Krankheiten durch die Untersuchung der Proteine des Blutserums erkannt werden können.

[1] von *phoresis* (griech.) = das Tragen; [2] von *focus* (lat.) = Brennpunkt

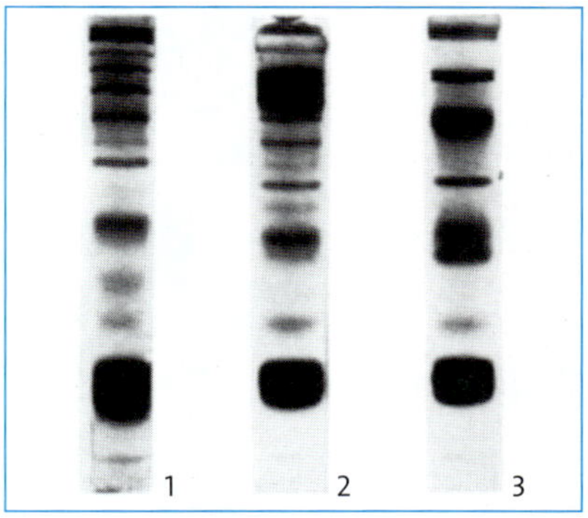

B5 *Elektrophorese von Blutseren an Polyacrylamidgel. (1): Serum eines gesunden Menschen; (2), (3): Seren erkrankter Menschen*

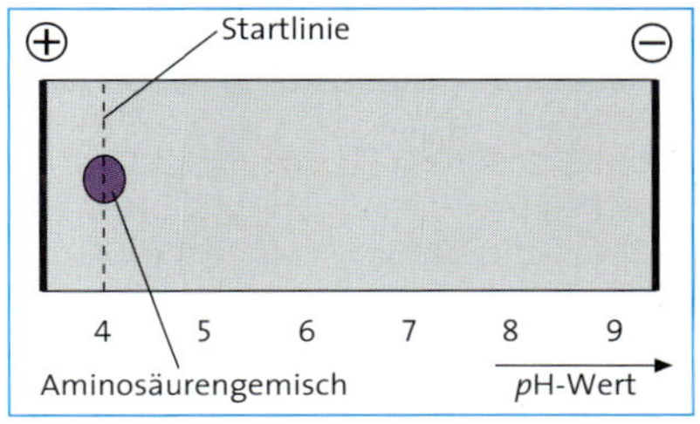

B6 *Elektrophorese durch isoelektrische Fokussierung*[2]*. Das aufzutrennende Aminosäurengemisch wird auf einen Träger mit pH-Gefälle aufgetragen. Die einzelnen Aminosäuren wandern alle in Richtung Minuspol, bleiben nacheinander aber regelrecht „auf der Strecke", jede bei dem pH, der ihrem IEP entspricht.* **A:** *Begründen Sie diesen Sachverhalt.*

Aufgaben

A1 Erläutern Sie, warum eine Aminosäure bei ihrem IEP weder zum Pluspol noch zum Minuspol wandert.

A2 Ein Gemisch aus Ala, Phe, Pro und His (vgl. S. 194, 195, B2 und B5) wird elektrophoretisch auf einem Träger bei *p*H = 6,02 aufgetrennt. Fertigen Sie eine Skizze des zu erwartenden Elektropherogramms und erläutern Sie diese.

Fachbegriffe

Protolyse, Puffer, isoelektrischer Punkt *p*H(I) oder IEP, Elektrophorese

Geschmacksverstärker – frei und gebunden

B1 *Kartoffelchips und Chinafood – lecker auch dank Natriumglutamat (vgl. Zutaten)*

Lebensmittel	freies Glutamat mg/100 g	gebundenes Glutamat mg/100 g
Parmesankäse	1200	9800
Hühnerfleisch	45	3300
Rindfleisch	35	2800
Schweinefleisch	25	2300
Lammfleisch	20	2700
Eier	25	1600
Makrelen	35	2400
Lachs	20	2200
Mais	130	1800
Tomaten	140	240
Bohnen	200	5600
Kartoffeln	100	270
Möhren	35	200

B2 *Natriumglutamat in Lebensmitteln.*
A: *Vergleichen Sie das Verhältnis freies/ gebundenes Glutamat bei Fleisch und bei Gemüse. Was fällt auf?*

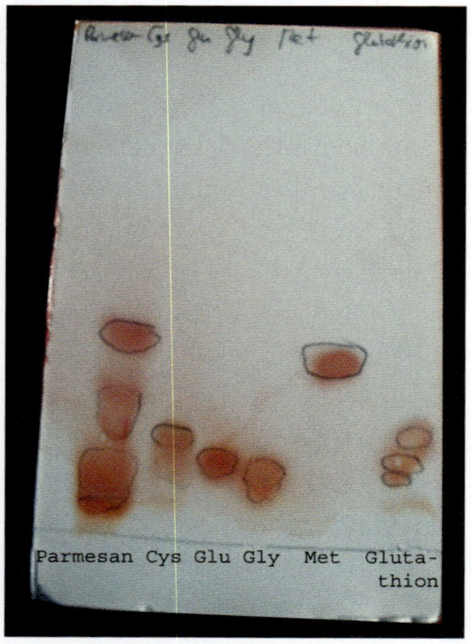

B3 *Dünnschichtchromatogramm zu V1*

INFO

Jeder Koch weiß, dass der Geschmack einer Speise nicht alleine von den Zutaten, sondern auch von der Zubereitung abhängt. Beides ist entscheidend dafür, wie uns die Speise schmeckt, wenn sie auf den Tisch kommt. Neben süß, sauer, salzig und bitter gibt es auch eine fünfte Geschmacksrichtung. In der westlichen Welt ursprünglich wenig bekannt ist sie bezeichnend für die chinesische und japanische Küche: *umami* auf Japanisch, *herzhaft* oder *fleischig* auf Deutsch. Der *umami*-Geschmack wird hauptsächlich durch Natriumglutamat, das Natriumsalz der Glutaminsäure, hervorgerufen. Heutzutage werden Geschmacksverstärker mit Natriumglutamat überall eingesetzt, nicht nur in Schnellimbissbuden, Chinarestaurants und Pizzerien, sondern auch in Trendrestaurants und Speiselokalen der gehobenen Klasse. Natriumglutamat kommt nämlich in vielen Lebensmitteln vor (B2) und damit auch in Extrakten, Saucen, Konzentraten etc., die man daraus herstellt. Fleisch, Fisch, Milchprodukte und Bohnen (insbesondere Sojabohnen) enthalten insgesamt wesentlich mehr Glutamat als andere Lebensmittel, wobei der überwiegende Teil des Glutamats in diesen Nahrungsmitteln gebunden ist, d. h. Bestandteil von Peptiden und Proteinen (vgl. S. 201), aus denen es erst beim Kochen, Backen, Braten oder Garen freigesetzt wird.

Versuche

V1 Geben Sie in drei Erlenmeyerkolben je 0,3 g a) Glutathion (Tripeptid: Glu-Cys-Gly), b) Parmesankäse und c) Pepton (partiell gespaltenes Eiweiß). Fügen Sie je 8 mL Wasser und 20 mL konz. Salzsäure* hinzu. Schütteln Sie gut durch und stellen Sie die Proben über Nacht mit gesichertem Glasschliffstopfen in den Trockenschrank bei 100 °C. Bringen Sie die Hydrolysate mit Natronlauge auf *p*H = 5 und trennen Sie sie dünnschichtchromatografisch auf Kieselgel auf (B3). Benutzen Sie als Vergleichsproben Lösungen einiger Aminosäuren, beispielsweise Gly, Ala, Glu, Cys, Met (vgl. S. 194, 195, B2 und B5). Verwenden Sie als Fließmittel für die DC ein Gemisch aus Butan-1-ol*: Eisessig*: Wasser in den Volumenanteilen 4 : 1 : 1. Zur Sichtbarmachung der Flecke wenden Sie die Ninhydrinreaktion an (vgl. S. 194, V4).

V2 Bestrahlen Sie 10 mL frische Milch in einer offenen Petrischale aus 15 cm Entfernung 10 min lang mit einer 250-W-Ultravitalux-Lampe (enthält UV-Licht*) und testen Sie anschließend den Geruch. (*Hinweis*: Einen ähnlichen Effekt erhält man bei einstündiger Bestrahlung im starken Sonnenlicht.)

Auswertung

a) Interpretieren Sie die DC-Ergebnisse bei V1. Welche Aminosäuren konnten Sie in den Hydrolyseprodukten von Glutathion, Parmesankäse und Pepton nachweisen? Erläutern Sie, in welcher der drei Proben Glutaminsäure am besten erkennbar ist.

b) Bei Bestrahlung mit UV-Licht bilden Proteine mit Cystein-Bausteinen Schwefelverbindungen mit üblem Geruch und Geschmack (V2), darunter Methional $CH_3SCH_2CH_2CHO$ und Dimethyldisulfid $CH_3S_2CH_3$. Formulieren Sie die Valenzstrichformeln dieser beiden Verbindungen.

Peptide – Kondensationsprodukte von Aminosäuren

Der Geschmacksverstärker Glutamat, das Natriumsalz der Glutaminsäure, liegt in Lebensmitteln häufig gebunden vor. Oft wird es erst beim Zubereiten einer Speise durch Hydrolyse von **Peptiden** freigesetzt. Peptide sind Kondensationsprodukte aus Aminosäuren. Die Bildung und die Hydrolyse eines Dipeptid-Moleküls verlaufen wie in folgendem Beispiel:

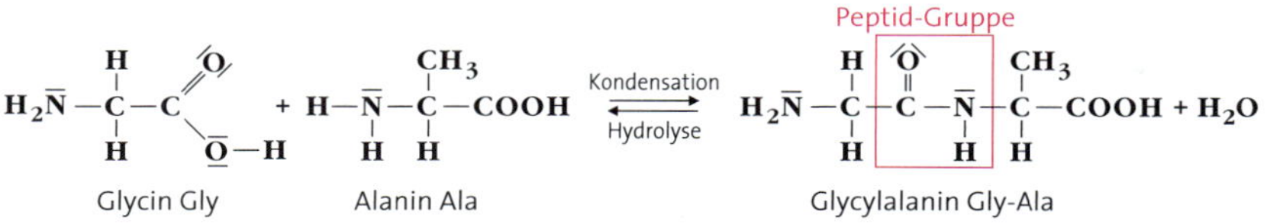

Auf den ersten Blick sieht die Synthese eines Peptids recht einfach aus. Auf molekularer Ebene wird durch Kondensation unter Abspaltung eines Wasser-Moleküls eine **Peptid-Gruppe** (B4) gebildet. Folgende Überlegungen zeigen, dass der Fall komplizierter ist: Aus Glycin und Alanin kann außer dem formulierten Produkt Glycylalanin Gly-Ala auch Alanylglycin Ala-Gly gebildet werden. Bei 20 verschiedenen Aminosäuren sind alleine 20^2 verschiedene Dipeptide, 20^3 Tripeptide, also 20^k Peptide mit k Aminosäure-Bausteinen im Molekül formulierbar. Um ein Tripeptid mit vorgegebener **Sequenz**[1], beispielsweise Glutathion (Glu-Cys-Gly), zu synthetisieren, wäre es nicht zweckmäßig, die drei Aminosäuren gleichzeitig in einem Gefäß zur Reaktion zu bringen. Es würde sich ein Gemisch aus vielen verschiedenen **Oligopeptiden**[2] und **Polypeptiden**[3] bilden. Für die Synthese von Peptiden im Labor sind aufwendige Verfahren, die nur in Stufen und mit speziellen Techniken ablaufen, nötig. Umso erstaunlicher ist es, dass in lebenden Organismen die richtigen Peptide zum richtigen Zeitpunkt in der richtigen Menge synthetisiert werden. Das bekannteste Beispiel ist das den Blutzuckerspiegel regulierende Hormon *Insulin*, dessen Moleküle aus zwei Peptidketten mit insgesamt 51 Aminosäure-Einheiten aufgebaut sind (vgl. S. 212). Fehlt Insulin im Körper, so erhöht sich der Blutzuckerspiegel (Diabetes). Das Hormon *Oxytocin*, ein Oligopeptid aus neun Aminosäure-Einheiten (Sequenz: Cys-Try-Ile-Gln-Asn-Cys-Pro-Leu-Gly)[4], löst beim Geburtsvorgang Wehen aus.

Die gezielte und hocheffiziente Synthese von Peptiden in Organismen ist ebenso wie deren hydrolytischer Abbau nur mithilfe von **Enzymen** (Biokatalysatoren) möglich. Enzyme bestehen aus Proteinen, d.h. Polypeptiden aus über 100 Aminosäure-Bausteinen, und enthalten in der Regel auch Metall-Atome oder -Ionen. Durch zwischenmolekulare Wechselwirkungen richtet sich das Peptid-Molekül am Enzym so aus, dass genau die richtige Bindung aufgetrennt oder geknüpft werden kann (B5).

Aufgabe

A1 Erläutern Sie, warum es bei jedem der in B4 mit C_α bezeichneten Kohlenstoff-Atome zu einer Verdrillung der beiden Ebenen zueinander kommt.

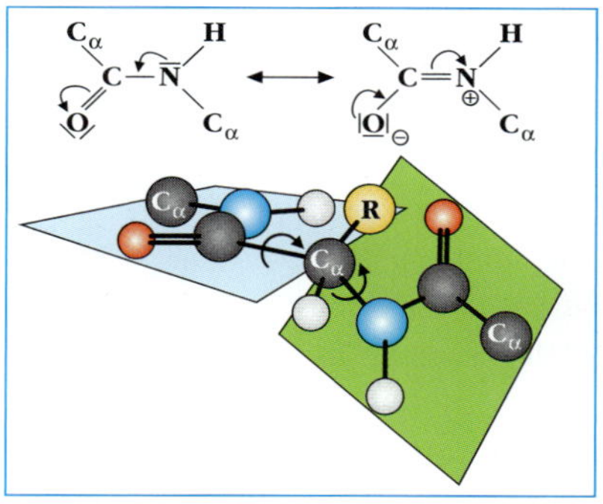

B4 *Alle Atome der Peptid-Gruppe und das C_α-Atom liegen in einer Ebene (Peptid-Ebene), die jedoch zur Ebene der benachbarten Peptid-Gruppe verdrillt ist (vgl. A1). Ursache ist die so mögliche, besonders günstige Verteilung der Elektronen (vgl. mesomere Grenzstrukturen, S. 149).*

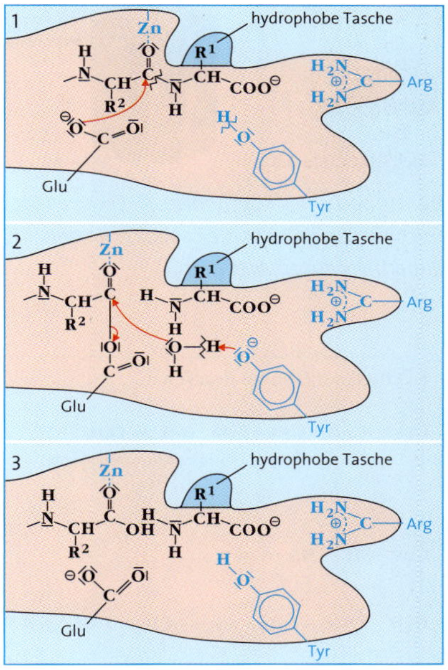

B5 *Wirkungsweise des Enzyms Carboxypeptidase bei C-terminalem Abbau eines Peptids (vgl. S. 201). Schrittfolge: 1, 2, 3.*
A: *Erläutern Sie, wie das Wasser-Molekül das Kohlenstoff-Atom in Schritt 2 angreift.*

Fachbegriffe

Peptid, Peptid-Gruppe, Oligopeptid, Polypeptid, Sequenz, Enzyme, Proteine

[1] von *sequentia* (lat.) = Aufeinanderfolge, Reihenfolge; [2] von *oligos* (griech.) = wenig; bis zu 10 Aminosäure-Bausteine

[3] von *polys* (griech.) = viel; 10 bis 100 Aminosäure-Bausteine; [4] Die N-terminale Aminosäure, d.h. der Aminosäure-Rest mit der noch freien Amino-Gruppe, steht jeweils vorne.

Chemie der Dauerwelle

Anzahl	90 000–150 000
Haardichte	ca. 200/cm²
Durchmesser	0,04–0,1 mm
Monatliches Wachstum	1 cm
Gesamte tägliche Produktion	30 m
Belastbarkeit bis zu	100 g/Haar
Dehnbarkeit bis zu	50 %
Täglich ausfallende Haare	50–100

B1 *Eigenschaften von Kopfhaaren*

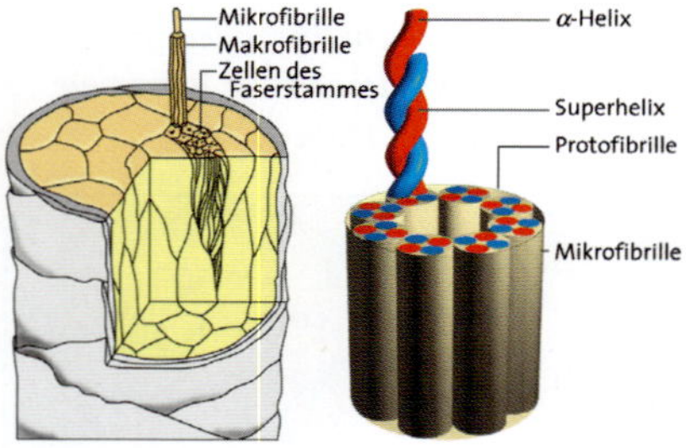

B2 *Aufbau eines Kopfhaares.* ***A:*** *Erklären Sie mithilfe von B4, was die α-Helices in der Superhelix zusammenhält.*

1. Öffnen der Disulfid-Brücken

$$\text{Cys}-\text{S}-\text{S}-\text{Cys} + 2\,\text{HS}-\text{CH}_2-\text{COO}^{\ominus}\text{NH}_4^{+}$$

Ammoniumthioglycolat

$$\downarrow$$

$$\text{Cys}-\text{SH} + \text{HS}-\text{Cys} +$$

$$\text{H}_4\text{N}^{+\,\ominus}\text{OOC}-\text{CH}_2-\text{S}-\text{S}-\text{CH}_2-\text{COO}^{\ominus}\text{NH}_4^{+}$$

2. Schließen der Disulfid-Brücken

$$\text{Cys}-\text{SH} + \text{HS}-\text{Cys} + \text{H}_2\text{O}_2$$

$$\downarrow$$

$$\text{Cys}-\text{S}-\text{S}-\text{Cys} + 2\,\text{H}_2\text{O}$$

B3 *Chemie der Dauerwelle.* ***A:*** *Das „Öffnen" und „Schließen" der Disulfid-Brücken sind Beispiele für das Donator-Akzeptor-Prinzip. Wenden Sie es auf die beiden Reaktionen an. Geben Sie dabei genau an, ob Wasserstoff-Atome* **H** *oder Wasserstoff-Ionen* $\mathbf{H}^{+}$ *übertragen werden und welche Teilchen als Donator bzw. Akzeptor dienen.*

INFO

Eine Föhnfrisur ist ruiniert, wenn man mit ihr durch den Regen läuft. Dagegen hält eine Dauerwelle mehrere Monate, auch bei täglichem Waschen und Föhnen der Haare. Die Erklärung ist einfach: Bei feuchten Haaren liegen die Ammonium-, Carboxylat- und Hydroxy-Gruppen der Aminosäure-Reste in den Protein-Molekülen hydratisiert vor. Die Wechselwirkungen zwischen den Makromolekülen sind schwach und das Haar nimmt seine genetisch vorgegebene Form ein. Wird eine Zugkraft angesetzt, so verrutschen die Protein-Moleküle gegeneinander. Beim Föhnen werden die Wasser-Moleküle ausgetrieben und es kommt zu Ion-Ion-Anziehungskräften und Wasserstoffbrücken zwischen den Makromolekülen, und zwar in der verrutschten Position. Das Haar erhält zeitweise die gewünschte Form, die allerdings beim Anfeuchten wieder verschwindet. Auch bei der Erzeugung einer Dauerwelle werden die Protein-Moleküle aus dem Haar aus ihrer natürlich gewachsenen Lage durch Auftrennen und Neuknüpfen von Wechselwirkungen in eine neue, künstliche Position gebracht. Im Gegensatz zur Föhnfrisur werden hier Elektronenpaarbindungen (kovalente Bindungen) getrennt und neu geknüpft. Es handelt sich dabei um Disulfid-Brücken **–S-S–**, die durch Reduktion geöffnet und durch Oxidation wieder geschlossen werden (B3).

Versuche

V1 Befestigen Sie eine abgeschnittene Haarlocke auf einem Lockenwickler in der gewünschten Form und tauchen Sie sie in ein Bad aus 10 mL Thioglycolsäure*, 50 mL dest. Wasser und 25 mL Ammoniak-Lösung*, $w = 10\,\%$. Lassen Sie die Lösung ca. 15 min einwirken und waschen sie anschließend mit Wasser. Fixieren sie dann durch Eintauchen in eine Wasserstoffperoxid-Lösung*, $w = 2\,\%$, die mit Citronensäure auf $pH = 2{,}5$ bis $pH = 3$ eingestellt wurde. Waschen sie nach dem Fixieren erneut mit Wasser, entfernen Sie den Lockenwickler und trocknen sie mit dem Föhn. Testen Sie die Beständigkeit der Dauerwelle gegen Wind und Feuchtigkeit.

V2 Verfahren Sie mit zwei Haarproben wie in V1, jedoch a) ohne Zusatz von Ammoniak-Lösung im ersten Arbeitsschritt und b), indem Sie den zweiten Arbeitsschritt (das Fixieren) ganz weglassen. Vergleichen Sie die so erhaltenen Ergebnisse mit dem Ergebnis aus V1.

Auswertung

a) Erläutern Sie, welche der in B6 angegebenen Wechselwirkungen (Bindungen) bei der Föhnfrisur geöffnet und geschlossen werden. Benennen Sie die Prozesse, die dabei auf der Teilchenebene ablaufen (*Hinweis*: *INFO*).

b) Auch eine Föhnfrisur kann gegen „Wind und Regen" stabilisiert werden. Dafür geeignete Sprays und Gele enthalten neben Lösemitteln und Riechstoffen u.a. auch Polymere (vgl. S. 227). Erklären Sie, wie die Haltbarkeit der Frisur nach Spray- oder Gelbehandlung zu erklären ist.

c) Bei der Dauerwelle werden 20 % bis 40 % der im Haar vorhandenen Disulfid-Brücken geöffnet und an anderer Stelle wieder geschlossen (B3). Erläutern Sie, was „an anderer Stelle" genau heißt.

Sekundär- und Tertiärstruktur von Proteinen

Nicht nur Haarstyling und Kosmetik an unserem Körper basieren auf der Chemie von Proteinen, auch nahezu alle Reaktionen in unserem Körper sind ohne Proteine unmöglich. Um einen tieferen Einblick in die dabei ablaufenden Prozesse zu erhalten, betrachten wir die Struktur der Protein-Makromoleküle genauer.

Die **Primärstruktur** eines Proteins wird durch die Art und Anzahl der Aminosäure-Einheiten und ihre Verknüpfungsfolge (Sequenz) im Protein-Makromolekül festgelegt. Die Primärstruktur wird durch **Sequenzanalyse** ermittelt, also durch schrittweise Abkopplung und anschließenden Nachweis der einzelnen Aminosäure-Moleküle. Das kann durch **N**-terminalen[1] oder **C**-terminalen Abbau erfolgen, je nachdem, ob immer ein Aminosäure-Molekül vom Molekülende mit der Amino-Gruppe $-NH_2$ oder vom Ende mit der Carboxy-Gruppe $-COOH$ abgespalten wird. Ein C-terminaler Abbau kann beispielsweise mithilfe der *Carboxypeptidase* (vgl. S. 199, B5), einem Enzym aus 307 Aminosäure-Bausteinen, erfolgen.

Zwischen der $N-H$ Gruppe einer Peptid-Gruppe (vgl. S. 199, B4) und der $C=O$ Gruppe einer anderen Peptid-Gruppe, die zur ersten günstig liegt, bildet sich jeweils eine Wasserstoffbrücke aus. Diese intramolekularen Wechselwirkungen sind in der Summe so stark, dass sie Molekülfragmenten oder dem gesamten Molekül eine bestimmte räumliche Anordnung (Konformation) verleihen, die man als **Sekundärstruktur** des Peptid- (oder Protein-) Moleküls bezeichnet. Die beiden häufigsten „geordneten" Konformationen sind die **α-Helixstruktur** und die **β-Faltblattstruktur** (B4, B5). Bei der *Carboxypeptidase* liegen 38% des Moleküls als α-Helix und 17% als β-Faltblatt vor. Zusammen mit den restlichen 45%, in denen sich die Molekülfragmente räumlich aufgrund der weiteren Wechselwirkungen zwischen den Aminosäure-Resten (B6) ordnen, ergibt sich die **Tertiärstruktur** des Proteins. Sowohl die Sekundärstruktur als auch die Tertiärstruktur eines Protein-Moleküls sind bereits durch die Aminosäuresequenz, d.h. durch die Primärstruktur vorgegeben.

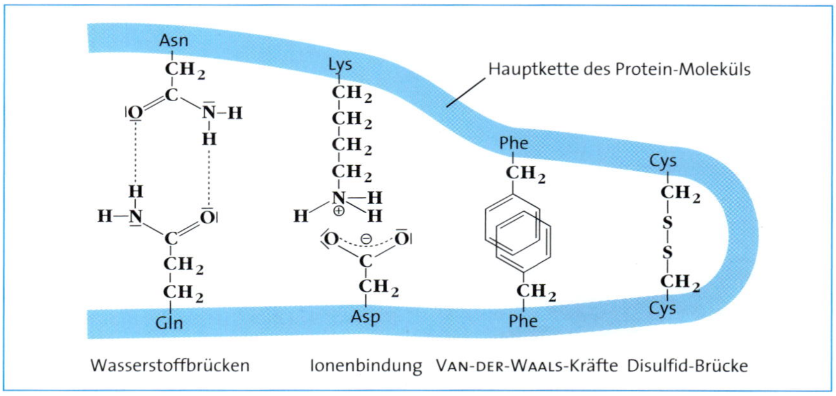

B6 *Wechselwirkungen und Bindungen, zu denen es zwischen den Aminosäure-Resten in Protein-Molekülen kommen kann.* ***A:*** *Ordnen Sie diese Wechselwirkungen (Bindungen) nach abnehmender Stärke.*

[1] von *terminer* (franz.) = beendigen, begrenzen

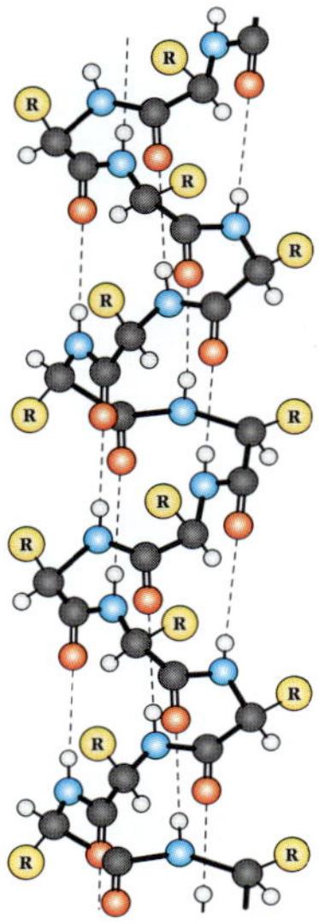

B4 *α-Helixstruktur.* ***A:*** *Geben Sie an, welche Atome jeweils an Wasserstoffbrücken beteiligt sind.*

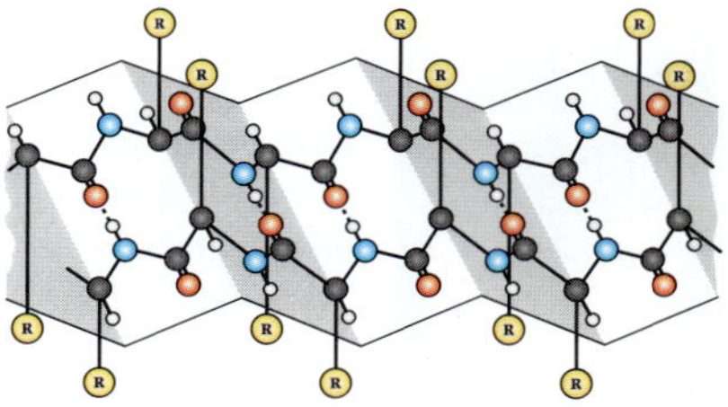

B5 *β-Faltblattstruktur.* ***A:*** *Erläutern Sie, warum es zu der zickzackförmig gefalteten Fläche kommt.*

Aufgaben

A1 Begründen Sie, ob sich bei den Molekülen aus B4 und B5 intra- oder intermolekulare Wasserstoffbrücken ausbilden.

A2 Blei- und Kupfersalze sowie große Mengen Alkohol können lebenswichtige Enzyme blockieren, d.h. unwirksam machen. Erklären Sie den Sachverhalt.

Fachbegriffe

Primärstruktur, Sequenzanalyse, Sekundärstruktur, α-Helixstruktur, β-Faltblattstruktur, Tertiärstruktur

Chemie beim Kochen, Braten, Grillen ...

B1 *Chemisches Knowhow über die Struktur und Eigenschaften von Proteinen hilft beim Zubereiten von Fleischgerichten.* **A:** *Nennen und erläutern Sie Unterschiede zwischen einer gegrillten und einer gekochten Wurst.*

Versuche

V1 Verdünnen Sie in einem 50-mL-Becherglas ein Eiklar mit wenig Wasser, streuen Sie etwas Kochsalz hinein und verrühren Sie gut. a) Erhitzen Sie in einem Rggl. 5 mL dieser Lösung. Beobachtung? b) Versetzen Sie in drei weiteren Rggl. je 5 mL der Eiklar-Lösung mit i) 5 mL Salzsäure*, c = 5 mol/L, ii) Natronlauge*, c = 5 mol/L, und iii) gesättigter Eisen(III)-chlorid-Lösung und vergleichen Sie die Beobachtungen.

V2 Geben Sie zu 100 mL Milch portionsweise 6 mL Essigsäure-Lösung*, c = 2 mol/L. Beobachten und filtrieren Sie das Gemisch dann durch Glaswolle, beobachten Sie erneut.

V3 Verrühren Sie zerschnittene, grüne Blätter im Mörser und extrahieren Sie die Blattpigmente in ca. 15 mL Aceton* oder 15 mL Ethanol*. Geben Sie die Blattextrakt-Lösung in eine Petrischale und stellen Sie dicht daneben eine zweite Petrischale mit zerschnittenen (ggf. auch verriebenen) Blättern, aus denen die Pigmente jedoch nicht extrahiert wurden. Betrachten Sie die Inhalte der beiden Petrischalen gleichzeitig im Licht einer UV-Handlampe (λ = 366 nm).

Auswertung

a) Bei V1 und V2 werden Proteine *denaturiert*. Beschreiben Sie anhand der Versuchsbeobachtungen, welche Eigenschaften der Proteine sich bei der Denaturierung ändern. (*Hinweis*: Umgangssprachlich bezeichnet man die Denaturierung von Proteinen hier auch als Gerinnung.)

b) Benennen und beschreiben Sie mögliche Vorgänge auf der molekularen Ebene, die bei V1 und V2 sowie B1 und B2 zur Denaturierung führen können. (*Hinweise*: Denken Sie an mögliche Wechselwirkungen und Reaktionen zwischen funktionellen Gruppen der Aminosäure-Reste und an Bildung von Komplexen mit Metall-Ionen.)

c) Chlorophyll-Moleküle absorbieren UV-Licht und übertragen die aufgenommene Energie an benachbarte Moleküle, jedoch nur dann, wenn sie in eine geeignete Matrix aus Protein-Molekülen eingebettet sind. Sonst emittieren sie einen Teil der aufgenommenen Energie als rote Fluoreszenz (vgl. S. 213). Beurteilen Sie diese Aussagen anhand der Ergebnisse aus V3.

B2 *Gerinnen von Eiklar (V1).* **A:** *Blut gerinnt im Gegensatz zu Eiklar auch bei Raumtemperatur und ohne Zusatz von weiteren Stoffen. Erklären Sie den Sachverhalt.*

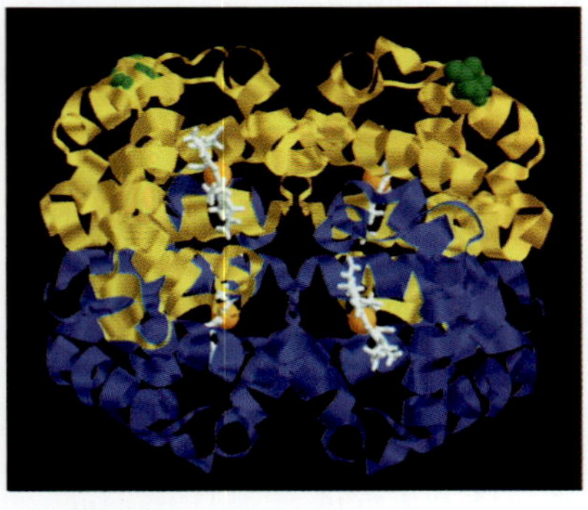

B3 *Quartärstruktur des Proteinteils von Hämoglobin*

Rote Blutkörperchen (Erythrozyten) transportieren Sauerstoff und zum Teil auch Kohlenstoffdioxid, weiße Blutkörperchen (Leukozyten) sind für die Abwehr von Krankheitserregern zuständig und Blutplättchen aktivieren die Blutgerinnung. Die Blutflüssigkeit (Blutplasma) enthält u.a. Cholesterin, Glucose, freie Aminosäuren und Natrium-, Chlorid- und Hydrogencarbonat-Ionen.

B4 *Wichtige Bestandteile des Bluts.* **A:** *Erklären Sie, warum Fibrinogen, das Schlüsselprotein für die Blutgerinnung, vor der Analyse von Blutplasma entfernt wird.*

Quartärstruktur von Proteinen und Proteiden

Was in B3 und B5 wie wirre Knäuel aussieht, sind in Wirklichkeit hoch organisierte Systeme, die eine genau definierte Struktur haben müssen, wenn sie tatsächlich biochemisch aktiv sein sollen. Sie bestehen jeweils aus mehreren Polypeptidketten und zusätzlichen Bausteinen, die keine Polypeptide sind. Solche **supramolekularen Systeme** aus Polypeptiden und anderen molekularen oder ionischen Bausteinen bezeichnet man als **Proteide**. Proteide enthalten **prosthetische Gruppen**[1], beispielsweise einen Kohlenwasserstoff-Rest wie beim Rhodopsin (vgl. S. 213). Um funktionstüchtig zu sein, muss nicht nur jede einzelne Polypeptid-Einheit in einem Proteid die richtige Tertiärstruktur (vgl. S. 201) haben, die Einheiten müssen auch genau in der richtigen räumlichen Ausrichtung zueinander und zu den übrigen Bestandteilen des Systems zusammengefügt sein. Diese **Quartärstruktur** des Proteids enthält nun die Information für seine auszuübende biologische Funktion. Die Quartärstrukturen des Hämoglobins (B3), des photosynthetischen Zentrums (B5) und des Rhodopsins sind Beispiele dafür, dass auch kleinste biologische Funktionseinheiten aus mehreren chemischen Komponenten bestehen. Die Polypeptidketten darin weisen in der Regel nur abschnittsweise eine regelmäßige α-Helixstruktur oder β-Faltblattstruktur auf, während andere Kettenabschnitte auf den ersten Blick chaotisch angeordnet erscheinen. Doch genau diese konformationell sehr beweglichen Bereiche sind für die molekulare Erkennung verantwortlich.

Die Tertiär- und Quartärstrukturen der Polypeptidketten sind keineswegs starr, sondern verändern sich beim „Andocken" anderer Moleküle, Molekülfragmente oder Ionen. Wenn Proteine auf über 60 °C erhitzt oder mit Säuren, Laugen oder Schwermetall-Ionen versetzt werden, findet ihre **Denaturierung** statt. Dabei können auch chemische Prozesse ablaufen, beispielsweise die Bildung von Ester-, Peptid- oder Etherbrücken zwischen den Aminosäure-Resten.

Aufgaben

A1 Polypeptidketten können in Modellen als Zick-Zack-Linien (B5) oder als Bänder kombiniert mit Schleifen (B3, B6) dargestellt werden. Diskutieren Sie Vor- und Nachteile dieser Darstellungsweisen.

A2 Es gibt **Globuline** (**Sphäroproteine**) und **Faserproteine** (**Skleroproteine**). Bei Globulinen nehmen die makromolekularen Einheiten die Formen von Kugeln an, die nach außen hin polare und ionische Gruppen aufweisen, bei Faserproteinen bilden sie lang gestreckte Makromolekülstränge, deren polare und ionische Gruppen sich größtenteils gegenseitig anziehen. Welche Vermutungen können Sie über die Wasserlöslichkeit von Globulinen und Skleroproteinen aufstellen? Begründen Sie diese.

A3 Nennen Sie Aminosäure-Reste, zwischen denen bei der Denaturierung eines Proteins a) Ester- und b) Peptidbrücken gebildet werden können.

A4 Erläutern und begründen Sie, welche der in B6 von S. 201 angegebenen Wechselwirkungen bei der Denaturierung eines Proteins durch Säurezugabe beeinflusst werden.

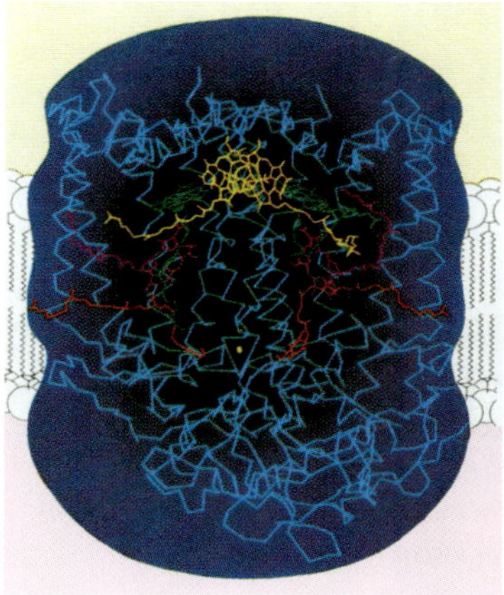

B5 *Computergraphik des Photosynthesezentrums bei Purpurbakterien der Gattung Rhodopseudomonas. Vier Protein-Moleküle bilden den Hauptteil und sind blau dargestellt, die Farbstoff-Moleküle bunt.* ***A:*** *Erschließen Sie in Chemie 2000+ Online zur Struktur und Funktion des Photosynthesezentrums die Flash-Animation „Ein Fall für zwei".*

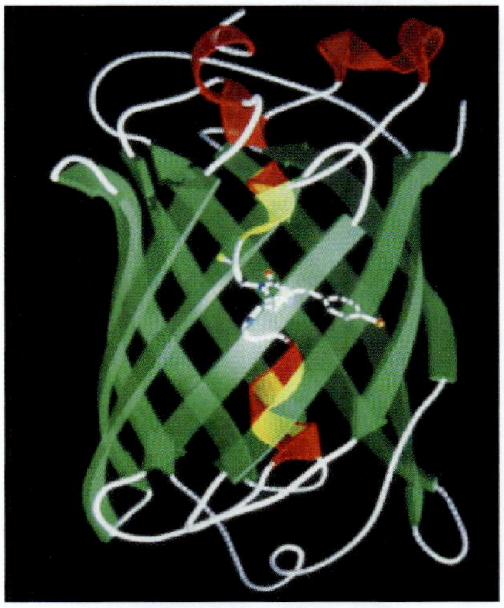

B6 *Quartärstruktur von Green Fluorescent Protein GFP – Grundlage für die Verleihung des Chemienobelpreises 2008 an M. Chalfie, O. Shimormura und R. Tsien; vgl. auch S. 213.*

Fachbegriffe

supramolekulares System, Proteid, prosthetische Gruppe, Quartärstruktur, Denaturierung, Globuline, Faserproteine

[1] von *prostheikos* (griech.) = zusätzlich

Fette und Öle

B1 *Löschen eines Fettbrands.* **A:** *Erklären Sie, warum man Fett- und Ölbrände nicht mit Wasser löscht.*

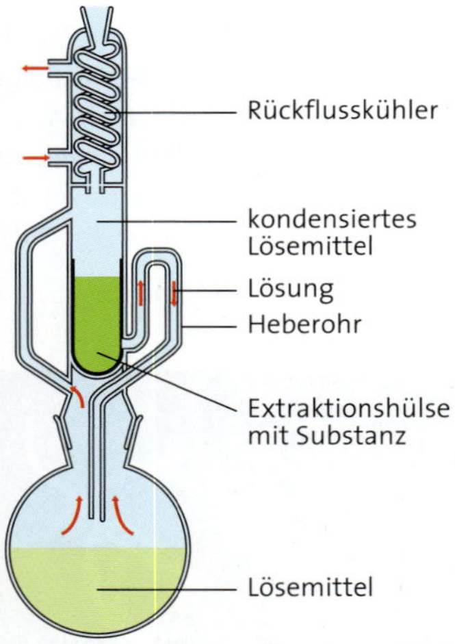

B2 *Soxhlet-Apparatur zur kontinuierlichen Extraktion von Pflanzenölen.* **A:** *Erläutern Sie die Funktionsweise.*

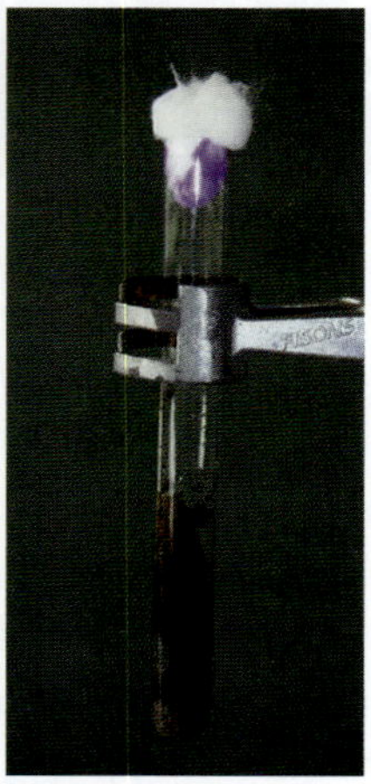

B3 *Nachweis des in LV5 gebildeten Acroleins durch* SCHIFFS*-Reagenz*

Versuche

V1 Zerreiben Sie Sonnenblumenkerne, Erdnusskerne, Leinsamen oder Rapssamen in einer Reibschale, geben Sie einige Milliliter Heptan* hinzu und reiben Sie einige Zeit weiter. Dekantieren Sie die Lösung dann in eine Petrischale. Lassen Sie das Heptan* verdampfen und tüpfeln Sie eine kleine Menge des Rückstands auf ein Papiertuch (**Fettfleckprobe**). Tüpfeln Sie zum Vergleich reines Heptan* auf das Tuch.

V2 Überprüfen Sie in je einem Rggl. die Löslichkeit von Öl, Butter, Margarine und Schweineschmalz in a) Wasser, b) Ethanol* und c) Heptan* (oder Benzin*).

V3 Geben Sie in getrennte Reagenzgläser gleiche Portionen von Butter, Butterschmalz, Kokosfett, verschiedenen Margarinesorten und Stearinsäure. Stellen Sie die Rggl. in ein Wasserbad mit kaltem Wasser und einem Thermometer. Erwärmen Sie langsam. Beobachten und notieren Sie das Schmelzverhalten der Fettproben, während Sie die Temperatur des Wassers kontinuierlich messen und ebenfalls notieren.

V4 Schmelzen Sie in einem schwer schmelzbaren, großen Reagenzglas einen Spatellöffel Palminfett und versetzen Sie vorsichtig mit 10 mL Natronlauge*, c = 2 mol/L. Lassen Sie die Lösung unter ständigem Schwenken 5 min schwach sieden. Geben Sie nach dem Abkühlen 10 mL Kochsalz-Lösung hinzu. Füllen Sie mit 10 mL Wasser auf, verschließen Sie das Reagenzglas und schütteln Sie. Schütteln Sie auch ein mit Palminfett und 10 mL Wasser gefülltes Reagenzglas zum Vergleich.

LV5 **Abzug!** In ein Rggl. wird 2 cm hoch Kaliumhydrogensulfat* gefüllt. Es wird bis zur Schmelze erhitzt, dann werden mit einer Pipette vorsichtig einige Tropfen Glycerin (Propan-1,2,3-triol) zugefügt. Es wird weiter erhitzt, wobei ein mit SCHIFFS-Reagenz getränkter Wattebausch locker auf das Rggl. gesteckt (B3) und anschließend der Geruch geprüft wird. Der Versuch wird mit Olivenöl anstelle von Glycerin wiederholt.

Auswertung

a) Vergleichen Sie die Methode der Fettgewinnung in V1 mit der in der Apparatur aus B2.

b) Schließen Sie begründet aus dem Löslichkeitsverhalten der Öle und Fette in V2 auf ein Strukturmerkmal ihrer Moleküle.

c) Vergleichen Sie das Schmelzverhalten der Fette in V3 mit dem der Stearinsäure.

d) Bei V4 bilden sich Natriumsalze der Fettsäuren (Seifen) und Glycerin. Formulieren Sie die Reaktionsgleichung mit dem Fett aus B4 und deuten Sie die Schaumbildung.

e) In LV5 wirkt Kaliumhydrogensulfat als wasserabspaltendes Mittel. Aus Glycerin (Propan-1,2,3-triol) wird Acrolein (Propenal) gebildet, das an dem stechenden Geruch zu erkennen ist. Stellen Sie die Reaktionsgleichung auf und begründen Sie, um welche Art von Reaktion es sich handelt.

Ester aus der Natur

Fette und Öle verwendet man gerne zum Backen, Braten und Frittieren. Nur leider lassen sich Fettspritzer und Fettflecke auf Textilien mit Wasser schlecht entfernen. Besser eignen sich lipophile Lösemittel als Reinigungsmittel (V2), woraus zu schließen ist, dass Fette aus unpolaren Molekülen bestehen. Einen Fettbrand (B1) darf man nicht mit Wasser löschen: Da Fette und Öle eine geringere Dichte als Wasser haben, sinkt Löschwasser unter das Fett und reißt beim Verdampfen brennendes Fett mit in die Höhe.
Fette und Öle sind Naturprodukte. In Lebewesen werden sie unter der Haut und zwischen den Muskeln und Organen gespeichert. Sie sind wichtige Energielieferanten und gehören neben den Kohlenhydraten und Eiweißen zu den grundlegenden Nährstoffen. Der Brennwert von Fetten ist mit ca. 38 kJ/g etwa doppelt so hoch wie der von Kohlenhydraten und Eiweißen mit je ca. 17 kJ/g. Auch als Lösemittel für lipophile Stoffe wie z. B. die Vitamine A, D und E sowie die Sexualhormone sind Fette lebensnotwendig. Der durchschnittliche Tagesbedarf eines Menschen an Fett liegt bei ca. 50 g.
Obwohl es verschiedenste Fette und Öle gibt, sind ihre Moleküle ähnlich aufgebaut. Jedes Fett-Molekül besteht aus einem Molekül-Rest des dreiwertigen Alkanols Glycerin (Propan-1,2,3-triol), der über Ester-Gruppen mit drei Fettsäure-Molekül-Resten verknüpft ist. Daraus resultiert die Bezeichnung der Fette als **Triacylglycerine** oder **Triglyceride** (B4).
Durch irreversible Verseifung der Ester mit Natronlauge (V4) lassen sich die Fettsäure-Reste vom Glycerin-Rest trennen. Die Natriumsalze der Fettsäuren sind die **Seifen**, die das Wasser zum Schäumen bringen. Die Acrolein-Probe (LV5) zeigt den Glycerin-Baustein der Fett-Moleküle an.
Fette sind keine Reinstoffe, sondern Stoffgemische aus Triglyceriden, deren Moleküle verschiedene Fettsäure-Reste aufweisen. Fette haben deshalb keine definierten Schmelztemperaturen, sondern **Schmelzbereiche** (V3, B5).
Einige der in Fetten gebundenen Fettsäuren wie Linolsäure und Arachidonsäure gehören zu den essenziellen Fettsäuren, d. h. sie können nicht vom Körper synthetisiert werden, sondern müssen ihm (über die Fette) zugeführt werden.

Aufgaben

A1 Informieren Sie sich unter *Chemie 2000+ Online* über den empfohlenen Fettanteil an der Ernährung. Vergleichen Sie mit Ihrer eigenen Ernährung.
A2 Wie beurteilen Sie die Tatsache, dass immer mehr fettreduzierte Lebensmittel (B6) auf den Markt kommen? Würden Sie Joghurt oder Milch mit 0,1% Fettanteil herkömmlichen Produkten vorziehen? Begründen Sie Ihre Entscheidungen.
A3 Erklären Sie anhand der Molekülstruktur (B4) und mit geeigneten Fachbegriffen, warum Fette nicht wasserlöslich sind. Beurteilen Sie die Wasserlöslichkeit von Fettsäuren und von Glycerin.

Fachbegriffe

Fettfleckprobe, Triacylglycerin/Triglycerid, Seife, Schmelzbereich

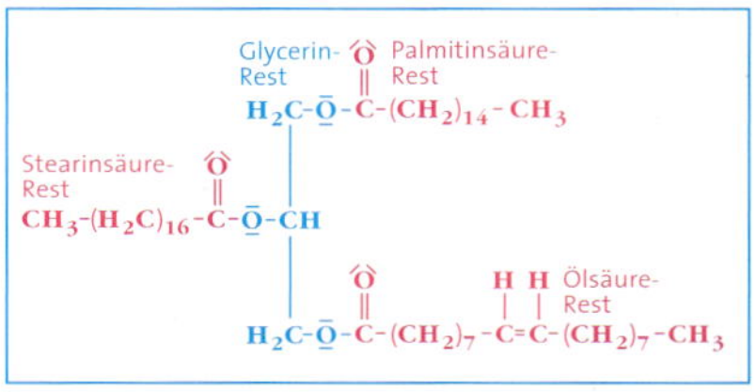

B4 *Halbstrukturformel eines Triglycerid-Moleküls mit verschiedenen Fettsäure-Resten.* ***A:*** *Geben Sie an, wie viele verschiedene Fett-Moleküle aus einem Glycerin-Molekül und zwei verschiedenen Fettsäure-Molekülen zu konstruieren sind.*

Fettsäure	Butterfett	Olivenöl	Kokosfett
C_3H_7COOH Buttersäure	3	–	–
$C_{11}H_{23}COOH$ Laurinsäure	3	–	49
$C_{13}H_{27}COOH$ Myristinsäure	9	2	15
$C_{15}H_{31}COOH$ Palmitinsäure	25	15	9
$C_{17}H_{35}COOH$ Stearinsäure	13	2	3
$C_{17}H_{33}COOH$ Ölsäure	29	71	5
$C_{17}H_{31}COOH$ Linolsäure	2	8	2
$C_{17}H_{29}COOH$ Linolensäure	1	–	–
andere	15	2	17

B5 *Prozentualer Anteil einzelner Fettsäuren in verschiedenen Nahrungsfetten.* ***A:*** *Ermitteln Sie, welche Fettsäuren vor allem am Aufbau der Fett-Moleküle beteiligt sind.*

B6 *Fettreduzierte Diätmargarine und Milchprodukte werden heutzutage ebenso angeboten wie Produkte, die zusätzlich mit Vitaminen angereichert sind (functional food).*

Fest oder flüssig – einziger Unterschied?

B1 *Olivenöl und Sonnenblumenkernöl kurz nach der Entnahme aus dem Kühlschrank (links) und nach längerem Stehenlassen (rechts).* **A:** *Informieren Sie sich über die Zusammensetzung der beiden Öle und vergleichen Sie diese.*

Stearinsäure $C_{17}H_{35}COOH$ | Ölsäure $C_{17}H_{33}COOH$

B2 *Stearinsäure ist bei Raumtemperatur fest, Ölsäure flüssig.* **A:** *Setzen Sie ein Stearinsäure- und ein Ölsäure-Molekül mithilfe eines Molekülbaukastens zusammen. Vergleichen Sie die Strukturen und erklären Sie den Sachverhalt.*

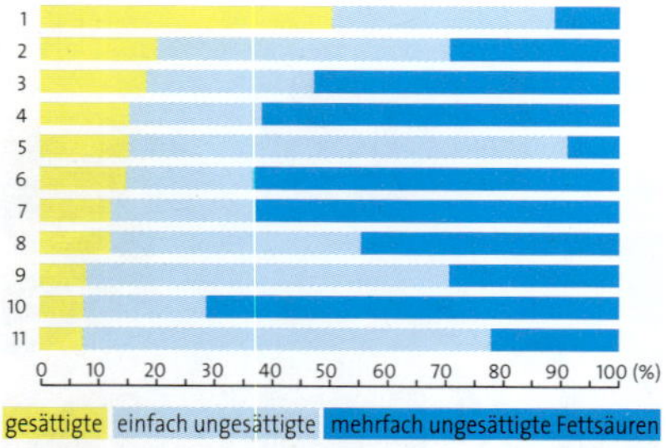

B3 *Fettsäurezusammensetzung verschiedener Speiseöle: 1 Palmöl, 2 Erdnussöl, 3 Kürbiskernöl, 4 Weizenkeimöl, 5 Olivenöl, 6 Sojaöl, 7 Sesamöl, 8 Sonnenblumenöl, 9 Rapsöl, 10 Walnussöl, 11 Mandelöl.* **A:** *Begründen Sie, bei welchen der genannten Öle es besonders ratsam ist, das Haltbarkeitsdatum zu beachten.*

Versuche

V1 Lösen Sie in einem Rggl. 1 g Schmalz, in einem zweiten 1 g Speiseöl in 10 mL Heptan*, geben Sie in beide 5 mL Bromwasser* hinzu und schütteln Sie gut durch.

V2 Lösen Sie in vier verschiedenen Reagenzgläsern je etwa 0,5 g Ölsäure, Stearinsäure, Kokosfett und Olivenöl in Heptan*. Geben Sie tropfenweise unter Schütteln Brom-Lösung* zu (hergestellt aus 0,1 mL Brom* in 20 mL Heptan*), bis die Bromfärbung bestehen bleibt. Vergleichen Sie die bis zur bleibenden Färbung benötigte Tropfenanzahl an Brom-Lösung bei den vier Proben.

Hinweis: Weitere Versuche zur Charakterisierung von Fetten und Ölen (Iodzahl, Verseifungszahl) können nach den Angaben der *EVA Online*-Seiten (z. B. Facharbeit im Seminarfach) durchgeführt und ausgewertet werden.

Auswertung

a) Erklären Sie sämtliche Farbänderungen, die Sie bei V1 beobachten.

b) Formulieren Sie für die Reaktion von Ölsäure $C_{17}H_{33}COOH$ mit Brom (V2) die Reaktionsgleichung.

INFO Fetthärtung

Auf den Verpackungen von Margarine und anderen Fetten findet man häufig Hinweise auf „gehärtete Fette". Bei der Fetthärtung werden ungesättigte Fettsäuren mit Wasserstoff bei Temperaturen zwischen 150 °C und 200 °C, unter Druck und mit Nickel als Katalysator zur Reaktion gebracht. Bei dieser auch als **Fetthydrierung** bezeichneten Reaktion wird Wasserstoff an eine Doppelbindung nach folgender Gleichung addiert:

$$\underset{\text{Ölsäure, } \vartheta_m = 16\,°C}{C_{17}H_{33}COOH} + H_2 \xrightarrow{\text{Ni-Katalysator}} \underset{\text{Stearinsäure, } \vartheta_m = 70\,°C}{C_{17}H_{35}COOH}$$

Ungesättigte Fettsäuren werden so durch Hydrierung in gesättigte umgewandelt. Ein Fett erhält dadurch eine festere Konsistenz, weil gesättigte Fettsäuren gegenüber ungesättigten Fettsäuren mit gleicher Anzahl an Kohlenstoff-Atomen im Molekül eine höhere Schmelztemperatur besitzen. Der Nickel-Katalysator ist giftig und muss nach der Hydrierung entfernt werden. Eine zusätzliche Folge der Fetthärtung ist die längere Haltbarkeit der gewonnenen Fette. Ungesättigte Fettsäuren reagieren unter dem Einfluss von Mikroorganismen leicht mit Luftsauerstoff, mit der Folge, dass die entsprechenden Fette schneller verderben und ranzig werden. Dabei werden die Doppelbindungen eines Fettsäure-Moleküls durch Sauerstoff-Moleküle oxidativ gespalten:

Die entstehenden Alkanale verursachen den unangenehmen Geruch ranzigen Fetts und sind außerdem gesundheitsschädlich, da sie wichtige Vitamine im Körper desaktivieren.

Molekülstruktur und Eigenschaften von Triglyceriden

Alle Fette und Öle sind Triglyceride, die sich lediglich in der Zusammensetzung ihrer Fettsäure-Reste unterscheiden.[1] Versetzt man gleiche Mengen von Fetten, Ölen und typischen, in Triglyceriden gebundenen Fettsäuren mit Brom-Lösung, stellt man fest, dass sie unterschiedlich reagieren (V2). Pflanzenöle verbrauchen bis zu einer bleibenden Färbung mehr Brom-Lösung als feste Fette. Da bei der jeweils ablaufenden Reaktion Brom-Moleküle aus der Brom-Lösung an Doppelbindungen der Fettsäure-Reste bzw. der Fettsäure-Moleküle addiert werden, müssen Triglycerid-Moleküle von Pflanzenölen mehr Doppelbindungen enthalten als Triglycerid-Moleküle fester Fette: Die Moleküle der Öle enthalten mehr ungesättigte Fettsäure-Reste als die der Fette. Je nach Anzahl von Doppelbindungen pro Fettsäure-Rest unterscheidet man zwischen einfach und mehrfach ungesättigten Fettsäure-Resten (B3, B4).

Ungesättigte Fettsäuren sind reaktiver als gesättigte Fettsäuren, weshalb die **Oxidationsstabilität** eines Fetts bzw. Öls mit dem Anteil ungesättigter Fettsäure-Reste abnimmt. Bei Oxidationsreaktionen von Fetten, die durch Metall-Ionen katalysiert werden können, entstehen kurzkettige, freie Fettsäuren oder Aldehyde, die die Fette ranzig riechen lassen.

Auch die unterschiedlichen Schmelzbereiche der Fette und Öle stehen in Zusammenhang mit den unterschiedlichen Molekülstrukturen der Fettsäure-Reste. Gesättigte Fettsäure-Moleküle sind linear gebaut. Die Moleküle der in Fetten und Ölen vorkommenden ungesättigten Fettsäuren liegen überwiegend in der *Z*-Konfiguration[2] vor und weisen einen „Knick" auf (B4). Fett-Moleküle mit vorwiegend gesättigten Fettsäure-Resten können sich daher besser parallel zueinander anordnen. Dies hat zur Folge, dass mehr **van-der-Waals-Kräfte** zwischen ihnen wirken können als zwischen solchen mit gewinkelt gebauten Fettsäure-Resten (B5). Fette mit einem hohen Anteil an ungesättigten Fettsäure-Resten im Molekül sind bei Raumtemperatur flüssig, also Öle. Nicht nur der Anteil an ungesättigten Fettsäure-Resten, auch die Länge der Kohlenwasserstoffketten beeinflusst die Lage des Schmelzbereichs.

Stearinsäure (Octadecansäure)

$C_{17}H_{35}COOH$; Schmelztemperatur ca. 70°C

Ölsäure (*Z*-Octadeca-9-ensäure)

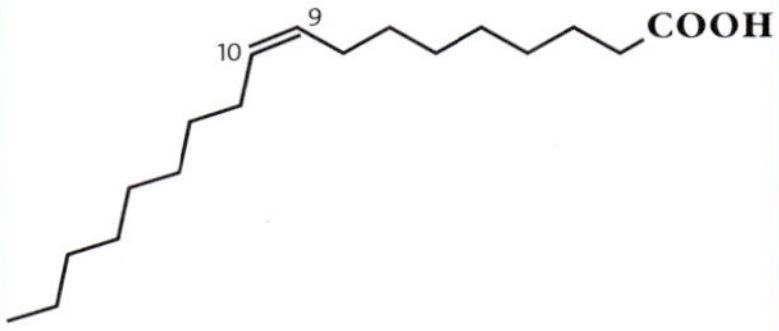

$C_{17}H_{33}COOH$; Schmelztemperatur ca. 16°C

Linolsäure (*Z*,*Z*-Octadeca-9,12-diensäure)

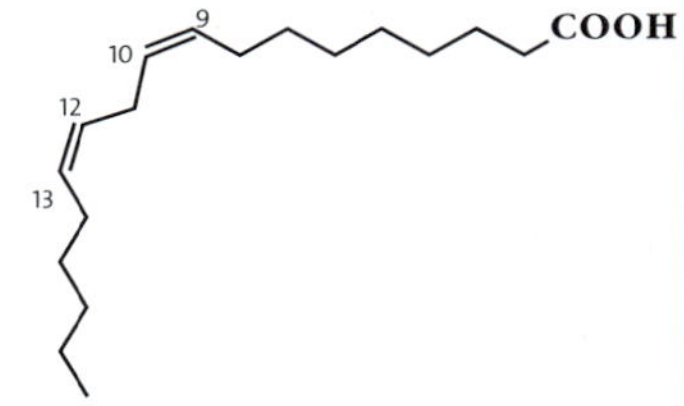

$C_{17}H_{31}COOH$; Schmelztemperatur ca. −4°C

Linolensäure
(all-*Z*-Octadeca-9,12,15-triensäure)

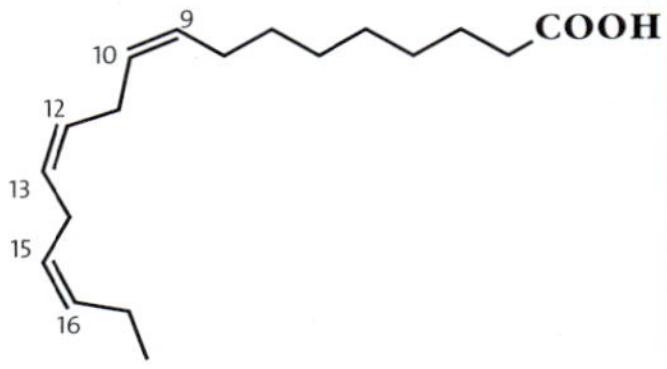

$C_{17}H_{29}COOH$; Schmelztemperatur ca. −11°C

B4 *Gerüstformeln gesättigter und ungesättigter Fettsäure-Moleküle mit 18 Kohlenstoff-Atomen.* ***A:*** *Begründen Sie die unterschiedlichen Schmelztemperaturen der drei ungesättigten Fettsäuren.*

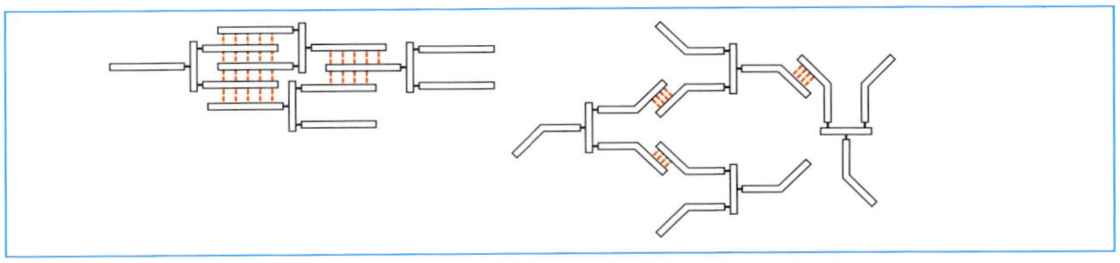

B5 *van-der-Waals-Kräfte (-----) zwischen benachbarten Triglycerid-Molekülen mit gesättigten (links) bzw. mit ungesättigten Fettsäure-Resten*

Aufgabe

A1 Formulieren Sie für die Hydrierung von einem Fett-Molekül mit drei Linolsäure-Resten die Reaktionsgleichung. Kennzeichnen Sie auch relevante Oxidationszahlen.

Fachbegriffe

Fetthärtung, Fetthydrierung, *Z*-Fettsäuren, van-der-Waals-Kräfte, Oxidationsstabilität

---

[1] vgl. Chemie 2000+, Niedersachsen 2, S. 142, 143

[2] Die älteren Bezeichnungen für *Z*- bzw. *E*-Konfiguration sind *cis*- bzw. *trans*-Konfiguration. Entsprechend sind die Bezeichnungen ungesättigte *cis*- und *trans*-Fettsäure weiterhin gebräuchlich.

Seifen und Tenside

B1 *Mit einem Fett und Natronlauge kann man im Labor einfach Seife herstellen (vgl. S. 204).*

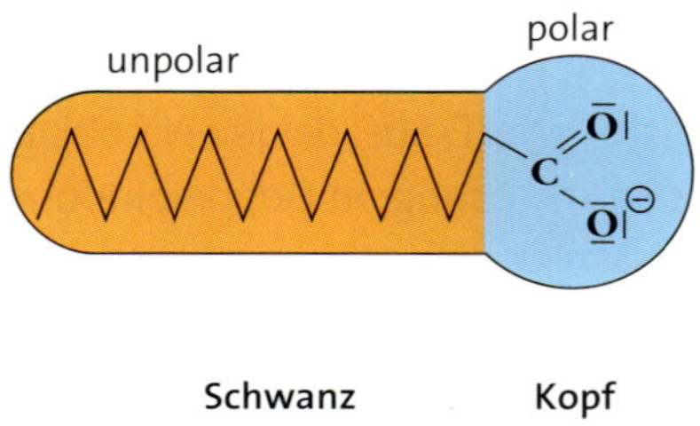

B2 *Fettsäure-Anion: Seifen sind die Salze der Fettsäuren.* ***A:*** *Schreiben Sie die Summenformel des abgebildeten Ions auf und benennen Sie es.*

Versuche

V1 Setzen Sie mit einer Tropfpipette vorsichtig auf ein sauberes Stück Baumwolle einen Tropfen Wasser bzw. Seifenlösung ab. Beobachten Sie die Tropfenform.

V2 Füllen Sie eine Petrischale zur Hälfte mit Wasser und bestreuen Sie die Oberfläche mit Schwefel- oder Kohlepulver. Geben Sie aus einer Tropfpipette einen Tropfen Seifenlösung mitten in die Schale.

V3 Füllen Sie je ein Rggl. mit dest. Wasser, Leitungswasser bzw. Calciumhydrogencarbonat-Lösung. Geben Sie in jedes Rggl. einen Tropfen Seifenlösung, verschließen Sie die Rggl. und schütteln Sie jeweils 1 min.

V4 Füllen Sie je ein Rggl. zur Hälfte mit Wasser bzw. Seifen(oder Tensid)lösung. Geben Sie in beide Rggl. je 1 mL Salatöl, verschließen Sie und schütteln Sie kräftig. Vergleichen Sie den Zeitraum, bis sich Öl und Wasser bzw. Öl und Seifenlösung wieder getrennt haben.

Auswertung

a) Vergleichen und deuten Sie die Beobachtungen zu V1 und V2. Berücksichtigen Sie bei der Erklärung auch die Animation zur Oberflächenspannung des Wassers aus *Chemie 2000+ Online*.

b) In V3 wird hartes Wasser in Form der Calciumhydrogencarbonat-Lösung verwendet. Erläutern Sie die Konsequenzen für den Waschvorgang, die sich aus der Beobachtung ergeben.

c) Durch das Schütteln in V4 vermischen sich die beiden ineinander unlöslichen Phasen zu einer Emulsion. Beschreiben Sie die Funktion des Tensids.

Herstellung und Eigenschaften von Seife

Seifen wurden bereits in der Zeit um 2500 v. Chr. hergestellt, aber erst seit Anfang des zwanzigsten Jahrhunderts wandelten sie sich vom Luxusgut zu einem Alltagsprodukt „für jedermann".

Seifen nennt man die Natrium- und Kaliumsalze der Fettsäuren, die durch die Verseifung von Fetten hergestellt werden. Allgemein bezeichnet man die **alkalische Hydrolyse** eines Esters als **Verseifung**.

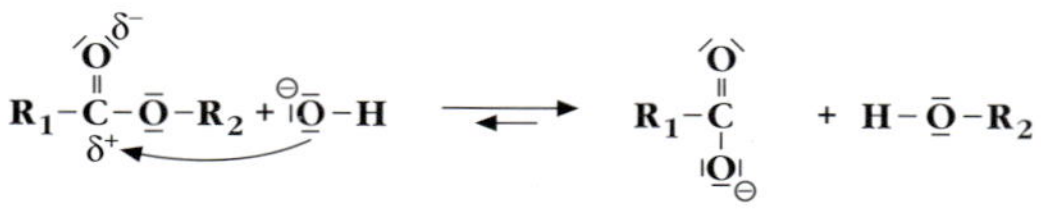

Bei der Verseifung von Fetten bildet sich als Alkohol-Komponente Glycerin und die Carboxylat-Ionen der Fettsäuren liegen als Natriumsalze (bei Kernseifen) oder als Kaliumsalze (bei Schmierseifen) vor.

Aufgrund des unpolaren „Schwanzes" und des polaren „Kopfes" der Seifen-Anionen (B2) sind Seifen hydrophob und hydrophil. Stoffe mit dieser Eigenschaft nennt man **amphiphil**[1].

Seifen setzen die Oberflächenspannung des Wassers herab (V2), indem die polaren Köpfe ihrer Anionen in die Lösung hineintauchen und die unpolaren Schwänze herausragen. Eine Seifenlösung hat daher ein gutes Benetzungsvermögen (V1) und wirkt als Emulgator (V4).

[1] von *amphi* (griech.) = beides und von *philos* (griech.) = Freund

Seifen und Tenside

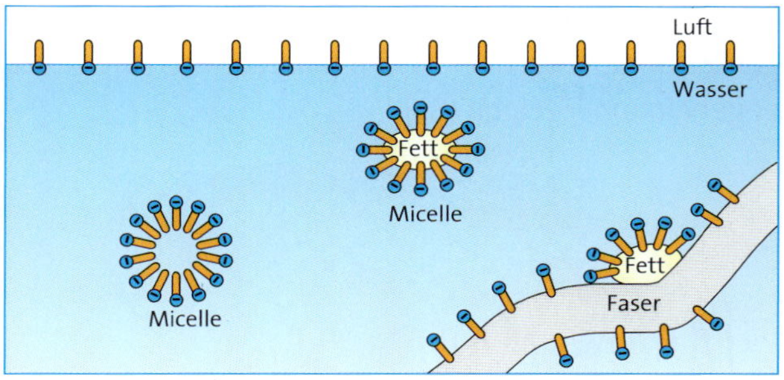

B3 *Grenzflächenanordnung der Seifen-Anionen und Micellenbildung.* ***A:*** *Erläutern Sie das Entstehen von Micellen.*

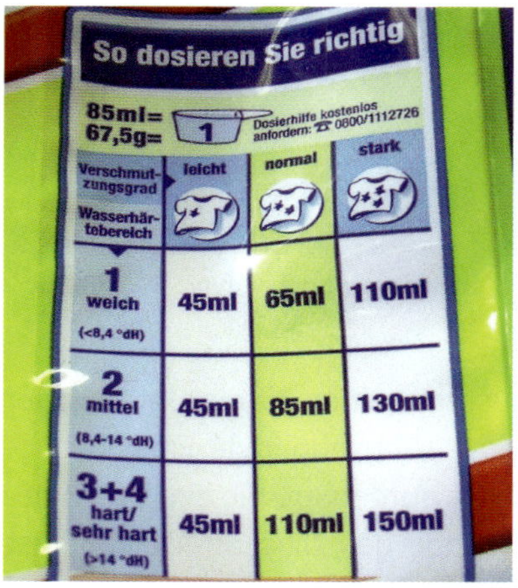

B4 *Dosierungsanweisung für ein effektives Waschen*

Die Entfaltung der Waschkraft und Wasserhärte

In einer wässrigen Seifenlösung orientieren sich die Seifen-Anionen so, dass die unpolaren Reste einander zugewandt sind und durch VAN-DER-WAALS-Kräfte zusammengehalten werden. Dadurch entsteht ein kugelförmiger Teilchenverband, die **Micelle**. Die Außenseite der Micelle bilden die polaren Köpfe, die mit den Wasser-Molekülen wechselwirken (B3). In den unpolaren Innenraum der Micelle können unpolare Moleküle eingeschlossen werden. So können flüssige oder feste Teilchen umnetzt, von der Faser abgelöst und in den Micellen eingeschlossen werden. Die nach außen gerichteten polaren Köpfe verhindern durch elektrostatische Abstoßung ein erneutes Zusammenlagern der Schmutzpartikel, die so in der Waschflotte in der Schwebe gehalten werden und eine stabile Schmutzemulsion bilden.

Seifenlösungen sind alkalisch und bilden mit hartem Wasser Kalkseifen (V3). Dabei reagieren die Seifen-Anionen mit den Calcium-Ionen aus dem Wasser und bilden schwer lösliche Calciumsalze:

Seife $\mathbf{2\ CH_3(CH_2)_{14}COO^{\ominus}(aq) + Ca^{2+}(aq) \longrightarrow}$

Kalkseife $\mathbf{[CH_3(CH_2)_{14}COO^{\ominus}]_2Ca^{2+}(s)}$

Die Kalkseifen setzen sich als schmieriger Rückstand im Waschbecken und auf den Stofffasern ab und die Waschkraft der Seife kann sich nicht entfalten.

Tenside

In modernen Waschmitteln sind Seifen durch synthetische **Tenside** ersetzt. Als Tenside bezeichnet man alle waschaktiven Substanzen, deren Teilchen wie das Seifen-Anion ein unpolares und ein polares Ende haben. Sie sind ebenfalls grenzflächenaktiv. Man unterscheidet allgemein ionische und nichtionische Tenside. Bei anionischen Tensiden sind die polaren Köpfen negativ geladene Atomgruppen wie die Carboxylat- $\mathbf{-COO^{\ominus}}$, Sulfat- $\mathbf{-O{-}SO_3^-}$ oder Sulfonat-Gruppe $\mathbf{-SO_3^-}$. Kationische Tenside sind in Weichspülern enthalten.

In Waschmitteln befinden sich sowohl anionische als auch nichtionische Tenside. Anionische Tenside bilden in hartem Wasser ebenfalls schwer lösliche Kalkseifen, weshalb als Enthärter z. B. Zeolithe zugesetzt werden. Je nach Waschmittel sind außerdem Bleichmittel, Enzyme, optische Aufheller und Duftstoffe enthalten.

Tenside werden auch in der Lebensmittel- und Kosmetikindustrie eingesetzt, wo man sich ihre emulgierende Wirkung zunutze macht.

Aufgaben

A1 Erläutern Sie, welche Schmutzteilchen mit Seife gut von der Faser entfernt werden können (B3).

A2 Erklären Sie unter Bezug auf V3 die unterschiedlichen Dosierungsvorgaben in B4. Welche Folge hätte eine zu niedrige Dosierung? Begründen Sie.

Zellmembranen

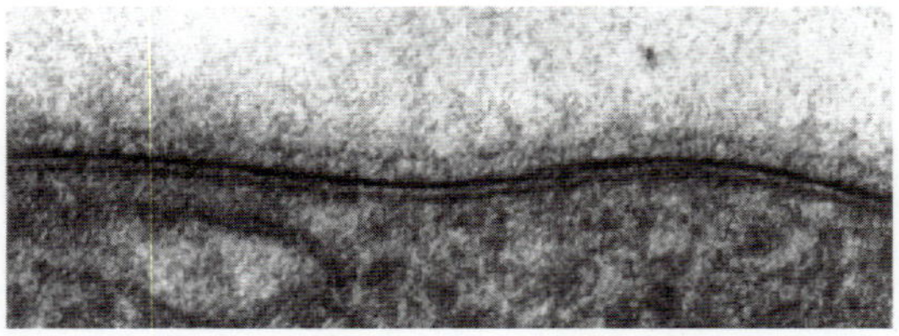

B1 *Elektronenmikroskopisches Bild einer Biomembran. Die Dicke der Membran beträgt ca. 5–10 nm.*

Die wichtigsten Bausteine einer **Biomembran** (oder **Zellmembran**; B1) sind die **Phospholipide**. Ein Phospholipid-Teilchen ist ähnlich aufgebaut wie ein Fett-Molekül. Eine Hydroxy-Gruppe des Glycerin-Moleküls ist aber mit einem Phosphorsäure-Molekül verestert. Da über diesen Phosphorsäure-Rest weitere, meist polare Molekülgruppen gebunden sein können, gibt es verschiedene Phospholipide. **Lecithin** ist das wichtigste Phospholipid, in seinen Molekülen ist ein Cholin-Rest mit dem Phosphorsäure-Rest verknüpft ist (B2).

Biomembranen trennen Kompartimente, die beide wässrige Lösungen enthalten. Die Lecithin-Moleküle der Biomembran bilden daher eine Phospholipid-Doppelschicht aus, in der ihre polaren Köpfe in die wässrigen Lösungen ragen und die unpolaren Fettsäure-Reste gegeneinander zeigen (B3).

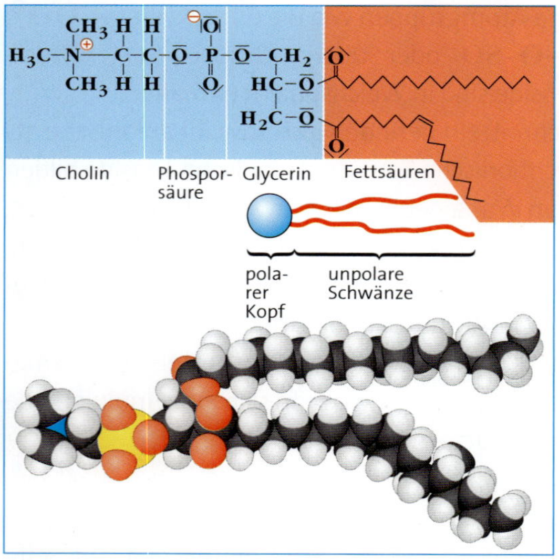

B2 *Formel und Modelle eines Lecithin-Moleküls.* **A:** *Vergleichen Sie die beiden Modelldarstellungen miteinander. Erläutern Sie, was jeweils durch welche Bildelemente dargestellt ist.*

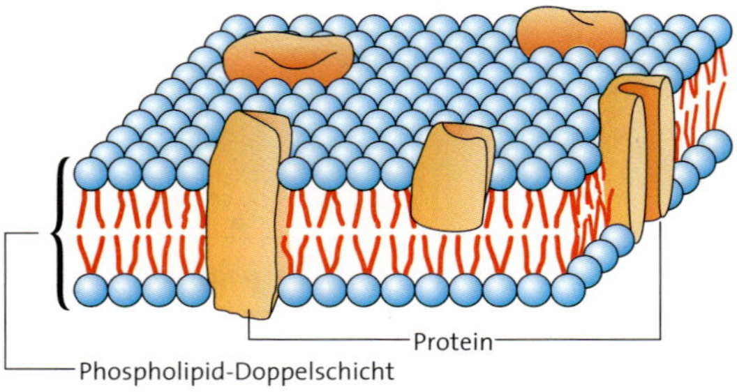

B3 *Modelldarstellung einer Biomembran.* **A:** *Beurteilen und erläutern Sie, ob unpolare Moleküle die Membran passieren könnten, wenn diese keine Proteine enthielte.*

Bestände die Biomembran nur aus Lecithin, wäre sie undurchlässig für Wasser und andere hydrophile Stoffe. Die hydrophobe Mittelschicht aus den Fettsäure-Resten der Lecithin-Moleküle würde für polare Teilchen ein Durchdringen der Membran verhindern. Um einen Stoffaustausch zwischen den Kompartimenten einer Zelle zu ermöglichen, sind in die Membran Proteine eingebaut (B3). Diese gewährleisten einen kontrollierten Stofftransport, da sie aufgrund ihrer Struktur wie „Tunnel" in der Biomembran wirken. Neben solchen Tunnelprotein-Molekülen befinden sich weitere Protein- und Kohlenhydrat-Teilchen in und auf der Biomembran, sodass sich die Membranen verschiedener Zellen in ihrer chemischen Zusammensetzung und damit in ihren Eigenschaften stark unterscheiden können.

Aufgaben

A1 Stellen Sie aufgrund Ihrer Beobachtung in V1 eine Vermutung bezüglich der Funktion von Siliconöl auf. Informieren Sie sich über den molekularen Aufbau von Siliconöl unter *Chemie 2000+ Online* und schließen Sie daraus auf die Wirkungsweise.

A2 Recherchieren Sie, welche Seifen als Schauminhibitoren geeignet sein müssten.

A3 Vergleichen Sie den Aufbau einer Seifenblasenmembran mit dem einer Biomembran. Nennen Sie Gemeinsamkeiten und Unterschiede.

Tenside in Emulsionen und Kosmetika

Versuche

Hinweise: Es bietet sich an, die Untersuchungen zu Emulsionstypen (V1 bis V5) arbeitsteilig durchzuführen.

V1 *Aussalzen*: Füllen Sie mehrere Rggl. jeweils ca. 1 cm hoch mit je einer Creme oder Lotion Ihrer Wahl, rühren Sie wenig (eine halbe Spatelspitze) Kochsalz ein und lassen sie die Rggl. erschütterungsfrei stehen. Was ist nach 5–10 min zu beobachten?

V2 *Abwaschtest:* Streichen Sie je einen dicken Fleck Körperlotion und Sonnencreme auf Ihren Unterarm (B1). Halten Sie den bestrichenen Arm unter fließendes, kaltes Wasser. Beobachten Sie die Stellen, an denen die Proben aufgetragen wurden, anschließend genau.

V3 Geben Sie je 2–3 Tropfen einer Lotion oder Creme Ihrer Wahl in zwei Rggl. Fügen Sie 10 mL Wasser bzw. Öl (Speiseöl) hinzu und schütteln Sie.

V4 Füllen Sie zwei Rggl. jeweils ca. 1 cm hoch mit einer Creme oder Lotion Ihrer Wahl. Geben Sie in ein Rggl. wenige Kristalle Sudanrot, in das andere wenige Kristalle Methylenblau. Salzen Sie ggf. aus und beobachten Sie, in welcher der sich bildenden Phasen die Färbung auftritt. Testen Sie in weiteren Rggl. die Löslichkeit beider Farbstoffe in Wasser bzw. Öl (Speiseöl) (B2).

V5 Tupfen Sie je eine kleine Probe verschiedener Cremes und Lotionen auf ein Stück Papier und betrachten Sie nach wenigen Minuten die Rückseite des Papiers. Verwenden Sie als Referenz je einen Tropfen Wasser und Öl.

B1 *Proben nach dem Aussalzen (links; V1) und Abwaschtest (V2).* ***A:*** *Planen Sie einen Kurzversuch, mit dem Sie ermitteln, welches die wässrige Phase in den beiden Gläsern ist.*

Auswertung

a) Vergleichen Sie das Aussehen ihrer Cremes (Lotionen) vor und nach der Salzzugabe in V1 und erläutern Sie, was das Aussalzen bewirkt.

b) Emulsionen, die aus einem kleinen Anteil Wasser und einem großen Anteil Öl bestehen, bezeichnet man als W/O-Emulsion (*W*asser-in-*Ö*l), umgekehrt bestehen O/W-Emulsionen aus einem kleinen Anteil *Ö*l in *W*asser. Ordnen Sie die Produkte aus V2 und V3 den beiden Emulsionstypen zu.

c) O/W-Emulsionen lassen sich leicht mit Wasser verdünnen, W/O-Emulsionen mit Öl. Erläutern Sie, was man zu einer Sonnencreme zufügen müsste, um ein verdünntes, homogenes Sprühpräparat herzustellen.

d) Ordnen Sie zu, welche Emulsionstypen sich mit welchem in V4 verwendeten Farbstoff nachweisen lassen (B2).

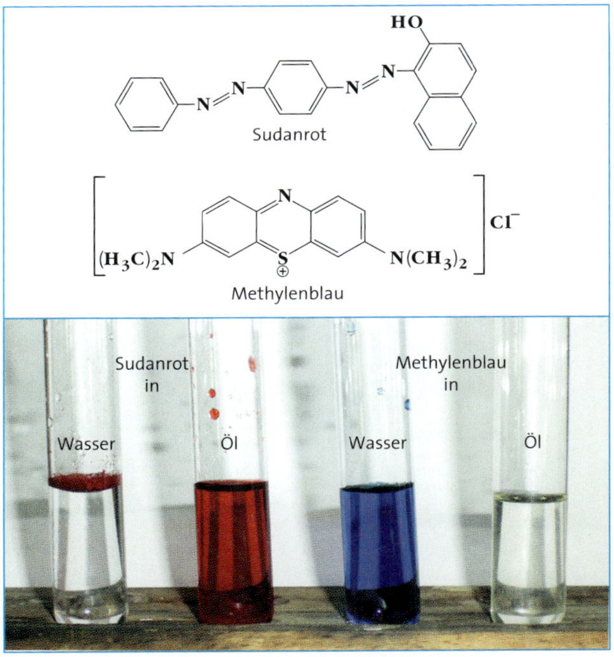

B2 *Gerüstformeln von Sudanrot und Methylenblau und ihre Löslichkeiten in Wasser und Öl.* ***A:*** *Begründen Sie, welcher der Farbstoffe hydrophil und welcher lipophil ist.*

Insulin – ein Peptidhormon

Insulin und die Zuckerkrankheit

Etwa 10 Millionen Deutsche leiden an der Zuckerkrankheit *Diabetes mellitus*[1]. Ursache dieser Krankheit ist der Mangel oder das völlige Fehlen des Hormons **Insulin**, das zusammen mit dem Hormon **Glucagon**, das als Antagonist des Insulins fungiert, für die Regulation des Blutzuckerspiegels verantwortlich ist.

Die Zuckerkrankheit war bereits im Altertum bekannt. Der Arzt konnte die Krankheit durch den süßen Geschmack des Urins eines Patienten feststellen. Bis zu Beginn des letzten Jahrhunderts bedeutete die Diagnose „Diabetes“ das Todesurteil, die Krankheit war nicht heilbar. Im Jahr 1921 gelang den Kanadiern C. Best und F. Banting die Isolierung des **Polypeptids Insulin**, das in den Inselzellen der Bauchspeicheldrüse produziert wird. Durch regelmäßige Injektion von Insulin konnten sie den Blutzuckerspiegel von Zuckerkranken dauerhaft normalisieren. Im Jahr 1955 folgte die Aufklärung der vollständigen Aminosäuresequenz, d. h. der vollständigen Primärstruktur des Insulins (B1), durch Frederick Sanger, der dafür im Jahr 1958 den Nobelpreis für Chemie erhielt.

In Folge der Entdeckungen von C. Best und F. Banting begann die Gewinnung von Insulin für therapeutische Zwecke aus den Bauchspeicheldrüsen von geschlachteten Rindern und Schweinen. Heute kann man dank Anwendung der Gentechnik Humaninsulin durch Bakterien herstellen lassen, sodass für alle Diabetiker ausreichend Insulin zur Verfügung steht.

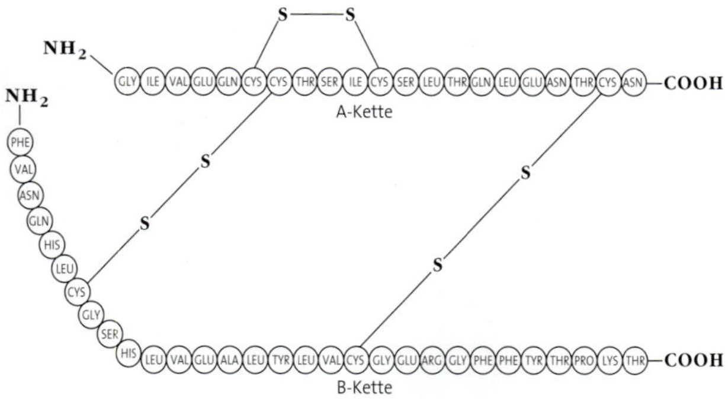

B1 *Die Aminosäuresequenz des menschlichen Insulins (Humaninsulin), das aus zwei Peptidketten besteht.* **A:** *Informieren Sie sich über die Unterschiede zwischen Human- und Schweine- bzw. Rinderinsulin.*

[1] *Diabetes mellitus* bedeutet „honigsüßer Durchfluss“.

Hormonwirkung und Rezeptortheorie

Die molekularen Abläufe, die durch Hormone wie z. B. das Insulin gesteuert werden, verlaufen nach dem in B2 dargestellten Mechanismus. Ein Hormon-Molekül bindet nach dem *Schlüssel-Schloss-Prinzip* an einen **Rezeptor**, ein in der Zellmembran gebundenes Protein. Der mit dem Hormon besetzte Rezeptor bindet nun wiederum das Enzym **Adenylatcyclase**, das dadurch aktiviert wird. Es wandelt daraufhin im Zellinneren **Adenosintriphosphat** (ATP) unter Freisetzung von zwei Phosphat-Resten in **cyclisches Adenosinmonophosphat** (c-AMP) um. Dies löst in der Zelle eine komplexe Reaktionsfolge (z. B. die Veränderung der Membranpermeabilität) aus, an deren Ende die Wirkung des Hormons (z. B. Glucoseaufnahme) eintritt.

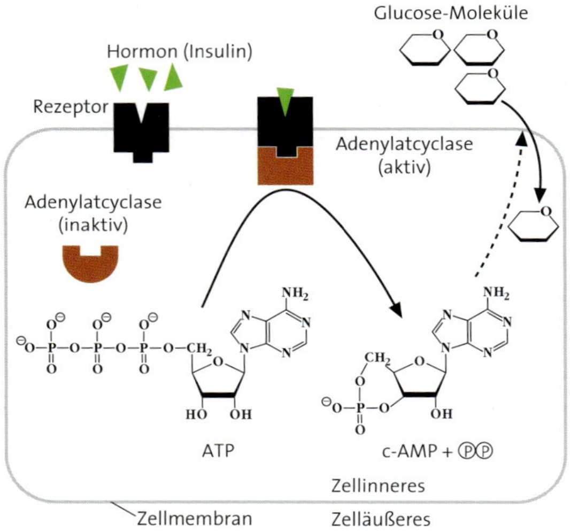

B2 *Auslösung einer Zellreaktion durch Einwirkung eines Hormon-Moleküls nach der Rezeptortheorie.* **A:** *Formulieren Sie für die Bildung von cyclischem AMP (c-AMP) aus Adenosintriphosphat (ATP) die vollständige Reaktionsgleichung. Erläutern Sie den Reaktionsablauf unter Nennung entsprechender Reaktionstypen (Hinweis: ⓅⓅ= Diphosphat* $HP_2O_7^{3-}$*).*

Aufgaben

A1 Diabetes kann nicht nur durch Insulinmangel, sondern auch durch Mangel an Rezeptor-Molekülen entstehen. Begründen Sie dies mithilfe der Rezeptortheorie. Recherchieren Sie weitere Ursachen, die zu Diabetes führen können.

A2 Erklären Sie, warum Glucose nicht ohne die Insulinwirkung durch Diffusion ins Zellinnere gelangen kann.

Proteine und Farbstoffe in biologischen Funktionseinheiten

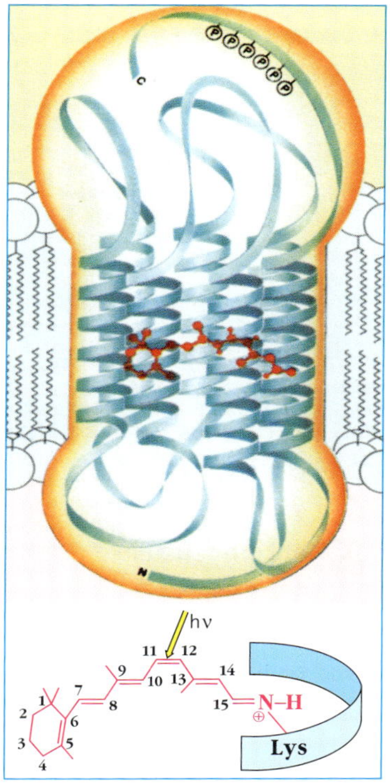

B1 *Ein 11-cis-Retinal-Rest ist Teil des Rhodopsins in den Stäbchenzellen des Auges. Retinal wird im Körper durch enzymatische Spaltung von β-Carotin gebildet (vgl. S. 164, B5).*

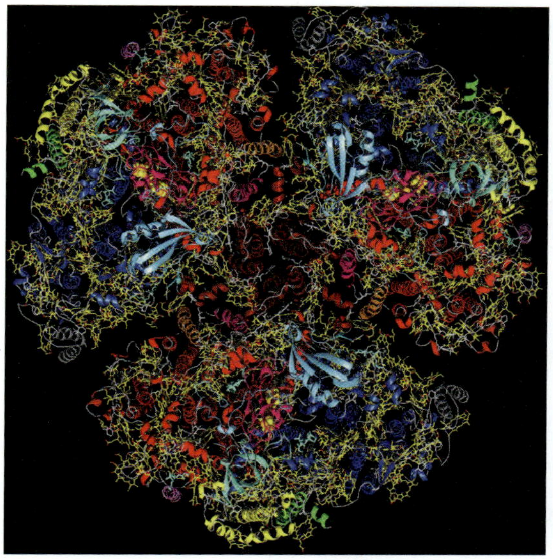

B2 *Das Photosystem I-Trimer – eine biologische Funktionseinheit mit ästhetischer Struktur. Die Spiralen und Schleifen stellen Abschnitte aus Protein-Molekülen dar.*

Opsin – das Protein im Sehzentrum

Die Stäbchenzellen von der Netzhaut unserer Augen enthalten **Opsin**, ein Protein aus 348 Aminosäure-Bausteinen (vgl. blaues Band in B1). Das Opsin-Molekül hat sieben Molekülabschnitte mit α-Helixstruktur, die siebenmal eine Membran (Doppellipidschicht) durchstoßen. Oben und unten sind diese Helices durch Schleifen, die „Zufallsknäuel" bilden, verbunden. An eine der Helices, etwa in der Membranmitte, ist ein **11-*cis*-Retinal**-Rest (**Vitamin-A-Aldehyd**) über eine Lysin-Einheit an das Opsin-Molekül gebunden. Diese lichtempfindliche biologische Funktionseinheit aus Opsin und 11-*cis*-Retinal wird **Rhodopsin** genannt. In ihr beginnt der Sehvorgang mit einer *cis-trans (Z-E)* Isomerisierung am 11-*cis*-Retinal-Rest, durch die sich der im Opsin-Molekül eingebettete Retinal-Rest etwas „streckt". Das ruft in den äußeren Schleifen eine geringfügige Änderung der Tertiärstruktur des Opsin-Makromoleküls hervor. Die entsprechenden Stellen werden damit aktiv für ein bestimmtes Enzym-Molekül (Transducin), das dort „andocken" und eine ganze Folge von biochemischen Reaktionen auslösen kann, durch die das Aktionspotenzial für den Sehnerv aufgebaut wird (vgl. auch *Chemie 2000+ Online*).

Proteine im Photosynthesezentrum

Die Zentren der „Lichtmaschinen" in Photosynthese treibenden Organismen sind noch viel komplexer als die des Rhodopsins. Gleichwohl zeichnen sie sich durch einen hohen Grad an Symmetrie aus, was sie in Computergrafiken als Gebilde vollkommener Ästhetik erscheinen lässt (B2). Für die erste vollständige Strukturaufklärung eines Photosynthesezentrums erhielten Hartmut Michel, Robert Huber und Johann Deisenhofer im Jahr 1988 den Nobelpreis für Chemie. Es gelang ihnen, den Protein-Farbstoff-Komplex des Bakteriums *Rhodopseudomonas viridis* zu isolieren und durch Röntgenstrukturanalyse aufzuklären.

Der größte Teil eines Photosynthesezentrums besteht aus Protein-Molekülen. In diese Proteindomänen sind mehrere Farbstoff-Moleküle eingebettet, darunter Chlorophyll a, Chlorophyll b und β-Carotin, und der gesamte Protein-Farbstoff Komplex ist in einer Membran (Doppellipidschicht) fixiert.

Aufgabe

A1 Informieren Sie sich unter *Chemie 2000+ Online* über die Erregungskaskade im Sehprozess und über das Photosynthesezentrum (Flash-Animation *Ein Fall für zwei*).

Cyclodextrine – Oligosaccharide aus α-Glucose

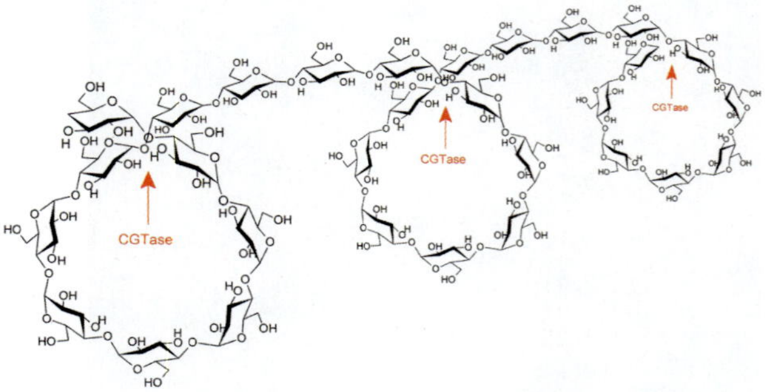

B1 *Cyclodextrine werden durch enzymatischen Abbau von Maisstärke gebildet.*

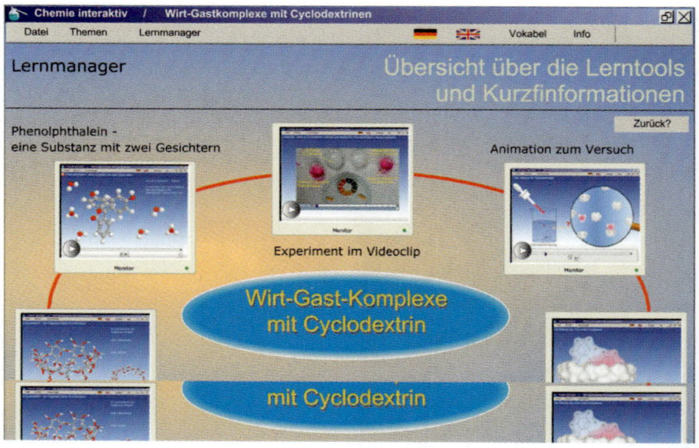

B2 *Wirt-Gast-Komplex von Phenolphthalein mit β-Cyclodextrin als interaktiver Lernbaustein*

Cyclodextrine – biotechnologisch hergestellt

Cyclodextrine sind Oligosaccharide, deren Moleküle in der Regel 6 bis 8 α-D-Glucose-Einheiten enthalten. In der Natur stellen Bakterien mittels eines speziellen Enzyms Cyclodextrine aus Stärke her. Dieses Enzym schneidet die schraubenförmige Kette des Stärke-Moleküls hydrolytisch auf und verknüpft die Schnittstellen dann neu zu einem Ring (B1). Es ist gelungen, die Bakterien so zu modifizieren, dass sie genau das gewünschte Cyclodextrin produzieren. So können α-, β- oder γ-Cyclodextrine aus 6, 7 bzw. 8 Glucose-Bausteinen auf biotechnologischem Wege hergestellt werden. Cyclodextrine haben einige strukturelle Merkmale, die ihnen interessante Eigenschaften verleihen. Ein Cyclodextrin-Molekül ist ein Ring aus Ringen. Es hat die Form eines Kegelstumpfs, der wegen der Anordnung der Hydroxy-Gruppen einen lipophilen Hohlraum und eine hydrophile Außenseite aufweist. Dadurch sind Cyclodextrine wasserlöslich und gleichzeitig fähig, lipophile Moleküle aufzunehmen und Wirt-Gast-Komplexe zu bilden (B4). Wegen der asymmetrischen Kohlenstoff-Atome in den Cyclodextrin-Molekülen sind diese chiral. Wenn sie mit anderen chiralen Molekülen Wechselwirkungen eingehen, bevorzugen sie das Enantiomer mit der passenden Konfiguration. Aufgrund dieser Selektivität finden Cyclodextrine und ihre Derivate Anwendung bei der Herstellung enantioselektiver Chromatografiesäulen für die Auftrennung von Aminosäuren, Aromastoffen und Arzneimitteln.

[1] von *oligos* (griech.) = wenige

Cyclodextrine – als interaktiver Lernbaustein

Aufgabe

Unter *Chemie 2000+ Online* > DiSiDoCy > Cyclodextrine finden Sie den in B2 skizzierten interaktiven Lernbaustein. Erkunden Sie die fünf Module dieses Bausteins und bearbeiten Sie arbeitsteilig in Zweiergruppen die folgenden Teilaufgaben:

a) Erläutern Sie mithilfe der Molekülmodelle die Struktur des β-Cyclodextrin-Moleküls und erklären Sie damit seine Eigenschaft, als „Wirt" für andere Moleküle zu fungieren.

b) Diskutieren und bewerten Sie jeweils die Vor- und Nachteile der verschiedenen Arten von Molekülmodellen, die im Baustein angeboten werden.

c) Nennen Sie die unerwarteten Beobachtungen, die beim Versuch mit Cyclodextrin und Phenolphthalein-Lösung auftreten.

d) Suchen Sie unter DiSiDoCy > Cyclodextrine das elektronische Arbeitsblatt zu dem Versuch von c), lösen Sie es und vergleichen Sie Ihre Lösung mit der ebenfalls online vorhandenen Lösung des Arbeitsblatts.

e) Recherchieren Sie unter DiSiDoCy > Cyclodextrine und den dort vorhandenen Links verschiedene Anwendungen von Cyclodextrinen.

f) Planen Sie einen Versuch, mit dem man nachweisen kann, dass Cyclodextrine Oligomere der Glucose sind, und vergleichen Sie Ihre Vorschläge mit den entsprechenden Versuchen unter DiSiDoCy > Cyclodextrine.

Cyclodextrine – Oligosaccharide aus α-Glucose

B3 *Bitterschmeckendes Naringin und säuerliches Limonen aus Pampelmusensaft bilden mit β-Cyclodextrin Wirt-Gast-Komplexe.*

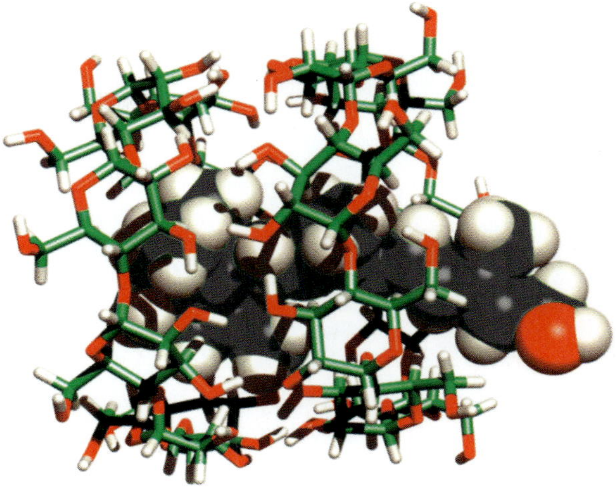

B4 *Modell eines Wirt-Gast-Komplexes aus einem Retinol-Molekül und zwei γ-Cyclodextrin-Molekülen*

Cyclodextrine – Fallen für unbeliebte Moleküle

In Lebensmitteln sind bittere Aromastoffe oft unerwünschte Bestandteile. In einigen Fällen, wie bei den Bitterstoffen Naringin und Limonen aus dem natürlichen Pampelmusensaft (B3), ist es möglich, diese als Wirt-Gast-Komplexe mit Cyclodextrinen einzufangen und abzutrennen. Dadurch verschwindet der bittere Geschmack, während die anderen Aromastoffe und das Vitamin C (die Ascorbinsäure) erhalten bleiben.

In Textilerfrischern sind Cyclodextrine hervorragende „molekulare Fallen" für übelriechende Stoffe aus Küchendunst, Schweiß und Hundegeruch. Durch Aufsprühen des Textilerfrischers auf Gardinen oder Kleidung können die Moleküle dieser Stoffe komplexiert werden, wodurch der Geruch maskiert wird. Bei der Wäsche werden die Cyclodextrin-Komplexe mit den eingeschlossenen Geruchstoff-Molekülen von der Textiloberfläche abgewaschen. Will man die Gerüche erneut unterbinden, muss der Textilerfrischer wieder aufgesprüht werden. Um einen anhaltenden Effekt zu erzielen, können Cyclodextrin-Moleküle auch kovalent an die Moleküle der Textilfasern gebunden werden. Dann bindet das Kleidungsstück schon während des Tragens die entstehenden Geruchstoff-Moleküle, die beim Waschen wieder abgegeben werden. Die permanente Bindung der Cyclodextrin-Moleküle an textile Oberflächen wird mithilfe von Anker-Molekülen verwirklicht und ist Teil der Ausrüstung von modernen Textilien.

Cyclodextrine – kleinste Koffer der Welt

Retinol (Vitamin-A-Alkohol) kommt in vielen Kosmetika vor. Es mildert Akne, ist wirksam gegen Schuppenflechte, stimuliert die Erneuerung der Haut und verhindert die Bildung von Fältchen. Allerdings ist Retinol luft- und lichtempfindlich. Es kann aber „geschützt" werden, wenn es in „die kleinsten Kosmetikkoffer der Welt", in Cyclodextrin-Moleküle, „verpackt" wird. B4 zeigt das Modell eines Komplexes aus dem Gast-Molekül Retinol und zwei Wirt-Molekülen γ-Cyclodextrin. Das empfindliche Retinol wird so gegen den zerstörerischen Einfluss von Tageslicht und Sauerstoff geschützt. Auf der Haut wird dann Retinol aus dem Wirt-Gast-Komplex kontrolliert freigesetzt (*Controlled-Release* Prinzip). Cyclodextrine werden auch einigen Lebensmitteln zugesetzt, in denen sie als temporäre Speicher für bestimmte Moleküle fungieren, die sie erst nach dem Verzehr kontrolliert freisetzen. Beispielsweise werden ungesättigte Fettsäuren aus Fischölen und Algenextrakten mit unangenehmem Geruch und Geschmack „verkapselt". Sie sind in Lebensmitteln erwünscht, weil sie die Blutfettwerte positiv beeinflussen und das Risiko z. B. für Herzinfarkt senken.

In Arzneimitteln setzt man Wirt-Gast-Komplexe aus Cyclodextrinen mit Tocopherolen (Vitamin E und Derivate), Terpinen-4-ol (Wirkstoff gegen Akne), dem körpereigenen Coenzym Q 10 und den für die Zellatmung wichtigen Ubichinonen ein.

Modifzierte Cellulose für Textilien und andere Alltagsprodukte

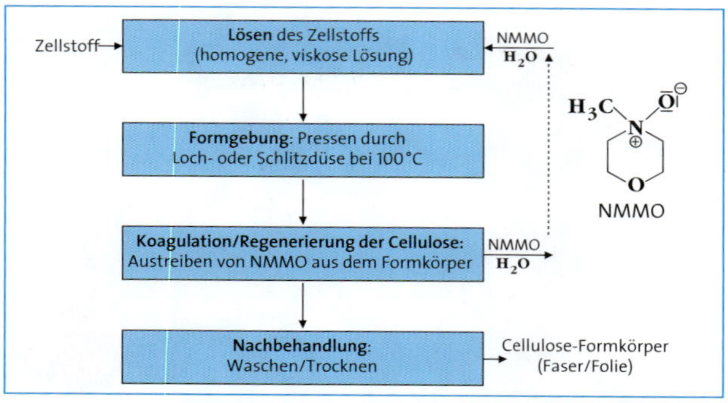

B1 *Herstellung von Lyocellfasern. **A:** Begründen Sie, warum Lyocellfasern zu 100 % biologisch abgebaut werden können.*

B2 *Textilie aus Acetatseide. **A:** Erläutern Sie, warum man einen Fleck von einem Abendkleid aus Acetatseide nicht mit Nagellackentferner behandeln sollte.*

In einem Cellulose-Makromolekül (vgl. S. 189, B4) hat jede Glucose-Einheit drei freie Hydroxy-Gruppen, die sich substituieren lassen. So sind z. B. verschiedene Cellulosenitrate durch Nitrierung mit Salpetersäure und Celluloseacetate durch Veresterung mit Essigsäure herstellbar. Solche chemisch modifizierten Cellulosefasern sind **halbsynthetische Fasern**. Die nitrierten Produkte, wie die durch dreifache Substitution erzeugte Schießbaumwolle oder das Celluloid, aus dem u. a. Tischtennisbälle gefertigt werden, sind für die Textilherstellung wenig relevant. **Lyocellfasern** (**Regeneratfasern**) werden nach dem neuartigen Aminoxid-Verfahren aus Zellstoff von Bäumen aus Zuchtplantagen und unter Verwendung eines organischen Lösemittels wie N-Methyl-Morpholin-N-Oxid NMMO hergestellt (B1). Lyocellfasern findet man in Damenoberbekleidung, Hemden und Dessous.

Löst man rohe Cellulose in einer Lösung des tiefblauen Tetraamminkupfer(II)-hydroxid-Komplexes (SCHWEIZERS Reagenz) und presst die entstandene hochviskose Masse durch feine Spinndüsen in schnell strömendes Wasser, so werden Kupferseidefäden ausgefällt und gestreckt. **Kupferseide** wird für Oberbekleidung, Futterstoffe und Unterwäsche verwendet.

Acetatfasern (Celluloseacetat, „Acetatseide") gewinnt man aus Cellulose durch die Behandlung mit Essigsäureanhydrid oder Essigsäure in Gegenwart von Schwefelsäure. Dabei entsteht zunächst das Triacetat. Durch Erwärmen und Zugabe von Wasser wird ein geringer Anteil der Acetat-Gruppen wieder abgespalten und man erhält Celluloseacetat, das im Molekülbau kürzere Ketten aufweist. Pro Glucose-Baustein sind durchschnittlich zwei bis zweieinhalb Hydroxy-Gruppen zu Acetat-Gruppen verestert. Nach Lösen des Celluloseacetats in Aceton werden die Fasern dann nach dem Trockenspinnverfahren[1] hergestellt.

Acetatfasern werden für Abendgarderobe, Futterstoffe und Samt, aber auch für Zigarettenfilter und Acetatkabel verwendet.

In Kombination mit Weichmachern erhält man aus Celluloseacetat einen thermoplastischen Kunststoff, der zur Herstellung von Griffen bei Werkzeugen, Tastaturen, Lenkrädern oder Kugelschreibern genutzt wird.

Aufgaben

A1 Erläutern Sie, warum die Herstellung von Kupferseide nach dem beschriebenen Verfahren problematisch für die Umwelt ist[1].

A2 Formulieren Sie einen Ausschnitt aus der Struktur des bei der Herstellung von Celluloseacetat primär entstehenden Triacetats.

A3 Erläutern Sie, welche Auswirkung die Veresterung bei der Herstellung von Acetatfasern auf den Zusammenhalt der Makromolekülketten hat.

A4 Erstellen Sie analog zu B1 ein Schema zur Herstellung von Viskose (vgl. S. 189) und nennen Sie die entscheidenden Unterschiede zwischen den beiden Verfahren.

A5 Erläutern Sie, warum es sich bei Acetatfasern nicht um vollsynthetische Makromoleküle handelt.

[1] Vgl. Spinnverfahren für Chemiefasern in *Chemie 2000+ Online*: 1. Nassspinn-, 2. Trockenspinn- und 3. Schmelzspinnverfahren.

Concept Map, eine Begriffs-Landkarte

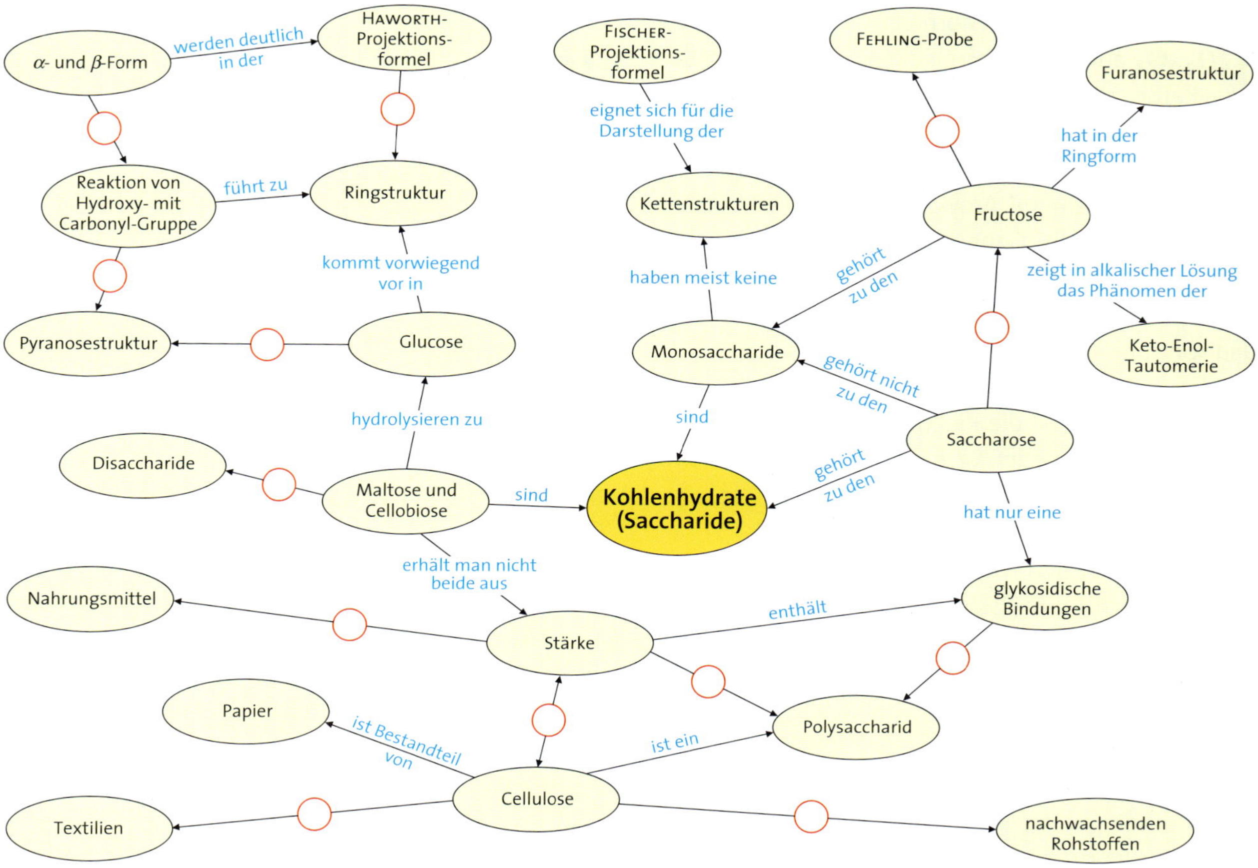

B1 ***Concept Map*** *zum zentralen Begriff „Kohlenhydrate (Saccharide)". Zu den in den Ovalen genannten* **Begriffen** *sind in dieser Concept Map bereits einige* ***Relationen*** *in Blau auf den Pfeilen angegeben, die je zwei Begriffe sinnvoll miteinander in Verbindung bringen, z. B. „Stärke enthält glykosidische Bindungen". Andere können ergänzt werden (A1).*

Aufgaben

A1 Fertigen Sie eine Kopie von dieser Seite an und ergänzen Sie die Concept Map aus B1, indem Sie aus der folgenden Liste jeweils die Nummer der zutreffenden Relation in den roten Kreis auf dem Pfeil zwischen zwei Begriffen eintragen.

Zuzuordnende Relationen:

1 gibt nach längerem Erhitzen eine positive
2 kommt vorwiegend vor in
3 sind zwei
4 gehört zu den
5 eignet sich für die Darstellung von
6 ist ein
7 kommen vor in jedem
8 entstehen durch
9 führt zur
10 ist das wichtigste feste
11 dient der Herstellung von
12 hat andere biochemische Eigenschaften als
13 enthält einen Baustein aus

A2 Konstruieren Sie (ggf. in Gruppen) Concept Maps zu einem anderen zentralen Begriff aus diesem Kapitel oder aus diesem Buch. Vergleichen Sie die von verschiedenen Personen erarbeiteten Concept Maps, indem Sie a) die eingetragenen Begriffe und b) die eingetragenen Relationen analysieren und bewerten.

A1 Glucose und Fructose sind *Hexosen*, weil ihre Moleküle sechs Kohlenstoff-Atome enthalten. Schreiben Sie die FISCHER-Projektionsformeln zweier Pentosen $C_5H_{10}O_5$ auf, von denen eine eine Aldose, die andere eine Ketose ist.

A2 Erklären Sie, warum Mono- und Disaccharide sehr gut wasserlöslich sind, Amylose nur mäßig und Cellulose praktisch nicht. Gehen Sie dabei auf die Art von Wechselwirkungen ein, zu denen es zwischen den Molekülen eines Kohlenhydrats und Wasser-Molekülen kommt.

A3 Formulieren Sie die Reaktionsgleichungen für die vollständige Verbrennung von Glucose und für die von Saccharose.

A4 Überprüfen Sie, ob die Summenformel (Molekülformel) der Ethansäure (Essigsäure) der allgemeinen Summenformel für Kohlenhydrate entspricht. Entscheiden und begründen Sie dann, ob Essigsäure ein Kohlenhydrat ist.

A5 Sorbit (Hexan-1,2,3,4,5,6-hexaol) wird als Zuckerersatzstoff eingesetzt und ist sowohl für Zuckerkranke als auch zur Vorbeugung von Karies geeignet. a) Schreiben Sie die Valenzstrichformel (Strukturformel) des Sorbit-Moleküls auf. b) Ist Sorbit ein Kohlenhydrat? Begründen Sie Ihre Antwort. c) Erklären Sie, warum Sorbit für Zuckerkranke und zur Kariesvorbeugung geeignet ist.

A6 Glucose kann in der Ringform statt als Glucopyranose auch als Glucofuranose, d.h. als fünfgliedriger Ring vorliegen (nur zu 1%). Formulieren Sie die Bildung von Glucofuranose in Anlehnung an die Bildung von Glucopyranose (vgl. S. 182, B3) mit HAWORTH-Projektionsformeln.

A7 a) Nennen Sie die Arten von Stärke und erklären Sie ihre unterschiedlichen Wasserlöslichkeiten (vgl. S. 187). b) Beurteilen Sie die Verwendbarkeit der verschiedenen Arten von Stärke für die Herstellung von essbarem Verpackungsmaterial.

A8 Lesen Sie zunächst folgende Informationen zu Milch und Milchprodukten:
Die Masse frischer Kuhmilch setzt sich im Schnitt zusammen aus 87,3% Wasser, 4,6% Kohlenhydraten (vor allem Lactose), 3,9% Fetten, 3,2% Proteinen (vor allem Casein), 0,7% Mineralstoffen sowie organischen Säuren, Vitaminen und Enzymen. Lactose (Milchzucker) ist ein aus D-Galactose und D-Glucose aufgebautes Disaccharid. Beim Sauerwerden von Milch spalten Milchsäurebakterien Lactose in ihre Monosaccharid-Bausteine auf und wandeln diese u.a. zu Milchsäure (2-Hydroxypropansäure) um. Diese „Milchsäuregärung" wird in der Lebensmitteltechnologie genutzt, um verschiedene Milchprodukte herzustellen. Abhängig vom verwendeten Mikroorganismenstamm findet man in diesen hauptsächlich L-Milchsäure (z.B. in Quark) oder ein Gemisch aus D- und L-Milchsäure (z.B. in Joghurt). Milcheiweiß wird Casein genannt. In einem Ausschnitt des Casein-Moleküls lautet die Aminosäuresequenz:
– Glutamin – Lysin – Glutaminsäure – (Gln-Lys-Glu).
Die Aminosäure-Reste dazu sind:
Gln: $-CH_2-CH_2-CONH_2$,
Lys: $-CH_2-CH_2-CH_2-CH_2-NH_2$,
Glu: $-CH_2-CH_2-COOH$.
a) Begründen Sie, in welchem Bereich Sie den *p*H-Wert von Milch erwarten. b) Nennen Sie den Namen des Stoffes, der in sauer gewordener Milch für die neue Eigenschaft *sauer* verantwortlich ist, und notieren Sie das zugehörige Protolysegleichgewicht mit Halbstrukturformeln (vgl. S. 324, 325). c) Zeichnen Sie einen Formelausschnitt (mit allen bindenden und nicht bindenden Elektronenpaaren) aus einem Casein-Molekül, der die im Text genannte Aminosäuresequenz darstellt. d) Durch die bei der „Milchsäuregärung" entstehende Säure wird das Milcheiweiß denaturiert, die Milch „gerinnt". Erläutern Sie die dabei ablaufenden Vorgänge auf molekularer Ebene.

A9 Schreiben Sie die Valenzstrichformel des Tetrapeptids His-Asn-Val-Leu (Histidyl-Asparagyl-Valinyl-Leucin). (*Hinweise*: Die Formeln der Aminosäuren finden auf S. 194, 195. Die N-terminale Aminosäure, d.h. der Aminosäure-Rest mit der freien Amino-Gruppe, kommt im Namen zuerst vor.)

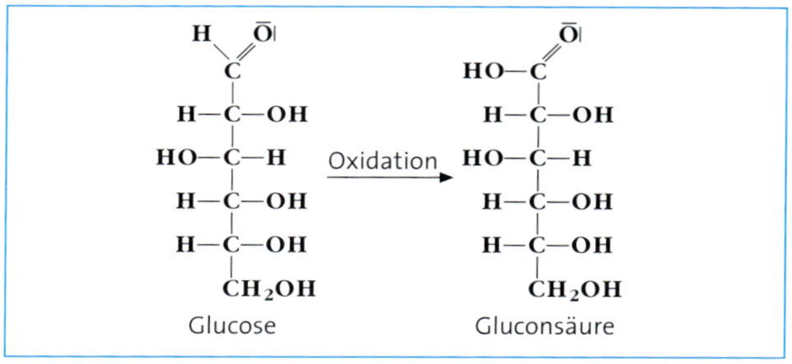

B1 *Oxidation von Glucose zu Gluconsäure*

A10 Die in B1 formulierte Oxidation von Glucose zu Gluconsäure ist unvollständig. a) In welchen Versuchen aus diesem Kapitel läuft diese Oxidation ab? Begründen Sie Ihre Antwort. b) Treffen Sie eine Aussage über die Anzahl der möglichen Oxidationsprodukte von Glucose und formulieren Sie zwei Beispiele für solche Produkte.

A11 Schreiben Sie die Valenzstrichformel eines Tripeptids aus Glycin, Alanin und Valin (vgl. S. 194, 195) und benennen Sie es.

A12 Finden Sie heraus, wie viele Sequenz-Möglichkeiten es bei einem Tripeptid a) aus zwei verschiedenen Aminosäuren und b) aus drei verschiedenen Aminosäuren gibt.

A13 Erläutern Sie, wodurch die Sekundärstruktur eines Peptids oder eines Proteins und wodurch die Tertiärstruktur eines Proteins bestimmt wird.

A14 Als Sekundärstrukturen bilden sich α-Helices vorwiegend intramolekular und β-Faltblätter vorwiegend intermolekular. Erläutern und begründen Sie dies.

A15 In einem Chemikalienschrank sind von sieben Flaschen mit weißen Stoffen die Etiketten mit folgenden Begriffen abgefallen: Fructose, Glucose, Saccharose, Amylose, Cellulose, Eiweiß, Fett.
a) Erläutern Sie, wie Sie möglichst schnell und einfach herausfinden würden, welche Flasche welchen Stoff enthält. b) Alle diese Stoffe sind für unsere Ernährung wichtig, obwohl wir einen davon nicht verdauen können. Nennen Sie den Stoff und beschreiben Sie, welche Rolle er spielt.

A16 „Amylose besteht aus α-D-Glucose, ein Protein aus α-Aminosäuren, die DNA aus Phosphorsäure, Desoxyribose und vier organischen Basen."
Dieser Satz enthält viele wahre Aussagen, ist aber chemisch nicht korrekt.
a) Formulieren Sie den Satz so um, dass er wahr ist und korrekte Aussagen enthält. b) Geben Sie die möglichst vollständige Strukturformel von je einem „Baustein" der genannten drei Makromoleküle an. Es soll jeweils nicht ein vollständiges Molekül, sondern der Ausschnitt aus dem Makromolekül gezeichnet werden, so dass die Verknüpfungsstellen der Monomer-Einheiten deutlich werden. c) Vergleichen Sie die Möglichkeiten, durch die drei Stoffe (Amylose, Protein, DNA) Informationen zu speichern. d) Bei der räumlichen Struktur aller drei Stoffe spielt die Helix eine große Rolle. Beschreiben Sie diese jeweils und geben Sie an, welche Rolle die Wasserstoffbrücken bei der räumlichen Struktur der einzelnen Moleküle spielen.

A17 Erstellen Sie nach dem Muster aus B1 von S. 217 eine *Concept Map* mit dem Zentralbegriff „Proteine".

A18 Ester können durch Katalyse mit Laugen oder mit Säuren gespalten werden. Bei der alkalischen Esterspaltung entstehen Glycerin und die Fettsäuresalze, bei der sauren Esterspaltung Glycerin und die freien Fettsäuren. a) Erklären Sie, wie es zu den verschiedenen Produkten kommt. b) Leiten Sie aus der Betrachtung der Molekülstruktur der Produkte ab, warum der letzte Reaktionsschritt bei der alkalischen Esterspaltung im Gegensatz zur sauren Esterspaltung irreversibel ist.

A19 Zu welchen Arten von Wechselwirkungen kommt es a) innerhalb einer Micelle und b) zwischen Micelle und Umgebung? Unterscheiden Sie dabei zwischen ionischen und nichtionischen Tensiden.

A20 Stellen Sie schematisch dar, wie sich Tensid-Moleküle an den Oberflächen von Tetrachlormethan, von Wasser sowie auf Glas orientieren.

A21 Eine mit Natronlauge versetzte und einige Minuten gekochte Fructose-Lösung spricht positiv auf die FEHLING-Probe und die Silberspiegel-Probe an, weil es zu den in B7, S. 179, formulierten, jeweils umkehrbaren Reaktionen kommt.
a) Das Keton Fructose und das Endiol sind **Tautomere**, d.h. eine besondere Art von Isomeren. Beschreiben Sie die Unterschiede zwischen den beiden Tautomeren. b) Entscheiden Sie begründet, ob Tautomere Konstitutionsisomere oder Stereoisomere sind. c) Das Endiol reagiert in alkalischer Lösung weiter zu Glucose. Begründen Sie, wie sich die Zugabe von FEHLING-Lösung zum erhitzten Reaktionsgemisch aus Fructose und Natronlauge auf die Bildung von Endiol aus Fructose auswirkt.

A22 Nennen Sie die Anzahl der optischen Isomere a) bei Fructose (offenkettige Form) und b) bei Citronensäure (3-Carboxy-3-hydroxypentandisäure). Begründen Sie Ihre Vorschläge.

A23 *Valinomycin* (B2), ein sogenannter *Ionen-Carrier*, besteht aus cyclischen Molekülen, in die u.a. die beiden Stereoisomere einer Aminosäure eingebaut sind. a) Geben Sie an, um welche Aminosäure es sich handelt und mit welchen Buchstaben ihre Reste gekennzeichnet sind. b) Erklären Sie, warum die Peripherie dieses Rings hydrophob ist. c) Erläutern Sie, welche Art von Kräften das Kalium-Ion im Zentrum des Rings festhalten.

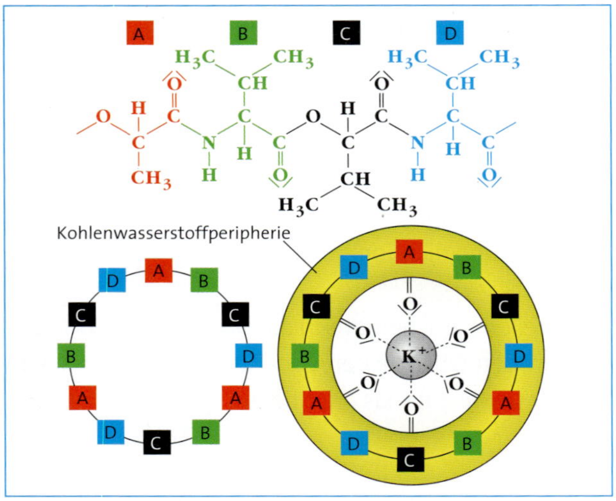

B2 *Valinomycin kann Kalium-Ionen komplexieren und durch eine Zellmembran (Doppellipidschicht) transportieren.*

A24 Wird ein Racemat von D- und L-Milchsäure (1:1-Gemisch der beiden Enantiomere) mit einem enantiomerenreinen, optisch aktiven Alkohol verestert, so erhält man ein Gemisch aus Diastereoisomeren, die unterschiedliche physikalische Eigenschaften haben und getrennt werden können.
a) Erklären Sie, warum Diastereoisomere im Gegensatz zu Enantiomeren u.a. unterschiedliche Schmelztemperaturen haben. b) Erläutern Sie, wie man aus dem Gemisch der diastereoisomeren Ester enantiomerenreine D- und L-Milchsäure gewinnen kann.

A25 Geben Sie die Strukturformel und den Namen des einfachsten, nicht ringförmigen, optisch aktiven Alkans an.

A26 Durch Oxidation von Glycerin (Propan-1,2,3-triol) kann man verschiedene Kohlenhydrate der Summenformel $\mathbf{C_3H_6O_3}$ erhalten.
a) Zeichnen Sie für die Moleküle dieser Kohlenhydrate die Strukturformeln mit bindenden und nicht bindenden Elektronenpaaren in der FISCHER-Projektion.
b) Begründen Sie, warum es sich bei den unter a) vorgeschlagenen Verbindungen tatsächlich um oxidierte Formen des Glycerins handelt. c) Unterteilen Sie die von Ihnen angegebenen Isomere aus a) in Aldosen und Ketosen und geben Sie bei den Stereoisomeren an, ob es sich um die D- oder die L-Form handelt. (*Hinweis*: Vgl. S. 181, B4).

A27 D(+)-Lactose (Milchzucker) findet sich als wichtigster Zucker in Milch, z.B. in Kuhmilch mit einem Massenanteil von 4–5%. Es handelt sich dabei um ein Disaccharid aus den Monosacchariden Galactose und Glucose. Das D-Galactose-Molekül unterscheidet sich von dem D-Glucose-Molekül nur durch die Stellung der Hydroxy-Gruppe am C4-Atom (vgl. S. 179, B4).
a) Zeichnen Sie die Strukturformel des offenkettigen D-Galactose-Moleküls in der FISCHER-Projektion und die HAWORTH-Formel des β-D-Galactopyranose-Moleküls. b) Welche Ergebnisse erwarten Sie bei der FEHLING-Probe mit Lactose und mit Galactose? Begründen Sie Ihre Antworten.

A28 Bei der quantitativen Elementaranalyse werden 0,67 g einer organischen Verbindung vollständig verbrannt. Dabei bilden sich nur Kohlenstoffdioxid und Wasser. Das Kohlenstoffdioxid wird in einem U-Rohr in einer Mischung aus Kaliumhydroxid und Calciumhydroxid absorbiert, das Wasser in einem zweiten U-Rohr, in dem sich wasserfreies Calciumchlorid befindet. Das Abwiegen der beiden U-Rohre vor und nach der Oxidationsreaktion ergibt, dass sich 1,1 g Kohlenstoffdioxid und 0,45 g Wasser gebildet haben.
a) Zeichnen Sie eine beschriftete Skizze zu dem Versuch. b) Erläutern Sie, warum die Masse der Produkte größer als die Masse der untersuchten organischen Verbindung ist. c) Begründen Sie mithilfe einer ausführlichen Rechnung, warum die Verbindung kein Kohlenhydrat sein kann. d) Weitere Untersuchungen der Verbindung ergeben die molare Masse *M* = 134 g/mol, eine positive FEHLING-Reaktion und eine negative SCHIFF'sche Probe. Zeichnen Sie eine danach mögliche Valenzstrichformel des Moleküls der untersuchten Verbindung sowie mögliche FISCHER-Projektionsformeln.

A29 Vergleichen Sie die Struktur des Lecithin-Moleküls aus B3 mit der eines Aminosäure-Moleküls (vgl. S. 194, B3) und erläutern Sie, wie sich diese Gemeinsamkeiten und Unterschiede auf die Stoffeigenschaften von Lecithin und Aminosäuren auswirken.

A30 *Bioethanol* (95,6 % Ethanol, Rest Wasser) wird aus kohlenhydrathaltigen Rohstoffen, z. B. Stärke und Cellulose, auf enzymatischem Weg gewonnen. Zuerst wird das Polysaccharid in Monosaccharide gespalten, anschließend werden diese alkoholisch vergärt:

$$C_6H_{12}O_6(aq) \longrightarrow 2C_2H_5OH(aq) + 2CO_2(g).$$

Biodiesel (Gemisch aus Fettsäuremethylestern) erhält man dagegen aus öl- und fetthaltigen Rohstoffen, z. B. Rapsöl, durch Umesterung mit Methanol:

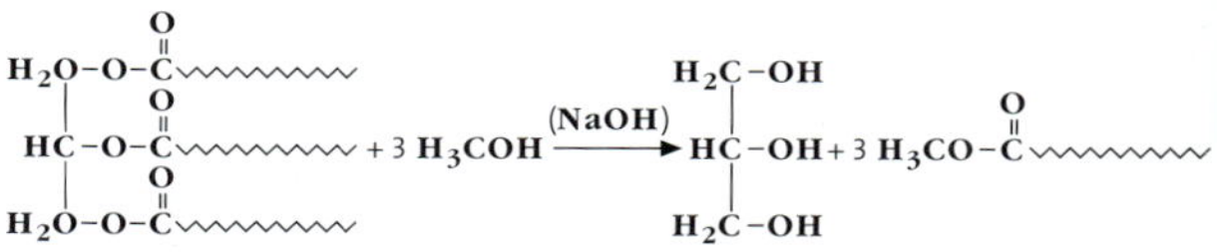

a) Vergleichen Sie die Verbrennungsprodukte von Bioethanol und Biodiesel mit denen von Benzin bzw. Diesel. Gehen Sie dabei auf die Art und die relativen Anteile der Stoffe ein (ohne Rechnung). b) Der Heizwert von Ethanol beträgt 27 kJ/g, der von Benzin ca. 44 kJ/g. Erklären Sie den Unterschied mithilfe von Oxidationszahlen der Kohlenstoff-Atome im Ethanol-Molekül und in einem Kohlenwasserstoff-Molekül. c) Schätzen Sie den Heizwert von Biodiesel und begründen Sie Ihre Schätzung. d) Interpretieren Sie das Diagramm aus B4 und erläutern Sie die Unterschiede zwischen *Energiebilanz*, *Kohlenstoffeffizienz* und *Ökobilanz*.

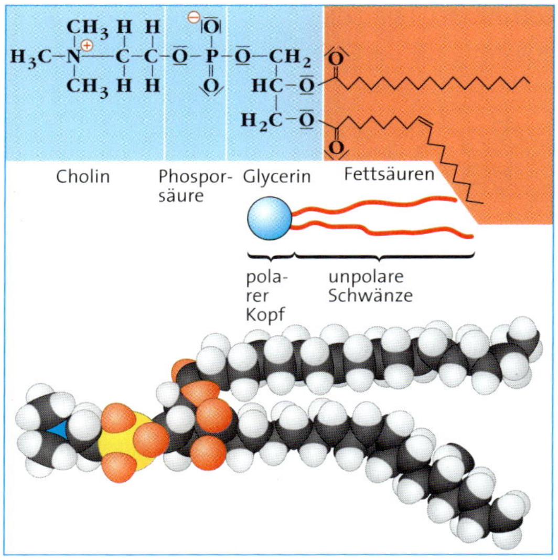

B3 *Formel und Modelle eines Lecithin-Moleküls*

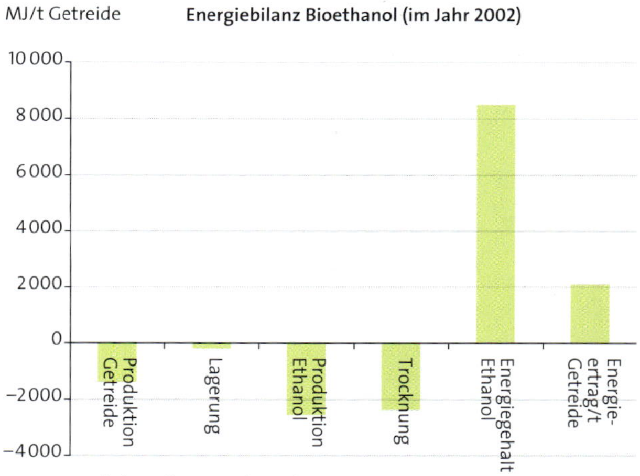

B4 *Energiebilanz für Bioethanol*

Stereoisomere haben die gleiche **Konstitution** (gleiche Atome, in gleicher Weise miteinander verknüpft), aber unterschiedliche **Konfiguration**, also eine unterschiedliche räumliche Anordnung der Atome. Kohlenstoff-Atome mit vier verschiedenen Substituenten (**asymmetrische Kohlenstoff-Atome**) bilden **Chiralitätszentren** und sind Voraussetzung für die Existenz von Stereoisomeren.

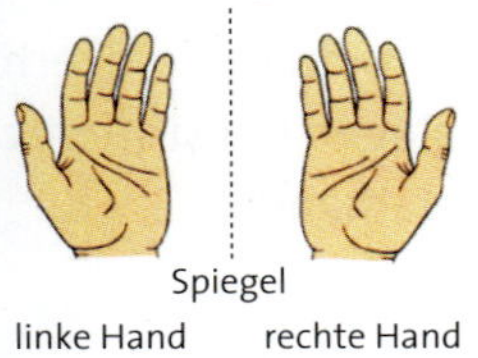

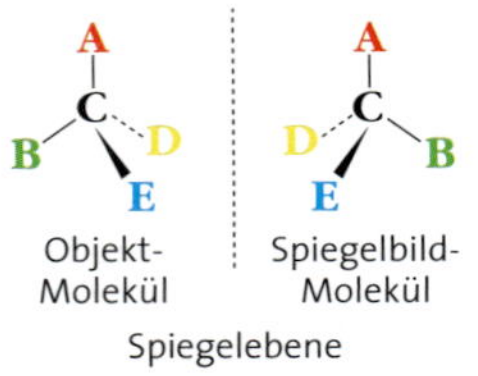

Wenn sich zwei stereoisomere Moleküle zueinander verhalten wie ein Objekt und sein Spiegelbild, handelt es sich um **Enantiomere**. Enantiomere haben gleiche physikalische und chemische Eigenschaften, unterscheiden sich aber in ihrer **optischen Aktivität** und in den biochemischen Eigenschaften. Sie können mit dem **Polarimeter** untersucht werden. Stereoisomere Moleküle, die keine Enantiomere sind, bezeichnet man als **Diastereoisomere**.

Monosaccharide (**Einfachzucker**) sind Polyhydroxycarbonylverbindungen. Die beiden wichtigsten Monosaccharide sind die Aldohexose Glucose und die Ketohexose Fructose mit den Fischer-Projektionsformeln:

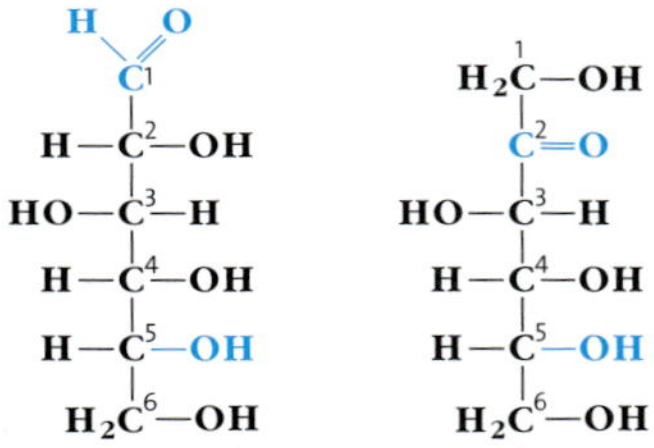
D-Glucose D-Fructose

In den Kristallen und in Lösung liegen sie vorwiegend als ringförmige Halbacetale vor (Haworth-Formeln):

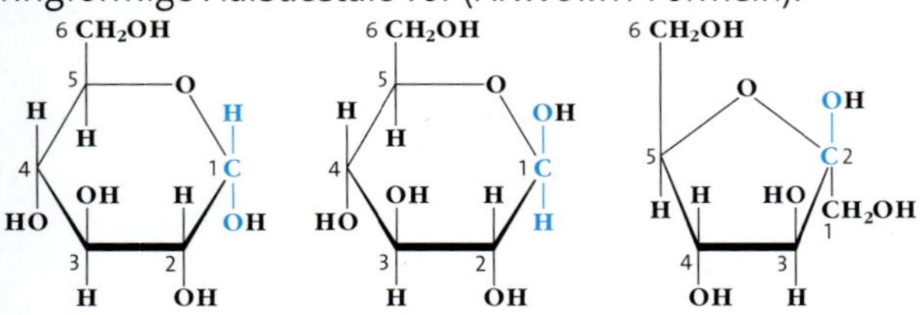
α-D-Glucose β-D-Glucose β-D-Fructose

α-D- und β-D-Glucose sind **Anomere**, eine besondere Art von Stereoisomeren.

Nachweise Kohlenhydrate:
GOD-Test (ein Enzym, das spezifisch Glucose oxidiert; bei Anwesenheit von Glucose Grünfarbung); *Silberspiegel-Probe* oder *Tollens-Probe* (Silberspiegel bei Aldosen).

Disaccharide (**Zweifachzucker**) sind Kohlenhydrate, deren Moleküle aus zwei Monosaccharid-Einheiten bestehen. Diese sind über eine glykosidische Bindung verknüpft, die durch Abspaltung eines Wasser-Moleküls zwischen Hydroxy-Gruppen der beiden Monosaccharid-Einheiten gebildet wird. **Saccharose**, der Haushaltszucker, ist das wichtigste Disaccharid.
Im Molekül des **Disaccharids Saccharose** sind ein α-Glucose-Sechserring und ein β-Fructose-Fünferring über die Kohlenstoff-Atome C1 bzw. C2 miteinander verknüpft (1,2-glykosidische Verknüpfung):

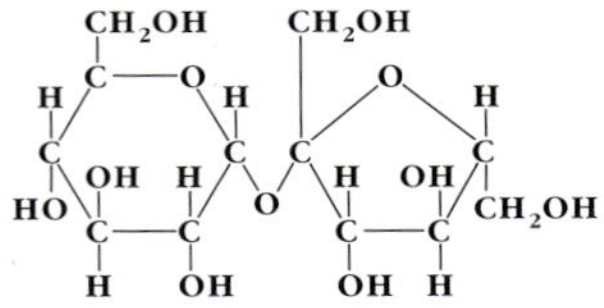
Saccharose

In den Molekülen der Disaccharide **Maltose** und **Cellobiose** sind jeweils zwei α-D-Glucose- bzw. β-D-Glucose-Bausteine 1,4-glykosidisch verknüpft. Nach der Hydrolyse geben Saccharose, Maltose und Cellobiose ebenso wie Glucose ein positives Ergebnis bei der Fehling- und der Silberspiegel-Probe.

Polysaccharide (**Vielfachzucker**): **Stärke** und **Cellulose**, die beiden wichtigsten Polysaccharide, sind makromolekulare Verbindungen aus Glucose-Einheiten. In den Stärke-Molekülen sind α-D-Glucose-Bausteine wie im Maltose-Molekül verknüpft, in den Cellulose-Molekülen β-D-Glucose-Bausteine wie im Cellobiose-Molekül. Wegen der unterschiedlichen Konfiguration am asymmetrischen Kohlenstoff-Atom C1 sind die Makromoleküle der Stärke schraubenförmig, die der Cellulose gestreckt:

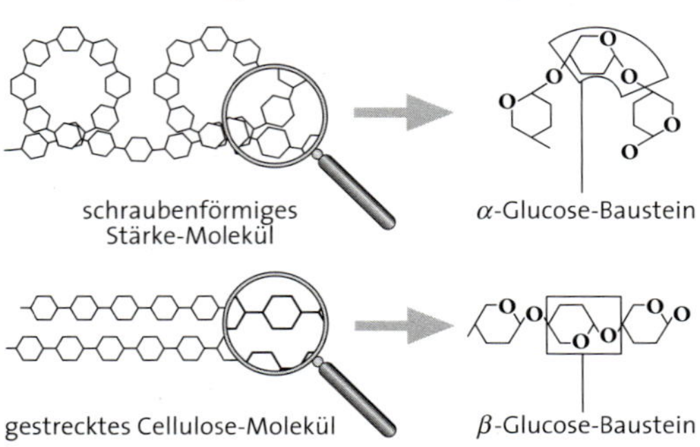

Stärke ist in Form von **Amylose** und **Amylopektin** ein Hauptbestandteil der Nahrung.
Cellulose ist die häufigste organische Verbindung. Sie dient in Pflanzen als Gerüstpolysaccharid.
Stärke und Cellulose sind **nachwachsende Rohstoffe** für die Industrie.

Die Bausteine der Makromoleküle in Proteinen sind Molekülreste aus ca. 20 **L-α-Aminosäuren**:

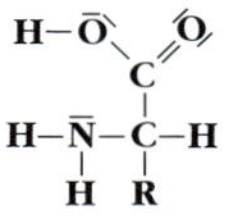

L-α-Aminosäure

Die Aminosäure-Bausteine in Proteinen unterscheiden sich nur in dem Rest R.

In Protein-Makromolekülen sind die α-Aminosäure-Bausteine über **Peptid-Gruppen** miteinander verknüpft. Ihre Bildung und ihre Hydrolyse verlaufen nach dem folgenden Schema:

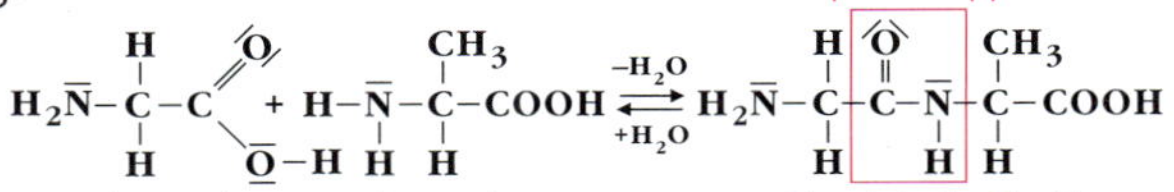

Die **Sekundärstruktur** eines Protein-Moleküls wird durch Wasserstoffbrücken zwischen den Peptid-Gruppen verursacht.

Die häufigsten Sekundärstrukturen sind die **α-Helix-** und die **β-Faltblattstruktur**.

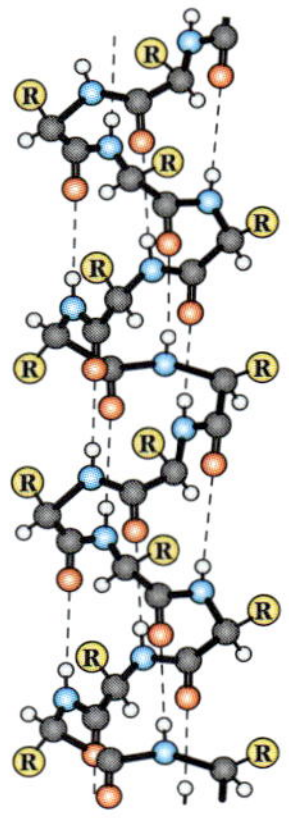

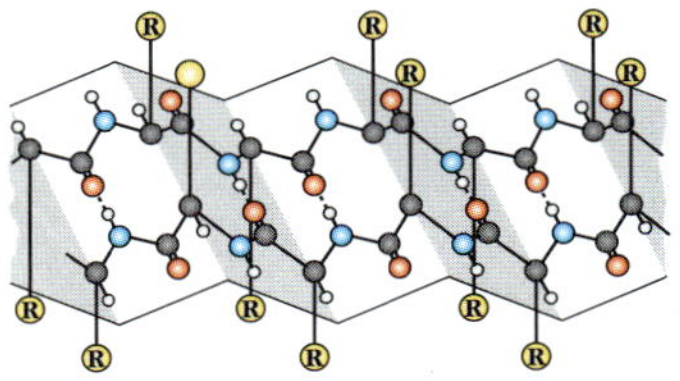

Die **Tertiärstruktur** beschreibt die räumliche Anordnung der Polypeptidkette mit ihren Segmenten aus α-Helices, β-Faltblättern u.a. Die Tertiärstruktur wird durch Wasserstoffbrücken, Ionenbindungen, VAN-DER-WAALS-Kräfte und Disulfid-Brücken stabilisiert.

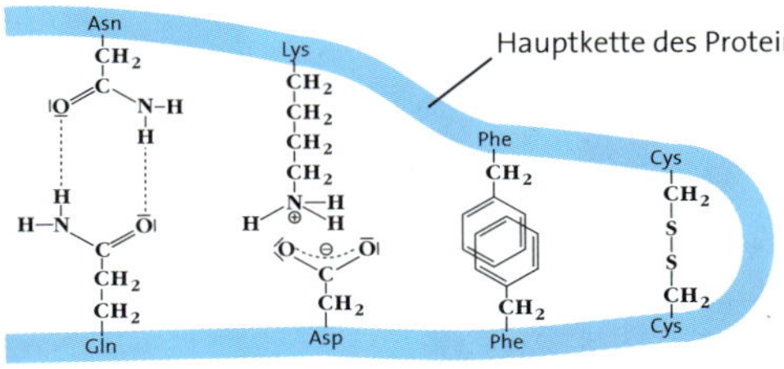

Als **Quartärstruktur** bezeichnet man die räumliche Anordnung mehrerer Polypeptidketten zueinander. Proteide enthalten zusätzlich auch prosthetische Gruppen.

Nachweise Proteine:

Biuretreaktion (Violettfärbung von Biuretreagenz bei Anwesenheit von Peptidbindungen); *Ninhydrinreaktion* (Violettfärbung von Ninhydrin-Reagenz in Anwesenheit von freien Amino-Gruppen).

Fette als **Triacylglycerine**: Fette und Öle sind Ester des dreiwertigen Alkanols Glycerin (Propan-1,2,3-triol) mit Fettsäuren. In einem Fett-Molekül sind immer drei Acyl-Reste aus Fettsäure-Molekülen und ein Rest aus dem Glycerin-Molekül enthalten. Daher bezeichnet man Fette als **Triacylglycerine** (oder Triglyceride).

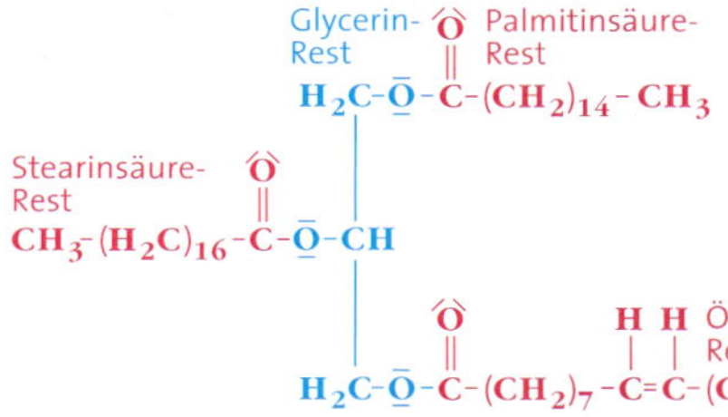

Löslichkeit, Schmelzbereich: Fette und Öle sind wasserunlöslich, lösen sich aber in hydrophoben Lösemitteln, weil in ihren Molekülen die unpolaren Reste überwiegen. Fette und Öle sind keine Reinstoffe, sondern Gemische aus Triacylglycerinen. Sie haben keine feste Schmelztemperatur, sondern werden innerhalb eines Schmelzbereichs flüssig.

Gesättigte und **ungesättigte Fettsäuren**: Gesättigte Fettsäure-Moleküle enthalten Alkan-Reste, ungesättigte Alken-Reste mit einer oder mehreren Doppelbindungen:

Stearinsäure (Octadecansäure)

$C_{17}H_{35}COOH$

Ölsäure (*Z*-Octadeca-9-ensäure)

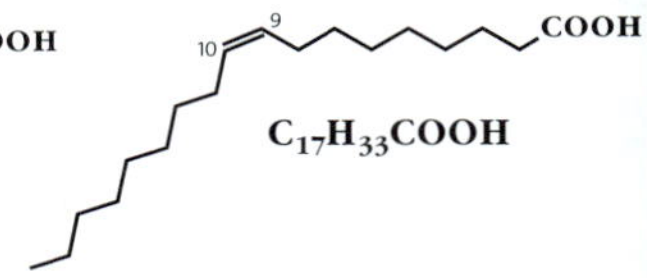

$C_{17}H_{33}COOH$

Die Kohlenwasserstoff-Reste der ungesättigten Fettsäure-Moleküle in Fetten und Ölen liegen überwiegend in der *Z*-Konfiguration vor. Dadurch können sie sich weniger gut parallel zueinander anordnen und die VAN-DER-WAALS-Kräfte sind schwächer als bei Resten gesättigter Fettsäuren. Je größer der Anteil an ungesättigten Fettsäuren in einem Fett oder Öl ist, desto niedriger liegt sein Schmelzbereich. Auch die Kettenlänge des Kohlenwasserstoff-Rests der Fett-Moleküle beeinflusst die Lage des Schmelzbereichs des Fetts.

Bei der **Fetthärtung** werden ungesättigte Fettsäure-Reste mit Wasserstoff in Gegenwart eines Katalysators zu gesättigten Fettsäure-Resten hydriert. Dabei kommt es zu einer Erhöhung des Schmelzbereichs eines Fetts.

$$\underset{\text{Ölsäure, } \vartheta_m = 16\,°C}{C_{17}H_{33}COOH} + H_2 \xrightarrow{\textbf{Ni}\text{-Katalysator}} \underset{\text{Stearinsäure, } \vartheta_m = 70\,°C}{C_{17}H_{35}COOH}$$

Kunststoffe – Moleküle für Alltagsprodukte und Hightech-Materialien

Kunststoffe nutzen wir „rund um die Uhr" und in allen Bereichen unseres Alltags. Wir beginnen morgens mit der Zahnbürste, arbeiten oft bis zum Abend mit dem Laptop und schließen den Tag mit einem entspannten Griff in die Chipstüte. Insbesondere bei innovativen Anwendungen, beispielsweise dem Bau von leichten Autos, Flugzeugen und Raumfähren oder der Fertigung von medizinischen Geräten und Implantaten, sind Kunststoffe die Materialien der Wahl. Wie die Bezeichnung andeutet, werden die Kunststoffe künstlich, d. h. durch chemische Veränderungen aus natürlichen Rohstoffen gewonnen. Allerdings gehören nicht alle künstlich hergestellten Stoffe zur Klasse der Kunststoffe. Viele der synthetischen Verbindungen werden umgangssprachlich als „**Plastik**" bezeichnet, etwa dann, wenn sie als Verpackungsmaterial dienen. Die Verbindungen synthetischer und natürlicher **Textilfasern**, von elastischem **Gummi**, von harten und weichen **Schaumstoffen** und vielen anderen Werkstoffen sind mit „Plastik" chemisch verwandt. Worin diese chemische Verwandtschaft besteht und wie man sich die Kenntnisse darüber zunutze machen kann, werden wir in diesem Kapitel mithilfe der **Basiskonzepte Stoff – Teilchen** und **Struktur – Eigenschaft** erschließen, indem wir folgenden Fragen nachgehen:

1 **Von hart bis weich, von plastisch bis elastisch – Welche charakteristischen Eigenschaften haben Kunststoffe?**

2 **PE, PP, PVC ... – Was bedeuten diese Abkürzungen und welches chemische Merkmal steckt dahinter?**

3 **Wie können Kunststoffe synthetisiert werden?**

4 **Welche speziellen Strukturmerkmale und Synthesemöglichkeiten gibt es für Kunstfasern?**

5 **Sind Kunststoffe biologisch abbaubar? Welche Möglichkeiten gibt es, gebrauchte Kunststoffe wiederzuverwerten?**

6 **Ökonomie und Ökologie – sind das Gegensätze?**

7 **Welche passenden Kunststoffe gibt es für spezielle Zwecke?** EVA

8 **Was sind innovative Kunststoffe, welche Beispiele gibt es und wonach wird geforscht?** EVA

B1 *Modernen Textilien und Geräten für Freizeit und Sport liegen synthetische Makromoleküle zugrunde.*

B2 *Hermann Staudinger mit Modellen, die Fragmente von Makromolekülen zeigen*

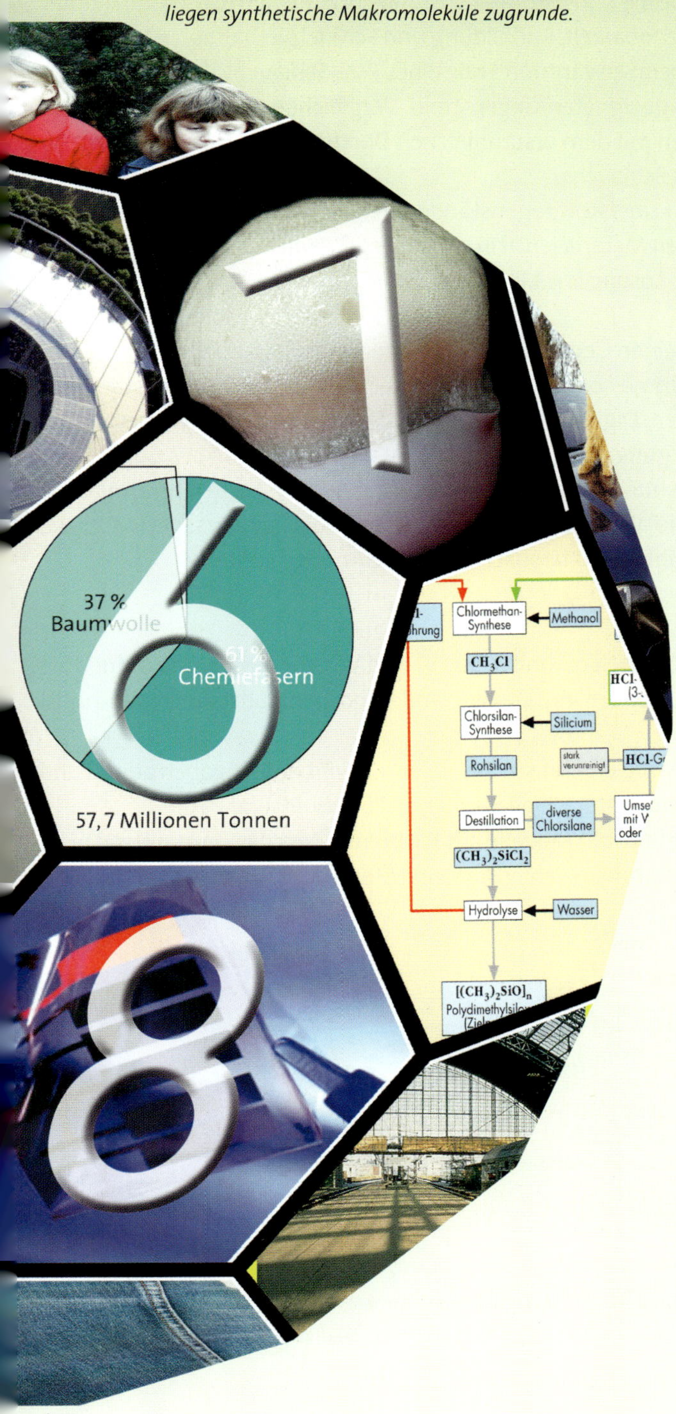

H. Staudinger und die Makromoleküle

Hermann Staudinger (1881 bis 1965) erkannte bereits im Jahr 1910 in Karlsruhe bei Arbeiten mit Isopren, dass die damals gängige Annahme über die Struktur von Naturkautschuk nicht stimmen konnte. Er schlug im Mai 1922 in Zürich den Begriff **Makromolekül** vor, mit dem er die molekulare Struktur von Naturkautschuk und anderen Naturstoffen wie Stärke und Cellulose erklären wollte. Doch er stieß bei seinen Fachkollegen auf Widerspruch und Ablehnung, so dass es Jahre dauerte, bis sich sein Konzept der Makromoleküle durchsetzen konnte.

Zunächst fand Staudinger experimentelle Stützen für die Existenz von Makromolekülen, als er von dem einfachen und kleinen Molekül Styrol ausgehend Polystyrol synthetisierte. Ein weiterer entscheidender Schritt gelang ihm, als er nach einem Treffen mit W. H. Carothers im Jahr 1935 begann, verdünnte Lösungen von Polyamiden und anderen synthetischen Polymeren zu untersuchen. Dabei stellte er fest, dass es zwischen der Viskosität einer Lösung und der molaren Masse des darin enthaltenen makromolekularen Stoffs eine Beziehung gibt, die sich durch eine mathematische Gleichung exakt formulieren lässt. Schließlich zeigte Staudinger als Erster, wie man gezielt Makromoleküle als Modelle entwerfen kann, um sie dann zu synthetisieren. Eines seiner zahlreichen Bücher, die im Jahr 1947 erschienene *Makromolekulare Chemie und Biologie*, war wegweisend für die Entwicklung in diesen Naturwissenschaften.

Für seinen großen Beitrag zum Verständnis der Polymere und für seine Forschungen zu makromolekularen Stoffen, die er ab 1926 in Freiburg durchführte, wurde Hermann Staudinger im Jahr 1953 mit dem Nobelpreis für Chemie ausgezeichnet.

B1 *Beim Erhitzen und Einwirken von Kräften verhalten sich Kunststoffe unterschiedlich (V1).*

Kunststoff Dichte in $g \cdot cm^{-3}$	Verhalten bei Erhitzen
Polyethen PE 0,92 bis 0,96	brennt leuchtend, tropft
Polyvinylchlorid PVC 1,28	brennt nur in der Flamme
Polystyrol PS 1,06	brennt stark rußend
Polyamid PA 1,10	brennt nur in der Flamme, tropft
Polyester PET 1,30	brennt leuchtend, rußt
Bakelit 1,25	brennt nicht, verkohlt

B2 *Dichte und Brennbarkeit einiger Kunststoffe.* ***A:*** *Erklären Sie, wie man nachweisen könnte, dass die Verbrennungsgase von PVC Wasserstoffchlorid enthalten.*

Hart oder weich, plastisch oder elastisch?

Hinweis: Für die Untersuchungen in V1 bis V3 eignen sich die vom Verband der Kunststoffindustrie VKE bereitgestellten Proben.

Versuche

V1 Erwärmen Sie Gegenstände aus verschiedenen Kunststoffen (Plastiklöffel, Joghurtbecher aus PE und PP, Schlauch aus PVC, Getränkeflasche aus PET, Steckdose aus Bakelit) mit dem Heißluftföhn und prüfen Sie die Verformbarkeit im erwärmten Zustand.

V2 Untersuchen Sie die Kunststoffgegenstände (V1) mit dem Gasbrenner unter dem Abzug auf Brennbarkeit, Rußbildung und Schmelzverhalten.

V3 Erweitern Sie beim erwärmten Ende eines PVC-Schlauchs den Innendurchmesser mit einem geeigneten Gegenstand. Vergleichen Sie den Durchmesser nach dem Abkühlen mit dem ursprünglichen Durchmesser an dem nicht manipulierten Ende des Schlauchs.

V4 Geben Sie die Kunststoffgegenstände aus V1 oder Kunststoffproben aus den entsprechenden Materialien a) in ein Becherglas mit Wasser und b) in eines mit konz. Kochsalz-Lösung, $c = 1{,}18\ g \cdot cm^{-3}$, und prüfen Sie das Schwimm- bzw. Sinkverhalten.

V5 Befestigen Sie einen Gegenstand an einem Gummiband und hängen Sie es an einer Stativklemme so auf, dass es gestreckt ist und der Gegenstand auf einer oberschaligen Digitalwaage aufliegt. Diese zeigt eine Masse an, die wegen der Aufhängung geringer ist als die tatsächliche Masse des Gegenstandes. Erwärmen Sie nun das Gummiband von der Seite mit einer Infrarotlampe und beobachten Sie die Änderung der Anzeige an der Digitalwaage. Lassen Sie anschließend abkühlen und beobachten Sie die Anzeige weiter.

Auswertung

a) Protokollieren Sie die Ergebnisse aus V1 und V2 tabellarisch und ordnen Sie die Kunststoffe, aus denen Ihre Gegenstände sind, den Kunststofftypen aus B1 zu.

b) Vergleichen Sie Ihre Ergebnisse aus V2 und V3 mit den Angaben aus B2 und erklären Sie die Dichteunterschiede zwischen PE bzw. PP und PVC.

c) Erklären Sie mithilfe der Modelle aus B3, warum sich das Gummiband in V5 beim Erwärmen zusammenzieht. (*Hinweis*: Lesen Sie ggf. vorher S. 227.)

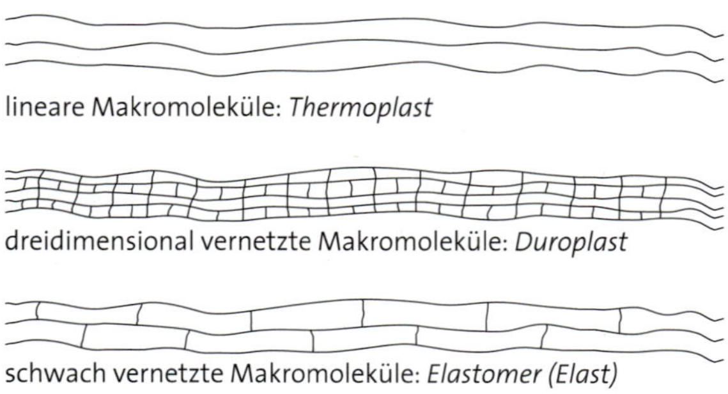

B3 *Modelle für Makromoleküle in Thermoplasten, Duroplasten und Elastomeren (Elasten).*
A: *Erläutern Sie die strukturellen Unterschiede zwischen den drei Arten von Kunststoffen.*

Thermoplaste, Duroplaste, Elaste

Einige Kunststoffe werden beim Erwärmen weich und verformbar (V1). Diese **Thermoplaste** behalten beim Abkühlen die Form, die ihnen im warmen Zustand gegeben wurde (V3). Zu den Thermoplasten gehören Polyethen PE, Polypropen PP, Polyvinylchlorid PVC, Polymethylmethacrylat PMMA (Plexiglas®) und andere Kunststoffe aus linearen **Makromolekülen** (B3, vgl. auch S. 225, „Staudinger und die Makromoleküle"). Die Makromoleküle der Thermoplaste sind kettenförmige **Polymere**[1] aus vielen identischen Monomer-Einheiten, die ungeordnete Molekülknäuel „wie Spaghetti auf einem Teller" (B5 links) bilden. Kunststoffe mit dieser Molekülstruktur sind in der Regel weich, glasartig, transparent und spröde. Die zwischenmolekularen Kräfte sind gering, sodass sich die Makromoleküle im erwärmten Material relativ leicht in eine andere Anordnung bringen lassen: Das Material verformt sich. Im abgekühlten Zustand behält es die neue Form.

Einige Kunststoffe, die aus dreidimensional vernetzten Makromolekülen aufgebaut sind (B3), erweichen beim Erwärmen nicht. Bei sehr starkem Erhitzen zersetzen sie sich. Diese nicht verformbaren polymeren Materialien nennt man **Duroplaste**. Es handelt sich um Kunststoffe mit großer Festigkeit und Wärmebeständigkeit. Um Gegenstände aus Duroplasten zu fertigen, werden die Makromoleküle gleich in formgebenden Gefäßen erzeugt.

Kunststoffe, die zwar dehn- und formbar sind, aber ihre ursprüngliche Form wieder annehmen, wenn die Zug- oder Druckspannung nachlässt, sind **Elaste** oder **Elastomere**. Sie bestehen aus linearen Polymeren, die an wenigen Stellen miteinander quervernetzt sind (B3). Zu den bekanntesten Elasten zählt **Gummi**. Gummi wird aus Naturkautschuk, einem linearen Polymer aus *cis*-Polyisopren (*Z*-Polyisopren; vgl. S. 323) erhalten, indem man dieses mit Schwefel auf 150 °C erhitzt. Der Vorgang wird als **Vulkanisieren** bezeichnet und führt an einigen Stellen der linearen Makromoleküle zu einer chemischen Verknüpfung über zwei oder mehrere Schwefel-Atome (B6).

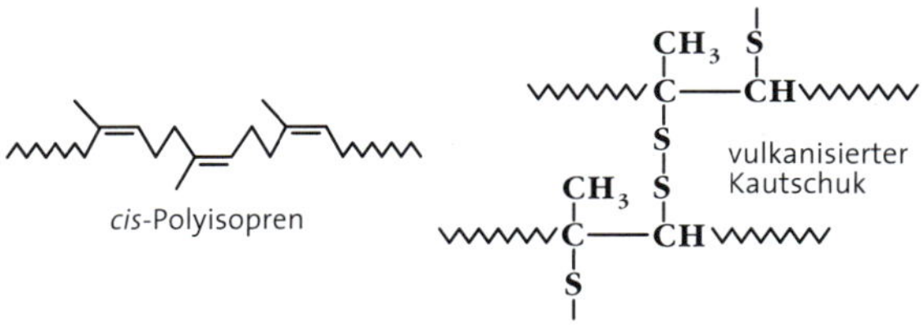

B6 *Latex aus dem Kautschukbaum und Symbole für Molekülausschnitte von cis-Polyisopren (Z-Polyisopren) sowie von vulkanisiertem Kautschuk (Gummi).* **A:** *Erläutern Sie, warum Kautschuk erst nach dem Vulkanisieren elastisch ist.*

Aufgabe

A1 Eine thermoplastische Polyethen-Folie lässt sich auf die mehrfache Länge dehnen, aber im Gegensatz zu elastischem Gummi zieht sie sich nach der Dehnung nicht mehr zusammen. Erklären Sie dies.

B4 *Die AWD-Arena in Hannover hat eine Überdachung aus dem Kunststoff ETFE.* **A:** *Informieren Sie sich über die Reißfestigkeit und Lichtdurchlässigkeit dieses Materials.*

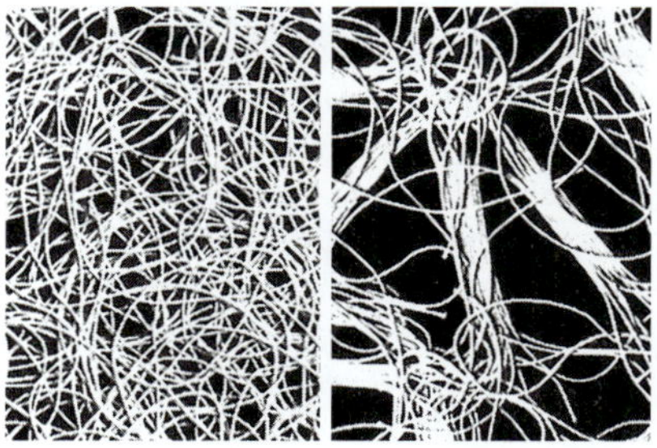

B5 *„Spaghetti-Modell" für Thermoplaste.* **A:** *Erläutern Sie die Unterschiede zwischen der linken und der rechten Bildhälfte. Ordnen Sie „high-density" und „low-density" Polyethen (vgl. S. 228) je einer Bildhälfte zu.*

Fachbegriffe

Makromolekül, Polymer, Thermoplast, Duroplast, Elast (Elastomer), Naturkautschuk, Vulkanisieren, Gummi

[1] von *polys* (griech.) = viel und *meros* (griech.) = Teil

Polyethen PE, Polypropen PP, Polyvinylchlorid PVC & Co

B1 *Granulate aus Polyethyen PE werden zu verschiedenen Gebrauchsgegenständen verarbeitet.*

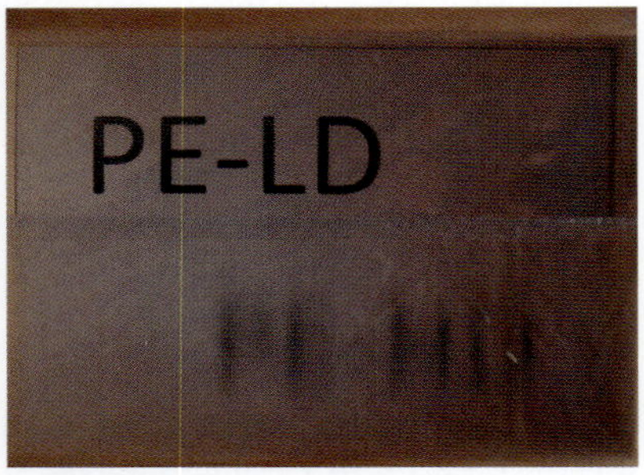

B2 *Der obere Schriftzug „PE-LD" ist mit einer Polyethen-Folie niedriger Dichte (low-density PE) abgedeckt, der untere, kaum erkennbare Schriftzug „PE-HD" mit einer Polyethen-Folie hoher Dichte (high-density PE).*
A: Erklären Sie die dargestellte Beobachtung. (Hinweis: Vgl. INFO und S. 227, B5.)

INFO

Polyethen PE (Polyethylen) ist unter den Kunststoffen das chemisch einfachste und technisch wichtigste Polymerisat. Nach dem Hochdruck-Verfahren wird Ethen durch Radikalkettenreaktionen (vgl. S. 231), die mit Sauerstoff oder Peroxiden gestartet werden, polymerisiert. Da die so gebildeten Makromoleküle viele Verzweigungen haben und sich daher nur schlecht aneinanderlagern können, hat dieses Polyethen eine geringe Dichte (B4). Aus ihm werden Folien, Filme, Haushaltswaren und Verpackungsmaterial hergestellt. Die Polymerisation nach dem Niederdruck-Verfahren mit ZIEGLER-NATTA[1]-Katalysatoren aus Übergangsmetallverbindungen führt zu linearen, unverzweigten Polyethen-Makromolekülen, die teilkristalline Bereiche ausbilden können, in denen die Makromolekül-Abschnitte parallel angeordnet sind (vgl. S. 227, B5 rechts). An diesen kristallinen Bereichen wird das Licht gestreut, sodass die Lichtdurchlässigkeit des Materials herabgesetzt ist (B2). Aus diesem Polyethen mit hoher Dichte werden Gegenstände gefertigt, die auch bei großer Belastung formstabil bleiben (Getränkekästen).
Polypropen PP (Polypropylen) wird durch Polymerisation von Propen (B3) mithilfe von ZIEGLER-NATTA[1]-Katalysatoren hergestellt. Diese Polymerisation kann so gesteuert werden, dass man Polypropen-Sorten mit unterschiedlichen Eigenschaften erhält, die verschiedenste Anwendungen, von Textilfasern bis zu Bauteilen von Haushaltsgeräten, ermöglichen.
Polyvinylchlorid PVC (B3) ist einer der preiswertesten und am meisten verwendeten Kunststoffe, beispielsweise für Rohrleitungen. Durch Zusatz von Weichmachern ändert man die Eigenschaften von PVC und erhält Materialien für Fußbodenbeläge oder Lederimitationen. Bei der Verbrennung von Müll aus PVC können Wasserstoffchlorid und giftige organische Chlorverbindungen entstehen und mit den Abgasen in die Umwelt entweichen. Moderne Anlagen steuern die Verbrennung von PVC-Müll und die Reinigung der Abgase so, dass sich die Umweltbelastung in vertretbaren Grenzen hält.
Polytetrafluorethen, bekannt als **Teflon**, ist nicht brennbar und gegen Hitze und Chemikalien resistent. Es dient zur Beschichtung von Bratpfannen, als Dichtungsmaterial bei Geräten in Forschung, Industrie, Verkehr und Medizin.
Polystyrol PS wird in großen Mengen als Dämmmaterial verwendet.

Aufgaben

A1 Übertragen Sie das Struktursymbol für PVC aus B3 in eine Valenzstrichformel des angegebenen Strukturausschnitts (*Hinweis*: vgl. S. 324, 325).

A2 **Polyacrylnitril PAN** wird in vielen Textilfasern verwendet. Die Halbstrukturformel des Monomers Acrylnitril lautet $H_2C{=}CHCN$. Formulieren Sie in Anlehnung an B3 einen Strukturausschnitt aus Polyacrylnitril.

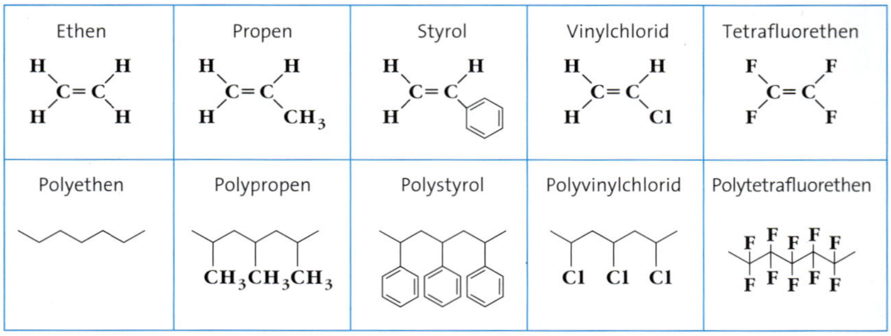

B3 *Vereinfachte Valenzstrichformeln von Monomeren und Molekülsymbole (Gerüstformeln) für Strukturausschnitte ihrer Polymere*

[1] KARL ZIEGLER (1898 bis 1973), Prof. am MPI in Mülheim/Ruhr, und GIULIO NATTA (1903 bis 1979), Prof. in Turin, erhielten für ihre Katalysatoren im Jahr 1963 gemeinsam den Nobelpreis für Chemie.

Struktur und Eigenschaften von Polymeren

Viele Kunststoffe bestehen aus Polymeren, deren Monomere **Derivate** des Ethens sind. Ihre Moleküle leiten sich vom Ethen-Molekül ab, in dem ein oder mehrere Wasserstoff-Atome durch andere Atome oder Atomgruppen substituiert sind (B3). Die unterschiedlichen Eigenschaften der Polymere (*INFO*) werden vor allem durch die **Substituenten** an den Kohlenstoff-Atomen der Hauptkette im Makromolekül bestimmt.
Der **Verzweigungsgrad** der Makromoleküle aus ein- und demselben Monomer und der Anteil an **teilkristallinen Bereichen** im polymeren Material sind weitere strukturelle Merkmale, die Einfluss auf die Materialeigenschaften wie Festigkeit und Lichtdurchlässigkeit haben (*INFO*, B2).
Die Eigenschaften von Kunststoffen sind in hohem Maße von den Molekülmassen der Polymere, also letztlich von der Anzahl der in einem Makromolekül enthaltenen Monomer-Einheiten, dem **Polymerisationsgrad n**, abhängig. So ist beispielsweise niedermolekulares Polyisobuten (A4) mit $50 < n < 100$ klebrig, hochmolekulares Polyisobuten mit $n > 1000$ elastisch und Polyisobuten mit sehr hohen Polymerisationsgraden fest und unelastisch. Entsprechend kann Polyisobuten sehr unterschiedliche Anwendungen finden (B5). Ähnliches gilt auch für andere Polymere: Ultrahochmolekulares Polyethen mit Molekülmassen von mehr als 1.000.000 u eignet sich dank seiner hohen Festigkeit und Gleitfähigkeit für künstliche Hüftgelenke.
Die Eigenschaften von Kunststoffen lassen sich gezielt planen und verwirklichen, indem man **Copolymere** erzeugt, d.h. Polymere aus zwei oder mehreren verschiedenen Monomeren. Ein Beispiel ist das Copolymer aus Ethen und Tetrafluorethen (B3). Der betreffende Kunststoff trägt den Handelsnamen ETFE und ist extrem reißfest, nicht brennbar, selbstreinigend und transluszent (durchscheinend). Er ist das ideale Material für Fassaden und Dächer von Stadien, Freizeitparks und Freilichtbühnen (B4, S. 227).

Bedeutung der Ziffern:

01	PET	Polyethenterephthalat
02	PE-HD	Polyethen hoher Dichte („high density")
04	PE-LD	Polyethen niedriger Dichte („low density")
03	PVC	Polyvinylchlorid
05	PP	Polypropen
06	PS	Polystyrol
07	O	Sonstige („Others")

B4 *Kennzeichnung von Kunststoffen.* ***A:*** *Finden Sie Verpackungen mit diesen Kennzeichnungen.*

B5 *Je nach Polymerisationsgrad n findet Polyisobuten Anwendung in Klebeflächen von Verbandpflastern, Kaugummi oder Dachfolien.*

Aufgaben

A3 Verstreckt man einen Streifen aus Polyethen niedriger Dichte PE-LD, so lässt er sich ziehen, wird dabei dünner und milchig trüb, die Festigkeit nimmt zu. a) Probieren Sie dies selbst aus, indem Sie einen PE-Streifen aus einem Einkaufsbeutel (aus der Gemüse- und Obstabteilung) verwenden. b) Erklären Sie den Sachverhalt unter Verwendung der Modelle und Fachbegriffe von S. 226 bis 229.

A4 Polyisobuten (B5) ist das Polymer des 2-Methylpropens. a) Geben Sie die vereinfachte Valenzstrichformel eines 2-Methylpropen-Moleküls und die eines Strukturausschnitts aus einem Polyisobuten-Molekül an. b) Begründen Sie, warum es sich auch bei Isobuten um ein Ethen-Derivat handelt. c) Das als Klebstoff auf Verbandpflastern eingesetzte niedrigmolekulare Polyisobuten entfärbt Bromwasser. Erklären Sie warum und formulieren Sie eine Reaktionsgleichung.

Fachbegriffe

Derivat (des Ethens), Substituent, Verzweigungsgrad, teilkristalline Bereiche, Polymerisationsgrad n, Copolymer

Vom Monomer zum Polymer

B1 *Tunneleingang aus Plexiglas®. Bei Plexiglas® handelt es sich um Polymethylmethacrylat PMMA, das industriell durch Polymerisation von Methylmethacrylat MMA hergestellt wird.*

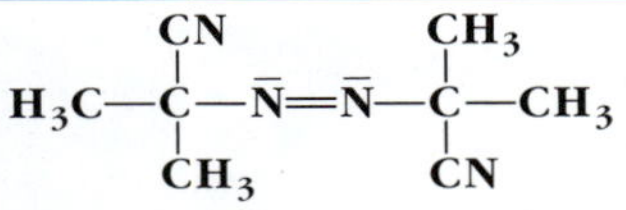

AIBN: **A**zo**iso**butters**ä**ure**n**itril (50 °C – 80 °C)

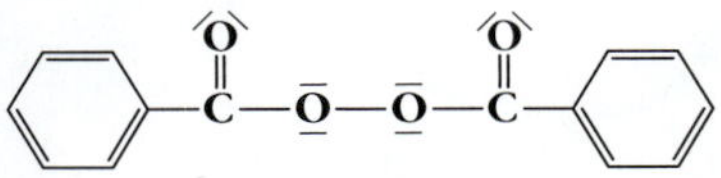

BPO: Di**b**enzoyl**per**oxid (60 °C – 85 °C)

B2 *Formeln der Starter zu V1.* **A:** *Informieren Sie sich im Internet über die homolytische Radikalbildung bei den beiden Startern AIBN und BPO.*

B3 *Erzeugung von Polymerplatten durch Kammergießen (V2 bis V4)*

Versuche

Vorsicht! Alle Polymerisationen werden im Abzug durchgeführt. Die Starter werden von der Lehrperson verteilt. Als Monomer kann statt Methylmethacrylat MMA (B4) auch Styrol (Ethenylbenzol) eingesetzt werden.

V1 Geben Sie in vier Rggl. 5 mL Methylmethacrylat* MMA[1]. Fügen Sie in Rggl. *1* 50 mg und in Rggl. *2* 100 mg des thermischen Radikalkettenstarters AIBN* (B2) hinzu. Geben Sie in Rggl. *3* 50 mg und in Rggl. *4* 100 mg des Starters BPO* (B2). Schütteln Sie die Rggl., bis sich die Starter gelöst haben. Hängen Sie die Rggl. dann in ein Wasserbad, das die Temperatur von 60 °C, 70 °C oder 80 °C hat. Notieren Sie die folgenden Parameter Ihrer Proben: Name des Starters, Menge des Starters und Temperatur des Wasserbades.
Prüfen Sie durch Schütteln in 5-min-Abständen die Zähigkeit der Inhalte in den Rggl. Tabellieren Sie Ihre Beobachtungen. Lassen Sie Ihre Rggl. bis zur nächsten Chemiestunde im Abzug stehen und prüfen Sie die Inhalte dann erneut. Wenn sie ganz fest sind (Prüfung mit einem Glasstab), schlagen Sie die Gläser kaputt. Ordnen Sie die Polymerproben nach steigender Qualität. (Gute Qualität bedeutet, dass die erhaltene Probe fest, klar und transparent ist und möglichst keine eingeschlossenen Gasbläschen enthält.)

V2 Lösen Sie in einem 100-mL-Becherglas 10 mg AIBN* in 30 mL MMA* und erhitzen Sie 20 min lang auf dem Wasserbad bei 92–95 °C. Nutzen Sie die Zeit zur Vorbereitung von V4. Das erhaltene Prepolymer bildet eine zähflüssige Masse. Kühlen Sie das Prepolymer im Eisbad ab. Lösen Sie dann unter Rühren weitere 10 mg AIBN* darin auf und verwenden Sie es sofort in V3 weiter.

V3 Fertigen Sie eine Flachkammer wie in B3 aus 2 Glasplatten, einem Stück PVC-Schlauch und mehreren Klammern (z. B. Foldbackklammer). Füllen Sie das mit Starter versetzte Prepolymer aus V2 in die U-förmige Öffnung ein. Erwärmen Sie die gefüllte Flachkammer über Nacht im Trockenschrank bei 55 °C (oder 1 Stunde lang bei 70 °C im Wasserbad). Nehmen Sie die Klammern ab, kühlen Sie unter laufendem Wasser und lösen Sie die fertige Plexiglasscheibe zwischen den Glasscheiben heraus.

V4 Wiederholen Sie V2 und V3, indem Sie als Fluoreszenzfarbstoff zu Beginn noch 10 mg Rubren* (Tetraphenylnaphthacen) hinzufügen. (*Hinweis*: Es können auch andere Fluoreszenzfarbstoffe eingesetzt werden, beispielsweise aus gebräuchlichen Textmarkern. Voraussetzung ist, dass sie sich in MMA* lösen und bei der Reaktion nicht zerstört werden.)

Hinweis: Weitere Versuche zur Polymerisation sind unter *Chemie 2000+ Online* zu finden.

Auswertung

a) Erläutern Sie, wie man eine möglichst klare, bläschenfreie Polymerprobe erhält.

b) Nennen Sie Vor- und Nachteile, die das Verfahren in V3 und V4 gegenüber dem in V1 hat.

---

[1] Käufliches Methylmethacrylat MMA enthält ca. 100 ppm Hydrochinon als Stabilisator. Dieser muss für die Versuche nicht entfernt werden. Er wird durch einen Überschuss an Radikalen aus dem Starter vernichtet.

Radikalische Polymerisation

Polymethylmethacrylat PMMA (Plexiglas®, B1) kann nach den Versuchsvorschriften V1 bis V3 hergestellt werden. Die dabei ablaufende Reaktion ist eine **Polymerisation**, d.h. eine Verknüpfung vieler identischer Monomer-Einheiten (MMA) zu **Polymeren** (PMMA). Die Reaktion verläuft nach dem **Radikalketten-Mechanismus** mithilfe eines **Starters (Initiators)** R-R (B2). Die charakteristischen Schritte bei der Polymerisation von Methylmethacrylat MMA sind:

1. Startreaktion:

$$R \wr R \xrightarrow[\text{(Licht)}]{\text{Wärme}} 2R\cdot \qquad (1)$$

2. Kettenreaktionen:

Das Produkt-Radikal aus (3) reagiert mit einem weiteren MMA-Molekül, das dabei entstehende Radikal wieder mit einem usw. Die Radikale wachsen so zu langkettigen Makroradikalen M· an.

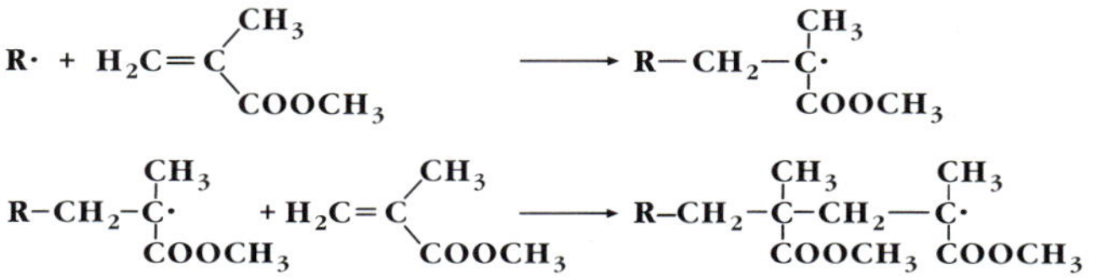

(2)

(3)

3. Abbruchreaktionen:

$$M\cdot + \cdot R \longrightarrow M-R \text{ und } M\cdot + \cdot M \longrightarrow M-M \text{ und } R\cdot + \cdot R \longrightarrow R-R \qquad (4)$$

Mit fortschreitender Polymerisation härten die Reaktionsgemische bei V1 bis V3 aus. Da die Polymerisation exotherm verläuft, muss Wärme abgeführt bzw. die Temperatur sehr gut kontrolliert werden. Lokale Erwärmungen in der Reaktionsmasse auf über 100 °C können zum Verdampfen des Monomers führen, wodurch sich Gasbläschen bilden, die sich qualitätsmindernd auf das Produkt auswirken.

Industriell werden Scheiben aus Plexiglas® ähnlich wie in V3 in dem sogenannten Kammergießverfahren hergestellt. Alternativ wird die Lösung aus Monomer, Polymer und Starter kontinuierlich auf polierten Stahlbändern ausgehärtet und als Granulat der weiteren Verarbeitung zugeführt.

Methylmethacrylat $C_5H_8O_2$

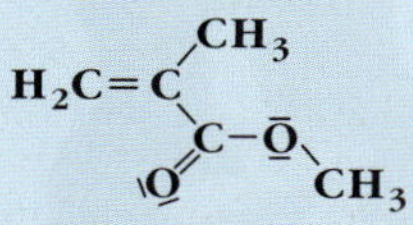

Eigenschaften: farblose Flüssigkeit, charakteristischer Geruch, schlecht wasserlöslich, $\varrho = 0{,}94\ g/cm^3$, $\vartheta_m = -48\ °C$, $\vartheta_b = 100\ °C$

B4 *Steckbrief Methylmethacrylat MMA.*
A: Erstellen Sie mithilfe des Internets einen Steckbrief für Styrol (Ethenylbenzol).

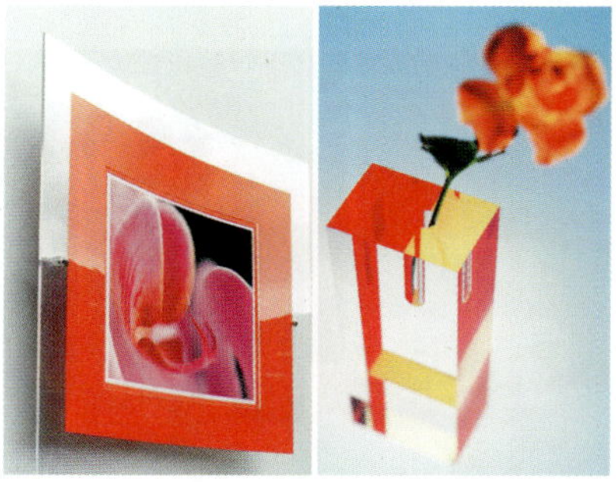

B5 *Designer-Gegenstände aus Plexiglas.*
A: Erklären Sie, warum es schwierig ist, dicke Platten und Blöcke aus Plexiglas blasenfrei herzustellen.

Aufgaben

A1 Erläutern Sie, warum die Bezeichnung Katalysator für den Starter (Initiator) bei einer Polymerisation nicht zutrifft.

A2 Die Makromoleküle in einer Probe aus Polymethylmethacrylat PMMA haben nicht alle die gleiche molare Masse. Erläutern Sie, welche der Reaktionsschritte (1) bis (4) dafür verantwortlich sind.

A3 Die mittlere molare Masse von industriell erzeugtem PMMA liegt je nach Bedingungen bei der Polymerisation zwischen 100 000 u und einigen Millionen u. Erklären Sie, warum höhere Starter-Konzentrationen und höhere Temperaturen zu niedrigeren molaren Massen des Produkts führen.

Fachbegriffe

Polymer, Polymerisation, Radikalketten-Mechanismus, Starter (Initiator), Startreaktion, Kettenreaktion, Abbruchreaktion, Makromolekül

Spinnbares aus der Retorte

B1 *Strumpfhose aus Polyamid – ein Hauch von Textil auf der Haut.* **A:** *Nennen Sie Eigenschaften, die Makromoleküle für solche Textilien haben müssen.*

Versuche (Schutzbrille!)

LV1 Man löst 2,17 g Hexandiamin* (1,6-Diaminohexan) und 0,8 g Natriumhydroxid* in 50 mL Wasser, gibt zwei Tropfen Phenolphthalein-Lösung dazu und überschichtet diese Lösung mit einer Lösung aus 2 mL Sebacinsäuredichlorid* (Decansäuredichlorid) in 50 mL Heptan*. Die dünne Haut, die sich an der Phasengrenze bildet, wird mit einer Pinzette herausgezogen und an einem Glasstab befestigt. Durch Drehen kann ein langes Nylonseil auf den Glasstab gewickelt werden (B2).

V2 Erhitzen Sie in einem Rggl. 5 g AH-Salz* (**A**dipinsäure (Hexandisäure)/ **H**exandiamin-Gemisch) langsam über kleiner Brennerflamme bis zur Schmelze. Gießen Sie die Schmelze nach 1–2 min auf ein Stück Pappe und ziehen Sie mit einem Holzstäbchen Fäden aus der Schmelze. Prüfen Sie die Fäden, wenn sie abgekühlt und erstarrt sind, auf Biege- und Reißfestigkeit.

V3 Erhitzen, entzünden und verbrennen Sie vorsichtig kleine Textilstücke aus Wolle, Seide, Polyamid, Baumwolle, Polyacryl und Polyester und stellen Sie die Gemeinsamkeiten und Unterschiede fest.

B2 *Der Nylonseiltrick (LV1).* **A:** *Erläutern Sie, woran man erkennt, dass die wässrige Phase unten ist.*

Auswertung

a) Bei LV1 läuft die in B4 formulierte Reaktion ab. Begründen Sie, warum es sich dabei um eine Polykondensation und nicht um eine Polymerisation handelt.

b) Begründen Sie, warum die Polykondensation in LV1 an der Phasengrenze abläuft.

c) Erläutern und begründen Sie, welchen Einfluss eine Polykondensation an der Phasengrenze auf den Umsatz der Edukte hat.

d) Warum ist es günstig, die wässrige Lösung bei LV1 alkalisch (und nicht neutral oder sauer) zu machen? Erläutern Sie Ihre Antwort auch mithilfe einer Reaktionsgleichung.

e) Formulieren Sie das Edukt aus V2. (Vgl. Reaktionsschema von S. 233.)

f) Erläutern Sie, welche Technik der Reaktionsführung bei LV1 und V2 angewandt wird, um eine höhere Ausbeute an Produkten zu erhalten.

g) Wolle und Seide bestehen aus hochmolekularen Polypeptiden (Proteinen, vgl. S. 199, 201). Vergleichen Sie die Moleküle von Wolle und Seide mit den Polyamid-Molekülen aus LV1 und V2.

Element	Massenprozent
Kohlenstoff	50 – 52
Wasserstoff	6,7 – 7,5
Sauerstoff	22 – 25
Stickstoff	16 – 17
Schwefel	3 – 4
Asche (anorg. Salze)	0,5

B3 *Elementarzusammensetzung von trockener Schafwolle.* **A:** *Nennen Sie zwei offensichtliche Unterschiede zu Polyamid (B4).*

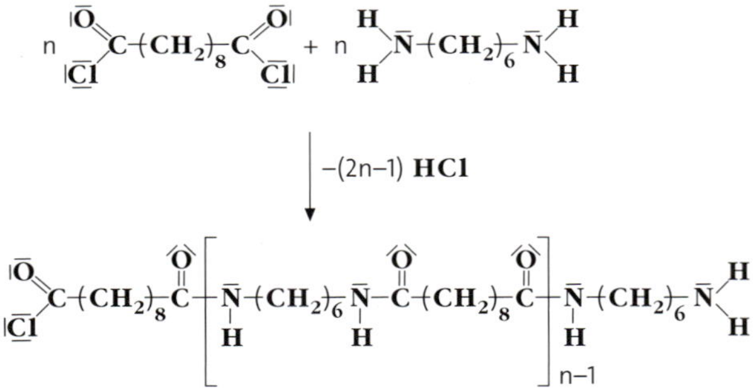

B4 *Reaktionsschema zur Bildung des Nylonseils in (LV1; B2).* **A:** *Begründen Sie, warum für die beiden Edukte der Polykondensationsreaktion verschiedene Lösemittel verwendet werden.*

Polyamide durch Polykondensation

Wenn ein Textil zart und transparent aussehen, aber auch elastisch und reißfest sein soll, sind Naturseide oder Polyamide die Materialien der Wahl. Chemisch gesehen hat allerdings die zarte Bluse aus Naturseide mit einer groben Strickjacke aus Schafswolle mehr gemeinsam als mit einem hauchdünnen Nylonstrumpf. Während Naturseide und Schafswolle **Polypeptide** (vgl. S. 199, 201) aus ca. 20 verschiedenen Aminosäure-Bausteinen sind, erzeugt man synthetische Polyamide in der Regel aus zwei oder sogar nur einem Monomeren. Als gemeinsames strukturelles Merkmal enthalten sowohl Polypeptid- als auch Polyamid-Makromoleküle die **Peptid-Gruppe –NH–CO–** (vgl. S. 199). Natürliche Polypeptide werden genau wie synthetische Polyamide durch **Polykondensation** gebildet. Bei diesem Reaktionstyp verknüpfen sich Monomer-Einheiten zu Makromolekülen, indem formal kleine Moleküle aus den Monomeren abgespalten werden. Bei LV1 sind das Wasserstoffchlorid-Moleküle, die jedoch durch die Natronlauge in der wässrigen Phase sofort neutralisiert werden (LV1, B4). Bei V2 werden Wasser-Moleküle aus dem eingesetzten AH-Salz abgespalten, dem äquimolaren Gemisch aus der Dicarbonsäure Hexandisäure (**A**dipinsäure) $C_6H_{10}O_4$ und dem Diamin 1,6-Diaminohexan (**H**exandiamin) $C_6H_{16}N_2$. Dabei entsteht **Nylon 6.6** (A1):

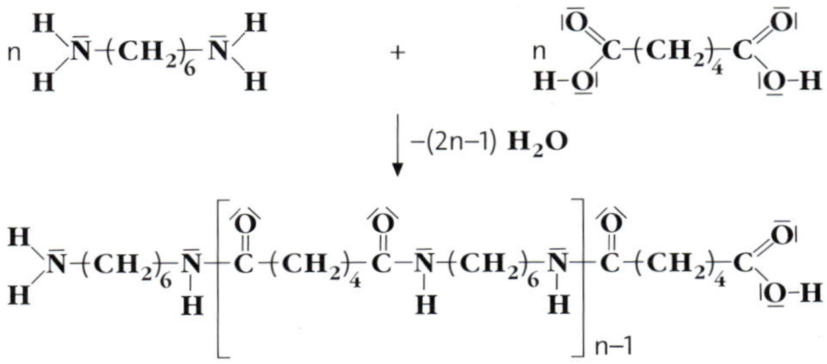

Da es zwischen den Peptid-Gruppen benachbarter Makromoleküle zur Ausbildung von Wasserstoffbrücken kommt, sind Fäden aus Polypeptiden und Polyamiden reißfest.

Einen möglichst hohen Umsatz der Edukte und möglichst langkettige Makromoleküle erreicht man bei Polykondensationen, wenn man das niedrigmolekulare Produkt fortwährend aus dem Reaktionsgemisch entfernt. Industriell erfolgt dies ähnlich wie in LV1 durch Neutralisation oder ähnlich wie bei V2 durch Verdampfen des abgespaltenen Produkts.

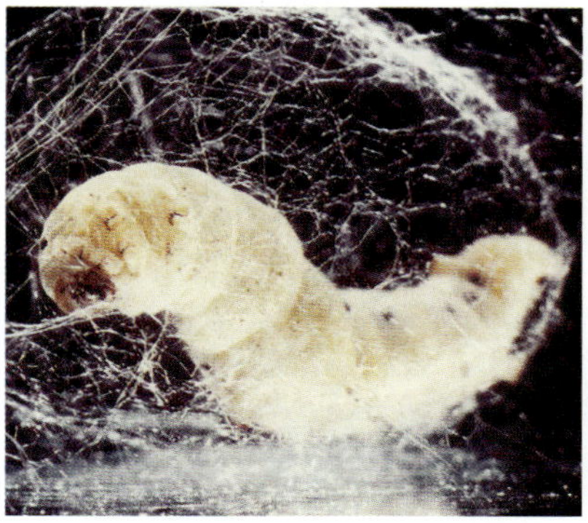

B5 *Seidenraupe beim Spinnen der Seide.* ***A:*** *Recherchieren Sie im Internet die Struktur von Naturseide.*

B6 *Fasern aus Polyamiden prägen Textilien für Sport und Freizeit.* ***A:*** *Recherchieren Sie im Internet, welche Sporttextilien aus Polyamiden hergestellt werden.*

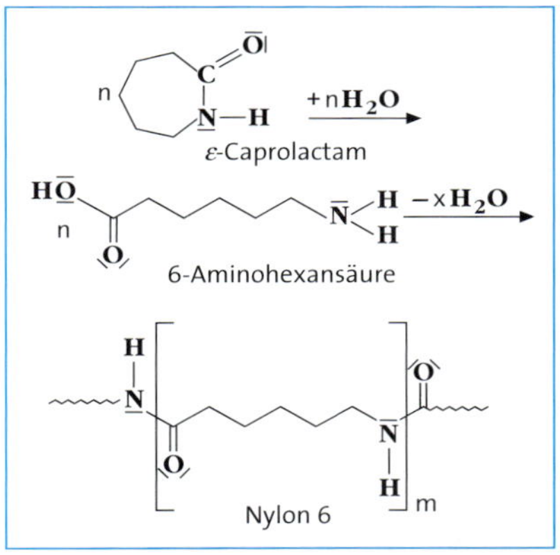

B7 *Schema für die Bildung von Nylon 6 (Perlon).* ***A:*** *Übertragen Sie die Gerüstformeln aus diesem Schema in vereinfachte Valenzstrichformeln (vgl. S. 324, 325).*

Aufgabe

A1 Vergleichen Sie die beiden Polyamide Nylon 6.6 (Textspalte) und Nylon 6 (B7) unter folgenden Gesichtspunkten: a) Anzahl der Monomere bei der Synthese, b) Struktur der Repetiereinheit in den Makromolekülen, c) Bedeutung der Zahlen „6.6“ bzw. „6“ in der Namensgebung.

Fachbegriffe

Polypeptide, Peptid-Gruppe , Polykondensation, Nylon 6.6, Nylon 6 (Perlon)

Fäden, Platten, Flaschen

B1 *Textilgewebe aus Polyesterfasern.* **A:** *Nennen Sie Eigenschaften von Fasern, die für Bekleidungstextilien geeignet sind.*

Versuche

Vorsicht! Abzug und Schutzbrille bei allen Versuchen benutzen!

V1 Füllen Sie in ein 50-mL-Becherglas 1 cm hoch käufliche Milchsäure, w = 85 %, und stellen Sie es für ca. 5 Tage bei 120 °C in den Trockenschrank. Vergleichen Sie die Viskosität des Produkts mit der des Edukts. Entnehmen Sie eine Produktprobe von ca. 200 mg, die Sie genau abwiegen. Lösen Sie die Probe in 20 mL Aceton* und fügen Sie 20 mL Wasser und 4 Tropfen Phenolphthalein-Lösung hinzu. Titrieren Sie die Lösung mit Natronlauge, c = 0,1 mol/L.

V2 Mischen Sie in einem Rggl. 2 g zermörsertes Phthalsäureanhydrid* mit 2 mL Glycerin und einigen Tropfen konz. Schwefelsäure*. Verschließen Sie das Rggl. mit Glaswolle und erhitzen Sie, bis sich eine klare Lösung bildet. Erhitzen Sie weiter und prüfen Sie das Kondensat im oberen Teil des Rggl. mit weißem Kupfersulfat. Prüfen Sie nach dem Abkühlen die Masse im Rggl. mit dem Glasstab.

Auswertung

a) Milchsäure (2-Hydroxypropansäure $H_3CCH(OH)COOH$) reagiert in V1 zu Polymilchsäure. Formulieren Sie diese Polykondensationsreaktion.

b) Werten Sie das Titrationsergebnis aus V1 aus und berechnen Sie die molare Masse der entstandenen Polymilchsäure. (*Hinweis*: Bei der Titration reagieren die Stoffe im Stoffmengenverhältnis n(Polymilchsäure) : $n(NaOH)$ = 1 : 1.)

c) Das in V2 eingesetzte Phthalsäureanhydrid reagiert nach dem gleichen Muster wie Phthalsäure (Benzol-1,2-Dicarbonsäure, ein Isomer der Terephthalsäure, B4) mit dem dreiwertigen Alkanol Glycerin (Propan-1,2,3-triol). Formulieren Sie einen Strukturausschnitt aus dem gebildeten Polykondensationsprodukt mit Halbstrukturformeln (vgl. S. 324, 325) und begründen Sie, warum dieses ein Duroplast und nicht ein Thermoplast ist.

d) Übertragen Sie die Formel des Strukturausschnitts aus c) in eine Gerüstformel (vgl. S. 325) und bewerten Sie die Aussagekraft der beiden Formeltypen.

B2 *Schwimmbecken aus Polyesterharz.* **A:** *Recherchieren Sie weitere Anwendungen von Polyesterharzen und fassen Sie sie in einer Liste zusammen.*

B3 *Getränkeflaschen aus Polyethylenterephthalat PET.* **A:** *Erläutern Sie Vor- und Nachteile von PET-Flaschen gegenüber Flaschen aus Glas a) bei Mineralwässern und b) bei Spirituosen.*

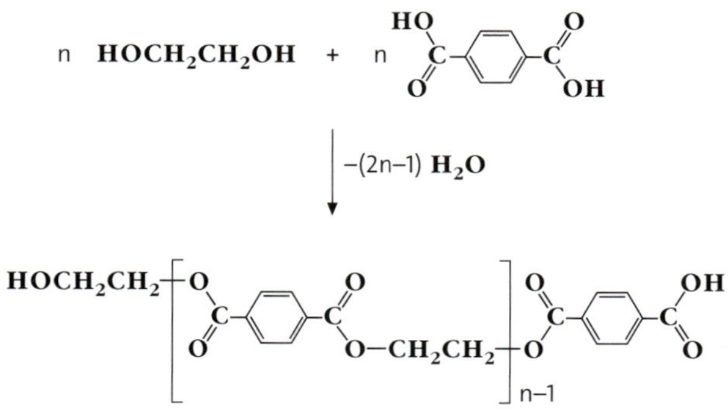

B4 *Polykondensation von Terephthalsäure (Benzol-1,4-Dicarbonsäure) und Ethylenglycol (Ethan-1,2-diol) zu Polyethylenterephthalat PET.* **A:** *Informieren Sie sich auf S. 235 über den Begriff der Umesterung und formulieren Sie die Synthese von PET aus Dimethylterephthalat* $H_3COOC\text{-}C_6H_4\text{-}COOCH_3$ *und Ethylenglycol.*

Polyester durch Polykondensation

Sowohl bei der **Polykondensation** eines zweiwertigen Alkohols, eines Diols, mit einer Dicarbonsäure als auch bei der einer Hydroxycarbonsäure wie z.B. Milchsäure (V1) entstehen **Polyester** aus linearen Makromolekülen. Bei der Polykondensation eines dreiwertigen Alkohols mit einer Dicarbonsäure bilden sich dagegen Polyester mit dreidimensional vernetzten Makromolekülen (V2).
Je nach Ausgangskomponenten und der molaren Masse ihrer Makromoleküle können Polyester sehr unterschiedliche Eigenschaften haben und somit für verschiedene Anwendungen eingesetzt werden (B1 bis B3 und B5 bis B7).
Ein wichtiger Polyester, aus dem u.a. Textilfasern und Getränkeflaschen gefertigt werden, ist Polyethylenterephthalat PET, das nach dem Schema aus B4 hergestellt werden kann. Großtechnisch geht man allerdings vom Dimethylester der Terephthalsäure aus, der mit Ethylenglycol unter Abspaltung von Methanol zu Polyethylenterephthalat umgesetzt wird. Diese Polykondensation wird als **Umesterung** bezeichnet. Aus geschmolzenem PET werden bei Temperaturen von ca. 280 °C nach dem Schmelzspinnverfahren (B5) **Filamente**, d.h. sehr dünne Einzelfäden, erzeugt, die dann zu Fasern aus mehreren Einzelfäden versponnen werden. Polyesterfasern haben einen angenehm weichen Griff, sind formstabil, pflegeleicht und überaus strapazierfähig. Sie eignen sich besonders gut für Bekleidungstextilien wie Sakkos, Hosen, Blusen und Röcke. Da die Polyesterfaser thermoplastisch ist, kann man bei Hosen oder Plissee-Röcken durch Hitze dauerhaft Falten fixieren. Man findet Polyesterfasern auch in Heimtextilien (Bettwäsche, Gardinen etc.) und in technischen Textilien für Planen, Zelte, Airbags und Sicherheitsgurte. Fasern aus Polyester werden oft in Abmischungen mit anderen Fasern verarbeitet, wodurch Eigenschaften wie die Feuchtigkeitsaufnahme und die Elastizität weiter verbessert werden.
Eine Mischung aus einem Polyester einer ungesättigten Dicarbonsäure mit einem Diol und einem polymerisationsfähigen Monomer wie Styrol (vgl. S. 228, B3) ist ein **Polyesterharz**. Um es auszuhärten, wird die Polymerisation durchgeführt (vgl. S. 231). Dabei vernetzt das polymerisierende Monomer die Polyester-Makromoleküle an den Stellen mit Kohlenstoff-Kohlenstoff-Doppelbindungen. Es entsteht ein hartes Material, dessen Festigkeit durch den Einbau von Glasfasern weiter erhöht werden kann. Glasfaserverstärkte Polyesterharze finden vielfache Anwendung – in Badewannen und Schwimmbecken (B2) bis hin zum Bau von Fahrzeugen und Windkraftanlagen.

Aufgaben

A1 Nennen Sie anhand der Inhalte von S. 231 und S. 233 Gemeinsamkeiten und Unterschiede von Polymerisation und Polykondensation.

A2 Vergleichen Sie Polyamid- und Polyester-Makromoleküle hinsichtlich der möglichen intermolekularen Wechselwirkungen und treffen Sie begründete Aussagen über die relative Reißfestigkeit von Fasern aus Polyamid und Polyester.

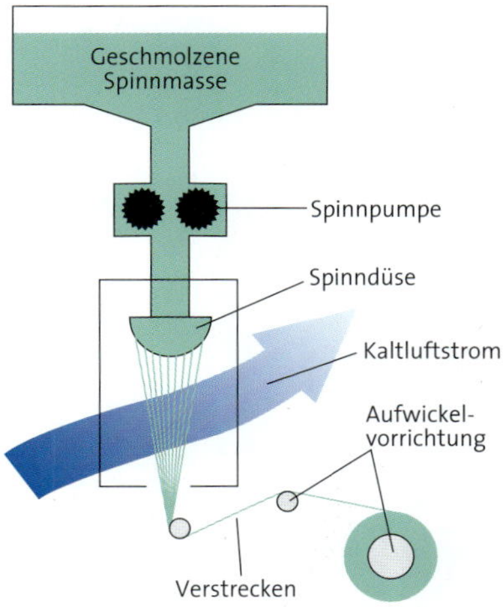

B5 *Schmelzspinnverfahren.* **A:** *Erklären Sie, warum Materialien aus linearen Makromolekülen spinnbar sind.*

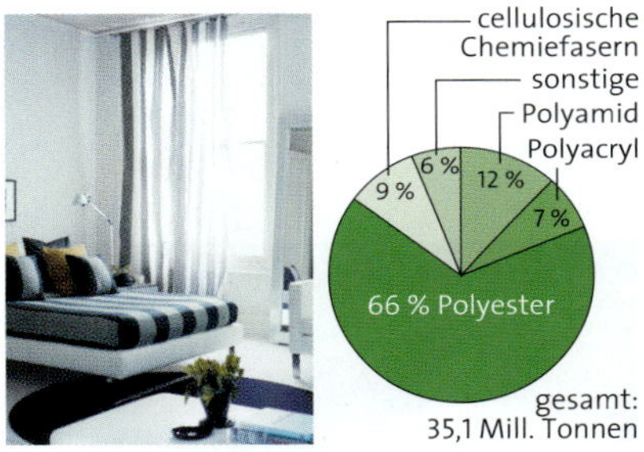

B6 *Textilien aus Polyester und Anteile verschiedener Chemiefasern an der Weltproduktion*

B7 *Mikrofasern aus Polyester, Polyamid oder Polyacryl sind 60-mal dünner als menschliches Haar und haben verschiedene Profile. Sie machen das Textil geschmeidig und hautfreundlich.*

Fachbegriffe

Polyester, Polykondensation, Umesterung, Filament, Polyesterharz

B1 *Depolymerisation von PMMA nach V2*

B2 *Bahnhofsdach und CD aus Polycarbonat.* ***A:*** *Formulieren Sie den Molekülausschnitt des Polycarbonats ...O(CO)ORO(CO)ORO... als Valenzstrichformel mit bindenden und nicht bindenden Elektronenpaaren (Hinweis: vgl. S. 324).*

B3 *Verwendung von Kunststoffen (links) und Kunststoff-Kreislauf.* ***A:*** *Begründen Sie, warum sortenreiner Plastikmüll am besten recycelt werden kann und überlegen Sie, wie Sie persönlich ohne viel Aufwand Kunststoffmüll reduzieren können.*

Aus alt mach neu

Versuche (Schutzbrille! Schutzscheibe!)

V1 Planen Sie mithilfe der Angaben von S. 226, 227 einen Versuch zur Trennung eines Gemisches aus Kunststoffabfällen, die PVC, PE und PP enthalten. Besprechen Sie den Vorschlag mit der Lehrperson und führen Sie den Versuch durch.

V2 Geben Sie in ein großes Rggl. mit seitlichem Ansatz Raspel aus Polymethylmethacrylat PMMA (Plexiglas®) oder aus Polystyrol und einige Kupferspäne (B1). Bringen Sie das PMMA im **Abzug(!)** mit dem Brenner zum Schmelzen und erhitzen Sie dann vorsichtig weiter, wobei Sie die austretenden Dämpfe bis auf den Boden eines mit Eiswasser gekühlten Rggl. einleiten. Achten Sie darauf, dass sie dort kondensieren. Notieren Sie die Temperatur der austretenden Dämpfe. Erzeugen Sie auf diese Weise ca. 1 mL Kondensat und stellen Sie dann den Brenner aus. Prüfen Sie vorsichtig den Geruch des Kondensats und vergleichen Sie ihn mit dem von Methylmethacrylat* MMA. Versetzen Sie in einem anderen Rggl. 3 mL Bromwasser* mit einigen Tropfen des Kondensats und schütteln Sie durch. Beobachtung? (*Hinweis*: Das große Rggl. kann mit Aceton* gereinigt werden.)

LV3 In einen Kolben mit Rückflusskühler gibt man 50 mL Natronlauge*, $c = 5$ mol/L, und 20 mL Ethanol*. Man erhitzt die Lösung zum Sieden und gibt dann ca. 5 g klein geschnittene Polyesterstücke (z. B. Getränkeflasche aus Polyethylenterephthalat PET) zu. Allmählich löst sich der Polyester auf. Nach dem Abkühlen gießt man die Reaktionsmischung in 50 mL Wasser, filtriert und säuert eine Probe aus ca. 20 mL Filtrat mit konz. Salzsäure* an. Dabei scheidet sich die Terephthalsäure als weißer Brei ab.

Auswertung

a) Worauf beruht die Trennung der Kunststoffproben bei dem von Ihnen geplanten Versuch V1? Begründen Sie, warum sich PVC und PET auf diese Weise nicht trennen lassen.

b) Bei V2 wird Polymethylmethacrylat PMMA zu Methylmethacrylat MMA depolymerisiert. Nennen und deuten Sie alle Beobachtungen, die das belegen, und formulieren Sie die Reaktionsgleichung für den Nachweis mit Bromwasser.

c) Begründen Sie, warum bei der Hydrolyse von Polyethylenterephthalat PET in LV3 die Terephthalsäure erst beim Ansäuern des Filtrats ausfällt.

d) Erklären Sie mithilfe von Valenzstrichformeln, warum das zweite Hydrolyseprodukt aus PET in LV3 nicht sichtbar wird.

e) Vergleichen Sie die Wiedergewinnung von Monomeren aus Makromolekülen in V2 mit der in LV3 hinsichtlich des Arbeitsaufwandes und der Reinheit der erhaltenen Monomere.

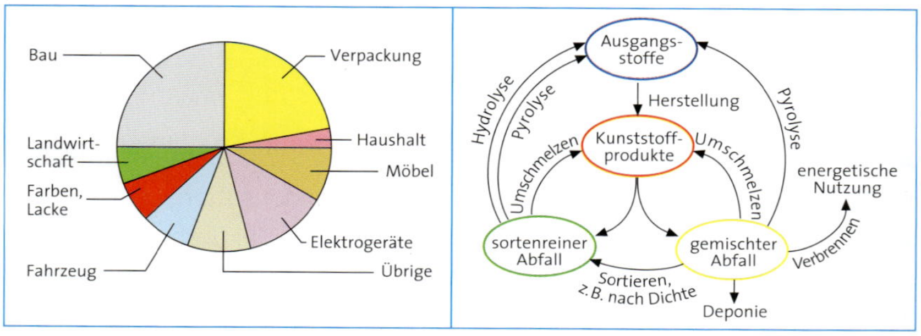

Verwertung von Kunststoffabfällen

Kunststoffe sind an Luft und bei Feuchtigkeit sehr beständige Werkstoffe. Weder rosten sie wie Metalle noch faulen sie wie Holz. Gerade diese Beständigkeit wird aber zum Problem, wenn es darum geht, Gegenstände aus Kunststoffen zu entsorgen oder wiederzuverwerten.

Das vollständige **Rohstoffrecycling** von Kunststoffen, d.h. die Wiedergewinnung der monomeren Verbindungen, aus denen dann erneut makromolekulare Kunststoffe synthetisiert werden können, gelingt nur bei sortenreinen Abfällen: Polymethylmethacrylat kann relativ einfach durch **Pyrolyse** (Erhitzen in Abwesenheit von Luft) zu Methylmethacrylat depolymerisiert werden (V2). Polyester, Polyamide, Polycarbonate und andere durch Polykondensation erhaltene Kunststoffe können durch **Hydrolyse** (Reaktion mit Wasser; LV3) in ihre Monomere gespalten werden.

Bei gemischten Abfällen ist ein Rohstoffrecycling durch Pyrolyse zwar möglich (B3, B4), man erhält aber keine reinen Monomere, sondern Gemische aus niedermolekularen Verbindungen wie Methan, Ethen, Propen, Butadien, Benzol, Toluol u.a. (B4). Sie sind im Pyrolysegas und in den Pyrolyseölen enthalten und können als Ausgangsstoffe für verschiedene chemische Synthesen, nicht jedoch direkt zur Wiederherstellung der pyrolysierten Kunststoffe, dienen.

Beim **Werkstoffrecycling** wird sowohl sortenreiner als auch gemischter Abfall beispielsweise durch Umschmelzen oder Schreddern und Neupressen zu Gegenständen wie Parkbänken oder Schallschutzwänden an Autobahnen verarbeitet (B5).

Da Kunststoffe einen hohen Heizwert haben, führt man insbesondere gemischte Abfälle der **energetischen Verwertung** in Müllverbrennungsanlagen zu. Die Verbrennungsprodukte einiger Kunststoffe sind die gleichen wie bei der Verbrennung von Benzin und Diesel. Bei der Verbrennung von Polyvinylchlorid können aber auch Wasserstoffchlorid und giftige Dioxine entstehen, die in speziellen Rauchwaschanlagen zurückgehalten werden müssen. Aus ökologischer Sicht bleibt die Verbrennung von Kunststoffmüll umstritten.

Bestimmte Kunststoffe können durch Mikroorganismen in die Ausgangsmonomere gespalten werden. Dies gelingt vor allem dann, wenn die entsprechenden Makromoleküle aus den Kunststoffen bereits durch Mikroorganismen aufgebaut wurden. Der Kunststoff Polyhydroxybutansäure PHB ist solch ein kompostierbarer Kunststoff (B6). Er wird durch bestimmte Bakterien synthetisiert, dient der Herstellung von Flaschen, Folien oder auch selbstauflösenden chirurgischen Fäden und wird durch verschiedene Enzyme abgebaut.

Aufgaben

A1 Nennen Sie fünf Kunststoffe, bei deren vollständiger Verbrennung die gleichen Produkte entstehen wie bei der von Benzin und Diesel.

A2 Bewerten Sie die verschiedenen Arten der Verwertung von Kunststoffabfällen aus ökonomischer und aus ökologischer Sicht.

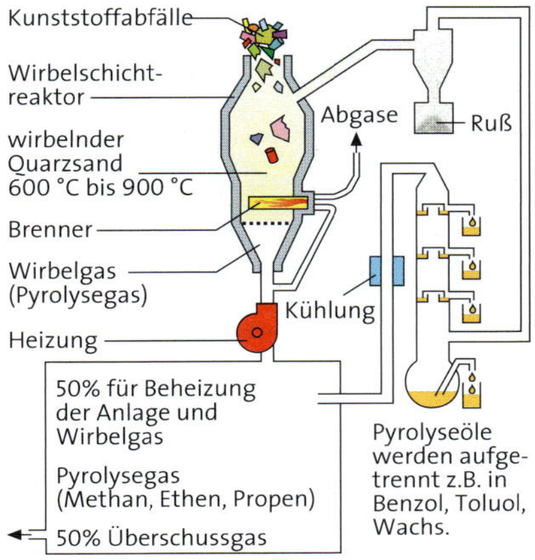

B4 *Pyrolyseanlage.* **A:** *Beschreiben Sie Aufbau und Funktionsweise der Anlage.*

B5 *Recycling von Kunststoffabfällen zu Schallschutzwänden*

B6 *Der kompostierbare Kunststoff PHB ist ein Polykondensat aus Hydroxybutansäure* $H_3CCH(OH)CH_2COOH$. **A:** *Formulieren Sie einen Ausschnitt aus einem β-Polyhydroxybutansäure-Molekül.*

Fachbegriffe

Pyrolyse, Hydrolyse, Rohstoffrecycling, Werkstoffrecycling, energetische Verwertung

Ökonomie und Ökologie – keine Gegensätze!

B1 *Die Innenausstattung in Autos, Bahnen und Flugzeugen besteht fast ausschließlich aus Kunststoffen und Synthesefasern.*

B2 *Auch Kabel- und Steckerisolierungen sowie Gehäuse von elektronischen Geräten sind i. d. R. aus Kunststoffen.*

B3 *Zubehör und Textilien aus Kunststoffen spielen bei Extremsportarten entscheidende Rollen.*

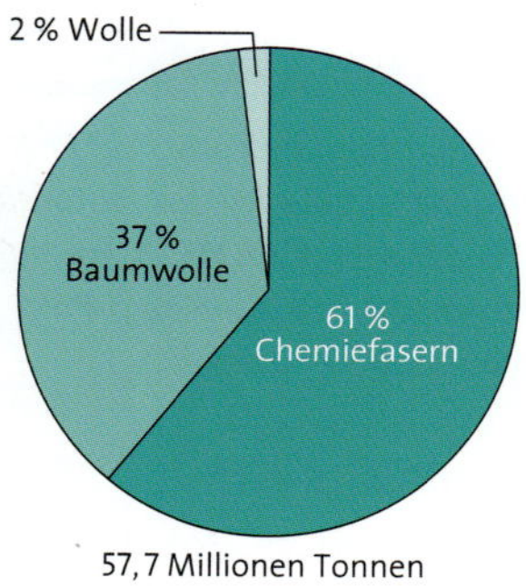

B4 *Prozentualer Anteil verschiedener Faserarten an der globalen Textilwirtschaft*

INFO

Kunststoffe und synthetische Textilfasern sind bedeutende Wirtschaftsfaktoren sowohl in der chemischen Industrie, die diese Stoffe herstellt, als auch in den Industriebranchen, in denen sie verarbeitet werden. Dank ihrer mechanischen, optischen, chemischen und elektrischen Eigenschaften erfüllen Kunststoffe die Anforderungen, die man an Werkstoffe stellt, oft besser als z. B. Metalle, Holz, Glas oder Naturfasern (B1 bis B3).

Aus *ökonomischer* Sicht ist der Einsatz von Kunststoffen sinnvoll, wenn die Kosten für Herstellung, Verarbeitung, Transport zum Abnehmer und Entsorgung geringer sind als die anderer Materialien mit vergleichbaren Eigenschaften.

Den *ökologischen* Anforderungen genügen Kunststoffe dann, wenn die Umweltbelastung bei ihrer Herstellung, Nutzung und auch Entsorgung niedriger ist als die alternativer Materialien.

Erfüllt ein Kunststoff zugleich die ökonomischen *und* ökologischen Ansprüche, hat dies deutliche Auswirkungen auf die entsprechenden Industrie- und Wirtschaftsbranchen, wie das folgende Beispiel zeigt. Chemiefasern (*korrekter*: synthetische Textilfasern oder *kurz*: Synthesefasern) machen heute 61 % der Weltproduktion von Textilfasern aus, während die Naturfasern Wolle und Seide (weniger als 3 %) sowie Baumwolle (37 %) weit geringere Rollen spielen (B4). Dafür gibt es mehrere Gründe: Herstellung und Verarbeitung von Textilien aus Naturfasern sind meist arbeitsaufwendiger und teurer als die von Textilien aus Synthesefasern. Mit den zur Verfügung stehenden Naturfasern kann der Bedarf an Textilien weder quantitativ noch qualitativ auch nur annähernd gedeckt werden. Die Herstellung von Textilien aus Naturfasern belastet die Umwelt, so verwunderlich es sich liest, stärker als die von Textilien aus Synthesefasern: Ein Chemiewerk, das 150 Tonnen Polyacryl pro Tag produziert, „ersetzt" 12 Millionen Schafe, die eine Weidefläche der Größe Baden-Württembergs benötigten.

Auswertung

a) Nennen Sie fünf Industrie- bzw. Wirtschaftszweige, in denen Kunststoffe eingesetzt werden.

b) Erläutern Sie anhand der einzelnen, in B1 bis B3 gezeigten Anwendungen, in welchen Eigenschaften Kunststoffe bzw. Synthesefasern bei den gezeigten Anwendungen anderen Materialien wie Holz, Metall, Glas und Naturfasern überlegen sein können.

c) Im Rahmen der Textilökologie unterscheidet man die drei Bereiche Produktionsökologie (Belastung von Wasser, Luft und Boden bei der Herstellung der Textilien), Humanökologie (Wirkung der Textilien auf die Haut und andere Körperteile) und Entsorgungsökologie (Kompostierung, Verbrennung oder Recycling gebrauchter Textilien). Erstellen Sie in Gruppen arbeitsteilig Referate mit Folien zu den drei Bereichen, präsentieren Sie Ihr Referat dem Kurs und stellen Sie es zur Diskussion.

d) Analysieren Sie die Werkstoffökologie des Kunststoffs PET bei der Verwendung für Getränkeflaschen nach einem zu c) analogen Muster.

Ressourcenschonung und Nachhaltigkeit beim Einsatz von Kunststoffen

Ausgehend von einigen wenigen **Rohstoffen** (die wichtigsten sind Erdöl, Erdgas, Kohle, Luft, Wasser, Steinsalz und Sand) erzeugt man in der chemischen Industrie eine überschaubare Anzahl von Grundchemikalien, beispielsweise Ethen, Benzol, Ammoniak, Natronlauge und Chlor. Aus diesen werden über verschiedene Zwischenprodukte mehrere Tausend Anwendungsprodukte, darunter viele Kunststoffe (B5), hergestellt.

Die fossilen Rohstoffe Erdöl, Erdgas und Kohle sind zugleich wichtige Energieträger. Bei ihnen handelt es sich um nicht regenerative, nur in beschränktem Ausmaß zur Verfügung stehende **Ressourcen** auf unserem Planeten. Nach dem Prinzip der **Nachhaltigkeit** soll der Umgang mit allen Ressourcen, zu denen auch die geografischen und geophysikalischen Gegebenheiten, z.B. Klimazonen, Wälder, Seen, Flüsse, Meere und die Atmosphäre gehören, so erfolgen, dass wir unsere heutigen Bedürfnisse weitestgehend befriedigen können, ohne dabei die Bedürfnisse zukünftiger Generationen zu beeinträchtigen.

Die chemische Industrie und insbesondere die Kunststoffsparte können helfen, Ressourcen zu schonen und nachhaltig zu wirtschaften: Der Einsatz von Kunststoffen im Fahrzeugbau macht Autos, Bahnen und Flugzeuge nicht nur sicherer und leichter, er hilft auch Energie für den Antrieb einzusparen und den Ausstoß von Treibhausgasen zu senken (A1). Synthesefasern verbessern nicht nur die Eigenschaften von Textilien, durch ihren Einsatz werden auch Ackerflächen geschont, die sonst für Baumwollanbau oder für Schafzucht genutzt werden müssten (*INFO*).

- Welche **Produkte** werden hergestellt?
- Welche **Rohstoffe** (oder Grundchemikalien) werden eingesetzt?
- Nach welchem(n) **Verfahren** wird produziert (Stoffflüsse, Reaktionen, Energiebilanz)?
- Wie werden **Umweltschutz** und **Nachhaltigkeit** gewährleistet?
- Wie funktioniert das **Verbundsystem** innerbetrieblich und in Zusammenarbeit mit anderen Betrieben?
- Zur **Arbeitsorganisation**: Hierarchie, Teamarbeit, Schichtarbeit, ...
- Zum **Personal**: Berufsgruppen, Verdienst, ggf. innerbetriebliche Ausbildung, ...
- Zur **Wirtschaftlichkeit**: Rentabilität, Auftragslage, Stellenwert in der Branche, ...
- Wie stellt sich der Betrieb in der Öffentlichkeit dar (Medien, Werbung, Internet)?
- Welche **Zukunftsperspektiven** hat der Betrieb?

B6 *Fragen für der Erkundung eines chemischen Industriebetriebs (A2)*

Aufgabe

A1 Erläutern Sie, warum der Einsatz von Kunststoffen beim Bau von Verkehrsmitteln dazu beiträgt, den Kohlenstoffdioxid-Ausstoß in die Atmosphäre zu reduzieren.

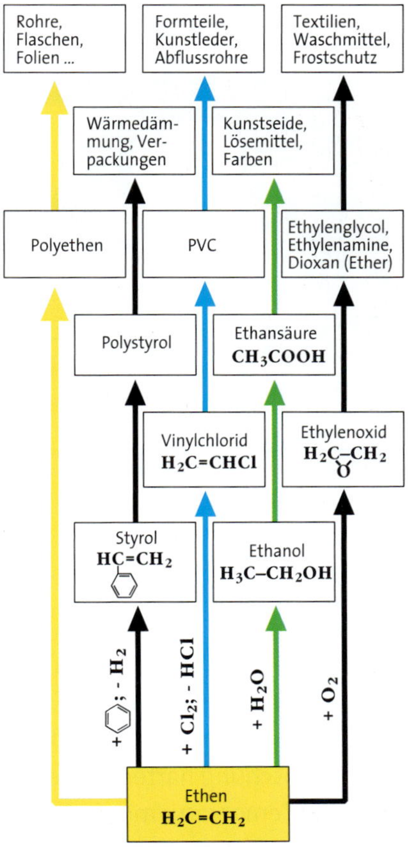

B5 *Ethen und Folgeprodukte: Etwa 50 % des gesamten Ethens werden zu Polyethen PE polymerisiert.* ***A:*** *Begründen Sie, warum Ethen eine Grundchemikalie und kein Rohstoff ist.*

Aufgabe

A2 Erkunden Sie mit Ihrem Kurs einen chemischen Betrieb und informieren Sie sich (ggf. gruppenweise) zu den in B6 angegebenen Fragen. Erstellen Sie gruppenweise Dokumentationen mit Texten, Zahlen, Formeln, Bildern und Grafiken zu den einzelnen Fragen.

Fachbegriffe

Rohstoffe, Ressourcen, Nachhaltigkeit

Von der Zahnfüllung bis zur Babywindel – Polyacrylate

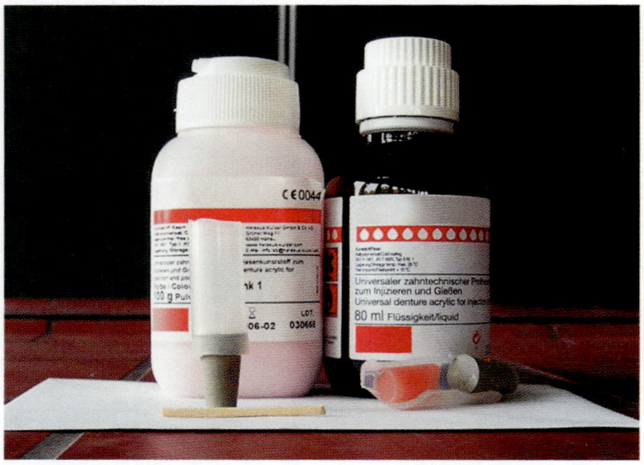

B1 *Materialien für Zahnfüllungen und Zahnprothesen sind i. d. R. Polyacrylate.*

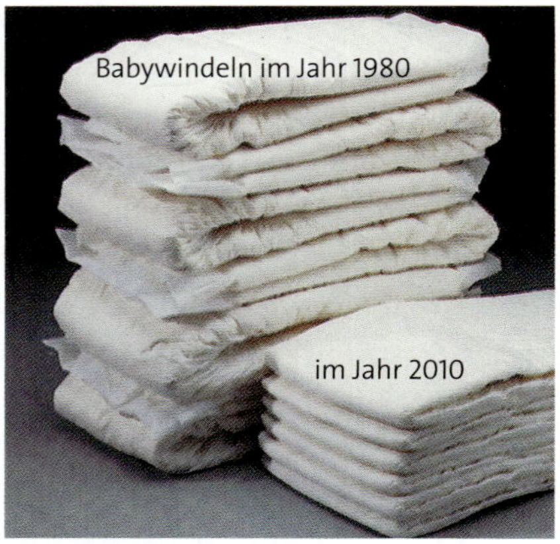

B2 *Moderne Babywindeln sind viel dünner und saugfähiger als ihre Vorgänger.*

Versuche

V1 Füllen Sie ein ca. 3 cm langes Stück Siliconschlauch (Innendurchmesser ca. 1 cm; an einem Ende mit Stopfen verschlossen) mit einer kalthärtenden Mischung für Zahnprothesen aus dem Dentalhandel und lassen Sie die Mischung härten. Prüfen Sie während der Härtung die Temperatur mit den Fingern.

V2 Isolieren Sie aus Windeln die kleinen, weißen Körnchen (Superabsorber) und befreien Sie sie mithilfe eines Siebs vom Zellstoff. a) Untersuchen Sie die Aufnahmefähigkeit des Superabsorbers für dest. Wasser und vergleichen Sie mit der Wasseraufnahmefähigkeit von Küchenpapier. b) Vergleichen Sie die Aufnahmefähigkeit des Superabsorbers für eine Calciumchlorid-Lösung, $w = 2\%$, mit der für dest. Wasser.

Auswertung

a) Bei Zahnfüllungen aus Polyacrylat wird die Härtung oft mit einer kleinen Stab-UV-Lampe eingeleitet. Erläutern Sie, was das UV-Licht bewirkt.

b) Eine entscheidende strukturelle Einheit für das Quellen eines Superabsorbers ist das Natriumsalz der Acrylsäure (Propensäure) $H_2C{=}CHCOO^{\ominus}Na^+$ (B3). Bei V2 werden die Carboxylat-Gruppen an den Polyacrylsäure-Ketten und die eingeschlossenen Natrium-Ionen hydratisiert. Formulieren Sie diesen Vorgang mithilfe von B3.

c) Erklären Sie die Ergebnisse aus V2 b) mit B4.

Thermo- und duroplastische Polyacrylate

Plexiglas® (vgl. S. 230, 231) ist strukturell verwandt mit Materialien, die ganz andere Eigenschaften haben, beispielsweise mit Kunststoffen für Zahnersatz (B1) und mit Superabsorbern für Babywindeln und andere Anwendungen (B2, B5). Es handelt sich um **Polyacrylate** aus Monomeren mit folgenden Halbstrukturformeln:

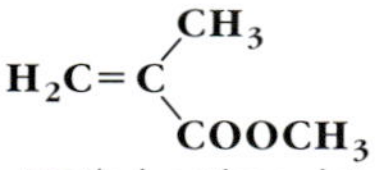
Methylmethacrylat

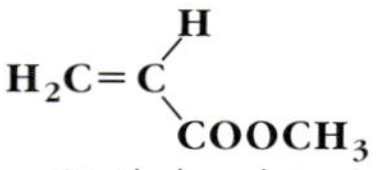
Methylacrylat

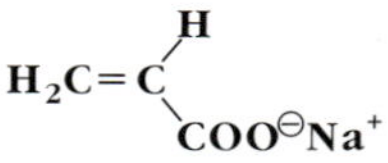
Na-Salz der Acrylsäure

Die polymeren Materialien aus diesen Monomeren können sehr unterschiedliche Eigenschaften haben (V1, V2), die auf die strukturellen Merkmale der Makromoleküle und der Gefüge, die sie bilden, zurückzuführen sind.

Die Eigenschaften von Plexiglas®, Polymethylmethacrylat (vgl. S. 231) beruhen darauf, dass die Makromoleküle aus Polymethylmethacrylat linear sind und eine ungeordnete Masse bilden (vgl. S. 227, B5). Beim Erwärmen bewegen sich die Makromoleküle und Teile davon schneller, das Material ist thermoplastisch.

Polyacrylate, die für Zahnfüllungen und Zahnersatz verwendet werden, bestehen je nach Fabrikat aus Pasten und/oder Flüssigkeiten, in denen lineare Polymere, Vernetzer und Starter enthalten sind. Beim Aushärten bildet sich ein dreidimensionales Netzwerk aus Makromolekülen, das Material wird zum Duroplast.

Von der Zahnfüllung bis zur Babywindel – Polyacrylate

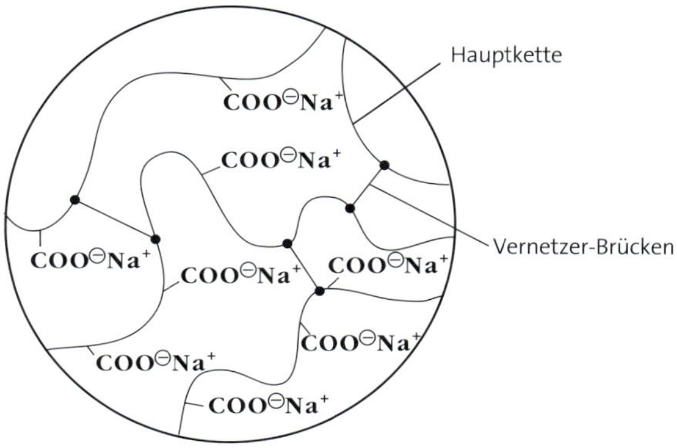

B3 *Strukturmodell eines Superabsorbers (vereinfacht). **A:** Formulieren Sie einen Abschnitt aus fünf Einheiten in der Hauptkette als Valenzstrichformel.*

B5 *Superabsorber in einem Nachrichtenkabel. **A:** Erläutern Sie, was mit dem Kabel geschieht, wenn auf eine Feucht- eine Trockenperiode folgt.*

Superabsorber aus Polyacrylaten

Als Superabsorber bezeichnet man Kunststoffe, die ein Vielfaches ihrer Eigenmasse an Wasser aufnehmen, speichern und wieder abgeben können. Die Hauptketten der Makromoleküle in Superabsorbern bestehen aus Acrylsäure-Einheiten, von denen ein Teil als Natriumsalz vorliegt. Diese Hauptketten sind in relativ großen Abständen über Brücken aus 4 bis 6 Atomen kovalent miteinander verknüpft. Dadurch entsteht ein relativ weitmaschiges makromolekulares Gefüge, ähnlich wie bei vulkanisiertem Gummi (vgl. S. 227, B6). In Wasser quillt das Material, weil eine große Anzahl von Wasser-Molekülen in die Maschen des Netzwerks eindringt, um die Ionen zu hydratisieren. Die Wasser-Moleküle werden durch elektrostatische Kräfte und Wasserstoffbrücken im Netzwerk festgehalten.

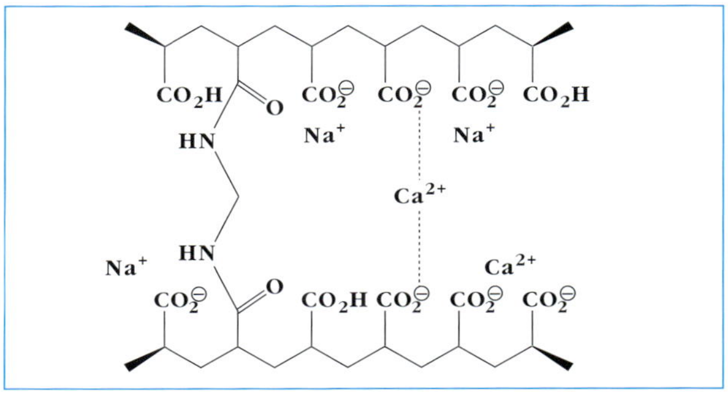

B4 *Die zusätzliche Quervernetzung bei Zugabe von Calciumchlorid-Lösung verringert das Quellvermögen. **A:** Erläutern Sie, welche Änderungen bei Verwendung von Aluminiumchlorid-Lösung zu erwarten sind.*

Aufgaben

A1 a) Nennen Sie Gemeinsamkeiten und Unterschiede der drei Monomere für Polyacrylate von S. 240. b) Das Polymer eines der Monomere ist ein Polyelektrolyt. Erläutern und begründen Sie diese Bezeichnung.

A2 Erläutern Sie, warum die Monomere aus Acrylsäure-Derivaten von S. 240 vielfältiger chemisch modifiziert werden können als andere vinylische Monomere (vgl. S. 228).

A3 Erläutern und begründen Sie mithilfe von B4, welche strukturellen Bedingungen (Merkmale) ein Superabsorber erfüllen muss, um in Wasser zu quellen. Unterscheiden Sie zwischen notwendigen und hinreichenden Bedingungen.

A4 Entscheiden Sie, ob ein Schwamm aufgrund seiner Aufnahmekapazität für Wasser ein Superabsorber wie der in B3 ist und begründen Sie Ihre Entscheidung.

B6 *Die violette Farbe des mit Kaliumpermanganat-Lösung gequollenen Superabsorbers lässt sich mit Wasser auswaschen, die blaue Farbe des mit Kupfersulfat-Lösung gequollenen nicht. **A:** Erklären Sie den Sachverhalt.*

Schäume und Fäden – Polyurethane

B1 *Schäumen eines Polyurethans.* **A:** *Erläutern Sie, ob die Masse des Schaleninhalts bei V1 zunimmt.*

B2 *Fasern in modernen Jeans.* **A:** *Erstellen Sie eine Liste Ihrer Kleidungsstücke mit den darin enthaltenen Fasern.*

Versuch

Vorsicht! Schutzbrille! Abzug!

V1 Geben Sie in eine Porzellanschale 1 cm hoch Desmodur* (Diisocyanat-Komponente) und etwa die gleiche Menge Desmophen* (Diol-Komponente). Rühren Sie mit einem Holzstäbchen gut durch, beobachten Sie den Quellprozess und testen Sie das Produkt anschließend mit einem Holzstäbchen (B1).

Auswertung

a) Erläutern Sie, warum es sich bei der Bildung von Polyurethan-Molekülen (V1, B1, B3) um eine Polyaddition und nicht um eine Polykondensation handelt.

b) Erläutern Sie mithilfe von B3 ausführlich, warum für die Schäumung in V1 Spuren von Wasser notwendig sind.

c) Begründen Sie, warum das Kohlenstoff-Atom aus der Isocyanat-Gruppe (B3) eine positive Partialladung trägt und somit für das freie Elektronenpaar des Sauerstoff-Atoms einer Hydroxy-Gruppe angreifbar ist (B3).

Polyurethane durch Polyaddition

Die **Isocyanat-Gruppe –N=C=O** ist sehr reaktiv gegenüber Hydroxy-Gruppen aus Alkohol-Molekülen (Auswertung c). Die Reaktion zwischen einem Diisocyanat und einem Diol verläuft daher heftig (V1), wobei sich die Hydroxy-Gruppe aus dem Diol-Molekül jeweils an die Isocyanat-Gruppe aus dem Diisocyanat-Molekül addiert (B3, oben). Es entstehen lineare Makromoleküle, in denen sich die **Urethan-Gruppe –O–CO–NH–** wiederholt. Die entsprechenden Stoffe bezeichnet man deshalb als **Polyurethane**. Wenn während der Polyadditionsreaktion auch Spuren von Wasser im reagierenden Gemisch enthalten sind, läuft zusätzlich die in B3 unten gezeigte Reaktion ab und es kommt durch das gebildete Kohlenstoffdioxid zur Bildung von Gasblasen im polymeren Material. Das Ergebnis ist ein Schaumstoff wie in B1.

Polyurethane können als elastische Fasern hergestellt werden. Man findet sie unter den Bezeichnungen Elastan® und Lycra® zu 1% bis 5% in Stretch-Textilien, in denen sie mit strapazierfähigeren Fasern aus Polyester oder Baumwolle kombiniert sind (B2).

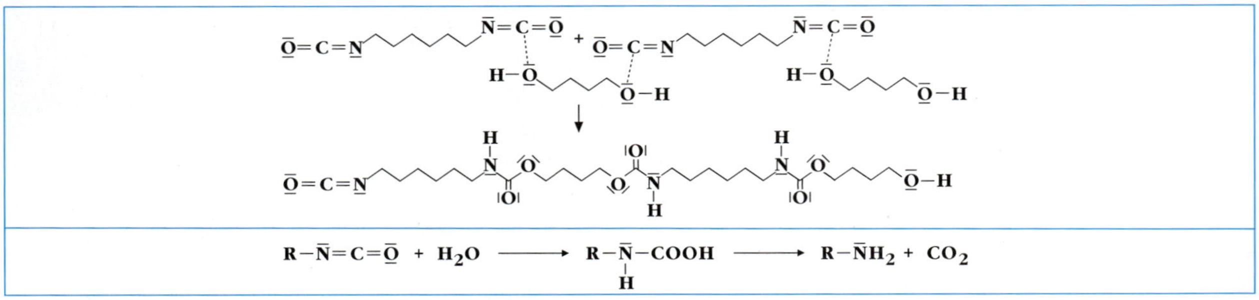

B3 *Reaktionsgleichungen zur Bildung (oben) und zur Schäumung eines Polyurethans. (Hinweis: Vgl. zur Bedeutung der hier verwendeten Molekülsymbole (Gerüstformeln) S. 325.)*

Kunststoffe und Markennamen

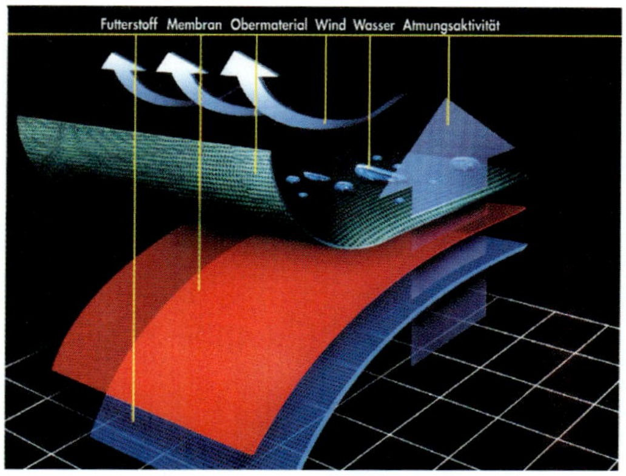

B1 *Aufbau einer Kombi-Textilie*

B2 *Solarzellen-Farm*

Kombi-Textilien aus Polymeren

Damit Top und Stretch-Jeans sitzen, Regenjacken vor Wind und Nässe schützen und gleichzeitig atmungsaktiv sind, kombiniert man in Textilien Fasern aus unterschiedlichen makromolekularen Materialien (B1). Dabei kommen die in diesem Kapitel genannten Polymere und andere zur Anwendung.

Aufgaben

A1 Im Handel werden unter den Bezeichnungen *Goretex*® und *Sympatex*® Kombi-Textilien für besondere Zwecke angeboten. a) Informieren Sie sich mithilfe des Internets über Bekleidungsgegenstände aus diesen Produktkategorien. b) Beschreiben Sie die Funktionsweise und Leistungsfähigkeit des jeweiligen Materials. c) Geben Sie an, aus welchen Komponenten die genannten Handelsprodukte zusammengesetzt sind.

A2 *Teflon*® Polytetrafluorethen (vgl. S. 228) wurde im Jahr 1938 zum ersten Mal synthetisiert und ist heute in jedem Haushalt als Beschichtung von Bratpfannen vorhanden. a) Beschreiben Sie die besondern Eigenschaften von *Teflon*®, durch die sich dieser Kunststoff von den meisten anderen unterscheidet. b) Informieren Sie sich im Internet über die Herstellung und die Verarbeitung von *Teflon*®.

A3 *Kevlar*® ist ein bei Motorradfahrern und Polizisten geschätztes Material für Textilien mit besonderen Eigenschaften. Informieren Sie sich über diese Eigenschaften, die Struktur der Makromoleküle in *Kevlar*® und die Anwendungen dieses Materials.

Silicone – Kunststoffe für zahlreiche Anwendungen

Materialien, mit denen Solarzellen in die Module fixiert werden, müssen resistent gegen Wasser, große Temperaturschwankungen und UV-Strahlung sein. Diese Bedingungen erfüllen Silicone, moderne Kunststoffe, deren Makromoleküle in der Hauptkette alternierend Silicium- und Sauerstoff-Atome enthalten.

Aufgaben

A4 Recherchieren Sie in *Chemie 2000+ Online* unter DiSiDoCy (*Di*daktische *Si*licon-*Do*kumentation *Cy*clodextrine) die Sachinformationen, Experimente und Medien zu den Siliconen. Nutzen Sie diese sowie weitere Informationen und Materialien zur Erstellung von Referaten, Fach- oder Seminararbeiten beispielsweise zu folgenden Themen:

a) Struktur und Eigenschaften von Siliconen;
b) Anwendung von Siliconen beim Hausbau;
c) Silicone in der Kosmetik und in der Kunst;
d) Siliconbeschichtetes Papier;
e) Siliconöle, Siliconkautschuk und Siliconharze;
f) Siliconöle und Mineralöle im Vergleich;
g) Vom Sandkorn zum Silicon-Werkstoff (Herstellung von Siliconen);
h) Ressourcenschonung und Nachhaltigkeit bei der industriellen Herstellung und dem Einsatz von Siliconen.

A5 DiSiDoCy (vgl. A4) enthält u.a. Arbeitsblätter zum Thema Silicone. Wählen Sie die zu Ihrem Teilthema aus A4 passenden aus und bearbeiten Sie sie.

Outfit für Lifestyle und Sport – Innovative Textilien

B1 *Textilien für Sport und Freizeit*

B3 *Textilien für Heim, Kleidung und Beruf*

Reißfest, wasserdicht, pigmentierbar ...

Das Material für Zelte und Heißluftballons muss reißfest, wasserdicht, pigmentierbar und feuerfest sein. Wenn Schwimmer, Skirennfahrer und andere Sportler immer neue Rekorde einfahren, liegt das nicht zuletzt auch an den Anzügen, die sie tragen, und den Materialien, aus denen ihre Sportgeräte sind. Innovative Kombi-Textilien aus Polyamid-, Polyester- oder Polyacrylfasern und Siliconen können beispielsweise als Materialien für Schwimmanzüge eingesetzt werden, da sie einen niedrigeren Reibungswiderstand als die Haut mit Wasser haben. Sind sie gleichzeitig elastisch und passen sich dem Körper des Sportlers genau an, bringen sie den entscheidenden Vorteil im Wettkampf. Je nach „Ausrüstung" von Textilgeweben mit flammhemmenden Stoffen (z. B. bromierte Diphenylether, organische Phosphor-, Zirkon- und Titanverbindungen), geruchbindenden Stoffen (z. B. Cyclodextrine) oder wärmeregulierenden Stoffen (z. B. Wachse) erhält man Materialien für die unterschiedlichsten Anwendungen (B1, B2, B3).

B2 *Jacke mit Thermoregulation.* **A:** *Wachse sind Ester aus langkettigen Alkansäuren und langkettigen Alkoholen. Formulieren und benennen Sie ein Beispiel.*

... *anti-smell*, körperfreundlich, atmungsaktiv

Damit Polstermöbel einen angenehmen Duft verströmen und Hemden nicht nach Schweiß riechen, werden die Textilfasern mit Cyclodextrinen (vgl. S. 214, 215) „ausgerüstet". In Cyclodextrin-Resten, die chemisch an die Makromoleküle der Fasern gebunden sind, können Moleküle von Riechstoffen als Wirt-Gast-Komplexe (vgl. S. 215) eingefangen und kontrolliert freigegeben werden. Bei übelriechenden Stoffen ergibt das einen *anti-smell* Effekt, für wohlriechende Stoffe erreicht man eine Langzeitwirkung (B3).

Durch Ausrüstung mit Siliconen werden Textilien aus Baumwolle und anderen Naturfasern hydrophob (B4), bleiben dabei aber atmungsaktiv.

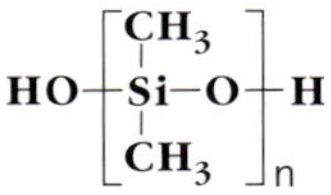

Polydimethylsiloxan (Silicon)

B4 *Polydimethylsiloxan-Reste können chemisch an Cellulosefasern gebunden werden.* **A:** *Formulieren Sie einen Strukturausschnitt aus einem siliconisierten Cellulose-Molekül und erklären Sie, warum es hydrophob ist.*

Für Autos, Schiffe und Flugzeuge – Verbundwerkstoffe und Nanokomposite

B1 *Carbonfaserverstärkte Kunststoffe finden in der Luft- und Raumfahrttechnik Anwendung.*

B2 *Komposite aus Siliconen und Polyacrylaten machen Autolacke unempfindlich gegen Steinschlag.*

Verbundwerkstoffe mit Carbonfasern

Rümpfe und Tragflächen von Flugzeugen (B1), Stoßstangen und Spoiler von Autos, Rahmen von Fahrrädern, auch Maste von Segelbooten und Surfbrettern sind hohen mechanischen Belastungen unter dynamischen Bedingungen ausgesetzt. Für solche Anwendungen wurden **Verbundwerkstoffe** entwickelt, Werkstoffe, in denen mehrere Materialien (Komponenten) zu einem Verbund zusammengefügt sind. Zu diesen gehören mit Carbonfasern (Kohlenstofffasern) verstärkte Kunststoffe, die leicht, fest und bei hohen Belastungen elastisch sind. Carbonfasern erhält man, wenn Fasern aus synthetischen Polymeren wie Polyacrylnitril $[\text{–}CH_2\text{–}CH(CN)\text{–}]_n$ oder chemisch veränderter Cellulose (vgl. S. 216) bei Temperaturen um 1800 °C pyrolysiert werden. Die sich bildenden Fasern bestehen zu 96–98 % aus reinem Kohlenstoff mit Graphitstruktur. Mehrere Tausend dieser sehr dünnen Fasern mit Durchmessern von ca. 6 µm (der Durchmesser eines Menschenhaars beträgt ca. 50 µm) werden zu einem Faden gebündelt, der auf eine Spule gewickelt und zu einer textilen Struktur gewebt werden kann. Durch Einbettung von Fäden aus Carbonfasern in einen thermoplastischen oder in einen duroplastischen Kunststoff (vgl. S. 227) erhält man schließlich den carbonfaserverstärkten Kunststoff.

Aufgabe

A1 Erläutern Sie die Herstellung von Carbonfasern aus Cellulose $C_m(H_2O)_n$ und formulieren Sie eine passende Reaktionsgleichung.

Nanokomposite mit Siliconen

Zu den modernen Werkstoffen gehören auch Kunststoffe aus **Nanopartikeln**, aus Teilchen mit einem Durchmesser zwischen 1 und 100 nm. Werden beispielsweise Siliconkügelchen mit Durchmessern von ca. 50 nm mit einem Mantel aus ca. 200 Atomlagen Polyacrylat oder Polystyrol umhüllt, erhält man ein **Nanokomposit**. Diese „Silicon-Flummis" werden wegen ihres Aufbaus als *core-shell* (Kern-Hülle-) Nanokomposite bezeichnet. Das Material ist transparent, thermoplastisch zwischen 140 °C und 250 °C, schlag- und bruchfest zwischen –40 °C und 140 °C und unempfindlich gegenüber aggressiven Chemikalien. Setzt man dieses Nanokomposit beispielsweise Autolacken zu, die strukturverwandt mit der Polymerhülle sind, kommt es zu einer guten Durchmischung und der Nanokomposit verleiht der Mischung die Eigenschaften des Siliconkerns. Autolacke, denen solche Nanokomposite zugesetzt wurden, sind daher gegenüber Steinschlag unempfindlicher als herkömmliche Lacke (B2).
Bei entsprechender Struktur von Siliconkern und Polymerhülle sind auch Nanokapseln als „intelligente", durch Licht, Elektrizität oder Magnetismus schaltbare Klebstoffe, Lacke oder Arzneimittel denkbar.

Aufgaben

A2 Zeichnen Sie das Modell eines „Silicon-Flummis" mit Siliconkern (d = 50 nm) und einer Hülle aus 200 Atomlagen Polyacrylat (Dicke einer Atomlage: ca. 0,1 nm).

A3 Recherchieren Sie im Internet unter dem Begriff *Nanotechnologie* drei Anwendungsbeispiele für diese.

Elektrisch leitfähige Kunststoffe – Von der Leuchtdiode bis zur Solarzelle

B1 *Bushaltestelle mit Dach aus Kunststoff-Solarzellen in San Francisco*

B2 *Organische Leuchtdioden in einer flexiblen Matrix aus leitfähigem Kunststoff*

Kunststoffe als organische Halbleiter

Herkömmliche Kunststoffe sind als elektrische Isolatoren bekannt und werden entsprechend eingesetzt, z.B. für Kabelummantelungen. Unter bestimmten strukturellen Voraussetzungen können einige Kunststoffe elektrische Ladung aber transportieren. In der Regel liegen bei leitfähigen Polymer-Molekülen ähnlich wie beim Benzol-Molekül (vgl. S. 149) delokalisierte Elektronensysteme vor (B3), die in Molekülen mit vielen konjugierten Doppelbindungen (abwechselnd Einfach- und Doppelbindungen) auftreten. Bei geeigneter Kettenlänge kann sich das Material daher wie ein **Halbleiter** verhalten: Seine elektrische Leitfähigkeit nimmt zu, wenn Energie beispielsweise durch Bestrahlung mit Licht zugeführt wird (vgl. *Chemie 2000+ Online*).

Die Energieniveaus in diesen organischen Materialien sind vergleichbar mit dem Valenzband und dem Leitungsband bei anorganischen Halbleitern (vgl. S. 289). Die Wellenlänge des absorbierten Lichts entspricht der Bandlücke E_g, d.h. der Energiedifferenz (Energielücke) zwischen den Energiebändern. Sie kann durch Veränderungen der molekularen Struktur gezielt so beeinflusst werden, dass das Material nur bestimmte Farben oder aber das gesamte Farbspektrum absorbiert.

Durch Absorption eines Lichtquants oder durch Einwirkung einer äußeren elektrischen Gleichspannungsquelle kann in einem Molekül eines organischen Halbleiters ein Elektron aus dem Valenzband ins Leitungsband angeregt werden. Dabei entsteht ein Elektron-Loch-Paar e^-/h^+ (*electron/hole* pair).

Solarzellen und Leuchtdioden aus Kunststoffen

Bei Solarzellen aus Kunststoffen (B1) werden die in Polymer-Molekülen durch Lichtabsorption angeregten Elektronen jeweils an benachbarte Akzeptor-Moleküle, z.B. eines Fulleren[1]-Derivats übertragen (B4). Alle so erzeugten Elektronen werden aus den Akzeptor-Molekülen schließlich am Minuspol der Zelle (Kathode) gesammelt, alle Löcher am Pluspol (Anode). Kunststoff-Solarzellen sind flexibel und bis zu 1000-mal dünner als Solarzellen aus Silicium.

Organische Leuchtdioden (B2), kurz OLEDs (*Organic Light Emitting Diods*), bestehen im einfachsten Fall aus drei Komponenten (B5). Auf eine transparente Anode, z.B. leitfähiges ITO-Glas (vgl. *Chemie 2000+ Online*), wird ein dünner Film eines halbleitenden Polymers, z.B. PPV (B3), aufgebracht. Als Kathode dient eine dünne Schicht aus Aluminium. Beim Anlegen einer Gleichspannung werden in Polymer-Molekülen, die mit dem Pluspol in Kontakt sind, Löcher h^+ erzeugt und in Polymer-Molekülen am Minuspol Elektronen e^-. Die Elektronen und Löcher wandern unter dem Einfluss des elektrischen Feldes von Makromolekül zu Makromolekül. Treffen sich ein Elektron und ein Loch in einem Makromolekül, so kommt es zur Rekombination des Elektron-Loch-Paares. Dabei geht das Elektron unter Emission eines Lichtquants aus dem Valenz- in das Leitungsband über.

---

[1] Fulleren ist neben Diamant und Graphit eine Modifikation des Kohlenstoffs. Fulleren besteht aus C_{60}-Molekülen, deren räumliche Struktur an Fußbälle erinnert. Fulleren-Derivate sind gute Elektronenakzeptoren (B4).

Elektrisch leitfähige Kunststoffe – Von der Leuchtdiode bis zur Solarzelle

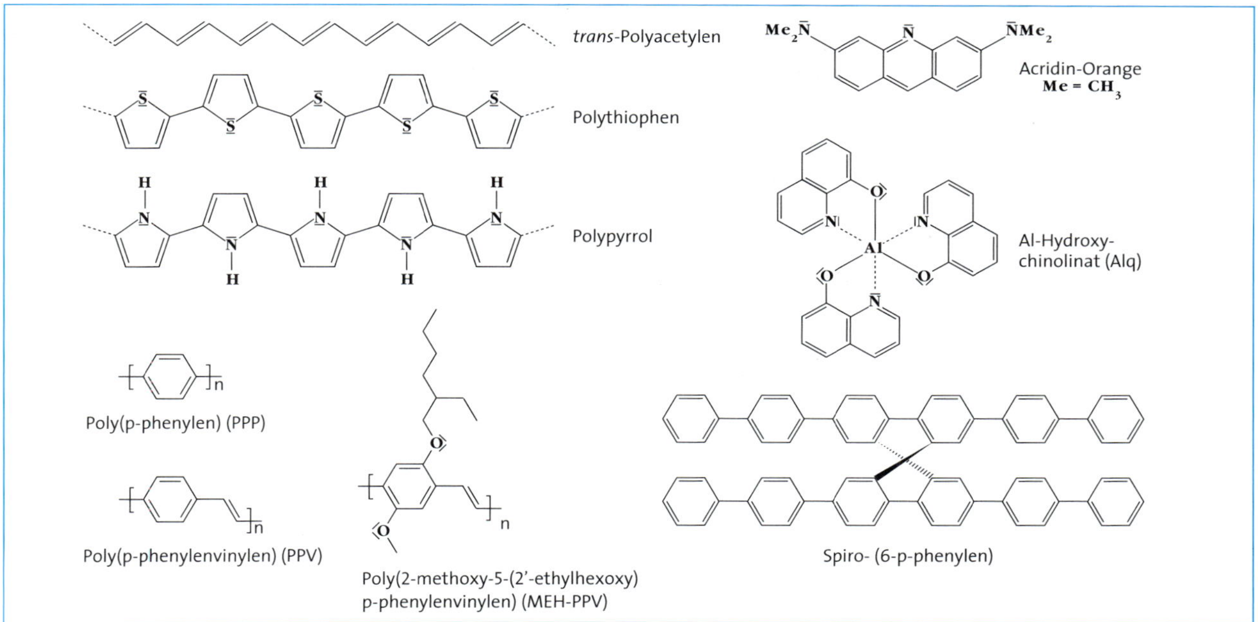

B3 *Grundstrukturen einiger organischer Moleküle in elektrisch leitfähigen Materialien (vgl. auch Chemie 2000+ Online)*

Ein Blick in die Zukunft

Organische Solarzellen und Leuchtdioden aus Kunststoffen sind nur zwei Beispiele für Anwendungen synthetischer makromolekularer Verbindungen, die dank chemischer Kenntnisse konzipiert, synthetisiert und zu funktionierenden Wandlern von Lichtenergie in elektrische Energie und umgekehrt eingesetzt werden können.

Lichtaktive Kunststoffe mit Eigenschaften von elektrischen Halbleitern stellen auch weiterhin ein wichtiges Forschungs- und Entwicklungsfeld in der Chemie und in den Materialwissenschaften dar.

Aufgaben

A1 Stellen Sie bei den Molekülen aus B3 gemeinsame und unterschiedliche strukturelle Merkmale fest.

A2 Recherchieren Sie in *Chemie 2000+ Online* unter Flash-Animationen das Modul „Bau und Funktionen einer OLED“. Präsentieren und erläutern Sie es Ihren Mitschülern.

A3 Vergleichen Sie die im Text auf S. 246 und in B4 beschriebene Funktionsweise einer Kunstoff-Solarzelle (Plastik-Solarzelle) mit den photogalvanischen Solarzellen von S. 288, 289. (*Hinweis*: Vgl. auch *Chemie 2000+ Online*.)

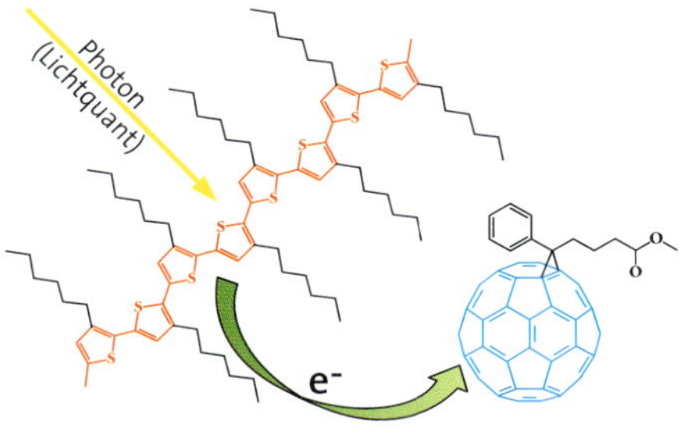

B4 *Ein Polymer-Molekül absorbiert über seinen photoaktiven Teil (rot) ein Photon, das angeregte Elektron wird sofort ins delokalisierte Elektronensystem (blau) des Akzeptor-Moleküls (hier ein Fulleren-Derivat) übertragen.*

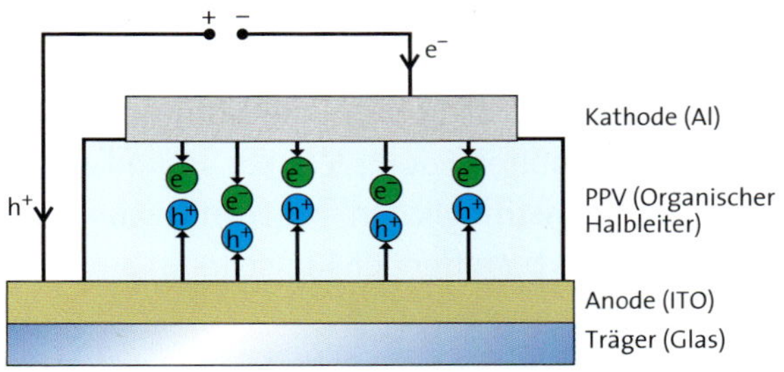

B5 *Organische Leuchtdiode OLED: Am Pluspol werden in den Molekülen des organischen Halbleiters Löcher h^+ erzeugt, am Minuspol Elektronen e^-. Löcher und Elektronen wandern von Molekül zu Molekül, bis sie sich treffen und rekombinieren.*

A1 Eine thermoplastische Folie aus Polyethylen PE lässt sich auf die mehrfache Länge dehnen. Erklären Sie, warum sie sich im Gegensatz zu elastischem Gummi nach der Dehnung nicht mehr zusammenzieht.

A2 Erklären Sie, dass Polyethylen PE mit einer mittleren Molekülmasse von 10 000 u wachsartig, solches mit einer Molekülmasse von 100 000 u dagegen fest ist.

A3 Erklären Sie, warum die Oligomere[1] des Ethens, Propens und Isobutens wasserunlöslich, aber gut in Benzin löslich sind.

A4 In Polystyrol sind die Styrol-Bausteine vorwiegend nach dem „Kopf-Schwanz"-Muster (vgl. S. 228, B3) verknüpft. Formulieren und benennen Sie auch die anderen beiden Verknüpfungsmöglichkeiten und begründen Sie, warum die „Kopf-Schwanz"-Verknüpfung bevorzugt ist.

A5 Für die Herstellung von Kunststoffen stehen folgende zehn Stoffe zur Verfügung:
(I) Glycerin (Propan-1,2,3-triol), (II) 1,6-Diaminohexan, (III) Hexandisäure, (IV) *meta*-Dihydroxybenzol, (V) Propen, (VI) Propensäure, (VII) Wasser, (VIII) Butan-1,4-diisocyanat, (IX) Methanal und (X) Phosgen.
Durch geeignete Auswahl sollen folgende Kunststoffe hergestellt werden:
a) ein Kunststoff, der durch Polymerisation entsteht;
b) ein thermoplastischer Kunststoff, der durch Polykondensation gebildet wird und bei der Verbrennung nicht stark rußt;
c) ein duroplastischer Kunststoff, der durch Polykondensation gebildet wird und kein Polyester ist;
d) ein Polyurethan-Schaumstoff mit vielen Poren;
e) ein Polycarbonat.
Geben Sie für jeden Fall (a bis e) die Nummer(n) des bzw. der ausgewählten Edukts/Edukte an und zeichnen Sie den kleinstmöglichen Ausschnitt aus dem Makromolekül des betreffenden Kunststoffs.

A6 Begründen Sie, welche der folgenden Kunststoffe als Material für Behälter zum Aufbewahren von Säuren und Laugen nicht geeignet sind: Polyethen, Polymilchsäure, Polyvinylchlorid, Nylon 6.6.

A7 Beim Verstrecken von Rohnylonfäden beobachtet man, dass diese milchig trüb werden. Erklären Sie diese Trübung mithilfe von Molekülmodellen und Formeln.

A8 Polyurethane werden durch Polyaddition erhalten.
a) Nennen Sie eine Gemeinsamkeit und einen Unterschied zwischen der Polyadditions- und der Polykondensationsreaktion. b) Begründen Sie, warum man bei der Herstellung von massiven Polyurethanen, z. B. für Helme, absolut wasserfreie Alkohol-Komponenten einsetzen muss. (*Hinweis*: Vgl. S. 242, B3.)

A9 Erstellen Sie mithilfe der Informationen von S. 225 und zusätzlicher Recherchen aus dem Internet ein Referat über den Chemiker, der das Makromolekülkonzept entwickelt hat, und präsentieren Sie es dem Kurs.

A10 Erklären Sie mithilfe von B1, warum man hinter Plexiglas, das aus reinem PMMA besteht, eher braun wird als hinter Normalglas (Borosilikatglas). Sonnenbrillen aus Plexiglas lassen kein UV-Licht durch, Plexiglas-Filter in Solarien lassen nur UV-A-Strahlung durch und absorbieren schädliche UV-B- und UV-C-Strahlung. Wie ist das möglich? Erläutern Sie Ihre Vermutung.

A11 Erläutern Sie, warum es „zu schade" ist, Abfälle aus Plexiglas durch Verbrennung zu entsorgen. (*Hinweis*: Vgl. S. 236, 237.)

A12 Bewerten Sie die Methoden für Kunststoff-Recycling (vgl. S. 236, 237) aus ökonomischer und ökologischer Sicht.

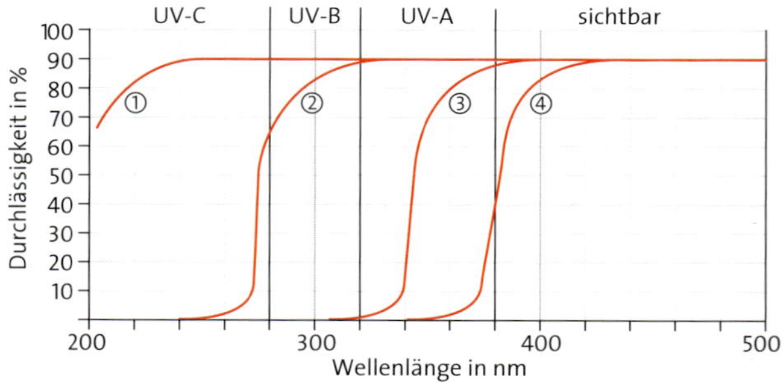

B1 *Durchlässigkeit von Quarzglas (1), reinem PMMA (2), Normalglas (3) und Plexiglas mit UV-Schutz (4)*

[1] von *oligos* (griech.) = einige, wenige und *meros* (griech.) = Teil

A13 Die Verteilung von Makromolekülen unterschiedlicher Molekülmasse ist in B2 für zwei Polymerproben angegeben. Erläutern Sie, wie sich diese Polymere in ihrem Schmelzverhalten unterscheiden.

A14 Erklären Sie, wie es bei der radikalischen Hochdruck-Polymerisation von Ethen zu Verzweigungen kommen kann.

A15 Entwickeln Sie eine Synthese für Vinylchlorid (Chlorethen), ausgehend von Ethen.

A16 Maleinsäure (*cis*-Butendisäure) und Glycol reagieren zu einem hochviskosen Kunststoffvorprodukt, das in einem Härtungsprozess zu einem harten, belastungsfähigen Kunststoff weiterverarbeitet wird. Im Härtungsprozess wird das Gemisch in die Form gegossen, in der es erhärten soll. Formulieren und erläutern Sie die beiden Reaktionsschritte. Geben Sie an, welche Verbindungen als Härter eingesetzt werden können und warum das Vorprodukt in Styrol „gelöst" wird. Zeichnen Sie einen Ausschnitt aus dem Kunststoff und erklären Sie, warum dieser duroplastisch ist.

A17 Skizzieren Sie die Wasserstoffbrücken zwischen Perlon-Molekülen nach dem Verstrecken.

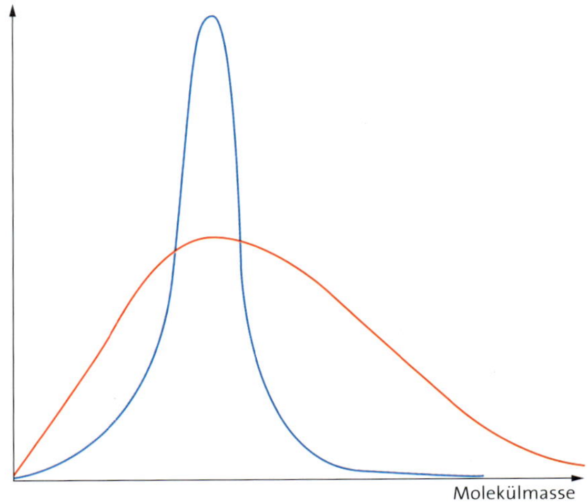

B2 *Verteilung von Makromolekülen unterschiedlicher Molekülmasse in zwei Polymerproben*

A18 Beim Erhitzen von Polyacrylnitril auf 160 °C entsteht das Polymer A, das an der Luft leicht zum schwarzen Polymer B weiterreagiert (vgl. Strukturausschnitte). Dieses ist sehr temperaturbeständig und eignet sich zur Herstellung von Feuerschutzanzügen.

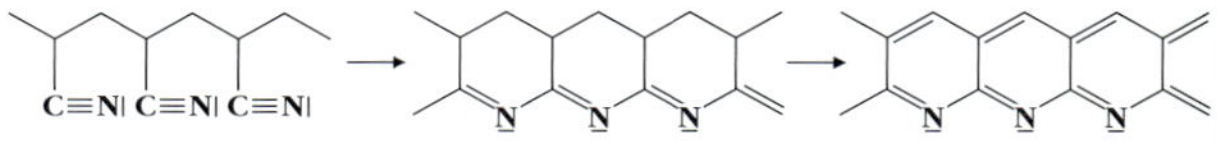

Entwickeln Sie einen möglichen Mechanismus für die Reaktion von Polyacrylnitril zu A. Erklären Sie, warum A sehr leicht zu dem beständigen Polymer B weiterreagiert.

A19 Begründen Sie, warum PVC nicht als Verpackungsmaterial für Lebensmittel geeignet ist.

A20 Erläutern Sie, wie sich der Schwefel-Anteil auf die Härte des Gummis auswirkt (vgl. S. 227, B6).

A21 Vergleichen und diskutieren Sie die verschiedenen Möglichkeiten zum Verringern und Vermeiden von Kunststoffmüll.

A22 Vergleichen Sie die Pyrolyse von Polyethen mit dem Crackprozess (vgl. S. 29). Erklären Sie, wie bei der Pyrolyse die in B3 angegebenen Produkte entstehen, und formulieren Sie die Reaktionen.

A23 Ein moderner Tennisschläger besteht aus dem Kunststoff Aramid ---$\mathbf{NH\text{-}C_6H_4\text{-}NH\text{-}CO\text{-}C_6H_4\text{-}CO\text{-}NH\text{-}C_6H_4}$--- a) Aus welchen beiden Edukten lässt er sich herstellen? b) Benennen Sie das Strukturelement zwischen den Benzolringen.

Pyrolyseprodukte		Verwendung
Ethen	37 %	Polyethen
Propen	19 %	Polypropen
Methan	12 %	Brennstoff
Butadien	7 %	Kunststoffe
Benzol	7 %	Kunststoffe
Sonstige	18 %	Chemierohstoff

B3 *Pyrolyse von Kunststoffen*

A24 Sekundenkleber (B4) enthalten als Monomere Cyanacrylate (Ester der Cyanacrylsäure), die zu Makromolekülen polymerisieren:

$$H_2C{=}\underset{\displaystyle CN}{\underset{|}{C}}{-}COOR$$

$R \mathrel{\hat{=}} CH_3, C_2H_5$ oder C_4H_9

Cyanacrylate

a) Nennen Sie Gemeinsamkeiten und Unterschiede zu den Monomeren Propen, Styrol, Vinylchlorid und Methylmethacrylat. b) Die Polymerisation von Cyanacrylaten verläuft anionisch. Formulieren Sie drei mesomere Grenzformeln eines Carbanions, das durch Anlagerung eines Hydroxid-Ions an das gegebene Monomer gebildet wird. c) Die Polymerisation wird durch Luftfeuchtigkeit und Feuchtigkeit auf den zu verklebenden Flächen ausgelöst. Begründen Sie, warum die Flächen möglichst trocken sein sollten, um ein fest verklebtes Produkt zu erhalten.

A25 Aus 4-Hydroxy-2-methylenbutansäure

$$HO-CH_2-CH_2-\overset{\displaystyle CH_2}{\overset{\|}{C}}-COOH$$

wird ein thermoplastisches Polykondensat synthetisiert, das in einer anschließenden, zweiten chemischen Reaktion durch Zugabe von Radikalbildern in einen Kunststoff überführt wird, der zur Herstellung von Druckplatten für Thermokopieverfahren verwendet wird. a) Geben Sie die Strukturformelgleichungen für beide Synthesen an. b) Vergleichen und begründen Sie das unterschiedliche thermische Verhalten der beiden Kunststoffe.

A26 In Klebstoffen und Shampoos wird ein Verdickungsmittel eingesetzt, das aus Polyvinylacetat hergestellt wird. Dessen Monomer ist Vinylacetat

$$H_3C-C(=O)-O-CH=CH_2,$$

der Vinylester der Ethansäure (Essigsäure). Es handelt sich um ein Isomer des Methylacrylats (vgl. S. 240). Schreiben Sie die Valenzstrichformeln von Vinylacetat und von Methylacrylat nebeneinander, ordnen Sie den Isomerietyp den Isomeriearten von S. 323 zu und begründen Sie Ihre Zuordnung.

A27 Die Makromoleküle des vollsynthetischen Butylkautschuks für den luftdichten Innenteil von Autoreifen (B5) werden durch Copolymerisation von 2-Methylpropen (Isobuten) mit 1% bis 3% 2-Methylbutadien (Isopren) erhalten. Schätzen Sie anhand der Struktursymbole die Chemikalienbeständigkeit von Butylkautschuk (B5) im Vergleich zu der von Naturkautschuk (vgl. S. 227, B6) ein und begründen Sie Ihre Schätzung.

A28 Erstellen Sie eine *Concept Map* (vgl. S. 217) zu dem Zentralthema „Kunststoffe". Verwenden Sie dazu die Begriffe und Informationen aus diesem Kapitel und aus dem Internet.

A29 „Der Verzicht auf Kunststoffe ist ein Zeichen von mangelndem Umweltbewusstsein." Nehmen Sie Stellung zu dieser Aussage.

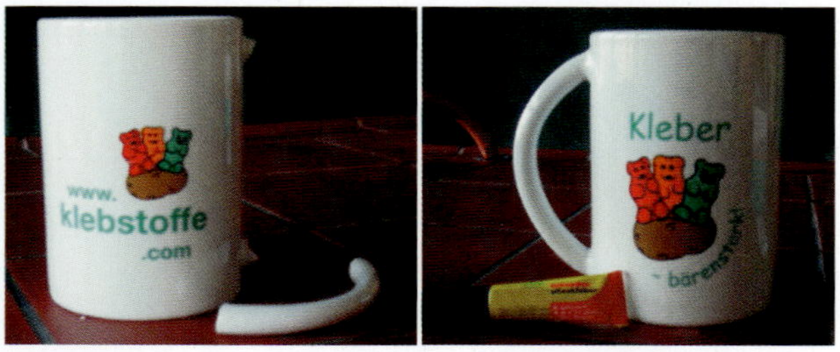

B4 *Handelsüblicher Sekundenkleber im Einsatz*

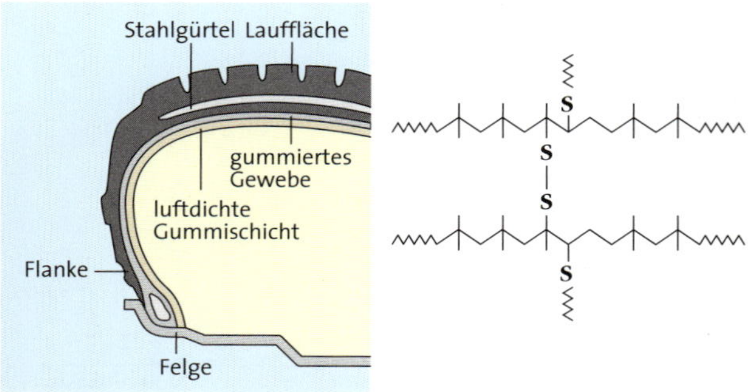

B5 *Struktur eines Autoreifens und Molekülsymbol (Gerüstformel) eines Ausschnitts aus dem Makromolekül von Butylkautschuk*

Struktur und Eigenschaften von Kunststoffen

Kunststoffe sind synthetisch hergestellte Materialien aus **Makromolekülen**. Man unterscheidet zwischen Thermoplasten, Duroplasten und Elastomeren.

Thermoplaste bestehen aus linearen Makromolekülen. Thermoplastische Kunststoffe werden beim Erwärmen weich und formbar. Die Anziehungskräfte zwischen den linearen Makromolekülen (VAN-DER-WAALS-Kräfte, Dipol-Dipol-Kräfte, Wasserstoffbrücken) werden dabei geschwächt und die Moleküle können aneinander vorbeigleiten.

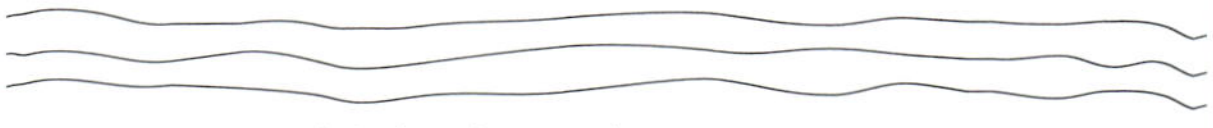

lineare Makromoleküle: *Thermoplast*

Elastomere (Elaste) bestehen aus linearen Makromolekülen, die durch nur wenige Querverbindungen zwischen den Molekülketten vernetzt sind. Sie sind dehn- und formbar. Sobald die Zug- oder Druckspannung nachlässt, nehmen sie die ursprüngliche Form wieder an.

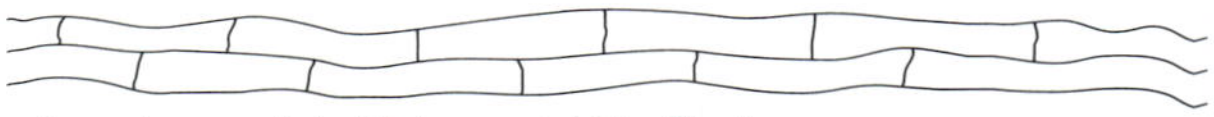

schwach vernetzte Makromoleküle: *Elastomer*

Duroplaste sind aus dreidimensional vernetzten Makromolekülen aufgebaut. Duroplastische Kunststoffe erweichen daher beim Erwärmen nicht, bei stärkerem Erhitzen zersetzen sie sich.

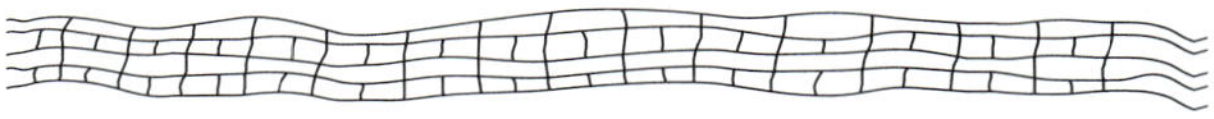

dreidimensional vernetzte Makromoleküle: *Duroplast*

Vorteile bei der Verwendung von Kunststoffen

Kunststoffe sind maßgeschneiderte Werkstoffe. Ihre Eigenschaften (Dichte, mechanische Belastbarkeit, thermische und chemische Beständigkeit) können dem jeweiligen Anwendungsprofil angepasst werden. Durch Einsatz von Kunststoffen anstelle anderer Werkstoffe kann man in vielen Fällen die Sicherheit erhöhen, Rohstoffe und Energie einsparen und den Ausstoß von Treibhausgasen reduzieren.

Nachteile bei der Verwendung von Kunststoffen

Abfälle aus gebrauchten Kunststoffen stellen ein Müllproblem dar, das durch Verwertung von Kunststoffabfällen (Recycling) nur begrenzt gelöst werden kann.

Syntheseprinzipien

Kunststoffe können durch Polymerisations-, Polykondensations- oder Polyadditionsreaktionen hergestellt werden.

Bei der **Polymerisation** reagieren Monomer-Moleküle, i. d. R. Moleküle mit Mehrfachbindungen, miteinander zu Makromolekülen. So polymerisiert beispielsweise Propen zu Polypropen:

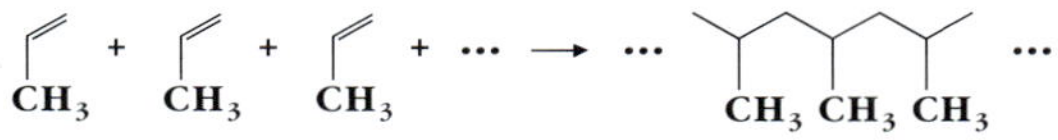

Wichtige, durch Polymerisation hergestellte Kunststoffe sind Polyethen PE, Polypropen PP, Polystyrol PS, Polyvinylchlorid PVC, Polymethylmethacrylat PMMA, Polytetrafluorethen (Teflon) PTFE, Polyisobuten PIB und Polyacrylnitril PAN.

Bei einer **Polykondensation** werden i. d. R. bifunktionelle Monomer-Moleküle unter Abspaltung von kleinen Molekülen, wie z. B. Wasser-Molekülen, miteinander zu Makromolekülen verknüpft. Durch Polykondensation werden Polyamide, Polyester und Polycarbonate hergestellt.

Bei einer **Polyaddition** reagieren zwei Monomere zu Makromolekülen, ohne dass dabei kleine Moleküle abgespalten werden. Auf diese Weise erhält man Polyurethane.

Mechanismus der radikalischen Polymerisation

1. Start (R• bezeichnet ein Radikal):

$$R \wr R \xrightarrow[\text{(Licht)}]{\text{Wärme}} 2R\cdot$$

2. Reaktionskette:

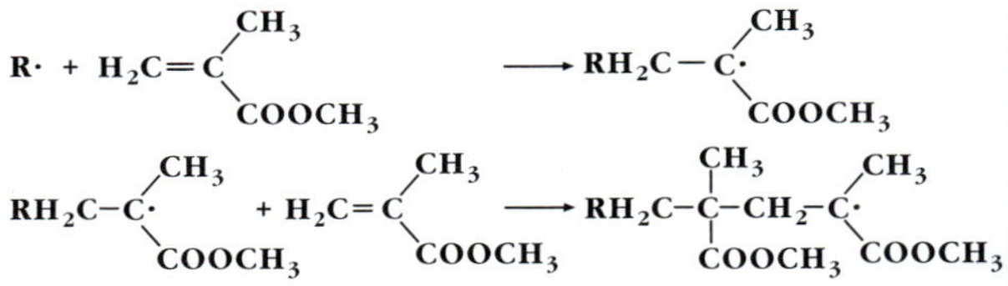

3. Abbruch (M• bezeichnet ein langkettiges Radikal):

$$M\cdot + \cdot R \longrightarrow M-R;\ M\cdot + \cdot M \longrightarrow M-M$$

Verwertung von Kunststoffabfällen

Beim **Rohstoffrecycling** werden aus Kunststoffabfällen die Monomere durch chemische Reaktionen zurückgewonnen, aus denen dann erneut Makromoleküle synthetisiert werden können.

Beim **Werkstoffrecycling** wird sortenreiner und gemischter Abfall beispielsweise durch Umschmelzen oder Schreddern und Pressen zu neuen Gegenständen verarbeitet.

Die **energetische Verwertung** von Kunststoffen erfolgt durch Verbrennung der Kunststoffabfälle in Müllverbrennungsanlagen.

Elektrochemie – Elektrische Energie und Chemie

Redoxreaktionen spielen bei vielen Vorgängen im Alltag, in der Technik und in Lebewesen eine wichtige Rolle. Wenn Eisen rostet, die Batterie im Handy Strom liefert, das Elektromobil fährt, in einem Blatt Photosynthese abläuft, in der Fingerspitze ein Nerv gereizt oder in unserem Gehirn die Bedeutung dieses Textes erschlossen wird, laufen stets **elektrochemische Prozesse** ab. Sie beruhen auf Gleichgewichten zwischen **Redoxpaaren** (**Redoxgleichgewichten**).

Die Redoxgleichgewichte werden mithilfe der bereits behandelten **Basiskonzepte** in der Chemie, insbesondere der Konzepte **Stoff – Teilchen**, **Donator – Akzeptor**, **Kinetik und Gleichgewicht** sowie **Energie** strukturiert und erschlossen. Dadurch wird eine große Anzahl von Reaktionen mit gleichen oder sehr ähnlichen Begriffen und Modellen erklärt.

Bei der Erschließung der Grundkenntnisse, Begriffe und Gesetze über Redoxgleichgewichte sowie der Methoden und technischen Lösungen zur Nutzung elektrochemischer Prozesse gehen wir folgenden Fragen und Stichworten nach:

1 **Was passiert mit Salzlösungen „unter Strom"?**

2 **Oxidation und Reduktion – neu definiert**

3 **Warum „rostet" Eisen, Gold aber nicht?**

4 **Wie lassen sich Redoxreaktionen für die Stromgewinnung nutzen?**

5 **Wo liegt die Grenze zwischen „edlen" und „unedlen" Metallen und wovon hängt die Spannung einer galvanischen Zelle außerdem ab?**

6 **Wie funktionieren Batterien?**

7 **Wodurch unterscheidet sich eine Batterie von einem Akku?**

8 **Was „brennt" in der Brennstoffzelle?**

9 **Elektrochemie gestern, heute und morgen – warum wird sie immer wichtiger?** EVA

10 **Wie lässt sich das Rosten am besten verhindern?** EVA

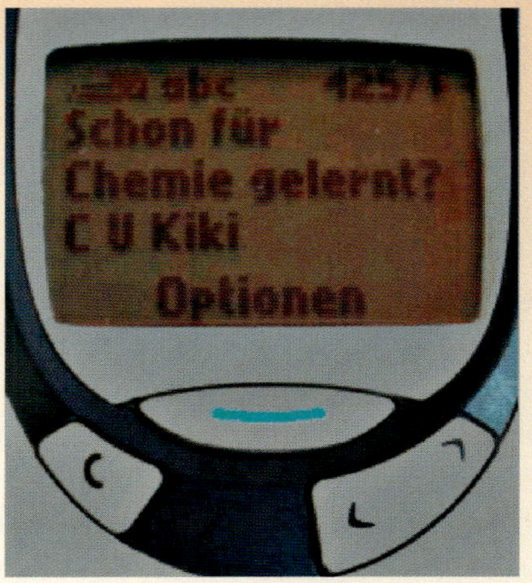

B1 *Die elektronische Stimme in Ihrem Handy spricht: „Sie haben eine wichtige Nachricht!“*

Das Wissen um **elektrochemische Prozesse** stützt nicht nur den Unterrichtserfolg (B1), es kann auch das Verständnis für wichtige Teilgebiete der Physik und der Biologie vertiefen. Vor allem aber ist dieses Wissen unverzichtbar, wenn es um die Entwicklung einer nachhaltigen Energieversorgung und Energienutzung in unsere technischen Zivilisation geht.

Oft heißt es, die **elektrische Energie** sei die „edelste“ und „sauberste“ Energieform. In der Tat lässt sich elektrische Energie mit hohem Wirkungsgrad in andere Energieformen (thermische Energie, Lichtenergie, Bewegungsenergie, chemische Energie) umwandeln, umgekehrt gelingt dies nicht und das macht die elektrische Energie „edel“. Ob elektrische Energie auch „sauber“ ist, hängt davon ab, wie sie „erzeugt“ (korrekter: verfügbar gemacht) wurde. Sie verdient das Prädikat „sauber“ erst, wenn es gelingt, bei ihrer Bereitstellung die fossilen Energieträger Kohle, Erdgas und Erdöl sowie die Nuklearbrennstoffe weitestgehend durch erneuerbare Energiequellen wie Sonne, Wind, Gezeiten, Geothermie und Biomasse zu ersetzen.

Aber selbst dann, wenn elektrische Energie auch „sauber“ ist, gibt es noch ein Problem: Elektrische Energie muss sofort genutzt, d.h. in eine andere Energieform umgewandelt werden, da sie sich nicht über einen längeren Zeitraum speichern lässt. Bedingt durch den Tag-Nacht-Rhythmus und die klimatischen Strukturen stehen auf der Erde Sonnen- und Windenergie nicht kontinuierlich zur Verfügung. Für ein zukünftiges Energieversorgungssystem sind daher geeignete **chemische Energiespeicher** erforderlich, in denen Energie sowohl kurz- und mittelfristig als auch langfristig gespeichert werden kann. Genau hier, bei der Umwandlung von elektrischer in chemische Energie und umgekehrt, kommt der **Elektrochemie** eine Schlüsselrolle zu. Mit elektrochemischem Know-how können bessere Elektrolyseapparate, Batterien, Akkumulatoren, Brennstoffzellen und andere zukunftsträchtige Geräte entwickelt werden.

Salzlösungen unter Strom

B1 *Bildung von Zink und Iod durch Elektrolyse (V1)*

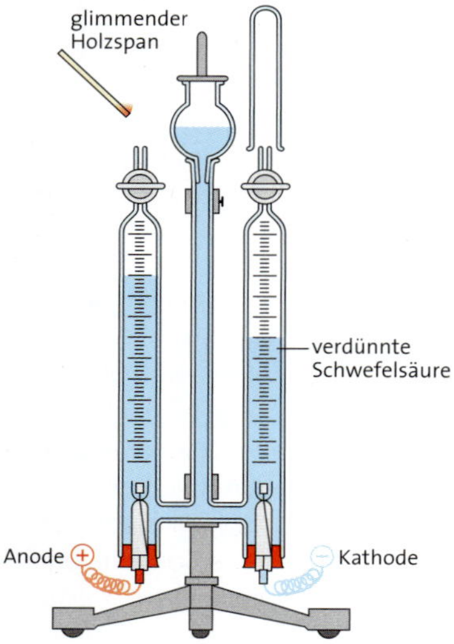

B2 *HOFMANN'scher Wasserzersetzungsapparat.* **A:** *Recherchieren Sie in Chemie 2000+ Online nach einfacheren Versuchsanordnungen.*

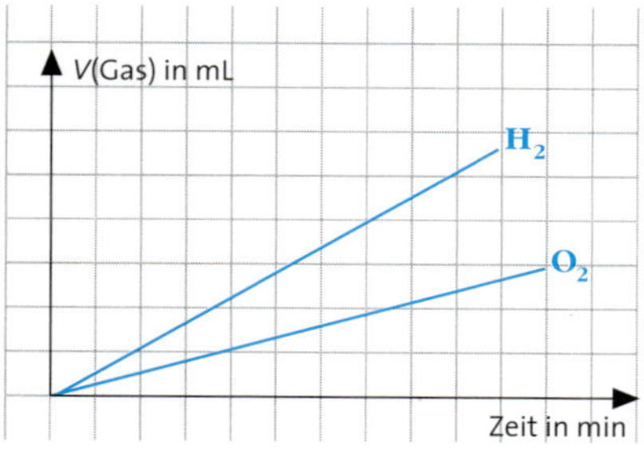

B3 *Messergebnisse bei der Elektrolyse von Wasser (vgl. Auswertung h)*

Versuche

V1 Planen Sie einen Versuch, mit dem die in B1 dargestellten Beobachtungen erzeugt werden können. Diskutieren Sie Ihren Vorschlag mit den Mitschülern und der Lehrkraft und führen Sie ihn durch.

V2 Beschreiben Sie die zu erwartenden Beobachtungen bei der Elektrolyse einer Kupferchlorid-Lösung*. Planen Sie dann einen entsprechenden Versuch wie bei V1 und überprüfen Sie Ihre Hypothesen experimentell.

V3 Füllen Sie in einen HOFMANN'schen Wasserzersetzungsapparat (B2) verdünnte Schwefelsäure-Lösung*, c = 0,5 mol/L. Legen Sie über zwei Platin-Elektroden eine Gleichspannung zwischen 10 und 20 Volt an und messen Sie mit einem im Stromkreis eingebauten Amperemeter die Stromstärke. Sie sollte zwischen 200 und 500 mA liegen. Lassen Sie den Versuch einige Minuten bei geöffneten Hähnen laufen, sodass die gebildeten Gase zunächst noch entweichen können. Schließen Sie dann die Hähne gleichzeitig und lesen Sie die entstehenden Gasvolumina im Abstand von jeweils 1 Minute ab. Legen Sie eine Messwerttabelle an. Führen Sie mit dem Kathodengas (am Minuspol) die Knallgas- und mit dem Anodengas (am Pluspol) die Glimmspanprobe durch.

Auswertung

a) In V1 bis V3 kommt jeweils eine Spannungsquelle zum Einsatz. Für *Spannungsquelle* werden alternativ die Bezeichnungen *Elektronenquelle* und *Elektronenpumpe* vorgeschlagen. Wählen Sie die am besten passende Bezeichnung aus und geben Sie einen Grund für Ihre Entscheidung an.

b) Geben Sie jeweils die genaue Bezeichnung und die Formel der Teilchen in den drei Lösungen aus V1 bis V3 an, die vom Minuspol angezogen werden.

c) Geben Sie die genaue Bezeichnung und die Formel der Teilchen in V1 bis V3 an, die jeweils am Minuspol entstehen.

d) Formulieren Sie die drei Reaktionsgleichungen, nach denen die Vorgänge an den Minuspolen in V1 bis V3 ablaufen und halten Sie das Gemeinsame fest.

e) Formulieren Sie entsprechend Reaktionsgleichungen für die Vorgänge an den Pluspolen in V1 und V2.

f) Begründen Sie, warum alle Vorgänge aus c) und d) „Elektronenübertragungsreaktionen" genannt werden.

g) Erläutern Sie jeweils den unterschiedlichen Energiegehalt von Produkten und Edukten (Ausgangsstoffen) bei V1 bis V3.

h) Stellen Sie die Messwerte aus V3 in einem Koordinatensystem wie in B3 grafisch dar und ziehen Sie durch die erhaltenen Punkte Ausgleichgeraden.

i) Erklären Sie mithilfe der folgenden Reaktionsgleichungen, warum die „Wasserstoff-Gerade" in B3 den doppelten Steigungsfaktor der „Sauerstoff-Gerade" hat.

Minuspol: $4H_2O(l) \xrightarrow{+4e^-} 2H_2(g) + 4OH^-(aq)$

Pluspol: $6H_2O(l) \xrightarrow{-4e^-} O_2(g) + 4H_3O^+(aq)$

k) Recherchieren Sie in *Chemie 2000+ Online* Modellanimationen zu Elektrolysen, überlegen Sie sich dazu Erläuterungen und führen Sie damit eine Präsentation durch.

Elektrolysen – erzwungene Elektronenübertragungen

Elektrische Energie lässt sich nutzen, um durch erzwungene Redoxreaktionen energiereiche Stoffe zu gewinnen. So kann beispielsweise aus einer Zinkiodid-Lösung durch **Elektrolyse**, d. h. durch Zerlegung unter Zufuhr von elektrischer Energie, bei einer Spannung von $U = 5$ V am Minuspol Zink und am Pluspol Iod gewonnen werden (B1, V1). Bei den dabei ablaufenden Teilreaktionen nimmt jedes Zink-Ion zwei Elektronen auf und jedes Iodid-Ion gibt ein Elektron ab (Auswertung d, e). Es entstehen Zink-Atome und Iod-Moleküle. Die Reaktionsgleichung der Gesamtreaktion lautet:

$$\mathbf{Zn^{2+}(aq) + 2I^-(aq) \longrightarrow Zn(s) + I_2(aq)}$$

Auch Wasser kann durch Elektrolyse in Elemente zerlegt werden. Da reines Wasser den elektrischen Strom schlecht leitet, setzt man ihm etwas Schwefelsäure (oder Kalilauge) zur besseren Leitfähigkeit zu. An den Elektroden werden dann die Gase Wasserstoff und Sauerstoff nach den Teilgleichungen aus Auswertung i) gebildet (V3). Die Elektrolyse des Wassers lässt sich durch folgende Reaktionsgleichung als **Elektronenübertragung** beschreiben:

$$\mathbf{2H_2O(l) \longrightarrow 2H_2(g) + O_2(g)}$$

$+ 2 \times 2e^-$

$- 4e^-$

Bei dieser Reaktion wird der chemische Energiespeicher Wasserstoff erzeugt, ein möglicher Energieträger für umweltfreundliche Technologien in der Zukunft (B5).

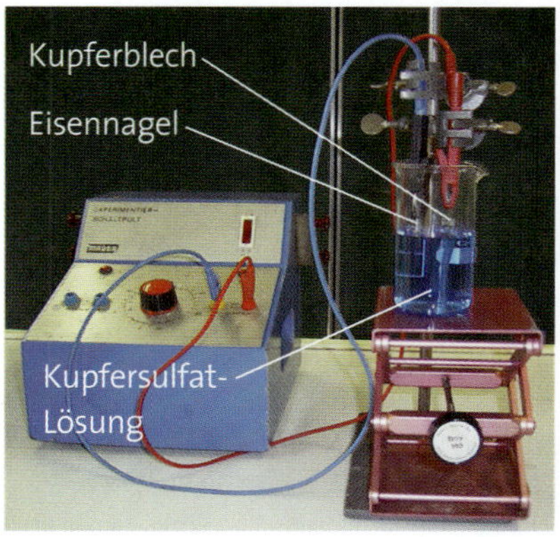

B4 *Ein Gegenstand aus Eisen kann mithilfe einer Kupfersulfat-Lösung elektrolytisch verkupfert werden.* ***A:*** *Erläutern und erklären Sie die Vorgänge an den Elektroden mithilfe der Modellanimation aus Chemie 2000+ Online.*

Aufgabe

A1 Vergleichen Sie den chemischen Energiespeicher Wasserstoff mit den chemischen Energiespeichern Benzin und Diesel.

Fachbegriffe

Elektrolyse, Elektronenübertragung

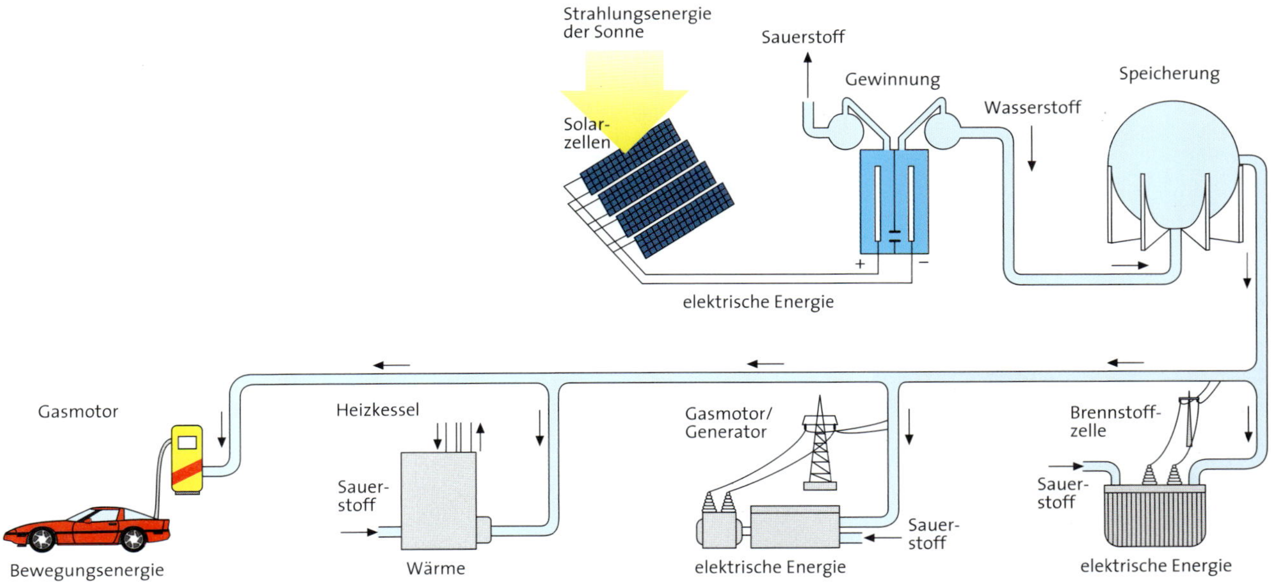

B5 *Solar-Wasserstoff-Szenario.* ***A:*** *Erläutern und begründen Sie, warum hier die Wasserelektrolyse bei der Nutzung von elektrischer Energie aus Solarzellen eine Schlüsselrolle einnimmt.*

Wenn Elektronen Partner wechseln ...

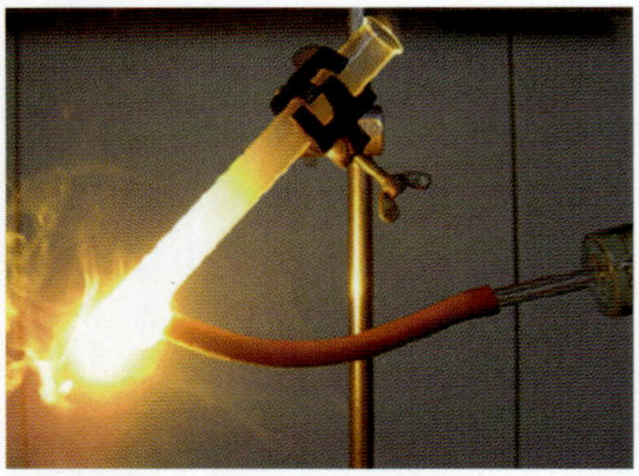

B1 *Reaktion von Natrium mit Chlor.*
A: *Informieren Sie sich in Chemie 2000+ Online über den Verlauf (Video) und über das Modell (Flash-Animation) dieser Reaktion und über Reaktionen zwischen Metallen und Halogenen. Nennen Sie Gemeinsamkeiten dieser Reaktionen.*

Versuche

V1 Halten Sie mit der Tiegelzange nacheinander etwas Magnesiumband*, je ein Stück Kupfer- und Silberblech und einen Platindraht in die entleuchtete Brennerflamme. *Vorsicht*: Beim Magnesiumband nicht direkt in die Flamme schauen. Stellen Sie die Gemeinsamkeiten und Unterschiede in den Beobachtungen fest.

LV2 *Vorsicht:* Schutzbrille, Schutzscheibe, feuerfeste Unterlage verwenden; bei Magnesiumpulver nicht direkt in die Flamme schauen. Ein Gasbrenner wird waagerecht an einem Stativ festgespannt und die entleuchtete Brennerflamme eingestellt. Aus einem Glasrohr, in dessen Ende etwas Magnesiumpulver* gefüllt wurde, bläst man über einen Gummischlauch das Magnesiumpulver von der Seite schräg nach oben in die Brennerflamme. Der Versuch wird mit Eisen*- und Kupferpulver wiederholt. Die Helligkeit der Flammen wird verglichen.

V3 Geben Sie in drei Rggl. etwas Eisenwolle, die vorher a) mit Wasser, b) mit Chlorwasser und c) mit Bromwasser* angefeuchtet wurde. Lassen Sie die Rggl. einige Tage im Abzug stehen und beobachten Sie die Veränderungen.

B2 *Beim Rosten werden Metalle korrodiert („zerfressen“).*

Auswertung

a) Deuten Sie die Beobachtungen bei V1 und ordnen Sie die untersuchten Metalle nach steigender Reaktivität bei der in der Brennerflamme eingeleiteten Reaktion.

b) Erläutern Sie, ob und inwiefern die bei a) aufgestellte Ordnung auch für die Beobachtungen aus LV2 zutrifft. Gehen Sie auf die Unterschiede der Heftigkeit bei den Reaktionen in V1 und LV2 ein.

c) Formulieren Sie zu den Reaktionen aus V1 und LV2 Reaktionsgleichungen.

d) Beschreiben Sie die Beobachtungen bei V3 und deuten Sie die Veränderungen an der Eisenwolle.

e) Planen Sie Versuche, mit denen man überprüfen kann, ob Chlor bzw. Brom an den Reaktionen der betreffenden Probe aus V3 beteiligt ist oder nicht. Führen Sie die Versuche nach Absprache mit Ihrer Lehrkraft durch.

f) Vergleichen Sie die Reaktionen aus V3 (vgl. Auswertung e) mit der in B1 dargestellten Reaktion. Nennen Sie Gemeinsamkeiten und Unterschiede.

g) Erläutern und begründen Sie, ob und inwiefern die drei Teilversuche aus V3 als Modellversuche für das Rosten eines Schiffsrumpfs im Meerwasser (B2) angesehen werden können.

h) Erläutern und begründen Sie anhand Ihrer Alltagserfahrungen und der Ergebnisse aus V1 und LV2, warum man in der Platinentechnik vorwiegend die Metalle Kupfer, Platin und Gold verwendet (B3).

B3 *Platine für ein elektronisches Gerät mit Leiterbahnen aus Edelmetall*

Das Donator-Akzeptor-Prinzip bei Redoxreaktionen

Die Oxidation von Metallen mit Sauerstoff verläuft mit unterschiedlicher Heftigkeit: Ein entzündetes Magnesiumband brennt an der Luft mit gleißender Flamme weiter, ein Kupferblech wird nur in der Flamme rasch oxidiert und ein Platindraht selbst in der Weißglut der Flamme nicht (V1). In Pulverform verlaufen die Reaktionen wegen der größeren Oberfläche allgemein heftiger, die Unterschiede zwischen den verschiedenen Metallen sind aber ähnlich. In Chlor brennen Metalle ähnlich wie in Sauerstoff unter Bildung von Chloriden (B1). In wässrigen Halogen-Lösungen werden Metalle schneller korrodiert als in Wasser (V3, B2). Dabei bilden sich hydratisierte Metall-Ionen und Halogenid-Ionen.
Nicht nur die Beobachtungen bei der Reaktion von Metallen mit Sauerstoff und Chlor sind sehr ähnlich, auch die dabei stattfindenden Synthesen von Oxiden bzw. Chloriden lassen sich analog formulieren:

$2Mg(s) + O_2(g) \longrightarrow 2MgO(s)$; exotherm
$2Na(s) + Cl_2(g) \longrightarrow 2NaCl(s)$; exotherm

Da auch die Vorgänge auf der Teilchenebene bei diesen Reaktionen ganz analog verlaufen (B4), ist es sinnvoll, allgemein zu definieren:

Eine Oxidation ist eine Elektronenabgabe. Eine Reduktion ist ein Elektronenaufnahme. Eine Redoxreaktion ist eine Reaktion, bei der eine Elektronenübertragung stattfindet.

Diesen Definitionen liegt das **Donator-Akzeptor-Prinzip** zugrunde, mit dem sich die Redoxreaktionen und die Protolysen „unter einen Hut" bringen lassen (B5). Ähnlich wie die Säure-Teilchen in einer Protolyse als Protonendonatoren wirksam werden, fungieren die Teilchen des Reduktionsmittels in einer Redoxreaktion als **Elektronendonatoren** und werden dabei oxidiert.
So wirken beispielsweise Metalle als **Reduktionsmittel** und werden dabei unterschiedlich leicht oxidiert (V1, LV2). Metall-Atome können demnach gute oder schlechte Elektronendonatoren sein, ähnlich wie es auch bei den Säuren starke und schwache Protonendonatoren gibt.

Aufgaben

A1 Entwickeln Sie nach den Mustern aus B4 Gleichungen für die Teilreaktionen und die Gesamtreaktionen bei a) der Bildung von Eisen(III)-oxid, b) der Bildung von Eisen(III)-chlorid und c) der Elektrolyse von Kupferiodid-Lösung.

A2 Erläutern und begründen Sie, warum dem Begriff Säure der Begriff Reduktionsmittel entspricht, aber nicht der Begriff Oxidation.

A3 Die Begriffe Oxidation und Reduktion wurden ursprünglich auf der Stoffebene definiert und bezogen sich auf die Beteiligung des Sauerstoffs an einer Reaktion. Mit der Festlegung der neuen Definitionen auf Teilchenebene sind diese Reaktionen ebenfalls erfasst, die Reaktion von Magnesium mit Sauerstoff ist danach aber keine Oxidation, sondern eine Redoxreaktion (B4). Begründen Sie diese Behauptung.

Bei der Reaktion von Magnesium mit Sauerstoff zu Magnesiumoxid werden Magnesium-Ionen Mg^{2+} und Sauerstoff-Ionen O^{2-} gebildet.
Jedes Magnesium-Atom gibt 2 Elektronen ab. Oxidation:

(1a) $Mg \longrightarrow Mg^{2+} + 2e^-$

Jedes Sauerstoff-Atom nimmt 2 Elektronen auf. Reduktion:

(1b) $O_2 + 4e^- \longrightarrow 2O^{2-}$

Die Zusammenfassung von (1a) und (1b) ergibt die Redoxreaktion:

(1c) $2Mg + O_2 \longrightarrow 2Mg^{2+} + 2O^{2-}$
2 x $2e^-$

Bei der Reaktion von Natrium mit Chlor zu Natriumchlorid werden Natrium-Ionen Na^+ und Chlorid-Ionen Cl^- gebildet.
Jedes Natrium-Atom gibt 1 Elektron ab. Oxidation:

(2a) $Na \longrightarrow Na^+ + e^-$

Jedes Chlor-Atom nimmt 1 Elektron auf. Reduktion:

(2b) $Cl_2 + 2e^- \longrightarrow 2Cl^-$

Die Zusammenfassung von (2a) und (2b) ergibt die Redoxreaktion:

(2c) $2Na + Cl_2 \longrightarrow 2Na^+ + 2Cl^-$
2 x $1e^-$

B4 *Vergleich der Redoxreaktion von Magnesium mit Sauerstoff und der von Natrium mit Chlor mit den Teilreaktionen für die Oxidationen und Reduktionen. **A:** Formulieren Sie die Bildung von Magnesiumchlorid in Teilreaktionen.*

Säure	Base	Protolyse
Protonen-donator	Protonen-akzeptor	Protonen-übergang
Reduktions-mittel	**Oxidations-mittel**	**Redox-reaktion**
Elektronen-donator	Elektronen-akzeptor	Elektronen-übergang

B5 *Das Donator-Akzeptor-Prinzip*

Fachbegriffe

Elektronendonator, Elektronenakzeptor, Elektronenübertragung, Redoxreaktion, Donator-Akzeptor-Prinzip, Reduktionsmittel

Metalle – unterschiedlich gut oxidierbar

B1 *Goldmaske des ägyptischen Pharaos Tut-Ench-Amun (1358–1350 v. Chr.)*

Nr.	Metall	Lösung des Salzes
1	Zink	Eisen(II)-sulfat
2	Zink	Kupfersulfat
3	Zink	Silbernitrat
4	Kupfer	Zinksulfat
5	Kupfer	Eisen(II)-sulfat
6	Kupfer	Silbernitrat
7	Eisen	Zinksulfat
8	Eisen	Kupfersulfat
9	Eisen	Silbernitrat

B2 *Kombinationen von Metallen und Metallsalz-Lösungen (V3)*

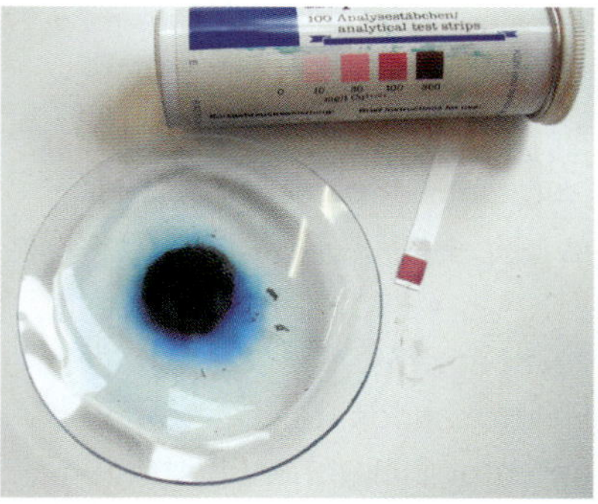

B3 *Kupfermünze in ammoniakalischer Silbersalz-Lösung*

Versuche

V1 Legen Sie eine saubere, mit Aceton* entfettete Kupfermünze auf ein Uhrglas und übergießen Sie sie mit einer ammoniakalischen Silbernitrat-Lösung*. Beobachten Sie einige Minuten die Farbe der Lösung. Lassen Sie den Versuch ca. eine halbe Stunde stehen. Tauchen Sie dann ein Kupfer-Teststäbchen in die Lösung ein (B3).

V2 Geben Sie in einer Versuchsreihe entsprechend B2 blanke Stücke verschiedener Metalle in die angegebenen Metallsalz-Lösungen. Fassen Sie Ihre Beobachtungen tabellarisch zusammen.

V3 Geben Sie zu einer kleinen Probe Kupfersulfat-Lösung* einen Spatel Zinkpulver*. Durchmischen Sie gut und warten Sie dann, bis sich das überschüssige Zinkpulver abgesetzt hat. Messen Sie die Temperaturänderung während des Versuchs. Testen Sie den Überstand der Lösung mit einem Zink-Teststäbchen.

V4 Geben Sie 1 bis 2 Tropfen Zinn(II)-chlorid-Lösung, $c \approx 0{,}5$ mol/L, auf einen Objektträger und erzeugen Sie durch Auflegen eines Deckgläschens einen dünnen Flüssigkeitsfilm zwischen den Gläsern. Betrachten Sie eine Kante des Deckgläschens unter dem Mikroskop (40- bis 100-fache Vergrößerung). Schieben Sie ein kleines Zinkblech mit sauberer, gerader Kante vorsichtig zur Kante des Deckgläschens, bis das Metall Kontakt zur Flüssigkeit hat. Variieren Sie Metall und Salzlösung.

V5 Geben Sie zu etwas Silbernitrat-Lösung* entfettete Eisenwolle bzw. Kupferspäne und lassen Sie den Versuch einen Tag stehen. Teilen Sie die Lösung auf zwei Rggl. auf. Fügen Sie in ein Rggl. einige Tropfen Natriumchlorid-Lösung, in das andere einige Tropfen Kaliumhexacyanoferrat(III)-Lösung hinzu.

Auswertung

a) Deuten Sie die Beobachtungen bei V1 bis V4 und formulieren Sie die Reaktionsgleichungen der Metalle mit den entsprechenden Metall-Ionen.

b) Ordnen Sie die Metalle von V2 aufsteigend nach guter Oxidierbarkeit.

c) Geben Sie bei V2 jeweils das Teilchen an, bei dem es sich a) um das beste Reduktionsmittel und b) um das beste Oxidationsmittel handelt, und begründen Sie mithilfe der Versuchsergebnisse.

d) Beim „Bleibaum" taucht ein Zinkstab in eine Bleinitrat-Lösung (B4). Deuten Sie das abgebildete Versuchsergebnis und beurteilen Sie, ob anhand dieses Ergebnisses eine eindeutige Einordnung von Blei in die Reihe aus b) möglich ist.

e) Der „Eisenwolle-Eimer" wird zur Rückgewinnung von Silber aus fotografischen Bädern eingesetzt. Mit 1 kg Eisenwolle können ca. 4 kg Silber ausgefällt werden. Erläutern Sie anhand der Skizze aus B4 und mithilfe der Versuchsergebnisse aus V2 die Funktionsweise des „Eisenwolle-Eimers".

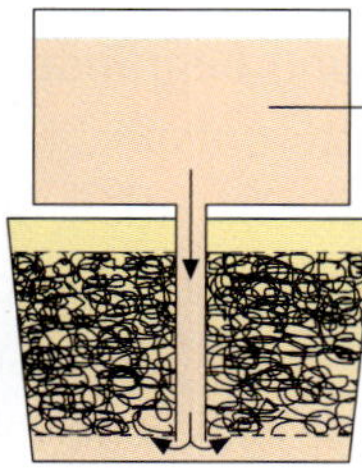

B4 *Foto eines „Bleibaums" mit vergrößertem Ausschnitt und Skizze eines „Eisenwolle-Eimers"*

Korrespondierende Redoxpaare

Während manche Metalle sehr widerstandsfähig gegen Oxidation sind (B1), werden andere bereits beim Eintauchen in eine Metallsalz-Lösung oxidiert. Die Ergebnisse von V1 bis V5 zeigen, dass die Metalle nach ihrer Oxidierbarkeit geordnet werden können. Beispielsweise überzieht sich ein Zinkstück in einer Kupfersalz-Lösung mit einem rötlichen Belag aus Kupfer und in der Lösung sind dann Zink-Ionen nachweisbar (V2, V3), während sich an einem Kupferblech in einer Zinksalz-Lösung keine Reaktion zeigt. Demnach werden Kupfer-Ionen zu Kupfer-Atomen reduziert und Zink-Atome zu Zink-Ionen oxidiert:

Reduktion: $Cu^{2+}(aq) + 2e^- \longrightarrow Cu(s)$
Oxidation: $Zn(s) \longrightarrow Zn^{2+}(aq) + 2e^-$

Redoxreaktion: $Cu^{2+}(aq) + Zn(s) \longrightarrow Cu(s) + Zn^{2+}(aq)$

Diese Reaktion verläuft spontan und ist exotherm. Die umgekehrte Reaktion, bei der Kupfer-Atome oxidiert und Zink-Ionen reduziert werden, findet nicht spontan statt. Kupfer-Atome werden aber beim Kontakt mit Silber-Ionen oxidiert und gehen als Kupfer-Ionen in Lösung (V1):

Reduktion: $2Ag^{+}(aq) + 2e^- \longrightarrow 2Ag(s)$
Oxidation: $Cu(s) \longrightarrow Cu^{2+}(aq) + 2e^-$

Redoxreaktion: $2Ag^{+}(aq) + Cu(s) \longrightarrow 2Ag(s) + Cu^{2+}(aq)$

Es hängt vom Reaktionspartner ab, ob *Kupfer-Atome* als **Reduktionsmittel** wirken und oxidiert werden oder ob *Kupfer-Ionen* als **Oxidationsmittel** wirken und selbst zu Kupfer-Atomen reduziert werden:

$$\underset{\text{Elektronendonator}}{Cu(s)} \rightleftharpoons \underset{\text{Elektronenakzeptor}}{Cu^{2+}(aq) + 2e^-}$$

Das Paar Cu/Cu^{2+} bezeichnet man als **korrespondierendes**[1] **Redoxpaar**. Ordnet man nun die in V1 bis V5 untersuchten Redoxpaare aus Metall-Atom und korrespondierendem Metall-Ion nach dem Reduktionsvermögen der Metalle bzw. dem Oxidationsvermögen der Metall-Ionen, so erhält man die **Redoxreihe der Metalle** (B5). Am oberen Ende dieser Redoxreihe stehen die Redoxpaare, deren Atome leicht oxidierbar, d.h. gute Elektronendonatoren sind. Edelmetalle wie Silber und Gold stehen am unteren Ende, da ihre Atome nur schwer Elektronen abgeben, ihre Ionen aber gute Elektronenakzeptoren sind.

Aufgabe

A1 Für einen Versuch benötigt man hoch reines Kupfer(II)-chlorid. Würden Sie diese Substanz mit einem Silber- oder mit einem Nickellöffel aus der Vorratsflasche entnehmen? Begründen Sie Ihre Entscheidung.

[1] *correspondere* (lat.) = übereinstimmen, sich entsprechen; Korrespondierende Redoxpaare werden auch konjugierte Redoxpaare genannt (von *conjugare* (lat.) = verbinden).

Elektronendonator ⇌ Elektronenakzeptor + e^-

$Na(s)$	⇌	$Na^{+}(aq)$	+ e^-
$Mg(s)$	⇌	$Mg^{2+}(aq)$	+ $2e^-$
$Zn(s)$	⇌	$Zn^{2+}(aq)$	+ $2e^-$
$Fe(s)$	⇌	$Fe^{2+}(aq)$	+ $2e^-$
$Ni(s)$	⇌	$Ni^{2+}(aq)$	+ $2e^-$
$Sn(s)$	⇌	$Sn^{2+}(aq)$	+ $2e^-$
$Pb(s)$	⇌	$Pb^{2+}(aq)$	+ $2e^-$
$Cu(s)$	⇌	$Cu^{2+}(aq)$	+ $2e^-$
$Ag(s)$	⇌	$Ag^{+}(aq)$	+ e^-
$Hg(l)$	⇌	$Hg^{2+}(aq)$	+ $2e^-$
$Au(s)$	⇌	$Au^{3+}(aq)$	+ $3e^-$

Stärke des Elektronendonators und Reduktionsvermögen nehmen ab.

Stärke des Elektronenakzeptors und Oxidationsvermögen nehmen ab.

Ist ein Metall-Atom ein starker Elektronendonator (z.B. **Zn**), dann ist das korrespondierende Ion ein schwacher Elektronenakzeptor (z.B. Zn^{2+}).

Ist ein Metall-Atom ein schwacher Elektronendonator (z.B. **Ag**), dann ist das korrespondierende Ion ein starker Elektronenakzeptor (z.B. Ag^{+}).

Ein Metall-Atom kann ein Metall-Ion, das in der Redoxreihe unterhalb seines korrespondierenden Ions steht, reduzieren (grüner Pfeil). Eine Reaktion in der umgekehrten Richtung läuft nicht spontan ab (roter Pfeil).

B5 *Korrespondierende Redoxpaare und Redoxreihe einiger Metalle*

Aufgabe

A2 Begründen Sie, bei welchen der folgenden Kombinationen eine Reaktion zu erwarten ist:
a) $Sn(s)$ mit $Ni^{2+}(aq)$,
b) $Pb(s)$ mit $Sn^{2+}(aq)$,
c) $Ni(s)$ mit $Pb^{2+}(aq)$ und
d) $Cu(s)$ mit $Hg^{2+}(aq)$.

Fachbegriffe

Reduktionsmittel, Oxidationsmittel, korrespondierendes Redoxpaar, Redoxreihe der Metalle

B1 *Zu einem schmerzhaften Biss kommt es, wenn man eine Zahnfüllung aus Amalgam (Quecksilber-Legierung) hat und auf ein Stück Alufolie beißt.* **A:** *Erläutern Sie die Ähnlichkeit zu V1.*

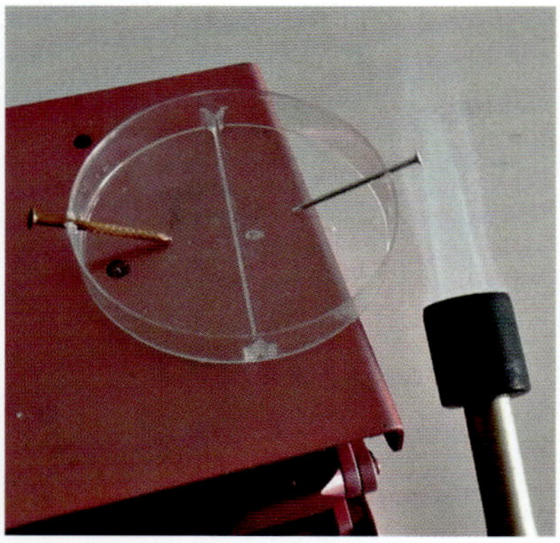

B2 *Vorbereitung einer Petrischale für einfache galvanische Elemente (V2 a)*

Strom aus Redoxreaktionen

Versuche

V1 *Hautkontaktbatterie*

Ein Silberlöffel und eine verzinkte Schraube werden über Kabel mit einem digitalen Voltmeter (Messbereich: 2 V Gleichspannung) verbunden. Eine Person fasst die Schraube an, eine andere den Löffel. Dann reichen sich die beiden Personen die Hände, sodass die beiden Gegenstände über „Hautkontakt" verbunden sind. Die Anzeige und die Polung des Voltmeters werden notiert.

V2 *Strom aus der Petrischale*

a) Vorbereitung: In die gegenüberliegenden Ränder einer zweigeteilten Kunststoff-Petrischale werden ein Kupfernagel und ein Zinknagel (Zinkdraht, Zinkblech) durch vorsichtiges Erhitzen eingeschmolzen (B2). b) Füllen Sie in eine Hälfte der Schale eine Kupfersulfat*-Lösung, in die andere Hälfte eine Zinksulfat*-Lösung, beide mit den Konzentrationen $c = 0{,}1$ mol/L. Die beiden Metalle werden dann mit einem Voltmeter verbunden. Stecken Sie nun ein kleines Stück Bierdeckel auf den Trennsteg der Petrischale. Beachten Sie, wann der Messwert am Voltmeter angezeigt wird und notieren Sie die gemessene Spannung.

V3 *Daniell-Element*

Füllen Sie, wie in B3 skizziert, ein Becherglas mit Kupfersulfat*-Lösung, $c = 0{,}1$ mol/L, das andere mit Zinksulfat*-Lösung, $c = 0{,}1$ mol/L. Tauchen Sie in die Kupfersulfat-Lösung ein Kupferblech und in die Zinksulfat-Lösung ein Zinkblech. Verbinden Sie die Bleche über ein Voltmeter. Die beiden Gefäße werden über eine Elektrolytbrücke, ein gebogenes Glasrohr mit gesättigter Kaliumnitrat*-Lösung, verbunden. Lesen Sie die Spannung ab und versuchen Sie, einen kleinen Elektromotor anzutreiben.

Auswertung

a) Stellen Sie eine Vermutung an, was das Voltmeter bei V1 anzeigt, wenn die Pole am Voltmeter vertauscht werden, und überprüfen Sie dann Ihre Vermutung.

b) Treffen Sie Aussagen über die Herkunft und den Fluss von elektrischen Ladungsträgern bei V1 und bei V2.

c) Nennen Sie Gemeinsamkeiten und Unterschiede der drei Versuchanordnungen aus B3 und B4.

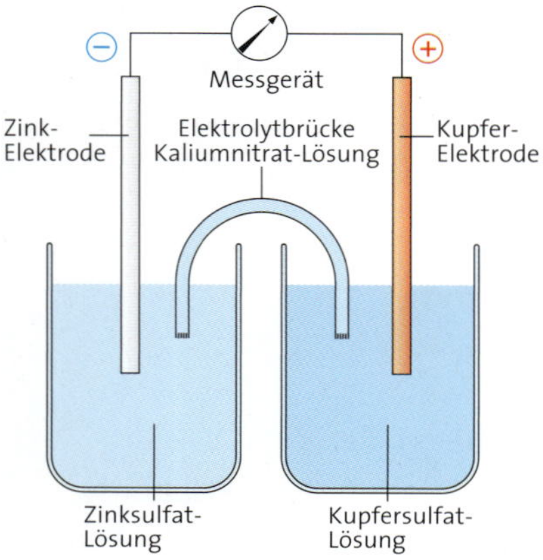

B3 *Versuchsaufbau zu V3*

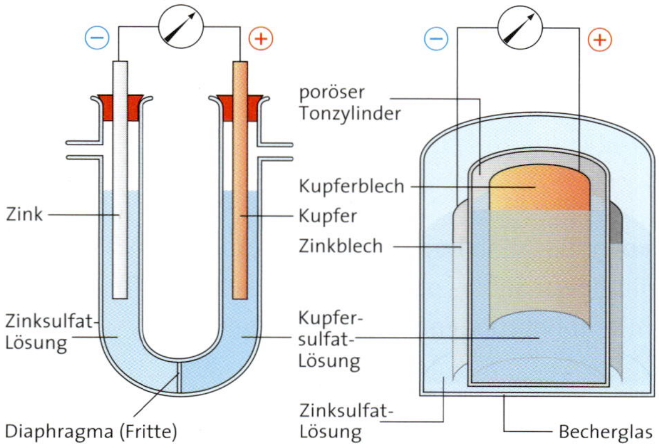

B4 *Alternative Versuchsaufbauten für V2 und V3*

Galvanische Zellen

Die elektrische Spannung bei der „Hautkontaktbatterie“ (V1), bei dem Biss in B1 und den Versuchsanordnungen aus B3 und B4 haben eine gemeinsame Ursache: Es liegen jeweils Gleichgewichte zwischen zwei korrespondierenden Redoxpaaren vor. In V3 sind dies die Paare $\mathbf{Zn/Zn^{2+}}$ und $\mathbf{Cu/Cu^{2+}}$:

$$\mathrm{Zn(s)} \rightleftharpoons \mathrm{Zn^{2+}(aq) + 2e^-} \text{ und } \mathrm{Cu(s)} \rightleftharpoons \mathrm{Cu^{2+}(aq) + 2e^-}$$

Die Gleichgewichte stellen sich an räumlich getrennten Orten ein, jeweils an der Grenzschicht zwischen einem Metall und einem **Elektrolyt**, d. h. einer ionenhaltigen Lösung. Zink- bzw. Kupfer-Atome gehen aus dem Metallgitter als Ionen in die Lösung, die abgegebenen Elektronen bleiben im Metall. Dadurch bildet sich an jedem der beiden Metalle eine elektrische Doppelschicht aus (B5). Da die Zink-Atome aber eine größere Tendenz als Kupfer-Atome haben, Elektronen abzugeben, kommt es im Zinkblech zu einem Elektronenüberschuss gegenüber dem Kupferblech. Zwischen den beiden Metallen entsteht so eine **Potenzialdifferenz**, die als **Leerlaufspannung** der Zelle messbar ist. Das Zinkblech wird dabei zum Minuspol und das Kupferblech zum Pluspol. Die Zink-Halbzelle fungiert als **Donator-Halbzelle** und die Kupfer-Halbzelle als **Akzeptor-Halbzelle**.
Allgemein wird der Ort, an dem die Oxidation abläuft, als **Anode** (hier: Zink-Halbzelle) bezeichnet. Die **Kathode** ist der Ort, an dem die Reduktion abläuft (hier: Kupfer-Halbzelle).
Verbindet man die beiden Halbzellen über einen Metalldraht, d. h. einen Elektronenleiter, und sorgt dafür, dass über eine Elektrolytbrücke oder eine poröse Wand im Elektrolyt Ionen zwischen den beiden Halbzellen wandern können, so hat man eine **galvanische Zelle** aufgebaut, in der elektrischer Strom fließt (V1 bis V3).
Beim **Daniell[1]-Element** sind die beiden **Elektroden**, die Metalle Zink und Kupfer, jeweils in Kontakt mit einem Elektrolyt, der die entsprechenden Ionen enthält, i. d. R. mit einer Zinksulfat-Lösung bzw. einer Kupfersulfat-Lösung (V2, V3). Wie alle galvanischen Zellen kann das Daniell-Element als Spannungs- und Stromquelle dienen. Im Gegensatz zur Leerlaufspannung, die man misst, wenn im Stromkreis der Zelle kein Verbraucher eingebaut ist ($U \approx 1{,}1$ V), kann die Stromstärke je nach Versuchsanordnung sehr unterschiedlich sein. Sie ist z. B. von der Oberfläche und dem Abstand der beiden Elektroden sowie von der Art und der Oberfläche der Elektrolytbrücke abhängig. Während des Betriebs des Daniell-Elements nimmt die Masse der Zink-Elektrode allmählich ab und die der Kupfer-Elektrode zu (B6).

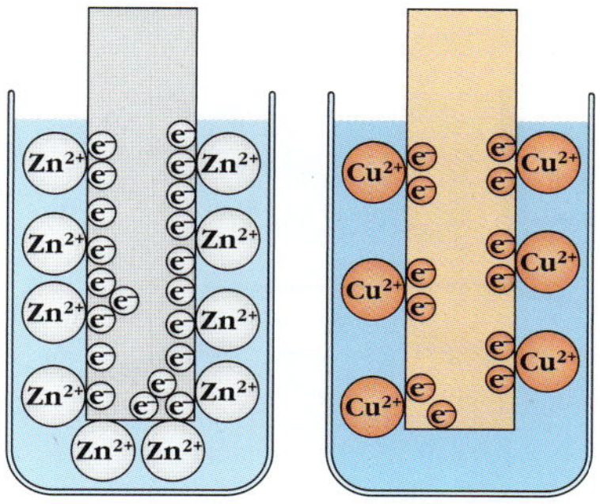

B5 *Elektrische Doppelschichten bei den Redoxpaaren $\mathbf{Zn/Zn^{2+}}$ und $\mathbf{Cu/Cu^{2+}}$.* **A:** *Treffen Sie anhand dieser Darstellung Aussagen über die Lagen der beiden Gleichgewichte aus der Textspalte.*

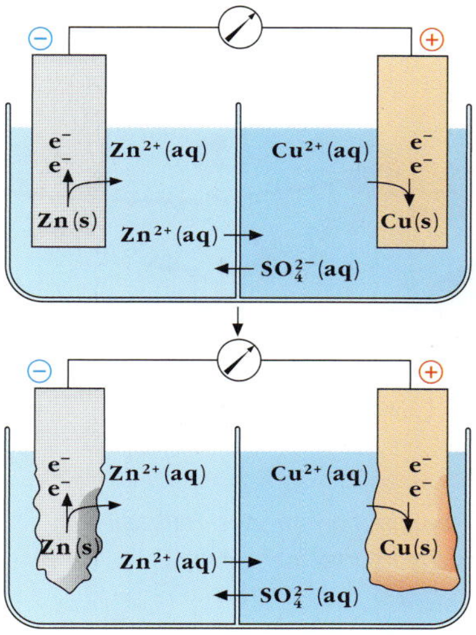

B6 *Schematische Darstellung der Vorgänge im Daniell-Element.* **A:** *Erklären Sie, warum nach längerem Betrieb der Zelle die Konzentration an Zink-Ionen zu- und die an Kupfer-Ionen abnimmt.*

Fachbegriffe

Elektrolyt, Elektrode, galvanische Zelle, Daniell-Element, Donator-Halbzelle, Akzeptor-Halbzelle, Anode, Kathode, Potenzialdifferenz, Leerlaufspannung

Aufgaben

A1 Recherchieren Sie in *Chemie 2000+ Online* die Modell-Animation zur Funktionsweise einer galvanischen Zelle und vergleichen Sie mit B6.

A2 Stellen Sie tabellarisch Vor- und Nachteile der vier Versuchsanordnungen zum Daniell-Element in B2, B3 und B4 zusammen.

[1] nach John Frederic Daniell (1790 bis 1845), Professor für Chemie am King's College in London

Mehr oder weniger Spannung

Versuche

V1 Stellen Sie in vier 100-mL-Bechergläsern die folgenden Halbzellen her:

Halbzelle	Elektrode	Lösung c = 0,1 mol/L
1	Zink	Zinksulfat*
2	Eisen	Eisen(II)-sulfat*
3	Kupfer	Kupfersulfat*
4	Silber	Silbernitrat*

Die Elektroden werden an Stativen befestigt. Verbinden Sie jeweils 2 Halbzellen zu galvanischen Zellen (vgl. S. 260, B3). Verwenden Sie als Elektrolytbrücke jeweils einen mit konzentrierter Kaliumnitrat*-Lösung getränkten Filterpapierstreifen. Messen Sie die Spannungen, die sich bei der Kombination von je zwei Halbzellen einstellen. Notieren Sie die gemessenen Spannungen und benennen Sie jeweils die Donator- und die Akzeptor-Halbzelle, also die Anode und die Kathode.

V2 *Galvanische Zellen in Petrischalen*

Sie benötigen die in V1 angegebenen Lösungen und Elektrodenmaterialien. Als Elektroden eignen sich Bleche, dickere Drähte oder entsprechende Nägel (z. B. ein Eisennagel, ein Kupfernagel und ein verzinkter Nagel).

a) *Vorbereitung*: Schmelzen Sie in die gegenüberliegenden Seiten von zwei zweigeteilten Petrischalen aus Kunststoff jeweils einen Metallnagel oder -draht ein (vgl. S. 260, B2). Bei der Verwendung von Metallblechen knicken Sie diese um die Außenwände der Schalen.

b) Füllen Sie die Hälften der beiden Petrischalen mit den entsprechenden Metallsalz-Lösungen (S. 260, B2). Verbinden Sie die Halbzellen über Kabel mit einem Voltmeter und stecken Sie ein kleines Stück Bierdeckel auf die Trennwände der Petrischalen. Messen Sie die sich einstellenden Spannungen bei allen möglichen Kombinationen. Wenn Sie die beiden Petrischalen eng aneinanderrücken, können Sie die Spannung zwischen zwei Halbzellen zweier benachbarter Petrischalen messen, indem Sie das Bierdeckelstück nun über die beiden Außenwände der Schalen stecken und die entsprechenden Elektroden mit dem Voltmeter verbinden (B2).

Auswertung

a) Fertigen Sie für V1 und V2 Messwerttabellen an, in denen jeweils die Donator- und die Akzeptor-Halbzellen sowie die Spannungen eingetragen sind.

b) Geben Sie für die einzelnen Kombinationen nach dem Muster aus B3 an, welche Teilchenart oxidiert und welche reduziert wurde, und formulieren Sie für die entsprechenden galvanischen Zellen jeweils die Reaktionsgleichung der Gesamtreaktion nach folgendem Schema:

$$\mathbf{Cu^{2+}(aq) + Zn(s) \longrightarrow Cu(s) + Zn^{2+}(aq)}.$$

c) Vergleichen Sie die Versuchsergebnisse mit der Stellung der Redoxpaare in der Redoxreihe aus S. 259, B5.

d) Bearbeiten Sie das interaktive Modul zu dieser Buchseite aus *Chemie 2000+ Online*.

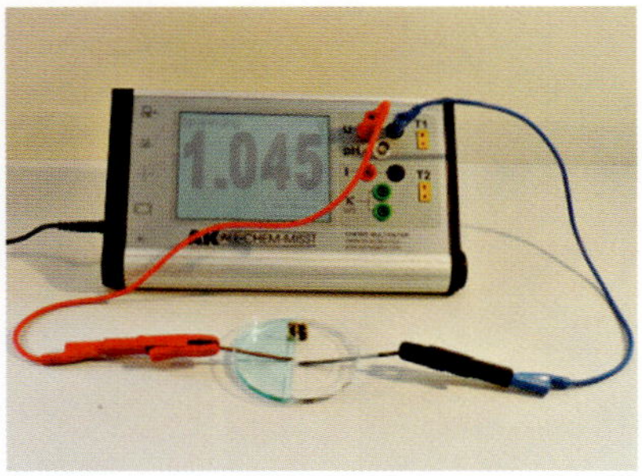

B1 *Spannungsmessung bei einer galvanischen Zelle (V2)*

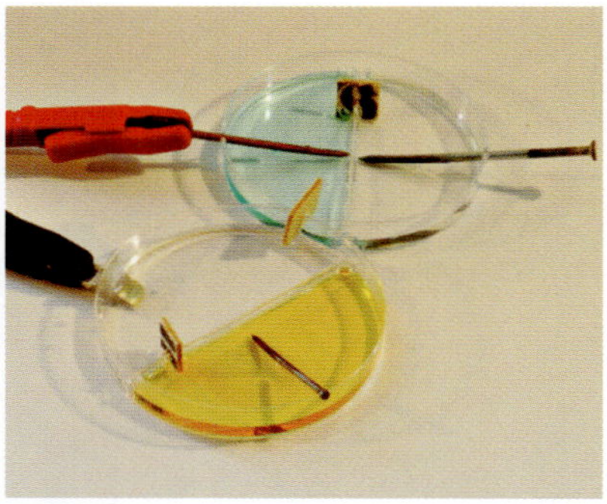

B2 *Kombination von zwei Halbzellen benachbarter Petrischalen (V2)*

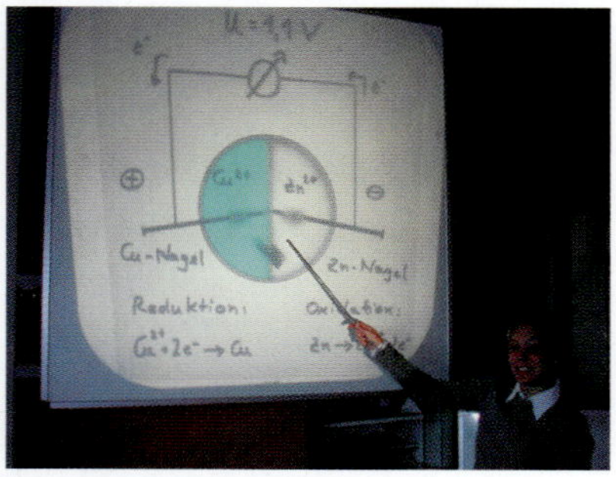

B3 *Auswertung von V2 am Overhead-Projektor*

Potenzialdifferenzen bei galvanischen Zellen

Kombiniert man verschiedene Redoxpaare miteinander zu galvanischen Zellen, so erwartet man aufgrund ihrer Stellung in der Redoxreihe (vgl. S. 259, B5) unterschiedliche Spannungen. Die Ergebnisse aus V1 und V2 bestätigen dies und führen zu folgenden Erkenntnissen:

1. Je weiter auseinander die Redoxpaare in der Redoxreihe stehen, desto größer ist die **Potenzialdifferenz** zwischen den betreffenden Halbzellen und entsprechend auch die **Leerlaufspannung** der Zelle. Die höchste Spannung wird bei der Versuchsreihe aus V1 und V2 zwischen einer $\mathbf{Zn/Zn^{2+}}$- und einer $\mathbf{Ag/Ag^{+}}$-Halbzelle gemessen. Diese beiden Redoxpaare liegen von den untersuchten in der Redoxreihe am weitesten auseinander.
2. Bei den galvanischen Zellen aus V1 und V2 stellt die Zink-Elektrode immer den Minuspol, die Silber-Elektrode immer den Pluspol dar.
3. Aus den gemessenen Spannungen zweier Zellen, die jeweils ein Redoxpaar gemeinsam haben, lässt sich die Spannung einer dritten Zelle aus den beiden noch nicht kombinierten Redoxpaaren vorhersagen. Kombiniert man z. B. die Redoxpaare $\mathbf{Zn/Zn^{2+}}$ und $\mathbf{Cu/Cu^{2+}}$ sowie $\mathbf{Cu/Cu^{2+}}$ mit $\mathbf{Ag/Ag^{+}}$ miteinander und misst die Zellspannungen, so ergibt sich die Zellspannung der Kombination $\mathbf{Zn/Zn^{2+}}$ mit $\mathbf{Ag/Ag^{+}}$ als Summe der beiden anderen Messungen (B4).
4. Stellt man die in V1 oder V2 gemessenen Potenzialdifferenzen bzw. die Zellspannungen in einer Skala (B4) grafisch dar, so wird deutlich, dass jedes Redoxpaar ein bestimmtes **Redoxpotenzial** hat, das seine Position in dieser Skala eindeutig festlegt.
5. Bei einer galvanischen Zelle bildet das in der Skala aus B4 oben stehende Redoxpaar stets die Donator-Halbzelle, das Metall in dieser Halbzelle ist der Minuspol. Das weiter unten stehende Redoxpaar bildet die Akzeptor-Halbzelle mit dem Metall als Pluspol.

Allgemein kürzt man eine galvanische Zelle durch ein **Zellendiagramm** ab:

$$\mathbf{Me_A/Me_A{}^{z+}//Me_B{}^{z+}/Me_B}.$$

Die Donator-Halbzelle, die in der galvanischen Zelle den Minuspol darstellt, steht links. Der Doppelstrich symbolisiert eine poröse Trennwand oder die Elektrolytbrücke. Die Akzeptor-Halbzelle, die den Pluspol darstellt, steht rechts. Das Zellendiagramm kürzt die Redoxvorgänge eines galvanischen Elements ab. Man liest: „$\mathbf{Me_A}$-*Atome* (1. Metall) werden zu $\mathbf{Me_A{}^{z+}}$-*Ionen* oxidiert, indem sie *z Elektronen* abgeben. Diese werden von den $\mathbf{Me_B{}^{z+}}$-Ionen aufgenommen, die zu $\mathbf{Me_B}$-*Atomen* (2. Metall) reduziert werden." Das Zellendiagramm des Daniell-Elements lautet: $\mathbf{Zn/Zn^{2+}//Cu^{2+}/Cu}$.

Aufgabe

A1 Formulieren Sie für alle galvanischen Zellen aus V1 und V2 die Zellendiagramme.

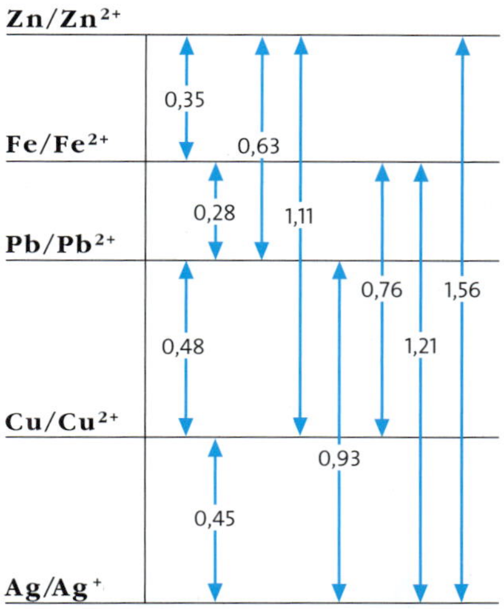

B4 *Potenzialdifferenzen einiger Redoxpaare in Volt bei Standardbedingungen*[1]

Aufgaben

A2 Eine galvanische Zelle mit dem Zellendiagramm

$\mathbf{Cd/Cd^{2+}//Ag^{+}/Ag}$

liefert eine Spannung von $U = 1{,}2$ V. (**Cd** steht für das Element Cadmium.) Zeichnen Sie einen Versuchsaufbau für diese Zelle, kennzeichnen Sie Plus- und Minuspol und ordnen Sie das Redoxpaar $\mathbf{Cd/Cd^{2+}}$ in B4 ein.

A3 Erläutern und begründen Sie, warum es mit der Skala aus B4 nicht möglich ist, einem bestimmten Redoxpaar einen Zahlenwert für sein Redoxpotenzial zuzuordnen.

Fachbegriffe

Potenzialdifferenz, Leerlaufspannung, Redoxpotenzial, Zellendiagramm

[1] vgl. S. 265

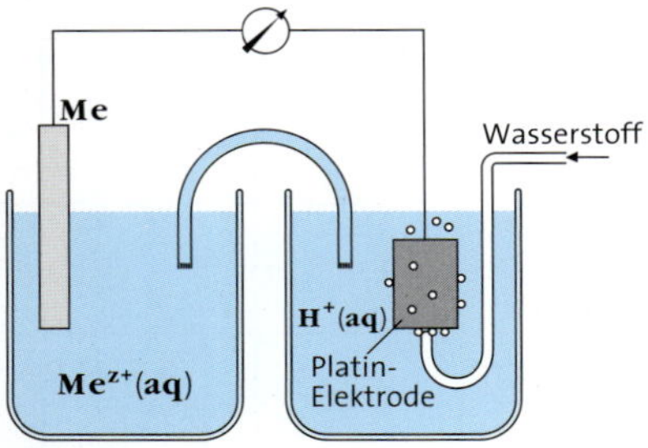

B1 *Messung der Potenzialdifferenz zwischen einer Metall-Halbzelle und einer Wasserstoff-Halbzelle*

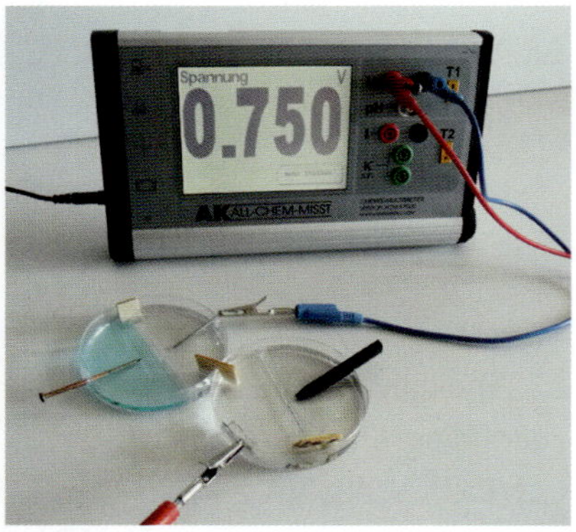

B2 *Messung des Standard-Elektrodenpotenzials der Zink-Halbzelle (V3)*

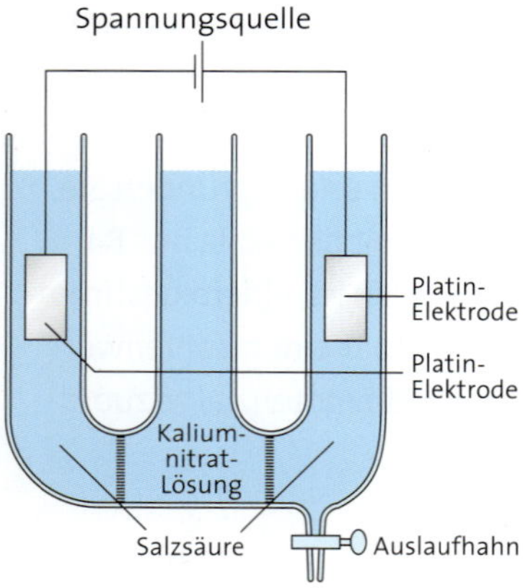

B3 *Versuchsaufbau für die Messung von Standard-Elektrodenpotenzialen*

Edle und unedle Metalle

Hinweis: Hier kann zwischen V2 und V3 gewählt werden.

Versuche

V1 Geben Sie kleine Zink-, Eisen-, Kupfer- und Silberstücke in je ein Rggl. mit halbkonzentrierter Salzsäure-Lösung*, $c \approx 2$ mol/L. Verschließen Sie jedes der Rggl. mit einem durchbohrten Stopfen, in dem ein Glasrohr steckt. Stülpen Sie jeweils ein zweites Rggl. über die Öffnung des Glasröhrchens, fangen Sie das sich evtl. bildende Gas auf und führen Sie damit die Knallgasprobe durch.

V2 Tauchen Sie ein Zinkblech in eine Zinksulfat-Lösung*, $c = 1$ mol/L. In ein zweites Gefäß wird eine Platin-Elektrode[1] in Salzsäure-Lösung*, $c = 1$ mol/L, getaucht. Verbinden Sie die Elektroden über ein Voltmeter und die beiden Gefäße mit einer mit Kaliumnitrat gefüllten Elektrolytbrücke (B1). Leiten Sie nun durch ein gewinkeltes Glasrohr vorsichtig Wasserstoffgas* über das Platinblech. Lesen Sie am Voltmeter die Spannung ab. Wiederholen Sie den Versuch mit dem Redoxpaar Cu/Cu^{2+}, $c = 1$ mol/L, anstelle des Redoxpaares Zn/Zn^{2+}.

V3 1. *Präparation einer Petrischale und Elektrolyse* **(Abzug! Schutzbrille!)**: Präparieren Sie eine zweigeteilte Petrischale aus Kunststoff mit einer Graphit-Elektrode und einer Platin-Elektrode[1] (B2, vgl. auch B2, S. 260). Füllen Sie in beide Schalenhälften Salzsäure-Lösung*, $c = 1$ mol/L. Verbinden Sie die Platin-Elektrode mit dem Minus-, die Graphit-Elektrode mit dem Pluspol einer Gleichspannungsquelle. Nach Aufsetzen eines Stücks Bierdeckel elektrolysieren Sie ca. 1 Minute bei 5 V.

2. *Messungen der Potenzialdifferenzen*: Legen Sie nun die präparierte Petrischale mit einer Petrischale wie in V2 auf S. 262 aneinander und überbrücken Sie die Ränder der Zink-Halbzelle und der Halbzelle mit dem Platinblech mit einem Stück Bierdeckel (B2). Verbinden Sie die Platin-Elektrode der einen Schale mit dem Zinknagel der zweiten Schale. Lesen Sie die Spannung ab. Kombinieren Sie dann entsprechend die Platin-Elektrode mit der Kupfer-Halbzelle.

Auswertung

a) Formulieren Sie die Reaktionsgleichungen der bei V1 abgelaufenen Reaktionen zwischen Metallen und Salzsäure.

b) Ordnen Sie das Redoxpaar $H_2/2H^+$ (vereinfachte Schreibweise für $H_2/2H_3O^+$) aufgrund der Ergebnisse bei V2 begründet in die Skala aus B4, S. 263, ein.

c) Formulieren Sie für V2 die Teilgleichungen der Oxidationen und Reduktionen sowie Gesamtgleichungen für die entsprechenden galvanischen Zellen (vgl. Auswertung b, S. 262).

d) Begründen Sie, warum bei V3 eine Elektrolyse durchgeführt wird.

Aufgabe

A1 Im Doppel-U-Rohr aus B3 kann analog zu V3 die Potenzialdifferenz zwischen einer Wasserstoff-Halbzelle $H_2/2H^+$ und einer Zink-Halbzelle Zn/Zn^{2+} (oder einer anderen Halbzelle Me/Me^{z+}) gemessen werden. Beschreiben und begründen Sie die Arbeitsschritte, nach denen verfahren werden muss.

[1] *Hinweis:* Als Platin-Elektroden lassen sich Rasierscherfolien von einigen Elektrorasierern verwenden. Es handelt sich dabei um dünne Nickelnetze, die mit einer dünnen Schicht aus Platin überzogen sind.

Standardpotenziale E° und Spannungsreihe der Metalle

Die Spannung zwischen zwei Halbzellen ergibt sich aus der Differenz der Potenziale der Halbzellen (vgl. S. 263). Da nur Potenzialdifferenzen gemessen werden können, benötigt man für die Angabe eines Zahlenwerts für das Redoxpotenzial eines bestimmten Redoxpaares eine Bezugshalbzelle – einen „Nullpunkt" auf der Zahlenachse der Redoxpotenziale. International ist man übereingekommen, als Bezugssystem die **Standard-Wasserstoff-Halbzelle** festzulegen, in der das Redoxpaar $H_2/2H_3O^+$ (*vereinfacht*: $H_2/2H^+$) vorliegt:

$$H_2(g) \rightleftharpoons 2H^+(aq) + 2e^-$$

Da man keine Elektrode aus Wasserstoffgas bauen kann, verwendet man eine Elektrode aus einem inerten[2] Platinblech (**Pt**), das in Salzsäure mit der Wasserstoff-Ionenkonzentration von $c(H^+) = 1$ mol/L von Wasserstoffgas unter Atmosphärendruck ($p = 1013$ hPa) umspült wird (V2, B1). Die Oberfläche des Platins adsorbiert Wasserstoff, der so für das Redoxpaar bereitgestellt wird. Statt einer Wasserstoff umspülten Platin-Elektrode kann man sich durch Elektrolyse eine vereinfachte Standard-Wasserstoff-Elektrode herstellen, indem man am Minuspol der Elektrolysezelle aus einer Salzsäure-Lösung Wasserstoff-Ionen H^+ zu Wasserstoff reduziert (V2, V3, B2, B3).
Für das **Standardpotenzial** der **Standard-Wasserstoff-Halbzelle** hat man festgelegt: $E^\circ(H_2/2H^+) = 0{,}0$ **Volt**.
Die unter **Standardbedingungen**, *Druck* $p = 1013$ hPa, *Temperatur* $\vartheta = 25\,°C$, *Konzentration* $c = 1$ mol/L, gemessene Potenzialdifferenz zwischen einer Halbzelle Me/Me^{z+} und der Standard-Wasserstoff-Halbzelle bezeichnet man als **Standardpotenzial**[3] oder **Redox-Standardpotenzial** E° des Redoxpaares Me/Me^{z+}: $E^\circ(Me/Me^{z+})$.
Ein Redoxpaar, das gegenüber der Standard-Wasserstoff-Halbzelle den elektrisch negativen Pol (Minuspol) bildet, erhält einen negativen Potenzialwert, ein Redoxpaar, das gegenüber der Standard-Wasserstoff-Halbzelle den elektrischen Pluspol bildet, erhält einen positiven Potenzialwert (B4).
In V2 und V3 misst man als Spannung der galvanischen Zelle $Zn/Zn^{2+}//2H^+/H_2$ den Wert $U = 0{,}76$ V, wobei die Zink-Halbzelle den elektrisch negativen Pol bildet. Das Standardpotenzial des Redoxpaares Zn/Zn^{2+} ist also $E^\circ(Zn/Zn^{2+}) = -0{,}76$ V. Das Standardpotenzial des Redoxpaares Cu/Cu^{2+}, das der Spannung der galvanischen Zelle $H_2/2H^+//Cu^{2+}/Cu$ entspricht, ist demnach $E^\circ(Cu/Cu^{2+}) = +\,0{,}35$ V. Die Standardpotenziale E° einiger Redoxpaare des Typs Metall/Metall-Ion sind in der **Spannungsreihe**[4] der Metalle in B4 zusammengefasst. Ein Metall ist ein umso stärkeres Reduktionsmittel, je „negativer" der E°-Wert des Redoxpaares ist.

Red	⇌	Ox	$+ z\cdot e^-$	E° in V
$Li(s)$	⇌	$Li^+(aq)$	+ e^-	–3,04
$K(s)$	⇌	$K^+(aq)$	+ e^-	–2,92
$Ca(s)$	⇌	$Ca^{2+}(aq)$	+ $2e^-$	–2,87
$Na(s)$	⇌	$Na^+(aq)$	+ e^-	–2,71
$Mg(s)$	⇌	$Mg^{2+}(aq)$	+ $2e^-$	–2,36
$Al(s)$	⇌	$Al^{3+}(aq)$	+ $3e^-$	–1,66
$Mn(s)$	⇌	$Mn^{2+}(aq)$	+ $2e^-$	–1,18
$Zn(s)$	⇌	$Zn^{2+}(aq)$	+ $2e^-$	–0,76
$Cr(s)$	⇌	$Cr^{3+}(aq)$	+ $2e^-$	–0,74
$Fe(s)$	⇌	$Fe^{2+}(aq)$	+ $2e^-$	–0,41
$Cd(s)$	⇌	$Cd^{2+}(aq)$	+ $2e^-$	–0,40
$Co(s)$	⇌	$Co^{2+}(aq)$	+ $2e^-$	–0,28
$Ni(s)$	⇌	$Ni^{2+}(aq)$	+ $2e^-$	–0,23
$Sn(s)$	⇌	$Sn^{2+}(aq)$	+ $2e^-$	–0,14
$Pb(s)$	⇌	$Pb^{2+}(aq)$	+ $2e^-$	–0,13
$H_2(g)$	⇌	$2H^+(aq)$	+ $2e^-$	0,00
$Cu(s)$	⇌	$Cu^{2+}(aq)$	+ $2e^-$	+0,35
$Ag(s)$	⇌	$Ag^+(aq)$	+ e^-	+0,80
$Hg(l)$	⇌	$Hg^{2+}(aq)$	+ $2e^-$	+0,85
$Pt(s)$	⇌	$Pt^{2+}(aq)$	+ $2e^-$	+1,20
$Au(s)$	⇌	$Au^{3+}(aq)$	+ $3e^-$	+1,41

B4 *Spannungsreihe der Metalle und Standardpotenziale E°. Das Reduktionsvermögen der Metalle nimmt von oben nach unten ab.*
A: *Geben Sie begründet an, wie sich das Oxidationsvermögen der Metall-Ionen von unten nach oben verändert.*

Aufgaben

A2 Geben Sie begründet an, welches der folgenden Teilchen das stärkste Oxidationsmittel ist: $Co^{2+}, Ag^+, Fe^{2+}, Li^+, K^+, Au^{3+}$.

A3 Geben Sie begründet an, welches der Teilchen aus A2 das stärkste Reduktionsmittel ist.

A4 Formulieren Sie die Zellendiagramme folgender Redoxpaare in Kombination mit der Standard-Wasserstoff-Elektrode: Cd/Cd^{2+}; Ni/Ni^{2+}; Au/Au^{3+}; Cr/Cr^{3+}.

A5 Formulieren Sie die Reaktionsgleichungen der Teilreaktionen an den Elektroden und der Gesamtreaktionen in den Zellen von A4.

Fachbegriffe

Standard-Wasserstoff-Halbzelle, Standardbedingungen, Standardpotenzial E° (Redox-Standardpotenzial), Spannungsreihe

[2] *inert* von *iners* (lat.) = untätig; hier in der Bedeutung von „chemisch inaktiv";
[3] *Zum Vergleich*: Man spricht von der *Höhendifferenz* zwischen dem Gipfel eines Berges und dem Tal, aber von der *Höhe* eines Berges, die die *Höhendifferenz* zwischen dem Gipfel und dem *„Bezugspunkt" Meereshöhe* ist.
[4] Korrekter wäre der Begriff *Potenzialreihe*. Die Größenwerte der Potenziale sind aber nur im Vergleich mit einem Bezugssystem, als Potenzialdifferenz (*Spannung*), messbar. Außerdem ist die Bezeichnung *Redoxreihe* (vgl. S. 259) gebräuchlich.

... und die Nichtmetalle?

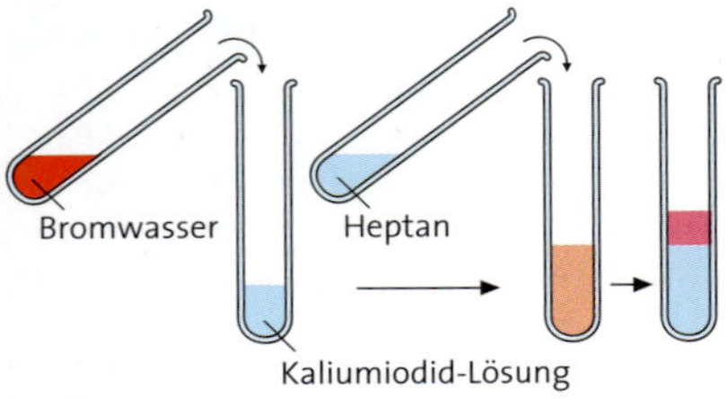

B1 *Umsetzung von Kaliumiodid-Lösung mit Bromwasser (V1)*

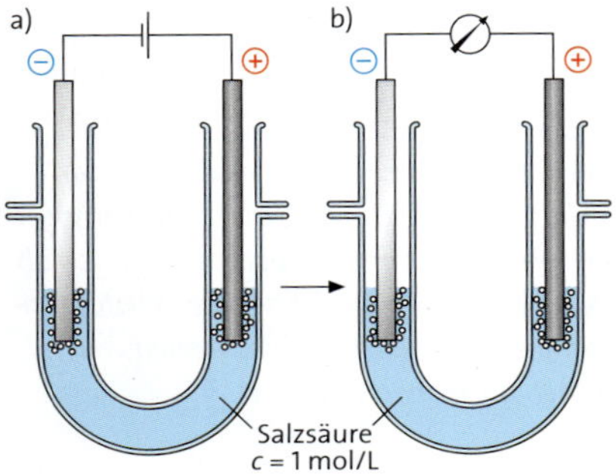

B2 *Messung des Standardpotenzials der Chlor-Halbzelle (V2).* **A:** *Formulieren Sie die Reaktionsgleichungen für die Elektrolyse und die galvanischen Messungen.*

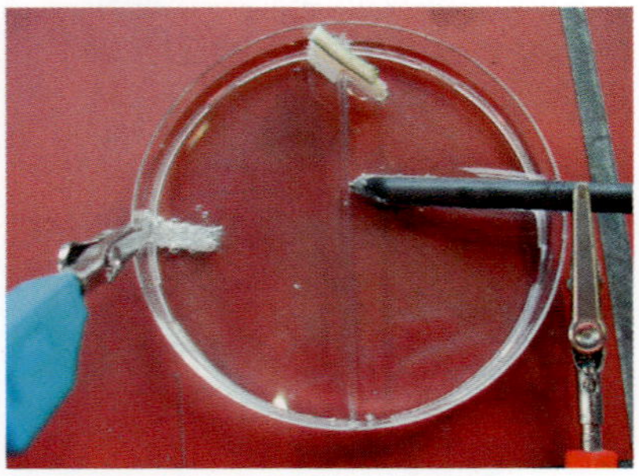

B3 *Messung von Standardpotenzialen von Halogenen in der Petrischale. Durch Elektrolyse von Salzsäure erzeugt man am Platinblech Wasserstoff und an der Graphit-Elektrode das Halogen (V4).*

Versuche

V1 (**Abzug!**) Geben Sie in je ein Rggl. zu 5 mL verdünnter wässriger Lösung von
a) Kaliumchlorid etwa 1 mL Bromwasser*,
b) Kaliumbromid etwa 1 mL Chlorwasser*,
c) Kaliumiodid etwa 1 mL Chlorwasser*,
d) Kaliumiodid etwa 1 mL Bromwasser*.
Geben Sie dann etwas Heptan* zu diesen Lösungen und schütteln Sie (B1). Fassen Sie Ihre Beobachtungen tabellarisch zusammen.

V2 (**Abzug! Schutzbrille!**) *1. Elektrolyse*: Füllen Sie in ein U-Rohr Salzsäure-Lösung*, c = 1 mol/L, und tauchen Sie eine Platin-Elektrode und eine Graphit-Elektrode ein (B2).Verbinden Sie die Platin-Elektrode mit dem Minuspol, die Graphit-Elektrode mit dem Pluspol einer Gleichspannungsquelle und elektrolysieren Sie bei 5 V etwa eine Minute.
2. Galvanische Messung: Ersetzen Sie die Spannungsquelle durch ein Voltmeter und lesen Sie die Spannung ab. Kennzeichnen Sie Plus- und Minuspol der Zelle.

V3 (**Abzug! Schutzbrille!**) *1. Elektrolyse*: Füllen Sie einen Schenkel eines U-Rohrs mit Trennfritte mit Salzsäure*, *c* = 1 mol/L, den anderen mit einer Kaliumbromid- bzw. Kaliumiodid-Lösung*, *c* = 1 mol/L. Tauchen Sie in die Salzsäure eine Platin-Elektrode und in die Halogenid-Lösung eine Graphit-Elektrode und elektrolysieren Sie wie bei V2.
2. Galvanische Messung: Ersetzen Sie die Spannungsquelle durch ein Voltmeter und lesen Sie die Spannung ab. Kennzeichnen Sie Plus- und Minuspol.

V4 (**Abzug! Schutzbrille!**) *1. Elektrolyse*: Präparieren Sie zunächst eine zweigeteilte Petrischale wie bei V3, S. 264, mit einer Platin-Elektrode als Minuspol und einer Graphit-Elektrode als Pluspol, füllen Sie in beide Halbzellen Salzsäure*, *c* = 1 mol/L, ein und elektrolysieren Sie ca. 1 min bei 5 V.
2. Galvanische Messungen (angegebene Reihenfolge beachten):
a) Ersetzen Sie die Spannungsquelle durch ein Voltmeter und lesen Sie die Spannung ab. Kennzeichnen Sie Plus- und Minuspol.
b) Saugen Sie mithilfe einer Wasserstrahlpumpe die Salzsäure* aus der Halbzelle mit der Graphit-Elektrode ab und ersetzen Sie sie durch eine Kaliumbromid-Lösung, *c* = 1 mol/L. Lesen Sie die Spannung ab.
c) Ersetzen Sie nun auf gleiche Weise wie in b) die Bromid-Lösung durch eine Kaliumiodid-Lösung*, *c* = 1 mol/L. Lesen Sie die Spannung ab.

Auswertung

a) Deuten Sie die Beobachtungen bei V1 und erklären Sie sie mithilfe von Reaktionsgleichungen.
b) Schreiben Sie für die bei V2 und V3 durchgeführten galvanischen Messungen die Zellendiagramme (vgl. S. 263) auf.
c) Bei der zweiten und dritten galvanischen Messung in V4 muss bei vorsichtigem Arbeiten (keine Erschütterungen der Petrischale, schnelles Ausleeren und Neufüllen der Halogen-Halbzelle) vor der galvanischen Messung gar nicht mehr elektrolysiert werden. Erklären Sie diesen Sachverhalt. (*Hinweis*: Nutzen Sie dabei die Erkenntnisse aus V1.)
d) Ordnen Sie die Halogen-Redoxpaare $2Cl^-/Cl_2$, $2Br^-/Br_2$, $2I^-/I_2$ anhand der von Ihnen gemessenen Spannungen in die Spannungsreihe von S. 265 ein.

Erweiterung der Spannungsreihe – die Halogene

Die Farbe von Bromwasser $Br_2(aq)$ verdunkelt sich beim Versetzen mit farbloser Kaliumiodid-Lösung $KI(aq)$, entfärbt sich dann aber beim Schütteln mit Heptan bei gleichzeitiger Violettfärbung der organischen Phase (B1, V1). Die violette Farbe wird durch Iod hervorgerufen, das sich durch Oxidation der Iodid-Ionen mit Brom-Molekülen bildet und sich in Heptan besser löst als in Wasser. Wenn man alle Teilversuche aus V1 zusammenfasst, wird deutlich, dass das Oxidationsvermögen der drei untersuchten **Halogene** in der Reihenfolge Chlor → Brom → Iod entsprechend ihrer Stellung in der 7. Hauptgruppe des Periodensystems der Elemente abnimmt. Mit Chlor-Molekülen können sowohl Bromid- als auch Iodid-Ionen zu Brom- bzw. Iod-Molekülen oxidiert werden. Das macht man sich bei der technischen Herstellung von Brom und Iod zunutze: Aus den im Meerwasser gelösten Bromiden und Iodiden werden Brom und Iod gewonnen, indem man das Meerwasser mit Chlor durchspült. Chlor selbst wird großtechnisch durch Elektrolyse von Natriumchlorid-Lösung hergestellt (vgl. S. 278).
Die **Standardpotenziale** (B4) als quantitatives Maß für das Reduktions- bzw. Oxidationsvermögen der Redoxpaare Halogenid-Ion/Halogen-Molekül können mithilfe von Halogen-Halbzellen (V2 bis V4) bestimmt werden. Ähnlich wie bei der Standard-Wasserstoff-Halbzelle wird auch bei einer Halogen-Halbzelle eine Elektrode aus einem inerten Material, i. d. R. Graphit, verwendet, an der sich das Gleichgewicht
$2X^- \rightleftharpoons X_2 + 2e^-$ einstellen kann.
Um eine vereinfachte galvanische Zelle aus einer Wasserstoff- und einer Chlor-Halbzelle zur Bestimmung des Redoxpotenzials herzustellen, erzeugt man zunächst durch **Elektrolyse** von Salzsäure, c = 1 mol/L, an den Elektroden Wasserstoff und Chlor (V2, V4). Bei Abbruch der Elektrolyse besteht eine Spannung von ca. $U \approx 1{,}3$ V zwischen den Elektroden. Es ist eine galvanische Zelle aus den Redoxpaaren

$$H_2 \xrightleftharpoons[\text{Elektrolyse}]{\text{galvanische Zelle}} 2H^+ + 2e^- \quad \text{und}$$

$$Cl_2 + 2e^- \xrightleftharpoons[\text{Elektrolyse}]{\text{galvanische Zelle}} 2Cl^- \quad \text{entstanden.}$$

Die in der galvanischen Zelle ablaufende **Zellreaktion** ist die Umkehrung der Elektrolyse-Reaktion:

$$H_2 + Cl_2 \xrightleftharpoons[\text{Elektrolyse}]{\text{galvanische Zelle}} 2H^+ + 2Cl^-$$

Obwohl bei V2 bis V4 die Standardbedingungen nicht genau eingehalten werden können, erhält man Werte für die Standardpotenziale, die denen aus B4 recht nahe kommen. Das Redoxpaar $2F^-/F_2$ hat das Standardpotenzial mit dem größten positiven Wert aller Redoxpaare; es gibt also kein Oxidationsmittel, das Fluorid-Ionen zu elementarem Fluor oxidieren kann.

Reduktionsmittel	$\rightleftharpoons$	Oxidationsmittel	$E°$ in V
$2I^-$	$\rightleftharpoons$	$I_2 + 2e^-$	+ 0,54
$2Br^-$	$\rightleftharpoons$	$Br_2 + 2e^-$	+ 1,07
$2Cl^-$	$\rightleftharpoons$	$Cl_2 + 2e^-$	+ 1,36
$2F^-$	$\rightleftharpoons$	$F_2 + 2e^-$	+ 2,87

B4 *Spannungsreihe und Standardpotenziale der Halogene*

Aufgaben

A1 Ordnen Sie die Halogen-Moleküle X_2 bzw. Halogenid-Ionen X^- nach steigendem Oxidations- bzw. Reduktionsvermögen.

A2 Für die Chlor-Halbzelle bei V2 verwendet man nicht Platin, sondern Graphit als Inertelektrode, weil Platin von Chlor angegriffen wird. Begründen Sie dies mithilfe der Standardpotenziale aus B4 und aus B4, S. 265.

A3 Bei V4 muss man nur die Salzsäure elektrolysieren (vgl. Auswertung c). Erhielte man die gleichen Versuchsergebnisse, wenn man die Salzsäure erst durch eine Kaliumiodid- und diese danach durch eine Kaliumbromid-Lösung ersetzte? Erläutern und begründen Sie ausführlich.

Fachbegriffe

Standardpotenziale, Elektrolyse, Zellreaktion

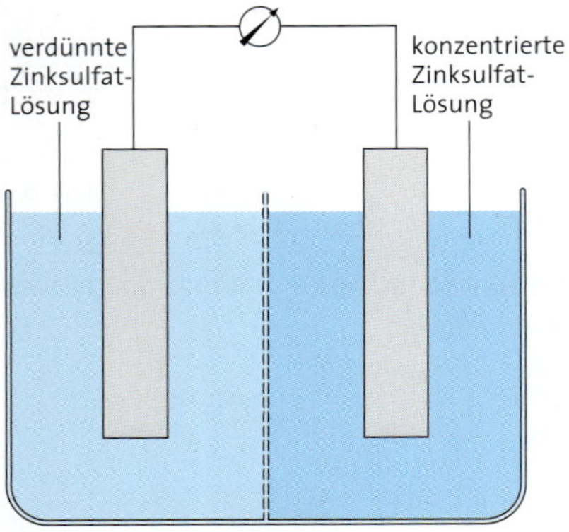

B1 *Versuchsaufbau zu V1*

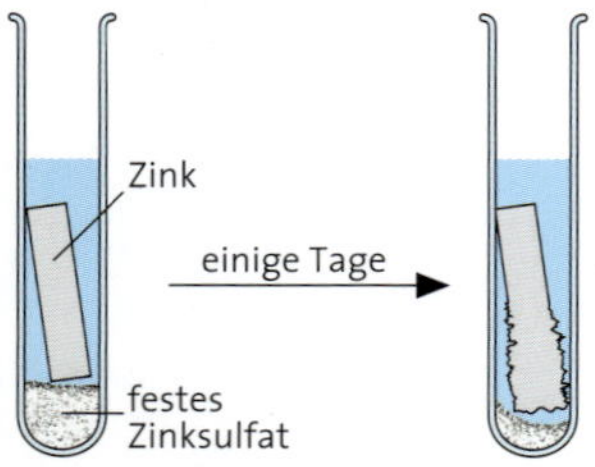

B2 *Langzeitversuch: Lässt man in einem Rggl., in dem sich mit Wasser überschichtetes festes Zinksulfat befindet, einen Zinkstab einige Tage eingetaucht stehen, so bilden sich am unteren Teil des Zinkstabs dunkle Kristalle aus Zink.*

Die Konzentration macht's

Versuche

V1 Füllen Sie in eine Vorrichtung wie in B1 (oder in ein U-Rohr mit Fritte oder in zwei Bechergläser mit Elektrolytbrücke) zwei gleich konzentrierte Zinksulfat-Lösungen* (z. B. $c(\mathbf{Zn}^{2+})$ = 0,1 mol/L) und tauchen Sie jeweils ein Zinkblech hinein. Verbinden Sie beide Halbzellen über ein Voltmeter miteinander und messen Sie die Spannung. Ersetzen Sie dann eine der beiden Lösungen durch eine verdünntere, anschließend durch eine konzentriertere Zinksulfat-Lösung. Vergleichen Sie die gemessenen Spannungen. Kennzeichnen Sie jeweils Plus- und Minuspol.

V2 Füllen Sie in zwei 100-mL-Bechergläser jeweils 50 mL Silbernitrat-Lösung*, c = 0,1 mol/L, und tauchen Sie in jedes eine Silber-Elektrode ein. Verbinden Sie diese beiden Halbzellen über eine mit Kaliumnitrat-Lösung* gefüllte Elektrolytbrücke. Messen Sie mit einem Voltmeter die Zellspannung. Sie sollte U = 0 Volt betragen. Füllen Sie dann 5 mL Silbernitrat-Lösung* mit Kaliumnitrat-Lösung, c = 0,1 mol/L, in einem Messzylinder auf 50 mL auf. Stellen Sie auf diese Weise weitere Silbernitrat-Lösungen mit: c = 0,01 mol/L, c = 0,001 mol/L und c = 0,0001 mol/L her. Kombinieren Sie jeweils zwei aus diesen Silbernitrat-Lösungen hergestellte Halbzellen miteinander zu galvanischen Zellen. Messen Sie die Zellspannungen und kennzeichnen Sie jeweils Donator- und Akzeptor-Halbzelle. Legen Sie eine Messwerttabelle nach folgendem Muster an (c_D ist die Konzentration der Silber-Ionen in der Donator-Halbzelle, c_A die in der Akzeptor-Halbzelle) und tragen Sie die gemessenen Werte ein.

Donator-Halbzelle	Akzeptor-Halbzelle	Konzentrations-verhältnis	Logarithmus	Zellspannung in V
c_D	c_A	$\frac{c_A}{c_D}$	$\lg \frac{c_A}{c_D}$	U

Auswertung

a) Vergleichen Sie die Bedingungen, unter denen sich bei V1 und V2 eine Spannung einstellt, und stellen Sie Gemeinsamkeiten bezüglich der Konzentrationen in den Halbzellen, die den Pluspol bzw. den Minuspol bilden, fest.

b) Stellen Sie die Versuchsergebnisse aus V2 grafisch dar,

Abszisse: $\lg \frac{c_A(\mathbf{Ag}^+)}{c_D(\mathbf{Ag}^+)}$, Ordinate: Zellspannung U.

c) Interpretieren Sie die Ergebnisse aus V2 anhand des Graphen aus b) und formulieren Sie eine Gesetzmäßigkeit.

d) Stellen Sie einen Zusammenhang zwischen dem System in B1 und dem System im linken Teil aus B2 her. Erklären Sie dann das Ergebnis des Langzeitversuchs aus B2, wobei Sie auf analoge Vorgänge bei V1 eingehen.

Konzentrationszellen

Die bisher betrachteten galvanischen Zellen bestanden aus Halbzellen mit verschiedenen Redoxpaaren. Bei V1 werden nun zunächst zwei identische Zink-Halbzellen miteinander kombiniert, sodass keine Potenzialdifferenz messbar ist. Verändert man jedoch die Zink-Ionenkonzentration einer Halbzelle, so kann man eine Spannung zwischen den beiden Zink-Halbzellen ablesen. Diese Spannung kommt folgendermaßen zustande:
Beim Eintauchen eines Zinkblechs in Zinksalz-Lösung gehen einige der Atome als Zink-Ionen in Lösung (vgl. 261, B5), wobei Elektronen in dem Blech zurückbleiben. Es stellt sich das Gleichgewicht
$\mathbf{Zn(s)} \rightleftharpoons \mathbf{Zn^{2+}(aq)} + \mathbf{2e^-}$ ein (vgl. 265, B4).
Wird die Lösung nun durch Zugabe von Wasser verdünnt, läuft nach dem Prinzip vom kleinsten Zwang (vgl. S. 92, 93) verstärkt die Nachbildung der Zink-Ionen ab. Dies führt zu einer Erhöhung des Elektronenüberschusses auf dem Zinkblech und das Potenzial der Halbzelle wird negativer.
Die Halbzelle mit der niedrigeren Konzentration fungiert daher als **Donator-Halbzelle** (als **Anode**), die Zink-Elektrode in ihr stellt den Minuspol der Zelle dar, die Halbzelle mit der höheren Konzentration ist die **Akzeptor-Halbzelle** (die **Kathode**) und bildet den Pluspol der Zelle (B3). Eine galvanische Zelle aus Halbzellen gleicher Zusammensetzung, aber mit unterschiedlichen Konzentrationen ihrer Lösungen bezeichnet man als **Konzentrationszelle**.
Die Teilreaktionen in der Zink-Konzentrationszelle (B3) können wie folgt zusammengefasst werden:

$$\mathbf{Zn(s)} \underset{\text{konzentrierte Lösung}}{\overset{\text{verdünnte Lösung}}{\rightleftharpoons}} \mathbf{Zn^{2+}(aq)} + \mathbf{2e^-}$$

Durch systematische Messung von Potenzialdifferenzen wie in V2 kann die Konzentrationsabhängigkeit der Elektrodenpotenziale verschiedener Silber-Halbzellen mit dem Redoxpaar $\mathbf{Ag/Ag^+}$ quantitativ erfasst werden. Als Ergebnis aus V2 stellt man fest, dass zwischen zwei Silber-Halbzellen, deren Ionenkonzentrationen $c(\mathbf{Ag^+})$ sich um eine Zehnerpotenz unterscheiden, d.h. $c_A(\mathbf{Ag^+})/c_D(\mathbf{Ag^+}) = 10$, die Zellspannung $U = 0{,}059$ V beträgt. Fasst man die Ergebnisse aus V2 zusammen, so kann die Abhängigkeit der Zellspannung U von den Konzentrationen der Silber-Ionen bei der Silber-Konzentrationszelle durch folgende Gleichung wiedergegeben werden (vgl. auch Ursprungsgerade von Auswertung c):

$$U = E_A - E_D = 0{,}059\ \text{V} \cdot \lg \frac{c_A(\mathbf{Ag^+})}{c_D(\mathbf{Ag^+})}$$

c_A: Konzentration der Akzeptor-, c_D: Konzentration der Donator-Halbzelle

Bei der Formulierung des Zellendiagramms einer Konzentrationszelle werden immer die Konzentrationen der gelösten Ionen angegeben, z.B. $\mathbf{Ag/Ag^+}$, $c = 0{,}01$ mol/L//$\mathbf{Ag^+}$, $c = 0{,}1$ mol/L/$\mathbf{Ag}$.

Aufgabe

A1 Berechnen Sie die Zellspannung einer Konzentrationszelle aus zwei Silber-Halbzellen mit $c(\mathbf{Ag^+}) = 0{,}1$ mol/L und $c(\mathbf{Ag^+}) = 0{,}3$ mol/L.

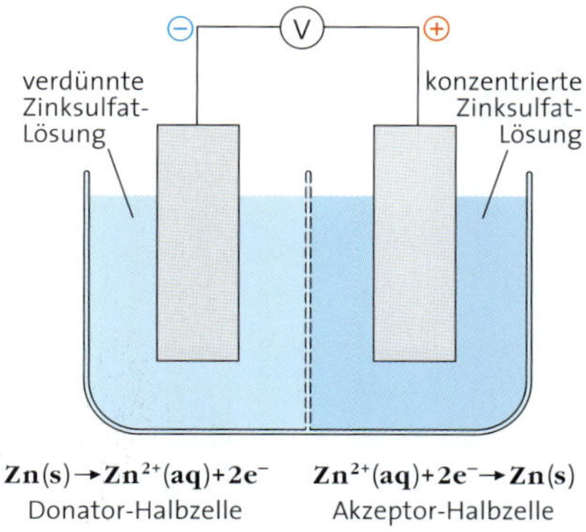

B3 *Konzentrationszelle aus zwei Zink-Halbzellen und Reaktionen in den beiden Halbzellen.* ***A:*** *Begründen Sie, warum die Spannung einer solchen Zelle bei Betrieb kontinuierlich abnimmt und geben Sie an, wann sie auf null fällt.*

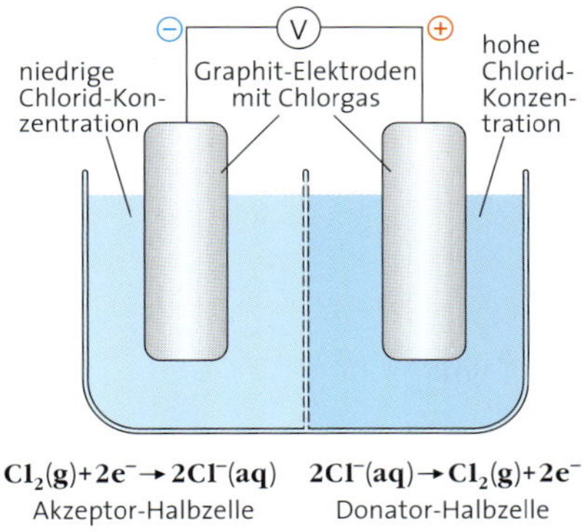

B4 *Bei einer Konzentrationszelle aus zwei Chlor-Halbzellen ist die Halbzelle mit der verdünnten Chlorid-Lösung die Akzeptor-Halbzelle.* ***A:*** *Vergleichen Sie diese Konzentrationszelle mit der aus B3 und begründen Sie die Unterschiede.*

Fachbegriffe

Konzentrationszelle, Donator- und Akzeptor-Halbzelle bzw. Anode und Kathode

Redoxpotenziale sind berechenbar

B1 *Walther Nernst (1864 bis 1941), Physikochemiker, erhielt im Jahr 1920 den Chemie-Nobelpreis.*

INFO

Walther Nernst (B1) beschrieb den Zusammenhang zwischen Ionenkonzentration und **Elektrodenpotenzial *E***, d.h. dem Potenzial, das sich an einer Elektrode einstellt, auch wenn das Redoxpaar nicht unter Standardbedingungen ist (vgl. S. 265), durch die nach ihm benannte **Nernst-Gleichung**. Nach seiner Habilitation zum Thema „Die elektromotorische Wirksamkeit der Ionen" an der Universität Leipzig wurde er im Jahr 1891 Professor an der Universität Göttingen. Hier formulierte er den 3. Hauptsatz der Thermodynamik[1] und die allgemeine Nernst-Gleichung, die auf thermodynamischem Weg gefunden wurde:

$$E = E° + \frac{R \cdot T}{F \cdot z} \ln \frac{\{c(\mathbf{Ox})\}}{\{c(\mathbf{Red})\}}$$

Hierbei bedeutet:

R molare Gaskonstante $R = 8{,}3144\ \text{J} \cdot \text{mol}^{-1} \cdot \text{K}^{-1}$
F Faraday-Konstante $F = 96487\ \text{C} \cdot \text{mol}^{-1}$
T Temperatur in K
z Anzahl der übertragenen Elektronen
$\{c\}$ Stoffmengenkonzentration der gelösten Teilchen (ohne Einheit)

Mit „**Ox**" und „**Red**" ist jeweils die oxidierte bzw. reduzierte Form eines Redoxpaares gemeint.

Da man in einer galvanischen Zelle die Konzentration des elementaren Metalls, $c(\mathbf{Red})$, als konstant ansehen kann und die Größen R und F ebenfalls Konstanten sind, lassen sich diese Größen für eine definierte Temperatur (z.B. $T = 298$ K) zu einer Konstanten zusammenfassen[2]. Damit ergibt sich folgende **vereinfachte Nernst-Gleichung** (für $T = 298$ K):

$$E = E° + \frac{0{,}059\ \text{V}}{z} \cdot \lg \{c(\mathbf{Ox})\}$$

Versuch

V1 Elektrodenpotenziale verschiedener Silber-Halbzellen: Stellen Sie durch Elektrolyse von Salzsäure*, c = 1 mol/L, eine Standard-Wasserstoff-Halbzelle her (vgl. S. 264). Stellen Sie durch Verdünnung einer Silbernitrat-Lösung*, c = 0,1 mol/L, verschiedene Silbernitrat-Lösungen* mit folgenden Konzentrationen her: c = 0,01 mol/L, 0,001 mol/L und 0,0001 mol/L (vgl. V2, S. 268). Kombinieren Sie nacheinander die Wasserstoff-Halbzelle mit Silber-Halbzellen der angegebenen Konzentrationen und messen Sie die Spannungen.

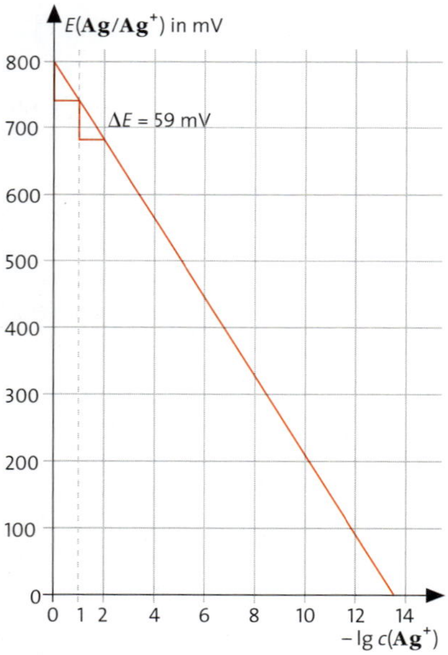

B2 *Elektrodenpotenziale von Silber-Halbzellen mit unterschiedlicher Konzentration an Silber-Ionen*

Auswertung

a) Tragen Sie die bei V1 gemessenen Spannungen in ein Koordinatensystem gemäß B2 ein.

b) Erläutern Sie, weshalb man die Art des Graphen (eine Gerade) theoretisch hätte vorhersagen können (vgl. S. 268, 269).

c) Ermitteln Sie die Steigung der Geraden in B2 und stellen Sie die entsprechende Geradengleichung auf.

[1] Vgl. zu den drei Hauptsätzen der Thermodynamik *Chemie 2000+ Online*.

[2] In der Konstanten 0,059 V ist auch der Umrechnungsfaktor vom natürlichen ln(x) zum dekadischen Logarithmus lg(x) enthalten: ln(x) = 2,3 · lg(x).

Die Nernst-Gleichung

Die **Nernst-Gleichung** ermöglicht es, die **Elektrodenpotenziale *E*** (*INFO*) beliebiger Halbzellen exakt zu berechnen. Damit können dann auch die zu erwartenden Spannungen verschiedener galvanischer Zellen berechnet werden, ohne dass Standardbedingungen vorliegen.
Die Ergebnisse aus V1 zeigen, dass das Elektrodenpotenzial einer Silber-Halbzelle bei Herabsetzung der Konzentration um jeweils eine Zehnerpotenz um einen konstanten Betrag von $U = 0{,}059$ V abnimmt. Wenn man berücksichtigt, dass für das Redoxpaar $\mathbf{Ag/Ag^+}$ das Standard-Elektrodenpotenzial $E^\circ(\mathbf{Ag/Ag^+}) = 0{,}8$ V beträgt, ergibt sich für den Graphen aus B2 folgende Geradengleichung (Funktionsgleichung):

$$E(\mathbf{Ag/Ag^+}) = E^\circ(\mathbf{Ag/Ag^+}) + 0{,}059\ \text{V} \cdot \lg\{c(\mathbf{Ag^+})\}$$

Diese aus experimentellen Daten ermittelte Gleichung bestätigt die Nernst-Gleichung in ihrer vereinfachten Form (*INFO*), denn für das Redoxpaar $\mathbf{Ag/Ag^+}$ gilt z = 1.
In B3 sind als Beispiele die vereinfachten Nernst-Gleichungen für einige Redoxpaare angegeben. Dabei kann man aus den stöchiometrischen Faktoren der Gleichgewichtsreaktion der Redoxpaare die Anzahl der übertragenen Elektronen z sowie die Potenzzahlen der Konzentrationsangaben gemäß Massenwirkungsgesetz (vgl. S. 89) ablesen.

Aufgaben

A1 Berechnen Sie die Elektrodenpotenziale *E* für $\mathbf{Cu/Cu^{2+}}$, $\mathbf{Au/Au^{3+}}$ und $\mathbf{2Cl^-/Cl_2}$ bei einer Ionenkonzentration jeweils von $c = 0{,}2$ mol/L und von $c = 0{,}005$ mol/L.

A2 Permanganat-Ionen $\mathbf{MnO_4^-}$ sind in saurer Lösung gute Oxidationsmittel. Begründen Sie mithilfe von B3, weshalb die Oxidationswirkung einer Permanganat-Lösung mit geringer werdender Säurekonzentration abnimmt.

Fachbegriffe

Nernst-Gleichung, Elektrodenpotenzial *E*

Redoxpaar	Nernst-Gleichung
$\mathbf{Me(s) \rightleftharpoons Me^{Z+}(aq) + ze^-}$	$E = E^\circ + \frac{0{,}059}{z}\ \text{V} \cdot \lg\{c(\mathbf{Me^{Z+}})\}$
$\mathbf{H_2(g) \rightleftharpoons 2H^+(aq) + 2e^-}$	$E = 0 + \frac{0{,}059}{2}\ \text{V} \cdot \lg\{c^2(\mathbf{H^+})\}$ $E = 0{,}059\ \text{V} \cdot \lg\{c(\mathbf{H^+})\}$ $E = -0{,}059\ \text{V} \cdot pH$
$\mathbf{2Cl^-(aq) \rightleftharpoons Cl_2(g) + 2e^-}$	$E = E^\circ + \frac{0{,}059}{2}\ \text{V} \cdot \lg\left\{\frac{1}{c^2(\mathbf{Cl^-})}\right\}$ $E = E^\circ - 0{,}059\ \text{V} \cdot \lg\{c(\mathbf{Cl^-})\}$
$\mathbf{Fe^{2+}(aq) \rightleftharpoons Fe^{3+}(aq) + e^-}$	$E = E^\circ + 0{,}059\ \text{V} \cdot \lg \frac{c(\mathbf{Fe^{3+}})}{c(\mathbf{Fe^{2+}})}$
$\mathbf{Mn^{2+}(aq) + 4H_2O \rightleftharpoons MnO_4^-(aq) + 8H^+(aq) + 5e^-}$	$E = E^\circ + \frac{0{,}059}{5}\ \text{V} \cdot \lg\left\{\frac{c(\mathbf{MnO_4^-}) \cdot c^8(\mathbf{H^+})}{c(\mathbf{Mn^{2+}})}\right\}$ Die Konzentration der Wasser-Moleküle ist hier, wie in anderen Fällen auch, bereits mit in die Konstante E° einbezogen, da die Konzentration der Wasser-Moleküle bei Reaktionen in verd. Lösungen als konstant angesehen werden kann.

B3 *Nernst-Gleichung für einige Beispiele von Redoxpaaren. Definitionsgemäß werden die Konzentrationen der Metalle, Nichtmetalle und fester Stoffe sowie von reinen Gasen in offenen Systemen, die an der Redoxreaktion beteiligt sind, als {c} = 1 gesetzt. Damit lässt sich in den entsprechenden Fällen die Nernst-Gleichung vereinfacht formulieren.*

150 Jahre jung

Versuche

V1 Sägen Sie eine Taschenlampenbatterie (LECLANCHÉ-Zelle) der Länge nach durch. Beschreiben Sie den Aufbau der Batterie, indem Sie sie in ihre Bestandteile zerlegen. Messen Sie mit einem angefeuchteten Indikatorpapier den *p*H-Wert der schwarzen Elektrolyt-Masse. Versetzen Sie in einem Rggl. etwas Elektrolyt-Masse mit einem Natriumhydroxid-Plätzchen* und prüfen Sie nach leichtem Erwärmen vorsichtig den Geruch.

V2 Geben Sie in ein Becherglas mit Ammoniumchlorid-Lösung* ein Zinkblech und eine Extraktionshülse. Mischen Sie in einem Becherglas 7 g Graphitpulver mit 40 g Braunsteinpulver*. Verrühren Sie die Mischung anschließend mit 40 mL Ammoniumchlorid-Lösung, $w = 20\,\%$, zu einer Paste und füllen Sie diese in die Extraktionshülse. Tauchen Sie eine Kohle-Elektrode hinein und verbinden Sie die Elektrode über ein Voltmeter mit dem Zinkblech. Messen Sie die Spannung.

V3 Stellen Sie eine Elektrolyt-Paste aus Graphitpulver, Braunsteinpulver* und Ammoniumchlorid-Lösung* nach V2 her. Bohren Sie in den Plastikdeckel einer Getränkeflasche ein Loch, durch das Sie eine kurze Graphit-Elektrode passend stecken. Füllen Sie nun die Paste in den Plastikdeckel um die Graphit-Elektrode herum. Decken Sie die Paste mit einem passenden Stück Bierdeckel ab, den Sie zuvor mit gesättigter Kaliumnitrat-Lösung* getränkt haben. Schlagen Sie nun ein erbsengroßes, entrindetes Stück Lithium* mit einem Hammer zu einer flachen Scheibe und legen Sie sie auf den Bierdeckel. Verbinden Sie die Graphit-Elektrode und das Lithiumblech mit einem Voltmeter bzw. mit einem Elektromotor. Messen Sie die Spannung der Modellbatterie.

Auswertung

a) In der LECLANCHÉ-Zelle laufen folgende Elektrodenreaktionen ab, die für die erzeugte Spannung verantwortlich sind:

Minuspol: $\mathbf{Zn(s) \longrightarrow Zn^{2+}(aq) + 2e^-}$
(Anode)

Pluspol: $\mathbf{2\overset{+IV}{Mn}O_2(s) + 2H_2O(l) + 2e^- \longrightarrow 2\overset{+III}{Mn}O(OH)(s) + 2OH^-(aq)}$
(Kathode)

Erläutern Sie die Funktion des Graphitpulvers im Braunstein-Graphit-Gemisch.

b) Ermitteln Sie mithilfe von Ionenformeln, welche Teilchen am Pluspol reduziert werden.

c) GEORGES LECLANCHÉ hat für seine ersten Versuche einen Zinkstab verwendet (B4). Begründen Sie, welche Vorteile die heute verwendeten Zinkbecher haben.

d) Formulieren Sie eine mögliche (sehr wahrscheinliche) Reaktion zwischen den Ammonium-Ionen aus der Graphit-Braunstein-Paste und den nach a) gebildeten Hydroxid-Ionen und begründen Sie, warum ältere, verbrauchte Batterien zum Auslaufen neigen.

e) Die Leerlaufspannung der LECLANCHÉ-Zelle beträgt $U = 1{,}5$ V. Erklären Sie, warum die Spannung der Modell-Knopfzelle aus V3 (B3) mehr als das Doppelte beträgt.

f) Verändern Sie die Modell-Knopfzelle aus V3 (B3) so, dass sie der LECLANCHÉ-Zelle entspricht und messen Sie die Spannung.

B1 *Eine durchgesägte LECLANCHÉ-Zelle: rechts der herausgenommene Zinkbecher, links Braunstein-Graphit-Gemisch mit Graphitstab.* ***A:*** *Erläutern Sie, woran man erkennt, dass es sich um eine verbrauchte Batterie handelt.*

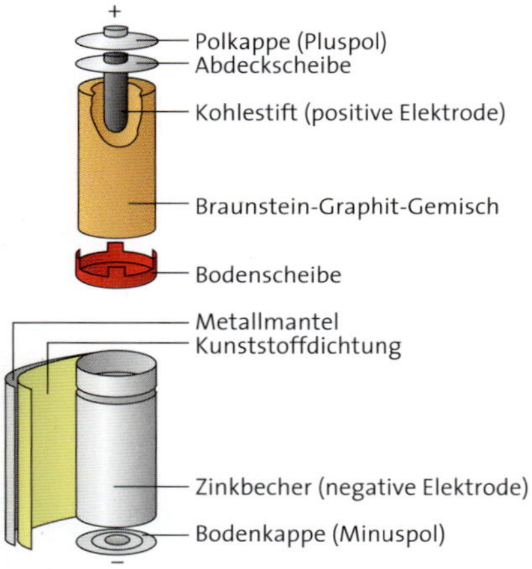

B2 *Bauteile einer LECLANCHÉ-Zelle*

B3 *Modell-Knopfzelle (V3).* ***A:*** *Nennen und erläutern Sie Gemeinsamkeiten und Unterschiede zur LECLANCHÉ-Zelle.*

Die Taschenlampenbatterie

Die teilweise auch heute noch für Taschenlampen, Spielzeuge und elektrische Kleingeräte gebräuchlichen **Batterien** wurden bereits vor fast 150 Jahren von dem französischen Chemiker Georges Leclanché entwickelt und der Öffentlichkeit auf der Pariser Weltausstellung 1867 vorgestellt – auf der Veranstaltung, zu der auch der Eiffelturm errichtet wurde. Das Besondere an dieser nach ihrem Erfinder benannten **Leclanché-Zelle** (B4) lag seinerzeit darin, dass diese statt einer Elektrolyt-Lösung eine feuchte **Elektrolyt-Paste** der gleichen Zusammensetzung wie in V1 enthält. Dadurch wird die Zelle „trocken" und ist besser zu handhaben. Am Zinkbecher und an den Braunsteinkörnern laufen die in Auswertung a) formulierten Redoxreaktionen ab und bewirken eine Leerlaufspannung von $U = 1{,}5$ V. Bei Betrieb der Zelle sinkt die Spannung, da durch die Bildung von Hydroxid-Ionen am Pluspol das Potenzial des Redoxpaares $MnO(OH)/MnO_2$ sinkt. Die Zunahme der Konzentration der Hydroxid-Ionen wird allerdings durch folgende **Sekundärreaktion** begrenzt:

$$2OH^-(aq) + 2NH_4^+(aq) \longrightarrow 2NH_3(g) + 2H_2O(l).$$

Das sich um die Braunsteinkörner bildende Ammoniakgas isoliert sie von den Graphitkörnern und der Kohle-Elektrode, sodass bei längerem Betrieb der Zelle die Stromstärke allmählich abnimmt. In einer Betriebspause erholt sich die Zelle wieder, da das Ammoniakgas in die Zelle diffundiert und mit den am Minuspol gebildeten Zink-Ionen zu einem Amminkomplex, dem Diamminzink(II)-Ion, reagiert:

$$Zn^{2+}(aq) + 2NH_3(g) \longrightarrow [Zn(NH_3)_2]^{2+}(aq).$$

In einer weiteren Sekundärreaktion reagieren Zink-Ionen mit Hydroxid-Ionen zu Zinkhydroxid, das im Laufe der Zeit unter Wasserabspaltung zu schwer löslichem, weißem Zinkoxid „altert" (B1):

$$Zn^{2+}(aq) + 2OH^-(aq) \longrightarrow Zn(OH)_2(s)$$
$$Zn(OH)_2(s) \longrightarrow ZnO(s) + H_2O(l).$$

Nach längerem Betrieb löst sich der Zinkbecher langsam auf, sodass das bei der Alterung gebildete wässrige Zinkoxid auslaufen kann. Aus diesem Grund sollte man aus elektrischen Geräten nach Gebrauch die Batterien herausnehmen.

Aufgaben

A1 Erklären Sie, weshalb sich eine Leclanché-Zelle schneller erholt, wenn man sie auf die Heizung legt.

A2 Die Leclanché-Zelle darf man nicht wie einen Akkumulator (vgl. S. 274, 275) durch Elektrolyse in einem Ladegerät wieder aufladen. Erläutern Sie, welche Reaktionen bei der Elektrolyse in der Zelle ablaufen könnten und welche Gefährdung davon ausginge.

A3 Vergleichen Sie die Leclanché-Zelle mit modernen Batterien (vgl. S. 282, 283) und nennen Sie jeweils die Vor- und Nachteile.

A4 Begründen Sie mithilfe der Nernst-Gleichung (vgl. S. 271), dass das Potenzial des Redoxpaares $MnO(OH)/MnO_2$ während des Betriebs der Leclanché-Zelle sinkt.

B4 *Die Leclanché-Zelle früher und heute (vgl. Auswertung c)*

1791	Froschschenkelversuch von Galvani
1800	Volta'sche Säule
1830	Elektrolysegesetze von Faraday
1836	Daniell-Element
1839	Brennstoffzelle von Grove
1859	Bleiakkumulator von Planté
1867	Trockenelement von Leclanché
1912	Nickel-Eisen-Akkumulator von Edison
1940	Quecksilberoxid-Zink-Batterie von Ruben-Mallory

B5 *Wichtige Entdeckungen und Entwicklungen in der Elektrochemie.* ***A:*** *Die Glühlampen mit Metallfäden wurden in den 1880er-Jahren entwickelt. Vergleichen und kommentieren Sie ihre „Langlebigkeit" auf dem Markt mit der der Leclanché-Zelle, indem Sie auf die aktuellen Entwicklungen eingehen.*

Fachbegriffe

(Taschenlampen-) Batterie, Leclanché-Zelle, Elektrolyt-Paste, Sekundärreaktion

Akku leer? Laden!

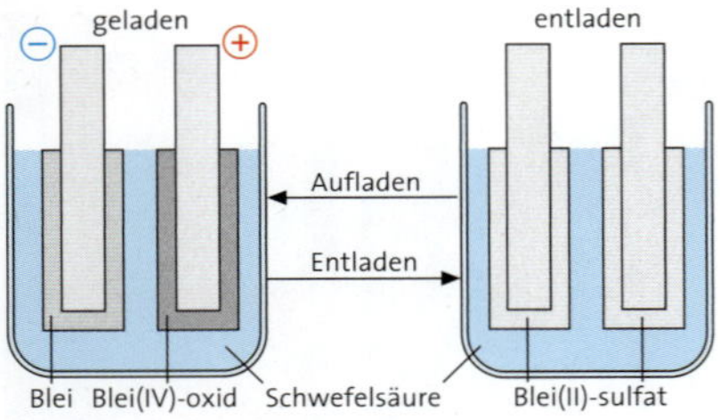

B1 *Geladener und entladener Bleiakkumulator*

Versuche

LV1 *Modell-Bleiakkumulator*

Zwei Bleibleche* werden als Elektroden in verdünnte Schwefelsäure*, $w = 25\,\%$, getaucht. Zum Aufladen des Bleiakkumulators wird eine Spannung von etwa 4 V angelegt. Die Oberfläche der beiden Elektroden wird dabei genau beobachtet. Nach dem Abschalten der Spannungsquelle werden die Elektroden zum Entladen des Bleiakkumulators a) über ein Voltmeter und b) über ein Glühlämpchen oder einen kleinen Elektromotor miteinander verbunden.

LV2 Zur Messung der Elektrodenpotenziale der Halbzellen eines Bleiakkumulators wird der Modell-Bleiakkumulator von LV1 mit einer vereinfachten Standard-Wasserstoff-Elektrode (Herstellung vgl. S. 264) kombiniert. Die beiden Elektroden des Modell-Bleiakkumulators werden nacheinander mit der Standard-Wasserstoff-Halbzelle über ein Voltmeter verbunden (B2).

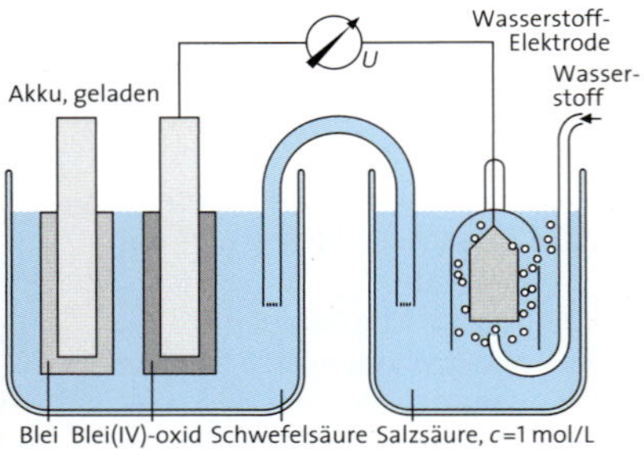

B2 *Messung der Standard-Elektrodenpotenziale eines Bleiakkumulators*

Auswertung

a) Deuten Sie die Versuchsbeobachtungen bei LV1 und erklären Sie sie mithilfe der Beschriftungen aus B1.

b) Beim Entladen laufen im Bleiakkumulator folgende Reaktionen ab:

Minuspol (Anode):

$$\overset{0}{\mathbf{Pb}}(\mathbf{s}) + \mathbf{SO_4^{2-}}(\mathbf{aq}) \longrightarrow \overset{+II}{\mathbf{Pb}}\mathbf{SO_4}(\mathbf{s}) + 2\mathbf{e^-};\ E° = -0{,}13\ \mathrm{V}$$

Pluspol (Kathode):

$$\overset{+IV}{\mathbf{Pb}}\mathbf{O_2}(\mathbf{s}) + 4\mathbf{H_3O^+}(\mathbf{aq}) + 2\mathbf{e^-} + \mathbf{SO_4^{2-}}(\mathbf{aq}) \longrightarrow \overset{+II}{\mathbf{Pb}}\mathbf{SO_4}(\mathbf{s}) + 6\mathbf{H_2O}(\mathbf{l});\ E° = 1{,}46\ \mathrm{V}$$

Erläutern Sie, an welchen Stellen im Akkumulator jeder der drei Stoffe Blei $\mathbf{Pb}$, Bleisulfat $\mathbf{PbSO_4}$ und Bleidioxid $\mathbf{PbO_2}$ vorzufinden ist.

extra Der Akku ist leer – Fremdstarthilfe

An kalten Wintertagen kann man es oft beobachten: Die Autobatterie[1] ist leer und kann den Automotor nicht mehr starten. Mithilfe einer Fremdstarthilfe kann man den liegen gebliebenen PKW wieder „flott" bekommen. Aber Vorsicht: Da zwischen den Polen einer 12-Volt-Batterie eine hohe Stromstärke fließen kann, kann man schnell großen Schaden anrichten. Daher sind beim Fremdstart folgende Schritte erforderlich (B3):

1. Nur Batterien gleicher Nennspannung verwenden.
2. Beide Kfz-Motoren abstellen und alle Verbraucher (außer Warnblinkanlage beim Spender) abschalten.
3. Mit dem roten Starthilfekabel die Pluspole beider Batterien verbinden ①.
4. Dann das schwarze Kabel an den Minuspol des helfenden Fahrzeugs anklemmen ②. Danach das freie Ende des Kabels an eine blanke Stelle des liegen gebliebenen Fahrzeuges abseits der Batterie anklemmen, beispielsweise am Motorblock ③ (Hinweise des Fahrzeug-Herstellers beachten).
5. Motor des helfenden Fahrzeugs starten, dann Motor des liegen gebliebenen Fahrzeugs starten und laufen lassen.
6. Kabel in umgekehrter Reihenfolge wieder abklemmen.

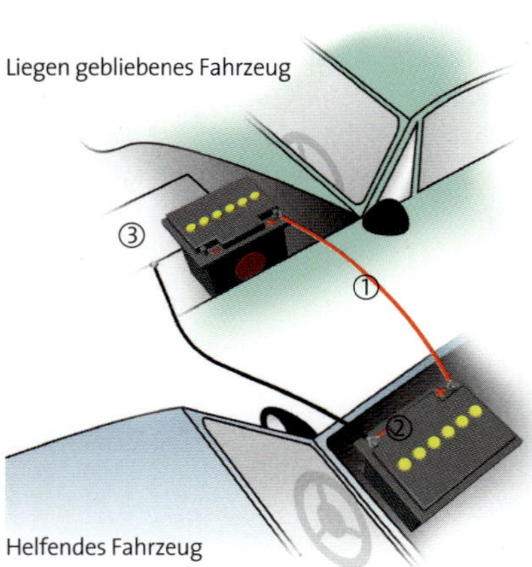

B3 *Der richtige Anschluss bei der Starthilfe*

[1] Die Auto-„Batterie" ist ein Akkumulator, eine wiederaufladbare elektrochemische Zelle.

Der Bleiakkumulator

Ein entscheidender Nachteil der LECLANCHÉ-Zelle und ähnlicher Batterien (vgl. S. 273) ist, dass sie nicht wieder aufgeladen und daher nicht mehrfach genutzt werden können. Dagegen sind Akkumulatoren wie der als Starterbatterie im Kraftfahrzeug bewährte **Bleiakkumulator** wiederaufladbar. Bei der Elektrolyse von Schwefelsäure zwischen zwei Bleiplatten bildet sich an der Anode eine braune Schicht von Blei(IV)-oxid $\mathbf{PbO_2}$ (LV1). An der Kathode aus Blei sind keine Veränderungen erkennbar. Nach Abschalten der Spannungsquelle bei LV1 kann man zwischen den Elektroden eine Spannung von ca. 2 V messen. Durch Elektrolyse ist eine galvanische Zelle, ein Modell-Bleiakku aus einer Blei- und einer Bleidioxid-Elektrode, entstanden (B1). Beim Entladen laufen die in Auswertung b) formulierten Reaktionen ab. Die in der Schwefelsäure vorliegenden Sulfat-Ionen bilden mit Blei(II)-Ionen schwer lösliches Blei(II)-sulfat $\mathbf{PbSO_4}$, das sich als weiße Schicht auf den Elektroden abscheidet. Beim Aufladen des Bleiakkus werden die Vorgänge des Entladens wieder umgekehrt. Der Gesamtstoffumsatz beim Entladen und Laden kann wie folgt zusammengefasst werden:

$$\mathbf{Pb(s) + PbO_2(s) + 4H_3O^+(aq) + 2SO_4^{2-}(aq) \underset{\text{Aufladen}}{\overset{\text{Entladen}}{\rightleftharpoons}} 2PbSO_4(s) + 6H_2O(l)}$$

Beim Bleiakkumulator bleibt das als Reaktionsprodukt gebildete Bleisulfat größtenteils an den Elektroden haften. Dies ist die Voraussetzung für das Wiederaufladen: Die Blei(II)-Ionen im Bleisulfat werden durch Anlegen einer Spannung am Minuspol wieder zu Blei-Atomen reduziert bzw. am Pluspol zu Blei(IV)-Ionen (Blei(IV)-oxid) oxidiert. Eigentlich sollte man vermuten, dass beim Anlegen einer Gleichspannung zum Aufladen des Akkus eine Elektrolyse der wässrigen Schwefelsäure-Lösung unter Bildung von Wasserstoff und Sauerstoff ablaufen würde (vgl. S. 254, 255). Die Abscheidung von Wasserstoff und Sauerstoff ist jedoch an Bleiplatten im Vergleich zu der an Platin-Elektroden stark gehemmt, sodass vorwiegend die Reduktion bzw. Oxidation der Blei(II)-Ionen erfolgt. Wenn alle Blei(II)-Ionen beim Ladevorgang in Blei-Atome bzw. Blei(IV)-Ionen (Blei(IV)-oxid) überführt sind, werden beim weiteren Aufladen als Folge einer Überladereaktion Wasserstoff und Sauerstoff als Knallgas aus dem Akku freigesetzt.

B4 *Im Jahr 1859 entwickelte GASTON PLANTÉ (1834 bis 1889) den ersten Bleiakkumulator und damit die älteste Form einer wiederaufladbaren elektrischen Zelle. Damit war die Grundlage für die industrielle Herstellung von Akkumulatoren geschaffen.*

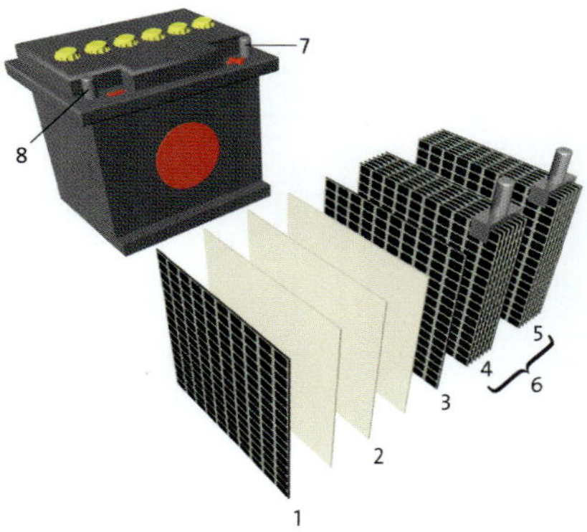

1 negative Platte (Bleigitter mit schwammigem Blei)
2 Scheider
3 positive Platte (Bleigitter mit Blei(IV)-oxid)
4 negativer Plattensatz
5 positiver Plattensatz
6 Plattendock für eine Zelle
7 positiver Pol
8 negativer Pol

B5 *Im Bleiakku von Autos sind sechs Zellen zusammengefasst, die eine Spannung von 12 V ergeben.*

Aufgaben

A1 Begründen Sie, warum die Konzentration der im Akku enthaltenen Schwefelsäure beim Entladen abnimmt.

A2 Erklären Sie, warum sich die Elektrodenpotenziale $E(\mathbf{Pb/Pb^{2+}}) = -0{,}36$ V und $E(\mathbf{Pb^{2+}/PbO_2}) = +1{,}69$ V des Bleiakkus von den in Auswertung b) angegebenen Standard-Elektrodenpotenzialen E^0 unterscheiden. (*Hinweis*: Verwenden Sie zur Argumentation auch die Überlegungen zur Konzentration, vgl. S. 269 f.)

A3 Vergleichen Sie den Bleiakku mit anderen Akkumulatoren (vgl. S. 284, 285) und nennen Sie jeweils die Vor- und Nachteile.

Fachbegriffe

Bleiakkumulator

B1 *Ein Bus ohne Emissionen?* **A:** *Beurteilen Sie, ob der Begriff „No Emisson" gerechtfertigt ist.*

B2 *Versuchsaufbau einer vereinfachten Brennstoffzelle zu V2.* **A:** *Erläutern Sie, warum die Krokodilklemmen nicht in die Lösung eintauchen dürfen.*

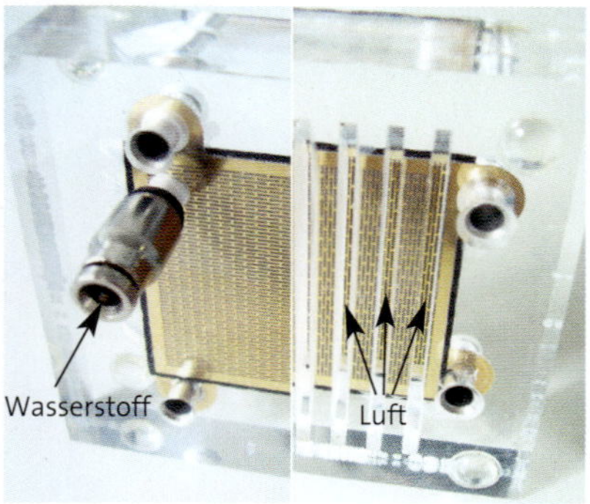

B3 *Vorder- und Rückseite einer Brennstoffzelle mit Protonen-Austausch-Membran PEM (B4)*

Zur Nutzung gezähmt – die Knallgasreaktion

Hinweis: Die Versuche können arbeitsteilig in Gruppen durchgeführt werden.

Versuche

V1 **(Schutzbrille!)** Tauchen Sie zwei Graphit-Elektroden in Kaliumhydroxid-Lösung*, c = 5 mol/L, und verbinden Sie sie mit dem Minus- bzw. Pluspol einer Gleichspannungsquelle. Elektrolysieren Sie einige Minuten bei etwa 4 Volt. Schalten Sie dann die Spannung aus und ersetzen Sie das Spannungsgerät durch ein Voltmeter. Messen Sie die Spannung und geben Sie die Richtung des Elektronenflusses an.

V2 **(Schutzbrille!)** Rollen Sie zwei Rasierscherfolien[1] zusammen und tauchen Sie sie in ein Becherglas mit Kalilauge*, c = 0,1 mol/L. Fixieren Sie die Rasierscherfolien mit Krokodilklemmen und einem doppelt durchbohrten Stopfen (B2). Verbinden Sie die Krokodilklemmen mit einer Gleichspannungsquelle und elektrolysieren Sie 20 s lang mit ca. 4 V. Beobachten Sie die Vorgänge an den Elektroden genau. Ersetzen Sie dann die Spannungsquelle durch ein Voltmeter und messen Sie die Spannung. Schließen Sie dann einen kleinen Elektromotor an und messen Sie die Zeit, wie lange er sich dreht.

V3 Untersuchen Sie den Einfluss verschiedener Parameter (z. B. Konzentration der Lösung, Eintauchtiefe und Abstand der Elektroden, Spannung und Zeit bei der Elektrolyse) auf die anschließend gemessene Spannung der Brennstoffzelle und auf die Zeit, die sie den Elektromotor antreibt.

Auswertung

a) Für den Aufbau der Spannung bei V1 bis V3 sind folgende Reaktionen verantwortlich (die E-Werte gelten bei pH = 14, d. h. $c(\mathbf{H_3O^+}) = 10^{-14}$ mol/L):

Minuspol: $\mathbf{2H_2(g) + 4OH^-(aq) \longrightarrow 4H_2O(l) + 4e^-}$; (1)
$E(\mathbf{H_2/H_2O}) = -0{,}83$ V

Pluspol: $\mathbf{O_2(g) + 2H_2O(l) + 4e^- \longrightarrow 4OH^-(aq)}$; $E(\mathbf{OH^-/O_2}) = 0{,}4$ V (2)

Erklären Sie mithilfe der angegebenen Elektrodenpotenziale die gemessenen Spannungen bei V1 und V2 und addieren Sie die beiden Teilreaktionen zu einer Gesamtreaktion für die Zellen aus V1 und V2.

b) Begründen Sie, warum bei V2 und V3 bei zu langer Elektrolyse Explosionsgefahr besteht.

c) Tabellieren und erklären Sie die Ergebnisse Ihrer Untersuchungen bei V3.

d) Planen Sie eine Veränderung des Versuchsaufbaus in V2 (B2), bei dem die beiden Gase nicht erst elektrolytisch erzeugt, sondern ähnlich wie bei der Brennstoffzelle aus B3 eingeleitet werden. Führen Sie den Versuch nach Absprache mit der Lehrkraft durch.

---

[1] *Hinweis*: Als Platin-Elektroden lassen sich Rasierscherfolien von einigen Elektrorasierern verwenden. Es handelt sich dabei um perforierte Nickelnetze, die mit einer sehr dünnen Schicht aus Platin überzogen sind. Wegen ihrer großen Oberfläche eignen sich diese Rasierscherfolien gut als Platin-Elektroden in alkalischen (nicht jedoch sauren) Lösungen.

Brennstoffzellen

Eine **Brennstoffzelle** könnte man als „langlebige Batterie mit Zuleitung und Abfluss" bezeichnen. Im Gegensatz zu herkömmlichen Batterien, deren energieliefernde Reaktionen zeitlich begrenzt sind, oder den Akkumulatoren, die immer wieder zeitaufwendig aufgeladen werden müssen, kann eine Brennstoffzelle kontinuierlich unter Zufuhr von Brennstoffen und Ableiten von Reaktionsprodukten elektrische Energie nutzbar machen (V2, V3). Als Brennstoff dient in der Regel Wasserstoff. Ein Gemisch aus Wasserstoff und Sauerstoff („Knallgas") reagiert bei Entzünden explosionsartig, die Reaktion ist stark exergonisch.

$$2H_2(g) + O_2(g) \longrightarrow 2H_2O(l); \qquad \Delta_r G = -474\ kJ$$

Die Energie dieser stark exergonischen Reaktion wird in einer Brennstoffzelle „kalt" als elektrische Energie genutzt (V1, V2). Die Spannung von U = 1,23 V, die man bei der **Knallgas-Brennstoffzelle** misst, ergibt sich aus den Elektrodenpotenzialen der beteiligten Halbzellen (vgl. Auswertung a).

In der technischen Anwendung unterscheidet man mehrere Typen von Brennstoffzellen, die sich vor allem darin unterscheiden, wie die Reaktionsräume der beiden Gase getrennt werden. Die gebräuchlichste Brennstoffzelle ist die **PEM-Brennstoffzelle** (PEM = *Proton Exchange Membrane*), bei der die Wasserstoff- und Sauerstoff-Halbzellen durch eine für Protonen durchlässige Membran getrennt sind. Auf diese ist ein Katalysator aufgetragen, der die Elektrodenreaktionen ermöglicht (B4). Diese Zelle liefert in der Technik eine Spannung von etwa 1 Volt. Um höhere Spannungen zu erreichen, werden solche Brennstoffzellen hintereinandergeschaltet und gestapelt (B5).

Die Knallgas-Brennstoffzelle hat den Vorteil, dass ihr Betrieb umweltfreundlich ist, da sie keine schädlichen Abgase, sondern nur Wasser erzeugt. Dies gilt aber nur dann, wenn der Energieträger Wasserstoff durch umweltfreundlich erzeugten Strom (z. B. mit Windenergie oder photovoltaisch, vgl. S. 255, B5) gewonnen wird. Anstelle von Wasserstoff können auch andere Brennstoffe eingesetzt werden, z. B. Erdgas, das fast ausschließlich aus Methan besteht. So lassen sich z. B. Häuser mit **Erdgas-Brennstoffzellen** beheizen. Hierzu muss das Methan in einem sog. Reformer zunächst katalytisch mit Wasserdampf in Wasserstoff und Kohlenstoffdioxid umgewandelt werden:

$$CH_4(g) + 2H_2O(g) \rightleftharpoons 4H_2(g) + CO_2(g)$$

Das gebildete Wasserstoffgas kann dann in eine PEM-Brennstoffzelle eingeleitet werden.

In **Methanol-Brennstoffzellen** wird Methanol CH_3OH als Brennstoff eingesetzt. Es hat gegenüber Wasserstoff und Methan den Vorteil, dass es in Flüssigkeitstanks transportiert und aufbewahrt werden kann.

Aufgabe

A1 Informieren Sie sich über weitere, auf dieser Seite nicht genannte Typen von Brennstoffzellen. Nennen Sie Gemeinsamkeiten und Unterschiede zu diesen.

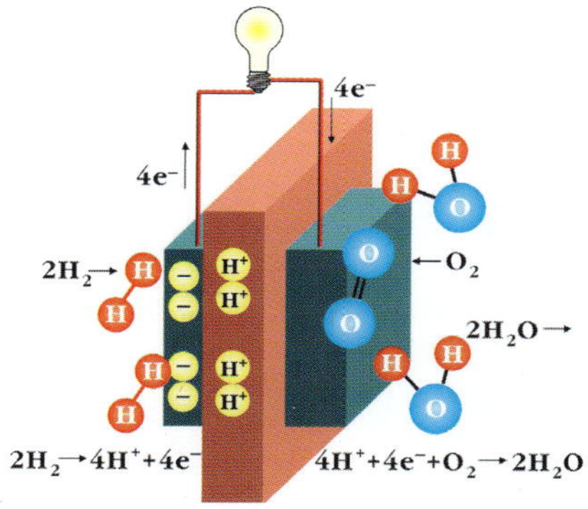

B4 *Schematische Darstellung einer PEM-Brennstoffzelle.* **A:** *Erläutern Sie anhand dieser Skizze das Funktionsprinzip der PEM-Brennstoffzelle und informieren Sie sich unter Chemie 2000+ Online über Wasserstoff als Energieträger der Zukunft.*

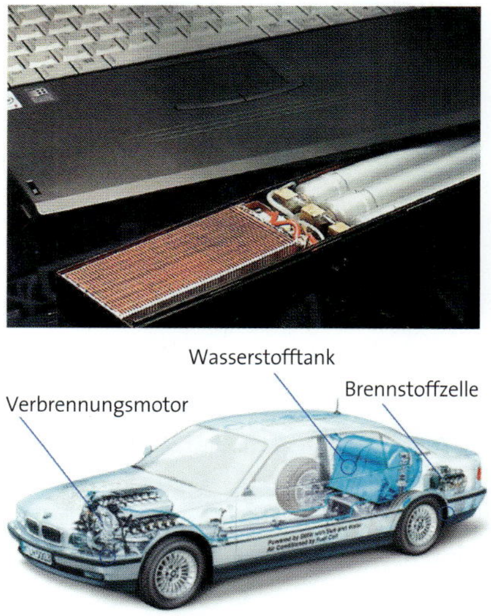

B5 *Stapel von Brennstoffzellen in einem Hybrid-Auto.* **A:** *Erläutern Sie, warum nur Wasserstofftanks (keine Sauerstofftanks) notwendig sind.*

Aufgabe

A2 Die Brennstoffzelle ist „älter" als die Taschenlampenbatterie (vgl. S. 273) und der Bleiakkumulator (vgl. S. 275). Nennen Sie Argumente, warum ihre technische Nutzung so lange vernachlässigt wurde.

Fachbegriffe

Knallgas-, Erdgas- und Methanol-Brennstoffzelle, PEM-Brennstoffzelle

Vom Rohstoff zur Grundchemikalie – Chlor-Alkali-Elektrolyse

B1 *Abbau von Steinsalz im Bergwerk*

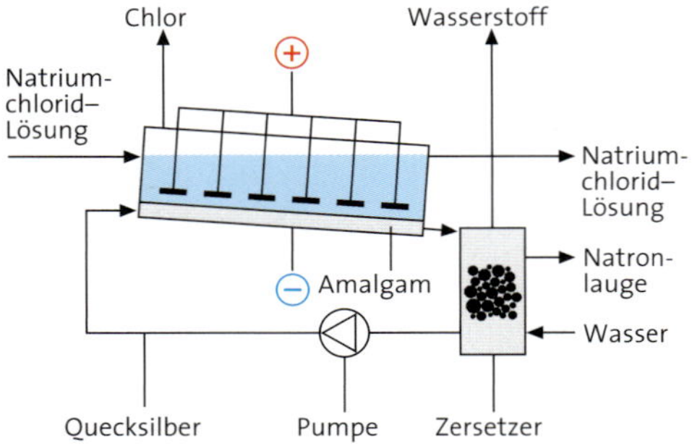

B3 *Schema einer Elektrolysezelle nach dem Amalgam-Verfahren mit Amalgam-Zersetzer.* **A:** *Erläutern Sie den Kreislauf des Quecksilbers in dieser Anlage.*

Technische Chlor-Alkali-Elektrolyse

Einer der wichtigen Rohstoffe für die chemische Industrie, über die Deutschland verfügt, ist Steinsalz, Natriumchlorid (B1). Daraus werden jährlich ca. 4 Mio. Tonnen der Grundchemikalie Chlor durch Elektrolyse von Natriumchlorid-Lösung (**Chlor-Alkali-Elektrolyse**) hergestellt, die Grundchemikalien Natronlauge und Wasserstoff entstehen als Kopplungsprodukte. Bei dem älteren **Diaphragma-Verfahren** (B2) verwendet man Anoden aus Graphit oder Titan, an denen sich Chlor bildet, und Kathoden aus Eisen, an denen Wasserstoff entsteht. An den Elektroden laufen folgende Reaktionen ab (vgl. Abscheidungspotenziale, Überspannung und Zersetzungsspannung in *Chemie 2000+ Online*):

Pluspol (Anode):

$$2Cl^-(aq) \longrightarrow Cl_2(g) + 2e^-$$; Oxidation

Minuspol (Kathode):

$$2H_2O(l) + 2e^- \longrightarrow 2OH^-(aq) + H_2(g)$$; Reduktion

Das Diaphragma ist aus Asbest und für die Anionen wie für die Kationen der Lösung durchlässig. Wegen der Asbestbelastung und der Tatsache, dass man so keine konzentrierte Natronlauge herstellen kann, ist dieses Verfahren rückläufig. Ein Teil des in Deutschland produzierten Chlors wird nach dem **Amalgam-Verfahren** (B3) hergestellt. Die Kathode ist aus Eisenblech, über das elementares Quecksilber fließt. Daran bildet sich nicht Wasserstoff, sondern elementares Natrium, das mit dem Quecksilber eine Legierung, das **Natrium-Amalgam** bildet. Dieses wird anschließend im Zersetzer mit Wasser zu hochreiner Natronlauge und Wasserstoff zersetzt. Durch Eindampfen dieser Natronlauge erhält man reines Natriumhydroxid.

Da bei dem Amalgam-Verfahren etwa 1 g giftiges Quecksilber pro Tonne Chlor in die Umwelt gelangt, wird es zunehmend durch das **Membran-Verfahren** ersetzt (B4). Dieses ähnelt dem Diaphragma-Verfahren, statt des Diaphragmas verwendet man aber eine halbdurchlässige Membran, die für Natrium-Ionen, nicht jedoch für Chlorid- und Hydroxid-Ionen durchlässig ist. Dieses Verfahren ist zwar teurer, aber umweltfreundlicher als die beiden anderen und ermöglicht auch die Herstellung von konzentrierter Natronlauge.

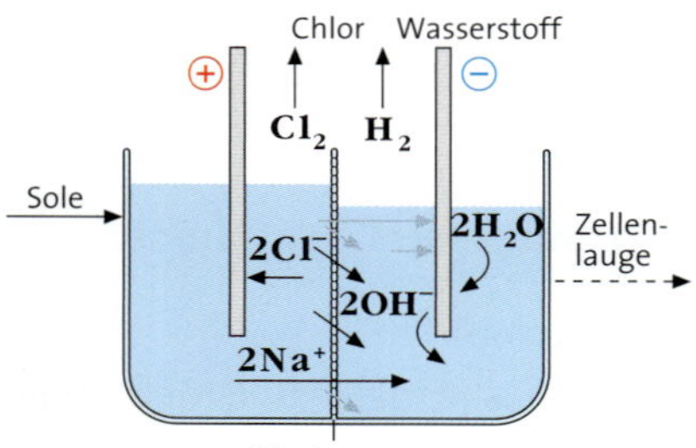

B2 *Schema einer Diaphragma-Zelle*

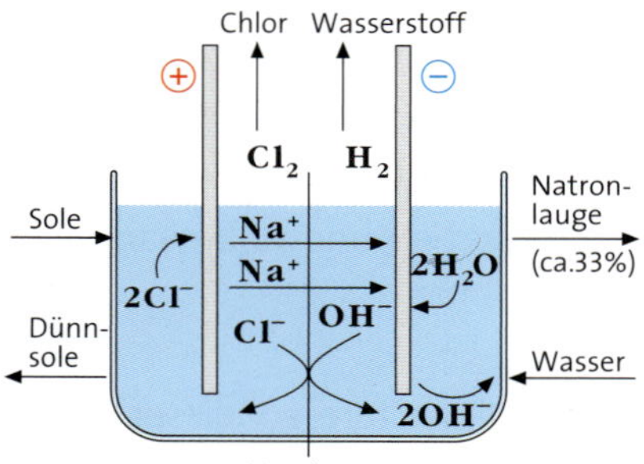

B4 *Schema einer Membran-Zelle*

Vom Rohstoff zur Grundchemikalie – Chlor-Alkali-Elektrolyse

Der „Chlor-Stammbaum"

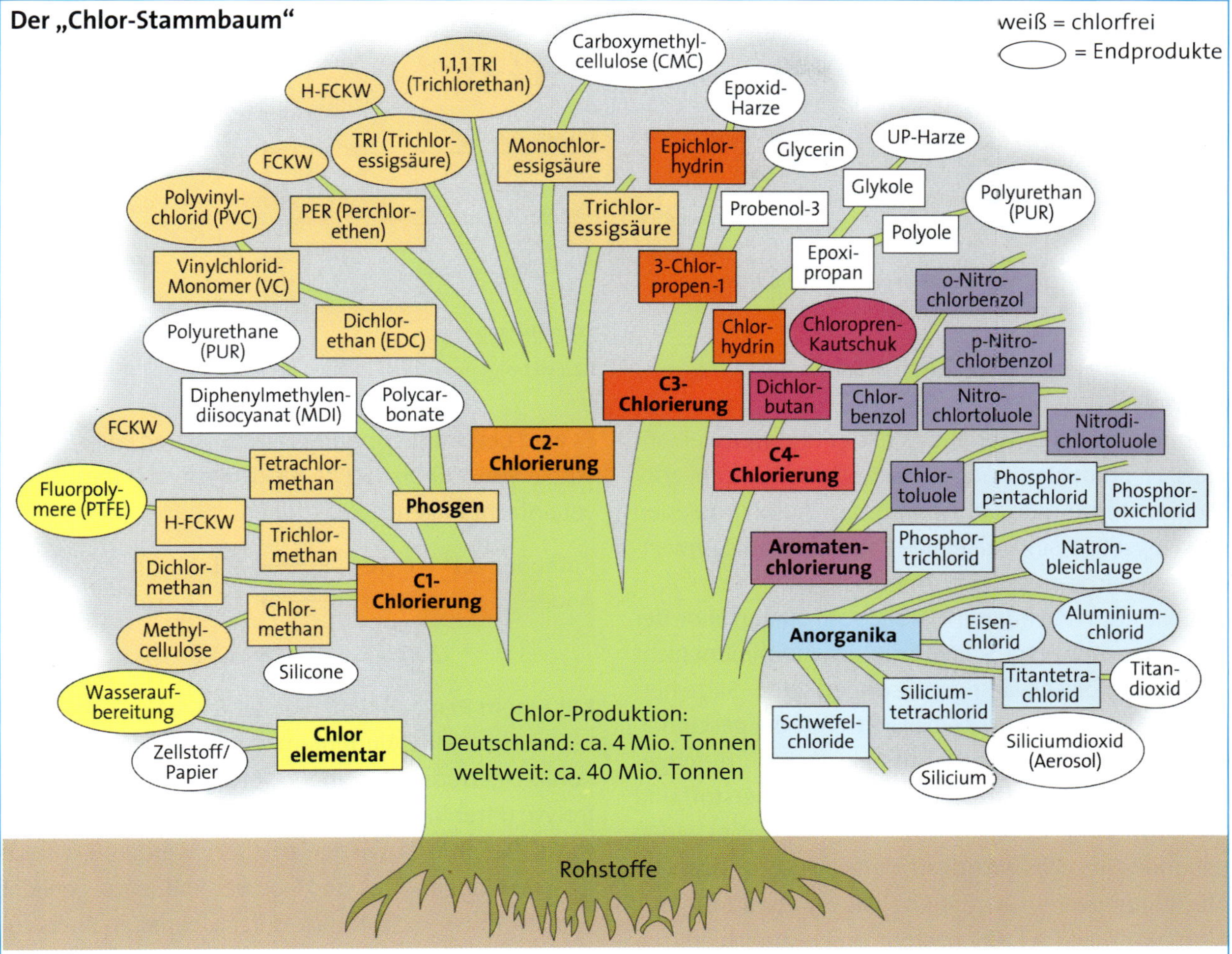

B5 *Der „Stammbau" der Chlorchemie zeigt die wesentlichen Folgeprodukte des Chlors, das durch Elektrolyse von Natriumchlorid gewonnen wird. „C1–C4-Chlorierung" bedeutet, dass Kohlenstoffverbindungen mit 1 bis 4 Kohlenstoff-Atomen im Molekül zugrunde liegen. Die weiß unterlegten Felder zeigen chlorfreie Produkte an. Weltweit werden ca. 15 000 verschiedene Chlorprodukte angeboten.*

Rohstoffe, Grundchemikalien, Endprodukte

Die bei der Chlor-Alkali-Elektrolyse erhaltenen Produkte *Chlor*, *Wasserstoff* und *Natronlauge* sind alle drei **Grundchemikalien** in der chemischen Industrie, d.h. Chemikalien, die man großtechnisch im Maßstab von mehreren Millionen Tonnen jährlich herstellt und aus denen durch weitere Reaktionen eine große Vielfalt an **Endprodukten (Anwendungsprodukten)** erzeugt werden, die dann Anwendung im Alltag und in der Technik finden. Bei der Chlor-Alkali-Elektrolyse wird von den **Rohstoffen** Steinsalz und Wasser ausgegangen.

Aufgaben

A1 Erläutern und bewerten Sie die Kostenfaktoren und die Umweltaspekte bei den drei auf S. 278 beschriebenen Verfahren.

A2 Informieren Sie sich über die Verwendung einiger im Stammbaum angegebener Endprodukte.

A3 Recherchieren Sie die *EVA Online*-Seite „Chlorchemie – Fluch oder Segen" und ergänzen Sie die dort angegebenen Informationen nach weiteren Recherchen. Führen Sie dann ein Rollenspiel als Streitgespräch „Pro und Contra" zur Chlorchemie durch.

Elektrolysen in der Metallurgie

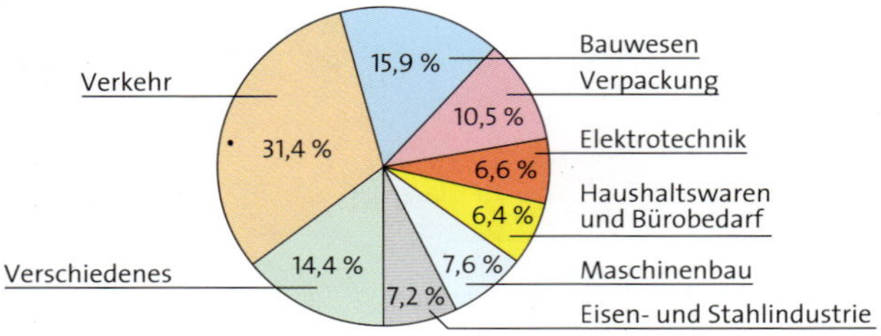

B1 *Einsatzbereiche von Aluminium, dem zweitwichtigsten Gebrauchsmetall (nach Eisen)*

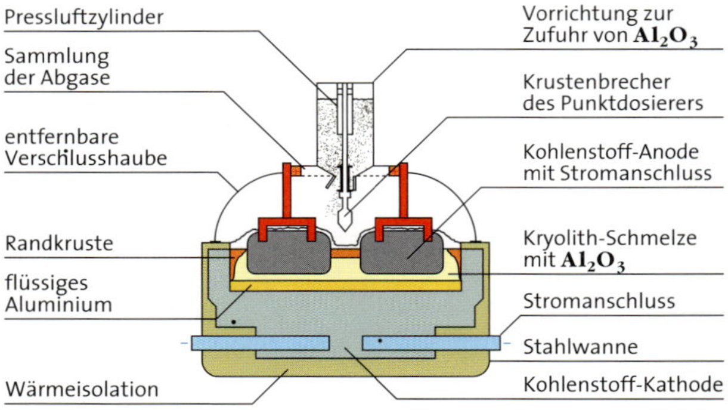

B2 *Elektrolysezelle zur Aluminiumgewinnung*

Aluminium-Herstellung durch Schmelzfluss-Elektrolyse

Aluminium ist das Metall, das nach Stahl weltweit am meisten produziert und verarbeitet wird. Getränkedosen, Fensterrahmen, Fahrradrahmen, Autokarosserien und Flugzeuge sind nur einige Beispiele für die Anwendungsbereiche dieses Leichtmetalls (B1).

Wie Natrium und andere Metalle vom oberen Ende der Spannungsreihe (vgl. S. 265) lässt sich Aluminium nicht durch Elektrolyse wässriger Lösungen seiner Salze herstellen. Stattdessen wird eine Elektrolyse der geschmolzenen Salze, die Schmelzfluss-Elektrolyse, durchgeführt. Als dritthäufigstes Element (nach Sauerstoff und Silicium) kommt Aluminium in vielen Gesteinen gebunden vor. Das wichtigste natürlich vorkommende Aluminiumgestein ist Bauxit[1], das zu etwa 50 % aus Aluminiumoxid Al_2O_3 besteht und unterschiedliche Mengen an Eisenoxiden und Siliciumdioxid enthält. Für die Schmelzfluss-Elektrolyse benötigt man aber reines Aluminiumoxid. Dazu wird Bauxit mit Natronlauge unter Druck umgesetzt, sodass Aluminiumoxid gelöst wird und die anderen Bestandteile als unlösliche Rückstände, als Rotschlamm, abgetrennt werden können.

Reines Aluminiumoxid lässt sich wegen seiner hohen Schmelztemperatur von 2 045 °C nicht wirtschaftlich rentabel elektrolysieren. Durch Mischen mit dem Mineral Kryolith $Na_3[AlF_6]$ kann die Schmelztemperatur (des Gemischs) auf etwa 950 °C herabgesetzt werden.

In der technischen Elektrolysezelle der Schmelzfluss-Elektrolyse (B2) tauchen als Anoden bewegliche Kohleblöcke von oben in die Schmelze.

Es wird bei einer Spannung von ca. 5 V und einer Stromstärke von 100 bis 150 kA elektrolysiert. Dabei laufen vereinfacht folgende Reaktionen ab:

$$\text{Kathode: } Al^{3+} + 3e^- \longrightarrow Al \qquad | \cdot 4$$

$$\text{Anode: } 2O^{2-} \longrightarrow O_2 + 4e^- \qquad | \cdot 3$$

$$2Al_2O_3 \longrightarrow 4Al + 3O_2$$

Mit einem Reinheitsgrad von 99,8 % ist das elektrolytisch hergestellte Aluminium nahezu ein Reinstoff. Die Kohle-Elektroden der Anode verbrennen bei der Elektrolyse unter Bildung von Kohlenstoffdioxid und müssen daher immer wieder erneuert werden. Da auch geringe Mengen Fluor und Fluorverbindungen gebildet werden, müssen die Abgase durch Überleiten über Aluminiumoxid gereinigt werden. Dieses wird der Elektrolytschmelze erneut zugeführt.

Die beim Stromfluss erzeugte Wärme und die durch die Anodenverbrennung freiwerdende Verbrennungswärme halten die Elektrolytschmelze flüssig, ohne dass weitere Energie hinzugefügt werden muss. Dennoch ist die Aluminiumgewinnung sehr energieaufwändig. Eine Aluminiumhütte benötigt für die Erzeugung von einer Tonne Aluminium neben 4 000 kg Bauxit, 600 kg Kohle und 80 kg Kryolith auch eine elektrische Energie von etwa 15 000 kWh. Aluminiumhütten liegen daher zumeist in der Nähe leistungsfähiger Kraftwerke. Das Umschmelzen von Aluminiumschrott erfordert nur etwa 10 % der Energie, die zur Erzeugung von Aluminium aus Bauxit erforderlich ist. Aluminium-Recycling ist daher ökonomisch und ökologisch sinnvoll.

[1] Benannt nach dem ersten Fundort *Les Baux* in Südfrankreich.

Elektrolysen in der Metallurgie

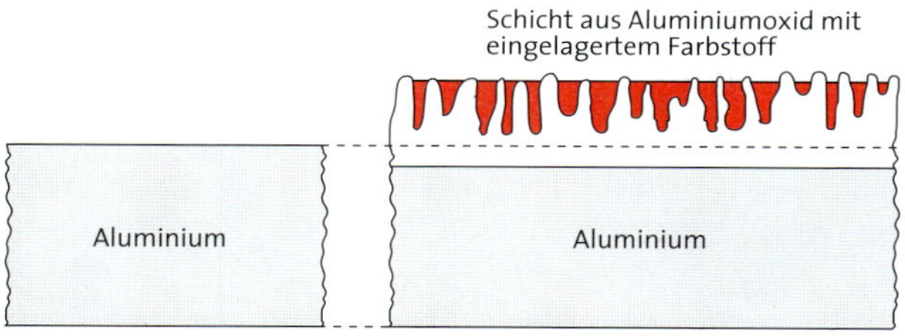

B3 *Eloxieren von Aluminium*

Eloxal-Verfahren

Aluminium müsste entsprechend seines Standardpotenzials ($E° = -1{,}66$ V) eigentlich sehr leicht oxidieren und damit korrodieren. Aluminium ist aber sehr korrosionsbeständig. Dies liegt daran, dass Aluminium an der Oberfläche eine dünne (10^{-5} mm dicke) schützende Schicht aus Aluminiumoxid bildet. Diese Oxidschicht kann durch das **Eloxal**-Verfahren (**El**ektrische **Ox**idation des **Al**uminiums) bis auf ca. 10^{-2} mm verstärkt und angefärbt werden, wobei sich seine Schutzwirkung um ein Vielfaches erhöht. Die Reaktionsgleichung für das Eloxieren lautet (vereinfacht):

$$2Al + 3H_2O \longrightarrow Al_2O_3 + 6H^+ + 6e^-$$

Elektrolytische Kupfer-Raffination[2]

Kupfer ist nach Eisen und Aluminium das drittwichtigste Gebrauchsmetall und wird beispielsweise für Stromkabel, Münzen und Wasserrohre genutzt. Etwa die Hälfte des gewonnenen Kupfers wird wegen seiner guten elektrischen Leitfähigkeit in der Elektrotechnik verwendet. Da die elektrische Leitfähigkeit des Kupfers durch Spuren von Fremdmetallen stark beeinträchtigt wird, muss das durch Verhüttung gewonnene Rohkupfer erst elektrolytisch gereinigt werden.

Die **elektrolytische Raffination** des Kupfers beruht auf der Trennung der Metalle nach ihren Redoxpotenzialen. Dazu wird das **Rohkupfer**, das neben anderen Metallen auch Eisen, Zink, Nickel, Chrom, Arsen, Silber und Gold enthält, in Form von Blechen als Anode geschaltet. Reinkupferbleche bilden die Kathode (B4). Als Elektrolyt-Lösung dient schwefelsaure Kupfersulfat-Lösung.

[2] von *raffiner* (franz.) = verfeinern

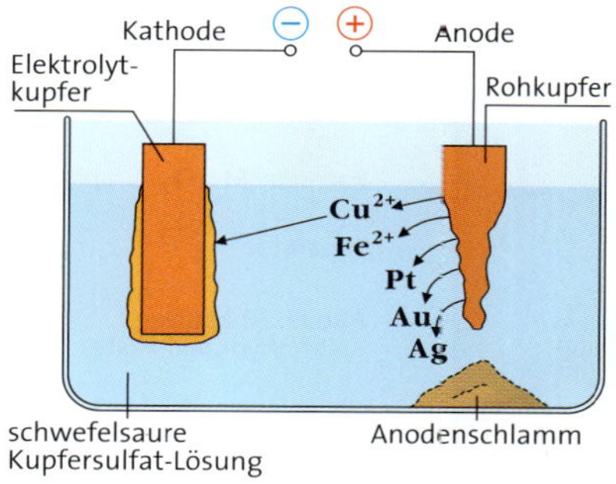

B4 *Elektrolytische Raffination von Kupfer*

Bei der Elektrolyse laufen folgende Vorgänge ab:

Anode:

$$Cu(s)_{roh} \longrightarrow Cu^{2+}(aq) + 2e^-;\quad E° = 0{,}35\ V$$

Kathode:

$$Cu^{2+}(aq) + 2e^- \longrightarrow Cu(s)_{rein};\quad E° = 0{,}35\ V$$

Die Zersetzungsspannung (vgl. *EVA Online*) dieser Elektrolyse ist theoretisch null. Während der Elektrolyse steigt aber die Konzentration der Kupfer-Ionen an der Anode und sinkt an der Kathode, da an der Anode ständig Kupfer-Ionen in Lösung gehen und an der Kathode aus der Lösung durch Reduktion entfernt werden. Aufgrund dieses Konzentrationsgefälles ist das Elektrodenpotenzial zwischen den beiden Elektroden wie bei einer Konzentrationszelle nicht gleich. Es muss also eine geringe Elektrolysespannung von 0,2 V bis 0,3 V angelegt werden.

An der Anode werden außer Kupfer auch andere, unedlere Metalle oxidiert und gehen als Metall-Ionen in Lösung. Die edleren Metalle wie Silber, Gold oder Platin werden bei den niedrigen Elektrolysespannungen nicht oxidiert. Sie werden aus dem metallischen Kristallverband der sich auflösenden Kupfer-Anode freigesetzt und fallen als wertvoller Anodenschlamm auf den Boden.

An der Kathode werden von allen in der Lösung befindlichen, aus der Rohkupfer-Elektrode stammenden Metall-Ionen nur die Kupfer-Ionen reduziert, da Kupfer das Elektrodenpotenzial mit dem größten positiven Wert aufweist. An der Kupfer-Kathode wird daher hochreines **Elektrolytkupfer** abgeschieden.

Moderne Batterien

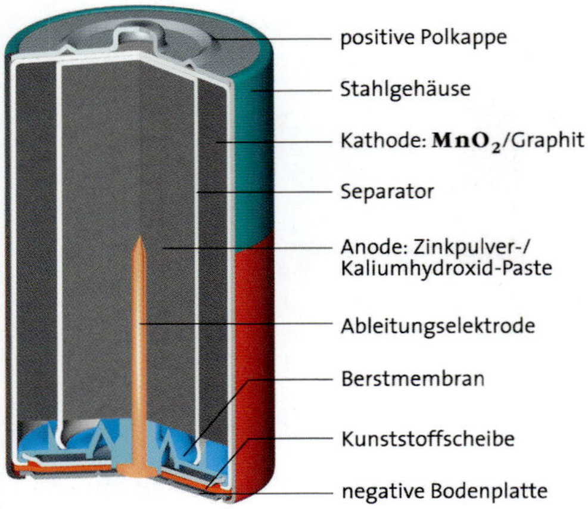

B1 *Bau einer Alkali-Mangan-Zelle.* ***A:*** *Vergleichen Sie diesen Aufbau mit dem der Leclanché-Zelle.*

B2 *Knopfzellen sind klein und vielfältig einsetzbar.* ***A:*** *Informieren Sie sich auf den Internetseiten verschiedener Batteriehersteller über deren Angebot an Knopfzellen und über die empfohlenen Einsatzbereiche.*

Die im Fachhandel angebotenen Batterien unterscheiden sich zwar äußerlich, funktionieren aber alle nach dem gleichen Prinzip: Es werden immer zwei Redoxpaare mit unterschiedlichen Redoxpotenzialen, getrennt durch einen Elektrolyten, kombiniert.

Viele Batterien kommen in der Form von Knopfzellen auf den Markt. Deren Angebot erscheint zunächst verwirrend (B2). Diese Bauform gewinnt aber immer mehr an Bedeutung, da es sich hierbei um besonders kleine Spannungsquellen handelt, die je nach verwendeten Redoxpaaren unterschiedliche Nennspannungen liefern können.

Die Alkali-Mangan-Batterie

Diese z. B. als „Alkaline"-, „Mikro"- oder „Mignon"-Batterien in den Handel gebrachten Batterien haben eine Nennspannung von 1,5 V und werden bei Elektrogeräten mit hohem Energieverbrauch wie z. B. Radiorecordern, Blitzlichtern oder Laserpointern eingesetzt. Dieser Batterietyp stellt eine Weiterentwicklung der Leclanché-Zelle auf Basis der Mangandioxid/Zink-Zelle dar. Sie enthält aber als Elektrolyt-Paste Kalilauge (B1). Das bewirkt ein günstigeres Entladeverhalten bei Dauerbelastung. Um den Innenwiderstand der Batterie zu erniedrigen, wird die Zinkoberfläche vergrößert, indem man das als Anode fungierende Zink pulverförmig in die Elektrolyt-Paste einbringt. Die Gesamtreaktion in der Zelle lautet:

$$Zn(s) + 2MnO_2(s) + 2KOH(aq) + 2H_2O(l) \longrightarrow K_2[Zn(OH)_4](aq) + 2MnO(OH)(s)$$

Die Lithium-Mangan-Zelle

Da das Redoxpaar Li/Li^+ das negativste Standard-Elektrodenpotenzial ($E° = -3{,}04$ V) hat (vgl. S. 265), erzielt man mit Lithium als negativer Elektrode in Knopfzellen die hohe Nennspannung von 3 V. Wie bei der Leclanché-Zelle fungiert Mangandioxid MnO_2 als Oxidationsmittel an der positiven Elektrode. Vereinfacht läuft folgende Gesamtreaktion in der Zelle ab:

$$\overset{0}{Li}(s) + \overset{+IV}{Mn}\overset{-II}{O_2}(s) \longrightarrow \overset{+I}{Li}\overset{+III}{Mn}\overset{-II}{O_2}(s)$$

Lithium-Mangan-Zellen werden wegen ihrer langen Lebensdauer gerne in Fotoapparaten oder Taschenrechnern eingesetzt. Da Lithium als Alkalimetall in wasserhaltigen Elektrolyt-Lösungen unter Bildung von Wasserstoff reagieren würde, verwendet man organische, hydrophobe Lösemittel, beispielsweise Ketone oder Ester.

Aufgabe

A1 Formulieren Sie die an den Elektroden einer Lithium-Mangan-Zelle ablaufenden Reaktionen.

Moderne Batterien

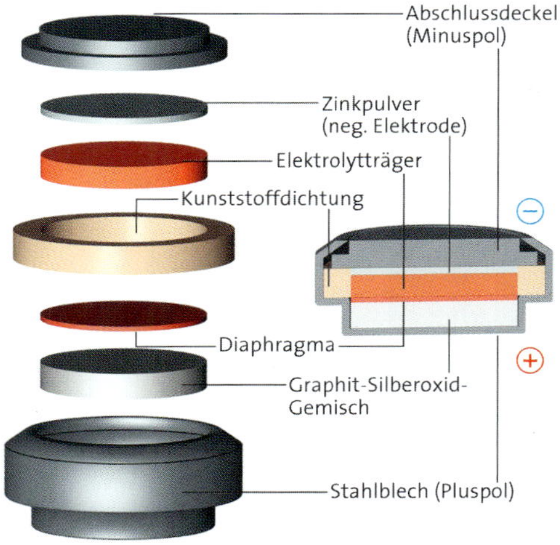

B3 *Aufbau einer Silberoxid-Zink-Knopfzelle*

Die Silberoxid-Zink-Zelle

Dieser Batterietyp (B3) wird vor allem zum Betreiben von Armbanduhren verwendet. Bei ihm wird der Potenzialunterschied der Redoxpaare Zn/Zn^{2+} und Ag/Ag^{+} ausgenutzt, der eine Nennspannung von 1,55 V liefert. Als Anode (Minuspol) fungiert Zink, das wie bei der Alkali-Mangan-Batterie als Pulver eingesetzt wird, die Kathode (Pluspol) bildet Silberoxid (B3). Der Elektrolyt ist Kalilauge, mit der ein saugfähiger Elektrolytträger getränkt ist. Bei Stromentnahme laufen in der Zelle vereinfacht folgende Elektrodenreaktionen ab:

Minuspol:

$$Zn(s) \longrightarrow Zn^{2+}(aq) + 2e^-$$

Pluspol:

$$Ag_2O(s) + H_2O(l) + 2e^- \longrightarrow 2Ag(s) + 2OH^-(aq)$$

B4 *Verschiedene Batterietypen aus dem Handel und Test zur Unterscheidung von Plus- und Minuspol.* **A:** *Im rechten Bildteil wird gezeigt, wie man den Plus- vom Minuspol einer Batterie unterscheiden kann. Die Pole der Batterie wurden auf Filterpapier, das mit Phenolphthalein- und Kaliumnitrat-Lösung getränkt ist, aufgedrückt. Es zeigt sich ein purpurfarbener Ring. Werten Sie dieses Versuchsergebnis aus.*

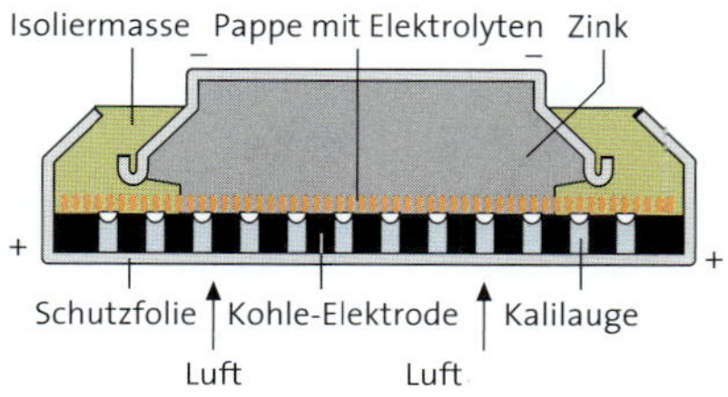

B5 *Zink-Luft-Zelle (Zink-Luft-Batterie).* **A:** *Begründen Sie, warum man die Schutzfolie erst unmittelbar vor dem Gebrauch abziehen sollte.*

Die Zink-Luft-Zelle

Dieser Batterietyp nutzt den in der Luft vorhandenen Sauerstoff als Oxidationsmittel für Zink. Anstelle von Braunstein ist das Material der positiven Elektrode Aktivkohle, die an ihrer großen Oberfläche Sauerstoff adsorbiert. Über eine Öffnung, die die Aktivkohleschicht mit der Umgebung verbindet, kann Sauerstoff aus der Luft nachströmen. Die Zink-Luft-Zelle mit einer Nennspannung von 1,4 V wird häufig in Hörgeräten eingesetzt. Sie kann als „Instant-Power-Ladeset" auch zum Aufladen von Handy-Akkus genutzt werden. Allerdings ist die Zink-Luft-Zelle selbst nicht wiederaufladbar.

Versuch

V1 **(Schutzbrille!)** *Modellversuch zur Zink-Luft-Zelle*
Tauchen Sie in ein Becherglas mit Kalilauge*, $c = 6$ mol/L, ein Zinkblech und ein Stück Holzkohle. Verbinden Sie beide Elektroden mit einem Gleichspannungsmessgerät. Mit der Zelle lässt sich ein kleiner Elektromotor stundenlang betreiben.

Auswertung

a) Formulieren Sie die Reaktionsgleichungen, die in der Zink-Luft-Zelle bei Stromentnahme ablaufen.
b) Überprüfen Sie experimentell, ob Ihre bei a) formulierte Reaktionsgleichung am Pluspol zutrifft.

Aufgaben

A2 Nennen Sie Gemeinsamkeiten und Unterschiede der auf dieser Doppelseite beschriebenen Batterietypen.

A3 Erstellen Sie nach dem Muster von S. 217 eine *Concept Map* mit dem Zentralbegriff „Elektrochemische Energiequellen".

Weiterentwicklung der Akkumulatorentechnik

B1 *Nickel-Cadmium-Akkus im Einsatz*

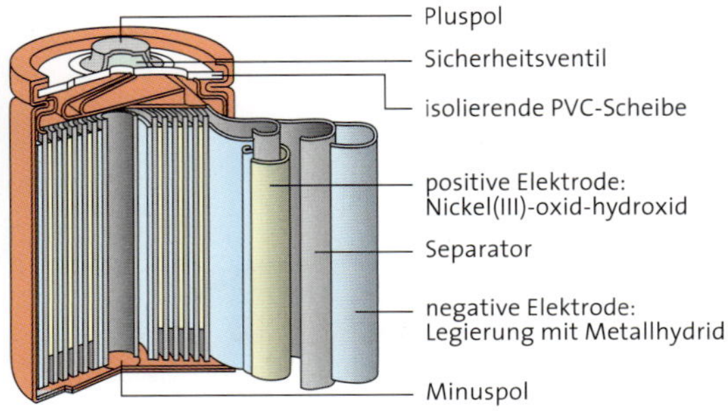

B2 *Bau eines Nickel-Metallhydrid-Akkumulators*

Der Nickel-Cadmium-Akkumulator

Dieser sehr häufig in Kleingeräten eingesetzte Akku wird als Knopf-, Rund- oder Blockzelle hergestellt und hat eine Nennspannung von 1,3 V. Als negative Elektrode dient eine Cadmium-, als positive Elektrode eine Nickel-Elektrode, die mit Nickel(III)-oxid-hydroxid umgeben ist. Als Elektrolyt wird Kalilauge verwendet. Beim Entladen bzw. Laden laufen folgende Reaktionen ab:

Minuspol:

$$\mathbf{Cd(s) + 2OH^-(aq) \underset{\text{Laden}}{\overset{\text{Entladen}}{\rightleftarrows}} Cd(OH)_2(s) + 2e^-}$$

Pluspol:

$$\mathbf{2NiO(OH)(s) + 2H_2O(l) + 2e^- \underset{\text{Laden}}{\overset{\text{Entladen}}{\rightleftarrows}} 2Ni(OH)_2(s) + 2OH^-(aq)}$$

Die beim Laden und Entladen entstehenden Verbindungen sind schwer löslich und lagern sich auf den Elektroden ab.

Auch beim **Ni/Cd**-Akku könnte es wie beim Bleiakku zu einer Überladereaktion kommen, bei der Wasserstoff und Sauerstoff aus dem Elektrolyten freigesetzt würden. Dies wird aber durch eine Überdimensionierung der negativen Elektrode vermieden: Die negative Elektrode enthält eine Ladereserve aus Cadmiumhydroxid, das nach vollständigem Laden der Zelle zu Cadmium reduziert wird. Dadurch wird verhindert, dass gasförmiger Wasserstoff durch Reduktion von Wasser entsteht. An der positiven Elektrode entsteht dann Sauerstoff, der in die Zelle diffundiert und überschüssiges Cadmium der negativen Elektrode oxidiert.

Wenn man den **Ni/Cd**-Akku wiederholt vor der vollständigen Entleerung auflädt, entstehen auf der negativen Elektrode kleine Kristalle aus einer Nickel-Cadmium-Verbindung ($\mathbf{Ni_5Cd_{21}}$). Dadurch verringert sich die verfügbare Oberfläche der Cadmium-Elektrode und der Akku liefert für immer kürzere Zeit Spannung. Dieser **Memory-Effekt** lässt sich beseitigen, indem man den Akku mehrmals vollständig entlädt und anschließend mit Nennspannung wieder auflädt.

Der Nickel-Metallhydrid-Akkumulator

Da Cadmium giftig ist, wurde als Ersatz für den Nickel-Cadmium-Akkumulator der Nickel-Metallhydrid-Akkumulator (**Ni/MH**-Akku) entwickelt. Heute kann man nahezu alle Geräte, die mit einem **Ni/Cd**-Akku betrieben werden, auch mit dem **Ni/MH**-Akku ausstatten. Die Reaktionsabläufe am Pluspol des Nickel-Metallhydrid-Akkus entsprechen denen am Pluspol des Nickel-Cadmium-Akkus. Der Minuspol des **Ni/MH**-Akkus wird durch eine Metalllegierung gebildet, die in der Lage ist, Wasserstoffgas zu absorbieren. Als Elektrolyt dient Kaliumhydroxid-Lösung. Am Minuspol läuft folgende Reaktion ab:

$$\mathbf{Metall\text{-}H_2(s) + 2OH^-(aq) \underset{\text{Laden}}{\overset{\text{Entladen}}{\rightleftarrows}} Metall(s) + 2H_2O(l) + 2e^-}$$

Aufgaben

A1 Formulieren Sie für den Nickel-Cadmium- und für den Nickel-Metallhydrid-Akkumulator die Gesamtreaktionen.

A2 Vergleichen Sie den Bau und die Funktion des Nickel-Cadmium- und des Bleiakkumulators (vgl. S. 274, 275).

A3 Stellen Sie fest, welchen Akkumulatortyp Sie an Ihren elektronischen Geräten (Handy, Notebook etc.) haben, und überlegen Sie, ob der Memory-Effekt dabei von Bedeutung ist.

Weiterentwicklung der Akkumulatorentechnik

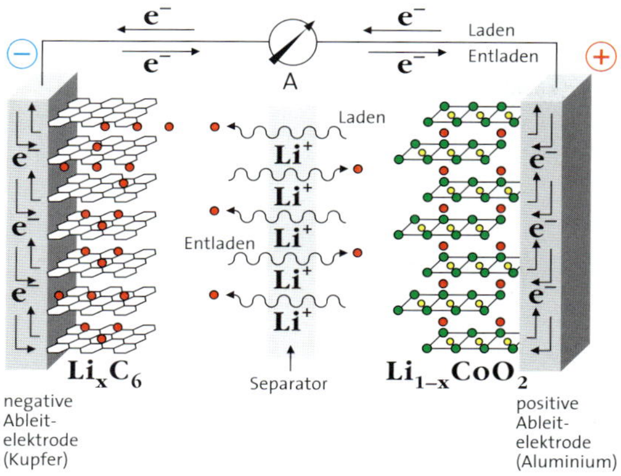

B3 *Aufbau eines Lithium-Ionen-Akkumulators*

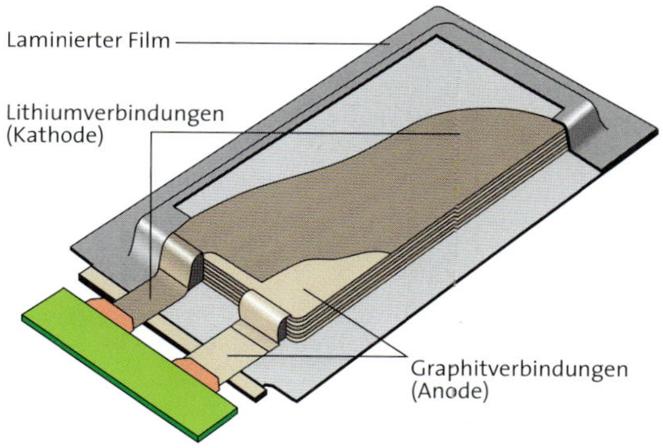

B4 *Aufbau eines Lithium-Polymer-Akkumulators*

Der Lithium-Ionen-Akkumulator

Eine sehr hohe Nennspannung von 3,6–4 V, keinen Memory-Effekt, kurze Aufladezeit und geringe Schadstoffanteile zeichnen diesen modernen Akkumulatortyp aus, von dem jährlich über 500 Millionen Stück hergestellt werden. Die positive Elektrode besteht aus einem Metalloxid, in dem eine bestimmter Anteil an Lithium-Ionen eingelagert ist. In der Praxis werden hauptsächlich Mangan- oder Cobaltoxide verwendet, da sich in deren Kristallgitter die Lithium-Ionen besonders gut als Verbindungen $\mathbf{LiCoO_2}$ oder $\mathbf{LiMn_2O_4}$ einlagern lassen (B3). Als positive Ableitelektrode fungiert ein Metallstab (z. B. Aluminium), der den Kontakt zur Elektrodenmasse herstellt. Als negative Elektrode fungiert eine Graphit-Elektrode, in deren Kohlenstoffgitter ebenfalls Lithium-Ionen eingelagert sind ($\mathbf{Li_xC_6}$). Auch hier dient ein Metallstab (z. B. Kupfer) als Ableitelektrode.

Beim Laden des Lithium-Ionen-Akkus wandern Lithium-Ionen aus dem Metalloxid-Gitter durch den trennenden Separator in die Graphit-Elektrode. Beim Entladen wandern die Lithium-Ionen wieder zurück in das Metalloxid-Gitter. Aufgrund der unterschiedlichen Konzentrationen an Lithium-Ionen ergibt sich im geladenen Zustand eine hohe Potenzialdifferenz zwischen den Redoxpotenzialen der beiden Elektrolytmassen. Als Elektrolyt-Lösung fungieren in diesem Akku wasserfreie organische Lösemittel wie z. B. Propylencarbonat, in denen Lithium-Salze zur Verbesserung der Leitfähigkeit gelöst sind.

Der Lithium-Polymer-Akkumulator

Lithium-Polymer-Akkumulatoren kommen ohne flüssige organische Elektrolyt-Lösungen und Separatoren aus. Der Ladungsfluss innerhalb der Zellen erfolgt in leitenden Polymeren (Kunststoffen). Gleichzeitig verzichtet man auf Metallgehäuse und ersetzt diese ebenfalls durch Kunststoffe. So kann man den Zellen jede beliebige Form geben und kleinste Hohlräume in Elektrogeräten nutzen.

Der Natrium-Schwefel-Akkumulator

Der Natrium-Schwefel-Akkumulator wird als Autobatterie für Elektroautos der Zukunft diskutiert. Da an seinem Aufbau keine Schwermetalle beteiligt sind, speichert er bei gleichem Gewicht fünfmal so viel Energie wie ein Bleiakku und hat eine längere Lebensdauer. Anders als die anderen Akkus hat er einen festen Elektrolyten und flüssige Elektroden. Die Anode besteht aus geschmolzenem Natrium, die Kathode aus geschmolzenem Schwefel. Der Elektrolyt, der die beiden Elektroden voneinander trennt, ist ein natriumhaltiges Aluminiumoxid. Da Schwefel ein schlechter elektrischer Leiter ist, besteht die Anode aus einem mit Schwefel getränkten Graphitgewebe. Flüssiges Natrium ist dagegen ein guter elektrischer Leiter, in den eine leitende, gegen Natrium resistente Elektrode (Kathode) taucht. Im Akkumulator läuft folgende Gesamtreaktion ab:

$$\mathbf{2Na + 3S \underset{\text{Laden}}{\overset{\text{Entladen}}{\rightleftharpoons}} Na_2S_3}$$

Korrosion und Korrosionsschutz

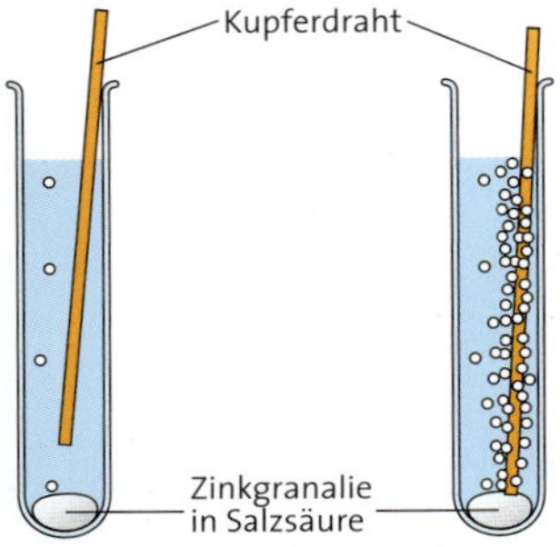

B1 *Reaktion von Zink mit Salzsäure unter verschiedenen Bedingungen (V1)*

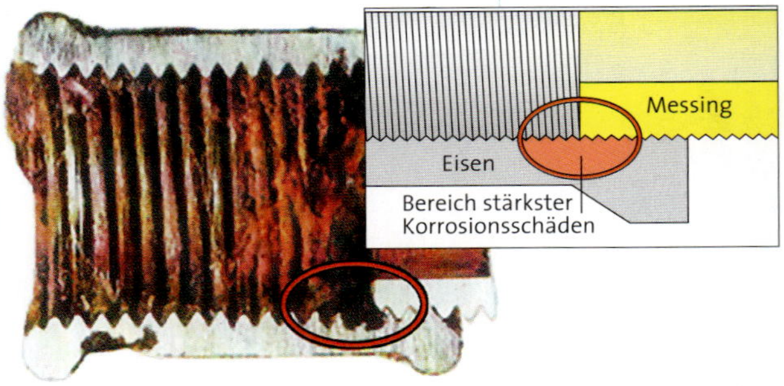

B2 *Kontaktkorrosion eines Eisenrohrs, das in ein Messingstück eingedreht und saurer Lösung ausgesetzt ist*

Versuch

V1 Geben Sie in ein Rggl. mit verdünnter Salzsäure* eine Zinkperle und beobachten Sie die Gasentwicklung. Berühren Sie die Zinkperle mit einem Kupfer- oder Platindraht (B1) und beobachten Sie die Veränderung der Gasentwicklung genau.

Auswertung

a) In V1 ist die Wasserstoffbildung viel lebhafter, wenn die Zinkperle vom Kupfer- oder Platindraht berührt wird (B1). Obwohl sich die meisten Wasserstoffbläschen am Kupferdraht bilden, werden ausschließlich Zink-Atome oxidiert und gehen als hydratisierte Ionen in die Lösung. Formulieren Sie diese Reaktion und erklären Sie, wie es zur Bildung von Wasserstoff am Kupferdraht kommt.

b) Erläutern Sie den Zusammenhang zwischen den Beobachtungen bei V1 (B1) und B2.

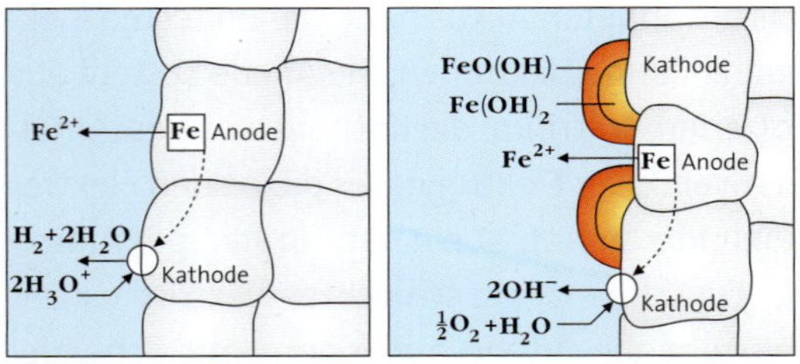

$$Fe \longrightarrow Fe^{2+} + 2e^-$$
$$2H_3O^+ + 2e^- \longrightarrow H_2 + 2H_2O$$
$$Fe + 2H_3O^+ \longrightarrow Fe^{2+} + H_2 + 2H_2O$$

$$Fe \longrightarrow Fe^{2+} + 2e^-$$
$$\tfrac{1}{2}O_2 + H_2O + 2e^- \longrightarrow 2OH^-$$
$$Fe + \tfrac{1}{2}O_2 + H_2O \longrightarrow Fe(OH)_2$$
$$2Fe(OH)_2 + \tfrac{1}{2}O_2 \longrightarrow 2FeO(OH) + H_2O$$

B3 *Säurekorrosion (links) und Sauerstoffkorrosion von Eisen. Mikroskopisch kleine Kristallite im Eisen fungieren als Lokalanoden und -kathoden (vgl. auch A2).*

Korrosion von Metallen

Durch Korrosion von Metallen, insbesondere durch „Verrosten" von Eisen, entstehen weltweit jährlich Verluste im Wert von vielen Milliarden Euro.
Bei der Korrosion eines Metalls gehen die Metall-Atome unter Abgabe von Elektronen als Metall-Ionen in Lösung, das Metall „löst sich auf" wie die Zinkperle in V1 (B1) und das Eisen in B3 links oder überzieht sich mit Rost wie das Eisenstück in B2 und B3 rechts. Bei der Korrosion eines Metalls handelt es sich immer um eine **Oxidation** und damit um eine elektrochemische Reaktion.
Feuchtigkeit und Kontakt mit einem edleren Metall beschleunigen ganz allgemein die Korrosion. Wenn Eisen rostet, bildet sich eine abblätternde Schicht (Rost) mit der Zusammensetzung $FeO(OH)$ (B3).

Kontaktelemente (Lokalelemente) bei der Korrosion

Man bezeichnet eine kurzgeschlossene galvanische Zelle wie in V1 als **Kontaktelement** (**Lokalelement**). Die Oxidation läuft an der Lokalanode (bei V1 die Zinkperle) ab, die Reduktion an der Lokalkathode (bei V1 der Kupfer- oder Platindraht). Allgemein ist das unedlere Metall die Lokalanode, das edlere die Lokalkathode. In einem Lokalelement korrodiert (oxidiert) das unedlere Metall schneller als dann, wenn es in reiner Form vorliegt. Die bei seiner Oxidation freiwerdenden Elektronen fließen in die Lokalkathode und werden von deren Oberfläche an Teilchen aus der Umgebung übertragen. Je nachdem, ob dies Wasserstoff-Ionen aus einer sauren Lösung oder Wasser- und Sauerstoff-Moleküle aus der Luftfeuchtigkeit sind, unterscheidet man zwischen **Säurekorrosion** und **Sauerstoffkorrosion** (B3).

Korrosion und Korrosionsschutz

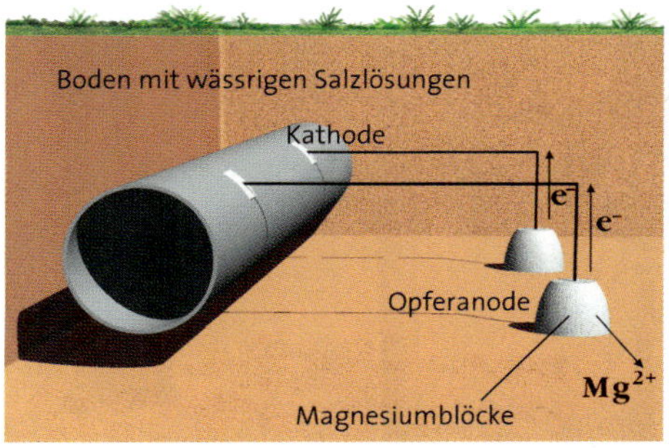

B4 *Korrosionsschutz einer Pipeline durch Opferanoden aus Magnesium*

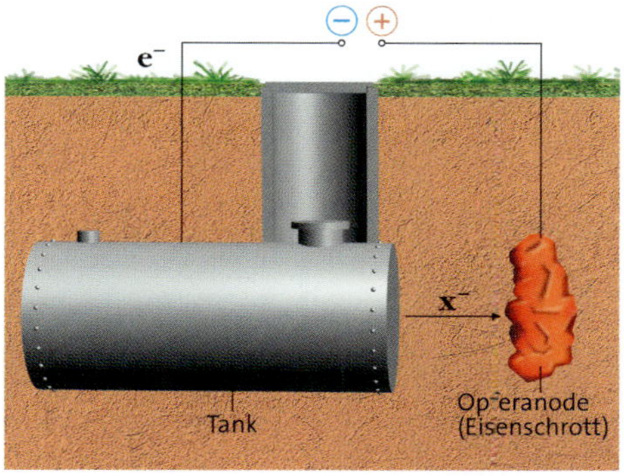

B5 *Kathodischer Korrosionsschutz eines Tanks durch Anlegen einer Spannung*

Korrosionsschutz

Es gibt verschiedene Methoden, Metalle vor Korrosion zu schützen. Autokarosserien werden beispielsweise nach Vorbehandlungen lackiert. Die Lackschicht verhindert den Zutritt von Säuren, Wasser und Sauerstoff an das Eisen und schützt damit vor Korrosion. Dieser **passive Korrosionsschutz** verliert jedoch seine Wirksamkeit, wenn der Lack beschädigt wird.

Im Gegensatz zur Lackschicht ist eine Zinkschicht auf Eisen ein **aktiver Korrosionsschutz**, da bei einer Verletzung der Zinkschicht das Eisen durch die Ausbildung eines **Kontaktelements** (V1, B1, B2) geschützt ist. Das unedlere Zink bildet die Lokalanode des Kontaktelements und das edlere Eisen die Lokalkathode. Nach dem gleichen Prinzip funktioniert auch der Korrosionsschutz mit **Opferanoden** (B4): Metallstücke aus Magnesium werden entweder direkt z. B. an einem Schiffsrumpf oder leitend z. B. mit den Rohrleitungen verbunden. Das Magnesium bildet in diesen Fällen die Opferanode, da es aufgrund seines negativeren Redoxpotenzials eher oxidiert wird und die freiwerdenden Elektronen die Oxidation des Eisens verhindern. Auch Warmwasserspeicher in Häusern, deren Grundkörper aus Stahl ist, werden mit Opferanoden aus Magnesium vor Korrosion geschützt.

Den **kathodischen Korrosionsschutz** wendet man oft bei Öltanks an. Dabei wird der zu schützende Tank als Kathode an den Minuspol einer Gleichspannungsquelle geschaltet. Der Pluspol wird an eine Opferanode z. B. aus billigem Eisenschrott angebracht. Der Stromkreis wird durch die im Boden befindlichen Elektrolyte geschlossen (B5).

Aufgaben

A1 Erklären Sie, warum der Einsatz von Streusalz eine Korrosion fördert.

A2 Ein Automobilkonzern hat als Werbung für die Rostbeständigkeit seiner Fahrzeuge ein Foto von einem Auto in der Meeresbrandung veröffentlicht. Nehmen Sie hierzu Stellung.

A3 Korrodiertes Eisen ist nicht nur als Werkstoff nicht mehr brauchbar, sondern kann auch weitere Korrosionsschäden anrichten. So kann eine Kupferregenrinne, die mit Eisennägeln fixiert ist, leicht korrodieren. Erklären Sie den Sachverhalt.

A4 Wenn an einem verzinnten bzw. einem verzinkten Eisenstück ein Riss im Überzug entsteht, verläuft die Korrosion wie in den rechten Bildhälften aus B6 dargestellt. a) Erläutern und erklären Sie die Unterschiede. b) Begründen Sie, weshalb man beim Verzinken von einem aktiven Schutz spricht. c) Schätzen Sie die Wirksamkeit des Verkupferns eines Eisenstücks als Korrosionsschutz ein und vergleichen Sie mit den beiden Fällen aus B6.

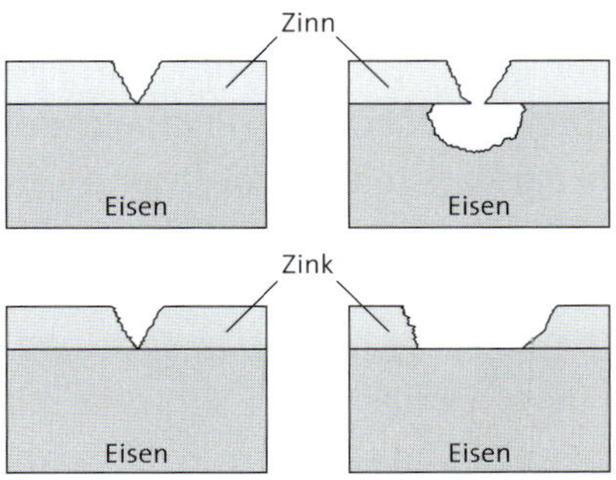

B6 *Korrosion an einem verzinnten und einem verzinkten Eisenblech*

ERWEITERUNG · VERTIEFUNG · ANWENDUNG

Aus Licht wird Strom – photogalvanische Zellen

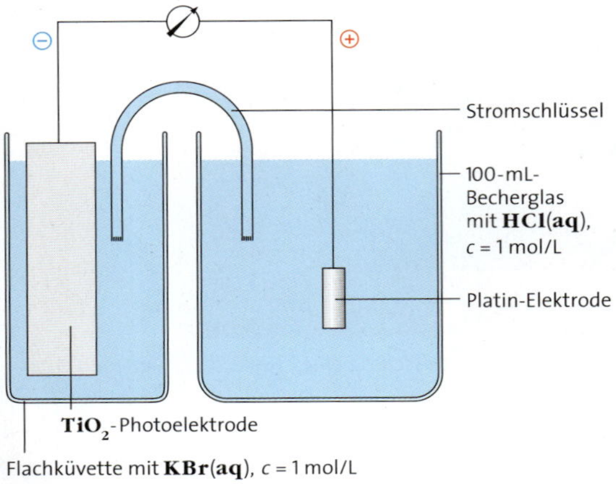

B1 *Aufbau einer photogalvanischen 2-Topf-Zelle*

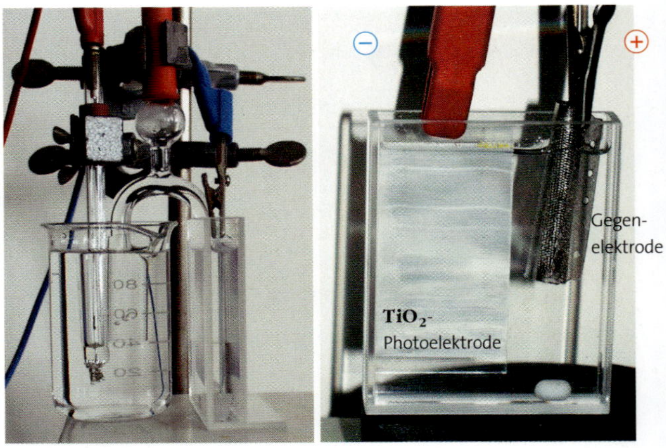

B2 *Photogalvanische 2-Topf- und 1-Topf-Zelle*

Die Umwandlung von **Licht in elektrische Energie** ist im Hinblick auf die zukünftige Nutzung des Sonnenlichts eines der wichtigsten Forschungsfelder in den Naturwissenschaften. Elektrochemische Kenntnisse helfen beim Verständnis der dabei ablaufenden Elementarprozesse.

Versuche

V1 *Photogalvanische 2-Topf-Zelle*

Setzen Sie die photogalvanische Zelle gemäß B1 und der Angaben in *Chemie 2000+ Online* zusammen.

a) Bestrahlen Sie die Photoelektrode und messen Sie die Spannung. Dunkeln Sie die Photoelektrode ab und beobachten Sie die Spannung. Führen Sie Bestrahlung und Abdunkelung mehrfach durch.

b) Variieren Sie den Abstand zwischen Lampe und Photoelektrode und beobachten Sie die Spannung.

c) Messen Sie die Stromstärke der Zelle bei Bestrahlung und im Dunkeln. Bestrahlen Sie dann die Zelle 15–20 min lang unter Kurzschlussbedingung.

d) Entnehmen Sie mit einer Pipette 1–2 mL Elektrolyt-Lösung aus der Halbzelle mit der TiO_2-Photoelektrode, tropfen Sie sie in ein Rggl. mit 1–2 mL frisch angesetzter Kaliumiodid/Stärke-Lösung und beobachten Sie die Farbe.

e) Verbinden Sie die Halbzelle mit der in Salzsäure* tauchenden Platin-Elektrode über eine Salzbrücke mit einer Cu/Cu^{2+}-Halbzelle und messen Sie die Spannung.

V2 *Photogalvanische 1-Topf-Zelle*

Setzen Sie die 1-Topf-Zelle wie in B2 (rechts) zusammen. Verwenden Sie als Elektrolyt eine Lösung des Dinatriumsalzes der Ethylendiamintetraessigsäure* EDTA, c = 0,2 mol/L, die mit etwas Natronlauge*, c = 2 mol/L, auf pH = 7 gebracht wurde, und als Gegenelektrode eine gebrauchte Rasierscherfolie aus platiniertem Metall.

a) Messen Sie nun wie in V1 die auftretenden Spannungen und Ströme bei Belichtung der Photoelektrode und bei Abdunkelung.

b) Bauen Sie eine möglichst hohe Zellspannung auf und schließen Sie dann einen kleinen, empfindlichen Motor an.

V3 *Photogalvanische Kompaktzelle*

Bauen Sie aus einer TiO_2-Photoelektrode, einem doppelt gefalteten, mit EDTA-Lösung* aus V2 getränkten Filterpapier, zwei Rasierscherfolien und zwei Klemmen die Kompaktzelle aus B3 zusammen (vgl. genaue Anleitungen im Video unter *Chemie 2000+ Online*). Messen Sie die Spannung und die Stromstärke bei Bestrahlung mit der Ultravitalux-Lampe sowie bei der mit Sonnenlicht und treiben Sie damit einen kleinen Elektromotor an.

Auswertung

a) Erkunden, bearbeiten und präsentieren Sie die Multimedia-Bausteine zu **photogalvanischen** und **photoelektrochemischen** Zellen in *Chemie 2000+ Online*.

Aus Licht wird Strom – photogalvanische Zellen

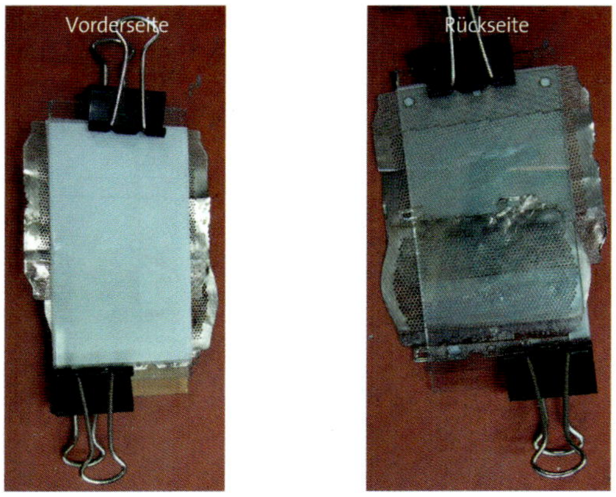

B3 *Photogalvanische Kompaktzelle (V3). Bei Sonnenlicht lässt sich damit ein kleiner Elektromotor antreiben.*

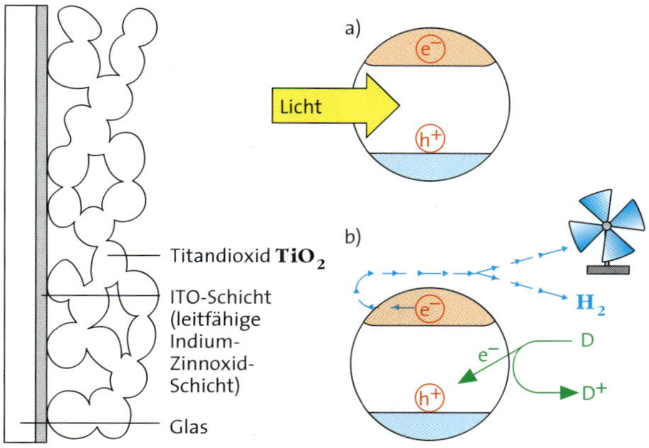

B4 *Modell der Photoelektrode und des* TiO_2*-Halbleiter-Korns bei Lichtbestrahlung*

Der photovoltaische Effekt

In den **photogalvanischen Zellen** aus V1 bis V3 laufen auf der Teilchenebene folgende Prozesse ab: Bei Bestrahlung der Photoelektrode mit Licht wird zunächst durch Absorption eines Lichtquants $h \cdot \nu$ aus dem violetten und ultravioletten Bereich ein Elektron im Halbleiter Titandioxid angeregt, d.h. aus dem Valenzband ins Leitungsband angehoben (vgl. rechte Spalte). Dieser erste Schritt bei der Umwandlung von Licht in elektrischen Strom wird als **photovoltaischer Effekt** bezeichnet und läuft auch in jeder Solarzelle ab.

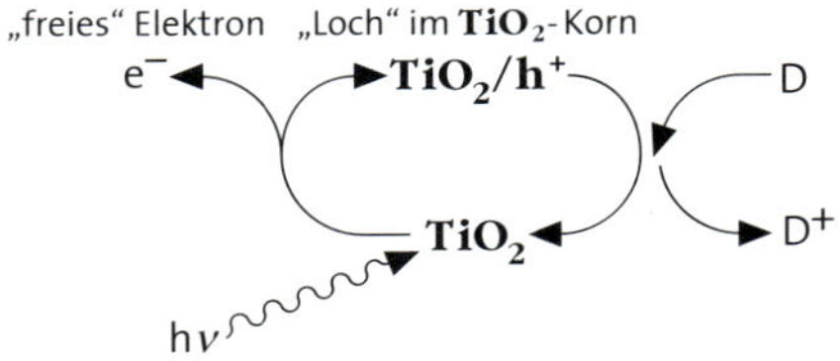

Das angeregte Elektron hinterlässt im Valenzband ein Elektronendefizit, ein sog. „Loch" h^+(*hole*), es bildet sich also ein Elektron-Loch-Paar (B4 a). Wenn in einem folgenden Schritt ein Elektronendonator D aus der Umgebung durch Abgabe eines Elektrons das Loch h^+ „stopft", fließt das angeregte Elektron über die leitfähige Schicht der Photolektrode in den äußeren Stromkreis und kann dort Arbeit verrichten. An der Gegenelektrode aus Platin wird es schließlich an einen Akzeptor (bei V1 bis V3 ein H^+-Ion) übertragen.

Halbleiter und Bändermodell

Die elektrische Leitfähigkeit von Leitern (Metallen) und Halbleitern kann mithilfe eines einheitlichen Modells, des **Energiebänder-Modells**, erklärt werden. Danach wird die Energie der Valenzelektronen der Atome in einem Feststoffgitter in zwei Bänder aufgeteilt, in das Valenzband VB und das Leitungsband LB (B5). Dem VB gehören alle Energiezustände an, die die an einen bestimmten Atomrumpf gebundenen Elektronen haben. Freie Elektronen, die nicht bestimmten Atomen zuzuordnen sind, sondern sich praktisch durch das ganze Gitter bewegen können, haben Energien, die dem LB entsprechen. Während bei Leitern (Metallen) das VB und das LB sich teilweise überlappen (B5), gibt es bei Halbleitern dazwischen eine **Energielücke** E_g (*energy gap*). Diese können Elektronen z.B. durch Erwärmen oder Bestrahlung mit Licht überwinden. Im Gegensatz zu Leitern nimmt daher die elektrische Leitfähigkeit von Halbleitern bei Energiezufuhr zu.

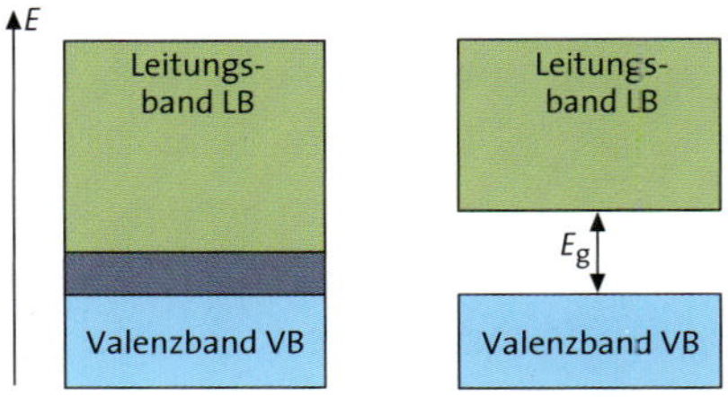

B5 *Das Bändermodell für Leiter (links) und Halbleiter (rechts).*
A: *Erkunden Sie in Chemie 2000+ Online den Multimedia-Baustein „Stromleitung in Metallen, Lösungen und Halbleitern" und präsentieren Sie ihn.*

ERWEITERUNG · VERTIEFUNG · ANWENDUNG

Redoxreaktionen und Energieumwandlungen bei Photosynthese und Atmung

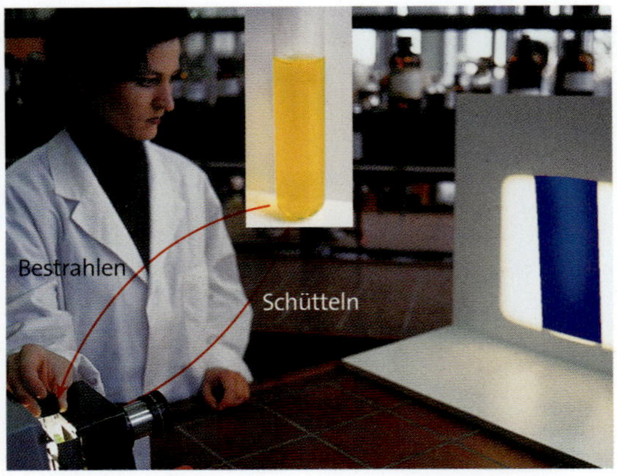

B1 *Reaktionszyklen beim Photo-Blue-Bottle Experiment im Rggl. (V3, V4)*

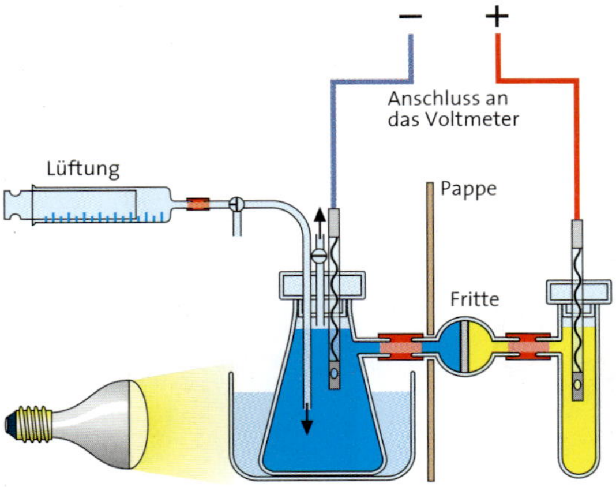

B2 *Vorrichtung für Potenzialmessungen beim Photo-Blue-Bottle Experiment, V5 und Chemie 2000+ Online*

Modellexperiment: Photo-Blue-Bottle[1]

LV1 *Stammlösungen*: Die Lösungen I bis III werden hergestellt. Das Lösemittel ist jeweils Wasser. I: 2,8 g EDTA*-Dinatriumsalz (Ethylendiamintetraessigsäure-Dinatriumsalz) in 100 mL Lösung ($c = 7{,}5 \cdot 10^{-2}$ mol/L); II: 386 mg Methylviologen* (1,1'-Dimethyl-4,4'-bipyridiniumdichlorid) in 10 mL Lösung ($c = 1{,}5 \cdot 10^{-1}$ mol/L); III: 15,5 mg Proflavin*-hemisulfat (Diaminacridin-hemisulfat) in 100 mL Lösung ($c = 3 \cdot 10^{-4}$ mol/L). Diese Lösungen sind im Dunkeln über mehrere Monate haltbar. (*Hinweis*: Methylviologen ist giftig. Nach dem Hantieren mit Methylviologen sind die Geräte und die Hände gründlich zu spülen.)

LV2 *PBB-Lösung*: Aus den drei Stammlösungen (LV1) wird die PBB-Lösung für V3 bis V5 mit folgender Zusammensetzung hergestellt: 35 mL I + 10 mL II + 50 mL III + 380 mL dest. Wasser. Diese Lösung ist im Dunkeln mehrere Wochen haltbar.

V3 *PBB im halbvollen Rggl.*: Halten Sie ein halbvoll mit PBB-Lösung gefülltes und verschlossenes Rggl. ca. 40 s lang in den Strahlengang eines Diaprojektors[2] und beobachten Sie die Farbe (B1). Entfernen Sie das Rggl. aus dem Strahlengang und beobachten Sie die Farbe ca. 30 s lang weiter. Schütteln Sie dann die Lösung kräftig. Beobachten Sie die Farbe. Wiederholen Sie die Bestrahlung und das Schütteln einige Male.

V4 *PBB im vollen Rggl.*: Wiederholen Sie V3 mit einem bis zum Überlauf gefüllten und verschlossenen Rggl. und stellen Sie den Unterschied zu V3 fest.

V5 *PBB-Potenzialmessung*: Bauen Sie eine elektrochemische Messvorrichtung aus zwei Halbzellen, die über einen Fritte verbunden sind, auf (B2). Messen und notieren Sie die Spannungsänderung[3] in dieser Vorrichtung a) während der Belichtung der linken Halbzelle bis zur vollständigen Blaufärbung, b) weitere ca. 30 s lang nach dem Ausschalten der Lampe und c) bei der Belüftung der blauen Lösung bis zur Gelbfärbung.

Auswertung

a) Erläutern Sie, woran man bei V3 erkennt, dass hier mindestens eine Teilchensorte bzw. mindestens ein Stoff aus dem System „im Kreis läuft".

b) Unterteilen Sie den Stoffkreislauf bei V3 in zwei Teile, bei denen die Energiebeteiligung an den Reaktionen unterschiedlich ist und erläutern Sie.

c) In V4 färbt sich die PBB-Lösung beim Belichten blau, beim Schütteln jedoch nicht wieder gelb. Schließen Sie daraus auf einen Stoff, der für den kompletten Kreisprozess notwendig ist, und begründen Sie Ihre Vermutung.

---

[1] Ein Chemikaliensatz für das PBB-Experiment kann über *Chemie 2000+* bezogen werden. [2] Alle Bestrahlungen können statt mit künstlichen Lichtquellen auch mit Sonnenlicht durchgeführt werden. [3] Für den Antrieb eines kleinen Elektromotors würde die gemessene Spannung zwar reichen, die Stromstärke jedoch nicht, weil die umgesetzten Stoffmengen zu gering sind.

Redoxreaktionen und Energieumwandlungen bei Photosynthese und Atmung

Modellexperiment: Photo-Blue-Bottle	Natürliche Prozesse: Photosynthese – Atmung
Stoffkreisläufe – Methylviologen–Kreislauf ($MV^{2+} \rightarrow MV^{+} \rightarrow MV^{2+}$) – Kreislauf des zyklisch arbeitenden Photokatalysators Proflavin (PF^{+}) – vgl. *Chemie 2000+ Online*	**Stoffkreisläufe** – Kreislauf der Kohlenstoff-Atome ($CO_2 \rightarrow C_m(H_2O)_n \rightarrow CO_2$) – Kreisläufe der zyklisch arbeitenden Photokatalysatoren (Chlorophylle u. a.)
Energieumwandlung – Lichtenergie wird chemisch umgewandelt, gespeichert und als andere Energieform verfügbar. – Für die Lichtreaktion ist ein farbiger Photokatalysator (Proflavin) notwendig. – Die Reaktionen laufen in wässriger Lösung und an der Phasengrenze flüssig-gasförmig ab.	**Energieumwandlung** – Lichtenergie wird chemisch umgewandelt, gespeichert und in anderer Energieform verfügbar. – Für die Photosynthese sind farbige Photokatalysatoren (Chlorophylle u. a.) notwendig. – Die Reaktionen laufen in wässriger Lösung und an Membranoberflächen ab.
Reaktionstypen – Der Kreislauf des Methylviologens setzt sich aus einer energiebenötigenden Reduktion ($\Delta_r G > 0$) und einer energieliefernden Oxidation ($\Delta_r G < 0$) mit Sauerstoff zusammen. – Der Kreislauf beginnt mit der Absorption von (blauem) Licht – vgl. V4. – Der Lichtabsorption folgt eine Elektronenübertragung.	**Reaktionstypen** – Der Kreislauf der Kohlenstoff-Atome setzt sich aus einer energiebenötigenden Reduktion ($\Delta_r G > 0$) und einer energieliefernden Oxidation ($\Delta_r G < 0$) mit Sauerstoff zusammen. – Der Kreislauf beginnt mit der Absorption von (blauem und rotem) Licht – vgl. S. 165, B1. – Nach der Lichtabsorption folgen (in mehreren Schritten) Elektronenübertragungen.

B3 *Vergleich Modellexperiment – Wirklichkeit.* ***A:*** *Nennen und erläutern Sie die Gemeinsamkeiten und Unterschiede.*

Photosynthese und Atmung im Reagenzglas?

Um komplexe Vorgänge in der Natur und in der Technik besser verstehen zu können, nutzt man Modellexperimente. Das Photo-Blue-Bottle Experiment ist ein Modell für den vollständigen Kreislauf der Kohlenstoff-Atome bei der Photosynthese und Atmung (vgl. S. 83, B5). In einer von sichtbarem Licht angetriebenen Reaktion wird ein farbloses Edukt (Methylviologen-Dikation MV^{2+}) zu einem blauen Produkt (Methylviologen-Monokation MV^{+}) reduziert. Dieses wird anschließend mit Sauerstoff aus dem Gasraum wieder zum Ausgangsstoff zurück oxidiert.

Zu beachten ist immer, dass ein Modellexperiment die Wirklichkeit nie vollständig wiedergibt (B3 und B4).

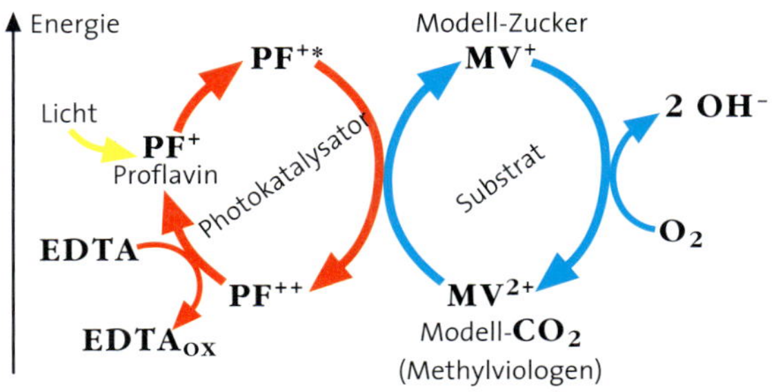

B4 *Reaktionsschema zum PBB-Experiment (Hinweis: vgl. auch Chemie 2000+ Online)*

Was versteht man unter „Energieentwertung"?

Bei der Photosynthese wird Lichtenergie in chemische Energie umgewandelt und in den Produkten der Photosynthese (Kohlenhydrate, z. B. Glucose $C_6H_{12}O_6$) gespeichert (vgl. S. 83, B5). Bei der Zellatmung in Organismen, d. h. ihrer langsamen, enzymkatalysierten Oxidation zu Kohlenstoffdioxid, wird Energie verfügbar, die der Organismus in verschiedenen Formen (als mechanische, elektrische, thermische Energie) nutzt. Dabei laufen im Organismus strukturbildende Prozesse ab, die mit einer Entropiezunahme, d. h. der Erwärmung der Umgebung verbunden sind (vgl. S. 105). Da diese thermische Energie nicht mehr so effizient nutzbar ist wie z. B. Lichtenergie, elektrische Energie oder chemische Energie, spricht man von einer „Energieentwertung".

Zu einer „Energieentwertung" kommt es auch bei der Verbrennung von fossilen Energieträgern (Erdgas, Erdöl, Kohle) und regenerativen Energieträgern (z. B. Wasserstoff).

Lichtenergie für nachhaltige Technik

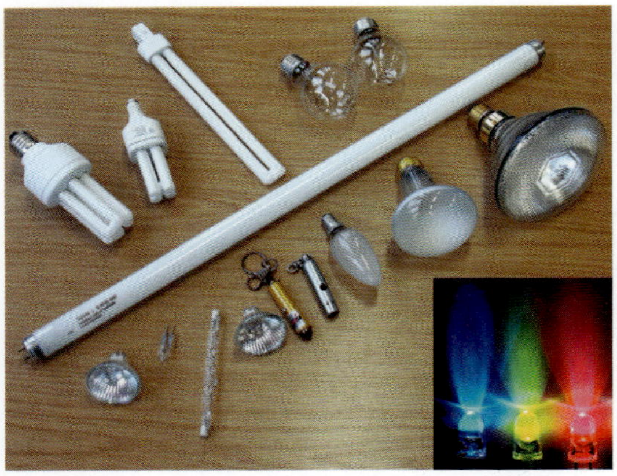

B1 *Lampen, Laser und LEDs (Light Emitting Diods)*

Farbe	Wellenlängenbereich $\Delta\lambda$ in nm	Energiebereich von Lichtquanten in kJ/mol
Violett	440 bis 400	271 bis 298
Blau	480 bis 440	248 bis 271
Grünblau	490 bis 480	243 bis 248
Blaugrün	500 bis 490	238 bis 243
Grün	560 bis 500	213 bis 238
Gelb	595 bis 580	200 bis 206
Rot	700 bis 605	170 bis 197

B3 *Zusammenhang Lichtfarbe – Wellenlänge – Energie*

Angeregte Zustände in künstlichen Lichtquellen

Herkömmliche **Glühlampen** sind sehr ineffizient, weil in ihnen bis zu 95% der elektrischen Energie nicht in Licht, sondern in Wärme umgewandelt werden. Auch **Halogenlampen** sind nicht effizienter.

Energiesparlampen und **Leuchtstoffröhren** ermöglichen bis zu 80% Einsparung an elektrischer Energie, weil sie ca. fünfmal mehr Licht liefern als Glühlampen gleicher Leistung (Wattzahl). In ihnen sind Argon und eine sehr geringe Menge Quecksilber enthalten, das beim Einschalten der Lampe zunächst verdampft und dann als Energieträger fungiert (B2).

Auf einem ganz anderen Prinzip basieren **LEDs** (B1) und **OLEDs** (*Organic Light Emitting Diods*), deren Effizienz die der Energiesparlampen bei Weitem übertrifft. Auch hier erfolgt die Lichtemission aus elektronisch angeregten Zuständen, die in anorganischen bzw. organischen Halbleitern direkt durch Injektion und Abzug von Elektronen mithilfe einer Gleichspannungsquelle (6 V bis 20 V) in das Material erzeugt (vgl. S. 247 und *Chemie 2000+ Online*).

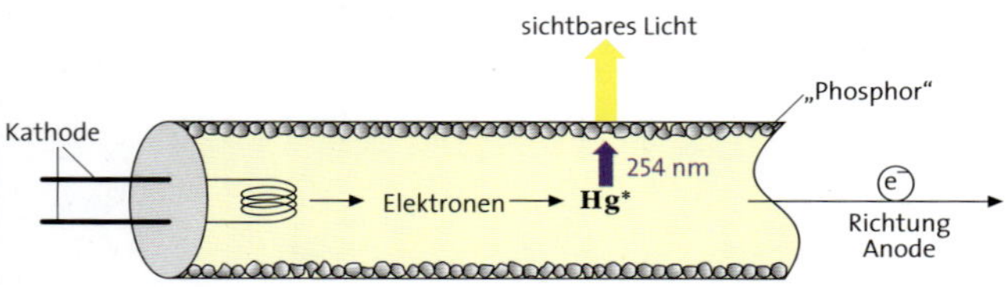

B2 *In der Leuchtstoffröhre werden Quecksilber-Atome durch Elektronen angeregt. Sie übertragen UV-Quanten mit λ = 254 nm an die Leuchtstoffschicht. Diese strahlt sichtbares Licht aus.*

Chemisch nutzbare Lichtenergie

Voraussetzung dafür, dass Lichtenergie für eine chemische Reaktion nutzbar wird, ist die Absorption von Lichtquanten, d.h. die Umwandlung ihrer Energie in elektronische Anregungsenergie in Molekülen oder anderen Teilchen des reagierenden Systems. So absorbieren beispielsweise Chlorophyll-Moleküle bei der Photosynthese Lichtquanten aus dem blauen und roten Bereich (vgl. S. 165).

Von besonderem Interesse für die Technik sind lichtabsorbierende Photokatalysatoren, beispielsweise die Anatas-Modifikation von Titandioxid TiO_2 (B4). Die TiO_2-Nanopartikel mit Durchmessern von 5 nm bis 50 nm absorbieren Lichtquanten der Energie $E_g > 3{,}2$ eV ($\lambda < 388$ nm) aus dem violetten und ultravioletten Bereich. Das elektronisch angeregte TiO_2-Korn kann durch die in B4 angedeuteten Elektronenübertragungen eine Redoxreaktion katalysieren, die selbsttätig (ohne Energiezufuhr) gar nicht möglich wäre.

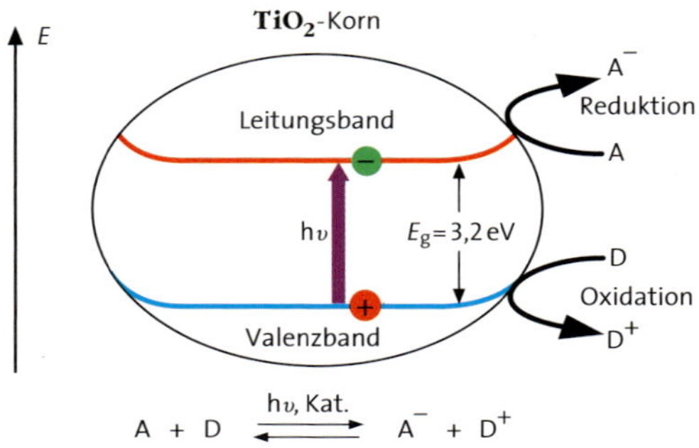

B4 *Prinzipielle Funktionsweise von Titandioxid als Katalysator (vgl. zu Oxidation und Reduktion S. 257)*

Lichtenergie für nachhaltige Technik

B5 *Solarreaktor aus Plexiglas für photochemische Reaktionen.*
A: Erläutern Sie, welchen Vorteil farbige Photokatalysatoren gegenüber weißem Titandioxid haben.

B6 *Photokatalytische Oxidation von organischen Chlorverbindungen in einem selbst gebauten Solarreaktor (vgl. Bauanleitung und Versuchsbeispiel in Chemie 2000+ Online)*

Green Chemistry

Der Reaktor aus B5 kann mit Sonnenlicht betrieben werden und steht hier für die sogenannte *green chemistry*, deren Hauptanliegen das Prinzip der **Nachhaltigkeit** menschlicher Tätigkeiten im Bereich der Chemie ist. Vereinfacht ausgedrückt bedeutet das eine dauerhafte Entwicklung mit dem Ziel, unsere heutigen Bedürfnisse zu befriedigen, ohne dabei die Bedürfnisse zukünftiger Generationen zu beeinträchtigen.

Die Spaltung von Wasser mit Licht, die Wasserphotolyse, ist ein Forschungsschwerpunkt vieler Arbeitsgruppen mit der Option, Wasserstoff, den umweltfreundlichsten unter allen Energieträgern, mithilfe von Sonnenlicht zu gewinnen.

$$H_2O \longrightarrow H_2 + {}^1/_2 O_2; \qquad \Delta_r G = +237\ \text{kJ}$$

Prinzipiell ist das möglich, denn die freie Reaktionsenthalpie bei der Zersetzung eines Wasser-Moleküls entspricht der Energie eines Lichtquants von 2,45 eV, also mit $\lambda = 504$ nm aus dem sichtbaren Bereich. Die in einem angeregten Titandioxid-Korn enthaltene Energie (B4) würde dafür ausreichen, allerdings sind für die Erzeugung dieses angeregten Zustands Lichtquanten notwendig, die nur einen sehr geringen Anteil im Sonnenlicht ausmachen. Wenn geeignete Farbstoff-Moleküle an die Oberfläche von Titandioxid-Körnern gebunden werden, *sensibilisiert* man diese für einen größeren Teil des Sonnenlichts.

Photokatalytische Abwasserreinigung

Abwässer aus Industrieanlagen und Krankenhäusern sind oft mit organischen Chlorverbindungen aus technischen Chemikalien bzw. aus Medikamenten belastet. Diese reichern sich in Nahrungsketten an und können bei „der Endstation" Mensch Leberschäden und andere Krankheiten verursachen. Für Chlorkohlenwasserstoffe CKW wurde deshalb in der Europäischen Union ein strenger Grenzwert von 1 ppb (1 part per billion = 10^{-9}) festgelegt, d.h. 1 Liter Wasser darf nicht mehr als 1 Mikrogramm chlorierte Kohlenwasserstoffe enthalten. Da organische Chlorverbindungen in der Regel sehr beständig gegen chemische und biologische Abbaumöglichkeiten sind, ist die photokatalytische Oxidation mit UV-Licht oder mit starkem Sonnenlicht für ihren Abbau in kontaminierten Abwässern die Methode der Wahl (B6, A1 und *Chemie 2000+ Online*).

Aufgaben

A1 Begründen Sie mit folgender Gleichung, warum man bei dieser Reaktion von einer vollständigen Mineralisierung des Perchlorethens PER C_2Cl_4 durch Oxidation sprechen kann.

$$Cl_2C{=}CCl_2 + O_2 + 2H_2O \xrightarrow{\text{Licht}\ (TiO_2)} 2CO_2 + 4HCl$$

A2 Informieren Sie sich im Internet über Projekte zur Solarenergieforschung (Einstieg über *Chemie 2000+ Online* möglich).

A1 Eine Zinkbromid-Lösung $\mathbf{ZnBr_2(aq)}$ wird mithilfe einer 4,5-V-Batterie elektrolysiert. Fertigen Sie eine beschriftete Skizze dieser Elektrolyse an, notieren Sie die zu erwartenden Beobachtungen und begründen Sie Ihre Angaben.

A2 Geben Sie bei folgenden Vorgängen an, ob Teilchen übertragen werden; wenn ja, stellen Sie fest, welche Art von Teilchen übertragen wird und benennen Sie das Donator- und das Akzeptor-Teilchen:
a) Zink reagiert mit Salpetersäure, wobei Wasserstoff und Zinknitrat-Lösung entstehen. b) Magnesium und Stickstoff reagieren zu Magnesiumnitrid $\mathbf{Mg_3N_2}$. c) Autoprotolyse-Gleichgewicht von Wasser; d) Calcium reagiert mit Wasser, wobei Wasserstoff und Calciumhydroxid-Lösung entstehen. e) Ozon $\mathbf{O_3(g)}$ zerfällt in Sauerstoff $\mathbf{O_2(g)}$.

A3 Bestimmen Sie jeweils die Oxidationszahl der Atome des unterstrichenen Elements:
$\underline{\mathbf{S}}\mathbf{O_3}$, $\underline{\mathbf{S}}\mathbf{O_3^{2-}}$, $\underline{\mathbf{N}}\mathbf{_2O}$, $\underline{\mathbf{N}}\mathbf{_2}$, $\underline{\mathbf{P}}\mathbf{_4O_{10}}$, $\underline{\mathbf{P}}\mathbf{O_4^{3-}}$.

A4 Bestimmen Sie die Oxidationszahlen der Kohlenstoff-Atome in den Molekülen der folgenden Verbindungen: Aceton (Propan-2-on), 2-Methylpropan-2-ol (*tert*. Butanol), Essigsäure (Ethansäure).

A5 Entscheiden Sie anhand der Redoxreihe der Metalle, in welche Richtung die folgenden Reaktionen ablaufen:
a) $\mathbf{Sn(s) + Ni^{2+}(aq) \rightleftharpoons Sn^{2+}(aq) + Ni(s)}$
b) $\mathbf{Pb(s) + Sn^{2+}(aq) \rightleftharpoons Pb^{2+}(aq) + Sn(s)}$
c) $\mathbf{Ni(s) + Pb^{2+}(aq) \rightleftharpoons Ni^{2+}(aq) + Pb(s)}$
d) $\mathbf{Cu(s) + Hg^{2+}(aq) \rightleftharpoons Cu^{2+}(aq) + Hg(l)}$

A6 Beschreiben Sie, wie man mit einem Kupfer- und einem Zinkstab folgende Lösungen eindeutig voneinander unterscheiden kann: Silbernitrat-Lösung, Zinksulfat-Lösung, Kupfersulfat-Lösung, Salzsäure.

A7 Silberbesteck läuft schwarz an, es bildet sich ein Überzug aus Silbersulfid. Befeuchtet man die Besteckteile mit Kochsalz-Lösung und wickelt sie in Alufolie, werden sie wieder blitzsauber. Erklären Sie diesen Haushaltstrick.

A8 Ein galvanisches Element besteht aus einer Zinn- und einer Nickel-Halbzelle in zwei Bechergläsern, die über eine Salzbrücke verbunden sind. Als Elektrolyt in der Salzbrücke dient eine Ammoniumchlorid-Lösung.
a) Fertigen Sie eine aussagekräftige und vollständig beschriftete Skizze dieser galvanischen Zelle an. b) Formulieren Sie die Vorgänge an den Elektroden und geben Sie die Richtung des Elektronenflusses an (*Hinweis*: vgl. S. 261, B6).
c) Erläutern und begründen Sie das Verhalten der Ionen des Elektrolyten beim Kurzschluss der beiden Halbzellen. d) Die Spannung zwischen beiden Halbzellen ist $U = 0$ V. Berechnen Sie die Konzentration der Zinnchlorid-Lösung unter dieser Bedingung, wenn die Konzentration der Nickelchlorid-Lösung $c(\mathbf{NiCl_2}) = 0{,}1$ mol/L beträgt.

A9 Beim Galvanisieren verwendet man als Anodenmaterial dasjenige Metall, mit dem der als Kathode geschaltete Gegenstand elektrolytisch überzogen werden soll. Erläutern Sie die Vorteile im Vergleich zur Verwendung von Graphit als Anodenmaterial.

A10 Das Presse- und Informationsamt der Stadt *Karlsruhe* veröffentlichte im Jahr 1997 folgenden Text zur Zink-Luft-Batterie:
„Es war schon ein schwerer Weg bis zur leichteren Batterie. Mit ZOXY haben die drei Partnerunternehmen aus der Technologieregion Karlsruhe den Durchbruch für das Elektroauto geschafft (...). Die Hochleistungsbatterie habe ihre Stärken genau dort, wo marktgängige Batteriespeicher Schwächen haben: Bei ihr steckt mehr Energie in leichterem Material, mit ihr werden größere Reichweiten erreicht, stundenlanges Aufladen entfällt und schließlich lassen auch die Investitions- und Betriebskosten bei der Serienproduktion die Konkurrenz mit Benzinfahrzeugen zu. Die Zink-Luft-Zelle ist aufgrund ihrer geringen Selbstentladung lange lagerfähig. Die Batterie ist an sich billig und sehr umweltfreundlich, da sie keine Schadstoffe enthält und fast vollständig recycelt werden kann."
Informieren Sie sich über die Zink-Luft-Zelle auch auf S. 283, nennen Sie die Besonderheiten dieses Batterietyps und nehmen Sie Stellung zu den Behauptungen im Text.

A11 Über 80 Prozent der nicht wiederaufladbaren Batterien sind Zink-Kohle- und Alkali-Mangan-Batterien, Weiterentwicklungen des LECLANCHÉ-Elements. Außerdem gibt es viele andere Batterien und Akkumulatoren im Handel. Stellen Sie mithilfe der Angaben aus diesem Kapitel sowie zusätzlicher Internet-Recherchen einen *INFO*-Text mit der Überschrift „Welche Batterie soll's denn sein?" zusammen.

A12 Zinkblende enthält neben Zink(II)-sulfid als Verunreinigung unter anderem Cadmium(II)-sulfid und Kupfer(II)-sulfid. In der Zinkhütte werden diese Sulfide beim Rösten durch Reaktion mit Luftsauerstoff in die entsprechenden Oxide überführt. Daneben entsteht Schwefeldioxid.
a) Formulieren Sie die Reaktionsgleichung des Röstvorgangs von Zink(II)-sulfid. b) Die Metalloxide werden anschließend mit verdünnter Schwefelsäure behandelt. Dabei entstehen lösliche Metallsulfate. Formulieren Sie die Reaktionsgleichung für die Reaktion des Zink(II)-oxids mit Schwefelsäure. c) Vor der Gewinnung von Zink aus der u. a. mit Cadmium(II)-sulfat und Kupfer(II)-sulfat verunreinigten Zink(II)-sulfat-Lösung setzt man dieser reinen Zinkstaub zu. Stellen Sie die Reaktionsgleichungen der ablaufenden Reaktionen auf und begründen Sie, warum die von Ihnen formulierten Reaktionen ablaufen (*Hinweis*: vgl. S. 265, B4). d) Benennen Sie den Reaktionstyp der bei a) und b) ablaufenden Reaktionen und begründen Sie.

A13 Nennen und erläutern Sie Gründe, warum Lithium-Ionen-Akkus für Laptops und Handys besser geeignet sind als Bleiakkus.

B1 *Stadtbus mit Brennstoffzellen-Technologie (A15)*

A14 a) Erläutern Sie den Bau und die Funktionsweise einer Wasserstoff-Brennstoffzelle anhand einer passend gefertigten Skizze. b) Nennen Sie Gemeinsamkeiten und Unterschiede zwischen einer Wasserstoff-Brennstoffzelle und einer galvanischen Zelle, beispielsweise dem DANIELL-Element.

A15 Informieren Sie sich unter *Chemie 2000+ Online* über Wasserstoff als Energieträger der Zukunft. Vergleichen Sie den Einsatz von Brennstoffzellen (vgl. S. 276, 277; B1) mit dem Einsatz von Dieselmotoren in Bussen städtischer Verkehrsbetriebe.

A16 Hydrazin ist eine farblose, ölige, nach Ammoniak riechende Flüssigkeit mit der Summenformel N_2H_4.
a) Zeichnen Sie die Strukturformel mit bindenden und nicht bindenden Elektronenpaaren. b) Treffen Sie mithilfe Ihrer Formel eine begründete Aussage hinsichtlich der Löslichkeit von Hydrazin in Wasser. c) Hydrazin reagiert mit Wasser ähnlich wie Ammoniak. Formulieren Sie die Reaktionsgleichung der Reaktion von Hydrazin mit Wasser und nennen Sie den Reaktionstyp. d) Vergleichen Sie die Basenstärke von Hydrazin ($pK_B = 6{,}07$) mit der von Ammoniak (vgl. S. 121, B5) und begründen Sie den Unterschied. e) Hydrazin wird als Raketentreibstoff eingesetzt. Dabei wird Hydrazin in einer stark exothermen Reaktion mit Distickstofftetraoxid N_2O_4 zu Stickstoff und Wasserdampf umgesetzt. Formulieren die Reaktionsgleichung. f) Berechnen Sie das Volumen an Stickstoff, das pro 1000 Gramm Hydrazin bezogen auf Normbedingungen freigesetzt wird.

A17 Legierungen von Quecksilber mit anderen Metallen (z.B. Silber, Kupfer und Zinn) kommen als Amalgamfüllungen beim Zahnarzt zum Einsatz. Wird unmittelbar neben dem Amalgam Gold als Zahnersatz verwendet, sodass ein elektrisch leitender Kontakt entsteht, findet an der Goldoberfläche die Reduktion des im Speichel (befindet sich auf der gesamten Zahnoberfläche) enthaltenen Sauerstoffs statt. Auch an der Amalgamoberfläche laufen Redoxreaktionen ab.
a) Formulieren Sie eine Teilgleichung für die Reduktion an der Goldoberfläche sowie die Teilgleichungen von drei an der Amalgamoberfläche denkbaren Vorgängen.

b) Begründen Sie, welches Metall bei Zinnamalgam bzw. bei einem Silberamalgam zuerst reagiert, und formulieren Sie dazu eine Reaktionsgleichung für den Gesamtvorgang. c) Erklären Sie, weshalb die genannten Vorgänge nur bei elektrisch leitendem Kontakt zwischen der Gold- und der Amalgamfüllung stattfinden.

A18 Die Zink-Luft-Batterie (vgl. S. 283) ist eine Knopfzelle, deren Stromerzeugung die Oxidation von Zink und die Reduktion von Sauerstoff zur Grundlage hat.
a) Erstellen Sie die Reaktionsgleichungen (Teil- und Gesamtgleichungen) der stromliefernden Vorgänge.
b) Finden Sie mithilfe der NERNST-Gleichung eine Begründung dafür, weshalb die Spannung im Laufe des Betriebs der Batterie abnimmt.

A19 In beiden Chlor-Halbzellen der Zelle aus B2 von S. 266 befindet sich eine Natriumchlorid-Lösung mit $c(\mathbf{Cl^-}) = 10^{-1}$ mol/L.
a) Erklären Sie, warum bei dieser Zelle keine Spannung messbar ist. b) Nennen Sie eine Möglichkeit, wie durch Zugabe einer Lösung in eine der beiden Halbzellen eine Spannung zu erzeugen ist. Erläutern und erklären Sie die ablaufenden Reaktionen und die Polung der Zelle.
c) Planen Sie einen Versuch mit Konzentrationszellen, der es ermöglicht, das Löslichkeitsprodukt K_L (vgl. S. 102, 103) von Silberchlorid zu ermitteln.

A20 In einer Elektrolysewanne befinden sich Lösungen der Konzentration c = 1 mol/L von folgenden Salzen: Eisen(II)-nitrat, Kupfernitrat, Kaliumnitrat. Es werden Elektroden verwendet, an denen die Überspannung für Sauerstoff 0,60 V und für Wasserstoff 0,30 V beträgt. Geben Sie begründet an, in welcher Reihenfolge sich bei pH = 7 an der Kathode Stoffe abscheiden.

A21 Auch ohne Kenntnis der Werte aus der Spannungsreihe benutzten bereits Alchemisten eine 50%ige Salpetersäure-Lösung als „Scheidewasser", um ein Gemisch aus Silber und Gold zu trennen. Erläutern Sie, wie sich dies aus heutiger Sicht erklären lässt. (*Hinweis*: Das Redoxpotenzial von Salpetersäure der Konzentration $c(\mathbf{HNO_3})$ = 7 mol/L beträgt + 0,803 V.)

A22 Ein pH-Indikatorpapier wird mit Kaliumiodid-Lösung angefeuchtet und in ozonhaltige Luft gehalten. Man erkennt eine Blaufärbung des Papiers mit einem braunen Rand.
Notieren Sie alle vor und alle nach der abgelaufenen Reaktion vorhandenen Teilchen, stellen Sie die Reaktionsgleichung auf und ermitteln Sie mithilfe von Oxidationszahlen, welche Atome bzw. Ionen oxidiert und welche reduziert wurden.

A23 Eine Wasserstoff-Elektrode wird mit einer neutralen wässrigen Lösung betrieben.
a) Schätzen Sie ab, ob ihr Potenzial positiv oder negativ ist, und begründen Sie Ihre Vermutung.
b) In die Wasserstoff-Halbzelle wird nun etwas Universalindikator gegeben. Anschließend wird sie mit einer Kupfer-Halbzelle, $c(\mathbf{Cu^{2+}})$ = 1 mol/L, kombiniert und das so gebildete galvanische Element kurzgeschlossen. Nennen Sie die dabei zu erwartenden Beobachtungen, erläutern Sie diese mithilfe von Reaktionsgleichungen und geben Sie den Grund für die ablaufenden Reaktionen an.

A24 Als Druckvorlage für eine Radierung wird eine Kupferplatte mit eingeätztem Bildmotiv (ein Kupferstich) verwendet. Um sie herzustellen, wird die gereinigte Kupferplatte zunächst mit Wachs überzogen. In diese Schicht wird das Motiv mit einer Radiernadel seitenverkehrt eingeritzt, sodass das Metall an den eingeritzten Stellen frei liegt. Dann wird die Platte in ein Ätzbad gelegt, das in die freie Metalloberfläche durch Oxidation Vertiefungen einätzt. Als Ätzbad dient Eisen(III)-chlorid-Lösung oder Salpetersäure:

$$\mathbf{Fe^{3+}(aq) + e^- \rightleftharpoons Fe^{2+}(aq)}$$

$$\mathbf{\overset{+V}{N}O_3^-(aq) + 3e^- + 4H_3O^+(aq) \rightleftharpoons \overset{+II}{N}O(g) + 6H_2O(l)}$$

Die Standard-Redoxpotenziale dieser beiden Systeme betragen $E^0(\mathbf{NO/(NO_3^- + 4H_3O^+)})$ = +0,96 V bzw. $E^0(\mathbf{Fe^{2+}/Fe^{3+}})$ = +0,77 V.
a) Begründen Sie, warum man Kupfer mit Salpetersäure, nicht aber mit Salzsäure anätzen kann (*Hinweis*: vgl. S. 265, B4).

b) Erläutern Sie, wodurch sich die beiden oben formulierten Redoxsysteme von denen aus B4, S. 265, und B4, S. 267, unterscheiden. c) Stellen Sie eine begründete Aussage auf, mit welchem der beiden Ätzbäder man Silber anätzen könnte.

A25 Zur Freisetzung von Kohlenstoffdioxid aus Oxalsäure verwendet man eine angesäuerte Kaliumpermanganat-Lösung. Setzt man zum Ansäuern Salzsäure statt Schwefelsäure ein, wird giftiges Chlorgas freigesetzt. Erklären Sie die Ursache (*Hinweis*: $E°(Mn^{2+}/MnO_4^-) = +1{,}51$ V, $E°(2Cl^-/Cl_2) = +1{,}36$ V, $E°(H_2C_2O_4/2CO_2) = -0{,}49$ V).

A26 Das Oxidationsvermögen von Permanganat-Ionen MnO_4^- ist stark vom *p*H-Wert der Lösung abhängig ($E°(Mn^{2+}/MnO_4^-) = +1{,}51$ V).
a) Formulieren Sie die NERNST-Gleichung für die Reduktion von Permanganat-Ionen in saurer Lösung aus der entsprechenden Reaktionsgleichung.
b) Leiten Sie aus der NERNST-Gleichung für die Reduktion von Permanganat-Ionen zu Mangan(II)-Ionen eine Formel der Form $E = E° - x \cdot pH$ ab, aus der die lineare Abhängigkeit dieses Redoxpotenzials vom *p*H-Wert ersichtlich ist. Es darf davon ausgegangen werden, dass $c(MnO_4^-) = c(Mn^{2+}) = 1$ mol/L ist.

A27 Gegeben sind folgende galvanische Halbzellen:
A: Ni/Ni^{2+} ($c = 1$ mol/L),
B: Ni/Ni^{2+} ($c = 0{,}00004$ mol/L),
C: Co/Co^{2+} ($c = 0{,}1$ mol/L).
Es sollen folgende Kombinationen der Halbzellen durchgeführt werden: 1. A mit C; 2. A mit B; 3. B mit C.
a) Berechnen Sie die zu erwartenden Spannungen der galvanischen Zellen 1, 2 und 3 und geben Sie jeweils das Zellendiagramm an. b) Berechnen Sie die Konzentration der Nickel-Ionen in einer Nickel-Halbzelle so, dass man gegenüber der Halbzelle C keine Spannung mehr messen kann.

A28 a) Geben Sie begründet an, welche der folgenden Elemente sich nicht durch Elektrolyse ihrer wässrigen Salzlösungen herstellen lassen: Na, Mg, Cu, F_2.
b) Schlagen Sie für die Fälle, in denen a) zutrifft, jeweils ein Alternativverfahren vor.

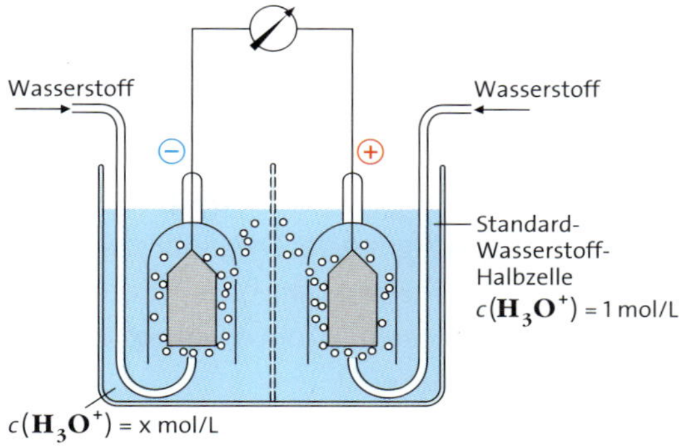

B2 *Wasserstoff-Konzentrationszelle*

A29 Die laborüblichen *p*H-Elektroden funktionieren nach dem Prinzip einer Wasserstoff-Konzentrationszelle (B2).
a) Geben Sie den Wertebereich für x in der linken Halbzelle an und begründen Sie ausführlich. b) Nehmen Sie an, dass bei der Zelle aus B2 $U = 0{,}236$ V gemessen wird. Berechnen Sie für diesen Fall den *p*H-Wert der Lösung in der linken Halbzelle (*Hinweis*: vgl. S. 271, B3). c) Erläutern und begründen Sie, unter welchen Bedingungen sich die Polung der Zelle aus B2 umkehren würde.

A30 Eine Standard-Silber-Halbzelle wird über ein Voltmeter mit einer Standard-Wasserstoff-Halbzelle (Minuspol) verbunden. Man misst eine Spannung von $U = 0{,}918$ V. Berechnen Sie die Oxonium-Ionenkonzentration $c(H_3O^+)$ und den *p*H-Wert der Lösung in der Wasserstoff-Halbzelle.

A31 Ein Automobilkonzern hat als Werbung für die Rostbeständigkeit seiner Fahrzeuge ein Foto von einem Auto in der Meeresbrandung veröffentlicht. Nehmen Sie hierzu Stellung.

A32 Vergleichen Sie die Redoxvorgänge an den Elektroden einer photogalvanischen Zelle (vgl. S. 288, 289) mit den Vorgängen an den Elektroden des DANIELL-Elements (vgl. S. 261) und beurteilen Sie die Unterschiede unter dem Gesichtspunkt der Nachhaltigkeit (vgl. S. 239).

Redoxreaktionen

Redoxreaktionen werden erweiternd zu einer Definition, die sich auf Sauerstoff als Reaktionspartner oder auf Elektronenübergänge bezieht, wie folgt neu definiert:
Oxidation ist eine Erhöhung der Oxidationszahl.
Reduktion ist eine Erniedrigung der Oxidationszahl.
Die **Oxidationszahl** ist eine wirkliche oder erdachte (formale) Ladungszahl, die einem Atom in einem Molekül oder einem Ion zugeordnet wird.
Nach dem **Donator-Akzeptor-Prinzip** werden die von einem Teilchen abgegebenen Elektronen von einem anderen Teilchen aufgenommen, Oxidation und Reduktion laufen damit gleichzeitig ab. Reaktionen mit Elektronenübergängen bezeichnet man daher als **Redoxreaktionen**.
Bei einer Redoxreaktion ist das **Reduktionsmittel** der Elektronendonator und das **Oxidationsmittel** der Elektronenakzeptor. Das Reduktionsmittel wird bei einer Redoxreaktion oxidiert, das Oxidationsmittel wird reduziert.
Es gibt erzwungene Redoxreaktionen (z. B. Elektrolysen) und selbsttätig ablaufende Redoxreaktionen (z. B. in galvanischen Zellen).

Galvanische Zellen

Zwei Redoxpaare in räumlich getrennten Halbzellen, die über eine Elektrolytbrücke, z. B. ein ionendurchlässiges Diaphragma, miteinander verbunden sind, bilden eine galvanische Zelle. Beim Betrieb laufen darin selbsttätig Redoxreaktionen ab.
Beispiel **DANIELL-Element**:

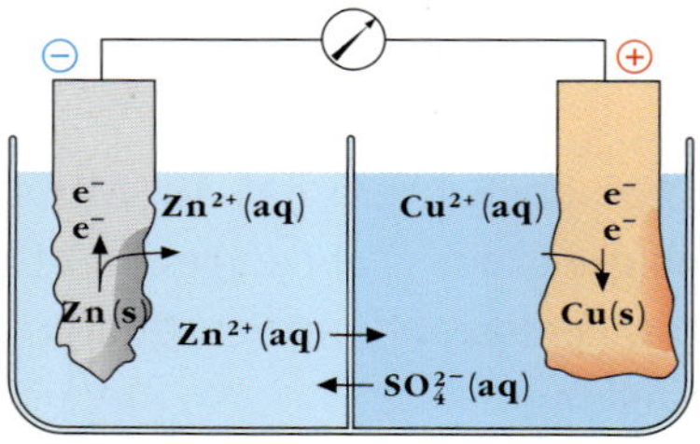

Minuspol: $\mathbf{Zn \longrightarrow Zn^{2+} + 2e^-}$; Oxidation
(Anode)

Pluspol: $\mathbf{Cu^{2+} + 2e^- \longrightarrow Cu}$; Reduktion
(Kathode)

Je weiter auseinander die Redoxpaare einer galvanischen Zelle in der Redoxreihe stehen, desto größer ist die von der Zelle gelieferte elektrische Spannung.

Elektrolyse

Bei einer Elektrolyse werden Redoxreaktionen durch elektrische Energie erzwungen, die selbsttätig in umgekehrter Richtung ablaufen würden.
Beispiel Elektrolyse von Zinkiodid-Lösung:

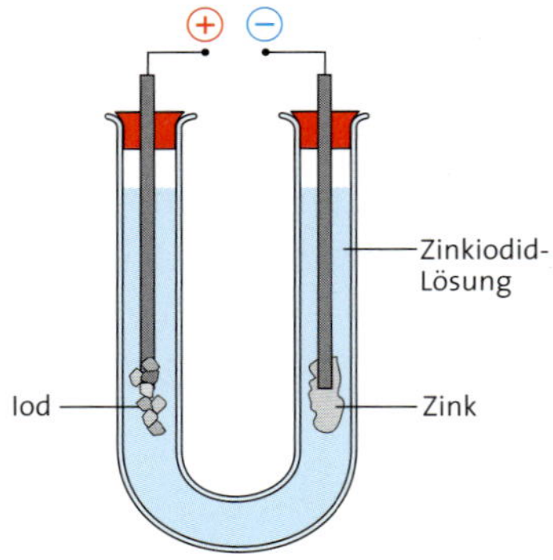

Minuspol: $\mathbf{Zn^{2+} + 2e^- \longrightarrow Zn}$; Reduktion
(Kathode)

Pluspol: $\mathbf{2I^- \longrightarrow I_2 + 2e^-}$ Oxidation
(Anode)

Das **Standardpotenzial** E° eines Redoxpaares $\mathbf{Me/Me^{z+}}$ ist die Potenzialdifferenz zwischen einer Halbzelle, die dieses Redoxpaar bei Standardbedingungen (c = 1 mol/L; p = 1013 hPa; ϑ = 25 °C) enthält und einer Standard-Wasserstoff-Halbzelle mit $E^\circ(\mathbf{H_2/2H^+})$ = 0,0 V.

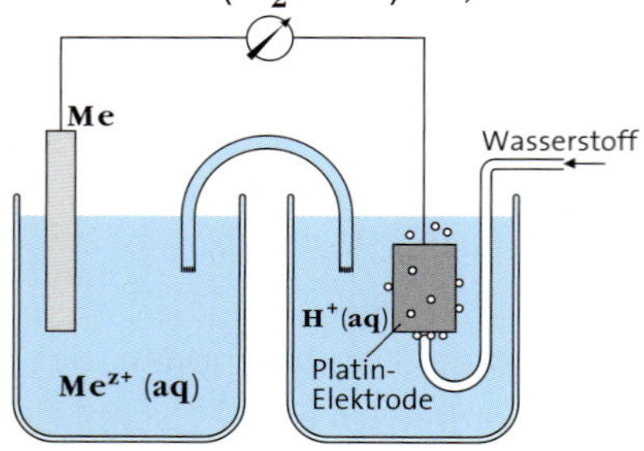

Wendet man auf das Redoxgleichgewicht

$$\mathbf{Red \rightleftharpoons Ox + e^-}$$

das Prinzip vom kleinsten Zwang an, bewirkt eine Konzentrationsänderung von **Red** bzw. **Ox** auch eine Änderung der „Elektronenkonzentration", des Redoxpotenzials E:

- Die Zunahme der „Elektronenkonzentration" bedeutet ein negativeres Redoxpotenzial E.
- Die Abnahme der „Elektronenkonzentration" bedeutet ein positiveres Redoxpotenzial E.

Quantitative Aussagen und Berechnungen sind mithilfe der NERNST-Gleichung möglich.

Batterien

Batterien sind elektrochemische Energiequellen die nach dem Prinzip der galvanischen Zelle funktionieren, d.h. eine Oxidation und eine Reduktion laufen räumlich getrennt ab.

Beispiel **LECLANCHÉ-Element**:

Oxidation: $\mathbf{Zn(s) \longrightarrow Zn^{2+}(aq) + 2e^-}$
(Minuspol)

Reduktion: $\mathbf{2MnO_2(s) + 2H_2O(l) + 2e^- \longrightarrow}$
(Pluspol) $\mathbf{2MnO(OH)(s) + 2OH^-(aq)}$

Zu den heute handelsüblichen Batterien zählen die Alkali-Mangan-Batterie, die Zink-Luft-Zelle, die Lithium-Mangan-Zelle und die Silberoxid-Zink-Zelle. Die Batterietypen unterscheiden sich nicht nur in Form und Größe, sondern auch in der stofflichen Zusammensetzung und daher auch in der Nennspannung, die sie liefern. Jeder Batterietyp ist für bestimmte Geräte besonders gut geeignet, beispielsweise die als Knopfzelle verfügbare Silberoxid-Zink-Zelle für Armbanduhren.

Akkumulatoren

Akkumulatoren sind wiederaufladbare elektrochemische Energiequellen, in denen beim Laden und Entladen umkehrbare Reaktionen ablaufen.

Beispiel **Bleiakkumulator**:

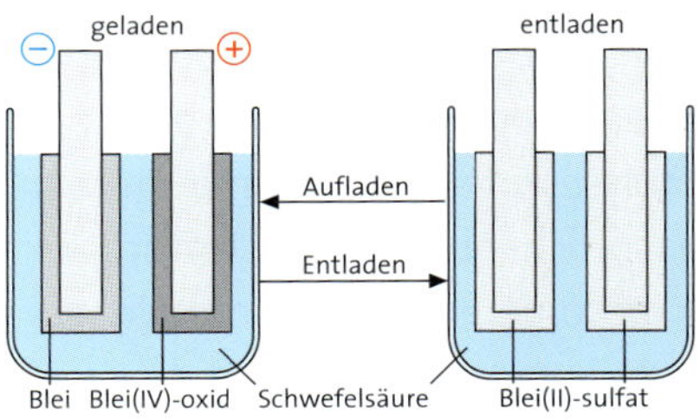

Während der Bleiakkumulator vorwiegend als „Autobatterie" Anwendung findet, werden bei Laptops und Handys Nickel-Metallhydrid- und Lithium-Ionen-Akkus eingesetzt.

Brennstoffzellen

Die Wasserstoff-Sauerstoff-Brennstoffzelle hat eine Leerlaufspannung von U = 1,23 V und liefert kontinuierlich Strom, wenn ständig Wasserstoff als Brennstoff am Minuspol und Sauerstoff oder Luft am Pluspol zugeführt werden. Sie produziert dabei keine Schadstoffe. Bei der PEM-Brennstoffzelle (*Proton-Exchange-Membrane*) laufen in saurer Lösung die in folgender Skizze formulierten Reaktionen ab:

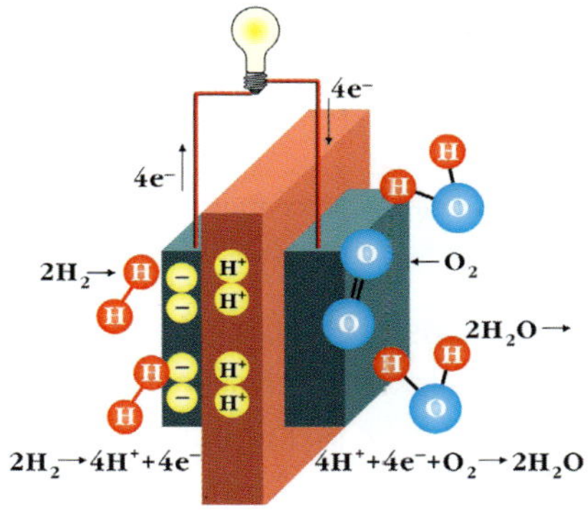

Wasserstoff-Atome aus Wasserstoff-Molekülen werden dabei zu Wasserstoff-Ionen (Protonen) oxidiert. Diese wandern durch die Membran, während die Elektronen über den äußeren Stromkreis auf die andere Seite gelangen, wo sich Protonen, Elektronen und Sauerstoff-Atome (aus den Sauerstoff-Molekülen) zu Wasser-Molekülen verbinden. Die Reaktionsgleichung der Gesamtreaktion in der Zelle lautet:

$$\mathbf{2H_2(g) + O_2(g) \longrightarrow 2H_2O(l)}$$

Statt Wasserstoff können auch andere Brennstoffe, z.B. Methanol, in Brennstoffzellen eingesetzt werden.

Für die **zukünftige Energiebereitstellung** sind Wasserstoff-Sauerstoff-Brennstoffzellen von großer Bedeutung, weil sie keine Schadstoffe produzieren, vergleichsweise hohe Wirkungsgrade haben und mithilfe des chemischen Energiespeichers Wasserstoff, unabhängig von Wind, Sonne und anderen Naturbedingungen, dann elektrische Energie bereitstellen können, wenn sie benötigt wird.

Ascorbinsäure (Vitamin C)

Ascorbinsäure ist als Vitamin C bekannt und in vielen Früchten und Gemüsesorten enthalten. Kinder ab 10 Jahren und Erwachsene sollen etwa 75 mg Vitamin C pro Tag zu sich nehmen.

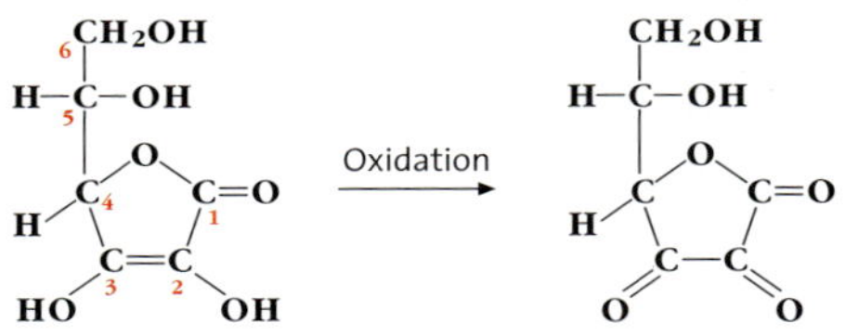

Ascorbinsäure Vitamin C — Dehydroascorbinsäure

B1 *Ascorbinsäure (Vitamin C) ist oxidationsempfindlich und schmilzt bei 191 °C mit gleichzeitiger Zersetzung.*

A1 Frischer Zitronensaft enthält ca. 420 mg Ascorbinsäure pro Liter Flüssigkeit. Nach sechstägiger Lagerung im verschlossenen Gefäß im Kühlschrank fällt der Vitamin C-Gehalt auf 320 mg/L, im unverschlossenen Gefäß auf 100 mg/L. Erklären Sie diesen Sachverhalt mithilfe der Angaben aus B1.

A2 Die Oxidation von Ascorbinsäure kann vereinfacht folgendermaßen formuliert werden:

$$2AscH_2 + O_2 \rightleftharpoons 2Asc_{ox} + 2H_2O$$

Setzen Sie für $AscH_2$ und Asc_{ox} die Formeln aus B1 ein, ermitteln Sie die für diese Redoxreaktion relevanten Oxidationszahlen und begründen Sie die in B1 angegebene Bezeichnung „Dehydroascorbinsäure".

A3 Ascorbinsäure reduziert Eisen(III)-Ionen, nach folgender Reaktionsgleichung:

$$AscH_2 + 2Fe^{3+} + 2H_2O \rightleftharpoons Asc_{ox} + 2Fe^{2+} + 2H_3O^+$$

Erläutern Sie anhand dieser Eigenschaft, warum Ascorbinsäure als „Antioxidationsmittel" bezeichnet wird, und warum Ascorbinsäure in sauren Lösungen, z. B. in Zitrusfrüchtesaft, besonders lange haltbar ist.

A4 Bei *p*H = 2 beträgt das Redoxpotenzial für das Redoxpaar $AscH_2/Asc_{ox}$ $E(AscH_2/Asc_{ox}) = 0{,}2$ V, bei *p*H = 7 dagegen nur $E(AscH_2/Asc_{ox}) = 0{,}06$ V. Erklären Sie diesen Sachverhalt mithilfe der Reaktionsgleichung von A3 und der Angaben von S. 269 und 271.

[1] Vgl. auch Kompetenztraining zu den Kapiteln 1 bis 7.

A5 Das Ascorbinsäure-Molekül kommt in Enol-Form (hier ein Endiol) und in Keto-Form vor (vgl. Keto-Enol Tautomerie, S. 179, B7):

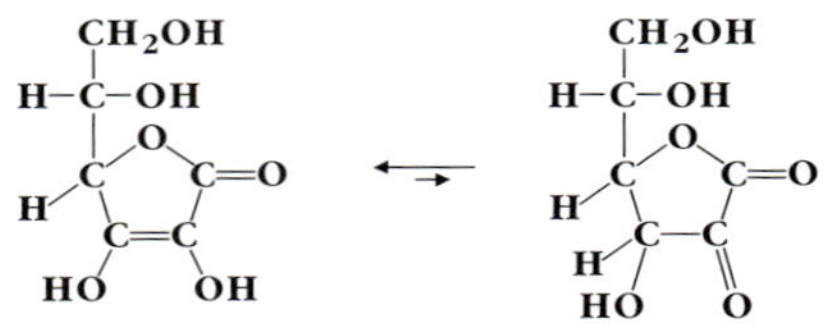

Endiol-Form — Keto-Form

Die Endiol-Form ist stabiler, weil das Molekül durch zwei intramolekulare Wasserstoffbrücken stabilisiert wird. Übernehmen Sie die Formel in Ihr Heft und zeichnen Sie diese Wasserstoffbrücken ein. Begründen Sie, warum in der Keto-Form eine dieser beiden Wasserstoffbrücken nicht möglich ist.

A6 Das Ascorbinsäure-Molekül in der Endiol-Form enthält zwei asymmetrische Kohlenstoff-Atome und damit zwei Chiralitätszentren (vgl. S. 181). Markieren sie diese Zentren und vergleichen Sie mit den Chiralitätszentren in der Keto-Form.

A7 Ascorbinsäure ist eine zweiprotonige Säure. Formulieren Sie die beiden Protolysestufen von Ascorbinsäure in Wasser.

A8 Die pK_s-Werte der beiden Protolysestufen der Ascorbinsäure betragen $pK_{s1} = 4{,}17$ und $pK_{s2} = 11{,}6$. Für eine andere zweiprotonige Säure, die Butandisäure (Bernsteinsäure) $HOOCCH_2CH_2COOH$, gilt $pK_{s1} = 4{,}19$ und $pK_{s2} = 5{,}48$. Erklären Sie den vergleichsweise großen Unterschied zwischen den beiden pK_s-Werten für die Protolysestufen von Ascorbinsäure mithilfe der in A5 angesprochenen Wasserstoffbrücken und der folgenden mesomeren Strukturformeln:

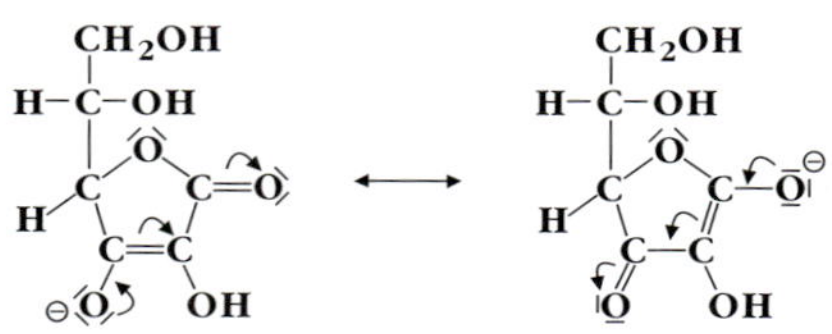

A9 Zeichnen Sie mithilfe der pK_s-Werte aus A8 und der Angaben über Titrationskurven von S. 132, 133 die zu erwartende Titrationskurve bei der Titration von 100 mL Ascorbinsäure, $c = 0{,}1$ mol/L, mit Natronlauge, $c = 1$ mol/L. Beenden Sie die Titrationskurve bei einem Verbrauch von 25 mL Natronlauge und begründen Sie den von Ihnen vorgeschlagenen Verlauf ausführlich.

*p*H-Abhängigkeit von Redoxreaktionen

Versuch

In den einen Schenkel eines U-Rohrs mit Fritte gibt man eine Kupfersulfat-Lösung und eine Kupfer-Elektrode (als Bezugs-Halbzelle), in den anderen eine Kaliumpermanganat-Lösung und eine Platin-Elektrode. Die Kaliumpermanganat-Lösung wird mit Ethansäure-Lösung, $w = 20\,\%$, auf $p\text{H} = 3$ angesäuert.

a) Die Spannung dieser Zelle wird gemessen und mit $U = 0{,}9$ V festgestellt.

b) Dann wird die Kaliumpermanganat-Lösung mit Schwefelsäure-Lösung, $w = 30\,\%$, auf $p\text{H} = 1$ angesäuert. Die Spannung der Zelle beträgt nun $U = 1{,}1$ V. Die Kupfer-Elektrode bildet in beiden Fällen den Minuspol.

Aufgaben

A1 In der Kaliumpermanganat-Halbzelle liegt folgendes Gleichgewicht vor:

$$\mathbf{Mn^{2+}(aq) + 12\,H_2O \rightleftharpoons MnO_4^-(aq) + 8\,H_3O^+(aq) + 5\,e^-}$$

Das Standardpotenzial dieses Systems beträgt $E^\circ = 1{,}51$ V. Fertigen Sie eine beschriftete Skizze dieser Zelle und formulieren Sie die in den beiden Halbzellen ablaufenden Reaktionen.

A2 Erklären Sie, warum die Spannung dieser Zelle höher ist, wenn der *p*H-Wert in der Halbzelle mit der Kaliumpermanganat-Lösung niedriger ist.

A3 Nehmen Sie vereinfachend an, dass für die Kupfer-Halbzelle gilt $E(\mathbf{Cu/Cu^{2+}}) = 0{,}35$ V. Ermitteln Sie aus den gemessenen Spannungen das Elektrodenpotenzial (Redoxpotenzial) in der Kaliumpermanganat-Halbzelle für die Fälle a) und b).

A4 In drei Rggl. mit a) verd. Salzsäure mit $p\text{H} = 0$, b) angesäuerter Natriumchlorid-Lösung mit $p\text{H} = 3$ und c) angesäuerter Natriumbromid-Lösung mit $p\text{H} = 3$ werden jeweils einige Tropfen Kaliumpermanganat-Lösung gegeben.

Geben Sie begründet an, in welchen Rggl. unter diesen Bedingungen eine Bildung des betreffenden Halogens zu erwarten ist.

Energiebereitstellung und -speicherung

Text

Oft heißt es, elektrische Energie sei die „edelste" und „sauberste" Energieform. In der Tat lässt sich elektrische Energie mit hohem Wirkungsgrad in andere Energieformen (thermische Energie, Lichtenergie, Bewegungsenergie, chemische Energie) umwandeln, umgekehrt sind die Wirkungsgrade wesentlich geringer. Ob elektrische Energie auch „sauber" ist, hängt allerdings davon ab, wie sie „erzeugt" (korrekter: verfügbar gemacht) wurde.

Für ein effizientes und nachhaltiges Energieversorgungssystem reicht es nicht aus, elektrische Energie aus erneuerbaren Energiequellen wie Sonne, Wind und Biomasse bereitzustellen, denn elektrische Energie ist sehr „kurzlebig". Es müssen auch geeignete Energiespeicher entwickelt werden, in denen Energie mittel- und langfristig gespeichert und bei Bedarf wieder verfügbar gemacht werden kann. Solche Energiespeicher können „rein chemisch" oder „elektrochemisch" sein.

Aufgaben

A1 Formulieren Sie die Aussagen aus dem ersten Textabschnitt über die „edle" und „saubere" elektrische Energie in eigenen Worten und erläutern Sie sie anhand von Beispielen. Gehen Sie dabei auch auf die im Text ausgedrückten Einschränkungen ein.

A2 Beurteilen Sie die Richtigkeit des ersten Satzes im zweiten Textabschnitt und begründen Sie Ihr Urteil. Gehen Sie dabei auf die Bedeutung der Begriffe „effizient" und „nachhaltig" in diesem Kontext ein.

A3 Ordnen Sie die folgenden Energiespeicher den beiden im zweiten Textabschnitt genannten Kategorien von Energiespeichern zu und begründen Sie Ihre Zuordnung: Benzin, Diesel, Batterie, Wasserstoff, Akkumulator, Methanol, Kohle.

A4 Ergänzen Sie den vorgegebenen Aufgabentext um einen dritten Textabschnitt, in dem Sie wesentliche Unterschiede zwischen den in A3 genannten „elektrochemischen" und „rein chemischen" Energiespeichern nennen und erläutern. Geben Sie begründet an, bei welchen der im Aufgabentext genannten „Energiespeicher" diese Bezeichnung streng genommen nicht zutrifft.

---

[1] Vgl. auch Kompetenztraining zu den Kapiteln 1 bis 7.

Gleichgewichte im Blut

Der bei der Atmung aufgenommene Sauerstoff wird durch das Hämoglobin $\mathbf{HbH^+}$ umkehrbar (reversibel) gebunden und entbunden (B1):

$$\mathbf{HbH^+ + O_2 + H_2O \rightleftharpoons Hb(O_2) + H_3O^+} \quad (1)$$

Kohlenstoffdioxid, das durch Oxidation der Glucose in den Gewebezellen entsteht, wird durch das Blut in gelöster Form transportiert, wobei folgendes Gleichgewicht von Bedeutung ist (B1):

$$\mathbf{2H_2O + CO_2 \rightleftharpoons H_3O^+ + HCO_3^-} \quad (2)$$

A1 Erläutern Sie mithilfe von B1 sowie der Gleichungen (1) und (2) die Abläufe, die zum Transport und zur Freisetzung von Sauerstoff und Kohlenstoffdioxid im Körper führen.

A2 Erklären Sie, warum der Gehalt an Sauerstoff im Blut abhängig vom *p*H-Wert des Blutes ist und warum es lebensgefährlich sein kann, wenn der *p*H-Wert des Bluts zu stark abfällt.

A3 Treffen Sie eine Aussage über die Löslichkeit von Kohlenstoffdioxid im Blut in Abhängigkeit vom *p*H-Wert des Bluts und begründen Sie Ihre Aussage.

A4 Eines der Puffersysteme im Blut ist der Carbonat-Puffer $\mathbf{H_2CO_3/HCO_3^-}$. Der *p*H-Wert im Blut ist *p*H = 7,36 und darf davon nur um einige Zehntel *p*H-Einheiten abweichen. Berechnen Sie das Verhältnis $c(\mathbf{H_2CO_3})/c(\mathbf{HCO_3^-})$ bei *p*H = 7,5 und bei *p*H = 7,3 und kommentieren Sie die Ergebnisse.

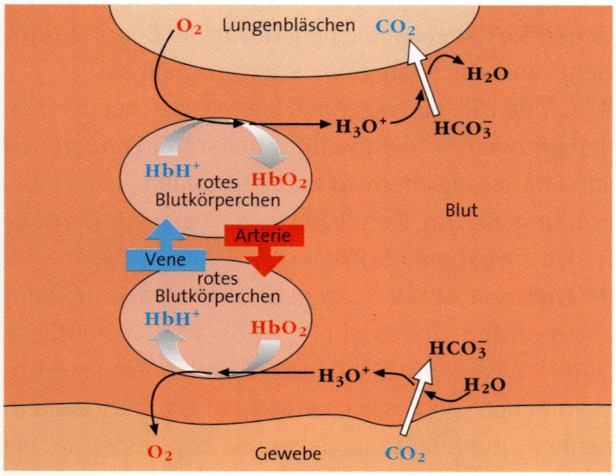

B1 *Sauerstoff- und Kohlendioxidgleichgewichte im Blut*

[1] Vgl. auch Kompetenztraining zu den Kapiteln 1 bis 7.

Aminosäuren als Puffer

Aminosäuren liegen sowohl in fester Form als auch in Lösung nahezu vollständig als Zwitterionen vor:

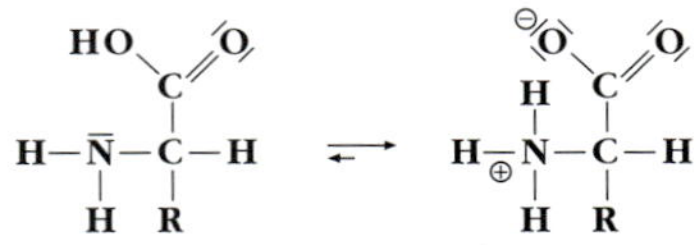

Molekülform Zwitterionenform

Wässrige Lösungen von Aminosäuren wirken in bestimmten *p*H-Bereichen als Puffersysteme (B2). Der isoelektrische Punkt ***p*H(I)** ist der *p*H-Wert, bei dem die gesamte Aminosäure in Form des **Zwitterions** vorliegt.

A1 Begründen Sie mithilfe des Kurvenverlaufs in B2, warum beim isoelektrischen Punkt keine Pufferwirkung vorliegt.

A2 Erklären Sie den Kurvenverlauf aus B2 unter Verwendung geeigneter Formeln und Reaktionsgleichungen, nennen Sie die *p*H-Bereiche, in denen die Glycin-Lösung als Puffer wirkt, und geben Sie die Bedeutung der eingezeichneten Punkte A und B an.

A3 Übernehmen Sie B2 in Ihr Heft und zeichnen Sie mithilfe folgender Angaben die zu erwartenden *p*H-Kurven für Alanin und Cystein ein:

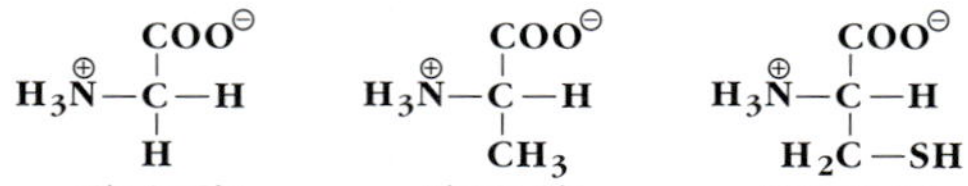

Glycin Gly *p*H(I) = 6,1 | Alanin Ala *p*H(I) = 6,02 | Cystein Cys *p*H(I) = 5,02

Begründen Sie die von Ihnen vorgeschlagenen Kurven.

A4 Die Aminosäure Lysin $\mathbf{H_2N(CH_2)_4CHNH_2COOH}$ liefert eine Kurve, die bei *p*H = 2,1, *p*H = 9,2 und *p*H = 10,8 minimale Steigungen hat. Deuten und erklären Sie diesen Sachverhalt mit geeigneten Formeln.

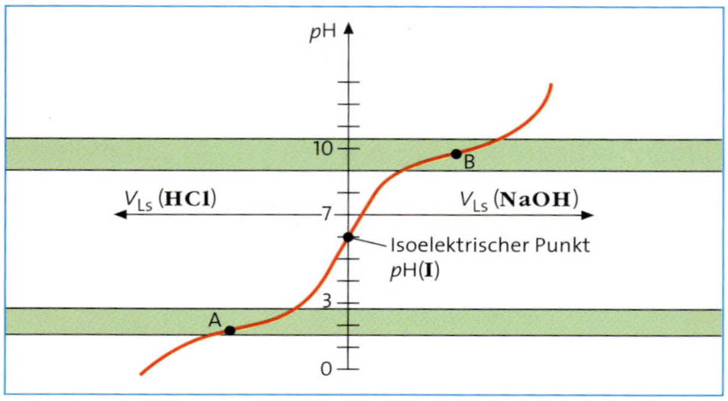

B2 *pH-Änderungen bei der Zugabe von Natronlauge bzw. Salzsäure zu einer Glycin-Lösung*

Aspirin®

Der schmerzlindernde und fiebersenkende Wirkstoff im Arzneimittel Aspirin® ist die Acetylsalicylsäure ASS (vgl. S. 160, B4).

A1 ASS ist in wässriger Lösung bei $pH = 3$ schwer löslich. In einer „Aspirin® plus C“-Brausetablette bewirkt der Zusatz eines Citronensäure-Natriumcitrat-Puffersystems einen *p*H-Wert der wässrigen Lösung von ca. 5,5. Darin löst sich ASS gut. Erklären Sie die unterschiedliche Löslichkeit mithilfe geeigneter Formeln und Fachbegriffe.

A2 Aspirin® wurde früher als Pulver oder in Form von Tabletten in Gläsern aufbewahrt. Bildete sich damals an feuchter Luft ein Geruch nach Essig, sollten die Tabletten nicht mehr verwendet werden. Erklären Sie diese Beobachtung bzw. diesen Hinweis.

A3 Ausgangsstoff für die Synthese von ASS ist die Salicylsäure (*o*-Hydroxybenzoesäure, vgl. S. 161, B5), die industriell nach dem KOLBE-SCHMITT-Verfahren hergestellt wird. Man leitet Kohlenstoffdioxid bei einer Temperatur $\vartheta = 125\,°C$ und einem Druck $p = 0{,}5$ MPa über Natriumphenolat. Das Reaktionsprodukt wird anschließend mit Salzsäure versetzt. Entwickeln Sie den Mechanismus der Reaktion und begründen Sie, warum es sinnvoller ist, von Natriumphenolat als von Phenol auszugehen und unter Druck zu arbeiten.

A4 Die Salicylsäure ist auch ein wirksames Schmerzmittel, schmeckt aber grauenhaft und greift die Magenschleimhäute an. 1897 gelang es FELIX HOFFMANN, Salicylsäure mit Essigsäureanhydrid zu Acetylsalicylsäure zu verestern. Beschreiben Sie den Mechanismus der Veresterung unter Verwendung von Strukturformeln und Reaktionsgleichungen. Erklären Sie die einzelnen Reaktionsschritte unter Verwendung von Fachausdrücken.

A5 Beim Salicylsäure-Molekül besteht die Möglichkeit zur Ausbildung einer intramolekularen Wasserstoffbrückenbindung. Übernehmen Sie die Strukturformel von S. 161, B5 in Ihr Heft und zeichnen Sie diese Wasserstoffbrücke ein.

A6 Vergleichen Sie die Säurestärke der *o*-Hydroxybenzoesäure (Salicylsäure, $pK_s = 2{,}97$) mit der Säurestärke von Benzoesäure ($pK_s = 4{,}06$), *m*-Hydroxybenzoesäure ($pK_s = 4{,}06$), *p*-Hydroxybenzoesäure ($pK_s = 4{,}48$) und ASS ($pK_s = 3{,}5$).

PET für Getränkeflaschen

Der Allrounder unter den Polyestern, das Polyethylenterephthalat PET, ist ein glasklarer Feststoff, aus dem z. B. Getränkeflaschen hergestellt werden (vgl. S. 234, B3 und B4).

A1 Zeichnen Sie einen Strukturausschnitt mit drei sich wiederholenden Struktureinheiten aus dem gebildeten Polykondensationsprodukt mithilfe von Halbstrukturformeln (vgl. S. 324).

A2 PET wird aus Terephthalsäure (1,4-Benzoldicarbonsäure) und Ethylenglycol (Ethan-1,2-diol) hergestellt. Formulieren Sie den Reaktionsmechanismus mithilfe von Strukturformeln. Benennen und begründen Sie den Reaktionstyp.

A3 Erklären Sie anhand eines Modells, warum es sich beim PET um einen thermoplastischen Kunststoff handelt.

A4 Großtechnisch lässt sich Terephthalsäure katalytisch aus *p*-Xylol (vgl. S. 147, B4) mit Luftsauerstoff herstellen. Bei dieser Reaktion entsteht Wasser. Formulieren Sie die Reaktionsgleichung in Strukturformelschreibweise.

A5 Als Grundchemikalie für die industrielle Synthese von Ethan-1,2-diol (Ethylenglycol) dient Ethenoxid (Ethylenoxid). Es wird durch Oxidation von Ethen hergestellt. Benennen Sie die Arbeitsschritte vom Erdöl zum Ethen und formulieren Sie die Reaktionsgleichungen für die Herstellung von Ethan-1,2-diol aus Ethen über Ethenoxid.

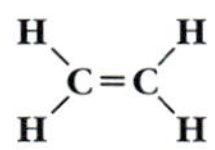
Ethen

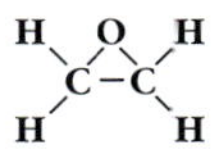
Ethenoxid

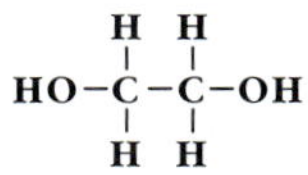
Ethan-1,2-diol

A6 PET-Flaschen können unterschiedlich recycelt werden (vgl. S. 237). Bewerten Sie die verschiedenen Arten der Verwertung von PET-Abfällen aus ökonomischer und aus ökologischer Sicht.

A7 Formulieren und erläutern Sie eine Reaktion oder eine Reaktionsfolge, durch die man aus dem Kunststoff PET die Monomere Terephthalsäure (1,4-Benzoldicarbonsäure) und Ethylenglycol (Ethan-1,2-diol) zurückgewinnen kann. Nennen und begründen Sie auch die Reaktionsbedingungen.

Die in der folgenden Tabelle genannten Methoden sind in *Chemie 2000+ Online* beschrieben und an je einem Beispiel erläutert. Die Inhalte der angegebenen Seiten dieses Buches eignen sich für das Kompetenztraining mit der jeweiligen Methode.

Methode	Seiten	vorrangig geförderte Kompetenz(en) **F** Fachwissen **E** Erkenntnisgewinnung **K** Kommunikation **B** Bewertung
Im Team arbeiten		
• Lernstraße • Stationenlernen	S. 76 ff. S. 80–81 und 92 ff. S. 120 ff. S. 126–133 S. 176 ff. S. 194 ff. S. 226–235 S. 260–262 und S. 266–267 S. 274–275 und S. 282–286 S. 286–287	F, E, K
• Partnerpuzzle	S. 146–147 S. 190–191 S. 278–279 S. 286	F, K
• Gruppenpuzzle	S. 54 ff. S. 124–125 und S. 126 S. 236–239 S. 268–269 S. 278–279	F, K
Inhalte erarbeiten		
• Produktorientiertes Experimentieren	S. 144 S. 128–129 S. 160 S. 184–189 S. 198 S. 200 S. 204–207 S. 208–209 und 211 S. 214–215 S. 226–229 S. 240–242	E, B
• Kugellager	S. 19 S. 278–279	F, K
• Mit Modellen arbeiten	S. 25 S. 72 S. 86 S. 100 S. 167 S. 180 S. 182 und 186 S. 201 und 203 S. 210 S. 226	E
• Planarbeit	S. 38–39 und S. 44–45 S. 124–135 S. 274–275 S. 278–279	F, E

Inhalte üben		
• Lerntheke	S. 22 S. 31 und 37 S. 36 S. 50–51 S. 86 ff. S. 122–123 S. 257 S. 270–271	F
Inhalte strukturieren und vertiefen		
• Mindmapping	S. 37 S. 203 S. 226–229 S. 323 Basiskonzepte	F
• Conceptmapping	S. 76 ff. S. 114 ff. S. 217 S. 283	F
• Flussdiagramme	S. 52–53 S. 96–97 S. 162 S. 184 S. 235 S. 236–237 S. 239	F
• Strukturlegetechnik • Netzwerkmethode	S. 313–322	F
• Basiskonzepte in der Chemie	S. 257	F
Inhalte präsentieren		
• Ein Referat halten • Plakate – Informationen bündeln und zusammenstellen	S. 143 und 148 S. 149 S. 151 S. 157 S. 159–160 S. 210 S. 225 weitere Themen auf den EVA-Seiten	K
Inhalte reflektieren und beurteilen		
• Positionslinie und • Fishbowl	S. 190–191 S. 238–239	B
• Pro-Kontra-Debatte • Strukturierte Kontroverse	S. 96–97 S. 278–279 S. 192–193	B
• Projektorientierter Unterricht	S. 54 ff. S. 163–166 S. 168–169 S. 288–293	E, K
• Facharbeit im Seminarfach	Themen hierzu auf den EVA-Seiten	F, B

Globally Harmonized System of Classification and Labeling of Chemicals

GHS – Das neue international gültige System zur Bezeichnung von Gefahrstoffen

Einleitung

Es gibt viele verschiedene Länder auf der Welt, die alle mit Gefahrstoffen arbeiten und mit diesen untereinander Handel treiben. Um weltweit sichere Handhabung, Transport und Entsorgung zu gewährleisten, wurde dieses neue System ins Leben gerufen.
Die hier vorgestellten Piktogramme, Gefahrenhinweise und Sicherheitsratschläge beziehen sich auf die 2. Revision vom Juli 2007.
Die alten Gefahrensymbole sind noch bis zum Jahr 2015 zulässig und insbesondere bei Chemikalienbehältern in Schulen noch häufig anzutreffen. Daher ist am Ende dieses Buches, auf der hinteren Vorsatzseite, eine Zuordnung zwischen den Piktogrammen nach GHS und den alten Gefahrensymbolen angegeben.

Bezeichnungen

Die Gefahrstoffkennzeichnungen erfolgen über Piktogramme, ein Signalwort sowie über H- und P-Sätze, welche über die Gefahren (**H**azards) und Sicherheitsmaßnahmen (**P**recautions) Auskunft geben, wobei Letztere ebenfalls über Piktogramme erfolgen können. Wenn möglich, sollte auch der Hersteller mit Name, Adresse und Telefonnummer angegeben sein. Der Name (die „Produkt-Identifikation") darf natürlich nicht fehlen.

Piktogramme

Instabile explosive Stoffe und Gemische
Explosive Stoffe/Gemische und Erzeugnisse mit Explosivstoff
Selbstzersetzliche Stoffe und Gemische
Organische Peroxide

Entzündbare Gase/Aerosole/Flüssigkeiten/Feststoffe
Selbstzersetzliche Stoffe und Gemische
pyrophore Flüssigkeiten/Feststoffe
Selbsterhitzungsfähige Stoffe und Gemische
Stoffe und Gemische, die bei Berührung mit Wasser entzündbare Gase abgeben
Organische Peroxide

Oxidierende Gase/Flüssigkeiten/Feststoffe

Gase unter Druck:
verdichtete Gase/verflüssigte Gase/tiefgekühlt verflüssigte Gase/gelöste Gase

Auf Metalle korrosiv wirkend
Hautätzend
Schwere Augenschädigung

Akute Toxizität (oral, dermal, inhalativ)

Akute Toxizität (oral, dermal, inhalativ)
Reizung der Haut
Augenreizung
Sensibilisierung der Haut
Spezifische Zielorgan-Toxizität (einmalige Exposition)
Atemwegsreizung
narkotisierende Wirkungen

Sensibilisierung der Atemwege
Keimzellmutagenität
Karzinogenität
Reproduktionstoxizität
Spezifische Zielorgan-Toxizität (einmalige Exposition)
Spezifische Zielorgan-Toxizität (wiederholte Exposition)
Aspirationsgefahr

Gewässergefährdend
– akut gewässergefährdend
– chronisch gewässergefährdend

Signalwörter

Die oben angegebenen Piktogramme werden mit Signalwörtern unterstützt, die eine relative Abstufung der von dem Stoff/der Mixtur ausgehenden Gefahr angeben soll. Diese Wörter können jedoch auch ohne Piktogramm auftauchen:

Achtung (Warning), warnt vor weniger starken Gefahren, z. B. eher mindergiftige Stoffe oder nur schwach ätzende.

Gefahr (Danger), warnt vor akuten Gefahren, wie bei Giften, ätzenden Stoffen etc.

Hazard-Statements (Gefahrsätze)

Die Gefahrsätze besitzen einen Code, der bereits bei den R- und S-Sätzen Verwendung fand. So sind jegliche H-Sätze mit dem Buchstaben H und einer dreistelligen Nummer versehen, wobei die erste Nummer den Typ der Gefahr angibt. Sätze, die mit H2 beginnen, beziehen sich somit auf physikalische Gefahren (Explosionen, Feuergefahr etc.), Sätze, die mit H3 beginnen, auf gesundheitliche Gefahren (giftig, krebserregend etc.) und Sätze, die mit H4 beginnen, bezeichnen Umweltgefahren.

Precautionary-Statements (Sicherheitssätze)

Ähnlich wie bei den Hazard-Statements findet sich auch hier ein dreistelliger Code. Die erste Zahl gibt dabei an, um was für einen Typ dieser Sicherheitssätze es sich handelt.
Beginnend mit P1(General) sind generelle Angaben, beginnend mit P2(Prevention) sind Sätze, die Vorbeugung und Vermeidung von Gefahren beschreiben. P3(Response)-Sätze beschreiben Vorgehensweisen, wie auf bestehende Gefahren zu reagieren ist (Metallbrände mit Sand zu löschen). P4(Storage)-Sätze bezeichnen Maßnahmen zur sicheren Lagerung und P5(Disposal)-Sätze beschreiben Maßnahmen zur Entsorgung.

Abschließende Infos

Kombinationen der H- bzw. P-Sätze werden durch ein Plus-Zeichen angegeben (z. B. P402 + P404).
Für Sätze in Klammern war zum Zeitpunkt der Drucklegung keine offizielle Übersetzung verfügbar.

Liste der Hazard-Statements (Gefahrsätze)

H200 Instabil, explosiv.

H201 Explosiv, Gefahr der Massenexplosion.

H202 Explosiv, große Gefahr durch Splitter, Spreng- und Wurfstücke.

H203 Explosiv; Gefahr durch Feuer, Luftdruck oder Splitter, Spreng- und Wurfstücke.

H204 Gefahr durch Splitter, Spreng- und Wurfstücke.

H205 Gefahr der Massenexplosion bei Feuer.

H220 Extrem entzündbares Gas.

H221 Entzündbares Gas.

H222 Extrem entzündbares Aerosol.

H223 Entzündbares Aerosol.

H224 Flüssigkeit und Dampf extrem entzündbar.

H225 Flüssigkeit und Dampf leicht entzündbar.

H226 Flüssigkeit und Dampf entzündbar.

H227 (Entzündbare Flüssigkeit.)

H228 Entzündbarer Feststoff.

H240 Erwärmung kann Explosion verursachen.

H241 Erwärmung kann Brand oder Explosion verursachen.

H242 Erwärmung kann Brand verursachen.

H250 Entzündet sich in Berührung mit Luft von selbst.

H251 Selbsterhitzungsfähig; kann in Brand geraten.

H252 In großen Mengen selbsterhitzungsfähig; kann in Brand geraten.

H260 In Berührung mit Wasser entstehen entzündbare Gase, die sich spontan entzünden können.

H261 In Berührung mit Wasser entstehen entzündbare Gase.

H270 Kann Brand verursachen oder verstärken; Oxidationsmittel.

H271 Kann Brand oder Explosion verursachen; starkes Oxidationsmittel.

H272 Kann Brand verstärken; Oxidationsmittel.

H280 Enthält Gas unter Druck; kann bei Erwärmung explodieren.

H281 Enthält tiefkaltes Gas; kann Kälteverbrennungen oder -Verletzungen verursachen.

H290 Kann gegenüber Metallen korrosiv sein.

H300 Lebensgefahr bei Verschlucken.

H301 Giftig bei Verschlucken.

H302 Gesundheitsschädlich bei Verschlucken.

H303 (Kann bei Verschlucken gesundheitsschädlich sein.)

H304 Kann bei Verschlucken und Eindringen in die Atemwege tödlich sein.

H305 (Kann bei Verschlucken und Eindringen in die Atemwege gesundheitsschädlich sein.)

H310 Lebensgefahr bei Hautkontakt.

H311 Giftig bei Hautkontakt.

H312 Gesundheitsschädlich bei Hautkontakt.

H313 (Kann gesundheitsschädlich bei Hautkontakt sein.)

H314 Verursacht schwere Verätzungen der Haut und schwere Augenschäden.

H315 Verursacht Hautreizungen.

H316 (Verursacht leichte Hautreizungen.)

H317 Kann allergische Hautreaktionen verursachen.

H318 Verursacht schwere Augenschäden.

H319 Verursacht schwere Augenreizung.

H320 (Verursacht Augenreizung.)

H330 Lebensgefahr bei Einatmen.

H331 Giftig bei Einatmen.

H332 Gesundheitsschädlich bei Einatmen.

H333

H334 Kann bei Einatmen Allergie, asthmaartige Symptome oder Atembeschwerden verursachen.

H335 Kann die Atemwege reizen.

H336 Kann Schläfrigkeit und Benommenheit verursachen.

H340 Kann genetische Defekte verursachen *<Expositionsweg angeben, sofern schlüssig belegt ist, dass diese Gefahr bei keinem anderen Expositionsweg besteht>*.

H341 Kann vermutlich genetische Defekte verursachen *<Expositionsweg angeben, sofern schlüssig belegt ist, dass diese Gefahr bei keinem anderen Expositionsweg besteht>*.

H350 Kann Krebs erzeugen *<Expositionsweg angeben, sofern schlüssig belegt ist, dass diese Gefahr bei keinem anderen Expositionsweg besteht>*.

H351 Kann vermutlich Krebs erzeugen *<Expositionsweg angeben, sofern schlüssig belegt ist, dass diese Gefahr bei keinem anderen Expositionsweg besteht>*.

H360 Kann die Fruchtbarkeit beeinträchtigen oder das Kind im Mutterleib schädigen *<konkrete Wirkung angeben, sofern bekannt> <Expositionsweg angeben, sofern schlüssig belegt ist, dass diese Gefahr bei keinem anderen Expositionsweg besteht>*.

H361 Kann vermutlich die Fruchtbarkeit beeinträchtigen oder das Kind im Mutterleib schädigen *<konkrete Wirkung angeben, sofern bekannt> <Expositionsweg angeben, sofern schlüssig belegt ist, dass diese Gefahr bei keinem anderen Expositionsweg besteht>*.

H362 Kann Säuglinge über die Muttermilch schädigen.

H370 Schädigt die Organe *<oder alle betroffenen Organe nennen, sofern bekannt> <Expositionsweg angeben, sofern schlüssig belegt ist, dass diese Gefahr bei keinem anderen Expositionsweg besteht>*.

H371 Kann die Organe schädigen *<oder alle betroffenen Organe nennen, sofern bekannt> <Expositionsweg angeben, sofern schlüssig belegt ist, dass diese Gefahr bei keinem anderen Expositionsweg besteht>*.

H372 Schädigt die Organe *<alle betroffenen Organe nennen, sofern bekannt>* bei längerer oder wiederholter Exposition *<Expositionsweg angeben, sofern schlüssig belegt ist, dass diese Gefahr bei keinem anderen Expositionsweg besteht>*.

H373 Kann die Organe schädigen *<alle betroffenen Organe nennen, sofern bekannt>* bei längerer oder wiederholter Exposition *<Expositionsweg angeben, sofern schlüssig belegt ist, dass diese Gefahr bei keinem anderen Expositionsweg besteht>*.

H400 Sehr giftig für Wasserorganismen.

H401 (Giftig für Wasserorganismen.)

H402 (Schädlich für Wasserorganismen.)

H410 Sehr giftig für Wasserorganismen, mit langfristiger Wirkung.

H411 Giftig für Wasserorganismen, mit langfristiger Wirkung.

H412 Schädlich für Wasserorganismen, mit langfristiger Wirkung.

H413 Kann für Wasserorganismen schädlich sein, mit langfristiger Wirkung.

Liste der Precautionary-Statements (Sicherheitssätze)

P101 Ist ärztlicher Rat erforderlich, Verpackung oder Kennzeichnungsetikett bereithalten.

P102 Darf nicht in die Hände von Kindern gelangen.

P103 Vor Gebrauch Kennzeichnungsetikett lesen.

P201 Vor Gebrauch besondere Anweisungen einholen.

P202 Vor Gebrauch alle Sicherheitshinweise lesen und verstehen.

P210 Von Hitze/Funken/offener Flamme/heißen Oberflächen fernhalten. Nicht rauchen.

P211 Nicht gegen offene Flamme oder andere Zündquelle sprühen.

P220 Von Kleidung/.../brennbaren Materialien fernhalten/entfernt aufbewahren.

P221 Mischen mit brennbaren Stoffen/... unbedingt vermeiden.

P222 Kontakt mit Luft nicht zulassen.

P223 Kontakt mit Wasser wegen heftiger Reaktion und möglichem Aufflammen unbedingt verhindern.

P230 Feucht halten mit ...

P231 Unter inertem Gas handhaben.

P232 Vor Feuchtigkeit schützen.

P233 Behälter dicht verschlossen halten.

P234 Nur im Originalbehälter aufbewahren.

P235 Kühl halten.

P240 Behälter und zu befüllende Anlage erden.

P241 Explosionsgeschützte elektrische Betriebsmittel/Lüftungsanlagen/Beleuchtung/... verwenden.

P242 Nur funkenfreies Werkzeug verwenden.

P243 Maßnahmen gegen elektrostatische Aufladung treffen.

P244 Druckminderer frei von Fett und Öl halten.

P250 Nicht schleifen/stoßen/.../reiben

P251 Behälter steht unter Druck: Nicht durchstechen oder verbrennen, auch nicht nach der Verwendung.

P260 Staub/Rauch/Gas/Dampf/Aerosol nicht einatmen.

P261 Einatmen von Staub/Rauch/Gas/Dampf/Aerosol vermeiden.

P262 Nicht in die Augen, auf die Haut oder auf die Kleidung gelangen lassen.

P263 Kontakt während der Schwangerschaft/und der Stillzeit vermeiden.

P264 Nach Gebrauch ... gründlich waschen.

P270 Bei Gebrauch nicht essen, trinken oder rauchen.

P271 Nur im Freien oder in gut belüfteten Räumen verwenden.

P272 Kontaminierte Arbeitskleidung nicht außerhalb des Arbeitsplatzes tragen.

P273 Freisetzung in die Umwelt vermeiden.

P280 Schutzhandschuhe/Schutzkleidung/Augenschutz/Gesichtsschutz tragen.

P281 Vorgeschriebene persönliche Schutzausrüstung verwenden.

P282 Schutzhandschuhe/Gesichtsschild/Augenschutz mit Kälteisolierung tragen.

P283 Schwer entflammbare/flammhemmende Kleidung tragen.

P284 Atemschutz tragen.

P285 Bei unzureichender Lüftung Atemschutz tragen.

P301 BEI VERSCHLUCKEN:

P302 BEI BERÜHRUNG MIT DER HAUT:

P303 BEI BERÜHRUNG MIT DER HAUT (oder dem Haar):

P304 BEI EINATMEN:

P305 BEI KONTAKT MIT DEN AUGEN:

P306 BEI KONTAMINIERTER KLEIDUNG:
P307 Bei Exposition:
P308 Bei Exposition oder falls betroffen:
P309 Bei Exposition oder Unwohlsein:
P310 Sofort GIFTINFORMATIONS-ZENTRUM oder Arzt anrufen.
P311 GIFTINFORMATIONS-ZENTRUM oder Arzt anrufen.
P312 Bei Unwohlsein GIFTINFORMATIONS-ZENTRUM oder Arzt anrufen.
P313 Ärztlichen Rat einholen/ärztliche Hilfe hinzuziehen.
P314 Bei Unwohlsein ärztlichen Rat einholen/ärztliche Hilfe hinzuziehen.
P315 Sofort ärztlichen Rat einholen/ärztliche Hilfe hinzuziehen.
P320 Besondere Behandlung dringend erforderlich (siehe ... auf diesem Kennzeichnungsetikett).
P321 Besondere Behandlung (siehe ... auf diesem Kennzeichnungsetikett).
P322 Gezielte Maßnahmen (siehe ... auf diesem Kennzeichnungsetikett).
P330 Mund ausspülen.
P331 KEIN Erbrechen herbeiführen.
P332 Bei Hautreizung:
P333 Bei Hautreizung oder -ausschlag:
P334 In kaltes Wasser tauchen/nassen Verband anlegen.
P335 Lose Partikel von der Haut abbürsten.
P336 Vereiste Bereiche mit lauwarmem Wasser auftauen. Betroffenen Bereich nicht reiben.
P337 Bei anhaltender Augenreizung:
P338 Eventuell vorhandene Kontaktlinsen nach Möglichkeit entfernen. Weiter ausspülen.
P340 Die betroffene Person an die frische Luft bringen und in einer Position ruhigstellen, die das Atmen erleichtert.
P341 Bei Atembeschwerden an die frische Luft bringen und in einer Position ruhigstellen, die das Atmen erleichtert.
P342 Bei Symptomen der Atemwege:
P350 Behutsam mit viel Wasser und Seife waschen.
P351 Einige Minuten lang behutsam mit Wasser ausspülen.
P352 Mit viel Wasser und Seife waschen.
P353 Haut mit Wasser abwaschen/duschen.
P360 Kontaminierte Kleidung und Haut sofort mit viel Wasser waschen und danach Kleidung ausziehen.
P361 Alle kontaminierten Kleidungsstücke sofort ausziehen.
P362 Kontaminierte Kleidung ausziehen und vor erneutem Tragen waschen.
P363 Kontaminierte Kleidung vor erneutem Tragen waschen.
P370 Bei Brand:
P371 Bei Großbrand und großen Mengen:
P372 Explosionsgefahr bei Brand.
P373 KEINE Brandbekämpfung, wenn das Feuer explosive Stoffe/Gemische/Erzeugnisse erreicht.
P374 Brandbekämpfung mit üblichen Vorsichtsmaßnahmen aus angemessener Entfernung.
P375 Wegen Explosionsgefahr Brand aus der Entfernung bekämpfen.
P376 Undichtigkeit beseitigen, wenn gefahrlos möglich.
P377 Brand von ausströmendem Gas: Nicht löschen, bis Undichtigkeit gefahrlos beseitigt werden kann.
P378 ... zum Löschen verwenden.
P380 Umgebung räumen.
P381 Alle Zündquellen entfernen, wenn gefahrlos möglich.
P390 Verschüttete Mengen aufnehmen, um Materialschäden zu vermeiden.
P391 Verschüttete Mengen aufnehmen.
P401 ... aufbewahren.
P402 An einem trockenen Ort aufbewahren.
P403 An einem gut belüfteten Ort aufbewahren.
P404 In einem geschlossenen Behälter aufbewahren.
P405 Unter Verschluss aufbewahren.
P406 In korrosionsbeständigem ... Behälter mit korrosionsbeständiger Auskleidung aufbewahren.
P407 Luftspalt zwischen Stapeln/Paletten lassen.
P410 Vor Sonnenbestrahlung schützen.
P411 Bei Temperaturen von nicht mehr als ... °C/... aufbewahren.
P412 Nicht Temperaturen von mehr als 50 °C aussetzen.
P413 Schüttgut in Mengen von mehr als ... kg bei Temperaturen von nicht mehr als ... °C aufbewahren.
P420 Von anderen Materialien entfernt aufbewahren.
P422 Inhalt in/unter ... aufbewahren.
P 501 Inhalt/Behälter ... zuführen.

EUH-Sätze

(zusätzliche Hazard-Statements der Europäischen Union)

EUH001 In trockenem Zustand explosiv.
EUH006 Mit und ohne Luft explosionsfähig.
EUH014 Reagiert heftig mit Wasser.
EUH018 Kann bei Verwendung explosionsfähige/entzündbare Dampf-/Luft-Gemische bilden.
EUH019 Kann explosionsfähige Peroxide bilden.
EUH044 Explosionsgefahr bei Erhitzen unter Einschluss.
EUH029 Entwickelt bei Berührung mit Wasser giftige Gase.
EUH031 Entwickelt bei Berührung mit Säure giftige Gase.
EUH032 Entwickelt bei Berührung mit Säure sehr giftige Gase.
EUH066 Wiederholter Kontakt kann zu spröder oder rissiger Haut führen.
EUH070 Giftig bei Berührung mit den Augen.
EUH071 Wirkt ätzend auf die Atemwege.
EUH059 Die Ozonschicht schädigend.
EUH201 Enthält Blei. Nicht für den Anstrich von Gegenständen verwenden, die von Kinder gekaut oder gelutscht werden könnten.
EUH201A Achtung! Enthält Blei.
EUH202 Cyanacrylat. Gefahr. Klebt innerhalb von Sekunden Haut und Augenlider zusammen. Darf nicht in die Hände von Kindern gelangen.
EUH203 Enthält Chrom(VI). Kann allergische Reaktionen hervorrufen.
EUH204 Enthält Isocyanate. Kann allergische Reaktionen hervorrufen.
EUH205 Enthält epoxidhaltige Verbindungen. Kann allergische Reaktionen hervorrufen.
EUH206 Achtung! Nicht zusammen mit anderen Produkten verwenden, da gefährliche Gase (Chlor) freigesetzt werden können.
EUH207 Achtung! Enthält Cadmium. Bei der Verwendung entstehen gefährlich Dämpfe. Hinweise des Herstellers beachten. Sicherheitsanweisungen einhalten.
EUH208 Enthält (Name des sensibilisierenden Stoffes). Kann allergische Reaktionen hervorrufen.
EUH209 Kann bei Verwendung leicht entzündbar werden.
EUH209A Kann bei Verwendung entzündbar werden.
EUH210 Sicherheitsdatenblatt auf Anfrage erhältlich.
EUH401 Zur Vermeidung von Risiken für Mensch und Umwelt die Gebrauchsanleitung einhalten.

Entsorgungsempfehlungen

1: Organische halogenfreie Lösemittel werden in einem Sammelgefäß A gesammelt.
2: Organische halogenhaltige Lösemittel werden in einem Sammelgefäß B gesammelt.
9: Krebserregende und giftige bzw. sehr giftige brennbare Verbindungen werden im Sammelgefäß C gesammelt.
12: Säuren und Säure-Lösungen werden mit viel Wasser verdünnt, mit Natronlauge neutralisiert und dann in den Abguss gegossen. Bei geringen Säure-Mengen wird nur stark verdünnt und in den Abguss gegossen.
13: Hydroxide werden in viel Wasser aufgelöst, Laugen werden mit viel Wasser verdünnt, gegebenenfalls mit verdünnter Schwefelsäure neutralisiert und in den Abguss gegossen.
14: Die Lösungen dieser Salze können stark verdünnt in den Abguss gegossen werden.
15: Schwermetallhaltige Lösungen und Feststoffe werden in einem Sammelgefäß D gesammelt. Ist das Gefäß voll, so kann man die Ionen mit Hydrogensulfid als Sulfide ausfällen, abfiltrieren und das Filtrat weggießen. Die festen Rückstände werden in einem Gefäß E gesammelt.
22: Peroxide, Brom und Iod werden mit Natriumthiosulfat-Lösung zu gefahrlosen Folgeprodukten reduziert, verdünnt und weggegossen.
26: Alkalimetall-Rückstände werden mit Propan-2-ol zersetzt. Am nächsten Tag wird mit Wasser verdünnt. Die stark verdünnte Lösung wird weggegossen.
27: Wertvolle Metalle (in der Schule insbesondere Silber) sollten der Wiederverwertung zugeführt werden. Silberionenhaltige Lösungen werden also in einem Gefäß F gesammelt; wenn das Gefäß voll ist, kann Silberchlorid ausgefällt werden.

Die nachfolgende Liste enthält Gefahrenhinweise mit Piktogrammen, H- und P-Sätzen und Entsorgungsempfehlungen.

Acetessigsäureethylester, $\mathbf{CH_3COCH_2COOC_2H_5}$, *Ents. 1*
H225, H319, H336, EUH066
P210, P233, P305+P351+P338
GEFAHR

Aceton (Propanon), $\mathbf{C_3H_6O}$, *Ents. 1*
H225, H319, H336, EUH066
P210, P233, P305+P351+P338
GEFAHR

Adipinsäure, s. Hexandisäure

Aluminiumchlorid, wasserfrei, $\mathbf{AlCl_3}$, *Ents. 14*
H314
P260, P280, P301+P330+P331, P305+P351+P338
GEFAHR

Amberlyst 15 *(noch nicht eingestuft)*

Ameisensäure, s. Methansäure

4-Amino-5-hydroxynaphthalin-2,7-Disulfonsäure (H-Säure), $\mathbf{C_{10}H_9NS_2O_7}$, *Ents. 28* *(noch nicht eingestuft)*

Ammoniak-Lösung, $\mathbf{NH_3(aq)}$, *w = 25 %, Ents. 13*
H314, H335, H400
P280, P273, P301+P330+P331, P305+P351+P338, P309+P310
GEFAHR

Ammoniumchlorid, $\mathbf{NH_4Cl}$, *Ents. 14*
H302
P305+P351+P338
ACHTUNG

Ammoniumeisen(III)-citrat, $\mathbf{C_6H_{11}FeNO_7}$, *Ents. 28* *(noch nicht eingestuft)*

Ammoniumnitrat, $\mathbf{NH_4NO_3}$, *Ents. 14*
H272
P210
ACHTUNG

Ammoniumthiocyanat, $\mathbf{NH_4SCN}$, *Ents. 12*
H302, H312, H332, H412, EUH032
P273, P302+P352
ACHTUNG

Azoisobutyronitril, $\mathbf{NC(CH_3)_2CN{=}NC(CH_3)_2CN}$, *Ents. Aufarbeitung*
H242, H332, H302, H412
P210, P280, P273
GEFAHR

Bariumhydroxid, $\mathbf{Ba(OH)_2 \cdot 8H_2O}$, *Ents. 13*
H332, H302, H314
P280, P301+P330+P331, P305+P351+P338
GEFAHR

Batteriesäure s. Schwefelsäure

Benzin; Petroleumbenzin (Sdp. 40–60 °C), Ents. 1
H314, H335, H290
P280, P301+P330+P331, P305+P351+P338
GEFAHR

Benzoesäure, $\mathbf{C_6H_5COOH}$, *Ents. 12*
H302, H319
P305+P351+P338
ACHTUNG

Blei(II)-acetat, $\mathbf{Pb(CH_3COO)_2 \cdot 3H_2O}$, *Ents. 15*
H351, H360Df, H373, H410
P281, P273, P308+P313, P314
GEFAHR

Blei(II)-nitrat, $\mathbf{Pb(NO_3)_2 \cdot 3H_2O}$, *Ents. 15*
H360Df, H332, H302, H373, H410
P201, P273, P308+P313
GEFAHR

Brennspiritus, s. Ethanol

Brom, $\mathbf{Br_2}$, *Ents. 22*
H330, H314, H400
P210, P273, P304+P340, P305+P351+P338 P403+P233
GEFAHR

2-Brom-2-Methylpropan, $\mathbf{(CH_3)_2CBr}$, *Ents. 2*
H225
P210, P240, P262, P403+P235
GEFAHR

2-Brompropan, $\mathbf{(CH_3)_3CHBr}$, *Ents. 9*
H225, H360F, H373, EUH066
P201, P210, P262, P403+P235
GEFAHR

Bromthymolblau, $\mathbf{C_{27}H_{28}Br_2O_5S}$ *(noch nicht eingestuft)*

Bromwasser, $\mathbf{Br_2(aq)}$, *Ents. 22* *(noch nicht eingestuft)*

n-Butan, $\mathbf{C_4H_{10}}$
H220, H280
P210, P377, P381
GEFAHR

Butan-1-ol, $\mathbf{C_4H_9OH}$, *Ents. 1*
H226, H302, H318, H315, H335, H336
P280, P302+P352, P305+P351+P338, P313
GEFAHR

tert.-Butanol, s. 2-Methylpropan-2-ol

Calciumchlorid(-Hexahydrat), $\mathbf{CaCl_2(\cdot\, 6H_2O)}$, *Ents. 14*
H319
P305+P351+P338
ACHTUNG

Calciumhydroxid, $\mathbf{Ca(OH)_2}$, *Ents. 13*
H318
P280, P305+P351+P338, P313
GEFAHR

Calciumoxid, $\mathbf{CaO}$, *Ents. 14*
H318
P260, P280, P352+P338
GEFAHR

Chlor, $\mathbf{Cl_2}$, *Ents. 22*
H330, H270, H319, H315, H280, H335, H400, EUH071
P260, P220, P280, P244, P273, P304+P340+P315, P305+P351+P338+P315, P332+P313, P370+P376, P302+P352
GEFAHR

Chlorwasser, wässrige Lösung von Chlor, s. Chlor

Citronensäure, $\mathbf{C_6H_8O_7 \cdot H_2O}$, *Ents. 28*
H319
P305+P351+P338
ACHTUNG

Cobalt(II)-chlorid-Hexahydrat, $\mathbf{CoCl_2 \cdot 6H_2O}$, *Ents. 15*
H350i, H341, H360F, H302, H334, H317, H410
P201, P281, P271, P308+P313, P304+P341
GEFAHR

Cyclohexan, $\mathbf{C_6H_{12}}$, *Ents. 1*
H225, H304, H315, H336, H410
P210, P240, P273, P301+P310, P331, P403+P235
GEFAHR

Cyclohexen, $\mathbf{C_6H_{10}}$, *Ents. 1*
H225, H302, H304, H411
P210, P240, P273, P301+P310, P331, P403+P235
GEFAHR

1,6-Diaminohexan, s. Hexandiamin

Dibenzoylperoxid, $\mathbf{(C_6H_5COO)_2}$, *Ents. 22*
H214, H319, H317
P210, P280, P305+P351+P338, P302+P352
ACHTUNG

Dichlormethan, $\mathbf{CH_2Cl_2}$, *Ents. 2*
H351
P281, P308+P313
ACHTUNG

Dieselkraftstoff, $\mathbf{(C_6H_5COO)_2}$, *Ents. 1*
H351
ACHTUNG

Dimethylsulfoxid, $\mathbf{C_2H_6SO}$, *Ents. 1* *(noch nicht eingestuft)*

Dinatriumhydrogenphosphat, $\mathbf{Na_2HPO_4}$, *Ents. 14* *(noch nicht eingestuft)*

Desmodur *(noch nicht eingestuft)*

Desmophen *(noch nicht eingestuft)*

Eisen(III)-chlorid, $\mathbf{FeCl_3}$, *Ents. 15*
H302, H315, H318, H290
P280, P302+P352, P305+P351+P338, P313
GEFAHR

Eisen(III)-chlorid-Hexahydrat, $\mathbf{FeCl_3 \cdot 6H_2O}$, *Ents. 15*
H302, H315, H318
P280, P302+P352, P305+P351+P338, P313
GEFAHR

Eisen(II)-sulfat-Heptahydrat, $\mathbf{FeSO_4 \cdot 7H_2O}$, *Ents. 15*
H302, H315, H319
P302+P352, P305+P351+P338
ACHTUNG

Eisen(III)-sulfat, Ents. 15 *(noch nicht eingestuft)*

Eisen, $\mathbf{Fe}$, *Pulver, Ents. 15*
H228
ACHTUNG

Essigsäure, s. Ethansäure

Essigsäureethylester, s. Ethansäureethylester

Ethandiol (Glykol), $\mathbf{HO(CH_2)_2OH}$, *Ents. 1*
H302
ACHTUNG

Ethanol, $\mathbf{C_2H_5OH}$
H225
P210
GEFAHR

Ethansäure, **CH_3COOH**, *Ents. 12*
H226, H314
P280, P301+P330+P331, P305+P351+P338
GEFAHR

Ethansäureethylester, **$CH_3COOC_2H_5$**, *Ents. 1*
H225, H319, H336, EUH066
P210, P240, P305+P351+P338
GEFAHR

Ethen, **C_2H_4**
H220, H280, H336
P210, P260, P304+P340+P315, P377, P381, P405, P403
GEFAHR

Ethylendiamintetraessigsäure-Dinatriumsalz(EDTA di-Natriumsalz)
$C_{10}H_{14}N_2Na_2O_8 \cdot 2H_2O$, *Ents. 1* *(noch nicht eingestuft)*

Fehling I (Kupfersulfat-Lösung), **$CuSO_4(aq)$**, *Ents. 15* *(noch nicht eingestuft)*

Fehling II (Kaliumnatriumtartrat-Natriumhydroxid-Lösung)
$C_4H_4KNaO_6(aq) + NaOH(aq)$, *Ents. 13* *(noch nicht eingestuft)*

Feuerzeuggas, s. Butan

Fluoreszein-Natrium, **$C_{20}H_{10}O_5Na_2$**, *Ents. 14* *(noch nicht eingestuft)*

Glycerin, Propantriol, **$(HOCH_2)_2CHOH$**, *Ents. 28* *(noch nicht eingestuft)*

Glycin, **H_2NCH_2COOH** *(noch nicht eingestuft)*

n-Heptan, **C_7H_{16}**, *Ents. 1*
H225, H304, H315, H336, H410
P210, P273, P301+P310, P331, P302+P352, P403+P235
GEFAHR

n-Hexan, **C_6H_{14}**, *Ents. 1*
H225, H304, H361f, H373, H315, H336, H411
P210, P240, P273, P301+P310, P331, P302+P352, P403+P235
GEFAHR

Hexadecan-1-ol, Cetylalkohol **$CH_3(CH_2)_{15}OH$**, *Ents. 1* *(noch nicht eingestuft)*

Hexandiamin, 1,6-Diaminohexan **$C_6H_{16}N_2$**, *Ents. 1*
H312, H302, H335, H314
P280, P302+P352, P301+P330+P331, P305+P351+P338
GEFAHR

Hexandisäure, Adipinsäure **$C_6H_{10}O_4$**, *Ents. 12*
H319
P305+P351+P338
ACHTUNG

Hexen, **C_6H_{12}**, *Ents. 1*
H225, H304
P210, P243, P301+P310, P331
GEFAHR

Hydrogenchlorid, s. Wasserstoffchlorid

Iod, **I_2**, *Ents. 22*
H332, H312, H400
P273, P302+P352
ACHTUNG

Iod/Kaliumiodid-Lösung, **KI/I_2**, *Ents. 22* *(noch nicht eingestuft)*

Isobuten, **$CH_2{=}C(CH_3)_2$**
H220, H280
P210, P377, P381, P403
GEFAHR

Isooctan, 2,2,4-Trimethylpentan, **C_8H_{18}**, *Ents. 1*
H225, H304, H315, H336, H410
P210, P240, P273, P301+P310, P331, P403+P235
GEFAHR

Kalilauge, s. Kaliumhydroxid

Kaliumbromid, **KBr**, *Ents. 14* *(noch nicht eingestuft)*

Kaliumcarbonat, **K_2CO_3**, *Ents. 13*
H315, H319, H335
P302+P352, P305+P351+P338
ACHTUNG

Kaliumhexacyanoferrat(II), **$K_4[Fe(CN)_6]$**, *Ents. 14* *(noch nicht eingestuft)*

Kaliumhexacyanoferrat(III), **$K_3[Fe(CN)_6]$**, *Ents. 14* *(noch nicht eingestuft)*

Kaliumhydrogencarbonat, **$KHCO_3$**, *Ents. 14* *(noch nicht eingestuft)*

Kaliumhydrogensulfat, **$KHSO_4$**, *Ents. 14*
H314, H335
P280, P301+P330+P331, P305+P351+P338
GEFAHR

Kaliumhydroxid, **KOH**, *Ents. 13*
H314, H302
P280, P301+P330+P331, P305+P351+P338
GEFAHR

Kaliumiodid, **KI**, *Ents. 14* *(noch nicht eingestuft)*

Kaliumnitrat, **KNO_3**, *Ents. 14*
H272
P210
ACHTUNG

Kaliumperchlorat, **$KClO_4$**, *Ents. 22*
H271, H302
P210
GEFAHR

Kaliumpermanganat, **$KMnO_4$**, *Ents. 22*
H272, H302, H410
P210, P273
GEFAHR

Kaliumthiocyanat, **KSCN**, *Ents. 28*
H302, H312, H332, H412, EUH032
P273, P302+P352
ACHTUNG

Kalkwasser, **$Ca(OH)_2(aq)$**, *Ents. 14* *(noch nicht eingestuft)*

Kupfer(II)-chlorid(-Dihydrat), **$CuCl_2(\cdot\ 2H_2O)$**, *Ents. 15*
H302, H315, H319, H410
P260, P273, P302+P352, P305+P351+P338
ACHTUNG

Kupfer(II)-sulfat(-Pentahydrat), **$CuSO_4(\cdot\ 5H_2O)$**, *Ents. 15*
H302, H315, H319, H410
P273, P305+P351+P338, P302+P352
ACHTUNG

Lithium, **Li**, *Ents. 26*
H260, H314, EUH014
P280, P301+P330+P331, P305+P351+P338, P402+P404
GEFAHR

Lithiumchlorid, **LiCl**, *Ents. 14*
H314, H335, H290
P280, P301+P330+P331, P305+P351+P338
GEFAHR

LUGOL'sche Lösung, s. Iod/Kaliumiodid-Lösung

Luminol, **$C_8H_7N_3O_2$**, *Ents. 28* *(noch nicht eingestuft)*

Magnesium, **Mg**, *Band, Ents. (Aufarbeitung)* *(noch nicht eingestuft)*

Magnesium, **Mg**, *Pulver, Ents. (Aufarbeitung)*
H260, H250
P210, P402+P404
GEFAHR

Magnesium, **Mg**, *Späne, Ents. (Aufarbeitung)*
H228, H261, H252
P210, P402+P404
GEFAHR

Mangan(IV)-oxid (Mangandioxid), **MnO_2**, *Ents. 15*
H272, H302, H332
ACHTUNG

Methanol, **CH_3OH**, *Ents. 1*
H225, H331, H311, H301, H370
P210, P233, P280, P302+P352
GEFAHR

Methansäure (Ameisensäure), **HCOOH**, *Ents. 12*
H226, H314
P260, P280, P301+P330+P331, P305+P351+P338
GEFAHR

Methansäureethylester (Ameisensäureethylester, Ethylmethanoat, Ethylformiat), **$HCOOC_2H_5$**, *Ents. 12*
H225, H332, H302, H319, H335
P210, P271, P305+P351+P338
GEFAHR

Methylmethacrylat, Methacrylsäuremethylester
$H_2C{=}C(CH_3)COOCH_3$
H225, H335, H315, H317
P210, P233, P280, P302+P352, P304+P340, P403+P235
GEFAHR

2-Methylpropan-2-ol, **$(CH_3)_3COH$**, *Ents. 1*
H225, H332, H319, H335
P210, P305+P351+P338, P403+P233
GEFAHR

Methylviologen, 1,1'-Dimethyl-4,4'-bipyridinium-dichlorid,
$C_{12}H_{14}Cl_2N_2$
H301, H311, H315, H319, H330, H335, H372, H400, H410
GEFAHR

Milchsäure, 2-Hydroxypropansäure, **$H_3CCH(OH)COOH$**, *Ents. 28*
H318, H315
P305+P351+P338, P302+P352, P313
GEFAHR

β-Naphthol, **$C_{10}H_8O$**, *Ents. 1*
H332, H302, H400
P273
ACHTUNG

Natrium, **Na**, *Ents. 26*
H260, H314, EUH014
P280, P301+P330+P331, P305+P351+P338
GEFAHR

Natriumacetat, **CH_3COONa**, *Ents. 14* *(noch nicht eingestuft)*

Natriumcarbonat, **Na_2CO_3**, *Ents. 14*
H319
P260, P305+P351+P338
ACHTUNG

Natriumdihydrogenphosphat, **NaH_2PO_4**, *Ents. 14* *(noch nicht eingestuft)*

Natriumdithionit, $\mathbf{Na_2S_2O_4}$, *Ents. 14*
H251, H302, EUH031 — GEFAHR

Natriumhydrogencarbonat, $\mathbf{NaHCO_3}$, *Ents. 14* — *(noch nicht eingestuft)*

Natriumhydrogensulfat-Monohydrat, $\mathbf{NaHSO_4 \cdot H_2O}$, *Ents. 14*
H318
P305+P351+P338, P313 — GEFAHR

Natriumhydroxid, $\mathbf{NaOH}$, *Ents. 13*
H314
P280, P301+P330+P331, P305+P351+P338 — GEFAHR

Natriumnitrat, $\mathbf{NaNO_3}$, *Ents. 14*
H272, H302
P260 — ACHTUNG

Natriumnitrit, $\mathbf{NaNO_2}$, *Ents. 28*
H272, H301, H400
P273 — GEFAHR

Natriumphosphat-Dodecahydrat, $\mathbf{Na_3PO_4 \cdot 12H_2O}$, *Ents. 14*
H319, H315
P302+P352, P305+P331+P338 — ACHTUNG

Natriumthiosulfat, $\mathbf{Na_2S_2O_3}$, *Ents. 14* — *(noch nicht eingestuft)*

Natron, s. Natriumhydrogencarbonat

Natronlauge, $\mathbf{NaOH(aq)}$, *c = 1 mol/L, Ents. 13*
H314
P280, P301+P330+P331, P305+P351+P338 — GEFAHR

Ninhydrin, $\mathbf{C_9H_6O_4}$, *Ents. 28* — *(noch nicht eingestuft)*

Oxalsäure, Ethandisäure

Oxalsäure-Dihydrat, Ethandisäure, $\mathbf{H_2C_2O_4 \cdot 2H_2O}$, *Ents. 12*
H302, H312
P302+P352 — ACHTUNG

Paraffin (flüssig), Ents. 1 — *(noch nicht eingestuft)*

n-Pentan, $\mathbf{C_5H_{12}}$, *Ents. 1*
H225, H304, H336, H411, EUH066
P273, P301+P310, P331, P403+P235 — GEFAHR

Pentan-1-ol, $\mathbf{CH_3(CH_2)_4OH}$, *Ents. 1*
H226, H332, H335, H315
P302+P352 — ACHTUNG

Perchlorsäure, $\mathbf{HClO_4}$, *Ents. 12*
H271, H314
P210, P280, P301+P330+P331, P305+P351+P338 — GEFAHR

Petrolether, s. Benzin

Petroleumbenzin, s. Benzin

Phenol, $\mathbf{C_6H_5OH}$, *Ents. 1*
H301+H311+H331, H314, H341, H373
P280, P302+P352, P301+P330+P331, P309+P310,
P305+P351+P338 — GEFAHR

Phenolphthalein, $\mathbf{C_{20}H_{14}O_4}$
H350, H341, H361f
P201, P281, P308+P313 — GEFAHR

Phosphorsäure, $\mathbf{H_3PO_4}$, *Ents. 12*
H314
P280, P301+P330+P331, P305+P351+P338 — GEFAHR

Phthalsäureanhydrid, $\mathbf{C_6H_4C_2O_3}$, *Ents. 1*
H302, H335, H315, H318, H334, H317
P260, P262, P302+P352, P304+P340, P305+P351+P338, P313 — GEFAHR

Proflavin-hemisulfat,3,6-Diaminoacridin-hemisulfat,
$\mathbf{C_9H_6O_4}$, *Ents. 28* — *(noch nicht eingestuft)*

Propan-1-ol, $\mathbf{C_3H_7OH}$, *Ents. 1*
H225, H318, H336
P210, P233, P305+P351+P338, P313 — GEFAHR

Propan-2-ol, $\mathbf{CH_3CHOHCH_3}$, *Ents. 1*
H225, H319, H336
P210, P233, P305+P351+P338 — GEFAHR

Resorcin, $\mathbf{C_6H_4(OH)_2}$, *Ents. 1*
H302, H315, H319, H400
P273, P302+P352, P305+P351+P338 — ACHTUNG

Salicylsäure, $\mathbf{HOC_6H_4COOH}$, *Ents. 12*
H302, H318
P305+P351+P338, P313 — GEFAHR

Salpetersäure, $\mathbf{HNO_3}$, *Ents. 12*
H272, H314, H290
P260, P280, P301+P330+P331, P305+P351+P338 — ACHTUNG

Salzsäure, $\mathbf{HCl(aq)}$, *w = 32%, Ents. 12*
H314, H335, H290
P280, P301+P330+P331, P305+P351+P338 — GEFAHR

Sauerstoff, $\mathbf{O_2}$
H270, H280
P244, P220, P370+P376, P403 — GEFAHR

Schwefelsäure, $\mathbf{H_2SO_4}$, *Ents. 12*
H314, H290
P280, P301+P330+P331, P305+P351+P338, P309+P310 — GEFAHR

Schwefelwasserstoff, $\mathbf{H_2S}$, *Nachweis von Spuren*
H220, H330, H400, H280, H400
P260, P210, P273, P304+P340+P315, P377, P381, P405, P403 — GEFAHR

Sebacinsäuredichlorid, Decansäuredichlorid,
$\mathbf{ClOC(CH_2)_8COCl}$, *Ents. 2 (vorher mit Methanol versetzen)*
H302, H314, H335
P280, P301+P330+P331, P305+P351+P338 — GEFAHR

Silbernitrat, $\mathbf{AgNO_3}$, *Ents. 27*
H272, H314, H410
P273, P280, P301+P330+P331, P305+P351+P338 — GEFAHR

Silberoxid, $\mathbf{Ag_2O}$, *Ents. 27*
H272, H314, EUH044
P210, P301+P330+P331, P305+P351+P338 — GEFAHR

Soda, s. Natriumcarbonat

Spiropyran, $\mathbf{C_{19}H_{19}N_2O_3}$, *Ents. 28* — *(noch nicht eingestuft)*

Stickstoffdioxid, $\mathbf{NO_2}$
H330, H270, H314, H280, EUH071
P260, P280, P244, P220, P304+P340+P315,
P303+P361+P353+P315, P305+P351+P338+P315,
P370+P376, P405, P403 — GEFAHR

Styrol, $\mathbf{C_6H_5CHCH_2}$, *Ents. 1*
H226, H332, H319, H315
P260, P210, P302+P352, P305+P351+P338 — ACHTUNG

Sulfanilsäure, $\mathbf{NH_2C_6H_4SO_3H}$, *Ents. 1*
H319, H315, H317
P280, P302+P352, P305+P351+P338 — ACHTUNG

Tetrachlorethen, Perchlorethylen, $\mathbf{C_2Cl_4}$, *Ents. 3*
H351, H411
P281, P273, P308+P313 — GEFAHR

Thioglykolsäure, $\mathbf{HSCH_2COOH}$, *Ents. 6*
H331, H311, H301, H314
P280, P304+P340, P302+P352, P301+P330+P331,
P305+P351+P338 — GEFAHR

Titandioxid, Titan(IV)-oxid, $\mathbf{TiO_2}$, *Ents. Hausmüll* — *(noch nicht eingestuft)*

Toluol, $\mathbf{C_6H_5CH_3}$, *Ents. 1*
H225, H304, H361d, H373, H315, H336
P210, P301+P310, P331, P302+P352 — GEFAHR

Wasserstoff, $\mathbf{H_2}$
H220
P210, P377, P381, P410+P403 — GEFAHR

Wasserstoffchlorid, $\mathbf{HCl}$
H331, H314, H280, EUH071
P260, P280, P304+P340+P315, P303+P361+P353+
P315, P305+P351+P338+P315, P405+P403 — GEFAHR

Wasserstoffperoxid-Lösung, $\mathbf{H_2O_2(aq)}$, *w = 30 %*
H302, H318
P280, P305+P351+P338, P313 — GEFAHR

Xylol, $\mathbf{C_6H_4(CH_3)_2}$
H226, H332, H312, H315
P302+P352 — ACHTUNG

Zink, **Zn**, *Pulver; stabilisiert, Ents. 15*
H410
P273

ACHTUNG

Zinkchlorid, $\mathbf{ZnCl_2}$
H302, H314, H335, H410
P273, P280, P301+P330+P331, P305+P351+P338

GEFAHR

Zinksulfat-Heptahydrat, $\mathbf{ZnSO_4 \cdot 7H_2O}$, *Ents. 15*
H302, H318, H410
P280, P273, P301+P330+P331, P305+P351+P338

GEFAHR

Zinn(II)-chlorid, $\mathbf{SnCl_2}$, *Ents. 15*
H302, H315, H317, H319, H335
P280, P302+P352,P305+P351+P338

GEFAHR

Die Daten stammen aus folgenden Quellen:

- VERORDNUNG (EG) Nr. 1272/2008 DES EUROPÄISCHEN PARLAMENTS UND DES RATES vom 16. Dezember 2008 über die Einstufung, Kennzeichnung und Verpackung von Stoffen und Gemischen, zur Änderung und Aufhebung der Richtlinien 67/548/EWG und 1999/45/EG und zur Änderung der Verordnung (EG) Nr. 1907/2006
- VERORDNUNG (EG) Nr. 790/2009 DER KOMMISSION vom 10. August 2009 zur Änderung der Verordnung (EG) Nr. 1272/2008 des Europäischen Parlaments und des Rates über die Einstufung, Kennzeichnung und Verpackung von Stoffen und Gemischen zwecks Anpassung an den technischen und wissenschaftlichen Fortschritt
- MERCK (http://www.chemdat.de/)
- BG RCI – Berufsgenossenschaft Rohstoffe und chemische Industrie (http://www.gischem.de)
- Air Liquide (http://www.airliquide.de)

Bei Redaktionsschluss lagen nicht zu allen Stoffen und Gemischen vollständige GHS-Daten vor. Dass zur Zeit keine Daten vorhanden sind, erkennt man an der Angabe (noch nicht eingestuft). Dies lässt jedoch nicht darauf schließen, dass vom jeweiligen Stoff oder Gemisch keine Gefahren ausgehen.
Bei einigen Stoffen waren keine P-Sätze verfügbar. Stand: 17.03.2011

Akkumulator: Ein Akkumulator ist eine wiederaufladbare galvanische Zelle (Beispiele: Bleiakkumulator, Nickel-Cadmium-Akkumulator, Lithium-Ionen-Akkumulator).

Aktivierungsenergie: Auf der Stoffebene versteht man unter der Aktivierungsenergie die einem System anfänglich zuzuführende Wärme, um darin eine Reaktion auszulösen. Auf der Teilchenebene kann die Aktivierungsenergie als Differenz zwischen der mittleren Energie der „aktiven" Teilchen und der mittleren Energie aller Teilchen gedeutet werden.

Akzeptor-Halbzelle: In der Akzeptor-Halbzelle einer galvanischen Zelle läuft die Reduktion der an der Zellreaktion beteiligten Teilchen ab. Beim DANIELL-Element werden in der Akzeptor-Halbzelle, die das Redoxpaar Cu/Cu^{2+} enthält, Kupfer(II)-Ionen zu Kupfer-Atomen reduziert. Die dafür nötigen Elektronen werden von der Kupfer-Elektrode bereitgestellt, die sich dadurch elektrisch positiv auflädt und den Pluspol der Zelle bildet.

Aminosäuren: Aminosäuren sind Verbindungen mit mindestens je einer Carboxy- und Amino-Gruppe im Molekül. Von besonderer Bedeutung sind die etwa 20 α-Aminosäuren $H_2NCHRCOOH$, aus denen in Organismen die körpereigenen Proteine synthetisiert werden.

Ampholyt: Ein Ampholyt kann sowohl als Säure (Protonendonator) als auch als Base (Protonenakzeptor) wirksam werden. Der wichtigste Ampholyt ist das Wasser-Molekül.

Anode: Als Anode bezeichnet man die Elektrode, bei der eine Oxidation abläuft. Bei der Elektrolyse bildet die Anode den Pluspol, bei der galvanischen Zelle den Minuspol.

Äquivalenzpunkt: Beim Äquivalenzpunkt einer Säure-Base-Titration sind die Stoffmengen der titrierten Säure (Base) und der Base(Säure) aus der Maßlösung gleich. (*Hinweise:* Das bis zum Äquivalenzpunkt verbrauchte Volumen an Maßlösung, d.h. der Abszissenwert des Äquivalenzpunktes, geht in die rechnerische Auswertung der Titration ein. Da beim Äquivalenzpunkt die Lösung des Salzes aus der titrierten Säure (Base) und der Base (Säure) aus der Maßlösung vorliegt, kann der *p*H-Wert, d.h. der Ordinatenwert des Äquivalenzpunktes, im neutralen, sauren oder alkalischen Bereich liegen.)

Aromatische Verbindungen (Aromaten): Das charakteristische strukturelle Merkmal der aromatischen Verbindungen (Aromaten) ist der aromatische Ring, mit einem über den gesamten Ring delokalisierten Elektronensystem. Der Hauptvertreter der Aromaten ist das Benzol C_6H_6, dessen Molekül drei über den Ring delokalisierte Elektronenpaare hat (aromatisches Elektronensextett). Viele Aromaten sind Derivate des Benzols (Alkylbenzole, Phenol, Anilin u.a.). Ringförmige Moleküle, die auch Heteroatome (z.B. Sauerstoff-, Stickstoff- oder Schwefel-Atome) enthalten, können ebenfalls aromatisch sein, wenn die Elektronenpaare aus Doppelbindungen und freie Elektronenpaare der Heteroatome zusammen ein aromatisches Elektronensextett ausbilden.

Asymmetrisches Kohlenstoff-Atom: Ein Kohlenstoff-Atom mit vier verschiedenen Substituenten ist asymmetrisch. Es stellt in einem Molekül ein Chiralitätszentrum dar.

Autoprotolyse: Die Autoprotolyse ist ein Protonenübergang zwischen gleichartigen Teilchen, z.B. zwischen Wasser-Molekülen.

Base (BRÖNSTED-Definition): Eine Base ist ein Protonenakzeptor (vgl. zur Frage, ob damit ein Teilchen oder ein Stoff gemeint ist, auch die Säure-Definition nach BRÖNSTED).

Batterie: Eine Batterie ist eine einmal entladbare (nicht wiederaufladbare) galvanische Zelle (Beispiel: Taschenlampenbatterie).

Biuretreaktion: Die Biuretreaktion dient zum Nachweis von Proteinen und Aminosäuren. Bei positiver Biuretreaktion bilden sich mit alkalischer Kupfer(II)-sulfat-Lösung (Biuretreagenz) blau- oder violettfarbige Verbindungen.

Brennprobe: Die Brennprobe dient zum Nachweis von organischen Verbindungen. Bei Proteinen liefert die Brennprobe einen charakteristischen Geruch nach verbrannten Haaren oder nach verbranntem Fleisch.

Brennstoffzelle: Die Brennstoffzelle ist eine galvanische Zelle, die die innere Energie des zugeführten Brennstoffs (z.B. Wasserstoff oder Methanol) und Sauerstoffs direkt in elektrische Energie umwandelt.

Brennwert: Der Brennwert H_s eines Brennstoffs ist die pro Masseneinheit (oder pro Volumeneinheit) bei der Verbrennung des betreffenden Brennstoffs abgegebene thermische Energie (Wärme), wobei das Verbrennungsprodukt Wasser in flüssiger Form erhalten wird.

Carbonfasern: Carbonfasern sind moderne Verbundwerkstoffe, die in ein Polymer (z.B. Polyester) eingebettete Kohlefasern enthalten. Dadurch werden mechanische Eigenschaften des Materials wie Festigkeit und Elastizität verbessert.

Chemisches Gleichgewicht: Im Zustand des chemischen Gleichgewichts liegen Reaktionsprodukte und Ausgangsstoffe in bestimmten, konstanten Konzentrationen nebeneinander vor. Stoff- und Energieumsatz sind nicht beobachtbar. Der Zustand kann nur in einem geschlossenen System eingenommen werden, in dem die Reaktion, die zur Ausbildung des Gleichgewichtszustands führt, auch umkehrbar (reversibel) ist. Auf der Teilchenebene herrscht beim chemischen Gleichgewicht kein Stillstand; sowohl die Hin- als auch die Rückreaktion laufen weiter ab, aber ihre Reaktionsraten sind gleich.

Chlor-Alkali-Elektrolyse: Bei der Chlor-Alkali-Elektrolyse werden aus Natriumchlorid-Lösung unter Zufuhr von elektrischer Energie drei industrielle Grundchemikalien gewonnen: Chlor, Wasserstoff und Natronlauge. Die Chlor-Alkali-Elektrolyse kann nach dem Diaphragma-, dem Amalgam- und dem Membran-Verfahren durchgeführt werden.

Copolymere: Als Copolymere bezeichnet man makromolekulare Verbindungen, die durch Polymerisation zweier (oder mehrerer) verschiedener Monomere erhalten werden, beispielsweise das Copolymer ETFE (aus Ethen- und Tetrafluorethen-Einheiten).

DANIELL-Element: Das DANIELL-Element ist eine galvanische Zelle bestehend aus einer Donator-Halbzelle mit dem Redoxpaar $\mathbf{Zn/Zn^{2+}}$ und einer Akzeptor-Halbzelle bestehend aus dem Redoxpaar $\mathbf{Cu/Cu^{2+}}$. Sie liefert unter Standardbedingungen eine Leerlaufspannung von $U = 1{,}1\,\text{V}$.

Delokalisierte Elektronensysteme: Delokalisierte Elektronensysteme sind dadurch gekennzeichnet, dass die Elektronen aus einem solchen System über mehr als zwei Atome verteilt sind. Das trifft für Elektronenpaare aus konjugierten Doppelbindungen (und gegebenenfalls freien Elektronenpaaren aus benachbarten Heteroatomen) zu.

Desoxyribonucleinsäure DNA: Desoxyribonucleinsäure DNA ist ein makromolekularer Naturstoff, dessen Baueinheiten Nucleotide sind, und dient als Informationsträger für das Erbgut eines Organismus.

Dipol-Molekül: Liegen in einem Molekül die Schwerpunkte der positiven und negativen elektrischen Teilladungen nicht zusammen, so handelt es sich um ein Dipol-Molekül.

Disaccharide: Disaccharide (Zweifachzucker) sind Kohlenhydrate, deren Moleküle aus zwei glykosidisch verknüpften Monosaccharid-Resten bestehen. Saccharose (Rohrzucker, Haushaltszucker) ist das bekannteste Disaccharid.

Donator-Halbzelle: In der Akzeptor-Halbzelle einer galvanischen Zelle läuft die Oxidation der an der Zellreaktion beteiligten Teilchen ab. Beim DANIELL-Element werden in der Donator-Halbzelle, die das Redoxpaar $\mathbf{Zn/Zn^{2+}}$ enthält, Zink-Atome zu Zink(II)-Ionen oxidiert. Die dabei abgegebenen Elektronen werden über die Zink-Elektrode, die den Minuspol der Zelle bildet, in den äußeren Stromkreis geleitet.

Duroplaste: Duroplaste sind feste Kunststoffe, die auch beim Erwärmen formstabil und fest bleiben. Bei hohen Temperaturen zersetzen sie sich thermisch. Duroplaste bestehen aus dreidimensional dicht vernetzten Makromolekülen.

Dynamisches Gleichgewicht: Beim dynamischen Gleichgewicht gibt es (im Gegensatz zum statischen Gleichgewicht) im System Bewegung, d. h. gegenläufige Prozesse laufen so ab, dass sie sich gegenseitig ausgleichen. Das chemische Gleichgewicht ist auf der Teilchenebene betrachtet ein dynamisches Gleichgewicht, weil dabei die Hinreaktion und die Rückreaktion mit gleichen Reaktionsraten ablaufen.

Elastomere: Elastomere sind Kunststoffe mit elastischen Eigenschaften, d. h. Materialien, die sich bei Krafteinwirkung verformen und danach wieder ihre ursprüngliche Form einnehmen. Elastomere bestehen aus linearen Makromolekülen mit einer relativ geringen Anzahl von Quervernetzungen zwischen den Makromolekülen.

Elektrode: Als Elektrode bezeichnet man in der Elektrochemie den Teil eines Elektronenleiters (Metalle, Graphit), der in einen Elektrolyt eintaucht und dessen Teilchen Elektronen aufnehmen oder abgeben können.

Elektrolyt: Ein Elektrolyt leitet den elektrischen Strom durch bewegliche Ionen. Als Elektrolyte fungieren Lösungen und Schmelzen, die Ionen enthalten, beispielsweise Lösungen und Schmelzen von Salzen.

Elektronegativität: Elektronegativität EN ist die Eigenschaft der Atome innerhalb von Molekülen, in denen sie gebunden sind, Bindungselektronen zu sich heranzuziehen. Eine Elektronenpaarbindung ist umso polarer, je größer die Elektronegativitätsdifferenz ΔEN der gebundenen Atome ist.

Elektronenpaarbindung: Eine Elektronenpaarbindung (Atombindung, kovalente Bindung) kommt durch ein gemeinsames, bindendes Elektronenpaar zwischen zwei Atomen zustande. Bei einer Doppelbindung liegen zwei, bei einer Dreifachbindung drei gemeinsame Elektronenpaare vor.

Elektrophile Substitution: Als elektrophile Substitutionen werden Reaktionen bezeichnet, bei denen ein Atom oder eine Atomgruppe an einem Molekül durch ein anderes Atom oder eine andere Atomgruppe ersetzt wird, wobei der langsamste, geschwindigkeitsbestimmende Schritt der Reaktion eine elektrophile („Elektronen liebende", „Elektronen suchende") Anlagerung eines Teilchens an das Molekül, an dem die Substitution erfolgt, ist. Elektrophile Substitutionen (Halogenierung, Alkylierung, Nitrierung u. a.) sind typische Reaktionen bei Aromaten.

Elektrophorese: Elektrophorese ist ein Trennverfahren, bei dem die Komponenten eines Stoffgemisches auf einem Trägermaterial in einem elektrischen Gleichspannungsfeld unterschiedlich schnell wandern und dadurch aufgetrennt werden. Insbesondere Aminosäure- und Proteingemische werden durch Elektrophorese aufgetrennt.

Elektrolyse: Eine Elektrolyse ist eine Reaktion, die bei dauernder Zufuhr von elektrischer Energie durch eine elektrische Energiequelle abläuft. Dabei erhöht sich die innere Energie der Produkte. Die positiv geladenen Ionen (Kationen) werden am Minuspol (Kathode) durch Aufnahme von Elektronen reduziert, die negativ geladenen Ionen (Anionen) am Pluspol (Anode) durch Abgabe von Elektronen oxidiert.

Enantiomere (optische Isomere): Enantiomere (optische Isomere) sind Stereoisomere, die wie Bild und Spiegelbild zueinander stehen.

Endergonisch: Für endergonische Reaktionen gilt: $\Delta_r G > 0$. Die freie Reaktionsenthalpie nimmt bei der Reaktion zu, diese kann nur erzwungen ablaufen.

Endotherm: Für endotherme Reaktionen gilt: $\Delta_r H > 0$. Die Reaktionsenthalpie nimmt bei der Reaktion zu und muss i. d. R. als thermische Energie (Wärme) zugeführt werden.

Energiestufenmodell: Nach dem Energiestufenmodell können Elektronen in Molekülen nur bestimmte erlaubte Energiestufen (Energieniveaus) besetzten. Die erlaubten Energiestufen werden mit je einem Elektronenpaar „von unten nach oben" aufgefüllt. Durch Absorption eines Energiequants geeigneter Energie kann ein Elektron aus der höchsten besetzten in die niedrigste unbesetzte Energiestufe angehoben werden. Das Molekül geht dabei aus dem Grundzustand in den elektronisch angeregten Zustand über. Mit dem Energiestufenmodell kann die Farbigkeit durch Lichtabsorption (normale Farben) und Lichtemission (Leuchtfarben) erklärt werden.

Entropie: Die Entropie ist eine Größe, die vereinfacht als das Maß für die Unordnung eines Systems interpretiert werden kann. Nach dem Entropieprinzip laufen Reaktionen dann selbsttätig (spontan) ab, wenn die Entropie dabei zunimmt.

Enzyme: Enzyme sind Biokatalysatoren. In der Regel sind es Proteine, die Reaktionen in Organismen katalysieren. Viele Enzyme katalysieren nur einen bestimmten Reaktionstyp (z. B. Hydolysen) und nur die Reaktion eines bestimmten Stoffes (Substrats).

Exergonisch: Für exergonische Reaktionen gilt: $\Delta_r G < 0$. Die freie Reaktionsenthalpie nimmt bei der Reaktion ab, diese kann selbsttätig ablaufen.

Exotherm: Für exotherme Reaktionen gilt: $\Delta_r H < 0$. Die Reaktionsenthalpie nimmt bei der Reaktion ab und wird i. d. R. als thermische Energie (Wärme) an die Umgebung abgegeben.

Fällungsgleichgewicht: Ein Fällungsgleichgewicht stellt sich zwischen einer Fällungsreaktion und der entsprechenden Rückreaktion ein, z. B. $Ag^+(aq) + Cl^-(aq) \rightleftharpoons AgCl(s)$. Beim Fällungsgleichgewicht liegen der ausgefällte Stoff (der Bodenkörper) und die gesättigte Lösung zusammen vor.

FEHLING-Probe: Die FEHLING-Probe ist eine Nachweismethode für Stoffe, deren Moleküle Aldehyd-Gruppen enthalten. Bei positiver Probe werden Kupfer(II)-Ionen aus einem blauen Komplex reduziert und es bildet sich ein rotbrauner Niederschlag aus Kupfer(I)-oxid.

Fette: Fette sind allgemein Ester des dreiwertigen Alkohols Glycerin (Propan-1,2,3-triol) mit Fettsäuren.

Fettsäuren: Fettsäuren sind Monocarbonsäuren, deren Moleküle neben einer Carboxy-Gruppe langkettige Alkan- oder Alken-Reste, vorwiegend aus 11 bis 17 Kohlenstoff-Atomen, enthalten.

FISCHER-Projektionsfomeln: Die FISCHER-Projektionsformeln sind eindeutige Darstellungen dreidimensionaler Molekül-Konfigurationen in der zweidimensionalen Ebene. Sie eignen sich gut für die Darstellung von Monosaccharid-Molekülen in der Kettenform und für Aminosäure-Moleküle (bzw. Aminosäure-Zwitterionen).

Freie Reaktionsenthalpie: Die freie Reaktionsenthalpie $\Delta_r G$ ist die maximale Nutzenergie einer Reaktion (vgl. auch GIBBS-HELMHOLTZ-Gleichung).

Galvanische Zelle: Die galvanische Zelle ist ein Energiewandler, der innere Energie in elektrische Energie umwandelt. Sie liefert Gleichstrom. In einer galvanischen Zelle laufen die Oxidation und die Reduktion von Teilchen in räumlich getrennten, durch eine Elektrolytbrücke oder poröse Wand verbundenen Halbzellen ab.

Generatorprozess: Beim Generatorprozess (einem Schritt bei der Ammoniaksynthese nach dem HABER-BOSCH-Verfahren) wird Methan in einem begrenzten Luftvolumen zu Kohlenstoffmonooxid und Wasserstoff umgesetzt. Dabei wird der Sauerstoff aus der Luft entfernt und es bleibt Stickstoff übrig.

Gerüstformel (Molekülsymbol): Die Gerüstformel (das Molekülsymbol) eines Moleküls ist eine vereinfachte Valenzstrichformel (Konstitutionsformel).

Geschlossenes System: Bei einem geschlossenen System gibt es Energieaustausch, aber keinen Stoffaustausch mit der Umgebung.

GIBBS-HELMHOLTZ-Gleichung: Mit der GIBBS-HELMHOLTZ-Gleichung kann die freie Reaktionsenthalpie $\Delta_r G$ aus der Reaktionsenthalpie $\Delta_r H$, der Reaktionsentropie $\Delta_r S$ und der absoluten Temperatur T berechnet werden. Sie lautet:
$\Delta_r G = \Delta_r H - T \cdot \Delta_r S$

Gleichgewichtskonstante K_c: Die Gleichgewichtskonstante ist eine charakteristische Größe für das chemische Gleichgewicht einer reversiblen Reaktion bei einer bestimmten Temperatur. Sie nimmt den Wert des Massenwirkungsquotienten beim chemischen Gleichgewicht ein.

Glykosidische Bindung: Als glykosidische Bindung bezeichnet man die Verknüpfungseinheit zwischen Monosaccharid-Bausteinen, die durch Abspaltung eines Wasser-Moleküls zwischen zwei Hydroxy-Gruppen verschiedener Monosaccharid-Moleküle zustande kommt.

GOD-Test: Der GOD-Test (Glucose-Oxidase-Test) dient zum Nachweis von Glucose. Er wird mit Teststäbchen durchgeführt, die ein Enzym enthalten, das die Oxidation von Glucose katalysiert. Der Glucose-Gehalt einer Probe kann anhand einer Farbskala auf dem Teststäbchen abgeschätzt werden.

Grenzflächenaktivität: Tensid-Teilchen sind grenzflächenaktiv, d. h. sie bewirken wegen ihrer Amphiphilie, dass die Grenzfläche zwischen Wasser und Öl oder Fett „aufgeweicht" wird und es zu einer Emulsion kommt. Dabei lagern sich die Tensid-Teilchen mit dem polaren (ionischen) Ende in die wässrige Phase und mit dem unpolaren in die ölige an und es bilden sich Micellen.

Grenzstrukturen, Grenzformeln (mesomere): Grenzformeln sind Valenzstrichformeln, mit denen Grenzsituationen der Elektronenverteilung in Teilchen (Molekülen oder Molekül-Ionen) mit delokalisierten Elektronensystemen beschrieben werden. Zwischen mesomere Grenzstrukturen schreibt man Mesomeriepfeile.

HABER-BOSCH-Verfahren: Nach dem HABER-BOSCH-Verfahren wird die Grundchemikalie Ammoniak NH_3 industriell hergestellt. Zunächst wird aus den Rohstoffen Luft, Wasser und Methan (oder Erdöl oder Kohle) ein Gemisch aus Wasserstoff und Stickstoff hergestellt, das dann im Synthesereaktor bei Drücken von 20 hPa bis 30 hPa und bei einer Temperatur von ca. 550 °C in Gegenwart eines Katalysatorsystems zu Ammoniak umgesetzt wird.

HAWORTH-Projektionsformeln: Die HAWORTH-Projektionsformeln sind eindeutige Darstellungen dreidimensionaler Molekül-Konfigurationen in der zweidimensionalen Ebene. Sie eignen sich gut für die Darstellung von Ringen in Saccharid-Molekülen.

Heizwert: Der Heizwert H_i ist die bei der Verbrennung einer Massen- oder Volumeneinheit eines Brennstoffs abgegebene thermische Energie (Wärme), die tatsächlich noch übrig bleibt, wenn das Verbrennungsprodukt Wasser in der gasförmigem Form berücksichtigt wird. Um den Heizwert zu berechnen, muss man also vom Brennwert die Verdampfungswärme des gebildeten Wassers abziehen.

Heteroatom: In der organischen Chemie werden alle Atome außer den Kohlenstoff-Atomen als Heteroatome bezeichnet. Entsprechend ist ein Heterozyklus ein Ring, der außer Kohlenstoff-Atomen auch andere Atome enthält.

Indikator: Ein Stoff, der durch seine Farbe anzeigt, ob eine saure oder alkalische Lösung vorliegt, ist ein Säure-Base-Indikator. (Es gibt auch Redox-Indikatoren, die durch ihre Farbe den Oxidationszustand eines Redoxsystems anzeigen.) Der Säure-Base-Indikator enthält eine Indikatorsäure **HInd** und ihre korrespondierende Indikatorbase $\mathbf{Ind^-}$, deren Farben unterschiedlich sind. Zwischen ihnen stellt sich ein Protolysegleichgewicht ein, bei dem je nach *p*H-Wert der Lösung, in die der Indikator gegeben wird, die Farbe von **HInd** oder die von $\mathbf{Ind^-}$ vorherrscht. Jeder Indikator hat einen charakteristischen Umschlagbereich, der sich über ca. 2 *p*H-Einheiten erstreckt.

Innere Energie: Als innere Energie E_i eines Systems bezeichnet man den gesamten Energiegehalt des Systems.

Ionenprodukt des Wassers K_w: Das Ionenprodukt des Wassers ist das Produkt der Konzentrationen der Oxonium- und Hydroxid-Ionen, $K_w = c(\mathbf{H_3O^+}) \cdot c(\mathbf{OH^-})$. In verdünnten wässrigen Lösungen nimmt es bei 22 °C folgenden Wert an: $K_w = 10^{-14}\ mol^2 \cdot L^{-2}$.

Isoelektrischer Punkt: Der isoelektrische Punkt IEP einer Aminosäure ist der *p*H-Wert, bei dem die Konzentrationen der Aminosäure-Kationen und der Aminosäure-Anionen gleich sind, also praktisch alle Aminosäure-Moleküle in Form des Zwitterions vorliegen.

Isoliertes System: Bei einem isolierten System gibt es weder Energieaustausch noch Stoffaustausch mit der Umgebung.

Isomere: Stoffe mit gleicher Molekülformel, aber verschiedener Molekülstruktur (Konstitution oder Konfiguration) werden als Isomere bezeichnet (vgl. auch Isomerietabellen auf S. 323).

Kalorimeter: Das Kalorimeter ist eine Versuchsvorrichtung, mit der man die thermische Energie (Wärme) bestimmen kann, die bei der Verbrennung einer Stoffportion frei wird.

Katalysator: Ein Katalysator ist ein Stoff (oder ein Stoffsystem), der eine Reaktion beschleunigt, ohne dabei verbraucht zu werden. Er setzt die Aktivierungsenergie der Reaktion herab, indem er mit dem Edukt (den Edukten) Zwischenverbindungen eingeht und sie so in einen reaktionsfähigen Zustand versetzt.

Kathode: Als Kathode bezeichnet man die Elektrode, bei der eine Reduktion abläuft. Bei der Elektrolyse bildet die Kathode den Minuspol, bei der galvanischen Zelle den Pluspol.

Kohlenhydrate: Kohlenhydrate oder Saccharide sind organische Verbindungen mit der allgemeinen Summenformel $\mathbf{C_m(H_2O)_n}$. Kohlenhydrate dienen als Energieträger in Organismen.

Konfiguration: Die Konfiguration eines Moleküls wird durch die Anordnung der Atome im dreidimensionalen Raum festgelegt und durch die räumliche Strukturformel des Moleküls (vereinfacht auch durch die FISCHER- oder durch die HAWORTH-Projektionsformel) angegeben. Isomere mit gleicher Konstitution aber verschiedener Konfiguration werden als Stereoisomere bezeichnet.

Konformation: Konformationen sind unterschiedliche räumliche Anordnungen der Atome in einem Molekül, die sich aus der Rotationsmöglichkeit um die Einfachbindungen ergeben. In der Regel stellen zwei unterschiedliche Konformationen nicht zwei Isomere (Stereoisomere) dar, weil sie sich sehr schnell und leicht ineinander umwandeln. Durch Konformationsänderungen können bei Protein-Molekülen z. T. erhebliche Eigenschaftsänderungen verursacht werden.

Konjugierte Doppelbindungen: Mehrere alternierende Einfach- und Doppelbindungen bilden ein System von konjugierten Doppelbindungen. Dabei kommt es zu delokalisierten Elektronensystemen, bei denen die Doppelbindungselektronen über den gesamten Bereich der konjugierten Doppelbindungen verteilt sind.

Konstitution: Die Konstitution eines Moleküls wird durch die Reihenfolge der Verknüpfung der Atome festgelegt und durch die Valenzstrichformel des Moleküls angegeben. Moleküle mit gleicher Molekülformel und unterschiedlicher Konstitution sind Konstitutionsisomere, z. B. Ethanol $\mathbf{H_3CCH_2OH}$ und Dimethylether $\mathbf{H_3COCH_3}$.

Kontaktelement (Lokalelement): Ein Kontaktelement (Lokalelement) ist eine galvanische Zelle, bei der die beiden Elektroden in Kontakt oder über einen metallischen Leiter kurzgeschlossen sind. Bei einem Kontaktelement wird das unedlere Metall oxidiert und schützt das edlere Metall vor Korrosion.

Konvertierung: Bei der Konvertierung (einem Schritt bei der Ammoniaksynthese nach dem HABER-BOSCH-Verfahren) wird Kohlenstoffmonooxid mit Wasserdampf zu Kohlenstoffdioxid und Wasserstoff umgesetzt.

Konzentration: Die Konzentration (Stoffmengenkonzentration) c(X) eines gelösten Stoffs X ist der Quotient aus der Stoffmenge n(X) und dem Volumen der Lösung V_{Lsg}: $c(X) = n(X)/V_{Lsg}$. Die Einheit ist 1 mol/L.

Konzentrationszelle: Eine Konzentrationszelle ist eine galvanische Zelle, bei der die beiden Halbzellen die gleichen Redoxpaare enthalten und sich nur durch die Konzentrationen der gelösten, an den Redoxreaktionen beteiligten Teilchenarten (i. d. R. Ionen) unterscheiden.

Korrespondierendes Redoxpaar: Ein korrespondierendes Redoxpaar besteht aus einem Reduktionsmittel und dem daraus durch Abgabe von z Elektronen gebildeten Oxidationsmittel, z. B. Zn/Zn^{2+}, Ag/Ag^{+}, $2Cl^{-}/Cl_2$.

Korrespondierendes Säure-Base-Paar: Ein korrespondierendes Säure-Base-Paar besteht aus einer Säure und der bei der Abgabe eines Protons daraus gebildeten Base, z. B. HCl/Cl^{-}, HSO_4^{-}/SO_4^{2-}.

Korrosion: Korrosion ist die Zerstörung eines Werkstoffes durch chemische Prozesse. Metalle werden durch Oxidationsprozesse korrodiert, bei denen Metall-Atome zu Metall-Kationen oxidiert werden. Das Rosten von Eisen und Stahl ist das bekannteste und wirtschaftlich relevanteste Beispiel von Korrosion.

Korrosionsschutz: Beim passiven Korrosionsschutz überzieht man die Metalloberfläche mit einer vor korrosiven Medien schützenden Schicht, beim aktiven Korrosionsschutz erzeugt man z. B. mit Opferanoden oder durch Verbindung mit dem Minuspol einer Gleichstromquelle elektrochemische Kontaktelemente (Lokalelemente).

Kunststoffe: Als Kunststoffe bezeichnet man synthetische makromolekulare Verbindungen (z. B. Polyethen PE, Polypropen PP, Polystyrol PS, Polyethylenterephthalat PET, Polyvinylchlorid PVC).

Leerlaufspannung: Die Leerlaufspannung einer galvanischen Zelle ist die gemessene Spannung der Zelle, wenn kein elektrischer Verbraucher eingeschaltet ist.

Lichtabsorption: Lichtabsorption bedeutet die Aufnahme von elektromagnetischer Strahlung aus dem sichtbaren Bereich durch einen Stoff, was die Farbigkeit des Stoffes bewirkt. Bei der Lichtabsorption werden die Teilchen des Stoffes elektronisch angeregt, wobei i. d. R. ein Elektron aus der höchsten besetzten Energiestufe in die niedrigste unbesetzte Energiestufe angehoben wird. Wenn die Energie des absorbierten Lichts vom Stoff in Wärme umgewandelt wird, erscheint er in der Farbe, die sich durch Überlagerung der nicht absorbierten Teile des weißen Lichts ergibt.

Lichtemission: Lichtemission bedeutet die Ausstrahlung von elektromagnetischer Strahlung aus dem sichtbaren Bereich durch einen Stoff. Sie wird z. B. als Fluoreszenz, Phosphoreszenz, Chemolumineszenz oder Elektrolumineszenz sichtbar. Bei der Emission von Licht gehen die Teilchen des Stoffes aus dem elektronisch angeregten Zustand in den Grundzustand über.

Löslichkeitsprodukt K_L: Das Löslichkeitsprodukt K_L eines schwer löslichen Salzes ist aus der Gleichgewichtskonstante des heterogenen Gleichgewichts bei der Lösung bzw. Kristallisation des Salzes abgeleitet und enthält das Produkt der Konzentrationen der Ionen in der gesättigten Lösung dieses Salzes. Beispiel $K_L(PbI_2) = c(Pb^{2+}) \cdot c^2(I^-)$. Das Löslichkeitsprodukt K_L ist eine temperaturabhängige Stoffkonstante.

Makromolekül: Als Makromoleküle bezeichnet man sehr große Moleküle mit Molekülmassen von mehreren Tausend atomaren Masseneinheiten. Aus Makromolekülen bestehen sowohl Naturstoffe wie Cellulose, Stärke, Proteine und Nucleinsäuren als auch Kunststoffe wie Polyethen, Polyester und Polyamide.

Maltose: Maltose ist ein Disaccharid, das sich bei der Hydrolyse von Stärke bildet. Im Maltose-Molekül sind zwei Glucose-Bausteine 1,4-α-glykosidisch verknüpft.

Massenwirkungsgesetz MWG: Das Massenwirkungsgesetz ist eine mathematische Gleichung, die den Zusammenhang zwischen den Gleichgewichtskonzentrationen *c* der Reaktionsteilnehmer beim chemischen Gleichgewicht und der Gleichgewichtskonstante K_c ausdrückt. Für das Estergleichgewicht zwischen Ethanol und Ethansäure lautet das MWG:

$$K_c = \frac{c(CH_3COOC_2H_5) \cdot c(H_2O)}{c(CH_3COOH) \cdot c(C_2H_5OH)}$$

Mesomerie: Mesomerie liegt dann vor, wenn die Elektronenverteilung in einem Atomverband (Molekül oder Ion) nicht durch eine einzige Valenzstrichformel dargestellt werden kann, sondern zwischen mehreren Grenzstrukturen liegt.

Mesomerieenergie: Als Mesomerieenergie bezeichnet man den Energiebetrag, um den ein Molekül oder Ion energieärmer ist, als es aufgrund der Grenzstrukturen sein müsste.

Metastabiler Zustand: Ein System im metastabilen Zustand kann durch eine exergonische Reaktion (vgl. dort) selbsttätig in einen stabiles System übergehen, jedoch nur, wenn es durch Energiezufuhr dazu aktiviert wird.

Molekülchiralität: Moleküle, die sich wie ein Objekt und sein Spiegelbild zueinander verhalten, sind chiral. Chirale Moleküle haben gleiche Konstitution, aber unterschiedliche Konfiguration. Molekülchiralität ist die Voraussetzung für optische Isomerie.

Molekülformel (Summenformel): Die Molekülformel (Summenformel) gibt die Art und Anzahl der Atome in einem Molekül an, z. B. $C_6H_{12}O_6$ für Glucose.

Monomere: Als Monomere bezeichnet man Stoffe, deren Moleküle bei der Synthese von Kunststoffen zu Makromolekülen („Polymeren“) reagieren. Beispiele: Ethen ist das Monomer von Polyethen, das durch Polymerisation von Ethen entsteht, 1,6-Diaminohexan und Hexandisäure sind die Monomere von Nylon 6.6, das durch Polykondensation der beiden Monomere gebildet wird.

Monosaccharide: Monosaccharide oder Einfachzucker sind Kohlenhydrate mit der Summenformel $C_nH_{2n}O_n$, wobei in der Natur am häufigsten Monosaccharide mit n = 6 oder n = 5, also Hexosen und Pentosen, vertreten sind. Darunter gibt es Aldosen und Ketosen. Glucose und Fructose sind die beiden bekanntesten Monosaccharide.

Nachhaltigkeit: Nachhaltigkeit bedeutet die dauerhafte Entwicklung menschlicher Tätigkeiten mit dem Ziel, die heutigen Bedürfnisse zu befriedigen, ohne dabei die Bedürfnisse zukünftiger Generationen zu beeinträchtigen.

Nachwachsende Rohstoffe: Nachwachsende Rohstoffe nennt man pflanzliche Produkte wie Cellulose, Stärke, Saccharose, Fette und Öle, die als Rohstoffe in der Industrie verwendet werden können.

Neutralisation: Die Neutralisation ist eine chemische Reaktion, bei der sich alkalische und saure Eigenschaften gegenseitig aufheben, weil die Oxonium-Ionen aus der sauren Lösung mit den Hydroxid-Ionen der alkalischen Lösung zu Wasser-Molekülen reagieren. Wasser reagiert neutral.

Ninhydrinreaktion: Mit der Ninhydrinreaktion können Aminosäuren und kurzkettige Peptide rasch nachgewiesen werden. Sie bilden mit dem Ninhydrinreagenz (das auf eine Probe gesprüht werden kann) beim kurzen Erwärmen unterschiedlich gefärbte Verbindungen.

Nucleophile Substitution: Als nucleophile Substitutionen werden Reaktionen bezeichnet, bei denen ein Atom oder eine Atomgruppe an einem Molekül durch ein anderes Atom oder eine andere Atomgruppe ersetzt wird, wobei der langsamste, geschwindigkeitsbestimmende Schritt der Reaktion eine nucleophile („Kern liebende“, „Kern suchende“) Anlagerung eines Teilchens an das Molekül, an dem die Substitution erfolgt, ist. Ein Beispiel für nucleophile Substitution ist die Reaktion eines Halogenalkans mit Wasser zu einem Alkanol und einer Halogenwasserstoffsäure.

Nucleotid: Ein Nucleotid ist der Baustein in der makromolekularen Desoxyribonucleinsäure DNA und besteht aus einem Phosphorsäure-Rest, einem Desoxyribose-Rest und einem Molekül-Rest aus einer der vier Nucleinbasen Adenin, Thymin, Cytosin und Guanin.

Offenes System: Bei einem offenen System gibt es sowohl Energieaustausch als auch Stoffaustausch mit der Umgebung.

Optische Aktivität: Als optische Aktivität bezeichnet man die Drehung der Ebene des polarisierten Lichts. Es handelt sich um eine Eigenschaft von Stoffen, deren Moleküle chiral sind.

Oxidation: Nach der Sauerstofftheorie von Lavoisier ist die Oxidation die Reaktion eines Stoffes mit Sauerstoff. Nach dem erweiterten Redoxkonzept bezeichnet man als Oxidation die Veränderung eines Systems, bei dem Elektronen abgegeben werden.

Oxidationsmittel: Das Oxidationsmittel ist ein Elektronenakzeptor.

Oxidationszahl: Die Oxidationszahl OZ ist ein Hilfsmittel, um festzustellen, ob ein System oxidiert oder reduziert wird. Bei Atom-Ionen entspricht sie der Ladungszahl des Ions. Die OZ von Atomen in Molekülen entspricht der Ladungszahl, die man durch formale Zerlegung des Moleküls oder Molekül-Ions erhalten kann. Bei dieser formalen Zerlegung des jeweiligen Teilchens in fiktive Atom-Ionen werden die Valenzelektronen nach Maßgabe der Elektronegativitäten EN zugeordnet.

Peptide: Peptide sind Kondensationsprodukte aus Aminosäuren, in deren Molekülen die Aminosäure-Reste jeweils durch Peptid-Gruppen (Peptid-Bindungen) verknüpft sind.

Peptid-Gruppe: Die Peptid-Gruppe **–NH–CO–** bildet sich bei der Abspaltung eines Wasser-Moleküls zwischen einer Amino-Gruppe und einer Carboxy-Gruppe. Sie ist die Repetiereinheit in Peptid-, Protein- und Polyamid-Makromolekülen.

Phenyl-Rest: Der Rest $-C_6H_5$ nach Abzug eines Wasserstoff-Atoms aus einem Benzol-Molekül wird als Phenyl-Rest bezeichnet.

***p*H-Wert**: Der *p*H-Wert ist der negative dekadische Logarithmus aus dem Betrag der Konzentration der Oxonium-Ionen in einer Lösung $pH = -\lg\{c(H_3O^+)\}$. Er dient zur Kennzeichnung saurer, neutraler und alkalischer Lösungen.

Polyaddition: Die Polyaddition ist ein Reaktionstyp zur Erzeugung von Makromolekülen aus zwei verschiedenen Monomeren, wobei jeweils ein Molekül des einen Monomers an ein Molekül des anderen addiert wird (Beispiel: Herstellung eines Polyurethans aus einem Diisocyanat und einem Diol).

Polykondensation: Die Polykondensation ist ein Reaktionstyp zur Erzeugung von Makromolekülen aus verschiedenen oder identischen bifunktionellen Monomeren, wobei jeweils aus zwei Monomer-Molekülen ein kleines Molekül abgespalten wird (Beispiele: Polyamid aus einem Diamin und einer Dicarbonsäure, Polymilchsäure aus Hydroxypropansäure).

Polymer: Streng genommen sind Polymere Makromoleküle, die nur aus einer (Art) Monomer-Einheit aufgebaut sind, z. B. Polyethen, Polystyrol, Polymethylmethacrylat, Poly-ε-aminocapronsäure (Nylon 6), Polymilchsäure u. a. Die Bezeichnung Polymer wird aber häufig auch allgemein für synthetische Makromoleküle verwendet, selbst wenn sie aus mehreren (verschiedenen) Monomer-Einheiten aufgebaut sind.

Polysaccharide: Polysaccharide (Vielfachzucker) sind makromolekulare Kohlenhydrate aus sehr vielen Monosaccharid-Einheiten. Die bekanntesten Polysaccharide sind Stärke und Celloluse.

Potenzialdifferenz: Die Potenzialdifferenz bei einer galvanischen Zelle kennzeichnet den Unterschied der Redoxpotenziale zwischen den Redoxpaaren in den beiden Halbzellen. Daraus ergibt sich die Leerlaufspannung der Zelle (vgl. dort).

Primärstruktur: Die Primärstruktur eines Protein-Moleküls wird durch die Art, Anzahl und Verknüpfungsfolge (die Sequenz) der Aminosäure-Reste festgelegt.

Prinzip vom kleinsten Zwang (Prinzip von Le Chatelier): Dieses Prinzip besagt, dass sich bei der Einwirkung eines äußeren Zwangs (z. B. einer Temperatur-, Konzentrations- oder Druckänderung) auf ein chemisches Gleichgewicht eine neue Gleichgewichtslage einstellt, in der die Wirkung des ausgeübten Zwangs so klein wie möglich gehalten wird.

Proteine: Polypeptide aus mehr als 100 Aminosäure-Einheiten werden als Proteine bezeichnet. Proteine dienen in Organismen als Bausubstanz, Enzyme, Hormone und Antikörper.

Protolyse: Als Protolyse bezeichnet man eine Reaktion, bei der ein Proton von einer Brönsted-Säure auf eine Brönsted-Base übertragen wird.

Protolysegleichgewicht: Protolysegleichgewichte stellen sich zwischen reversiblen Protolysen, d. h. Reaktionen mit Protonenübergängen zwischen den Teilchen ein. Protolysegleichgewichte zwischen korrespondierenden Säure-Base-Paaren bilden die Grundlage der Vorgänge bei Puffersystemen, Indikatoren und Titrationen.

Pufferlösung (Puffersystem): Unter Pufferlösung versteht man i. d. R. eine Lösung, die bei Säure- oder Basezugabe ihren *p*H-Wert nur geringfügig ändert. Das Puffersystem in einer Pufferlösung besteht aus einer schwachen Säure und ihrer korrespondierenden Base z. B. H_3CCOOH/H_3CCOO^- (Acetat-Puffer).

Pyranosestruktur: Das charakteristische Merkmal der Pyranosestruktur bei Monosaccharid-Molekülen ist ein sechsgliedriger Ring aus fünf Kohlenstoff-Atomen und einem Sauerstoff-Atom.

Quartärstruktur: Die Quartärstruktur von Proteinen ist die vollständige dreidimensionale Anordnung, die sich bei der Zusammenlagerung mehrerer Protein-Makromoleküle (oft auch zusätzlicher Einheiten, die nicht Polypeptide sind) ergibt.

Reaktionsenthalpie: Die Reaktionsenthalpie $\Delta_r H$ ist die Energie, die bei einer unter konstantem Druck verlaufenden Reaktion abgegeben wird oder zugeführt werden muss.

Reaktionsentropie: Die Reaktionsentropie $\Delta_r S$ ist die Differenz aus der Entropie der Produkte und der Entropie der Edukte.

Reaktionsgeschwindigkeit: Die mittlere Reaktionsgeschwindigkeit ist die Änderung der Stoffmenge Δn eines Reaktionsteilnehmers (Edukts oder Produkts) in einem Zeitintervall. Bezieht man sich auf immer kürzere Zeitintervalle, so entspricht der Grenzwert der Stoffmengenänderung für gegen null gehende Zeitintervalle der momentanen Reaktionsgeschwindigkeit. Bei Reaktionen, die in Lösung ablaufen, wird die Stoffmengenänderung Δn durch die Konzentrationsänderung Δc des entsprechenden Reaktionsteilnehmers ersetzt.

Redoxreaktion: Eine Redoxreaktion stellt die Kombination einer Reduktion und Oxidation dar. Dabei findet eine Übertragung von Elektronen von einem Elektronendonator (Reduktionsmittel) auf einen Elektronenakzeptor (Oxidationsmittel) statt.

Reduktion: Nach der Sauerstofftheorie von Lavoisier ist eine Reduktion eine Reaktion, bei der einem Stoff Sauerstoff entzogen wird. Nach dem erweiterten Redoxkonzept bezeichnet man als Reduktion die Veränderung eines Systems, bei dem Elektronen aufgenommen werden.

Reduktionsmittel: Das Reduktionsmittel ist ein Elektronendonator.

Reversible Reaktion: Eine reversible Reaktion kann in beide Richtungen, d. h. von den Edukten zu den Produkten und umgekehrt ablaufen.

Rohstoffe: Als Rohstoffe bei einem industriellen Verfahren bezeichnet man die Stoffe bzw. Stoffgemische, die als natürliche Ressourcen in den industriellen Prozess eingehen. Zu den wichtigsten Rohstoffen für die chemische Industrie zählen heute Luft, Wasser, Erdgas, Erdöl, Kohle, Steinsalz (Natriumchlorid), Kalkstein (Calciumcarbonat) und Sand (Siliciumdioxid).

Satz von HESS: Nach dem Satz von HESS (Satz von den konstanten Wärmesummen) ist die Reaktionsenthalpie einer Reaktion nur von den Edukten und Produkten dieser Reaktion und nicht vom Reaktionsweg von den Edukten zu den Produkten abhängig.

Säure (BRÖNSTED-Definition): Eine Säure ist ein Protonendonator. *Hinweis*: Die Begriffe „Säure" und „Base" werden sowohl zur Bezeichnung von Stoffen, z. B. Schwefelsäure, als auch zur Bezeichnung ihrer Teilchen, z. B. Schwefelsäure-Molekül, verwendet. Es muss jeweils dem Zusammenhang entnommen werden, ob vom Stoff (z. B. der flüssigen Schwefelsäure aus der Flasche) oder von einem Teilchen (z. B. dem Schwefelsäure-Molekül in der Reaktionsgleichung) die Rede ist.

Schlüssel-Schloss-Prinzip: Mit dem Schlüssel-Schloss-Prinzip kann vereinfachend veranschaulicht werden, unter welchen Voraussetzungen z. B. die Wechselwirkung zwischen einem Enzym-Molekül an seinem aktiven Zentrum (dem „Schloss") und einem Substrat-Molekül (dem „Schlüssel") zustande kommt.

Schwache Säure: Schwache Säuren sind schlechte Protonendonatoren; sie liegen beim Protolysegleichgewicht nur zu einem sehr geringen Anteil protolysiert vor. In Berechnungen stuft man Säuren mit $pK_S > 4{,}75$ als schwach ein.

Sekundärstruktur: Als Sekundärstruktur der Protein-Moleküle bezeichnet man deren dreidimensionale Struktur (Konformation), die sich durch die Wasserstoffbrücken zwischen den Peptid-Gruppen innerhalb einer Kette (α-Helixstruktur) oder zwischen benachbarten Ketten (β-Faltblattstruktur) ergibt.

Silberspiegel-Probe: Die Silberspiegel-Probe ist eine Nachweismethode für Stoffe, deren Moleküle Aldehyd-Gruppen enthalten. Bei positiver Silberspiegel-Probe werden Silber(I)-Ionen aus einem farblosen Komplex zu metallischem, glänzendem Silber reduziert.

Spannungsreihe: In der Spannungsreihe sind die Redoxpaare nach ihrem Standardpotenzial E° geordnet.

Standardpotenzial E° (Standard-Redoxpotenzial, Normalpotenzial): Hierbei handelt es sich um die Potenzialdifferenz, die bei einer galvanischen Zelle aus einer Standard-Wasserstoff-Halbzelle und einer Halbzelle des betrachteten Redoxpaares bei Standardbedingungen ($\vartheta = 25\,°C$, $c = 1$ mol/L) gemessen wird.

Standard-Wasserstoff-Halbzelle: Die Standard-Wasserstoff-Halbzelle enthält das Redoxpaar $H_2/2H_3O^+$ bei Standardbedingungen ($\vartheta = 25\,°C$, $c = 1$ mol/L, $p = 1013$ hPa). Sie besteht aus einer Salzsäure-Lösung ($c = 1$ mol/L, $\vartheta = 25\,°C$), in die eine mit Wasserstoff ($p = 1013$ hPa) umspülte Platin-Elektrode eintaucht. Für diese Halbzelle wurde festgelegt: $E^\circ = 0$ V.

Stereoisomere: Als Stereoisomere bezeichnet man Stoffe, deren Moleküle gleiche Konstitution (also gleiche Valenzstrichformeln) haben und sich nur durch die Konfiguration (also durch die Anordnung der Atome im dreidimensionalen Raum) unterscheiden.

Stoßtheorie: Nach der Stoßtheorie (genauer: Stoßhypothese) müssen Teilchen verschiedener Stoffe zusammenstoßen, um reagieren zu können (notwendige, nicht hinreichende Bedingung).

Tertiärstruktur: Als Tertiärstruktur der Protein-Moleküle bezeichnet man deren vollständige dreidimensionale Struktur (Konformation), die sich aus der Primär- und Sekundärstruktur und den Wechselwirkungen zwischen den Aminosäure-Resten (Wasserstoffbrücken, Ionenbindungen, VAN-DER-WAALS-Kräfte und Disulfid-Brücken) ergibt.

Thermoplaste: Thermoplaste sind Kunststoffe, die beim Erwärmen verformbar sind und nach dem Abkühlen die Form, in die sie gebracht wurden, beibehalten.

Titration: Die Säure-Base-Titration ist ein quantitatives Verfahren, bei dem der Gehalt einer Lösung an einer Säure oder an einer Base durch Neutralisation mit einer Lösung bekannter Konzentration einer Base bzw. Säure (Maßlösung) ermittelt wird.

TOLLENS-Probe (Silberspiegel-Probe): Die TOLLENS-Probe ist eine Nachweismethode für Stoffe, deren Moleküle Aldehyd-Gruppen enthalten. Bei positiver Silberspiegel-Probe werden Silber(I)-Ionen aus einem farblosen Komplex zu metallischem, glänzenden Silber reduziert.

Triacylglycerine (Triglyceride): Triacylglycerine (Triglyceride) sind Ester des Glycerins (Propan-1,2,3-triol) mit Fettsäuren. In Fetten sind vorwiegend Reste aus gesättigten Fettsäuren enthalten, in Ölen Reste aus ungesättigten Fettsäuren.

Umschlagsbereich: Als Umschlagsbereich eines Indikators bezeichnet man jenen *p*H-Bereich, in dem dieser seine Farbe deutlich ändert. Die Umschlagsbereiche verschiedener Indikatoren erstrecken sich i.d.R. über zwei *p*H-Einheiten.

Valenzstrichformel: vgl. Konstitution

Verwertung von Kunststoffabfällen: Kunststoffabfälle können durch Werkstoffrecycling (z.B. durch Schreddern und Pressen von neuen Formteilen), Rohstoffrecycling (z.B. durch Rückgewinnung der Monomere durch Depolymerisation oder anderer Chemikalien durch Pyrolyse des recycelten Kunststoffs) oder energetisch (z.B. durch Energienutzung bei der Verbrennung der Kunststoffabfälle) verwertet werden.

Wassergasprozess (Dampf-Reformierung): Beim Wassergasprozess (einem Schritt bei der Ammoniaksynthese nach dem HABER-BOSCH-Verfahren) wird Methan mit Wasserdampf katalytisch zu Kohlenstoffmonooxid und Wasserstoff umgesetzt.

Zellendiagramm: Das Zellendiagramm einer galvanischen Zelle ist eine verkürzte Darstellung der in den beiden Halbzellen beteiligten Redoxpaare. So lautet beispielsweise das Zellendiagramm des DANIELL-Elements:
$\mathbf{Zn(s)/Zn^{2+}(aq)//Cu^{2+}(aq)/Cu(s)}$.

Zellreaktion: In der Zellreaktion wird der Gesamtstoffumsatz in einer galvanischen Zelle in einer Reaktionsgleichung dargestellt. Die Zellreaktion beim DANIELL-Element lautet:

$$\mathbf{Zn(s) + Cu^{2+}(aq) \longrightarrow Zn^{2+}(aq) + Cu(s)}.$$

Zersetzungsspannung U_z: Die Zersetzungsspannung U_z ist die Mindestspannung, bei der bei einer Elektrolyse Stoffe abgeschieden werden.

Zwitterionstruktur: Zwitterionen sind Teilchen mit elektrisch positiver und negativer Ladung. Aminosäure-Moleküle haben Zwitterionenstruktur, die durch innermolekulare Protolyse zwischen der Carboxy-Gruppe und der Amino-Gruppe zustande kommt.

Isomerie

Bei gleicher Summenformel (gleicher qualitativer und quantitativer Zusammensetzung) existieren verschiedene Verbindungen.

Konstitutionsisomerie (Strukturisomerie)
Unterschiedliche Verknüpfung der Atome bzw. unterschiedliche Reihenfolge (Sequenz) der Atome

Gerüstisomerie
(Skelettisomerie)

Isomerie der Grundkörper (Kohlenwasserstoffe), unterschiedlicher Aufbau des Kohlenstoff-Gerüsts: unverzweigte bzw. verzweigte Ketten

Beispiele: isomere Butane, Pentane, Hexane, isomere Butene

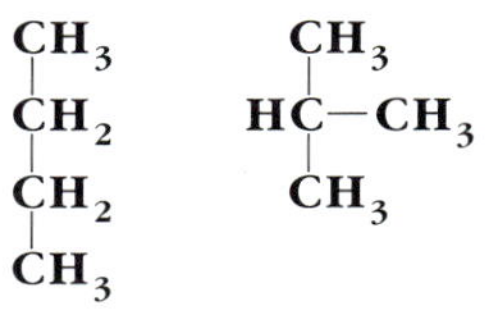

C_4H_{10}

Stellungsisomerie
(Ortsisomerie)

Unterschiedliche Stellung funktioneller Gruppen (Substituenten) an den Kohlenstoff-Atomen einer Kette oder eines Rings (Kernisomerie)

Beispiele: isomere Dichlorethane, isomere Butanole, isomere Dihalogenbenzole

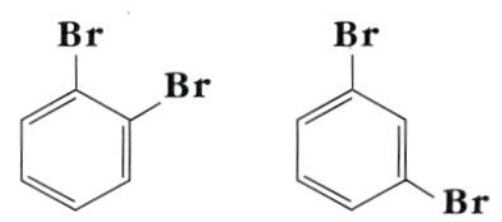

$C_6H_4Br_2$

Funktionelle Isomerie

Isomere besitzen unterschiedliche funktionelle Gruppen.

Beispiele: Ethanol (Hydroxy-Gruppe) – Dimethylether (Sauerstoffbrücke), Propanal – Propanon

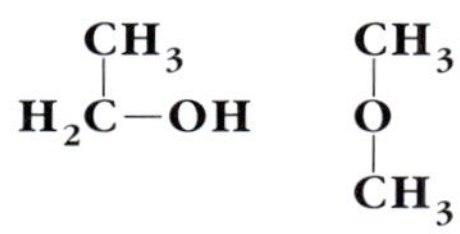

C_2H_6O

Bindungsisomerie
(Valenzisomerie)

Bei den Isomeren sind einzelne Bindungen verschoben, d. h. die gleichen Atome sind verschieden gebunden.

Beispiele: Benzol – DEWAR-Benzol

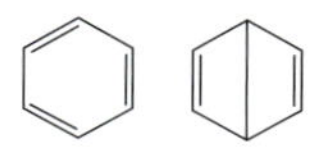

C_6H_6

Stereoisomerie (Raumisomerie)
Die Isomere unterscheiden sich nur in der Konfiguration, d. h. in der Anordnung der Atome im dreidimensionalen Raum.

Enantiomerie
Enantiomere oder optische Isomere stehen wie Bild und Spiegelbild zueinander. Die Isomere haben einen chiralen Molekülbau, der z. B. durch ein asymmetrisches Kohlenstoff-Atom verursacht wird.

Enantiomere unterscheiden sich in vielen Eigenschaften nicht voneinander (Energiegehalt, ϑ_m, ϑ_b u. a.). Sie drehen aber die Ebene des polarisierten Lichts in entgegengesetzte Richtungen und können sich im Geruch und anderen auf biochemischen Prozessen beruhenden Eigenschaften unterscheiden.

Beispiel: Enantiomere der Milchsäure

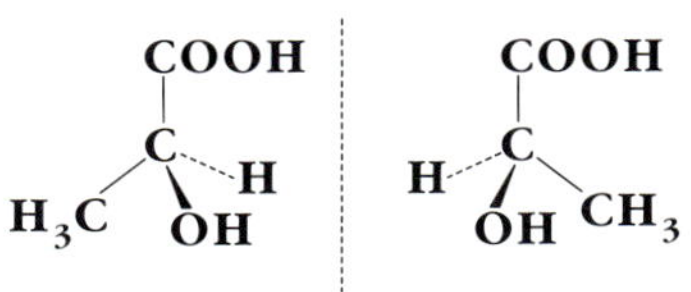

$C_3H_6O_3$

Diastereoisomerie
Diastereoisomere stehen *nicht* wie Bild und Spiegelbild zueinander. Diastereoisomere haben auch unterschiedliche Schmelz- und Siedetemperaturen.

Beispiel: *meso*-Weinsäure ist diastereoisomer zu den beiden Enantiomeren der Weinsäure (vgl. *Chemie 2000+ Online* und „Polarimetrie").

cis-trans Isomerie (geometrische Isomerie, *Z-E* Isomerie)
cis-trans Isomere stellen einen Sonderfall von Diastereoisomeren dar. In ihren Molekülen sind die Substituenten an Doppelbindungen oder an nicht aromatischen Ringen verschieden angeordnet.

Beispiel: *cis-* und *trans-*1,2-Dichlorethen

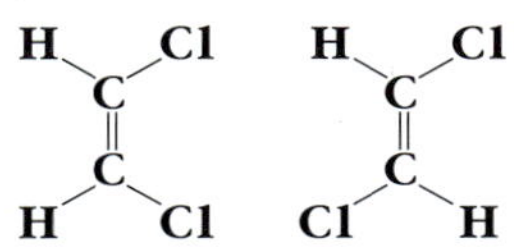

$C_2H_2Cl_2$

Konformationsisomerie

Aus der Rotationsmöglichkeit um die Einfachbindung bedingte unterschiedliche räumliche Anordnung von Atomen zueinander

Beispiel: Sessel- und Wannenform des Cyclohexans

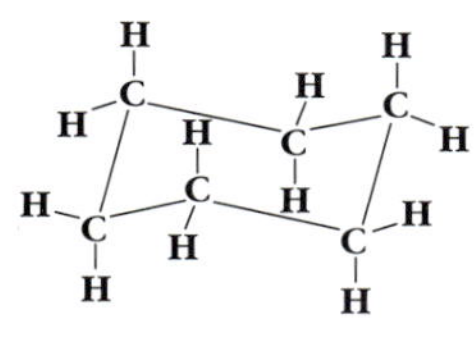

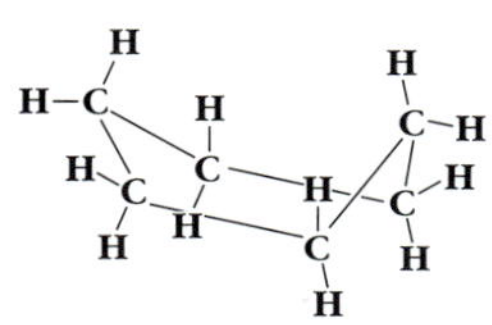

C_6H_{12}

Formeltypen und Molekülmodelle in der organischen Chemie

In der organischen Chemie werden unterschiedliche Formeltypen und Molekülmodelle verwendet, um die Strukturmerkmale von Molekülen darzustellen. Je nachdem, welche dieser Merkmale für die Erklärung von bestimmten Stoffeigenschaften oder Reaktionswegen im Einzelfall von Bedeutung sind, setzt man den einen oder andern Formeltyp ein.

Molekülformel (Summenformel)

Bei der Herleitung der Molekülformel einer organischen Verbindung geht man vom Ergebnis der Elementaranalyse dieser Verbindung, d. h. den prozentualen Massenanteilen, in denen die Elemente in der betreffenden Verbindung gebunden sind, aus. Daraus berechnet man zunächst die Verhältnisformel der Verbindung. Sie gibt das Atomanzahlverhältnis im Molekül an. Die Verhältnisformel ist nicht mit der Molekülformel zu verwechseln, da für verschiedene Verbindungen, z. B. für Methanal CH_2O, Ethansäure $C_2H_4O_2$ und Glucose $C_6H_{12}O_6$ die gleiche Verhältnisformel $C_1H_2O_1$ zutrifft.

Aus der Verhältnisformel wird anhand der experimentell ermittelten molaren Masse der Verbindung auf deren Molekülformel geschlossen.

Die Molekülformel (Summenformel) gibt die Art und Anzahl der Atome in einem Molekül genau an. *Beispiele*:

C_2H_6	C_2H_6O	$C_6H_{12}O_6$	C_7H_8
Ethan	Ethanol	Glucose	Toluol

In der Regel kann auch aus einer gegebenen Molekülformel nicht eindeutig auf die Verbindung geschlossen werden, die damit gemeint ist, weil es mehrere Isomere mit der gleichen Molekülformel gibt.

Valenzstrichformel (Strukturformel)

Die Valenzstrichformel (Strukturformel) zeigt die Art und Reihenfolge der Verknüpfung der Atome im Molekül an und gibt an, wo die Valenzelektronen der Atome als bindende und nicht bindende Elektronenpaare lokalisiert sind. *Beispiele*:

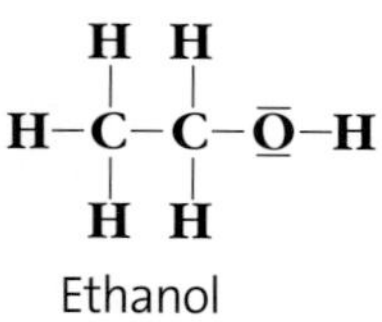
Ethanol

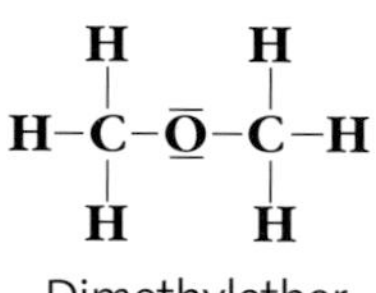
Dimethylether

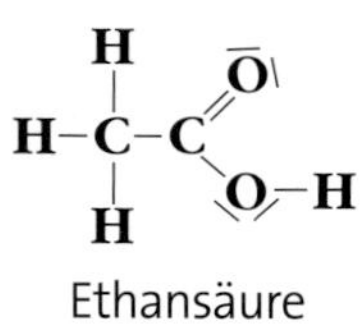
Ethansäure

Durch die Valenzstrichformel wird die Konstitution des Moleküls eindeutig festgelegt. Daher kann man an der Valenzstrichformel in der Regel erkennen, welche Verbindung gemeint ist. (*Hinweis*: Bei Stereoisomeren gibt es Einschränkungen – vgl. Molekülmodelle.)

Halbstrukturformel

Dieser Formeltyp ist eine Kombination aus Molekül- und Valenzstrichformel und gibt vereinfacht die Konstitution des Moleküls wieder. *Beispiele*:

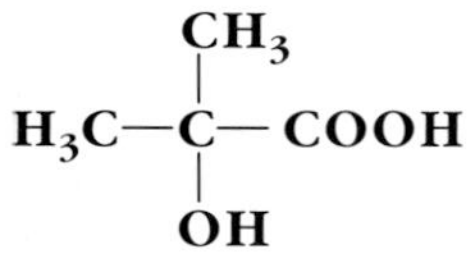
2-Hydroxy-2-methyl-
propansäure

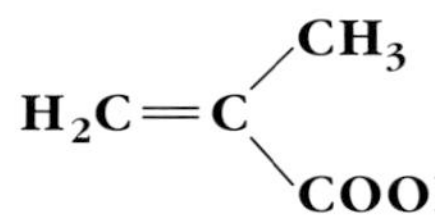
2-Methylpropensäure
(Acrylsäure)

Bei der Darstellung von Reaktionsmechanismen mit solchen Formeln werden ganze Alkyl-Reste (Methyl-, Ethyl-Rest etc.) vereinfachend durch „R_1", „R_2" etc. abgekürzt, die reagierenden funktionellen Gruppen werden dafür so ausführlich, wie für den beschriebenen Vorgang nötig dargestellt, z. B. mit freien Elektronenpaaren und Partialladungen. Zusätzlich verwendet man krumme Pfeile zur Darstellung von Elektronenpaarverschiebungen zwischen den Atomen der reagierenden Teilchen. Die alkalische Verseifung eines Esters kann verkürzt so formuliert werden:

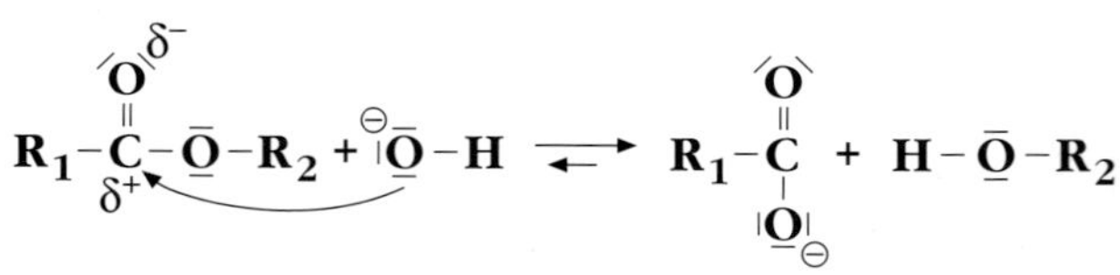

Räumliche Strukturformel (Keilstrichformel)

Moleküle sind dreidimensionale Objekte, für deren Veranschaulichung in einer Ebene Striche alleine nicht ausreichen. Man setzt daher weitere Zeichenelemente ein, beispielsweise Keile und gestrichelte Linien. Keile führen zu Atomen vor, gestrichelte Linien zu Atomen hinter der Zeichenebene.

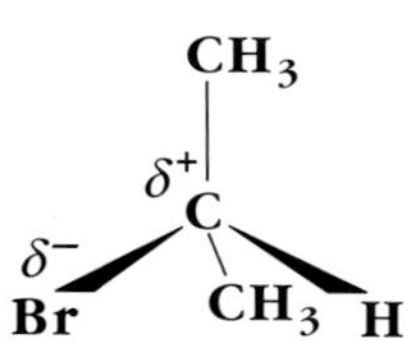
2-Brompropan

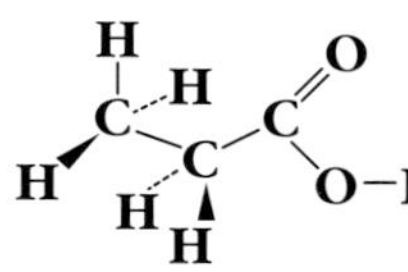
Propansäure

Molekülsymbole (Gerüstformeln)

Molekülsymbole oder Gerüstformeln geben das Molekülgerüst unter Berücksichtigung wesentlicher geometrischer Merkmale des Moleküls und Weglassung der Wasserstoff-Atome wieder. *Beispiel*:

$H_3C{-}CH_2{-}COOH$
oder
H_3CCH_2COOH

Halbstrukturformel

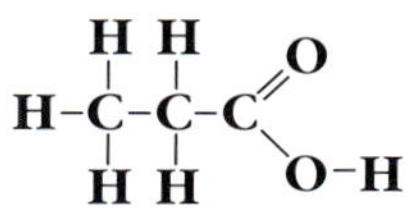

Valenzstrichformel (Strukturformel)

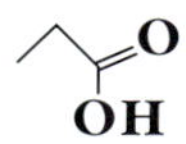

Molekülsymbol

Im Molekülsymbol entspricht jede Ecke (jeder Knick) und jeder frei endende Strich einem Kohlenstoff-Atom, an das so viele Wasserstoff-Atome gebunden sind, bis die Vierbindigkeit des Kohlenstoff-Atoms erreicht ist.
Molekülsymbole sind wegen ihrer einfachen Schreibweise und dennoch großen Aussagekraft der in der organischen Chemie am häufigsten verwendete Formeltyp.
So wird beispielsweise für Benzol, den Hauptvertreter der **aromatischen Verbindungen**, statt der Valenzstrichformel in aller Regel das Molekülsymbol verwendet:

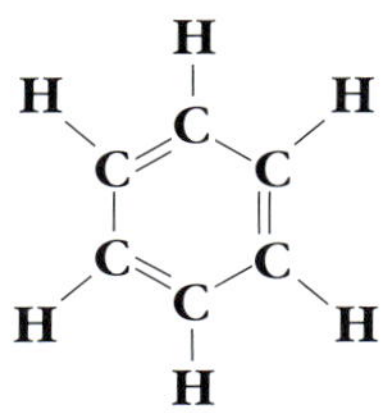

Valenzstrichformel des Benzol-Moleküls

Molekülsymbol des Benzol-Moleküls

Eine Besonderheit des aromatischen Rings im Benzol-Molekül und in Molekülen anderer aromatischer Verbindungen ist, dass die *sechs* Elektronen der konjugierten Doppelbindungen[1], das *aromatische Elektronensextett*, über den ganzen Ring *delokalisiert* sind. Die wahre Elektronenverteilung im Benzol-Molekül wird demnach durch keine der beiden folgenden Molekülsymbole richtig beschrieben, sondern liegt dazwischen:

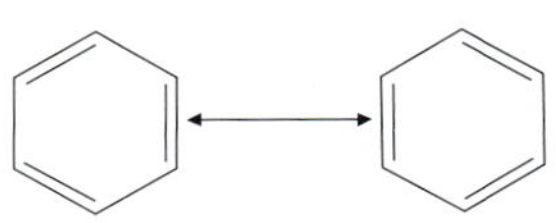

Diese beiden Molekülsymbole werden als *mesomere Grenzstrukturen* oder *Grenzformeln* des Benzol-Moleküls bezeichnet und sind durch den *Mesomeriepfeil* (⟷) verbunden.

[1] Bei *heterocyclischen* aromatischen Ringen können auch freie Elektronenpaare von N-, O-, oder S-Atomen ins delokalisierte aromatische Elektronensextett eingehen.

Molekülmodelle

Mit Bauelementen aus Molekülbaukästen (Kugeln, Stäbchen, Kalotten) lassen sich verschiedene Molekülmodelle herstellen, z. B. für das Methan-Molekül:

Kugelstäbchenmodell

Kalottenmodell

Viel häufiger als Molekülbaukästen werden zur Erzeugung von Molekülmodellen Computerprogramme verwendet (vgl. z. B. *Chemie 2000+ Online* > Chemie interaktiv > 3D-Moleküle). Damit können virtuelle 3D-Kugelstäbchen- und Kalottenmodelle von Molekülen auf dem Bildschirm erzeugt, in beliebige Richtungen bewegt und gedreht werden. Für die Veranschaulichung der räumlichen Anordnung der Atome eignen sich die Kugelstäbchenmodelle am besten. *Beispiel*:

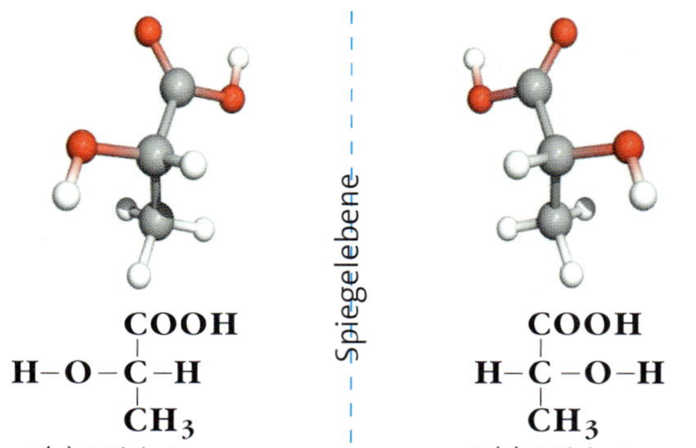

L(+)-Milchsäure
D(–)-Milchsäure

Kugelstäbchenmodelle und Fischer-Projektionsformeln von Milchsäure

Die Raumerfüllung durch die Atome im Molekül und durch das Molekül als Ganzes wird am besten in den Kalottenmodellen veranschaulicht. *Beispiel*:

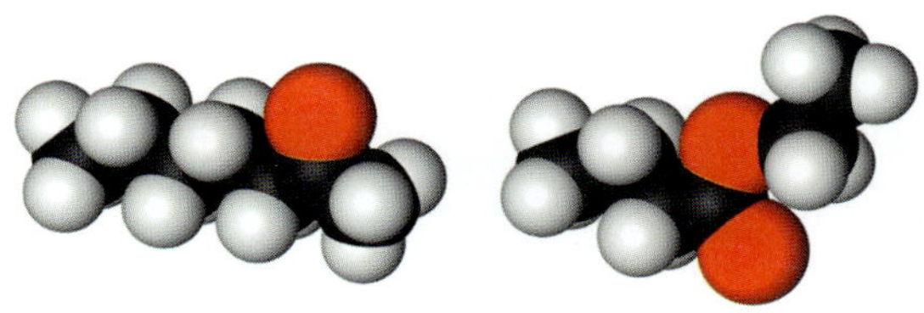

Kalottenmodelle von Heptan-2-on (links) und von Butansäureethylester (rechts)

Die SI-Einheit der Stoffmenge *n*, das Mol (mol)

1 mol ist die Stoffmenge eines Systems, das aus ebenso viel Einzelteilchen besteht, wie Atome in 12 g des Kohlenstoff-Isotops ^{12}C enthalten sind.
Bei Verwendung des Mols müssen die Einzelteilchen des Systems genau bezeichnet sein. Es können Atome, Moleküle, Ionen, Elektronen sowie andere Teilchen oder Gruppen solcher Teilchen genau angegebener Zusammensetzung sein.

Je größer die Stoffmenge *n* einer Stoffportion ist, desto größer ist die Anzahl *N* der Teilchen, aus denen die Stoffportion besteht:

$n(\mathbf{X}) \sim N(\mathbf{X})$ oder $N(\mathbf{X})/n(\mathbf{X})$ = konstant

Es gilt: $\frac{N(\mathbf{X})}{n(\mathbf{X})} = N_A$ Die Konstante N_A heißt **Avogadro-Konstante**[1].

Für die Einheit der Avogadro-Konstante gilt: $\frac{[N]}{[n]} = [N_A] = \frac{1}{\text{mol}}$.

Die Anzahl $N(\mathbf{X})$ der Teilchen in einem Mol einer Stoffportion kann auf verschiedenen Wegen ermittelt werden. Nach dem heutigen Kenntnisstand sind es $6{,}022 \cdot 10^{23}$ Teilchen. Für die Avogadro-Konstante N_A erhalten wir somit:

$$\frac{6{,}022 \cdot 10^{23}}{1\ \text{mol}} = \frac{6{,}022 \cdot 10^{23}}{\text{mol}} = N_A.$$

[1] Die Avogadro-Konstante wird auch als *molare Teilchenzahl* bezeichnet.
[2] Die erste Bestimmung der Anzahl der Teilchen in einem Mol einer Stoffportion beruht auf einer Arbeit von Joseph Loschmidt (1821 bis 1895). Es ergaben sich rund $6 \cdot 10^{23}$ Teilchen.

Angabe einer Größe

Zur genauen Angabe einer Größe schreibt man das **Produkt aus dem Zahlenwert und der Einheit** auf.

Beispiele:
$m(\mathbf{Fe}) = 5 \cdot 1\ \text{kg} = 5\ \text{kg}$
$n(\mathbf{NaOH}) = 2\ \text{mol}$
$c(\mathbf{HCl}) = 0{,}01\ \text{mol/L}$

Beispiele für Angaben von Stoffmengen

$n(\mathbf{O}) = 2\ \text{mol}$
(Stoffmenge bezogen auf Sauerstoff-Atome)

$n(\mathbf{O_2}) = 0{,}5\ \text{mol}$
(Stoffmenge bezogen auf Sauerstoff-Moleküle)

$n(\mathbf{H_2O}) = 10\ \text{mol}$
(Stoffmenge bezogen auf Wasser-Moleküle)

$n(\mathbf{NaCl}) = 1\ \text{mol}$
(Stoffmenge bezogen auf Formeleinheiten von Kochsalz)

Zusammenhänge zwischen der Stoffmenge *n* und anderen Größen

$n = \frac{m}{M}$ (gilt für alle Stoffe)	*n*: *m*: *M*:	Stoffmenge in mol Masse in g molare Masse in $g \cdot mol^{-1}$
$n = \frac{V_n}{V_{mn}}$ (gilt für Gase)	V_n: V_{mn}:	Normvolumen in L molares Normvolumen (Grundkonstante)
$n = \frac{p \cdot V}{R \cdot T}$ (gilt für Gase)	*p*: *V*: *T*: *R*:	Druck in Pa = $N \cdot m^{-2}$ Volumen in m^3 Temperatur in K Gaskonstante (Grundkonstante)
$n = c \cdot V_{LS}$ (gilt für Lösungen)	*c*: V_{LS}:	Stoffmengenkonzentration in $mol \cdot L^{-1}$ = Volumen der Lösung in L

Auswertung der Bestimmung der molaren Masse *M* durch Messung des Gasvolumens *V*, das sich durch Verdampfen der Masse *m* eines Reinstoffes bildet:

$$M = \frac{m \cdot R \cdot T}{p \cdot V}$$

Grundkonstanten

Lichtgeschwindigkeit im Vakuum	*c*	$= 2{,}99793 \cdot 10^8\ m \cdot s^{-1}$
Planck sche Konstante	*h*	$= 6{,}626 \cdot 10^{-34}\ J \cdot s$
Elementarladung	*e*	$= 1{,}602 \cdot 10^{-19}\ C$
Gaskonstante	*R*	$= 8{,}314\ J \cdot K^{-1} \cdot mol^{-1}$
Avogadro-Konstante	N_A	$= 6{,}022 \cdot 10^{23}\ mol^{-1}$
molares Normvolumen	V_{mn}	$= 22{,}415\ L \cdot mol^{-1}$
absoluter Nullpunkt	*T*	= 0 K oder $\vartheta = -273{,}15\ °C$
Faraday-Konstante	*F*	$= 96\,487\ C \cdot mol^{-1}$

Auswertung der **quantitativen Elementaranalyse** der Verbindung $\mathbf{C_xH_yO_z}$, bei der das Massenverhältnis $m(\mathbf{C}) : m(\mathbf{H}) : m(\mathbf{O})$ ermittelt wurde:

$x : y : z = n(\mathbf{C}) : n(\mathbf{H}) : n(\mathbf{O})$ oder

$$x : y : z = \frac{m(\mathbf{C})}{M(\mathbf{C})} : \frac{m(\mathbf{H})}{M(\mathbf{H})} : \frac{m(\mathbf{O})}{M(\mathbf{O})}$$

Reduktionsvermögen (nimmt nach unten ab) / Oxidationsvermögen (nimmt nach unten zu)

Red	⇌	Ox	+ z·e⁻	E° in V
Li(s)	⇌	$Li^+(aq)$	+ e^-	−3,04
K(s)	⇌	$K^+(aq)$	+ e^-	−2,92
Ca(s)	⇌	$Ca^{2+}(aq)$	+ $2e^-$	−2,87
Na(s)	⇌	$Na^+(aq)$	+ e^-	−2,71
Mg(s)	⇌	$Mg^{2+}(aq)$	+ $2e^-$	−2,36
Al(s)	⇌	$Al^{3+}(aq)$	+ $3e^-$	−1,66
Mn(s)	⇌	$Mn^{2+}(aq)$	+ $2e^-$	−1,18
Zn(s)	⇌	$Zn^{2+}(aq)$	+ $2e^-$	−0,76
Cr(s)	⇌	$Cr^{3+}(aq)$	+ $2e^-$	−0,74
Fe(s)	⇌	$Fe^{2+}(aq)$	+ $2e^-$	−0,41
Cd(s)	⇌	$Cd^{2+}(aq)$	+ $2e^-$	−0,40
Co(s)	⇌	$Co^{2+}(aq)$	+ $2e^-$	−0,28
Ni(s)	⇌	$Ni^{2+}(aq)$	+ $2e^-$	−0,23
Sn(s)	⇌	$Sn^{2+}(aq)$	+ $2e^-$	−0,14
Pb(s)	⇌	$Pb^{2+}(aq)$	+ $2e^-$	−0,13
$H_2(g)$	⇌	$2H^+(aq)$	+ $2e^-$	0,00
Cu(s)	⇌	$Cu^{2+}(aq)$	+ $2e^-$	+0,35
Ag(s)	⇌	$Ag^+(aq)$	+ e^-	+0,80
Hg(l)	⇌	$Hg^{2+}(aq)$	+ $2e^-$	+0,85
Pt(s)	⇌	$Pt^{2+}(aq)$	+ $2e^-$	+1,20
Au(s)	⇌	$Au^{3+}(aq)$	+ $3e^-$	+1,41

Reduktionsmittel	⇌	Oxidationsmittel	E° in V
$2I^-(aq)$	⇌	$I_2(s)+2e^-$	+ 0,54
$2Br^-(aq)$	⇌	$Br_2(l)+2e^-$	+ 1,07
$2Cl^-(aq)$	⇌	$Cl_2(g)+2e^-$	+ 1,36
$2F^-(aq)$	⇌	$F_2(g)+2e^-$	+ 2,87

Reduktionsmittel	⇌	Oxidationsmittel	+ ze⁻	E° in V
$S^{2-}(aq)$	⇌	S(s)	+ $2e^-$	− 0,51
$Sn^{2+}(aq)$	⇌	$Sn^{4+}(aq)$	+ $2e^-$	− 0,15
$Cu^+(aq)$	⇌	$Cu^{2+}(aq)$	+ e^-	− 0,15
$4OH^-(aq)$	⇌	$O_2(g) + 2H_2O(l)$	+ $4e^-$	+ 0,40
$Fe^{2+}(aq)$	⇌	$Fe^{3+}(aq)$	+ e^-	+ 0,77
$NO(g)+2H_2O(l)$	⇌	$NO_3^-(aq) + 4H^+(aq)$	+ $3e^-$	+ 0,96
$2H_2O(l)$	⇌	$O_2(g) + 4H^+(aq)$	+ $4e^-$	+ 1,23
$Mn^{2+}(aq)+2H_2O(l)$	⇌	$MnO_2(s) + 4H^+(aq)$	+ $2e^-$	+ 1,23
$2Cr^{3+}(aq)+7H_2O(l)$	⇌	$Cr_2O_7^{2-}(aq) + 14H^+(aq)$	+ $6e^-$	+ 1,33
$Mn^{2+}(aq)+4H_2O(l)$	⇌	$MnO_4^-(aq) + 8H^+(aq)$	+ $5e^-$	+ 1,51

Formel Name	pK_s-Wert pK_b-Wert
HCOOH Ameisensäure	3,77
H_3CCOOH Essigsäure	4,76
H_3CCH_2COOH Propionsäure	4,88
ClH_2CCOOH Monochloressigsäure	2,81
Cl_3CCOOH Trichloressigsäure	0,64
HOOC–COOH Oxalsäure	1,42 (4,29)[1]
$HOOC–CH_2–COOH$ Malonsäure	2,69 (5,7)[1]
$HOOC–CH_2CH_2–COOH$ Bernsteinsäure	4,19 (5,48)[1]
$H_3C–CH(OH)–COOH$ Milchsäure	3,87
HOOC–CH(OH)–CH(OH)–COOH Weinsäure	2,48 (5,39)[1]
$HOOC–CH_2–C(OH)(COOH)–CH_2–COOH$ Citronensäure	(4,74)[1] (5,39)[2]
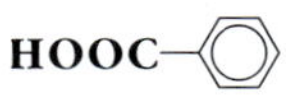 Benzoesäure	4,19
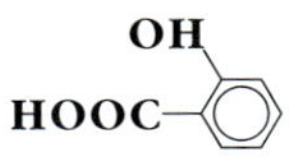 *o*-Hydroxybenzoesäure (Salicylsäure)	2,97
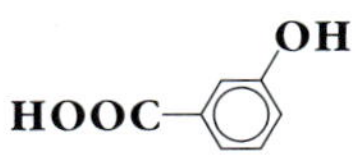 *m*-Hydroxybenzoesäure	4,06
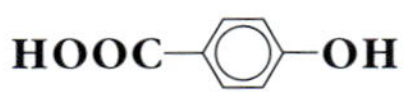 *p*-Hydroxybenzoesäure	4,48
$H_3C–NH_2$ Methylamin	3,35
$H_3C–CH_2–NH_2$ Ethylamin	3,47
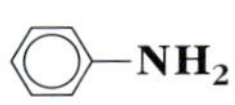 Anilin	9,42

Abbau, C-terminaler, N-terminaler 201
Abbruchreaktion 35, 69, 231
Abfall, sortenreiner 236f., 251
Abgaskatalysator 81, 95
Ablauf, selbsttätiger......... 24ff., 69, 104f., 298
Ableitelektrode 285
Absorption............ 35, 164ff., 246, 289, 291f.
Absorptionskurve 165
Absorptionsspektrum 165
Abwasserreinigung, photokatalytische 293
Acetatfaser 216
Acetat-Puffer .... 124f., 133f.
Acetatseide................................ 216
Acetessigsäureethylester 92
Aceton .... 37, 50, 52f.
Acetylsalicylsäure .... 156, 160f.
Acidität .... 160f.
acidum aceticum 114
Acrylsäure 52, 240f., 324
Addition........... 39, 41ff., 68f., 147ff., 153, 173
Addition, intramolekulare 179, 182
additive Farbmischung 165
Adenin 158
Adenosinmonophosphat, cyclisches 212
Adenosintriphosphat 100, 212
Adenylatcyclase............................ 212
Adipinsäure .... 162, 232f.
Adrenalin.................................. 156
Adsorption 81, 98
α-Helixstruktur............... 201, 203, 213, 223
Akkumulator 253, 273ff., 277, 284f., 299, 301
Akkumulatorentechnik.................... 284f.
Aktionspotenzial............................ 213
aktivierender Substituent 155
Aktivierungsenergie ... 25, 79ff., 95, 98f., 110, 153
Aktivität, optische 222
Akzeptor-Halbzelle .... 261ff., 268f.
Alanin................... 194, 196, 199, 223, 302
Alanylglycin 199
Aldehyd... 15, 37, 48ff., 68, 144, 178f., 185, 207, 213
Aldehyd-Gruppe 15, 144, 178f., 182
Aldohexose................................. 222
Aldose 179, 222
Alkali-Mangan-Batterie.................. 282f., 299
alkalisch........... 10, 116ff., 124ff., 129, 133, 158
alkalische Hydrolyse 208
Alkan........ 15, 30ff., 35ff., 39ff., 52, 55, 68, 147f.
Alkanal 15, 37, 48, 206
Alkanol...... 15, 18, 36ff., 41, 47f., 50f., 68f., 81ff., 93, 111, 157, 161, 193, 201, 235, 242
Alkanol, dreiwertiger............. 205, 223, 234f.
Alkanol, primärer...................... 36, 48, 51
Alkanol, sekundärer 36, 48
Alkanon 15, 37
Alkansäure............................. 37, 244
Alken............. 15, 31, 36ff., 68f., 80, 95, 147f.
Alkohol 67, 68
Alkylbenzol 147, 154, 162
Alkylbenzolsulfonsäure 162
Alkylierung.......................... 153f., 162
Alltagsprodukt..................... 138, 208, 216
alternative Energiequelle 17
Aluminium .... 280f.
Aluminiumgewinnung 280
Amalgam-Verfahren......................... 278
Ameisensäure 72, 120f., 123, 138
Amin 159ff., 168
Amino-Carboxylat-Ion 196
Aminoethan 161
Amino-Gruppe.... 68, 158f., 161, 195, 197, 201, 223
6-Aminohexansäure 233
Aminosäure....... 177, 194ff., 213f., 223, 233, 302
Aminosäure-Baustein 199, 201, 213, 223, 233
Aminosäuresequenz 201, 212
Ammoniak........... 52, 90f., 96ff., 111, 117, 123, 147, 151, 158, 161, 176, 239
Ammoniaksynthese.................... 96ff., 111
Amperometrie 74f., 78
amperometrische Titrationskurve 135
Ampholyt 119, 141
amphoteres Teilchen 119
Amylopektin 187, 222
Amylose............................... 187, 222
Anfangsgeschwindigkeit 77
Anfangskonzentration............ 77, 90f., 120ff.
Angriff, elektrophiler .... 43, 152ff.
Anilin........................ 123, 150, 158ff., 168
Anilin, Steckbrief 158
Anion 137, 163, 196f., 278
Anion-Base................................. 117
Anionenaustauscher 137
anionisches Tensid 162, 209
Anion-Säure 117, 123, 133
Anode 246f., 254, 261f., 269, 272, 274f., 278, 280ff., 285ff., 298
Anregung, elektronische............... 167, 292
Anthocyan 126, 163
Anthocyanidin.............................. 163
Anthocyan-Kation 126
Anthracen 149
Anthrachinon 169
anthropogene Kohlenstoffdioxid-Emission .. 193
Anwendungsprodukt... 29, 39, 52f., 162, 239, 279
Äquivalenzpunkt 129ff., 135, 141
Arachidonsäure......................... 177, 205
Arbeitsplatzgrenzwert 173
Arbeitsplatz-Konzentration, Maximale ..... 150f.
Arginin................................... 195f.
Armstrong.................................. 148
Aromastoff .... 144f., 156, 180, 214f.
Aromat 52, 68, 142ff., 155ff., 162ff., 173
Aromat, heterocyclischer .... 149, 158f.
Aromat, in Naturstoffen .... 163f.
Aromat, polycyclischer kondensierter....... 149
aromatischer Ring 145ff., 159, 161f., 325
aromatisches Elektronensextett 149, 159, 325
Aromatizität................................ 148
Arrhenius, Svante 79, 114
Ascorbinsäure 115, 215, 300
Asparagin 195
Asparaginsäure .... 195f.
Aspirin 160
asymmetrisches Kohlenstoff-Atom... 180ff., 214, 222, 300, 323
Atmosphäre 54ff., 100f., 138, 239
Atmung 83, 290f., 302
Atmungskette 157
Atomorbital 148
Aufbau eines Kopfhaares 200
Ausgangskonzentration 91, 121
äußerer Zwang 93, 111
Autoprotolyse .... 119, 141, 194f.
Autoprotolyse des Wassers 119, 141
Autoprotolyse, intramolekulare........... 194f.
Autoprotolysegleichgewicht................. 119
Autoprotolysegleichgewicht des Wassers 119
AVOGADRO, Hypothese von................... 94
AVOGADRO-Konstante 13, 34, 77, 118
Azofarbstoff 168
Azo-Gruppe 168
Azoisobuttersäurenitril AIBN................ 230
Azokupplung 168

Babywindel.......................... 52, 240f.
Badische Anilin-und Sodafabrik BASF......... 96
Bakelit 52, 226
Bändermodell 289
Base........... 10, 12, 112f., 115, 117, 119ff., 129, 131, 133ff., 141, 158f., 161, 197, 257
Base, konjugierte 117, 141
Base, korrespondierende ... 117, 121, 125ff., 134, 141
Base, mittelstarke 123
Base, schwache............................. 123
Base, starke 123, 125
Basenkonstante 121f., 141
Basenpaarung 158
Basenstärke 121, 141
basischer Charakter 159
Basiskonzept 16, 70, 112, 142, 174, 224, 252
Basizität............................ 158ff., 161
Batterie 128, 260f., 272ff., 277, 282f., 285, 299, 301
Baumwolle 169, 179, 188f., 208, 216, 232, 238, 242, 244
Bauxit 280
BEILSTEIN-Probe 32, 40f., 146f., 152
BELOUSOV-ZHABOTINSKY-Reaktion 105
Benzaldehyd........................... 144, 173
Benzin......... 18f., 20, 24f., 29f., 39, 52, 145, 154, 192, 237, 255, 301
Benzoesäure.................. 82, 123, 160f., 173
Benzol 52, 143, 145ff., 153, 155ff., 162, 173, 237, 239, 323, 325
Benzol, Alkylierung...................... 153, 162
Benzol, Bromierung........................ 152f.
Benzol, Steckbrief 145
Benzol, Sulfonierung........................ 162
Benzol-Derivat, monosubstituiertes 159
Benzol-Formel 143, 149, 173
Benzolkern................................. 155
Benzol-Molekül, Elektronendichte 148, 154
Benzol-Molekül, Geometrie.................. 148
Benzolring............... 148f., 154f., 159, 161, 173
Benzpyren .... 14 ff.
Benzylbromid............................... 146
Berechnung von *p*H-Werten................ 122f.
Bernsteinsäure 123, 300
BERZELIUS, J. J. 80
BEST, C. 212
Bezugshalbzelle 265
β-Faltblattstruktur.................. 201, 203, 223
Bildungsenthalpie .... 21ff.
bimolekulare Reaktion 77
Bindung, glykosidische 183, 185, 189, 217, 222
Bindungselektronen 50f., 149, 173
Bindungspolarisierung.................... 43, 154
Biogasgewinnung........................... 125
Biokatalysator 199
Biokraftstoff................................ 193
Biomasse.................. 52, 125, 190, 193, 253
Biomass-to-Liquids-Kraftstoff 193
Biomembran 210
Biuretreaktion 194f., 223
Blattfarbstoff................................ 164
Blattgrün 165
Blauer Engel................................ 190
Blaukraut .... 126f.
Blei 151, 258, 274f., 299
Blei(II)-Ionen 275
Bleiakkumulator 273ff., 277, 284, 299
Blindprobe 88
Blut, Bestandteile........................... 202
Blutserum 197
Blutzuckerspiegel...................... 199, 212
Bodenprobe 138
BOLTZMANN, LUDWIG.......................... 26
BOSCH, CARL XX
BOSCH-Löcher 96
Botulinustoxin 151
BOYLE, ROBERT 114, 127
Brennprobe .... 194f.
Brennstoff ... 17f., 20f., 25, 55, 138, 192f., 277, 299
Brennstoff, fossiler............... 55, 138, 193, 239
Brennstoffzelle............. 253, 255, 273, 276f., 299
Brennstoffzelle, Groves 273
Brennwert 20, 22,185, 192, 205
Brennwert von Fett 205
Brennwert von Zucker....................... 185
Brenzcatechin............................... 157
Brom........... 32ff., 41ff., 93, 146ff., 151ff., 158, 173, 206f., 267
Bromaddition 41, 43, 93
Brombenzol .... 148, 152f.
Bromierung.... 33ff., 40, 69, 147, 152ff., 156, 158f.
Bromierung von Benzol .... 152f.
Bromthymolblau .. 82, 116f., 126ff., 130ff., 141, 165
Bromtoluol 146f., 152, 154
Bromwasser .... 15, 22, 28ff., 38, 40, 42ff., 82, 92f., 146ff., 156, 206, 236, 256, 266f.
BRÖNSTED, JOHANNES NIKOLAUS 114
BRÖNSTED, Säure-Base-Definition..... 115, 117, 141
Brot .... 138, 176f.
Bürette .... 128f.
Butendisäure 132
Buttersäure 37, 205

Calciumcarbonat. 15, 72f., 136f., 176, 190
Calciumhydrogencarbonat. 136f., 208
Calciumoxalat 136
Calciumoxid. 97, 136
Carbenium-Ion . . . . 43, 45, 153f.
Carbokation 153
Carbonathärte 116, 118, 137
Carbonat-Puffer 124f., 302
Carbonfaser 245
carbonfaserverstärkter Kunststoff. 245
Carbonisierung . . . . 190, 192f.
Carbonisierung, hydrothermale . . . . 192f.
Carbonsäure, aromatische. 161
Carboxy-Ammonium-Ion 196
Carboxy-Gruppe. 15, 144, 178, 195, 197, 201
Carboxylat-Ion 161, 196, 208
Carboxypeptidase 199, 201
β-Carotin 59, 164, 213
Carotinoid. 164
Cellobiose. 183, 185, 217, 222
Cellophan 189
Cellulose . . . . 52, 178f., 183, 185ff., 192f., 216f., 222, 225, 244f.
Cellulose, modifizierte 216, 245
Celluloseacetat 52, 216
Cellulosefaser. 186, 189f., 216, 244
Cellulose-Nachweis 188
Cellulosexanthogenat 189
chemische Energie 25,253, 291, 301
chemische Industrie . . . . 17, 29, 33, 39, 45, 52f., 142, 238f., 278f.
chemische Oszillation. . . . . 100, 104f.
chemischer Energiespeicher Wasserstoff 255
Chemolumineszenz 59, 166
chinoide Form 126, 163
Chinon 157, 163
chiral 180ff., 194, 214
chiraler Bau 194
Chiralität 180ff., 222, 300
Chiralitätszentrum . . . . 181f.
Chlor. . . . . 33f., 43, 49, 52f., 61, 151, 154, 239, 256ff., 267, 278f.
Chlor, Grundchemikalie. . . . . . . 33, 52f., 239, 278f.
Chlor-Alkali-Elektrolyse. . . . . 278f.
Chlorbenzol 162
Chlor-Halbzelle 266f., 269
Chlorierung 33f., 279
Chlorophyll . . . . 59, 83, 164f., 202, 213, 291f.
Chlor-Stammbaum 279
Chlorwasserstoff. 40, 151, 226, 228, 233, 237
Cholin 210
cis-Retinal 213
Citronensäure 114f., 123, 126, 128, 200
Clausius, Rudolf 26
Computersimulation. . . . . 86f.
Concept Map. 217, 283
Copolymer 229
Cracken 29, 31, 39, 41, 53, 95
Creme 211
CROOKS, SIR WILLIAM. 96
Cumol. 53, 147, 153, 156f., 162
Cyanidin 144, 163
Cyankali 151
cyclisches Bromonium-Ion 42
Cyclodextrin . . . . 214f., 243f.
1,3-Cyclohexadien 147
Cyclohexan. 146f., 162, 323
1,3,5-Cyclohexatrien, hypothetisches. 147, 149
Cyclohexen . . . . 30, 40, 146f.
Cystein 194, 196, 198, 302
Cytosin 158

Dampf-Reformierung. 99
DANIELL, JOHN FREDERIC 261
DANIELL-Element. 260f., 263, 273, 298
Definition, *p*H-Wert 119
Definition, Reaktionsgeschwindigkeit. 73
Definition, Säure 10, 115, 141
Dehydratation. 39
Dehydratisierung. 39
Delokalisation 155, 159, 161, 163
delokalisiert 127, 149, 153, 155, 157, 159ff., 173, 246f., 325
delokalisiertes Elektronensextett 149, 173
delokalisiertes Elektronensystem . . 155, 161, 246f.
Denaturierung. . . . . 202f.
Depolymerisation 236
Derivat . . . . . . 37, 61, 155ff., 159, 168, 173, 195, 214f., 229, 241, 246f.
desaktivierender Einfluss 155
desaktivierender Substituent 155
Desorption 81, 98
Desoxyribonucleinsäure DNA 149, 158
DEWAR. 148, 323
D-Glucose 181ff., 185, 187, 189, 193, 214, 222
Diabetes mellitus 212
Diamin. 233
1,6-Diaminohexan. . . . . 232f.
Diaphragma 260, 278, 298
Diaphragma-Verfahren 278
Diastereoisomer. 181, 222, 323
Diazonium-Ion 168
Diazotierung 168
Dibenzoylperoxid. 230
Dibrombenzol, isomeres 148
Dicarbonsäure. . . . . 233, 234f.
Diesel 18ff., 25, 29, 192, 237, 255, 301
Diffusion 81, 212
Dihydroxybenzol, isomeres 157
Diisocyanat-Kompenente 242
Diol. 235, 242
Dipeptid. 199
dirigierender Einfluss. 155
Disaccharid 179, 183, 185, 217, 222
DiSiDoCy. 214, 243
Distickstofftetraoxid. 94
Disulfid-Brücke. 200f., 223
D-Konfiguration 181, 194
DNA 149, 158
DNA-Doppelhelix 158
Donator-Akzeptor-Prinzip. 12, 200, 257, 298
Donator-Halbzelle . . . . 261, 263, 268f.
Doppelbindung, konjugierte. 145, 246, 325
Doppelhelix. 158
Doppelpfeil. 85
Doppelschicht, elektrische. 261
dreiprotonige Säure . . . . 128 f.
Druck 19, 21, 23, 26, 69, 94ff., 99, 111, 190, 192, 206, 265, 280
Düngemittel 52, 98, 111, 184
Dünnschichtchromatogramm. 198
Durchflussreaktor 100
Duroplast 226f., 234, 240, 245, 251
dynamisches Gleichgewicht 87, 111

edles Metall. 264
EDTA-Lösung. 288
Effekt, induktiver. 155
Effekt, mesomerer 155
Eidotter 176
Eiklar 176, 194, 202
Einfachzucker 179, 222
Einfluss, aktivierender, desaktivierender, dirigierender,. 155, 173
Einfluss, des Phenyl-Restes 160f., 173
Eisen. . . . . 255, 258, 264, 286f.
Eisen(III)-bromid. . . . . 152f.
Eisen(III)-chlorid. 84f., 93, 202
Eisen(III)-thiocyanat . . . . 92f.
Eisen-Insel 98
Eisenwolle-Eimer 258
Eiweiß. 164, 176f., 195
Eiweißstoffe 184
Elaste. 226f., 251
Elastomer 226f., 251
elektrisch leitfähiger Kunststoff . . . . 246f.
elektrische Doppelschicht 261
elektrische Energie 12, 252f., 255, 277, 288
elektrische Leitfähigkeit 75, 114f., 119, 289
elektrische Spannung 261
Elektrode 255, 260ff., 280ff., 298
Elektrodenpotenzial 264, 269ff., 274ff., 281f., 301
Elektrolyse. 255, 265ff., 275f., 278ff., 298
Elektrolyse des Wassers 255
Elektrolyse in der Metallurgie. . . . . 280f.
Elektrolysezelle. 265, 278, 280
Elektrolyt 261, 284
Elektrolytbrücke. 260ff., 298
elektrolytische Kupfer-Raffination 281
Elektrolytkupfer. 281
Elektrolyt-Paste. 272f., 282
Elektronen, delokalisierte 149, 155
Elektronenabgabe. 49, 257
Elektronenakzeptor. 12, 259
Elektronenaufnahme. 49, 257
Elektronendichte 43, 69, 127, 148, 154, 157, 159
Elektronendichte, Benzol-Molekül 148
Elektronendonator. 12, 257, 259, 298
Elektronenleiter 261
elektronenschiebender +I-Effekt 43, 154
Elektronensextett, aromatisches. . . . 149, 159, 325
Elektronensextett, delokalisiertes. 173
Elektronensystem, delokalisiertes. . 155, 161, 246f.
Elektronenübergang. 49, 298
Elektronenübertragung 10, 12, 49, 255, 257
elektronenziehender –I-Effekt. 43, 154
elektronisch angeregter Zustand 167
Elektron-Loch-Paar. 246, 289
elektrophile Addition. . . . . 42f., 68f.
elektrophile Substitution. . 68, 153ff., 162, 168, 173
elektrophiler Angriff. 43, 152ff., 173
Elektrophorese. . . . . 196f.
Eliminierung 39
Eloxal-Verfahren. 281
Emission 55, 61, 246, 276
Emissionsspektrum. 166
Emulgator 162, 208
Emulsion 208f., 211
Enantiomer 180f., 222, 323
endergonisch 27, 69
endergonische Reaktion 27, 69
Endiol 179, 300
endotherm 12, 20f., 26, 69, 95, 99
energetische Verwertung 237, 251
Energie, chemische. 253, 291, 301
Energie, elektrische 252f., 255, 277, 288, 301
Energie, innere. 21
Energie, mechanische 12, 21
Energie, thermische. 20f., 192
Energiebänder-Modell. 289
Energiebilanz 99
Energiediagramm. 153
Energieentwertung. 291
Energielücke. 246, 289
Energiequelle, alternative 17, 57
Energiestufe, höchste besetzte 167
Energiestufe, niedrigste unbesetzte 167
Energiestufenmodell. 167
Energieträger . . . . 17, 277, 291ff.
Energieumwandlung . . . . 290f.
Energieverteilungskurven. 79
Enol-Form. 92f., 300
Enthalpie . . . . 20ff.
Enthalpie, freie. 20, 111
entionisiertes Wasser. 137
Entkalker. 126, 129, 138
Entladen. 274f., 284f., 299
Entropie.. . . . . 20, 26f., 69
Entropieänderung. . . . . 26f., 104f.
Entropieerzeugung 105
Entropieprinzip 105
Entropievernichtung . . . . 104f.
Entzündungstemperatur . . . . 18f.
Enzym. . . . . 80, 83, 157, 163, 187, 195, 199, 212ff.
Erdgas. 17ff., 52f., 55, 98f., 138, 192, 239
Erdgas-Brennstoffzelle. 277
Erdöl 16ff., 138, 191f., 239, 303
Erdölfraktionen 19, 22, 29, 31
Ernährung 177
ERTL, GERHARD. 80
erzwungene Reaktion. 25
ESCHER, M. C.. 71
essenzielle Fettsäure. 205
Essigsäure. 37, 114ff., 121ff., 128, 134, 151

Essigsäuregehalt ... 128
Ester ... 12, 15, 37, 82, 111, 205, 208
Estergleichgewicht ... 89, 93
Ester-Gruppe ... 15, 205
Esterhydrolyse ... 82f., 85, 88f., 111
Ethandisäure ... 132f., 136
Ethanol ... 36f., 49f., 52, 151, 161, 192
Ethanolat-Ion ... 161
Ethansäure . 15, 37, 52, 85, 89, 93, 133, 135, 301, 324
Ethen ... 29f., 37, 39, 52f., 148, 154, 228f., 239, 303
Ether ... 37, 47
Ethylamin ... 123, 160f.
Ethylbenzol ... 147, 162
Ethylenglycol ... 44, 234f., 239, 303
exergonisch ... 27, 69, 277
exotherm ... 12, 20f., 25, 33, 69
Explosionsgemisch ... 18f.
Extinktion ... 74f., 110

Faden ... 189, 216, 232ff., 237, 242, 245
Fällungsgleichgewicht ... 102f.
β-Faltblattstruktur ... 201, 203, 223
FARADAY, MICHAEL ... 145
Farben, durch Lichtabsorption ... 165
Farben, durch Lichtemission ... 166
Farbmischung, additive, subtraktive ... 165
Farbstoff . . 126f., 144f., 149, 156ff., 163f., 168f., 213
Farbstoff, synthetischer aus Aromaten ... 68f.
Farbumschlag ... 129, 132
Faser, halbsynthetische ... 216
Faserprotein ... 203
FEHLING-Probe ... 178f., 185, 217
Fett ... 176f., 204ff., 223
Fett, gehärtet ... 206
Fett, Schmelzbereich ... 205, 207, 223
Fett, Verseifung ... 205f., 208
Fettbrand ... 204f.
Fettfleckprobe ... 204
Fetthärtung ... 206
Fetthydrierung ... 206
Fettsäure ... 41, 205ff., 210, 223
Fettsäure, essenzielle ... 205
Fettsäure, gesättigte ... 206f., 223
Fettsäure, Natrium- und Kaliumsalz ... 208
Fettsäure, ungesättigte ... 206f., 215, 223
Fettsäure-Anion ... 208
Fettsäure-Rest ... 205, 207, 210, 223
Fettsäurezusammensetzung ... 206
Filament ... 235
FISCHER, EMIL ... 181
FISCHER-Projektionsformel ... 179ff., 183, 194, 217, 222, 325
FISCHER-TROPSCH-Verfahren ... 193
Flammtemperatur ... 18f.
Flavonoid ... 157
Fließgleichgewicht ... 100
Fließschema ... 99
Fluorchlorkohlenwasserstoffe FCKW ... 61
Fluoreszenz ... 50, 58, 166f.
Folgeprodukt ... 239, 279
fossile Primärenergieträger ... 17
fossiler Brennstoff ... 55, 138, 193
fossiler Rohstoff ... 239
fraktionierte Destillation ... 19
freie Enthalpie ... 20, 111
freie Reaktionsenthalpie ... 27, 69, 293
freies Glutamat ... 198
Fremdstarthilfe ... 274
Fruchtzucker ... 178
Fructofuranose ... 182
α-/β-D-Fructofuranose-Molekül ... 182
Fructose ... 178f., 182, 185, 217, 222
Fructose-Nachweis, spezifischer ... 178
Fulleren-Derivat ... 246f.
Fumarsäure ... 132
funktionelle Gruppe ... 15, 37, 68, 145, 197, 323f.
Furanose ... 183
Furanring ... 182
Fußabdruck, ökologischer ... 191

galvanische Zelle ... 261ff., 267, 269, 275, 286, 288f., 298
Gaschromatogramm ... 28
gebundenes Glutamat ... 198
Generatorprozess ... 99
Geometrie, Benzol-Molekül ... 148
Geraniol ... 67, 144f.
Gerbstoff ... 157
Gerinnung ... 202
Gerste ... 185f.
Gerüstisomerie ... 37, 323
Gesamtentropie ... 105f., 223
gesättigte Lösung ... 103
gesättigter Kohlenwasserstoff ... 31, 147
geschlossenes System ... 55, 85
Geschmacksverstärker ... 198f.
Geschwindigkeit, mittlere ... 71f.
Geschwindigkeitsgesetz ... 77
Geschwindigkeitskonstante ... 77
GIBBS-HELMHOLTZ-Gleichung ... 27, 69
Gift ... 59, 94, 121, 145f., 150f., 156, 158, 237
Gitterenthalpie ... 23
Gleichgewicht, chemisches ... 85, 87, 93, 95, 97, 100f., 103, 111, 117
Gleichgewicht, dynamisches ... 87, 111
Gleichgewicht, Lage ... 94
Gleichgewicht, photostationäres ... 60, 101
Gleichgewichtskonstante ... 89ff., 111, 119, 121
Gleichgewichtskonzentration ... 90f., 111
Gleichgewichtsreaktion ... 89, 91 93, 95
Gleichgewichtszustand ... 85f., 89, 95, 111, 121
Globulin ... 203
Glockenboden ... 19
Glucagon ... 212
Glucopyranose ... 182f.
α-D-Glucopyranose-Molekül ... 182
Glucose ... 83, 179, 181ff., 193, 212, 214ff., 217, 222, 302
D-Glucose ... 181ff., 185, 187, 189, 193, 214, 222
α-D-Glucose ... 182f., 185, 187, 214, 222
β-D-Glucose ... 182f., 189, 193, 222
α-/β-Glucose-Baustein ... 183, 186, 222
Glucose-Oxidase-Test ... 178
Glühlampe ... 292
Glutamat ... 198f.
Glutamin ... 195
Glutaminsäure ... 194ff.
Glutathion ... 198f.
Glycerin ... 52, 189, 205, 210, 223
Glycerinaldehyd ... 181, 183
Glycin ... 194, 196f., 199, 223, 302
Glycylalanin ... XX
Glykogen ... 187
Glykolyse ... 187
1,2-glykosidisch ... 185, 222
1,4-glykosidisch ... 183, 185, 187,189, 222
glykosidische Bindung ... 183, 185, 189, 217, 222
GOD-Test ... 178, 184, 186, 222
Grad deutscher Härte ... 136
Gravimetrie ... 75
Green Chemistry ... 293
Grenzformel ... 149, 152, 173, 325
Grenzformel, mesomere ... 160f.
Grenzstruktur, mesomere ... 149, 152, 154, 156ff., 173
Grenzstrukturformel ... 152, 173
Größengleichung ... 129
Grundchemikalie . . 29, 33, 39, 52f., 162, 278f., 303
Grundchemikalie Chlor ... 278
Grundzustand ... 167
Gruppe, funktionelle ... 15, 37, 68
Guanin ... 158
GULDBERG, CATO MAXIMILIAN ... 88
Gummi ... 227

HABER, FRITZ ... 96
HABER-BOSCH-Verfahren ... 97f., 111
HAHNEMANN ... 118
Halbacetale, intramolekulare ... 182f.
Halbacetalform ... 182
Halbacetal-Gruppe ... 185
Halbäquivalenzpunkt ... 133
Halbleiter ... 246f., 289, 292
halbsynthetische Faser ... 216
Halbtitration ... 133
Halbwertszeit ... 77
Halbzelle ... 261ff., 298, 301
Halogenalkan ... 33, 37, 40, 47
Halogene, Standardpotenziale ... 267
Halogenierung ... 33, 41, 69, 153
Halogenlampe ... 101, 292
Hämoglobin ... 202f., 302
Harnstoff ... 98
Härtebereich, Wasser ... 136
hartes Wasser ... 136f.
Hauptsatz der Thermodynamik ... 23, 69, 270
Hautkontaktbatterie ... 260f.
HAWORTH-Projektionsformel ... 179, 183, 185, 217
Heizwert ... 20, 192
α-Helixstruktur ... 201, 203, 213, 223
HENDERSON-HASSELBALCH-Gleichung. 125, 134, 141
Heptan ... 29f., 147
Herleitung, Puffergleichung ... 134
HESS, Satz von ... 23, 69
Heterocyclen ... 159
heterocyclischer Aromat ... 158
heterocyclisches aromatisches Amin ... 159
heterogene Katalyse ... 81
Heterolyse ... 43
Hexaaquacobalt(II)-Ion ... 94
Hexandiamin ... 233
Hexandisäure ... 233
Hinreaktion ... 83
Hippokrates ... 161
Histidin ... 195
Hochdruckreaktor ... 97
Hochdruckrohr ... 96
höchste besetzte Energiestufe ... 167
HOFMANN'scher Wasserzersetzungsapparat . 254
HOHENHEIM, THEOPHRASTUS BOMBAST VON ... 151
Holzgas ... 192
homogene Katalyse ... 81
homologe Reihe ... 36f.
homolytisch ... 35
Homöopathielehre ... 118
Hormon ... 156, 177, 199, 205, 212
Hortensienblüten ... 126
Hühnerei ... 176
Hybrid-Auto ... 277
Hydratationsenthalpie ... 23
Hydratisierung ... 41
Hydrierkatalysator ... 80
Hydrierung ... 41, 147, 206
Hydrierung, katalytische ... 80
Hydrochinon ... 157
Hydrohalogenierung ... 41
Hydrolyse ... 47, 183, 187, 199, 208, 237
Hydrolyse, alkalische ... 208
Hydronium-Ion ... 115, 141
hydrophil ... 208, 210, 214
hydrophob ... 43, 177, 199, 208
hydrothermale Carbonisierung ... 193
Hydroxid-Ion ... 47, 51, 115, 119, 123, 125, 129, 141
Hydroxid-Ionenkonzentration ... 119
Hydroxybenzoesäure ... 160f., 303
Hydroxybenzol ... 157, 173
Hydroxycarbonsäure ... 235
Hydroxy-Gruppe ... 15, 68, 157, 161, 181ff.
Hypothese von Avogadro ... 94
hypothetisches 1,3,5-Cyclohexatrien ... 147

I-Effekt ... 43, 154f.
Immission ... 55
Indigo ... 144, 169
Indikator Bromthymolblau ... 82, 116f., 126ff., 130ff.
Indikator Methylorange ... 126f., 131ff., 168
Indikator-Base ... 127
Indikatorpapier ... 116
Indikator-Säure ... 127
induktiver Effekt ... 154f.
induktiver –I- und +I-Effekt ... 43
Industrieanlage ... 45, 96, 98f.
Inhibitor ... 35
Initiator ... 231
innere Energie ... 21

Insulin ... 199, 212
interaktiver Lernbaustein ... 214
Interdukt ... 35, 42, 152ff.
intramolekulare Addition ... 179, 182
intramolekulare Autoprotolyse ... 194
intramolekulare Halbacetale ... 182f.
intramolekulare Wechselwirkung ... 201
Iod ... 90, 267
Iod-Kaliumiodid-Lösung ... 186f.
Ionenaustausch ... 137
Ionenaustauscher ... 137
Ionenbindung ... 14, 201, 223
Ionenkonzentration ... 119, 270
Ionenprodukt des Wassers ... 119, 121, 141
Ion-Ion-Anziehungskraft ... 200
Isobuten ... 38ff., 52, 95
Isocyanat-Gruppe ... 242
isoelektrischer Punkt ... 196f., 302
Isoleucin ... 194
isoliertes System ... 55, 85
Isomer ... 30ff., 36ff., 148, 179ff., 323
isomere Weinsäure ... 181
isomeres Buten ... 323
isomeres Dibrombenzol ... 148
isomeres Dihydroxybenzol ... 157
Isomerie ... 31, 323
Isomerie, optische ... 181
Isopropylbenzol ... 53, 147, 153

Kaliumsalz ... 208
Kaliumthiocyanat ... 84, 93
Kalkgebirge ... 137
Kalkgehalt ... 136
Kalkseife ... 209
Kalkstein ... 114, 136f.
Kalkwasser ... 15, 72, 137, 176
Kalorimeter ... 20f.
Kälte-Katalysator-Kernsubstitution ... 155
Karminsäure ... 169
Kartoffelstärke ... 187
Katalase ... 80
Katalysator ... 12, 80ff.
Katalyse ... 80f.
Katalyse, heterogene, homogene ... 80f., 98
Katalysezyklus ... 59, 61
katalytische Hydrierung ... 80
Kathode ... 246f., 261, 269, 275, 278, 280ff., 298
kathodischer Korrosionsschutz ... 287
Kation-Base ... 117
Kationenaustauscher ... 137
Kation-Säure ... 117
Kautschuk ... 227
KEKULÉ, FRIEDRICH AUGUST ... 143
KEKULÉ-Formel ... 143, 145, 147ff.
Kernseife ... 208
Kerosin ... 19f., 29
Keto-Enol-Gleichgewicht ... 93
Keto-Enol-Tautomerie ... 92, 179, 217
Ketohexose ... 222
Ketone ... 37
Ketose ... 179
kettenförmige Struktur ... 179
Kettenisomerie ... 37
Kettenreaktion ... 35, 61, 69, 231
Kettenstruktur ... 182, 217
KKK-Regel ... 155
Klassifikation ... 123
Klimawandel ... 57
Knallgas ... 15, 275, 277
Knallgas-Brennstoffzelle ... 277
Knallgasprobe ... 15, 80
Knallgasreaktion ... 276
Knopfzelle ... 272, 282f.
Kohle ... 239
Kohlenhydrat ... 83, 176f., 179ff., 187ff., 193, 217
Kohlenhydrat, Nachweis ... 222
Kohlensäure ... 136, 138
Kohlenstoff-Atom, asymmetrisches ... 180f., 323
Kohlenstoffdioxid ... 15, 54ff., 83, 137f., 151, 193
Kohlenstoffdioxid-Emission, anthropogene ... 193
Kohlenstoffdioxid-Emission, natürliche ... 193
Kohlenstoffeffizienz ... 192f.
Kohlenstoffmonooxid, Konvertierung von ... 99
Kohlenwasserstoff ... 19, 30f., 37, 52, 54f.
Kohlenwasserstoff, aromatischer ... 147, 157
Kohlenwasserstoff, gesättigter ... 30f., 33, 145, 147
Kohlenwasserstoff, ungesättigter ... 31, 145, 147
Kollisionshypothese ... 106
Kompaktzelle, photogalvanische ... 288f.
Komplementärfarbe ... 127, 165
kompostierbarer Kunststoff ... 237
Kondensationsreaktion ... 12, 183, 232f.
Konfiguration ... 180ff., 194f., 207, 222f.
Konformation ... 201, 203
konjugierte Base ... 117, 141
konjugierte Doppelbindung ... 145
konjugiertes Säure-Base-Paar ... 117
Konservierungsstoff ... 138, 161
Konservierungsstoff E 210 ... 161
Konstitution ... 222
Kontaktelement ... 286f.
Kontaktkorrosion ... 286
kontinuierliches Verfahren ... 98
Konvertierung von Kohlenstoffmonooxid ... 99
Konzentration ... 13, 73, 75ff., 89ff., 100, 103f., 110f., 119ff., 129ff., 141
Konzentrationsänderung ... 92f.
Konzentrationsbestimmung ... 129
Konzentrationszelle ... 269
Kopfhaar, Aufbau, Eigenschaften ... 200
Kopplung, energetische ... 100
Kopplungsprodukt ... 53, 278
Körperflüssigkeit ... 124
korrespondierende Base ... 117, 134, 141
korrespondierende Säure ... 117, 121
korrespondierendes Redoxpaar ... 259, 261
korrespondierendes Säure-Base-Paar ... 117, 127
Korrosion ... 286f.
Korrosionsschutz ... 286f.
Kosmetika ... 17, 211
Kristallviolett ... 75, 144
K_S-Wert ... 141
Kugelstab-Modell ... 180, 182
Kunststoff ... 52f., 224ff.
Kunststoff, carbonfaserverstärkter ... 245
Kunststoff, elektrisch leitfähiger ... 246f.
Kunststoff, kompostierbarer ... 237
Kunststoffabfälle, Verwertung ... 237
Kunststoff-Kreislauf ... 236
Kunststoffmüll ... 236f.
Küpe ... 169
Küpenfärbung ... 169
Kupfer ... 261, 281
Kupfer-Atom ... 259, 261
Kupfer-Elektrode ... 260f., 281, 301
Kupfer-Halbzelle ... 261, 301
Kupfer-Ion ... 49, 194, 259, 281
Kupferoxid ... 48f.
Kupfer-Raffination, elektrolytische ... 281
Kupferseide ... 216
Kupfersulfat-Lösung ... 194, 241, 255, 260f., 281

Lackmus ... 114, 126f.
LADENBURG ... 148
Lage des chemischen Gleichgewichts ... 95, 111
LAMBERT-BEER-Gesetz ... 75
Laurinsäure ... 205
LAVOISIER, ANTOINE LAURENT ... 113
LE CHATELIER, Prinzip von ... 93ff., 97, 111, 269, 298
Lecithin ... 210
LECLANCHÉ, GEORGES ... 272f.
LECLANCHÉ-Zelle ... 272f., 275, 282
LED ... 292
Leerlaufspannung ... 261, 263, 299
Leiter ... 285, 289
Leitfähigkeit, elektrische ... 75, 110, 114f., 118f., 289
Leitfähigkeit, molare ... 135
Leitfähigkeitsmessung ... 119
Leitfähigkeitstitration ... 135f.
Leitungsband ... 246, 289, 292
letale Dosis ... 150
Leuchtdiode ... 246f.
Leuchtstoffröhre ... 292
Leucin ... 194, 196
Licht, polarisiertes ... 180f., 323
Lichtabsorption ... 165, 246
Lichtemission ... 166f.
Lichtenergie ... 55, 247, 291ff.
Lichtquant ... 34f., 167, 246f., 292f.
LIEBIG, JUSTUS VON ... 114
Light Emitting Diod ... 246, 292
Limonen ... 144f., 215
Linolensäure ... 205, 207
Linolsäure ... 177, 205, 207
Lipide ... 177
Lithium-Ionen-Akkumulator ... 285
Lithium-Mangan-Zelle ... 282, 299
Lithium-Polymer-Akkumulator ... 285
L-Konfiguration ... 181, 183, 194f.
Lokalanode ... 286 f.
Lokalelement ... 286
Lokalkathode ... 286f.
Löslichkeitsprodukt ... 102f.
Lösung, gesättigte ... 103
Lösung, saure ... 115
Lösungsenthalpie ... 21, 23
Lotion ... 211
LOWRY, THOMAS MARTIN ... 114
Lumineszenz ... 166
Lyocellfaser ... 216
Lysin ... 195ff., 302

Magnesium ... 287
Makrofibrillen ... 189
Makromolekül ... 183, 187, 189, 195, 200f., 222f., 225ff., 231ff., 241ff.
Makroradikale ... 231
Maleinsäure ... 132
Maleinsäureanhydrid ... 162
Malonsäure ... 123
Maltose ... 183, 185, 217, 222
Margarine ... 41, 204ff.
Massenwirkungsgesetz ... 89ff., 103, 111, 120
Massenwirkungsquotient ... 89f., 93, 121
Maßlösung ... 128ff.
Material, elektrisch leitfähiges ... 247
Matrix ... 246
mechanische Energie ... 12, 21
Mechanismus, elektrophile Substitution . 152, 173
M-Effekt ... 155f.
mehrprotonige Säure ... 129
Membran ... 210, 212f.
Membran-Verfahren ... 278
Merocyanin ... 75, 101
mesomere Grenzformel ... 160f.
mesomere Grenzstruktur ... 149, 156f., 159, 168, 325
mesomere Grenzstrukturformel ... 152, 173
mesomerer Effekt ... 155
Mesomerie ... 149, 173
Mesomerieenergie ... 149
Mesomeriepfeil ... 149, 325
Mesomeriestabilisierung ... 149, 157
Meso-Weinsäure ... 181, 323
Messung, amperometrische ... 78
Metall ... 11, 257ff., 280ff.
Metall, edles, unedles ... 264, 286f.
Metalle, Redoxreihe ... 259
Metalle, Spannungsreihe der ... 265
Metall-Halbzelle ... 264
Metallsalz-Lösung ... 258f., 262
Metallurgie ... 280f.
metastabil ... 24f.
metastabiles System ... 24f.
meta-Stellung ... 155
Methan ... 19, 30, 37, 54, 57, 61, 125, 193
Methanal ... 37, 48, 52, 104
Methanol ... 36f., 47, 52
Methanol-Brennstoffzelle ... 277
Methanol-Oxidation ... 105
Methionin ... 194
Methylacrylat ... 240
Methylamin ... 123, 159
Methylenblau ... 171, 211
Methylmethacrylat ... 53, 227, 230f., 236f., 240
Methylorange ... 126f., 131ff., 141, 168

Methylviologen ... 290 f.
Micelle ... 209
Mikrofibrillen ... 189
Milchsäure ... 123, 180 f., 234 f., 323, 325
Mindestenergie ... 79, 81
Mineralstoff ... 136, 176
Minuspol ... 246 f., 254 f., 263, 266, 269, 272 f., 274 ff., 283 f., 298 f.
MITTASCH, PAUL ALWIN ... 96
mittelstarke Base, Säure ... 121 ff.
mittlere Geschwindigkeit ... 71
mittlere Reaktionsgeschwindigkeit ... 72 f.
Modell-Bleiakkumulator ... 274
Modellexperiment ... 24, 57, 104, 290 f.
Modell-Knopfzelle ... 272
modifizierte Cellulosefaser ... 216
molare Leitfähigkeit ... 135
molare Reaktionsenthalpie ... 21
molare Standardbildungsenthalpie ... 21 ff.
molare Standardentropie ... 27
molare Standardlösungsenthalpie ... 21, 23
molare Standardverbrennungsenthalpie ... 21
Molekül, chirales ... 180 ff.
molekulare Erkennung, Rezeptortheorie ... 203, 212
Molekülgerüst ... 31, 37, 145, 325
momentane Reaktionsgeschwindigkeit . 72 f., 110
Monochloressigsäure ... 123
Monomer ... 45, 183, 228 ff., 251
Monosaccharid ... 179, 181 ff., 217, 222
monosubstituierendes Benzol-Derivat ... 159
Myristinsäure ... 205

nachhaltige Technik ... 292 f.
Nachhaltigkeit ... 239, 293
nachwachsender Rohstoff ... 187, 193, 222
Nachweis Kohlenhydrat ... 222
Nachweis Protein ... 194 f.
Nanokomposit ... 245
Nanopartikel ... 245
Naphthalin ... 149
β-Naphthol ... 168
α-Naphthylethylendiamin ... 168
Naringin ... 215
Natrium-Amalgam ... 278
Natriumchlorid ... 52, 257, 278 f.
Natriumdihydrogenphosphat ... 116, 124
Natriumdodecylbenzolsulfonat ... 162
Natriumglutamat ... 198
Natrium-Schwefel-Akkumulator ... 285
Natronlauge ... 52, 125, 128 ff., 278 f., 300, 302
Naturkautschuk ... 225, 227
Naturseide ... 233
Nennspannung ... 274, 282 ff., 299
NERNST, WALTHER ... 270
NERNST-Gleichung ... 270 f., 273, 298
Neutralbase ... 117
Neutralisation ... 128 ff.
Neutralisationsreaktion ... 20 f., 119, 129
Neutralsäure ... 117
Nichtmetall ... 11, 114, 266
Nickel-Cadmium-Akkumulator ... 284
Nickel-Katalysator ... 206
Nickel-Metallhydrid-Akkumulator ... 284
Nicotin ... 151
Ninhydrinreaktion ... 194 f., 198, 223
Nitrierung ... 153 f.
Nitrobenzol ... 153, 158, 162
Nitro-Gruppe ... 155
Nucleinbase ... 158
nucleophile Substitution ... 47, 66, 68 f.
Nutzenergie ... 17
Nylon 6 ... 233
Nylon 6.6 ... 233
Nylonseiltrick ... 232

Objekt, chirales ... 180
offenes System ... 55, 85, 105
Ökobilanz ... 190 f.
Ökologie ... 238
ökologischer Fußabdruck ... 191
Ökonomie ... 238
Oktanzahl ... 25
Ölbrand ... 204
Oligopeptid ... 199
Oligosaccharid ... 214 f.
Öl-in-Wasser(O/W)-Emulsion ... 211
Olivenöl ... 206
Ölsäure ... 41, 205 ff., 223
Opferanode ... 287
Opsin ... 213
optisch aktiver Stoff ... 181
optische Isomerie ... 181
Orbitalmodell ... 148
Organic Light Emitting Diod ... 246, 292
organische Leuchtdiode ... 246 f.
organische Solarzelle ... 247
organischer Halbleiter ... 247
ortho-Hydroxybenzoesäure ... 160 f.
Osmium-Katalysator ... 96 f.
OSTWALD, W. ... 80
Oszillation, chemische ... 104 f.
Oxalsäure ... 123, 133, 136
Oxidation ... 49 ff., 68, 257 ff.
Oxidationsmittel ... 12, 259, 267, 282 f., 298
Oxidationsreihe ... 51
Oxidationsstabilität ... 207
Oxidationsvermögen ... 259, 265, 267
Oxidationszahl ... 50 f., 193, 298, 300
Oxonium-Ion ... 14, 77, 115 ff., 129, 131, 141
Oxonium-Ionenkonzentration ... 119 ff.
Oxytocin ... 199
Ozon ... 54, 57 ff., 151
Ozonsmog ... 58 f.

Palmitinsäure ... 205
Paracelsus ... 151
Paracetamol ... 156, 159
para-Hydroxyacetanilid ... 159
para-Nitrophenol ... 127
Partialladung ... 31, 68, 154, 324
Pelargonidin ... 156
PEM-Brennstoffzelle ... 277, 299
Peptide ... 197 ff.
Peptid-Ebene ... 199
Peptid-Gruppe ... 199, 201, 223, 233
Peptidhormon ... 212
Perlon ... 162, 233
Phase ... 40, 42, 81 f., 147
Phenol ... 52, 150, 156 ff., 173
Phenol, Steckbrief ... 156
Phenolat-Ion ... 157, 161
Phenol-Baustein ... 163
Phenol-Derivat ... 156, 168
Phenolphthalein ... 126 ff., 131 ff., 141, 144
Phenylalanin ... 173, 194, 196
Phenylamin ... 159 ff., 168
Phenylammonium-Ion ... 159
Phenyl-Rest ... 157, 161, 163, 173
*p*H-Indikator ... 163
*p*H-metrische Titration ... 130 f., 141
Phosphat-Puffer ... 124 f.
Phosphat-Rest ... 100, 212
Phospholipid ... 210
Phospholipid-Doppelschicht ... 210
Phosphoreszenz ... 166 f.
Phosphorsäure ... 129, 210
Phosphorsäure-Rest ... 210
Photochemische Halogenierung ... 33
Photochromie ... 101
photoelektrochemische Zelle ... 288
Photoelektrode ... 288 f.
photogalvanische 1-Topf-Zelle ... 288
photogalvanische 2-Topf-Zelle ... 288
photogalvanische Kompaktzelle ... 288 f.
photokatalytische Abwasserreinigung ... 293
Photometer ... 74 f., 165
Photon ... 34 f., 247
Photosmog ... 58 f.
photostationäres Gleichgewicht ... 60, 101
Photosynthese ... 25, 55, 60, 83, 157, 164, 203, 213, 290 ff.
Photosynthesezentrum ... 203, 213
photovoltaischer Effekt ... 289
*p*H-Skala ... 116, 126
*p*H-Sprung ... 131, 133
*p*H-unempfindlich ... 124 f.
*p*H-Wert ... 116 ff.
*p*H-Wert, Berechnung ... 122 f.
*p*H-Wert, Definition ... 119
*p*H-Wert, schwache Säure, starke Säure ... 120 ff.
pK_b-Wert ... 121 ff.
pK_s-Wert ... 121 ff., 133 f., 141, 300
PLANCK'sche Konstante ... 34, 326
PLANTÉ, GASTON ... 275
Platin ... 29, 80 f., 104, 256, 265 ff., 281, 286, 289
Platin-Elektrode .. 254, 264 ff., 275 f., 288, 298, 301
Platinspirale, pulsierende ... 104 f.
Plexiglas ... 52 f., 227, 230 f., 236, 240, 293
Pluspol ... 246 f., 254 f., 263 ff., 272 ff., 278, 283 f., 298 f.
*p*OH-Wert ... 119, 141
Polarimeter ... 222
Polarimetrie ... 323
Polyacrylat ... 52, 240 f., 245
Polyacrylnitril ... 228, 245, 251
Polyaddition ... 242, 251
Polyamid ... 226, 232 f., 235
Polyamid, synthetisches ... 233
Polycarbonat ... 52, 236 f.
Polyester ... 162, 226, 234 ff., 303
Polyesterfaser ... 234 f.
Polyesterharz ... 234 f.
Polyethen ... 56, 226 ff., 239
Polyethylenterephthalat PET ... 234 ff., 303
Polyhydroxybutansäure ... 237
Polyisobuten ... 45, 52 f., 229
Polyisopren ... 59, 227
Polykondensation ... 232 ff., 251, 303
Polymer ... 45, 227 ff., 240 ff., 246 f., 285
Polymerisation ... 44 f., 228 ff., 251
Polymerisation, radikalische ... 231
Polymerisationsgrad ... 229
Polymethylmethacrylat ... 53, 227, 231, 236 f., 240, 251
Polypeptid ... 199, 203, 212, 223, 233
Polyphenol ... 157, 163
Polypropen ... 228 f., 251
Polysaccharid ... 179, 183, 187, 189, 217, 222
Polystyrol ... 162, 226, 228 f., 239
Polytetrafluorethen ... 228, 243
Polyurethan ... 158, 162, 242, 251
Polyvinylchlorid ... 226 ff., 237
Porphyrine ... 164, 176
Potenzialdifferenz ... 261, 263 ff., 269, 298
Primärenergie ... 17, 191
primäres Amin ... 159
Primärstruktur ... 201, 212
Prinzip vom kleinsten Zwang ... 93 ff.
Prinzip von LE CHATELIER ... 93 ff., 97, 111, 269, 298
Prolin ... 194
Propan-1,2,3-triol ... 204 f., 223
Propansäure ... 37, 68, 123, 324
Propen ... 29, 37, 39, 52 f., 153, 228
Proportionalitätsfaktor ... 89
Propyl-Kation ... 153
prosthetische Gruppe ... 203, 223
Proteid ... 203, 223
Protein ... 177, 194 ff., 210, 213, 223
Protein, Nachweis ... 194 f.
Protolyse ... 115 ff., 132 ff., 136 f., 141, 196 f., 257
Protolyse, zweistufige ... 133
Protolysegleichgewicht ... 120 f., 123 f., 127
Protolysegleichung ... 122, 134
Protolysereaktion ... 195
Protolysestufe ... 133, 300
Protonenakzeptor ... 12, 115, 119, 141
Protonen-Austausch-Membran ... 276
Protonendonator ... 12, 114 f., 119, 121, 141, 257
Puffer ... 124 f.
Pufferbase ... 125, 134
Puffergleichung ... 125, 127, 134, 141
Pufferkapazität ... 125
Pufferlösung ... 125, 134, 141
Puffersäure ... 125, 134
Pufferschar ... 134

Puffersystem .... 125, 134, 302f.
Puffersysteme, Blut 125, 139, 302
pulsierende Platinspirale 104
Pyranose .... 182f.
Pyranring 163, 182
Pyridin 159
Pyrimidin 149, 159
Pyrolyse 237
Pyrrol 149, 159
Pyrrolring 164

quantitative Bestimmung 60, 113, 141
Quartärstruktur 202f., 223
Quecksilber 151, 260, 278, 292

Racemat 181
Radikale 35, 69, 231
radikalische Polymerisation 231
radikalische Substitution .... 35, 68f.
Radikalketten-Mechanismus 35, 231
Raffination 19, 29, 281
Raffination, elektrolytische 281
Raumisomerie 181, 323
Reaktionsgeschwindigkeit, momentane 72f., 77, 110
Reaktion 1. Ordnung 77
Reaktion 2. Ordnung 77
Reaktion, bimolekulare 77
Reaktion, endergonische 27, 69
Reaktion, endotherme 20f., 69, 95, 105, 111
Reaktion, erzwungene 25
Reaktion, exergonische 27, 69, 277
Reaktion, exotherme 20f., 33, 69, 83, 111, 259
Reaktion, reversible 117, 141
Reaktion, selbsttätig ablaufende 25f., 298
Reaktion, umkehrbare .... 83ff.
Reaktionsenthalpie 20ff., 27, 69, 293
Reaktionsenthalpie, freie 27, 69, 293
Reaktionsenthalpie, molare 21
Reaktionsentropie 27, 69
Reaktionsgeschwindigkeit .... 72ff., 77ff.
Reaktionsgeschwindigkeit, Bestimmung 75
Reaktionsgeschwindigkeit, Definition der 73
Reaktionsgeschwindigkeit, mittlere 72f., 76
Reaktionsgeschwindigkeit, momentane 72f., 77, 110
Reaktionsmechanismus 152f., 303
Reaktionsrate 87
Reaktionsweg 23, 35, 66, 69
Reaktionszeit 76f., 120
reaktive Zwischenstufe 35, 43
Rearomatisierung 152f., 173
Rechenbeispiel 22, 90, 103, 129
Recycling 190, 237, 251
Redoxgleichgewicht 252, 298
Redoxpaar 259, 261ff., 282f., 298, 300
Redoxpaar, korrespondierendes 259
Redoxpotenzial .... 263, 265, 267, 270, 298, 300f.
Redoxreaktion .... 10, 12, 49, 51, 257, 259f., 290ff., 298, 300f.
Redoxreihe 259, 263, 298
Redoxreihe, der Metalle 259
Redox-Standardpotenzial 265
Reduktion .... 49, 51, 68, 257, 259, 298f.
Reduktionsmittel 12, 257, 259, 267, 298
Reduktionsvermögen 259, 265
Reformieren 29
Regen, saurer 138
Regeneratfaser 189, 216
regenerativer Energieträger 17
Reinheitsstufe 118
Resorcin 157, 179
Ressourcen 53, 190, 239
Retinol 215
reversible Reaktion 83, 105, 117, 141
Rezeptor 212
Rezeptortheorie 212
RGT-Regel 79, 110
Rhodopsin 203, 213
Richt-Konzentration, Technische .... 150f.
Ring, aromatischer 145ff., 152f., 155, 161f., 173, 325
Ringstruktur 147, 179, 182, 217
Rohkupfer 281
Rohrzucker 178
Rohstoff .... 17, 33, 52f., 55, 97ff., 187, 199ff., 222, 239, 278f.
Rohstoff, nachwachsender 187, 193, 217, 222
Rohstoffrecycling 237, 251
Rost .... 256, 286f.
Rotkohl .... 126f.
Rübe 179, 184, 193
Rückreaktion 39, 82ff., 93, 95, 111, 137

Saccharid 177
Saccharin 185
Saccharose 179, 182, 184f., 217, 222
Sachbilanz 191
Salicylsäure 52, 160f., 303
Salpetersäure 98, 115, 138, 216
salpetrige Säure 138, 168
Salz 11, 23, 87, 96, 98, 103, 116ff., 136, 258
Salzlösungen 254
Salzsäure 121ff., 128ff., 135, 137
SANGER, FREDERICK 212
Satz von den konstanten Wärmesummen 23, 69
Satz von HESS 23, 69
Satz von der Erhaltung der Energie 23
Satz von den konstanten Wärmesummen. 23, 69
Sauerstoff 60, 257, 277
Sauerstoffkorrosion 286
Sauerstofftheorie von Lavoisier 49
Saugehebermodell 86
Säure .... 10, 12, 37, 112ff.
saure Lösung 115
Säure, Definition 10, 115, 141
Säure, dreiprotonige .... 128f.
Säure, korrespondierende 117, 121
Säure, mehrprotonige 129
Säure, mittelstarke .... 121ff.
Säure, schwache 120ff., 134, 141
Säure, starke .... 120ff.
Säure, zweiprotonige 133, 300
Säure-Base-Definition, Brönsted 115
Säure-Base-Indikator 127
Säure-Base-Paar, konjugiertes, korrespondierendes 117
Säure-Base-Puffer 125
Säure-Base-Reaktion 12
Säure-Base-Titration 135
Säurebestimmung 138
Säurecharakter 157
Säuregehalt 128ff., 138
Säurekonstante 121, 123, 141
Säurekorrosion 286
saurer Regen 138
Säurestärke 121, 141, 161, 303
Schafswolle 233
Schauminhibitor 210
Schäumung, Polyurethan 242
SCHIFFS-Reagenz 204
Schlüssel-Schloss-Prinzip 212
Schmelzbereich, Fette 205, 207, 223
Schmelzfluss-Elektrolyse 280
Schmelzspinnverfahren 216, 235
Schmierseife 208
schwache Base 123, 159
schwache Säure 120ff., 134, 141
Schwefelsäure 52, 81f., 88, 102, 128, 138, 275
Schwermetall-Ion 203
Schwingungszustand 167
Sehzentrum 213
Seidenraupe 233
Seife .... 205, 208ff.
Seifen-Anion .... 208f.
Seifenblase 210
Seitengruppe 137, 168, 195, 197
Sekundärenergie 17
Sekundärreaktion 273
Sekundärstruktur 201, 223
selbsttätig ablaufende Reaktion 25f., 298
Sequenz 199, 201
Sequenzanalyse 201
Serin 194, 196
Siedehitze-Sonne-Seitenkettensubstitution .. 155
Silber-Halbzelle .... 269, 270f.
Silberoxid-Zink-Zelle 283, 299
Silberspiegel-Probe 51, 178, 222
Silicon .... 243ff.
Singlett-Zustand 167
Skleroprotein 203
Solar-Wasserstoff-Szenario 255
Solarzelle 243, 246f., 255, 289
Solarzelle, organische 247
solvatisieren 47
Sommersmog 59
Sonnenblumenkernöl 206
Soxhlet-Apparatur 204
Spannung, elektrische 261, 298
Spannungsreihe 265ff., 280
Speisenatron .... 114, 116f.
Speiseöl 206, 211
spezifische Wärmekapazität, Wasser 20
Sphäroprotein 203
Spiegelbild 180f., 222, 323
Spiropyran 101
Sprengstoff 24, 98
SSS-Regel 155
stabiles System .... 24f.
Stabilisator 230
STAHL, GEORG ERNST 113
Stalagmiten 137
Stalaktiten 137
Standardbedingung .... 20ff., 27, 265, 270f.
Standardbildungsenthalpie, molare .... 21ff.
Standard-Elektrodenpotenzial 264, 271, 274f., 282
Standardentropie, molare 27
Standardlösungsenthalpie, molare 21, 23
Standardpotenzial 265ff., 281, 298, 301
Standardpotenziale, Halogene .... 266f.
Standardverbrennungsenthalpie, molare 21
Standard-Wasserstoff-Elektrode 265, 274
Stärke 52, 177ff., 183, 185ff., 193, 214, 217, 222
starke Base 123, 125
starke Säure .... 120ff.
Stärkenachweis 186
Starter 230f., 240
Startreaktion 35, 69, 231
stationärer Zustand 100
STAUDINGER, HERMANN 225
Stearinsäure 41, 205ff., 223
Stereoisomer 181, 183, 195, 222
Stereoisomerie 181, 323
Stickstoff .. 52, 54, 90, 96ff., 111, 159, 161, 176f., 232
Stickstoffdioxid 58f., 94, 138
Stoff, optisch aktiver 181
Stoffbilanz 99
Stoffebene 10, 12, 79, 85, 87
Stoffkreislauf 39, 45, 59, 137, 291
Stoffmenge .. 13, 22f., 73, 75, 77, 85, 87ff., 129, 326
Stoffmengenkonzentration .. 13, 73, 110, 270, 326
Stoffmengenverhältnis 13, 85, 91, 129
Störfaktor .... 92ff.
Stoßhäufigkeit 79
Stoßtheorie, Stoßhypothese 73, 77, 79, 110
Stoßzahl 77, 89
Stratosphäre 54, 60f., 151
Strom .... 254f., 260f., 277, 288f.
Stromquelle 261
Stromquelle, elektrochemische 299
Stromstärke 74f., 135, 137, 274, 280, 288
Strukturbildung 105
Styrol 52, 162, 173, 225, 228, 230f., 239
Substituent 31, 68, 155, 161, 173, 180f., 229, 323
Substituent, aktivierender 155, 173
Substituent, desaktivierender 155, 173
Substitution, elektrophile 42f., 68, 153ff., 157ff., 162, 168, 173
Substitution, radikalische .... 35, 68f.
Substitutionsreaktion .... 33, 147f.
Substrat 291
subtraktive Farbmischung 165
Sudanrot 211
Sulfanilsäure 168

Sulfonierung 162
Sulfonsäure 162
Sulfonsäure-Gruppe 162, 168
Sulfonsäure-Seitengruppen 137
Superabsorber 52, 240f.
supramolekulares System 203
Süßkraft 185
Synthese, Ammoniak 97, 111
Synthese, Azofarbstoff 168
Synthesereaktor 97ff.
synthetische Textilfaser 238
synthetisches Polyamid 233
System, geschlossenes 55, 85
System, isoliertes 55, 85
System, metastabiles 24f.
System, offenes 55, 85, 105
System, stabiles 25
System, supramolekulares 203

Tannin 157
Taschenlampenbatterie 272f.
Tauchlampenreaktor 58, 60
technische Ammoniaksynthese 99
technische Chlor-Alkali-Elektrolyse 278
Technische Richt-Konzentration 150f.
Teflon 228, 243, 251
Teilchen, amphoteres 119
Teilchenanzahl 77
Teilchenebene 10, 12, 87, 89, 110f., 257, 289
teilkristalliner Bereich 228f.
Temperatur 78ff., 94ff.
Tensid 162, 208f., 211
Tensid, anionisches 162, 209
Terephthalsäure 234ff., 303
Tertiärstruktur 201, 203, 213, 223
Tetrachlorethen 33, 42f., 151, 154
Tetrachlorocobalt(II)-Ion 94
Tetrafluorethen 228f., 243, 251
Textilfaser, synthetische 238
thermische Energie 17, 20f., 26, 69, 83, 192, 291, 301
Thermochromie 95
Thermodynamik 20, 23, 69, 270
Thermoplast 226f., 235, 240, 245, 251, 303
Thiocyanat 84f.
Threonin 194
Thymin 158
Thymol 156
Titandioxid 289, 292f.
Titration 128ff.
Titration, pH-metrische 130f., 141
Titrationsauswertung 129
Titrationsergebnis 88, 128f., 234
Titrationsergebnis, Rechenbeispiel 129
Titrationskurve 130ff.
Titrationskurve von Ethandisäure 133
Titrationskurve, amperometrische 135
Titrationskurve, pH-metrische 131
Titrationsvorrichtung 128
TOLLENS-Reaktion 178
Toluol 146ff., 153ff., 173
Toxikologie 150
Tradukt 35, 42, 152f., 173
Traubenzucker 177f.
Treibhauseffekt 56f., 190f.
Treibhausgas 57, 193, 239, 251
Triacylglycerin 205, 223
Trichloressigsäure 123
Triglycerid 41, 205, 207, 223
Trinkwasser 136
Tripeptid 199
Triplett-Zustand 167
Trockendestillation 192
Tropfsteinhöhle 137
Tropopause 54, 60
Troposphäre 54, 58ff., 151
Tryptophan 195
Tunnelprotein 210
TYNDALL-Effekt 194
Tyrosin 194, 196

Übergangszustand 35
Ubichinon 157, 215
Umesterung 234f.
umkehrbar (reversibel) 83ff., 302
umkehrbare Reaktion 83ff.
Umweltbereich 138
unedles Metall 264
ungesättigte Fettsäure 206f., 223
ungesättigter Kohlenwasserstoff 145ff.
Unordnung 26f., 105
Urethan-Gruppe 242
Urnenmodell 86

Valenzband 246, 289, 292
Valenzelektron 14, 49, 51, 127, 289
Valin 194
VAN'T HOFF, JACOBUS HENRICUS 79
VAN-DER-WAALS-Kräfte 14, 36, 68, 201, 207, 209, 223, 251
Vanillin 156
Variable 76, 78
Veratmung 83
Verbindung, aromatische 145, 149, 173
Verbindung, organische 36f., 51, 145, 177, 188, 324
Verbrennung 18, 21ff., 55ff., 73, 115, 138, 192f., 228, 237f.
Verbrennungsmotor 277
Verbundsystem 53, 239
Verbundwerkstoff 245
Veresterung 66f., 81, 82f., 88f., 111, 216
Versauerung der Weltmeere 138
Verseifung 205f., 208, 324
Verwertung, energetische 237
Verwertung von Kunststoffabfällen 237, 251
Verzweigungsgrad 229
Vielfachzucker 179, 222
Vinylchlorid 226ff., 237, 239
Viskose 189
Vitamin 115, 144f., 176f., 205f., 215, 300
Vitamin-A-Aldehyd 213
Volumetrie 75
Vulkanisieren 227

W/O-Emulsion 211
WAAGE, PETER 88
Wärmekapazität, spezifische, des Wassers 20
Wärmemenge 20, 79, 110, 192
Waschkraft 209
Wasser 118ff.
Wasser, Autoprotolyse 119
Wassers, Autoprotolysegleichgewicht des 119
Wasser, destilliertes 118
Wasser, Elektrolyse 255
Wasser, entionisiertes 137
Wasser, Härtebereich 136
Wasser, hartes 137
Wasser, Ionenprodukt 119, 121, 123, 131, 141
Wassergasprozess 99
Wasserhärte 118, 136, 209
Wasser-in-Öl(W/O)-Emulsion 211
Wasserstoff, chemischer Energiespeicher 255
Wasserstoffbromid 22, 33, 147f.
Wasserstoffbrücken 14, 36, 68, 161, 169, 189, 200f., 223, 233, 241, 251, 300f.
Wasserstoffchlorid 114f., 121f., 129, 228, 233, 237
Wasserstoff-Halbzelle 264f., 267, 270, 274, 298
Wasserstoffiodid 90
Wasserstoffiodid gleichgewicht 90, 95
Wasserstoff-Sauerstoff-Brennstoffzelle 277, 299
Wasserzersetzungsapparat 254
Wechselwirkung, intramolekulare 201
Weinsäure 123, 181, 323
D-/L-Weinsäure 181
Werkstoff 237f., 245
Werkstoffrecycling 237, 251
WILLIAMSON-Synthese 47
Wirkungsabschätzung 191
Wirt-Gast-Komplex 214f., 244

Xanthoproteinreaktion 194f.
Xylol 114f., 147, 303

Zahnfüllung 52, 240f., 260
Zaubertinte 94
Zeitintervall 71ff., 87, 100
Zeit-Masse-Diagramm 72
Zeit-Stromstärke-Kurve 74
Zellatmung 83, 291
Zelle, galvanische 261ff., 267, 269, 275, 286, 288f., 298
Zelle, photoelektrochemische 288
Zelle, photogalvanische 247, 288f.
Zellendiagramm 263, 269
Zellmembran 210, 212
Zellreaktion 212, 267
Zellspannung 263, 268f., 288
Zerfallskurve des Isotops Kohlenstoff 77
Zersetzungsspannung 278, 281
Zerteilungsgrad 73, 110
Z-Fettsäure 207
ZIEGLER, KARL 228
ZIEGLER-NATTA 228
Zink-Atom 255, 259, 261, 286
Zink-Elektrode 260f., 263, 269
Zink-Halbzelle 261, 264f., 269
Zink-Ion 82, 188, 255, 259, 261, 269, 273
Zink-Konzentrationszelle 269
Zink-Luft-Batterie 283
Zinksulfat-Lösung 260f., 264, 268f.
Zucker 174ff.
Zuckerrohr 179, 184
Zuckerrüben 184, 193
Zündkerze 25
Zustand, elektronisch angeregter 167
Zustand, photostationärer 101
Zustand, stationärer 100
Zweifachzucker 179, 222
zweiprotonige Säure 133, 300
zweistufige Protolyse 133
Zweitsubstitution an Aromaten 155, 173
Zwischenprodukt 29, 33, 52f., 81, 185, 239
Zwitterion 194ff., 302

Die Vorlagen für die Fotografien stellten zur Verfügung:

Agentur Focus, Hamburg – S. 202; Arbeitsgemeinschaft Deutsche Kunststoff-Industrie, Frankfurt – S. 237 (4); Archiv für Kunst und Geschichte/Erich Lessing, Berlin – S. 151; Archiv für Kunst und Geschichte/Oronoz, Berlin – S. 113; BASF, Ludwigshafen – S. 97, 235; Bavaria, Gauting – S. 184, 225, 233, 244; Bayer AG, Leverkusen – S. 159, 160, 168; Uli Bee, Konstanz – S. 228; Jürgen Berger, MPI für Entwicklungsbiologie, Tübingen – S. 202, 203 (2); Bildagentur Mauritius, Mittenwald – S. 178, 186; Claudia Bohrmann-Linde, Wülfrath – S. 22, 101, 116, 126, 172, 188, 198, 204, 205, 206 (2), 208, 209, 211 (2), 236, 255, 260; Piet Claasen, Bremen – Einband, S. 80, 164, 176 (2), 185, 202, 204, 237; Daimler Benz Aerospace AG, Bremen – S. 72; Desco von Schulte AG, Zürich – S. 233; Deutsches Museum, München – S. 79, 88, 96 (3), 143, 192, 225, 273, 280; Walter Fischer, Großkarolinenfeld (2) – S. 102 (2); Fonds der Chemischen Industrie, Frankfurt – S. 245; Fonds der Deutschen Industrie, Frankfurt – S. 226 (3); Fotolia – S. 120, 149, 154, 158, 188, 189, 200, 223, 227, 228, 234 (3), 238 (3), 243, 245, 256; Fotolia/Cindy Haggerty – S. 124; Fotolia/emrahselamet – S. 24; Fotolia/katzensteiner – S. 24; Fotolia/kristian sekulic – S. 86; Fotolia/Siegfried Worba – S. 25; Fotolia/Tarzoun – S. 83; Fritz Haber Institut, Berlin – S. 80; P. Fromme, Arizona/USA – S. 213; Florian Gärtner, Dinslaken – S. 230; Getty Images, München – S. 170, 225, 233; http://www.ballon-sz.de / http://www.wikipedia.de, Creative-Commons-Lizenz – S. 227; JOKER Photojournalismus/Peter Albaum, Bonn – S. 276; Michaela Kampner, Bochum – S. 198; Keystone Pressedienst/Volkmar Schulze, Hamburg – S. 295; Simone Krees, Wuppertal – S. 101, 214 (2), 215, 254, 289 (2); Patrick Krollmann, Köln – S. 266, 272 (2); Bernd Kusber, Bremen – S. 80; Rolf Maibaum, Duisburg – S. 202; Nico Meuter, Wuppertal – S. 76, 78, 82, 92 (2), 93, 104, 115, 129, 130, 146, 178 (2), 186, 260, 262 (2), 264; Okapia/Hans Reinhard, Frankfurt – S. 116; Armin Okulla, Fraunhofer Institut für Angewandte Polymerchemie, Berlin – S. 246; Röhm GmbH, Darmstadt – S. 230; Matthew Roth, Konarka Technologies, Nürnberg – S. 246; Ruka Fashion Group, Lathi – S. 244; Ralf-Peter Schmitz, Animationen – S. 256; Wolfgang Schmitz, Bad Herrenalb – S. 120; Petra Schneider, Duisburg – S. 75, 101, 232, 242; Wolfgang Schwarz, Regensburg – S. 182 (2); Sympatex Technologie GmbH, Wuppertal – S. 243, 244; Maria Szemenyei, Duisburg – S. 242; Tanzschule Kirchner, Syke – S. 232; Michael Tausch, Syke – S. 82, 94 (2), 229 (2), 240; Ullstein-Bild, Berlin – S. 258; Umweltbundesamt/Ökodesign, Umweltkennzeichnung, Umweltfreundliche Beschriftung, Dessau – S. 190; Verlagsarchiv – S. 126, 128, 136, 137; Magdalene und Silvia von Wachtendonk, Erkelenz – S. 157; Magdalene von Wachtendonk, Erkelenz – S. 163; Wacker Chemie, München – S. 215, 244; Westfalia Werkzeuge GmbH, Hagen – S. 235.

Trotz entsprechender Bemühungen ist es uns nicht in allen Fällen gelungen, den Rechtsinhaber ausfindig zu machen. Gegen Nachweis der Rechte zahlt der Verlag für die Abdruckerlaubnis die gesetzlich geschuldete Vergütung.

Sicherheit beim Experimentieren und der Entsorgung von Chemikalien

Alle Gefahrstoffe sind in den Versuchsbeschreibungen mit * gekennzeichnet. Ab S. 309 finden Sie die entsprechenden Chemikalien aufgeführt, dazu auch genauere Angaben zu den **Gefahrsätzen H** (Hazard-Statements) und **Sicherheitssätzen P** (Precautionary-Statements) sowie **Entsorgungsempfehlungen**.

Seit dem Jahr 2010 gilt das neue international gültige System zur Bezeichnung von Gefahrstoffen **GHS** (Globally Harmonized System), das ab S. 306 ausführlich erläutert wird.

Die Zuordnung der bis zum Jahr 2015 noch zulässigen Gefahrensymbole zu den neuen Piktogrammen nach dem GHS ist in B1 zusammengestellt.

Die **Sicherheitseinrichtungen in den Chemieräumen** erklären Ihnen Ihre Chemielehrerin oder Ihr Chemielehrer ausführlich.

Einige Verhaltensregeln beim Experimentieren:

- Versuchsvorschriften sind sorgfältig durchzulesen und genau zu befolgen.
- Lange Haare müssen zusammengebunden werden.
- Geschmacksproben sind nicht zulässig.
- Nur bei ausdrücklicher Aufforderung sind Geruchsproben durch vorsichtiges Zufächeln erlaubt.
- Stets sollte eine Schutzbrille getragen werden.
- Umsichtiges und rücksichtsvolles Arbeiten ist erforderlich.
- Essen und Trinken sind im Chemieraum verboten.

B1 *Die neuen international gültigen Piktogramme ersetzen die noch bis 2015 gültigen Gefahrensymbole.*

Namen und Konstanten der chemischen Elemente

Elementname	Symbol, Ordnungszahl	Dichte[1]) in g/cm³ (Gase: g/L)	Schmelztemperatur in °C	Siedetemperatur in °C
Actinium	**Ac, 89**	10,1	1050	3200
Aluminium	**Al, 13**	2,70	660	2467
Antimon	**Sb, 51**	6,68	630	1750
Argon	**Ar, 18**	1,66	−189	−186
Arsen	**As, 33**	5,72	613 s	817 p
Astat	**At, 85**	–	302	337
Barium	**Ba, 56**	3,51	725	1640
Beryllium	**Be, 4**	1,85	1278	2970
Bismut	**Bi, 83**	9,8	271	1560
Blei	**Pb, 82**	11,4	327	1740
Bor	**B, 5**	2,34	2300	2550 s
Brom	**Br, 35**	3,12	−7	59
Cadmium	**Cd, 48**	8,65	321	765
Caesium	**Cs, 55**	1,88	28	669
Calcium	**Ca, 20**	1,54	839	1484
Cer	**Ce, 58**	6,65	799	3426
Chlor	**Cl, 17**	2,95	−101	−35
Chrom	**Cr, 24**	7,20	1857	2672
Cobalt	**Co, 27**	8,9	1495	2870
Eisen	**Fe, 26**	7,86	1535	2750
Fluor	**F, 9**	1,58	−219	−188
Francium	**Fr, 87**	–	27	677
Gallium	**Ga, 31**	5,90	30	2403
Germanium	**Ge, 32**	5,35	937	2830
Gold	**Au, 79**	18,9	1064	3080
Hafnium	**Hf, 72**	13,3	2227	4602
Helium	**He, 2**	0,17	−272 p	−269
Indium	**In, 49**	7,30	156	2080
Iod	**I, 53**	4,93	113	184
Iridium	**Ir, 77**	22,41	2410	4130
Kalium	**K, 19**	0,86	63	760
Kohlenstoff	**C, 6**	2,25[2])	3650 s[2])	4827
Krypton	**Kr, 36**	3,48	−157	−152
Kupfer	**Cu, 29**	8,92	1083	2567
Lanthan	**La, 57**	6,17	921	3457
Lithium	**Li, 3**	0,53	180	1342
Magnesium	**Mg, 12**	1,74	649	1107
Mangan	**Mn, 25**	7,20	1244	1962
Molybdaen	**Mo, 42**	10,2	2610	5560
Natrium	**Na, 11**	0,97	98	883

Elementname	Symbol, Ordnungszahl	Dichte[1]) in g/cm³ (Gase: g/L)	Schmelztemperatur in °C	Siedetemperatur in °C
Neon	**Ne, 10**	0,84	−249	−246
Nickel	**Ni, 28**	8,90	1455	2730
Niob	**Nb, 41**	8,57	2468	4742
Osmium	**Os, 76**	22,5	2700	5300
Palladium	**Pd, 46**	12,0	1554	2970
Phosphor	**P, 15**	1,82[3])	44[3])	280
Platin	**Pt, 78**	21,4	1772	3827
Polonium	**Po, 84**	9,4	254	962
Praseodym	**Pr, 59**	6,77	931	3512
Protactinium	**Pa, 91**	15,4	–	–
Quecksilber	**Hg, 80**	13,6	−39	356
Radium	**Ra, 88**	5	700	1140
Radon	**Rn, 86**	9,23	−71	−62
Rhenium	**Re, 75**	20,5	3180	5627
Rhodium	**Rh, 45**	12,4	1966	3727
Rubidium	**Rb, 37**	1,53	39	686
Ruthenium	**Ru, 44**	12,3	2310	3900
Sauerstoff	**O, 8**	1,33	−219	−183
Scandium	**Sc, 21**	3,0	1541	2831
Schwefel	**S, 16**	2,07	119	444,6
Selen	**Se, 34**	4,81	217	685
Silber	**Ag, 47**	10,5	962	2212
Silicium	**Si, 14**	2,32	1410	2355
Stickstoff	**N, 7**	1,17	−210	−196
Strontium	**Sr, 38**	2,60	769	1384
Tantal	**Ta, 73**	16,6	2996	5425
Technetium	**Tc, 43**	11,5	2172	4877
Tellur	**Te, 52**	6,00	449	990
Thallium	**Tl, 81**	11,8	303	1457
Thorium	**Th, 90**	11,7	1750	4790
Titan	**Ti, 22**	4,51	1660	3287
Uran	**U, 92**	19,0	1132	3818
Vanadium	**V, 23**	5,96	1890	3380
Wasserstoff	**H, 1**	0,083	−259	−253
Wolfram	**W, 74**	19,3	3410	5660
Xenon	**Xe, 54**	5,49	−112	−107
Yttrium	**Y, 39**	4,47	1522	3338
Zink	**Zn, 30**	7,14	419	907
Zinn	**Sn, 50**	7,30	232	2270
Zirconium	**Zr, 40**	6,49	1852	4377

Für die Elemente mit den Ordnungszahlen 60 bis 71 und 93 bis 104 werden nur die Namen angegeben:

60 Nd = Neodym
61 Pm = Promethium
62 Sm = Samarium
63 Eu = Europium
64 Gd = Gadolinium
65 Tb = Terbium
66 Dy = Dysprosium
67 Ho = Holmium
68 Er = Erbium
69 Tm = Thulium
70 Yb = Ytterbium
71 Lu = Lutetium

93 Np = Neptunium
94 Pu = Plutonium
95 Am = Americium
96 Cm = Curium
97 Bk = Berkelium
98 Cf = Californium
99 Es = Einsteinium
100 Fm = Fermium
101 Md = Mendelevium
102 No = Nobelium
103 Lr = Lawrencium
104 Du = Dubnium

1) Dichteangaben für 20 °C und 1013 hPa

2) Angaben gelten für Graphit; Diamant: Schmelzt. 3550 °C, Dichte 3,51 g/cm³.

3) Angaben gelten für weißen Phosphor; Roter Phosphor: Schmelzt. 590 °C p, Dichte 2,34 g/cm³

s = sublimiert
p = unter Druck
– = Werte nicht bekannt